中国社会科学年鉴

# 中国社会科学院

# 年鉴

# 2017

ALMANAC OF CHINESE ACADEMY OF SOCIAL SCIENCES

中国社会科学出版社

**图书在版编目（CIP）数据**

中国社会科学院年鉴．2017／方军主编．—北京：中国社会科学出版社，2020.11

ISBN 978-7-5203-7480-4

Ⅰ.①中… Ⅱ.①方… Ⅲ.①中国社会科学院－2017－年鉴 Ⅳ.①G322.22-54

中国版本图书馆CIP数据核字（2020）第222775号

出 版 人 赵剑英
特约编辑 刘玉杰
图片设计 胡 斌
责任编辑 张靖晗
责任校对 李 惠
责任印制 张雪娇

出 版 中国社会科学出版社
社 址 北京鼓楼西大街甲158号
邮 编 100720
网 址 http://www.csspw.cn
发 行 部 010－84083685
门 市 部 010－84029450
经 销 新华书店及其他书店

印刷装订 北京君升印刷有限公司
版 次 2020年11月第1版
印 次 2020年11月第1次印刷

开 本 787×1092 1/16
印 张 57.25
插 页 20
字 数 1333千字
定 价 418.00元

凡购买中国社会科学出版社图书，如有质量问题请与本社营销中心联系调换
电话：010-84083683

# 编辑委员会

## 中国社会科学院年鉴（2017）

# 编 辑 说 明

一、《中国社会科学院年鉴》（以下简称《院年鉴》）2017年卷较为全面系统地反映和记录了2016年中国社会科学院的以下几方面内容：重大科研、管理工作、重大学术活动和重大国际学术交流活动；全书文字及图片将主要反映全院各项工作取得的新进展和重大科研、管理工作、重大学术活动及重大国际学术交流活动，具体体现以下几方面内容：马克思主义阵地和党的意识形态重镇不断巩固壮大；全面从严治党扎实推进；创新工程和科研强院战略取得重要进展；国家高端智库建设取得明显成效；人才队伍建设取得积极成效；理论学术传播名优工程建设取得重大进展；对外学术合作交流不断扩大；服务科研能力和保障水平显著提升。该卷还收录了中国社会科学院2016年的机构设置、行政后勤工作、党务工作等方面的情况，是了解中国社会科学院2016年工作全貌、内容比较翔实的资料性参考书。

二、《院年鉴》2017年卷的卷首图片主要反映了中国社会科学院2016年度的重大活动、重要学术会议等。全书共分为"综合""组织机构""2016年度专题""工作概况和学术活动""科研成果""学术人物""规章制度""统计资料""大事记"九编。

第一编"综合"收录了中国社会科学院领导的《以习近平总书记系列重要讲话精神为统领 推动创新工程和智库建设迈上新台阶》《深入学习贯彻习近平总书记系列重要讲话精神 加快构建中国特色哲学社会科学高端传播和评价平台——在2016年度中国社会科学院报刊出版馆网库志和学术评价名优建设工程工作会议上的讲话》《在全国社会科学院第十九届院长联席会议暨首届智库论坛上的讲话》《领悟 思考 践行 努力把中央全面从严治党战略部署真正落到实处》《关于中国社会科学院智库建设的几点说明和2016年智库工作部署——在2016年智库建设工作会议上的讲话》等文章和中国社会科学院2016年度工作会议文件。

第二编"组织机构"收录了中国社会科学院机构设置及负责人

名单、中国社会科学院学部及负责人名单、中国社会科学院院级专业技术资格评审委员会名单、各研究所学术委员会及专业技术资格评审委员会名单。

新增的第三编“2016年度专题”收录了全院的创新工程工作情况和新型智库建设工作情况，刊载了专稿《中国社会科学院2016年创新工程概况》《中国社会科学院2016年智库建设概况》等。

第四编“工作概况和学术活动”收录了院属各单位的年度工作概况和主要学术活动，其中，科研机构的排序按文学哲学学部、历史学部、经济学部、社会政法学部、国际研究学部、马克思主义研究学部六大学部的顺序排列。

第五编“科研成果”收录了以科研机构为主的院属各单位的主要科研成果。

第六编“学术人物”收录了“中国社会科学院博士学位研究生指导教师（2016—2017）”和“2016年度晋升正高级专业技术职务人员”情况。

第七编“规章制度”收录了《中国社会科学院领军人才引进评审办法》《中国社会科学院横向课题管理办法》《中国社会科学院国家高端智库管理细则（试行）》《中国社会科学院学科建设“登峰战略”资助计划管理办法》等。

第八编“统计资料”收录了2016年度的主要统计资料。

第九编“大事记”收录了2016年中国社会科学院的主要大事和活动。

三、《院年鉴》2017年卷的编辑工作是在中国社会科学院领导的关心下、在《院年鉴》编委会的指导下、在全院各单位的帮助下完成的，我们对各方面的大力支持和密切合作表示衷心的感谢。

《中国社会科学院年鉴》编辑部

二〇一八年十二月

↑ 2016 年 5 月 17 日，习近平总书记在哲学社会科学工作座谈会上发表重要讲话，强调加快构建中国特色哲学社会科学，为新时期中国社会科学院的进一步发展指明了方向。

↑ 2016年6月，在中国国家主席习近平和俄罗斯总统普京的共同见证下，中国社会科学院院长王伟光代表中国社会科学院与俄罗斯国际事务委员会签署合作备忘录。

↑ 2016 年 1 月，中国社会科学院召开 2016 年度工作会议暨党风廉政建设工作会议。

↑ 2016 年 1 月，中国社会科学院召开中央第一巡视组专项巡视中国社会科学院党组情况反馈会。

↑ 2016 年 3 月，中国社会科学院举办学习贯彻习近平总书记在党的新闻舆论工作座谈会上重要讲话精神专题培训班。

↑ 2016 年 5 月，中国社会科学院召开研究阐释党中央治国理政新思想新实践工作动员会。

↑ 2016 年 2 月，中国社会科学院召开 2016 年智库建设工作会议。

↑ 2016 年 3 月，中国社会科学院召开 2016 年度离退休干部工作会议。

↑ 2016 年 4 月，中国社会科学院召开“两学一做”学习教育专题党课暨动员部署会议。

↑ 2016 年 6 月，中国社会科学院召开庆祝中国共产党成立 95 周年大会。

↑ 2016 年 10 月，中国社会科学院院长王伟光会见到访的澳大利亚驻华大使安思捷。

↑ 2016 年 11 月，中国社会科学院院长王伟光会见到访的俄罗斯总统顾问格拉济耶夫院士。

↑ 2016 年 5 月，中国社会科学院副院长王京清会见参加“中国社会科学论坛：丝绸之路与中国—伊朗关系”国际学术研讨会的伊朗代表团团长、伊朗国际研究和教育中心主席哈迪·苏莱曼普。

↑ 2016 年 11 月，中国社会科学院副院长王京清会见到访的波兰科学院院长泽西·杜斯钦斯基一行，并就深化两院合作和共同申请欧盟项目等议题进行了座谈。

↑ 2016 年 3 月，中国社会科学院副院长李培林会见到访的塔吉克斯坦科学院院长法赫德·拉希米一行。

↑ 2016 年 1 月，中央纪委驻中国社会科学院纪检组组长张英伟与俄罗斯国家与法研究所所长交流。

↑ 2016 年 9 月，中国社会科学院副院长蔡昉会见到访的欧盟就业总司总司长塞沃斯。

↑ 2016 年 1 月，中国社会科学院秘书长高翔会见中央网信办杨树桢一行。

↑ 2016 年 1 月，“学习杜润生改革思想 全面深化农村改革”座谈会在北京召开。

↑ 2016 年 1 月，全国哲学社会科学话语体系建设协调会议成员单位 2016 年工作会议在北京召开。

↑ 2016 年 1 月，学习中央城市工作会议精神座谈会在北京召开。

↑ 2016 年 1 月，中国社会科学院召开 2016 年经济学部、马研院处室级以上领导干部马克思主义政治经济学培训班。

↑ 2016 年 1 月，第五部《反腐倡廉蓝皮书》发布会在北京召开。

↑ 2016 年 1 月，中国社会科学院召开学习传达中央和中央纪委有关会议文件精神会议。

↑ 2016 年 1 月，《财经智库》首发式在北京召开。

↑ 2016 年 1 月，中国社会科学院召开哲学社会科学创新工程 2016 年首席管理签约仪式。

↑ 2016 年 2 月，《中国社会科学报》暨中国社会科学网编委会 2015 年全体会议在北京召开。

↑ 2016 年 2 月，《中国社会科学》第四届编委会第三次全体会议在北京召开。

↑ 2016 年 2 月，中国社会科学院高端智库论坛“2016 年经济形势座谈会——聚焦：新常态、新改革、新发展”在北京召开。

↑ 2016 年 3 月，《2015—2016 世界社会主义黄皮书》发布暨坚持和发展中国特色社会主义——习近平治国理政思想与“四个全面”战略布局研讨会在北京召开。

↑ 2016 年 4 月，习近平总书记治国理政新理念新思想新战略的哲学思考理论座谈会在北京召开。

↑ 2016 年 4 月，中国社会科学院召开第二次警示教育大会。

↑ 2016 年 4 月，中国社会科学院—上海市人民政府上海研究院 2016 年度院务委员会全体委员会议在上海市召开。

↑ 2016 年 5 月，首届全国名镇论坛暨中国名镇志丛书出版座谈会在北京召开。

↑ 2016 年 5 月，2016 年中国经济形势分析与预测春季座谈会暨《2016 中国经济前景分析》发布会在北京召开。

↑ 2016 年 5 月，《汶川特大地震抗震救灾志》出版座谈会在北京召开。

↑ 2016 年 5 月，纪念国务院《地方志工作条例》颁布实施 10 周年座谈会在北京召开。

↑ 2016 年 5 月，劳动经济学会成立大会暨第一届全国会员代表大会在北京召开。

↑ 2016 年 6 月，中国社会科学院西藏智库成立大会暨第一届理事会会议在北京召开。

↑ 2016 年 6 月，中国社会科学院智库论坛——全球能源安全智库论坛 2016 年会暨《世界能源发展报告（2016）》发布会在北京召开。

↑ 2016 年 7 月，中国社会科学院召开暑期工作会议。

↑ 2016 年 7 月，中国社会科学院召开优秀对策信息表彰大会。

← 2016 年 7 月，中国社会科学院举办纪检干部培训班。

→ 2016 年 7 月，2016 年二十国集团智库会议：建设新型全球关系在北京召开。

← 2016 年 7 月，青年汉学家研修计划 2016 研修班在北京开班。

→ 2016 年 8 月，第十一届中国社会学博士后论坛“全面建设小康社会 共享民生发展”在吉林省长春市举行。

← 2016 年 8 月，第十七次全国皮书年会（2016）“皮书研创出版：专业化与规范性”在河南省郑州市召开。

→ 2016 年 8 月，《国际共产主义运动史》俄文版首发式在北京举行。

← 2016年8月，中国社会科学论坛（2016年·宗教学）在北京召开。

→ 2016年8月，《中国方志发展报告（2015）》出版座谈会暨《中国方志发展报告（2016）》编纂启动会在北京召开。

← 2016年8月，“长江三角洲城市群发展论坛：建设具有全球影响力的世界级城市群”在上海举行。

→ 2016 年 9 月，第九届中国—东盟智库战略对话论坛：21 世纪海上丝绸之路与中国—东盟命运共同体建设在广西壮族自治区南宁市举行。

← 2016 年 9 月，中国社会科学院城乡发展一体化智库成立大会暨深化农村集体产权制度改革研讨会在北京召开。

→ 2016 年 9 月，第九届全国马克思主义院长论坛在湖南省长沙市举行。

← 2016 年 10 月，中国数量经济学会2016 年会在北京举行。

→ 2016 年 10 月，第七届世界社会主义论坛“创新 21 世纪马克思主义”在北京召开。

← 2016 年 10 月，中国社会科学院召开“学习党史知识 加强党性修养”专题报告会。

→ 2016 年 11 月，第四届社会主义国际论坛“社会主义改革（革新）：回顾与展望”在广西壮族自治区桂林市召开。

← 2016 年 11 月，“中国社会科学院研究生院国情调研与社会实践基地”在郭沫若纪念馆揭牌。

→ 2016 年 11 月，中国社会科学论坛（2016）：丝绸之路经济带与欧亚经济联盟对接在北京举行。

← 2016 年 11 月，中国长江论坛 · 2016 在湖北省武汉市举行。

→ 2016 年 11 月，第十届中国社会科学前沿论坛“习近平治国理政思想研究”在江苏省苏州市召开。

← 2016 年 11 月，第二届中韩人文学论坛“中韩人文传统与现代化”在北京举行。

→ 2016 年 12 月，中国创业百人论坛暨中国创业蓝皮书发布会在北京召开。

← 2016 年 12 月，国家哲学社会科学文献中心正式上线仪式在北京举行。

→ 2016 年 12 月，中国社会科学院创新工程 2016 年度重大成果系列发布会“《中国扶贫开发报告 2016》（扶贫蓝皮书）发布会暨中国扶贫经验和‘十三五’脱贫政策研讨会”在北京召开。

← 2016 年 12 月，中国社会科学院创新工程 2016 年度重大成果系列发布会“2017 年《社会蓝皮书》发布暨中国社会形势报告会”在北京举行。

→ 2016 年 12 月，中国—中东欧国家智库研讨会暨中国—中东欧国家人文交流年闭幕仪式在北京举行。

← 2016 年 12 月，《中华思想通史》项目第 21 次工作会议在北京举行。

→ 2016年12月，中国社会科学院召开2016年度名优建设工程会议、优秀科研成果颁奖大会暨期刊专题工作会议。

← 2016年12月，中国社会科学院国家治理研究智库2016年成果发布会在北京举行。

→ 2016年12月，中国社会科学院创新工程2016年度重大成果系列发布会“重大理论与现实问题研究成果专场”在北京举行。

← 2016 年 12 月，中国社会科学院创新工程 2016 年度重大成果系列发布会“基础研究成果专场”在北京举行。

→ 2016 年 12 月，国家方志馆黄河分馆黄河文化馆建设工作领导小组第一次全体会议在北京召开。

← 2016 年 12 月，“中俄视野下的全球化与本土化”国际圆桌论坛在北京举行。

→ 2016 年 12 月，中国社会科学院召开台湾史研究中心理事会换届会议。

← 2016 年 12 月，“再认识与再评价：二战中的中国与亚洲民族独立运动”国际学术论坛在北京召开。

→ 2016 年 12 月，“社会分层变化新趋势与全面建成小康社会”研讨会暨中国社会学会社会分层与流动专业委员会冬季论坛在北京召开。

## 《中国社会科学院年鉴》（2017年卷）

## 审稿人

刘跃进　朝戈金　陈众议　刘丹青　孙海泉　郑筱筠
王　巍　卜宪群　赵笑洁　王建朗　汪朝光　李国强
杨明杰　王砚峰　黄群慧　魏后凯　夏杰长　王国刚
李　平　张车伟　潘家华　莫纪宏　陈泽宪　房　宁
王延中　赵克斌　张　翼　唐绪军　姚枝仲　孙　力
黄　平　杨　光　袁东振　李向阳　郭　红　高　洪
廖峥嵘　邓纯东　张星星　于俊霄　姜　辉　方　军
胥锦成　马　援　高京斋　王　镭　曲永义　刘　红
崔建民　胡乐生　王　兵　王　岚　赵剑英　王利民
谢寿光　贺建忠　丁海川　荆林波　张　艳　冀　祥

## 《中国社会科学院年鉴》（2017年卷）

## 供稿人

曹维平　莎日娜　张文博　华　武　张　旭　博明妹
李　斌　柴怡赟　王　宇　陆晓芳　姜泓仰　程　红
王　莹　赵彩霞　张亚林　王　楠　彭　华　褚　柠
刘戈平　薛　波　韩胜军　戴丽萍　连鹏灵　薛苏鹏
张锦贵　廖　凡　任宏达　张　茜　刘文远　王小霞
杨晶晶　兰丽霞　张　逸　郗艳菊　王晓泉　王晨星
蔡雅洁　史晓溪　刘东山　郭　靓　朴光姬　陈宪奎
周文婷　张　梅　刘　江　池重阳　卜岩枫　唐　磊
王舒琼　朱　晨　韩　锰　毕争妍　谢倩芸　滕　瑶
于晓丹　曾　军　高中宁　冯秋颖　李　安　魏　进
赵　慧　陈　彪　齐　芳　侯丽敏　蔡继辉　柳　杨
李　春　李　欣　赵晓军　张青松　何　蒂　张晶萍
李慧霞

# 目 录

## 第一编 综合



## 第二编 组织机构

## 第三编　2016 年度专题



## 第四编　工作概况和学术活动

## 第五编　科研成果



## 第六编　学术人物



## 第七编　规章制度



## 第八编　统计资料

## 第九编　大事记

# 2017 YEARBOOK OF CHINESE ACADEMY OF SOCIAL SCIENCES

## CONTENTS

### CHAPTER ONE A COMPREHENSIVE SURVEY

## CHAPTER TWO ORGANIZATIONAL COMPOSITION



## CHAPTER THREE ANNUAL PROJECT 2016

## CHAPTER FOUR WORK AND ACADEMIC ACTIVITIES

## CHAPTER FIVE SCIENTIFIC RESEARCH ACHIEVEMENTS



## CHAPTER SIX ACADEMIC FIGURES



## CHAPTER SEVEN RULES AND REGULATIONS

## CHAPTER EIGHT STATISTICS DATA



## CHAPTER NINE CHRONICLE

# 第一编

# 综　合

ZONGHE

# 一　领导讲话

## 以习近平总书记系列重要讲话精神为统领 推动创新工程和智库建设迈上新台阶

王伟光

（2016年1月25日）

同志们：

现在，我代表党组作工作报告。

### （一）工作回顾

首先，我简略地总结创新工程五年和去年一年的主要工作成绩。

过去五年（2011—2015）是中国社会科学院建设和发展史上不平凡的五年。在以习近平同志为总书记的党中央坚强领导下，在院党组的带领下，全院上下齐心协力、同心同德，开拓创新、勇攀高峰，大力实施哲学社会科学创新工程，努力实现中央“三个定位”要求，推出新成果，培养新人才，各方面工作取得了新成绩。

——深入学习马克思主义基本理论和习近平总书记系列重要讲话精神，坚决把握正确的政治方向和学术导向。

——牢牢掌握意识形态工作的领导权、管理权和话语权，努力把中国社会科学院建设成为党的意识形态重镇。

——坚持推进办院“三条基本经验”和“五个三、一个一”工作总思路，全面发挥坚强阵地、高端智库、最高殿堂三大功能。

——积极实施哲学社会科学创新工程，奋力谱写中国社会科学院哲学社会科学事业新篇章。

——高度重视人才工作，全力建设政治过硬、业务精湛、党和人民放心的科研和管理骨干队伍。

——积极推进报刊出版馆网库志和学术评价名优工程建设，进一步巩固理论学术传播阵地。

——着力从严治党治院和加强制度建设，党风及学风、文风、工作作风明显好转。

——加大行政管理和后勤保障力度，全院人员的科研、办公、生活条件极大改善。

2015年，是中国社会科学院创新工程第一个五年规划的收官之年，是全院改革发展的关键之年，也是推进创新工程新的五年计划、努力实现中央“三个定位”要求承上启下的一年。经过全院共同努力，各项工作都取得新进展。学习贯彻党的十八大、十八届历次全会精神和习近平总书记系列重要讲话精神，办院方向进一步坚定；开展“三严三实”专题教育，积极配合顺利完成审计和巡视工作；全面从严从实治党治院、党风廉政建设取得新成效；抓好党的意识形态工作，马克思主义坚强阵地进一步巩固；实施创新工程，哲学社会科学创新体系建设再上新台阶；落实科研强院战略，最高殿堂的学术地位和社会影响力显著提升；突出重大理论和现实问题研究，中国特色新型智库建设有力推进；实施人才强院战略，全院领导班子和人才队伍建设展现新貌；推进报刊出版馆网库志和社会科学评价名优工程建设，理论学术传播能力得到增强；推进管理强院战略，服务科研能力和保障水平明显提高。

在充分肯定成绩的同时，必须清醒地看到，中国社会科学院工作与中央要求相比，与新形势新任务的要求相比，还存在许多不足和问题。主要是：为党中央国务院科学决策服务的能力还有待进一步提高；对我国思想理论领域和经济社会发展中出现的一些新情况新问题，把握不够准确、反映不够及时、应对还不够有力；制约创新工程实施的观念和体制机制障碍尚未完全破除，具有时代高度、代表国家水准的重大创新成果和创新型高端人才较为缺乏的问题还未从根本上得到解决；进一步推进学科创新、理论学术观点创新、科研方法手段创新的任务仍然繁重；“三严三实”专题教育、两轮审计和一轮巡视的成果有待巩固，加强作风建设和纪律建设、解决不严不实问题的长效机制还须完善；从严治党治院的标准还不够严、不够高；在改善办院条件、解决职工切身利益方面还有大量工作要做；等等。对于存在的不足和问题，要以改革的精神和创新的思路认真加以解决。

## （二）总体思路

2016年及今后一个时期中国社会科学院工作指导思想是：高举中国特色社会主义伟大旗帜，以马克思列宁主义、毛泽东思想和中国特色社会主义理论体系为指导，以习近平总书记系列重要讲话精神为统领，深入贯彻落实党的十八大、十八届历次全会精神，贯彻落实全国宣传部长会议、中央经济工作会议精神，紧紧围绕中央“四个全面”战略布局和全面建成小康社会决策部署，坚持办院的“三条基本经验”和“五个三、一个一”工作总思路，继续实施哲学社会科学创新工程，着力加强中国特色新型智库建设，在实现中央“三个定位”要求方面迈出新步伐，取得新成绩。

### 1. 把理论武装、理论指导和理论创新放在首位

哲学社会科学是以追求真理为宗旨、与自然科学一样严谨科学的学问。就其总体而言，哲学社会科学具有鲜明的政治和意识形态属性。因此，由哲学社会科学的属性、功能所决定，

特别是由中国特色社会主义条件下的中国哲学社会科学的具体属性、功能所决定，必须坚持以马克思主义立场观点方法作指导，坚持党的领导，以为人民做学问为宗旨，这也是我国哲学社会科学最鲜明的特色。

哲学社会科学要更好地发挥认识世界、传承文明、创新理论、资政育人、服务社会的重要作用，就要坚持正确的政治方向和学术导向。坚持坚定正确的政治方向，用马克思主义指导科研，必须加强理论武装。加强理论武装，要学习马克思主义基本原理，最重要的是学习马克思主义哲学。习近平总书记指出，学哲学、用哲学，是我们党的一个好传统，要努力把马克思主义哲学作为看家本领。从一定意义上说，掌握马克思主义哲学世界观方法论的深度，决定着政治敏感的程度、思维视野的广度、思想境界的高度。马克思主义哲学，即辩证唯物主义和历史唯物主义，即马克思主义世界观方法论，即马克思主义立场、观点、方法，是我们认识世界、改造世界的政治上的望远镜和显微镜，只有认真学习、熟练把握、善于运用，我们才会有“不畏浮云遮望眼，要看水底万丈深”的气魄和“见微以知萌、见端以知末”的眼光。

党的十八大以来，中央政治局高度重视学习和掌握马克思主义，已经安排学习了历史唯物主义、辩证唯物主义、马克思主义政治经济学等方面的内容，为全党同志树立了榜样。全院同志特别是各级领导干部要保持浓厚的理论兴趣，自觉加强马克思主义哲学、马克思主义政治经济学和马克思主义基本理论的学习，认真学习马克思、恩格斯、列宁、毛泽东的原著，不断有所收获、有所提高。

加强理论武装，要学习当代中国的马克思主义，即中国特色社会主义理论体系，特别是习近平总书记系列重要讲话精神。党的十八大以来，习近平总书记的一系列重要讲话使我们心中筑牢了“主心骨”，手里握有“定海神针”，是新起点新阶段马克思主义中国化的最新理论成果，是党在新起点新阶段团结全党、统一行动，开展伟大斗争，继而赢得伟大胜利的思想武器。习近平总书记系列重要讲话通篇贯穿了一条红线，这就是马克思列宁主义、毛泽东思想和中国特色社会主义理论体系所贯穿的基本立场、观点和方法，是活生生的马克思主义哲学教材，为我们树立了灵活运用马克思主义哲学的光辉典范。

中国社会科学院不仅要学习马克思主义，更要研究、宣传、传播马克思主义，当前一个重要主题就是研究宣传习近平总书记治国理政新理念新思想新战略。习近平总书记治国理政思想是中国特色社会主义理论体系的最新成果，是指导进行具有许多新的历史特点的伟大斗争的鲜活的马克思主义，开创了马克思主义中国化的新境界，是中国特色社会主义理论体系的最新发展。当前，中国社会科学院要把学习宣传报道习近平总书记治国理政新理念新思想新战略作为一项重要的政治任务，精心设计，科学规划，抓紧抓实抓好。

马克思主义理论之所以具有强大生命力，就是因为它是与时俱进不断创新的理论。譬如，马克思主义政治经济学是马克思主义的重要组成部分，是坚持和发展马克思主义的必修课，是指导我国经济发展实践的理论指南。我们要始终坚持马克思主义政治经济学的重大原则，同时又要加强对马克思主义政治经济学的创新研究。习近平总书记指出："学习马克思主义政治经济学，是为了更好指导我国经济发展实践，既要坚持其基本原理和方法论，更要同我国经济发展实际相结合，不断形成新的理论成果。"党的十八大以来，习近平总书记把马克思主义政治经济学的基本原理同中国特色社会主义的实践相结合，进一步发展了马克思主义政治经济学，提出一系列新思想新论断，创新并丰富了中国特色社会主义政治经济学理论，是中国社会科学院必须学习、研究、宣传、发展当代中国马克思主义的重要内容。

毛泽东同志指出，对于马克思主义理论要能够精通它、应用它，精通的目的全在于应用。如果"无的放矢"，仅仅把马克思主义之箭拿在手里搓来搓去，连声说："好箭！好箭！"却老是不愿意放出去，这样的人就是古董鉴赏家。他还指出："没有科学的态度，即没有马克思列宁主义的理论和实践统一的态度，就叫做没有党性，或叫做党性不完全。"理论武装的目的，在于运用理论指导实践，具体到中国社会科学院，就是指导哲学社会科学研究，指导中国社会科学院全面建设。要在理论指导实践的过程中实现不间断的理论创新。用马克思主义指导科研就要实现理论创新。加强理论武装、理论指导、理论创新是中国社会科学院作为马克思主义和意识形态坚强阵地的"三位一体"的战略任务。

加强理论武装、理论指导、理论创新，坚持正确的政治方向和学术导向，从组织上来说，必须坚持和加强党的领导，坚持党领导哲学社会科学，领导社科院，这是一条根本的政治原则和政治纪律。坚持和发展马克思主义，坚持和加强党的领导，对于哲学社会科学工作者来说，必须解决好为人民做学问这一根本宗旨。坚持理论武装，坚持党的领导，坚持为人民做学问的宗旨，这是中国社会科学院建院、兴院、强院的三大法宝，同志们务必牢记，一定要把三大法宝实际运用到各项工作中去。

**2. 实施哲学社会科学创新工程是重大战略任务**

创新是一切科学活动的生命，是哲学社会科学繁荣发展的动力源泉。经中央批准，中国社会科学院自 2011 年下半年起，在全国哲学社会科学界率先实施哲学社会科学创新工程。这是党中央在新的历史条件下推动哲学社会科学繁荣发展的战略举措，是我国哲学社会科学发展史上具有里程碑意义的一件大事，也是中国社会科学院"一号工程"和具有战略性、全面性、基础性的重大实践。

过去五年的实践充分证明，实施创新工程极大地激发了全院科研人员和工作人员投身哲学社会科学事业的积极性、主动性和创造性，极大地解放和发展了科研生产力，使全院在学科建设、队伍建设、成果产出以及科研组织形式创新和管理体制改革等方面都取得了新的成绩，面貌焕然一新。全院科研条件大为改善，学术环境不断优化，体制机制根本转变，管理工作逐步加强，科研成果极大增多，优秀人才愈加聚集，阵地、智库、殿堂功能作用日益彰显，学术影响力和社会影响力不断提升，一批学科、实验室跻身全国乃至世界一流的行列。通过实施创新工程，中国社会科学院初步探索出了一条建设中国特色哲学社会科学创新体系的新路，在全国哲学社会科学界发挥了重要的示范和引领作用。应当说，我们基本达到了《中国社会科学院哲学社会科学创新工程实施意见（2011—2015）》中提出的各项目标，在建设马克思主义坚强阵地、党和国家重要的思想库智囊团、中国哲学社会科学研究的最高殿堂、中国特色社会主义理论学术传播平台、“走出去”战略的学术窗口、哲学社会科学研究人才高地等方面迈出了坚实的步伐。我们在实施创新工程方面取得的成绩，特别是在创新工程制度建设和创新方面的不懈探索，多次得到中央领导同志以及中央宣传部、国家发改委、财政部、审计署等党和国家有关部门的充分肯定。

2016 年，是我国“十三五”规划的开局之年，是全面建成小康社会决胜阶段的开局之年，也是中国社会科学院实施下一个创新工程五年规划的开局之年。如何在总结好过去五年创新工程基本经验和成功做法的基础上，为下一个创新工程五年规划开好局、布好阵，打好第一仗，是摆在全院同志特别是院属单位领导班子面前的一个重大课题。

党组曾多次要求大家好好思考一下，如何总结过去五年创新工程的成功经验和有益做法，认为这是搞好下一个阶段创新工程的前提和基础。回顾过去五年创新工程的实践，可以概括出这样几条基本经验：一是必须坚持正确的政治方向和学术导向，自觉以马克思主义立场观点方法指导哲学社会科学研究；二是必须以党和国家关注的重大理论和现实问题为主攻方向和核心关切，统筹谋划和全面推动科研事业发展；三是必须以提升科研生产力为目标和抓手，扎实推进哲学社会科学管理体制机制制度改革创新；四是必须高度重视和大力加强人才队伍建设，为哲学社会科学事业提供坚实的人才保障；五是必须坚持规范化管理，严格按制度办事，确保改革事业可持续发展。其中最重要、最根本的一条，就是在坚持正确的政治方向的前提下，实现体制、机制、制度的改革创新。

启动创新工程伊始，党组就强调创新工程是一场革命，当然是一场不流血的革命，但却是一场破除不适合科研生产力发展的体制机制弊端的革命，一场破除一切不适宜的观念和做法的革命，一场破除一切不合理利益诉求的革命。坚持把制度建设放在首位，强调制度创新是创新工程最根本的保证，是创新工程的生命线。经过几年的实践探索，我们已经形成了包括报偿、准入、退出、配置、评价、资助六个系列制度的比较完整的制度体系，筑起了创新工程的制度大堤，初步解决了干与不干一个样、干多干少一个样、干好干坏一个样的“大锅饭”问题。全院同志特别是各级领导干部，不能患“制度淡忘症”和“制度褪减病”，不能总想着在制度上松松绑、开开口、打打擦边球。世间万般事，不以规矩，不能成方圆。人不以规矩则废，党不以规矩则散，国不以规矩则乱。对创新工程来说，制度就是规矩，就是铁律。一项制度制定出来、实际执行起来并发挥作用不容易。有些同志总想在制度上开口子，今天开个口子，明天开个口子，在这里松一下，在那里放一马，时间一长，制度也就废掉了。这就好比在新衣服上打补丁，今天打一块，明天打一块，久而久之，新衣服就变成旧衣服了。制度废掉了，创新工程也就垮台了，社科院的希望之火也就熄灭了。总之，一句话，决不能退回到原来的老路上去。

在总结好创新工程五年经验的基础上，一定要做好下一个五年创新工程的谋篇布局工作。创新工程的成绩有目共睹，积累的经验弥足珍贵，但是对于存在的问题也不能回避。虽然已经过去了五年时间，现在仍然有少数同志甚至个别领导干部对创新工程的内涵和实质认识还不够到位，思想观念的转变还不够深刻，惰性和惯性还比较大，走“回头路”的拉劲不小。有的单位在创新工程管理上还存在松、宽、软的问题，对制度、规定执行得还不认真、不严格，对深化体制机制制度改革有畏难情绪，总想回到过去“吃大锅饭”和“你有我有大家都有”的平均主义平台上去。倒退是没有出路的，只能是死路一条！经过五年努力，通过制定和实施六个系列的管理制度，初步解决了原有的“大锅饭”问题，但在进入创新岗位人员和未进入创新岗位的人员中，仍然存在吃“大锅饭”的问题；科研成果的数量大幅增加，但是能够代表国家水准、具有世界影响、经得起实践和历史检验的重大创新成果还不够突出，深度参与党和国家重大决策的智库成果还不够多；重大科研成果产出机制有待进一步探索，以成果为核心的量化考核指标有待进一步完善，以真正实现从抓成果数量向抓成果质量的转变；涌现出了一大批学科带头人和中青年骨干人才，但与党中央赋予我们的职责和定位相比，与我们完成重大创新任务的需要相比，学术大家和高端创新型人才还不够多；一些单位和个人产生一定程度上的“创新疲劳”，创新工程的激励机制出现了边际效用递减的状况；等等。总之，创新工程的体制机制制度还有逐步完善提升的空间，成果产出机制和绩效考核指标仍有改进的余地。

实施哲学社会科学创新工程再次写入《中共中央关于制定国民经济和社会发展第十三个五年规划的建议》，充分表明党中央对创新工程的高度重视。国际国内形势的深刻变化，党和国家面临的艰巨工作任务，对哲学社会科学创新工程提出了新的更高的要求。一系列新的重大问题迫切需要哲学社会科学作出进一步研究和回答，一系列新的实践经验迫切需要哲学社会科学进行新的提炼和概括。我们一直说创新工程是机遇工程、爬坡工程、改革工程、发展工程、人才工程、希望工程，这已经成为全院同志的共识。虽然创新工程是新生事物，没有任何现成的经验可以借鉴，虽然迈出的每一步都很艰难，都付出了巨大的心血，但还是走出了一条成功之路，走出了一条振兴之路。回顾过去五年走过的历程，我们深切地认识到，如果没有创新工程，社科院就很可能会停滞不前、散沙一团，就很可能会自行边缘化，失去在党和国家心目中和哲学社会科学界应有的地位。今天，我们仍然要强调，创新工程是希望工程、生命工程、复兴工程，中国社会科学院的希望在这里，前景在这里，未来在这里；全院同志要像爱护自己的生命一样爱护创新工程，像保护自己的生命一样保护创新工程。

顾名思义，创新工程的关键在“创新”二字。衡量创新工程成功与否、成效如何，主要就是看是否拿出和拿出了多少创新性科研成果特别是原创性科研成果，是否培养和培养了多少创新型人才特别是高端创新型人才。在新的五年里，我们决不能停留在原来的水平上，而是要把门槛提得更高一些，把标准定得更严一些，使之真正符合中国社会科学院作为哲学社会科学研究“国家队”的身份，真正符合具有国际影响力的世界知名智库的定位，在出成果、出人才方面上一个大的台阶，实现质的跨越。全院同志特别是院属单位主要领导干部都要好好地想一想，下一个五年我们的创新工程应该做什么、怎么做，应该向何处发展、发挥什么样的作用；如何真正把中国社会科学院哲学社会科学研究事业的基点真正放在创新上，全面提升创新能力，推出更多站在时代高度、代表国家水准、经得起实践和历史检验的重大创新成果，更多政治素质过硬、学术造诣高深、在国内外学术界具有重要影响的创新型人才，使中国社会科学院始终走在中国哲学社会科学的最前列，成为构建中国特色、中国风格、中国气派的哲学社会科学创新体系的中坚力量；如何让制度完善起来、配套起来、固定起来、严格起来、坚持下去，让制度成为硬性规定、刚性约束，从严从实按制度办事，让制度真正发挥作用，并进而建立起更为完备、更为系统、更为科学、更为规范的创新工程制度体系。

**3. 建设中国特色新型智库最重要的是出高端成果和高端人才**

党组高度重视智库建设，认真贯彻落实习近平总书记关于智库建设的重要批示和中央《关于加强中国特色新型智库建设的意见》，按照中央“发挥我院作为国家级综合性高端智库的优势，使其成为具有国际影响力的世界知名智库”要求，始终把发挥好智库功能作为一项重大而紧迫的任务抓紧抓好，已经构筑起“院—所—专业”三级智库格局。今年要集中精力建设马克思主义理论创新智库、意识形态研究智库、财经战略研究院、国家金融与发展实验室、生态文明研究智库、国家治理研究智库、新疆智库、中国文化研究中心、国家全球战略智库、世界经济与政治研究所、中国廉政研究中心、“中国—中东欧 16+1”智库等专业化智库。办好上海研究院等合作智库。筹建好西藏智库、京津冀协同发展智库、马克思主义政治经济学创新智库等。

在 2015 年 12 月召开的国家高端智库建设试点工作启动会上，中国社会科学院有 3 家智库入选首批国家高端智库建设试点单位，这充分体现了党中央的信任和关怀，也标志着中国社会科学院智库建设进入新阶段。中国社会科学院将以国家高端智库建设试点为契机，深入贯彻中央决策部署，精心组织试点工作，注重从整体上充分发挥作为党中央国务院综合性高端智库的功能和作用，切实把中国社会科学院打造成国家急需、特色鲜明、制度创新、引领发展的高端智库，打造成国家级新型智库研究综合集成中心，马克思主义理论创新中心，党和国家重大决策咨询服务中心，哲学社会科学学术观点创新中心，高素质智库人才孵化中心，智库信息采集、储存、处理和发布的海量数据库运行中心，国际知名智库交流合作中心，推动中国社会科学院智库建设实现新的发展。

建设高端智库的关键在于建立健全有利于智库研究和发展的体制机制。要创新智库内部治理，完善制度设计，激发智库活力，加快形成灵活高效的管理运行机制。

加强高端智库建设，必须坚持成果导向，要把推出高质量的智库成果和高水平的智库人才作为出发点和落脚点。智库建设的成效，最终要落脚到产出一批中央决策需要的、具有战略和全局意义、现实针对性强、得到党和人民的认可的高质量成果上来；落脚到培养出一批政治方向学术导向正确，又红又专、德才兼备、有广泛影响力的高水平人才上来。要坚持高端定位、凝练主攻方向、突出专业特色、注重成果质量，增强理论创新和政策创新能力，努力推出原创性研究成果。

落实智库工作责任制，是推进高端智库建设的重要保障。为了抓好智库建设，中国社会科学院强调党对智库建设的领导，建立并落实了智库工作责任制。院党组承担智库建设工作的主体责任，明确了责任分工，党组主要负责人是智库建设工作第一责任人，主管副院长是智库建设工作的直接责任人，分管院领导是所分管智库的具体责任人。院属单位党委领导班子承担本单位、本部门、本智库的主体责任，主要负责人为第一责任人，主管领导为直接责任人，分管领导为具体责任人。党组要求智库工作要一级抓一级，一级压一级，层层传导压力。要建立健全智库建设综合协调、督办督查机构及相应制度，定期检查、定期汇报。智库建设搞不好，不出成果，要追究责任。

**4. 落实党组（党委）工作责任制是全面从严从实治党管院的关键**

坚持全面从严从实治党管院，就要严格贯彻落实中央关于全面从严治党责任制的要求，落实《关于全面从严治党主体责的任问责办法（暂行）》《中国社会科学院关于加强政治纪律建设的意见》，真正把全面从严治党主体责任落实好。党组履行全院全面从严治党主体责任，党组书记是全院全面从严治党第一责任人。院属单位党委履行所在单位全面从严治党主体责任，党委书记是所在单位全面从严治党第一责任人。纪委或纪检组织作为党内监督的专门机关，对全面从严治党责无旁贷，必须履行好监督责任，纪委书记必须履行好第一监督责任人的职责。抓全面从严治党，必须从各级党组织，特别是领导干部“关键少数”抓起。正人正己，已不正，焉能正人？不能“马列主义手电筒”只照别人，不照自己。要求别人做到的自己首先做到，要求别人不做的自己绝对不做。现在，个别单位个别主要负责同志对主体责任认识不清、落实不力，没有把全面从严治党当作分内之事，每年开个会、讲个话，或签个责任书就认为万事大吉了；对错误思想和作风放弃批评和斗争，搞无原则的一团和气，疏于教育，疏于管理和监督；或者只表态、不行动，说一套、做一套，甚至违规违纪，带坏了队伍，带坏了风气……各级党委特别是主要负责同志必须树立不抓全面从严治党就是严重失职的意识，常研究、常部署，抓领导、领导抓，抓具体、具体抓，种好自己的责任田。无论是党委还是纪委或相关职能部门，都要对承担的全面从严治党责任进行签字背书，做到守土有责。决不允许出现底下问题成串、为官麻木不仁的现象！不能事不关己、高高挂起，更不能明哲保身。不能当“好人”，把党和人民事业放到一旁。如果一个单位或部门出现严重问题，有关责任人装糊涂、当“好人”，那就不是党和人民需要的好人！你在消极腐败、违规违纪现象面前当“好人”，在党和人民面前就当不成好人，甚至可能成为坏人和罪人。作为领导干部，应该能够豁得出去，党和人民需要我们献身时，我们都要毫不犹豫挺身而出，把个人利益置之度外。

院属单位的领导干部要站在讲政治的高度，增强看齐意识，主动、坚定地向党中央看齐，向习近平总书记看齐，向党的理论和路线方针政策看齐，认真履行责任，把思想和行动统一到中央的新要求上来，牢固树立“不抓全面从严治党就是失职、抓不好全面从严治党就是渎职”的意识，解决好不想抓、不会抓、不敢抓的问题，切实担负起全面从严治党的主体责任。要把党风廉政建设和反腐败工作纳入党委总体工作，“既要挂帅更要出征”，把责任放在心上、抓在手上、扛在肩上、落实在行动上，真正把主体责任担起来，当好党风廉政建设的“明白人”、“责任人”和“带头人”。不要错误地认为中国社会科学院作为科研单位，是“清水衙门”，既不管钱，也不管物，更不管人，没什么权，党风廉政建设不是主要工作。任何人任何部门都没有资格在党风廉政建设和反腐败斗争问题上置身事外。如果不时刻绷紧廉洁这根弦，警钟长鸣，加强监管，稍有疏忽就会出问题。谁出问题谁就要承担责任。如果出了违反国家法律的大问题，恐怕就不是党内和院内能够解决的了。同志们一定要重视起来、紧张起来、严肃起来，千万麻痹不得！

坚持全面从严从实治党管院，要切实巩固“三严三实”专项教育成果，巩固审计、巡视成果。对于审计和巡视中查找出的问题、提出的整改意见，要高度重视，诚恳接受批评和建议，及时、认真、全面整改落实，能够立即整改到位的绝不拖延，不能立即整改到位的，要明确整改责任人和时间表，限时完成整改。党组根据党组成员工作分工，对审计、巡视交办任务提出分工负责安排。办公厅要按照职责分工抓好党组决定事项的督办落实，对于尚在落实的任务，由负责单位提出完成整改时间，每周向办公厅提交进展情况，办公厅汇总整理后报院党组审阅；对于已落实的任务，责任单位按统一体例要求起草整改情况报告，报分管院领导审阅后，由办公厅统一汇总整理，以党组名义及时上报国家审计署和中央巡视组。

坚持全面从严从实治党管院，要落实意识形态工作责任制。加强党的意识形态工作，对于中国社会科学院具有特殊重要性，必须以对党和人民高度负责的态度重视和抓好意识形态工作。党组在2013年已提出和建立的党委意识形态工作责任制的基础上，制定了《关于贯彻执行〈党委（党组）意识形态工作责任制实施办法〉的意见》和《中国社会科学院〈党委（党组）意识形态工作责任制实施办法〉实施细则》，进一步明确了院党组、院属单位党委和基层党组织承担的意识形态工作主体责任，进一步把党委（党组）意识形态工作责任制完善化、制度化、具体化；意识形态工作责任制实现了全覆盖，做到不留死角、没有空白。党组对全院意识形态工作负总责，党组每年向中央和中央宣传部汇报全院意识形态工作情况；每年至少召开两次专题会议，深入分析意识形态领域形势，系统研究全院意识形态工作；每年至少召开一次意识形态工作经验交流会；思想理论写作组每季度召开一次会议，确立选题，组织专家学者撰写系列理论宣传文章；设立党组意识形态工作办公室，由马克思主义研究院承担相关日常工作职责。

院属各单位各部门党委书记为本单位本部门意识形态工作第一责任人，研究所所长为科研领域意识形态工作直接责任人；基层党组织书记为第一责任人，院属单位处室主要负责人为直接责任人。院党组还明确了各级纪委的意识形态工作监督责任，纪委书记为本单位本部门意识形态工作监督第一责任人，负责监督检查本单位本部门意识形态工作。要建立意识形态工作检查、督办、查办制度，院纪检监察机关负责对政治纪律、重大意识形态违规行为的定期巡回检查，发现问题，严肃查处、追究责任。办公厅负责全院意识形态相关工作任务的日常督办。

院属单位党委特别是主要负责同志要进一步增强做好意识形态工作的政治责任感和历史使命感，牢牢掌握意识形态工作的领导权、管理权和话语权，自觉维护国家意识形态安全，做意识形态领域的坚强战士，勇敢地把投枪和匕首刺向敌人的心脏，切实把意识形态责任制落到实处。各研究所（院）党委每年要向党组至少提交一次意识形态工作报告，每年至少要召开两次会议研究意识形态工作。要把中央和党组关于意识形态工作的决策部署贯穿到全院各个领域和各项工作中去，将意识形态工作情况作为干部考核评价奖惩的重要指标和创新工程准入的重要条件，凡是政治方向不正确、不敢与错误思潮作斗争的人员不得重用，对于意识形态工作出现问题的单位和个人，在创新工程准入考核时实行一票否决。

**5. 加强党委集体领导下的所长负责制建设是决定性举措**

在中国社会科学院，坚持党的领导，一个非常重要的制度设计，就是要坚定不移地落实党委集体领导下的所长负责制。换句话说，党委集体领导下的所长负责制是加强党对哲学社会科学领导的基本实现形式。近年来，党组狠抓党委集体领导下的所长负责制制度建设，推动院属各单位认真贯彻落实《研究所党委工作条例》和《研究所所长工作条例》，以完善党委会、所务会、所长办公会等制度为重点，进一步明确研究所党委和所长的职责权限，加强党政沟通协调，建立健全党委统一领导、党政分工合作、协调运行的工作机制，确保全院以科研为中心的各项工作有效运转。实践证明，抓好这项制度建设，一个研究单位就无往而不胜；忽视和放松这项制度建设，一个研究单位就要出问题，就要走下坡路，甚至给本单位的事业造成严重的危害和损失。

从总体上看，全院落实党委集体领导下的所长负责制的情况是好的和比较好的。但是，个别单位仍然不同程度地存在这样那样的问题，必须坚决加以纠正。一是党的观念淡薄。认为中国社会科学院是一个科研单位，学术高于一切，可以不要党的领导，党委只是配角，书记只是摆设，甚至个别人还认为从当书记到当所长是提拔重用。二是集体领导观念淡薄。认为科学研究是主业，应当所长说了算，而不是党的集体领导说了算。三是团结观念淡薄。所长和书记互相不尊重，互相争“老大”，所长不尊重书记，书记不尊重所长，各搞自己的小圈子。四是制度观念淡薄。不按程序办事，不按制度办事，不按规矩办事。有的单位研究决定重要事项，该上会的不上会，或者以打电话、发邮件的形式代替会议决策；有的单位长期不开党委会，就是开了党委会也没有纪要、没有记录。五是民主观念淡薄。民主集中制贯彻落实不力，有的领导干部不能正确看待自己的能力和作用，摆不正自己的位置，喜欢大事小事自己说了算，导致出现“一言堂”现象，集体领导形同虚设。六是纪律观念淡薄。不知道个人服从组织，少数服从多数，下级服从上级，全党服从中央的道理；对于党委集体作出的决定，有的班子成员坚持“己见”、拒不执行，擅自发表与集体决定相悖的言论，甚至在群众中散布班子集体讨论时的不同意见；有的领导干部缺乏担当精神，不敢坚持原则，乐于当老好人，碰到问题怕得罪人，遇到矛盾往后缩；等等。

实行党委集体领导下的所长负责制，不是权宜之计，更不是可有可无，而是中国社会科学院一项具有根本性的制度安排，是一项行之有效的领导体制和管理制度，是全院工作的政治保证、组织保证、制度保证。这个根本制度是动摇不得的，只能加强不能削弱。院属研究单位主要负责同志都要在执行党委集体领导下的所长负责制方面做表率、当模范。一是要重视党委集体领导下的所长负责制。从加强党对哲学社会科学的领导、确保全院始终坚持正确政治方向和学术导向、真正实现中央“三个定位”要求的高度，深刻认识加强党委集体领导下所长负责制制度建设的重要性，切实增强党的观念、集体领导观念、制度观念、纪律观念、民主观念和团结观念。二是要做坚持和践行党委集体领导下的所长负责制的模范。党委书记和所长都要认真地、模范地执行这一制度，谁也不能违背和破坏这一制度。三是要搞好党政一把手的团结。像爱护眼睛一样维护党政一把手的团结，维护整个班子的团结，多配合、多协商、多谅解，但是不能搞无原则的交易。四是要按照程序、规矩、制度办事。习近平总书记一再强调政治纪律、政治规矩。坚持党的集体领导，就是政治纪律和政治规矩，大家必须坚决遵照执行。五是要切实负起领导责任。敢于担当，忠诚履责、尽心尽责、勇于担责。书记要负书记的责任，所长要负所长的责任，书记要支持所长，所长要支持书记，要敢管、善管，把主要精力放在治所上，而不是放在其他事上，齐心协力把研究所治理好、管理好；既要能够“妙手著文章”，更要能够“铁肩担道义”。六是要始终坚持正确的政治方向和学术导向。把握好政治立场的坚定性和科学探索的创新性的有机统一，不能把探索性的学术问题等同于严肃的政治问题，也不能把严肃的政治问题等同于探索性的学术问题。当然，党组还要在进一步加强党委集体领导下的所长负责制制度建设上下更大的功夫，按照政治标准选好书记、选好所长，加强书记、所长的培训力度。从抓思想、抓制度、抓纪律、抓团结、抓管理入手，把党委集体领导下的所长负责制制度落实好。此外，院属其他单位也有一个加强领导班子建设的问题，也要像重视党委集体领导下的所长负责制制度建设那样，按照党组要求，重视和加强本单位的领导班子建设，发挥好各方面工作的战斗堡垒作用。

## （三）工作部署

2016年，要着力完成以下几个方面的工作。

**1．学习贯彻习近平总书记系列重要讲话精神**

今年要把学习贯彻习近平总书记系列重要讲话精神放在全院工作的首位，把学习宣传、研究阐释习近平总书记治国理政新理念新思想新战略作为重要政治任务，切实抓紧、抓实、抓好。

加强宣传报道，发挥全院报纸、期刊、出版、网站、信息报送等平台优势，建设全方位、多角度、立体化宣传结构，进一步拓展宣传新空间。重点围绕坚持和发展中国特色社会主义、实现中华民族伟大复兴的中国梦，围绕“四个全面”战略布局和“五大”发展理念，围绕推进经济建设、政治建设、文化建设、社会建设、生态文明建设，围绕党的建设和反腐倡廉建设，围绕国家治理体系和治理能力现代化，围绕推进国防和军队建设、祖国统一、外交工作等重要内容的理论思想内涵，积极整合配置学术资源，立足学科专业领域，发挥理论专长和专业优势，从不同学科方向和理论视角，切实加强习近平总书记系列重要讲话精神研究和宣传工作。

**2. 发挥马克思主义坚强阵地作用**

加强理论武装工作，提高自觉运用马克思主义立场观点方法指导科研工作的能力和水平，不断推进马克思主义中国化、时代化、大众化。坚持学习和研读马克思主义经典著作，不断接受马克思主义哲学、政治经济学、科学社会主义智慧的滋养，学习中国特色社会主义理论体系。办好所局主要领导干部读书班、处室领导干部培训班、新提拔干部任职前学习班，加强对科研骨干、青年人员和全院工作人员进行马克思主义理论培训。

大力实施中央马克思主义理论研究和理论建设工程、院马克思主义理论学科建设和理论研究工程、马克思主义文艺理论和文艺批评工程。加强各学科领域马克思主义基本理论研究和学科建设，构建全院马克思主义研究机构立体格局和理论学科群，建设以马克思主义为灵魂的中国特色的哲学社会科学创新体系和话语体系。建设好马克思主义研究学部、马克思主义研究院、当代中国研究所、信息情报研究院、中国特色社会主义理论体系研究中心、马克思主义学院和世界社会主义研究中心七大马克思主义研究平台，建设好马克思主义理论创新智库和意识形态研究智库，筹办马克思主义政治经济学创新研究智库，建设好马克思主义理论类别研究室、研究中心、论坛和期刊。

加强马克思主义人才队伍建设，培养一批马克思主义理论研究的高层次人才，实施好“马克思主义理论骨干人才计划”。真正把中国社会科学院建成学习、宣传、研究、发展马克思主义的坚强阵地、战略高地和人才孵化基地。

**3. 加强党的意识形态工作**

坚持党管意识形态工作，切实掌握意识形态工作的领导权和主导权，充分发挥中国社会科学院意识形态重镇作用。实施意识形态工作责任制，落实和强化各级领导干部意识形态工作的主体责任和监督责任。在意识形态斗争中勇于发声、敢于亮剑，维护国家意识形态安全。开展积极的舆情分析和舆论斗争，加强对思想领域大是大非问题和政治原则问题的正面引导，组织好对“宪政民主”、“普世价值”、“公民社会”、“新闻自由”、历史虚无主义、新自由主义、民主社会主义等错误观点和思潮的研究和批驳，增强用马克思主义引领多样化社会思潮的能力。

加强对院属媒体管理，充分发挥报刊出版馆网库志和学术评价在宣传党的意识形态方面的重要作用。选优配强各级领导班子，强化监督检查和执纪问责，真正把意识形态责任制融入科研工作、行政管理工作全过程。加强意识形态工作专家队伍、马克思主义网军队伍、思想理论写作组建设；加强和推动以中国特色社会主义理论体系研究中心名义发表理论文章的工作。

加强对全院人员的意识形态、思想政治的教育培训，提高政治敏锐性和政治鉴别力。

**4. 深入推进哲学社会科学创新工程**

在认真总结创新工程过去五年经验基础上，制定“十三五”发展规划，创新科研成果产出、评价、资助、发布和转化机制，着力推出一批优秀成果和优秀人才，不断推进创新工程迈向新的高峰。加强创新工程制度建设，建立完备、系统、科学、规范的科研管理制度体系。重点改进和完善创新工程绩效考核和后期资助目标报偿制度，拉开合理绩效报偿差距，真正形成奖勤罚懒、奖优罚劣的分配机制，打破新的“大锅饭”。强化准入、退出制度执行力度，严格审核把关。加大对基础研究学者和青年学者的扶持力度。

完善科研管理体制机制和科研组织形式，优化创新工程综合管理平台。规范创新项目立项、结项、审核流程，加强与创新单位和创新岗位考核衔接。加强科研经费、资源配置的监督管理，完善横向课题管理办法，确保全院各类经费依法合规高效使用。加强重大科研成果和学术信息发表发布及宣传转化机制建设，增强学术成果的决策服务力和社会影响力。规范学术社团和非实体研究中心管理和评价制度。创新学术人才培养体制机制，加强哲学社会科学人才发展统筹规划和分类指导。

**5. 建设哲学社会科学研究最高殿堂**

坚持基础研究和应用研究并重并举，坚持立足中国实际、引领学术前沿，推动基础学科和应用学科共同发展，抢占哲学社会科学话语体系制高点。实施“中国社会科学院创新工程学科建设登峰战略”，探索建设适应时代、布局合理、重点突出、保障有效的学科发展新体系；重点培育有潜力的应用学科，将应用转化纳入全院中国特色新型智库建设；巩固传统优势学科领先地位，引导基础学科在加强自身学术积累的同时关注党和国家经济社会发展重大问题；鼓励开展跨学科交叉研究，形成新的特殊学科增长点。建立完善学科建设考评、激励、人才培养和配置制度，加强学术成果转向对策信息能力建设。

推动中国特色哲学社会科学话语体系建设工作，认真辨析西方话语体系，破除西方话语体系束缚，凝练升华中华优秀传统文化精髓，突出中国文化特色和时代特征，建立有中国特色、代表中国声音、体现中国道路的话语范式，实现中华文化的创造性转化和创新性发展。继续加强学部建设，做好国情调研工作，打造中国社会科学院学术会议品牌。全面推进国史研究工作。贯彻落实《全国地方志事业发展规划纲要（2015—2020年）》，推进地方志事业繁荣发展。

大力开展学术外交、学术外宣活动，进一步加大“走出去”战略实施力度。充分发挥中国社会科学院特点优势，认真组织实施各类高水准的学术交流活动和涉外项目，深化对外学术交流，增强中国学术在国际上的影响力。加强中国学研究国际学术交流，促进海外中国学研究学科发展；大力推进国家学术外宣基地建设，开展“中国梦”外宣工作。进一步拓展院级协议交流网络，建设中国社会科学院与国外开展学术交流的畅通渠道和高层平台。加强中国社会科学院与国外高端科研机构、重要国际组织和国际知名智库的交流与合作，合作举办各类论坛会议，支持双向任职锻炼、联合项目研究、长期出访调研。加强制度建设，完善国际交流合作项目的管理办法。加大对优秀学术成果翻译出版、外文学术刊物的资助力度，完善相关审读工作，扩大中国学术的国际影响力和话语权。

**6. 发挥国家级综合性高端智库优势**

遵循中央关于中国特色新型智库建设的总体要求，突出中国特色和中国社会科学院特点，坚持高端定位、树立问题意识、突出专业特色、凝练主攻方向、注重内涵发展，以入选首批国家高端智库建设试点单位的中国社会科学院以及院属国家金融与发展实验室、国家全球战略智库为重点，深化“院—所—专业”三级智库格局建设，集中打造或筹建15家专业化新型智库，加强合作智库建设，坚持高起点推进、高质量研究、高水平建设，着力打造在国内外有广泛影响力的国家级高端智库群。加强智库与决策部门的沟通联系，建设常态化互动平台，强化供需有效对接、工作一体联动机制。强化问题导向、应用导向，推出更多原创性、前瞻性、战略性研究成果和政策储备。

落实智库工作责任制。促进创新工程与新型智库建设相结合，建立灵活高效的智库运行体制机制和有利于出成果出人才的激励制度。创新组织形式和管理方式，建立有效的智库内部治理机制、优胜劣汰的竞争机制、互联互通的信息共享机制、持续稳定的经费投放机制、广泛的国际合作与交流机制；完善智库成果激励机制，建立智库考核评价制度；加强智库人才选用、交流、培养制度建设，形成开放、竞争、流动的人才机制；建立健全智库建设综合协调、督办督查机构及相应制度。

**7. 建设报刊出版馆网库志和社会科学评价名优工程**

坚持党管媒体原则，牢固树立阵地意识，牢牢把握报刊出版馆网库志和社会科学评价的领导权管理权话语权。建设名优工程，努力打造党的思想理论重要阵地和传播平台。健全完善名优建设工程、信息化建设、数字资源采购的程序、规则、管理和制度体系，提高建设质量、增强使用效率。建立任务到岗、责任到人、奖惩到位制度体系，加强多方审核、全程监督、终生追责制度建设。

加强和改进报纸、期刊、图书、网站、地方志审读工作，实行交叉审稿、双向匿名审稿和回避制度，提高编校质量。加强理论学术传播信息化建设，切实维护网络安全。坚持名优工程建设“九统一”原则，即统一领导、统一管理、统一经费、统一网站、统一机房、统一数据库、统一数字化图书馆、统一综合集成实验室平台、统一综合管理平台，推进学术期刊“五统一”改革，完善图书馆“总馆—分馆—资料室”三级管理体制，按照“互联网+”“社科云”架构，推进全院“一网一库两平台”建设。实现全国地方志系统的信息资源共建共用和数字化转型。进一步完善中国人文社会科学评价体系，抢占中国哲学社会科学评价研究制高点。

**8. 打造政治可靠、业务精湛、党和人民放心的干部人才队伍**

加强党组自身建设。坚持党组中心组学习制度，增强战略思维、辩证思维、法治思维、历史思维、底线思维，提高驾驭全局、综合决策、统筹推进能力。积极探索强化党内监督的有效途径，加强民主集中制建设，坚持集体领导与个人分工相结合，坚持和完善党组会议、院务会议、院长办公会议、改革协调会议、督办会议和民主生活会制度，完善监督制度和集体议事程序，提高决策的科学化、民主化水平。模范遵守中央“八项规定”和反对“四风”要求。厉行勤俭节约，进一步转变学风文风工作作风。建立密切联系群众长效机制，虚心听取群众意见。党组成员带头宣讲中央精神，带头撰写系列理论宣传文章。

加强和改进党委集体领导下的所长负责制，完善党委议事制度和规则。强化领导干部党的观念、集体领导观念、团结观念、制度观念、民主观念、纪律观念，坚持“三重一大”事项集体讨论、集体决策；坚持严格党内民主生活，坚持“三会一课”等组织生活制度，积极开展批评与自我批评。

加强干部队伍建设，增强政治意识、大局意识、纪律意识、责任意识、规矩意识。加强院属单位领导班子建设，做好所局领导班子调整补充和干部配备工作。健全完善从严从实管理干部制度，完善干部学者实践锻炼制度。加大中青年干部学者和新入院人员到基层或院职能部门实践锻炼力度。进一步落实人才强院战略，完善以引进成熟型人才为首选、适当引进应届毕业生的人才引进机制，加大领军人才引进力度。

加强领导干部培训工作，以2016年为加强党校工作年，强化党的理论教育、党性教育、党章党规党纪教育，提高干部教育培训质量。加强研究生教育，把研究生院办成哲学社会科学高端后备人才培养基地；加大博士后培养交流力度。推进事业单位分类改革，加快薪酬与社会保障管理制度建设。做好职称评审和岗位分级工作，推动评聘工作制度化、常态化。

**9. 提高服务科研能力和保障水平**

实施管理强院战略，改进完善遵循管理规律、符合全院实际的工作流程和规范，提高行政、财务、后勤、基建管理的制度化、规范化、科学化水平。做好沟通协调、审核把关、督促落实、运转保障工作，保障全院日常工作运转流畅。按照务实、从简、节约原则，推进完善会议组织机制，提升写作班子的写作能力和水平，推进督查督办工作体制机制规范化建设，完善档案统一管理工作机制，做好值班检查和安全防范工作，加强保密宣传教育和培训，做好联络宣传和信访受理工作。

健全完善财务管理体制机制，加大预决算管理和会计核算力度，强化预算执行力，加强会计委派制、代理制和结算中心制度建设，严格执行经费支出审核审批“一支笔”制度，完善财务检查监督、重大项目论证招标制度，严格按照规定使用创新工程经费，确保全院各项事业顺利发展。大力推进重大基本建设项目和维修改造项目，加强院办公用房的调整工作，加强房地产和国有资产管理。提高物业、交通、餐饮、会议、医疗、文印等各项服务工作水平。采取有效措施，开辟各种渠道，逐步解决职工特别是青年科研人员住房困难问题。进一步完善职工子女入学长效机制，拓宽与地方共建学校渠道。

**10. 落实全面从严治党主体责任和监督责任**

坚决落实全面从严治党主体责任和监督责任，认真贯彻执行廉洁自律准则和党纪处分条例，加强院属单位党委和纪委履行全面从严治党主体责任和监督责任能力建设。巩固扩大“三严三实”专题教育和审计、巡视成果，细化完善规章制度，加强监督管理。严格落实中央巡视组和国家审计署审计组要求，明确整改意见，公布整改情况，督促整改落实。加强“三项纪律”建设和“四项经费”检查。针对办公用房超标、公款旅游、横向课题经费管理、违规兼职取酬等问题，开展专项治理。加强对重点领域的监管，建立健全“四种形态”落实机制，提升纪律审查工作质量。加强对全院干部职工的监督和教育，加强重大项目、大额资金使用的监管，充实壮大特约监督员队伍。继续开展普法教育。规范全院人员网上行为。

加强基层党支部建设，加强各级党组织学习制度建设，开展内容丰富、形式多样的学习活动。在全体党员中开展“学系列讲话、学党章党规、做合格党员”教育活动。加强党建理论研究，探索党建工作规律，推进党建工作规范化制度化科学化。做好党委和纪委换届选举工作，配齐班子成员，特别是纪委干部。加强思想政治工作和思想道德建设，继续办好道德建设论坛，加强多媒体应用，提高哲学社会科学工作者的思想境界和道德修养。高度重视和切实做好离退休人员工作，充分发挥老干部作用。加强和改进统一战线工作以及工会、青年和妇女工作。

同志们，让我们紧密团结在以习近平同志为总书记的党中央周围，高举中国特色社会主义伟大旗帜，积极投身中国社会科学院坚强阵地、高端智库、最高殿堂建设的伟大实践，开拓进取，扎实工作，为实现中华民族伟大复兴中国梦的宏伟目标而不懈奋斗！

# 深入学习贯彻习近平总书记系列重要讲话精神<br>加快构建中国特色哲学社会科学<br>高端传播和评价平台

## ——在2016年度中国社会科学院报刊出版馆网库志和学术评价名优建设工程工作会议上的讲话

王伟光

（2016年12月13日）

同志们：

在全党全国深入学习贯彻党的十八届六中全会精神的形势下，中国社会科学院召开第七届报刊出版馆网库志和学术评价名优建设工程（以下简称名优工程）工作会议，这是在关键时刻召开的一次十分重要的会议。会议的主题是：高举中国特色社会主义伟大旗帜，以马克思列宁主义、毛泽东思想、邓小平理论、“三个代表”重要思想、科学发展观为指导，深入学习贯彻习近平总书记系列重要讲话精神和治国理政新理念新思想新战略，深入学习贯彻党的十八大和十八届历次全会精神，总结中国社会科学院2016年名优建设工作，确定明年推进名优建设工程的目标和举措，加快构建中国特色哲学社会科学高端传播和评价平台，努力开创中国社会科学院名优建设工作新局面。

### （一）成绩和问题

实施名优建设工程是院党组加强马克思主义坚强阵地和党的意识形态重镇、理论学术传播和学术评价能力建设的一项战略举措。自2008年启动以来，已走过了8年的历程，形成了报刊出版馆网库志和学术评价“八位一体”的总体格局，名优阵地逐步壮大，名优成果日益丰富，名优品牌声名远播，理论学术传播力、影响力显著提升。

2016年是中国社会科学院实施“十三五”创新工程发展规划的开局之年。名优建设工作以习近平总书记在全国哲学社会科学工作座谈会上的重要讲话精神为根本遵循，在院党组的统一部署下，院属各单位共同参与，各司其职，推动名优建设工程迈上新台阶。

《中国社会科学报》2009年创刊，在2015年由周三刊改为周五刊的基础上，2016年进一步关注中国特色社会主义重大理论和实践问题，办好特色版面，推出专题板块，刊发主题文章，引领哲学社会科学学科体系、话语体系、学术观点和科研方法的创新，加大马克思主义、毛泽东思想和中国特色社会主义理论体系研究宣传力度，聚焦习近平总书记系列重要讲话精神和治国理政新理念新思想新战略研究阐释；贯彻习近平总书记“5·17”重要讲话精神，开展“繁荣发展哲学社会科学”系列报道；围绕庆祝中国共产党成立95周年，推出系列理论文章；“资讯报道”“马克思主义月刊”“对话”等重要版面和栏目，组织刊发加快构建中国特色哲学社会科学学科体系、学术体系和话语体系的系列成果；办好“学海观潮”等品牌栏目，推出“思潮辨析”学术专版，加强对错误思潮的批驳。报纸刊发的大量文章，被人民网、光明网、求是网、环球网等知名媒体转载，在国内外的传播力和影响力进一步扩大。

院属期刊从2009年启动名刊建设工程，2013年推行“五统一”（统一管理、统一经费、统一印制、统一发行、统一入库）制度以来，坚持正确的政治方向和学术导向，办刊质量不断提高，中国社会科学院学术期刊的优势地位进一步巩固。2016年创办了国内统一刊号学术期刊《财经智库》《世界社会主义研究》和外文期刊《民族学人类学学刊》（*Journal of Ethnology and Anthropology*），期刊阵容扩大到96种。刊网融合加速推进，开设了全院期刊统一微信公众号“社科期刊荟萃”，近10种期刊新开设微信公众号，17种期刊新加入全院统一期刊采编平台，使用采编平台期刊达到68家。期刊审读工作不断加强，完成审读专家换届，扩大学科覆盖面，首次开展外文期刊审读。期刊影响力显著提升，《中国社会科学》《历史研究》《经济研究》等11种期刊进入国家新闻出版广电总局评选的“2016期刊数字影响力100强”，20种期刊被收入知网《中国学术期刊国际引证年报（2016）》。

院属出版社从2009年启动“名社”建设工程以来，坚持正确的出版方向，立足学术出版主业，推出系列精品图书，实现了出版规模和销售收入同增长，经济和社会效益双丰收。2016年院属出版社精心策划主题出版，加快智库成果转化，探索数字化和特色化出版新路，促进智库产品转化，在国内外的影响力显著提高。中国社会科学出版社成立智利分社，社会科学文献出版社成立俄罗斯分社，学术出版“走出去”取得新进展。中国社会科学出版社、社会科学文献出版社、经济管理出版社荣获“中国图书海外馆藏影响力出版100强”，在全国500余家出版社中分别排名第2位、第3位和第54位。

院图书馆大力加强一网（中国社会科学网）、一库（哲学社会科学海量数据库）、一平台（综合集成实验室平台）建设，加大数字资源引进力度，组织全院古籍资产核查，加强馆际协作，启动骨干网络系统升级改造、远程访问系统设备更新等项目，提升服务科研的能力和水平。筹建国家哲学社会科学文献中心，拟于年底实现文献中心门户网站上线运行，为全院乃至全国的哲学社会科学工作者提供丰富的文献信息资源。

中国社会科学网以加强党的网络意识形态工作为主线，于2011年1月1日上线，2014年1月1日改版，影响力显著提升，成为全球最大学术门户网站，成为党的理论学术重要网络阵地。2016年社科网围绕建党95周年、建军89周年、G20峰会、新中国成立67周年、红军长征胜利80周年、党的十八届六中全会召开等重要节点，发布大量高质量的理论文章、视频、图解，利用报网融合互动优势，开展网上理论斗争，批驳历史虚无主义、新自由主义等错误思潮及错误言论。多次获中央网信办表彰，有6篇文章获优秀理论文章奖，4个新媒体作品获创新传播奖，2人获G20峰会网络工作先进个人。社科网微信公众号被《网络传播》杂志评为优秀国际化智库类公众号。创新传播方式，所刊发的学术理论文章可通过中、英、法文网站和手机社科网、微博、微信、学术要闻客户端等移动媒体同时推送，做到传播快、覆盖广。目前总点击量超4亿次，PC端日阅读量超13万次，被中央网信办列为全国7家重点建设理论网站之一，列入互联网新闻信息稿源单位名单。

海量数据库建设加快推进。科研成果数据库、图书文献数据库、社会调查数据库等基本建成，即将上线试运行，按照“社科云”理念，为全院科研工作提供便捷服务。国家期刊库建设再上新台阶，年底前收录期刊1000种，个人用户注册超过10万人，机构用户注册已达68家，微信、微博关注度大幅提升，被国家新闻出版广电总局评为“全国报刊媒体融合创新案例20佳”。

名志建设取得新成果。2016年启动中国志书精品工程、名镇志文化工程、名村志文化工程、民族地区与贫困地区志书出版资助工程、年鉴精品工程，全力打造精品佳志。开展地方志优秀成果评奖，共评出优秀年鉴406部。国家数字方志馆揭牌，中国地情网二期稳步推进，地方志工作信息化建设取得新进展。开设“方志大讲堂”，举办“方志中国”展览，利用中国方志网、方志中国微信，发布修志动态，推广修志经验，扩大社会影响力。

中国社会科学评价中心自2014年成立以来，坚持正确评价导向，着力制定科学、公正、透明的评价规则和标准，构建中国人文社会科学权威评价体系和国内外高端智库评价体系。2016年加快建设全国最大的人文社会科学期刊引文数据库，强化对院期刊的考核评价，完成英文期刊评价总体设计，开展全球核心智库评价；举办“绿色发展与智库建设”国际论坛和第三届全国人文社会科学评价高峰论坛。与中宣部、国家社科规划办、国家标准委等合作，开展学术评价标准制定工作，申报评价国家标准。开展国际交流，参与国际学术评价标准制定，努力掌握国际学术评价话语权。

信息化管理办公室以加强信息化规划管理和督办名优协调会决定事项为抓手，保障名优建设工程有序推进。编制《中国社会科学院“十三五”信息化发展规划》，修订《院重大信息化项目管理办法》，加强信息化的立项审批、结项验收和绩效评估。实行名优建设工程季报和督查月报制度，严格经费预算和使用，抓好网络安全工作，开展大数据与社会科学研究的研讨和培训，在联系名优建设单位形成合力，提高信息化建设效益等方面发挥重要作用。

2016年中国社会科学院名优工程建设统筹推进、重点突破，成绩显著，为“十三五”开了好头。实践证明，院党组关于名优建设工程的一系列决策部署是完全正确的，报刊出版馆网库志和学术评价“八名”建设是很有成效的。同时，我们要清醒地认识到，名优建设工作离中央对中国社会科学院“三个定位”的要求还存在很大差距，还有许多不足和亟须改进之处。例如，个别单位对理论学术传播和评价还不够重视，领导班子和队伍建设滞后，专业化骨干人才奇缺的问题还比较突出；个别领导干部不能正确处理政治与学术的关系，存在着淡化马克思主义的指导作用，轻视党的意识形态工作，追求“纯学术”“去政治化”的问题；个别编辑人员违反职业道德和编审制度，编发“人情稿”“关系稿”的现象屡有发生；“八名”建设还存在着网络基础设施比较落后，报刊出版的管理和经营水平尚需提高，图书馆数字化转型起步较晚，社科网跨越式发展面临瓶颈，海量数据库建设迟缓，方志资源使用效率不高，学术评价体系有待完善，传统媒体和新兴媒体融合发展持续深化等问题。这些问题，必须引起我们高度重视，认真加以解决。我们一定要站在党和国家事业发展全局和战略的高度，认清名优建设工程的重要性和紧迫性，提高名优建设工作的自觉性和实效性。

## （二）形势与任务

党的十八大以来，以习近平同志为核心的党中央，把握时代大势，回应实践要求，统筹推进“五位一体”总体布局和协调推进“四个全面”战略布局，进行具有许多新的历史特点的伟大斗争，开创了治国理政新境界和中国特色社会主义事业新局面。当前我们正处在世界格局深刻调整、国际竞争日趋激烈，国内改革深化攻坚、社会矛盾集中凸显的关键时期，意识形态领域的渗透和斗争愈益复杂、各种思想文化的交流和交锋更加频繁。从国际上看，经济全球化、政治多极化曲折发展，各种战略力量分化组合；全球经济仍未走出金融危机的阴影，欧美国家乱象丛生，新兴经济体陷入困境；在西方保守主义、恐怖主义、民粹主义、贸易保护主义有所抬头，“西强我弱”的国际文化和舆论格局尚未根本扭转。从国内来看，经济发展进入新常态，经济实力和综合国力大幅提高，一方面社会主义市场经济的确立和发展极大地促进了我国经济社会的繁荣发展，另一方面市场经济的消极影响，极易诱发自由主义、拜金主义、利己主义和享乐主义；由于社会经济成分、组织形式、就业方式和分配方式多样化，人们思想活动的独立性、选择性、多变性、差异性明显增强；扩大对外开放有利于人们开拓眼界，增加见识，但西方资本主义腐朽思想文化也会趁机而入，迫切需要我们坚持以马克思主义为指导巩固思想理论阵地，以社会主义核心价值观引领社会思潮。国内外形势发生的重大变化，给名优建设工作既提供了前所未有的机遇，也提出了前所未有的挑战。

第一，建设马克思主义坚强阵地和党的意识形态重镇，给名优建设工作提出了新的任务。

理论宣传、学术传播和学术评价，是意识形态工作的重要组成部分，事关党和国家的前途命运。早在延安时期，毛泽东同志就指出：“应该把报纸拿在自己手里，作为组织一切工作的一个武器，反映政治、军事、经济并且又指导政治、军事、经济的一个武器，组织群众和教育群众的一个武器。”今年5月，习近平总书记在哲学社会科学工作座谈会上强调：“哲学社会科学事业是党和人民的重要事业，哲学社会科学战线是党和人民的重要战线。”要充分发挥“报刊网络理论宣传等思想理论工作平台的作用，深化拓展马克思主义理论研究和宣传教育”。中国社会科学院作为党中央直接领导的意识形态重要部门，努力建设马克思主义坚强阵地和党的意识形态重镇，是中央对中国社会科学院第一位的要求。中国社会科学院的报刊出版馆网库志和学术评价是党和国家的喉舌，处于国际国内思想理论斗争前沿，必须坚持党管意识形态、党管媒体的原则，为巩固马克思主义在意识形态领域的指导地位，巩固全党全国各族人民团结奋斗的共同思想基础发挥重要作用。

研究和传播马克思主义科学真理，维护和巩固社会主义意识形态，是中国社会科学院名优建设工程的首要任务。不管是办报、办刊、办出版社、办图书馆，还是办网、办库、办方志、办学术评价，都必须毫不动摇地坚持马克思主义指导，坚持“二为”方向和“双百”方针，坚持党性和人民性的统一、科学性和意识形态属性的统一，坚守和扩大马克思主义理论阵地和党的意识形态阵地。只有自觉坚持以马克思主义指导理论研究、学术传播和学术评价，坚定宣传党的理论和路线方针政策，始终保证中国社会科学院的各类媒体在同各种错误思潮和敌对势力的斗争中，敢于亮剑，激浊扬清，弘扬主旋律、传播正能量，中国社会科学院作为马克思主义坚强阵地和党的意识形态重镇的定位和功能才能充分彰显。

学习贯彻习近平总书记系列重要讲话和党的十八届六中全会精神，是中国社会科学院当前和今后一个时期的重大政治任务。报刊出版馆网库志和学术评价单位，要围绕习近平总书记系列重要讲话中蕴含的治国理政新理念、新思想、新战略和党的十八届六中全会提出的全面从严治党新思路新观点新举措，组织选题策划，推出精品力作，推动兴起全院乃至全国哲学社会科学界学习贯彻习近平总书记重要讲话和党的十八届六中全会精神的热潮。

第二，坚定文化自信和学术自信，增强我国哲学社会科学话语权，给名优建设工作提出了新的要求。

习近平总书记在哲学社会科学工作座谈上指出："我们说要坚定中国特色社会主义道路自信、理论自信、制度自信，说到底是要坚定文化自信。文化自信是更基本、更深沉、更持久的力量。"坚持文化自信，落实到哲学社会科学领域，就是要坚持学术自信，打造具有中国特色、中国风格、中国气派的哲学社会科学高端传播和评价平台。中国社会科学院的报纸、期刊、出版社、图书馆、网络、数据库、地方志和学术评价，是我国哲学社会科学极其重要的资源，是树立文化自信和学术自信不可缺少的载体。全面推进报刊出版馆网库志和学术评价名优建设工程，广泛深入地传播能够体现中国立场、中国理论、中国道路、中国智慧、中国价值的理念、方案、主张，才能让全世界越来越多的人了解"学术中的中国""理论中的中国""哲学社会科学中的中国"，知道"发展的中国""开放的中国""文明的中国"，从而提高民族自尊心和自豪感。

传播力决定影响力，话语权决定主动权。但话语的内核是理论、是学术，要增强话语权，就必须打造高端的理论学术传播和评价平台。虽然我国经济总量和国际地位快速提升，但我们在世界上的形象很大程度上还是"他塑"而非"自塑"，中国哲学社会科学的话语权还没有得到应有的彰显和尊重。在加快构建中国特色哲学社会科学学科体系、学术体系和话语体系，推动中国文化走向世界的过程中，中国社会科学院名优建设工程可以而且应该大有作为。报刊出版馆网库志和学术评价，都要发挥舆论和学术引领作用，主动设置议题，引导哲学社会科学工作者提炼标识性概念，推动国际学术界展开研究和讨论，大力阐释和传播以马克思主义为指导、具有鲜明时代特征和中国特色、饱含民族文化底蕴的哲学社会科学学科体系、学术体系和话语体系，将学术研究、传播和评价的话语权牢牢掌握在我们自己手中，而绝不能成为西方学术思想的附庸。

第三，实施哲学社会科学创新工程，加强理论学术传播和评价能力建设，给名优建设工作提供了新的动力。

创新是一个民族进步的灵魂，是一个国家强盛的动力；哲学社会科学的本质和生命也在于创新。习近平总书记深刻指出："我们的哲学社会科学有没有中国特色，归根结底要看有没有主体性、原创性。跟在别人后面亦步亦趋，不仅难以形成中国特色哲学社会科学，而且解决不了我国的实际问题。"把中国社会科学院建设成为哲学社会科学最高殿堂和高端智库，必须在探索中国特色自主创新道路，建设中国特色哲学社会科学创新体系方面走在全国乃至全世界的前列。中国社会科学院名优建设工程不仅早于哲学社会科学创新工程启动，而且为创新工程提供文献信息资源、成果发布平台和学术评价引领。中国社会科学院报刊出版馆网库志和学术评价都要贯彻院党组关于实施哲学社会科学创新工程的决策部署，为加快构建中国特色哲学社会科学创新体系提供有效载体和传播平台。

当今世界，以移动互联网、云计算、大数据等信息技术为核心的新科技革命突飞猛进，深刻改变了人们的生产生活方式，为哲学社会科学的研究和传播提供了新的工具与手段，开辟了新的媒介和空间。习近平总书记在哲学社会科学工作座谈会上强调："要运用互联网和大数据技术，加强哲学社会科学图书文献、网络、数据库等基础设施和信息化建设，加快国家哲学社会科学文献中心建设，构建方便快捷、资源共享的哲学社会科学研究信息化平台。"他提出："要加强优秀外文学术网站和学术期刊建设，扶持面向国外推介高水平研究成果。""要建立科学权威、公开透明的哲学社会科学成果评价体系，建立优秀成果推介制度，把优秀研究成果真正评出来、推广开。"中国社会科学院的报刊出版馆网库志和学术评价掌握着我国哲学社会科学的高端论坛和重要媒体，是我国哲学社会科学对外交流与合作的广阔平台和重要窗口。从哲学社会科学研究、传播、管理、评价等方法、手段和组织形式创新的意义上说，名优建设工程必须大力推动哲学社会科学信息化，建设数字化社科院。也就是说，要建设数字化图书馆、中国社会科学网、哲学社会科学综合集成海量数据库、数字化方志馆和学术评价中心，提高报刊出版数字化、信息化水平，实现全院科研方法和管理手段的现代化、学术资源和信息系统的一体化。这是实施哲学社会科学创新工程、增强理论学术传播能力的必然要求。

加强理论学术传播能力建设，要实施网络强国战略和国家大数据战略，落实"互联网 +"行动计划。按照"互联网 + 哲学社会科学"的要求，以互联网思维开展理论学术研究和传播，创造网络协作型和开放共享型哲学社会科学新形态。要建设好、使用好海量数据库和综合集成实验室平台，创造计算密集型和数据支撑型哲学社会科学新范式。中国社会科学院报刊出版馆网库志和学术评价要充分利用现代信息技术，借助网站、博客、微博、微信等新兴媒体，建立跨平台的传播矩阵；通过文字、图片、动漫、音频、视频等多种表现形式，建立全媒体的传播方式；通过学术原创和学术翻译，建立多语种的传播媒介；利用国外期刊、出版、网络资源，建立国际化的传播体系和评价体系。通过这些信息化、数字化的传播工具和手段，提升我国理论学术的影响力和话语权，让全世界都能听到听清中国的声音和主张。

### （三）目标和举措

2017 年是落实中国社会科学院创新工程"十三五"发展规划，推进名优建设工程继往开来的关键一年。名优建设工程有关单位要按照习近平总书记系列重要讲话和党的十八大、十八届历次全会精神的要求，按照院党组的"五个三、一个一"总体工作思路和全面深化改革的决策部署，搞好 2016 年工作总结，制定 2017 年工作方案，扎扎实实推进名优建设工程。

中国社会科学报要按照“政治家办报”的要求，适应全球化、全媒体的发展趋势，抓好选题策划和热点报道，阐释好习近平总书记系列重要讲话精神和治国理政新理念新思想新战略；坚持以马克思主义为指导，开设“文化自信”学术专题，办好“思潮辨析”栏目，加强党的意识形态工作，加大对西方新自由主义、历史虚无主义、普世价值、宪政民主、公民社会等思潮批驳力度；增加学术通讯、深度报道、新闻专访等体裁，加强报刊网论坛联动，提升理论学术的传播速度和效果。

院属学术期刊要坚持正确的政治方向和学术导向，加强数字化、网络化建设，推广使用网上投稿采编系统，打造在国内外学术界享有知名度和公认度的学术期刊集群。强化马克思主义指导地位，办好马克思主义理论专栏；继续扩大期刊阵容，重点支持智库类期刊发展；加强编审制度建设，改进期刊审读工作，提升编校质量和学术水平；加快期刊“走出去”步伐，扩大期刊的国际影响力。

院属出版社要坚持正确的出版导向，抓好出版重点选题，加强图书品牌、人才队伍和出版能力建设，推出更多更好的精品图书；加强智库成果的转化与出版，推动出版数字化转型；推动学术出版“走出去”，建设全国哲学社会科学出版传媒中心和国际知名的学术出版机构。

院图书馆要按照数字化转型的要求，加快推进“一网一库一平台”和国家哲学社会科学文献中心建设。要加大数字资源的引进和自建力度，优化图书信息资源结构；完善综合服务平台和关键基础设施，完成老旧网络设备的更新换代；搞好图书资料和数字资源的开发和利用，为越来越多的读者提供高质量的服务。

中国社会科学网要按照统一网络、移动互联的要求，完成网络设施和平台的升级改造，建成国内最大、世界一流的哲学社会科学网站集群。要配合中央网信办做好主题宣传，巩固马克思主义和党的意识形态网络传播阵地；加强学科频道建设，反映学科前沿动态，发布高端学术成果；加强与科研机构合作，让中国社会科学网发挥更大的传播力和影响力。

哲学社会科学综合集成海量数据库要按照“社科云”架构，建成标准统一、分级准入、内容共享、安全可靠的数据资源池，为支撑马克思主义研究和宣传，支撑哲学社会科学研究、传播、评价和管理，支撑国家级综合性高端智库建设，提供丰富的信息资源。要完善国家哲学社会科学学术期刊数据库功能，开发手机客户端。加快各库的数据加工和整理工作，开发科研成果数据库、社会调查数据库和古籍数据库的功能，加快推进方志库、外文期刊和图书数据库、馆藏文献数据库建设。

地方志要按照“互联网＋方志”的要求，以实施全国数字方志建设工程为抓手，推进“三网一馆两平台”，即中国方志网、中国地情网、中国国情网、国家数字方志馆、地方志综合办公平台和地方志新媒体传播平台的建设。要继续实施中国志书精品工程、中国年鉴精品工程、中国方志文化走向世界工程，推进“魅力中国”布展工作，发挥地方志记录历史、传承文明、资政育人、服务社会的重要作用。

中国社会科学评价中心要坚持正确的评价导向，加快组织机构和人才队伍建设，完善哲学社会科学期刊和全球智库评价的指标体系。继续推进引文数据库建设，开展科研成果检索服务，为科研评价提供可靠依据。要积极申报评价指标体系国家标准，启动新一轮中国人文社会科学期刊评价工作；开展高端智库评价，发布高端智库评价报告，努力建设我国乃至世界上公正权威、最具影响力和话语权的学术评价机构。

实施“八名”建设工程，对于加快构建中国特色哲学社会科学极端重要，名优建设工作任务艰巨，责任重大。推进“八名”建设工程的任务十分繁重。下一步我们要采取切实有效的措施，扎实推进“八名”建设工作。

第一，增强“四个意识”，落实名优建设主体责任和监督责任。

2016 年 1 月 29 日中央政治局会议提出“增强政治意识、大局意识、核心意识、看齐意识”。党的十八届六中全会强调，全党必须牢固树立“四个意识”，自觉在思想上政治上行动上同以习近平同志为核心的党中央保持高度一致。党的各级组织、全体党员都要向党中央看齐，向党的理论和路线方针政策看齐，向党中央决策部署看齐。“四个意识”，集中体现了政治方向、政治立场、政治要求和政治纪律，是检验党员干部思想政治素养的试金石。作为党和国家重要的思想理论阵地和学术传播平台，中国社会科学院的报刊出版馆网库志和学术评价，必须牢固树立“四个意识”，特别是核心意识和看齐意识，坚持正确的政治方向和学术导向，充分发挥哲学社会科学认识世界、传承文明、创新理论、咨政育人、服务社会的重要作用，自觉地为党和国家决策服务，为中国特色社会主义事业服务。

名优建设工程是“领导班子工程”和“一把手工程”。名优建设能否搞好，关键在领导班子是不是重视，一把手能不能亲自抓，能不能实行任务到岗、责任到人、奖惩到位，做到多方审核、全程监督、终身追究。名优建设各单位主要负责同志和领导班子，要高度重视和抓好名优建设工程，做到守土有责、守土负责、守土尽责。信管办要加强名优建设工作的协调和督办，在预算编制、项目评审、经费拨付、考核验收、绩效评估、全程监管等方面发挥职能作用。科研局要加强对院属期刊和出版社的政治方向和业务指导，承担起名刊和名社建设工作的协调、监督和管理职责。今后要加大对名优建设工程考核和奖惩力度，凡是出现政治方向问题、造成消极影响的单位领导及有关人员，都要受到相应处置，退出创新工程。

信息管理办是院党组领导下的负责名优建设工程的责任部门，要加大统筹协调、督办检查的力度，建立督办协调会议制度，狠抓工作落实。

第二，加强制度建设，以严的制度和铁的纪律形成名优建设工程的长效机制。

制度问题带有根本性、全局性、稳定性和长期性。遵守法律法规和纪律规矩是搞好名优建设工程的重要保证。1948 年 11 月，毛主席致电各中央局、野战军前委，提出“加强纪律性，革命无不胜”。党的十八届六中全会通过的《关于新形势下党内政治生活的若干准则》规定："纪律严明是全党统一意志、统一行动、步调一致前进的重要保障。"中国社会科学院名优建设工程涉及政治方向和舆论导向，关系党的思想理论阵地的巩固，事关几十万元、几百万元甚至上千万元资金和设施的安全使用，必须严格执行法律法规和纪律规矩。目前，名优建设工程在执行法律法规和纪律规矩方面总体上是好的，但也存在一些值得警惕的问题。例如，有个别报刊出版社对错误思潮和言论没有勇气进行斗争，甚至出现噪音杂音；有个别单位不向上级领导请示报告，不经有关部门审计监督，随意使用资金采购资源与设备；等等。这类问题必须坚决予以纠正。对于严重违反法律法规、不守纪律规矩的单位实行一票否决，取消其进入创新工程的资格。

推进名优建设工程，要建立健全各项规章制度，对已有的制度进行审查，该修订的修订，该废止的废止，该完善的完善。要执行严格、公开的编审流程，确保学术出版的质量和水平。要推广使用网上投稿采编系统，实行交叉审稿、双向匿名审稿和回避制度，实行在阳光下采编，杜绝人情稿、关系稿。要狠抓编校质量，加强对报刊、图书的审读。图书馆、地方志和评价中心引进的文献信息资源，尤其是大型数据库，要经过严格的学术评审和立项审批，防止泥沙俱下、鱼龙混杂。要严明赏罚，建立综合测评和责任追究制度。在编校质量上出现严重问题的要追究责任，对图书质量出现问题的要采取必要的处罚措施。对院属网站每年都要进行质量评估，不达标者，下年度不予资助。总之，要通过严格的制度和铁的纪律，保证名优建设工程的常态化和长效性。

第三，发扬严实作风，增强理论学术传播和评价的实效性和影响力。

中国社会科学院的报刊出版馆网库志和学术评价作为党的思想理论阵地，必须加强作风建设。中华民族历来崇尚严谨、崇尚务实，严和实是名优建设工作必须坚持的优良作风。习近平总书记指出："严和实是中华民族传统美德的基本内容，是传承民族品性、倡导社会新风、培育和践行社会主义核心价值观的重要内容。严和实的品德全社会都要弘扬。"不论是报刊出版馆网库，还是地方志学术评价，都要从事繁杂、细致和艰苦的工作，必须发扬科学严谨、求真务实的作风，力戒形式主义、虚假浮夸，为人民群众提供优秀的理论成果和丰富的精神食粮。必须发扬马克思主义学风，以改革开放、现代化建设和我们正在做的事情为中心，着眼于马克思主义的运用，着眼于对现实问题的理论思考，着眼于新的实践和发展，反对脱离实际的本本主义、经验主义，反对"左"的和右的错误倾向，积极开展舆论斗争，帮助人们划清是非界限、澄清模糊认识。必须倡导马克思主义文风，创造人民喜闻乐见、融会古今中外的概念范畴和话语体系，讲好中国故事，传播好中国声音，推进马克思主义中国化时代化大众化，增强中国特色社会主义的吸引力和感召力。

作风建设与队伍建设紧密联系。作风建设的根本在于教育和引导人们坚定对马克思主义的信仰，对共产主义和中国特色社会主义的理想信念，树立正确的世界观、人生观和价值观，掌握马克思主义立场、观点和方法，具备认真负责的工作态度和过硬的业务能力。要认真贯彻院“十三五”人才建设规划和信息化建设规划，对报刊出版、图书馆、计算机、互联网、数据库、地方志、学术评价的各类人员进行专门培训，全面提高其思想政治素质、专业知识水平和实际工作能力。要采取科学合理的政策措施，营造有利于理论学术传播人才和信息化人才成长的良好环境，吸引更多高层次人才进入院编辑出版、图资管理、网络运维、数据分析、学术评价和地方志等重要岗位。为开展思想舆论斗争，要努力建设一支政治立场坚定、理论功底扎实、是非观念分明、敢于并善于斗争的马克思主义网络人才队伍，为加强马克思主义坚强阵地建设，占领哲学社会科学学术传播制高点提供人才支撑。

同志们！报刊出版馆网库志和学术评价是中国社会科学院重要的理论学术传播阵地，名优建设工程在中国社会科学院工作全局中占有举足轻重的地位。全院同志尤其是名优建设单位的同志，一定要大力发扬忠诚、敬业、奉献精神，改革创新、攻坚克难、奋力前行，不断开创报刊出版馆网库志和学术评价工作新局面，以优异成绩迎接党的十九大胜利召开！

# 在全国社会科学院第十九届院长联席会议暨首届智库论坛上的讲话

李培林

（2016 年 9 月 23 日）

同志们：

今天我们相聚在齐文化的发祥地、著名的“陶瓷之都”——山东省淄博市，举办全国社会科学院第十九届院长联席会议暨首届智库论坛，学习贯彻习近平总书记在哲学社会科学工作座谈会上的重要讲话精神，共商我国哲学社会科学发展大计，很有意义。在此，我谨代表中国社会科学院，对出席会议的各位领导、来宾表示热烈欢迎，向大力支持本次会议的中共山东省省委、省政府表示诚挚的敬意，向为会议举办付出辛勤劳动的山东社会科学院和淄博市的同志们和朋友们道一声辛苦了！

1997 年，全国社会科学院举办了第一次院长联席会议，为加强社会科学院系统的交流与合作搭建了一个重要的平台。此后，每年一届，由地方社会科学院轮流主办，大家聚到一起来商量社会科学院怎么发展、研讨科研体制机制怎么改革创新，相互之间取长补短、共同发展。实践证明，经过大家 20 年的共同努力，联席会议成为了各家社会科学院沟通联络的重要窗口、学习交流的重要平台，为社会科学院系统的改革创新发展、为繁荣发展哲学社会科学贡献了力量。这次全国社会科学院院长联席会议主题确定为“加强党风廉政建设，深化体制机制改革，推进创新工程，建设新型智库”，立意明确，顺应形势，必将对全国社会科学院智库转型发展和哲学社会科学事业产生积极而又深远的影响。

党的十八大以来，以习近平同志为总书记的新一届中央领导集体高度重视哲学社会科学和新型智库建设。今年5月17日，习近平总书记亲自主持召开哲学社会科学工作座谈会并发表重要讲话，深刻阐述哲学社会科学的历史地位和时代价值，突出强调坚持马克思主义在我国哲学社会科学领域的指导地位，对加快构建中国特色哲学社会科学作出重大部署。党和国家的最高领导人，如此全面地、系统地阐述我们党和国家在当前和今后相当长一个时期内繁荣和发展哲学社会科学的历史方位、战略构想和方针政策，这还是第一次。习近平总书记的这篇讲话，极大地鼓舞了哲学社会科学工作者，在全国引起广泛而热烈的反响。本次会议是习近平总书记“5·17”讲话后，社会科学院系统召开的第一个全国范围内的重要会议，我们将把学习贯彻习近平总书记“5·17”讲话精神贯穿会议始终，也希望大家会后及时把本次会议精神传达给各院的干部职工，掀起新一轮学习习近平总书记“5·17”讲话的高潮。

下面，我就全国社会科学院系统当前和今后的工作，谈几点意见。

第一，准确把握习近平总书记关于哲学社会科学重要讲话的精神实质。

习近平总书记的重要讲话提出了关于哲学社会科学一系列新理念、新思想、新战略，是我国哲学社会科学发展进程中具有里程碑意义的标志性大事。学习贯彻落实习近平总书记的重要讲话，我们必须吃透精神、领会实质、掌握要点、真学会用。要集中领会一个核心要义，即“发展什么样的哲学社会科学怎样发展哲学社会科学”。搞清楚一个中心问题，即“构建中国特色哲学社会科学创新体系”。把握四个重点，即哲学社会科学重要地位和作用、哲学社会科学指导思想和根本遵循、加快构建中国特色哲学社会科学目标任务、发展哲学社会科学根本保证。围绕着一个核心要义、一个中心问题和四个重点去思考把握，更深层次地理解“5·17”讲话的精神实质。

第二，把深入学习贯彻落实习近平总书记“5·17”讲话精神作为长期的政治任务，抓好抓实。

习近平总书记“5·17”讲话立意深远、思想深刻，是一篇指导我国哲学社会科学创新发展的马克思主义纲领性文献，通篇贯穿着马克思主义的立场、观点和方法，凝结着我们党对哲学社会科学工作规律的新思想、新认识，具有很强的思想性、理论性和指导性，为做好新时期哲学社会科学工作提出了根本遵循和行动指南。社会科学院系统作为哲学社会科学研究“五路大军”之一，是专职从事哲学社会科学研究的机构，一定要把学习贯彻习近平总书记讲话精神作为一项长远的、根本的政治任务，常抓不懈、抓出成效。各家社会科学院都要精心部署安排，结合自身特点和要求制订好学习重要讲话精神的工作方案，院领导要带头学习，带领全院学好、用好习近平总书记“5·17”讲话精神，大力推动领导干部、科研人员、管理人员深入持久地认真开展学习活动，自觉用讲话精神统领社科院事业发展。

第三，以习近平总书记“5·17”讲话精神为指引，谋划好哲学社会科学创新工程。

习近平总书记在讲话中，专门提到了哲学社会科学创新工程。他指出，要实施哲学社会科学创新工程，搭建哲学社会科学创新平台，全面推进哲学社会科学各领域创新。中国社会科学院2011年启动了哲学社会科学创新工程，在地方，包括上海院、山东院还有几家社会科学院也都在做，或者正在准备做。不少地方社会科学院也都到中国社会科学院去交流创新工程的设想。创新工程真经不在别处，就在自己手里，道路也在自己脚下。创新工程怎么搞，说到底，只能是结合自己的实际，解决自己的问题。地方社会科学院要在落实习近平总书记讲话精神上下功夫，把着力点放在运用体制机制努力解决习近平总书记提到的当前哲学社会科学研究存在的主要问题上，强化问题导向，突出创新意识。这件大事搞好了，社会科学院的发展就会上一个大的台阶，打开一个新的局面，开辟一片新的天地。所以我们要敏锐地捕捉这些重要的信息，抓住当前宝贵的机遇。

还有一点特别重要，那就是牢固树立阵地意识，坚定不移地坚持以马克思主义为指导。

中国特色哲学社会科学区别于其他哲学社会科学最根本的标志就是坚持了马克思主义的指导。王伟光院长说过，中国社会科学院不是“自由撰稿人”的松散联盟。同样，包括地方社会科学院在内，社会科学院系统也不是“自由撰稿人”松散联盟，而是党领导的宣传思想的重要战线、学术理论的重要机构、意识形态的重要阵地，必须始终坚持马克思主义的指导地位，坚持用马克思主义、中国特色社会主义武装哲学社会科学工作者的头脑，学好习近平总书记系列重要讲话精神，提高科研人员运用马克思主义立场观点方法观察和分析问题的能力，树立正确的政治方向和学术导向，把为人民做学问作为最大追求，对错误言论要敢于亮明观点，敢于发声批判，努力把社会科学院系统建成马克思主义和党的意识形态坚强阵地。

本次院长联席会议期间还将举办首届智库论坛，其中包含了三个分论坛：创新论坛，主要研讨哲学社会科学创新工程；智库论坛，主要研讨主题是新型智库建设；党风廉政建设论坛，主要研讨加强党对哲学社会科学的领导，改进党风廉政建设的薄弱环节等。可以说，这是个创举，有助于我们更深入地交流研讨发展中存在的问题，更深层次地交流经验，一起商量下一步的发展思路。希望这个论坛能够连续举办下去，形成机制，形成品牌。

同志们，中国社会科学院与全国地方社会科学院都是国家哲学社会科学研究的重要力量。时代呼唤哲学社会科学，时代呼唤社科院承担起历史使命。希望在全国社会科学院院长联席会议和智库论坛这个平台上，全国社会科学院系统能够进一步团结、凝聚共识，在互动中碰撞出思想火花，为构建中国特色哲学社会科学、建设新型智库贡献才智。

# 领悟　思考　践行
# 努力把中央全面从严治党战略部署真正落到实处

张英伟

（2016 年 1 月 25 日）

同志们：

今天的会议非常重要。首先，时机重要：一是十八届中央纪委六次全会刚刚闭幕，2016 年党风廉政建设和反腐败工作的总基调、大方向和任务书已经明确；二是中央巡视组对中国社会科学院的驻点巡视元旦前结束，中国社会科学院进入准备巡视反馈和整改落实的关键阶段；三是中央纪委向中央一级党和国家机关派驻机构实现全覆盖，新的中央纪委驻中国社会科学院纪检组开始运作。其次，内容重要：刚才，会议传达了习近平总书记重要讲话、王岐山同志工作报告和中央纪委六次全会精神，王伟光同志对全院工作作出全面部署，充分体现了中央、中央纪委精神、习近平总书记的重要讲话和王岐山同志工作报告的要求部署，是我们做好下一步工作的指南。我们要认真学习，深刻领会，全面落实。下面，我想借此机会从领悟、思考、践行三个角度，谈谈自己对中央、中央纪委关于全面从严治党部署要求的认识理解和对深入推进中国社会科学院党风廉政建设的思考想法。

## （一）领悟

党的十八大以来，以习近平同志为总书记的党中央，着眼于新的形势任务，把全面从严治党纳入“四个全面”战略布局，正风肃纪、反腐惩恶。在深入推进全面从严治党的进程中，中央、中央纪委提出了一系列新思想、新理念、新论断、新要求。概括起来，主要有以下九个方面。

第一，在形势任务上，强调要坚决惩腐、持续正风。习近平总书记在中央纪委六次全会上指出，当前“不敢腐的震慑作用充分发挥，不能腐、不想腐的效应初步显现”，“反腐败斗争压倒性态势正在形成”，“党风廉政建设和反腐败斗争取得新的重大成效”，但“党风廉政建设和反腐败斗争形势依然严峻复杂”，全面从严治党“任务依然艰巨”，“永远在路上”，仍是中央的基本判断。冰冻三尺非一日之寒。从近三年查处的案件和巡视发现的问题看，腐败分子有所震慑，但仍在窥测，不收手不收敛者依然有之，“四风”问题病根未除、禁而不绝。2015 年，全国纪检监察机关共接受信访举报 281.3 万件（次），立案 33 万件，结案 31.7 万件，给予党纪政纪处分 33.6 万人，涉嫌犯罪被移送司法机关处理 1.4 万人。2014 年，全国纪检监察机关共接受信访举报 272 万件（次），立案 22.6 万件，结案 21.8 万件，给予党纪政纪处分 23.2 万人，涉嫌犯罪被移送司法机关处理 1.2 万人。这充分显示出全面从严的高压态势。2015 年，全国共查处违反中央八项规定精神问题 3.7 万起，处理 4.9 万人，给予党纪政纪处分 3.4 万人。2014 年，全国共查处违反中央八项规定问题 5.3 万起，处理党员干部 7.1 万人，给予党纪政纪处分 2.3 万人。2015 年给予违反中央八项规定精神的党员党纪政纪处分比例比 2014 年增加了一倍多，充分体现了“越往后执纪越严”的要求。形势决定任务，现阶段的任务就是要坚决遏制腐败蔓延势头，重点查处政治问题和腐败问题交织，不收敛不收手，问题线索反映集中、群众反映强烈、现在重要岗位且可能还要提拔使用的领导干部。中央巡视组对中国社会科学院巡视期间，共向驻院纪检组移送信访举报 304 件，驻院纪检组共核查交办线索 95 条，对 5 人进行立案调查，给予党纪政纪处分 3 人，这再次验证了习近平总书记“天涯无净土”的判断，促使我们客观准确把握中国社会科学院党风廉政建设的形势和任务。

第二，在目标方向上，强调要尊崇党章、依规治党。习近平总书记在中央纪委六次全会上的讲话 20 次提及“党章”。他强调：“全面从严治党首先要尊崇党章。党章总纲明确提出‘坚持党要管党、从严治党’，这是党的建设的根本方针。”党章规定了党的理想信念、根本宗旨、组织保障、行为规范和纪律约束，是共产党人的“原教旨”。党章共 11 章 53 条，章章都重要，条条都是必须遵守的纪律和规矩。王岐山同志指出，全党是同一部党章，同一套纪律，全面从严治党，所有党员必须置身其中，都要用纪律和规矩这把尺子去衡量。坚持党的领导不能搞特殊，管党治党也不分行业，国家机关如此，作为科研事业单位的中国社科院也应如此。中国共产党内没有特殊党员，没有特殊组织，不管在哪个行业，哪个部门，只要是党的组织、党员和党的干部，都必须按党章和党的规矩办事，中央制定的路线方针政策必须贯彻，从严治党要求必须落实，党的纪律和规矩必须遵守。2015 年，我们把学习党章作为所局级领导干部读书班的重要内容，编写了《党章中的纪律》一书，目的就是强化干部学者的党章党规党纪意识。

第三，在责任主体上，强调要党委领导、纪委担当。习近平总书记在中央纪委六次全会上强调：“从党中央到省市县党委，从中央部委党组（党委）到基层党支部，都要肩负起主体责任，党委书记要把抓好党建当作分内之事、必须担当的职责；各级纪委要担负起监督责任，敢于瞪眼黑脸，勇于执纪问责。”“两个责任”的提出，集中体现了全面从严治党的重大理论和实践创新成果。党的十八届三中全会决定明确“落实党风廉政建设责任制，党委负主体责任，纪委负监督责任”；在中央纪委三次全会上，习近平总书记首次界定了党委主体责任的五个方面内涵，并要求落实党委的主体责任和纪委的监督责任，强化责任追究，不能让制度成为纸老虎、稻草人；此后，他多次强调要把全面从严治党的责任坚决压下去，让失责必问成为常态。新修订的《中国共产党纪律处分条例》第 114 条，明确规定了党组织及其直接责任者“履行全面从严治党主体责任不力”的问责情形。从党风廉政建设主体责任到全面从严治党主体责任，不只是字面上的变化，更是实践上的发展、认识上的深化，从根本上说，是管党治党的内涵不断深化。各地区各部门扭住主体责任“牛鼻子”，强化责任追究，31个省区市和新疆生产建设兵团、120个中央单位、中央企业和金融机构党组织，制定落实主体责任和监督责任的办法细则、问责规定，约谈一把手，开展述职述责，层层传导压力。实行责任追究报告和通报制度，中央纪委先后多次公开通报部分地方和部门的责任追究案例。2015年，共有850余个单位的党委（党组）、纪委（纪检组）和1.5万余名党员领导干部，因落实“两个责任”不力受到责任追究。根据中央精神，院党组和驻院纪检组出台了主体责任问责办法、监督责任问责办法和落实监督责任的实施意见等“三个制度”，进一步夯实了全面从严治党的责任落实机制。问卷调查显示，2015年全院落实主体责任和监督责任的满意度为87.1%。

第四，在治理原则上，强调要纪在法前、纪严于法。王岐山同志强调，党的先锋队性质和执政地位，决定了党的纪律必然严于国法，而不能等于甚至低于国法。国家法律是公民的底线，党的纪律是党员的底线，两者不是一个概念、不能混同。比如，在修订党纪处分条例时，突出政党特征、党纪特色，去除了原来条例中与刑法、治安管理处罚法等法律法规重复的内容，凡国家法律已经规定的就不再重复规定，为广大党员开列了一份“负面清单”，体现了对党员的高标准、严要求。再比如，在执纪上，纪委用纪律衡量党员干部行为，守住纪律这条底线，抓早抓小、动辄则咎，发现苗头就及时提醒、触犯纪律就及时处理。在线索处置、纪律审查、案件审理等环节，用党纪的尺子衡量，用纪律的语言描述，审查报告和法院判决书的风格完全不同。2015年，驻院纪检组先后进行了三轮信访案件大起底，重新梳理了2007年以来的557件信访，对6人进行立案调查，对反映18名局级干部的问题线索进行初核，历史信访、新收信访实现“零暂存”，做到凡信必办、有案必查。问卷调查显示，学者干部对全院查处违纪违法行为力度的满意率为82.1%。

第五，在思路途径上，强调要惩前毖后、治病救人。习近平总书记在中央纪委六次全会上指出，“惩前毖后、治病救人是我们党的一贯方针，也是我们党加强自身建设的历史经验”。纪律检查工作的出发点和落脚点都是惩前毖后、治病救人。中央纪委特别强调，要纠正以大案要案论英雄的政绩观，改变“要么是好同志，要么是阶下囚”的状况。党的十八大以来，中央纪委把查办案件改为纪律审查、把案件线索规范为问题线索；强调把握好“树木”与“森林”的关系，治“病树”、拔“烂树”、保护“森林”；强调纪律检查是做思想政治工作，在没有开除党籍之前，对审查对象以同志相称。所有这些，都体现了严管就是厚爱、惩前就是毖后。中央纪委创造性地提出监督执纪“四种形态”：使咬耳朵、扯袖子，红红脸、出出汗成为常态，让党纪轻处分、组织调整成为大多数，重处分、重大职务调整的是少数，而严重违纪涉嫌违法立案审查的只是极少数。驻院纪检组认真落实“四种形态”要求，2015年以来，全院谈话函询81人次，廉政谈话41人次，约谈20余人次，给予党纪轻处分2人次，党纪重处分1人次，努力践行“惩前毖后、治病救人”的方针。

第六，在监督方式上，强调要加强巡视、高擎利剑。习近平总书记在中央纪委六次全会上指出："巡视成为全面从严治党的重要支撑，凸显了党内监督制度的力量。"党的十八大以来，在党中央坚强领导下，巡视工作不断与时俱进、探索实践、创新发展，发现问题形成震慑的能力越来越强。中央巡视组开展8轮巡视，完成对31个省区市和新疆生产建设兵团、中管国有重要骨干企业、中管金融单位党组织的全面扫描。中央纪委立案审查的领导干部案件中，超过一半的线索来自巡视。巡视发现问题本身就是唤醒、教育、震动、震慑。通过巡视使党员干部受到一次党性教育，唤醒党章党规党纪意识，推动被巡视单位党组织增强责任担当，强化党的领导核心作用，把管党治党的主体、监督责任落到实处。我们在配合中央第一巡视组对我院的专项巡视工作中对此深有体会。巡视期间，协调落实中央巡视组要求提供材料和交办任务共计82批201项，向院有关单位印发分解任务函114件，安排谈话423人次，下沉巡视4个单位。驻院纪检组参照中央巡视工作的做法，开展两轮三项纪律专项巡查，巡查13家院属单位，查找出政治纪律方面的问题32项，组织纪律方面的问题54项，财经（廉洁）纪律方面的问题37项，其他方面的问题28项，专项巡查成为全院推进全面从严治党的重要举措。问卷调查显示，2015年全院三项纪律建设效果满意度为84.9%。

第七，在体制机制上，强调要内涵发展、全面覆盖。王岐山同志在中央纪委六次全会上强调：要落实中央要求，跟上中央纪委步伐，结合实际，推进派驻全覆盖。党的十八届三中全会《决定》要求，全面落实中央纪委向中央一级党和国家机关派驻纪检机构，实行统一名称、统一管理。这是党中央依据党章规定，全面从严治党、强化党内监督的重要举措。根据《关于加强中央纪委派驻机构建设的意见》和《关于全面落实中央纪委向中央一级党和国家机关派驻纪检机构的方案》要求，2015年年底，中央纪委整合资源、内部挖潜、盘活存量、调整结构，实行单独派驻和综合派驻相结合，共设立47家派驻纪检组，其中单独派驻20家、综合派驻27家，监督139家单位，实现统一名称、统一管理。中央纪委驻中国社会科学院纪检组是单独派驻的20家之一，已经核定了编制、领导职数和内设处室。目前，驻院纪检组已有3个室承担纪律审查业务，占内设机构总数的四分之三；纪律审查业务人员已有11人，占在编干部总数的78%。下一步，改革完全到位后，派驻纪检组与中央纪委的关系更为紧密，将更好地发挥"派"的权威和"驻"的优势。

第八，在队伍建设上，强调要严于律己、打造铁军。纪律检查机关承担着维护党纪的重要职责，干的是"打铁"的活儿，自身就得硬。所谓"硬"，一是能力和业务素质要"硬"，二是作风和严于律己要"硬"。这就要求纪检监察干部必须始终以"三严三实"的标准要求自己，以更严的纪律约束自己，中央要求全党做的纪检监察机关带头执行，中央明令禁止的纪检监察机关坚决不做。习近平总书记在中央纪委二次全会上提出要解决"谁来监督纪委"问题，三次全会上提出要解决"灯下黑"问题，五次全会上要求纪检机关"清理好门户"，六次全会上要求各级纪委要"保持队伍纯洁"。习近平总书记的重要指示，态度坚决、要求明确，概括起来就是忠诚、干净、担当，这是每一位纪检干部的基本标准。中央纪委专门成立纪检监察干部监督室，举办“纪检监察干部监督工作业务培训班”、召开“纪检监察干部监督工作座谈会”，王岐山同志发表重要讲话。按照中央纪委要求，我是社科院纪检监察干部监督工作的第一责任人。2015 年，驻院纪检组处置了反映纪检监察干部的信访举报 10 件。

第九，在建章立制上，强调要扎紧笼子、标本兼治。习近平总书记在中央纪委六次全会上指出：“创新体制机制，扎牢制度笼子。”推进全面从严治党的制度创新，就要扎紧党内法规制度的笼子，努力提高管党治党规范化、制度化水平。2015 年，中央坚持问题导向，修订了《中国共产党巡视工作条例》《中国共产党廉洁自律准则》《中国共产党纪律处分条例》三部重要党规党纪。2016 年，将修订党内监督条例，制定党内问责条例，修改行政监察法。中央第一巡视组进驻中国社会科学院期间，针对巡视发现的横向课题经费管理、纪检组织建设等问题，我们按照中央巡视组要求，及时进行专项治理和集中整改，健全完善规章制度。问卷调查显示，93.1% 的受访者认为所在单位及时传达执行了中央和中国社会科学院有关规定。

### （二）思考

党的十八大以来，中国社会科学院党组和驻院纪检组坚决贯彻中央、中央纪委部署，在深入分析党情、院情、廉情的基础上，积极探索适应科研单位实际的正风反腐新途径，逐步形成了具有科研单位特点、符合社会科学院实际的党风廉政建设工作格局。但从中央巡视组前期反馈的“问题清单”以及三项纪律专项巡查、四项经费检查中的情况看，中国社会科学院还存在一些这样那样的问题，有的问题甚至还很严重，对此我们绝不能视而不见、听而不闻、无动于衷。我们必须即知即改、立行立改，切实解决存在的问题，推进党风廉政建设和反腐败工作深入发展，交出一份让中央满意的答卷。来驻院纪检组工作的这两年多的时间里，我一直思考如何在全面从严治党的新形势下不断推进我院党风廉政建设这一重要问题，中央巡视组的专项巡视为我的思考提供了更多的角度，检验、深化、提升了我的思考和认识，总的思路可以概括为“113445”，即立足一个前提、明确一个目标、把握三个原则、完善四项机制、拓展四条路径、依托五种力量。

#### 1. 一个前提

党的十八大以来，在以习近平同志为总书记的党中央坚强领导下，在院党组的带领下，全院上下齐心实施哲学社会科学创新工程，努力实现“三个定位”要求，大力加强中国特色新型智库建设，党风院风为之一新，干部学者为之一振，为全面从严治党特别是加强党风廉政建设和反腐败斗争提供了重要前提。立足这个重要前提，对从严治党、依规治院进行顶层设计和整体规划，必须对我们的院情足够自信，必须对我们的廉情足够自信，必须对社会科学院的发展足够自信。中国社会科学院群贤荟萃，名家辈出，学为师表，硕果累累，历来是政治生态、学术生态兼优并进的意识形态重镇和理论创新高地，具有十分重要而特殊的政治导向力、学术领导力、道德感召力和社会影响力；同时，院党组高度重视、以上率下，驻院纪检组认真履职、从严执纪，职能部门和院属单位守土有责、创新有为，广大科研人员和党员领导干部见贤思齐、崇廉尚洁，违纪违规行为处于低发少发态势。我们要牢牢立足这个前提，充分用好自身优势，紧扣中央精神、紧贴院情实际、紧盯廉情变化，不断厚植院风淳厚、学风优良、文风端正、作风扎实的治院之本，不断打牢政治过硬、科研创新、管理规范、监督有序的制度之基，不断开创弊绝风清、向善向上的崭新局面。

**2. 一个目标**

中国社会科学院党风廉政建设和反腐败工作的目标是：从严治党和依规治院协调发展，主体责任和监督责任同步落实，政治生态和科研环境一体建设，全体党员和“关键少数”共同参与，更高标准和更严底线有机结合，强化党内监督，深化标本兼治，创新体制机制，健全法规制度，巩固正风肃纪、反腐倡廉的良好态势，不断取得党风廉政建设和反腐败工作新成效，为落实“五三一”工作思路，促进社科院持续健康发展提供纪律保障和有力支撑，做到让党中央放心、让中央纪委放心、让干部学者满意。具体而言，远期目标是：从严治党、依规治院进入科学化、规范化、制度化、常态化阶段，科研学术管理和党员干部日常监督管理井然有序，党章党规党纪意识内化于心、外化于行，勤廉兼优、干净干事、向上向善蔚然成风，广大干部学者主动遵规守矩、自觉敬法畏纪，院风学风作风居于一流水平；中期目标是：全面从严治党主体责任落地有声，反腐倡廉制度逐步完备，党内监督体系不断强化，问题发现机制健全完善，问责追责程序有效管用，“四种形态”和“六大纪律”落到实处，违纪行为新发率处于低发态势；近期目标是：健全完善院所两级纪检组织，切实提高执纪监督问责的能力和水平，尽快完成对不正风气和问题线索的“清存量”，政治导向、横向课题、公款用管、兼职取酬、选人用人进人和因公因私出国（境）等重点领域整改落实和建章立制取得新的明显成效。

**3. 三个原则**

一是吃透“两头”。落实中央全面从严治党战略部署，必须上接天线、下接地气。一方面要学深悟透中央、中央纪委的精神。习近平总书记在中央纪委六次全会上强调：“全面从严治党，核心是加强党的领导，基础在全面，关键在严，要害在治。”我们要深刻理解何为“全面”、如何“严”、怎么“治”，把中央关于“把纪律建设摆在更加突出位置”“增强领导干部政治警觉性和政治鉴别力”“坚持高标准和守底线相结合”的要求真正落到实处。另一方面要紧贴科研单位实际。落实中央和中央纪委精神，要充分考虑中国社会科学院的具体情况和特点，维护政治纪律、保障合规管理使用科研经费、转变作风学风文风是党风廉政建设重点的实际，创新自选动作，创造特色载体，出新出彩出成效。

二是落实“两责”。落实全面从严治党战略部署，主体责任与监督责任必须同步部署、同步推进、同步落实。一方面党委要真管真严、敢管敢严、长管长严。习近平总书记在中央纪委六次全会上强调：“党委监督是全方位的监督，包括对党员的批评教育、组织处理、纪律处分等工作，党委要任命干部，更要监督干部。……党内监督是全党的任务，第一位的是党委监督，不能一谈到监督就只想到纪委或推给纪委。”各单位党委要切实承担起全面从严治党的主体责任，在“全面”、“严”和“治”上下功夫。另一方面纪委要善于监督、勇于执纪、敢于问责。作为党内监督的专门机关，纪委就得敢于瞪眼黑脸，就得聚焦、聚焦再聚焦，把党章赋予的“三项主要任务、五项经常性工作”落实到位。

三是运用“两手”。共产党人最讲辩证法。党风廉政建设和反腐败斗争历来强调标本兼治、惩防并举，两手抓两手都要硬。全面从严治党更要协调运用好“惩”的这一手和“防”的这一手。一方面要惩治已然。加大信访处置和案件查处工作力度，以纪律为尺子衡量党员的行为，对违纪问题发现一起查处一起，提高纪律执行力，维护纪律严肃性。另一方面要防患未然。发挥纪律审查的治本功能，倒查管理漏洞，健全机制制度，加强警示教育，教育引导党员特别是领导干部严格按党章标准要求自己，知边界、明底线，形成不想腐的道德防线、不易腐的制度屏障和不敢腐的惩治高压。

**4. 四项机制**

一是任务分解机制。全面从严治党覆盖党的建设各个领域、各个方面、各个部门，如果没有科学合理的任务分解机制，必然“打乱仗”“一锅粥”。分解落实全面从严治党任务，一方面要“见人”。基本原则是，院属单位党员领导干部都得“扛活儿”。党委书记是管党治党的书记，是第一责任人，要对本单位的政治生态和学术环境负责，对干部学者健康成长负责。班子成员要种好“责任田”，把分工范围内的管党治党责任担起来。处长、室主任、编辑部主任要把从严治党作为“小环境”建设的重要内容，看好自己的门，管好自己的人。另一方面要“见事”。要把中央、中央纪委的精神一层层地传下去、压下去，每一层都要有实实在在的实践支撑，每一层都要有一件一件具体的“事儿”，形成延伸基层、下沉一线的任务分解机制和压力传导机制。

二是责任落实机制。一个行动，胜过一打纲领。计划一堆，没干几件实事可不行。不论是党委还是纪委，都要在抓责任落实上动脑筋、谋思路、想办法。一方面要以上率下。“子帅以正，孰敢不正。”中央八项规定精神为什么能落下来？很重要的一个原因就是中央政治局从自身做起，习近平总书记从自己做起，形成了以上率下的良好氛围。院属单位党员干部，特别是领导干部，要充分发挥落实全面从严治党责任模范示范作用，一级带着一级干，一级做给一级看。另一方面要督办督导。院三项纪律建设为什么能够取得实效，得到中央巡视组、中央纪委领导认可？很重要的一个原因就是我们充分发挥了三项纪律建设督办小组职能，按照督办小组会议确定的路线图、任务书、时间表、责任人，一项一项地督办，一项一项地“销号”。各单位制定的全面从严治党任务分解，条条都是“军令状”，党委和纪委要“挥起小鞭子”，强化日常督办监督，把握工作节奏，年终时向党组交上一份满意的“答卷”。

三是问责追责机制。习近平总书记在中央纪委六次全会上强调：“只要谁敢搞腐败，就必须付出代价。”院党组和驻院纪检组对违反纪律和落实“两个责任”不力的态度非常明确，那就是无禁区、全覆盖、零容忍。无论是知名学者还是管理干部，无论是局级领导还是处长科员，无论是在职在岗还是离休退休，无论是在编人员还是聘用人员，只要违纪就要被问责追责，没有禁区、没有真空、没有盲点。监督执纪“四种形态”为我们实现“零容忍”指明了方向。该不进创新工程就不能进创新工程，该组织处理就组织处理，该给纪律处分就给纪律处分，通过执纪问责追责把纪律真正立起来、严起来。

四是制度建设机制。习近平总书记在中央纪委六次全会上指出：“以党章为根本遵循，本着于法周延、于事有效的原则，制定新的法规制度，完善已有的法规制度，废止不适应的法规制度，健全党内规则体系，扎紧党纪党规的笼子。”中央巡视给中国社会科学院带来的最大一笔“财富”就是让我们更加清楚地认识到目前存在的问题和制度漏洞，为革除积弊、清痈去疴提供了难得的机遇。我们应尽快出台规范横向课题经费管理使用、完善人才引进流程、加强“三公经费”监管、规范工会党日活动等一批“新规良制”。制定治本新规、建立长效机制不是要往大家身上绑绳子，不是和谁过不去，而是为了保住创新工程，保住广大职工的“生活幸福线”，保住干部学者的“政治生命线”。希望大家能够理解“越来越严”的制度对于维护干部学者根本利益，保障社科院长远发展的重要作用，能够理解院党组、驻院纪检组的良苦用心。

**5. 四条路径**

一是常规检查。实践证明，党风廉政建设责任制检查、四项经费检查以及职能部门有关专项检查，是发现问题、堵塞漏洞、预防违规的有效途径。这些常规检查要坚持下去，不能因为牵头单位的变化而降低标准。要把每次检查视为一次“专项巡视”，把各单位存在的问题摸排出来，把政策传导下去。

二是专项巡查。中央巡视组进行驻点巡视的过程中，对民族所、金融所、研究生院等单位进行了下沉延伸巡视。院党组前期对这些单位进行了三项纪律专项巡查。从结果上看，中央巡视组和院巡查组列出的两份问题清单基本一致。这说明，中国社会科学院的三项纪律专项巡查真正发挥了“发现问题、形成震慑”的作用。在中央出台新的《巡视工作条例》的背景下，专项巡查工作只能加强，不能削弱。下一步，要在健全巡查领导机构、完善巡查配套制度、建立巡查人才库、强化巡查结果运用上下功夫，确保专项巡查与中央精神步调一致，真正发挥巡查“利剑”作用。

三是纪律审查。纪律审查工作，是党章赋予纪律检查机关的神圣职责，是正风反腐、严肃党纪的重要手段。我们必须按照中央、中央纪委的要求，既见“树木”，又见“森林”，把握党的十八大以后、中央八项规定出台以后、群众路线教育实践活动以后、中央巡视以后这“四个节点”，运用好监督执纪“四种形态”，严格执行问题线索处置“五类标准”，用好政治纪律、组织纪律、廉洁纪律、群众纪律、工作纪律、生活纪律这“六把尺子”，切实加强党的纪律建设。

四是重点督查。2015年，根据中央"三转"要求，我们将"三项纪律建设协调小组"调整为"三项纪律建设督办小组"，职能相应由"协调"转为"督办"，走出了一条有社会科学院特色的监督责任落实之路。督办小组将进一步依托各职能部门制定的"职责范围内监督责任清单"，把纪律建设的责任压下去，形成上下联动、左右互通的合力。驻院纪检组将进一步回归"监督的再监督、检查的再检查"的职能定位，把督查职能部门执行"清单"、落实责任情况作为监督工作重点。

**6. 五种力量**

一是院党组。院党组要把中国社会科学院全面从严治党、加强党风廉政建设和反腐败斗争的重担真正挑起来，对党组成员和院属各单位严管严治。我理解，院党组全面从严治党的主体责任有六个方面的内容。第一，组织领导责任。即组织领导全院的党风廉政建设和反腐败工作。第二，选人用人责任。即选好用好干部，防止出现选人用人上的不正之风和腐败问题。第三，正风肃纪责任。即坚决纠正损害干部职工利益的行为。第四，规范权力责任。即强化对权力运行的监督制约，从源头上防止腐败。第五，支持保障责任。即领导和支持执纪执法机关查处违纪违法行为。第六，示范表率责任。即管好班子、带好队伍、管好自己，当好廉洁从政的表率。

根据中央精神，新的驻院纪检组成立后，院党组要把纪检组原来承担的，现在不属于派驻机构职能定位的工作承担起来，把前述"六大责任"落到实处。院党组就这8个人，怎么完成这么多的任务呢？我想，要把握三个重点。第一，要把落实主体责任的压力层层传导下去。2015年，院党组成员相继召开分管单位主要负责人座谈会，研究布置党风廉政建设工作，效果很好。第二，加强直属机关纪委和院属单位纪检组织建设。第三，充分发挥党风廉政建设领导小组的作用。

二是中央纪委驻院纪检组。习近平总书记在中央纪委六次全会上强调："纪委要在全面从严治党中找准职责定位，强化监督执纪问责。"新纪检组有"三新"。第一，身份新。纪检组的同志统一划转成为中央纪委的人，监察局在社会科学院成为历史。第二，人员新。根据派驻机构改革需要，中央纪委将为驻院纪检组选派新的力量。第三，职能新。中央纪委进一步明确了派驻机构的职能，更加聚焦主业。

为了更好履行监督执纪问责，我们须认真思考以下三个问题。第一，关于驻院纪检组的职责定位。驻院纪检组代表中央纪委专司监督社会科学院党组和局级干部职责。驻院纪检组由中央纪委直接领导、统一管理，向中央纪委负责并请示报告工作。驻院纪检组与院党组的关系就是监督与被监督的关系。第二，关于驻院纪检组的职能权限。驻院纪检组的职责就是依据党章规定，围绕监督执纪问责，履行党的纪律检查职能。具体来讲，驻院纪检组有六大权限：(1)督促社会科学院领导班子落实主体责任；(2)检查领导班子及党组成员遵守和维护纪律情况；(3)根据干部监督权限，开展纪律审查；(4)受理检举、控告和申诉；(5)对履行主体责任不力、造成严重后果的，提出问责建议；(6)承办中央纪委交办的其他事项。第三，关于驻院纪检组的监督方式。根据《关于加强中央纪委派驻机构建设的意见》，驻院纪检组履行职责有七种方式：(1) 参加列席有关会议，如院党组会、改革协调例会、督办例会等；(2) 查阅复制有关材料，如会计账簿、会议纪要等；(3) 查阅和调查核实领导干部报告个人有关事项；(4) 对院党组管理的领导干部和后备干部考察人员的党风廉政情况，提出书面意见；(5) 约谈院管干部；(6) 对违反党纪的院管干部进行立案；(7) 对社会科学院党风廉政建设运作提出意见和建议。

三是院属单位党委。习近平总书记在中央纪委六次全会上强调“各级党组织要担负起全面从严治党主体责任”，各级党组织及其负责人都是责任主体。从中央巡视前期的反馈来看，凡是问题比较多的单位，往往都是党委主体责任落实不到位的单位；凡是问题比较少的单位，都是党委履行管党治党职责较好的单位。这再次验证了中央抓住主体责任这个深入推进党风廉政建设的“牛鼻子”的决策是有的放矢、完全正确的。什么是主体责任？概括地说，就是三句话：党委直接抓党风廉政建设和反腐败工作，党委书记是第一责任人，党委成员对职责范围内的党风廉政建设负领导责任。第一，党委要担起管党重任。党要管党，管的就是党的建设，而党风廉政建设和反腐败斗争是党的建设的重要方面。各单位党委不能把党风廉政建设推给纪委，自己当起“甩手掌柜”，要切实把党风廉政建设当作分内之事、应尽之责，种好自己的“责任田”。第二，党委书记既要挂帅又要出征。一个单位“四风”蔓延、腐败反弹，除了追究违纪人员的责任，还要看党委书记有没有部署重要工作，有没有过问重大问题，有没有协调重要环节，有没有督办重要案件。如果答案是否定的，就要问责。第三，党委成员要落实“一岗双责”。每位党委成员都要种好自己的“一亩三分地”，加强对党员干部的日常监督，及时向党委书记汇报廉情。

四是院属单位纪委。由于院绝大多数纪委书记都是兼职，过去不少人没有真正把“纪委书记”这个职务当回事，随之而来的便是有时监督缺位失位、执纪乏力，问责成为空话，有的纪委书记对违纪行为熟视无睹，甚至亲自参与。2015 年，院党组打出一套院属单位纪检组织建设“组合拳”：在已设立党组的 2 个单位设立纪检组，配备副局级专职纪检组长；在 3 个院属企业配备专职机关纪委书记（纪检组长），按副局级职级配置；在 7 个人员规模较大的单位，配备处级专职纪委副书记；在其他院属单位，由“单位行政副职兼纪委书记”改为“纪委书记兼单位行政副职”。同时，明确院属单位纪委负责人提名考察以驻院纪检组为主。这些举措目的只有一个：做实做强院属单位纪检组织，充分发挥各单位纪检组织的监督职能。纪委如何充分发挥作用？我认为，要做到三点。第一，纪检组织要履职。纪委、纪检小组决不允许空转虚置。各单位纪委、纪检小组要定期召开会议，分析研判本单位廉政风险点和苗头性、倾向性问题，及时向党委和上级纪委汇报情况，注重抓早抓小，严肃查处违纪行为。第二，纪委书记要尽责。各位纪委书记要真正把职位赋予你的权力用起来，带领纪委一班人做好监督执纪问责三件事，否则“问责之剑”便可能落到自己的头上。第三，纪委委员要干事。纪委委员是党的代表大会选出来，承载着党员对个人政治品质的认可和履行监督责任的期待。纪委委员不是政治荣誉，而是政治责任。各位纪委委员要树立强烈的责任意识，在纪委一天，就要干好一天纪委的事。

五是院广大干部学者。党风廉政建设要相信群众、依靠群众，走群众路线。广大干部学者要积极投身于党风廉政建设和反腐败斗争，共创清正环境，共享廉洁生态。第一，要廉洁自律，守住纪律底线。没有一个人天然具有对“四风”、腐败的抵抗力。组织的教育、身边人身边事的警示和感化固然重要，加强自我修养、提升自身境界才是治本之策。在反腐败斗争中，守住自己的底线，对违纪行为说“不”，就是对党和国家的一份贡献。第二，要参与监督，共同盯住权力。相比较“洁身自好”，这是更高层次的要求。希望同志们秉持党性、出于公心，自觉与不正之风和腐败现象作斗争。第三，要献计献策，开展廉政研究。中国社会科学院学科体系完备，研究实力雄厚，学术声望良好。多年来，凝聚了一支多专业多方面参与廉政研究的专家学者和实务干部队伍，建立了与反腐败机构、团体、组织的密切联系。全院干部学者应更加深刻地认识廉政研究对于我国反腐倡廉建设的重要价值，把廉政研究引向深入，拿出更多对党和国家有价值的成果。

### （三）践行

2016年，是全面从严治党主体责任的担当之年、“新派驻纪检组”的集体“亮剑”之年，也是全院巡视整改之年、三项纪律建设深化之年。“喊破嗓子，不如甩开膀子、干出样子。”各单位党组织和领导班子要讲政治、顾大局、重规矩，把思想和行动统一到中央、中央纪委部署和院党组安排上来，把各项任务真正落实到位。

第一，整改落实和建章立制同步推进。针对中央第一巡视组的反馈意见进行整改是2016年中国社会科学院摆在第一位的政治任务，是“开门第一件事”。整改的质量高不高，效果好不好，能不能把这次“体检”检查出来的“病”治好，社会科学院的人在看，中央纪委在看，中央也在看。一方面要真改。要突出三个字：一是“快”。要闻风而动、立行立改、即知即改，能当天整改的绝不过夜，能在本月完成的绝不留到下个月，能在巡视结束之前完成的绝不留到巡视结束之后。二是“全”。对中央巡视组拉出的“问题清单”要一条一条对账，一项一项销号，“一个都不能少”，绝不允许挑肥拣瘦、拈轻怕重，绝不允许选择性整改。三是“深”。各相关单位要制定整改方案，落实整改措施，整改情况向全院公布。不能敷衍应付、浅尝辄止，更不能弄虚作假、欺瞒组织。另一方面要立规。重点突出三个方面。一是“人”。针对科研单位引进子弟亲友学生较多等问题出台一系列“管人”的长效机制。二是“事”。针对办公用房超标、文物、古籍和善本管理混乱，领导干部在企业兼职等问题出台一系列“管事”的长效机制。三是“钱”。针对横向课题经费管理混乱等问题出台一系列“管钱”的长效机制。

第二，教育引导和从严管理同步落实。没有任何单位和个人对腐败有天然的免疫力。院属单位党组织和纪检组织必须做足两个方面的工作，帮助干部学者筑牢思想堤坝，提高拒腐防变的能力。一方面要加强教育引导。习近平总书记强调：“全面从严治党既要注重规范惩戒、严明纪律底线，更要引导人向善向上，发挥理想信念和道德情操引领作用。”抓好教育预防既是一份沉甸甸的责任，更是一种暖融融的关怀。要利用各种资源，通过警示教育、党纪国法教育，帮助大家敬畏和自觉遵守纪律。利用院报、手机报、微信等平台，定期向干部学者传递中央和中央纪委关于党风廉政建设的最新精神。通过约谈、检查、巡查、督查，强化纪律的存在感，使干部学者始终绷紧纪律之弦。另一方面要全面从严管理。要关口前移，从新入职人员抓起，从处室级干部抓起，使干部学者在事业的起步阶段就养成严守纪律的习惯。要把监督的触角再往上游延伸，比如，在青年科研人员确定研究方向时就提示其中的政治纪律违纪风险，在申请出国时就把外事纪律讲清楚，在申请横向课题之前就告知哪些可为、哪些不可为。要使咬耳扯袖、红脸出汗成为常态，以“信任不能代替监督”“严管厚爱”的方式体现对干部学者的亲切关怀和严格要求。

第三，减少存量和遏制增量同步安排。监督执纪要突出政治问题和腐败问题交织，不收敛不收手，问题线索反映集中、群众反映强烈、现在重要岗位且可能还要提拔使用的领导干部这“三方面人”，注意把握前面讲到的“四个节点”。一方面要“减存量”。把握力度节奏，保持高压态势，按照“四种形态”的要求严格处置中央巡视组移交的问题线索和新收的信访举报，坚决把存量减下来。另一方面要“遏增量”。切实把纪律挺在前面，红脸出汗要成为常态，党纪轻处分要经常使用，坚决把增量遏制住。适时通报有关案件查处情况，利用身边人身边事开展警示教育。

第四，全力履责和全面问责同步实施。2015 年出台的《关于落实全面从严治党监督责任的实施意见（暂行）》与 2014 年出台的《关于落实党风廉政建设主体责任的实施意见》是姊妹篇，为全院各级党组织落实主体责任、纪委落实监督责任列出了“正面清单”。2015 年出台的《关于全面从严治党主体责任的问责办法（暂行）》《关于全面从严治党监督责任的问责办法（暂行）》列出落实“两个责任”不力的“负面清单”。“四个制度”是落实全面从严治党战略部署，实现依规治院，切实加强党内监督的重要举措。“两个清单”一正一反、相互配套、相辅相成，是今后一段时间指导落实“两个责任”和实施“一案双查”的基本遵循。立规易、执行难。“四个制度”颁布后，要在贯彻实施上下更大功夫，绝不能只是嘴上说说、纸上写写、墙上挂挂。一方面要依规履职。各单位党委、纪委要对照“正面清单”，一条一条地分析本单位在落实“两个责任”方面是否有缺项，在体制机制方面是否存在短板。一项一项地制定对应的落实举措，切实使“正面清单”的要求在本单位落地生根。另一方面要严肃问责。对于违反“负面清单”，落实“两个责任”不力的，严肃问责。今年，驻院纪检组将对个别单位党委、纪委疏于履责，造成本单位发生严重违纪案件的，进行问责。

第五，专职干部和全员参与同步结合。全面从严治党人人有责。不论是专司监督之职的纪检干部还是普通党员都要以爱党、忧党、为党之情投入落实中央全面从严治党重大战略部署上来。一方面要提高专业能力。纪检干部要带头尊崇党章，把维护党章和其他党内法规作为首要任务，加强对遵守党章、执行党纪情况的监督检查，严肃查处违反党章党规党纪的行为，坚决维护党章权威，做党章的坚决执行者和忠实捍卫者。同时要加强自身建设，以更高的标准、更严的纪律要求自己，保持队伍纯洁，把纪律和规矩挺到管党治院的第一线。另一方面要凝聚整体合力。全体党员要落实习近平总书记在中央纪委六次全会上提出的“四个始终”要求：始终忠诚于党、始终对组织坦诚、始终正确对待权力、始终牢记政治责任，站稳立场、把准方向，积极参与到正风肃纪、反腐惩恶的事业中来，既洁身自好、廉洁自律，又敢于监督、敢于斗争，形成有腐必反、有违必究的强大舆论声势和良好氛围。

同志们，马上就要到春节了，在这里请允许我代表驻院纪检组并以我个人的名义祝大家新春快乐、身体健康、万事如意！

# 关于中国社会科学院智库建设的几点说明和2016年智库工作部署

## ——在2016年智库建设工作会议上的讲话

蔡　昉

（2016年2月23日）

同志们：

王伟光院长就中国社会科学院智库建设作了一个重要的讲话，从五个方面指明了院智库建设的方向，明确了智库建设机制，提出了智库建设的主要任务。在智库建设中大家要随时、反复对照这五个要求，修正我们的努力方向。

中国社会科学院作为党中央国务院直接领导下的国家级综合性研究机构，被中央列入国家首批重点建设的高端智库试点单位，同时，院属“中国社会科学院国家金融与发展实验室”“中国社会科学院国家全球战略智库”两个专业化智库也被列入试点单位。这是党和政府对我们社科院的信任，也是对中国社会科学院多年来在服务党和政府重大决策方面建言献策，发挥思想库、智囊团作用的一个充分肯定。中国社会科学院及下属单位作为国家级高端智库，既是一份荣耀，更是一份压力、一份责任。根据中国社会科学院自身的特点和优势，在原有11家专业化智库基础上，又成立了京津冀协同发展智库和“中国—中东欧16+1”智库，现已成立了13个专业化智库，以后还会根据学科领域的需要再成立若干专业化智库。

智库建设工作现在已经有了一个良好的开端，已积极开展了一些智库建设的前期工作，成立了智库建设协调办公室，负责智库的日常管理和协调工作；出台了智库管理细则、经费管理细则、智库建设试点方案、2016 年工作计划等。今天我就智库建设作几点说明，并就全院 2016 年智库工作做一部署。

## （一）院智库建设基本原则、目标和定位

### 1. 基本原则

（1）坚持党的领导，把握正确导向。坚持党管智库、党组（党委）管智库，坚持中国特色社会主义方向，遵守国家宪法和法律，始终以维护国家利益和人民利益为根本出发点，立足我国国情，充分体现中国特色、中国风格、中国气派，不照搬西方智库模式。

（2）坚持围绕大局，服务中心工作。紧紧围绕党和政府决策急需的重大课题，围绕全面建成小康社会、全面深化改革、全面推进依法治国、全面从严治党的重大任务，开展前瞻性、针对性、储备性政策研究，提出专业化、建设性、切实管用的政策建议，着力提高综合研判和战略谋划能力。

（3）坚持科学精神，鼓励大胆探索。坚持求真务实，理论联系实际，发挥基础研究优势，强化问题导向、忧患意识，积极建言献策，提倡不同学术观点、不同政策建议的切磋争鸣、平等讨论，创造有利于智库发挥作用、积极健康向上的良好环境。

（4）坚持改革创新，规范有序发展。深化科研体制机制改革，深化组织管理体制机制改革，深化经费管理制度改革，深化成果评价和应用转化机制改革，深化国际交流合作机制改革；科学界定学术殿堂功能和智库功能，坚持创新工程和智库建设协调同步；调整优化学科布局，加强资源统筹整合，注重智库建设顶层设计，积极推进不同层次智库有序发展。

### 2. 总体目标和功能定位

注重从整体上充分发挥作为党中央、国务院综合性高端智库的功能和作用，把中国社会科学院建设成为国家级新型智库研究综合集成平台、马克思主义理论创新中心、哲学社会科学主要学科领域理论创新中心、党和国家重大决策咨询服务中心、高素质智库型人才孵化中心、具有权威性和公信力的智库信息采集和发布中心、与国际知名智库的交流合作中心。根据学科优势、研究专长、队伍构成、科研资源及成果转化渠道等情况，推进各研究所（研究院、研究中心）智库建设，充分发挥其具有学科学术特色的智库功能。根据党和国家决策需求和经济社会发展需要，重点建设一批具有代表性的专业化新型智库组织。到 2020 年，形成定位明晰、特色鲜明、规模适度、布局合理的新型智库体系，重点建设一批具有较大影响力和较高知名度的专业化新型智库，造就一支坚持正确政治方向、德才兼备、富有创新精神的智库型人才队伍，建立一套完善的、有利于充分发挥各层次智库功能和作用的管理体制和运行机制。

发挥作为国家级综合性高端智库的优势，把努力建设成为具有国际影响力的世界知名智库作为中国社会科学院加强中国特色新型智库建设的重要目标，作为落实中央“三个定位”要

求的重要任务，充分发挥理论创新、咨政建言、舆论引导、社会服务、公共外交等重要功能。

按照体现中国特色、突出中国社会科学院自身特点和综合性、专业化要求，分层次、有针对性地推进我院智库建设。中国社会科学院智库建设分为三个层次。

第一个层次是院级。整个中国社会科学院要发挥作为党中央、国务院重要智库的综合性作用，把中国社会科学院建成新型智库研究的“综合集成平台”，生产基于全院的智库成果，真正把中国社会科学院打造成国家级综合性高端智库，切实发挥好高端智库的五大功能。院这一级的特殊优势究竟应该如何发挥，仍然有很多方面值得探索。我们不仅要履行管理、协调和服务以及上传下达的职能，还要利用多学科交叉、渗透、融合、碰撞的集成特点，成为一个智库成果的提炼升华平台。

第二个层次是各研究所（院）。各研究所（院）统筹安排，根据各自的学科优势、研究专长、队伍构成、科研资源及成果转化渠道的状况，制定本单位新型智库建设方案，充分发挥具有学科学术特色的智库功能。中央已经确定为试点的有 25 家单位，目前全国各类智库正如雨后春笋般成长。在激烈的竞争中，中国社会科学院的排头兵地位是必需的，却不是必然的。需要各研究所（院）进行探索和创新。特别是强化基础研究支撑智库研究的优势，认识到两者并非不同的过程，而是同一过程的不同阶段产品。

第三个层次是专业化新型智库。在全面加强新型智库建设的基础上，重点建设一批具有代表性的专业化新型智库组织。顾名思义，这些专业化智库将是中国社会科学院智库建设的专业队伍，也是中国社会科学院高端智库建设胜败得失的关键所在。因此，必须严格按照中共中央办公厅、国务院办公厅《关于加强中国特色新型智库建设的意见》要求具备的基本标准：(1) 遵守国家法律法规、相对稳定、运作规范的实体性研究机构；(2) 特色鲜明、长期关注的决策咨询研究领域及其研究成果；(3) 具有一定影响的专业代表性人物和专职研究人员；(4) 有保障、可持续的资金来源；(5) 多层次的学术交流平台和成果转化渠道；(6) 功能完备的信息采集分析系统；(7) 健全的治理结构及组织章程；(8) 开展国际合作交流的良好条件等。

### （二）突出中国特色和中国社会科学院特点

#### 1. 突出中国特色

把努力建设成为马克思主义坚强阵地作为加强智库建设的根本前提，始终坚持正确的政治方向和学术导向，坚持马克思主义在哲学社会科学研究中的指导地位，不断提高运用马克思主义立场观点方法指导智库研究及认识、分析、回答、解决重大问题的能力；深入研究阐释和贯彻落实党的十八大和十八届三中、四中、五中全会精神，深入研究阐释和贯彻落实习近平总书记系列重要讲话精神，自觉与党中央保持高度一致；着力解决好哲学社会科学研究为什么人的问题，始终坚持站在党和人民立场上做学问，为党和政府科学民主依法决策服务，为国家经济社会发展服务，为最广大人民的根本利益服务，切实发挥中国社会科学院在党治国理政中的重要作用。

**2. 突出我院特点**

把建设成为我国哲学社会科学研究的最高殿堂作为中国社会科学院加强中国特色新型智库建设的重要基础，以学科门类齐全、高端人才荟萃、综合研究实力强等优势为依托，紧紧围绕马克思主义基本理论和中国特色社会主义理论体系，围绕全面建成小康社会、全面深化改革、全面推进依法治国、全面从严治党的重大任务，围绕党和国家关注的重大理论和现实问题及决策急需的重大课题，开展深入扎实的学术研究，既要提供具有现实性、针对性、可操作性的决策咨询和对策建议，为党中央国务院科学民主依法决策提供高质量的智力服务，更要提出具有时代高度、代表国家水准的创新性思想理论观点，努力创建中国话语和中国学派。

### （三）强化制度意识，创新工作机制

**1. 贯彻执行好两个管理办法及其细则**

根据中央《关于加强中国特色新型智库建设的意见》，中宣部印发了《国家高端智库管理办法（试行）》，财政部和全国哲学社会科学规划领导小组印发了《国家高端智库专项经费管理办法（试行）》，中国社会科学院根据要求出台了《中国社会科学院国家高端智库管理细则（试行）》《中国社会科学院国家高端智库专项经费管理细则（试行）》，就智库建设的原则、研究任务和项目管理、成果报送和资助、国际合作和交流、人员管理和报酬、考核评估、经费管理与保障等方面作了较为详细的规定。国家对高端智库给予了极大的支持，在智库组织管理、人员管理等方面给予了政策支持。经费保障上也给予了充分保障，财政给核拨了1千万元智库专项经费，院里拿出相应的配套经费。各个智库还可以根据各自的特点和优势，多渠道筹措智库经费，可通过接受购买服务、项目委托、社会捐助等多种途径筹措经费，建立多元化、多渠道、多层次的经费保证机制。希望大家认真学习智库管理办法和细则、经费管理办法和细则这几个文件，严格按规定要求的范围和用途，强化预决算，管理好、使用好智库经费。

**2. 完善智库成果报送机制**

中宣部从2016年1月起创办《国家高端智库报告》和《国家高端智库建设试点工作简报》，直接报送中央领导同志和中央决策部门参考，推动高端智库成果转化。要求国家高端智库优先通过《国家高端智库报告》报送，同时各家可在现有向中央报送的内参、期刊等材料中，确定1种决策咨询类刊物，通过原有渠道报送中央及有关部门，并抄送全国社科规划办。院智库要按中宣部的要求及时报送智库成果。

**3. 积极探索“旋转门”机制**

“旋转门”，原意是指个人在公共部门和私人部门之间的转换角色，这也是智库中常用的一个概念。我国智库发展有自身的特点，也应探索有中国特色的“旋转门”机制。这次智库管理规定中也专门列了一条，“积极创造条件，推荐高端智库专家到党、政、军部门挂职、任职、兼

职，推动形成党政机关和智库之间人才有序流动的'旋转门'机制"。中国社会科学院也要积极配合有关部门，积极推荐德才兼备的专家学者到党、政、军部门交流，探索合适的"旋转门"机制。为中国培养一批既有坚实的学术基础，又有政府实践经验的高端政策人才，为现代知识分子参与国家治理提供一条机制和制度化通道。另外，中国社会科学院各专业化智库要广泛利用外脑，特别是把相关领域的在任和原任党政官员吸纳到智库研究中，发挥好他们的作用。

**4. 以数据库建设支撑决策研究**

智库研究成果要有坚实的数据基础，数据库建设是智库研究的基础工程，也是产生高质量智库成果的重要保证。没有数据支持的决策研究，既可能成为不接地气的空中楼阁，也体现不出中国社会科学院基础研究深厚和方法规范的优势。数据库建设要两手抓。一方面，要及时、准确地收集、整理、开发第二手资料，跟踪和分析社会经济发展过程中出现的重大问题，分析原因，找出对策；另一方面，也要主动出击、未雨绸缪，发挥中国社会科学院相关学科的专长，深入开展各种形式的调查研究，收集第一手资料，形成数据库建设的拳头产品。并以此为基础，形成全面深入的决策研究成果。

**5. 加强智库宣传和思想传播**

我们的智库不能闭门造车、自说自话，要不断扩大自身影响力。这就需要智库在传播上要有创新和一定的投入，采取各种方式和渠道影响舆论和政策，实现有为和有位统一。中国社会科学院智库功能的很大一部分在于引导社会思潮、培养社会公众的政策认知和参与。各专业化智库要借鉴国内外智库建设的成功经验，建立多层次的传播机制，实现智库研究成果影响力的最大化。在智库成果传播上可以采取"向上""向下""对内""对外"全方位宣传，即提高智库对政策决策者的影响力；与各大媒体建立良好的信息传播机制，通过大众传媒扩大自身影响；不仅扩大在国内的影响，还强调国际影响力，即为拓展国际影响力和话语权，与世界各国智库建立密切的合作交流机制，一方面实现全球化背景下战略问题的应对，另一方面为国家全球战略建立一条重要通道，影响国外智库从而影响国外舆论和政策。各单位要建设好自己的网站，运用互联网思维，拓宽视野，把智库的网站打造成扩大影响力的重要媒介。紧跟信息技术的发展步伐，充分利用好新媒体。

### （四）2016年度智库工作部署

2016年是"十三五"开局之年，也是中国社会科学院作为国家高端智库建设试点、大力推进中国特色新型智库建设的新起点，我们将根据习近平总书记关于加强中国特色新型智库的一系列重要批示及中央《关于加强中国特色新型智库建设的意见》精神，按照"发挥中国社会科学院作为国家级综合性高端智库的优势，使其成为具有国际影响力的世界知名智库"的目标要求，坚持智库研究与建设的正确方向，努力把中国社会科学院打造成国家级新型智库研究综合集成中心，马克思主义理论创新中心，党和国家重大决策咨询服务中心，哲学社会科学学术观点创新中心，高素质智库人才孵化中心，智库信息采集、储存、处理和发布的海量数据库运行中心以及与国际知名智库交流合作中心。

中国社会科学院国家高端智库建设 2016 年度工作计划如下。

**1. 坚持正确方向，开展重点领域研究**

把握智库研究与智库建设的根本方向，站在党和人民的立场上，运用马克思主义的立场、观点和方法，坚持理论联系实际的学风，以党和人民关注的重大理论和现实问题为主攻方向，聚焦关系党和国家事业发展的重大课题，围绕坚持和发展马克思主义、创新发展当代中国马克思主义、习近平总书记系列重要讲话精神研究重大理论问题，围绕党的十八届五中全会提出的重大思想观点、重大战略部署、重大工作举措，围绕“四个全面”战略布局、全面深化改革与五大发展理念、劳动力变化和人口战略调整、精准扶贫、加强和改善党的领导等重点研究领域开展战略性、前瞻性、综合性、针对性、储备性政策研究，为党和政府重大决策提供智库服务。在加强智库研究的同时，高度重视基础理论研究和学科建设，为智库研究提供坚实的理论基础和持续的学术支撑。

**2. 重视顶层设计，健全具有中国社会科学院特点的智库体系**

根据中央建设中国特色新型智库的精神，院党组结合中国社会科学院特点，统筹规划，构建起“院—所—专业”三级智库格局，大力推进具有社会科学院特点的三个层次的智库体系建设。在已成立 13 个专业化智库的基础上，2016 年还将成立西藏智库和马克思主义政治经济学创新研究智库，同时探索新型智库建设机制，健全中国社会科学院智库体系。同时，积极与社会科学规划办沟通，争取有更多专业智库被纳入国家级高端智库试点单位。

**3. 加强组织领导，完善智库管理机制**

建立并落实智库工作责任制。院党组首先承担智库工作的主体责任，明确责任分工，党组主要负责人是第一责任人，主管副院长是主管智库工作的直接责任人，分管院领导是所分管智库的具体负责人。院属单位党委领导班子承担本单位、本部门、本智库的主体责任。主要负责人为第一责任人，分管领导为具体负责人，院智库协调办公室负责智库日常协调工作。

全面建立健全智库建设综合协调、督办督查机构及相应制度，定期检查，定期汇报。党组一季度听一次智库工作汇报，主管或分管领导每两个月召开一次智库工作协调会。

**4. 学术研讨和交流活动**

各级智库在院指导下，根据研究实际开展学术研讨和学术交流，具体计划根据院务会批准各专业化智库工作计划后执行。

**5. 国际合作与交流**

各级智库在院指导下，根据研究实际开展国际合作与交流，具体计划根据院务会批准各专业化智库工作计划后执行。

# 二　中国社会科学院2016年度工作会议文件

## 中国社会科学院2015年工作总结

2015年，是中国社会科学院创新工程第一个五年规划的收官之年，是中国社会科学院改革发展的关键之年，也是推进中国社会科学院创新工程新的五年计划、努力实现中央“三个定位”要求承上启下的一年。在党中央国务院正确领导下，在院党组带领下，全院同志高举中国特色社会主义伟大旗帜，以马克思列宁主义、毛泽东思想和中国特色社会主义理论体系为指导，贯彻落实党的十八大和十八届三中、四中、五中全会精神，贯彻落实习近平总书记系列重要讲话精神，深入开展“三严三实”专题教育，全面推进哲学社会科学创新工程，大力加强中国特色新型智库建设，各项工作都取得了新的成绩。

### （一）深入学习贯彻党的十八大、十八届历次全会精神和习近平总书记系列重要讲话精神，办院方向进一步坚定

1.坚持用习近平总书记系列重要讲话精神统一思想。党组带头学习贯彻习近平总书记系列重要讲话精神，坚持用讲话精神统领全院各项工作。连续第五年举办所局级领导干部专题读书班，党组成员作动员讲话或辅导报告。开展处（室）级干部“千人理论大培训”，引导干部职工坚持正确的政治方向和学术导向。从院属单位抽调专家学者组成宣讲团，深入全院开展宣讲。坚持把学习讲话精神与学习贯彻党的十八大和十八届三中、四中、五中全会精神结合起来，同学习中国特色社会主义理论体系结合起来，同学习马克思主义哲学和马克思主义基本原理结合起来，切实做到学而信、学而用、学而行。通过读书班、报告会、辅导班、论坛等方式，深入开展理想信念教育、国情教育、革命传统教育，不断坚定全院干部职工的道路自信、理论自信和制度自信，不断增强为人民做学问的自觉性和坚定性。

2.深入研究和阐释中国特色社会主义理论体系和党的大政方针。围绕党的十八届五中全会和习近平总书记系列重要讲话提出的一系列新思想、新观点、新论断，组织专家学者深入研究，推出一批高质量研究成果。党组成员带头在中央媒体发表理论文章，在思想理论界引起较大反响。专家学者应邀宣讲党的十八届五中全会精神。院中国特色社会主义理论体系研究中心

在中央"三报一刊"发表理论文章36篇。高质量完成"习近平总书记治国理政思想风格与方法论""世界反法西斯战争的东方主战场"等中央交办课题。

3. 深入推进社会主义核心价值观建设。围绕"哲学社会科学为什么人"的问题，在全院有重点、分层次地开展社会主义核心价值观活动。召开协调小组会议，督促院属单位把社会主义核心价值观融入各项工作中。举办以"义与利：科研工作者的道德坚守"为主题的第三届道德建设论坛，进一步提升干部职工的思想道德素质。认真开展机关作风评议和院直机关"文明窗口"评选活动，广泛开展"2015 北京榜样""学习推荐第五届全国道德模范"活动，大力宣传先进，弘扬正气。

## （二）深入开展"三严三实"专题教育，全面从严从实治党治院、党风廉政建设取得新成效

1. 扎实开展"三严三实"专题教育。党组按照中央要求，制定详细方案，作出周密部署。党组主要领导讲党课、作动员报告。全院各级党组织围绕三个专题开展学习研讨，推动形成良好的政治生态。召开"三严三实"专题民主生活会，深刻查找不严不实问题，积极开展批评与自我批评。建立问题清单、责任清单、整改清单，提出整改方案和具体措施，坚持立行立改，强化立规执纪，推动践行"三严三实"要求制度化、常态化、长效化。

2. 积极配合完成两轮审计和中央巡视组工作。积极配合完成审计署对中国社会科学院进行的预算执行审计和经济责任审计两轮审计，有针对性地开展整改和规范管理，得到审计署的肯定。积极配合中央巡视组完成驻点巡视工作。成立协调领导小组，制定实施方案，设立8个工作小组，确保巡视工作顺利开展。召开全院党风廉政建设警示教育大会，及时通报有关人员的问题及处理情况。立行立改，出台《关于进一步规范横向课题经费管理的办法》《〈中国社会科学院网上不良行为处理办法〉补充规定》等制度文件，从源头上堵塞问题漏洞。积极做好中央巡视组移交问题线索的核实工作，得到中央巡视组的充分肯定。

3. 严格履行和落实主体责任和监督责任。按照全面从严治党治院的要求，深入推进政治纪律、组织纪律、财经纪律"三项纪律"建设，部署开展《中国共产党廉洁自律准则》《中国共产党纪律处分条例》的学习贯彻，推动学风文风和工作作风进一步转变。院党组认真履行主体责任，明确每位党组成员党风廉政建设责任分工和联系单位。全年党组会学习传达中央和中央纪委有关精神9次，研究相关议题29次52项，决策机制日趋规范化。研究制定《关于全面从严治党主体责任的问责办法（暂行）》《关于全面从严治党监督责任的问责办法（暂行）》《关于落实全面从严治党监督责任的实施意见（暂行）》，为落实两个责任提供刚性制度依据。党组成员带队检查所联系单位的党风廉政建设情况，现场点评指导，提出整改意见，确保主体责任和监督责任落到实处。

4. 加强党组自身建设。坚持党组中心组学习制度，党组成员带头认真学习马克思列宁主

义、毛泽东思想和中国特色社会主义理论体系，认真学习习近平总书记系列重要讲话精神，及时跟进学习中央最近精神，提高运用马克思主义立场观点方法指导全院工作的能力和水平。加强民主集中制建设，落实院领导班子议事规则和会议制度，提高决策科学化、民主化水平。严格遵守党的政治纪律和政治规矩，从严治院，从严管理，坚决贯彻执行中央决策部署和党组会议、院务会议、院长办公会议重要决定决议，努力打造让党和人民放心、让全院同志满意的过硬的领导班子。

5. 抓好党委领导班子建设。修订完成《中国共产党中国社会科学院研究所委员会工作条例》《中国社会科学院研究所所长工作条例》，为贯彻落实党委集体领导下的所长负责制提供制度保证。顺利召开中国共产党中国社会科学院直属机关第三次代表大会，选举产生直属机关第三届委员会委员 21 名，直属机关第三届纪律检查委员会委员 13 名。加强对院属单位党委会记录、会议纪要、中心组学习情况的检查，切实提高党委领导班子的凝聚力和战斗力。

6. 加强基层党组织建设。举办入党积极分子培训班，开展主题党日活动，加强理想信念教育，积极慰问困难党员。修订印发《中国社会科学院党支部建设经费管理办法》，提高离退休党支部建设经费人均标准。做好在科研骨干中发展党员工作。

7. 开展党建述职考核评议工作。按照中央全面从严治党要求，印发《关于开展我院 2015 年党建述职评议考核工作的通知》，要求全院各级党组织负责人开展党建述职考核，明确考核结果的运用。组织院属 20 个单位开展现场述职。

### （三）抓好党的意识形态工作，马克思主义坚强阵地进一步巩固

1. 进一步强化意识形态工作领导责任。认真落实中央《党委（党组）意识形态工作责任制实施办法》，制定中国社会科学院实施意见和实施细则，进一步明确院党组、院属单位党委和基层党组织承担的意识形态工作主体责任，实现意识形态工作责任制全覆盖。党组召开多次会议，部署意识形态工作。建立意识形态工作协调、检查、督办、查办制度。举办意识形态工作经验交流会。院属单位党委定期向党组提交意识形态工作报告，党组向中央报送意识形态工作情况报告。

2. 扎实推进马克思主义理论研究和建设工程。召开年度马克思主义理论研究和建设工程工作会议。编辑完成《中国特色社会主义理论研究前沿报告》。成功召开全国社科院系统中国特色社会主义理论体系研究中心年会。举办首届“中国社会科学院马克思主义学院博士生高峰论坛”。马克思主义理论一级学科、二级学科和三级学科的立体网络基本构建完成，马克思主义理论类别研究室、理论编辑室增至 36 个。大力加强马克思主义学院建议，培养高素质马克思主义理论人才。成立马克思主义理论创新智库和意识形态研究智库，推进马克思主义创新研究。

3. 开展积极的舆论斗争，批驳各种错误思潮和错误观点。广大干部学者站在意识形态斗

争第一线，开展积极的思想舆论斗争，受到中央和中央有关部门的充分肯定，赢得社会的积极评价。积极推进马克思主义文艺理论与文学批评工程。建立能够有效引导舆论的网络人才队伍、编辑记者队伍和学术评论队伍。组建马克思主义学术网军，加大舆论斗争和网上斗争的力度。成立思想理论写作组，主动设置议题，有力批驳西方“宪政民主”、“普世价值”、“公民社会”、“新闻自由”、新自由主义、历史虚无主义、民主社会主义等错误思潮和错误观点，撰写理论宣传文章 40 余篇。编辑出版《中国社会科学院历史虚无主义批判文选》一书。

4. 加强院属媒体建设和管理，弘扬主旋律、凝聚正能量。加强监督和联络协调工作。加强对政治方向、理论倾向、学术质量的把关审核。加强出版物审读制度建设，严格政治责任追究机制，从管理和制度上严把政治关，不给任何错误思潮和理论观点提供传播渠道。严格落实《关于重大及敏感性报道的管理规定》。

### （四）实施创新工程，哲学社会科学创新体系建设再上新台阶

1. 创新工程工作取得重要成果。2015 年，深入实施创新工程，在阵地建设、学科建设、人才培养、成果产出以及科研组织方式创新和管理体制机制改革等方面取得新的成绩，取得了一批重要成果，全院科研人员撰写专著 469 部，学术论文 4822 篇，研究报告、论文集 596 部，译著（文）280 部（篇），学术资料、古籍整理 80 种（部），理论文章 205 篇。发布重大科研成果 232 项，其中，重大人文基础研究类成果 64 项，全面深化改革及社会发展类成果 85 项，重大经济问题研究类成果 39 项，学术影响力和社会影响力不断提升。

2. 开展创新工程五年试点工作经验总结。开展创新工程第一阶段五年试点工作总结和新一个五年的规划工作。加大创新工程成果宣传力度，《改革推动发展 创新引领未来——“十二五”时期中国社会科学院哲学社会科学创新工程总结报告》在主流媒体发表后，引起良好反响。编制完成《中国社会科学院哲学社会科学创新工程“十三五”发展规划纲要》。

3. 进一步推进创新工程制度建设。制定印发《科研、采编、管理岗位序列后期资助目标报偿管理办法》《关于创新工程科研岗位准入条件的补充规定》《中国社会科学院离退休人员绩效考核和后期资助目标报偿实施细则》《中国社会科学院挂职干部绩效考核和后期资助目标报偿实施细则》等文件，编印新版《创新工程文件汇编》。推进创新工程绩效考核和落实后期资助目标报偿，组织实施创新岗位绩效考核工作，印发《关于开展 2015 年度创新工程绩效考核计分分档工作的通知》和《关于开展 2015 年度考核评价和做好 2016 年度创新工程有关工作的通知》，保障绩效考核后期资助目标报偿顺利发放。

### （五）落实科研强院战略，最高殿堂的学术地位和社会影响力显著提升

1. 坚持基础研究和应用研究并重并举，推动基础学科和应用学科共同发展。围绕贯彻落实中央重大决策，特别是习近平总书记系列重要讲话精神，列出相关重点课题，进行跨学科集

体攻关，推出一批系统性、有影响力的研究成果。推出《世界佛教通史（14卷15册）》《中华民族抗日战争史（8卷）》《中美关系史（英文版）》《马克思主义史学思想史（6卷）》《论语还原》等一系列体现学科发展水平的重要成果。进一步协调落实社科名词审定、《国家历史地图集》编纂、《中国大百科全书》第三版编纂出版工作。编撰《学科年度新进展综述》，评估各学科发展状况，引领学科的发展方向。

2. 做好科研规划和科研成果发布工作。编制发布《中国社会科学院"十三五"发展规划纲要》。开展"十三五"时期国家经济社会发展重大项目论证。改革优秀科研成果奖评奖机制，完善成果发布机制。组织开展第九届研究所优秀科研成果评奖工作，修订科研成果评奖办法和奖励办法，建立研究所优秀科研成果奖外部评审专家库，完善离退休人员参加院评奖的规定，提高院级优秀科研成果的奖励标准。全院共有38个单位完成评奖工作，共评选出200多项一等奖。举办第七届"胡绳青年学术奖"评奖活动，共评出6项成果奖、7项提名奖。组织召开3次科研成果发布会，隆重推介2015年度完成的山西陶寺遗址发掘成果、"一带一路"研究成果和专题数据库以及《中国民族地区经济社会调查报告》首批图书。召开新书发布会，向社会发布《东西德统一的历史经验研究丛书》《应对气候变化报告》等成果。

3. 完善科研管理体制机制和科研组织形式。组织研究所开展学术委员会换届工作，完成了43个院属单位学术委员会换届工作，共产生新一届所学术委员会委员504人。完成创新工程学术出版资助文库项目（162项）、出版社大型学术出版后期资助项目（21项）、皮书项目（39项）、中国社会科学博士后文库项目（39项）、博士学位论文文库项目（6项）、"走出去"项目（40项）的评审和资助工作。

4. 加强学部建设，做好学部工作。组织召开学部年度工作暨学术会议。开展重大理论和现实问题研究，组织集体协作攻关，发布《论新常态》等一系列研究成果，为党和国家的理论创新和重大决策提供智力支持。组织完成学部委员创新工程立项、年度检查和结项工作。成立学部委员厦门工作站，加强与地方政府及研究机构的学术交流。各学部立足学术前沿，开展多层次、跨学科的学术研讨活动，举办"抗战文化与文学研究"、海峡两岸"中华民族共有精神家园"、"东亚和平与发展暨'一带一路'下的中韩关系"以及院第十四届史学理论研讨会等。积极开展学部对外学术交流与合作，组织学部委员跟踪国际热点问题研究。编辑出版学部论文集、学部集刊、年鉴等学术出版物，进一步扩大学部和学部委员的社会影响力和学术影响力。

5. 加强国情调研工作。制定《关于加强和改进国情调研工作的意见》，组织相关研究所申报新建11个所级国情调研基地。调整"国情调研成果编选委员会"，促进中国社会科学院国情调研工作在项目体系、基地建设、成果质量和组织纪律等各个方面迈上新台阶。制定重大国情调研领域指南，评审立项79个国情调研年度项目，严格办理各类国情调研项目，结项60余项，审核列入"国情调研丛书"成果出版申请8项，出版2种。

6. 积极破解横向课题管理难题，探索横向课题管理新思路。完成《2015年横向课题调研报告》，积极与国家审计署、财政部等国家决策部门沟通联系，协力制定横向课题管理办法，破解哲学社会科学横向课题管理困境，更好发挥中国社会科学院在全国哲学社会科学课题管理方式上的引领作用。

7. 完善优秀学者资助体系。全面实施、整体推进学部委员（荣誉学部委员）、长城学者、基础研究学者和青年学者四类学者资助计划。组织完成2015年院“学者资助计划”申报立项工作。共有18位学部委员（荣誉学部委员）入选学者资助计划。完成18位学部委员（荣誉学部委员）、15位长城学者、23位基础研究学者和11位青年学者资助计划受资助人年度考核工作。

8. 办好各类学术会议和学术活动。围绕重大理论和现实问题及学术前沿问题，组织重大学术活动，扩大中国社会科学院的学术影响力。组织纪念抗日战争胜利70周年等系列重要学术活动、举办纪念陈云同志诞辰110周年系列学术活动、纪念邓力群同志诞辰100周年座谈会，举办中国社会科学院首届唯物史观与马克思主义史学理论论坛。与山东省人民政府联合举办第22届国际历史科学大会，习近平主席亲致贺信，刘延东副总理出席开幕式并致辞。与上海市人民政府联合举办第二届世界考古论坛。中国社会科学院研究所、学术社团和非实体研究中心围绕相关学科重大理论和社会热点问题积极开展学术研讨，繁荣学术研究，产生了良好的影响。

9. 加强哲学社会科学话语体系建设，学术导向和学术牵引作用持续增强。作为全国哲学社会科学话语体系建设协调办公室，组织召开话语体系建设协调会议成员单位2015年工作会议。主办“第二届全国哲学社会科学话语体系建设理论研讨会”。建立话语体系建设与研究信息研讨会制度。与上海大学进行交流，联合上海研究院共同举办“话语体系和大学生教育暨‘大国方略’项目研讨会”。编辑刊发《哲学社会科学话语体系建设研究动态》，全年共组织稿件36篇，已刊25期。编辑《中国哲学社会科学话语体系研究辑刊》，出版第一辑《中国学术与话语体系建构》（2卷），遴选出具有代表性的学术论文55篇，约68.9万字，为学界和有关部门提供参考。

10. 做好国史研究和地方志工作。《中华人民共和国史稿》五卷至七卷编撰工作全面启动，编辑出版《中华人民共和国史编年》，推进《中华人民共和国史稿》编撰工作。中国地情网、中国方志网正式开通，实现国家、省、市、县四级地情网站全覆盖，建成全国地方志系统的信息发布、在线服务和互动交流平台。出版《郭沫若研究年鉴2013年卷》。

11. 大力开展学术外交、学术外宣活动，加强国际学术交流与合作。配合国家外交战略，积极开展学术外交、学术外宣项目和活动。全年共审批出访项目1143批，1959人次；邀请来访项目193批、1764人次；横向来访103批，241人次；使馆约见258批，511人次。办理护照448份，签证1288份，港澳通行证102本。派遣长期出访研修项目44人次。新签、续签16个对外交流合作协议和备忘录。中国社会科学院与国外科研机构、智库签署合作协议三次。中国社会科学院重要代表团成功出访，推动对外交流合作迈上新台阶。“中国社会科学论坛”

及系列国际研讨会向世界传播中国学术、发出中国声音，共举办国际研讨会25个，举办国际会议107个。包括“中欧经济调整与就业结构变化”研讨会、“中俄纪念抗日战争与世界反法西斯战争胜利70周年”国际学术研讨会等，引起良好反响。开展对外学术翻译出版资助工作，14种外文期刊得到资助，学术著作翻译出版资助40部。

### （六）突出重大理论和现实问题研究，中国特色新型智库建设有力推进

1. 坚持围绕中心、服务大局，智库成果质量和影响力不断增强。加强对党和国家关注的经济社会发展中全局性、前瞻性、战略性、综合性问题的长期跟踪研究，推出了一批质量高、影响大的智库成果。全年《要报》系列刊物共刊发2720期，报送信息的数量、质量和批示采用率均有大幅增加。新创刊《舆论参考》，已刊发8期。报送的《中巴经济走廊研究报告》《土耳其政局形势及中土关系现状与前景的初步分析》等得到中央领导同志批示。马克思主义理论创新智库通过《要报》等渠道发表报送理论文章25篇。意识形态研究智库围绕党的意识形态以及思想理论建设的重大理论与现实问题，通过系列内部刊物报送决策类信息210余篇。《世界社会主义研究动态》全年出刊143期，发行范围不断扩大，发行总量达到3200余份。

2. 坚持顶层设计，制定建设规划，分步推进实施。制订落实中国社会科学院《关于加强中国特色新型智库建设的若干意见》和《中国特色新型智库建设2015年先行试点方案》，构建起院级、所级、专业化智库三个层次的智库建设工作格局。中央领导同志对中国社会科学院的智库建设工作给予高度评价。中国社会科学院及两家专业化智库纳入中宣部首批重点扶持的国家级新型智库。正式挂牌成立11个专业化智库，即马克思主义理论创新智库、意识形态研究智库、财经战略研究院、国家金融与发展实验室、生态文明研究智库、国家治理研究智库、新疆智库、中国文化研究中心、国家全球战略研究智库、世界经济与政治研究所、中国廉政研究中心。中国社会科学院与上海市人民政府共建的新型合作智库——上海研究院正式成立，开局良好，正逐步建立政府、专家和媒体的三个智库联系网络，通过网站、媒体和要报等平台建设，建立健全智库成果生产、报送和传播体系。

3. 加强统筹组织，进一步健全工作机制。成立智库建设协调办公室，加强统筹协调和督办检查，形成领导主抓、部门协调、专人落实的工作机制。出台《中国社会科学院中国特色新型智库的若干管理规定（暂行）》和《中国社会科学院创新工程科研成果后期资助实施细则（试行）》，印发《关于拨付2015年院专业化新型智库建设专项经费的通知》《关于做好院专业化新型智库建设保密工作的通知》等，进一步规范智库工作。

### （七）实施人才强院战略，全院领导班子和人才队伍建设展现新面貌

1. 完善干部管理机制。严格执行《关于加强院属单位领导班子建设的若干规定》和《关于加强所局领导班子建设和领导干部培养使用的若干意见》。选优配强所局级领导干部，对全

院部分单位所局领导干部进行考察和调整，共调整24个单位31名所局级干部。对全院57个单位领导班子和200余名领导干部进行民主测评，对12名所局级干部进行试用期考核。加强所局级领导干部日常管理监督。继续做好处级及以上干部在企业兼职的清理规范工作。完成退（离）休领导干部在社团兼职清理规范工作。规范处室干部审批备案，研究制定《关于加强所（局）长助理、五六级及以下管理岗位人员聘任的若干规定》，审批备案所（局）长助理、处级干部、研究室正副主任及科级以下干部共117人。

2. 加强对干部的严格管理和监督。做好领导干部个人有关事项报告工作，组织符合报告范围要求的局（处）级（或相当于局处级）领导干部共648人，报告个人有关事项。组织全院57个单位完成年度考核，参加考核人员共3602人。严格领导干部出国（境）审批。规范干部档案、文书档案管理。对院属56个单位人事干部分9批次，每批次5天，就重点审核内容进行实践操作培训。全年移交干部档案214卷、转递干部档案59卷、借阅干部档案513卷、接收干部档案165卷、接收档案散件263份。

3. 加强人才培训工作力度。组织各类人才参加国家级干部教育培训。推荐88人次参加中央党校等中央各类院校的相关班次学习。组织所局级领导参加自主选学和中国干部网络学院学习。完成干部统一培训工作，制定《2015年干部统一培训计划》，指导和协调落实培训班19个，培训人数2700人次。组织举办新入院人员培训班，院属46家单位121名新入院人员参加培训。实施专业技术人才知识更新工程高级研修项目。

4. 大力推进干部挂职锻炼。选派干部在院内外挂职锻炼。第一批赴甘肃酒泉市、嘉峪关市等地党政机关、基层乡镇挂职的21名干部圆满完成任务返回。第二批选派到甘肃挂职的26名干部学者已赴甘肃工作。做好挂职干部接收工作。规范挂职干部待遇，制定援藏（青）人员生活补贴标准和欠发达、边远、困难地区挂职人员生活补贴标准。加强挂职干部绩效考核。

5. 加强人才队伍建设。加大人才引进工作力度。申报接收毕业生计划117名。开展人才引进专家评审。分4批对35家（次）单位的人才引进计划进行微调。开展第10届人才引进专家评审工作。接收安置军队转业干部。做好机构编制管理和人员调配。组织实施国家重大人才工程评选和推荐工作，向中宣部、中组部等部委推荐33名优秀专家。其中，文化名家暨“四个一批”人才、“万人计划”哲学社会科学领军人才人选16人，国家百千万人才工程人选15人，向环保部推荐第九届中华宝钢环境奖人选1人，向国家海洋局推荐“2014年度海洋人物”人选1人。52名专家入选国家专家选拔体系和重大人才工程。

6. 做好研究生教育和培养工作。全方位提高研究生培养质量，改革博士研究生培养模式，改革“马克思主义理论骨干人才计划”招生模式，制定《中国社会研究院研究生院学位论文作假行为处理暂时办法》，顺利完成研究生院学术委员会人员调整和教授委员会执行委员（学部主任）换届选举工作。全年录取硕士博士研究生1193人，授予硕士博士学位1151人。

7. 加强博士后培养力度。加强博士后管理制度建设，共招收进站博士后183人，办理博士后出站134人。在上海研究院设立“中国社会科学院博士后科研流动站上海研究院创新实践基地”。举办第十届中国博士后经济学论坛、首届两岸青年学者论坛等九个博士后学术论坛。完成第四批《中国社会科学博士后文库》评审和出版工作。

8. 推进人事人才管理体制机制改革。完善事业单位人员聘用管理制度体系，研究制定《中国社会科学院事业单位人员聘用办法》《关于上海研究院人员聘用的若干意见》，修订《中国社会科学院人员聘用合同》。完善人才引进制度体系，修订《中国社会科学院人才引进办法》《中国社会科学院才引进院级专家评审办法》。研究制定《关于进一步规范人才引进工作的若干补充规定》《领军人才引进评审办法》《借调工作人员暂行规定》。推进专业技术职务评聘制度改革，出台《关于深化我院专业技术职务评聘制度改革的方案》。新评定314人专业技术职务任职资格。推进专业技术岗位分级工作，推动薪酬与社会保障制度改革，完成事业单位在职人员基本工资标准调整，做好事业单位在职人员养老保险工作。落实国家离退休政策，完成首批学部委员退休工作。

### （八）推进报刊出版馆网库志和评价中心名优建设，理论学术传播能力得到增强

1.《中国社会科学报》影响力进一步扩大。报纸由每周三刊改为每周五刊，创办英文数字报在美国正式上线，加入世界两家最大的电子报刊数据库。目前已建成9家国内记者站和北美、欧洲报道中心，通讯人员覆盖国内主要高校和科研单位以及五大洲30多个国家，实现北京、广州、南京、西安四地同步印刷。

2. 期刊质量和学术影响力稳步提高。完善期刊“五统一”管理，全院期刊质量继续提升，在全国学术界保持领先地位。制定实施《关于加强学术期刊“名优”建设的若干意见》，进一步完善创新工程有关期刊管理制度；《中国社会科学》《考古》《历史研究》《社会学研究》《哲学研究》等10种院属期刊获评2015年中国“百强报刊”；新创办国内统一刊号的《中国社会科学评价》《中国文学批评》《财经智库》三家期刊，使中国社会科学院主办的中文学术期刊达到80种，外文学术期刊达到16种，学术年鉴类期刊4种。其中，44种被国内四大期刊评价机构共同认定为核心期刊，继续加强和改进期刊审读工作，强化期刊审读意见通报工作，举办全院学术期刊主编论坛。制定全院期刊采集指南。办刊经费投入力度加大，办刊条件改善，2015年办刊经费较2014年增长63%。全年资助出版学术年鉴16部、学科集刊14期。

3. 学术出版影响力和效益进一步提升。院属出版社坚持正确的出版方向，创新经营管理体制，图书数量和质量稳步提升。全年院属出版社出版图书4600多种，实现社会效益和经济效益共同提高。加大对出版图书检查力度，调阅三审档案4000多种，有效地把好图书出版的政治方向关、学术导向关和学术规范关。完善创新工程学术出版资助管理机制，累计资助经费5000多万元。组织召开2015年图书出版业务培训班。社会科学文献出版社入选“中央转型示范单位”。

4. 图书馆转型发展取得明显进展。加快全院图书信息资源整合，继续推动建设“国家哲学社会科学数字图书馆”工作。院图书馆建立健全“总馆—分馆—资料室”三级管理服务体系，加大数字图书馆建设力度，在扩大数字资源引进、改造网络基础设施、启用远程访问系统、提高馆藏图书和信息资源服务等方面取得了一定进展。大力推进数字化服务，使学者们在家即可查阅大量数字资源。

5. 网络信息化建设取得显著成效。制定实施《院重大信息化项目管理办法》《院属单位信息化工作经费管理办法》等制度文件，完成 9 个院重大信息化和院重大社会调查项目立项、13 个项目结项的工作，完成全院 142 个在用信息系统的定级备案工作。院属各单位网站和专业网站不断扩展，50 多家子网站迁移到新平台上。以中国社会科学网为龙头的网站集群发挥报刊网联动机制，实现平台、域名风格统一，专题制作更加丰富，成为全国 7 家理论传播重点网站之一。

6. 数据库建设扎实推进。中国社会科学院海量数据库建设项目（一期）正式启动。海量数据库整合平台、馆藏文献数据库、科研成果数据库需求已通过评审，同时，三个数据库的概要设计方案已完成，系统界面设计已确定，系统开发、数据样例测试工作取得新进展。社会调查数据库面访调查系统、网络调查系统、数据调查网站的需求获审批。云平台建设完成需求调研并制定实施方案。2015 年，国家期刊库继续推进期刊签约与数据上线，目前已超越美国斯坦福大学海威出版社，成为世界范围内最大的开放获取期刊数据库。

7. 学术评价工作开局良好。中国社会科学评价中心 2015 年发布《马克思主义理论学科期刊报告》，举办第二届全国人文社会科学评价高峰论坛，发布《全球智库评价报告》。建构以吸引力、管理力和影响力为主要指标的哲学社会科学综合评价体系（简称 AMI）。启动英文期刊评价项目，研究制定了英文期刊调研方案，完成英文期刊发展状况信息调研，初步形成了英文刊 AMI 评价指标体系。

### （九）推进管理强院战略，服务科研能力和保障水平明显提高

1. 行政管理规范化水平进一步提高。按照“准确、负责、高效、规范”的要求，创新行政管理体制，制度化定期联系制度进一步完善，保证党组部署得到及时准确传达，保障全院日常工作运转流畅。进一步完善会议组织机制，办好院年度工作会议暨反腐倡廉建设工作会议、暑期专题工作会议、报刊出版馆网库和评价中心名优建设工程工作会议等全院性重要会议，推动各项工作部署落实。做好“三会”的组织筹办工作。全年召开党组会议 52 次，院务会议 43 次，院长办公会议 5 次。制定《中国社会科学院关于领导同志批办急件办理运转和督查落实工作的补充规定》《中国社会科学院督查工作管理办法实施细则》《督办联络员制度》，构建形成院督查工作机制体系，加大督办工作力度，适时通报各项任务完成情况，提高执行力。圆满完成纪念中国人民抗日战争暨世界反法西斯战争胜利 70 周年阅兵活动的安全保卫工作。建立院

应急事件及时处理机制，做好应急预案管理，做到突发事件及时应对、及时报告、及时处理。对外联络、信访维稳、安全保卫、定点扶贫、计划生育、综合治理等工作扎实推进。

2. 财务工作成效显著。优化财务管理体制，完善财务监管制度，财政资金安全得到有力保障。严格预决算编制，预算执行管理明显加强。积极争取财政资金支持，全院经费预算继续保持了快速增长。严格执行经费管理各项规定，经费支出审核审批基本做到“一支笔”。继续实行会计委派和会计代理，财务体制机制改革深入推进，目前共有 24 个单位实行了会计委派或会计代理制试点，财务监管力度不断强化。

3. 房产和国有资产管理工作明显改进。院办公用房和职工住宅信息化管理进一步规范，全院办公用房管理和职工住宅动态管理信息系统逐步完善。单身宿舍调整清理力度进一步加大，办理单身宿舍入住手续 58 人，办理腾退手续 24 人。院属 24 个单位职工申请住房补贴审核及预发放工作已完成。加强政府采购指导，招投标工作逐步规范。加强资产动态管理，做好固定资产存量调剂工作，固有资产使用效益有所提高。办好人文公司，确保国有资产保值增值。完善《中国社会科学院企业绩效考核暂行办法》，完成对院属企业的财务检查。加强对院属企业经营管理和绩效考核，提高经营性资产利用率和经济效益。加大节能力度，采用节能设备设施效果明显，用能完成情况在国管系统排名靠前。

4. 重大基本建设工程总体进展顺利。大力推进重大基本建设项目和维修改造项目。科研与学术交流大楼项目追加拆迁资金工作正加紧推进；东坝职工住宅项目取得重大进展，北京市有关部门完成该项目规划方案的批复；史学部科研技术业务用房翻扩建项目进展顺利，国家发改委完成了立项审批；研究生院研究生宿舍扩建项目前期工作进展顺利，已完成立项审批手续。

5. 离退休干部和工会、青年、妇女、统战工作进一步加强。加强离退休干部思想政治建设和党支部建设，切实落实离退休干部的政治待遇和生活待遇，构建老有所学、老有所养的保障工作机制，发挥老年学术社团和文体协会作用，搭建老有所乐平台，开展形式多样的文体活动。做好特困老同志帮扶工作。召开全院统战暨党的群团工作会议，研究出台《中国社会科学院党组关于加强统一战线工作的意见》《中国社会科学院党组关于加强和改进党的群团工作的实施意见》。举办党外干部“参政议政与智库建设”研讨班，组织中国社会科学院的全国人大代表、政协委员以及党外干部开展国情调研。中国社会科学院统战部门被中央统战部授予“2015 年度党外知识分子建言献策信息工作先进单位”称号。举办全院第六届职工运动会，组织职工系列文体活动，注重教育引导工作，职工主人翁意识不断增强。开展社科青年“守纪律，讲规矩，促成长”等系列专题报告会，开展“根在基层”系列调研主题实践活动，完成基层团组织换届工作。加强妇女理论研究，继续做好女职工秋季专项体检。中国社会科学院群众组织的桥梁纽带作用得到发挥。

6. 对职工群众切身利益保障有力。努力解决全院干部职工的工作生活条件等切身利益问题。完成了院第一、第二批职工住宅配售工作，第三批职工住宅配售工作已启动。院科研后勤管理、服务、保障工作不断改善，物业、交通、餐饮、会议、医疗、文印等各项服务工作明显改进。办公区、宿舍小区的物业管理得到加强。物业管理中心全年为服务对象提供维修服务达4919次，服务满意率不断提高。机关食堂获得北京市“示范食堂”称号，被评为“中国团餐业先进单位”。开展慰问困难职工活动，发放困难职工慰问金30余万元，向中央国家机关工会组织申请重大疾病困难补助4万余元。进一步完善职工子女入学长效机制，建立中国社会科学院附属实验学校，支持建设北京五中教育集团，共解决126名职工子女的入学问题。职工的凝聚力、向心力不断增强。

在充分肯定成绩的同时，必须清醒地看到，中国社会科学院工作与中央要求相比，与新形势新任务的要求相比，还存在许多不足和问题。主要是：为党中央、国务院科学决策服务的能力还有待进一步提高；对我国思想理论领域和经济社会发展过程中出现的一些新情况新问题，把握还不够准确、反映还不够及时、应对还不够有力；制约创新工程深入实施的观念和体制机制障碍尚未完全破除，具有时代高度、代表国家水准的重大创新成果和创新型高端人才较为缺乏的问题还未从根本上得到解决；进一步推进学科创新、理论和学术观点创新、科研方法和手段创新的任务仍然繁重；“三严三实”专题教育、两轮审计和一轮巡视的成果尚待巩固，加强作风和纪律建设、解决不严不实问题的长效机制还需要进一步完善；从严治党治院的标准还不够严、不够高；改善办院条件、解决职工切身利益方面还有大量工作要做；等等。对于存在的不足和问题，将以改革的精神和创新的思路认真加以解决。

# 中国社会科学院2016年工作要点

中国社会科学院2016年工作总的指导思想是：高举中国特色社会主义伟大旗帜，以马克思列宁主义、毛泽东思想和中国特色社会主义理论体系为指导，以习近平总书记系列重要讲话精神为统领，深入贯彻落实党的十八大、十八届历次全会精神，贯彻落实全国宣传部长会议、中央经济工作会议精神，紧紧围绕中央“四个全面”战略布局和全面建成小康社会决策部署，坚持中国社会科学院建设三条基本经验和“五个三、一个一”工作总要求，大力实施哲学社会科学创新工程，着力加强中国特色新型智库建设，在实现中央“三个定位”要求方面迈出新步伐，取得新成绩。

## （一）深入学习落实习近平总书记系列重要讲话精神

1. 认真学习研究阐释习近平总书记系列重要讲话精神。坚持党组中心组学习制度，加强各级党委（党组）、总支、支部学习制度建设。认真学习和深入研究党的十八大以来以习近平同志为总书记的党中央形成的一系列治国理政新理念新思想新战略、进行的一系列新实践、取得的一系列新成就。重点围绕坚持和发展中国特色社会主义、实现中华民族伟大复兴的中国梦，围绕“四个全面”战略布局，围绕“五大”发展理念，围绕推进经济建设、政治建设、文化建设、社会建设、生态文明建设，围绕党的建设和反腐倡廉建设，围绕国家治理体系和治理能力现代化，围绕党和国家外交工作大局等，积极整合配置学术资源，立足学科专业领域，发挥理论专长和专业优势，从不同学科方向和理论视角，切实加强习近平总书记系列重要讲话精神的研究工作。精心组织学习班、培训班、研讨会等多种形式的学习活动。党组和院属单位各级党组织带头宣讲中央精神。

2. 加大宣传报道力度。落实中央宣传部《以习近平同志为总书记的党中央治国理政新实践重点宣传报道方案》和《中国社会科学院宣传报道习近平治国理政新思想、新实践、新成就工作方案》，聚焦主线着力，全面准确把握，深入阐释问题，创新方式方法，把握节奏力度，发挥全院报纸、期刊、出版社、网站、信息报送等平台优势，形成全方位、多角度、立体化宣传结构，进一步拓展宣传新空间。结合中央重要会议节点，分主题、分阶段、分层次，动员全院力量，组织撰写理论宣传文章、学术专著、综述评论，利用文字、图片、音视频等形式，探索应用微博、微信等自媒体、流媒体，大力加强宣传报道。

### （二）发挥马克思主义坚强阵地作用

1. 加大马克思主义理论学习力度，提高运用马克思主义指导科研等各项工作的能力。坚持学习和研读马克思主义经典著作，掌握辩证唯物主义、历史唯物主义基本原理和方法论，不断接受马克思主义哲学、政治经济学、科学社会主义智慧的滋养，坚持和发展中国特色社会主义理论体系，学习党的重要文献和中央领导同志系列重要讲话，提高运用马克思主义立场观点方法指导科学研究、行政管理等工作的能力和水平。组织召开学习党的十八大、十八届历次全会和国家“十三五”发展规划精神专题报告会、研讨会。加强对领导干部、科研骨干、青年学者和全院人员的马克思主义理论培训，举办所局级主要领导干部读书班、新提拔所局级领导干部任职前学习班、全院处室领导干部培训班、“才思讲坛”和专题报告会。加强党校工作，抓好干部理论学习和党性教育。

2. 继续深入推进马克思主义理论研究和建设工程，推进马克思主义中国化、时代化、大众化进程。完成好中央马克思主义理论研究和建设工程各项任务，落实《中国社会科学院2016年度马克思主义理论学科建设与理论研究工程工作要点》各项任务。加强对马克思主义基本原理、马克思主义经典著作、中国特色社会主义理论体系、社会主义核心价值观和中国梦的深入研究和宣传。加强各学科领域马克思主义基本理论研究和学科建设，构建中国社会科学院马克思主义研究机构立体格局和理论学科群，建设以马克思主义为灵魂的中国特色哲学社会科学创新体系和话语体系。积极推进马克思主义文艺理论研究和文学批评工程，加强用马克思主义引领多样化社会思潮的能力。建设好马克思主义研究学部、马克思主义研究院、当代中国研究所、信息情报研究院、中国特色社会主义理论体系研究中心、世界社会主义研究中心和马克思主义学院七大马克思主义研究平台，建设好马克思主义理论创新智库和意识形态研究智库，筹办马克思主义政治经济学智库。建设好马克思主义理论类别研究室和非实体研究中心。加强马克思主义专业学术刊物和全院期刊马克思主义研究栏目建设。

3. 加强马克思主义理论人才队伍建设。运用“四个一批”人才工程等平台，培养马克思主义理论研究高层次人才。实施好“马克思主义理论骨干人才计划”，扩大招生范围和来源；加强马克思主义基础理论和经典著作选修课的教学；加强师资队伍建设、教材建设和管理工作，做好2016级马克思主义理论专业博士招录及教学培养工作。加强科研人员同地方实际工作部门、城乡基层的联系，增加中青年研究人员对世情、国情的了解，提高理论研究的针对性、实效性，真正把我院建成学习、宣传、研究、发展马克思主义的坚强阵地、战略高地、人才孵化基地。

### （三）贯彻落实意识形态工作责任制

1. 落实和强化意识形态工作责任制，充分发挥意识形态重镇作用。坚持党管意识形态，切实掌握意识形态工作领导权管理权话语权，充分发挥中国社会科学院意识形态重镇作用。落实《中国社会科学院〈党委（党组）意识形态工作责任制实施办法〉实施细则》，严格执行意识形态工作责任人制度，抓好职责范围内的意识形态工作。切实把党的意识形态工作贯彻落实到学术研究全过程，贯彻落实到创新工程和科研管理之中。定期召开全院党的意识形态工作经验交流会、加强党的意识形态工作和马克思主义阵地建设协调会议；召开党委（党组）专题研究意识形态工作会议，提交意识形态工作报告。定期分析研判意识形态领域情况，辨析思想理论文化领域的突出问题，有针对性地进行回应，坚决维护国家意识形态安全。建立健全意识形态工作督办、巡查、考核、奖惩制度，加大对违规违纪、推诿懈怠等行为处罚力度，实行意识形态工作情况“一票否决制”。加强对全院人员思想理论倾向的跟踪了解和监督，提高政治敏锐性和政治鉴别力，增强做好意识形态工作的政治责任感和历史使命感。

2. 开展积极的舆情分析和舆论斗争，批驳各种错误思潮和观点，维护国家意识形态安全。完善舆情监测系统，对舆情进行实时监测与对策研究，主动跟踪分析重要舆情信息、重大时政热点和思想理论动态，加强网上宣传和舆论斗争。组织好对新自由主义、历史虚无主义、民主社会主义、“普世价值”和所谓“宪政民主”“公民社会”“新闻自由”等错误观点和思潮的研究和批驳。做好以中国特色社会主义理论体系研究中心名义发表理论宣传文章工作。建立和培养一支意识形态工作专家队伍，加强对意识形态领域形势和思想理论界情况的分析研判。打造一支政治立场坚定、理论功底扎实、是非观念分明、敢于和善于开展斗争的马克思主义理论队伍。加强思想理论写作组建设，打造好署名“钟社文”系列文章品牌。加强马克思主义网军建设，建立一支方向正确、坚强有力，能够在舆论战线、互联网战线、新媒体战线打得响的网军队伍，推出理论水平高、可读性强的学术成果，占领和拓展网络舆论阵地。严格执行《中国社会科学院网上不良行为处理办法》和《〈中国社会科学院网上不良行为处理办法〉补充规定》，加强网上行为监管，引导全院工作人员自觉遵守国家法律和道德规范，坚决杜绝网上不良行为。

3. 加强院属媒体建设和管理，使之成为弘扬主旋律、传播正能量的重要宣传载体。切实加强领导和管理，充分发挥报刊出版馆网库志和学术评价在宣传党的意识形态方面的重要作用。坚持运用马克思主义立场观点方法指导院属媒体建设，善于以学术方式宣传阐释马克思主义，不断巩固马克思主义在意识形态领域的指导地位。认真落实中央和院党组关于加强媒体管理的有关要求，加强监督和联络协调工作，加强对政治方向、理论倾向、学术质量的把关审核，进一步完善热点问题、敏感问题多级论证制度。运用新技术占领网络信息传播制高点，发挥院属媒体生成舆论、影响舆论、占领主战场、夺取话语权的功能。加强出版物审读制度建设，提升审读水平，严把政治关和学术质量关。强化媒体从业人员马克思主义新闻观教育，建立从业人员思想政治教育和业务培训的管理、考核、奖惩机制。加强对全院各类学术活动政治纪律的审查和管理。加强对中经出版传媒集团的管理，促进其健康发展。

### （四）继续深入推进哲学社会科学创新工程

1. 在认真总结过去五年创新工程经验基础上，编制和实施创新工程下一个五年规划，着力推出一批优秀成果和优秀人才。编制发布《中国社会科学院哲学社会科学创新工程“十二五”时期总结报告和“十三五”时期发展规划纲要》，深化体制、机制、制度创新，坚持“五三一”办院总思路，深入推进创新工程。组织开展“十三五”时期中国社会科学院创新工程发展目标、制度创新、发展评价等方面的论证。加强创新工程重大科研成果发表发布及宣传机制建设，定期发布重大科研成果和重要学术信息。着力推出更多能够代表国家水准、具有世界影响、经得起实践和历史检验的重大创新成果。提高重大理论和现实问题类研究成果获奖比重，加强重要信息对策成果奖励，增强学术成果的决策服务力和社会影响力。规范和深化院地、院企、院校合作。

2. 加强创新工程制度建设，改进和完善创新工程六大制度，使创新工程制度配套化、固定化，发挥更大的作用。完善创新工程报偿、准入、退出、评价、配置、资助六大制度体系，建立完备、系统、科学、规范的科研管理制度体系。完善准入制度和退出制度，严格准入和退出条件。加强重大科研成果产出机制建设，完善以成果为核心的科研量化考核机制。实行年度经费总额拨付，完成经费管理并轨，强化财政经费合规高效使用，加大对优秀科研成果的后期资助力度。建立健全创新工程制度执行监督和问责机制，编印2016年度《创新工程制度文件汇编》。继续实施创新工程学者资助计划，加大对基础研究学者和青年学者的扶持力度。

3. 改进完善创新工程后期资助目标报偿制度，打破新的“大锅饭”。改进报偿制度，规范收入分配秩序，进一步健全分配激励与约束机制。加大后期资助目标报偿投入力度，完善各岗位人员后期资助目标报偿绩效考核评分体系，拉开合理报偿差距，真正形成奖勤罚懒、奖优罚劣的分配机制，鼓励多出成果、出好成果。

4. 强化创新工程管理平台建设，全面提高创新工程管理水平。加强创新工程综合协调机制建设，优化创新工程综合管理平台，增强管理平台功能，扩大管理平台使用范围。规范创新项目立项、结项、审核流程，加强与创新单位和创新岗位考核衔接。完善创新工程项目及社科基金项目管理机制，加强各类项目的综合管理。加强课题立项结项、成果评审评选中政治方向和学术导向审核把关。制定上级部门和院党组交办重大专项科研项目管理办法，规范跨院、跨所、跨学科重大课题的组织管理。规范学术社团和非实体研究中心管理，完善研究中心评价机制。加强院级科研合作管理，办好院地合作学术论坛。对研究所实施有针对性的分类管理，抓好过程管理，严格日常管理。

5. 建立学术人才培养和科研成果发布转化新机制。创新学术人才培养体制机制，加强哲学社会科学人才发展统筹规划和分类指导。向重点目标人群集中配置资源，着力造就以学术大家为龙头、以学科带头人为重点、以青年英才为骨干的优秀科研人才队伍；塑造推介一批基础理论功底厚实、学术成就卓越的理论大师和学问大家；启动高端人才延揽计划，试行在全国或全球范围内聘用若干研究所领导和学术领军人才；依托国家重大人才工程项目，引进适当数量的拔尖人才，重点引进一批学科带头人和学术骨干；培养托举一批专业素质过硬、具有发展潜力的青年科研新秀；协调推进研究人才队伍、管理人才队伍和科研支撑人才队伍建设；加强博士后流动站和研究生院建设，提高后备人才培养水平。完善重大科研成果和学术信息转化机制，加快科研成果的转化、开发和普及。

### （五）加快建设哲学社会科学研究最高殿堂

1. 坚持基础研究和应用研究并重并举，立足中国实际、引领学术前沿，推动基础学科和应用学科共同发展。坚持基础学科与应用学科并重、基础理论研究与应用对策研究并举方针，坚持科学精神，鼓励大胆探索创新。加强基础理论研究、基本问题研究，提出有客观依据、经得起实践和历史检验的原创性思想理论和学术观点，推出具有时代思想高度、代表国家学术水准的精品成果。瞄准世界学术发展前沿，立足当代中国学术实际，大力加强学科建设，形成具有支撑作用的基础学科，具有较强优势的重点学科，具有重要现实意义和良好发展前景的新兴学科、交叉学科，有利于发挥高端智库功能的应用学科，扶持具有重要文化价值的“绝学”和濒危学科。

2. 探索学科发展新体系，做好科研规划和科研成果发布工作。实施“中国社会科学院创新工程学科建设登峰战略”，探索建设适应时代、布局合理、重点突出、保障有效的学科发展新体系。启动优势学科巩固计划、重点学科发展计划、特殊学科扶持计划，分类资助优势学科、重点学科、特殊学科；重点培育有潜力的应用学科，将应用转化纳入中国社会科学院中国特色新型智库建设；巩固传统优势学科领先地位，挖掘优势学科的转化潜力，引导基础学科在加强自身学术积累的同时关注国家经济社会发展中的重大问题；鼓励开展跨学科交叉研究，形成新的特殊学科增长点；建立完善学科建设考评制度、激励制度和配置制度；按照基础学科和应用学科"并举并重、平衡发展"原则，完善学科人才配备，实施青年科研启动基金，培养学术新秀。制定和发布《"十三五"时期国家经济社会发展重大项目纲要》。加强科研选题规划，完善"指令性计划""指导性计划""自主选择性计划"体系，增强科学研究的针对性、连续性。总结科研领域年度研究指南实施经验，完善编制规程，抓好 2016 年度研究指南的落实，编制 2017 年研究指南。撰写 2016 年《学科年度新进展综述》。

3. 加强学部建设，做好学部工作。加强学部主席团工作，落实学部委员退休制度，启动学部委员增补和学部主席团改选工作。探索完善新形势下各学部及学部办公室工作机制，做好各学部相关学术研究、学术会议、调研考察等工作。

4. 提高国情调研质量和水平。完善国情调研工作体系，发挥国情调研领导小组作用。做好国情调研年度规划，完善国情调研重大项目、基地项目、专项考察项目体系，加强对各类项目的跟踪检查、考核评价和结项管理。在国际学科片启动重大现实问题国情调研。

5. 组织好各类学术活动。加强对研讨会、论坛等各类学术活动主题、内容、参会人员的政治方向、学术导向等方面审核和管理，打造社科院学术会议品牌。

6. 做好国史研究和地方志工作。全力推进《中华人民共和国史稿》五卷至七卷编撰工作，编辑出版《中华人民共和国史编年》，做好学术交流、档案资料收集、信息化建设及其他科研辅助工作。深入贯彻落实《全国地方志事业发展规划纲要（2015—2020 年）》，组织召开全国省级方志工作机构主任会议，组织开展全国地方志系统表彰先进活动，推进国家方志馆建设。

7. 推动中国特色哲学社会科学话语体系建设，抢占学术话语制高点。完善全国哲学社会科学话语体系建设协调会议工作机制，开展哲学社会科学重要学科领域话语体系建设研究，推进学术话语体系创新。办好《哲学社会科学话语体系研究动态》，组织召开全国哲学社会科学话语体系研讨会。进一步完善中国人文社会科学评价体系，办好中国社会科学评价中心和《中国社会科学评价》，探索英文期刊评价指标体系，建设中国人文社会科学引文数据库，完成全球核心智库评价项目，抢占中国哲学社会科学评价研究制高点，掌握哲学社会科学学术评价话语权，引领中国哲学社会科学发展方向。认真研究西方学术话语体系，认清其阶级本质和时代局限，赋予其更加科学的含义和解释。破除西方话语体系束缚，打造融通中外的新概念新范畴新表述。突出中国文化特色和时代特征，处理好民族性与世界性关系，建立有中国特色的话语范式。推进《中华思想通史》研究和撰写工作，抓好以《中华思想通史》为龙头的中华优秀思想文化系列重大研究项目。

8. 加大"走出去"战略实施力度，大力开展学术外交、学术外宣活动。积极服务和有力配合国家对外工作大局，接待国外政要、政府代表团及国际组织、高端智库代表团来访；组织举办高端双边、多边论坛研讨活动；支持院专家学者参与各领域国际对话。加强与党和国家有关部门合作，联合举办高水准的学术交流活动，积极搭建中国学研究国际学术交流平台，开展"中国梦"外宣工作，促进中国学研究学科发展。加强中国社会科学院与国外高端科研机构、重要国际组织和国际知名智库的交流与合作。组织好国家层面人文交流活动，积极探索搭建新的高端智库交流平台；办好中国—中东欧国家智库交流与合作网络，办好首届中印智库论坛；继续实施"与国际知名智库交流平台项目"，选派学者赴海外高端智库开展长期调研访问，支持中国社会科学院专家学者到国际组织任职。进一步拓展院级协议交流网络，探索推出新的国际合作研究项目，建设中国社会科学院与国外开展学术交流的畅通渠道和高层平台。加强与港澳台学术联系，积极推进两岸四地青年学者交流；开展港澳地区经济、社会、法制、舆情等方面调研工作，为党和政府重大决策提供咨询建议。继续实施周边与发展中国家高级培训班、青年学者培训项目，扩展培训参与范围，丰富课程设置，提高培训效果，构建合作网络。选拔和资助青年科研骨干到国外进行专业外语进修。

9. 加强制度建设，提高国际学术交流合作质量和水平。完善国际交流合作项目管理办法和实施细则；加强项目申报、审核、监督和评估等各个环节的规范管理。加强经费预算管理，强化预算安排，提高经费使用的效率和效益。加强对外交流合作信息台账系统管理，完善外事管理工作信息化系统。加大对优秀学术成果翻译出版的资助力度，支持出版外文学术刊物，完善相关审读工作，扩大中国学术的国际影响力和话语权。

### （六）充分发挥国家级综合性高端智库优势

1. 坚持高端定位、凝练主攻方向，突出中国特色和中国社会科学院特点。贯彻落实中央《关于加强中国特色新型智库建设的意见》和习近平总书记关于加强我国智库建设重要批示精神，发挥中国社会科学院作为国家级综合性高端智库的优势，努力把中国社会科学院建设成为具有国际影响力的世界知名智库。突出中国特色，始终坚持正确的政治方向和学术导向，坚持以马克思主义立场观点方法指导智库研究。突出中国社会科学院特点，以深入扎实的学术研究为基础，依托学科门类齐全、高端人才荟萃、综合研究实力强等优势，开展储备性学术研究和政策研究，提高综合研判和战略谋划能力，推出现实性强、公信度高、影响力大的创新性理论观点和对策研究成果，充分发挥理论创新、咨政建言、舆论引导、社会服务、公共外交等重要功能。修订完善《中国社会科学院关于加强中国特色新型智库建设的若干意见》，制定《中国社会科学院中国特色新型智库建设 2016 年实施方案》。各单位制定智库发展计划和实施方案，全面推进我院新型智库建设。

2. 坚持围绕中心、服务大局，以重大理论和现实问题为主攻方向。围绕党和国家发展战略，加强咨政建言能力建设，以科学研究支撑科学咨询、科学决策。加强对全面建成小康社会、全面深化改革、全面依法治国、全面从严治党战略布局研究；加强对党的十八届五中全会作出的重大战略部署的研究；加强对国家经济社会发展中的全局性、前瞻性、战略性、综合性问题的长期跟踪研究；加强对国内外普遍关注的热点焦点难点问题的定向研究；设立若干重点研究方向和重大研究项目，组织优势科研力量，进行跨学科集体攻关，推出一批系统性、有影响力的研究成果，增强为党和政府决策服务的能力。

3. 重点建设3个国家高端智库。以首批进入国家级高端智库建设试点的中国社会科学院、金融与发展实验室、国家全球战略智库为重点，坚持高起点推进、高质量研究、高水平建设，先行先试，着力打造在国内外有广泛影响力的国家级高端智库群，努力把中国社会科学院打造成国家级新型智库研究综合集成中心，马克思主义理论创新中心，党和国家重大决策咨询服务中心，哲学社会科学学科学术观点创新中心，高素质智库人才孵化中心，智库信息采集、储存、处理和发布的海量数据库运行中心和与国际知名智库交流合作中心。

4. 重点打造15个专业化智库。建设马克思主义理论创新智库，以马克思主义研究院为责任单位，依托马克思主义研究院马克思主义中国化研究部，调动马克思主义研究学部、中国特色社会主义理论体系研究中心、当代中国研究所、马克思主义学院的资源，重点研究马克思主义理论创新问题。建设意识形态研究智库，以信息情报研究院为责任单位，依托世界社会主义研究中心（室），调动中国社会科学杂志社的资源，重点研究党的意识形态问题。建设中国社会科学院财经战略研究院，以财经战略研究院为责任单位，依托财经战略研究院综合研究部，调动经济学部、经济各研究所（院）的资源，重点研究宏观经济运行重大战略问题。建设中国社会科学院国家金融与发展实验室，以金融研究所为责任单位，依托金融研究所金融实验室，重点研究重大金融问题。建设中国社会科学院生态文明研究智库，以城市发展与环境研究所为责任单位，依托城市发展与环境研究所低碳排放气候实验室，重点研究低碳排放和生态文明问题。建设中国社会科学院国家治理研究智库，以社会发展战略研究院为责任单位，依托社会发展战略研究院综合研究部，调动社会学研究所、法学研究所、国际法研究所、政治学研究所的资源，重点研究重大社会政法问题。建设新疆智库，以中国边疆研究所为责任单位，依托中国边疆研究所新疆研究室，调动民族学与人类学研究所的资源，加强新疆智库建设，重点研究新疆问题。建设中国文化研究中心，以哲学研究所为责任单位，依托文化研究中心，调动文学研究所、民族文学研究所、外国文学研究所资源，重点研究当代中国文化、文学理论和文学批评问题。建设国家全球战略研究智库，以亚太与全球战略研究院为责任单位，依托亚太与全球战略研究院全球战略研究部，调动国际问题研究学部和各研究所（院）资源，重点研究国际战略和“一路一带”建设问题。建设中国社会科学院世界经济与政治研究所，以世界经济与政治研究所为责任单位，依托世界经济与政治研究所世界经济研究室，重点研究世界经济问题。建设中国社会科学院廉政研究中心，以社会学研究所为责任单位，依托社会学研究所中国廉政研究中心（室），调动政治学研究所及全院相关研究资源，重点研究党风廉政建设问题。建设马克思主义政治经济学创新智库，以经济研究所为责任单位，依托经济研究所政治经济学研究室，重点研究马克思主义政治经济学理论创新问题。建设中国社会科学院京津冀协同发展智库，以工业经济研究所为责任单位，重点研究京津冀协同发展问题。建设西藏智库，以民族学与人类学研究所为责任单位，依托民族学与人类学研究所藏学与西藏发展研究室，重点研究西藏和藏区发展问题。建设“中国—中东欧 16+1”智库网络，以欧洲研究所为责任单位，重点研究中东欧相关问题。

5. 着力打造两大平台，加强合作智库建设。以信息情报研究院为责任单位，重点建设信息汇总与报送平台。以中国社会科学评价中心为责任单位，重点建设社会科学评价平台。以上海研究院、陆家嘴金融研究中心为责任单位，重点建设院地合作智库。

6. 强化问题导向、应用导向，推出更多原创性研究成果。依托我院基础研究和应用研究并重并举的研究格局，发挥学科齐全、专家云集的优势和研究专长，围绕中央决策急需的重大课题，瞄准国家重大战略需求，开展前瞻性、针对性、储备性政策研究，把拿出让党和人民放心的智库成果放在第一位，多出具有原创性、建设性和可操作性的高质量的理论创新和决策咨询成果。加强智库与决策部门的沟通联系，建设常态化互动平台，强化供需有效对接、工作一体联动机制。

7. 创新体制机制，加强智库型人才队伍建设。以创新工程制度创新为基础，遵循智库发展规律，建立灵活高效的智库运行体制机制和有利于出成果出人才的激励淘汰制度，创新组织形式和管理方式，建立运转有效的智库内部治理机制、优胜劣汰的竞争机制、互联互通的信息共享机制、持续稳定的经费投放机制、广泛深入的国际合作与交流机制，完善智库成果激励机制，健全智库考核评价制度，加强智库人才选用、交流、培养制度建设，形成开放、竞争、流动的人才机制。严格经费使用管理，确保经费使用合法、合理、合规。推出一批中央决策需要的、具有战略和全局意义、现实针对性强的高质量智库成果；培养一批政治方向和学术导向正确、又红又专、德才兼备、有广泛影响力的高水平智库人才。

8. 加强统筹协调和督办检查。落实智库工作责任制，明确责任分工。院党组承担智库工作的主体责任，党组主要负责人为第一责任人，主管副院长为直接责任人，分管院领导是所分管智库的具体责任人。院属单位党委领导班子承担本单位、本部门、本智库的主体责任。主要负责人为第一责任人，主管领导为直接责任人，分管领导为具体责任人。建立健全智库建设综合协调、督办督查机构及制度，定期检查、定期汇报，定期召开智库协调会，办好 2016 年度智库工作会议。

### （七）全面推进报刊出版馆网库志和学术评价名优工程建设

1. 坚持党管媒体原则，牢牢把握报刊出版馆网库志和学术评价的领导权管理权话语权。坚持正确的政治方向和学术导向，坚持用马克思主义指导理论研究和学术传播，认真宣传党的理论方针政策，积极同各种错误思潮和错误观点作斗争，把报刊出版馆网库志和学术评价打造成为党的意识形态工作的重要战线、宣传思想文化工作的重要阵地和学术传播的重要平台。

2. 加强组织领导，全面提升报刊出版馆网库志和学术评价建设水平。落实名优建设主体责任制，加强对院属媒体的管理，把报刊出版馆网库志和学术评价名优工程建设作为“班子工程”和“一把手工程”。建立任务到岗、责任到人、奖惩到位的制度体系，加强多方审核、全程监督、终身追责制度建设。加大对名优建设工作的监督、考核和奖惩力度。增强网络信息安全和保密意识，加强督促检查，建立全方位、立体化的网络信息安全与保密责任制。

3. 加强管理，严把报刊出版馆网库志和学术评价建设质量关。健全完善名优建设工程、信息化建设、数字资源采购的程序、规则、管理、制度体系，切实提高建设质量和使用效率。健全各项规章制度，执行严格、公开的编审流程。加强编辑制度化、正规化建设，推广使用网上投稿采编系统，实行交叉审稿、双向匿名审稿和回避制度。加强具有中国社会科学院特色的学术期刊编校流程建设，建立全院学术期刊相对统一的编校体制。加强对信息化重大项目建设全过程监管，严格学术评审和立项审批，开展重大项目绩效评估，建立综合测评和责任追究制度。抓好网络信息安全管理工作，搞好全院信息化专业技术培训。

4. 积极探索，推进报刊出版馆网库志和学术评价建设创新。加强科研创新、人才创新和管理创新力度，强力推进名优建设工程。探索科研创新与名优工程建设互动机制。建立多渠道、网络化的培训体系，提高全院人员运用现代信息技术的能力。营造理论学术传播和信息化人才顺利成长、队伍迅速壮大的良好环境，吸引更多高层次人才，建设一支政治强、素质高、业务精、作风正、纪律严的名优建设队伍。坚持名优工程建设“九统一”原则，推进学术期刊“五统一”改革，完善图书馆“总馆—分馆—资料室”三级管理体制和图书信息资源采购总代理制，推进全院“一网一库两平台”建设，推进体制机制改革，抓好信息化管理制度建设，制定网络信息安全管理和信息化项目预算编制、项目评审、经费拨付、考核验收、绩效评估、全程监管等方面的管理制度。

5. 加强理论学术传播信息化建设，加快数字化社科院建设进程。着力办好以《中国社会科学》杂志、《中国社会科学报》、中国社会科学网为龙头的专业报纸、学术期刊和门户网站集群。加快学术期刊数字化、网络化建设，探索刊网融合发展新途径，推广使用网上投稿采编系统，促进采编队伍建设和编校流程规范化。加强信息化和数字出版工作，推进数字化转型和智慧型出版社建设。加快全院图书信息资源整合、优化，加大数字资源引进和自建力度，建设图书馆综合服务平台和智能化环境。全面启动古籍保护开发工作，加快古籍善本数字化工作，建设数字化博物馆。加快“互联网＋哲学社会科学”、统一网络、移动互联建设，实施网络基础设施和环境技术改造，优化子网站布局。加强全院统一的、海量的哲学社会科学大型信息数据库建设，一期各项数据库上线运行；建立全院统一的综合集成实验室平台，完善资助管理制度；建立全院统一兼容的管理系统。实施全国数字方志建设工程，大力推进“三网一馆两平台”建设，实现全国地方志系统的信息资源共建共用和数字化转型。加快中国社会科学评价中心组织管理制度和人才队伍建设，完善我国哲学社会科学期刊评价指标体系和全球智库评价指标体系。

## （八）努力打造政治可靠、业务精湛、党和人民放心的干部人才队伍

1. 加强党组思想政治建设，始终坚持正确的政治方向和办院方向。坚持党组中心组学习制度，原原本本学习和研读马克思主义经典著作，掌握辩证唯物主义、历史唯物主义基本原理和方法论，增强辩证思维、战略思维、综合决策、驾驭全局能力。深入学习贯彻党的十八大及十八届历次全会精神和习近平总书记系列重要讲话精神，学习贯彻党的理论路线和方针政策，始终坚持正确的政治方向和学术导向，与以习近平同志为总书记的党中央保持高度一致。

2. 加强民主集中制建设，落实党组议事规则和会议制度。坚持思想建党和制度建党相结合，坚持集体领导与个人分工负责相结合，坚持和完善党组会议、院务会议、院长办公会议、改革协调会议、督办会议和民主生活会制度，完善集体议事程序。珍惜和维护班子团结，严格遵守党的纪律，坚守岗位，恪尽职守，从严治院，从严管理，坚决贯彻执行中央决策部署和党组会议、院务会议、院长办公会议重要决定决议。

3. 切实践行“三严三实”要求，始终坚持全面从严治院。巩固扩大“三严三实”专题教育活动成果，彻底查摆纠正不严不实问题。对照党章等党内规章制度、党的纪律、国家法律、党的优良传统，联系个人思想、工作、生活和作风实际，进行党性分析，严肃认真开展批评和自我批评，列出问题清单，逐项整改落实。

4. 模范遵守中央“八项规定”和反对“四风”要求，进一步转变学风文风工作作风。大力弘扬理论联系实际的优良作风，深入实际调查研究。写短文、讲短话、开短会。严格控制会议规格、规模，精简会议、机构、检查评比、文件简报，简化院领导活动新闻报道。

5. 坚持密切联系群众，虚心听取群众意见。巩固扩大党的群众路线教育实践活动成果，健全密切联系群众长效机制。加大深入院属单位，深入科研和管理一线，深入群众调研力度，拓展征求群众意见渠道和范围，广泛听取意见，集中群众智慧，及时改进工作。

6. 厉行勤俭节约，坚持为民务实清廉。发扬艰苦奋斗精神，坚决反对铺张浪费。严格执行《党政机关厉行节约反对浪费条例》《党政机关国内公务接待管理规定》和《中国社会科学院公务接待管理办法》。严格控制“三公”经费支出和公车使用，严格执行出差出访规定。

7. 加强领导干部纪律意识和规矩意识。严格执行《中国共产党廉洁自律准则》《中国共产党纪律处分条例》，把纪律意识和规矩意识贯穿于科研管理、学术交流、接受采访、专家评审、书刊出版、网站管理等各项制度之中，严密排查违反纪律风险点，预防违纪问题。增强党性修养，加强党内生活的政治性、原则性、战斗性。

8. 从严从实管理领导干部，完善干部管理体制机制。加强对所局领导班子日常运行情况的了解和掌握，及时对领导班子建设情况进行分析研判。加强干部选拔任用工作经常性监督，

严格执行干部选拔任用审批备案制度。严格执行领导干部出国（境）审批制度。加强干部兼职管理，实行社会兼职审批和公示制度。做好领导干部个人有关事项报告抽查核实工作。严格执行干部到龄免职、退休、工资关系接转等制度规定。做好领导干部个人有关事项填报、汇总、抽查核实工作。完善干部考核评价制度，修订工作人员考核办法。做好档案管理工作，开展干部档案“三龄两历一身份”专项清理工作；加强干部档案管理信息化建设，探索干部档案数字化建设。规范五、六级及以下管理岗位人员聘用管理和监督。完善干部学者实践锻炼制度，加大中青年干部学者和新入院人员到基层或院职能部门实践锻炼力度。

9. 加强人才队伍建设，优化人才队伍结构。加大领导干部和复合型管理人才培养力度，建立多元化人才引进和培养机制。做好人才队伍发展规划，开展全院人才队伍状况调研。加强人才引进工作力度，完善以引进成熟型人才为首选、适当引进应届毕业生的人才引进机制，加大领军人才和海外优秀人才引进力度。落实“西部之光”人才培养计划，组织教学科研骨干研修班，办好专业技术人才知识更新工程高级研修项目。探索建立我院专家服务基地，延伸专家服务领域。做好专业人员和管理干部出国研修工作。做好人才问题研究工作。办好中国社会科学人才网。

10. 坚持党校姓党，提高干部教育培训质量。贯彻落实全国党校工作会议精神和《关于加强和改进新形势下党校工作的意见》，加强党的理论教育和党性教育，加强马克思主义理论教育，加大当代中国马克思主义学习研究。加强干部教育培训统筹，实施统一培训班次计划。加强马克思主义基本原理、经典著作、中国特色社会主义理论体系的学习和培训。

11. 做好研究生教育和博士后培养工作。加强研究生教育，把研究生院办成哲学社会科学高端后备人才培养基地；严格培养流程，优化课程体系，创新教学评估机制。落实《关于改革完善博士后制度的意见》，完善博士后管理规章制度，加大博士后培养交流力度。

12. 推进人事人才体制机制改革。推进院属事业单位分类分业改革，开展内设机构清理规范工作，修订事业单位岗位设置管理办法。规范人员调配和聘用，制定人员调配的相关办法，制定事业单位编制外人员聘用管理办法。做好职称评审和岗位分级工作，组织开展2016年全院专业技术职务任职资格评审工作。完善专业技术职务资格评审组织，开展院所两级专业技术资格评审委员会换届工作。健全专家联系服务制度，完善高层次专家宣传表彰制度，做好专家休假疗养工作。完善薪酬与社会保障管理制度，完成绩效工资改革和事业单位养老保险工作。加强干部教育培训管理体制建设，提高国家公派留学管理水平。做好我院干部职工医疗待遇保障工作，完善办理退休等有关政策。加快人事人才综合管理信息系统建设，推进人事人才政策文件数字化。改进人事人才统计工作。

### （九）大力提高服务科研能力和保障水平

1. 创新行政管理体制。认真履行沟通协调、审核把关、督促落实、运转保障职责，做好院党组、院领导的参谋和助手，保障全院日常工作运转流畅。按照务实、从简、节约原则，推进完善会议组织机制，探索院内行政会议申报机制；办好院年度工作会议暨反腐倡廉建设工作会议、暑期专题工作会议、名优工程建设工作会议等全院重要会议；办好院党组会议、院务会议、院长办公会议，加强改革创新例会、督办工作例会常态化建设。做好《院内通报》和各类会议纪要、简报的编发工作。充实院写作班子力量，提升写作能力和水平；建设全院信息共享平台。继续加大督查督办力度，推进督查工作体制机制规范化建设，探索建立督办网络化工作模式。做好院内外公文收发登记，启用全院“公文自动分发管理系统”，保证文件有序、高效、规范流转。加强与主流媒体、新媒体的合作，加强院属媒体管理；建立全国社科院系统联络员体系。加强信息技术应用，优化视频会议直播技术，精简会议节约费用。完善档案统一管理工作机制，实施院档案馆硬件、科研档案、专题档案、音像档案、档案数字化五大建设，全面推进档案管理规范化、科学化。做好保密工作，加强保密宣传教育和培训，提高全院人员的保密意识。优化《中国社会科学院年鉴》的组稿、编辑和出版工作流程，做好院史编撰出版工作。严格落实《所局领导干部外出审批备案》制度。做好院部安全防范工作，提升内部治安防控能力，加强对院内机动车辆出入和停放管理。规范信访事项受理程序，完善维稳工作台账。积极做好全院计划生育工作，组织开展无偿献血活动。

2. 强化经费管理，优化财务管理体制。积极争取财政资金，完善财务管理体制机制。加强预决算管理，推动专项预算的精细化管理，做好预算指标分配和用款计划编报；完善决算分析，加强会计核算，提高决算质量，做好预决算信息公开工作。发挥结算中心监管作用，加强对资金使用情况的动态跟踪，将全部银行账户纳入结算中心网银管理系统；合理制订收入上解计划，积极筹措资金。严格执行经费支出审核审批“一支笔”制度，严格按照规定使用创新工程经费。完善重大项目招标制度，加强重大项目专家论证、全程监督、评估考核机制建设，规范招投标管理。完善财务检查监督制度，开展财务内部审计工作，强化制度建设、预算编制、收支核算等专项检查和日常检查，使财务检查监督工作经常化、制度化。做好会计人员业务培训，加强业务知识学习，提高财务人员综合素质。加强会计委派、代理制度建设，进一步规范会计人员招聘、岗位轮换工作。

3. 推进重大工程项目建设。落实科研与学术交流大楼项目追加拆迁资金，尽快完成项目评审，启动拆迁工作。推进东坝职工住宅项目，协调施工前的相关准备工作。加快推进史学部科研技术业务用房翻扩建项目建设；完成研究生院扩建研究生宿舍项目前期手续办理。完成科研楼西段改造工作，争取6月竣工搬家。组织好国家方志馆展前综合整治项目，推动招标开工。做好学术报告厅的加固改造工作，做好经济学片办公楼改造、外环境整治及抗震加固。完善图书采购总代理制度。推进信息化项目经费使用的改革创新。推进研究生院绿化任务。

4. 加强房产和国有资产管理。加强院办公用房和职工住宅信息化管理，完善全院办公用房管理和职工住宅动态管理信息系统。做好科研楼办公用房调整工作。开发办公用房管理软件，实现办公用房动态化、科学化管理。做好办公用房的调整工作，加大单身宿舍调整清理力度，做好固定资产存量调剂工作。加强国有资产管理，确保国有资产保值增值。做好租赁项目租金收缴，依法维护院属企业权益。做好资产清查和院属企业资料报送工作。加强对院属企业经营管理和绩效考核，提高经营性资产利用率和经济效益。加强节能设备、设施的管理，提高节能管理水平。落实人防工作责任制，加强地下空间规范化管理。办好人文公司。

5. 做好后勤服务工作。做好后勤管理、服务、保障工作，提高物业、交通、餐饮、会议、医疗、文印等各项服务工作水平。完成公车制度改革相关工作。加强办公区、宿舍小区物业管理，切实提升服务满意度。加快推进物业服务社会化改革。办好机关食堂。做好医务室改造升级工作。

6. 积极为职工排忧解难。做好院职工申请北京市政策性住房相关工作。做好职工住房的增量分配和存量调剂工作，逐步解决职工特别是青年科研人员住房困难问题。制定单身宿舍管理办法，做好新建单身宿舍分配、使用管理工作。完成我院职工住宅区物业管理和供热采暖货币化改革。做好老旧住宅小区节能综合整治。加强节能工作管理，提高节能工作水平。进一步完善职工子女入学长效机制，拓宽与地方共建学校渠道。

## （十）切实落实党风廉政主体责任和监督责任

1. 落实党风廉政建设主体责任和监督责任。全面从严治党，落实党风廉政建设责任制。加强机关纪委和院属单位纪委组织建设和能力建设，理顺工作关系，明确职责定位，严格依规依纪开展纪律审查。加强重大项目、大额资金使用的监督监管，完善壮大特约监督员队伍。继续开展“法规纪律应知应记”教育，引导干部学者熟知熟用党纪国法院规，自觉接受刚性约束。突出抓好批评教育、约谈提醒、廉政谈话，增强党委和纪委工作合力，落实主体责任和监督责任共抓共管。党委自觉接受纪委的监督，支持纪委履行监督责任；纪委把监督职能贯穿和融入所在单位工作的全过程，提高预判预防能力。

2. 巩固扩大“三严三实”专题教育和审计巡视成果，完成各项整改任务。全面落实“三严三实”专题教育和审计巡视整改要求，完善规章制度，加强监督管理，建设风清气正的科研环境。落实中央巡视组要求，抓好分类处置，明确整改意见，公布整改情况，督促整改落实。针对中央巡视组提出的办公用房超标、公款旅游、公车私用、违规兼职取酬等重要问题，开展专项治理，细化完善相关制度规定。建立健全“四种形态”落实机制，严格处置问题线索，扩大谈话函询范围。加强重点领域监管，强化风险防控，建立行之有效的制度规则。结合通报违反中央八项规定精神典型案例开展警示教育，引导党员干部自觉遵守纪律规定、提高政治素质、培养高尚道德情操，抵制不良风气。建立完善纪检监察网站和网络平台，畅通监督渠道，创新监督方式，激发群众监督的正能量。

3. 巩固“三项纪律”建设成果，加强“六大纪律”建设。强化政治纪律、组织纪律、廉洁纪律、群众纪律、工作纪律、生活纪律建设，建立健全“六大纪律”建设督查督办机制，完善专项巡查机制。继续办好“三项纪律”建设手机报，加强“六大纪律”宣传平台建设，使“六大纪律”建设逐步深入人心。加强党员干部对党负责的政治意识、责任意识、大局意识。

4. 推进抓基层、打基础工作。加强和改进党委集体领导下的所长负责制，完善党委议事制度和规则。强化领导干部党的观念、集体领导观念，团结协作观念、制度观念、纪律观念。加强对院属单位领导班子贯彻执行民主集中制情况的经常分析和考核评估，检查领导班子日常运转和决策执行情况。严格党内生活，坚持“三会一课”等组织生活制度。着力强化基层党支部建设，加强党支部书记教育培训，制订党总支、党支部全年工作计划，发挥党总支的战斗堡垒和党员先锋模范作用。积极开展内容丰富、形式多样的学习活动，开展主题党日活动，提高党员和干部思想认识水平。定期开展干部职工思想动态和状况调研，逐步建立网络等新媒体思想政治工作新平台，优化工作机制。加强党建理论研究，探索我院党建工作规律，做好党委和纪委换届选举工作，配齐配强班子成员。加强对科研骨干的理想信念和党性教育，重视做好在科研人员中发展党员工作。加快建设信访举报平台，建立情况明、数字准、可监督的数据库。建立纪检干部考核评价和责任追究机制。

5. 加强思想政治工作，提高哲学社会科学工作者的思想境界和道德修养。按照中央统一部署和要求，在全体党员中开展“学系列讲话，学党章党规，做合格党员”学习教育。加强思想道德建设，开展多种形式宣传教育活动，把社会主义核心价值观贯穿到以科研为中心的各项工作和各个环节中。继续办好道德建设论坛，深入开展道德实践活动。开展中央国家机关“全国精神文明单位”“首都文明单位”创建活动，提高全院精神文明建设水平。

6. 高度重视和切实做好离退休干部工作。加强离退休干部思想政治建设和党支部建设，充分发挥老年学术社团和文体协会作用，进一步办好宿舍区离退休干部活动站。探索利用社会资源、社区力量做好全我院离退休老同志养老服务管理工作。强化老同志病困报告制度，完善应急帮扶机制；做好老同志生活困难和医疗困难补助工作。坚持高龄、空巢、独居、失能、困难老同志的电话问询制度。完善规章制度，健全老年科研基金、出版资助管理制度，调动离退休人员的科研积极性。

7. 做好统战和工青妇工作。加强统一战线工作，建立与地方和基层的“联学共建”合作机制。组织我院全国人大代表和政协委员及党外专家学者开展国情考察。加强和改进院工会工作，开展院工会换届工作，举办新任工会主席培训班。开展形式多样的文体活动，开展职工慰问活动，关心职工利益。切实做好青年工作，加强青年理论武装，推动青年学术外交和学术外宣工作。加强和改进妇女工作。

# 第二编

# 组织机构

ZUZHIJIGOU

# 一　中国社会科学院机构设置

## 中国社会科学院领导及其分工

（2016.01—2016.12）

### 院党组书记、副书记、成员

**党组书记**　王伟光

**党组副书记**　王京清

**党组成员**　张　江　李培林　张英伟　蔡　昉　荆惠民

### （一）工作分工

#### 院长、副院长

**院　长**　王伟光　主持全院全面工作；兼任第五届中国地方志指导小组组长、学部主席团主席、马克思主义学院院长；主持党组会议、院务会议、院长办公会议。

**副院长**　王京清　协助院长、党组书记工作；负责干部人事、党的建设、理论学习、思想政治、维稳、国家安全和博士后工作；分管人事教育局、直属机关党委（包括直属机关纪委、审计室）、信息情报研究院；负责与西藏自治区党委、新疆自治区党委的合作和联络；联系、协调西藏智库、新疆智库、舆情与意识形态智库；兼任直属机关党委书记、院工会主席、中共中国社会科学院党校校长、哲学社会科学教育学院院长、中国廉政研究中心理事长；担任培训工作领导小组组长、维稳与国家安全协调小组组长、职称工作小组组长；主持改革创新协调会议。

张　江　负责行政后勤工作、文学学科建设、马克思主义文学理论和文艺批评工程、意识形态工作、媒体和网络安全、报刊出版馆网库志和社会科学评价名优建设、图书资料和信息化建设、马克思主义网军建设；分管办公厅、财务基建计划局、基建工作办公室、研究生院、服务中心、中国人文科学发展公司、郭沫若纪念馆、马克思主义学院、中国社会科学杂志社（中国社会科学报、中国社会科学网）、图书馆（调查与数据信息中心）、信息化管理办公室、中国社会科学评价中心；联系、协调文化研究中心的智库建设；与李培林共同负责科研成果出版资助工作；兼任马克思主义学院常务副院长、中国社会科学杂志社总编辑、中国社会科学院新闻发言人；主持报刊出版馆网库志和社会科学评价名优工程建设协调会及信息化建设领导小组会议；主持督办例会。

李培林　负责科研、学部、国情调研、国内科研合作、与上海合作工作和创新工程工作；分管科研局／学部工作局、中国地方志指导小组办公室、话语体系建设办公室；联系、协调院重大问题综合研究中心、社会政法智库建设；联系地方社科院；兼任中国地方志指导小组常务副组长、上海研究院院长。

蔡　昉　负责对外学术合作、报刊出版社改制、智库建设工作；分管国际合作局、离退休干部工作局、中国社会科学出版社、社会科学文献出版社、中国经营出版传媒集团；联系、协调财经战略研究院、金融研究所、城市发展与环境研究所、世界经济与政治研究所、亚太与全球战略研究院的智库建设；联系台湾研究所、和平发展研究所。

## 中央纪委驻院纪检组

**纪检组长**　张英伟　负责纪律检查工作、纪律建设督办工作；分管驻院纪检组；协调院直属机关纪委和审计室；联系、协调中国廉政研究中心。

**党组成员**　荆惠民　主持当代中国研究所全面工作；负责中央马克思主义理论研究和建设工程有关任务、院马克思主义理论学科建设与理论研究工程、马克思主义理论写作组工作；联系马克思主义研究院、中国特色社会主义理论体系研究中心；联系、协调马克思主义理论创新研究智库。

### （二）党风廉政建设和意识形态工作责任分工

王伟光、张英伟分别为全院党风廉政建设和意识形态工作主体、监督第一责任人。党组成员除负责各分管单位党风廉政建设和意识形态工作外，同时由王京清负责国际问题研究各单位的党风廉政建设和意识形态工作；张江负责文哲和历史研究各单位党风廉政建设和意识形态工作；李培林负责社会政法研究各单位党风廉政建设和意识形态工作；蔡昉负责经济研究各单位党风廉政建设和意识形态工作。

**副秘书长**　韩大川

注：院领导分工以《中共中国社会科学院党组会议纪要》2016年第4号（2016年1月28日）、第9号（2016年2月20日）、第14号（2016年3月21日）、第16号（2016年3月27日）文为依据。

# 中国社会科学院职能部门

## 办公厅

主　　任　方　军

副 主 任　王卫东　胥锦成　林新海

## 科研局

局　　长　马　援

学部主席团副秘书长　赵　芮

副 局 长　张国春　王子豪

副 局 级　朱渊寿

## 人事教育局

局　　长　张冠梓

副 局 长　高京斋　陈文学

## 国际合作局

局　　长　王　镭

副 局 长　周云帆　胡乐明

## 财务基建计划局

局　　长　曲永义

副 局 长　何敬中　管明军

## 离退休干部工作局

局　　长　刘　红

副 局 长　崔向阳　薛增朝

## 直属机关党委

常务副书记　崔建民

副 书 记　孙伟平

党校常务副校长　夏春涛

工会副主席　李　征

## 直属机关纪委

书　　记　王晓霞

## 基建工作办公室

副 主 任　何敬中

副 主 任　吕令华

## 信息化管理办公室

主　　任　文学国

副 主 任　魏长宝

# 中国社会科学院科研机构

## 文学哲学学部

### 文学研究所

党委书记　张伯江
所　　长　刘跃进
副 所 长　张伯江

### 民族文学研究所

党委书记　朝　克
所　　长　朝戈金
副 所 长　朝　克　闫国飞

### 外国文学研究所

党委书记　党圣元
所　　长　陈众议
副 所 长　党圣元　吴晓都　程　巍

### 语言研究所

党委书记　刘晖春
所　　长　刘丹青
副 所 长　刘晖春

### 哲学研究所

党委书记　孙海泉
所　　长　谢地坤
副 所 长　孙海泉　崔唯航　王海生

### 世界宗教研究所

党委书记　赵文洪
所　　长　卓新平
副 所 长　赵文洪　郑筱筠

## 历史学部

### 考古研究所

党委书记　刘　政
所　　长　陈星灿
副 所 长　刘　政
副 局 级　李　港

### 历史研究所

党委书记　余新华
所　　长　卜宪群
副 所 长　余新华　王震中　赵笑洁
　　　　　田　波

### 近代史研究所

党委书记　周溯源
所　　长　王建朗
副 所 长　周溯源　金以林

### 世界历史研究所

党委书记　王苏粤

所　　长　张顺洪
副 所 长　王苏粤　汪朝光　饶望京

### 中国边疆研究所

党委书记　李国强
所　　长　邢广程
副 所 长　李国强　李大路

### 台湾研究所

所　　长　杨明杰
副 所 长　朱卫东　张冠华
党委副书记　肖　磊

## 经济学部

### 经济研究所

党委书记　王立胜
所　　长　高培勇
副 所 长　王立胜　张　平　杨春学
　　　　　朱恒鹏

### 工业经济研究所

党委书记　史　丹
所　　长　黄群慧
副 所 长　史　丹　崔民选　李海舰

### 农村发展研究所

党委书记　闫　坤
所　　长　魏后凯
副 所 长　闫　坤　黄超峰

### 财经战略研究院

党委书记　杜志雄
院　　长　何德旭
副 院 长　杜志雄　李雪松　夏杰长

### 金融研究所

所　　长　王国刚
副 所 长　胡　滨

### 数量经济与技术经济研究所

党委书记　李富强
所　　长　李　平
副 所 长　李富强　陈冬红
副 局 级　张京利

### 人口与劳动经济研究所

党委书记　钱　伟
所　　长　张车伟
副 所 长　钱　伟　汪正鸣

### 城市发展与环境研究所

所　　长　潘家华
副 局 级　张晓晶

## 社会政法学部

### 法学研究所

联合党委书记　陈　甦
所　　长　李　林
副 所 长　陈　甦　穆林霞　莫纪宏

## 国际法研究所

联合党委书记　陈　甦
所　　长　陈泽宪
副 所 长　陈　甦

## 政治学研究所

党委书记　赵岳红
所　　长　房　宁
副 所 长　赵岳红　冯　军

## 民族学与人类学研究所

党委书记　方　勇
所　　长　王延中
副 所 长　方　勇　尹虎彬

## 社会学研究所

党委书记　孙壮志
所　　长　陈光金
副 所 长　孙壮志　赵克斌

## 社会发展战略研究院

临时党委书记　张　翼
院　　长　张　翼
副 院 长　寇　伟
副 局 级　刘白驹

## 新闻与传播研究所

党委书记　赵天晓
所　　长　唐绪军
副 所 长　赵天晓　季为民

# 国际研究学部

## 世界经济与政治研究所

党委书记　陈国平
所　　长　张宇燕
副 所 长　陈国平　邹治波　王德迅
　　　　　姚枝仲

## 俄罗斯东欧中亚研究所

党委书记　李进峰
所　　长　李永全
副 所 长　李进峰　孙　力　柴　瑜

## 欧洲研究所

党委书记　罗京辉
所　　长　黄　平
副 所 长　罗京辉　程卫东
副 局 级　赵玉英

## 西亚非洲研究所

党委书记　王　正
所　　长　杨　光
副 所 长　王　正　张宏明

## 拉丁美洲研究所

党委书记　王立峰
所　　长　吴白乙
副 所 长　王立峰　袁东振

### 亚太与全球战略研究院

党委书记 王灵桂
院 长 李向阳
副 院 长 王灵桂 王荣军

### 美国研究所

所 长 郑秉文
党委副书记 郭 红
副 所 长 郭 红 倪 峰 刘 尊
李 文
副 局 级 钟湘农

### 日本研究所

党委书记 高 洪
副 所 长 高 洪 王晓峰 杨伯江

### 和平发展研究所

常务副所长 廖峥嵘
副 所 长 刘建良

## 马克思主义研究学部

### 马克思主义研究院

党委书记 邓纯东
院 长 邓纯东
副 院 长 樊建新 贾朝宁
副 局 级 金民卿 辛向阳 吕薇洲
冯颜利 余 斌

### 当代中国研究所

党组书记 荆惠民
所 长 荆惠民
副 所 长 张星星 武 力
当代中国出版社总编辑 曹宏举
副 局 级 李正华 郑有贵 欧阳雪梅
李 文 宋月红 于俊霄
刘志男 张 永 杨 光

### 信息情报研究院

党委书记 姜 辉
院 长 张树华
副 院 长 姜 辉 孙建廷

## 中国社会科学院直属单位

### 中国社会科学院研究生院

党委书记 张政文
院 长 黄晓勇
党委副书记 王 兵
副 院 长 王 兵 马跃华 俞燕民

### 中国社会科学院图书馆（调查与数据信息中心）

党委书记 王 岚
馆 长 王 岚
常务副馆长 何 涛

副 馆 长　蒋　颖

### 中国社会科学评价中心

主　　任　荆林波
常务副主任　李传章
副 主 任　吴　敏　姜庆国

### 中国社会科学杂志社

总 编 辑　张　江
副总编辑　王利民　罗文东　李红岩
　　　　　孙　辉　李新烽

### 服务中心

主　　任　林　旗
副 主 任　蔡　林　卢少宏　叶聪岚

### 郭沫若纪念馆

馆　　长　赵笑洁

## 中国社会科学院直属企业

### 中国社会科学出版社

社　　长　赵剑英
总 编 辑　赵剑英

### 社会科学文献出版社

社　　长　谢寿光
总 编 辑　杨　群

### 中国人文科学发展公司

总 经 理　冯　林
党总支书记　何燕生

## 中国社会科学院代管单位

### 中国地方志指导小组办公室（国家方志馆）

主　　任　冀祥德
党组副书记　冀祥德
副秘书长　冀祥德
副 主 任　刘玉宏　邱新立
副 局 级　于伟平

# 二　中国社会科学院学部

## 主　席　团

主　　席　王伟光

成　　员（按姓氏笔画排序）

王伟光　刘庆柱　江蓝生　李　扬　李培林　张蕴岭　卓新平

程恩富　蔡　昉

### 文学哲学学部

主　　任　江蓝生

副 主 任　李景源

### 历史学部

主　　任　刘庆柱

### 经济学部

主　　任　李　扬

副 主 任　刘树成　吕　政

### 社会政法学部

主　　任　李培林（代）

副 主 任　景天魁

### 国际研究学部

主　　任　张蕴岭

副 主 任　周　弘

### 马克思主义研究学部

主　　任　程恩富

# 三　中国社会科学院第九届院级专业技术资格评审委员会

## 研究系列正高级专业技术资格评审委员会

### 文学哲学学部文学研究系列正高级评审委员会

主　任　张　江
副主任　沈家煊
委　员　文日焕　尹虎彬　刘丹青　刘跃进　张伯江
　　　　张政文　陆建德　陈众议　周启超　孟蓬生
　　　　党圣元　高建平　蒋　寅　朝戈金　朝　克
　　　　程光炜

### 文学哲学学部哲学研究系列正高级评审委员会

主　任　张　江
副主任　李景源
委　员　甘绍平　卢国龙　任定成　李　河　张志刚
　　　　卓新平　金　泽　谢地坤　魏道儒

### 历史学部研究系列正高级评审委员会

主　任　王京清
副主任　王　巍
委　员　卜宪群　王奇生　王建朗　王震中　白云翔
　　　　邢广程　杜金鹏　李国强　汪朝光　宋镇豪
　　　　张顺洪　陈星灿　赵文洪　郝春文　俞金尧
　　　　崔志海

## 经济学部研究系列正高级评审委员会

主　　任　李　扬
副 主 任　蔡　昉
委　　员　王国刚　龙登高　史　丹　李　平　李　周
　　　　　李万甫　李雪松　杨春学　何德旭　张　平
　　　　　张车伟　金　碚　夏杰长　高培勇　黄群慧
　　　　　裴长洪　潘家华　潘晨光　魏后凯

## 社会政法学部研究系列正高级评审委员会

主　　任　李培林
副 主 任　郝时远
委　　员　卜　卫　王延中　方　勇　孙宪忠　李　林
　　　　　李汉林　杨宜音　杨海蛟　何星亮　张　翼
　　　　　张桂琳　陈　甦　陈光金　陈泽宪　房　宁
　　　　　胡建淼　唐绪军　渠敬东

## 国际研究学部研究系列正高级评审委员会

主　　任　王京清
副 主 任　张蕴岭
委　　员　丁一凡　朱晓中　江时学　杨　光　李　薇
　　　　　李永全　李向阳　吴白乙　余永定　宋　泓
　　　　　张宇燕　张宏明　季志业　周　弘　郑　羽
　　　　　郑秉文　赵江林　倪　峰　高　洪　黄　平

## 马克思主义研究学部研究系列正高级评审委员会

主　　任　荆惠民
副 主 任　程恩富
委　　员　丰子义　尹韵公　曲永义　辛向阳　张树华
　　　　　郑有贵　胡乐明　柳建辉　姜　辉　黄晓勇
　　　　　樊建新

## 当代中国研究系列正高级评审委员会

主　　任　荆惠民

副主任　朱　玲
委　员　王灵桂　吕薇洲　孙伟平　李　文　杨胜群
　　　　张星星　陈新明　武　力　金以林　金民卿

## 出版编辑系列正高级专业技术资格评审委员会

主　任　蔡　昉
副主任　赵剑英
出版组组长　谢寿光
出版组委员　王　浩　李富强　杨　群　张世贤　张　永
　　　　周　丽　曹宏举　冀祥德
期刊组组长　王利民
期刊组委员　王　诚　邓纯东　冯　时　刘世哲　刘作翔
　　　　汤晓青　孙　杰　李金华　余新华　郑筱筠
　　　　徐秀丽　彭　卫　程　巍

## 翻译系列正高级专业技术资格评审委员会

主　任　李　扬
委　员　王柯平　朴键一　吕大年　孙　力　孙　歌
　　　　李永平　肖俊明　张季风　袁东振

## 图书资料系列正高级专业技术资格评审委员会

主　任　张　江
委　员　王砚峰　邓子滨　朱乃诚　闫　坤　张　静
　　　　陈　力　孟庆龙　赵嘉朱　蒋　颖　曾建勋
　　　　蔡曙光

# 四　中国社会科学院院属各单位学术委员会及专业技术资格评审委员会

## 文学哲学学部

### 文学研究所

#### （一）学术委员会

主　　任　陆建德

委　　员　刘跃进　高建平　蒋　寅
黎湘萍　赵京华　赵稀方
金惠敏　安德明　李洁非
王达敏　巴莫曲布嫫　刘勇强

#### （二）专业技术资格评审委员会

主　　任　陆建德

委　　员　刘跃进　高建平　蒋　寅
赵稀方　黎湘萍　赵京华
孙　歌　安德明　王达敏
郑永晓　程光炜　叶　隽

### 民族文学研究所

#### （一）学术委员会

主　　任　朝戈金

委　　员　朝　克　巴莫曲布嫫
阿地里·居玛吐尔地
斯钦巴图　王宪昭　吴晓东
党圣元　文日焕

#### （二）专业技术资格评审委员会

主　　任　朝戈金

委　　员　朝　克　巴莫曲布嫫
阿地里·居玛吐尔地
斯钦巴图　王宪昭　陈泳超
孟庆澍　朱万曙

### 外国文学研究所

#### （一）学术委员会

主　　任　陈众议

委　　员　党圣元　吴晓都　程　巍
刘文飞　黄　梅　李永平
周启超　高　兴　涂卫群
穆宏燕　黄燎宇　秦海鹰

#### （二）专业技术资格评审委员会

主　　任　陈众议

委　　员　党圣元　吴晓都　程　巍
刘文飞　李永平　周启超
傅　浩　高　兴　穆宏燕
叶　隽　邱运华　刘　锋

## 语言研究所

（一）学术委员会

主　　任　刘丹青

委　　员　方　梅　顾曰国　胡建华　李　蓝　李爱军　孟蓬生　沈家煊　谭景春　吴福祥　张伯江　郭　锐　李运富

（二）专业技术资格评审委员会

主　　任　刘丹青

委　　员　蔡文兰　方　梅　顾曰国　郭　锐　李爱军　李　蓝　李运富　孟蓬生　沈家煊　谭景春　吴福祥　张伯江

## 哲学研究所

（一）学术委员会

主　　任　谢地坤

副 主 任　甘绍平　崔唯航

委　　员　王柯平　甘绍平　任定成　孙伟平　成建华　张志强　李景源　杜国平　单继刚　尚　杰　欧阳英　段伟文　赵汀阳　崔唯航

（二）专业技术资格评审委员会

主　　任　谢地坤

委　　员　丰子义　王柯平　甘绍平　任定成　孙伟平　杜国平　李　河　李俊文　李景源　张志强　尚　杰　鉴传今

## 世界宗教研究所

（一）学术委员会

主　　任　卓新平

副 主 任　郑筱筠

委　　员　金　泽　魏道儒　王　卡　卢国龙　何劲松　邱永辉　曾传辉　陈进国　唐晓峰　张志刚　杨桂萍

（二）专业技术资格评审委员会

主　　任　卓新平

副 主 任　郑筱筠

委　　员　叶　涛　尕藏加　李建欣　何劲松　赵广明　赵文洪　曾传辉　魏道儒

# 历史学部

## 考古研究所

（一）学术委员会

主　　任　王　巍

副 主 任　陈星灿

委　　员　白云翔　傅宪国　袁　靖　冯　时　许　宏　赵志军　李裕群　朱岩石　施劲松　杜金鹏　赵　辉　齐东方　王震中

（二）专业技术资格评审委员会

主　　任　王　巍
副 主 任　白云翔　陈星灿
委　　员　傅宪国　杜金鹏　冯　时
　　　　　许　宏　朱岩石　赵志军
　　　　　刘国祥　施劲松　王震中
　　　　　齐东方

## 历史研究所

（一）学术委员会

主　　任　卜宪群
副 主 任　王震中
委　　员　高　翔　闫　坤　杨　珍
　　　　　彭　卫　宋镇豪　杨振红
　　　　　雷　闻　刘　晓　张兆裕
　　　　　王启发　李锦绣　孙　晓
　　　　　阿　风

（二）专业技术资格评审委员会

主　　任　卜宪群
副 主 任　王震中
委　　员　高　翔　闫　坤　杨　珍
　　　　　彭　卫　宋镇豪　楼　劲
　　　　　刘　晓　李锦绣　孙　晓
　　　　　杨艳秋　郝春文

## 近代史研究所

（一）学术委员会

主　　任　王建朗
委　　员　于化民　王奇生　左玉河
　　　　　李长莉　李学通　李细珠
　　　　　汪朝光　金以林　周溯源
　　　　　郑大发　徐秀丽　黄道炫
　　　　　崔志海　章百家

（二）专业技术资格评审委员会

主　　任　王建朗
委　　员　于化民　王奇生　左玉河
　　　　　李长利　李细珠　汪朝光
　　　　　金以林　周溯源　郑大发
　　　　　徐秀丽　黄兴涛　崔志海

## 世界历史研究所

（一）学术委员会

主　　任　张顺洪
副 主 任　李世安
委　　员　汪朝光　俞金尧　毕健康
　　　　　王红生　王晓菊　刘　健
　　　　　吴　英　孟庆龙　易建平
　　　　　姜　南　徐再荣　高国荣

（二）专业技术资格评审委员会

主　　任　张顺洪
副 主 任　汪朝光
委　　员　杨共乐　梁占军　俞金尧
　　　　　易建平　景德祥　毕健康
　　　　　王晓菊　刘　军　孟庆龙
　　　　　刘　健　张经纬

## 中国边疆研究所

（一）学术委员会

主　　任　邢广程
副 主 任　李国强
委　　员　李大龙　许建英　孙宏年
　　　　　阿拉腾奥其尔　毕奥南
　　　　　吴楚克　金以林

（二）专业技术资格评审委员会

主　　任　邢广程
副 主 任　李国强
委　　员　华林甫　吴楚克　赵青海
　　　　　许建英　李大龙　孙宏年
　　　　　王义康

## 台湾研究所

（一）学术委员会

主　　任　杨明杰
委　　员　朱卫东　张冠华　彭维学

（二）专业技术资格评审委员会

主　　任　杨明杰
委　　员　朱卫东　张冠华　肖　磊
　　　　　彭维学

# 经济学部

## 经济研究所

（一）学术委员会

主　　任　高培勇
委　　员　张　平　杨春学　朱恒鹏
　　　　　刘树成　朱　玲　裴长洪
　　　　　刘霞辉　胡家勇　赵学军
　　　　　徐建生　常　欣　魏　众
　　　　　龙登高　陈彦斌

（二）专业技术资格评审委员会

主　　任　高培勇
委　　员　龙登高　朱　玲　朱恒鹏
　　　　　刘霞辉　李建伟　李绍荣
　　　　　杨春学　张　平　陈彦斌
　　　　　赵学军　胡家勇　徐建生
　　　　　赖德胜　魏　众

## 工业经济研究所

（一）学术委员会

主　　任　黄群慧
委　　员　史　丹　李海舰　吕　政
　　　　　金　碚　黄速建　张其仔
　　　　　吕　铁　陈　耀　杜莹芬
　　　　　刘戒骄　刘世锦　魏后凯

（二）专业技术资格评审委员会

主　　任　黄群慧
委　　员　史　丹　金　碚　李海舰
　　　　　张其仔　吕　铁　杨丹辉
　　　　　余　菁　刘戒骄　刘元春
　　　　　戚聿东　张明玉　贾俊雪
　　　　　王永贵　贺灿飞

## 农村发展研究所

### （一）学术委员会

主　　任　魏后凯

副 主 任　杜志雄

委　　员　潘晨光　朱　钢　苑　鹏　吴国宝　张元红　任常青　孙若梅　谭秋成　李国祥　陈劲松　唐　忠　秦　富

### （二）专业技术资格评审委员会

主　　任　魏后凯

委　　员　潘晨光　杜志雄　李　周　朱　钢　吴国宝　苑　鹏　张元红　任常青　李　静　于法稳　谭秋成　黄季焜　林万龙

## 财经战略研究院

### （一）学术委员会

主　　任　高培勇

副 主 任　夏杰长

委　　员　倪鹏飞　杨志勇　张群群　张　斌　赵　瑾　汪德华　依绍华　张晓晶　钟春平　戴学锋　郭克莎　张晓晶

### （二）专业技术资格评审委员会

主　　任　高培勇

委　　员　夏杰长　倪鹏飞　杨志勇　马　珺　赵　瑾　张群群　王诚庆　夏先良　钟春平　王晓东　李万甫　来有为

## 金融研究所

### （一）学术委员会

主　　任　何德旭

委　　员　王国刚　殷剑峰　胡　滨　郭金龙　李　扬　张晓晶

### （二）专业技术资格评审委员会

主　　任　王国刚

委　　员　殷剑峰　胡　滨　杨　涛　董裕平　彭兴韵　张晓晶　李　扬　张　杰

## 数量经济与技术经济研究所

### （一）学术委员会

主　　任　李　平

委　　员　李富强　李雪松　李　军　张　涛　王宏伟　王国成　李金华　蔡跃洲　张友国　李　群　李志军　葛新权

### （二）专业技术资格评审委员会

主　　任　李　平

委　　员　李富强　李　军　张　涛　李金华　李文军　王宏伟　王稼琼　牛东晓　文兼武　董纪昌

## 人口与劳动经济研究所

### （一）学术委员会

主　　任　张车伟

副 主 任　王跃生

委　　员　蔡　昉　张　翼　都　阳　张展新　王广州　吴要武　王美艳　高文书

### （二）专业技术资格评审委员会

主　　任　蔡　昉

副 主 任　张车伟

委　　员　郑真真　王跃生　张展新　都　阳　王广州　王美艳　李雪松　胡　滨　辛　贤

## 城市发展与环境研究所

### （一）学术委员会

主　　任　潘家华

副 主 任　魏后凯

委　　员　张晓晶　宋迎昌　刘治彦　庄贵阳　陈　迎　陈洪波　李恩平　单菁菁　张车伟　倪鹏飞

### （二）专业技术资格评审委员会

主　　任　潘家华

委　　员　宋迎昌　刘治彦　李国庆　陈　迎　庄贵阳　梁本凡　张车伟　李　周　高国力

# 社会政法学部

## 法学研究所、国际法研究所

### （一）学术委员会

主　　任　李　林

副 主 任　陈泽宪

委　　员　陈　甦　黄　进　李明德　柳华文　刘仁文　刘作翔　莫纪宏　沈　涓　孙宪忠　田　禾　王敏远　熊秋红　薛宁兰　赵建文　张守文　周汉华　邹海林

### （二）专业技术资格评审委员会

主　　任　陈　甦

委　　员　陈泽宪　胡建淼　李　林　李明德　柳华文　刘凯湘　刘仁文　刘作翔　莫纪宏　沈　涓　孙宪忠　田　禾　熊秋红　薛宁兰　周汉华　邹海林

## 政治学研究所

### （一）学术委员会

主　　任　房　宁

委　　员　陈红太　周少来　赵秀玲　周庆智　张明澍　贠　杰　王炳权　黄　平　张树华　张晓玲

### （二）专业技术资格评审委员会

主　　任　房　宁

委　　员　杨海蛟　陈红太　赵秀玲
　　　　　周少来　周庆智　张树华
　　　　　张桂琳　张晓玲

## 民族学与人类学研究所

### （一）学术委员会

主　　任　何星亮
副 主 任　尹虎彬
委　　员　方　勇　王延中　刘丹青
　　　　　刘世哲　刘正寅　刘　泓
　　　　　色　音　李云兵　陈建樾
　　　　　呼　和　青　觉　曾少聪
　　　　　管彦波

### （二）专业技术资格评审委员会

主　　任　王延中
委　　员　方　勇　色　音　何星亮
　　　　　刘正寅　管彦波　刘世哲
　　　　　李云兵　刘　泓　张继焦
　　　　　丁　宏　郑　堆　高丙中

## 社会学研究所

### （一）学术委员会

主　　任　陈光金
副 主 任　孙壮志
委　　员　李培林　王延中　张　翼
　　　　　李春玲　王俊秀　罗红光
　　　　　王春光　王晓毅　吴小英
　　　　　夏传玲　张旅平

### （二）专业技术资格评审委员会

主　　任　陈光金
委　　员　王天夫　王春光　王俊秀
　　　　　王晓毅　刘　能　孙壮志
　　　　　李春玲　李培林　吴小英
　　　　　张　翼　陆益龙　赵延东
　　　　　夏传玲　龚维斌

## 社会发展战略研究院

### （一）学术委员会

主　　任　李汉林
委　　员　刘白驹　沈　红　葛道顺
　　　　　渠敬东　李路路　夏传玲

### （二）专业技术资格评审委员会

主　　任　李汉林
委　　员　渠敬东　刘白驹　沈　红
　　　　　黄群慧　王　颖　夏传玲
　　　　　郭于华　李路路

## 新闻与传播研究所

### （一）学术委员会

主　　任　唐绪军
副 主 任　宋小卫
委　　员　卜　卫　王怡红　时统宇
　　　　　刘晓红　姜　飞　崔保国
　　　　　陈卫星

### （二）专业技术资格评审委员会

主　　任　唐绪军
副 主 任　宋小卫
委　　员　卜　卫　时统宇　钱莲生
　　　　　王怡红　姜　飞　渠敬东
　　　　　段　鹏

# 国际研究学部

## 世界经济与政治研究所

### （一）学术委员会

主　　任　张宇燕
副 主 任　姚枝仲　孙　杰
委　　员　丁一凡　王德迅　李东燕
何新华　余永定　宋　泓
张　明　张　斌　贺力平
袁正清　高海红　鲁　桐

### （二）专业技术资格评审委员会

主　　任　张宇燕
委　　员　孙　杰　李　文　李东燕
何　帆　余永定　宋　泓
张　斌　姚枝仲　贺力平
袁正清　高海红　鲁　桐

## 俄罗斯东欧中亚研究所

### （一）学术委员会

主　　任　李永全
副 主 任　朱晓中
委　　员　孙　力　张盛发　常　玢
郑　羽　薛福岐　程亦军
庞大鹏　冯玉军　吴大辉
吴宏伟　冯育民

### （二）专业技术资格评审委员会

主　　任　李永全
委　　员　郑　羽　孙　力　朱晓中
常　玢　张盛发　程亦军
吴宏伟　李中海　柳丰华
陈玉荣　陈新明　冯玉军

## 欧洲研究所

### （一）学术委员会

主　　任　黄　平
委　　员　江时学　程卫东　周　弘
陈　新　李靖堃　张　敏
孔田平　田德文　崔洪建
丁一凡

### （二）专业技术资格评审委员会

主　　任　黄　平
委　　员　周　弘　程卫东　孔田平
田德文　崔洪建　冯仲平
李靖堃　杨伟国

## 西亚非洲研究所

### （一）学术委员会

主　　任　杨　光
副 主 任　张宏明
委　　员　王　正　王林聪　贺文萍
李智彪　唐志超　姚桂梅
安春英　李安山　李绍先

### （二）专业技术资格评审委员会

主　　任　杨　光

副主任　张宏明
委　员　王　正　王林聪　贺文萍
　　　　李智彪　姚桂梅　安春英
　　　　李新烽　牛新春　薛庆国
　　　　李永辉　赵江林　魏　玲

## 拉丁美洲研究所

### （一）学术委员会

主　任　吴白乙
委　员　柴　瑜　袁东振　刘维广
　　　　张　凡　杨志敏　岳云霞
　　　　房连泉　姚枝仲　贺双荣
　　　　董经胜

### （二）专业技术资格评审委员会

主　任　吴白乙
副主任　袁东振
委　员　王义桅　刘维广　杨志敏
　　　　张　凡　岳云霞　贺双荣
　　　　屠新泉

## 亚太与全球战略研究院

### （一）学术委员会

主　任　李向阳
委　员　王玉主　王灵桂　朴键一
　　　　许利平　张礼卿　张蕴岭
　　　　赵江林　袁　鹏　董向荣

### （二）专业技术资格评审委员会

主　任　李向阳
委　员　王玉主　王灵桂　王荣军
　　　　达　巍　朴光姬　朴键一
　　　　孙学峰　许利平　李记广

## 美国研究所

### （一）学术委员会

主　任　郑秉文
委　员　倪　峰　王荣军　王　欢
　　　　王孜弘　袁　征　姬　虹
　　　　樊吉社　赵　梅　黄　平
　　　　贺力平

### （二）专业技术资格评审委员

主　任　郑秉文
委　员　黄　平　赵　梅　潘小松
　　　　倪　峰　王孜弘　姬　红
　　　　袁　征　樊吉社　王荣军
　　　　达　巍　高祖贵

## 日本研究所

### （一）学术委员会

主　任　李　薇
副主任　高　洪
委　员　王　伟　崔世广　张季风
　　　　吕耀东　杨伯江　徐　梅
　　　　吴怀中　江瑞平　王新生

### （二）专业技术资格评审委员会

主　任　李　薇
委　员　高　洪　张季风　崔世广
　　　　王　伟　杨伯江　吕耀东
　　　　徐　梅　尚会鹏　赵晋平
　　　　黄大慧

# 马克思主义研究学部

## 马克思主义研究院

### （一）学术委员会

主　　任　邓纯东
副 主 任　樊建新
委　　员　程恩富　胡乐明　金民卿
　　　　　辛向阳　吕薇洲　冯颜利
　　　　　翟胜明　余　斌　郑一明
　　　　　尹韵公　杨凤城

### （二）专业技术资格评审委员会

主　　任　邓纯东
委　　员　樊建新　胡乐明　辛向阳
　　　　　程恩富　吕薇洲　金民卿
　　　　　冯颜利　韦莉莉　姜　辉
　　　　　武　力

## 当代中国研究所

### （一）学术委员会

主　　任　荆惠民
副 主 任　张星星
委　　员　李　文　李正华　杨胜群
　　　　　宋月红　武　力　欧阳雪梅
　　　　　郑有贵　柳建辉　黄　庆

### （二）专业技术资格评审委员会

主　　任　张星星
委　　员　王瑞芳　李　文　李正华
　　　　　杨胜群　宋月红　张金才
　　　　　武　力　欧阳雪梅　郑有贵
　　　　　荆惠民　柳建辉　黄　庆

## 信息情报研究院

### （一）学术委员会

临时召集人　张树华
委　　员　姜　辉　曲永义　肖俊明
　　　　　刘　霓　张　静　辛向阳
　　　　　王　镭　孙壮志

### （二）专业技术资格评审委员会

主　　任　姜　辉
委　　员　张树华　曲永义　肖俊明
　　　　　刘　霓　梁俊兰　杨　丹
　　　　　张冠梓　闫　坤　侯惠勤
　　　　　何秉孟

# 中国社会科学院直属单位

## 中国社会科学院研究生院

### （一）学术委员会

主　　任　黄晓勇

副 主 任　张政文

委　　员　文学国　吕　静　张　波　张菀洺　赵一红　赵　俊　龚赛红　胡　滨　王　巍

### （二）专业技术资格评审委员会

主　　任　黄晓勇

副 主 任　张政文

委　　员　文学国　吕　静　赵　俊　赵一红　张　波　朝　克　王延中　蔡曙光　董礼胜

## 中国社会科学院图书馆（调查与数据信息中心）

### 学术委员会

主　　任　庄前生

副 主 任　蒋　颖

委　　员　任全娥　刘振喜　何　涛　张树华　李春华　杨　齐　周世禄　罗文东　赵嘉朱　赵　慧　黄长著

## 中国社会科学出版社

### （一）学术委员会

主　　任　赵剑英

委　　员　曹宏举　王　浩　郭沂纹　陈　彪　卢小生　郭晓鸿　王　茵　黄　平　刘跃进　张政文

### （二）专业技术资格评审委员会

主　　任　赵剑英

委　　员　曹宏举　王　浩　陈　彪　冯春凤　郭沂纹　任　明　卢小生　路育松　陈众议　仰海峰

## 中国社会科学杂志社

### （一）学术委员会

主　　任　王利民

委　　员　余新华　李红岩　孙　辉　李新烽　柯锦华　王兆胜　赵剑英　周溯源

### （二）专业技术资格评审委员会

主　　任　张　江

委　　员　王利民　余新华　李红岩　孙　辉　王兆胜　魏长宝　赵剑英　周溯源

# 第 三 编

# 2016 年度专题

2016NIANDUZHUANTI

# 一　创新工程工作

## 中国社会科学院2016年创新工程概况

2016年，是中国社会科学院创新工程“十三五”规划的起始之年，是全院改革发展的关键之年，也是推进创新工程“十三五”规划、努力实现中央“三个定位”要求承上启下的一年。在党中央、国务院正确领导下，在院党组带领下，全院同志高举中国特色社会主义伟大旗帜，以马克思列宁主义、毛泽东思想和中国特色社会主义理论体系为指导，贯彻落实党的十八大和十八届三中、四中、五中、六中全会精神，贯彻落实习近平总书记系列重要讲话精神，全面推进哲学社会科学创新工程，大力加强中国特色新型智库建设，各项工作都取得了新的成绩。

### （一）高度重视马克思主义阵地建设和党的意识形态工作

在实施创新工程过程中，中国社会科学院高度重视和大力加强马克思主义坚强阵地建设，采取了一系列具体措施，在坚持和发展马克思主义，推进马克思主义中国化、时代化和大众化方面作出了较大贡献。

**1. 巩固马克思主义理论学科**

中国社会科学院积极参与中央马克思主义理论研究和建设工程，大力实施院马克思主义理论学科和理论研究工程，不断巩固和加强马克思主义理论学科，基本形成马克思主义理论学科群，构建起了马克思主义理论一级学科、二级学科和三级学科的立体网络。目前，院属各研究单位下设的马克思主义理论类别研究室、理论编辑室由2015年的19个增至30余个。近年成立的首家以专门培养马克思主义理论骨干人才为目标的马克思主义学院，每年招收100名马克思主义学科博士研究生，努力培养一支理论功底扎实、具有发展潜力的马克思主义研究后备队伍。创新工程实施以来，取得了一批有影响的马克思主义理论创新成果。例如，为加强习近平总书记系列重要讲话的研究宣传，加大习近平总书记治国理政思想研究宣传力度，推出了一批有影响的理论成果，王伟光同志的《马克思主义中国化的当代理论成果——学习习近平总书记系列重要讲话精神》发表后，产生较大社会影响。国家社科基金特别委托项目的最终成果《新大众哲学》，以马克思主义时代化、中国化和大众化为使命，努力探索哲学与大众的结合，在充分反映马克思主义哲学基本理论的同时，在理论观点、表述方式等诸多方面作出创新，是继艾思奇《大众哲学》和韩树英《通俗哲学》之后马克思主义哲学大众化的又一力作。中国社会科学院与《人民日报》共同开设《文学观象》栏目，团结国内文学研究和创作领域的众多知名专家学者，围绕当前文学发展中的重大理论问题及热点、焦点问题，进行有说服力的辨析和评论，2016 年共发表评论 22 期，在我国文学界和社会各界产生热烈反响，受到中央主要领导同志的肯定。

**2. 加强意识形态工作建设**

2016 年以来，中国社会科学院坚持党组中心组学习制度，加强各级党委（党组）、总支、支部学习制度建设。认真学习和深入研究党的十八大以来以习近平同志为总书记的党中央形成的一系列治国理政新理念新思想新战略、进行的一系列新实践、取得的一系列新成就。重点围绕坚持和发展中国特色社会主义、实现中华民族伟大复兴的中国梦，围绕“四个全面”战略布局，围绕“五大”发展理念，围绕推进经济建设、政治建设、文化建设、社会建设、生态文明建设，围绕党的建设和反腐倡廉建设，围绕国家治理体系和治理能力现代化，围绕党和国家外交工作大局等，积极整合配置学术资源，立足学科专业领域，发挥理论专长和专业优势，从不同学科方向和理论视角，切实加强习近平总书记系列重要讲话精神的研究工作。大力加强马克思主义研究智库建设。形成马克思主义研究学部、马克思主义有关研究所和马克思主义研究智库三个层次的智库体系。建立了马克思主义研究学部、马克思主义研究院、当代中国研究所、信息情报研究院、马克思主义学院、中国特色社会主义理论体系研究中心、世界社会主义研究中心七大马克思主义智库研究平台。建立马克思主义理论创新智库、意识形态研究智库和当代中国马克思主义政治经济学创新智库三大马克思主义研究专业化智库。由此，全院基本形成了马克思主义理论智库群，构建起了中国社会科学院马克思主义理论研究一、二、三级网络。

## （二）大力推进中国特色新型智库建设

**1. 明确建设方向，完善管理制度**

贯彻落实中央《关于加强中国特色新型智库建设的意见》和习近平总书记关于加强我国智库建设重要批示精神，发挥中国社会科学院作为国家级综合性高端智库的优势，努力把中国社会科学院建设成为具有国际影响力的世界知名智库。突出中国特色，始终坚持正确的政治方向和学术导向，坚持以马克思主义立场观点方法指导智库研究。突出中国社会科学院特点，以深入扎实的学术研究为基础，依托学科门类齐全、高端人才荟萃、综合研究实力强等优势，开展储备性学术研究和政策研究，提高综合研判和战略谋划能力，推出现实性强、公信度高、影响力大的创新性理论观点和对策研究成果，充分发挥理论创新、咨政建言、舆论引导、社会服务、公共外交等重要功能。修订完善《中国社会科学院关于加强中国特色新型智库建设的若干意见》，制定《中国社会科学院中国特色新型智库建设 2016 年实施方案》。各单位制定智库发展计划和实施方案，全面推进中国社会科学院新型智库建设。

**2. 完成重大任务，发挥智库作用**

以首批进入国家级高端智库建设试点的中国社会科学院、金融与发展实验室、国家全球战略智库为重点，坚持高起点推进、高质量研究、高水平建设，先行先试，着力打造在国内外享有广泛影响力的国家级高端智库群，国家级新型智库研究综合集成中心，马克思主义理论创新中心，党和国家重大决策咨询服务中心，哲学社会科学学科学术观点创新中心，高素质智库人才孵化中心，智库信息采集、储存、处理和发布的海量数据库运行中心和与国际知名智库交流合作中心已逐步成形。

顺利完成中央、中财办委托的“经济体制改革和财税体制改革第三方评估”各项工作；根据国务院的要求，圆满完成季度经济形势分析与预测研究；根据中办要求和中宣部部署意见，起草《全国哲学社会科学创新工程“十三五”时期实施意见》报中宣部；受科技部委托，组织协调相关研究所对国家科技重大专项标志性成果进行咨询，提供咨询报告，受到科技部高度赞扬；按中央深改组“实行以知识价值为导向的分配政策”专项改革任务要求，受科技部领导委托撰写《以知识价值为导向的科研人员收入分配政策研究报告》；受中央有关部门委托协调院属专业化智库参与G20的各项工作；组织院内学者就南海问题咨政建言、引导舆论；贯彻刘奇葆同志视察中国社会科学院时的指示，与亚洲开发银行共同组织中等收入陷阱问题研究，取得一系列成果；根据中宣部要求，组织相关研究所参与并完成“中国社会科学词条库”部分词条编撰工作。

## （三）重点推出重大科研成果，组织重要学术会议

**1. 创新工程成果涌现**

坚持基础研究和应用研究并重并举，推动基础学科和应用学科共同发展。围绕贯彻落实中央重大决策，特别是习近平总书记系列重要讲话精神，设置相关重点课题，进行跨学科集体攻关，推出一批系统性、有影响力的研究成果。在2016年，推出《古本戏曲丛刊》第六辑、《礼与中国古代社会》、《两岸新编中国近代史》、《中国古代科技文化及其现代启示》、《中国名镇志》丛书、《中国城市化模式、演进机制和可持续发展研究》、《发展新常态下中国经济体制改革探究》、《中国债券市场（2015）》、《中国收入分配问题研究》、《当代中国调查报告》、《当代中国社会结构变迁与社会治理》、《全球治理中的中国与欧盟：观念、行动与合作领域》、“2030年可持续发展议程研究”首批成果（5本）、《新丝路与中亚：中亚民族传统社会结构与传统文化》、《对外关系、和谐边疆与中国战略定位研究》、《中国社会科学院国家智库报告》、《中国反腐倡廉建设报告》等一系列体现学科发展水平的重要成果。据不完全统计，2016年，中国社会科学院科研人员共完成专著452部，高质量学术论文4074篇，研究报告、论文集253部，译著（文）164部（篇），学术资料、古籍整理58种（部），理论文章292篇。

同时，做好科研规划和科研成果发布工作。在2016年编制发布了《中国社会科学院“十三五”发展规划纲要》。开展“十三五”时期国家经济社会发展重大项目论证。改革优秀科研成果奖评奖机制，完善成果发布机制。组织开展第九届研究所优秀科研成果评奖工作，修订科研成果评奖办法和奖励办法，建立研究所优秀科研成果奖外部评审专家库，完善离退休人员参加院评奖的规定，健全科研激励机制。

**2. 围绕重大问题建言献策**

深入学习贯彻落实习近平总书记重要讲话精神，围绕国际国内两个大局，加强马克思主义理论研究，促进马列主义及其中国化经济理论为指导的经济改革发展开放的现实问题研究。围绕中央交办任务和国家经济社会建设的需求，组织开展一系列重大理论和现实问题研究，阐述中国发展道路。根据国务院要求，组织经济学部和国际学部有关学者三次召开2016年经济形势分析与预测讨论会，分析了中国宏观经济形势、工业经济和国企改革、劳动市场、农业问题、外资外贸、金融问题、财政专题、外部形势等问题，评估2017年经济走势，并形成报告提交国办。配合中央有关部门“做好经济形势舆论引导，回应外媒唱空唱衰言论”的相关工作，组织学部委员撰写理论文章，反击中国经济“崩溃论”等错误观点。举办“中华复兴与中国道路”研讨会，围绕“中国道路：理论与实践”“中国道路的世界意义”“中国的复兴战略”“大国崛起的道路比较”四个议题展开了多学科、多视角的深入研讨，凝聚共识，为中华复兴助力。建立学部委员厦门工作站，加强与地方政府及研究机构的学术交流。积极开展学部对外学术交流与合作，组织学部委员跟踪国际热点问题研究。编辑出版学部论文集、学部集刊、年鉴等学术出版物，进一步发挥学部和学部委员对社会舆论和学术导向的正面影响。

### （四）着力打造中国特色社会主义理论学术传播名优平台

中国社会科学院积极实施报刊出版馆网库志和学术评价名优建设工程，努力占领理论学术传播制高点，广泛传播优秀学术成果和主流意识形态，成功打造了一批以马克思主义为指导的，具有中国特色、中国风格、中国气派的理论学术传播名优平台。

**1. 学术名刊和出版社建设**

《中国社会科学报》影响力进一步扩大。报纸由每周三刊改为每周五刊，创办英文数字报并在美国正式上线，加入世界两家最大的电子报刊数据库。目前已建成9家国内记者站和北美、欧洲报道中心，通讯人员已覆盖国内主要高校和科研单位以及五大洲30多个国家，实现北京、广州、南京、西安四地同步印刷。

期刊质量和学术影响力稳步提高。完善期刊“五统一”管理，全院期刊质量继续提升，在全国学术界保持领先地位。制定实施《关于加强学术期刊“名优”建设的若干意见》，进一步完善院创新工程有关期刊管理制度；《中国社会科学》《考古》《历史研究》《社会学研究》《哲学研究》等10种院属期刊在2016年初获评2015年中国“百强报刊”；中国社会科学院新创办国内统一刊号的《中国社会科学评价》《中国文学批评》《财经智库》三家期刊，使中国社会科学院主办的中文学术期刊达到 80 种，外文学术期刊达到 16 种，学术年鉴类期刊达到 4 种。其中，44 种被国内四大期刊评价机构共同认定为核心期刊。继续加强和改进期刊审读工作，强化期刊审读意见通报工作，举办全院学术期刊主编论坛，制定全院期刊采编指南，为把握正确办刊方向、提升期刊学术水平提供制度保障。

学术出版影响力和效益进一步提升。院属出版社坚持正确的出版方向，创新经营管理体制，图书数量和质量稳步提升。2016 年年院属出版社出版图书 4600 多部，实现社会效益和经济效益共同提高。加大对出版图书的检查力度，调阅三审档案 4000 多种，有效地把好图书出版的政治方向关、学术导向关和学术规范关。

**2. 数字图书馆和历史文献工作**

图书馆转型发展取得明显进展。加快全院图书信息资源整合，继续推动建设“国家哲学社会科学数字图书馆”工作。院图书馆建立健全“总馆—分馆—资料室”三级管理服务体系，加大数字图书馆建设力度，在扩大数字资源引进、改造网络基础设施、启用远程访问系统、提高馆藏图书和信息资源服务等方面取得了一定进展。大力推进数字化服务，使院内学者可随时在线查阅大量数字资源。

网络信息化建设取得显著成效。院属各单位网站和专业网站不断扩展，50 多家子网站迁移到新平台上。以中国社会科学网为龙头的网站集群发挥报刊网联动机制，实现平台、域名、风格统一，专题制作更加丰富，成为全国 7 家理论传播重点网站之一。

数据库建设扎实推进。中国社会科学院海量数据库建设项目（一期）正式启动。海量数据库整合平台、馆藏文献数据库、科研成果数据库需求已通过评审，同时，三个数据库的概要设计方案已完成，系统界面设计已确定，系统开发、数据样例测试工作取得新进展。社会调查数据库面访调查系统、网络调查系统、数据调查网站的需求获审批。云平台建设完成需求调研并制定实施方案。国家期刊库继续推进期刊签约与数据上线，目前已超越美国斯坦福大学海威出版社，成为世界范围内最大的开放获取期刊数据库。

## （五）深入开展国情调研和学术交流

中国社会科学院国情调研和科研合作发挥了深入基层、结合实际的实践作用，培养了一批了解国情、“接地气”的高素质人才，提高了科研成果服务中央决策、服务社会发展的水平。

**1. 国情调研**

中国社会科学院改革国情调研项目体系，形成了由国情调研特大项目、国情调研重大项目、院级国情调研基地项目、研究所国情调研基地项目、国情考察项目组成的国情调研项目体系。国情调研项目立项紧密围绕党和人民关注的重大问题，重点鼓励和扶持连续性、基础性数据的采集、整理工作，大力支持蹲点式国情调研。

目前，中国社会科学院已经与湖南、甘肃、河南、内蒙古、江西、黑龙江、宁夏、西藏、云南、上海、宁波、厦门等省份和城市联合建立12个院级国情调研基地，设立59个所级国情调研基地。院所两级基地布局基本完成，为科研人员深入基层、深入实际搭建了重要平台。部分国情调研基地建设初见成效。组织落实“扶贫百村调研”国情调研特大项目。组织动员全院及部分院外科研力量，选定100个行政村，围绕“精准扶贫、精准脱贫”重大选题进行深入调研。

**2. 学术交流活动**

围绕重大理论和现实问题及学术前沿问题，组织重大学术活动，发挥中国社会科学院的影响力。组织召开“中国社会科学院马克思主义经济学研讨会”，深入学习习近平同志在中共中央政治局集体学习会上关于马克思主义政治经济学的重要讲话。根据李克强总理的讲话精神和国办有关要求，组织相关领域的专家学者就经济增长速度、宏观经济政策、就业形势、资本市场和对外经济等几个热点领域进行专题研讨，组织撰写理论文章，围绕中心、服务大局，营造正确的舆论氛围与经济环境。组织召开“第七届世界社会主义论坛”，来自36个国家的近百位外国学者和200位国内学者，围绕“创新21世纪马克思主义”的主题，结合世界政治经济格局和中国特色社会主义的最新发展，探讨创新21世纪马克思主义的理论与实践问题。全院研究所、学术社团和非实体研究中心围绕相关学科的重大理论和社会热点问题积极开展学术研讨，繁荣学术研究，产生了很好的影响。

2016年，中国社会科学院配合国家外交战略，积极开展学术外交、学术外宣项目和活动。全年共审批出访项目1168批，2097人次；邀请来访项目212批，1270人次；横向来访82批，201人次；使馆约见277批，511人次。中国社会科学院重要代表团成功出访，推动对外交流合作迈上新台阶。“中国社会科学论坛”及系列国际研讨会向世界传播中国学术、发出中国声音，共举办国际会议百余个，包括“一带一路：中国—哈萨克斯坦合作与发展”研讨会、2016年20国集团智库会议、第六届亚洲国际论坛、中印智库论坛等，引起良好反响。

## （六）体制机制改革和创新工程管理经验总结

**1. 2016年创新工程体制机制改革总体情况**

2016年，进一步完善创新工程报偿、准入、退出、评价、配置、资助六大制度体系，建立更加完备、系统、科学、规范的科研管理制度体系，特别是以报偿制度为抓手进一步提升科研人员的积极性。

完善准入制度和退出制度，印发《加强创新工程绩效考核和准入审核工作的意见》《关于创新工程准入（退出）条件的补充规定》等文件，进一步严格准入和退出条件。加强重大科研成果产出机制建设，完善以成果为核心的科研量化考核机制。实行年度经费总额拨付，完成经费管理并轨，强化财政经费合规高效使用，加大对优秀科研成果的后期资助力度。

**2. 创新工程经验总结**

科研人员是一个组织乃至一个国家创新的中坚力量，科学研究是富有想象力和创造性的工作。对于科研人员的激励不能简单地等同于一般加工制造产业“计件劳动＋出成果买成果”的产业工人激励方式，而是需要为科研人员营造一个相对自由宽松的科研氛围，通过“优化科研环境＋合理创新激励”增加知识和技术创新发生的概率。这其中，发挥关键作用的就是评价制度。

中国社会科学院的科研工作职责是为党和国家工作大局服务、为党中央国务院决策服务、为人民需要服务，科研工作必须坚持正确的政治方向和学术导向，这是指导全院评价考核制度建设的总原则。中国社会科学院科研评价制度的主要创新点在于试行了针对最终科研成果的评价指标体系。该科研评价指标体系以学术影响力、决策影响力、社会影响力、国际影响力为架构，确定了20多类研究成果作为评价对象，尽可能地涵盖院内各种形式的研究成果，努力体现中国社会科学院“阵地”“殿堂”“思想库和智囊团”的功能定位。另外，中国社会科学院2016年从数千项年度研究成果中遴选出若干成果作为创新工程重大成果进行发布，其中既有人文基础研究方面的成果，也有体现智库功能的应用对策研究成果，是对中国社会科学院当前量化创新工程科研考评体系的重要补充。

# 科研机构创新工程工作情况

## 文学哲学学部

### 文学研究所

#### （一）创新工程项目的名称及其首席研究员

2016年，文学研究所新设创新工程项目16项：(1)“辽金元文艺思想与文献研究”（首席研究员为郑永晓）；(2)“先唐文学经典研究与当代解读”（首席研究员为范子烨）；(3)“隋唐文艺思想与唐宋文学转型”（首席研究员为吴光兴）；(4)“元明清戏曲小说及说唱文学研究”（首席研究员为李玫）；(5)“全球化视野下的中西美学比较研究”（首席研究员为高建平）；(6)“文化理论与文学理论：西方与中国”（首席研究员为金惠敏）；(7)“当代马克思主义文学理论与文学批评研究”（首席研究员为丁国旗）；(8)“创新能力”与中国当代文艺（首席研究员为李洁非）；(9)“五四与左翼文学研究”（首席研究员为赵京华）；(10)“本土经验与空间互动”（首席研究员为赵稀方）；(11)“中国文学的多元经验与现代形态研究”（首席研究员为董炳月）；（12）“‘中国大文学’的当代建构”（首席研究员为李建军）；（13）“中国文学事业与文化战略研究”（首席研究员为刘方喜）；（14）“汉唐文学思想与儒道演变”（首席研究员为刘宁）；（15）“民间视角与经验研究”（首席研究员为安德明）；（16）“网络文学现状调查与价值导向研究”（首席研究员为陈定家）。

2016 年，文学研究所创新工程项目的首席管理为陆建德、刘跃进。

### （二）在创新工程工作方面实施的新机制、新举措

2016 年，是文学研究所创新工程得到全面深化的一年。全所经上一年度重新组合、扩充新增了多个创新团队，对所内原有各学科片的研究领域与研究梯队进行了较大幅度的重新规划和整合，在提供新的发展机遇的同时，也为各学科及科研人员带来了重组与磨合、调整与适应等方面的挑战。经过一年多的调适，许多困难都得到了一定程度的解决，也为进一步解决相关问题积累了更多经验，各学科、各创新团队的工作都得到了更有成效的发展。全体科研人员在保持优良学风和严谨治学态度的同时，更加注重立足国情，立足当代，积极寻求打破固有学科壁垒，探索具有重要理论价值和重大现实意义的课题，取得了较好的成绩。

## 民族文学研究所

### （一）创新工程项目的名称及其首席研究员

2016 年，民族文学研究所新设创新工程项目 7 项：（1）“‘一带一路’跨界民族文学、文化研究”（首席研究员为阿地里·居玛吐尔地）；（2）“南方少数民族神话与民俗研究”（首席研究员为吴晓东）；（3）“蒙古族文学经典研究”（首席研究员为斯钦巴图）；（4）“《格萨（斯）尔》的抢救保护与研究”（首席研究员为俄日航旦）；（5）“民族文学理论与实践：前沿问题与研究范式”（首席研究员为巴莫曲布嫫）；（6）“中国少数民族口头传统音影图文档案库”（首席研究员为王宪昭）；（7）“《民族文学研究》期刊建设”（首席研究员为朝戈金）。

2016 年，民族文学研究所创新工程项目的首席管理为朝克、朝戈金。

### （二）在创新工程工作方面实施的新机制、新举措

2016 年，民族文学研究所紧紧围绕院发展战略，以全力打造中国少数民族文化建设的思想库和智囊团为重点，在学科体系、学术团队、科研方法及科研组织管理等方面进行有步骤的改革与创新。一是确立创新重点，进一步规范和完善学科体系；二是加强人才管理的中长期规划；三是建立学术交流机制，进一步创新科研方法；四是以绩效考核为抓手，进一步强化学术激励机制。

# 外国文学研究所

## （一）创新工程项目的名称及其首席研究员

2016年，外国文学研究所新设创新工程项目8项：(1)“马克思主义文艺理论与外国文学批评：文学史体现的资本语境与诗性资源”（首席研究员为叶隽）；(2)“跨国资本主义时代的外国文学与国家认同：1898—1930年的西方文学译介与‘世界主义’的兴衰”（首席研究员为程巍）；(3)“跨国资本主义时代的东方遭遇：资本驱动与异文化互动”（首席研究员为穆宏燕）；(4)“外国文学学术史研究工程·经典作家学术史研究”（首席研究员为钟志清）；(5)“梵文文学”（首席研究员为黄宝生）；(6)“外国文学重要思潮研究”（首席研究员为周启超）；(7)“文学与大国兴衰之俄罗斯经验与教训”（首席研究员为吴晓都）；(8)“文学与大国兴衰之日耳曼现代性反思”（首席研究员为李永平）。

2016年，外国文学研究所创新工程项目的首席管理为党圣元、陈众议，该所进入创新工程的人员共60人。

## （二）在创新工程工作方面实施的新机制、新举措

2016年，外国文学研究所在创新工程申报工作中，按照院创新工程相关原则、标准和程序进行操作：在符合科研局创新指南及该所创新工程框架下由项目组进行课题论证，公平竞争后提交所长办公会及所学术委员会讨论审定，通过的项目即确定为所创新工程项目，再由已确定的首席研究员审校拟聘成员及其层级报所党委讨论决定。

# 语言研究所

## （一）创新工程项目的名称及其首席研究员

2016年，语言研究所新设创新工程项目8项：(1)“语音与言语科学重点实验室”（首席研究员为李爱军、胡方）；(2)“汉语句法语义研究的理论与实践”（首席研究员为王灿龙）；(3)“汉语语法史与汉语语法、语义演变的跨视角研究”（首席研究员为吴福祥）；(4)“上古汉语语法、训诂、音韵、文字及文献的综合研究”（首席研究员为孟蓬生）；(5)“中国重点方言区域示范性调查研究”（首席研究员为李蓝）；(6)“辞书编纂修订与辞书学理论研究”（首席研究员为谭景春）；(7)“汉语多模态语言资源库管理平台研发”（首席研究员为顾曰国）；(8)“汉语口语的跨方言调查与理论分析”（首席研究员为刘丹青）。

2016年，语言研究所创新工程项目的首席管理为刘丹青、刘晖春。

### （二）在创新工程工作方面实施的新机制、新举措

2016 年，语言研究所学术委员会审议通过了《2016 年度语言学创新工程研究领域指南》（以下简称《指南》），《指南》包括 5 项内容：（1）“语言实验研究及多模态大数据建设与应用”，主要由语言研究所语音研究室与应用语言学研究室合作承担；（2）“语言文字规范、语言教学与语文辞书的编纂、修订及研究”，主要由语言研究所《中国语文》编辑部与词典室合作承担；（3）“句法语义理论与现代汉语用法研究”，主要由语言研究所句法语义室承担；（4）“出土文献语言、文字研究”，主要由语言研究所历史语言学一室承担；（5）“汉语语法史与语言接触演变、汉语语法、语义演变研究”，主要由语言研究所历史语言学二室承担。语言研究所自选领域 1 项：“围绕‘一带一路’的语言、方言资源调查与保护研究”，主要由语言研究所汉语方言室和语音研究室合作承担。

语言研究所创新办公室重点做好以下工作：一是在定期进行检查汇报的同时，注意提高管理效率，根据所创新工程推进情况，语言研究所对创新工程暂行办法和管理表格进行了修订。2016 年暂停了月报制度，完善并执行了季报和年报制度。二是建立了完整的档案，对文件进行分类管理并按照工作任务及时下发传达。报送院部的语言研究所创新工程方案等材料、创新岗位聘任书等文件都分别建立档案。语言研究所创新工程月报、季报、年报都建立电子档案。三是完成院综合管理平台的学习培训和布置落实工作。院里加强了对研究所的量化考核，推出了综合管理平台，语言研究所在全所大会进行了动员和布置，并派人参加院里举办的培训班，在已经完成系统的人员权限设置和分配基础上，落实全所科研人员填报工作。

## 哲学研究所

### （一）创新工程项目的名称及其首席研究员

2016 年，哲学研究所新设创新工程项目 20 项：（1）“马克思主义哲学中国化、时代化、大众化文本研究与历史研究”（首席研究员为李景源）；（2）“创建马克思主义哲学中国化新形态”（首席研究员为崔唯航）；（3）“社会主义核心价值观研究”（首席研究员为孙伟平）；（4）“中国农民哲学村调查”（首席研究员为单继刚）；（5）“《马恩全集》历史考证版（MEGA2）研究和国外马克思主义哲学研究”（首席研究员为魏小萍）；（6）“马克思主义哲学中国化与西方哲学中国化的比较研究”（首席研究员为李俊文）；（7）“当代伦理学前沿问题研究”（首席研究员为孙春晨）；（8）“多元文化语境中的东方哲学研究”（首席研究员为成建华）；（9）“中国语境中的西方哲学基础理论研究”（首席研究员为尚杰）；（10）“西方哲学经典著作翻译”（首席研究员为王齐）；（11）“跨文化视野下的美学与美育研究”（首席研究员为王柯平）；

(12)“逻辑学当代发展的创新研究”(首席研究员为刘新文);(13)“中国哲学的近现代转型”(首席研究员为张志强);(14)“儒释道三教关系研究”(首席研究员为陈霞);(15)“中国哲学史资料选辑新编”(首席研究员为李存山);(16)“当代哲学背景下的科技哲学理论创新与实践”(首席研究员为段伟文);(17)“文化产业政策与法律”(首席研究员为贾旭东);(18)“生态文明视野中的生态学科技哲学研究与实践”(首席研究员为肖显静);(19)“纯逻辑与应用逻辑研究”(首席研究员为杜国平);(20)“马克思主义政治哲学与中国政治生态建构”(首席研究员为毕芙蓉)。

2016 年,哲学研究所全部 9 个学科,《哲学研究》《哲学动态》《世界哲学》,图资室进入创新工程。经创新项目和管理岗位竞聘,共有 88 人进入创新工程,进岗比例为 67%。专业人员中有 72 人进入创新工程,管理人员中有 14 人进入创新工程。聘任首席管理 2 人(谢地坤),首席研究员 17 人,总编辑 2 人,长城学者 2 人,基础学者 1 人,青年学者 1 人。

## (二)在创新工程工作方面实施的新机制、新举措

1. 充分利用创新工程对人才的吸引力,积极引进各类优秀人才,充实增强各学科的研究力量及科研辅助和管理队伍力量。通过院人才引进办法,引进博士后出站人员 4 人,海外留学回国博士 1 人,应届博士 1 人。引进军队转业干部 1 人,充实到人事管理岗位。同时,选派出国访学 2 人,进一步扩展学术视野,提高学术水平。

2. 严格执行到龄退休和返聘制度。2016 年,哲学研究所共为 3 人办理退休手续。同时通过缓退博士生导师和返聘学科带头人,继续发挥其作用和稳定科研队伍。

3. 积极组织开展各项专家遴选和推优活动,全年共参与国家和院各项高层次人才的遴选推荐工作 3 项,分别向院推荐了享受 2016 年国务院政府特殊津贴候选人 2 名,推荐青年拔尖人才支持计划人选候选人 2 名,申报留学回国人员科技活动择优资助项目 1 项。

4. 通过科研成果绩效考核,调动研究人员的积极性。2016 年,哲学研究所根据《中国社会科学院创新工程科研人员绩效考核和后期资助目标报偿实施办法》《中国社会科学院创新工程采编岗位绩效考核和后期资助目标报偿实施办法》,坚持客观公正、民主公开、注重实绩的原则,对科研岗位人员科研成果进行计分,对采编人员兼职发表科研成果进行考核和计分,确定研究人员后期资助目标报偿。通过严谨的科研成果绩效考核,调动了研究人员产出科研成果的积极性,促进了研究人员填报科研成果的准确性、完整性、及时性。

5. 切实做好各项经费的管理使用。首先,严格执行规章制度,紧守财经纪律底线。将各项规章制度作为开展工作的重要原则和依据,对各项财经规定及标准进行细化,并严格依规执行。本着为科研服务的态度,管理好经费,充分发挥财务工作“管”“控”“监”的作用。其次,优化预算编制,严把预算执行关口。实行“两上两下”的预算编报审核程序,组织并审核各项目预算。最后,加强制度建设,做到经费使用合规。

# 世界宗教研究所

## （一）创新工程项目的名称及其首席研究员

2016 年，世界宗教研究所新设创新工程项目 10 项：(1)“中国特色社会主义宗教理论创新研究”（首席研究员为曾传辉）；(2)“宗教学理论创新研究”（首席研究员为赵广明）；(3)“当代宗教发展态势研究”（首席研究员为邱永辉）；(4)“中国传统宗教与当代文化”（首席研究员为谭德贵）；(5)“中国宗教艺术现状研究”（首席研究员为何劲松）；(6)“中华封建社会宗教思想通史”（首席研究员为魏道儒）；(7)“基督宗教与中国社会”（首席研究员为董江阳）；(8)“一带一路与当代伊斯兰教重大理论与现实问题研究”（首席研究员为卓新平）；(9)“东南亚宗教研究”（首席研究员为郑筱筠）；(10)“新时期的道教与民间宗教研究”（首席研究员为戈国龙）。

2016 年，世界宗教研究所“九室两部”（马克思主义宗教观研究室、伊斯兰教研究室、佛教研究室、当代宗教研究室、宗教文化艺术研究室、宗教学理论研究室、基督教研究室、儒教研究室、道教及民间宗教研究室、《世界宗教文化》编辑部和《世界宗教研究》编辑部）进入创新工程。

2016 年，世界宗教研究所创新工程项目的首席管理为卓新平、曹中建、赵文洪。

## （二）在创新工程工作方面实施的新机制、新举措

2016 年，世界宗教研究所根据中国社会科学院印发的《中国社会科学院创新工程研究领域指南》等系列文件要求，在马克思主义宗教观理论的指导下，结合该所的学术定位、研究职能和发展优势，制定和实施创新工程方案，积极构建新的学术管理平台和用人机制，推动体系创新和学科发展。

首先，在用人机制方面，围绕创新工程申报项目，积极聘用各类相关学者和人才，发挥人才优势，增强创新的力量。

其次，在管理层面，该所执行首席研究员对各项目负责、首席管理对全所创新工程负总责制度，层层管理，落实到位，使得全所创新工程得以有效地开展。

在创新项目研究方面，该所紧紧围绕创新工程大项目，以研究室为单位，开展各项目研究。

# 历史学部

## 考古研究所

### （一）创新工程项目的名称及其首席研究员

2016年，考古研究所新设创新工程项目54项：(1)“临淄齐故城冶铸遗址调查研究”（项目负责人为白云翔）；(2)“玛雅文明中心——科潘遗址考古及中美洲文明研究”（项目负责人为王巍、李新伟）；(3)“华南地区史前考古学文化谱系研究”（项目负责人为梁中合）；(4)“黄淮中下游地区史前城址与聚落的田野考古发掘与研究”（项目负责人为梁中合）；(5)“辽宁长海县洪子东遗址发掘报告整理”（项目负责人为贾笑冰）；(6)“西北地区史前聚落调查和发掘”（项目负责人为李新伟）；(7)“成都平原北东区域史前考古调查”（项目负责人为叶茂林）；(8)“新砦聚落研究”（项目负责人为赵春青）；(9)“黄河中游地区旧石器时代向新石器时代过渡的考古学研究”（项目负责人为王小庆）；(10)“长江中游地区史前城址的发掘与研究”（项目负责人为黄卫东、彭小军）；(11)“泥河湾盆地旧石器考古学研究”（项目负责人为周振宇）；(12)“陶寺遗址发掘与研究”（项目负责人为何努）；(13)“二里头遗址考古勘探、发掘与研究”（项目负责人为许宏）；(14)“丰镐·周原遗址考古勘探与发掘”（项目负责人为徐良高）；(15)“偃师商城遗址资料整理与报告编写”（项目负责人为谷飞）；(16)“殷墟综合研究”（项目负责人为唐际根）；(17)“苏州木渎古城发掘与研究”（项目负责人为唐锦琼）；(18)“巴蜀符号研究”（项目负责人为严志斌）；(19)“乌兹别克斯坦明铁佩遗址的考古发掘”（项目负责人为王巍）；(20)“内蒙古巴林左旗辽上京遗址的田野考古发掘”（项目负责人为董新林）；(21)“隋唐长安城遗址考古与研究”（项目负责人为龚国强）；(22)“河南洛阳汉魏故城的考古勘察与发掘”（项目负责人为刘涛）；(23)“陕西汉长安城遗址的考古勘探”（项目负责人为刘振东）；(24)“西安秦汉上林苑的考古与研究”（项目负责人为刘瑞）；(25)“秦汉时期西南夷地区考古发掘与研究”（项目负责人为杨勇）；(26)“洛阳唐城遗址的考古发掘与研究”（项目负责人为徐龙国）；(27)“河北邺城遗址考古发掘与研究”（项目负责人为何利群）；(28)“唐宋扬州城遗址考古发掘与研究”（项目负责人为汪勃）；(29)“北朝石窟寺调查与研究”（项目负责人为李裕群）；(30)“新疆博尔塔拉河流域青铜文化的发现与研究”（项目负责人为李裕群）；(31)“北庭古城综合考古研究”（项目负责人为巫新华）；(32)“蒙古族源的考古学研究”（项目负责人为刘国祥）；(33)“莫什哈墓地及其周边地区的考古学研究”（项目负责人为郭物）；(34)“吐蕃文明的构建：象雄和吐谷浑与吐蕃考古学研究”（项目负责人为仝涛）；(35)“古文字研究”（项目负责人为冯时）；(36)“重要遗址考古发掘资料整理和报告编写与口述考古史”（项目负责人为巩文）；(37)“文物和档案的整理及标准化建设”（项目负责人为辛爱罡）；(38)“中国农业起源和早期发展的研究”（项目负责人为赵志军）；(39)“古 DNA 技术的应用和人骨的综合研究”（项目负责人为王明辉）；(40)“数字考古实践与研究”（项目负责人为刘建国）；(41)“中国动物考古学的文化类型研究”（项目负责人为袁靖）；(42)“碳十四年代学研究和古人类食物状况研究”（项目负责人为张雪莲）；(43)“现代分析测试技术在考古学研究中的应用”（项目负责人为赵春燕）；(44)“考古遗址古环境重建及人地关系研究”（项目负责人为齐乌云）；(45)“龙山时代到商代中原地区生态环境及植物利用——应用木炭分析方法”（项目负责人为王树芝）；(46)“青铜器陶范铸造技术的发展与演变”（项目负责人为刘煜）；(47)“考古遗产空间资源结构性维系及价值挖掘研究”（项目负责人为王学荣）；(48)“出土金属文物的腐蚀病害成因及其保护修复技术研究”（项目负责人为梁宏刚）；(49)“实验室考古创新研究”（项目负责人为李存信）；(50)“文物修复技术研究”（项目负责人为王浩天）；(51)“文化遗产科学体系创新研究”（项目负责人为杜金鹏）；(52)“中国文化遗产纺织考古科学体系创新研究”（项目负责人为王亚蓉）；(53)“中原地区早期新石器文化研究”（项目负责人为陈星灿）；(54)“《洛阳盆地中东部区域系统调查报告》整理项目”（项目负责人为许宏）。

2016 年，考古研究所创新工程项目首席管理为王巍、刘政。首席研究员（总编辑）25 人：白云翔、梁中合、李新伟、叶茂林、王小庆、许宏、何努、徐良高、严志斌、唐际根、龚国强、董新林、刘振东、刘瑞、李裕群、巫新华、刘国祥、冯时、施劲松、袁靖、赵志军、张雪莲、刘建国、杜金鹏、王学荣。

## （二）在创新工程工作方面实施的新机制、新举措

### 1. 推进科研强所，加大学科建设

(1) 2016 年，考古研究所开展创新工程项目共计 54 项，新设立创新工程重大项目 2 项，涵盖了史前考古、夏商周考古、汉唐考古、边疆考古、国外考古、科技考古、文化遗产保护等方面。

(2) 2016 年，考古研究所对科研人员在成果产出质量和数量方面的要求不断细化，要求科研人员在做好田野考古发掘与室内研究等工作的同时，不断加大科研成果产出的力度，强调以田野考古发掘报告的编写与出版为重心，及时编写、发表考古发掘简报，鼓励在核心期刊上发表学术论文。

(3) 考古研究所严格贯彻和落实院学科建设“登峰战略”，现共有 7 个学科，其中，“优势学科”1 个：科技考古；“重点学科”3 个：史前考古、夏商周考古、汉唐考古；“特殊学科”3 个：边疆考古、古文字学和纺织考古。

**2. 推动“走出去”考古战略，抢夺国际话语权**

(1) 洪都拉斯科潘遗址发掘工作顺利推进。(2) 乌兹别克斯坦明铁佩遗址考古发掘与研究取得重要成果。(3) 与印度德干学院签署合作考古发掘与研究谅解备忘录。(4) 考古所赴埃及考古发掘与研究项目稳步推进。

**3. 召开田野考古工作会议，部署田野考古工作**

(1) 2016 年 3 月 3 日，中国社会科学院考古研究所召开田野考古工作座谈会。国家文物局有关领导和中国社会科学院考古研究所领导、各研究室主任、考古队队长、项目负责人等参加会议。(2) 2016 年是考古研究所“十三五”田野考古工作的开局之年，国家文物局有关领导和中国社会科学院考古研究所田野考古一线科研人员进行交流，听取各队今后五年的工作规划汇报并予以指导。

# 历史研究所

## (一) 创新工程项目的名称及其首席研究员

2016 年，历史研究所共有创新工程项目 9 项：(1)“管理体制机制的改革创新”(首席研究员为闫坤、卜宪群)；(2)“唯物史观传播与中国马克思主义史学理论的构建”(首席研究员为杨艳秋)；(3)“中国古代的社会转型与文化融合”(首席研究员为刘晓)；(4)“中国古代契约社会研究”(首席研究员为阿风)；(5)“历代史论与思想史”(首席研究员为王启发)；(6)“北魏开国史研究”(首席研究员为楼劲)；(7)“中国史研究”(首席研究员为彭卫)；(8)“中国史研究动态”(首席研究员为杨艳秋)；(9)“图书馆特藏文献目录提要”(首席研究员为袁立泽)。

2016 年，历史研究所创新工程项目的首席管理是闫坤、卜宪群。

## (二) 在创新工程工作方面实施的新机制、新举措

2016 年，历史研究所制定了《历史研究所“十三五”规划纲要》《历史研究所创新工程管理工作的有关规定》《历史研究所创新工程项目结项管理办法》《历史研究所交办任务绩效考核办法》等规章制度，既保障该所科研工作在每个阶段都能够沿着正确的方向发展，同时也保障历史研究的点与面、现时与长远的有机结合。

按照院创新办要求，历史研究所积极组织广大科研人员在“中国社会科学院创新工程综合管理平台”上完成各类科研成果数据 600 余条的填报。

# 近代史研究所

## （一）创新工程项目的名称及其首席研究员

2016年，近代史研究所共有创新工程项目17项：(1)“口述历史理论研究与口述访谈”（首席研究员为左玉河）；(2)“传教·边疆·战争：晚清中法关系再研究”（首席研究员为葛夫平）；(3)“抗战时期中共的发展与壮大”（首席研究员为黄道炫）；(4)“基督宗教与近代乡村社会”（首席研究员为赵晓阳）；(5)“清末民初思想研究（1900～1915年）”（首席研究员为邹小站）；(6)“通向东京审判之路——国民政府与联合国战争罪行委员会研究”（首席研究员为刘萍）；(7)“清代西藏与哲孟雄（锡金）关系研究”（首席研究员为扎洛）；(8)“清末中美关系专题研究（1895～1912）”（首席研究员为崔志海）；(9)“晚清中国在西方形象的演变”（首席研究员为李学通）；(10)“近代来华日本人游记与中国认识”（首席研究员为李长莉）；(11)“蒋介石的疆域观念与治理实践（1937～1945）”（首席研究员为罗敏）；(12)“中国近代史档案馆藏档案整理与研究（一）”（首席研究员为金以林）；(13)“日台关系史研究（1945～2015）”（首席研究员为王键）；(14)“新民主主义革命思想在解放战争时期的丰富与发展”（首席研究员为于化民）；(15)“战时中英关系史新探（1941～1945）”（首席研究员为张俊义）；(16)“中国共产党的‘中华民族’之观念研究”（首席研究员为郑大华）；(17)“清政府治理与开发台湾政策措施研究”（首席研究员为李细珠）。

2016年，近代史研究所创新工程项目的首席管理是王建朗、周溯源。

## （二）在创新工程工作方面实施的新机制、新举措：

1. 打造具有国际影响力的中国近代史研究传播平台。为落实中央“走出去”战略，进一步扩大近代史研究所在全球学术界和国际社会的影响力，该所加强刊物、网站建设，整合刊物、网站力量，致力于打造具有国际影响力的中国近代史研究传播平台。

2. 学会和研究中心管理体制创新。近代史研究所挂靠有5个一级学会、3个非实体研究中心。该所向来重视学会的管理工作，重视发挥学会的影响力，坚持每年以学会为基础组织学术活动。3个非实体研究中心正处于发展阶段，逐步在学界确立领导地位。思想史学科和台湾史学科的学术集刊已成为学界的品牌产品。

以近代史研究所学术地位为基础，加强学会和非实体研究中心在各自领域内的影响力与号召力，将研究所学术建设与学会、研究中心建设相结合，巩固近代史研究所在近代史学科的领先地位与权威地位，是近代史研究所的重要创新任务之一。

# 世界历史研究所

## （一）创新工程项目的名称及其首席研究员

2016年，世界历史研究所新设创新工程项目12项：(1)“20世纪欧美环境治理的历史考察”（执行研究员为高国荣）；(2)“跨学科研究室学科建设项目”（首席研究员为姜南）；(3)“当代埃及社会结构、社会流动与社会稳定研究”（首席研究员为毕健康）；(4)“多元视角下的古代制度研究（两个子项目）”（首席研究员为刘健）；(5)“俄罗斯东欧中亚历史前沿问题研究”（首席研究员为王晓菊）；(6)“新世纪以来西方史学理论前沿问题研究”（首席研究员为吴英）；(7)“近代以来的日本选举政治研究”（执行研究员为张跃斌）；(8)“20世纪墨西哥‘三农问题’的历史考察”（执行研究员为王文仙）；(9)“战后英国英属撒哈拉以南非洲政策研究”（执行研究员为杭聪）；(10)“国家理论与韩国的政治现代化进程研究”（执行研究员为许亮）；(11)“古代两河流域的社会公正思想研究”（执行研究员为国洪更）；(12)“时间史研究”（首席研究员为俞金尧）。

2016年，世界历史研究所进入创新工程共计58人，其中首席管理2人：张顺洪、赵文洪，首席研究员10人：孟庆龙、张经纬、姜南、毕健康、刘健、胡玉娟、王晓菊、吴英、景德祥、俞金尧，总编辑2人：徐再荣、任灵兰，执行研究员19人，业务主管2人，长城学者1人。

## （二）在创新工程工作方面实施的新机制、新举措

### 1. 人才培养

在人才引进和培养方面，世界历史研究所进行了有益的探索和尝试，取得了很好的效果。主要做法和经验是：第一，领导班子加强了优秀人才引进意识和培养的意识；第二，认真执行中国社会科学院人才引进的各项规定，为院里把好人才引进的第一道关；第三，完善人才引进机制，力争把来所求职人员中最合适的人才引进来；第四，注重特殊语种人才的引进；第五，在研究所科研项目的设立上，注重向青年科研人员倾斜，为青年科研人才成长提供经费保障；第六，积极鼓励青年科研人员申请国家社会科学基金项目；第七，尽力提供机会，让青年科研人员在国内外学术舞台展示学术风貌；第八，努力创造公平竞争的环境，促进科研人才的成长。

### 2. 实施长远发展规划

世界历史研究所严格执行中国社会科学院各项加强科研管理的新举措，并根据世界历史研究所的具体实际制定了一些相应规定，如积极申报小语种外语培训，提高科研人员外语水平；推进科研人员“走出去”的办法，加强编辑工作的若干新规定，着力培养中英文刊物兼职

编辑的举措；等等。

**3. 实施管理强院战略**

世界历史研究所严格实行院里的各项管理规定，通过印发党委会、所长办公会等会议纪要和张榜公布的方式，大力推进所务公开；制定和不断完善所里的规章制度；在做好学术交流的同时，加强了外事工作和各项工作的管理，对外事出访加强了监管，对因公出入国（境）中出现的问题集中进行整改；加强管理人员的引进和培养锻炼，全所管理队伍力量有了增强。

**4. "名优工程"建设**

（1）世界历史研究所的两大中文刊物《世界历史》和《史学理论研究》的建设工作得到加强，两个杂志都扩大了编委队伍，使编委队伍在全国学术界具有更广泛的代表性。

（2）全国世界历史学科首份专业英文刊物 *World History Studies*（《世界史研究》）由国内外著名世界史专家组成编委会，由世界历史研究所青年专家为主组成兼职编辑队伍，形成严密的匿名审稿制度、审稿制度和英文润色审校制度。

（3）世界历史研究所的学科建设继续本着"总体稳定、布局优化、体系创新"的原则，保持学科的传统优势，突出特色，鼓励创新，保证重点学科的稳定发展；扶持濒危学科，在扶持中力求突破；在学科布局方面，不断推进基础研究和应用研究相结合，同时积极鼓励和支持对现实问题和重大对策问题的研究；大力提倡新兴学科和跨学科研究；努力形成学科门类较为齐全、优势学科多出精品、重点学科齐头并进的局面。

# 中国边疆研究所

## 创新工程项目的名称及其首席研究员

2016 年，中国边疆研究所新设创新工程项目 6 项：（1）"当代中国边疆治理研究"（首席研究员为邢广程）；（2）"民国时期中国海疆治理研究"（首席研究员为李国强）；（3）"新疆生产建设兵团体制与新疆长治久安"（首席研究员为王义康）；（4）"新疆治理研究"（首席研究员为许建英）；（5）"西藏问题和民国时期藏区治理研究"（首席研究员为孙宏年）；（6）"东北及北部边疆与周边关系研究"（首席研究员为阿拉腾奥其尔）。

2016 年，中国边疆研究所参加创新工程人数为 23 人。其中，首席管理是李国强、邢广程；设置首席研究员、总编辑岗位 5 个，执行研究员、责任编辑、执行馆员岗位 9 个，研究助理、馆员助理岗位 5 个，业务主管（一档）岗位 1 个，业务主办（一档）岗位 1 个，共计 23 个，占在职人员总数的 68%。

# 经济学部

## 经济研究所

### （一）创新工程项目的名称及其首席研究员

2016 年，经济研究所新设创新工程项目 13 项：(1)“经济思想史的知识社会学与知识经济学研究”（首席研究员为杨春学）；(2)“中国经济新增长阶段的主要特征与结构调整研究”（首席研究员为张平）；(3)“共享经济研究：‘互联网 +’与社会治理转型”（首席研究员为朱恒鹏）；(4)“公有企业收益共享机制的国际比较”（首席研究员为朱玲）；(5)“中国收入分配政策与制度研究设计”（首席研究员为魏众）；(6)“工业化、城镇化进程中农户经济的转型研究”（首席研究员为赵学军）；(7)“中国宏观经济形势分析与风险预警”（首席研究员为常欣）；(8)“中国经济增长理论与应用研究”（首席研究员为刘霞辉）；(9)“我国初期工业化模式形成与路径探索：观念和实践（1861—1949）”（首席研究员为徐建生）；(10)“经济危机相关理论及其历史作用研究”（首席研究员为裴小革）；(11)“传统经济再研究——以制度转型为视角”（首席研究员为魏明孔）；(12)“收入分配与经济增长和社会福利”（首席研究员为赵志君）；(13)“企业创新与市场结构”（首席研究员为仲继银）。

2016 年，经济研究所创新工程项目的首席管理是裴长洪、王立胜。

### （二）在创新工程工作方面实施的新机制、新举措

2016 年，经济研究所通过实施创新工程，进一步提高了基础理论研究的水平；不断完善和发挥“当代中国马克思主义政治经济学创新智库”的作用，把马克思主义政治经济学基本原理同改革开放新的实践结合起来，不断丰富和发展马克思主义政治经济学，努力将经济研究所建设成为国际知名、国内一流的学术研究机构。

1. 召开全所大会，进一步开展思想动员。首先，对 2015 年创新工程的进展情况进行了总结，对近期需要完成的各项工作任务进行了明确部署，要求各创新项目组、各职能部门积极协调配合，做好 2016 年所创新工程启动的各项准备工作。其次，对竞聘工作中的指导原则、竞聘岗位、竞聘条件、竞聘程序、时间安排、组织领导和纪律要求等逐一作出说明。最后，重申了院实施创新工程的重大意义、精神实质和工作目标。

2. 成立新一届经济研究所聘用工作委员会。委员会在所党委领导下负责全所的创新岗位聘用工作。聘用工作委员会由所领导班子成员、处室主任和部分所学术委员、首席研究员、纪检等部门人员组成。

3. 组织报名与资格审查。所人事处和所创新工程综合协调小组一起，依据《中国社会科

学院创新工程研究单位创新岗位聘用办法》中第十六条之规定，对报名参加创新岗位竞聘的人员进行资格审查。

4. 公布通过资格审查，符合进入创新岗位人员名单，同时公布全所创新岗位设置和创新研究项目规划。

5. 召开全员竞聘大会。通过资格审查的人员在竞聘大会上围绕各自申报序列的创新岗位履职能力和完成创新目标任务的设想进行陈述，并回答现场提问。聘用工作委员会对参加竞聘答辩人员进行综合评价后，采用无记名方式投票决定进岗人选和进岗层级。

# 农村发展研究所

## （一）创新工程项目的名称及其首席研究员

2016 年，农村发展研究所新设创新工程项目 10 项：(1)“农村精准扶贫、精准脱贫的政策与实践研究”（首席研究员为吴国宝）；(2)“农业转型增效与粮食安全研究”（项目负责人为刘长全）；(3)“农村基层组织政经分离与产权制度改革研究”（首席研究员为谭秋成）；(4)“农村宅基地制度改革研究”（首席研究员为崔红志）；(5)“农村融资担保体系研究”（首席研究员为冯兴元）；(6)“农业供给侧结构性改革与支持政策研究”（首席研究员为李国祥）；(7)“绿色农业的政策体系研究”（首席研究员为于法稳）；(8)“农民工返乡行为研究”（首席研究员为朱钢）；(9)“农村土地流转效率与规模经营研究”（首席研究员为任常青）；(10)“智库建设”（首席研究员为翁鸣）。

2016 年，农村发展研究所创新工程项目的首席管理是潘晨光、魏后凯。

## （二）在创新工程工作方面实施的新机制、新举措

2016 年，农村发展研究所结合创新工程的展开，制定了科研强所规划。“三农”问题涉及面广，农村发展研究所以农村政治、经济、社会、文化、生态五位一体作为科研主攻方向，努力建设成为集学术研究、决策咨询、人才培养、编辑出版于一体，国内领先、国际有影响力的国家“三农”问题研究中心、人才培养基地和新型智库平台，从而充分发挥农发所在加快构建中国特色农村发展学中的引领作用。农村发展研究所以研究室为单位进行基本学科定位，在学科定位的基础上开展理论创新，对“三农”这个特定问题进行透彻的剖析，从而把基础、应用、对策研究贯穿一体。

# 财经战略研究院

## （一）创新工程项目的名称及其首席研究员

2016年，财经战略研究院新设创新工程项目9项：(1)“深化财税体制改革与建立现代财政制度研究”（首席研究员为张斌）；(2)“中国服务贸易促进体系研究”（首席研究员为赵瑾）；(3)“‘十三五’时期中国开放型经济新体制研究”（首席研究员为夏先良）；(4)“‘十三五’时期扩大消费问题研究”（首席研究员为依绍华）；(5)“迈向现代服务业强国：约束条件、时序选择和实现路径”（首席研究员为夏杰长）；(6)“新型城镇化与房地产发展”（首席研究员为倪鹏飞）；(7)“‘十三五’时期创新与发展战略研究”（首席研究员为钟春平）；(8)“创新和完善宏观调控方式与风险防控研究”（首席研究员为汪红驹）；(9)“创新工程学术期刊”（总编辑为杨志勇）。

2016年，财经战略研究院共设置56个创新岗位。其中，首席管理1人：高培勇，首席研究员11人（含获得学者资助计划的学部委员1人），业务主管（一档）2人。根据项目具体情况，设置执行研究员20人（含获得学者资助计划的基础学者3人），研究助理10人（含学者资助计划的青年学者1人），责任编辑3人、编辑助理2人，业务主管（二档）3人、业务主办（一档）1人、业务主办（二档）2人、业务协办（一档）2人。

## （二）在创新工程工作方面实施的新机制、新举措

### 1. 作业方式创新

学科与问题并重、多学科会诊问题。根据智库研究对象越来越趋向于综合的趋势以及破解全局性、战略性、前瞻性等一系列重大财经问题的需要，将财经战略研究院的作业方式明确为“学科与问题并重，多学科会诊问题”，即兼顾学科建设和决策分析的目标，聚焦重大现实问题，以财经战略研究院多学科的优势实施协同攻关。

### 2. 科研组织创新

跨学科、跨机构开放性研究。鉴于智库研究对象的综合性特点以及机构和人员编制的硬性约束，以“不求所有，但求所用”为原则，将财经战略研究院的科研组织方式明确为“跨学科、跨机构开放性研究”，即在立足于自身研究优势的同时，寻求与社科院院内外其他学术机构和相关学科的合作，建立一种多学科之间、各研究机构之间的交叉、整合以及相互汲取营养的机制，搭建更有效率、更有利于发挥智库功能的研究平台。

# 金融研究所

## （一）创新工程项目的名称及其首席研究员

2016 年，金融研究所新设创新工程项目 8 项：(1)“中国经济新常态与货币政策研究”（首席研究员为彭兴韵）；(2)“系统性风险与金融监管协调研究”（首席研究员为胡滨）；(3)“保险理论创新与金融市场发展研究”（首席研究员为郭金龙）；(4)“财富管理业的宏观框架和微观机理研究”（首席研究员为殷剑峰）；(5)“互联网金融理论、实践与政策研究”（首席研究员为杨涛）；(6)“解决融资难、融资贵问题的政策建议研究”（首席研究员为曾刚）；(7)“大规模外汇储备的币种结构管理研究”（首席研究员为程炼）；(8)“经济新常态下我国上市公司股权融资决策研究”（首席研究员为张跃文）。

## （二）在创新工程工作方面实施的新机制、新举措

2016 年，金融研究所为配合创新工程的实施，继续修订、完善了相关规章制度，包括《金融研究所导向性刊物目录》《金融研究所科研人员考核办法》《金融研究所考勤管理规定》《金融研究所财务管理规定》《金融研究所总额拨付研究经费使用细则》等。

# 数量经济与技术经济研究所

## （一）创新工程项目的名称及其首席研究员

2016 年，数量经济与技术经济研究所新设创新工程项目 8 项：(1)“能源安全与新能源技术经济研究”（首席研究员为刘强）；(2)“经济预测与经济政策评价”（首席研究员为李雪松，因挂职由娄峰代首席）；(3)“人口老龄化经济增长效应理论与实证研究”（首席研究员为李军）；(4)“宏观调控政策效应模拟与评价——基于宏微观一体化建模框架”（首席研究员为张涛）；(5)“绿色发展战略与政策模拟研究”（首席研究员为张友国）；(6)“创新驱动发展分析与测算”（首席研究员为王宏伟，因调离由蔡跃洲代首席）；(7)“分享经济研究”（首席研究员为姜奇平）；(8)“循环经济发展评价的理论与方法创新研究”（首席研究员为李文军）。

2016 年，数量经济与技术经济研究所创新工程首席管理为李平、李富强。竞聘后进入创新岗位 51 人，其中创新项目研究岗位 36 人。

## （二）在创新工程工作方面实施的新机制、新举措

2016 年，数量经济与技术经济研究所根据院统一要求发布《数技经所横向课题管理细则》。

# 人口与劳动经济研究所

## 创新工程项目的名称及其首席研究员

2016 年，人口与劳动经济研究所共设立创新项目 4 项：(1)“社会转型时期中国家庭人口变动、问题和对策项目”（首席研究员为王跃生）；(2)“‘单独二孩’生育政策及其影响研究项目”（首席研究员为王广州）；(3)“中等收入阶段劳动力市场的结构变迁项目”（首席研究员为都阳）；(4)“跨越中等收入阶段的人力资本积累研究项目”（首席研究员为高文书）。

2016 年，人口与劳动经济研究所进岗人数为 34 人，首席管理是钱伟、张车伟。

# 城市发展与环境研究所

## （一）创新工程项目的名称及其首席研究员

2016 年，城市发展与环境研究所新设创新工程项目 9 项：(1)“新时期城市与区域治理若干问题研究”（首席研究员为宋迎昌）；(2)“中国落实联合国 2030 年可持续发展议程的战略和对策研究”（首席研究员为陈迎）；(3)“城市雾霾治理的政策机制与国内外经验研究”（首席研究员为罗勇）；(4)“生态文明发展范式下城市绿色低碳发展的重点与难点研究”（首席研究员为庄贵阳）；(5)“基本公共服务均等化与农业转移人口市民化研究”（首席研究员为单菁菁）；(6)“统筹城乡住房保障研究”（首席研究员为李景国）；(7)“国家发展格局优化视角下的城市经济转型升级研究”（首席研究员为刘治彦）；(8)“城市公共文化与知识服务研究”（首席研究员为李红玉）；(9)“国家资产负债表研究”（首席研究员为张晓晶）。

2016 年，城市发展与环境研究所有 34 人进入创新岗位，首席管理是潘家华。。

## （二）在创新工程工作方面实施的新机制、新举措

1. 统筹使用创新经费，大力支持重点工作。根据院创新工程经费研究所自主统筹安排的制度设计，研究所立足自身发展需要，在期刊建设、对外学术交流等方面给予经费倾斜，努力解决限制研究所发展的瓶颈性问题。

2. 加强过程管理，提升创新项目成果质量。为继续提升研究所创新项目的研究水平和成果质量，年中组织创新项目中期汇报，并全程跟踪各项目组研究进展情况，及时协调解决研究工作中遇到的问题，保证按期高质量完成研究任务。

## （三）创新工程新成果

1. 制度建设得到进一步完善。根据院在科研、人事、财务等方面的新部署新要求，完善

了对外学术交流、财务报销等系列管理制度，提升了研究所整体管理工作的规范化、精细化、科学化。

2. 科研成果取得新成绩。《中国城市发展报告》《中国房地产发展报告》《应对气候变化报告》三本皮书的学术质量和社会影响力进一步提升。产出了《2030 年可持续发展的转型议程：全球视野与中国经验》（专著，潘家华等）、《打造中国经济增长第四级：长江中游城市群发展战略研究》（研究报告，潘家华等）、《中国生态文明建设年鉴 2016》（年鉴，潘家华等）、《基于气候变化脆弱性的适应规划：一个福利经济学分析》（论文，郑艳等）等一大批优秀的学术成果。在《人民日报》《光明日报》等中央媒体平台发表了《中华民族永续发展的坚实支撑》《努力实现城市现代化后发赶超》《制度＋科技，建设安全宜居城市》《可持续发展的必要条件》《脱贫攻坚重在把握“精准”二字》等多篇优秀的理论文章，产生了积极的社会影响。

# 社会政法学部

## 法学研究所

### 创新工程项目的名称及其首席研究员

2016 年，法学研究所共有创新工程项目 15 项：（1）“中国特色社会主义法治理论与法治社会建设若干问题研究”（首席研究员为贺海仁）；（2）“依法治国与依规治党重大问题研究”（首席研究员为莫纪宏）；（3）“中华法文化精华的传承与借鉴研究”（首席研究员为张生）；（4）“深化经济体制改革和全面建成小康社会进程中的行政法治问题研究”（首席研究员为周汉华）；（5）“民法典编纂及相关法律问题研究”（首席研究员为谢鸿飞）；（6）“国家知识产权战略的法治机制研究”（首席研究员为李明德）；（7）“刑法完善与司法人权保障研究”（首席研究员为刘仁文）；（8）“中国国家法治指数研究”（首席研究员为田禾）；（9）“社会法重大理论与实践问题研究”（首席研究员为薛宁兰）；（10）“法制改革与程序法治问题研究”（首席研究员为王敏远）；（11）“深化经济体制改革与我国商事法律制度完善”（首席研究员为陈洁）；（12）“司法体制改革重大理论与实践问题研究”（首席研究员为熊秋红）；（13）“《法学研究》期刊创新项目”（总编辑为张广兴）；（14）“《环球法律评论》期刊创新项目”（总编辑为刘作翔）；（15）“图书馆创新”（主任馆员为邓子滨）。另外，还有荣誉学部委员创新岗位 1 人：杨一凡；长城学者 1 人：孙宪忠；基础研究学者 3 人：胡水君、席月民、谢增毅；青年学者 1 人：冉昊。管理岗位中，首席管理 2 人：陈甦、李林；业务主管 3 人；业务主办 6 人；财务协办 1 人；业务协办 4 人。

2016 年，法学研究所参加创新工程人数为 83 人。其中，研究岗位 47 人，编辑岗位 9 人，图资岗位 6 人，学者资助计划岗位 5 人，管理岗位 16 人。

# 国际法研究所

## 创新工程项目的名称及其首席研究员

2016 年，国际法研究所新设创新工程项目 5 项：(1)“构建开放型经济新体制的国际法律问题研究”(首席研究员为廖凡)；(2)“国际条约法律框架下中国权益保护之对策研究”(首席研究员为蒋小红)；(3)“‘一带一路’战略法治化问题研究”(首席研究员为刘敬东)；(4)“借鉴经社文权利保障国际经验促进小康社会建设研究”(首席研究员为赵建文)；(5)“《国际法研究》期刊创新”(总编辑为柳华文)。

2016 年，国际法研究所共有 20 人进入创新工程，其中 13 人为研究人员，1 人为研究人员兼首席管理，3 人为研究人员兼任编辑工作，3 人为管理人员。首席管理为陈泽宪。

# 政治学研究所

## (一) 创新工程项目的名称及其首席研究员

2016 年，政治学研究所新设创新工程项目 6 项：(1)“党的建设与反腐倡廉”(首席研究员为房宁)；(2)“政治发展与民主建设(二)”(首席研究员为周少来)；(3)“政治发展与地方政府治理现代化研究(三)”(首席研究员为周庆智)；(4)“基层治理与民主建设研究(四)”(首席研究员为赵秀玲)；(5)“行政管理体制改革与政府”(首席研究员为贠杰)；(6)“《政治学研究》学术期刊”(总编辑为房宁)。

2016 年 1 月，政治学研究所整体进入创新工程，进入创新岗位 26 人，首席管理是赵岳红、房宁。

## (二) 在创新工程工作方面实施的新机制、新举措

2016 年，政治学研究所遵照《中国社会科学院创新工程科研单位科研绩效考核办法》开展创新工程考核工作。坚持突出科研绩效、注重成果评价，尽量做到可量化、可比较、简明化、易操作。对研究单位的科研绩效评价主要采取科研成果量化评价方式进行。为突出质量导向，评价指标向高质量成果倾斜；为保证对人数不同研究单位科研成果评价的公平性，把人均绩效评价作为研究单位科研绩效评价的基本指标。

# 民族学与人类学研究所

## （一）创新工程项目的名称及其首席研究员

2016 年，民族学与人类学研究所新设创新工程项目 38 项：(1)“中国民族理论重大问题调查研究”（首席研究员为王延中）；(2)“马克思主义与中国特色民族理论与政策创新研究”（首席研究员为陈建樾）；(3)“民族学视野中的‘一带一路’国家：民族与民族问题治理研究”（首席研究员为刘泓）；(4)“民族地区农村全面脱贫和小康社会建设研究”（首席研究员为丁赛）；(5)“民族地区资源博弈与社会——生态互动关系研究”（首席研究员为管彦波）；(6)“丝绸之路经济带建设与新疆社会发展研究”（首席研究员为曾少聪）；(7)“多民族国家的社会治理”（首席研究员为张继焦）；(8)“中国少数民族混合语纪录与研究”（首席研究员为李云兵）；(9)“阿尔泰语系语言实验研究”（首席研究员为呼和）；(10)“新媒体与少数民族传统文字发展调查研究”（首席研究员为曹道巴特尔）；(11)“新时期中国少数民族语言适应与语言发展战略研究”（首席研究员为王锋）；(12)“西藏及四省藏区社会稳定与发展问题调查研究”（首席研究员为秦永章）；(13)“文化生态视野下的非物质文化遗产保护研究”（首席研究员为刘正爱）；(14)“21 世纪中国少数民族发展系列影像志之二——都柳江流域社会发展与民族村寨文化重构影像志”（首席研究员为庞涛）；(15)“历史上各民族交流交往交融与中华民族共同体形成研究”（首席研究员为彭丰文）；(16)“中国历史上的民族互动与多重认同”（首席研究员为方素梅）；(17)“中国民族语言句法类型学系列专题研究”（首席研究员为黄成龙）；(18)“民俗学的新趋势”（首席研究员为尹虎彬）；(19)“内蒙古呼伦贝尔市鄂伦春自治旗经济社会发展综合调查”（首席研究员为刘晓春）；(20)“辽宁省新宾满族自治县经济社会发展综合调查”（首席研究员为刘正爱）；(21)“湘西土家族苗族自治州凤凰县经济社会发展综合调查”（首席研究员为刘小珉）；(22)“环江毛南族自治县经济社会发展综合调查”（首席研究员为方素梅）；(23)“云南省兰坪白族普米族自治县经济社会发展综合调查”（首席研究员为王锋）；(24)“甘肃省甘南藏族自治州合作市经济社会发展综合调查”（首席研究员为秦永章）；(25)“新疆伊犁哈萨克自治州察布查尔锡伯自治县经济社会发展综合调查”（首席研究员为江桥）；(26)“西藏墨脱县经济社会发展综合调查”（首席研究员为尹虎彬）；(27)“色达县经济社会状况综合调查”（首席研究员为王延中）；(28)“广东连南（瑶族）经济社会发展综合调查”（首席研究员为张继焦）；(29)“法国民族问题的新挑战：外部的伊斯兰世界与内部的穆斯林移民”（首席研究员为陈玉瑶）；(30)“蒙古国萨满教现状调查研究”（首席研究员为色音）；(31)“美国社会日常生活的民族志研究”（首席研究员为韩成艳）；(32)“藏缅语族语言研究：跨喜马拉雅的藏缅语族语言国别报告”（首席研究员为孙宏开）；(33)“中国少数民族文明史”（首席研究员为何星亮）；(34)“11—14 世纪的多元佛教文化”（首席研究员为廖旸）；(35)“晚清翰林及传人于学术教育诸领域之作为研究”（首席研究员为邸永君）；(36)“民间教派与边塞社会研究——以明清以来黄天道为中心”（首席研究员为梁景之）；(37)“番汉对音研究的资料与方法”（首席研究员为孙伯君）；(38)“西域——新疆家族形制暨汉人社会研究”（首席研究员为周泓）。

2016 年，民族学与人类学研究所创新工程项目的首席管理是方勇、王延中。

### （二）在创新工程工作方面实施的新机制、新举措

1. 围绕民族理论与民族政策、少数民族和民族地区发展开展综合性研究，包括基础研究与应用对策研究。基础研究围绕民族历史、民族语言、绝学等学科展开，保持在全国同类研究中的整体优势地位，在一些领域保持全国领先，具有世界话语权。

2. 加强民族地区经济社会综合调查、国情调研，进一步提升应用对策研究质量，力争成为涉藏、涉疆、民族政策、少数民族地区宗教问题等领域的研究中心或重镇，发表系列理论文章、应用对策，建议报告，努力提升“现代智库”的建设水平。

3. 加强国际交流合作，提升民族宗教研究领域的国际话语权；加强横向联系——研究所与地方院合作、与基地合作等。在此基础上，加大人才培养力度。

4. 经院党组批准，2016 年 6 月 29 日成立了中国社会科学院西藏智库。以民族学与人类学研究所藏学与西藏发展研究室为基础和平台，联合国内相关教研机构，研究五省藏区经济社会发展重大理论和现实问题。

## 社会学研究所

### （一）创新工程项目的名称及其首席研究员

2016 年，社会学研究所新设创新工程项目 7 项：(1)“中国社会质量状况及指标体系研究”（首席研究员为李炜）；(2)“社会群体分化与城市社会治理：大学生群体、中等收入群体和企业主群体研究”（首席研究员为李春玲）；(3)“社会政策与基层社会治理现代化”（首席研究员为王春光）；(4)“社会心态的测量和指标体系”（首席研究员为王俊秀）；(5)“农村公共事务治理——农村环境与资源管理”（首席研究员为王晓毅）；(6)“新型城镇化背景下的家庭流动及其政策研究”（首席研究员为吴小英）；(7)“社会理论与社会主义”（首席研究员为张旅平）。

2016 年，社会学研究所创新工程项目的首席管理是陈光金、孙壮志。

### （二）在创新工程工作方面实施的新机制、新举措

2016 年，社会学研究所加强创新工程的立项和结项管理，将结项成果匿名评审与所创新评议组总评价相结合，严格按照立项要求考核年终成果，奖惩分明。

# 新闻与传播研究所

## （一）创新工程项目的名称及其首席研究员

2016 年，新闻与传播研究所新设创新工程项目 6 项：(1)“互联网治理与新媒体发展研究”（首席研究员为殷乐）；(2)“中国特色传播与社会发展研究”（首席研究员为卜卫）；(3)“基于全球经验的传播理论研究”（首席研究员为姜飞）；(4)“国内外媒体融合机制研究”（首席研究员为孟威）；(5)“中国特色的新闻传播理论研究”（首席研究员为宋小卫）；(6)“我国新闻传播学一流期刊建设”（总编辑为钱莲生）。

2016 年，新闻与传播研究所确定“守正出新，稳量提质；整合资源，力推精品”十六字方针，作为“十三五”时期创新工程项目设置的基本原则。该所创新工程项目的首席管理为赵天晓、唐绪军。

## （二）在创新工程方面实施的新机制、新举措

2016 年，新闻与传播研究所在创新工程实施过程中，加大推荐科研人员赴国外进修、访学和参与学术交流的力度，尤其加大对青年学者的扶持力度，扩大他们的国际视野，增强他们的业务能力。积极响应院里对新进应届毕业生派遣挂职锻炼的政策实施，有计划地安排他们下基层锻炼，经受考验，积累经验。与北京第二外国语学院、中国社会科学出版社联合搭建“文化传播前沿研究与翻译实践平台”。通过该平台，三方合作翻译、出版“数字时代全球媒介、传播与文化前沿”译丛，合作举办“技术、媒介与文化”系列国际高端学术论坛。

# 国际研究学部

# 世界经济与政治研究所

## （一）创新工程项目的名称及其首席研究员

2016 年，世界经济与政治研究所新设创新工程项目 11 项：(1)“国际力量格局变化及我国对外战略研究”（首席研究员为张宇燕）；(2)“中国参与国际安全合作与治理的战略研究”（首席研究员为李东燕）；(3)“世界经济预测与政策模拟研究”（首席研究员为张斌）；(4)“中国参与国际金融体系重建研究”（首席研究员为高海红）；(5)“全球价值链背景下中国对外贸易战略研究”（首席研究员为宋泓）；(6)“中国海外资产安全问题研究”（首席研究员为姚枝仲）；(7)“‘一带一路’与中国的外交应对研究”（首席研究员为邵峰）；(8)“能源转型的国

际比较研究”（首席研究员为徐小杰）；(9)“中国参与联合国2015年后发展议程研究”（首席研究员为李毅）；(10)“新型国际关系与中国对外战略研究”（首席研究员为张宇燕）；(11)“开放、发展与构建开放型经济新体制”（首席研究员为宋泓）。

2016年，世界经济与政治研究所共设创新岗位83个。其中含首席管理2人，首席研究员9人，学部委员1人，长城学者1人，基础研究学者2人，首席管理为张宇燕、陈国平。

### （二）在创新工程工作方面实施的新机制、新举措

1. 2016年3月，世界经济与政治研究所学术委员会制定了研究所《专业技术职务任职资格最低申报标准》。

2. 2016年7月，世界经济与政治研究所学术委员会形成会议决议：设立世界经济与政治研究所学术新人奖，鼓励年轻同志。

# 俄罗斯东欧中亚研究所

## 创新工程项目的名称及其首席研究员

2016年，俄罗斯东欧中亚研究所新设创新工程项目8项：(1)“新时期俄罗斯外交战略研究（2012～2018年）”（首席研究员为柳丰华）；(2)“丝绸之路经济带背景下中亚国家发展形势及其国际秩序研究”（首席研究员为吴宏伟）；(3)“中俄地区合作研究”（首席研究员为程亦军）；(4)“2020年前欧亚地区战略态势”（首席研究员为薛福岐）；(5)“影响当今俄罗斯社会发展的历史问题的争论”（首席研究员为刘显忠）；(6)“中东欧与国际秩序的演进”（首席研究员为高歌）；(7)“中白关系史研究（1992—2020）”（首席研究员为郑羽）；(8)“俄罗斯最新历史著述暨评析：2007—2016年”（首席研究员为吴恩远）。

2016年，俄罗斯东欧中亚研究所创新工程项目首席管理为李进峰、李永全。

# 欧洲研究所

## 创新工程项目的名称及其首席研究员

2016年，欧洲研究所新设创新工程项目8项：(1)“欧洲经济竞争力研究”（陈星主持）；(2)“欧洲社会治理转型及其启示”（田德文主持）；(3)“欧盟法治的观念、演进与影响”（程卫东主持）；(4)“欧洲科技一体化与欧洲绿色节能产业的创新政策”（张敏主持）；(5)“安全视角下的欧洲气候政治”（李靖堃主持）；(6)“欧洲秩序变动中的中东欧与中国中东欧合作”（孔田平主持）；(7)“欧洲国家转型的理论与实践”（周弘主持）；(8)“欧洲形势跟踪研

究”（江时学主持）。

2016 年，欧洲研究所参加创新工程的人数为 36 人，首席管理为罗京辉、黄平。

# 西亚非洲研究所

## 创新工程项目的名称及其首席研究员

2016 年，西亚非洲研究所新设创新工程项目 6 项：(1)“中东热点问题与中国应对之策研究”（首席研究员为王林聪）；(2)“中国对非洲关系的国际战略研究”（首席研究员为唐志超）；(3)“中国对非洲投资战略研究”（首席研究员为姚桂梅）；(4)“中国在非洲的‘软实力’研究”（首席研究员为贺文萍）；(5)“中东国家与中国经贸及能源研究”（首席研究员为杨光）；(6)“中国与西亚非洲国家关系的国际舆情研究”（首席研究员为李智彪）。

2016 年，西亚非洲研究所创新工程项目的首席管理是杨光、王正。

# 拉丁美洲研究所

## （一）创新工程项目的名称及其首席研究员

2016 年，拉丁美洲研究所新设创新工程项目 6 项：(1)“中拉整体合作研究”（首席研究员为吴白乙）；(2)“中拉关系及对拉战略研究”（首席研究员为贺双荣）；(3)“拉美产业发展研究”（首席研究员为柴瑜）；(4)“拉美政治发展、改革与治理研究”（首席研究员为袁东振）；(5)“拉美社会治理的经验与教训”（首席研究员为房连泉）；(6)“拉美区域合作与一体化研究”（首席研究员为张凡）；(7)《拉丁美洲研究》（总编辑刘维广）。

2016 年，拉丁美洲研究所进入创新岗位人员共 47 人，其中，聘用编制内人员 41 人，聘用编制外人员 6 人。首席管理为吴白乙、王立峰。

## （二）在创新工程工作方面实施的新机制、新举措

1. 各创新项目组先后召开创新课题讨论会、创新课题推动会等学术会议，并与学科建设相结合，持续开展“学习小组”活动。

2. 各创新项目组成员多次参加国内外重要学术会议，其中包括拉丁美洲研究所参与主办的国际会议。

3. 各创新项目组持续推动学术成果宣介和提高学术影响力。项目组成员多次接受人民网、光明网、新华网、中央电视台、中国国际广播电台等中央媒体采访，内容涉及拉美地区形势、中拉合作等。

4. 各创新项目组有针对性地开展调研活动，配合研究主题，到国内高校、研究机构和有关单位开展调研活动。

# 亚太与全球战略研究院

## （一）创新工程项目的名称及其首席研究员

2016 年，亚太与全球战略研究院新设创新工程项目 8 项：(1)“美国再平衡战略研究”（首席研究员为李向阳）；(2)“‘一带一路’战略研究”（首席研究员为赵江林）；(3)“区域合作与大国关系研究”（首席研究员为王玉主）；(4)“亚太政治与政局”（首席研究员为董向荣）；(5)“周边命运共同体与周边战略研究”（首席研究员为许利平）；(6)“周边外交与安全研究”（首席研究员为朴键一）；(7)“周边地区网络”（首席研究员为韩锋）；(8)“科研行政管理”（首席研究员为朴光姬）。

2016 年，亚太与全球战略研究院参加创新工程的总人数为 46 人，首席管理是李向阳、王灵桂。

## （二）创新工程工作方面实施的新机制、新举措

2016 年，亚太与全球战略研究院共有 8 个研究室，涉及亚太与中国周边、经济与区域合作、新兴经济体、大国关系、全球治理等多个学科（或交叉学科）。加强学科建设与人才培养仍然是亚太与全球战略研究院未来 2 ~ 3 年的当务之急。因此，亚太与全球战略研究院计划从以下三方面入手，加快这一任务的实现。

1. 对不同的学科（研究室）实行分类管理。研究范围不变的研究室以扩大学科优势为目标；研究范围扩展的研究室要加快适应学科转变；新组建的研究室要引进和外聘科研人员，探索新学科的发展方向。

2. 以创新岗位为平台，鼓励青年研究人员跟踪研究重大战略热点问题与撰写学术论文（专著）相结合，加快学科建设与人才培养。

3. 鼓励现有研究人员拓展研究领域，加快人才引进步伐，根据项目需求聘用外部人员和博士后，多管齐下开展学科建设。

# 美国研究所

## （一）创新工程的名称及其首席研究员

2016 年，美国研究所新设创新工程项目 5 项：(1)“美国政策过程中的政治博弈”（首席研

究员为倪峰）；（2）“中美经贸关系新格局中的博弈与合作”（首席研究员为王孜弘）；（3）“新世纪以来美国亚太政策的调整与变化”（首席研究员为袁征）；（4）“中美战略安全互动的现状与趋势”（首席研究员为樊吉社）；（5）“美国社会治理的理论与实践”（首席研究员为姬虹）。

2016 年，美国研究所创新岗位聘任 44 人，其中研究序列聘用人员共计 29 人，首席管理是孙海泉、郑秉文。。

### （二）在创新工程工作方面实施的新机制、新举措

2016 年，美国研究所紧紧围绕中央“四个全面”战略布局和全面建成小康社会决策部署，坚持院党组办院的“三条基本经验”和“五个三、一个一”工作思路，继续实施哲学社会科学创新工程，加强中国特色新型智库建设，积极贯彻院党组各项工作要求和 2016 年总体工作目标，加强制度化、科学化和规范化建设，推出更好更多的研究成果和优秀人才。

## 日本研究所

### （一）创新工程项目的名称及其首席研究员

2016 年，日本研究所新设创新工程项目 4 个：（1）“日本外交战略及中日关系研究”（首席研究员为吕耀东）；（2）“日本经济政策与经济战略研究”（首席研究员为张季风）；（3）“日本社会问题与社会治理”（首席研究员为彭湖）；（4）“‘日本国民性’研究”（首席研究员为张建立）。

2016 年，日本研究所结合该所的学术定位、研究职能、国家需要和自身优势，设置创新岗位 29 个，比例为全所现职人员的 64%，首席管理是高洪。

### （二）在创新工程工作方面实施的新机制、新举措

2016 年，日本研究所推进了科研手段和科研方法的创新，促进了学科建设与学科体系建设。

创新工程开展以来，日本研究所充分发掘和利用现有人才资源，努力提高研究人员的整体素质和水平，积极扶植青年科研骨干的成长，力争将该所打造成高素质的科研团队；努力创造和谐向上的学术氛围，使研究室成为学术碰撞、争鸣的场所；不定期地召开学术会议，就一些学术问题和热点问题展开讨论，大家通过沟通交流开拓视野，在和谐的氛围中力争出更多的科研成果。

# 马克思主义研究学部

## 马克思主义研究院

### 创新工程项目的名称及其首席研究员

2016 年，马克思主义研究院新设创新工程项目 19 项：(1)“马克思主义（中国特色社会主义理论）发展史研究”（首席研究员为桁林）；(2)“习近平总书记系列重要讲话精神研究”（首席研究员为邓纯东）；(3)“当代资本主义与世界金融危机研究”（首席研究员为胡乐明）；(4)“当代中国特色社会主义与市场经济研究”（首席研究员为余斌）；(5)“当前意识形态形势与对策研究”（首席研究员为李春华）；(6)“社会主义价值体系构建研究”（首席研究员为张建云）；(7)“中华传统文化扬弃研究”（首席研究员为辛向阳）；(8)“中国道路与中国梦研究”（首席研究员为刘志明）；(9)“阶级与阶层的马克思主义分析”（首席研究员为程恩富）；(10)“马克思主义话语体系梳理研究”（首席研究员为侯为民）；(11)“马克思主义中国化思想通史研究”（首席研究员为金民卿）；(12)“中国特色社会主义思想史研究——2002—2012 年”（首席研究员为贺新元）；(13)“马克思主义无神论与党的意识形态工作”（首席研究员为龚云）；(14)“美国经济金融战争与世界经济解体战略”（首席研究员为杨斌）；(15)“时代、世界格局与我国发展研究”（首席研究员为栾文莲）；(16)“欧美国家和地区的社会主义研究”（首席研究员为吕薇洲）；(17)“亚非拉国家和地区的社会主义研究”（首席研究员为潘金娥）；(18)“国外马克思主义研究思想发展史”（首席研究员为冯颜利）；(19)“金融危机以来国外左翼思想理论前沿、重点、热点问题研究”（首席研究员为李瑞琴）。

2016 年，马克思主义研究院创新工程项目的首席管理为邓纯东。

## 当代中国研究所

### （一）创新工程项目的名称及其首席研究员

2016 年，当代中国研究所新设创新工程项目 7 项：(1)“中华人民共和国史稿第 5 卷（1984 ~ 1991）”（首席研究员为宋月红）；(2)“中华人民共和国史稿第 6 卷（1992—2002）”（首席研究员为李正华）；(3)“中华人民共和国史稿第 7 卷（2002—2012）”（首席研究员为郑有贵）；(4)“中华思想通史第 14 卷”（首席研究员为李文）；(5)“中华思想通史第 15 卷”

（首席研究员为欧阳雪梅）；（6）“中华人民共和国史编年”（首席研究员为武力）；（7）“中华人民共和国史宣传与传播”（首席研究员为张星星）。

2016 年，当代中国研究所聘至创新岗位的总人数为 66 人，聘用编制外人员 3 人。创新工程项目的首席管理为张星星（兼）。

### （二）在创新工程工作方面的新机制、新举措

2016 年，当代中国研究所研究制定了《当代中国研究所创新工程管理岗位绩效考核实施细则（试行）》《当代中国研究所贯彻落实〈关于改进和完善选人用人制度　加强领导班子和人才队伍建设的意见〉及其〈实施细则〉的实施办法》。

# 院直属单位创新工程工作情况

## 中国社会科学院研究生院

### （一）创新工程项目的名称及其首席管理

2016 年，中国社会科学院研究生院新设创新工程项目 1 项：“研究生院哲学社会科学创新工程”。创新工程项目的首席管理为张政文、黄晓勇。

### （二）在创新工程工作方面实施的新举措、新机制

2016 年，研究生院创新工程的重点在于：加强意识形态阵地建设工作，确保正确的办学方向；以提高研究生培养质量为核心，推进各项教学管理工作；加强人才队伍建设，为教学科研提供人才支撑；提高行政管理和后勤保证服务，为教学科研保驾护航。

1. 中国社会科学院“马克思主义坚强阵地”的定位是研究生院开展教学科研活动的最根本要求。为确保正确的办学方向，通过《研究生院加强意识形态工作方案》和《研究生院期刊教材网络意识形态审读办法》，建立了党委听课制度、督学督导制、学生评课制三位一体的工作机制和审读员制，并在学报增加有关加强马克思主义研究的专栏，加强期刊意识形态阵地建设，不断提高学报约稿质量。

2. 坚持培养马克思主义高端人才的定位，加强教育教学工作，继续在人才选拔、培养方式，教育教学体系建设，学生管理，教学评估等方面积极探索、创新。调整硕士学位培养结构，增加培养专业学位硕士研究生的比例是研究生院根据我国产业发展和人才市场需求变化所做出的重要调整。

3. 人才队伍建设是事业发展的重要支撑，为贯彻落实中国社会科学院党组“人才强院”

的战略方针，进一步建设并发展好研究生院教学及教学管理两支队伍，开展了一系列人才队伍建设工作。通过干部调整，研究生院的人力资源配置得到进一步优化，干部稳定性、工作积极性得到提高。

4. 行政工作运转顺畅，为研究生院的发展创造了良好、和谐的发展环境。进一步加强校园信息化建设，不断提高研究生院信息化水平。图书文献服务工作继续以适应培养一流的哲学人文社会科学人才需求为己任，为高层次人才教育提供高质量的文献资源、电子资源和信息服务。做好后勤保障服务，重视校园基础建设，为教学科研创建宜学环境。

# 中国社会科学院图书馆

## （一）创新工程项目的名称及其首席研究员（主任馆员）

2016 年，中国社会科学院院图书馆新设创新工程项目 8 项：(1)“图书馆管理创新”（何涛（代管））；(2)“图书馆服务创新”（主任馆员王玉巧）；(3)“中国社会科学院近代中文报刊（1894—1949）普查登记与整理保护”（主任馆员张杰）；(4)“中国社会科学院近代平装书（1840—1949）普查登记与整理保护”（主任馆员蒋颖）；(5)“中国社会科学院近代外文图书（1549—1949）普查登记与整理保护”（主任馆员黄长著）；(6)“社科云——海量数据库建设”（王岚（代管））；(7)“中国社会科学院古籍数字化”（刘振喜（代管））；(8)“文献信息研究与知识定制服务”（王岚（代管））。

2016 年，院图书馆整体进入创新工程，共有 63 人进入创新岗位。

## （二）在创新工程工作方面实施的新机制、新举措

2016 年，院图书馆根据实际情况，对创新项目进行了适当调整，确立了“8+1”创新工程项目设计，即 8 个创新项目和 1 项全院网络运维服务工作。

**1. 图书馆管理创新**

科学设置全馆工作岗位，加强岗位管理与职责考核；完善图书馆各项管理制度，保障图书馆资产的安全，提高图书馆运转的效能；以典藏流通部为主体，组织全馆力量参与，继续完善馆藏“三线典藏”布局，提高馆舍空间利用率，在条件具备的情况下，完成地下书库 100 万册图书向研究生院搬迁和整理上架工作；在经费落实的前提下，推动图书智能化管理项目（RFID）与综合信息服务平台建设，实现管理现代化。充分发挥院图书馆开展国际书刊交换和中国社会科学成果国际书展的优势，通过在国外大学和研究机构建立“中国图书馆”或中国书库、书架等方式，建设中国人文社会科学成果国际传播窗口，增强中国社会科学院学术的辐射力，提升国际知名度。

**2. 图书馆服务创新**

深入院所，贴近科研，送书上门，服务到家，打造服务品牌；充分利用新兴传播与交流渠道，实现图书馆工作人员与研究人员的即时互动沟通；借助馆际互借渠道，充分利用馆外的海量资源，努力充分满足科研需求；以主动服务、延伸服务和特色服务，打造图书馆全新的服务格局。

**3. 做好中国社会科学院近代中文报刊（1894 ～ 1949）普查登记与整理保护工作**

**4. 做好中国社会科学院图书馆近代平装书（1840 ～ 1949）普查登记与整理保护工作**

**5. 做好中国社会科学院近代外文图书（1549 ～ 1949）普查登记与整理保护工作**

**6. 做好文献信息研究与知识定制服务工作**

**7. 做好中国社会科学院古籍整理保护暨数字化工作**

**8. 做好“社科云——海量数据库”与数字资源建设工作**

**9. 做好网络系统运维、管理与平台建设工作**

着力完成基础设施项目建设，继续加强院公共平台的管理。加强网络、网站、邮件等公共平台的安全保障，进一步提高服务质量，为全院提供畅通、稳定、安全的运行环境。继续做好社科网的技术支撑工作，协调好各方面关系，为不断提升社科网社会影响力提供有力保障。

# 中国社会科学杂志社

## （一）创新工程项目的名称进入创新工程人员

2016 年，中国社会科学杂志社新设创新工程项目 1 项：“进一步办好《中国社会科学报》、《中国社会科学》、中国社会科学网”。

2016 年，中国社会科学杂志社编制内 43 人进入创新工程（占编制内人员 74%），创新工程聘用编制外人员 139 人。创新工程项目的首席管理为王利民。

## （二）在创新工程工作方面实施的新机制、新举措

为确保创新工程项目顺利实施，杂志社在院党组的领导下，坚持正确的政治方向、学术导向和一流的学术质量，努力办好“一报八刊一网”，进一步深化体制机制改革，积极推动“报刊网工作一体化”“编制内外一体化”，举办系列品牌学术论坛，加大“走出去”步伐，力争尽早将杂志社建成报刊网全媒体融合发展的现代传媒集团。

## （三）在创新工程工作方面取得的新成果

1. 在主动设置议题、提炼标识性概念上花大力气，在报刊网刊发表系列重头文章，在学术引领、学术创新方面有所提升。

2. 社科网运用互联网领域最新技术和最前沿的理念进行改版，发稿量和点击率进一步攀升，影响力明显提高。

3. 组织系列品牌学术论坛，与国内外学术界的交流更加密切深入。

4. 进一步完善报刊网一体化的采编工作体制，日常管理进一步规范化、制度化，形成一套行之有效、运转协调的议事决策制度。总编办公会、行政协调会、社务会功能明确，运转有序，保证了各项事务有条不紊推进。

5. 管理强社效果明显。社里逐渐形成了融洽宽松的工作氛围，员工各就其位，各司其职，上下沟通顺畅，积极互动，部门之间摩擦扯皮减少，普通员工工作积极性提高，整体工作效率提升，报刊网出错率降低，正面激励效果突出。

# 服务局

2016 年，服务局在编在岗 100 人，进入创新岗位 80 人，占全局总人数的 80%。服务局 2016 年创新工程的首席管理为林旗。

## 在创新工程工作方面实施的新机制、新举措

根据院党组关于“管理科学化、服务社会化、保障现代化”及后勤管理体制机制改革的总体目标及要求，搞好服务局体制改革创新目标。

1. 学习贯彻中央国家机关后勤改革精神，落实院工作会议关于后勤改革的总体部署及要求。

2. 加强局机关自身建设，充分发挥各职能部门作用，增强指导基层、解决问题和办事能力。

3. 优化队伍结构，加强干部交流，增强“后勤人”的活力和战斗力。进一步优化后勤干部职工队伍的知识结构和年龄结构，逐步形成与经济社会发展相适应的知识结构体系，“老中青”相结合的年龄梯次结构。

4. 加强物业管理，探索加快物业服务社会化改革的新路子，按照国管局文件精神，逐步推进物业服务社会化进程，加强试点探索，以点带面，共同营造管理有序、服务完善、文明祥和、平安和谐的居住环境。

5. 做好医务室改造升级工作。加强医疗硬件建设，营造良好就医环境；整合院内医疗资源，拓展医疗服务项目；建立医保定点体系，满足职工就医需求；开设中医科。

6. 充分利用现有资源，加强会议管理，改革收费方式，增加收费项目。

7. 拓展文印服务项目，培养专业人才，提高服务质量和创收能力。

8. 办好机关食堂，创新饮食花样，增加服务项目，提高餐饮服务保障质量。

9. 完成公车制度改革相关工作。坚持社会化、市场化方向，加快推进公务用车制度改革，合理有效配置公务用车资源，创新公务交通分类提供方式，保障公务出行，降低行政成本，积

极推进廉洁型机关和节约型机关建设。切实实现公务出行便捷合理、交通费用节约可控、车辆管理规范透明、监管问责科学有效，基本形成符合实情的新型公务用车制度。

# 郭沫若纪念馆

## （一）创新工程项目的名称及其首席管理

2016 年，郭沫若纪念馆新设创新工程项目 1 项“郭沫若文献研究与文化传播的创新”（首席管研究员为张勇）。

2016 年，郭沫若纪念馆连续三年进入创新工程，进入创新工程的人数为 12 人。创新工程项目的首席管理为冯林、赵笑洁。

## （二）在创新工程工作方面实施的新机制、新举措

郭沫若纪念馆创新工程以郭沫若文献研究与文化传播的创新为目标，努力为各类文化名人纪念馆建立示范中心，使其成为中国社会科学院对外宣传和国际学术文化交流的重要窗口、研究与传播文化名人的示范工程、全面可靠的学术文献资源中心。

在创新工程工作中，郭沫若纪念馆继续编辑整理《郭沫若全集·翻译编》、编辑出版《郭沫若研究年鉴 2015》、全面收集和整理《郭沫若全集》集外的文章和书信、全国可移动文物普查郭沫若纪念馆藏文物信息采集工作、郭沫若生平思想及阶段性创新成果展览展示等研究，文物展览展示和公众教育等方面工作的创新工程建设，以期实现郭沫若纪念馆的文献整理与保护，以及有关郭沫若文化传播方面的创新。

# 二 新型智库建设工作

## 中国社会科学院 2016 年智库建设概况

中国社会科学院党组始终高度重视智库建设，将其作为发挥中国社会科学院在哲学社会科学界引领带动作用，推动哲学社会科学创新工程再上新台阶的重要抓手。2016 年，中国社会科学院按照中央要求和部署，以三家首批国家级高端试点智库为重点，研究制定加强试点智库建设方案，坚持高起点推进、高质量研究、高水平建设，先行先试，着力打造在国内外有广泛影响力的国家级高端智库。中国社会科学院履行服务决策的基本职责，推进高端智库建设，围绕党和国家发展战略，提升咨政建言能力，以科学咨询支撑科学决策，在阐发中国理论、贡献中国智慧方面走在全国前列，树立高度的理论自觉和理论自信，秉持学术追求和学术担当，全面深入地总结中国实践、提炼中国经验，用中国理论回答中国问题，用中国话语解读中国道路，更好地在国际上发出中国声音，让世界真正读懂中国，为人类文明进步提供中国思想、中国价值。

### （一）中国社会科学院智库建设主要措施

建设高端智库的关键在于建立健全有利于智库研究和发展的体制机制。全院在 2016 年强化了智库体制机制建设，注重顶层设计，坚持创新工程和智库建设协调同步，以智库建设带动全院发展；统筹全院力量，推进不同层次智库有序发展；创新智库内部治理，完善制度设计，激发智库活力，形成灵活高效的管理运行机制。

**1. 加强顶层设计，多层次推动高端智库建设**

2016 年是“十三五”开局之年，也是中国社会科学院作为国家高端智库建设试点，大力推进中国特色新型智库建设的新起点。中国社会科学院坚持以智库建设为抓手，以学科门类齐全、高端人才荟萃、综合研究实力强等优势为依托，按照中央和院党组的统一部署和安排稳步推进，目前已初步构建起以院综合性智库为统领，所（院）级智库为主体，专业化智库为样板的院级、所级、专业化智库“三位一体”的智库建设格局，大力推进三个层次的智库建设。

在全面加强新型智库建设的基础上，重点建设一批具有代表性的专业化新型智库组织。在集中建设马克思主义理论创新智库、意识形态研究智库、财经战略研究院、国家金融与发展实验室、生态文明研究智库、国家治理研究智库、新疆智库、中国文化研究中心、国家全球战略智库、世界经济与政治研究所、廉政研究中心、西藏智库、京津冀协同发展智库、中国—中东欧国家智库交流与合作网络、当代中国马克思主义政治经济学创新智库 15 个专业化智库的基础上，筹建了城乡发展一体化智库。中俄战略协作高端合作智库和海疆智库的筹建工作也在稳步推进。同时，中国社会科学院还成立了与地方省市合作建设的上海研究院、陆家嘴金融研究中心等合作型智库。

**2. 整合全院力量，以智库建设带动全院发展**

2016 年，中国社会科学院以服务党和国家重大决策为宗旨，围绕党和国家面临的一系列亟待回答和解决的重大理论和现实问题，围绕坚持和发展马克思主义和当代中国马克思主义重大理论问题，围绕国家经济社会发展中的全局性、前瞻性、战略性、综合性问题，以智库建设带动全院各项工作发展。

积极参与中央马克思主义理论研究和建设工程，大力加强马克思主义研究智库建设。形成马克思主义研究学部、马克思主义有关研究所和马克思主义研究智库三个层次的智库体系。建立了马克思主义研究学部、马克思主义研究院、当代中国研究所、信息情报研究院、马克思主义学院、中国特色社会主义理论体系研究中心、世界社会主义研究中心七大马克思主义智库研究平台。建立马克思主义理论创新智库、意识形态研究智库和当代中国马克思主义政治经济学创新智库三大马克思主义研究专业化智库。由此，全院基本形成了马克思主义理论智库群，构建起了全院马克思主义理论研究一、二、三级智库网络。

围绕中央关注的重大理论和现实问题，开展前瞻性、战略性、综合性研究，建立了“学部—研究所（院）—专业化智库”智库体系，集合经济学部、社会政法学部和国际学部力量，围绕三个学部 24 个研究所，围绕经济体制与生态文明体制改革、经济新常态问题、国家治理问题、依法治国问题、廉政问题、民族宗教问题、边疆问题、南海问题、钓鱼岛问题、京津冀一体化问题、“一带一路”问题等专题开展智库研究，已形成国内领先的智库研究网络。

围绕弘扬中华优秀传统文化和推动当代中国价值观念走向世界，建立“文史哲学部—文史哲相关研究所—专业化智库”智库体系，发动文史哲 12 个研究所智库研究力量，建立了中国文化研究中心，出版《文化蓝皮书》，有力地推动了国家文化战略与文化政策研究的发展。

**3. 完善智库机制，建立并落实智库工作责任制**

2016 年年初，中国社会科学院根据《关于加强中国特色新型智库建设的意见》《国家高端智库管理办法（试行）》《国家高端智库专项经费管理办法（试行）》，出台了《中国社会科学院国家高端智库建设实施方案（2016）》《中国社会科学院国家高端智库建设 2016 年度工作计划》《中国社会科学院国家高端智库管理细则（试行）》《中国社会科学院国家高端智库专项经费管理细则（试行）》4 个文件，就智库建设的原则、研究任务和项目管理、成果报送和资助、国际合作和交流、人员管理和报酬、考核评估、经费管理与保障等方面作了较为详细的规定。

全院在2016年落实了智库工作责任制。院党组首先承担智库工作的主体责任，明确责任分工：党组主要负责人是第一责任人，主管副院长是主管智库工作的直接责任人，分管院领导是所分管智库的具体负责人。院属单位党委领导班子承担本单位、本部门、本智库的主体责任。主要负责人为第一责任人，分管领导为具体负责人，院智库协调办公室负责智库日常协调工作。

全面建立健全智库建设综合协调、督查督办机构及相应制度，定期检查，定期汇报。党组每季度听取一次智库工作汇报，2016年已召开三次季度工作汇报。

## （二）中国社会科学院国家高端智库建设的主要成就

2016年，中国社会科学院根据习近平总书记关于加强中国特色新型智库的一系列重要批示及中央《关于加强中国特色新型智库建设的意见》精神，按照“发挥中国社会科学院作为国家级综合性高端智库的优势，使其成为具有国际影响力的世界知名智库”的目标要求，坚持智库研究与建设的正确方向，以智库建设为抓手，充分发挥思想库智囊团功能。

**1．以智库建设为抓手，充分发挥思想库智囊团功能**

在党和国家大政方针引导下，中国社会科学院充分发挥国家高端智库功能，紧密围绕党和国家中心工作，积极开展重大理论和现实问题研究，积极拓展学术外交，很好地完成了一系列中央和国家交办任务。2016年以来，各专业化智库共召开智库研讨会、进行国际学术交流158次，开展智库调研30余次，承担国家高端智库重点课题28项。

（1）承担党中央、国务院交办的重大研究任务

2016年，中国社会科学院以智库建设为契机，为更好地发挥中国社会科学院“党中央、国务院重要的思想库和智囊团”作用，专门加强重大理论和现实问题研究的组织和协调，按照党中央和国务院有关决策部署，承担一系列党中央、国务院交办的重大研究任务。

中央经济体制和生态文明体制改革专项小组要求中国社会科学院智库就经济体制改革进展情况进行第三方评估，对经济体制改革进展情况进行总体评估，对财税体制改革进展情况进行专项评估。智库协调办公室及时确定课题任务分工和工作方案，最终形成总体评估报告、专题评估报告及基本经济制度改革、国有企业改革、金融体制改革、创新体制与机制改革、生态文明体制改革、农业发展体制改革、对外开放体制改革7个附件报告，已如期提交中央深改组，并收到中央深改组的感谢信，信中高度肯定了评估报告的有关内容。

根据国办要求，中国社会科学院按季度组织相关领域的专家学者就经济增长速度、宏观经济政策等领域提供政策建议，目前已经形成制度化报送机制，多次获国务院和有关部委好评。

为落实刘奇葆同志视察中国社会科学院时提出的对中等收入陷阱等问题加强国际合作研究的要求，中国社会科学院智库与亚洲开发银行研究所共同组织中等收入陷阱问题研究。5月月初，中央财办交办中国社会科学院智库承担“转变经济增长方式”课题研究。智库协调办公室已经安排相关学者承担研究任务，并召开研讨会，讨论了研究计划。目前项目正按计划进行。

根据中宣部《2016年国家高端智库选题方向和重点课题认领表》文件意见，中国社会科学院认领了全国社科规划办28项高端智库重点课题。智库协调办公室协调各智库积极落实课题研究，全部课题成果已提交至全国社科规划办。

（2）配合中央和国家中心工作开展宣传

根据国务院总理李克强讲话精神和国办有关要求，中国社会科学院组织相关领域的专家学者就经济增长速度、宏观经济政策、就业形势、资本市场和对外经济等几个热点领域进行专题研讨，组织发表理论文章若干篇，很好地反击了中国经济“崩溃论”等错误观点。

根据中宣部全国社科规划办工作安排，中国社会科学院“两会”代表、委员及其他有关专家，在“两会”期间通过媒体解疑释惑，与主要媒体沟通，发出正面声音，合理引导预期。据统计，“两会”期间共有17位学者接受采访30余次，在“三报一刊”发表理论文章14篇。

根据中央精神，院党组组织院相关智库学者撰写“习近平治国理政新思想研究丛书”（12分册），对习近平总书记治国理政的新思想、新观点、新论断，结合“创新、协调、绿色、开放、共享”发展理论进行全方位阐释，回答新的历史条件下党和国家发展的重大理论和现实问题，展示中共新一届中央领导集体的治国理念和执政方略。

（3）取得了一批具有重大理论和现实意义的智库成果

围绕如何加快转变经济发展方式、如何更好保障和改善民生、如何推进国家治理体系和治理能力现代化、如何增强文化软实力、如何提高我国的国际话语权等国家经济社会发展中的前瞻性、战略性、综合性问题，积极开展对策研究，推出了一批质量高、影响大的智库成果，在党和国家重大决策过程中发挥了重要作用。为了深入了解国情，组织一系列国情调研项目，提高了科研成果服务中央决策、服务社会发展的水平。国情调研项目立项紧密围绕党和人民关注的重大问题，重点鼓励和扶持连续性、基础性数据的采集、整理工作，大力支持蹲点式国情调研。目前，中国社会科学院已形成国情调研重大项目、调研基地项目（包括院级国情调研基地项目和所级国情调研基地项目）、国情考察项目（包括青年国情考察项目和按系统组织的国情考察项目）覆盖三个方面五种类型的国情调研项目体系。出版了《国情调研丛书》《中国国情报告》《国情调研报告汇编》等成果。

①就党和国家关心的重大理论与现实问题出版一系列智库报告

中国社会科学出版社成立了“中社智库”，出版了国家智库报告、地方智库报告、智库丛书、年度报告四大系列智库成果和“理解中国”系列智库品牌。目前该四大出版系列已有丰富成果：国家智库报告已出版56种，地方智库9种，智库丛书11种，年度报告4种。“中社智库”的作者以中国社会科学院知名学者为主，如张蕴岭、张宇燕、张车伟、王灵桂、庄贵阳、吕艳滨等。社会科学文献出版社出版了“皮书”、“一带一路”、“列国志”和“全球智库论中国”等多个智库系列报告，并建成了以皮书智库报告为基础的皮书数据库，目前正在出版的皮书智库报告417种，使用皮书数据库的专业机构（含各类智库机构）共计1134家，其中，国内 1032 家，海外 102 家。皮书数据库的累计 PV（page view，页面浏览量）达到 290 万余次，皮书报告的点击量（含浏览、在线阅读和下载阅读）累计达到 102 万余次。

②通过《研究专报》等形式组织报送智库成果

2016 年，中国社会科学院智库向中宣部社科规划办报送《研究专报》102 篇，《信息专报》18 篇，《简报》22 篇，获采纳 5 篇。

**2. 积极开展学术外交，在国际舞台上发挥重要作用**

中国社会科学院在 2016 年建立了多层次的国际传播机制，拓展国际影响力和话语权，与世界各国智库建立密切的合作交流机制：一方面实现全球化背景下战略问题的应对，另一方面为国家全球战略建立一条重要通道，影响国外智库从而影响国外舆论和政策。

例如中国举办 G20 期间，中国社会科学院世界经济与政治研究所受外交部委托担任 T20 的首席牵头单位。2015 年 11 月中国接棒 G20 后，世经政所与上海国际问题研究院（SIIS）和中国人民大学重阳金融学院（RDCY）共同牵头了 2016 年全年的 T20 活动，举办了 10 场 T20 会议，并向 2016 年 G20 峰会第三次协调人会议提交了政策报告，T20 工作在 G20 杭州峰会开幕会致辞中获得习近平总书记高度赞扬。此外，世经政所还承担了财政部 G20 项目及外交部 G20 部分课题的研究支持工作，撰写了相关的学术论文 41 篇和要报内参 25 篇（其中获批示 10 篇），在主流报刊发表文章 141 篇，并多次参加 G20 的投资和基础设施工作组、贸易和投资工作组、能源工作组等工作组层面的会议。世经政所还充分配合 G20 的宣传，接受媒体采访和在各主流媒体发表评论文章。作为 B20 的合作单位，世经政所也专门成立研究小组，参与 B20 的系列活动。

在习近平总书记出访捷克、塞尔维亚和波兰时期，中国社会科学院“中国—中东欧 16+1”智库网络分别在三个国家主办了高层次的学术研讨会和智库论坛，吸引了中东欧各界的关注和智库代表的参与，引发广泛反响，获得中央有关部门高度肯定。此外，“中国—中东欧 16+1”智库网络主办了“推动国际产能合作和‘一带一路’建设背景下的中国—中东欧国家合作”专题研讨班。来自中东欧 16 国的智库机构代表，以及中国政府、智库、高校等的代表共 60 余人参加了会议。

“中国—中东欧 16+1”智库网络主办的活动两次获央视《新闻联播》报道，多次接受新华社、中央电视台、人民网、光明网、中国网、中国国际广播电台等媒体机构采访。

在所谓“南海仲裁案”“裁决”当天，由中国社会科学院生态文明研究智库举办的“见证历史：南海生态尊严与安全”研讨会在北京召开。在京国家部委和有关智库近 40 名专家学者参加了研讨。南海非法仲裁案发生后一周内，作为 3 家中宣部委托单位之一，中国社会科学院集合全院南海问题研究智库专家，在新加坡召开“南海问题与区域合作发展高端智库学术研讨会”，来自中国、东盟多国和周边其他国家的近 30 位智库专家参会，就海洋争端解决机制、南海争端解决途径、南海区域合作与发展等议题展开讨论。专家认为，应菲律宾单方面请求建立的临时仲裁庭存在严重的扩权、越权和滥权行为，所谓“裁决”结果非法无效，不具任何约束力。中外专家在推动南海问题降温、谈判协商解决南海争端、促进区域合作发展等方面达成多项共识。中国社会科学院智库学者李国强接受《经济日报》采访，提出："中国拥有南海诸岛主权，而且拥有对南海资源开发、利用、管理的权利，这一立场为历代中国政府所长期坚持，其历史事实确凿无疑，其发展脉络清晰可见，其历史证据不容否认。"

**3. 以智库建设为契机，锻炼了一批智库型人才队伍**

中国社会科学院高度重视学者型人才向智库型人才的转变，通过参与国家重大理论与现实问题研究，努力造就一批马克思主义基本理论功底扎实、熟悉世情国情党情社情民情、具有理论创新能力、博古通今、学贯中西、善于开展跨学科研究的智库型人才，涌现出一批"学术智囊团"。比如，通过组织开展"经济体制与生态文明体制第三方评估""国家高端智库重点课题研究"等重大研究课题，锻炼了马克思主义研究、经济、社会政法、国际等领域智库型科研队伍30余支，涵盖了全院相关领域全部专业化智库和绝大多数研究所（院）级智库。

**4. 加强智库基础设施建设，努力搭建智库平台**

中国社会科学院通过推进报刊出版馆网库志和学术评价"八名"工程建设，为智库研究提供了重要的理论阵地和传播平台。数字化资源、高速智能化网络平台、海量数据库为智库研究提供了雄厚的基础设施支持；互联网、云计算、大数据等信息技术为智库研究提供了先进的研究工具和手段。《中国社会科学报》增设了智库研究专栏，展示全国智库建设的重要成就；院属学术期刊坚持正确的学术导向，大量刊发智库研究最新成果，占领智库研究传播制高点；院属出版社对接智库产品，策划智库研究重点选题，打造了"习近平治国理政新思想研究丛书"、《理解中国》系列丛书和《列国志》系列丛书等智库研究出版品牌；院图书馆加大了国内外智库研究数字资源的引进力度，为智库研究提供高质量的数据文献服务；中国社会科学网加强了智库研究频道建设，传播智库研究最新的理论和思想；哲学社会科学综合集成海量数据库按照"社科云"架构，推进了社会科学评价数据库、案例库等数据库建设和信息系统平台建设；中国社会科学评价中心继续完善全球智库评价指标体系，持续推进全球核心智库评价，掌握智库评价话语权。

### （三）中国社会科学院国家高端智库建设的反响

2016年，中国社会科学院智库工作在机制建设、成果推出、人才培养、平台建设、功能发挥等方面取得了一系列重要发展，得到中央领导、决策部门有关同志和学术界的高度关注和好评。国务院副总理刘延东同志曾批示中国社会科学院应"立足国情，借鉴他国经验，建设高水平智库"。中央深改组、中办、中财办、国办等多次对中国社会科学院智库工作表示肯定，其中中央深改组专门发函指出中国社会科学院智库研究报告对其做好"经济体制和生态文明体制改革评估工作起到了重要作用"。全国政协原副主席徐匡迪，全国政协经济委员会副主任、中央农村工作领导小组原副组长、中农办主任陈锡文等学者均对中国社会科学院智库在咨政建言、舆论引导、社会服务、公共外交等领域发挥重要作用给予高度评价。中央改革办陈一新副主任在督察中国社会科学院智库工作时指出“中国社会科学院在高端智库建设中认识到位、目标清晰、推进有序、布局显现、开局良好”，并强调中国社会科学院智库建设“领导重视有力度、现实基础有优势、智库格局有特色、制度创新有亮点、智库成果有影响”。

中外机构和学者也高度评价中国社会科学院智库建设成效。美国宾夕法尼亚大学智库研究项目（TTCSP）2016 年发布的全球智库报告中把中国社会科学院列为中国排名第一的智库。2016 年 1 月，上海社会科学院智库研究中心发布的智库影响力报告中，中国社会科学院综合影响力排名全国第一。2016 年 11 月，四川省社会科学院与中国科学院成都文献情报中心发布《中华智库影响力报告 2016》，中国社会科学院排名全国第一。2016 年 12 月 17 日，由光明日报智库研究与发布中心、南京大学中国智库研究与评价中心发布的智库排名中，中国社会科学院排名全国第一。

## （四）智库建设工作需要进一步完善体制机制

中国社会科学院在被纳入全国首批国家高端智库建设试点的近一年来，在智库建设的实践中积累了一定工作经验，在部分领域取得了一些成绩。但智库建设尚处于探索阶段，需要进一步完善体制机制。

### 1. 工作机制

国家高端智库建设是一项新事业、新探索，需要建立相应的新制度、新机制。目前，全国社科规划办已出台了相应管理办法，但该办法离落地还存在人员、机构、经费等方面的一系列问题，需要国家有关部门进一步综合协调，将有关制度安排切实执行落地。

### 2. 人才制度

智库的最宝贵财富是人才。中国社会科学院在智库建设探索中发现，现行的经费制度支持范围更多体现在“物”上，而对“人”的激励比重较小，建议加大对“人”的支持力度。中央文件精神鼓励智库探索“旋转门”机制，建议在退休领导的兼职制度与“旋转门”衔接方面应对专家学者和行政人员区别对待。

### 3. 成果报送和反馈

全国社科规划办为国家高端智库提供了成果出口，对中国社会科学院智库建设提供重要帮助。随着智库建设不断深入，成果数量也在逐渐增加，而全国社科规划办的采纳率较低，周期较长，不利于及时向中央提供中国社会科学院成果。此外，智库成果的主要服务对象为党中央、国务院，其中成果的被采纳和获批示情况既是智库了解中央精神、改进智库工作的重要依据，也是智库学者奖励考核的基础，而全国社科规划办反馈的成果采纳和批示情况不够及时，不利于通过成果反馈信息改进智库工作。为此，建议扩大成果的报送端口，以便于更好地为中央决策服务。

# 科研机构新型智库建设情况

# 文学哲学学部

## 民族文学研究所

2003 年以来，民族文学研究所口头传统研究中心深度参与了地方、国家和国际层面的非物质文化遗产保护工作，先后承担了“格萨（斯）尔史诗传统”“玛纳斯”“赫哲族伊玛堪”“中国珠算”等十多个项目的申遗工作。

2015 年，朝戈金、巴莫曲布嫫和朱刚以专家身份进入中国民俗学会联合国非物质文化遗产项目评审工作组，深度参与了联合国教科文组织保护非物质文化遗产政府间委员会审查机构的年度评审工作。2015 年 1 月至 3 月，巴莫曲布嫫参与了中国非物质文化遗产保护中心组织的“二十四节气”列入教科文组织“人类非物质文化遗产代表作名录”的申报材料修改和中英文审定工作。2015 年 9 月，巴莫曲布嫫应联合国教科文组织亚太地区非物质文化遗产国际培训中心的邀请，主持其委托课题“从联合国教科文组织非物质文化遗产‘名录’和‘名册’项目申报表格的变化看评审工作趋势”，2016 年 10 月完成该课题。

2016 年 11 月，研究员朝戈金与巴莫曲布嫫赴埃塞俄比亚亚的斯亚贝巴参加联合国教科文组织保护非物质文化遗产政府间委员会第 11 届常务会。会上，中国申报的“二十四节气——中国人通过观察太阳周年运动而形成的时间知识体系及其实践”列入联合国教科文组织人类非物质文化遗产代表作名录。朝戈金、巴莫曲布嫫作为联合国教科文组织非物质文化遗产评审机构专家、中华人民共和国文化部非物质文化遗产保护专家，对二十四节气最终成功列入名录起到重要作用。

2016 年，朝戈金、巴莫曲布嫫、朱刚团队还参与了联合国教科文组织人类非物质文化遗产代表作名录、急需保护的非物质文化遗产项目名录、非物质文化遗产保护优秀实践名录、国际援助名录的评审。

2016 年，巴莫曲布嫫承担了中华人民共和国文化部、教育部等 12 个部委向联合国教科文组织提交的《保护非物质文化遗产公约》履约报告的起草统筹工作。

2016 年，该所荣誉学部委员刘魁立和巴莫曲布嫫承担了为全国文化系统厅局级分管领导、新闻媒体从业人员、高校科研教学人员、社区传承人代表等做《非遗公约》培训讲座的工作。

2016年，所长朝戈金作为全国文化艺术资源技术标准委员会委员，参与了非物质文化遗产资源管理相关标准的审定。

2016年，时任国际哲学与人文科学理事会主席朝戈金于6月赴法国参加举办2017年首届世界人文大会筹备情况汇报会。10月赴挪威参加国际社会科学理事会第30届联合国大会。

2016年，口传中心继续参与国家社会科学基金重大委托课题“中国史诗百部工程”（文化部民族民间文艺发展中心和民文所共同实施）的《项目实施规范》的编制和立、结项及中期评审，以及项目人员的培训工作。

## 哲学研究所

2016年，院属中心中国文化研究中心贯彻落实中央精神和院党组部署，在深入总结中心成立以来成绩与经验的基础上，按照中国特色新型智库建设总体要求，重视加强学科建设、队伍建设，坚持基础理论研究和应用对策研究并重并举，不断提升为党和国家决策服务的能力和水平，取得了一系列具有重要学术价值和实践价值的研究成果。

中国文化研究中心完成了多项交办任务：第一，开展习近平文化思想研究。根据院党组部署，中国文化研究中心课题组分别围绕建设“中国梦”引领下的文化强国、熔铸社会主义核心价值观、传承发展中华优秀传统文化、提升国家文化软实力、坚持意识形态领导权和话语权、开展文明交流互鉴等主题，对习近平同志文化思想进行深入研究，力求系统掌握习近平同志文化思想的精髓及其时代意义。第二，承担了“如何认识和把握党的十八大以来创新理论与中华优秀传统文化的关系”选题研究。第三，开展“增强文化自信，推进文化自强”研究。该项目是中央宣传部2015年确立的中央马克思主义理论研究和建设工程重大项目。项目课题组聚焦在当下中国和平崛起、世界文化竞争愈演愈烈的背景下，我国应如何有效增强文化自信和推进文化自强问题，课题组从多学科视角开展深入的研究工作，发表了一些报告和理论宣传阐释文章，其中有些报告得到了中央领导同志的批示。

# 历史学部

## 中国边疆研究所

2016年，中国边疆研究所的“新疆智库”主要做了以下工作。

（1）组织召开“丝绸之路经济带建设与新疆稳定和发展研究”“国际反恐局势对新疆反恐

的影响学术研讨会”“第四届环阿尔泰山经济次区域合作国际学术研讨会”3 个国际学术会议。

（2）组织参加“走出去”活动 7 次，开展“请进来”活动 1 次。先后与美国、德国、法国、意大利、澳大利亚、新西兰、伊朗等国家的智库、大学和政府机构开展学术交流，较为深入地了解有关国家的涉疆研究、涉疆观点，阐释了我国治疆、“一带一路”与新疆的关系。

（3）承担中国社会科学院涉疆研究报告的审读工作，组织智库专家撰写研究报告。

（4）创办内刊《新疆调研》，2016 年共出版 16 期。

（5）实施 2016 年度课题立项工作，全年共完成 9 项招标课题和 17 项委托课题立项的审批。

# 经济学部

## 经济研究所

### （一）智库项目名称、主要内容及主要负责人

**1. 智库名称**

当代中国马克思主义政治经济学创新智库是由中国社会科学院创办，依托经济研究所，并联合中国社会科学院经济学部其他 7 个研究所、哲学研究所和历史研究所成立的中国特色社会主义政治经济学研究的专业智库。当代中国马克思主义政治经济学创新智库于 2016 年 8 月 20 日正式挂牌成立。

**2. 主要内容**

当代中国马克思主义政治经济学创新智库是国内成立的第一家中国特色社会主义政治经济学高端智库，主要建设内容是：研究、传播、推进中国特色社会主义政治经济学的学科发展，以“引领中国政治经济学方向，为中国经济发展贡献力量”为愿景目标成立的智库。

**3. 主要责任人**

荣誉理事长：王伟光；理事长：蔡昉；常务副理事长：王立胜；副理事长：裴长洪、张平、杨春学、朱恒鹏；秘书长：胡家勇；办公室主任：郭冠清。

### （二）智库建设创新举措

**1. 规划愿景目标，引领中国政治经济学的发展**

把智库建设当作中国社会科学院经济研究所的长期目标去抓，将“引领中国政治经济学方向，为中国经济发展贡献力量”作为智库建设的愿景目标。愿景目标既考虑了经济研究所政治经济学领域辉煌的传统，也考虑了经济研究所在现实问题研究方面的学术优势，同时也兼顾了智库的理事单位经济学部其他 7 个研究所、哲学研究所和历史研究所对智库建设的支持。

**2. 创新建设形式，搭建开放型的智库平台**

（1）整合经济研究所内部资源，将政治经济学建设成为一个开放的学科。搭建以《资本论》研究室、政治经济学研究室为核心，宏观经济研究室、中国经济史研究室等7个研究室为辅助，《经济研究》等三大刊物为主阵地的学科智库建设体系。（2）整合院内外资源，构建精简、高效、开放的学习型专家团队。鼓励跨学科和跨领域专家学者进入智库，鼓励有学术潜力的副教授、博士进入智库，建立学术委员会进入、退出和资助的绩效考核体系。（3）以“干中学”为主要形式，搭建开放的智库学习平台。通过定期举办各研究室、编辑部、图书馆学术交流会议，让全所形成一个智库建设的学习平台。（4）构建经济学、哲学、经济史、经济思想史四位一体的开放式研究体系。打破学科过度分工的界限，将中国特色社会主义政治经济学建设成为一个多学科融合的研究体系。（5）提高社会影响力，搭建五位一体的支撑平台。搭建期刊、协会、论坛、论丛和新媒体五位一体的智库支撑平台（简称“43321平台”），包括：《经济研究》、《经济学动态》、《中国经济史研究》、《中国特色社会主义政治经济学研究》（创刊）四个期刊；“中国《资本论》研究会”“中国经济史学会”“中国比较经济学研究会”三个协会；“中国特色社会主义政治经济学论坛”“中国青年经济学者论坛”“中国《资本论》学术研讨会”三个学术会议；《中国特色社会主义政治经济学论丛》《中国经济史论丛》两个丛刊；以经济研究所网站和微信公众号为依托的一个新媒体平台。

**3. 加强理论研究，构建中国特色社会主义政治经济学理论体系**

充分发挥智库理事单位和专家委员在经济学领域研究方面的长项，拟在充分研究的基础上，以《资本论》研究学科建设为抓手，以哲学、经济史、经济思想史的融合研究为支撑，按照学术体系→学科体系→教科书的顺序，完成中国特色社会主义政治经济学理论体系的构建。

**4. 加强现实问题研究，为中国经济发展作出贡献**

充分发挥智库理事单位和经济研究所在现实问题研究方面的长项，紧密结合中国特色社会主义政治经济学的理论研究取得成果，为经济的发展提供中国方案。

**5. 提升引领水平，积极办刊和定期发布研究成果**

以智库的名义办刊《中国特色社会主义政治经济学研究》（双月刊），并定期发布《中国特色社会主义政治经济学探索》《中国特色社会主义政治经济学研究年度报告》《全球智库中国经济问题报告》《〈马克思恩格斯全集〉历史考证版研究报告》等研究报告，并借助微信公众平台、《智库动态》、智库网站、智库活动等传播途径，提升引领水平。

## （三）智库建设的主要成果

**1. 精心策划，成功举行智库挂牌仪式**

2016年8月20日，中国社会科学院“当代中国马克思主义政治经济学创新智库”挂牌仪式在北京举行。中国社会科学院党组书记、院长、智库名誉理事长王伟光出席并讲话，中国社会科学院副院长、学部委员、智库理事长蔡昉，南京大学原党委书记洪银兴教授、南开大学原常务副校长逄锦聚教授致辞，对智库的成立表示祝贺。中国社会科学院经济研究所党委书记、智库常委副理事长王立胜主持会议，中国社会科学院经济研究所所长、智库副理事长裴长洪介绍了智库的筹备情况，中国社会科学院科研局局长、智库办主任马援宣布中国社会科学院“当代中国马克思主义政治经济学创新智库”成立。

王伟光院长和全国人大教科文卫委员会委员顾海良教授共同为“当代中国马克思主义政治经济学创新智库”揭牌。挂牌仪式上，与会专家、学者先后作学术演讲。中国社会科学院经济研究所副所长杨春学研究员、中国人民大学经济学院院长张宇教授先后主持演讲活动并作了点评。《人民日报》、《光明日报》、《求是》杂志社、新华网、央视网、新浪网、中国社会科学出版社等 25 家新闻出版单位出席了挂牌仪式。

**2．加强理论研究，发表高水平的学术成果**

智库筹备以来，经济研究所加强了中国特色社会主义政治经济学研究，仅 2015 年智库筹备以来到现在，已在重要刊物上正式发表论文 16 篇，包括《中国特色开放型经济理论研究纲要》《论中国特色社会主义政治经济学理论来源》《论创新驱动 ——马克思主义政治经济学的分析视角》《中国特色社会主义政治经济学的历史逻辑》《试论社会主义市场经济理论的创新和发展》《社会主义政治经济学的“中国特色”问题》《社会主义劳动力再生产及劳动价值创造与分享 ——理论证据与政策》《论中国特色社会主义政治经济学的国家主体性》《共享发展、共同体认同与社会保障制度构建》《经济危机相关理论的历史透视 ——基于马克思主义政治经济学视角的分析》《“十三五”迈向更高层次开放型经济》等。出版了《中国特色社会主义政治经济学探索》《我国可持续经济增长的城市化研究》《经济学中的芝加哥传统及马克思主义视角下的批判性研究》三部中国特色社会主义政治经济学探索专著和二十余部相关的著作，其中 2016 年 10 月出版的《政治经济学的经济危机理论：经济危机相关理论及其历史作用研究》全面梳理了经济危机理论，是一部政治经济学与经济思想史、经济史结合的典范之作。

智库认真落实了中国社会科学院交办的任务，对一些重大基础理论问题进行了探索。例如，围绕社会主义能否解决“经济核算”难题，发表了《社会主义能够解决“经济核算”难题吗？——“苏联模式”问题和“中国方案”》等论文。

此外，智库的一些相关成果也获得了荣誉。例如智库理事长蔡昉和理事张晓晶的《发展新常态下中国经济体制改革研究》被评为中国社会科学出版社重大出版成果（位居第一），副理事长裴长洪、杨春学和学术委员杨新铭的《中国基本经济制度 ——基于量化分析的视角》被评为中国社会科学出版社十大好书。

**3．加强动态传递，发布智库系列研究报告**

以报道智库挂牌仪式、发布智库章程为主题的第一期《当代中国特色社会主义政治经济学创新智库简报》于 2016 年 9 月中旬发布，报送院内外专家学者。从 2016 年 12 月开始每月出版一期《智库动态》，报送智库理事、院内外专家学者、地方社科杂志、主要媒体等。

**4. 创新传播途径，提高智库渗透和影响力**

依托当代中国马克思主义政治经济学创新智库，创建《中国特色社会主义政治经济学研究》杂志。智库充分利用新媒体技术，创办中国政治经济学智库微信公众号。2016 年 12 月 1 日，中国政治经济学智库微信公众号正式开通。公众号现设有“理论动态”“理论探索”“经济走势”“精品赏析”“经济漫谈”“经济热点”等栏目，努力“打造百万民众关注的微信平台”，成为“第五大媒体”政治经济学建设的引领者。

# 农村发展研究所

2016 年，农村发展研究所成立了“中国社会科学院城乡发展一体化智库”，并且对研究室的设置进行了相应的调整。根据学科发展需要，农村发展研究所还将组建农村信息化与城镇化研究室。各个研究室在学科定位基础上确定主要研究领域和方向，制定研究室发展规划，配置研究人员，建立学术梯队。

# 财经战略研究院

根据中国社会科学院专业化智库建设的部署安排，财经战略研究院发挥“多学科会诊综合问题”和既有学科的优势，以国民经济运行与经济体制改革等领域战略性、综合性和应急研究为重点，致力于为党中央、国务院宏观经济决策提供学理性和方法论支持，推出了一系列智库成果。

## （一）智库重点研究项目

**1. 重点研究项目与分工情况**

（1）经济运行跟踪与预警研究：依托综合经济战略研究部。首席专家为高培勇。

（2）经济体制改革评估与总体思路研究：依托综合经济战略研究部。首席专家为夏杰长。

（3）财税政策与体制改革：依托财政研究室和税收研究室。首席专家为张斌。

（4）国家审计发展战略：依托财政审计研究室。首席专家为高培勇。

（5）贸易政策与体制改革：依托国际贸易与投资研究室、服务贸易与 WTO 研究室。首席专家为赵瑾。

（6）旅游改革发展和旅游经济研究：依托旅游与休闲研究室。首席专家为戴学锋。

（7）价格形势跟踪分析与物价体制改革研究：依托成本与价格研究室。首席专家为张群群。

（8）服务业发展、改革和开放研究：依托服务经济研究室。首席专家为夏杰长。

（9）新型城镇化与房地产业发展：依托城市与房地产经济研究室。首席专家为倪鹏飞。

（10）互联网经济：依托互联网经济研究室。首席专家为李勇坚。

**2. 中央委托交办任务和研究计划**

（1）推进供给侧结构性改革；（2）促进财政可持续发展；（3）促进经济结构调整的税收政策选择；（4）党的十八大以来协调推进“五位一体”的治国理政新理念新思想新战略。

### （二）在智库建设方面的新机制、新举措

1. 与财政部共建财政智库。推出 7 个财政专项研究报告：（1）月度宏观经济形势分析及政策建议；（2）季度宏观经济形势分析及政策建议；（3）经济运行中风险因素跟踪分析和政策预案研究；（4）财政政策取向研究等；（5）房地产市场跟踪分析；（6）新经济增长点研究；（7）政府购买服务与 PPP 模式的发展目标与路径选择。

2. 举办智库会议。举办各种智库会议 20 多次，其中，“NAES 宏观经济形势季度分析会”4 次，每季度 1 次；“NAES 重大成果发布会”6 次；“数字经济税收研讨会”“中国经济运行与政策国际论坛 2016”“世界休闲研究年会 2016”“第二届全国中青年学者服务经济研讨会”“马克思主义与当代流通理论发展研讨会”“NAES 财经战略年会”等等。

3. 开辟专栏。与主流媒体《经济参考报》合作开辟《NAES 每周财经观察》专栏，已经发表近 50 篇“财经观察”。通过“专栏”快捷通俗地解读经济政策和财经热点焦点问题，提高社会可持续的关注度和财经战略研究院的影响力。

### （三）智库建设新成果

1. 重点发布并公开出版研究报告。推出《本轮财税体制改革进程评估：2013.11—2016.10》《中国城市竞争力报告》《促进经济结构调整的税收政策报告》《促进财政可持续发展问题研究报告》《中国城市营销发展报告》《中国县域经济发展报告》《中国住房发展报告 2016—2017》《三农互联网金融报告》《2015—2016 中国旅游发展分析与预测》等。

2. 积极向中办、国办报送内部研究报告。

3. 继续打造《NAES 宏观经济季度分析报告》。2016 年，财经战略研究院共发布了 4 部《NAES 宏观经济季度分析报告》，社会影响力和政策影响力日益扩大，已经成为国内高端智库机构较有影响力的系列智库报告。

## 金融研究所

2015 年 7 月，中国社会科学院批准成立中国社会科学院国家金融与发展实验室，理事长李扬，责任单位为金融研究所。

中国社会科学院国家金融与发展实验室设立如下研究机构：中国债券论坛、支付清算研究中心、中国金融生态论坛、国家资产负债表研究中心、金融与发展国际合作组织、资本市场与公司金融研究中心、经济增长研究中心、财富管理研究中心、宏观金融研究中心、投资融资研究中心、金融法律与金融监管研究基地、全球经济与金融研究中心、银行研究中心、共享金融研究中心、中国社科院陆家嘴研究基地、保险与发展研究中心。

2016 年以来，针对自身建设，国家金融与发展实验室制定了包括实验室章程、理事会和学术委员会工作制度等在内的 7 项基本管理制度；同时，围绕人事、科研、外事、会议、经费五个方面制定了 22 项管理规章。

2016 年，国家金融与发展实验室积极参与了党中央、国务院和有关中央部门的决策过程和政策咨询，有效开展了公共外交活动，并针对热点和难点问题，在经济和金融领域发表了大量成果，正确地引导舆论。

(1) 2016 年 6 月 15 日，李扬理事长作为主讲专家参加了国务院新闻办有关中国债务问题的国内外媒体吹风会。

(2) 2016 年 7 月 8 日，李扬理事长作为 5 名经济学家之一参加了习近平总书记每两年召开一次的经济学家座谈会，并以实验室理事长的名义率先发言，直接、有效地发挥了智库的作用。

(3) 2016 年，国家金融与发展实验室围绕 G20 的中国议题、中国债务问题、关于“三去一降一补”中的“降杠杆”问题、中国债券市场上的债务违约问题、“债转股”问题、中国利率改革及调控新范式、银行业不良资产的现状及处置对策、新一轮全球“货币战争”问题、全球低利率和负利率问题以及中国新三板和股市发展等 10 余项重大经济金融课题展开了深入研究，相应召开了全国（国际）性研讨会，并产生了大量成果。包括立项课题 43 项、出版学术专著 10 部、出版专业性年度报告 7 部、撰写上报研究报告 17 份、举办“智库讲坛” 9 场、举办国际会议 5 次。

# 城市发展与环境研究所

2016 年，生态文明研究智库紧紧围绕智库建设宗旨，以研究阐释以习近平同志为总书记的党中央治国理政新思想新实践为中心，立足我国生态文明建设进程中的重大理论和现实问题，努力探索创新生态文明建设的理论方法，积极为国家和地方生态文明建设实践建言献策，智库建设工作取得较大进展。

## （一）智库研究项目

2016 年，生态文明研究智库围绕国家生态文明研究领域亟须研究的重大理论和现实问题，通过所内公开征集、所学术委员会审议立项方式，组织设立了 6 项重点研究项目：“生态脆弱地区的绿色转型发展研究”（单菁菁主持）、“可持续城市发展现状、问题及政策建议”（王谋主持）、“京津冀协同环境治理中生态补偿机制与资源价格形成机制调研”（李国庆主持）、“城市公共文化与知识服务定制调研”（李红玉主持）、“全球城市转型背景下韧性城市的中国路径研究”（廖茂林主持）、“长江三峡绿色发展与建立生态经济融合发展区调研”（李萌主持）。此外，生态文明研究智库还承担了“生态文明体制改革评估”（潘家华主持）、“区域大气污染治理”（潘家华主持）等中央部门交办的高端智库研究课题。

### （二）智库建设的新举措

一是为产出高质量的智库成果，在所内征集立项多项对策研究项目，研究成果以对策信息和国家智库报告为主，强化智库的对策支撑功能。二是为扩大智库社会影响，创建了智库微信公众号，及时将最新成果和活动向社会公开发布。三是为充实智库工作的支持团队，招聘了一位实习生专门承担智库日常服务支持工作。四是为提升智库品牌，培育智库标志性的高质量产品，按年度编撰出版《中国生态文明建设年鉴》，在社会上产生了广泛影响。

### （三）智库建设的新成果

2016 年，生态文明研究智库以打造智库精品为目标，汇聚力量，凝聚共识，集中力量办大事，精品工程取得实效。

（1）研究阐释党中央治国理政新思想新实践。2016 年，生态文明研究智库以研究阐释以习近平同志为总书记的党中央治国理政新思想新实践工作方案为指导，积极组织精干力量研究阐释以习近平同志为总书记的党中央生态文明建设、新型城镇化建设的新思想新实践。一是积极参与国家社科基金党的十八大以来党中央治国理政新理念新思想新战略研究专项工程项目“习近平治国理政新思想研究”，承担“习近平生态文明建设思想研究”专项研究任务。二是积极参与中宣部国家重点出版计划、国家创新与发展战略研究会负责组织的“读懂中国”丛书编撰出版工作，承担专著《中国绿色发展之路》的撰写工作。三是在《人民日报》《光明日报》等主流媒体发表研究阐释治国理政的理论文章，总结和阐释中国特色社会主义理论、道路和制度的优越性，引导正确的社会舆论。

（2）举办系列高端学术论坛。生态文明研究智库精准把握国家重大战略问题，全年举办“2016 年经济形势座谈会”“中国长江论坛 2016”“第二届内蒙古绿色发展论坛”“生态三峡·宜昌试验国际研讨会”“中国新型城市建设研讨会”等高端学术论坛和研讨活动 10 余次，在国内外引起积极反响。

（3）发布系列精品报告。生态文明研究智库精准聚焦国家经济社会发展热点问题，研究发布《中国城市发展报告》《中国房地产发展报告》《应对气候变化报告》3 本精品皮书报告。2016 年，在皮书研究院全部 308 本皮书综合评比中，生态文明研究智库 3 本皮书全部位于前

25 名，尤其是《中国城市发展报告》排在第 8 位，《应对气候变化报告》排在第 12 位。此外，2016 年还撰写出版了《生态优先 绿色发展：长沙县生态文明建设探索研究》《内蒙古自治区煤炭资源就地转化政策研究》《“十三五”时期资源环境发展战略研究》《“十三五”时期我国经济社会发展的主要趋势和重大思路》等多部智库报告，在社会上引起了积极反响。

（4）编撰出版《中国生态文明建设年鉴》。2016 年 7 月《中国生态文明建设年鉴 2016》完成了出版，并于 7 月 9 日在生态文明贵阳国际论坛 2016 年年会上公开发布，在社会上引起了积极反响。

（5）打造《城市与环境研究》期刊精品。生态文明研究智库一直将《城市与环境研究》期刊建设工作放在重要位置，在经费支持、稿件联络等多方面给予大力支持。2016 年，《城市与环境研究》期刊先后被列入《中国人文社会科学期刊评价报告（AMI）》引文数据库来源期刊和中国社会科学院创新工程科研评价核心期刊增补名录，并在“2015 年度复印报刊资料重要转载指数排名”经济学学科期刊全文转载排名中位居第 25。

（6）国际学术交流卓有成效。2016 年，生态文明研究智库继续发挥学科本身和国际资源优势，开展多种形式的国际学术交流活动，不仅在学术研究方面紧跟国际理论前沿，还在服务公共外交、打造具有中国特色、中国风格、中国气派的对外话语体系方面取得突出成绩。一是派员参加中国人民外交学会与阿尔伯塔大学共同举办的中加二轨对话首次会议，并发表讲话。二是派员参加中国智库代表团，赴美国进行智库访问交流，探讨我国新型智库建设新未来。三是派员参加联合国政府间气候变化专门委员会专题研讨会，共同讨论全球应对气候变化合作。四是派员参加马拉喀什《联合国气候变化框架公约》缔约方谈判会议，直接支持了国家气候变化谈判工作。五是派员参加由王伟光院长率领的代表团，赴印度参加首届中印智库研讨会，积极跟踪国际智库发展前沿。六是派员参加分别于美国、日本和印度召开的地球工程国际研讨会，把握地球工程治理国际合作的动态与前景。

# 社会政法学部

## 民族学与人类学研究所

### （一）智库的名称及主要责任人

2016 年，经中国社会科学院批准，民族学与人类学研究所成立了中国社会科学院西藏智库。智库成立大会于 2016 年 6 月 29 日在北京举行。

西藏智库由指导委员会、理事会和学术委员会组成。其中，指导委员会由中国社会科学院院长、党组书记王伟光，中央统战部常务副部长张裔炯，国家民委副主任崔改户组成；理事会分为常务理事和理事，理事长由中国社会科学院副院长、党组副书记王京清担任，副理事长分别由民族学与人类学研究所党委书记方勇、民族学与人类学研究所所长王延中、中国藏学研究中心总干事郑堆、西藏社会科学院党委书记车明怀、中国社会科学院学部委员（民族学与人类学研究所前所长）郝时远担任；智库主任与学术委员会主任由民族学与人类学研究所所长、西藏智库副理事长王延中担任；西藏智库设秘书处，秘书长由民族学与人类学研究所研究员秦永章担任。

### （二）在智库建设方面的新机制、新举措

2016 年，西藏智库成立以来，民族学与人类学研究所在机制和制度完善方面主要有以下做法。

第一，建立了西藏智库与指导部门定期沟通机制，计划每年年初与中央统战部七局等指导部门定期沟通，交流信息。

第二，建立了与西藏和四个涉藏工作重点省的合作机制，分别在西藏自治区社会科学院建立社科院院级调研基地，在青海省班玛县建立民族所调研基地，密切与地方的合作，提高研究和政策咨询水平。

第三，设立西藏智库年度课题立项制度，学术委员会集体讨论确定年度立项课题，通过招标和委托等方式开展课题研究，实行年度立项、年度研究、年度结项制度。

第四，定期召开西藏智库学术研讨会，研讨会分为国内研讨会和国际研讨会，每年各召开一次。

第五，设立了西藏智库论坛，定期邀请国内外藏学领域研究专家学者和相关部门工作人员开展讲座或学术研讨。

第六，建立西藏智库定期国际交流机制，每年派专家学者赴国际藏学研究相关机构进行交流访问，介绍我国四个涉藏工作重点省发展情况，了解国际研究动态。

第七，发布西藏智库年度报告，根据年度涉藏重大理论现实问题组织专家进行深入研究，将研究结果结集为《西藏智库年度报告》，公开出版。

第八，编辑西藏智库内刊，西藏智库自成立起编辑发行《西藏智库通讯》和《西藏调研》两种刊物，在智库理事会和藏学领域专家范围内发行。

## 新闻与传播研究所

### （一）智库建设项目名称、主要内容及主要负责人

2016 年，新闻与传播研究所智库名称为国家治理研究智库舆情研究部。中国舆情调查实

验室是该所新型智库建设的核心部门之一，目的在于打造舆情大数据的调查与监测机构，在为中央有关部门提供决策建议的同时，为院有关院所和智库提供全方位数据服务。实验室主任由新闻与传播研究所党委书记赵天晓担任。

中国舆情调查实验室承担着院“国家治理研究智库”的舆情研究工作，以围绕大局、服务中央对政法和社会发展的工作方针为导向，强化对全局性、前瞻性、战略性、综合性问题的研究，提出有建设性的对策建议和研究成果。同时，努力探索和积累专业化新型智库建设的可复制性经验。项目负责人为实验室首席专家刘志明。2016 年，该智库承担的项目主要包括：中国舆情指数调查项目，社会舆情指数项目，中国舆情调查大数据系统和“新媒体与大数据”沙龙。

### （二）在智库建设方面的新机制、新举措

通过“中国舆情与调查联盟”拓展与同行业的合作；通过深度合作形成合作团队，探索更好的合作机制。该联盟成立于 2013 年 11 月，截至 2016 年年底共发展联盟成员 25 家单位。依托联盟建立的“专业委员会”可以借助多方专家的智力资源，共谋共建，为智库和实验室建设助力。

通过聘任制解决人力的短缺。一是根据研究项目和课题的需要，随时聘请外部的专家协同完成项目。二是 2016 年实验室通过聘任制引入一名固定人员，增加了实验室的人力，而且也可以通过项目进行人员的培养。

通过沙龙搭建交流和合作平台。2016 年新开拓了“新媒体与大数据”沙龙，通过沙龙搭建了学界、业界、政府相关部门三方的交流和合作平台，不仅能够及时跟进最新知识和行业最新发展，也能更近距离地了解相关政府部门的需求，建立互相沟通和交流机制，有利于智库的发展。

积极与社会各界合作。2016 年主要与腾讯公司开拓了社会舆情指数项目，研究与产业结合，调查与大数据结合，有很多的开创和创新性成绩，获得各界好评。

### （三）智库建设的新成果

2016 年，舆情实验室实施两次“中国舆情指数调查”，完成 3 篇调查报告和对策研究类报告，完成《中国舆情指数报告 2016—2017》所有书稿的编辑和审校工作。

2016 年共举办 6 期“新媒体与大数据”沙龙。与腾讯公司合作主办“舆情论坛”（腾讯安全责任论坛分论坛），论坛上舆情实验室和腾讯联合发布了《2016 网络舆情生态研究报告》，舆情实验室发布了《2016 年中国社会舆情特征与趋势》研究报告。实验室首席专家刘志明的专著《舆情大数据指数》由社会科学文献出版社出版。

# 国际研究学部

## 世界经济与政治研究所

世界经济与政治研究所致力于建设全球宏观经济和国际经济政策研究领域的世界一流专业智库。该智库主要研究领域为全球宏观经济、国际金融、国际贸易、国际投资、全球经济治理、国际政治与国际战略。在智库建设方面，世界经济与政治研究所迅速建立了智库研究机制，不仅承担了多项智库研究项目，而且取得了一系列智库成果。

2016 年，作为中国外交部指定的二十国集团智库峰会（T20）中方首席牵头智库，为更好地发挥我院“党中央、国务院重要的思想库和智囊团”作用，世界经济与政治研究所以智库建设为契机，配合 G20 一系列相关活动的开展，承担了国家高端智库重点课题、中国社会科学院全球战略智库委托的重点课题、研究所智库研究课题以及部委委托课题等一系列重大研究任务。

2016 年，该智库共发布智库系列报告 361 种。其中，外部经济环境监测报告 81 种（包括《一周财经要闻》45 种，《全球智库半月谈》21 种，《全球宏观经济季度报告》3 种，《中国外部经济月度报告》12 种），国际金融系列报告 77 种，国际贸易系列报告 91 种，国际投资系列报告 28 种，国际战略研究报告 15 种，国际政治经济学研究系列报告 27 份，全球发展展望报告 30 份，《世界经济与政治月报》有 12 期。此外，该所撰写的《T20 政策报告：给 G20 的政策建议》提交到 2016 年 G20 峰会第三次协调人会议，相关内容获得领导批示。

发布国家智库报告 4 种，分别是《中国海外投资国家风险评级报告（2016）》《中国对外投资季度报告（2016 年第 1 季度）》《中国对外贸易报告 2015》《中国贸易报告 2016：后危机时期的发展》。

举办了 5 场成果发布会，分别是《国际形势黄皮书（2016）》发布会，《〈跨太平洋伙伴关系协定〉文本解读》《美国行为的根源》发布会，《新兴经济体发展 2016 年度报告》发布会，《中国海外投资国家风险评级报告（2016）》发布会，《世界经济黄皮书（2017）》《国际形势黄皮书（2017）》发布会。

为积极推进智库建设工作，世界经济与政治研究所“一带一路”（连云港）研究基地和国情调研胶州基地于 2016 年 6 月正式挂牌。

# 拉丁美洲研究所

## （一）智库建设项目、主要内容及主要责任人

2016年，拉丁美洲研究所制定高端智库建设方案，规定智库项目总题目为“中拉发展战略与合作跟踪研究”。研究重点是“新形势下对拉合作面临的机遇、挑战和工作思路”“拉美左翼发展新动向对中拉关系的影响及政策建议”“中国与拉美整体合作、中拉关系及对拉战略研究”“拉美产业发展与中拉产业合作研究”。

2016年，拉丁美洲研究所共承担上级部门交办任务和决策咨询研究项目5项，其中，中宣部国家高端智库理事会委托项目1项：“新形势下实现中拉贸易、投资两个十年目标面临的机遇、挑战和工作思路研究”（柴瑜主持）；中国社会科学院国情调研重大项目1项：“一带一路的国际风险与合作空间拓展”（吴白乙主持）；中国国际扶贫中心委托课题2项：“拉丁美洲减贫与社会发展资料编译”（房连泉主持）；“拉美国家减贫政策分析”（房连泉主持）；发改委委托课题1项：“中拉产能合作研究”（柴瑜主持）。

## （二）在智库建设方面的新机制、新举措

2016年，按照拉丁美洲研究所高端智库建设层级架构，构建“研究所—研究室—国别研究中心”智库结构，进一步明确研究所、研究室/研究中心服务于相关部门决策、服务于企业、服务于社会的作用，使研究所、研究室/研究中心均兼具学术功能、传播功能和服务功能。加强智库型人才建设，重视引导学者型人才向智库型人才转化。鼓励学术研究成果向智库成果的转化，提高研究成果的应用价值和服务效果。密切与外交部、商务部等政府部门的联系，通过积极提供咨询服务，配合我国对拉合作主渠道的重大决策和外交行动。加强与院国际学部及国内相关机构的合作，充分发挥该所调研基地的作用，与其开展有效的机制性合作。与联合国拉美经委会等国际机构、拉美国家智库联手协作，对中拉合作进行前瞻性综合调研，提升中国学者的国际话语权，助推中拉合作水平的全面提升。

1. 打通“需求侧”，建立和完善与决策部门的联动机制，与外交部、商务部等国家部委建立密切联系，为其提供及时的咨询服务。

2. 根据需要建立调研基地，依托地方政府与企业，开展有针对性的调研，为地方政府和企业提供政策咨询和信息服务，助力中拉经贸领域务实合作。

3. 发挥研究中心和拉美学会的社会化功能，充分利用所外和院外社会资源，实现智库的外延式和开放式发展。

4. 进一步拓展传媒、国内国际相关智库渠道，扩展学术成果转化为智库成果的途径，扩大智库成果的社会影响力，扩大我所智库学者的话语权。

5. 加强智库项目的管理，完善智库成果管理和评估工作，完善智库成果的奖励机制，实现智库的良性和可持续发展。

6. 建立国内外智库合作网络，创新智库合作模式。进一步密切与西南科技大学、河北师范大学、中山大学等国内机构的合作网络，完善与阿根廷、巴西、智利、秘鲁等国家智库的合作模式。

7. 建立与智库研究主题相关的数据系统。结合国情基地调研，着手与珠海研究院等机构合作建立“中拉经贸数据库”，巩固智库的学术资源优势。

8. 尝试智库成果传播的新形态。充分利用微信公众号、视频会议、网络等新媒体形式；在跟踪分析拉美热点焦点问题和突发事件基础上，尝试开设《巴西市场季评》《中阿对话》《中美洲加勒比研究专题资料》《古巴研究文献资料》《墨西哥研究通讯》等电子杂志。

9. 创新用人机制。建立智库人才培养和转化机制，尝试建立智库特邀研究员和智库访问学者制度，使外部人才“引得进来”，本智库的人员“走得出去”。

10. 根据中央和地方的需求，不定期地为国家及相关决策部门提供一批高质量的基础研究和对策研究的服务性成果。

### （三）智库建设的新成果

**1. 研究成果**

2016 年，拉丁美洲研究所智库发布了以下研究成果：(1)《拉丁美洲和加勒比发展报告（2015—2016）》；(2)《建设更加有效率的国家》（拉美开发银行 2015 年度报告中文版）；(3)《拉美国家政党执政的经验与教训》；(4)《中国与拉丁美洲及加勒比国家关系史》。

**2. 举办系列国际研讨会**

(1) 2016 年 6 月，拉丁美洲研究所主办的“东亚地区拉美研究伙伴对话会”在上海召开。与东亚国家和地区的拉美研究机构的学者，就拉美与亚太地区深度合作等议题进行研讨。

(2) 2016 年 9 月，院国际合作局主办、拉丁美洲研究所协办的“中墨第二届学术研讨会”在墨西哥召开。

(3) 2016 年 11 月，拉丁美洲研究所与中国社会科学杂志社、巴西圣保罗州立大学、智利安德烈斯·贝略大学、阿根廷国立科尔多瓦大学联合主办的第五届“中拉学术高层论坛”在阿根廷举行。

(4) 举办系列“拉美左翼和社会主义论坛”5 次。

## 美国研究所

2016 年，美国研究所接受并完成全球智库认领的国家高端智库重点课题 15 项：(1)“美国未来涉台政策研判”（袁征主持）“2016 年大选后美国对台政策趋向及我应对之策”（袁征主持）；（2）“奥巴马政府亚太再平衡战略未来走向及对我影响研究”（张帆主持）“2016 年美国亚太再平衡战略新动向”（樊吉社主持）“从 2016 年美国大选看‘亚太再平衡’发展趋势及其对中国周边安全的影响”（倪峰主持）“下届美国政府将如何推进其再平衡战略”（倪峰主持）；（3）“美国旋转门人物资料库研究”（石培培主持）；（4）“2016 美国大选对中美关系的影响研究”（郑秉文主持）；（5）“我应高度重视反腐合作在中美新型大国关系构建中的作用”（李文主持）；（6）“2016 年美国大选对中美经贸关系的影响”（王荣军主持）；（7）“大选年美国南海政策的新变化、新趋势与我之对策”（樊吉社主持）；（8）“2016 年美国总统大选对朝鲜半岛局势的影响”（李枏主持）；（9）“‘特朗普现象’与美国政治走向”（刁大明主持）；（10）“2016 年美国大选与府会关系走向”（齐皓主持）；（11）“2016 年美国大选非建制力量崛起的政治生态分析”（王欢主持）；（12）“2016 年大选后美国对华政策的延续与调整”（袁征主持）；（13）“美国下届政府对构建中美新型大国关系立场的前景展望及我应对之策”（刘卫东主持）；（14）“2016 年美国大选两党候选人对华政策主张评析”（刘得手主持）；（15）“冷战后历届美国大选对中美关系影响的比较分析及启示”（袁征主持）。

## 日本研究所

2016 年，日本研究所承担了中国社会科学院重大国情调研子课题 1 项：“‘一带一路’推进过程中的日本因素分析”。该项目 2016 年共完成 4 篇主标题为“‘一带一路’中的日本因素”的国家智库报告和调研报告：郭继光、李清如的《“一带一路”中的日本因素——日本在东南亚政经布局分析》，刘瑞的《“一带一路”中的日本因素——基础设施出口战略视角》，常思纯、李清如的《“一带一路”中的日本因素——日本在中亚政经布局分析》，李清如、常思纯的《“一带一路”中的日本因素——日本在南亚政经布局分析》。

# 马克思主义研究学部

## 马克思主义研究院

### （一）智库建设项目名称及其主要责任人

1. 智库中英文名称：马克思主义理论创新智库（Think Tank on Theoretical Innovation of Marxism）

2. 理事会组织架构。顾问委员会：陈奎元、刘国光、李慎明、邢贲思、卫建林、靳辉明、李崇富；名誉理事长：王伟光；理事长：荆惠民 ；常务副理事长：邓纯东；副理事长：程恩富、张星星、尹韵公、张政文、樊建新；秘书长：金民卿；副秘书长：贺新元。

3. 学术委员会。学术委员会共 9 人：邓纯东、樊建新、侯惠勤、金民卿、辛向阳、张政文、武力、肖贵清、李菱。

4. 主要研究领域。马克思主义理论创新智库立足于学术基础理论研究，加强对策建议性研究，在两者结合中推进马克思主义理论创新。围绕这一目标，确定了以下相对稳定的几个重要研究领域：(1) 中国特色社会主义重大实践和理论创新研究；(2) 中国马克思主义最新理论创新成果研究（习近平总书记系列重要讲话精神、21 世纪中国的马克思主义）；(3) 中国传统文化扬弃研究；(4) 社会主义价值体系构建研究；(5) 当代中国马克思主义政治经济学研究；(6) 马克思主义理论人才培养研究；(7) 思想理论领域热点问题研究；(8) 当前意识形态形势与对策研究；(9) 建构当代中国马克思主义话语权研究（对引进的话语体系进行分析比较研究）；(10) 马克思主义中国化基础理论研究（思想通史和创新机制研究）。

5. 主要成果形式（突出咨政建言）。(1) 具有新思想、新观点或在理论上有突破性的内部研究报告；(2) 有建设性对策建议的内部研究报告和调研报告；(3) 智库年度报告 ——《马克思主义理论创新年度报告》；(4) 智库年度成果；(5) 公开发表出版的学术论文、学术专著以及通俗读物。

### （二）在智库建设方面的新机制、新举措

1. 成立智库办公室，建立联络员协调机制。马克思主义理论创新智库包括马克思主义研究院、当代中国研究所、马克思主义研究学部、中国特色社会主义理论体系研究中心和马克思主义学院五家单位。为了更好地推进工作，建立了联络员协调机制，每个单位指定一名联络员，负责智库办公室与本单位的相关联络工作，2016 年共召开联络员会议 3 次。同时，智库聘用了一名临时工作人员，负责智库办公室的日常性工作。

2. 建立外请专家讲座制度。智库不定期地邀请院外智库专家为智库人员作各种讲座。2016 年邀请情报院两位专家给智库人员讲解如何撰写智库成果相关问题。

### （三）智库建设的新成果

1. 落实完成中宣部和院党组交办任务。(1) 完成中宣部交办任务：完成“马克思主义与当代中国马克思主义的重大理论问题”“十八大以来习近平治国理政成就、特点和经验”等课题。(2) 完成院党组交办任务：完成院党组交办的《习近平治国理政新思想研究丛书》(12 分册）中《习近平党建思想研究》分册的撰写工作。

2. 围绕习近平总书记系列重要讲话精神、治国理政新理念新思想新战略和中国特色社会

主义道路热点问题组织编撰理论著作，以发挥理论创新作用。(1) 组织撰写《21 世纪中国马克思主义研究报告——学习习近平总书记系列重要讲话》专题文集；(2) 组织撰写《中国道路为什么能成功》(丛书)；(3) 组织撰写《中国共产党精神的时代解读》，以纪念中国共产党建党 95 周年；(4) 组织撰写理论文章，研究阐释宣传党的最新理论。

3. 在国内外积极研究、宣传习近平总书记系列重要讲话精神、治国理政新理念新思想新战略和中国道路，以发挥舆论引导、社会服务、公共外交作用。(1) 在国际上，以我为主，创设主题，召开了五次国际会议；(2) 在国内，与地方社科院和高校马克思主义学院紧密合作，共同举办学术论坛；(3) 组织学者积极主动走出去宣讲习近平系列重要讲话精神、重大政策和重要会议精神，以释疑解惑，引导舆论。

4. 围绕年度理论热点和现实问题积极撰写内部报告，充分发挥咨政建言作用。

# 第四编

# 工作概况和学术活动

GONGZUOGAIKUANG HEXUESHUHUODONG

# 一　研究机构工作

## 文学哲学学部

## 文学研究所

### （一）人员、机构等基本情况

**1. 人员**

截至2016年年底，文学研究所共有在职人员115人。其中，正高级职称人员34人，副高级职称人员34人，中级职称人员32人；高、中级职称人员占全体在职人员总数的87%。

**2. 机构**

文学研究所设有：古代文学研究室、近代文学研究室、现代文学研究室、当代文学研究室、文艺理论研究室、马克思主义文学理论与文学批评研究室、民间文学研究室、比较文学研究室、台港澳文学与文化研究室、古典文献研究室、数字信息研究室、《文学评论》编辑部、《文学遗产》编辑部、《中国文学年鉴》编辑部、图书馆、办公室、科研处、人事处。

**3. 科研中心**

文学研究所所属科研中心有：世界华文文学研究中心、中国民俗文化研究中心、比较文学研究中心、马克思主义文艺与文化批评研究中心。

### （二）科研工作

**1. 科研成果统计**

2016年，文学研究所共完成专著33种，916.1万字；论文605篇，366.2万字；译著5种，53.5万字；论文集3种，95万字；古籍整理3种，488.2万字；普及读物3种，51万字；学术资料1种，200万字。

**2. 科研课题**

（1）新立项课题。2016年，文学研究所共有新立项课题，即国家社会科学基金课题4项："汉魏两晋乐府曲名研究"（许继起主持），"敦煌吐鲁番道教文献综合研究"（郜同麟主持），

"黄药眠年谱整理及其文艺思想研究"（李圣传主持），"乡村儿童的文学教育及阅读推广研究"（费冬梅主持）。

（2）结项课题。2016 年，文学研究所共有结项课题 8 项。其中，国家社会科学基金重大课题 1 项："中国文学人类学理论与方法研究"（叶舒宪主持）；国家社会科学基金后期资助课题 1 项："欧阳予倩研究"（陈建军主持）；所重点课题 6 项："中国文学体系的近代化转型"（王飚主持），"左翼文学与文学史叙述"（萨支山主持），"北平指南：张恨水的城市体验与书写"（杨早主持），"晚唐齐梁诗风研究"（张一南主持），"《说文》段注经学研究成果辑评"（郜同麟主持），"访谈录：文学研究所的历史记忆"（黎湘萍主持）。

（3）延续在研课题。2016 年，文学研究所共有延续在研课题 29 项。其中，国家社会科学基金课题 28 项："莲池派与晚清民国政治"（王达敏主持），"清代文人官年与实年丛考研究"（张剑主持），"中唐古文与儒学转型研究"（刘宁主持），"日常生活理论与当代审美意识形态研究"（金惠敏主持），"中国文学人类学理论与方法研究"（叶舒宪主持），"重回文学的历史现场：社会调查、文本细读与现当代文学中的农村视野"（何吉贤主持），"外交事件和中国现代文学民族话语的发生研究（1919—1932）"（冷川主持），"中国文学近代化转型史论"（王飚主持），"汉魏六朝集部文献集成研究"（刘跃进主持），"秦汉文学史"（刘跃进主持），"托·斯·艾略特戏剧创作研究"（陆建德主持），"家乡民俗学的理论与实践研究"（安德明主持），"宋代文学地图数字分析平台研究"（刘京臣主持），"《五经正义》文学思想研究"（王秀臣主持），"法国吉美博物馆所藏伯希和档案整理与研究"（王楠主持），"民营戏剧文学创作现状之研究"（刘平主持），"唐宋诗词中的生态审美与中国文化精神"（王莹主持），"鲁迅仙台医学笔记研究"（董炳月主持），"中华古今骈文通史"（谭家健主持），"晚唐齐梁诗风研究"（张一南主持），"三家《诗》辑佚史研究"（马昕主持），"陶渊明作品互文性研究"（范子烨主持），"香港报刊文学史"（赵稀方主持），"中国小说史"（石昌渝主持），"习近平总书记文艺工作座谈会讲话的理论突破研究"（丁国旗主持），"台湾左翼文艺研究"（李娜主持），"元代笔记丛刊"（杨镰主持），"欧阳予倩研究"（陈建军主持），院重点课题 1 项："中华思想通史（现代文艺卷）"（程凯主持）。

**3. 获奖优秀科研成果**

2016 年，文学研究所获"第九届（2016 年）中国社会科学院优秀科研成果奖"专著类一等奖 1 项：扬之水的专著《奢华之色：宋元明清金银器研究》；获"第九届（2016 年）中国社会科学院优秀科研成果奖"专著类二等奖 1 项：蒋寅的专著《清代诗学史》（第一卷）；获"第九届（2016 年）中国社会科学院优秀科研成果奖"专著类三等奖 2 项：董炳月的专著《"同文"的现代转换——日语借词中的思想与文学》，户晓辉的专著《返回爱与自由的生活世界：纯粹民间文学关键词的哲学阐释》；获"第九届（2016 年）中国社会科学院优秀科研成果奖"论文类三等奖 1 项：刘方喜的论文《"符号经济"论：新艺术政治经济学批判》；获"第九届

（2016年）中国社会科学院优秀科研成果奖”古籍整理类三等奖1项：张剑的古籍整理《翁心存日记》；获中国文联、中国文艺评论家协会2016年度优秀作品奖1项：白烨的论文《文学的新演变与新形态》；获第四届朱自清散文奖1项：扬之水的专著《奢华之色：宋元明清金银器研究》（卷二）。

## （三）学术交流活动

2016年7月，“文学与文化：传统与现代”中澳学术论坛在北京举行。

### 1. 学术活动

2016年，文学研究所主办的学术会议如下。

（1）2016年7月4～5日，由中国社会科学院与澳大利亚人文科学院联合主办、中国社会科学院国际合作局、文学研究所承办的“文学与文化：传统与现代”中澳学术论坛在北京举行。会议的主题是“文学和文化中的传统与现代”，研讨的主要问题有“古典文学及其现代意义”“文学的现代转型：19世纪晚期到20世纪初期”“文学与当代生活：中西方当代美学与哲学”。

（2）2016年7月30日，由中国社会科学院与日本学术振兴会共同举办的“文学·思想·中日关系”国际学术研讨会在北京举行。会议的主题是“从文学、思想等领域出发，深入探讨中日关系的历史、现状和未来”。研讨的主要问题有“中日之间的诸问题”“文学思想间的日本与中国”“中日文化交流中的鲁迅”。

（3）2016年9月22日，由文学研究所、中国赵树理研究会、山西晋城市政府主办的“纪念赵树理诞辰110周年学术研讨会”在山西省晋城市举行。会议的主题是“缅怀人民作家赵树理卓越的文学成就、崇高的精神境界和坦荡的人生历程”，研讨的主要议题有“赵树理在中国现当代文学史上的重要地位和特殊意义”“今后研究赵树理作品、思想的方向、路径”“继承和创新赵树理的创作思想，推进深化赵树理研究”。

（4）2016年9月23日，由鲁迅文化基金会、文学研究所、中国人民大学文学院、中国传媒大学文法学部、中国鲁迅研究会、国际鲁迅研究会、光明网共同主办的“纪念鲁迅诞辰135周年逝世80周年”暨“2016鲁迅文化论坛”在北京举行。会议的主题是“在过去与未来之间”，研讨的主要问题有“回顾鲁迅思想产生百年来的历史影响”“展望中华民族伟大复兴的百年梦想”“探讨鲁迅思想的建设性意义”。

**2. 国际学术交流与合作**

2016 年，文学研究所共派遣出访 47 批 55 人次（其中，中国社会科学院派遣出访 2 批 2 人次），接待来访 5 批 21 人次（其中，中国社会科学院邀请来访 1 批 1 人次）。与文学研究所开展学术交流的国家有：美国、英国、意大利、西班牙、奥地利、瑞典、捷克、波兰、马其顿、马耳他、澳大利亚、埃塞俄比亚、日本、韩国、马来西亚等。

（1）2016 年 6 月 21 日，美国伊利诺伊大学教授蔡宗齐在文学研究所作题为“论五言诗节奏、句法、结构、诗境”的报告。

（2）2016 年 6 月 28 日，美国哈佛大学东亚系教授宇文所安在文学研究所作题为“用诗思考：杜甫对‘秩序的思索’”的报告。

（3）2016 年 6 月 28 日，美国哈佛大学东亚系教授田晓菲在文学研究所作题为“‘金陵帝王州’：南朝宫廷诗歌里的皇权再现与帝国想象”的报告。

（4）2016 年 9 月 27 日，韩国外国语大学中国语言文化学部教授朴宰雨在文学研究所作题为“21 世纪韩国对世界华文文学的推动：创作；学术活动；翻译；研究”的报告。

（5）2016 年 12 月 6 日，瑞典斯德哥尔摩大学中国语言文化荣誉教授，瑞典皇家人文、历史及考古学院院士罗多弼在文学研究所作题为“孔子与世界文化”的报告。

**3. 与中国香港、澳门特别行政区和中国台湾开展的学术交流**

（1）2016 年 10 月 18 日，文学研究所举办“学术论坛”讲座，邀请台湾“中研院”史语所特聘研究员王明珂作题为“神话与历史”的报告。

（2）2016 年 11 月 1 日，文学研究所举办“学术论坛”讲座，邀请台湾大学外语系教授林耀福作题为“生态批评与意识形态”的报告。

## （四）学术社团、期刊

**1. 社团**

（1）中国文学批评研究会，会长张江。

2016 年 4 月 8 ~ 10 日，中国文学批评研究会、湖南师范大学在湖南省长沙市主办“当代中国文论话语体系构建”高端论坛。会议的主题是“建构中国当代文论话语体系”，研讨的主要议题有“明确构建中国当代文论话语体系的目标和方向”“探索构建当代中国文论话语体系的有效途径和方法”“完善机制和保障体系”。与会专家学者 60 余人。

（2）中国中外文艺理论学会，会长高建平。

① 2016 年 8 月 19 ~ 22 日，中国中外文艺理论学会在江苏省徐州市主办中国中外文艺理论学会第十三届年会暨“文艺理论：传统与现代”学术研讨会。会议的主题是“文艺理论：传统与现代”，研讨的主要议题有“马克思主义文艺理论思想研究新动向”“当代中国文艺理论

建设的策略与实践”“对中国当代文论家美学家研究成果的反思”“文学批评与阐释视野的开拓”。与会专家学者200余人。

② 2016年11月12日，中国中外文艺理论学会新媒介文论分会、杭州师范大学人文学院、浙江省艺术学理论学会在浙江省杭州市主办中国中外文艺理论学会新媒介文论分会第四届年会暨“新媒介文化文艺批评与理论建设”学术研讨会。会议的主题是“新媒介文化文艺批评与理论建设”，研讨的主要议题有“新媒介文艺理论、文艺批评、文艺史研究”“网络文学作家与作品研究”“新媒介‘粉丝现象’和‘泛娱乐化’研究”“新媒介与微文化研究”。与会专家学者70余人。

（3）中华文学史料学学会，会长刘跃进。

2016年4月29～30日，中华文学史料学学会、南昌大学在江西省南昌市主办“中华文学史料学学会古代文学分会2016年年会暨江西文学文献学术研讨会”。会议的主题是“史料文献、文学文献多重视角，多元阐述的理论构建”，研讨的主要议题有“史料文献的整理、考释与研究”“江西文学文献的整理、考释与研究”“古代文学其他方面的研究”。90余位专家学者参加了会议。

（4）中国近代文学学会，会长关爱和。

2016年9月25～26日，中国近代文学学会在云南省大理市主办“报刊·地域·民族——中国近代文学学术研讨会暨中国近代文学学会第十八届年会”。会议的主题是“中国近代文学中的报刊·地域·民族”，研讨的主要议题有“近代报刊、期刊中的文学共生性”“近代小说诗文创作的时代特征与地域色彩”“旧体文学对新文学运动的影响”。与会专家学者80余人。

（5）中国现代文学研究会，会长丁帆。

（6）中国鲁迅研究会，会长杨义。

① 2016年9月23日，中国鲁迅研究会、鲁迅文化基金会、中国社会科学院文学研究所、中国人民大学文学院在北京主办“纪念鲁迅诞辰135周年逝世80周年”暨“2016鲁迅文化论坛”。会议的主题是“在过去与未来之间”。研讨的主要议题有“回顾鲁迅思想产生百年来的历史影响”“展望中华民族伟大复兴的百年梦想”“探讨鲁迅思想的建设性意义”。与会专家学者100余人。

② 2016年10月23～25日，中国鲁迅研究会、首都师范大学文学院在北京主办“鲁迅文学遗产的传承”学术研讨会。会议的主题是“宏扬、传承鲁迅的文学遗产”。研讨的主要议题有“鲁迅文学遗产对当代作家的影响”“鲁迅文学翻译遗产研究”“鲁迅文学遗产的传播及其他”“拓展鲁迅研究的空间”。与会学者70余人。

（7）中国当代文学研究会，会长白烨。

2016年10月22～23日，中国当代文学研究会在西安主办中国当代文学研究会第十九届学术年会。会议的主题是“中国故事与中国精神——从新时期到新世纪的文学”。研讨的主要议题有“大学文学教育的价值与困境”“当代文学的传统与自我更新及当代文学的评奖机制问题”“当代文学中的‘陕西经验’”“海外华文文学研究”“新媒体文学的生产与接受”。与会专家学者350余人。

**2. 期刊**

(1)《文学评论》(双月刊)，主编陆建德。

2016年，《文学评论》共出版6期，共计228万字。该刊全年刊载的有代表性的文章有：[法]勒克莱齐奥的《相遇中国文学》，康震的《弘扬传统，创新话语，贡献智慧——中国古代文学研究的文化担当与时代使命》，陈望衡的《中国美学的国家意识》，刘成纪的《中华美学精神在中国文化中的位置》，朱志荣的《论中华美学的尚象精神》，韩伟的《乐与中国美学的和谐精神》，张晶的《三个“讲求”：中华美学精神的精髓》，张永清的《时代境遇中的马克思主义批评理论》，王庆卫的《理论旅行中的批评意识——西方马克思主义文学批评形态刍议》，钟仕伦的《被遮蔽的空间：马克思文学地域批评思想初探》，赵利民的《马克思恩格斯民间文学思想的再阐释》，丁国旗的《文艺的作用不可替代——习近平治国理政视域中的文艺观研究》。

(2)《文学遗产》(双月刊)，主编刘跃进。

2016年，《文学遗产》共出版6期，共计168万字。该刊全年刊载的有代表性的文章有：廖可斌的《汤显祖的文学史观与文体选择》，程芸的《汤显祖〈牡丹亭〉东传朝鲜王朝考述》，雍繁星的《20世纪以来汤显祖研究的回顾与反思》，郑志良的《汤显祖著作的新发现：〈玉茗堂书经讲意〉》，黄仕忠的《凡文以意趣神色为主——再谈“汤沈之争”的戏曲史意义》，杜桂萍的《从“临川四梦”到〈临川梦〉——汤显祖与蒋士铨的精神映照和戏曲追求》，徐永明的《汤显祖戏曲在英语世界的译介、演出及其研究》，傅道彬的《担当精神与古典文学研究的历史使命》，刘成纪的《中国美学与传统国家政治》，陈洪的《唯物史观与文学史研究的方法论刍议》，郭英德的《中国古代文学研究的文化担当》，蒋凡的《陆游晚节评议》，黄奕珍的《论陆游成都时期爱国诗的特色》，周剑之的《论陆游记梦诗的叙事实践——兼论古代诗歌记梦传统的叙事特质》，朱惠国的《论〈放翁词〉的用调特色》，赵惠俊的《〈渭南文集〉所附乐府词编次与陆游词的系年——兼论〈钗头凤〉的写作时地及其他》，高利华的《陆游研究三十年述评》，韩经太的《探询大历史逻辑中的“美的规律”——发展马克思主义美学与重构中华文艺思想通史》，刘宁的《马克思主义和唐代文学思想史的建构》，胡传志的《北方民族对辽金元文艺思想贡献刍议》，徐建委的《从思想到文献——马克思主义与古典文学思想研究》，刘跃进的《开创古典戏曲研究的新局面》，李玫的《古代戏曲研究风尚变迁得失谈》，廖可斌的《向后、向下、向外——关于古典戏曲研究的重心转移》，吴新苗的《戏曲文学（文本）多样性与戏曲研究》，谷曙光的《戏曲研究：立足于鲜活的“梨园文献”再出发》。

## （五）会议综述

### “文学与文化：传统与现代”中澳学术论坛

2016年7月4—5日，由中国社会科学院与澳大利亚人文科学院共同主办，中国社会科学院国际合作局与文学研究所联合承办的“文学与文化：传统与现代”中澳学术论坛在北京举行。来自中国社会科学院文学研究所的专家学者和来自澳大利亚昆士兰大学、悉尼大学、纽卡斯尔大学、拉筹伯大学和新南威尔士大学的研究同人、媒体人士50余人参加了论坛。学者们围绕“古典文学及其现代意义”“文学的现代转型：19世纪晚期到20世纪初期”“文学与当代生活：中西方当代美学与哲学”等文学与文化的诸多学术前沿议题展开讨论。

（1）古典文学及其现代意义

中国社会科学院文学研究所研究员刘跃进的论文《钞本时代的文献问题》重点论述雕版印刷出现之前，即唐代（公元618年）以前的文献观念，认为历史研究的终极目的是了解前人的想法，了解历史事实背后的思想，透过物质的遗迹步入精神生活的堂奥，通过细读文本去寻求文本背后的思想。澳大利亚纽卡斯尔大学教授大卫·克雷格的论文《三个只能以计算文体学回答的文学问题》探索计算文体学应用于主流文学阐释的可能途径，并期待它所带来的具有挑战性的研究视角，为传统文学研究提供帮助。中国社会科学院文学研究所研究员蒋寅的《略说沈德潜诗学的得失及历史地位》一文认为，沈德潜在诗学研究中具有三个方面的独创性：第一是理论命题的提出；第二是对文本的分析；第三是在诗歌史方面对古代乐府诗的处理应暂时搁置音乐的问题。集中体现出对旧有命题的深化和补充，其理论主张对主流诗坛仍有重要的影响。

（2）文学的现代转型：19世纪晚期到20世纪初期

澳大利亚昆士兰大学教授大卫·卡特的论文《20世纪20—30年代的澳大利亚的“当代”现代》，通过考察几种战时的期刊，讨论澳大利亚特定时期先锋运动的主要特点，并尝试追问现代主义/现代性给战争期间澳大利亚人的冲击。中国社会科学院文学研究所研究员金惠敏的论文《价值星丛——超越中西二元对立思维的一种理论出路》借用“价值星丛”的概念探讨民族主义与世界主义之间的关系。在他看来，民族主义本质上是一种二元对立思维，它坚持中国文化的特殊性。作为对二元对立思维的一种替代方案，“价值星丛”理论将各种价值符号之间的关系视作一种动态的对话，它们彼此界定、阐释、探照而绝无压制和臣服。在“价值星丛”中，各民族的利益将获取最充分的实现，其文化特殊性亦将得到最充分的展现。

（3）文学与当代生活：中西方当代美学与哲学

中国社会科学院文学研究所研究员高建平的论文《从〈芥子园画传〉到〈命运之轮〉的比较看中欧绘画的差异》从美学家恩斯特·贡布里希的一个困惑入手，引出古代中国艺术“灵感的原发性力量”与“所获得语汇的依赖”之间的深切悖论，进而尝试通过欧洲中世纪画家维亚尔·德奥涅库尔的《构造：命运之轮》与中国的《芥子园画传》之间的比较，讨论欧洲绘画与中国文人绘画之间的差异问题。澳大利亚悉尼大学教授杜博尼的论文《以“物”为“主体”：董启章笔下香港物质生活的升华》认为，将近一个世纪以来，香港的商业和金融领域的巨大价值已为世所知。但与此同时也有一种根深蒂固的印象，即香港缺少独立的文化创造。然而香港最具声誉的小说家董启章的写作改变了人们对于香港的惯常认识。中国社会科学院文学研究所研究员赵稀方的论文《论澳大利亚学者的后殖民理论原创性》在萨义德、斯皮瓦克和霍米巴巴这后殖民理论“三剑客”之外，发掘澳大利亚学者在后殖民领域的原创性贡献。他的研究表明，是三位澳大利亚学者比尔·阿希克洛夫特、格瑞斯·格里菲斯和海伦·蒂芬首先建构了后殖民理论。澳大利亚拉筹伯大学副教授艾莉森·瑞文斯考福特的论文《作为一道伤口或一个标记的文本性：澳大利亚当代原住民文学》通过讨论澳大利亚当代最重要的原住民作家金·斯科特的小说创作与理论思考，来探索一种作为文化抵抗实践的文学生产方式。

（科研处）

## “文学·思想·中日关系”国际学术研讨会

2016年7月，“文学·思想·中日关系”国际学术研讨会在北京举行。

2016 年 7 月 30 日，由中国社会科学院与日本学术振兴会共同主办，中国社会科学院国际合作局、文学研究所与日本学术振兴会北京代表处联合承办的“文学·思想·中日关系”国际学术研讨会在北京召开。来自中日两国的专家学者 50 余人参加了研讨会。

日本东京大学教授小森阳一的演讲题目是“旨在改善中日关系的历史性认识”。他认为，有必要重新思考 1972 年佐藤荣作政权下实现“冲绳返还”、紧接着田中角荣政权下实现中日邦交正常化这一历史进程中的外交智慧。中国社会科学院文学研究所研究员赵京华在主题演讲中以个案的形式介绍了中日文化交流中的鲁迅，强调文化交流对中日关系的重要意义。

（1）中日之间的诸问题

中国社会科学院日本研究所研究员李薇发表了对建构中日新型国家关系的看法。李薇建议中国在中日关系问题上做好长期准备，降低实际操作目标。在官方关系上，中国应寻找中日间的公约数，并给出底线，实现政经分离，扩大人文社会领域的交流。日本菲利斯女学院大学教授岛村辉在发言中介绍，虽然距日本3·11大地震、福岛核电站事故发生已有5年，但事故所造成的负面影响仍看不到消除的可能。这种情形下，发表于1914年的“文部省歌曲”《故乡》再度广为传唱，人们借以表达对放射性污染导致生命、健康受到侵害，自然环境遭到破坏的担忧，表达摆脱核电的愿望。中国社会科学院日本研究所研究员崔世广报告的主要内容是日本“战后”意识的变迁及其特征。

（2）文学思想间的日本与中国

日本早稻田大学教授高桥敏夫对井上厦创作的以鲁迅为主人公的剧本《上海月亮》作了阐述。《上海月亮》是井上厦创作的以夏目漱石、樋口一叶等文学巨匠为主人公的系列评传剧目之一。该系列中外国作家只有鲁迅和契诃夫，体现了井上厦对中国和中国作家鲁迅的持续关注。北京师范大学教授王志松从邓丽君的歌曲《香港之夜》中日文歌词的差异入手，考察了20世纪70年代日本歌谣中的中国想象问题。北京市社会科学院研究员陈玲玲以日本历史上的重大核事故为线索，通过梳理大江健三郎的相关创作和反核历程，探讨了大江对日本核政策的反思和批判，通过文学活动所实现的自我救赎、成长以及作为公共知识分子的使命感。

（3）中日文化交流中的鲁迅

北京大学教授高远东阐述了鲁迅的“相互主体性”意识对于当代中国和东亚的意义。他认为，“相互主体性”意识在鲁迅思想中起到了基础性、支柱性和结构性的意义，与“立人”思想一起构成鲁迅思想的两面。鲁迅的“相互主体性”意识是欧洲这一外部资源和中国内部思想资源的共同生发，其存在可以有力地反驳所谓鲁迅“反民主”的疑问。清华大学教授王忠忱的学术报告关注日本《改造》杂志与鲁迅的跨语际写作。1933—1936年，日本对华侵略步步升级，中日之间的冲突日益激化。在这样的背景下，鲁迅积极回应日本媒体的约稿，有意识地横跨中日双重语境进行写作。王忠忱从鲁迅发表在《改造》杂志上的6篇文章中选取了《看萧和“看萧的人们”记》和《我要骗人》两篇进行了详细解读，分析了鲁迅的写作策略及其在日本语境中的意义。

（科研处）

# 民族文学研究所

## （一）人员、机构等基本情况

### 1. 人员

截至2016年年底，民族文学研究所共有在职人员44人。其中，正高级职称人员11人，副高级职称人员11人，中级职称人员15人；高、中级职称人员占全体在职人员总数的84%。

### 2. 机构

民族文学研究所设有：南方民族文学研究室、北方民族文学研究室、蒙古族文学研究室、藏族文学研究室、民族文学理论与当代文学批评研究室、中国少数民族文学资料中心、《民族文学研究》编辑部、图书资料室、办公室（含人事、科研管理、外事管理、财务）。

### 3. 科研中心

“民族学与人类学研究所”院属4个学会和2个科研中心有：中国少数民族文学学会、中国蒙古文学学会、中国维吾尔族历史文化研究会、中国《江格尔》研究会、口头传统研究中心、中国社会科学院少数民族文化与语言文字研究中心。

## （二）科研工作

### 1. 科研成果统计

2016年，民族文学研究所共完成专著15种，377.9万字；论文97篇，90.22万字；译著1种，3万字；工具书2种，350.3万字；论文集1种，56.3万字。

### 2. 科研课题

（1）新立项课题。2016年，民族文学研究所共有新立项课题4项。其中，国家社会科学基金重大委托课题1项：“中国少数民族口头传统专题数据库建设：口头传统元数据标准建设”（巴莫曲布嫫主持）；国家社会科学基金一般课题1项：“西部民族地区传统歌会研究”（朱刚主持）；国家社会科学基金青年课题2项：“口头传统视阈下藏蒙《格萨（斯）尔》史诗音乐研究”（姚慧主持），“维吾尔族民间达斯坦的口头诗学研究”（吐孙阿依·吐拉克主持）。

（2）结项课题。2016年，民族文学研究所共有结项课题，即国家社科基金一般课题1项：“卡尔梅克民间故事及比较研究”（旦布尔加甫主持）。

（3）延续在研课题。2016年，民族文学研究所共有延续在研项目12项。其中，国家社会科学基金重大委托课题4项：“中国少数民族语言与文化研究”（朝戈金主持），“《格萨（斯）尔》抢救、保护与研究”（朝戈金主持），“鄂温克族濒危语言文化抢救性研究”（朝克主持），“柯尔克孜百科全书《玛纳斯》综合研究”（阿地里·居玛吐尔地主持）；国家社会科学基金一般课题3项：“蒙古族佛经文学口头传统研究”（斯钦巴图主持），“《蒙古源流》叙事研究”（孟根娜布其主持），“清代达斡尔族乌钦《莺莺传》与满文、汉文《西厢记》关系研究”（吴刚主持）；国家社会科学基金青年课题 5 项：“晚清民国旗人书面文学现代演变研究：1840—1949”（刘大先主持），“国家话语与民间文学的理论建构（1949—1966）”（毛巧晖主持），“台湾民族跨境族源神话及其信仰体系研究”（李斯颖主持），“建构藏族文艺批评史的纲要与路径研究”（意娜主持），“新疆乌恰县史诗歌手调查研究”（巴合多来提·木那孜力主持）。

**3. 获奖优秀科研成果**

2016 年，民族文学研究所获“第九届（2016 年）中国社会科学院优秀科研成果奖”论文类二等奖 1 项：吴晓东的论文《蝴蝶与蚩尤——苗族神话的新建构及反思》；获“第九届（2016 年）中国社会科学院优秀科研成果奖”专著类三等奖 1 项：王宪昭的专著《中国少数民族人类起源神话研究》。

## （三）学术交流活动

**1. 学术活动**

2016 年，民族文学研究所主办和承办的学术会议如下。

（1）2016 年 7 月 25 日，由全国《格萨（斯）尔》工作领导小组办公室与中共玉树州委办公室、玉树州人民政府联合主办的“玉树首届雪域格萨尔文化艺术节”在青海省玉树藏族自治州玉树县举办。活动内容以玉树《格萨尔》史诗民间艺人资源、遗物遗迹资源、格萨尔文化艺术的形态资源为亮点，从黄河源头格萨尔赛马文化、长江源头格萨尔嘎嘉洛文化、澜沧江源头的格萨尔牦牛文化三个方面，充分展示具有当地特色的文化品牌。

（2）2016 年 7 月 30 ~ 31 日，由中国《江格尔》研究会主办、和布克赛尔蒙古自治县人民政府协办的“中国《江格尔》研究会 2016 年学术研讨会”在新疆维吾尔自治区和布克赛尔蒙古自治县召开。会议的主题是“回顾和总结 70 年代以来《江格尔》史诗资料收集出版的历程和经验，探讨《江格尔》保护与研究前沿问题，为将来的《江格尔》研究留下宝贵的文史资料”。

（3）2016 年 9 月 23 ~ 25 日，由民族文学研究所、中国少数民族文学学会主办，云南民族大学承办的“2016 年中国少数民族文学学会年会”在云南省昆明市召开。来自全国 80 多个科研院校的 235 位学者参会，其中有蒙古、回、藏、维吾尔、哈尼、傣等 22 个民族的学者参会。会议围绕中国少数民族语言文学领域的前沿话题、基础研究、交叉学科、理论方法、学术史、文学创作等议题展开学术讨论。

（4）2016 年 9 月 24 ~ 25 日，由中国蒙古文学学会主办的“中国蒙古文学学会第五次会员代表大会暨第十次学术研讨会”在内蒙古大学召开。来自全国各省市的 120 余名专家学者参加会议。会议研讨的主要议题有“蒙古族文学的前沿论题”“作家文学与口头传统的关系”等。

（5）2016 年 9 月 28 日，由全国《格萨（斯）尔》工作领导小组、中国社会科学院民族文学研究所主办，全国《格萨（斯）尔》工作领导小组办公室、尼勒克县人民政府承办的“卫拉特《格斯尔》文化保护与研究尼勒克基地挂牌仪式暨卫拉特《格斯尔》文化学术研讨会开幕式”在新疆维吾尔自治区伊犁州尼勒克县举行。会议研讨的主要议题有“《格萨（斯）尔》与文化自信”“各省（自治区）《格萨（斯）尔》文化保护与研究基地经验交流”“卫拉特《格斯尔》书面版本与口传文本研究”“北京木刻版《格斯尔传》刊行300周年相关发言”“《格萨（斯）尔》与国际史诗理论前沿与发展趋势”。来自内蒙古自治区、青海省、新疆维吾尔自治区的7位艺人表演了《格萨（斯）尔》史诗。

**2. 国际学术交流与合作**

2016年，民族文学研究所共派遣出访28批34人次，接待来访2批3人次。与民族文学研究所开展学术交流的国家有法国、俄罗斯、土耳其、美国、波兰、挪威、泰国、蒙古国、印度、英国、韩国、日本、意大利等。

（1）2016年2月10～14日，民族文学研究所研究员热依汗应邀赴德国柏林参加“艾利希尔·纳瓦依及其对文学艺术的贡献国际研讨会”。

（2）2016年3月9～13日，民族文学研究所副研究员朱刚赴法国巴黎参加联合国教科文组织保护非物质文化遗产政府间委员会的“评审机构培训会”。

（3）2016年5月28日至6月3日，民族文学研究所阿地里·居玛吐尔地与“中国的杰出玛纳斯奇居素普·玛玛依国际学术研讨会”的与会专家在吉尔吉斯斯坦就史诗演唱语境对史诗唱本的影响问题进行了学术交流。

（4）2016年5月28日至6月13日，民族文学研究所研究员俄日航旦、旦布尔加甫、纳钦应邀赴俄罗斯卡尔梅克共和国埃里斯塔市—圣彼得堡俄罗斯科学院卡尔梅克人文科学研究所进行学术访问。

（5）2016年5月29日至6月3日，民族文学研究所研究员巴莫曲布嫫应邀赴法国巴黎参加联合国教科文组织《保护非物质文化遗产公约》缔约国大会第六届会议。

（6）2016年6月18～22日，民族文学研究所所长朝戈金赴意大利参加大学生学术庆典活动，赴法国参加举办2017年首届世界人文大会筹备情况汇报会。

（7）2016年6月18～22日，民族文学研究所研究员巴莫曲布嫫应联合国教科文组织总部邀请，赴法国巴黎联合国教科文组织总部举办非物质文化遗产保护的专题讲座。

（8）2016年6月19～26日，民族文学研究所副研究员朱刚应邀赴法国巴黎参加联合国教科文组织保护非物质文化遗产政府间委员会审查机构“辩论会”。

（9）2016年7月1～13日，民族文学研究所研究员阿地里·居玛吐尔地、旦布尔加甫应蒙古国国家科学院语言文学研究所邀请，赴蒙古乌兰巴托、乌布苏省、后杭爱省进行学术访问。

（10）2016年8月14～19日，民族文学研究所研究员斯钦巴图应蒙古国科学院、国际蒙古学会邀请，赴乌兰巴托参加“第11届国际蒙古学大会”。

（11）2016年8月19日至2017年8月19日，民族文学研究所副研究员朱刚赴美国哈佛大学哈佛—燕京学社访学。

（12）2016年9月3～10日，民族文学研究所党委书记、副所长朝克应俄罗斯科学院西伯利亚分院邀请，赴俄罗斯乌兰乌德市参加学术会议。

（13）2016年9月11～18日，民族文学研究所所长朝戈金应联合国教科文组织总部邀请，赴法国巴黎参加联合国教科文组织第九届COMEST特别大会。

（14）2016年9月11～18日，民族文学研究所副研究馆员吴英应蒙古国科学院语言文学研究所邀请，赴乌兰巴托查阅学术资料。

（15）2016年9月30日至10月6日，民族文学研究所研究员阿地里·居玛吐尔地应加拿大滑铁卢大学瑞纳森学院邀请，赴加拿大滑铁卢市参加学术会议。

（16）2016年10月5～19日，民族文学研究所副研究员黄群应牛津大学古典系邀请，赴英国牛津大学进行访学。

（17）2016年10月6～9日，民族文学研究所研究员王宪昭应韩国济州发展协会邀请，赴韩国济州市参加“2016年济州国际学术研讨会”。

（18）2016年10月10～16日，民族文学研究所研究员巴莫曲布嫫应波兰共和国文化与民族遗产部邀请，赴波兰参加首届非物质文化遗产专家级论坛。

（19）2016年10月10～18日，民族文学研究所研究员黄中祥应俄罗斯联邦卡拉恰耶夫—切尔克斯克共和国社会（人文）科学研究院邀请，赴俄罗斯切尔克斯克市参加第二届理论与实践国际科学研讨会。

（20）2016年10月16～29日，民族文学研究所副研究员吴刚应俄罗斯阿穆尔国立大学文学系邀请，赴俄罗斯布拉戈维申斯克阿穆尔国立大学参加学术培训。

（21）2016年10月23～28日，民族文学研究所所长朝戈金应国际社会科学理事会邀请，赴挪威参加国际社会科学理事会第30届联合国大会。

（22）2016年11月10～16日，民族文学研究所研究员巴莫曲布嫫作为联合国教科文组织非物质文化遗产审查机构专家，赴韩国参加2016年非物质文化遗产非政府组织会议。

（23）2016年11月26日至12月3日，民族文学研究所所长朝戈金、研究员巴莫曲布嫫等赴埃塞俄比亚亚的斯亚贝巴参加联合国教科文组织保护非物质文化遗产政府间委员会第11届常会。

（24）2016年11月26日至12月3日，民族文学研究所研究员斯钦巴图、纳钦等赴匈牙利进行学术访问。

**3. 与中国香港、澳门特别行政区和中国台湾开展的学术交流**

（1）2016年4月18～21日，民族文学研究所研究员巴莫曲布嫫应中国台湾“中研院”资讯服务处邀请，赴中国台湾参加第十一届两岸三院资讯技术与应用交流研讨会。

（2）2016年6月7～10日，民族文学研究所所长朝戈金等赴澳门参加太湖世界文化论坛第四届年会。

## （四）学术社团、期刊

**1. 社团**

（1）中国《江格尔》研究会，会长朝戈金。

2016 年 7 月 30 ~ 31 日，中国《江格尔》研究会 2016 年学术研讨会在新疆维吾尔自治区和布克赛尔蒙古自治县召开。会议就《江格尔》收集整理的学术史进行深入研讨，并举行了网络动画电影《英雄江格尔》播映签约仪式。

（2）中国少数民族文学学会，会长朝戈金。

2016 年 9 月 23 ~ 25 日，中国少数民族文学学会 2016 年年会在云南省昆明市召开。会议由学会与云南民族大学联合主办，云南民族大学文学与传媒学院承办。

（3）中国维吾尔历史文化研究会，会长吐鲁甫·巴拉提。

2016 年，中国维吾尔历史文化研究会出版了第七届研讨会的论文集《中国维吾尔历史文化研究论丛》（第七集）。2016 年，中国维吾尔历史文化研究会召开常务理事会，研究部署第八届研讨会相关事宜。

（4）中国蒙古文学学会，会长额尔很巴雅尔。

2016 年 6 月 24 ~ 25 日，中国蒙古文学学会第五次会员代表大会暨第十次学术研讨会在内蒙古大学召开。会议研讨的主要议题有“学会领导换届”“学会过去一年的工作成绩、下一步工作计划”等。

**2. 期刊**

《民族文学研究》（双月刊），主编朝戈金。

2016 年，《民族文学研究》共出版 6 期，共计 124 万字。该刊全年刊载的代表性文章有：多洛肯、朱明霞的《明清彝族文学家族谫论》，王维娜的《“有情”与“无情”：长汀客家山歌主题研究》，巴莫曲布嫫、张玲的《联合国教科文组织：〈保护非物质文化遗产伦理原则〉》，巴莫曲布嫫的《民俗学伦理与非物质文化遗产保护》，胡蓉、杨富学的《元代畏兀儿双语作家考屑》，向贵云的《〈民族文学研究〉与“多民族文学史观”：倡导、建构及阐释》等。

## （五）会议综述

### 中国《江格尔》研究会 2016 年学术研讨会

2016 年 7 月 30 ~ 31 日，由中国《江格尔》研究会主办、和布克赛尔蒙古自治县人民政府协办的“中国《江格尔》研究会 2016 年学术研讨会”在新疆维吾尔自治区和布克赛尔蒙古自治县召开。来自中国社会科学院民族文学研究所、内蒙古大学、新疆文联、新疆大学、新疆师范大学等 10 余个学术机构的 50 余位学者出席会议。

会议旨在回顾和总结20世纪70年代以来《江格尔》史诗资料收集出版的历程和经验，探讨《江格尔》保护与研究前沿问题，为将来的《江格尔》研究留下宝贵的文史资料。会议开幕式由中国社会科学院民族文学研究所研究员斯钦巴图主持。和布克赛尔县县长才布格加甫、中国社会科学院民族文学研究所党委书记朝克分别致辞，并为《江格尔》史诗的抢救与保护提出了启发性意见和建议。北京金胸智者文化传播有限公司的达来展示了《江格尔》动画电影，进行了该动画电影的首播仪式，并在会议现场与和布克赛尔县人民政府签订了首播合同。

15位学者就《江格尔》史诗的抢救、保护与研究分享了各自的研究成果和学术观点。部分学者作了回顾式发言，介绍了自20世纪70年代以来收集整理《江格尔》史诗资料的切身经历和体验，描述了当时田野调查中的一些不为人知而生动有趣的细节，为以后的《江格尔》资料的收集和研究留下了宝贵的文史资料。

会议在和布克赛尔县举行有着特殊意义。和布克赛尔县是中国江格尔故乡，有着丰富多彩的《江格尔》文化传统，也曾诞生了冉皮勒、加·朱乃等众多知名江格尔奇以及巴图那生、尼玛、塔亚等杰出《江格尔》研究学者。

（斯钦巴图）

## 卫拉特《格斯尔》文化保护与研究尼勒克基地挂牌仪式暨卫拉特《格斯尔》文化学术研讨会

2016年9月28日，由全国《格萨（斯）尔》工作领导小组、中国社会科学院民族文学研究所主办，全国《格萨（斯）尔》工作领导小组办公室、尼勒克县人民政府承办的“卫拉特《格斯尔》文化保护与研究尼勒克基地挂牌仪式暨卫拉特《格斯尔》文化学术研讨会开幕式”在新疆维吾尔自治区伊犁州尼勒克县举行。

新疆伊犁州政协副主席图格杰扎布出席会议。来自北京、内蒙古、青海、四川、新疆等地的30余位专家学者和《格斯尔》演唱艺人出席会议。

《格萨（斯）尔》是闻名遐迩的“中国三大史诗”之一，2006年被列入第一批国家级“非物质文化遗产代表作名录”，2009年又被列入联合国教科文组织“人类非物质文化遗产代表作名录”。

《格萨（斯）尔》是一部跨民族跨国界传播的活态史诗，主要传播于我国蒙古族、藏族和土族等民族聚居区以及俄罗斯、蒙古国、巴基斯坦、尼泊尔、不丹等国家和地区，其传播带正好处在丝绸之路轴心区。在我国，蒙古族称为《格斯尔》，藏族称为《格萨尔》，统称为《格萨（斯）尔》。

为进一步促进卫拉特《格斯尔》文化的传承、保护与研究，全国《格萨（斯）尔》工作领导小组办公室在新疆维吾尔自治区伊犁州尼勒克县挂牌建立“全国《格萨（斯）尔》工作领导小组卫拉特《格斯尔》文化保护与研究尼勒克基地”，并举办了此次“卫拉特《格斯尔》文化学术研讨会”。

会议研讨的主要议题有“《格萨（斯）尔》与文化自信”“各省（自治区）《格萨（斯）尔》文化保护与研究基地经验交流”“卫拉特《格斯尔》书面版本与口传文本研究”“北京木刻版《格斯尔传》刊行300周年相关发言”“《格萨（斯）尔》与国际史诗理论前沿与发展趋势”。会议共有20位专家学者围绕上述议题发言。来自内蒙古、青海、新疆的7位艺人表演了《格萨（斯）尔》史诗。

此次挂牌仪式暨学术研讨会必将深化和拓展卫拉特《格斯尔》研究，提升尼勒克《格斯尔》乃至整个卫拉特《格斯尔》的保护与研究水平，提高尼勒克县的知名度和美誉度，并促进《格斯尔》事业的繁荣发展，对进一步做好抢救保护“人类非物质文化遗产代表作”《格萨（斯）尔》史诗的工作，展示、推广我国《格萨（斯）尔》工作新成果，树立文化自信，将产生积极的影响。

（纳　钦）

# 外国文学研究所

## （一）人员、机构等基本情况

### 1. 人员

截至2016年年底，外国文学研究所共有在职人员79人。其中，正高级职称人员18人，副高级职称人员25人，中级职称人员24人；高、中级职称人员占全体在职人员总数的85%。

### 2. 机构

外国文学研究所设有：英美文学研究室、俄罗斯文学研究室、东南欧拉美文学研究室、中北欧文学研究室、东方文学研究室、文学理论研究室、《世界文学》编辑部、《外国文学评论》编辑部、科研处、办公室和网络数字资料室。

### 3. 科研中心

外国文学研究所所属科研中心有：文学理论研究中心、马克思主义文艺思想研究中心。

## （二）科研工作

### 1. 科研成果统计

2016年，外国文学研究所共完成专著7种，198万字；译著14种，282.9万字；研究报告1种，67.9万字；教材两种，142.1万字；论文69篇，74.7万字；译文13篇，18.4万字；论文集5种，148.4万字。

**2. 科研课题**

（1）新立项课题。2016 年，外国文学研究所共有新立项课题重点学科课题 2 项："比较文学学科"（程巍主持），"英美文学学科"（傅浩主持）。

（2）延续在研课题。2016 年，外国文学研究所共有延续在研课题 9 项，其中，国家社会科学基金重大课题 1 项："经典法国文学史翻译工程"（史忠义主持）；国家社会科学基金一般课题 2 项："日本私小说批评史研究"（魏大海主持），"希伯来叙事与民族认同研究"（钟志清主持）；研究室建设项目 6 项："俄罗斯文学研究室"（侯玮红主持），"英美文学研究室"（傅浩主持），"文艺理论研究室"（任昕主持），"中北欧文学研究室"（李永平主持），"东南欧拉美文学研究室"（刘晖主持），"东方文学研究室"（钟志清主持）。。

**3. 获奖优秀科研成果**

2016 年，外国文学研究所获"第九届（2016 年）中国社会科学院优秀科研成果奖"专著类一等奖 1 项：陈众议的专著《塞万提斯学术史研究》；获"第九届（2016 年）中国社会科学院优秀科研成果奖"专著类三等奖 1 项：周启超的专著《跨文化视界中的文学本体 / 作品理论——当代欧陆文论与斯拉夫文论的一个轴心》；获"第九届（2016 年）中国社会科学院优秀科研成果奖"论文类三等奖 1 项：黄梅的论文《〈理智与情感〉中的"思想之战"》；获"第九届（2016 年）中国社会科学院优秀科研成果奖"译著类三等奖 2 项：陈燊主编的译著《费·陀思妥耶夫斯基全集》，徐德林的译著《原型与集体无意识（〈荣格文集〉第五卷）》。

## （三）学术交流活动

**1. 学术活动**

2016 年，外国文学研究所召开的主要会议如下。

（1）2016 年 6 月 24 日，以色列著名作家阿摩司·奥兹演讲暨《乡村生活图景》首发式活动在外国文学研究所举行。以色列驻华大使馆文化官员、新闻官员，奥兹作品出版方译林出版社有关人士，翻译界、新闻界以及旁听的文学爱好者百余人参加活动。

（2）2016 年 8 月 23 ～ 25 日，"外国文学研究的史料与史观"全国学术研讨会在河北省秦皇岛市召开。会议研讨的主要议题有"史观与英国文学史""莎士比亚研究史料与文学再现""族裔问题与文学""文学史与国家建构""中外文学关系史与史料""历史性与现代性""文学与社会史""文学的内外"等。来自全国 10 余个省市的 70 余位学者参加会议。

（3）2016 年 12 月 6 日，外国文学研究所信息资料工作会议在该所举行。

**2. 国际学术交流与合作**

2016 年，外国文学研究所共派遣出访 6 批 8 人次。与外国文学研究所开展学术交流的国家有朝鲜、日本、以色列、韩国、加拿大等。

（1）2016 年 9 月 5 ～ 21 日，外国文学研究所傅浩赴加拿大阿尔特塔大学进行学术访问。

（2）2016 年 9 月 11 ～ 15 日，外国文学研究所侯玮红、徐乐等赴日本进行学术交流。

（3）2016 年 9 月 28 日至 10 月 1 日，外国文学研究所金成玉赴朝鲜参加金日成综合大学校庆 70 周年纪念论坛及国际学术研讨会。

（4）2016 年 12 月 1 ～ 30 日，外国文学研究所金成玉赴韩国庆北大学进行学术访问。

（5）2016 年 12 月 11 ～ 18 日，外国文学研究所钟志清赴以色列参加国际学术研讨会和进行学术交流。

**3. 与中国澳门特别行政区和中国台湾开展的学术交流**

（1）2016 年 4 月 6 ～ 8 日，外国文学研究所党圣元赴澳门参加澳门大学博士生论文答辩会。

（2）2016 年 6 月 6 ～ 10 日，外国文学研究所吴元迈赴澳门参加太湖世界文化论坛。

（3）2016 年 10 月 14 ～ 16 日，外国文学研究所姜南赴中国台湾参加第三届维摩经与东亚文化国际学术研讨会。

## （四）学术社团、期刊

**1. 社团**

中国外国文学学会，会长陈众议。

2016 年 8 月 23 ～ 25 日，由中国外国文学学会主办的“外国文学研究的史料与史观”全国学术研讨会在河北省秦皇岛市召开。会议研讨的主要议题有“史观与英国文学史”“莎士比

2016年8月，“外国文学研究的史料与史观”全国学术研讨会在河北省秦皇岛市召开。

亚研究”“史料与文学再现”等。

**2. 期刊**

(1)《外国文学评论》(季刊),主编陈众议。

2016年,《外国文学评论》共出版4期,共计70万字。该刊全年刊载的有代表性的文章有:申丹的《情节冲突背后隐藏的冲突:卡夫卡〈判决〉中的双重叙事运动帝国的想象》,程巍的《夏洛蒂·勃朗特:鸦片、“东方”与1851年伦敦博览会》,但汉松的《重读〈抄写员巴特尔比〉:一个“后9·11”的视角》,徐德林的《乡村与城市关系史书写:以情感结构为方法》,金雯的《理查逊的〈克拉丽莎〉与18世纪英国的性别与婚姻》,徐嘉的《莎士比亚戏剧中的儿童角色解读》,张鑫的《奥斯丁小说中的图书馆空间话语与女性阅读主题》,梁展的《世界主义、种族革命与〈共产党宣言〉中译文的诞生——以〈天义〉〈衡报〉的社会主义宣传为中心》。

(2)《世界文学》(双月刊),主编高兴。

2016年,《世界文学》共出版6期,共计150万字。该刊全年刊载的有代表性的文章有:菲利普·索莱尔斯的《公园》(张容译),鲍里斯·帕斯捷尔纳克的《文艺随笔四篇》(汪介之译),胡里奥·科塔萨尔的《小说三篇》(黄晓韵译),乔纳森·弗兰岑的《粗鄙共和国》(潘泓译),傅浩选译的《阿摩卢百咏》,袁伟的《“有我”的冯唐》,李晖的《无法扯脱的面具:译者的展现与遮蔽》,郑丽的《性别、空间与身份——浅论美国犹太女作家格雷斯·佩蕾》,赵荔红的《恶也是善的梦想——读〈呼啸山庄〉》,范晔的《科塔萨尔,或作为字母C的游击队员》。

(3)《外国文学动态研究》(双月刊),主编苏玲。

2016年,《外国文学动态研究》共出版6期,共计60万字。该刊全年刊载的有代表性的文章有:吴晓都的《重温马克思主义的“世界文学”理念——马克思主义文艺观与“世界文学”理念再领悟》,赵山奎的《文化研究与当代利用——20世纪80年代以来卡夫卡〈变形记〉国外评论回顾》,尚广辉的《西方叙事研究新视野:非自然叙事》,李玉瑶的《短篇魅力与亚裔之声——2015年美国文学概述》,杨绍梁的《叙事学研究的新维度——〈非自然叙事:小说和戏剧中的不可能世界〉述评》,侯志勇的《“懦弱的英雄”——简评朱利安·巴恩斯新作〈时代的喧嚣〉》,郝素玲的《创伤孩子未来——托尼·莫里森新作〈上帝帮助孩子〉简论》,史鹏路的《从普利策小说奖看“美国性”的建构与发展》。

## (五)会议综述

### 以色列著名作家阿摩司·奥兹演讲暨《乡村生活图景》首发式活动

2016年6月24日,以色列著名作家阿摩司·奥兹演讲暨《乡村生活图景》首发式活动在中国社会科学院外国文学研究所举行。作家徐则臣，以色列驻华大使馆文化官员 Michael Schwartz（石梅）、新闻官员 Efrat Perri（裴莉），奥兹作品出版方译林出版社有关人士，翻译界、新闻界以及旁听的文学爱好者百余人出席此次活动。

首发式上，奥兹先生发表了题为“在梦想与现实之间”的演讲。他说，国与国之间的外交关系很重要，经济、科技的关系也很重要，但是如果想要跟另一个民族、另一种文明有亲密的关系，就要阅读其文学作品。阅读来自另外一种文化的一本小说、一个故事，就像受邀进入其的私有记忆之中，就好像是在其家中做客，不光是在客厅，还可以到其比较私密的厨房或者餐厅，甚至卧室里去，而普通的旅游肯定没有这么幸运。

奥兹还说，当然中国和以色列是很不一样的。中国是世界大国之一，以色列相对而言是一个小国。但两国之间有不少共同点，同样充满了创造力和愿意克服困难的意志力，并深深地尊崇一些价值观。

在演讲中，奥兹还谈到以色列人及犹太人的特性。奥兹表示，他个人信仰的是好奇心。好奇心对于科学技术的进步非常重要，但是他想说好奇心是个人崇高的道德之一，一个有好奇心的人要比没有好奇心的人更好，因为他的视野拓展了。也正是好奇心让他成了一名作家。他谈道，每个人在孩提时代，都见过大楼上有时会有这样的字：请小心，油漆未干。尽管如此，孩子总还是要去摸一摸的。这就是创造力，就是犹太人的生活方式，是犹太人带给整个世界文明的礼物。奥兹还谈到了《乡村生活图景》的创作过程。

作家徐则臣认为《乡村生活图景》提供了一种新的即以前没有见过的小说样态。不仅仅《乡村生活图景》，奥兹的《爱与黑暗的故事》等几部小说都拓宽了我们对现有小说文体的认识，或者说拓宽了短篇小说这一文体的疆域。奥兹先生认为小说的完成度不取决于故事的完成度，而是取决于小说的意义的完成度，所以短篇小说原来还可以这样写。

外国研究所所长陈众议在发言中表示，奥兹的书实际上主要是写人类的困境，但这种困境都是从他个人的体悟，从他个人的生活，一点一点放大，然后再回到自己。在这个过程中，不断地看到自己。

（科研处）

## “外国文学研究的史料与史观”全国学术研讨会

2016 年 8 月 23 ~ 25 日，由中国外国文学学会主办的“外国文学研究的史料与史观”全国学术研讨会在河北省秦皇岛市召开。来自全国多个院校及研究单位的 70 余位学者参加了会议。

与会学者还围绕“史观与英国文学史”“莎士比亚研究”“史料与文学再现”“族裔问题与文学”“文学史与国家建构”“中外文学关系史与史料”“历史性与现代性”“文学与社会史”“文学的内外”等议题进行了深入交流。

在“史观与英国文学史”分组讨论中，浙江大学郝田虎论述了早期现代英国札记书与文学经典建构的关系。上海交通大学何伟文通过对锡德尼《诗辩》《与弟书》《书信集》等作品的阅读与分析，论述了16世纪后半叶英国史学与诗学领域发生的温和革命。重庆邮电大学史敬轩逆向推论了格兰德尔的文学化过程及其身份象征意义。上海对外经贸大学王卫新以新经济批评理论为指导，结合司各特《红酋罗伯》文本生成以及它所书写的1715年詹姆斯党人暴动时期的历史语境，阐释了《红酋罗伯》中的走私者对公平服务和公平贸易的追求。湖北大学陈西军分析了英国在宗教改革后由于加尔文教信仰焦虑等原因导致的个人精神自传书写中现代个人观念的兴起问题。

在莎士比亚研究方面，南京师范大学杨靖讨论了十四行诗的源起、兴盛与在英国的扎根和变奏，在英国实现了十四行英国化的重要人物是莎士比亚，莎士比亚的戏剧也实现了十四行的“破格”。南京大学陈星以莎士比亚名剧《辛柏林》的解读为例，展示了“历史解读”文本带来的研究新思路和可能造成的褊狭。北京理工大学徐嘉认为莎士比亚的《皆大欢喜》是时代的隐喻，杰奎斯是莎氏以新时代的话语对原著素材所做的改造，为他的时代所立的“一面镜子”。杰奎斯的形象涉及伊丽莎白时期的知识分子、贵族身份与阶层流动性三大热点问题，而他身份的模糊性与强烈的疏离感来自早期现代英国知识分子对自身处境、身份及社会流动性的反思。

对史料的挖掘与选择，不仅体现在古典研究上，在现当代文学研究中也反映出了研究者的眼光与判断。南京大学但汉松将《坩埚》放置于美国21世纪反恐战争的视野下，以管窥米勒在剧中如何将“萨勒姆”隐喻为美国清教文化中恐惧政治的滥觞，进而希望从萨勒姆猎巫事件的史料与文学再现的再讨论，为“历史中的文学再现”和“文学再现中的历史”提供一种可能的批评范式。浙江大学张陟认为以南极想象为核心内容的《南塔基特的亚瑟·戈登·皮姆的叙事》以独特的美学方式再现了爱伦·坡对19世纪40年代美国扩张主义文化政策的顺应与批判。南京师范大学林芸就拜厄特小说《占有》中的维多利亚“史料”问题作了真实与面具、发掘与掩埋、文字与叙事的显与隐的阐释，阐发了拜厄特对历史文本书写困境的思考。中国地质大学刘敏霞发现理查德·拉索以大学校园为背景、以美国当代知识分子为主要人物的校园小说和以美国东北工业小镇为背景、以朝阳夕阳产业交替时的蓝领阶层为主要人物的小镇小说虽有差异，但其主题都是“无处可逃”的现代人困境书写。

族裔文学研究也是这次会议的一个热点。南京邮电大学王玉括对比了中美两国对待20世纪非裔美国文学的不同态度及其历史与现实原因。通过“冲突”与“融合”两个范畴，上海财经大学王玮论述了非裔美国戏剧艺术围绕是“宣传”还是“艺术”而进行的几次论争以及非裔美国戏剧艺术传统的变迁。云南师范大学史丽玲通过述评美国普利策奖获得者当代黑人作家格温朵琳·布鲁克斯研究，反思了美国非裔文学研究的几次范式转变所表征的政治、文化、历史语境和方法论意义。

“历史”的钩沉也为现代民族国家建构的过程勾勒了轨迹，成为文学研究者的扎实依靠。

北京大学丁莉结合古代东亚世界的文化交流、人员交流、物品贸易等历史背景和事实，分析了《竹取物语》的作者如何将遣唐使、西行僧与丝路贸易等历史记忆编织进文本叙述和文学想象中。中国社会科学院钟志清认为在迄今为止希伯来语世界唯一获得诺贝尔奖的作家阿格农的创作中，传统与现代、过去与现在、西方与东方等各种价值的冲突反复出现，现代性是把握阿格农创作的不可忽视的重要话题。

从中外文学关系史入手反思中国的现代自我与他者问题也是此次会议的重要议题。广东外语外贸大学王冬青从自身研究的困境“比较文学是什么”出发，强调了我们不能只关注比较的对象而忽视构成近现代知识生产方式的“比较”本身，并以 19 世纪前后英语世界对华想象为例，探讨欧美帝国如何在贸易、传教、外交的社会网络中想象中国。中国人民大学孙柏在现代学科建构的意义上考察了晚清中西文化交流史中的戏剧理念与文学建制问题，他指出了 19 世纪西方戏剧形态的繁杂、多样，探讨了为何要破除文学建制对戏剧研究的辖制，在“视觉现代性”的问题意识上定位和认识西方戏剧。浙江师范大学张鑫认为对浪漫主义进行研究的学者并不多，因而她对新文化体系下国内外英国浪漫主义研究的模式和语境进行了探究，强调了历史宏观背景、创作主体的心理认知和传播实践对研究的重要意义。

“历史”是“现代”的参照，“现代”是“历史”的延伸，历史与史料从来不是“死物”，而是活生生地参与到现代性的建构中。中国社会科学院何恬解释了瑞斯沃尔德“文化菱形”理论的含义与意义，并以《文艺复兴之复兴》为中心，考察了“文化菱形”理论的构成与实践，以此来探讨社会学方法在文学艺术研究中的优势、局限与未来完善的可能性。

四川大学王一平以皮耶·诺阿主编的“记忆所系之处”丛书中《马塞尔·普鲁斯特对逝去时光的追寻》一书为例，说明普鲁斯特的小说是民族国家记忆留存的场域，而普鲁斯特的研究正是在这样一个宏大系统即克默德所谓的历史意义模式之下展开，它属于法兰西社会文化史的一部分。华南理工大学周皓认为，拉伯雷的《巨人传》和蒙田的《随笔》一样，体现出过度的“展示”倾向和对“矫饰”保持的戒备意识，这与同时期艺术领域中盛行的怪诞之风和矫饰主义的影响与互动有关，究其根本，“过度展示”与“警惕矫饰”体现了文艺复兴时代疯狂与理性在文艺创作中的缠斗。中国社会科学院李征以巴尔扎克小说的真实性为研究主线，以信贷模型为切入点，分析了巴尔扎克所揭示的复杂的社会矛盾与冲突背后的经济根源以及不同社会阶层在经济战场上的角力，试图表明巴尔扎克对社会状况的“如实的体现”并不是复制现实，而是将已存在的矛盾表现得比原来还要尖锐。

北京大学陈明则强调了在古代东方文学研究中图像学的意义和功能。他指出了图像在中国的渊源，以及在古代东方文化中的丰富内容，认为很多图像史料可以帮助研究者实现图文互证，具体历史语境和意识形态的有机结合，走向图文并重的研究格局，也有利于促进“一带一路”的国家战略在对外文化交流方面的研究。中国社会科学院乔修峰以狄更斯的《董贝父子》为文本，结合相关社会史资料以及自身的体验，考察了小说与现实中既非城市又非乡村的郊区，分析了推动当时城市化进程的种种因素如何影响了狄更斯的空间想象，指出空间与记忆情感的关系。

（科研处）

# 语言研究所

## （一）人员、机构等基本情况

### 1. 人员

截至2016年年底，语言研究所共有在职人员77人。其中，正高级职称人员20人，副高级职称人员27人，中级职称人员15人；高、中级职称人员占全体在职人员总数的81%。

### 2. 机构

语言研究所设有：句法语义研究室、历史语言学研究一室、历史语言学研究二室、汉语方言研究室、语音研究室、应用语言学研究室、词典编辑室、当代语言学研究室、《中国语文》编辑部、科研处、办公室（人事处）。

## （二）科研工作

### 1. 科研成果统计

2016年，语言研究所共完成《现代汉语词典》（第7版），400万字；专著4种，93万字；论文集6种，170万字；教材2种，40万字；论文127篇，154万字。

### 2. 科研课题

（1）新立项课题。2016年，语言研究所共有新立项课题8项。其中，国家社会科学基金课题2项："语法、语义、韵律的互动研究"（贾媛主持），"《王念孙古音学手稿》整理与研究"（赵晓庆主持）；所级课题6项："事理关系表达与关系谓词研究"（项开喜主持），"上古汉语中的元音链式转移与长短对立"（王志平主持），"《新华字典》版本库及对比系统研发"（张永伟主持），"基于大数据的二语习得用户建模"（胡钦谙主持），"当代汉语新词、新义、新用的追踪、整理和研究（2016年）"（郭小武主持），"基于《通用规范汉字表》的《现汉》字头及相关条目的研究处理"（程荣主持）。

（2）延续在研课题。2016年，语言研究所共有延续在研课题15项。其中，国家社会科学基金重大课题4项："功能—类型学取向的汉语语义演变研究"（吴福祥主持），"多卷本断代汉语语法史研究"（杨永龙主持），"中国方言区英语学习者语音习得机制的跨学科研究"（李爱军主持），"方志中方言材料的辑录、整理与数字化工程"（李蓝主持）；国家社会科学基金青年课题3项："语义图视角下汉语不定代词、情态词和'工具—伴随'介词的多功能性研究”（张定主持），“普通话婴幼儿声调范畴的建立机制研究”（高军主持），“基于语料库的汉语应答性成分语义和话语功能研究”（侯瑞芬主持）；国家社会科学基金一般课题5项：“基于句法语义互动关系的汉语形态句法研究”（张伯江主持），“上古汉语闭口韵与非闭口韵通转关系研究”（孟蓬生主持），“中外法庭辩论的语音特征、策略及对判决的影响力研究”（殷治纲主持），“汉语方言研究的实验语音学理论与方法”（胡方主持），“方言自动处理系统功能扩展研究”（李蓝主持）；国家社会科学基金重点课题3项：“汉语语用标记形成机制的多视角研究”（方梅主持），“论元选择中的显著性和局部性研究”（胡建华主持），“历史语法视角下的青海甘沟话语法研究”（杨永龙主持）。

**3. 获奖优秀科研成果**

2016年，语言研究所获“第九届（2016年）中国社会科学院优秀科研成果奖”论文类二等奖1项：胡建华的论文《论元的分布与选择——语法中的显著性和局部性》；获“第九届（2016年）中国社会科学院优秀科研成果奖”专著类三等奖1项：谢留文的专著《江西浮梁（旧城村）方言》；获“第九届（2016年）中国社会科学院优秀科研成果奖”论文类三等奖2项，江蓝生的论文《汉语连—介词的来源及其语法化的路径和类型》，方梅的论文《会话结构与连词的浮现义》；获“第三届中国语言学会罗常培语言学奖”二等奖2项：丁健的《可别度对受事次话题句的影响——以吴语台州话为例》《汉语目的小句语序模式的认知理据》；获“第三届中国语言学会罗常培语言学奖”三等奖1项：乐耀的论文《北京口语中具有连接作用的“再”》。

## （三）学术交流活动

**1. 学术活动**

2016年，语言研究所主办的学术活动如下。

（1）2016年3月18～20日，由《中国语文》编辑部主办、上海师范大学对外汉语学院协办的“第二届互动语言学与汉语研究国际学术讨论会暨2016中国社会科学院社会科学论坛”在上海举行。来自10个国家和地区的近90名学者参加了会议。

（2）2016年3月26日，由语言研究所当代语言学研究室主办、北京师范大学外国语言文学学院承办的“2016当代语言学前沿：语言、社会及意识形态”研讨会在北京举行。会议的主题是“以马克思主义哲学观研究语言、社会及意识形态之间的关系”。

（3）2016年4月22～24日，由《中国语文》编辑部主办、安徽师范大学文学院承办的“第四届《中国语文》青年学者沙龙”在安徽省合肥市举行。

（4）2016年5月12日，语言研究所举办了“五四”青年学术演讲会。4位青年科研人员参加了演讲。

（5）2016年8月11～13日，由语言研究所、河北师范大学联合主办，河北师范大学文学院承办的第十三届全国古代汉语学术研讨会在河北师范大学召开。来自全国各地的70余位学者参加了会议。

2016年8月，第十三届全国古代汉语学术研讨会在河北省石家庄市召开。

（6）2016年10月22～23日，由语言研究所句法语义室、《中国语文》编辑部主办，温州大学人文学院承办的“第十九次现代汉语语法学术讨论会”在温州大学举行。会议的主题是“语法功能、语法意义与韵律表达以及构式与习语问题”。

（7）2016年10月28～30日，由语言研究所《当代语言学》研究室主办、同济大学外国语学院承办、香港中文大学现代语言及语言学系协办的“第十六届中国当代语言学国际研讨会”在上海举行。近300名专家学者参加了会议。

（8）2016年10月31日至11月3日，由全国汉语方言学会、《方言》编辑部和福建师范大学文学院联合主办，福建师范大学文学院承办的“第八届汉语方言语法国际学术研讨会”在福建师范大学文学院举行。会议研讨的主要议题有“方言语法的特殊事实与普通语法理论”“方言语法形式的语音表征”“汉语语法史与方言语法以及跨方言语法田野调查的效能问题”等。来自中国、日本和法国的80余位学者参加了会议。

（9）2016年11月5～6日，由语言研究所和闽南师范大学联合主办、闽南师范大学文学院承办的“第十七届全国近代汉语学术研讨会暨闽语演变国际学术讨论会”在福建省漳州市举行。会议研讨的主要议题有“近代汉语语音、词汇、语法的演变”“闽语的历史研究”。103位学者参加了会议。

（10）2016年11月14日，语言研究所举办了高研演讲会，8位副高以上研究人员参加了演讲。演讲的内容涉及辞书编撰、古代汉语、句法语义研究等方面。

（11）2016年12月2～3日，由语言研究所和中国人民大学文学院联合主办、中国人民大学文学院承办的“第二届历史语言学研究高端论坛”在北京举行。论坛研讨的主要议题有“历史语言学的理论、方法”“汉语历时演变”等。有40位学者出席论坛。

（12）2016年12月16～19日，由语言研究所与华南师范大学联合主办的“古文字与出土文献语言研究国际学术研讨会”在广东省广州市举行。国内外专家学者 70 人参加了会议。会议研讨的主要议题有“出土文献语法研究”“出土文献词汇研究”“出土文献语音研究”“古文字研究”等。

（13）2016 年 11 月 19 日～20 日，由北京语言大学和语言研究所及《中国语文》编辑部主办、北京语言大学汉语国际教育学部承办的“第四届语言类型学视野下的汉语与民族语言研究高峰论坛”在北京语言大学举行。

（14）2016 年 12 月 10～11 日，由语言研究所主办、历史语言学研究一室承办的“《上古汉语研究》创刊座谈会暨出土文献与上古汉语研究学术研讨会”在北京举行，会议研讨的主要议题有“《上古汉语研究》今后办刊的建议”“出土文献研究”“上古汉语研究”等。

（15）2016 年 12 月 24～25 日，由语言研究所和河南师范大学联合主办、河南师大文学院承办的“第二届汉语语法史高端论坛”在河南省新乡市举行。论坛研讨的主要议题有“汉语语法演变”“汉语语法史”等。有 40 位学者出席论坛。

**2. 国际学术交流与合作**

2016 年，语言研究所邀请和接待了来自瑞典、捷克、韩国的学者 4 批 4 人次；一般顺访 6 人次。

## （四）学术社团、期刊

**1. 社团**

（1）中国语言学会，会长沈家煊。

2016 年 10 月 14～16 日，由中国语言学会主办、上海交通大学承办、商务印书馆协办的“中国语言学会第十八届学术年会”在上海举行。来自中国、新加坡、马来西亚、法国的 100 多位语言学者出席了会议。

（2）全国汉语方言学会，会长刘丹青。

（3）中国语言学会语音学分会，主任委员孔江平。

（4）中国辞书学会语文辞书专业委员会，主任委员谭景春。

**2. 期刊**

（1）《中国语文》（双月刊），主编刘丹青。

2016 年《中国语文》共出版 6 期，共约 120 万字。该刊全年刊载的有代表性的文章有：林若望的《“的”字结构、模态与违实推理 》，王楠的《单音节动词非自主用法与消极结果义》，刘丹青的《汉语中的非话题主语》，朴正九的《从类型学角度看汉语形容词谓语句的信息结构》，赵林晓、杨荣祥、吴福祥的《近代汉语“VOV 得 C”重动句的类别、来源及历时演变》，李旭平、刘鸿勇、吴芳的《湘西苗语中的大称和小称标记》，江蓝生的《超常组合与语义羡余 ——汉语语法化诱因新探》，谷峰的《上古汉语不确定语气副词的区分》，张赪的《明清时期完成体否定副词的历时演变和共时差异》，张美兰、綦晋的从《〈清文指要〉满汉文本用词的变化看满文特征的消失》，储泰松的《中古汉译佛经与汉语“父亲”称谓的来源》，刘娅琼的《现场讲解中用于交互的句尾“了”》。

（2）《方言》（季刊），主编麦耘。

2016年，《方言》共出版4期，共约76.8万字。该刊全年刊载的有代表性的文章有：钱曾怡的《浙江嵊州长乐话的变调》，沈明、崔允慧的《安徽宣城（雁翅）方言两字组连读变调》，谢留文的《江苏高淳（古柏）方言同音字汇》，覃远雄的《广西资源土话音系》，李蓝的《甘肃永登薛家湾〈邵句〉记略》，麦耘的《汉语方言中的舌叶元音和兼舌叶元音》，庄初升的《客家方言及其他东南方言的唇化软腭音声母》，李姣雷、赵日新的《湘语蟹假果遇摄字元音推链之反思》，孔江平、李永宏的《基于语言结构功能的音位负担计算方法》，金小栋、吴福祥的《汉语方言多功能虚词“连”的语义演变》。

（3）《当代语言学》（季刊），主编胡建华。

2016年，《当代语言学》共出版4期，共约77万字。该刊全年刊载的有代表的文章有：贺川生的《论汉语数量组合的成分完整性》，程工、李海的《分布式形态学的最新进展》，沈力的《〈因果链〉的表达策略与类型》，林涛的《中亚东干语的特点、现状和发展趋势》，隋娜、胡建华的《动词重叠的句法》，谭景春的《词典释义中相关条目的语义分析与相互照应——谈〈现代汉语小词典〉第5版修订》，马秋武的《和谐串行理论：一种带推导的优选论》，顾曰国的《当下亲历与认知、多模态感官系统与大数据研究模型——以新生婴儿亲历为例》，苗兴伟、穆军芳的《批评话语分析的马克思主义哲学观和方法论》，薛红莉、薛贵的《阅读能力个体差异的神经机制研究进展》。

## （五）会议综述

### 第二届互动语言学与汉语研究国际学术讨论会暨2016中国社会科学院社会科学论坛

2016年3月18—20日，由中国社会科学院主办，中国社会科学院语言研究所、上海师范大学对外汉语学院、《中国语文》编辑部共同承办的“第二届互动语言学与汉语研究国际学术讨论会暨2016中国社会科学院社会科学论坛”在上海师范大学举行。来自10个国家和地区的近90名学者参加会议。

开幕式由上海师范大学对外汉语学院院长曹秀玲主持，上海师范大学副校长高建华致欢迎辞。《中国语文》副主编、编辑部主任，中国语言学会秘书长方梅介绍了互动语言学的最新进展、对汉语研究的意义以及此次会议的筹备工作。中国社会科学院文史哲学部委员、中国语言学会会长沈家煊致开幕词。

著名语言学家、美国功能语言学的代表学者、美国加州大学圣塔芭芭拉校区的 Sandra A.Thompson 以 Interactional Linguistics and the Clause as an Emergent Unit 为题介绍了互动语言学的最新理论，通过汉语及英语会话语料讨论了 clause（小句）作为浮现单位的重要地位。芬兰赫尔辛基大学的 Ritva H. Laury 和芬兰特库大学 Marja Liisa Helasvuo 用芬兰语口语语料展示了互动语言学对句法语义范畴的观察分析。新加坡南洋理工大学陆镜光介绍了互动语言学的研究理念、方法和范式。澳大利亚墨尔本大学 Michael Ewing 通过印尼语材料探讨了名词短语的交互性表现。法国巴黎第七大学 Jonathan Ginzburg 提出，笑声在言语交互中是伴随着词汇和短语进行重新融合的。

在汉语言研究方面，学者们基于互动视角对汉语的不同侧面进行了研究。中国社会科学院语言研究所方梅的报告题为“负面评价构式与会话序列”；北京大学郭锐通过清末民初的汉语材料对“了 $^1$”和“了 $^2$”的分立进行考察；中国社会科学院语言研究所李爱军的报告题为“自然口语交互的信息表达与韵律特征研究”；解放军外国语学院李宗江的报告题为“‘你 + 连接成分’是个什么结构？”；中国社会科学院语言研究所沈家煊的报告题为“‘繁花’语言札记”；美国加州大学洛杉矶校区陶红印的报告题为“指人通指表达式在谈话中的表现与功能：互动语言学方法的考察”；北京语言大学张旺熹的报告题为“汉语口语中的若干互动性话语成分”；上海师范大学语言研究所张谊生的报告题为“互动语言学视域下的当代汉语流行构式探析”。

小组发言按照工作语言分组，64 位学者提交了专题研究报告，从互动视角探讨了汉语现象。此次讨论会的工作语言为汉语和英语，讨论的对象语言涉及汉语及汉语方言、印欧语、亚洲其他地区语言。

（科研处）

## 第十三届全国古代汉语学术研讨会

2016 年 8 月 11 ～ 14 日，第十三届全国古代汉语学术研讨会在河北师范大学召开。会议由中国社会科学院语言研究所及河北师范大学联合主办，河北师范大学文学院承办。大会共收到论文 90 多篇，来自全国各地的 70 余位学者参加了会议。

大会开幕式由中国社会科学院语言研究所历史语言学研究一室主任孟蓬生研究员主持，河北师范大学副校长郑振峰教授致欢迎辞，中国社会科学院语言研究所研究员姚振武代表与会学者致辞。

首场报告会由赵学清、潘玉坤主持，苏宝荣、姚振武、杨宝忠、孙玉文、张维佳、王志平 6 位教授作了主题发言。第二场报告会由孙玉文、王志平主持，张其昀、徐时仪、孟蓬生、张民权4位教授作了主题发言。

会议论文跨学科、多角度研究蔚然成风，体现了学术研究由分析到综合的新趋势。出土文献与传世文献相结合；理论研究与应用研究相结合；本体研究与方法研究相结合"三结合"成为会议的亮点。其中，语法学论文成果尤多，延续了全国古代汉语学术研讨会的一贯特色。不同以往的是，学术研究成果以中青年学者居多，尤其是后起之秀众多，或着眼于新方法，或着手于新资料。

文字学论文共有18篇，涉及文字学研究的各个方面。从商周甲骨金文、战国秦汉简牍文字以及《说文》小篆到后世俗字以及道教文字等，对其字形以及使用情况进行了深入的讨论。音韵学论文11篇，研究范围囊括了上古音、中古音、近代音三个部分。训诂学论文多着眼于古代文献中具体而微的语义训释，而词汇学论文则立足于现代语言学全面深入地理论阐发。

闭幕式由河北师范大学教授郑振峰和上海师范大学教授徐时仪主持，陕西师范大学教授赵学清作为下届会议承办单位代表发言。孟蓬生致闭幕辞。

（科研处）

## "第十六届中国当代语言学国际研讨会"暨第五届中国句法语义论坛

2016年10月28～30日，第十六届中国当代语言学国际研讨会暨第五届中国句法语义论坛在同济大学召开。研讨会由《当代语言学》主办，同济大学外国语学院承办，香港中文大学语言学及现代语言系协办。"第五届中国句法语义论坛"则由浙江大学外国语学院、同济大学外国语学院和《当代语言学》联合主办。

研讨会秉承立足本土、追求前沿的学术理念，邀请多位国内外著名语言学家作主旨报告，展示了各分支领域最前沿的研究成果。研讨会和论坛的主旨报告人分别是：戴浩一、邓慧兰、顾曰国、胡建华、刘丹青、马秋武、Pierre Pica、Charles Yang、张洪明；包智明、蔡维天、Mary Erbaugh、Alain Peyraube、Henk van Riemsdijk、Rint Sybesma。

大会的特色可概括为：一个庆祝，两个纪念，首个青奖，多场论坛。

一个庆祝。28日，"第五届中国句法语义论坛"举行开幕式，以庆祝著名语言学家徐烈炯教授八十华诞。程工教授主持开幕式，曲卫国教授、刘美君教授、刘正光教授、刘丹青教授分别致辞。

两个纪念。29日，《当代语言学》举办纪念赵世开先生九十诞辰专场暨《赵世开语言学论文集》首发仪式，以及纪念廖秋忠先生七十诞辰专场，纪念《国外语言学》（《当代语言学》前身）两位已故前主编。

首个青奖。研讨会诞生了首届《当代语言学》"青年语言学家"奖，这是国内首个由学术期刊评选的语言学奖项。

多场论坛。研讨会秉持“中国立场，世界眼光”的原则，“促进洋为中用、引进创新”，专注于接口研究，跨语言、跨方言比较研究，跨学科研究等学术主题，设立多个研讨专场。其中，手语语言学专场是国内语言学会议的首创之举，同时还为手语研究报告提供手语同步传译，受到与会学者赞誉。

（科研处）

# 哲学研究所

## （一）人员、机构等基本情况

### 1. 人员

截至2016年年底，哲学研究所共有在职人员131人。其中，正高级职称人员42人，副高级职称人员44人，中级职称人员27人；高、中级职称人员占全体在职人员总数的86%。

### 2. 机构

哲学研究所设有：马克思主义哲学原理研究室、马克思主义哲学史研究室、马克思主义哲学中国化研究室、中国哲学研究室、西方哲学史研究室、现代外国哲学研究室、科学技术哲学研究室、伦理学研究室、逻辑学研究室、东方哲学研究室、哲学与文化研究室、美学研究室、《哲学研究》编辑部、《哲学动态》与《中国哲学年鉴》编辑部、《世界哲学》编辑部、图书资料室、办公室、科研处、人事处、老干部办公室。

### 3. 科研中心

哲学研究所院属科研中心有：中国社会科学院社会发展研究中心、中国社会科学院东方文化研究中心、中国社会科学院应用伦理研究中心、中国社会科学院科学技术和社会研究中心、中国社会科学院世界文明比较研究中心、中国社会科学院文化研究中心。

## （二）科研工作

### 1. 科研成果统计

2016年，哲学研究所共完成专著21种，578.8万字；译著5种，106.2万字；研究报告1种，27.5万字；论文集7种，217.7万字；教材1种，24.9万字；普及读物6种，140万字；年鉴2种，113万字；论文186篇，205.4万字；译文10篇，15.7万字。

### 2. 科研课题

（1）新立项课题。2016年，哲学研究所共有新立项课题，即国家社会科学基金课题3项：“生态学范式争论的哲学研究”（肖显静主持），“逻辑基础问题研究”（刘新文主持），

“《1857—1858 年经济学手稿》哲学思想研究”（杨洪源主持）。

（2）结项课题。2016 年，哲学研究所共有结项课题 5 项。其中，国家社会科学基金课题 3 项：“自然语言信息处理的逻辑语义学研究”（邹崇理主持），“中国近世道教送瘟仪式研究”（姜守诚主持），“当代西方政治哲学研究”（周穗明主持）；院 B 类重大课题 1 项：“社会伦理与社会发展”（余涌主持）；院重点课题 1 项：“20 世纪中国哲学概览”（冯瑞梅主持）。

（3）延续在研课题。2016 年，哲学研究所共有延续在研课题项目 33 项。其中，国家社会科学基金课题 26 项：“柏拉图的知识论研究”（詹文杰主持），“三论宗哲学研究”（成建华主持），“后社会建构论与存在论转向研究”（孟强主持），“中国近世儒学民间化转向的理论与实践研究”（马晓英主持），“世界文化多样性与构建和谐世界研究”（李河主持），“梵本《月喜疏》与早期胜论思想研究”（何欢欢主持），“中华人民共和国以来西方哲学中国化的重要问题及其影响”（谢地坤主持），“百年中国因明研究”（刘培育主持），“社会主义核心价值观研究”（孙伟平主持），“《道藏源流考》（再增订版）整理出版”（胡孚琛主持），“提高国民逻辑素质的理论与实践探索研究”（杜国平主持），“马克思辩证法的历史语境与当代视域”（李西祥主持）。“大数据时代的哲学理论与社会发展”（谢地坤主持），“《古象雄大藏经》汉译与研究”（李景源主持），“应用逻辑与逻辑应用研究”（杜国平主持），“时间哲学研究”（尚杰主持），“生态学整体论—还原论争论及其解决路径研究”（肖显静主持），“两汉经学的演变逻辑研究”（任蜜林主持），“《剑桥文学批评史》（九卷本）翻译与研究”（王柯平主持），“科技时代的科学‘无知’的哲学研究”（段伟文主持），“经验、信念与知识”（唐热风主持），“亚里士多德《修辞术》的哲学研究”（何博超主持），“回归原创之思——‘象思维’视野下的中国智慧（英文版）”（王树人主持），“生态学范式争论的哲学研究”（肖显静主持），“逻辑基础问题研究”（刘新文主持），“《1857—1858 年经济学手稿》哲学思想研究”（杨洪源主持）；院重大课题 1 项：印度佛教哲学史（周贵华主持）；马克思主义理论研究和建设工程课题 6 项：“中国特色社会主义核心价值观研究”（崔唯航主持），“社会主义市场经济中所有制与分配制度改革的理论与实践”（魏小萍主持），“中国特色社会主义都市社会研究”（强乃社主持），“中国道路：马克思主义哲学中国化的理论自觉与实践自觉”（李俊文主持），“从政治哲学看国家治理能力与体系建设”（欧阳英主持），“关于改革开放以来引进的若干西方话语概念的马克思主义研究”（毕芙蓉主持）。

**3. 获奖优秀科研成果**

2016 年，哲学研究所获“第九届（2016 年）中国社会科学院优秀科研成果奖”专著类一等奖 1 项：徐远和、李甦平、周贵华、孙晶主编的专著《东方哲学史》（五卷本）；获“第九届（2016 年）中国社会科学院优秀科研成果奖”专著类二等奖 1 项：吴元梁主编的专著《马克思主义哲学形态的演变》（上、下卷）；获“第九届（2016 年）中国社会科学院优秀科研成果奖”专著类三等奖 2 项：徐崇温的专著《中国特色社会主义理论体系研究》，王齐的专著

《生命与信仰——克尔凯郭尔假名写作时期基督教哲学思想研究》；获“第九届（2016年）中国社会科学院优秀科研成果奖”论文类三等奖2项：叶秀山的论文《试析康德“自然目的论”之意义》，张志强的论文《“操齐物以解纷，明天倪以为量”——论章太炎齐物哲学的形成及其意趣》；获“第九届（2016年）中国社会科学院优秀科研成果奖”译著类三等奖1项：梁志学、李理的译著《黑格尔全集》（第17卷）。

## （三）学术交流活动

### 1. 学术活动

2016年，哲学研究所主办和承办的学术会议如下。

（1）2016年7月25日至8月12日，由哲学研究所与英国皇家科学院哲学所共同主办的第二十届中英美暑期哲学学院在深圳大学举办。该期暑期哲学学院的主题为“行动哲学”。

（2）2016年11月4～5日，由中国社会科学院与韩国教育部、韩国研究财团共同主办，中国社会科学院国际合作局和哲学研究所承办的第二届“中韩人文学论坛”在北京召开。论坛的主题是“中韩人文传统和现代化”。

（3）2016年11月12～13日，由哲学研究所、西南民族大学政治学院联合主办，四川省哲学学会、四川大学哲学系、西南财经大学马克思主义学院协办的“中德哲学研讨会暨《东西哲学年鉴》第三届国际学术研讨会”在西南民族大学召开。会议的主题是“美学与生活世界”，研讨的主要议题有“近代以来美学在中国的发展状况”“生活世界的各种美学维度”“审美对象和反思着的审美主体”“康德美学为出发点”“美学与日常生活”“生活美学与艺术”“中国智慧与日常生活美学”“环境美学”“作为艺术哲学的美学”等。

（4）2016年12月14～18日，由哲学研究所与越南社会科学院哲学研究所共同主办的“中越双边国际研讨会”在越南河内举办。论坛的主题是“哲学角度下的反腐问题——越南与中国的经验”，研讨的主要议题有“反腐败与儒家思想”“制度建设是反腐败的治本之策”“中共十八大以来制度反

2016年12月，“哲学角度下的反腐问题——越南与中国的经验”国际研讨会在越南社会主义共和国河内市召开。

腐的理论和实践创新”“从中国传统哲学中寻找‘不想腐’的思想资源——以《大学》为主要例子的一个探讨”等。

**2. 国际学术交流与合作**

2016 年，哲学研究所共派遣出访 22 批 30 人次，接待来访 7 批 17 人次。与哲学研究所开展学术交流的国家有俄罗斯、美国、加拿大、英国、法国、德国、捷克、希腊、澳大利亚、韩国、日本、越南、巴西等。

（1）2016 年 1 月 8 日，哲学研究所科学技术哲学研究室副研究员孟强赴美国斯坦福大学哲学系进行学术访问。

（2）2016 年 1 月 14 ~ 19 日，哲学研究所中国哲学研究室研究员李存山等参加院代表团，赴埃及开罗大学参加中国社会科学院与开罗大学学术研讨会并访问埃及最高文化委员会。

（3）2016 年 1 月 15 ~ 19 日，哲学研究所美学研究室研究员王柯平受悉尼大学哲学系邀请，赴澳大利亚参加“探寻智慧：希腊与中国古代哲学”国际研讨会。

（4）2016 年 3 月 1 日至 5 月 16 日，哲学研究所东方哲学研究室研究员刘一虹应美国纽约哥伦比亚大学中东研究所邀请赴美进行学术访问。

（5）2016 年 4 月 14 ~ 18 日，哲学研究所中国哲学研究室研究员陈霞受邀赴美国加州大学参加“环境保护：中美的问题与策略”国际研讨会。

（6）2016 年 5 月 12 ~ 16 日，哲学研究所《哲学动态》编辑部副编审强乃社赴加拿大参加 2016 年国际历史唯物主义大会。

（7）2016 年 5 月 17 ~ 21 日，哲学研究所马克思主义哲学史研究室副研究员贺翠香赴捷克科学院全球化研究中心哲学所访问并参加 2016 年哲学与社会科学大会。

（8）2016 年 5 月 19 日至 9 月 24 日，哲学研究所伦理研究室研究员王延光赴美贝勒医学院儿童科学系进行学术访问。

（9）2016 年 6 月 1 日，哲学研究所马克思主义哲学中国化研究室邀请马萨诸塞州立大学教授大卫·科兹和美国杜肯大学教授汤姆·洛克莫尔到该所进行了主题为“马克思主义政治经济学与中国持续发展的阻力”的学术交流。

（10）2016 年 7 月 24 ~ 29 日，哲学研究所美学研究室研究员徐碧辉赴韩国首尔参加第 20 届国际美学大会。

（11）2016 年 9 月 1 日，哲学研究所伦理研究室研究员余涌应邀赴加拿大英属哥伦比亚大学进行学术访问。

（12）2016 年 9 月 1 日至 10 月 1 日，哲学研究所中国哲学研究室研究员陈霞赴美国密苏里圣路易斯大学进行学术访问。

（13）2016 年 9 月 29 日至 10 月 4 日，哲学研究所文化中心博士后车琳参加中国宋庆龄基金会组派的专家团，赴希腊参加罗德岛论坛中国圆桌讨论会。

（14）2016 年 10 月 11 ～ 16 日，哲学研究所中国哲学研究室研究员李存山等应法国国立东方语言文化学院邀请，赴法国参加“中国古典思想与当代政治”国际研讨会。

（15）2016 年 10 月 12 日，哲学研究所逻辑研究室邀请美国加利福尼亚大学圣地亚哥分校哲学系 Gila Sher 教授来所作题为 A New Correspondence Theory of Truth 的报告。

（16）2016 年 10 月 16 ～ 23 日，哲学研究所马克思主义原理研究室副研究员周丹参加中国社会科学青年学者访日代表团，赴日本东京、福冈等地进行交流访问。

（17）2016 年 10 月 26 ～ 30 日，哲学研究所所长谢地坤研究员应韩国国立教育研究所邀请，赴韩国水原市参加“第 4 届世界人文学论坛”。

（18）2016 年 10 月 26 ～ 30 日，哲学研究所美学研究室研究员赵汀阳应韩国高等研究基金会邀请，赴韩国首尔作题为“天下理念与未来问题”的主题讲演。

（19）2016 年 11 月 1 日，哲学研究所《世界哲学》编辑部副研究员何博超通过 2016 年国家公派访问学者项目，赴英国剑桥大学古典学系进行学术访问。

（20）2016 年 11 月 17 ～ 22 日，哲学研究所文化中心研究员贾旭东赴日本参加第 28 届国际论坛“全球化时代的文化传播——日本・德国・中国的对外传播战略”会议。

（21）2016 年 11 月 30 日，哲学研究所现代外国哲学研究室邀请德国耶拿大学哲学系主任克劳斯・菲威格教授来所作题为“‘图像的柔和力量’——黑格尔的想象力理论”的讲座。

（22）2016 年 12 月 14 ～ 18 日，应越南社会科学院哲学所邀请，哲学研究所纪委书记、副所长王海生等赴越南参加“哲学角度下的反腐问题——越南与中国的经验”中越双边国际研讨会。

（23）2016 年 12 月 11 ～ 17 日，哲学研究所美学研究室研究员章建刚等应文化部邀请，参加文化部代表团，赴法国参加联合国教科文组织保护和促进文化表现形式多样性政府间委员会第十届常会。

（24）2016 年 12 月 11 ～ 22 日，哲学研究所中国哲学研究室研究员张志强赴韩国学术院进行学术访问。

**3. 与中国香港、澳门特别行政区和中国台湾开展的学术交流**

（1）2016 年 6 月 1 ～ 5 日，哲学研究所现代外国哲学研究室助理研究员汤明洁赴中国台湾参加“批判理论和地方社会：哲学、理论和观念之行旅”2016 年度工作坊。

（2）2016 年 11 月 17 ～ 22 日，哲学研究所现代外国哲学研究室助理研究员汪炜赴中国台湾参加“浪漫主义遗风”国际学术会议。

（3）2016 年 12 月 14 ～ 18 日，哲学研究所《哲学动态》编辑部助理研究员王正赴香港参加香港中文大学哲学系中国哲学与文化研究中心举办的“先秦诸子的哲学与交锋”国际学术会议。

## （四）学术社团、期刊

### 1. 社团

（1）中国辩证唯物主义研究会，会长王伟光。

2016年8月6～7日，由中国辩证唯物主义研究会、中共中央党校哲学教研部、中国社会科学院哲学研究所主办，中共广西壮族自治区委党校承办的“中国辩证唯物主义研究会2016年年会”在中共广西壮族自治区委党校召开。年会的主题是“哲学思维与习近平为总书记的党中央治国理政新理念新思想新战略”。

2016年11月26日，由中国辩证唯物主义研究会、中共中央党校哲学教研部、中国社会科学院哲学研究所、中共深圳市委党校联合主办的第四届“马克思主义哲学中国化·深圳论坛”在广东省深圳市召开。会议的主题是“发展21世纪中国的马克思主义哲学”，研讨的主要议题有“深入学习贯彻习近平总书记在哲学社会科学工作座谈会上的重要讲话精神”“深入研究当代中国经济社会发展的重大理论问题和实践问题”“深入研究21世纪中国的马克思主义哲学的发展路径与理论体系，推进马克思主义哲学中国化和中国特色社会主义事业发展”等。

（2）中国马克思主义哲学史学会，会长梁树发。

2016年10月22～23日，由中国马克思主义哲学史学会、中国马克思主义研究基金会主办，《教学与研究》编辑部协办，南京大学哲学系、南京大学马克思主义社会理论研究中心承办的“中国马克思主义哲学史学会2016年年会”在江苏省南京市召开。会议的主题是“《德意志意识形态》与马克思主义哲学的当代发展”，研讨的主要议题有“《德意志意识形态》与历史唯物主义”“《德意志意识形态》的文献编辑与研究”“马克思主义哲学创新与当代中国问题”“马克思主义哲学史研究的方法论问题”等。

（3）中国哲学史学会，会长陈来。

2016年7月9～10日，由中国哲学史学会、黑龙江大学主办，黑龙江大学哲学学院、国学院和中国近现代思想文化研究中心承办的“中国哲学史学会2016年年会”在黑龙江大学举办。会议的主题是“中国传统哲学的创造性转化和创新性发展”，研讨的主要议题有“马克思主义哲学中国化与中国传统哲学现代化研究”“中国传统哲学的创新路径”“中国优秀传统文化创造性转化和创新性发展”等。

（4）中华全国外国哲学史学会，会长谢地坤。

2016年12月3～4日，由中华全国外国哲学史学会、中国现代外国哲学学会主办，中山大学哲学系（珠海）、《中国高校社会科学》编辑部联合承办的“中华全国外国哲学史学会”和“中国现代外国哲学学会”2016年年会在中山大学珠海校区举行。会议的主题是“政治哲学：理论与历史”，研讨的主要议题有“当代政治哲学”“古典政治哲学”“宗教学”“美学和艺术”“分析哲学”“俄罗斯”“后现代”“生活世界”等。

（5）中国现代外国哲学学会，会长江怡。

（6）中国逻辑学会，会长邹崇理。

2016 年 11 月 5 ～ 6 日，由中国逻辑学会、湖北省逻辑学会主办，《重庆理工大学学报》协办，中南财经政法大学哲学院和法学院联合承办的“中国逻辑学会第十次全国代表大会暨学术年会”在武汉中南财经政法大学举行。会议的主题是“逻辑创新与逻辑应用”，研讨的主要议题有“逻辑学前沿问题研究”“逻辑教育与普及研究”“法律方法论和法律逻辑”“语言逻辑和语用学研究”。

（7）中国伦理学会，会长万俊人。

2016 年 12 月 3 ～ 4 日，由中国伦理学会、中共运城市委、运城市人民政府、山西师范大学共同主办的中国伦理学大会在山西省运城市召开。会议的主题是“伦理学与当代社会核心价值”，研讨的主要议题有“应用伦理学论坛”“政治伦理与当代社会核心价值论坛”“核心价值观与思想品德教育论坛”“伦理学思想史论坛”“道德国情与道德哲学论坛”“关公文化与当代社会核心价值论坛”“德孝文化与当代社会核心价值论坛”“慈善文化与当代社会核心价值论坛”等。

（8）中华美学学会，会长高建平。

2016 年 10 月 19 ～ 20 日，由中华美学学会主办，扬州大学文学院承办的“中华美学学会 2016 年年会暨‘面向当代的中国美学’学术研讨会”在江苏省扬州市召开。会议的主题是“面向当代的中国美学”，研讨的主要议题有“中国古典美学当代价值研究”“西方美学在中国的转换与误读”“美学基本理论新进展研究”“审美文化研究新进展研究”“美学理论与文学理论关系研究”“美学理论与艺术理论关系研究”等。

（9）国际易学联合会，会长董光璧。

2016 年 9 月 16 ～ 18 日，由国际易学联合会组织的“第八届国际易学与现代文明研讨会暨第四届会员代表大会”在北京召开。会议的主题是“何以‘为万世开太平’？”，研讨的主要议题有“易学与传统文化的当代价值”“易学与科学”“易学与术数”“易学与传统文化的当代价值”。与会专家学者 130 余人。

**2. 期刊**

（1）《哲学研究》（月刊），主编谢地坤。

2016 年，《哲学研究》共出版 12 期，共计 252 万字。该刊全年刊载的有代表性的文章有：叶险明的《论中国马克思主义哲学的现实批判功能》，陶富源的《现代虚无主义的方法论批判》，王波的《马克思政治经济学批判的意识哲学蕴含》，王中江的《终极根源概念及其谱系：上博简〈恒先〉的“恒”探微》，黄克剑的《老子治化思想辨微》，张柯、张荣的《德国古典哲学的奠基之路——论海德格尔对莱布尼茨的“发现”与“定位”及其意义》，赵汀阳的《第一个哲学词汇》，赵广明的《论“无”的先验性》，李德顺、王金霞的《论当代中国的“人民主体”理念》。

(2)《哲学动态》(月刊)，主编崔唯航。

2016年，《哲学动态》共出版12期，共计240万字。该刊全年刊载的有代表性的文章有：青年哲学论坛的《马克思“新唯物主义”之“新”在何处——纪念〈关于费尔巴哈的提纲〉写作170周年》，陈新汉的《社会价值观念与国民结合研究的重要维度——“熵”对于理解认同和共识机制的启示》，杨国荣的《如何做哲学》，沈湘平的《价值观研究亟须自觉的人类学视角》，丁立群的《马克思主义时代化的基本路径》，聂锦芳的《“思维着的人”的思索与“愚人船”的命运——重温马克思“1842～1843年通信”及其意义》，叶秀山的《东西哲学的交汇点——〈作为意志和表象的世界〉再读》，张汝伦的《从黑格尔的康德批判看黑格尔哲学》，吴增定的《马基雅维里论人民》，尚杰的《消失了的自我——读萨特的〈超越自我〉》，张庆熊的《在“可证实”与“不可说”之间的价值》，陈真的《分析进路的伦理学研究方法之辩护》。

(3)《世界哲学》(双月刊)，主编孙伟平。

2016年《世界哲学》共出版6期，共计150万字。该刊全年刊载的有代表性的文章有：[英]J.L.奥斯汀的《打翻墨水的三种方式》，朱成明的《存在的分流——对印度哲学开端的初步思考》，[墨西哥]E.D.杜塞尔的《跨现代性与文化间性》，孙周兴的《尼采的科学批判——兼论尼采的现象学》，[美]J.西蒙斯的《正当性与合法性》，叶少勇的《龙树中观哲学中的自性》，聂锦芳的《世界本原、感性知觉与人的思维——马克思〈关于伊壁鸠鲁哲学的笔记〉片段解读》，黄玮杰的《马克思与维特根斯坦的相遇》，[俄]C.C.霍鲁日的《新教父哲学与俄罗斯哲学》，[德]伽达默尔的《历史意识问题》，廖钦彬的《井筒俊彦的意识哲学：以〈意识与本质〉为中心》，林其清、熊明的《克林强三值模式与修正过程》，夏莹的《事件与主体：如何理解巴迪欧之圣保罗的当代性？》，靳希平的《〈存在与时间〉的缺爱现象——兼论〈黑皮本〉的直白称谓》，张柯的《论“形式显示”在海德格尔思想中的实质含义》，[美]R.皮平的《黑格尔论自欺》，赵汀阳的《终极问题：智能的分叉》，叶峰的《论语言在认知中的作用》，余玥的《20世纪后半叶至今的德国古典哲学自我更新运动》，居飞的《无意识：内部还是外部？——从弗洛伊德到拉康》，费益民的《科学能否证明自由意志只是我们的错觉》。

(4)《中国哲学史》(季刊)，主编李存山。

2016年，《中国哲学史》共出版4期，共计100万字。该刊全年刊载的有代表性的文章有：张学智的《王夫之〈未济〉卦阐发的几个思想维度》，陈静的《〈恒先〉的文本研究与思想解释》，白奚的《宇宙万物的始基：“恒”还是“恒先”——“恒先无有”释读之我见》，曹峰的《“自生”观念的发生与演变：以〈恒先〉为契机》，丁四新的《“或”：上博楚竹书〈恒先〉的一个疑难概念研究》，王颂的《华严知因果别义说》，陈鹏的《一个分析的现代儒学——冯友兰新理学方法评析》，姜广辉、程晓峰的《先秦尚书学的再认识》，皮迷迷的《经史转型与“儒史相资”——以蒙文通的“禅让”研究为例》，董卫国的《〈中庸〉对孔门仁学的新诠释》，东方朔的《荀子论“争”——从政治哲学的视角看》，吴亚楠的《张栻“太极”即“性”说辨析》，陈明的《王船山〈尚书引义〉中对理学心说之反省及其治心功夫论》，向世陵的《儒家的仁爱—博爱观念与亲社会行为》，王正的《重思先秦儒家的王霸之辨》，谷继明的《玩味与涵泳：宋代解经学的一个重要方法》，刘学智的《“关学洛学化”辨析》，沈顺福的《论朱熹的“理生气”》，杨少涵的《“活泼泼地”发微》，李可心的《由心的出入问题反思张栻之学的式微》，吴震的《关于袁了凡善书的文献学考察——以〈省身录〉〈立命篇〉〈阴骘录〉为中心》，马晓英的《明儒罗近溪的乡约思想与实践》，王鑫的《王弼易学新证》，吴飞的《礼学即理学——定海黄氏父子的义理学》，陈来的《二十世纪思想史研究中的“创造性转化”》。

## （五）会议综述

### 中英美暑期哲学学院第20期高级研讨班

2016年7月25日至8月12日，由中国社会科学院哲学研究所、英国皇家哲学研究所和牛津大学中国研究中心主办，深圳大学人文学院哲学系承办的“中英美暑期哲学学院第20期高级研讨班（行动哲学）”在深圳大学举行。暑期哲学学院中方委员会副主席单继刚研究员、黄益民研究员，深圳大学人文学院院长景海峰教授、哲学系主任赵东明副教授出席了典礼。研讨班的主题为“行动哲学”。研讨的主要内容有“人类能动性、能力与倾向”“行动、交往与实践知识”“行动的四个维度”“行动与好的行动”等。共有80余名学员参加了研讨班。

研讨班邀请了英国伦敦国王大学博士Maria Alvarez，美国芝加哥大学副教授Anton Ford，英国牛津大学王后学院教授John Hyman，英国伦敦大学学院博士Douglas Lavin授课。

中英美暑期哲学学院是由中国社会科学院哲学研究所与英国皇家哲学研究所、牛津大学中国研究所于1988年共同创立的非营利性教学机构。学院的宗旨是通过聘请英国、美国以及其他英语国家和地区的著名哲学家来华教学和进行交流，使中国的中青年哲学工作者能够系统而深入地了解英美和欧洲大陆哲学各学科领域的基本理论、研究状况和发展动向，促进中英美学术交流和三国哲学家的相互理解。

（科研处）

### 第二届中韩人文学论坛

2016年11月4—5日，由中国社会科学院与韩国教育部、韩国研究财团共同主办，中国社会科学院国际合作局和哲学研究所承办的“第二届中韩人文学论坛”在北京召开。论坛的主题是“中韩人文传统和现代化”。来自文学、历史学、哲学、语言教育文化领域的中韩两国

100 余位专家学者参加了大会。

中国社会科学院副院长王京清，韩国研究财团人文社会研究本部长徐泰烈出席了开幕式并分别致辞。中国社会科学院国际合作局副局长周云帆主持开幕式。在大会主旨发言阶段，中国社会科学院哲学研究所所长谢地坤作了题为“植根传统，立足当下，面向东亚未来发展”的大会发言。韩国西江大学教授金槿作了题为“人文学的现代化：回归起源的真实”的大会发言。会议设立四个分论坛，其中文学领域的研讨专题包括“冲击与受容：近代的变革与传统的继承”“民间与通俗文学”“文学与社会”“交叉视线：中韩两国文学研究者的互相认识”。历史学的研讨专题有“中韩传统国家治理思想及其现代转型”“中韩近代化过程中的‘传统’：文化传统与中韩近代化道路之比较”“东亚区域史视域下的中韩文化交流与历史互动”“中韩之间的古代交通与东亚世界的形成”。哲学领域的研讨专题包括“经典文献、经学传统与现代诠释：中韩思想交流中的传统与现代”“哲学建构与东西方文明：中韩哲学现代化道路的比较”“中韩佛教传统与现代性问题”“东亚价值观与当代世界”。语言教育文化领域的讨论主题有“中韩两国语言教育领域交流合作的现状与前景”“中韩两国的影视研究及跨文化理解”“中韩文化遗产的继承与保护”“现代数据技术在中韩两国传统文化研究中的运用”。

（科研处）

## 中德哲学研讨会——“美学与生活世界”暨《东西哲学年鉴》第三届国际学术研讨会

2016 年 11 月 12—13 日，由中国社会科学院哲学研究所、西南民族大学政治学院联合主办的“中德哲学研讨会——‘美学与生活世界’暨《东西哲学年鉴》第三届国际学术研讨会”在西南民族大学召开。中国社会科学院哲学研究所所长谢地坤研究员，西南民大党委副书记、纪委书记吉克跃林教授，德国柏林大学教授 Hans Feger 出席大会并致辞。来自德国、意大利、奥地利等国的学者以及来自中国社会科学院、北京大学、复旦大学、北京师范大学、台湾政治大学、台湾东海大学、陕西师范大学、兰州大学、同济大学、四川大学、西南财经大学、西南民族大学等高校和科研院所的专家学者 90 余人参加了会议。

谢地坤在致辞中回顾了近代以来美学在中国的发展状况。他提出，在多民族聚居的西南地区召开此次会议，中欧学者一起参加讨论，能够把不同文化传统中的美学理论和当下中国不同民族的美学观点加以比较，受到新的启发。中国学者非常关注国外学界发生的状况及其争论，《东西哲学年鉴》将为此架起一座桥梁，提供不同哲学传统发展的机会。

吉克跃林认为，与实践相关的哲学方式是美学在中国的主导方式，它为我们今天这个主题提供了一种典范，勾画出理论与实践的知识领域与经验领域的边界，使美学得以在东西文化之间搭建一个对话的场域，为东西方文化之间的知识转型问题的探讨提供了一种可能性。他希望中外专家学者围绕探索生活世界的各种美学维度这个话题，畅所欲言、坦陈灼见，为共谋我们时代的“生活艺术”贡献睿智卓识。

德国柏林大学教授 Hans Feger 认为，哲学的基本任务与其他学科不同，哲学与其说是在解决问题，不如说是在发现问题和提出问题。哲学与其他学科如诗学和自然科学的不同之处在于，哲学始终保持着一种追问的状态。今天讨论的美学或审美主题，涉及两个相互关联的方面：审美对象和反思着的审美主体。在审美过程中，存在着一个知识和经验的边界，也涉及理性与感性的界限。在此问题上，不同的传统更易碰撞出思想的洞见，培养对学问的乐趣。

在大会主题发言阶段，德国柏林大学教授 Hans Feger、台湾政治大学教授汪文圣、德国吕讷堡大学教授 YvonneFörster、中国社会科学院哲学研究所研究员王柯平分别作了主题发言。分组讨论分两个小组 6 个阶段进行，30 余位中外学者，围绕“康德美学为出发点”“美学与日常生活”“生活美学与艺术”“中国智慧与日常生活美学”“环境美学”“作为艺术哲学的美学”等论题，进行了深入讨论。

（科研处）

# 世界宗教研究所

## （一）人员、机构等基本情况

### 1. 人员

截至 2016 年年底，世界宗教研究所共有在职人员 78 人。其中，正高级职称人员 22 人，副高级职称人员 21 人，中级职称人员 24 人；高、中级职称人员占全体在职人员总数的 86%。

### 2. 机构

世界宗教研究所设有：马克思主义宗教观研究室、宗教学理论研究室、佛教研究室、伊斯兰教研究室、道教与中国民间宗教研究室、基督教研究室、当代宗教研究室、儒教研究室、宗教文化艺术研究室、《世界宗教研究》编辑部、《世界宗教文化》编辑部、资料室、办公室、科研处。

### 3. 科研中心

世界宗教研究所院属科研中心有：中国社会科学院基督教研究中心、中国社会科学院佛教研究中心、中国社会科学院道家与道教研究中心；所属科研中心有：儒教研究中心、巴哈伊教研究中心、反邪教研究中心。

## （二）科研工作

### 1. 科研成果统计

2016 年，世界宗教研究所共完成专著 9 种 325.9 万字；论文 74 篇 89.25 万字；研究报告 2 篇 2.3 万字；工具书 1 种 83.5 万字。

### 2. 科研课题

（1）新立项课题。2016 年，世界宗教研究所共有新立项课题 7 项。其中，国家社会科学基金重大课题 2 项："'一带一路'战略实施中的宗教风险研究"（郑筱筠主持），"中国宗教研究数据库建设（1850 ～ 1949）"（李建欣主持）；国家社会科学基金重点课题 1 项："'一带一路'沿线东南亚国家的宗教治理经验及管理模式研究"（郑筱筠主持）；国家社会科学基金一般课题 1 项："道教内丹学的阴阳论研究"（戈国龙主持）；国家社会科学基金青年课题 2 项："中古时期佛教在丝绸之路南道上的传播与图像呈现研究"（陈粟裕主持），"北魏拓跋氏的民族信仰与文化认同"（张宏斌主持）；国家社会科学基金后期资助课题 1 项："非洲伊斯兰教史"（李维建主持）。

（2）结项课题。2016 年，世界宗教研究所共有结项课题 3 项。其中，国家社会科学基金重点课题 1 项："《剑桥基督教史》（九卷本）翻译"（卓新平主持）；院重大课题 1 项："马克思主义宗教观基本理论研究（曾传辉主持）；院国情调研课题 1 项："孟中印经济带之宗教文化交流研究"（郑筱筠主持）。

### 3. 获奖优秀科研成果

2016 年，世界宗教研究所获"第九届（2016 年）中国社会科学院优秀科研成果奖"专著类二等奖 1 项：郑筱筠的专著《中国南传佛教研究》；获"第九届（2016 年）中国社会科学院优秀科研成果奖"专著类三等奖 1 项：李志鸿的专著《道教天心正法研究》；获"第九届（2016 年）中国社会科学院优秀科研成果奖"编著类三等奖 1 项：李建欣编的《印度佛教汉文资料选编》；获"第九届（2016 年）中国社会科学院优秀科研成果奖"论文类三等奖 1 项：染恒豪的论文"Jung and Chinese Religions:Buddhism and Taoism"。

## （三）学术交流活动

### 1. 学术活动

2016 年，世界宗教研究所主办的学术会议主要如下。

（1）2016 年 6 月 23 ～ 24 日，由世界宗教研究所主办、山西太原龙泉寺承办的"宗教心理学论坛（2016）"在山西省太原市龙泉寺召开。

（2）2016 年 7 月 19 ～ 20 日，由青海民族大学、中国社会科学院世界宗教研究所和中国宗教学会联合主办，由青海民族大学宗喀巴研究院承办的第二届宗喀巴学术研讨会在青海民族大学召开。来自中国社会科学院、中国藏学研究中心、中央民族大学、北京大学、贵州大学、西藏大学等高校和科研机构的 54 位专家学者参加了会议。

(3) 2016 年 8 月 18 ~ 19 日，由宁夏统一战线理论研究会、宁夏社会主义学院、中国社会科学院世界宗教研究所、中国宗教学会主办的“伊斯兰教中国化”论坛在宁夏回族自治区银川市召开。

(4) 2016 年 8 月 31 日至 9 月 1 日，由世界宗教研究所、中国宗教学会主办的“中国社会科学论坛（2016 · 宗教学）”在北京召开。论坛的主题是“文明对话与人类命运共同体”。来自国内外的 60 余位专家学者出席论坛。

(5) 2016 年 9 月 23 ~ 25 日，由世界宗教研究所、中国宗教学会、中国社会科学院道家与道教文化研究中心主办，中国道教协会、河南省道教协会、河南省社会科学院历史与考古所协办，中岳庙、河南省嵩山管理委员会承办的“首届嵩山道教文化论坛”在河南省登封市召开。

(6) 2016 年 11 月 5 日，由世界宗教研究所、中国宗教学会和中国社会科学院邪教问题研究中心主办的第五届“东南亚宗教研究高端论坛”在北京开幕。会议的主题是“‘一带一路’与东南亚宗教”。

(7) 2016 年 11 月 5 日，由浙江大学、中国社会科学院世界宗教研究所、中国宗教学会主办，浙江大学汉藏佛教艺术研究中心、世界宗教研究所《世界宗教研究》编辑部、世界宗教研究所宗教文化与艺术研究室承办的“图像学与风格史：亚洲宗教美术研究方法论”学术研讨会在浙江省杭州市举行。

2016年11月，“图像学与风格史：亚洲宗教美术研究方法论”学术研讨会在浙江省杭州市举行。

(8) 2016 年 11 月 24 日，由世界宗教研究所、北京市基督教两会、中国宗教学会、中国社会科学院基督教研究中心主办的“基督教中国化与中华民族命运共同体的建设”高层论坛在北京召开。

(9) 2016 年 12 月 10 日，由世界宗教研究所、中国宗教学会主办，中国民俗学会中国地域民俗文化研究中心、牡丹江市民间文艺家学会、牡丹江海东青文化传播发展有限公司承办的“第二届民间信仰研究高端论坛暨宁安萨满文化学术考察活动”在黑龙江省牡丹江市召开。

(10) 2016 年 12 月 11 ~ 13 日，由世界宗教研究所、爱德基金会、中华基督教两岸交流协会主办，粮惠世界、苏格兰教会、美国卫理公会、荷兰基督教发展合作社、江苏省基督教两会等单位支持协办的“宗教与可持续发展国际论坛”暨第二届两岸宗教公益论坛、第三届江苏省宗教公益慈善培训班在江苏省南京市举行。

（11）2016年12月16～18日，由中国宗教学会、中国中东学会共同举办的“伊斯兰教与‘一带一路’”暨第二届全国伊斯兰教学术研讨会在北京举行。会议研讨的主要议题有“伊斯兰教与‘一带一路’战略”“中国穆斯林与‘一带一路’”“中东局势与‘一带一路’”“丝绸之路上的伊斯兰教”“中华文明与伊斯兰文明”“‘一带一路’沿线经济文化”等。

（12）2016年12月17～18日，由世界宗教研究所与中国宗教学会主办、《世界宗教研究》编辑部与英文季刊《中国宗教研究》承办的首届“全球史视阈中的宗教研究”国际学术研讨会在北京召开。

（13）2016年12月24日，由中国社会科学院道家与道教文化研究中心、中国社会科学院世界宗教研究所、中国宗教学会主办的首届中国本土宗教研究论坛在北京举行。会议的主题是“中国本土宗教研究的新问题与新方法”。

**2. 国际学术交流与合作**

2016年，世界宗教研究所共派遣出访9批16人次。与世界宗教研究所开展学术交流的国家有美国、印度、德国、哈萨克斯坦、意大利等。

（1）2016年1月23日，应印度尼赫鲁大学的邀请，世界宗教研究所研究员邱永辉赴印度进行学术访问。

（2）2016年5月8日，世界宗教研究所所长卓新平赴德国参加学术会议。

（3）2016年7月9日，世界宗教研究所所长卓新平赴美国参加学术会议。

（4）2016年8月23日，世界宗教研究所李林赴伊朗参加“2016感知中国——中国西部文化伊朗行新疆篇”活动。

（5）2016年10月27日，世界宗教研究所副所长郑筱筠赴哈萨克斯坦参加学术活动。

（6）2016年11月15日，世界宗教研究所所长卓新平赴意大利参加学术会议。

（7）2016年12月2日，世界宗教研究所研究员魏道儒等赴韩国参加学术活动。

**3. 与中国香港、澳门特别行政区和中国台湾开展的学术交流**

（1）2016年6月6日，世界宗教研究所所长卓新平赴澳门参加学术会议。

（2）2016年11月1日，世界宗教研究所研究员邱永辉等赴澳门参加巴哈伊澳门总会与巴哈伊研究中心联合举办的学术会议。

（3）2016年11月2～5日，“共建人类命运共同体——宗教与科学的角色”国际学术研讨会在澳门大学举办。会议由中国社会科学院世界宗教研究所巴哈伊研究中心、巴哈伊澳门总会联合主办，澳门大学人文学院哲学及宗教学系、全球文明研究中心、澳门特区政府社会文化司、澳门基金会协办。来自全国各地的50余位专家学者参加了会议。

## （四）学术社团、期刊

### 1. 社团

2016年7月，“宗教与人类命运共同体”高层论坛暨2016年中国宗教学会年会在北京召开。

中国宗教学会，会长卓新平。

2016年7月16日，“宗教与人类命运共同体”高层论坛暨2016年中国宗教学会年会在北京召开。论坛由中国宗教学会、中国社会科学院世界宗教研究所主办。论坛的主题是“宗教与人类命运共同体”。论坛围绕“中华文明与传统宗教”“宗教与‘一带一路’建设”等主题展开6场学术专题讨论。来自中央统战部、国家宗教事务局以及各省市民族宗教事务部门的有关人员和来自中国社会科学院、国务院发展研究中心、北京大学、复旦大学、中国人民大学等研究机构和大学的专家学者，以及来自中国佛教协会、中国道教协会、中国伊斯兰教协会、中国基督教协会、中国天主教爱国会等的宗教界人士近100人参加会议。

### 2. 期刊

(1)《世界宗教研究》(双月刊)，主编卓新平。

2016年，《世界宗教研究》共出版6期，共计108万字。该刊全年刊载的有代表性的文章有：卓新平的《论积极引导宗教的现实意义》，方广锠的《谈汉文佛教文献数字化总库建设》，章远的《“一带一路”愿景下跨欧亚大陆的反极端主义中欧合作》，李晓龙的《对宗教、民族、国家安全的统一考量——试论习近平的宗教工作思想的理论特色与理论内涵》，叶小文的《关于中国特色社会主义宗教理论的几个问题》，吴云贵的《回望伊斯兰历史长河中的“赛来非耶”》，王卡的《中国本土宗教的虚神信仰》，董平、盛宁的《佛法与众生法的协和：从佛教中国化论人间佛教及其价值取向》，郑筱筠的《“一带一路”战略与宗教风险研究——基于可能性和必要性视角》，陈进国的《存神过化与修行动力学——以近现代济度团体为例》。

(2)《世界宗教文化》(双月刊)，主编郑筱筠。

2016年，《世界宗教文化》共出版6期，共计180万字。该刊全年刊载的有代表性的文章有：王伟光的《当自觉接受马克思主义指导的学问家——纪念任继愈先生诞辰一百周年》，卓新平的《在“纪念任继愈先生诞辰一百周年座谈会”上的致辞》，何其敏的《归类与整合之间的宗教认同》，卢云峰、张春泥的《当代中国基督教现状管窥：基于 CGSS 和 CFPS 调查数据》，张崇富的《“伊斯兰国”与中国国家安全》，郑筱筠的《试论南传佛教的区位优势及其战略支点作用》，吴云贵的《“一带一路”建设与文明对话互鉴》，李维建的《苏瓦里传统与西非伊斯兰教的地方化》，徐祖祥、刘欢的《中缅跨境民族地区基督教跨境互动的历史形态与阶段特征》，金宜久的《对“圣战”的简略考察》，马景的《伊斯兰教与世俗化理论及实践困境》，向宁、王于鹤的《佛教互联网舆情指数的构建与互联网舆情评估》，蔡华的《原生性宗教与国家治理问题探究》，魏道儒的《文殊信仰发展的主脉——从印度佛教到中国佛教》，张志刚的《中国民间信仰研究的“他山之石”——以欧大年的理论探索为例》，薛熙明的《移民与近代广东基督教文化圈的形成》，刘福军的《从比较视角探析中国特色社会主义宗教理论特色内涵》，刘亚虎的《中国神话的创世模式及其“神圣叙述”》。

## （五）会议综述

### 宗教心理学论坛（2016）

2016 年 6 月 23 ~ 24 日，由中国社会科学院世界宗教研究所主办，山西太原龙泉寺承办的“宗教心理学论坛（2016）”在山西省太原市召开。论坛开幕式由中国宗教学会常务副会长、中国社会科学院世界宗教研究所研究员金泽主持，中国社会科学院世界宗教研究所党委书记曹中建，国际应用心理协会秘书长、中国科学院心理研究所研究员韩布新，太原龙泉寺住持释义忍法师分别致辞。

在致辞中，曹中建指出，在“健康中国”的理念呼之欲出之际，探讨宗教和心理健康的关系正逢其时。当前中国社会经济飞速发展，人民物质生活日益改善，与之相伴的是生活节奏的加快，压力倍增，人们的精神生活需求日益提升，明显的表现就是某些宗教的快速发展并成为人们精神生活的重要组成部分，这一现象已经引起了政界、学界和社会各界的普遍关注，值得我们大家来进行探究。在重温去年中央统战工作会议上习近平总书记提出宗教工作“四个必须”的方针的基础上，曹中建书记提出“必须辩证看待宗教的社会作用”，在宗教和心理健康的关系问题上，既要求我们辩证看待宗教对广大信众和人民群众的心理健康的影响，看到宗教劝人向善、抚慰人心的积极意义，又要看到某些宗教、派别对信众的精神控制，造成其信仰挣扎的消极层面。他在致辞中也提到“必须坚持中国化方向”，认为这是对宗教界的要求，也是对宗教学术界的要求。

曹中建传达了习近平总书记在全国宗教工作会议上的指示，要求我们“不断丰富和发展中国特色社会主义宗教理论”。作为在中国发展起步比较晚的交叉学科，宗教心理学一定要重视中国宗教文化的处境，关注中国各大宗教的现状，理论、实践相结合，逐步发展出具有中国特色的宗教心理学学科体系。

韩布新研究员在致辞中比较了国内宗教心理学研究的两条路径：从心理学的角度来研究宗教心理学和从宗教学的角度研究宗教心理学。他指出，虽然两条路径不一样，但宗教心理学是宗教学和心理学的交叉学科，这两条路径的合流是我们共同的心愿。他指出，国内10多年宗教心理学的研究存在一些问题：自发的、散在的研究很多，有组织的系统研究少；瞄准现象的调查多，针对原理的探究少，思辨问卷研究多，试验性的研究很少。他希望与宗教界同仁人一起携手从概念、理论、思想、方法来干预多个层面全方位地协同起来，为中国的现代化、中国的全球化、中国人民的健康和福祉服务。

义忍法师在致辞中指出，心理健康是非常重要的元素，健康的前提是一定要看我们的心中的理想，理想的前提是能看到希望，有了希望才能有一切。我们的信仰是共产主义，在这个共同的信仰基础上，应该说是百花齐放，百家争鸣。外来宗教怎么样跟我们中华文明有机地结合起来，有机地去融合、融入，互助、互补地去传承，这是非常重要的。

参加论坛的有来自中国社会科学院世界宗教研究所、中国科学院心理研究所、复旦大学、浙江大学、中国人民大学、北京师范大学、中央民族大学、北京市社会科学院、北京林业大学、上海宗教文化研究中心、南京师范大学、天津外国语大学、西南民族大学、江西佛学院、江西师范大学、太原医科大学、四川民研所、浙江师范大学、广州大学、浙江丽水学院、山西医科大学、曲阜师范大学、内蒙古师范大学、中国道教学院、苏州西园寺、广东省佛教协会等高校和科研院所的专家学者，共计50人。

在论坛研讨中，学术报告的主题涉及“宗教和心理健康的理论研究”“传统文化和心理健康”“佛教与心理健康”“基督教与心理健康”“精神性和心理健康”“宗教与大学生的心理健康”以及相关的比较研究，研究涉及佛教、道教、基督宗教、伊斯兰教、儒教和民间信仰等宗教与心理健康相关的内容，研究方法有理论研究、问卷调查和实验研究等实证研究，还有以访谈为基础的个案研究，内容详实，形式多样，交流深入。

闭幕式上，与会专家学者围绕宗教心理学学科建设和未来发展、《宗教心理学》辑刊建设和宗教心理学论坛建设等相关的问题提出了很多建设性的意见和建议。

（科研处）

## “宗教与人类命运共同体”高层论坛暨2016年中国宗教学会年会

2016年7月16日，“宗教与人类命运共同体”高层论坛暨2016年中国宗教学会年会在北京召开。论坛由中国宗教学会、中国社会科学院世界宗教研究所主办。论坛的主题是“宗教与人类命运共同体”。中国社会科学院院长、党组书记王伟光，全国政协文史和学习委员会副主任叶小文等出席开幕式。会议开幕式由中国社会科学院世界宗教研究所党委书记曹中建主持。

中国宗教学会会长、世界宗教研究所所长卓新平，全国政协文史和学习委员会副主任叶小文先后致辞。

中国社会科学院世界宗教研究所副所长郑筱筠、中国社会科学院国家全球战略智库王灵桂研究员、北京大学哲学宗教学系教授张志刚、云南大理大学校长张桥贵、上海社会科学院宗教研究所所长晏可佳、山东大学犹太教与跨宗教研究中心主任傅有德、复旦大学宗教学系主任李天纲、复旦大学国际政治系主任徐以骅分别就中国宗教的现状、宗教对于中国社会的价值、中国特色宗教学的发展方向等议题作主旨发言。

在学术论坛中，代表们围绕“宗教与人类命运共同体意识”“宗教与文明对话”“宗教对话与互鉴”“宗教与中国特色社会主义”“中华文明与传统宗教”“宗教与‘一带一路’建设”等主题展开学术专题讨论。来自中央统战部、国家宗教事务局以及各省市民族宗教事务部门的有关领导和来自中国社会科学院、国务院发展研究中心、北京大学、复旦大学、中国人民大学、南京大学、武汉大学、山东大学、浙江大学、中央民族大学、四川大学、北京师范大学、兰州大学、上海师范大学、上海外国语大学、暨南大学、华侨大学、中国政法大学、首都师范大学、内蒙古师范大学、中共甘肃省委党校、江西师范大学、宁夏大学、大理大学、云南省社会科学院、河南大学、西南大学等研究机构和大学的专家学者，以及来自中国佛教协会、中国道教协会、中国伊斯兰教协会、中国基督教协会、中国天主教爱国会等机构的教界人士，总共近100人参加了会议。

（科研处）

## 第二届“宗喀巴学术研讨会”

2016年7月19～20日，由青海民族大学、中国社会科学院世界宗教研究所和中国宗教学会联合主办，青海民族大学宗喀巴研究院承办的第二届“宗喀巴学术研讨会”在青海民族大学召开。来自中国社会科学院、中国藏学研究中心、中央民族大学、北京大学、贵州大学、西藏大学、西藏民族大学、西南民族大学、西北民族大学、内蒙古师范大学、青海师范大学的54位专家学者参加了会议。

开幕式上，青海民族大学校长何峰致欢迎辞。他指出，深入研究宗喀巴大师，对弘扬藏族优秀传统文化以及宗喀巴大师的爱国爱教、维护中华民族团结的精神，对于实践中国特色社会义宗教理论、坚持党的宗教工作基本方针、引导和促进藏传佛教与社会主义社会相适应都有重要意义。

全国人大常委、中国宗教学会会长、中国社会科学院世界宗教研究所所长卓新平研究员在致辞中指出，党中央和习近平总书记多次强调，弘扬中华民族优秀传统文化是倡导社会主义核心价值观的重要民族基础，支持各宗教深入挖掘其教义教规中有利于社会和谐、时代进步、健康文明的内容。宗喀巴大师全面开展了藏传佛教的系统性改革，创立了格鲁派。其宗教改革对藏传佛教具有里程碑的意义，形成了藏传佛教文化特色，对藏区发展产生了深远影响。宗喀巴大师的改革，对我们今天审视藏传佛教的现状，具有历史的经验教训意义和警醒作用。

中国社会科学院世界宗教研究所党委书记曹中建在致辞中希望将宗喀巴研究院、宗喀巴学术研讨会打造成一个全国乃至全世界关于宗喀巴学术研究与交流的平台，在传承和弘扬民族文化，维护祖国统一，维护中华民族大团结的伟大事业中做出独特的贡献。

中央民族大学教授班班多杰、沈阳北塔护国法轮寺副主任云丹、青海民族大学校长何峰教授作了主题演讲。研讨会分为汉语组和藏语组进行分组交流，40 多名专家在分组讨论中贡献了自己最新的原创性研究成果。

闭幕式上，青海民族大学藏学院院长达哇教授代表藏语组向大会汇报了发言情况；中国社会科学院《世界宗教研究》副主编李建欣研究员对汉语组的研讨情况进行了汇报，并对整个大会发言交流情况作了总结点评。

此次会议是青海民族大学自首届宗喀巴学术研讨会以来的又一次盛会，与会专家学者围绕大师生平与藏传佛教人才培养、文学艺术成就、哲学思想、宗喀巴的民间影响、宗喀巴思想与爱国爱教传统以及大师精神对后世的影响等不同领域进行了深入探讨。

（科研处）

## 首届嵩山道教文化论坛

2016 年 9 月 23 ～ 25 日，由中国社会科学院世界宗教研究所、中国宗教学会、中国社会科学院道家与道教文化研究中心主办，中国道教协会、河南省道教协会、河南省社会科学院历史与考古研究所协办，中岳庙、河南省嵩山管理委员会承办的“首届嵩山道教文化论坛”在河南省登封市召开。

中国社会科学院世界宗教研究所所长卓新平研究员，中国宗教学会常务副会长曹中建，河南省宗教局副局长郭国志，登封市委常委、统战部部长马宏伟，中国道教协会副会长袁志鸿、黄至杰，中国道教协会副秘书长周高德以及来自中国社会科学院、北京大学、北京师范大学、四川大学、山东大学、厦门大学、郑州大学等科研机构和高校的 100 余位专家学者参加会议。

卓新平在发言中指出，嵩山的道教、佛教传统深厚，直至今日，这里仍是中国传统宗教文化遗存丰富、影响深远的名山。嵩山道教文化源远流长，其中以北朝、隋唐时期最为兴盛，曾经出现过寇谦之、潘师正等著名道教宗师。道教五岳真形图、中岳嵩高灵庙碑、武则天投龙金简等重要文物可以说是嵩山遗留下的文化宝物。道教是中国土生土长的宗教。儒、释、道是中国传统文化的精髓。在当代社会，要增强中华文明自觉，就必须正确对待中国宗教问题。

曹中建指出，我们研究嵩山道教，实际上有两个方面的意义：第一，重视对中国传统文化的研究；第二，加强传统宗教研究。问道于嵩山，实际上是在做“返古开新”的工作。应该从现实出发，将传统的道教思想与现实结合，从新的历史角度对道教思想加以阐发，赋予道教新的生命与意义。

论坛涉及以下几个方面议题：“中岳嵩山道教的历史渊源”“从汉代到北魏时期的嵩山道教”“北魏王朝与嵩山道教”“寇谦之与嵩山道教”“张道陵与嵩山道教”“隋唐时期的嵩山道教”“国家祭祀与中岳庙”“中岳庙建筑、壁画、碑刻研究”“中岳庙在中国道教史上的历史地位”“轩辕黄帝与中岳庙”“道教全真派与中岳庙”“中岳庙发展的设想和建议”。

（科研处）

## “共建人类命运共同体——宗教与科学的角色”国际学术研讨会

2016年11月2—5日，“共建人类命运共同体——宗教与科学的角色”国际学术研讨会在澳门大学举办。会议由中国社会科学院世界宗教研究所巴哈伊研究中心、巴哈伊澳门总会联合主办，澳门大学人文学院哲学及宗教学系、全球文明研究中心、澳门特区政府社会文化司、澳门基金会协办。来自中国社会科学院、国家宗教事务局宗教研究中心、中央民族大学、澳门大学、山东大学等科研院所、高等院校的50余位专家学者参加了会议。

巴哈伊教澳门总会代表江绍发、中国社会科学院世界宗教研究所巴哈伊中心代表邱永辉研究员致辞。中国社会科学院世界宗教研究所所长卓新平研究员在会议论文中指出，“共建人类命运共同体”必须尊重宗教，积极发挥宗教的作用，悟出宗教文化蕴含的价值及其现实运用的可能，穿透其神秘包装从而对宗教整体观加以科学评价。与会专家学者围绕“宗教”与“科学”之角色议题畅言如何共建人类命运共同体。中国社会科学院世界宗教研究所的邱永辉、陈进国、唐晓峰、晏琼英和张宏斌参加了会议，并在会议上发言。

（科研处）

## 首届“中国本土宗教研究论坛”

2016年12月24日，由中国社会科学院道家与道教文化研究中心、中国社会科学院世界宗教研究所、中国宗教学会主办的首届“中国本土宗教研究论坛”在北京召开。中国社会科学院世界宗教研究所党委书记赵文洪、中国社会科学院荣誉学部委员马西沙研究员、中南大学道学国际传播研究院教授吕锡琛、中国社会科学院道家与道教文化中心主任王卡、中国社会科学院世界宗教研究所研究员汪桂平等分别在开幕式上致辞。会议着重探讨了中国本土宗教研究的新问题与新方法。论坛议程分为两个基本方面，分别为论文发表探讨阶段和中国本土宗教研究暨《中国本土宗教研究》创刊座谈会。

2016年12月，首届中国本土宗教研究论坛在北京市召开。

赵文洪指出，此次论坛提出的“中国本土宗教”这个概念，事实上是力图将讨论的对象涵盖道教和民间宗教，包括民间信仰在内，以期从更宏观的范围研究中国宗教的发展，寻求中国宗教发展的特点，回应西方宗教的理论挑战。“中国本土宗教”概念亦提醒我们，充分发挥道教及中国民间宗教、民间信仰在港台及海外的影响力，对构筑“文化中国”大有裨益。

儒、释、道是中国传统文化的精髓。在当代社会，要增强中华文明自觉，就必须正确对待中国宗教问题。长期以来，习近平总书记特别关心对中华优秀传统文化的挖掘和阐发，强调中华文明的自信和与世界文明的交往，他指出“中华文明经历了5000多年的历史变迁，但始终一脉相承，积淀着中华民族最深层的精神追求，代表着中华民族独特的精神标识，为中华民族生生不息、发展壮大提供了丰厚滋养。中华文明是在中国大地上产生的文明，也是同其他文明不断交流互鉴而形成的文明”。

中国的现代化进程不应该只是简单地迎合外来意识形态，以消解自身的传统信仰为代价，而是应该在充分展示自身传统特性的前提下，汲取其他文明的长处而为己用，在竞争中保持以中华民族传统为本的宗教生态平衡。

马西沙指出，西方注重制度问题，制度问题固然重要，但是文化也就是民族的精神亦十分重要，只要中华民族的根还在，中华民族必然会翻盘，陈垣先生在《南宋初河北新道教考》说过，“用夏变夷，远而必复”，这是伟大的历史哲学，是对中华文化、中华民族精神的强调。对中国本土宗教的探讨还应该将“本土化”宗教纳入其内，任何宗教进入中国这块土地必须中国化，否则就没有前途。宗教有其存在的生态环境，对中国本土宗教应该有全新的认识，不能武断地将本土宗教视为封建迷信。中国有如此伟大的文化是值得庆幸的事。

王卡认为，中国宗教应该多元一体，应该树立开放的文化本位主义，既不拒绝外来的先进思想，同时，自己文化的主体性也不能丢，以道教的真精神走儒家的旧途径。

吕锡琛认为，中国人应该关注自己精神世界的建构，要有自己的文化主体性，寻找属于自己的终极关怀。宗教是一个民族的精神支柱，作为中国本土的儒、道、民间宗教以及中国化的佛教，千百年来发挥着维系中国民族认同的重要作用，是中国民众安身立命的精神支柱。习近平总书记强调要弘扬传统文化，在这样的背景下，召开中国本土宗教论坛可谓恰逢其时，有助于凸显中国文化的主体性。同时，也应该放眼世界，中国的道教、道家思想已经受到西方学界的广泛重视，这些都对我们立足本土，建构我们自己的精神家园大有裨益。

在论文探讨阶段，来自各地的学者分别就教派传承、道经问题、道教科仪、民间宗教和神仙信仰等多方面内容发表了最新研究成果。

与会专家还对《中国本土宗教研究》的创刊以及今后如何发展作了主题发言，并得到了学者们的一致赞同。

（科研处）

# 历史学部

## 考古研究所

### （一）人员、机构等基本情况

**1. 人员**

截至2016年年底，考古研究所共有在职人员152人。其中，正高级职称人员40人，副高级职称人员41人，中级职称人员49人；高、中级职称人员占全体在职人员总数的86%。

**2. 机构**

考古研究所设有：史前考古研究室、夏商周考古研究室、汉唐考古研究室、边疆民族考古研究室、科技考古中心、文化遗产保护研究中心、考古资料信息中心、考古杂志社、办公室、科研处、人事处；另在西安设有研究室，在洛阳和安阳设有工作站。

**3. 科研中心**

考古研究所科研中心有：中国社会科学院古代文明研究中心、外国考古研究中心、蒙古族源研究中心、公共考古中心、边疆考古研究中心，挂靠的学术团体有中国考古学会。

### （二）科研工作

**1. 科研成果统计**

2016年，考古研究所共完成田野考古报告2种，113.2万字；专著5种，171.2万字；教材1种，90.5万字；译著2种，210万字；学术资料10种，933.3万字；论文集6种，396.8万字；论文269篇，564.9万字。

**2. 科研课题**

（1）新立项课题。2016年，考古研究所共有新立项课题3项。其中，国家社会科学基金重点课题1项："偃师商城遗址宫城区的发掘和研究"（谷飞主持）；国家社会科学基金一般课题1项："殷墟妇好墓出土玉器综合研究"（杜金鹏主持）；国家社会科学基金青年课题1项："稳定同位素所见郑洛地区4000BP ~ 3500BP先民食谱与家畜饲养方式的特点研究"（陈相龙主持）。

（2）结项课题。2016 年，考古研究所共有结项课题 4 项："中华文明形成和早期发展的整体性研究"（王巍主持），"公元前 3500 年至前 1500 年黄河、长江流域都邑性聚落综合研究"（陈星灿主持），"公元前 3500 年至前 1500 年黄河、长江及西辽河流域的技术、生业和资源"（赵志军主持），"公元前 3500 年至前 1500 年黄河、长江及西辽河流域精神文化的发展"（何努主持）。

（3）延续在研课题。2016 年，考古研究所共有延续在研课题 20 项。其中，国家社会科学基金重大委托课题 1 项："蒙古族源与元朝帝陵综合研究"（王巍、孟松林主持）；国家社会科学基金重大课题 2 项："河南灵宝西坡遗址综合研究"（李新伟主持），"汉魏洛阳城宫城南区考古发掘报告"（钱国祥主持）；国家社会科学基金重点课题 2 项："汉长安城遗址骨签考古研究"（刘庆柱主持），"殷周金文集成・续补"（曹淑琴主持）；国家社会科学基金一般课题 6 项："河南淅川下王岗 2008—2010 年考古发掘研究报告"（高江涛主持），"唐大明宫太液池遗址考古发掘报告"（龚国强主持），"秦封泥分期与秦职官郡县重构研究"（刘瑞主持），"汉唐时期青藏高原丝绸之路的考古学研究"（仝涛主持），"山西翼城大河口墓地出土容器内存积土的分析与研究"（赵春燕主持），"先秦时期海岱地区考古学文化的互动与族群变迁"（庞晓霞主持）；国家社会科学基金青年课题 5 项："殷墟遗址的动物考古学研究"（李志鹏主持），"广鹿岛贝丘遗址的动物考古学研究"（吕鹏主持），"夏商时期晋陕冀地区的生业与社会"（常怀颖主持），"福建地区旧、新石器时代过渡遗存综合研究"（周振宇主持），"中原地区先秦时期家养黄牛的分子考古学研究"（赵欣主持）；国家社会科学基金后期资助课题 2 项："上古的天文、思想与制度"（冯时主持），"礼仪神器与欧亚草原社会世俗生活"（郭物主持）；国家自然科学基金青年课题 2 项："陶寺遗址的石器生产技术和石料资源利用：早期城市出现的经济支撑"（翟少冬主持），"中国新石器时期玉器砂绳切割技术研究"（叶晓红主持）。

**3. 获奖优秀科研成果**

《中乌联合考古队乌兹别克斯坦明铁佩城址 2016 年度考古发掘取得重大学术突破》入选 2016 年度中国社会科学院创新工程重大科研成果。

2016 年，考古研究所获"第九届（2016 年）中国社会科学院优秀科研成果奖"专著类二等奖 2 项：钱国祥的专著《汉魏洛阳故城南郊礼制建筑遗址 1962—1992 年考古发掘报告》，杨勇的专著《战国秦汉时期云贵高原考古学文化研究》；获"第九届（2016 年）中国社会科学院优秀科研成果奖"专著类三等奖 2 项：郭物的专著《新疆史前晚期社会的考古学研究》，刘一曼的专著《殷墟小屯村中村南甲骨》（上、下卷）；获"第九届（2016 年）中国社会科学院优秀科研成果奖"论文类三等奖 2 项：赵志军的论文"New Archaeobotanic Data for the Study of Origins of Agriculture in China"（《中国农业起源研究的植物考古新资料》），乔玉的论文《伊洛地区裴李岗至二里头文化时期复杂社会的演变——地理信息系统基础上的人口和农业可耕地分析》。

## （三）学术交流活动

### 1. 学术活动

2016年，考古研究所主办、合办的主要学术会议如下。

（1）2016年1月5～6日，考古研究所“2015年度田野考古汇报会”在考古研究所举行。

（2）2016年1月7～8日，考古研究所“创新工程项目实施五年工作总结汇报会”在考古研究所举行。

（3）2016年1月11日，“考古研究所高研论坛”在考古研究所举行。

（4）2016年1月11日，“考古研究所青年论坛”在考古研究所举行。

（5）2016年1月12日，由中国社会科学院主办，考古研究所、考古杂志社承办的“中国社会科学院考古学论坛·2015年中国考古新发现”在北京举行。论坛上正式推出了2015年中国六项重大考古发现。

（6）2016年2月23日，由考古研究所公共考古中心、中国考古学会公共考古专业指导委员会联合主办的“2016年度公共考古专题研讨会”在北京召开。会议的主题是“如何做好考古新发现与考古学研究最新成果的大众传播”。

（7）2016年3月3日，考古研究所召开“田野考古工作座谈会”。

（8）2016年5月21～23日，由中国考古学会主办，郑州中华之源与嵩山文明研究会、河南省文物考古学会承办，河南省文物考古研究院、郑州市文物考古研究院和郑州嵩山文明研究院协办的“首届中国考古学大会”在河南省郑州市举行。大会的主题是“走向世界、走向未来的中国考古学”。来自国内外的400余位专家学者与会。

（9）2016年8月20日，由考古研究所、考古杂志社《考古学报》编辑部举办的“历史学视野下的中国考古学——纪念《考古学报》创刊八十周年学术研讨会”在北京召开。会议的主题为“历史学视野下的中国考古学”。

（10）2016年8月23～25日，由考古研究所、德国考古研究院欧亚考古研究所主办的“跨越欧亚：从天山到阿尔泰山青铜时代国际学术研讨会”在新疆维吾尔自治区温泉县召开。来自国内外研究机构和高校的近30位学者参加了会议。

（11）2016年9月20～22日，由考古研究所、中国农业大学、内蒙古自治区敖汉旗人民政府等联合主办的“第三届世界小米起源与发展国际会议”在内蒙古自治区敖汉旗召开。会议的主题是“世界小米起源与发展”。

（12）2016年10月14日，由中国社会科学院古代文明研究中心、甘肃省委宣传部、甘肃省文化厅主办的“2016中国·广河齐家文化与华夏文明国际论坛”在甘肃省临夏回族自治州广河县举行。

（13）2016年10月28～30日，由考古研究所、广西壮族自治区文化厅、北海市人民政府、中国考古学会主办，广西壮族自治区文物保护与考古研究所、北海市合浦县人民政府、北海市文化新闻出版广电局、中国考古学会秦汉考古专业委员会承办的“汉代海上丝绸之路考古与汉文化国际学术研讨会”在广西壮族自治区北海市合浦县举行。

(14) 2016 年 10 月 29 日，由考古研究所、中国考古学会公共考古专业指导委员会、湖北省文物考古研究所主办，中国社会科学院考古研究所公共考古中心、中国考古网、湖北省天门市文化体育新闻出版广电局、天门市博物馆承办的“第四届中国公共考古—荆楚论坛”在湖北省天门市举办。来自全国数十个省市的考古文博单位、高校的近 100 位专家学者及 20 余名高校学生代表参加会议。

(15) 2016 年 11 月 26 ~ 27 日，由考古研究所、北京大学考古文博学院和佛教考古学会联合主办的“中国与南亚佛教考古国际学术研讨会”在北京举行。来自印度、巴基斯坦、斯里兰卡、日本、美国等国家，以及我国内地与港澳地区的专家学者 50 余人参加研讨会。

(16) 2016 年 12 月 22 日，由考古研究所、中国考古学会、科学出版社、河南省文物局联合举办的“新中国考古从这里走出 ——纪念《辉县发掘报告》出版 60 周年学术座谈会”在北京召开。来自研究机构、高等院校的近 30 位考古专家以及媒体代表参加此次座谈会。

(17) 考古研究所举办“2016 年度考古学研究系列学术讲座”共计 15 讲，分别如下。

2016 年 2 月 26 日第一讲：“精神文化考古的理论与方法”，主讲人为考古研究所研究员何努。

2016 年 3 月 25 日第二讲：“蒙古族源问题的体质人类学与分子考古学研究”，主讲人为吉林大学边疆考古研究中心教授朱泓。

2016 年 4 月 22 日第三讲：“丰镐考古八十年的主要收获”，主讲人为考古研究所研究员徐良高。

2016 年 5 月 19 日第四讲：“作为外交官的法老：青铜时代晚期的拉美西斯二世与赫梯帝国”，主讲人为美国孟菲斯大学历史系教授彼得 · 布兰德。

2016 年 6 月 24 日第五讲：“曾国考古发现与研究”，主讲人为湖北省博物馆、湖北省文物考古研究所研究员方勤。

2016 年 7 月 21 日第六讲：“欧亚大陆古代金属的流动：关于阐述史前晚期人类交流的新框架”，主讲人为牛津大学科技考古研究实验室教授艾伦 · 马克 · 波拉德。

2016 年 7 月 22 日第七讲：“中国美术考古半世纪”，主讲人为考古研究所研究员杨泓。

2016 年 8 月 19 日第八讲：“认识大邑商：人口、技术、礼仪和城市”，主讲人为加拿大英属哥伦比亚大学人类学系教授荆志淳。

2016 年 8 月 26 日第九讲：“四川考古的过去与未来”，主讲人为四川省文物考古研究院研究员高大伦。

2016 年 9 月 1 日第十讲：“现代人走出非洲的新观点 ——来自黎凡特 Manot 洞穴遗址的

证据”，主讲人为以色列本古里安大学教授 Ofer Marder。

2016 年 9 月 23 日第十一讲：“东北地区农业起源的多维度、跨学科研究——以阜新项目的初步研究结果为例”，主讲人为以色列希伯来大学教授吉迪。

2016 年 10 月 24 日第十二讲：“印加路网：关于建造技术与经验的新研究”，主讲人为美国哥伦比亚大学人类学系教授特伦斯·戴尔特伊。

2016 年 11 月 8 日、10 日第十三讲、第十四讲：“为中国考古学发展引航掌舵——夏鼐的学术人生（上、下）”，主讲人为考古研究所研究员王世民。

2016 年 11 月 28 日第十五讲：“汉魏洛阳城太极殿遗址的勘察发现”，主讲人为考古研究所研究员钱国祥。

（18）考古研究所举办“2016 年度埃及考古系列学术讲座”共计 12 讲，分别如下。

2016 年 10 月 9 日第一讲：“发现和重构古埃及文明”，第二讲：“埃及考古的发端与现状”，主讲人为首都师范大学历史学院教授金寿福。

2016 年 10 月 10 日第三讲：“古代埃及的年代学”，第四讲：“古代埃及人的创世观念”，主讲人为东北师范大学历史系教授郭丹彤。

2016 年 10 月 13 日第五讲：“理论思考，百密一疏——捷尔象牙牌的年代推测”，第六讲：“灌注生命——‘赋予生命’推想”，主讲人为东北师范大学世界古典文明史研究所教授李晓东。

2016 年 10 月 27 日第七讲：“古代蒙迪斯：尼罗河三角洲中心的一座早期城市”，主讲人为美国驻以色列考古研究所博士马修·亚当斯。

2016 年 12 月 7 ~ 15 日第八讲：“古代埃及国家与帝国”，第九讲：“古代埃及宗教与神庙”，第十讲：“古代埃及生死观与葬俗”，第十一讲：“古代埃及社会与认同”，第十二讲：“萨卡拉地区的考古”，主讲人为加拿大英属哥伦比亚大学教授托马斯·施耐德。

（19）考古研究所举办“2016 年度印度考古系列学术讲座”共计 2 讲，分别如下。

2016 年 10 月 25 日第一讲：“南亚农业社会起源与发展的最新研究”，第二讲：“哈拉帕文明和拉吉加希”，主讲人为印度德干学院教授瓦萨·辛德。

**2. 国际学术交流与合作**

2016 年，考古研究所共派遣出访 52 批 98 人次，接待来访 12 批 90 人次。与考古研究所开展学术交流的国家有美国、英国、俄罗斯、德国、日本、韩国、埃及、印度、乌兹别克斯坦、巴基斯坦、洪都拉斯等。

（1）2016 年 1 月 14 ~ 19 日，考古研究所所长王巍研究员赴埃及，出席中国社会科学院与开罗大学共同举办的“和而不同和中共进：中埃文化交流与共鉴”研讨会。

（2）2016 年 2 月 13 ~ 17 日，考古研究所研究员刘建国等赴日本立命馆大学，参加“亚洲圈文化资源研究开拓项目国际研讨会”，就中国邺城遗址出土佛像的考古发掘、研究概况、三维重建等与日方学者进行学术交流与研讨。

(3) 2016 年 2 月 20 ~ 24 日，考古研究所研究员朱岩石赴日本大阪市立大学，参加“难波宫与大化改新 Ⅲ”国际研讨会。

(4) 2016 年 3 月 8 ~ 12 日，考古研究所研究员朱岩石赴日本东京，在明治大学参加了“明治大学所藏好大王碑拓本和新出土‘集安高句丽碑碑文’历史研究国际会议”。

(5) 2016 年 3 月 29 日至 4 月 2 日，考古研究所所长王巍研究员等赴印度考察印度河文明遗址，并与相关单位商谈开展合作发掘及研究工作事宜。

(6) 2016 年 6 月 21 ~ 25 日，考古研究所所长王巍研究员随同中国社会科学院院长王伟光率领的代表团出访乌兹别克斯坦，签署两院交流协议，并出席相关高层访问活动。

(7) 2016 年 7 月 3 ~ 12 日，考古研究所所长王巍研究员等赴洪都拉斯、墨西哥进行学术访问。

(8) 2016 年 8 月 13 ~ 17 日，考古研究所所长王巍研究员赴埃及，参加中埃古老文明对话交流特别节目的录制工作。

(9) 2016 年 8 月 17 ~ 22 日，考古研究所副所长白云翔研究员等赴英国伦敦，参加由英国 BBC 和国家地理频道通过 Brook Lapping 有限公司发起，由陕西省秦始皇陵兵马俑博物院与英国伦敦大学学院考古研究所联合举办的“国际视野下的秦始皇和秦始皇陵学术研讨会”。

(10) 2016 年 9 月 26 日至 10 月 1 日，考古研究所所长王巍研究员等赴葡萄牙，参加“丝绸之路与中西文化交流”国际学术研讨会。

(11) 2016 年 11 月 4 ~ 12 日，考古研究所所长王巍研究员、副所长陈星灿研究员等一行 6 人出访埃及，实地考察选定合作发掘的遗址，并与埃及古物部就赴埃及考古发掘的具体事宜进行了详细的沟通。

(12) 2016 年 12 月 7 ~ 17 日，考古研究所党委书记刘政、研究员刘国祥等出访洪都拉斯、墨西哥、美国，考察考古所洪都拉斯科潘考古工地发掘工作，并考察墨西哥、美国美洲文明研究机构。

**3. 与中国香港、澳门特别行政区和中国台湾开展的学术交流**

(1) 2016 年 2 月 29 日至 3 月 3 日，考古研究所研究员许宏等赴香港，参加“玉器与王朝诞生”学术研讨会。

(2) 2016 年 4 月 18 ~ 21 日，考古研究所研究员刘瑞赴中国台湾，参加由中国科学院、中国社会科学院与台北“中研院”联合举办的“第十一届两岸三院资讯技术与应用交流研讨会”。

(3) 2016 年 11 月 3 ~ 6 日，考古研究所研究员岳洪彬等赴香港中文大学，参加“商周青器暨铸造工艺研究”学术会议，并同香港中文大学以及国内、日本的同行进行了学术交流。

**4. 国际合作研究项目**

2016 年，考古研究所与亚洲、欧洲、美洲、大洋洲的 30 多个国际知名研究所或大学建立了良好的学术交流关系。

（1）洪都拉斯科潘遗址发掘工作顺利推进

2015年6月，考古研究所与洪都拉斯人类学与历史研究所签订了共同开展玛雅文明重要城址科潘遗址考古研究的协议。

（2）乌兹别克斯坦明铁佩遗址考古发掘与研究取得重要成果

2016年6月，在乌兹别克斯坦明铁佩遗址发掘的中国考古工作队受到赴乌兹别克斯坦访问的国家领导人接见。考古研究所赴乌兹别克斯坦的发掘与研究极大地推动对古代东西方文化交流的研究，对于提高中国考古学在中亚考古中的话语权产生了积极的作用。

（3）与印度德干学院签署合作考古发掘与研究谅解备忘录

2016年10月，印度德干学院副院长瓦桑·辛德教授来华访问考古研究所，双方就合作发掘遗址的发掘和研究现状、项目报批的程序以及具体发掘研究中的细节问题进行了洽谈。

（4）考古研究所赴埃及考古发掘与研究项目稳步推进

2016年11月4～12日，考古研究所所长王巍研究员、副所长陈星灿研究员等一行6人应阿拉伯埃及共和国古物部的邀请，组团赴埃及实地考察古代埃及的考古遗址。先后考察了吉萨高地的金字塔聚落、卡尔纳克的蒙图神庙遗址、第三十王朝的祭司之屋、阿尔曼特的蒙图神庙及附近的早王朝墓地、帝王谷孟图霍特普二世太阳庙遗址、拉美西斯四世神庙遗址、图坦卡蒙神庙遗址、亚历山大港希腊罗马时期埃及遗址以及萨卡拉古王国墓地等。此次考察对于埃及考古的现状以及不同时期、不同类型的遗址有了较全面的了解和认识，为考古所赴埃及开展考古发掘与研究打下了良好的基础。

## （四）学术社团、期刊

### 1. 社团

中国考古学会，理事长王巍。

（1）2016年1月16～17日，由中国考古学会人类骨骼考古专业委员会主办，考古研究所科技考古中心和吉林大学边疆考古中心承办的“中国考古学会人类骨骼考古专业委员会2016年年会”在吉林省长春市召开。来自国内10余所高校和科研院所的20余位人类骨骼考古研究方面的专家学者以及吉林大学边疆考古研究中心的部分研究生参加了年会。

（2）2016年1月21日，“中国考古学会第六次常务理事会”在故宫博物院举行。会议主要讨论首届中国考古学大会诸事宜；确定设置的奖项；讨论各区域分会的设置；审议《中华人民共和国文物保护法修订草案（送审稿）》，并出具书面意见；讨论个人会员入会审批情况；等等。

（3）2016年2月19日，“2015年度（第26届）全国十大考古新发现评选初评活动”在北京举行。共推荐38个发掘和调查项目参加初评，最终产生了2015年度全国十大考古新发现：云南江川甘棠箐旧石器遗址；江苏兴化、东台蒋庄遗址；浙江余杭良渚古城外围大型水利工程的调查与发掘；海南东南部沿海地区新石器时代遗存；陕西宝鸡周原遗址；湖北大冶铜绿山四方塘遗址墓葬区；江西南昌西汉海昏侯刘贺墓；河南洛阳汉魏洛阳城太极殿遗址；内蒙古多伦辽代贵妃家族墓葬；辽宁“丹东一号”清代沉船（致远舰）水下考古调查。2016 年 7 月 21 日起，“金铲问地展露辉煌 ——2015 年度全国十大考古新发现”图片展在北大红楼橱窗开展，对“全国十大考古新发现”进行宣传推介。

（4）2016 年 3 月 20 日，由中国考古学会文化遗产保护专业委员会主办，湖北省文物考古研究所、湖北省博物馆承办的《中国考古学会“考古资产保护金尊奖”评选办法》的修订会在湖北省武汉市举行。首先，会议讨论了由杜金鹏先生主持起草的《中国考古学会“考古资产保护金尊奖”评选办法》及上述评选办法的实施细则，经修改形成定稿（试行）。其次，推选、组建“中国考古学会考古资产保护金尊奖”评奖委员会，并提名、初选获奖名单。评奖委员会主任由杜金鹏先生担任。评委提名成果（项目）共计 61 项，经讨论筛选初评成果（项目）33 项。

（5）2016 年 4 月 7 日，“首届中国考古学大会（2016・郑州）宣传工作座谈会”在河南省郑州市召开。

（6）2016 年 4 月 21 日，“中国考古学会第七次常务理事会”在考古研究所举行。会议听取首届中国考古学大会北京工作组和郑州工作组的会议筹备情况，并讨论研究成果奖和青年学者奖的初评，审核个人会员入会申请。

（7）2016 年 4 月 21 ～ 22 日，由中国考古学会主办，河南省文物考古研究院、专委会、国家文物局动植物重点科研基地联合承办的“首届中国考古学大会动物考古专业委员会 2016 年年会暨第七届全国动物考古学研讨会”在河南省郑州市举行。来自国内 22 家学术机构的 40 位学者参加了此次研讨会。会议共安排学术宣讲 19 场，宣讲的研究内容涉及“动物考古学理论与方法的探讨”“骨器手工业等系统性的专题研究”“动物图像学研究”“考古遗址出土动物遗存个案研究”“祭祀用牲习俗研究”“动物考古数据库建设和应用”“食性分析与分子生物学方法在动物考古学研究中的应用”8 个方面，展现了近年来动物考古学研究的最新成果。

（8）2016 年 4 月 26 ～ 28 日，由中国考古学会新石器时代考古专业委会与南京博物院、国家博物馆田野考古中心、泗洪县人民政府共同主办的“顺山集文化学术研讨会”在江苏省泗洪县召开。来自全国高校、考古研究机构、博物馆界的 70 余位专家学者出席了会议。共有 10 位专家学者围绕“顺山集文化研究”“韩井遗址发掘成果”“动植物考古研究”“制陶工艺研究”“中国早期稻田研究”先后作了专题报告，30 余位专家在讨论环节发言。

（9）2016 年 5 月 20 日，中国考古学会第六届理事会第二次全体理事会议在河南省郑州市举行。会议就首届中国考古学大会的筹备情况、考古学会以后的工作安排以及增补新的理事及相关事宜向全体理事作了通报。

（10）2016年5月21～23日，“首届中国考古学大会（2016·郑州）”在河南省郑州市举行。

（11）2016年8月29日，中国魏晋南北朝史学会、中国考古学会三国至隋唐考古专业委员会与河北漳河经济开发区管委会在北京联合签署《关于合作建设两个研究基地及相关事项的协商备忘录》，合作建立“中国魏晋南北朝史学会研究基地”和“中国考古学会三国至隋唐考古专业委员会考古研究基地”。

（12）2016年9月11～12日，由中国考古学会植物考古专业委员会和西北大学文化遗产学院共同主办的“第五届中国植物考古学术研讨会暨淀粉粒分析方法专题研讨会”在西北大学召开。来自美国、英国、印度和国内各高校、科研院所的70余位代表出席会议。与会学者针对植物遗存类别中的木材、种子和果实、淀粉粒、植硅体和孢粉等进行学术交流与研究。

（13）2016年9月19～20日，中国考古学会新石器时代考古专业委员会与安徽省文物考古研究所、宿州市文化局、宿州市博物馆主办的“淮河中下游地区的龙山时代”学术研讨会在安徽省宿州市召开。来自考古研究所、中国国家博物馆、上海博物馆等单位的专家学者60余人参加。

（14）2016年9月22～23日，由中国考古学会人类骨骼考古专业委员会和西北大学文化遗产学院共同主办的“首届中国人类骨骼考古专业委员会年会”在西北大学举行。来自国内22所科研单位和高校的40余位从事人类骨骼考古的代表先后发言，分享自己的最新研究成果。

（15）2016年9月22～25日，中国考古学会与宁夏文物考古研究所、吉林大学边疆考古学研究中心等单位联合组织的“早期丝绸之路与东西文化交流国际学术研讨会暨中国考古学会丝绸之路考古专业委员会成立大会”在宁夏回族自治区银川市、固原市召开。会议共邀请到中外丝绸之路考古专家学者计80余人。研讨会的主题是“早期丝绸之路与东西文化交流”。

（16）2016年10月28～30日，由考古研究所、广西壮族自治区文化厅、北海市人民政府、中国考古学会主办，广西文物保护与考古研究所、北海市合浦县人民政府、北海市文化新闻出版广电局、中国考古学会秦汉考古专业委员会承办的“汉代海上丝绸之路考古与汉文化国际学术研讨会”在广西壮族自治区北海市召开。参会学者共计130余人。

（17）2016年10月29日，由考古研究所、中国考古学会公共考古专业指导委员会、湖北省文物考古研究所主办，中国社会科学院考古研究所公共考古中心、中国考古网、天门市文化体育新闻出版广电局、天门市博物馆承办的第四届“中国公共考古—荆楚论坛”在湖北省天门市召开。来自全国数十个省市考古文博单位和高校的近100位专家学者、20余名高校学生代表以及媒体记者参会。

（18）2016年11月27日，由中国考古学会旧石器专业委员会、首都师范大学历史学院主办的“石器研究：新发现、新思考、新进展”学术研讨会在北京召开。来自内地高等院校、研究机构、博物馆以及香港中文大学的100余位专家学者参加了此次会议。

(19) 2016 年 11 月 27 ～ 29 日，由陕西省文物局、宝鸡市人民政府、中国考古学会主办，中国考古学会两周考古专业委员会承办的“周原考古国际学术研讨会”在陕西省扶风县召开。来自海内外的 60 余位专家学者与会，就“周原遗址与周文化的研究”“周原遗址的规划与保护”“西周青铜器、铭文”等诸多问题进行了深入的讨论。

(20) 2016 年 12 月 16 ～ 18 日，由中国考古学会两周考古专业委员会、湖北省文物考古研究所、北京大学震旦古代文明研究中心、清华大学出土文献研究与保护中心、武汉大学青铜文明研究中心主办的“曾国考古发现与研究暨纪念苏家垄出土曾国青铜器五十周年国际学术研讨会”在湖北省京山市召开。

(21) 2016 年 12 月 16 日，由中国考古学会宋辽金元明清考古专业委员会主办，北京大学考古文博学院承办，中国社会科学院考古研究所协办的“近古都城和城镇考古学术研讨会”在北京举办。会议围绕近古都城与城镇遗址进行了集中研讨。来自国内科研院所、高等院校等机构的 20 余名专委会委员和学者参加了此次研讨会。

(22) 2016 年 12 月 22 日，中国考古学会第八次常务理事会在北京召开。此次会议有如下议程：听取 14 个专业委员会的 2016 年工作汇报及下一年度展望；理事长王巍作了 2016 年中国考古学会年度总结报告；审议了《关于成立环境考古专业委员会的申请》；讨论了专委会增补或调整主任、副主任、委员等事项。

(23) 2016 年 3 月，《中国考古学年鉴 2014》正式出版，2016 年 10 月，《中国考古学年鉴 2015》正式出版。

**2. 期刊**

(1)《考古》(月刊)，主编王巍。

2016 年，《考古》共出版 12 期，共计 164 万字。

(2)《考古学报》(季刊)，主编刘庆柱。

2016 年，《考古学报》共出版 4 期，共计 78 万字。

(3)《中国考古学（英文版）》(年刊)，主编刘庆柱。

2016 年，《中国考古学（英文版）》共出版 1 期，共计 23 万字。

## (五) 会议综述

### 首届中国考古学大会（2016·郑州）

2016 年 5 月 21 ～ 23 日，首届中国考古学大会在河南省郑州市举行，这是中国考古学诞生以来第一次国际化、开放式的大会，也是中国考古学领域规模最大、覆盖面最广的一次学术盛会。大会以“走向世界、走向未来的中国考古学”为主题，来自全国 49 家研究机构、高等

2016年5月，首届中国考古学大会在河南省郑州市召开。

院校，75家省、市考古文博机构的385位代表，以及来自俄罗斯、加拿大、德国、英国、埃及、印度、韩国、日本、乌兹别克斯坦、洪都拉斯、蒙古国11个国家的近30位国外专家学者参会并发言。开幕式上进行了此前中国考古学会评选出的中国考古学终身成就奖、田野考古奖、研究成果奖（金鼎奖）、青年学者奖（金爵奖）等奖项的颁奖仪式。著名考古学家宿白先生获终身成就奖。

会议为期3天，中国考古学会的13个专业委员会分别组织了学术讨论会，就各自专业领域内的学术问题进行了深入广泛的交流。大会召开期间还组织了青年学者圆桌会议、国外专家座谈会、参观东赵遗址等多项专题活动。与此同时，大会在郑州大学、河南大学、郑州师范学院等地举办了16场面向社会的公众讲座，真正地让公众感受到考古的魅力所在。

（科研处）

## 跨越欧亚：从天山到阿尔泰山青铜时代国际学术研讨会

2016年8月23～25日，由中国社会科学院考古研究所、德国考古研究院欧亚考古研究所共同主办的“跨越欧亚：从天山到阿尔泰山青铜时代国际学术研讨会”在新疆维吾尔自治区温泉县召开。来自德国、英国、哈萨克斯坦、俄罗斯、澳大利亚及国内中国社会科学院考古研究所、新疆维吾尔自治区考古研究所、中国人民大学、新疆师范大学等研究机构与高校的近30位学者参加了此次会议。

长久以来，欧亚地区之间广泛存在的古代文化交流、互动及动因等内容，一直是考古学者非常关注的课题，也是国际考古的“显学”之一。这一地区的考古学文化面貌、文明化进程的演进、自然环境的变动、人群迁徙活动与动因、生业形态、技术传播与发展等，无一不是具有世界性的研究课题；将自己的学术视野从中国扩展到周边世界，研究世界，比较世界，在比较中更清晰地认识中华文明的特质和优势，“各美其美、美美与共”，这是几代中国考古学人的努力。而中国，尤其是新疆地区博尔塔拉河流域一系列新发现所显示出的跨越欧亚的特点，为这种持续的关注增加了新的热度。

（科研处）

## 第三届世界小米起源与发展国际会议

2016 年 9 月 20 ～ 22 日，由中国社会科学院考古研究所、中国农业大学、中国农学会农业文化遗产分会、中国作物协会粟类专业委员会、内蒙古小米（谷子）产业技术创新战略联盟、敖汉旗人民政府联合主办的“第三届世界小米起源与发展国际会议”在内蒙古自治区敖汉旗召开。来自国内外高校、研究机构以及香港中文大学的专家学者，北京、天津、河北、山东等国内知名小米加工与销售企业负责人共 300 多人参加会议。

会议围绕世界小米的起源、传播与文明互鉴；敖汉旱作农业系统与全球重要农业文化遗产的保护、研究、宣传与利用；敖汉史前考古与中华文明起源研究；有机绿色小米品牌与产业发展等主题展开研究探讨。不同领域的专家学者共同来到这里创造新的阐释、传播新的知识。此次学术研讨会的召开为探讨小米起源与发展的相关问题和敖汉旗的繁荣发展带来新的契机。

（科研处）

## 第四届“中国公共考古·荆楚论坛”

2016 年 10 月 29 日，第四届“中国公共考古—荆楚论坛”在湖北省天门市召开。论坛由中国社会科学院考古研究所、中国考古学会公共考古专业指导委员会、湖北省文物考古研究所主办，考古研究所公共考古中心、中国考古网、天门市文化体育新闻出版广电局、天门市博物馆承办。来自全国数十个省市考古文博单位和高校的近 100 位专家学者以及 20 余名高校学生代表参会。论坛还特别邀请了十几家媒体的记者共同探讨公共考古的宣传和传播。

论坛内容包括以下环节：(1) 公众演讲，论坛邀请了 7 位著名考古学家讲述精彩的考古故事；(2) 公共研讨，论坛挑选了“海昏侯、妇好墓展览的策划”等 8 项有特色的公共考古活动，邀请热心公众考古活动的考古文博单位、高校文物爱好者协会、媒体等的专家学者，以沙龙的形式展开对话和研讨，着重对公共考古活动所面临的问题和发展方向进行研讨交流，以期提升公共考古的成效，完善公共考古的理论和实践，为中国公共考古的发展建言献策。

（科研处）

## 新中国考古从这里走出——纪念《辉县发掘报告》出版 60 周年学术座谈会

2016 年 12 月 22 日，由中国社会科学院考古研究所、中国考古学会、科学出版社、河南省文物局联合举办的“新中国考古从这里走出——纪念《辉县发掘报告》出版 60 周年学术座谈会”在北京召开。来自考古研究所、国家文物局、中国考古学会、北京大学、中央民族大学、首都师范大学、中国人民大学、河南省文物考古学会、洛阳市考古研究院、辉县市政府等的近30位考古专家以及媒体记者参加了座谈会。

与会专家学者围绕《辉县发掘报告》出版的意义以及对田野考古工作的影响和推动等进行了座谈，指出，《辉县发掘报告》不仅是中国社会科学院考古研究所成立之后编写的第一部大型田野报告，还是科学出版社建社以来出版的第一部田野考古发掘报告，同时也是新中国成立之后的第一部考古报告。它的出版，开创了田野考古发掘工作结束后在一定时期内就出版考古报告的先河。学者们同时指出，在田野考古发掘工作结束后就要着手考古报告的整理和公布，及时出版，为下一步的考古学研究打下坚实的学科基础。

（科研处）

# 历史研究所

## （一）人员、机构等基本情况

### 1. 人员

截至2016年年底，历史研究所共有在职人员134人。其中，正高级职称人员35人，副高级职称人员40人，中级职称人员45人；高、中级职称人员占全体在职人员总数的90%。

### 2. 机构

历史研究所设有：先秦史研究室、战国秦汉史研究室、魏晋南北朝隋唐史研究室、宋辽金元史研究室、明史研究室、清史研究室、中国思想史研究室、马克思主义史学理论与史学史研究室、历史地理研究室、中外关系史研究室、文化史研究室、社会史研究室、《中国史研究》杂志社、图书馆、人事处、办公室、科研处。

### 3. 科研中心

历史研究所院属科研中心有：中国社会科学院甲骨文殷商史研究中心、中国社会科学院简帛研究中心、中国社会科学院徽学研究中心、中国社会科学院敦煌学研究中心、中国社会科学院中国思想史研究中心；所属科研中心有：中国社会科学院历史研究所内陆欧亚学研究中心。

## （二）科研工作

### 1. 科研成果

2016年，历史研究所共完成专著22种949.3万字；论文集、集刊12种439.2万字；学术资料7种371.3万字；古籍整理13种481万字；科普著作、科普文章等3种81万字；译著4部416.9万字；学术论文308篇326.5万字。

**2. 科研课题**

（1）新立项课题。2016年，历史研究所共有新立项课题13项。其中，“马克思主义理论学科建设与理论研究工程”交办重大课题1项：“历史全视角下的‘中国特色’问题研究”（卜宪群主持）；国家社会科学基金课题9项：“习近平治国理政新思想研究”的子课题“习近平历史思想研究”（卜宪群主持），“中国国家图书馆所藏中文古地图的整理与研究”（成一农主持），“晚唐敦煌文士张球与归义军史研究”（杨宝玉主持），“嘉禾吏民田家莂研究”（凌文超主持），“‘丝绸之路’与女真政治文明研究”（孙昊主持），“唐与外部世界管窥”（李锦绣主持），“清代学者象传校补”（陈祖武主持），“中国古代国家的起源与王权的形成”（英文版，王震中主持），“中国古代国家的起源与王权的形成”（日文版，王震中主持）；院出版文库课题2项：“公羊学思想研究”（郑任钊主持），“土默特蒙古金氏家族契约文书整理新编”（李艳玲等主持）；院出版资助课题1项：“中国的反贫困：理论与实践研究”（闫坤等主持）。

（2）结项课题。2016年，历史研究所共有结项课题，即国家社会科学基金课题5项：“甲骨文合集三编”（宋镇豪主持），“明代服饰研究”（赵连赏主持），“明代科举体制下的经学与地域研究”（陈时龙主持），“商代地理环境研究”（张兴照主持），“《清代续文献通考·经籍考》研究”（李立民主持）。

（3）延续在研课题。2016年，历史研究所共有延续在研课题，即国家社会科学基金课题15项：“黑水城出土元代财政经济文书研究”（张国旺主持），“中国土司制度史料编纂整理与研究”（李世愉主持），“魏晋南北朝谥法制度研究”（戴卫红主持），“明清沿海地图研究”（孙靖国主持），“因俗而治：辽代五京体制研究”（康鹏主持），“海岱早期文明的演进及其与中原的互动研究”（王震中主持），“中国礼学思想发展史研究”（王启发主持），“战国长城研究”（任会斌主持），“《宋会要》的复原、校勘与研究”（陈智超主持），“山东博物馆珍藏甲骨文的整理与研究”（宋镇豪主持），“《地图学史》翻译工程”（卜宪群主持），“中国古文书学研究”（黄正建主持），“元代江南镇戍体系研究”（刘晓主持），“新视域中的唐代社会经济研究”（牛来颖主持），“蒙元时期的海上‘丝绸之路’研究”（李鸣飞主持）。

**3. 获奖优秀科研成果**

2016年，历史研究所获“第九届（2016年）中国社会科学院优秀科研成果奖”专著类二等奖2项：宋镇豪、赵鹏、马季凡的专著《中国社会科学院历史研究所藏甲骨集》（3卷），陈高华、张帆、刘晓、党宝海的专著《元典章》（全四册）；“第九届（2016年）中国社会科学院优秀科研成果奖”专著类三等奖1项：吴丽娱的专著《终极之典：中古丧葬制度研究》；“第九届（2016年）中国社会科学院优秀科研成果奖”论文类三等奖3项：王震中的论文《论商代复合制国家结构》，刘晓的论文《金元北方云门宗初探》，杨振红的论文《从出土秦汉律看中国古代的“礼”“法”观念及其法律体现——中国古代法律之儒家化说商兑》。

## （三）学术交流活动

### 1. 学术活动

2016年，历史研究所主办和承办的主要学术会议如下。

（1）2016年4月16日，由历史研究所、江西师范大学、江西省文物考古研究所共同主办的“南昌海昏侯墓发掘暨秦汉区域文化”国际学术研讨会在江西省南昌市召开。会议的主题是“南昌海昏侯墓发掘暨秦汉区域文化”。来自海内外的专家学者70余人参加了研讨会。

（2）2016年4月22日，由历史研究所与韩国成均馆大学东亚学术院共同主办的“第六届中韩学术年会”在韩国首尔召开。会议的主题是“东亚历史上的文化交流与相互认识”。来自历史研究所和韩国成均馆大学的专家学者20余人参加了年会。

（3）2016年5月7日，由历史研究所与天津市宝坻区人民政府共同主办，天津市社会科学界联合会、北京市社会科学院国学研究中心、天津市宝坻袁黄研究会协办的“2016首届袁了凡思想文化国际论坛”在天津市宝坻区召开。论坛的主题是“袁了凡其人其事”“袁了凡与宝坻”“袁了凡思想文化及现代价值”。来自中国内大陆地、中国港澳台地区以及新加坡、加拿大等国国学研究领域的学者200余人参加了论坛。

（4）2016年5月20日，由历史研究所与日本东方学会共同主办的“第八届中日学者中国古代史论坛”在日本东京召开。论坛的主题是“中国史学的方法论”。来自中国、日本、韩国的学者40余人参加了论坛。

（5）2016年7月9～10日，由中国社会科学院学部主席团主办，历史研究所、吉林省社会科学院《社会科学战线》杂志社承办的“2016年中国社会科学论坛：形象史学与丝路文献国际学术研讨会”在吉林省长春市召开。研讨会的主题是“形象史学的理论与方法、丝绸之路文献的整理与研究”。来自中国、日本、越南等国的专家学者40余人参加了研讨会。

2016年10月，第七届中国古文献与传统文化国际学术研讨会在中国香港召开。

（6）2016年10月14日，由历史研究所与香港理工大学中国文化学系、北京师范大学古籍与传统文化研究院共同主办的第七届中国古文献与传统文化国际学术研讨会在中国香港召开。会议的主题为“中国古代简帛、敦煌文书、明清契约文书、古地图研究、北方民族历史文献的作用及意义”。来自中国和马来西亚等国的学者 30 余人参加了研讨会。

(7) 2016 年 10 月 30 日至 11 月 3 日，由历史研究所、莆田学院共同主办的“第二届妈祖文化高峰论坛——2016 年国际妈祖文化学术研讨会”在福建省莆田市召开。研讨会的主题是“妈祖文化与海上丝绸之路”。来自 10 多个国家和中国台湾的学者 180 余人参加了研讨会。

**2. 国际学术交流与合作**

2016 年，历史研究所共派遣出访 32 批 58 人次，接待来访 12 批 34 人次（其中，中国社会科学院邀请来访 3 批 5 人次）。与历史研究所开展学术交流的国家有日本、韩国、美国、葡萄牙、俄罗斯、哈萨克斯坦、波兰、斯洛伐克、加拿大等。

(1) 2016 年 1 月 10 ~ 29 日，由历史研究所与韩国成均馆大学东亚学术院共同主办的“2016 年度韩国成均馆大学硕博研究生研修班”在历史研究所开课。研修班的主题是“中国古代和近代社会的政治、经济、文化”。来自成均馆大学东亚学术院的 17 名硕士、博士研究生参加研修。

(2) 2016 年 1 月 13 ~ 16 日，历史研究所副研究员邱源媛应邀赴韩国，参加由成均馆大学主办的“东亚细亚族谱文化史国际学术研讨会”，并发表论文《户籍与族谱的关系》。

(3) 2016 年 2 月 26 日至 3 月 2 日，历史研究所研究员黄正建应邀赴日本，参加由明治大学主办的第五届“交响的古代——日本古代学研究”国际学术研讨会，并作题为“唐代诉讼文书研究”的学术报告。

(4) 2016 年 3 月 28 日至 4 月 2 日，历史研究所所长卜宪群研究员应邀随中国社会科学出版社代表团赴美国进行学术访问，并参加“2016 年北美东亚图书馆年会”和“2016 年全美亚洲年会”。

(5) 2016 年 3 月 31 日，历史研究所副所长王震中研究员在北京会见日本东方学会理事长池田知久，就历史研究所与日本东方学会即将展开的新一轮学术交流事宜进行了磋商。

(6) 2016 年 3 月 31 日至 4 月 4 日，历史研究所副研究员邱源媛应邀赴美国，参加由美国亚洲研究协会主办的“2016 年全美亚洲年会”，并发表论文《17 ~ 20 世纪中国华北地区的旗人社群、认同及其传统》。

(7) 2016 年 4 月 21 ~ 24 日，历史研究所研究员王震中、林存阳等应邀赴韩国，参加由历史研究所与成均馆大学共同主办的“第六届中韩学术年会”。

(8) 2016 年 5 月 12 日，历史研究所所长卜宪群研究员在北京会见了哈萨克斯坦科学院历史与民族研究所所长阿布坚诺夫。双方介绍了各自研究所的历史沿革、研究领域、研究方向及最新的研究成果，并就今后开展合作事宜进行了磋商。

(9) 2016 年 5 月 12 ~ 15 日，历史研究所副研究员赵连赏应邀赴韩国，参加由檀国大学主办的“韩中日王室仪礼服国际学术研讨会”，并发表论文《中国明代皇帝礼服穿着法——以皇帝冕服和常服为例》。

（10）2016 年 5 月 15 ～ 19 日，历史研究所研究员青格力应邀赴蒙古国，参加由乌兰巴托国立大学主办的“19—20 世纪蒙古卫拉特的价值观国际学术研讨会”，并发表论文《伊希班觉著作蒙译概况》。

（11）2016 年 5 月 19 ～ 23 日，历史研究所研究员王震中、王启发、汪学群等应邀赴日本，参加由历史研究所与日本东方学会共同主办的“第八届中日学者中国古代史论坛”。

（12）2016 年 6 月 24 ～ 28 日，历史研究所副研究员邱源媛应邀赴日本，参加由同志社大学主办的“2016 年全美亚洲年会亚洲分会”，并发表论文《土地、继承与家族：从八旗的视角反思华北地区国家与地方的关系》。

（13）2016 年 8 月 21 ～ 29 日，历史研究所副研究员邱源媛应邀赴俄罗斯，参加由圣彼得堡国立大学主办的“第 21 届欧洲汉学年会”，并发表论文《中国第一历史档案馆所藏旗人户口册述略》。

（14）2016 年 9 月 19 日至 10 月 2 日，根据院级交流协议，波兰科学院考古与人类学研究所教授哈琳娜等访问历史研究所。

（15）2016 年 9 月 26 日至 10 月 1 日，历史研究所研究员李锦绣应邀随中国社会科学院代表团访问葡萄牙，参加“丝绸之路与中心文化交流国际学术研讨会”，并发表论文《银币贸易圈与白银的贸易圈：波斯银币在唐代的不同命运》。

（16）2016 年 9 月 28 日，历史研究所所长卜宪群研究员在北京会见中俄友好、和平与发展委员会专家理事会俄方主席维诺戈拉茨基等一行，与俄方学者就在俄罗斯开展中国古代史讲座等事宜进行了研讨。

（17）2016 年 9 月 29 日，历史研究所副所长王震中研究员在北京会见大谷大学副校长松川节等一行，就开展新的国际学术合作研究项目等议题进行了磋商。

（18）2016 年 10 月 13 ～ 16 日，历史研究所副研究员凌文超应邀赴美国，参加由哈佛大学环境研究中心主办的“长沙走马楼吴简文书阅读研讨会”。

（19）2016 年 10 月 24 ～ 31 日，历史研究所研究员吴锐应邀赴韩国，参加由国立庆尚大学主办的“第四届东亚文化的现况与发展”国际学术研讨会，并发表论文《顾颉刚箕子王朝鲜研究述评》。

（20）2016 年 10 月 25 日至 11 月 4 日，根据所级交流协议，斯洛伐克科学院考古研究所所长马捷·卢特奇博士、副所长卡罗尔·皮埃塔博士应邀对历史研究所进行学术访问，并作主题为“斯洛伐克考古——新挑战、新方法、新成果”的学术演讲。

（21）2016 年 10 月 30 日至 11 月 4 日，根据所级交流协议，日本大东文化大学教授吉田笃志应邀对历史研究所进行学术访问，并作主题为“三读清华简《傅说之命》上篇”的学术演讲。

（22）2016 年 11 月 1 ～ 10 日，历史研究所研究员汪学群应邀赴日本，先后在早稻田大学图书馆、国会图书馆、东洋文库等机构查阅明史文献资料。

（23）2016 年 11 月 14 ～ 18 日，根据所级交流协议，历史研究所副研究员赵凯、康鹏应邀赴日本，对大谷大学进行学术访问。

（24）2016 年 11 月 16 ～ 20 日，历史研究所研究员邬文玲、副研究员凌文超应邀赴韩国，参加由庆北大学人文学院主办的“第三届古代世界文字材料与书写文化国际学术研讨会”，并分别发表论文《简牍中的真字与算字 —— 兼论简牍文书分类》《走马楼吴简中的签署、拘校与符号》。

（25）2016 年 11 月 21 ～ 25 日，根据所级交流协议，历史研究所副所长王震中研究员等应邀赴日本，对大东文化大学进行学术访问。

（26）2016 年 11 月 22 日至 12 月 6 日，根据院级交流协议，韩国庆北大学教授李泳镐应邀访问历史研究所，围绕“新近发现的古代韩国信札资料研究”主题，与战国秦汉史研究室、魏晋南北朝隋唐史研究室学者进行座谈。

（27）2016 年 12 月 7 ～ 20 日，根据院级交流协议，加拿大阿尔伯塔大学历史与古典学系教授谢慧贤应邀访问历史研究所，并作主题为“从康熙南巡图卷七、乾隆南巡图卷二看太监在清朝的演变”的学术演讲。

（28）2016 年 12 月 26 日至 2017 年 1 月 5 日，韩国庆北大学教授尹在硕应邀对历史研究所进行学术访问，并作主题为“韩国新出九九表木简与东亚文化”的学术演讲。

**3. 与中国香港特别行政区和中国台湾开展的学术交流**

（1）2016 年 1 月 24 ～ 30 日，历史研究所研究员刘源、副研究员赵鹏等应邀赴中国台湾，参加由“中央研究院”历史语言研究所主办的“第五届古文字与古代史国际学术研讨会暨第二届古文字学青年论坛”。

（2） 2016 年 2 月 14 日至 3 月 14 日，历史研究所研究员刘晓应邀赴中国台湾“清华大学”讲学。

（3）2016 年 6 月 21 ～ 27 日，历史研究所副研究员陈时龙应邀赴中国台湾，对“中央研究院”近代史研究所进行学术访问，查阅明末清初与文社相关的文献史料，并作了主题为“晚明文社与经义的研讨”的学术演讲。

（4）2016 年 7 月 27 ～ 31 日，历史研究所副研究员凌文超应邀赴香港，参加浸会大学饶宗颐国学院主办的“出土文献与物质文化：第五届出土文献青年学者论坛”，并发表论文《走马楼吴简三乡户品出钱人名簿整理与研究 —— 兼论八亿钱与波田的兴建》。

（5）2016 年 7 月 31 日至 8 月 3 日，历史研究所研究员阿风应邀赴中国台湾，参加由台湾大学历史系主办的“士人与近世社会文化变迁（1100—1500）国际学术研讨会”，并发表论文《宋元明时期徽州宗族资料的文本考察 —— 以文书、文集与族谱为中心》。

（6）2016 年 9 月 15 日至 12 月 13 日，历史研究所研究员定宜庄应邀赴中国台湾政治大学讲学。

（7）2016 年 9 月 25 ~ 29 日，台湾辅仁大学历史系教授戴晋新应邀对历史研究所进行学术访问，并作主题为“八十年来的中国史学史研究”的专题讲座。

（8）2016 年 10 月 13 ~ 16 日，历史研究所研究员杨艳秋等 14 人应邀赴香港，参加由历史研究所与香港理工大学、北京师范大学共同主办的“第七届中国古文献与传统文化国际学术研讨会”。

（9）2016 年 12 月 11 ~ 14 日，历史研究所研究员邬文玲应邀赴香港，参加由香港中文大学主办的“简牍与战国秦汉历史：中国简帛学国际论坛 2016”，并发表论文《简牍中的真字与算字 —— 兼论简牍文书分类》。

（10）2016 年 12 月 18 ~ 21 日，历史研究所研究员杨海英应邀赴香港，参加由香港中文大学历史系、英属哥伦比亚大学共同主办的“万历朝鲜战争（1592—1598）研讨会”，并发表论文《山阴世家与明清易代》。

## （四）学术社团、期刊

### 1. 社团

（1）中国殷商文化学会，会长王震中。

2016 年 12 月 17 ~ 18 日，由中国殷商文化学会、中国社会科学杂志社《历史研究》编辑部、中国古代文明与国家起源研究中心共同主办，重庆师范大学承办的“中国早期历史发展道路与各地文明化进程特点”高峰论坛在重庆市召开。论坛的主题是“中国早期历史发展与区域文明化进程特点”。来自国内该研究领域的专家学者 20 余人参加了论坛。

（2）中国先秦史学会，会长宋镇豪。

2016 年 12 月 7 ~ 9 日，由中国先秦史学会、中国社会科学院甲骨学殷商史研究中心和山东博物馆共同主办，山东省博物馆承办的“全国第二届甲骨文整理与研究学术研讨会”在山东省济南市召开。会议的主题是“甲骨文资料来源、整理与研究”。来自历史研究所、山东省博物馆的专家学者 20 余人参加了研讨会。

（3）中国秦汉史研究会，会长卜宪群。

2016 年 8 月 14 ~ 16 日，由中国秦汉史研究会、宁夏回族自治区文化厅、固原市人民政府和市委宣传部共同主办，固原市博物馆、市文化体育新闻出版广电局、市丝绸之路申报世界文化遗产领导小组办公室承办的“丝绸之路暨秦汉时期固原区域文化”国际学术研讨会在宁夏回族自治区固原市召开。研讨会的主题是“丝绸之路暨秦汉时期固原区域文化”。来自海内外的专家学者 60 余人参加了研讨会。

（4）中国魏晋南北朝史学会，会长楼劲。

2016年8月18～20日，由中国魏晋南北朝史学会、湖北省历史学会、《中国史研究动态》杂志社共同主办，湖北文理学院承办的“秦汉魏晋南北朝史国际学术研讨会”在湖北省襄阳市召开。研讨会的主题是“秦汉魏晋南北朝时期的历史问题”。来自海内外的专家学者40余人参加了研讨会。

（5）中国明史学会，会长商传。

2016年8月22～24日，由中国明史学会与北京市昌平区人民政府共同主办、十三陵特区办事处承办的“第十七届明史国际学术研讨会暨纪念定陵发掘60周年国际学术研讨会”在北京市昌平区召开。研讨会的主题是“明代帝陵文化、以京畿地区为中心的防务及明代政治、经济、军事、社会、民族等问题研究”。来自海内外的专家学者180余人参加了研讨会。

（6）中国中外关系史学会，会长丘进。

2016年10月27～30日，由中国中外关系史学会、大连大学中国东北史研究中心共同主办，大连大学中国东北史研究中心承办的“丝绸之路的互动与共生”学术研讨会在辽宁省大连市召开。研讨会的主题是“丝绸之路的历史互动”“海上丝绸之路”“丝绸之路与东西方文化交流”“中外历史文化交流史”。来自国内的专家学者60余人参加了研讨会。

**2. 期刊**

（1）《中国史研究》（季刊），主编彭卫。

2016年，《中国史研究》共出版4期，共计120万字。该刊全年刊载的有代表性的文章有：李均明的《清华简〈殷高宗问于三寿〉所反映的忧患意识》，张越的《“五朵金花”问题再审视》，李振宏的《从政治体制角度看秦至清社会的皇权专制属性》，赵轶峰的《政治文化视角下的明清帝制农商社会》，龚留柱的《论晁错及汉初“新法家”》，魏斌的《南朝建康的东郊》，包伟民的《宋代乡村“管”制再释》，蔡涵墨的《曹勋与“太祖誓约”的传说》，李新峰的《论明代沿海卫所的行政区划》，于磊的《元代徽州家族与地方社会秩序的构建——以歙县双桥郑氏为中心》。

（2）《中国史研究动态》（双月刊），主编杨艳秋。

2016年，《中国史研究动态》共出版6期，共计102万字。

## （五）会议综述

### “南昌海昏侯墓发掘暨秦汉区域文化”国际学术研讨会

2016年4月16日，由中国社会科学院历史研究所、江西师范大学、江西省文物考古研究所共同主办的“南昌海昏侯墓发掘暨秦汉区域文化”国际学术研讨会在江西省南昌市召开。来自海内外的 70 余位历史学家围绕“南昌海昏侯墓发掘暨秦汉区域文化”这一主题，展开了深入探讨。

与会专家学者充分肯定了海昏侯墓的发现对史学研究的重大历史意义以及进一步拓展秦汉区域文化研究领域所产生的巨大影响。结合出土实物与文献典籍，专家们对海昏侯墓主刘贺的生平境遇、汉代政治形势、汉代南昌地区经济社会发展、海昏侯墓的形制与特点、海昏侯墓内出土的孔子屏风和金器等的学术价值以及海昏侯墓的考古意义等问题进行了深入研讨。关于“海昏”两字的意义，众说纷纭，其中流传得比较广的一种说法是，“海”在古汉语中的意义是“湖”，“昏”字本义是黄昏，表示太阳下山的方向“西方”。因此，“海昏”意为“湖西”，或者说“鄱阳湖的西面”。针对这一观点，中国人民大学国学院的王子今教授提出了另一种看法。他认为，刘贺名号之“海昏”，或可读作“晦昏”。“海”“晦”通假，战国秦汉文献多见，“晦”有“黑如晦”或“晦浊”等意思；“昏”字很可能与霍光指斥“昌邑王行昏乱，恐危社稷”之“昏乱”有关。

海昏侯墓中出土了多枚印章，其中除了刘贺玉印和“大刘印记”玉印外，还有一枚“海”字铜印。首都师范大学历史学院教授后晓荣提出，这枚“海”字铜印的尺寸远远大于一般的汉印，应是烙马印，且是极为难得的汉代侯级别的烙马印。海昏侯墓是长江以南地区唯一出土真车马坑的墓葬，其中不仅出土了实用高等级马车，还出土了 3000 多件精美铜车马器，可见刘贺生前大量养马，“海”字印可能是刘贺实施马政管理所用的物品。

与会专家一致认为，南昌海昏侯墓是我国迄今发现的保存最好、结构最完整、功能布局最清晰、拥有最完备祭祀体系的汉代侯国聚落遗址，是重要的国家级历史文化遗产，具有重要的研究和展示利用价值。海昏侯墓出土的大量历史文物，不仅为史学研究者提供了新的研究视角，也有益于进一步深化区域历史文化的研究。海昏侯墓的保护与发掘，还为进一步推动文物保护与考古学的发展提供了宝贵的经验和积极的启示。

（历　研）

## 2016 首届袁了凡思想文化国际论坛

2016 年 5 月 7 日，由中国社会科学院历史研究所与天津市宝坻区人民政府主办，天津市社会科学界联合会、北京市社会科学院国学研究中心、天津市宝坻袁黄研究会协办的“2016 首届袁了凡思想文化国际论坛”在天津市宝坻区召开。来自中国大陆、中国港澳台地区以及新加坡、加拿大等国国学领域的学者 200 余人参加论坛。

袁黄，号了凡，明代著名思想家，万历年间任宝坻知县，在任期间免赋、治水、劝农、兴学、倡廉、宽刑，充分体现了历代前贤的民本思想、明德之志、勤勉精神和廉洁操守。他立德、立行、立言，一生著述颇丰，其《了凡四训》被称为中国第一善书、修身处世的经典。虽然袁了凡在宝坻主政只有五年，但其事迹、思想学说在海内外影响巨大，成为中华文化的物质和精神遗产。与会学者围绕“袁了凡其人其事”“袁了凡与宝坻”“袁了凡思想文化及现代价值”等议题展开了热烈讨论，从“袁黄‘留心经世’精神及其卓荦政绩”“袁黄及其思想述评”“明代的工赈与袁黄在宝坻的实践”等学术视角对袁了凡的一生及其对后世的影响进行了充分论述。香港理工大学教授朱鸿林认为，袁黄首先是一位“廉吏”，在他身上，集中体现了历代前贤的民本思想、明德之志、勤勉精神和廉洁操守；中国台湾元智大学教授钟云莺认为，中国传统社会家族立训者众，但像《了凡四训》那样，在华人民间社会流传了400多年、以善书形式被一再刊播的著作则为数不多。明末以后，江南地区民间慈善事业兴盛，皆受到了袁黄劝善思想的影响。

论坛旨在弘扬社会主义核心价值观，挖掘袁了凡思想精神的现实意义，对进一步营造向善向上的社会风尚、促进社会主义核心价值体系的建立，具有十分重要的意义。

（历　研）

## 2016年中国社会科学论坛：“形象史学与丝路文献”国际学术研讨会

2016年7月9—10日，由中国社会科学院学部主席团主办，中国社会科学院历史研究所、吉林省社会科学院《社会科学战线》杂志社承办的“2016年中国社会科学论坛：‘形象史学与丝路文献’国际学术研讨会”在吉林省长春市召开。来自国内外的40余位学者参加了研讨会。

在研讨会上，中国社会科学院历史研究所所长卜宪群研究员指出，这是一次新的研究方法和新的问题意识相结合的研讨会。新的研究方法即形象史学研究方法。20世纪以来，国内学者开始注重从图像、文物资料的角度关注史学研究，丰富了史学研究的材料，沟通了图像、实物资料与史学研究的关系，形成了史学研究新的学科增长点，得到了国内外学者的认同；新的问题意识是此次研讨会的主题之一，即形象史学与丝路文献中形象史料的探

2016年7月，“2016·中国社会科学论坛：形象史学与丝路文献国际学术研讨会”在吉林省长春市召开。

讨。丝绸之路不是一个新的问题，但如何从史学角度来推动丝路研究，服务于当前社会，是我们今天史学工作者应当做的工作。

中国社会科学院历史研究所文化史研究室主任孙晓研究员认为，自古以来，先有术而后有学，形象史学的研究方法是一直存在的。我们致力于形象史学研究的目的，就是期望通过对形象产生的领域、传播的途径和社会功能进行综合分析，并与传统文献、口头传播等形式连接起来，钩沉出完整的证据链，从而达到运用实物、图像资料与古文献记载互相印证的目的，以拓延相关研究领域的广度与深度。

中国社会科学院文学研究所研究员扬之水认为，在文献不足或者文献缺失的情况下，用形象资料来完成历史叙述，这是形象史学最重要的特色。扬之水的论文《“繁华到底”：明藩王墓出土金银首饰丛考》，以明杂剧为文化背景，以明藩王墓出土金银首饰为研究对象，挖掘出明代工艺美术与戏曲之间的关键文化元素，巧妙地建构了历史叙述；兰州财经大学教授高启安的论文《汉魏“鬼灶”上一器名物考索》，通过收藏的大量图像资料，对汉魏时期“鬼灶”上常出现的一件器具的功用进行了深入研究与合理推测；浙江大学教授刘进宝的论文《“西城”还是“西域”——早期丝绸之路文献探微》，对《史记》《汉书》等早期文献中提到的“西城”“西域”的概念进行了分析与辨伪，他强调指出，从史料中了解“一带一路”沿线国家的民风、民情与民俗，理解他们的需求，对于“一带一路”战略的推进是十分重要的；吉林省社会科学院研究员尚永琪以大量石碑、浮雕等实物和文物图像为研究基础，辅以汉文文献资料，对突厥、乌孙、匈奴、高车等古代欧亚草原民族的起源传说与狼的关系进行了考释，从而初步断定，狼为突厥的图腾对象之一，而匈奴与蒙古族是否如此，尚待考证；中国社会科学院历史研究所助理研究员刘中玉对由巫到礼的演进过程中图像资料所起的作用进行了分析，他认为，图像的功能从最初的“穷神变，测幽微”自然而然地向“成教化，助人伦”的礼序功能转变，提出我们需要从传统史学的研究方法中总结图像学应用的理论和方法，使其在推动形象史学研究的过程中起到切实的作用。

（历　研）

## “丝绸之路暨秦汉时期固原区域文化”国际学术研讨会

2016 年 8 月 14—16 日，由中国秦汉史研究会、宁夏回族自治区文化厅、固原市人民政府和市委宣传部主办，宁夏固原市博物馆、固原市文化体育新闻出版广电局、固原市丝绸之路申报世界文化遗产领导小组办公室承办，宁夏考古研究所、宁夏博物馆、西夏博物馆、宁夏大学、宁夏师范学院协办的“丝绸之路暨秦汉时期固原区域文化”国际学术研讨会在宁夏回族自治区固原市召开。来自中国、日本、韩国等国高校、科研院所、博物馆的近 80 名专家学者参加了研讨会。

固原是古丝绸之路东段北道必经之地，有着丰厚的历史文化遗产。原始社会的马家窑文化、仰韶文化、齐家文化、菜园文化，两周时期的北方青铜文化，秦汉古遗址，北朝隋唐的丝路文化，宋元明清的边塞文化，近现代的回族文化、红色文化，都曾经在这片土地上驻足、生根发芽，呈现了异彩纷呈的多民族文化特质。

研讨会的主题是“丝绸之路暨秦汉时期固原区域文化”。主要议题包括：“丝绸之路研究”“秦汉时期固原区域文化研究”“固原博物馆藏文物研究”“固原历史文化的特质与内涵”“固原历史文化发掘与固原社会经济发展”。固原在汉代属于安定郡，是中原农耕文化与北方游牧文化的交接地带，也是民族融合的典型地区。与会专家从不同的角度，对汉代安定郡的区域文化进行了全方位探讨。围绕“乌氏倮”“高平第一城”等问题的讨论，颇具创见。专家们普遍认为，固原具有丰富、优质、独具特色的历史文化资源，为探讨秦汉大一统国家的形成拓展、民族融合、中外文化交流等问题，提供了弥足珍贵的第一手资料。丰富的历史文化遗产和独特的历史资源优势，应该成为固原社会经济发展新的增长点。因此，应该在做好学术研究的基础上，想方设法挖掘固原的历史文化内涵，凝聚区域人文精神，提升地域文化品牌，全方位地服务固原社会经济发展建设。

（历　研）

## 2016 年秦汉魏晋南北朝史国际学术研讨会

2016 年 8 月 18—20 日，由中国魏晋南北朝史学会、湖北省历史学会、中国史研究动态杂志社主办，湖北文理学院承办的“秦汉魏晋南北朝史国际学术研讨会”在湖北省襄阳市召开。来自中国及日本、美国、俄罗斯、德国等国家的 40 名专家学者参加研讨会。

研讨会上，中国魏晋南北朝史学会会长、中国社会科学院历史研究所研究员楼劲发表了题为“魏晋至隋唐民间若干知识技术职业的收入估测”的主题演讲，中国魏晋南北朝史学会秘书长、中国社会科学院历史研究所副研究员戴卫红作了题为“里耶秦简所见功劳文书及相关问题”的专题报告。与会专家学者对传统文献进行了深入挖掘、考证、辨析，同时也利用新出土的碑刻、简牍资料，对既往的学术问题进行了新的探讨。

围绕“先秦时期襄阳地区交通与文化定位”“南北朝时期鄂豫地区的‘蛮’和水陆交通”“《史记·白起王翦列传》李信‘攻鄢郢’考”“襄阳南朝画像砖研究”等一系列议题，与会学者展开了研讨。日本东北学院大学教授谷口满认为，在先秦的某些时期，以蜀地成都为水运西站、以襄阳地区为水运东站的南方大循环水路已经形成。值得注意的是，这条大循环水路网上，从襄阳地区到江陵地区的路线有两条，另一条是从襄阳流下汉水而西进江陵地区的水路，一条是从襄阳地区直达江陵地区的陆路。襄阳地区不仅是东方大循环水路的起点，也是西方大循环水路的起点，其交通上的重要性是不言而喻的。

湖北文理学院教授叶植在论文《楚东津、西陵、吴兵入郢之战线路考辨》中认为，西周后期迁入江汉沮漳地区的楚国，于春秋前期同时在汉水襄阳段建立了两个东西并列、主要服务于军事的渡口，对楚国的强势崛起与持久兴盛发挥着重要作用，对之后的荆襄地区乃至整个中国的历史也产生过重大影响，为襄阳成为一个经久不衰的历史重镇奠定了基础，其中的北津是古城襄阳的前身。

深圳大学讲师牛鹏涛对《史记·白起王翦列传》中李信"攻鄢郢"进行了考证。清华简《楚居》中楚惠王时期曾徙居的" 郢"，整理者释作"鄢郢"，此处实应读为"郾郢"。牛鹏涛指出，《史记》中李信所攻的"鄢郢"，实即《楚居》中的"（郾）郢"，不是在今湖北宜城一带，而是在河南郾城。对李信伐楚作战路线存在的矛盾之处，牛鹏涛进行了合理的复原和解释。

京都大学人文科学研究所助教土口史记在《秦汉时期的"令"与文书行政》中认为，地方行政机构的工作可以分为两类，即一般性的日常业务和不定期发生的特殊事务，在二者之间还可以加上"逐渐恒常化的新业务"。里耶秦简中的"令曰"、居延汉简中引用了诏书的报告文书，都是对当时逐渐恒常化的新业务的反映。引"令"文书的存在，说明秦汉时期地方机关的日常业务原本也是依据皇帝诏令的要求进行的。另外，引令文书的稀少性，也反映出行政工作的不断日常化。

与会学者认为，重视史料的发现是此次研讨会的特点之一，而对历史文献资料、史实的细节还有待继续深入挖掘。对历史叙述的手段也要向多元、集成的方向发展。未来的历史研究必须综合人类学、社会学等多个学科领域，同时也要善于借助新技术等手段来展开研究。

（戴卫红）

## 第十七届明史国际学术研讨会<br>暨纪念明定陵发掘六十周年国际学术研讨会

2016 年 8 月 22 ~ 24 日，由中国明史学会与北京市昌平区人民政府共同主办、北京市十三陵特区办事处承办的"第十七届明史国际学术研讨会暨纪念定陵发掘六十周年国际学术研讨会"在北京市昌平区召开。来自中国大陆、中国香港、中国台湾以及日本、韩国、法国等国家的 130 余名专家学者参加了研讨会。会议收到学术论文 110 余篇，展示了明史学界最新的研究成果。

与会专家学者围绕"明代帝陵文化""以京畿地区为中心的防务""明代政治、经济、军事、社会、民族"三大主题，展开了深入而广泛的研讨与交流。中国社会科学院历史研究所研究员沈定平、韩国庆北大学教授洪性鸠、台湾师范大学教授朱鸿、复旦大学教授王振忠、河南省社会科学院教授田冰等作了主题发言，从新的视角对当前明史研究领域中诸多热点问题进行了探索，充分展现了最新的明史研究成果。

与会学者针对明代的宫廷政治、制度史、文献史料研究、社会经济史、区域史、物质生活、商品与文化交流等方面的研究成果丰富，视野广阔而独到。厦门大学教授陈支平考述了隆武帝出家为僧及郑芝龙北上抗清等史实；日本学者城地孝教授介绍了日本学界对嘉靖朝历史评价的修正观点；中国社会科学院历史研究所副研究员赵现海考察了明后期京后防务与昌平镇、密云镇之建立；北京行政学院教授高寿仙梳理了潼关卫与北直隶的关系；中国社会科学院历史研究所研究员张兆裕探讨了明代工赈与民壮训练体制；中国社会科学院历史研究所研究员阿风、张金奎对“驾贴”“精微批”“白牌”的形制与功能进行了考述；中国社会科学院历史研究所副研究员陈时龙对明太祖六谕进入族规家训进行了分析。

研讨会多视角、立体地针对明十三陵、居庸关及相关明代历史的文化资源、物质资源等进行了学术探索与研究。

（历　研）

## “丝绸之路的互动与共生”学术研讨会

2016 年 10 月 27 ～ 30 日，由中国中外关系史学会、大连大学中国东北史研究中心共同主办，大连大学中国东北史研究中心承办的“丝绸之路的互动与共生”学术研讨会在辽宁省大连市召开。来自北京、上海、山东、广东、甘肃、四川、西藏、浙江、福建、江西、新疆等省市区的 30 余所大学及科研、出版机构的 80 余名专家学者参加了研讨会。会议共收到论文 65 篇。

研讨会上，中国中外关系史学会名誉会长陈佳荣以“渤海针经《黄中海程》作者及出处略辨”为题，中国中外关系史学会副会长、山东师范大学教授朱亚非以“一带一路的历史启迪与思考”为题，中国中外关系史学会执行会长、中国社会科学院历史研究所研究员万明以“明代白银货币化——五百年白银时代的开端”为题，大连大学中国东北史研究中心教授王禹浪以“辽东半岛的历史与文化”为题，分别作了主题发言。

研讨会的主题是“丝绸之路的互动与共生”。与会学者围绕“丝绸之路的历史互动研究”“海上丝绸之路”“丝绸之路与东西方文化交流研究”“中外历史文化交流史研究”4 个议题进行了多角度、深入的探讨。关于“丝绸之路的历史互动研究”的论文，从点到线，展现了丝绸之路之间的交流、融合与互通；以小见大，展现了丝绸之路上的政治、经济、文化交流的诸多方面。关于“海上丝绸之路”的论文，内容涉及文学、艺术、宗教、贸易、交通道路等诸多领域。关于“丝绸之路与东西方文化交流研究”的论文，既有整体的综合性研究，也有具体的区域性研究。关于“中外历史文化交流史研究”的论文，既有概括式的框架性研究，也有精细化的个案考证。

（孙　泓）

## 第二届妈祖文化高峰论坛——2016 年国际妈祖文化学术研讨会

2016 年 10 月 30 日至 11 月 3 日，由中国社会科学院历史研究所、莆田学院共同主办的“第二届妈祖文化高峰论坛——2016 年国际妈祖文化学术研讨会”在妈祖故里福建省莆田市召开。来自 10 多个国家和中国台湾的 180 多位专家学者参加研讨会，会议共收到学术论文 113 篇。

中国社会科学院历史研究所所长卜宪群研究员、副所长王震中研究员，莆田学院院长黄瑞国教授先后发言。卜宪群指出，加强妈祖文化研究有利于推进国家治理，有利于推进“一带一路”建设，有利于维系两岸民众的情感纽带。王震中认为，妈祖文化有三大功能，其一是传承中华优秀传统文化，与社会主义核心价值观相承接；其二是海峡两岸“文化认同”与“民族认同”；其三是担当海上丝绸之路的和平文化使者，传播中国新海洋文明观，强调 21 世纪海上丝绸之路的建设与我国新海洋文明观的宣传应该同步进行。黄瑞国认为，妈祖文化源于莆田，属于中国；源于“海丝”，属于世界——妈祖学当属世界。

与会学者围绕“妈祖文化与海上丝绸之路”这一主题，就“妈祖文化与海洋文化”“妈祖文化当地化”“妈祖文化传播与文化产业”“妈祖艺术与体育文化”“妈祖信仰发展史”“妈祖文献资料发掘与考辨”等议题展开了讨论。

马来西亚马来亚大学博士林德顺探讨了妈祖信仰在“一带一路”中扮演的文化沟通角色；越南胡志明国家大学教授阮玉诗探讨了天后信仰在越南湄公河流域的传播及其特点；美国旧金山州立大学教授李顺化考察了妈祖在美国巡游的历史过程，认为妈祖是流动的跨国女神；韩国全北大学教授咸翰姬考察了韩国西南海岸居民所崇拜的女神的性格特征，并与妈祖作了比较；日本国立历史民俗博物馆教授松尾恒一论述了清朝长崎的华商在海上航行时船内的妈祖祭祀、旅居长崎期间与妈祖相关的信仰和祭祀行为；马来西亚拉曼大学博士吴明珠分析了马来西亚半岛的适耕庄水尾圣娘庙的历史发展状况，指出信仰习俗调整的必然性；中国台湾科技大学教授张桓忠对中国台湾地区妈祖庙现况进行了详细的调查与分析。

与会学者对妈祖文化的精神及对当代社会经济等的意义与作用，作了深入的探讨。广东海洋大学教授张开城认为，妈祖文化本质上是一种和平文化、友善文化、慈爱文化、利他文化，是建构新道德体系的重要文化资源，有助于构建一种既符合时代精神又能合理继承传统美德精华的道德体系，从而有助于社会主义和谐社会建设目标的实现；厦门大学教授谢清果认为，妈祖文化是增强中华文化软实力的路径，是彰显中国文化软实力的名片，可以凝聚两岸同胞与全球华人的民族认同感、文化认同感；福建师范大学教授林国平分析了海神与海上丝绸之路的共生关系，认为，没有妈祖信仰就没有海上丝绸之路的延续与繁荣；同济大学教授夏立平认为，妈祖文化是构建东亚海洋共同体的重要精神纽带，可以推动 21 世纪海上丝绸之路形成区域共同价值观，将在推进 21 世纪海上丝绸之路建设中发挥重要作用。

围绕妈祖史料的挖掘与开发，莆田学院教授刘福铸考证高丽—朝鲜朝汉文诗文集中妈祖史料的作者及载籍，对诗文集中的妈祖史料体裁进行分类，探讨了朝鲜汉文诗文集中妈祖史料的价值；上海海事大学教授时平通过考察《西洋记》小说，认为该作品表现了明末民间社会在三教圆融格局下的天妃形象；厦门大学博士林东杰比较了明代池显方所著妈祖传记《湄州海神传》与其他文献记载的异同。

与会专家学者一致认为，妈祖文化所展现的精神内涵，为当今构造人类共同价值观提供了理论与实践的文化支撑，必将成为助推 21 世纪海上丝绸之路发展的巨大能量。

（历　研）

# 近代史研究所

## （一）人员、机构等基本情况

### 1. 人员

截至 2016 年年底，近代史研究所共有在职人员 124 人。其中，正高级职称人员 30 人，副高级职称人员 36 人，中级职称人员 37 人；高、中级职称人员占全体在职人员总数的 83%。

### 2. 机构

近代史研究所设有：政治史研究室、经济史研究室、思想史研究室、社会史研究室、马克思主义史学理论与文化史研究室、中外关系史研究室、革命史研究室、民国史研究室、台湾史研究室、《近代史资料》编译室、《近代史研究》编辑部、《抗日战争研究》编辑部、*Journal of Modern Chinese History*（《中国近代史》）编辑部、图书馆、中国近代史档案馆、信息化建设办公室、科研处、人事处、办公室。

## （二）科研工作

### 1. 科研成果统计

2016 年，近代史研究所共完成专著 13 种，704.8 万字；论文 154 篇，245.44 万字；论文集 7 种，270.9 万字；学术资料 5 种，4170 万字；工具书 1 种，53.6 万字；译著 3 种，101.2 万字；古籍整理 1 种，2.8 万字。

### 2. 科研课题

（1）新立项课题。2016 年，近代史研究所共有新立项课题 12 项。其中，国家社会科学基金课题 4 项：“赴日华人海商与江户时代日本对华观研究”（郭阳主持），“近代日本对南海诸岛的非法侵占及战后中国的接收研究”（李理主持），“晚清日本人来华游记与中国认识研究”（李长莉主持），“战时中英关系史新探（1941—1945）”（张俊义主持）；国家社会科学基金后期资助课题 2 项：“从中立到参战：中国外交与第一次世界大战”（侯中军主持），“早期中国近代史研究中的蒋廷黻及其学派”（尹媛萍主持）；“抗日战争研究专项工程”6 项：“抗日战争及近代中日关系文献数据平台建设”（李培林主持），“抗日战争史国际合作研究”（王建朗主持），“海外有关中国抗战珍稀史料文献收集与整理”（金以林主持），“抗战文献专题目录及同名书目数据库建设”（马忠文主持），“‘慰安妇’问题研究”（刘萍主持），“日本《战史丛书》翻译工程”（高士华主持）。

（2）延续在研课题。2016 年，近代史研究所共有延续在研课题 24 项。其中，国家社会科学基金课题 15 项：“中国古代政治文化中的民主性因素及其现代价值研究”（耿云志主持），“近代中国社会结构研究”（姜涛主持），“清代满汉关系史”（刘小萌主持），“资产阶级与中国近代社会”（虞和平主持），“20 世纪中国近代史研究的走向”（张海鹏主持），“近代国家与农民关系研究”（郑起东主持），“国民党党史馆藏中共党史资料的收集整理与研究”（金以林主持），“台湾中共地下党研究（1946—1957）”（杜继东主持），“近代中国准条约问题研究”（侯中军主持），“18—19 世纪学术家族之研究”（罗检秋主持），“中科院近代史研究所与马克思主义史学发展（1949—1966）”（赵庆云主持），“中国近代‘国学’构想的建立：章太炎与明治日本”（彭春凌主持），“近代日本政府的中国留日学生政策”（徐志民主持），“抗战时期国共两党司法比较研究”（胡永恒主持），“台湾统派舆论重阵《海峡评论》研究”（郝幸艳主持）；院 A 类重大课题 2 项：“中国近代思想通史”（耿云志主持），“英藏赫德档案的整理与研究”（王建朗主持）；所重点课题 7 项：“中国近代公民教育研究”（毕苑主持），“晚清妇女‘守节’与‘失节’现象研究”（刘佳主持），“传教士与中国近代‘三农’”（赵晓阳主持），“中国近代思想史上的学衡派”（宋广波主持），“奇崛与寻常：章乃器传论”（李玉刚主持），“清水安三的中国观察”（闻黎明主持），“台湾政治转型研究（1986—2000）”（汪小平主持）。

**3. 获奖优秀科研成果**

2016 年，近代史研究所获“第九届（2016 年）中国社会科学院优秀科研成果奖”专著类一等奖 1 项：近代史研究所的专著《中华民国史》；获“第九届（2016 年）中国社会科学院优秀科研成果奖”专著类二等奖 1 项：张海鹏的专著《台湾史稿》；获“第九届（2016 年）中国社会科学院优秀科研成果奖”专著类三等奖 3 项：葛夫平的专著《中法教育合作事业研究》，李细珠的专著《地方督抚与清末新政》，周溯源的专著《千年忧思：古代思想家政治家治乱兴衰思想论纲》；获“第九届（2016 年）中国社会科学院优秀科研成果奖”论文类三等奖 2 项：陈开科的论文《俄总领事与清津海关道》，崔志海的论文《美国政府与中日甲午战争》。

## （三）学术交流活动

### 1. 学术活动

2016 年，近代史研究所参与组织、主办的学术会议如下。

（1）2016 年 4 月 16 ~ 17 日，由近代史研究所、南京大学主办，南京大学历史学院、《抗日战争研究》编辑部、中国抗日战争研究协同创新中心、南京民间抗日战争博物馆承办，中国抗日战争史学会、社会科学文献出版社、国家图书馆出版社协办的“第三届抗日战争史青年学者研讨会”在江苏省南京市召开。会议研讨的主要议题有抗战时期的外交、边疆民族、社会文化生活、舆论宣传、经济金融、中共根据地建设、国民党军战时体制、南京大屠杀等。

（2）2016 年 8 月 20 ~ 21 日，由近代史研究所中外关系史研究室、美国 20 世纪中国史学会、上海大学文学院历史系中国史学科合办的“第六届近代中外关系史国际学术研讨会”在北京举行。来自中国大陆、中国台湾和美国、日本、加拿大、澳大利亚、丹麦、新西兰、新加坡的 100 余位学者参加了会议。会议的主题是“世界历史进程中的近代中国：互动及其影响”。

（3）2016 年 8 月 27 ~ 28 日，由近代史研究所与社会科学文献出版社联合举办的中国社会科学论坛·第一届中华民国史青年论坛在北京召开。来自中国大陆、中国台湾、中国香港和日本、美国等国家和地区的 71 位学者参加了论坛。论坛的主要议题有“民国初年的内政与外交”“中共在抗战中的生存和发展”“国民党的政权建设与政治思想”“中国近代的学术”“思想与文化重建”等。

2016年8月，中国社会科学论坛·第一届中华民国史青年论坛在北京举行。

（4）2016 年 8 月 27 ~ 28 日，由近代史研究所《抗日战争研究》编辑部、《中国边疆史地研究》编辑部、云南大学历史与档案学院主办的第三届“东亚秩序与近代中国”国际学术研讨会在云南省昆明市召开。40 余位中外专家学者参加会议。会议的主题为“东亚秩序之理念与实践”“朝贡（藩属）体系与近代亚洲”“抗日战争期间的边疆与周边”。

（5）2016 年 9 月 4 ~ 5 日，由近代史研究所政治史研究室与清华大学人文学院历史系联合主办，《清华大学学报（哲学社会科学版）》编辑部协办的“第七届晚清史研究国际学术讨论会”在北京召开。来自法国、美国、德国及国内学术机构的近百名专家参加了会议，参会论文

70 篇。会议的主题为“中国近代制度、思想与人物研究”。

（6）2016 年 9 月 20 ~ 21 日，由中国史学会、甘肃省委宣传部主办，近代史研究所和张掖市委、市政府联合承办的“陆上丝绸之路的历史、今天和未来国际学术论坛”在甘肃省敦煌市举行。来自国内外的 60 名专家学者参加论坛。会议的主题是“陆上丝绸之路的历史、今天和未来”。

（7）2016 年 9 月 24 日，由近代史研究所史学理论与文化史研究室和山东师范大学历史与社会发展学院主办，山东师范大学历史与社会发展学院承办的“从闭关到开放：中国早期现代化与社会转型”学术研讨会在山东省济南市举行。来自全国各地的 80 多位专家学者参加了会议。会议的主题是“从闭关到开放：中国早期现代化与社会转型”。

（8）2016 年 10 月 28 ~ 30 日，由近代史研究所经济史研究室和中南财经政法大学经济学院主办的“第一届中国近代经济史研讨会”在湖北省武汉市举行。来自国内各学术机构的 100 余位学者参加了会议。会议的主题是“中西交汇下的近代中国经济：思想、理论与实践”。

（9）2016 年 10 月 28 ~ 30 日，由近代史研究所、湖北省社会科学界联合会、武昌辛亥革命研究室、辛亥革命武昌起义纪念馆、武汉大学台湾研究所共同举办的“纪念辛亥革命 105 周年国际学术研讨会”在湖北省武汉市举行。来自中国大陆 24 个省市区、中国香港和中国台湾地区以及澳大利亚、日本等国家和地区的学术机构的专家学者 100 余人参加了会议。会议的主题是“辛亥革命与 21 世纪的中国”。

（10）2016 年 10 月 29 ~ 30 日，由近代史研究所《近代史资料》编辑部与中央民族大学历史文化学院联合主办的“近代边疆史料的收集、整理与研究”学术研讨会在北京举行。来自全国各地的 50 余位专家学者参加了会议。

（11）2016 年 11 月 11 ~ 13 日，由中国社会科学院中国近代思想史研究中心与岳麓书院联合主办，近代史研究所思想史研究室、岳麓书院历史系、湖南大学“杨度与近代中国研究中心”承办的“第六届中国近代思想史国际学术研讨会暨岳麓书院创建 1040 周年国际学术研讨会”在湖南省长沙市举行。来自国内各学术机构、中国台湾、中国香港以及日本的近 80 位学者参加了会议。会议的主题是“近代中国的家族制度与家庭观念”。

（12）2016 年 11 月 12 日，由近代史研究所政治史研究室与《聊城大学学报（社会科学版）》编辑部联合主办的“学术评价与晚清史研究热点问题高峰论坛”在山东省聊城市举行。来自近代史研究所、北京大学、清华大学、聊城大学的 20 余位学者参加了会议。会议的主题是“学术评价与晚清史研究热点问题”。

（13）2016 年 12 月 23 ~ 25 日，由中国史学会、中共福州市委宣传部主办，近代史研究所、神州市马尾区人民政府承办的“船政与中国近代化启航——纪念福建船政创办 150 周年专题研讨会”在福建省福州市召开。来自海内外的 50 多位专家学者参加了研讨会。会议的主题是“船政与中国近代启航”。

（14）2016年12月26～27日，由近代史研究所、中华口述历史研究会、中山大学共同主办的“本土经验与国际口述历史的多元发展”国际学术研讨会在广东省广州市召开。

2016年12月，“本土经验与国际口述历史的多元发展”国际学术研讨会在广东省广州市召开。

**2. 国际学术交流与合作**

2016年，近代史研究所共派遣出访43批81人次，接待来访30批65人次。与近代史研究所开展学术交流的国家有美国、英国、澳大利亚、新西兰、挪威、奥地利、日本、韩国等。

（1）2016年3月11日，近代史研究所邀请日本筑波大学名誉教授波多野澄雄在近代史研究所作了题为“日本《战史丛书》的编纂过程及其评价”的学术报告。

（2）2016年3月22日，近代史研究所邀请维也纳大学东亚研究所汉学系教授魏格林在近代史研究所作了题为“当前欧洲各国对第一次世界大战的认识”的学术报告。

（3）2016年5月17～28日，近代史研究所新西兰华侨华人史研究项目组成员赵晓阳研究员赴新西兰诺克斯学院和新西兰奥塔哥大学进行学术访问。

（4）2016年6月19～25日，挪威卑尔根大学承办的“第十四届国际藏学大会”在挪威卑尔根市召开。近代史研究所藏学研究专家扎洛研究员应邀参加会议。

（5）2016年7月14～16日，近代史研究所研究员严立贤和副编审徐志民赴日本，应邀参加日本笹川财团在日本召开的“关于历史认识与未来的有识者对话”学术讨论会。严立贤的发言题目是“从晚清到抗战爆发前中国的现代化进程”，徐志民的参会论文题目是“文化合作与对抗的契机——中国人眼中的东方文化事业”。

（6）2016年7月19日，近代史研究所邀请美国罗文大学历史系教授王晴佳在近代史研究所作了题为“从新文化史到情感史：当代史学走向一瞥”的学术报告。

（7）2016年7月22～26日，近代史研究所罗敏等赴美国，参加华盛顿大学中国研究中心在美国西雅图华盛顿大学主办的“战争、社会与人：以中国抗日战争为中心的再思考”学术讨论会。

（8）2016年8月28日至9月10日，近代史研究所邀请日本庆应义塾大学教授段瑞聪到近代史研究所访问，并于9月9日在近代史研究所作了题为“蒋介石与战时中国外交”的学术报告。

（9）2016年9月8～10日，近代史研究所赵晓阳等赴日本，参加由日本爱知大学召开的

“近代中国社会与中日关系”国际学术研讨会。

(10) 2016 年 9 月 20 日，近代史研究所邀请日本东京大学文学部副教授吉泽诚一郎在近代史研究所作了题为“近代日本的城市指南与中国印象：以天津、北京为例”的学术报告。

(11) 2016 年 10 月 3 ~ 14 日，近代史研究所研究员徐秀丽应加州大学圣地亚哥分校邀请，赴美国进行学术访问，并就“近代中国民间社会和农村的治理”问题与美国学者交流。

(12) 2016 年 10 月 20 ~ 24 日，“第十五届历史认识与东亚和平论坛”在韩国济州岛举行。论坛的主题为“东亚和平与历史和解”。近代史研究所研究员李细珠等参加会议。

(13) 2016 年 11 月 1 日，近代史研究所邀请早稻田大学理工学术院社会文化领域教授熊远报在近代史研究所作了题为“大倭寇与 500 年中日关系格局的形成”的学术报告。

(14) 2016 年 11 月 7 ~ 8 日，东京大学史料编纂所在日本东京召开“东亚史料研究编纂机关协会第五届国际学术会议”。近代史研究所党委书记周溯源编审等应邀参加会议。

(15) 2016 年 11 月 25 日，近代史研究所邀请日本战史研究中心主任庄司润一郎研究员在近代史研究所作了题为“日本战后的战史编撰——以《战史丛书》为中心”的学术报告。

(16) 2016 年 11 月 26 ~ 27 日，日本孙中山纪念会与孙文研究会在日本神户举办“孙文诞生 150 周年纪念学术研讨会”。研讨会的主题为“孙文与亚洲太平洋”。近代史研究所研究员罗敏应邀参加会议。

(17) 2016 年 12 月 5 ~ 13 日，近代史研究所所长王建朗研究员、《抗日战争研究》主编高士华等赴英国，访问牛津大学、剑桥大学，与英方学者商讨开展抗战研究国际合作事宜。

(18) 2016 年 12 月 16 日，近代史研究所邀请日本立命馆大学经济学部教授金丸裕一在近代史研究所作了题为“信仰和侵略——战时日本基督教界言论评析”的学术报告。

(19) 2016 年 12 月 19 日，近代史研究所邀请日本神户大学人文学研究科教授绪形康在近代史研究所作了题为“史学与经学的较量——中国近代学术史上的一个特殊年代（1923—1937）”的学术报告。

**3. 与中国香港、澳门特别行政区和中国台湾开展的学术交流**

(1) 2016 年 1 月 1 日至 2 月 28 日，根据近代史研究所与中国台湾“中央大学”的交流协议，近代史研究所研究员赵晓阳等赴台湾进行学术交流。

(2) 2016 年 1 月 10 ~ 24 日，近代史研究所研究员李细珠受中国台湾“中研院”台湾史研究所邀请，赴台湾研究“清代台湾史研究”相关计划，并与“中研院”台湾史研究所的学者进行交流。

(3) 2016 年 3 月 15 日至 4 月 30 日，根据近代史研究所与中国台湾“中研院”近代史研究所签订的协议，近代史研究所副研究员邱志红赴台湾，为“新西兰华人华侨史”课题查阅资料。

(4) 2016 年 4 月 8 ~ 10 日，近代史研究所副所长金以林赴香港春秋出版社，查阅春秋杂志社档案并洽谈资料购买事宜。

（5）2016 年 4 月 13 ~ 17 日，中国近代史学会、财团法人中正文教基金会在台北举办“互动与新局：三十年来两岸近代史学交流的回顾与展望”讨论会。近代史所所长王建朗研究员应邀参加会议，并作题为“两岸近代外交史研究回顾与展望”的发言。

（6）2016 年 4 月 13 ~ 18 日，中国台湾“政治大学”在台北召开“蒋介石日记与民国史研究的回顾”学术讨论会。近代史研究所研究员贺渊等应邀参加会议。

（7）2016 年 5 月 26 ~ 29 日，香港城市大学中文及历史系在香港召开以“鲁迅的章太炎‘解读’：复古的新文化运动与反复古的新文化运动之间”为主题的学术工作坊。近代史研究所副研究员彭春凌应邀参加会议。

（8）2016 年 6 月 22 日至 7 月 4 日，中国台湾“中央大学”历史研究所教授郑政诚应邀来近代史研究所进行学术访问。

（9）2016 年 6 月 29 日，近代史研究所邀请中国台湾“中研院”近代史研究所教授吴启讷在北京作了题为“边疆政治、族群政治与中国近代史”的学术报告。

（10）2016 年 8 月 28 日至 9 月 18 日，根据近代史研究所与中国台湾“中央大学”的交流协议，中国台湾“中央大学”教授赖泽涵来近代史研究所进行学术交流，并作了题为“社会压力及历史写作：以台湾‘二二八事件研究’、碑文撰写及《陈仪评传》为例”的学术报告。

（11）2016 年 10 月 11—14 日，澳门理工学院中西文化研究所与近代史研究所《抗日战争研究》编辑部在澳门联合召开“史料与视角：抗日战争史研究的传统与创新”学术讨论会。近代史研究所派出代表团参加会议。

（12）2016 年 10 月 23 日，近代史研究所邀请中国台湾东海大学历史系教授胡昌智在近代史研究所作了题为“战后七十年德国政学界的历史反省”的学术报告。

（13）2016 年 10 月 25 日，近代史研究所邀请中国台湾“中研院”社会科学研究所研究员刘石吉在近代史研究所作了题为“从传统城市发展来观察近代通商口岸的兴起”的学术报告。

（14）2016 年 11 月 1 日至 12 月 31 日，根据近代史研究所与台湾“中央大学”的协议，近代史研究所编审卞修跃、研究员王键等赴中国台湾进行学术交流。

（15）2016 年 12 月 5 ~ 12 日，近代史研究所研究员崔志海应澳门大学邀请赴澳门进行学术访问，并作题为“梁启超的思想研究”的学术报告。

### （四）学术社团、期刊

#### 1. 社团

（1）中国现代文化学会，会长耿云志。

①2016 年 10 月 25 ~ 26 日，由近代史研究所《近代史研究》编辑部、中国现代文化学会、宁波大学人文与传媒学院、浙东文化与宁波文化大市建设研究中心联合举办的“第二届全国区域文化暨中国现代文化学会年会”在浙江省宁波市召开。来自国内各高校、科研机构和学术刊

物编辑部的 50 余名专家学者参加了研讨会。会议研讨的主要议题有“区域文化研究方法研究价值”“区域文化与区域经济发展关系”“如何整合研究力量、加强区域文化比较研究，提升区域文化整体研究水平”等。

② 2016 年 10 月 29 ～ 30 日，由中国现代史学会、云南师范大学主办，云南师范大学历史与行政学院承办的“中国现代史学会 2016 年年会暨‘现代中国的历史转型’学术研讨会”在云南省昆明市举行。来自国内高校和研究机构的 200 余名专家学者参加了会议。会议设“经济研究及历史转型总论”“政治与社会治理研究”“思想文化学术研究”“教育研究”四个分论坛。会议期间，召开了中国现代史学会理事会议，还就成立专门委员会、2017 年年会相关事宜进行了讨论。

（2）中国中俄关系史研究会，会长季志业。

2016 年 10 月 25 ～ 27 日，由中共浙江省委党史研究室、中国中俄关系史研究会主办，嘉兴南湖革命纪念馆承办的“中共创建史与存俄档案文献学术研讨会”在浙江省嘉兴市举办。会议的主题为“中共创建史与存俄档案文献”。

2016年11月，“世界视野下的孙中山与中华民族复兴——纪念孙中山先生诞辰150周年”国际学术研讨会在广东省中山市举行。

（3）中国孙中山研究会，会长熊月之。

2016 年 11 月 13 ～ 17 日，由中国社会科学院、中国人民政治协商会议广东省委员会联合主办，中国孙中山研究会、近代史研究所、广东省社会科学院、中国人民政治协商会议广东省中山市委员会承办，广东省中山市人民政府文化广播新闻出版局、孙中山故居纪念馆协办的“世界视野下的孙中山与中华民族复兴——纪念孙中山先生诞辰 150 周年”国际学术研讨会在广东省中山市举行。来自海内外近 70 家学术机构的 130 余名学者参加了研讨会。研讨会的主题是“世界视野下的孙中山与中华民族复兴”。

（4）中国抗日战争史学会，会长王建朗。

2016 年 11 月 5 ～ 8 日，由中国抗日战争史学会、上海交通大学东京审判研究中心、抗日战争纪念网共同主办的“东京审判暨中国对日战犯审判开庭 70 周年纪念学术讨论会”在湖南省芷江侗族自治县举行。来自全国各地的专家学者50余人参加了研讨会。

(5) 中国史学会，会长李捷。

① 2016年11月5～6日，由中国史学会、中共南通市委宣传部主办的“首届张謇研究全国青年学术研讨会”在江苏省南通市举行。与会青年学者就张謇的政治、经济、教育、文化事业、思想等多方面进行了研讨。

② 2016年12月3～4日，由中国史学会主办的“西安事变与民族命运——纪念西安事变80周年学术研讨会”在陕西省西安市召开。来自全国的专家学者共80余人参加了会议。研讨会研讨的主要议题有“关于国民政府与西安事变”“关于中共与西安事变”“关于张学良与西安事变”“关于杨虎城与西安事变”“关于西安事变的舆论、影响及其他”“关于西安事变史料考订与辨析”等。

③ 2016年12月17日，由中国史学会主办的“当代中国马克思主义史学理论高峰论坛”在福建省厦门市举行。来自中国史学会的专家学者、部分高校史学研究者、各地社科理论工作者代表参加会议。会议的主题是“新形势下进一步繁荣发展中国历史学研究”。

(6) 中国社会科学院台湾史研究中心，理事长朱佳木，主任张海鹏。

(7) 近代史研究所社会史研究中心，理事长虞和平，主任李长莉。

2016年10月14～17日，由中国社会史学会主办，武汉大学、三峡大学承办，近代史研究所社会史研究中心等单位协办的“第十六届中国社会史学会年会暨‘中国历史上的国计民生’学术研讨会”在湖北省宜昌市召开。与会学者130余位。会议共收到论文110余篇。会议的主题是“国计民生”，研讨的主要议题有“近代中国的社会经济”“近代中国的社会秩序与社会治理”“近代中国的社会生活与日常生活”“近代中国的社会群体”“近代中国的医疗卫生与集体化时代的社会”等。

(8) 近代史研究所中国近代思想研究中心，理事长耿云志，主任郑大华。

2016年12月15～16日，由近代史研究所中国近代思想研究中心、湖南人文科技学院联合主办的“纪念刘蓉诞辰200周年暨晚清湘淮人物”全国学术研讨会在湖南省娄底市召开。来自全国各地的60余名专家学者参加会议。会议研讨的主要议题有“刘蓉事功及评述”“刘蓉与湘军人物关系”“刘蓉思想”“晚清湘淮人物”等。

**2. 期刊**

(1)《近代史研究》(双月刊)，主编徐秀丽。

2016年，《近代史研究》刊载的有代表性的文章有：金冲及等的《中国近代史若干重要问题辨正》(笔谈)，熊远报的《八大胡同与北京城的空间关系》，于化民的《苏维埃革命：从宣传口号到行动纲领》，沈志华的《若即若离：战后中朝两党关系的初步形成（1945～1950)，尹媛萍的《学院派知识分子与唯物史观的党外传播》，褚静涛的《台湾当局钓鱼岛主权论述的形成》，桑兵的《马裕藻与1934年北大国文系教授解聘风波》，张景平的《从龙王庙到水管所——明清以来河西走廊灌溉活动中的国家与信仰》，黄克武的《民族主义的再发现：抗战时期中国朝野对“中华民族”的讨论》，黄道炫的《抗战时期中共干部的养成》，杨天宏的《政法纠结：“罗文干案”的告诉与检审》，罗志田的《文化翻身：梁漱溟的憧憬与困窘》，杨奎松的《评潘佐夫的〈毛泽东传〉》。

（2）《抗日战争研究》（季刊），主编高士华。

2016年，《抗日战争研究》刊载的有代表性的文章有：王建朗的《抗战研究的方法与视野》，章百家的《深化抗战史研究要把历史、现实与未来结合在一起》，马军的《〈申报〉所见的靖国神社》，冯琳的《对日和约问题上的蒋美分歧及蒋之因应》，李盈慧的《跨越边界：华侨在中国抗战、太平洋战争中的行动和意义》，杨奎松的《中共中央西安事变善后方针变动经过及原因的再考察》，赵诺的《抗战初中共党组织在太行山区的“战略展开”》，叶铭的《抗战时期国民党军参谋教育体系初探》，陈默的《战时地方的军、政对立——以第五战区与湖北省府的关系为例》，赵峥的《中外交涉与边疆政争：战后川康彝区搜救坠机美国飞行员风波》，黄正林的《延安时期：马克思主义中国化的重要阶段》，卞修跃的《不信青史尽成灰——从有关中共抗战历史若干网络谣言说起》。

（3）*JOURNAL OF MODERN CHINESE HISTORY*（《中国近代史》）（半年刊），主编汪朝光、徐秀丽。

2016年，（*Journal of Modern Chinese History*）《中国近代史》刊载的代表性的文章有：QIN（秦方、艾米丽·布鲁斯）的“‘Our Girls Have Grown Up in the Family’: Educating German and Chinese Girls in the Nineteenth Century”（《“吾家有女初长成”：19世纪德国和中国的女子教育》），蒋宝麟的“Church Universities Amid Political Changes: The University of Nanking's Reform and Registration (1927-1928)”（《政局变动中的教会大学：金陵大学的改组与“立案”（1927～1928）》），何方昱的“From Scholar to Bureaucrat: The Political Choice of the Historical Geographer Zhang Qiyun”（《从学者到官僚：历史地理学家张其昀的政治抉择》），张海鹏的“The Two Starting Points of World War II: A Reexamination from a Global Perspective”（《论第二次世界大战的两个爆发点——纪念世界反法西斯暨中国人民抗日战争胜利70周年》），张济顺的“Shanghai around 1949: Continuity or Rupture?”（《1949年前后的上海：延续或断裂？》），贺萧的“Notes from the Alleyway: Zhang Jishun's A City Displaced and the Promise of Archival Research”（《里弄札记：张济顺〈远去的都市〉与档案研究前景》），裴宜理的“The Promise of PRC History”（《中华人民共和国历史与展望》），唐小兵的“Studies of Shanghai History from the Perspective of New Revolutionary History”（《新革命史视野下的上海史研究》），黄道炫的“The Cultivation of Communist Cadres during the War of Resistance against Japanese Aggression”（《抗战时期中共干部的养成》），赵诺的“The ‘Local/Outsider Problem’ among Chinese Communist Party Cadres during the Early Period of the War of Resistance against Japanese Aggression: A Case

Study Focusing on the Taihang Base Area ”（《抗战初期中共地方干部群体内部的“土客问题”：以太行根据地为中心的讨论》），张景平、王忠静的“State and Cult in Six Hundred Years of Irrigation Activities in an Arid Area of China: A Case Study of the Dragon King Temples in the Hexi Corridor”（《近 600 年来中国干旱区灌溉活动中的国家与信仰——以河西走廊龙王庙系统为中心的研究》），司昆仑的“In Search of Frameworks for Productive Comparison of Cities in World History”（《探寻世界史视域下的城市比较研究框架》），卞利的“One Thousand Years of Historical Relics: The Huizhou Documents”（《千年历史的遗迹：徽州文书》）。

## （五）会议综述

### 中国社会科学论坛·第一届中华民国史青年论坛

2016 年 8 月 27 ～ 28 日，由中国社会科学院近代史研究所与社会科学文献出版社联合举办的“中国社会科学论坛·第一届中华民国史青年论坛”在北京召开。来自中国大陆、中国台湾、中国香港以及日本、美国等国家和地区的 71 位学者参加了论坛。52 位学者提交论文并报告了自己的研究成果。

涵盖议题广泛、探讨重大历史问题，是论坛的一个亮点。论坛在“大民国史”思想的指导下，议题涵盖了民国时期各个领域的很多重大问题。会议研讨的主要议题有“民国初年的内政与外交”“中共在抗战中的生存和发展”“国民党的政权建设与政治思想”“中国近代的学术”“思想与文化重建”“历史记忆与国家认同”“国民政府与周边国家关系”“民国时期的城市空间、土地利用和地权管理”“民国时期的乡村建设”“水域管控”“蒋介石、孔祥熙等重要的民国政治人物”等。学者们的研究成果在许多议题上推进了既往的研究。

例如，帝制瓦解、共和新建过程中，如何重建中央和地方的关系，是民国初年的重要政治议题。江南大学陈明的论文《熊希龄内阁时期的废省筹议》，通过分析民国初年北京政府的府、院之间和地方实力派对省制存废的不同意见及不同的改省方案，展现了民国初年政界和知识分子对中央地方关系的探讨。

研究方法、视角多元，是论坛的第二个亮点。其一，传统的政治史、外交史研究和实证史学的研究方法仍占据主导地位；同时，新文化史的视角和方法也受到研究者的关注。例如《“地名战”：上海法租界街路命名的社会文化史》《历史记忆与国家认同：一战时期中国“国耻记忆”的形成与演变》等论文，从“历史记忆”的角度研究国家建构问题。其二，从一个小问题进入，呈现出大的时代变迁，以小见大的研究受到重视。例如中国台湾学者王文隆的《中国参战与国民外交后援会（1917 ～ 1919）》一文，研究了 1917 年 2 月和 1919 年 2 月在北京与广州成立的两个分别支持北京政府与南方国民党政权的同名团体——“国民外交后援会”，对比了它们人员构成与政治诉求的异同，揭示了国民外交团体与政府的关系及其影响政治的方式，从中反映出民初政治的混乱与南北相争的形势。其三，多元视角还表现在从国族视角向地域视角、个人视角的转换，从中国视角向东亚视角的转换。例如中国社会科学院近代史研究所李在全的《北伐前后的微观体验——从地域视角释读〈黄尊三日记〉》一文，从地域视角出发，通过一个普通知识分子对“北伐”战争的观察和在战争中的经历，透视“北伐”战争时期的政治变局和社会矛盾，揭示战争对民众生活的影响以及战争中人们的生活状况和精神状态，具有丰富的历史感。

来自东亚各个国家、地区的学者，表现出各自的研究特点，并能就共同关心的问题展开充分的研讨，形成真正的交流，是论坛的第三个亮点。论坛共有9位来自中国台湾、5位来自日本的学者参加，展现出今日海峡两岸、中日之间，青年研究者对于民国史所关注的问题、运用的方法和资料使用情况的异同，也展现出中国大陆和东亚地区青年一代民国史研究的整体水平和面貌。

（李志毓　柴怡赟）

## “世界视野下的孙中山与中华民族复兴——纪念孙中山先生诞辰150周年”国际学术研讨会

2016年11月13～17日，“世界视野下的孙中山与中华民族复兴——纪念孙中山先生诞辰150周年”国际学术研讨在广东省中山市举行。研讨会由中国社会科学院、中国人民政治协商会议广东省委员会联合主办，中国孙中山研究会、中国社会科学院近代史研究所、广东省社会科学院、中国人民政治协商会议广东省中山市委员会承办，广东省中山市人民政府文化广播新闻出版局、孙中山故居纪念馆协办。来自中国大陆和香港、澳门、台湾地区以及日本、韩国、越南、新加坡、澳大利亚、新西兰、俄罗斯、法国、美国的117位学者参加了研讨会。与会学者共提交论文94篇，这些论文的研究主题包括孙中山生平的各个方面，如生平活动、思想研究、政治军事、对外关系等，其中几个问题有比较集中的论述和讨论。

一是孙中山与振兴中华、民族复兴的关系。张磊在《孙中山的“振兴中华”和“理想国”——孙文学说和资本主义观与社会主义观解析》一文中讨论了孙中山的“振兴中华”和他心目中“理想国”的关系；熊月之的《孙中山振兴中华思想的三个世界》一文着重从孙中山的实处世界、理想世界、过渡世界的矛盾关系入手，讨论孙中山的振兴中华思想。多位学者在论文中都强调了民族自信和文化自信的重要性及其在民族复兴中的重要地位。

二是对孙中山三民主义的认识，尤其是对民生主义的讨论。张海鹏在主题发言中认为，从民生主义看孙中山，不能一般地说孙中山反对阶级斗争、拒绝阶级斗争学说；左玉河在《孙中山民生主义本质的再认识》一文中认为，民生主义具有超前性和主观性，带有民粹主义倾向；马敏的《风物长宜放眼量——孙中山实业思想再认识》、黎志刚的《孙中山的实业救国思想》、陈争平的《铁路与国家权益：孙中山思想再认识》等论文对孙中山实业救国思想的讨论，从多方面拓展了对民生主义的认识。

三是对孙中山政治活动的论述。政治史研究始终是历史研究的重要方面，对孙中山这样的政治家而言更是如此。杨天石的《再论“倒孙风潮”与蒋介石刺杀陶成章事件》、王晓秋的《孙中山民族复兴的宏愿和苦心——重评1912年孙袁会谈》、久保田文次的《孙文、黄兴和宋教仁暗杀事件的司法解决：与袁世凯政权的应对相关联》等多位学者的论文，讨论了清末民初孙中山的政治活动、孙中山与袁世凯的关系等问题。这些政治史研究，都利用新的材料，以新的研究视角，对过往有研究的问题予以再分析和再评价。

四是对孙中山思想的研究。对孙中山思想的研究，从来都是孙中山研究的重要方面。与会学者讨论了过去研究较少的方面，如对孙中山的国际秩序观、宗族观、卫生思想、社会救济思想、乡村治理思想、国术思想、尚俭思想、共享思想的研究，使我们更能认识到孙中山思想的博大精深，是中华思想文化的宝库。

五是孙中山研究的主题拓展。孙中山研究过往较多集中在对他的革命思想和活动的研究，而现有研究趋向，大大拓展了旧有的研究主题，将孙中山研究伸展到与之相关的各个方面。桑兵的《孙中山研究亟须注意版本问题》对孙中山著作版本的关注，黄健敏的《孙中山的影像与形象研究初探》对孙中山影像与形象的梳理，赵立彬的《刚与柔的变奏：民国初年孙中山对名誉事件的反应》对孙中山对名誉事件的反应，姚霏的《疾病、身体与政治——孙中山确诊癌症及其治疗过程研究》对孙中山的疾病医疗，徐涛的《逝世后的孙中山与上海(1925～1949)》对孙中山逝世以后的上海纪念设施，梁文生的《孙中山与邮票——一则国家认同的样本研究》对孙中山与邮票关系等的研究，都拓展了孙中山研究的主题。

（汪朝光　柴怡赟）

## “第六届中国近代思想史国际学术研讨会”暨“岳麓书院创建1040周年国际学术研讨会”

2016年11月11～13日，“第六届中国近代思想史国际学术研讨会”暨“岳麓书院创建1040周年国际学术研讨会”在长沙岳麓书院举行。研讨会的主题是“近代中国的家族制度与家庭观念”。研讨会由中国社会科学院中国近代思想史研究中心与岳麓书院联合主办，中国社会科学院近代史研究所思想史研究室、岳麓书院历史系、湖南大学“杨度与近代中国研究中心”具体承办。来自中国大陆、中国香港、中国台湾以及日本的近80位学者参加了会议。会议共收到论文49篇。

在大会报告阶段，邹振环作了题为“寻找儒家与基督教伦理的融通——以高一志《修身西学》在华的传播与影响为例”的学术报告，丘为君作了题为“从‘群性’到‘个性’的价值转换——新文化运动知识分子批判传统家庭制度的历史意义”的学术报告，李维武作了题为“从批判旧家庭到走出小家庭——中国早期马克思主义者的家庭观”的学术报告，何晓明作了题为“道德观念与道德行为的古今之辨——以道德与家族血亲人伦为中心”的学术报告，陈先初作了题为“近代史上家族制度批判的多重维度——从清末到新文化运动”的学术报告，李育民作了题为“曾国藩的治家思想论析”的学术报告，高力克作了题为“中国人的家：梁漱溟论中国文化之特质”的学术报告，梁景和与欧阳哲生两位教授担任大会报告的点评人。

大会报告之后，与会学者分 8 个场次进行了分组讨论。分组讨论中，与会学者围绕会议主题，开展了深入的交流。一方面探讨近代以来中国家族制度、家庭结构、国人家庭观念的变化，另一方面也希望为未来家庭婚姻的发展提供一些借鉴。

与会学者分别从社会学、伦理学、哲学、社会史、婚姻家庭史、文学史、思想史等角度对相关问题进行了探讨，关注点主要集中在五个方向上：（1）甄克思、马克思主义、尼采、易卜生、卢梭、西方无政府主义思想等外来思想对于近代家庭观念变迁的影响；（2）家庭形态变化中思想观念所发生的作用与社会生活本体之间的关系；（3）近代改造家庭论的思路及动机；（4）婚姻、家庭的私人性与公共性问题；（5）曾国藩、梁启超、梁漱溟等近代重要人物的家庭观念。学者们就一些问题形成了共识，在有些问题上分歧明显，还提出了不少新问题。

共识主要表现在如下三个方面：（1）传统的家庭、家族制度和家族伦理对于不同人群（经济阶层的分别、年龄的分别等）的职能和意义都是不一样的；（2）有必要区分一般思想界的阐述、鼓吹与社会生活本体，不能把近代以来思想界对于家庭改造的种种言论，以及他们对于传统家族制度、家族伦理的批判本身看作家族制度、家族伦理的历史实况；（3）要区分批评家族制度、家族伦理的人士的言与行。

分歧主要表现在如下三个方面。（1）对传统家庭、家族制度、家族伦理在中国文化中的意义，中国传统家族制度之下个人的自由度、个人权利的实况，传统家族制度对于个人压制的实况，学者们存在分歧。（2）对近代国家建构中，国家权力深度介入家庭生活的利弊；家族伦理在中国近代的政治转型、现代产业发展以及符合市场经济发展的社会伦理的建构中是否可以发挥积极作用等，能发挥怎样的作用等，学者们争论激烈。（3）对未来家庭的发展趋势存在分歧。对中西家庭发展是单线发展，还是多元发展；未来中国家庭的发展是趋同于现代西方的家庭模式，家庭观念趋向于现代西方中产阶级的核心家庭观念，还是应当保持中国固有的特色；未来中国的家庭观念是趋向于集体主义还是趋向于个人主义，学者们有不同的看法。

（彭姗姗　柴怡赟）

## 船政与中国近代化启航——纪念福建船政创办 150 周年专题研讨会

2017 年 12 月 23 ~ 25 日，“船政与中国近代化启航——纪念福建船政创办 150 周年专题研讨会”在福建省福州市举行。会议由中国史学会、中共福州市委宣传部主办，中国社会科学院近代史研究所、福州市马尾区人民政府承办。来自海内外的 50 多位专家学者出席研讨会，共提交学术论文 40 篇。

在研讨会上，中国社会科学院近代史研究所研究员虞和平、台湾大学教授沈冬、福建省社会科学院研究员刘传标、海军军事学术研究所研究员杨晓丹、中国甲午战争博物馆研究员陈悦分别作了主题报告。虞和平在题为“论福建船政局的成与败”的报告中指出，在企业、洋务运动和现代化层次上，福建船政都取得了重要成就；沈冬的主题报告“追寻祖先的容颜——沈葆桢图像考论”从具体考证福建船政创办人沈葆桢的影像入手，刻画了沈葆桢创办福建船政的事功；刘传标的主题报告“福建船政人的南海经略”考察了福建船人的南海经略，充分肯定其在捍卫祖国海疆主权上的不朽贡献；杨晓丹在题为“‘足为海军根基’：船政对中国近代海军的历史性贡献”的报告中，高度评价了福建船政对于中国近代海军的历史性贡献；陈悦的主题报告“船政后学堂首届外堂生初探”则从福建船政首届外堂生入手，探讨了船政后学堂在海军教育上独树一帜的教育模式以及其在培养近代海军人才方面的重要贡献。

在分组讨论中研讨的主要议题有“船政的成就及其影响”“船政人物及其贡献”“船政与台湾”“船政与中西文化”“船政与海军海权”等。

（周祖文　柴怡赟）

# 世界历史研究所

## （一）人员、机构等基本情况

### 1. 人员

截至 2016 年年底，世界历史研究所共有在职人员 79 人。其中，正高级职称人员 16 人，副高级职称人员 21 人，中级职称人员 26 人；高、中级职称人员占全体在职人员总数的 80%。

### 2. 机构

世界历史研究所设有：唯物史观与外国史学理论研究室 /《史学理论研究》编辑部、世界古代中世纪史研究室、西欧北美史研究室、俄罗斯东欧史研究室、亚非拉美史研究室、世界史跨学科研究室、《世界历史》编辑部、图书资料室 / 世界历史数字化研究部、科研组织处、行政综合办公室。

### 3. 科研中心

世界历史研究所院属科研中心有：中国社会科学院加拿大研究中心、中国社会科学院史学理论研究中心；所属科研中心有：中国社会科学院世界历史研究所日本历史与文化研究中心。

## （二）科研工作

### 1. 科研成果统计

2016 年，世界历史研究所共完成专著 5 种，161 万字；论文 43 篇，135.7 万字；译著 6 种，241.5 万字；论文集 2 种，135.7 万字；理论文章 13 篇，4.58 万字。

### 2. 科研课题

（1）新立项课题。2016 年，世界历史研究所共有新立项课题 10 项。其中，国家社会科学基金课题 3 项："17 世纪英国社会舆论与政治制度发展演进研究"（张炜主持），"俄波关系中的'乌克兰问题'研究（1654 ~ 1954）"（刘国菊主持），"联邦德国对民主德国的经济政策研究（1949 ~ 1990）"（王超主持）；院国情考察课题 1 项："现代化进程中传统文化、现代文化的基本状况——对甘肃文县的调研"（王晓菊主持）；所级课题 3 项："丝绸之路经济带能源合作的历程与态势研究"（李冉主持），"2010 ~ 2015 年美国科技政策研究"（李文靖主持），"中世纪晚期英格兰堂区教士生存状况考察"（孙剑主持）；所交办课题 3 项："中国世界史研究网英文网页的维护更新"（饶望京主持），"全国世界历史研究机构调研"（王宇主持），"新形势下离退休干部工作"（孔银花主持）。

（2）结项课题。2016 年，世界历史研究所共有结项课题 10 项。其中，国家社会科学基金课题 3 项："古代中朝移民史研究"（孙泓主持），"南非种族隔离制度与资本主义经济关系的历史考察"（刘兰主持），"英国殖民地公职机构史研究"（张顺洪主持）；院国情考察课题 1 项："现代化进程中传统文化、现代文化的基本状况——对甘肃文县的调研"（王晓菊主持）；所重点课题 3 项："同盟的外溢：美韩同盟与韩国的国家建设"（许亮主持），"'失败者的历史'论文集"（张文涛主持），"翻译《血的谎言》"（李锐主持）；所青年课题 3 项："施密特政府的德国政策研究"（王超主持），"丝绸之路经济带能源合作的历程与态势研究"（李冉主持），"中世纪晚期英格兰堂区教士生存状况考察"（孙剑主持）。

（3）延续在研课题。2016 年，世界历史研究所共有延续在研课题 25 项。其中，国家社会科学基金重大课题 2 项："当代国际史学研究及其发展趋势"（陈启能主持），"中英美印俄五国有关中印边界问题解密档案文献整理与研究（1950—1965 年）"（孟庆龙主持）；国家社会科学基金一般课题 4 项："时间史研究"（俞金尧主持），"古埃及王权研究"（郭子林主持），"1930 年代美国大平原的土地沙化及其治理研究"（高国荣主持），"古代两河流域的社会公正思想研究"（国洪更主持）；国家社会科学基金青年课题 4 项："西方全球史学研究"（董欣洁主持），"18—19 世纪日俄岛屿问题的历史研究"（李文明主持），"古希腊史学中帝国形象的演变研究"（吕厚量主持），"战后英国英属撒哈拉以南非洲政策研究（1945—1980）"（杭聪主持）；国家社会科学基金后期资助课题 1 项："苏联城市住房史（1917—1937）"（张丹主持）；所重点课题 3 项："罗马化进程中的文化互动现象研究"（胡玉娟主持），"19 世纪巴尔干地区外交与宗教的相互影响"（鲍宏铮主持），"17世纪英国对亚洲的殖民贸易及其影响"（宁凡主持）；所一般课题11项："新英格兰1692年萨勒姆巫术审判研究"（姚朋主持），"俄罗斯民族的形成、乌克兰民族的形成、白俄罗斯民族的形成"（王丹主持），"妇女在苏联农业集体化进程中的作用"（刘凡主持），"19世纪末20世纪初西方"黄祸论"探析"（任灵兰主持），"入盟五年：波兰社会的转轨与得失"（何风主持），"印度表列种姓社会发展状况述评"（宋丽萍主持），"欧洲中世纪厌女观念的历史发展"（李桂芝主持），"自由、道德与历史的进步：论阿克顿的历史哲学"（张文涛主持），"幽州刺史墓墓主身份再探讨"（孙泓主持），"中亚犹太人与以色利——中亚关系"（侯艾君主持），"伊凡雷帝暴政和末日论"（朱剑利主持）。

**3. 获奖优秀科研成果**

2016年，世界历史研究所获"第九届（2016年）中国社会科学院优秀科研成果奖"专著类一等奖1项：武寅等的专著《世界历史》（39册）；获"第九届（2016年）中国社会科学院优秀科研成果奖"专著类三等奖1项：张顺洪的专著 *British views on China at A Special Time*（1790～1820）（《一个特殊时期的英人评华》）；获"第九届（2016年）中国社会科学院优秀科研成果奖"论文类三等项1项：赵文洪的论文《公地制度中的平等精神》。

## （三）学术交流活动

**1. 学术活动**

2016年，世界历史研究所主办和承办的学术会议主如下。

（1）2016年4月12日，由世界历史研究所主办的"马克思主义与世界史研究研讨会"在北京举行。会议的主题是"社会形态的演进与世界历史的发展"。

（2）2016年6月17日，由世界历史研究所《史学理论研究》编辑部主办的"新世纪以来西方史学理论前沿问题学术研讨会"在北京召开。会议研讨的主要议题有"创新工程项目的研究需要得到史学理论界，尤其是从事西方史学理论和史学史研究的学者的支持和参与""《史学理论研究》杂志要加强同从事史学理论和史学史研究的学者，尤其是中青年学者的交流，建立一个稳固的作者队伍，保证杂志质量的稳步提升"等。

（3）2016年7月23～24日，由世界历史研究所与黑龙江省社会科学院联合主办，齐齐哈尔大学承办的"第六届全国社会科学院世界历史研究联席研讨会"在黑龙江省齐齐哈尔市召开。会议的主题是"中国与周边国家关系中的历史与现实问题研究"。

（4）2016年8月13～14日，由中国社会科学院《世界历史》编辑部与山东大学历史文化学院共同举办的"第一届全国世界史中青年学者论坛"在山东省威海市举行。论坛入选论文涵盖新社会史、新文化史、环境史、医疗史、情感史、儿童史、同性恋史、全球史、冷战史等新领域。

（5）2016年10月22日，由世界历史研究所主办的"世界历史研究所亚非拉论坛

2016年11月，第十九届全国史学理论研讨会在上海召开。

(2016)”在北京举行。

(6) 2016年11月4～6日，由世界历史研究所《史学理论研究》编辑部、史学理论研究中心等主办，上海大学历史系承办的第十九届全国史学理论研讨会在上海召开。会议的主题是“机遇与挑战：新世纪以来的中西方史学研究”。

(7) 2016年11月19日，由世界历史研究所主办的“地区局势与巴勒斯坦问题学术研讨会”在北京召开。会议研讨的主要议题有“中东动荡背景下的巴勒斯坦问题”“伊斯兰原教旨主义”等。

(8) 2016年12月17～18日，由世界历史研究所主办的“再认识与再评价：二战中的中国与亚洲民族独立运动”国际学术论坛在北京举行。会议研讨的主要议题有“中国抗战与亚洲民族独立运动”“中国抗战与朝鲜、越南、印度、东南亚民族独立运动”“日本‘大东亚战争’论的批判”“二战中的英美与亚洲民族独立运动”“中国抗战的政治与外交”等。

**2. 国际学术交流与合作**

2016年，世界历史研究所共派遣出访30批48人次，接待来访8批33人次（其中，中国社会科学院邀请来访3批5人次）。与世界历史研究所开展学术交流的国家有俄罗斯、白俄罗斯、保加利亚、以色列、瑞典、新西兰、波兰、美国、英国、德国、澳大利亚、埃及、波黑、韩国、日本、马来西亚、越南、缅甸、新加坡等。

中外合作

2016年，世界历史研究所申报了院重大问题中外合作研究2016年度课题：“抗战史和二战史・再认识与再评价：二战中的中国与亚洲民族独立运动”（汪朝光主持）。

(1) 2016年10月30日至11月3日，世界历史研究所副所长汪朝光研究员等一行访问韩国，与韩国学界举行了学术座谈。

(2) 2016年11月23～27日，世界历史研究所副所长汪朝光研究员等一行访问新加坡，与新加坡学界举行了学术座谈。

(3) 2016年12月17～18日，世界历史研究所在北京主办了“再认识与再评价：二战中的中国与亚洲民族独立运动”国际学术论坛。

出访

（1）2016 年 1 月 14 ～ 19 日，世界历史研究所副研究员郭子林应邀参加院代表团对埃及进行了学术访问。与埃及最高文化委员会、埃及国家博物馆、埃及国家翻译中心、中国驻埃及文化处等单位，就加强文化交流与学术合作达成共识。

（2）2016 年 3 月 8 ～ 12 日，世界历史研究所研究员徐建新、副研究员孙泓应邀赴日本，出席日本明治大学日本古代研究所在东京明治大学召开的“明治大学所藏好大王碑拓本和新出土‘集安高句丽碑碑文’历史研究国际会议”。

（3）2016 年 6 月 2 ～ 6 日，世界历史研究所所长张顺洪研究员应邀赴日本大阪大学，出席“亚洲世界史学会理事会”和关于全球史研究的国际会议。

（4）2016 年 7 月 7 ～ 9 日，世界历史研究所研究员张旭鹏应德国波鸿大学社会运动研究所所长斯特凡·贝格尔教授的邀请，赴德国参加“历史叙事分析：理论与实践”国际工作坊。

（5）2016 年 7 月 22 ～ 27 日，世界历史研究所所长汪朝光研究员赴美国西雅图华盛顿大学参加“现代中国的战争与社会”学术讨论会。

（6）2016 年 8 月 23 ～ 27 日，世界历史研究所副研究员陈伟应国际二宫尊德思想学会邀请，赴日本明治大学，出席在东京举行的“国际二宫尊德思想学会第七届学术大会”。

来访

（1）2016 年 3 月 10 日，世界历史研究所研究员张经纬、世界历史研究所日本历史与文化研究中心的学者与日本政治评论家本泽二郎先生在北京就“安倍晋三的政治和思想基础”议题进行了学术交流。

（2）2016 年 4 月 14 日，世界历史研究所俄罗斯东欧史研究室的学者与波兰雅盖洛大学国际关系与政治研究学院副教授彼得·帕拉在北京就“波兰政权更迭后的东方政策及波俄波乌关系分析”议题进行了学术交流。

（3）2016 年 5 月 13 日，世界历史研究所俄罗斯东欧史研究室的学者与外交学院的波斯尼亚和黑塞哥维那留学博士研究生娜塔莎·马里奇在北京就“波黑政体”“波黑社会状况”“波黑民族关系”“波黑与中国关系的前景”等问题进行了学术交流。

（4）2016 年 5 月 17 日，世界历史研究所、古代中世纪研究室的学者与美国孟菲斯大学埃及学家彼得·布兰德教授在北京就“浮雕铭文中的拉美西斯二世家族”议题进行了学术交流。

（5）2016 年 5 月 24 日，世界历史研究所古代中世纪研究室及其他研究室的学者与美国加州大学洛杉矶分校古典系副教授罗伯特·居瓦尔在北京就“成为罗马之神：诗人贺拉斯与元首奥古斯都的神圣性”议题进行了学术交流。

（6）2016 年 5 月 31 日，世界历史研究所所长张顺洪研究员、世界历史研究所部分学者与美国斯坦福大学古典学系罗马史专家瓦尔特·谢德尔教授在北京就“巨大的均平机：暴力与贫富不均的全球史”议题进行了学术交流。

（7）2016年6月13日，世界历史研究所所长张顺洪研究员、世界历史研究所部分学者在北京与英国爱丁堡大学历史、古典、考古学院荣休教授哈里·狄金森就“英国对法国大革命的反思”议题进行了学术交流。

（8）2016年7月19日，世界历史研究所唯物史观与外国史学理论研究室的学者在北京与美国罗文大学历史系教授王晴佳就“略谈当代史学理论和历史研究的分叉化”议题进行了学术交流。

（9）2016年9月26日，世界历史研究所俄罗斯东欧史研究室的学者在北京与德国汉堡大学东北欧德意志人历史文化研究所教授维克多·德宁豪斯就“德意志人在俄罗斯的千年历程”议题进行了学术交流。

（10）2016年11月8日，世界历史研究所所长张顺洪研究员、世界历史研究所科研人员在北京与英国伦敦大学历史系知名教授罗伯特·霍兰就“英国和欧盟：历史视角下的英国脱欧”议题进行了学术交流。

（11）2016年11月29日，世界历史研究所所长张顺洪研究员、世界历史研究所部分学者在北京与澳大利亚富林德斯大学教授彼特·蒙蒂斯就“澳大利亚在两次世界大战时期对平民和俘虏的关押”议题进行了学术交流。

## （四）学术社团、期刊

### 1. 社团

（1）中国国际文化书院，院长张顺洪。

2016年11月17～19日，由中国国际文化书院主办的“欧洲启蒙运动及其历史启示”学术研讨会在北京召开。会议的主题是“欧洲启蒙运动和法国大革命”“今天如何看待欧洲启蒙运动及其历史启示”“欧洲启蒙运动与中国”。与会专家学者70余人。

（2）中国世界古代中世纪史研究会，会长侯建新。

2016年9月17～18日，由中国世界古代中世纪史研究会主办的“中国世界古代史2016年会”在北京召开。会议的主题是“古代世界的生成和成长”。与会专家学者95人。

（3）中国世界近代现代史研究会，会长闫照祥。

① 2016年7月14～15日，由中国世界近代现代史研究会主办、黑龙江大学历史文化旅游学院承办的“中国世界近代现代史研究会世界现代史专业委员会第九届年会暨学术研讨会”在黑龙江省哈尔滨市召开。会议的主题是“世界现代史热点问题研讨会”。与会专家学者95人。

② 2016年9月23～25日，由中国世界近代现代史研究会主办、西北师范大学承办的“中国世界近代现代史研究会世界近代史专业委员会年会暨学术研讨会”在甘肃省兰州市召开。会议的主题是“世界近代史研究前沿问题、全球史的理论与实践、高校世界近代史教学问题”。

与会专家学者 90 人。

（4）中国非洲史研究会，会长李安山。

2016 年 8 月 12 ~ 13 日，由中国非洲史研究会主办的“‘非洲发展的历史、理论和现实：新时期中非发展合作的前景与挑战’研讨会暨中国非洲史研究会 2016 年年会”在上海举办。会议的主要议题是“非洲发展”“2030 年议程”“中非产能合作”“中非人文交流”“非洲发展与世界格局变化”等。与会专家学者 95 人。

（5）中国朝鲜史研究会，会长金成镐。

2016 年 8 月 13 ~ 15 日，由中国朝鲜史研究会主办、延边大学朝鲜半岛研究院承办的“中国朝鲜史研究会 2016 年学术年会暨第十届会员大会”在吉林省延吉市召开。会议的主题是“东亚视野下的中朝（韩）关系史与朝鲜（韩国）史研究”。与会专家学者 80 人。

（6）中国苏联东欧史研究会，会长姚海。

2016 年 9 月 17 ~ 18 日，由中国苏联东欧史学研究会和新疆大学人文学院共同主办的“丝绸之路经济带与俄罗斯东欧中亚国家历史文化交流”专题学术研讨会在新疆维吾尔自治区乌鲁木齐市召开。会议的主要议题是“俄罗斯东欧中亚的历史：新史料、新视角”“俄罗斯东欧中亚国家的民族、宗教及社会问题”“苏共二十大与赫鲁晓夫改革”“中俄关系中的新疆问题”“边疆治理问题”“丝绸之路经济带与欧亚联盟”等。与会专家学者 50 余人。

（7）中国法国史研究会，会长沈坚。

2016 年 11 月 4 ~ 6 日，由中国法国史研究会主办的“法国历史上的移民、冲突与交融”学术研讨会在浙江省温州市举行。会议的主题是“从历史的视野出发，反思法国移民问题及讨论其他法国史问题”。与会专家学者 45 余人。

（8）中国第二次世界大战史研究会，会长胡德坤。

2016 年 12 月 16 ~ 18 日，由中国第二次世界大战史研究会主办的“2016 年年会暨学术研讨会”在北京召开。会议的议题为“第二次世界大战的起源”“第二次世界大战中的军事与外交”“第二次世界大战与战后国际秩序”“盟国战后安排与中国周边领土与海洋问题（包括盟国战后安排与南海仲裁、波茨坦会议后的钓鱼岛问题等）”“中国抗战在第二次世界大战中的地位和作用”“第二次世界大战在世界历史发展中的地位和作用”等。与会专家学者 88 人。

（9）中国日本史学会，会长张键。

2016 年 8 月 18 ~ 22 日，由中国日本史学会、北华大学联合主办的“中国日本史学会 2016 年年会暨‘日本的社会变迁与中国’学术研讨会”在吉林省吉林市举行。会议的主题是“近代以来东亚社会的战争记忆与历史和解”。与会专家学者 95 人。

（10）中国拉丁美洲史研究会，会长王晓德。

2016 年 10 月 14 ~ 16 日，由中国拉丁美洲史研究会主办的“中国拉丁美洲史研究会第九届会员代表大会暨‘全球史视野下的拉丁美洲文明’学术研讨会”在河北省保定市召开。会议的主要议题有“拉美国家的历史与现实”“拉丁美洲文明与文化”“拉美国家关系的历史与现实”。与会专家学者 90 人。

（11）中国美国史研究会，会长王旭。

2016 年 8 月 19 ~ 22 日，由中国美国史研究会主办、辽宁大学历史学院和美国史研究中心承办的“中国美国史研究会第十六届年会暨‘多维视阈中的美国史研究’学术研讨会”在辽宁省沈阳市召开。与会专家学者 98 人。

（12）中国英国史研究会，会长钱乘旦。

2016 年 12 月 16 ~ 18 日，由中国英国史研究会主办的“中国英国史研究会第十一次会员代表大会暨 2016 年学术年会”在陕西省西安市召开。会议的主题是“英国史研究与教学研讨”。与会代表 60 余人。

（13）中国德国史研究会，会长邢来顺。

2016 年 10 月 28 ~ 30 日，由中国德国史研究会主办的“中国德国史研究会 2016 年年会暨‘全球史视野下的德国历史’学术研讨会”在北京召开。会议研讨的主要议题有“全球史视野下的德国史”“宗教改革与马丁·路德研究”“魏玛和纳粹时期的德国史”“二战后的德国史”“德国与欧洲难民危机”“中德关系史”等。与会专家学者 50 人。

（14）中国中日关系史学会，会长武寅。

**2. 期刊**

（1）《世界历史》（双月刊），主编张顺洪。

2016 年，《世界历史》共出版 6 期，共计 144 万字。该刊新增了“海洋史”“海外专稿”“马克思主义与世界历史”3 个栏目。该刊全年刊载的有代表性的文章有：李昀的《“自由”话语与冷战初期美国国内政治动员——以欧洲复兴计划为中心》，翟韬的《“文学冷战”：大陆赴港“流亡者”与 20 世纪 50 年代美国的反共宣传》，孙继强的《战后初期日本报界的战争责任观》，高科的《美国国家公园建构与印第安人命运变迁——以黄石国家公园为中心（1872 ~ 1930）》，王广坤的《19 世纪英国全科医生群体的崛起及影响》，赵旭黎的《苏联村社财权的丧失及其影响》，侯建新的《思想和话语的积淀：近代以前西欧财产观的嬗变》，张小贵的《中古祆教半人半鸟形象考源》，张绪山的《“宝石谷传说”在欧亚大陆的流传》，吴少杰的《专属经济区概念的提出与美国的反应（1970 ~ 1983）》，陆伟芳的《19 世纪英国人对伦敦烟雾的认知与态度探析》，［美］谭旋的《情感史视野下的法国大革命》，王立新的《跨国史的兴起与 20 世纪世界史的重新书写》，荆腾的《恩格斯的〈德国农民战争〉及其编史学意义》。

（2）《史学理论研究》（季刊），主编汪朝光。

2016 年，《史学理论研究》共出版 4 期，共计约 100 万字。该刊全年刊载的有代表性的文章有：李红岩的《中国马克思主义史学思想概说》，李长银的《日本“疑古”思潮与“古史辨运动”》，李杰、孙明涛的《列宁的史学方法论》，梁景和、杜峰的《生活质量：社会文化史研究的新领域》，杨祥银的《美国口述历史伦理审查机制研究》，何宛昱的《陈翰笙的马克思主义史学观》，邓超的《论社会主义运动兴衰的体系根源》，王旭、王宇翔的《美国新郊区史研究及其对芝加哥学派的超越》，肖薇、何平的《马克思的理论在欧洲的旅行》，李鹏涛的《特伦斯·兰杰及其非洲史研究》，房小捷的《马克思"人与自然对象性关系"概念对环境史研究的意义》，江湄的《历史的无意义与意义：论章太炎〈易〉学、〈春秋〉学中的历史观》，唐仕春的《心系整体史：中国区域社会史研究的学术定位及其反思》，朱文哲的《清末民初的纪年变革与历史时间的重构》，张呈忠的《近三百年来西方学者眼中的王安石》。

（3）《世界史研究》（*World History Studies*）（半年刊），主编张顺洪。

2016 年，《世界史研究》共出版 2 期，共计 13 万字。该刊新增"观点"栏目。该刊全年刊载的有代表性的文章有：王献华的"The Emergence of the Primary State in Early Mesopotamia"（《美索不达米亚平原早期国家的出现》），许明龙的"In Response to Professor Volpilhac-Auger"（《答伏比拉克教授》），王宇的"Changing Ways of Commemorating the Holocaust in Israel：Possible Lessons for China"（《对以色列大屠杀看法的改变：中国可借鉴之处》），侯旭东的"The Helpless Emperor：The Expenditure on Official Hostel System and Its Institutional Change in the Late Former Han China "（《皇帝的无奈——西汉传置开支与制度变迁》），马特奥·索尼娅的"18 Brumaire and Its Place in the French Revolution: A Critical Historiography"（《雾月 18 日以及法国大革命的爆发：严格的历史视角》），吴恩远的"On the Soviet Model of Development"（《苏联模式解析》），黄仁国的"Marxist Historian Huang Shaoxiang "（《马克思主义历史学家黄绍湘》），刘明翰的"The New Progress of Renaissance Studies by Chinese Scholars-Centered on the 12 Volumes of Renaissance History"（《21 世纪初以来，中国学者对欧洲文艺复兴史研究的新进展》）。

## （五）会议综述

### 第六届全国社会科学院世界历史研究联席研讨会

2016 年 7 月 23 ～ 24 日，由中国社会科学院世界历史研究所和黑龙江省社会科学院主办，齐齐哈尔大学承办的第六届全国社会科学院世界历史研究联席研讨会在黑龙江省齐齐哈尔市举行。联席研讨会的主

2016年7月，第六届全国社会科学院世界历史研究联席研讨会在黑龙江省齐齐哈尔市举行。

题是“中国与周边国家关系中的历史与现实问题研究”。来自国内部分省市社科院及高校的专家学者 60 余人参加会议。

与会专家学者围绕会议主题展开学术对话。青海省社科院副院长孙发平作了题为“丝绸之路经济带建设中青海历史文化资源开发与合作研究”的主旨报告，广东省社科院历史研究所所长李庆新研究员作了题为“文化互信与一带一路建设”的主旨报告，山西省社科院历史所副所长高春平研究员作了题为“山西在‘一带一路’中的定位与对策”的主旨报告；陕西省社科院文化旅游研究中心主任张燕研究员作了题为“‘丝绸之路经济带’建设与西安物质文化遗产的保护与利用”的主旨报告；黑龙江省社科院历史研究所副所长高晓燕研究员作了题为“世界性的化学武器处理问题”的主旨报告。

“中国与周边国家关系中的历史与现实问题研究”是一个历史与现实、中国与世界交相辉映的史学课题。此次学术研讨会的专题发言分为 3 个部分：“‘一带一路’建设与地方历史文化资源的保护、开发和利用”“国际关系与‘一带一路’建设研究”“中国与周边国家的历史及相互关系研究”。在专题发言中，与会专家学者围绕上述 3 个专题，以中国与周边国家关系及历史作为切入点，就历史发展进程、相互关系、“一带一路”建设、史学动态与前沿理论展开交流研讨，各抒己见，畅所欲言。

（科研处）

## 第十九届全国史学理论研讨会

2016 年 11 月 4 ~ 6 日，由中国社会科学院《史学理论研究》杂志、中国社会科学院史学理论研究中心和中国社会科学院史学理论重点学科主办，上海大学历史系承办的“第十九届全国史学理论研讨会”在上海召开。来自国内数十家高校与科研单位的专家学者以及学术刊物和出版社的代表共 120 多人参加会议。研讨会的主题是“机遇与挑战：新世纪以来的中西方史学研究”。

在开幕式上的主旨发言中，庞卓恒教授指出，当前史学理论和历史哲学研究的一项迫切任务是重建和加强唯物史观对历史学的指导地位，为此，需要对马克思发现的社会形态从低级向高级发展的规律认真作一番再认识和再检验。张广智教授的主旨发言以西方历史学家汤因比为研究切入点，折射出西方史学变革潮流中涌现出的各类思想观念。在主旨发言中，陈启能研究员结合自己的长期思考，论述了当代史学发展的主要趋势，并对伴随产生的种种历史思潮和史学方法论提出了自己的价值判断。张越教授在主旨发言中认为，中国近代史学的开端与中国近代史的开端并非同步，并对近代史学的开端与转变这一发展历程作了梳理。邬国义教授的主旨发言以“历史的碎片”为题，结合自己多年治史成果，讲述了个人在学史与治史生涯中的心得体会。

与会专家学者围绕“机遇与挑战：新世纪以来的中西方史学研究”这一会议主题从“马克思主义史学面临的机遇与挑战”“新世纪以来中国史学面临的机遇与挑战”“新世纪以来西方史学面临的机遇与挑战”等方面展开讨论。大会共分四个小组，进行了 18 场讨论。

在闭幕式主题发言中，景德祥研究员介绍了德意志帝国晚期历史学和历史学家的民族主义与国家主义的转向；何平教授对全球化时代马克思主义史学所面临的挑战提出了自己的思考，指出，需要重新解读马克思关于人类社会发展的理想；吴英研究员阐释了“分析的马克思主义学派”创始人柯亨对唯物史观基本概念和原理所作的厘清研究的有益贡献，同时也揭示了他对唯物史观所作解释的缺陷。

（科研处）

## “再认识与再评价：二战中的中国与亚洲民族独立运动”国际学术论坛

2016 年 12 月 17 ～ 18 日，由中国社会科学院世界历史研究所主办的“再认识与再评价：二战中的中国与亚洲民族独立运动”国际学术论坛在北京举行。

2016年12月，“再认识与再评价：二战中的中国与亚洲民族独立运动”国际学术论坛在北京举行。

在会议中，与会专家学者围绕“中国抗战与亚洲民族独立运动”“中国抗战与朝鲜、越南、印度、东南亚民族独立运动”“日本‘大东亚战争’论的批判”“二战中的英美与亚洲民族独立运动”“中国抗战的政治与外交”等议题，进行了广泛而深入的讨论，以期形成学术共识，推动相关研究的不断发展。

有关“二战”史和中国抗战史的研究，是当下中外学界研究的热门领域之一。但是，在“二战”史的研究中，国际学界较少注意中国抗战以及中国抗战与“二战”的关系，轻视中国抗战的重要意义及其对世界反法西斯战争的重要贡献。因此，这方面的研究亟待加强。而在有关中国抗战史和“二战”史的研究中，中国抗战对亚洲民族独立运动的影响及意义，是非常值得关注的论题。在日本发动侵华战争和侵略亚洲各国的太平洋战争之际，亚洲的广大地域仍然是帝国主义的殖民地，其中包括日本殖民地朝鲜，法国殖民地印度支那（越南、老挝、柬埔寨），英国殖民地印度、缅甸、马来亚、新加坡，荷兰殖民地印度尼西亚等。日本打着“黄种人抵抗白种人侵略”的旗号，制造殖民主义战争逻辑，鼓吹“大东亚共荣圈”，发动“大东亚战争”。与之相反，中国则坚定地支持和帮助亚洲殖民地国家的民族独立运动，尤其是支持了朝鲜、越南、印度的民族独立运动，广大华侨华人也是东南亚国家抵抗日本侵略的中坚力量。中国抗战对亚洲和世界反殖民主义运动、对亚洲和世界人民争取民族独立的斗争、对反对日本帝国主义侵略的国际统一战线的形成作出了重要贡献。关于这方面的研究，目前也仍有不足之处，值得加强和深入。

# 中国边疆研究所

## （一）人员、机构等基本情况

### 1. 人员

截至2016年年底，中国边疆研究所共有在职人员34人。其中，正高级职称人员8人，副高级职称人员10人，中级职称人员13人；高、中级职称人员占全体在职人员总数的91%。

### 2. 机构

中国边疆研究所设有：东北与北部边疆研究室、新疆研究室、海疆研究室、西南边疆研究室、马克思主义边疆与疆域理论研究室、《中国边疆史地研究》编辑部、办公室。

### 3. 科研中心

中国边疆研究所设有5个所级工作站：中国边疆历史与社会研究云南工作站、中国边疆历史与社会研究东北工作站、中国边疆历史与社会研究新疆工作站、中国边疆历史与社会研究广西工作站、中国边疆历史与社会研究内蒙古工作站；在西藏自治区日喀则市和海南省三沙市分别建立了所级国情调研基地。

## （二）科研工作

### 1. 科研成果统计

2016年，中国边疆研究所共完成专著4种，158万字；论文80篇，88万字；研究报告15篇，4.5万字。

### 2. 科研课题

（1）新立项课题。2016年，中国边疆研究所共有新立项课题9项。其中，国家社会科学基金课题1项：“行政管理体制改革与中国城市发展”（王垚主持）；院国情调研基地课题4项：“黑龙江省沿边口岸对俄贸易研究”（邢广程主持），“西藏经济社会历史文化发展专项课题”（孙宏年主持），“云南省丽江河源村精准扶贫调研”（罗静主持），“云南省红河牛红村精准扶贫调研”（罗静主持）；所级国情调研基地课题1项：“三沙市人口结构及户籍管理问题研究”（李国强主持）；中国社会科学院及有关部门委托课题3项：“南亚地区战略与西藏发展稳定发展研究”（邢广程主持），“文化在‘一带一路’建设中的地位与作用研究”（侯毅主持），“当代中国边疆治理思想与实践研究”（冯建勇主持）。

（2）结项课题。2016年，中国边疆研究所共有结项课题6项。其中，国家社会科学基金重大课题1项：“丝绸之路经济带建设与中国边疆稳定和发展研究”（邢广程主持）；国家社会科学基金青年课题1项：“清初辽金元三史满蒙翻译研究”（乌兰巴根主持）；所级国情调研基地课题1项：“三沙市人口结构及户籍管理问题研究”（李国强主持）；中国社会科学院及有关部门委托课题3项：“辽代以前蒙古草原与东北地区族群关系史”（范恩实主持），“高句丽地方统治制度研究”（范恩实主持），“内蒙古在俄罗斯远东开发战略中的区位合作优势”（初冬梅主持）。

（3）延续在研课题。2016年，中国边疆研究所共有延续在研课题12项。其中，国家社会科学基金期刊资助课题1项：《中国边疆史地研究》（李大龙主持）；国家社会科学基金青年课题1项：“清末新政时期中央政府对边疆地区的治理与统合研究”（高月主持）；所级国情调研基地课题2项：“三沙市——国情调研基地”（李国强主持），“日喀则——国情调研基地”（孙宏年主持）；中国社会科学院及有关部门委托课题8项：“新疆分裂与反分裂斗争的历史经验与现实问题及对策”（邢广程主持），“我们党治疆方略的经验总结及新形势下面临的新情况新问题”（李国强主持），“如何做好涉疆外宣工作”（许建英主持），“区域政治与经济对南中国海环境合作影响与对策研究”（李国强主持），“内蒙古对苏俄贸易史（1949～2013）”（邢广程主持），“土尔扈特部落史”（阿拉腾奥其尔主持），“民国时期治疆大吏研究”（许建英主持），“英、美新疆政治史研究”（许建英主持）。

**3. 获奖优秀科研成果**

2016年，中国边疆研究所获“第九届（2016年）中国社会科学院优秀科研成果奖”论文类二等奖1项：李国强的论文《从地名演变看中国南海疆域的形成历史》。

## （三）学术交流活动

**1. 学术活动**

2016年，中国边疆研究所主办和承办的学术会议主要如下。

（1）2016年6月22日，中国边疆研究所举办第1期（总第16期）中国边疆学讲坛，邀请台北“故宫博物院”图书文献处副研究员陈维新作题为“清季西北边界变迁条约、舆图简介”的学术报告。

（2）2016年7月18日，由中国边疆研究所主办、新加坡南洋理工大学拉惹勒南国际研究院中国项目组支持的“南海问题与区域合作发展高端智库学术研讨会”在新加坡召开。会议研讨的主要议题有“海洋争端解决机制”“南海争端解决途径”“南海区域合作与发展”等。

（3）2016年9月24日，由中国边疆研究所与广西民族大学共同主办的“第四届中国边疆研究青年学者论坛”在广西壮族自治区南宁市召开。会议研讨的主要议题有“边疆理论研究的新思考”“中国历代边疆治理研究”“边疆民族与中国边疆治理研究”等。

（4）2016年10月21～22日，由中国边疆研究所和四川大学中国西部边疆安全与发展协同创新中心共同主办的“第四届中国边疆学论坛”在四川省成都市召开。会议的主题是“中国现代化与边疆安全发展”。

（5）2016年11月16日，由中国边疆研究所与国家领土主权与海洋权益协同创新中心共同承办的“中国社会科学论坛（2016）：丝绸之路经济带与欧亚经济联盟对接”在北京举行。会议研讨的主要议题有“中俄关系与欧亚地缘政治经济态势”“中国与中亚的区域经济合作”“俄罗斯远东与中国东北地区的经济合作”等。

（6）2016年11月23日，中国边疆研究所举办第2期（总第17期）中国边疆学讲坛，邀请中国社会科学院历史研究所研究员李锦绣作了题为“唐与波斯”的学术报告。

（7）2016年12月21日，中国边疆研究所举办第3期（总第18期）中国边疆学讲坛，邀请云南大学教授方铁作了分别题为“中国古代治边方略研究”和“论古代山地文明”的学术报告。

**2. 国际学术交流与合作**

出访

2016年，中国边疆研究所共派遣出访22批41人次。与中国边疆研究所开展学术交流的国家有韩国、日本、俄罗斯、哈萨克斯坦、英国、德国、芬兰等。

（1）2016年4月26日至5月3日，中国边疆研究所所长邢广程参加新疆专家文化交流团，赴澳大利亚、新西兰开展涉疆学术外宣活动。

（2）2016年5月23～28日，中国边疆研究所所长邢广程、研究员许建英赴美国开展学术交流，与美方学者就“新疆和中亚历史文化”“‘一带一路’和新疆”“反恐”“反极端主义”等议题进行交流，并与中国驻美国大使馆和驻纽约总领馆进行涉疆问题座谈。

（3）2016年6月26～29日，中国边疆研究所党委书记李国强等赴新加坡，与新加坡智库交流南海和“一带一路”问题。

（4）2016年7月16～20日，中国边疆研究所党委书记李国强等赴新加坡，参加“中国—新加坡高端智库南海问题与区域合作发展国际学术研讨会”。

来访

2016年，中国边疆研究所接待境外来访学者与代表团6批20人次，来访以开展学术交流、洽谈合作事宜为主。

（1）2016年1月22日，中国边疆研究所所长邢广程会见日本能源经济研究所研究主任伊藤庄一，就“俄罗斯能源问题”“中俄关系”等议题进行交流。

（2）2016年6月1日，中国边疆研究所党委书记李国强接受日本《读卖新闻》常驻北京记者、编辑委员杉山佑一的采访，对南海仲裁案、中国政府主张等问题进行解读。

(3) 2016年11月21日，中国边疆研究所所长邢广程在乌兹别克斯坦驻华使馆，与使馆官员就“乌兹别克斯坦总统大选”“中俄美关系和地区安全”等问题进行座谈。

### （四）学术期刊

《中国边疆史地研究》(季刊)，主编李大龙。

2016年，《中国边疆史地研究》共出版4期，共计112万字。该刊全年刊载的有代表性的文章有：方铁的《建设有中国特色的边疆治理理论体系》，青觉的《长治久安视阈下的边疆民族地区治理》，陈建樾的《民族团结：习近平治国理政思想的核心理念》，许建英的《以马克思主义为指导深化新疆意识形态治理与建设》，孙宏年的《“治国必治边、治边先稳藏”重要战略思想的理论内涵与时代意义》，吕文利的《构建中国边疆学需要理论与实践的结合》，刘洁的《以中国特色社会主义宗教理论引导西藏地区宗教健康有序发展》，罗静的《马克思自然哲学视阈下边疆地区的可持续发展》，邢广程的《开拓中国边疆学研究的新局面》，李国强的《关于海洋史与海疆史学书界定的思考——兼贺〈中国边疆史地研究〉创刊百期》，马大正的《关于中国边疆学构筑的学术思考》，林文勋的《从边疆史地到边疆学》，周伟洲的《〈中国边疆史地研究〉杂志百期刊行寄语》，李大龙的《立足历代治边理论与实践，推动中国边疆话语体系的构建——〈中国边疆史地研究〉百期感言》。

### （五）会议综述

## 第四届中国边疆学论坛

2016年10月21～22日，由中国社会科学院中国边疆研究所和四川大学中国西部边疆安全与发展协同创新中心共同主办的“第四届中国边疆学论坛”在四川省成都市召开。来自中国内地、中国香港以及韩国、新加坡60多所高校和科研院所的150余位专家学者出席论坛。论坛下设三个分论坛，主题分别是“中国崛起与周边关系”“反贫困与边疆治理”“边疆学理论与方法”。

中国边疆研究所所长邢广程在致辞中指出，中国边疆治理体系和治理能力现代化的问题是边疆学研究的重点议题。陆疆和海疆是“一带一路”的起跑线，是国内、国外两个大局的契合线，是中国与周边建立共同体的重要空间。中国边疆有两大主要特点：一是边疆地区与少数民族地区高度重叠；二是边疆地区与欠发达地区高度重叠，消灭贫困的主要区域就在边疆。我们需要研究如何缩小边疆与内地的经济差距。

四川大学副校长罗中枢在致辞中认为，如何在汲取古今中外文明成就的基础上，构建具有全球视野又具有中国气派的中国边疆学学科体系已经成为边疆研究的重大理论问题和实践问题。

(科研处)

### 中国社会科学论坛（2016）：丝绸之路经济带与欧亚经济联盟对接

2016年11月16日，由中国社会科学院主办，中国社会科学院中国边疆研究所、国家领土主权与海洋权益协同创新中心承办的“中国社会科学论坛（2016）：丝绸之路经济带与欧亚经济联盟对接”在北京举办。来自国内外的30多位专家学者参加会议。

与会学者围绕“中俄关系与欧亚地缘政治经济态势”“中国与中亚的区域经济合作”“俄罗斯远东与中国东北地区的经济合作”等议题展开了研讨。中国社会科学院副院长、党组成员蔡昉在致辞中指出，欧亚经济联盟是丝绸之路经济带的重要合作区，是连接中国与欧洲的桥梁，地缘位置非常重要。2015年5月8日，中俄两国发表了《中华人民共和国与俄罗斯联邦关于丝绸之路经济带建设和欧亚经济联盟建设对接合作的联合声明》，这是中国提出的国际合作倡议与俄罗斯主导的区域合作机制之间的应然对接，这种对接是促进欧亚经济联盟一体化进程和丝绸之路经济带顺利落实的有效途径之一。欧亚经济联盟与丝绸之路经济带对接的主旨在于促进伙伴关系发展进入新阶段，在整个欧亚大陆形成统一的经济空间。

（科研处）

# 台湾研究所

## （一）人员、机构等基本情况

**1. 人员**

截至2016年年底，台湾研究所共有在职人员70人。其中，正高级职称人员10人，副高级职称人员20人，中级职称人员20人；高、中级职称人员占全体在职人员总数的71%。

**2. 机构**

台湾研究所设有：综合研究室、台湾政治研究室、台湾经济研究室、台湾选举研究室、台湾社会文化与人物研究室、台美关系研究室、科研合作处、《台湾研究》编辑部、资料室、办公室、人事处。

## （二）科研工作

**1. 科研成果统计**

2016年，台湾研究所共完成论文50篇，40万字；研究报告120篇，60万字。

**2. 科研课题**

（1）新立项课题。2016年，台湾研究所共有新立项课题7项，为国家社会科学基金以及外交部、国务院台办、国务院侨办、商务部、国家旅游局、统战部等中央有关部门委托课题。

（2）结项课题。2016 年，台湾研究所共有结项课题 7 项，为外交部、国务院台办、国务院侨办、商务部、国家旅游局、统战部等中央有关部门委托课题。

## （三）学术交流活动

### 1. 学术交流活动

2016 年，台湾研究所举办的学术会议如下。

（1）2016 年 1 月 26 日，由台湾研究所与两岸关系和平发展协同创新中心联合举办的 2016 年第一次“两岸政策观察论坛”在北京举行。来自海峡两岸的学者参加了论坛。论坛研讨的主要议题有“选后岛内局势”“蔡英文两岸政策走向”“台海关系的国际因素”“两岸关系发展趋势”等。

（2）2016 年 2 月 3 日，台湾研究所与两岸关系和平发展协同创新中心两岸政策研究中心在北京联合举办 2016 年第一次“专家咨询会”。会议研讨的主要议题有“台湾政治格局”“国民党改革与发展面临的挑战与前景”“国民党党主席改选”等。

2016年2月，“两岸政策观察论坛（二）”在北京召开。

（3）2016 年 2 月 17 日，台湾研究所与两岸关系和平发展协同创新中心在北京举办“选后两岸关系发展与建议”学术研讨会。会议研讨的主要问题是“台湾 2016 年‘大选’后的新形势、新问题”。

（4）2016 年 2 月 24 日，台湾研究所与两岸关系和平发展协同创新中心联合举办 2016 年第二次“两岸政策观察论坛”。来自海峡两岸的专家学者参加了论坛。论坛研讨的主要议题有“选后岛内局势及两岸关系”“蔡英文两岸政策走向”“台海问题中的美国因素”“大陆对台政策”等。

（5）2016 年 3 月 8 日，台湾研究所与两岸关系和平发展协同创新中心联合举办 2016 年第三次“两岸政策观察论坛”。论坛研讨的主要议题有“2016 年台湾两项选举与展望”“马英九的大陆政策决策过程运作与蔡英文的挑战”“民进党的对外关系展望”等。

（6）2016 年 3 月 18 日，台湾研究所与两岸关系和平发展中心在北京举办 2016 年第四次“两岸政策观察论坛”。论坛研讨的主要议题有“台湾政治新格局”“国民党发展态势”“民进

党发展态势”“民进党大陆政策”“未来两岸关系发展”“两岸关系发展中的美国因素、日本因素和南海因素”等。

（7）2016年3月25日，台湾研究所在浙江省嘉兴市举办“两岸新锐论坛”第三次座谈会。来自海峡两岸的专家学者参会。会议研讨的主要议题有“未来两岸关系发展趋势”“台湾政治格局与国民党未来走向”“增进两岸共同利益路径”等。

（8）2016年5月31日至6月3日，台湾研究所在江西省举办“蔡英文执政后两岸关系走向”学术研讨会。来自海峡两岸的专家学者参加会议。会议研讨的主要议题有“蔡英文大陆政策走向”“国民党发展走向”“推进两岸关系发展的新思维与路径”等。

（9）2016年6月1日，台湾研究所与两岸关系和平发展中心在北京举办2016年第五次“两岸政策观察论坛”。来自海峡两岸的专家学者参加了论坛。会议研讨的主要议题有“近期台湾政局”“国民党未来发展”“民进党两岸政策”“两岸关系走向”等。

（10）2016年6月5日，台湾研究所在内蒙古自治区举办“‘5·20’后的两岸关系走向”座谈会。来自海峡两岸的专家学者参加了座谈会。会议研讨的主要议题有“蔡英文与民进党的大陆政策走向”“台湾朝野力量对比的发展趋势”等。

（11）2016年7月13日，台湾研究所与两岸关系和平发展协同创新中心在北京举办2016年第六次“两岸政策观察论坛”。来自海峡两岸的专家学者参加了论坛。论坛研讨的主要议题有“近期台湾局势”“民进党大陆政策走向”“两岸文教交流与合作”等。

（12）2016年7月14日，台湾研究所与两岸关系和平发展协同创新中心在北京举办2016年第七次“两岸政策观察论坛”。论坛研讨的主要议题有“菲律宾南海仲裁案与南海局势发展”“民进党大陆政策走向及未来两岸关系发展”等。

（13）2016年7月25～29日，由台湾研究所、全国台湾研究会和中华全国台湾同胞联谊会共同主办的“第25届海峡两岸关系学术研讨会”在四川省成都市举行。会议的主题是“维护共同基础，增进两岸福祉”。近100位来自海峡两岸及港澳地区的专家学者参加了研讨会。

（14）2016年8月4～7日，台湾研究所在吉林省长春市举办“国民党发展走向与国共互动模式”学术研讨会。来自海峡两岸的专家学者参加了研讨会。会议研讨的主要议题有“国民党的困境与前景”“国民党两岸政策走向”“国共互动模式”等。

（15）2016年10月20日，台湾研究所与两岸关系和平发展协同创新中心联合举办2016年第八次“两岸政策观察论坛”。论坛研讨的主要议题有“台湾政治新格局”“国民党发展态势”“民进党发展态势”“未来两岸关系发展”等。

（16）2016年10月24～25日，由全国台湾研究会举办的“‘两岸关系：挑战与应对’学术研讨会暨第八届台湾研究优秀成果颁奖式”在河南省郑州市召开。来自中国大陆、澳门特别行政区和台湾地区的30多名专家学者参会。会议的主题是“两岸的现状和未来的发展”。

（17）2016年11月30日，由台湾研究所、全国台湾研究会、厦门大学台湾研究院、两岸关系和平发展协同创新中心、台湾二十一世纪基金会和中国文化大学社会科学院共同举办的“第三届两岸智库学术论坛”在广西壮族自治区举行。来自海峡两岸近 30 家智库与学术机构的 40 余位资深专家学者参加了论坛。论坛的主题是“两岸关系：启示与前瞻”。

**2. 国际学术交流与合作**

2016 年，台湾研究所接待来访 100 余批 330 人次。与台湾研究所开展学术交流的国家有美国、英国、日本、比利时、韩国、丹麦、法国、新加坡、加拿大等。

（1）2016 年 1 月 18 日，美国约翰·霍普金斯大学中国研究中心教授、“美国在台协会理事”卜道维，中国研究中心副主任傅瑞珍一行 14 人来台湾研究所访问。双方就“选后岛内局势”“民进党两岸政策”“两岸关系走向”等议题进行了交流。

（2）2016 年 1 月 19 日，美国前副助理国务卿、加州大学圣地亚哥分校教授谢淑丽等来台湾研究所访问。双方就“蔡英文执政后的大陆对台政策”“台美关系走向”等议题进行了深入交谈。

（3）2016 年 3 月 4 日，加拿大政府枢密院办公厅研究中国问题的专家 Victor Radujko 来台湾研究所访问。双方就“2016 年‘大选’后的台海局势”交换了看法。

（4）2016 年 3 月 8 日，台湾研究所副所长、两岸关系和平发展协同创新中心副主任朱卫东研究员会见了新加坡驻华使馆副馆长洪伟强参赞。双方就“当前岛内局势及两岸关系”等议题进行了交流。

（5）2016 年 4 月 7 日，全美中国和平统一促进会联合访问团一行 33 人来台湾研究所访问。双方就“近期两岸形势”“中央对台涉侨工作精神”“美国各统促会反‘独促’统工作情况”等进行了交流。

（6）2016 年 4 月 22 日，比利时驻华使馆公使衔参赞 Caroline Vermeulen 来台湾研究所访问。双方就“当前两岸关系形势与走向”进行了交流。

（7）2016 年 9 月 14 日，丹麦驻华使馆参赞、政治处主任马莉等来台湾研究所访问。双方就“当前台湾政治”“南海仲裁”等有关议题进行了交流。

（8）2016 年 10 月 13 日，法国驻华使馆参赞古哲星来台湾研究所访问。双方就“大陆对台政策”“两岸关系最新发展”等议题进行了交流。

（9）2016 年 10 月 25 日，韩国统一部南北交流协力协议事务所所长朴广镐、交流协力局社会文化交流处处长金锡圭等来台湾研究所访问。双方就“当前台湾局势及两岸关系”进行了交流。

（10）2016 年 12 月 12 日，美国外交政策全国委员会主席迪卡罗、美国前驻华大使芮效俭、美国海军分析中心高级研究员迈克·德维特、布鲁金斯学会研究员李维亚等来台湾研究所访问。双方就“当前台海局势与未来两岸关系走向”深入交换了意见，并就“蔡英文与特朗普通话”“两岸关系发展的政治基础”“蔡英文的执政困境”等热点问题进行了讨论。

**3. 与中国香港、澳门特别行政区和中国台湾开展的学术交流**

(1) 2016年3月22日，中国台湾财团法人“国政研究基金会”董事高孔廉、国民党“中央政策委员会”大陆事务部专员林子玄来台湾研究所访问。双方就“当前岛内局势”“国民党未来发展”等议题进行了深入交流。

(2) 2016年4月3日，台湾研究所所长周志怀会见来访的国民党中央评议委员会主席团主席张荣恭。双方就“2016年‘大选’后的岛内局势”“国民党未来发展及两岸关系走向”等议题进行了交流。

(3) 2016年4月22日，台湾中国文化大学社会科学院前院长邵宗海来台湾研究所访问。双方就“岛内政局”及“蔡英文上台后的两岸关系走向”等议题进行了研讨。

(4) 2016年5月2日，中国社会科学院院长王伟光会见了来京访问的台湾“中华农产运销协会”顾问陈保基一行。台湾研究所所长周志怀、国际合作局局长王镭等参加会见。

(5) 2016年，5月12日，台湾两岸共同市场基金会执行长陈德昇应邀来台湾研究所访问，发表题为“两岸关系：变局、挑战与反思”的演讲，并就“两岸认同的变迁与挑战”“国民党未来发展困境”“两岸关系变局与警讯”“两岸产业对接与合作”等议题发表了看法。

(6) 2016年6月14日，台湾“国政”研究基金会董事、台湾大学教授蔡政文应邀来台湾研究所访问，并就“两岸关系与台湾现状”发表了演讲。

(7) 2016年6月28日，应台湾研究所和两岸关系和平发展协同创新中心邀请，台湾淡江大学教授赵春山、台湾大学“国发所”博士陈正一来台湾研究所进行学术交流。赵春山教授发表了题为“民共心结不开 两岸僵局难解”的演讲。

(8) 2016年10月28日，中国社会科学院院长王伟光会见了来京访问的台湾二十一世纪基金会董事长高育仁一行。双方就当前两岸关系形势交换了看法。台湾研究所副所长张冠华陪同会见。

(9) 2016年11月16日，台湾野台发起人罗智强应邀来台湾研究所访问，并发表题为“乐观与悲观——从台湾新政局看两岸关系的结与解”的演讲。罗智强还就“当前台湾政局与两岸关系”“蔡英文当局的决策模式”“马英九时代的施政”“新媒体与政治”等问题与学者们进行了讨论。

(10) 2016年11月21日，台湾《美丽岛电子报》董事长吴子嘉来台湾研究所访问，并发表题为“民进党两岸政策报告”的演讲。

## （四）学术期刊

**1.《台湾研究》（双月刊），主编刘佳雁。**

2016年，《台湾研究》出版了6期，共计69万字。该刊全年刊载的有代表性的文章有：张冠华的《台湾政党再轮替后两岸经济关系走向探析》，王鸿志的《台湾青年世代认同问题初探——基于国家认同的社会分化及其演变》，杨晶华的《晚近港台地区青年政治参与之比较——从“反服贸”和“占中运动”的视角》。

**2.《台湾周刊》，主编金奕。**

2016 年，《台湾周刊》出版了 50 期，共计 181 万字。该刊全年刊载的有代表性的文章有：朱卫东的《“习马会”四大突破与两岸关系下一步发展》，刘匡宇的《“民粹”包庇犯罪，民进党自食恶果》，徐亦鹏的《国民党召开下野后首次“全代会”》，张顺的《岛内民众对大陆“好感度”观察》。

## （五）会议综述

### “两岸关系挑战与应对”研讨会

2016 年 10 月 24 ～ 25 日，由全国台湾研究会举办的“两岸关系：挑战与应对”学术研讨会暨第八届台湾研究优秀成果颁奖式在河南省郑州市召开。来自中国大陆、澳门特别行政区和台湾地区的 30 多名专家学者，就两岸的现状和未来的发展作出专业的解读。

中国社会科学院台湾研究所所长、全国台湾研究会执行副会长兼秘书长周志怀在开幕致辞中表示，蔡英文上任后已经打破了过去 8 年两岸关系的基本格局，两岸和平发展受到严重挑战，对立或对抗或许会成为现阶段两岸关系发展的新常态。周志怀认为，两岸的现状可用三句话来概括，一是机会不断流失。两岸关系的黄金时期已经过去，现在已经进入了一个修补十分艰难的阶段。“5・20”之后一个个的机会从我们眼前流失，包括蔡英文的就职演讲、金门考察、海基会的人事调整、双十讲话，一连串的机会都流失了，十分遗憾。二是互疑不断加深。蔡英文上台以后，一直回避两岸同属一个中国的核心意涵，使两岸和平发展的政治基础不复存在。蔡英文一直强调“天然独”，在文化教育和国际活动方面屡屡出手，引发大陆方面对其柔性“台独”的质疑。台湾蓝营学者苏起认为蔡英文现在的战略信号不清楚。三是风险不断加深。“5・20”以来，台湾方面一再向大陆发出错误信息，包括蔡英文致民进党党员的公开信、接受美日媒体的采访、说台湾是“海洋国家”，包括她对两岸经贸关系的界定，两岸关系的风险可能会出现。蔡英文虽然说不会走对抗的老路，但是未必会承担这个风险。如果再发生火烧车、雄三误射一类的事件，两岸民间的对立情绪会再出现，我们没有乐观的理由。 为此，现阶段两岸应该弱化对立、降低风险、创造机会。

国务院台湾事务办公室研究局副局长张黎宏、台湾铭传大学两岸研究中心主任杨开煌为获奖学者进行了颁奖，台湾东华大学公共行政学系主任高长、台湾海基会副董事长周继祥、澳门理工学院名誉教授邵宗海等人与会。台湾研究所台湾涉外事务研究中心主任修春萍、研究员刘国奋、副研究员王鸿志等参会并发表了演讲。

（科研处）

## 第三届两岸智库学术论坛

2016年11月30日，由中国社会科学院台湾研究所、全国台湾研究会、厦门大学台湾研究院、两岸关系和平发展协同创新中心、台湾二十一世纪基金会和中国文化大学社会科学院共同举办的第三届两岸智库学术论坛在广西壮族自治区举行。来自海峡两岸近30家智库与学术机构的40余位资深专家学者围绕“两岸关系：启示与前瞻”这一主题进行了深入讨论。

台湾研究所所长、全国台湾研究会执行副会长兼秘书长周志怀在致辞中指出，正确理解当前大陆对台政策，有两个关键词：第一个是战略思维。大陆的对台大政方针始终是明确、一贯的，并不会因为台湾政局变化而改变，这与台湾以选举为导向的政策思维明显不同。第二个是底线思维。大陆坚决反对“台独”，维护国家主权与领土完整的底线十分清晰。“台独”分裂势力在此问题上如果甘愿冒险，碰触底线，势必会撞得头破血流。这不是虚张声势，任何人对此都不能抱有幻想。在两岸关系发展中，有两个“不可替代性”值得高度重视。一个是在两岸关系定位问题上，“大陆与台湾同属一个国家”的不可替代性，另一个是国民党在两岸关系和平发展中的历史与特殊作用的不可替代性。台湾民进党重新执政后，两岸面临的各种风险大为增加。为此，周志怀提出管控两岸关系风险危机的三点建议：一是着力消除两岸“压力点”；二是择时进行两岸智库对话；三是找到两岸接触的新办法。

台湾二十一世纪基金会董事长高育仁在论坛开幕式致辞中表示，台湾民进党当局上台执政以来，两岸关系面临极大冲击和挑战。他呼吁两岸当局保持善意和耐心，加大民间交流合作，为两岸未来解决政治僵局预作准备。

与会专家学者就两岸关系发展的形势与面临的挑战进行了深入研讨，通过交流与探讨，专家普遍认为，目前两岸关系已进入对抗的僵局，面临的挑战和风险都不断扩大。而对抗的根源和责任在于台湾民进党当局上台后，拒绝承认“九二共识”，蔡英文当局要为此负责。目前两岸僵局的现状，不是大陆造成的，也非大陆所愿意看到的，如何改善和缓和两岸关系，“球”在蔡英文当局手上。专家也指出，这种政治上的僵局也为两岸经贸带来冲击，未来台湾经济会面临更大的困境。

（科研处）

# 经济学部

## 经济研究所

### （一）人员、机构等基本情况

**1. 人员**

截至 2016 年年底，经济研究所共有在职人员 120 人。其中，正高级职称人员 30 人，副高级职称人员 36 人，中级职称人员 31 人；高、中级职称人员占全体在职人员总数的 81%。

**2. 机构**

经济研究所设有：《资本论》研究室、政治经济学研究室、宏观经济学研究室、微观经济学研究室、经济思想史研究室、发展经济学研究室、当代西方经济理论研究室、经济增长理论研究室、中国经济史研究室、中国现代经济史研究室、《经济研究》编辑部、《经济学动态》编辑部、《中国经济史研究》编辑部、图书馆、办公室、科研处、人事处。

**3. 科研中心**

经济研究所院属科研中心有：中国社会科学院现代经济史研究中心、中国社会科学院欠发达经济研究中心、中国社会科学院上市公司研究中心、中国社会科学院民营经济研究中心、中国社会科学院公共政策研究中心；所属科研中心有：经济研究所经济转型与发展研究中心、经济研究所决策科学研究中心。学会有：中国《资本论》研究会、中国比较经济学研究会、中国经济思想史学会、中国经济史学会、中国城市发展研究会。基金会有：孙冶方经济科学基金会。

### （二）科研工作

**1. 科研成果统计**

2016 年，经济研究所共出版专著 12 种，414.7 万字；论文 180 篇，192.74 万字；研究报告 2 篇，7.86 万字；论文集 1 种，37.5 万字。

**2. 科研课题**

(1) 新立项课题。2016 年，经济研究所共有新立项课题 28 项。其中，国家社会科学基金课题 3 项："中国特色社会主义政治经济学探索"（王立胜主持），"清代中期长江中游粮食流通与市场整合"（赵伟洪主持），"中国财政分权经济增长研究（1949 ~ 1965）"（姜长青主持）；国家自然社会科学基金课题 2 项："'债务—通缩'风险与货币财政政策协调的定量研究"（陈小亮主持），"开放资本账户、实际汇率重调与经济增长：基于动态 CGE 模型的研究"（张莹主持）；院国情调研重大课题 1 项："厦门企业降成本与创新激励"（张平主持）；院国情调研特大项目子课题4项："少数民族地区精准扶贫政策研究"（张平主持），"精准帮扶、产业脱贫—河南省社旗县年庄村精准扶贫调研"（彤新春主持），"异地搬迁、特色产业与少数民族地区贫困人口脱贫"（张小溪主持），"贵州省毕节市七星关区龙凤村调研"（赵学军主持）；所级国情调研基地2项："无锡'农民转居民'家庭经济情况典型调查数据库"（赵学军主持），"保定农村农业现代化情况典型调查数据"（隋福民主持）；学部委员创新岗位项目1项："中国宏观经济波动跟踪研究与机理分析"（刘树成主持）；院交办课题3项："基本经济制度改革评估"（杨春学主持），"新医改进展评估"（朱恒鹏主持），"转变经济增长方式"（张平主持）；院新疆智库课题2项："新疆治理体系，治理能力现代化研究"（裴长洪主持），"长治久安目标下的对口援疆对策研究：以喀什地区为例"（王立胜主持）；所创新智库项目10项："社会主义初级阶段基本分配制度研究"（裴长洪主持），"《经济学动态》改革系列论文集"（杨新铭主持），"经济跟踪走势"（王砚峰主持），"当代中国马克思主义政治经济学智库"（王立胜主持），"中国特色社会主义政治经济学研究报告"（王立胜主持），"中国政治经济学论坛"（胡家勇主持），"中国健康产业发展蓝皮书"（朱恒鹏主持），"中国经济史研究学术前沿"（高超群主持），"《马克思恩格斯全集》历史考证版研究"（郭冠清主持），"居住隔离与福利不平等"（孙三百主持）。

（2）结项课题。2016年，经济研究所共有结项课题39项。其中，国家社会科学基金课题10项："加快经济结构调整与促进经济自主协调发展研究"（张平主持），"推动我国经济持续健康发展的基本要求、根本途径和政策研究"（张晓晶主持），"隋代经济史研究"（魏明孔主持），"中国城乡居民收入代际传递机制比较研究"（杨新铭主持），"推进社会主义民主政治建设的经济学分析"（刘剑雄主持），"经济转型期技术创新的制度影响因素研究"（吴延兵主持），"中国（上海）自由贸易实验区服务业负面清单管理模式研究"（谢谦主持），"人口年龄结构、人力资本与中国创新增长的关系研究"（张鹏主持），"人民公社时期农户收入研究"（黄英伟主持），中华学术外译项目"中国区域经济差距和区域开发政策的研究"（于文浩主持）；院国情调研重大课题1项："厦门企业降成本与创新激励"（张平主持）；所国情调研基地课题2项："无锡'农民转居民'家庭经济情况典型调查数据库"（赵学军主持），"保定农村农业现代化情况典型调查数据"（隋福民主持）；院长城学者资助项目课题2项："中国经济改革和发展的政治经济学分析"（胡家勇主持），"中国经济思想史学科创新研究"（叶坦主持）；所创新工程项目5项："经济危机相关理论及其历史作用研究"（裴小革主持），"工业化、城镇化进程中农户经济的转型研究—以近百年来无锡、保定22村农户为案例"（赵学军主持），"中国收入分配政策与制度研究设计"（魏众主持），"企业创新和市场结构：经济结构的最优化路径"（仲继垠主持），"中国经济增长数据库与应用研究"（刘霞辉主持）；学部委员创新岗位项目1项："中国宏观经济波动跟踪研究与机理分析"（刘树成主持）。研究所项目7项："当代西方经济理论前沿追踪"（谢志刚主持），"微观经济学和公共经济学重点学科建设"（朱恒鹏主持），"中国现代经济史学研究与前沿问题”（赵学军主持），“新阶段宏观调控理论与政策研究”（常欣主持），“中国经济史研究系列之五”（徐建生主持），“政治经济学基础理论和现实问题研究”（郭清冠主持），“马克思主义政治经济学相关理论实践问题研究”（裴小革主持）。横向课题 5 项：“城乡居民增收行动 2020 ”（张平主持），“与基本医疗卫生制度相适应的医疗行业综合监管制度研究”（朱恒鹏主持），“医疗服务事业的“公益性”与市场机制的关系”（朱恒鹏主持），“我国公立医院改革研究”（王震主持），“发挥医保对医改引领作用的研究”（王震主持）。所创新智库项目 12 项：“《经济学动态》改革系列文集”（杨新铭主持），“中国特色社会主义政治经济学研究报告”（王立胜主持），“当代中国马克思主义政治经济学智库”（王立胜主持），“中国政治经济学论坛”（胡家勇主持），“中国健康产业发展蓝皮书”（朱恒鹏主持），“经济走势跟踪”（王砚峰主持），“中国经济史研究学术前沿”（高超群主持），“社会主义初级阶段基本分配制度研究”（裴长洪主持），“《马克思恩格斯全集》历史考证版研究”（郭冠清主持），“居住隔离与福利不平等”（孙三百主持），“地方公共服务供给机制创新研究”（张琦主持），“马克思经济理论中的收入分配原理”（王瑶主持）。

（3）延续在研课题。2016 年，经济研究所共有延续在研课题 28 项。其中，国家社会科学基金课题 12 项：“经济思想史的知识社会学研究”（杨春学主持），“中国近代工厂制度与劳资关系研究”（高超群主持），“以政府职能转变促进经济发展方式转换研究”（胡家勇主持），“中国经济史发展的基础理论研究”（叶坦主持），“中国城市规模、空间聚集与管理模式研究”（张自然主持），“大国战略与新中国交通业发展研究（1949 ～ 2014）”（彤新春主持），“中国经济增长的结构性减速、转型风险与国家生产系统效率提升路径”（袁富华主持），“医保付费机制创新与公立医院改革研究”（朱恒鹏主持），“清代的‘小差’税关研究”（丰若非主持），“社会制度转型背景下的清代华北地区粮价研究”（马国英主持），“中国近代史（1937 ～ 1949）”（刘克祥主持），“中华人民共和国经济史（1958 ～ 1965）”（董志凯主持），国家自然科学基金课题 2 项：“人口政策、人口结构变迁机会不平等”（孙三百主持），“人口结构变迁视角下的中国房产需求与房价走势”（刘学良主持）；国家软科学研究计划课题 1 项：“中国区域协调发展战略经济效应评价”（于文浩主持）；学院基础学者资助项目课题 2 项：“中国中央与地方财政分权研究（1949 ～ 1994）”（姜长青主持），“公司治理理论与实践”（剧锦文主持）；院国情调研重大课题 1 项：“东中西部城乡社会综合养老体系建设研究”（姚宇主持）；所创新工程项目 7 项：“中国宏观经济形势分析与风险预警”（常欣主持），“再分配与公共福利的政治经济学”（赵志君主持），“公有企业收益共享机制的国际比较”（朱玲主持），“我国初期工业化模式形成与路径探索：观念和实践”（徐建生主持），“国传统经济再研究：以制度转型为视角”（魏明孔主持），“中国宏观经济形势分析与风险预警”（张晓晶主持），“中国经济新增长阶段的主要特征与结构调整研究”（张平主持）；横向课题 3 项：“金融经济周期研究”（金成武主持），“厦门市降低企业成本与优化经济治理研究”（张平主持），“建立在医疗和教育领域推进移动互联网服务的制度环境"（杜创主持）。

**3. 获奖优秀科研成果**

2016 年，经济研究所获"第九届（2016 年）中国社会科学院优秀科研成果奖"专著类一等奖 1 项：刘克祥、吴太昌的专著《中国近代经济史（1927 ~ 1937）（上、中、下）》；获"第九届（2016 年）中国社会科学院优秀科研成果奖"专著类二等奖 1 项：张卓元等的专著《新中国经济学史纲（1949 ~ 2011）》；获"第九届（2016 年）中国社会科学院优秀科研成果奖"专著类三等奖 2 项：董志凯等的专著《中华人民共和国经济史（1953 ~ 1957）（上、下）》，张平、刘霞辉、王宏淼的专著《中国经济增长前沿 Ⅱ——转向结构均衡增长的理论和政策研究》；获"第九届（2016 年）中国社会科学院优秀科研成果奖"论文类三等奖 4 项：裴长洪的论文《国家特定优势：国际投资理论的补充解释》，封越健的论文《十八世纪徽商典铺的经营管理与典当制度 —— 以休宁茗洲吴氏典铺为中心》，赵学军的论文《再论中国私营银行的社会主义改造 —— 基于产权变革视角的考察》，杨新铭、杨春学的论文《对中国经济所有制结构现状的一种定量估算》；获第 16 届孙冶方经济科学奖 2 项：张平的研究报告《高投资、宏观成本与经济增长的持续性》，朱玲等的研究报告《包容性发展与社会公平政策的选择》。

## （三）学术交流活动

**1. 学术活动**

2016 年，经济研究所主办的学术会议主要如下。

（1）2016 年 3 月 11 日，由经济研究所、当代中国研究所、中央财经大学马克思主义学院联合主办的"2016 年中国现代经济史学科研究动态及前沿问题研讨会"在北京举行。会议的主题是"深化中国现代经济史"，研讨的主要议题有"中国现代经济史研究回顾""对外投资的历史发展""对外经济关系史研究热点"。

（2）2016 年 7 月 2 日，由经济研究所、首都经济贸易大学、《经济研究》杂志社、《经济学动态》杂志社联合主办的第十届"中国经济增长与周期论坛"在北京举行。论坛的主题是"中国经济二次转型与防范外部冲击"。

（3）2016 年 8 月 19 日，由经济研究所主办的"中国特色社会主义政治经济学论坛第十八届年会"在北京召开。会议的主题是"深入研究中国特色社会主义政治经济学"，研讨的主要议题有"中国特色社会主义政治经济学建设""社会主义市场经济理论""经济发展新常态和供给侧结构性改革""社会主义公平正义与共同富裕"。

（4）2016 年 8 月 20 日，中国社会科学院"当代中国马克思主义政治经济学创新智库"挂牌仪式在北京举行。

（5）2016 年 9 月 24 ~ 25 日，由经济研究所、《经济研究》编辑部与江西财经大学经济学院共同主办的"全国第十届马克思主义经济学发展与创新论坛暨第六届《资本论》与当代经济问题学术研讨会”在江西省南昌市召开。论坛的主题是“马克思主义经济学和中国经济新常态下的改革与发展”，研讨的主要议题有“马克思政治经济学原理研究”“中国特色社会主义政治经济学理论体系建设研究”“中国经济运行和发展问题研究”。

(6) 2016 年 12 月 3 日，由经济研究所和中国社会科学院公共政策研究中心主办的“2016 年中国社会科学论坛——经济社会转型中的公共治理”在北京召开。论坛的主题是“公共治理”，研讨的主要议题有“公共财政暨政府职能转型”“互联网 + 对公共治理转型的启示与挑战”“城镇化和社会治理转型”“中国社会保障体制改革”“事业单位改革与非营利组织发展”。

2016年12月，“2016年中国社会科学论坛（2016 · 经济学）——经济社会转型中的公共治理”在北京召开。

**2. 国际学术交流与合作**

2016 年，经济研究所共派遣出访 28 批 52 人次，接待来访 9 批 27 人次（其中，接待院级协议项目来访 3 批 13 人次），共计 18 个国家和地区。与经济研究所开展学术交流的国家有泰国、日本、尼泊尔、澳大利亚、新加坡、阿塞拜疆、美国、德国、丹麦、爱尔兰、荷兰、葡萄牙、克罗地亚、匈牙利、印度等。

(1) 2016 年 1 月 15 日，经济研究所宏观经济学研究室副研究员汤铎铎、李成、刘学良与来访的国际货币基金组织驻华首席代表 Alfred Schipke 一行就“中国国家资产负债表、债务风险和宏观经济形势有关问题”进行了座谈。

(2) 2016 年 2 月 25 ~ 28 日，经济研究所《中国经济史研究》编辑部主编魏明孔研究员受邀赴日本产业大学参加演讲会，并进行学术访问。

(3) 2016 年 3 月 21 ~ 25 日，经济研究所发展经济学研究室主任魏众研究员赴尼泊尔参加美国新校大学印中研究所举办的“繁荣与平等”国际学术研讨会。

(4) 2016 年 5 月 24 ~ 26 日，经济研究所微观经济学研究室副主任王震副研究员受邀赴新加坡参加第七届德意志银行亚洲概念峰会，并在会上作主题发言。

(5) 2016 年 7 月 19 日，伦敦经济学院副教授马德斌在经济研究所作题为“商业账簿与经济史研究”的报告。

(6) 2016 年 10 月 19 ~ 23 日，经济研究所经济增长理论研究室研究员袁富华、刘霞辉和《资本论》研究室研究员陈昌兵赴澳大利亚西澳大利亚大学和科廷大学进行学术访问。

(7) 2016 年 11 月 3 ~ 8 日，经济学部委员朱玲研究员应邀赴美国参加联合国大学世界发展经济学研究院理事会议，会议的主题为“全球收入分配”和“全球扶贫新战略”。

**3. 与中国香港、澳门特别行政区和中国台湾开展的学术交流**

（1）2016 年 1 月 12 日，香港科技大学经济系助理教授、芝加哥大学博士王勇在经济研究所作题为“结构转型、产业升级与中等收入陷阱”的报告。

（2）2016 年 7 月 19 日，台湾成功大学历史系副教授谢美娥在经济研究所作题为“一个人的清代粮价史——兼谈师从王业键教授之路”的报告。

## （四）学术社团、期刊

**1. 社团**

（1）中国《资本论》研究会，会长林岗。

2016 年 6 月 18 ~ 19 日，中国《资本论》研究会在吉林省长春市举行“中国《资本论》研究会第 18 次学术研讨会”。会议的主题是“贯彻落实习近平总书记关于当代马克思主义政治经济学的系列重要讲话精神，建设中国特色社会主义政治经济学”，研讨的主要议题有“《资本论》与当代中国马克思主义政治经济学”“《资本论》及马克思主义政治经济学基本理论研究”“《资本论》与当代西方经济学比较研究”“《资本论》与中国经济改革和发展”。与会专家学者 120 人。

（2）中国比较经济学研究会，会长钱颖一。

（3）中国经济思想史学会，会长邹进文。

2016 年 12 月 3 日，中国经济思想史学会在北京大学举行“第十五届‘中国经济思想论坛’暨第二届北大企业家经济文化论坛”。会议的主题是“宏观经济与金融发展”，研讨的主要议题有“思想创新与经济发展”“中国经济发展方式的转变”。与会专家学者 150 人。

（4）中国经济史学会，会长魏明孔。

2016 年 10 月 19 日，由经济研究所、河北大学共同主办，中国经济史学会和河北大学宋史研究中心承办的“制度·生态与经济发展”国际学术研讨会暨中国经济史学会年会在北京举行。会议的主题是“中国经济史学科发展的重要理论问题和现实性课题”。会议选举产生了中国经济史学会第七届理事会，中国社会科学院经济研究所魏明孔研究员被推选为中国经济史学会会长。与会专家学者 200 人。

（5）中国城市发展研究会，理事长程安东。

（6）孙冶方经济科学基金会，理事长李剑阁。

2016 年 6 月 25 日，孙冶方经济科学基金会与上海财经大学经济学院主办的“经济学的发展与中国经济创新路径”研讨会在上海财经大学召开。会议的主题是“经济学在中国的发展”“中国经济的创新发展”。与会专家学者 150 人。

**2. 期刊**

(1)《经济研究》(月刊)，主编裴长洪。

2016 年，《经济研究》共出版 12 期，共计 212 万字。该刊全年刊载的有代表性的文章有：李扬等的《依法治国与社会主义市场经济建设——学习贯彻中共十八届四中全会精神笔谈》，孟捷、冯金华的《部门内企业的代谢竞争与价值规律的实现形式—— 一个演化马克思主义的解释》，高培勇的《论完善税收制度的新阶段》，裴长洪的《经济新常态下中国扩大开放的绩效评价》，李扬、张晓晶的《"新常态"：经济发展的逻辑与前景》，白重恩、唐燕华、张琼的《中国隐性收入规模估计——基于扩展消费支出模型及数据的解读》，蔡昉的《二元经济作为一个发展阶段的形成过程》，袁志刚、高虹的《中国城市制造业就业对服务业就业的乘数效应》，中国经济增长前沿课题组的《突破经济增长减速的新要素供给理论、体制与政策选择》，蔡昉、刘伟、陈雨露、樊纲、田国强、钱颖一、洪永淼、姚树洁、王国刚、高培勇的《经济新常态与经济学创新笔谈》。

(2)《经济学动态》(月刊)，主编杨春学。

2016 年，《经济学动态》共出版 12 期，共计 198 万字。该刊全年刊载的有代表性的文章有：裴长洪的《法治经济：习近平社会主义市场经济理论新亮点》，刘树成的《防止经济增速一路下行——2015 ~ 2020 年中国经济走势分析》，张平的《通缩机制对中国经济的挑战与稳定化政策》，蔡昉的《理解"李约瑟之谜"的一个经济增长视角》，吕炜、陈海宇的《"减税"还需"减费"：非税负担对企业纳税遵从的影响》，华生、汲铮的《中等收入陷阱还是中等收入阶段》，谢康等的《社会震慑信号与价值重构——食品安全社会共治的制度分析》，张川川、李涛的《文化经济学研究的国际动态》，谢里的《罗兰·弗赖尔对社会经济学的新贡献——2015 年度约翰·贝茨·克拉克奖得主学术贡献评介》，王弟海等的《健康在经济增长和经济发展中的作用——基于文献研究的视角》。

(3)《中国经济史研究》(双月刊)，主编魏明孔。

2016 年，《中国经济史研究》共出版 6 期，共计 68 万字。该刊全年刊载的有代表性的文章有：赵留彦、隋福民的《从汇率与国际银价关系看清末民国外汇市场整合》，高宇、燕红忠的《日本占领青岛时期的鸦片专卖与占领财政》，董志凯的《2015 年中国发展道路的经济史思索》，李根蟠的《中国封建地主阶级形成若干问题探讨》，程霖的《中国现代经济思想史研究：1978 ~ 2014》，刘巍的《资本品短缺、货币紧缩与中国总产出下降（1914 ~ 1918）——基于"供给约束型经济"前提的研究》，江伟涛的《基于地形图资料与 GIS 的民国江南城市人口估算》，史志宏的《清代农业生产指标的估计》，丰若非的《清代的小差税关与皇室特供》，赵学军的《经济体制转型与国有企业商业信用融资的变迁》。

## （五）会议综述

### “当代中国马克思主义政治经济学创新智库”挂牌仪式

2016年8月20日，中国社会科学院“当代中国马克思主义政治经济学创新智库”挂牌仪式在北京举行。中国社会科学院党组书记、院长、智库名誉理事长王伟光出席仪式并讲话。中国社会科学院副院长、学部委员、智库理事长蔡昉，南京大学原党委书记洪银兴，南开大学原常务副校长逄锦聚致辞。中国社会科学院经济研究所党委书记、智库常务副理事长王立胜主持会议并对到会的嘉宾进行了介绍，中国社会科学院经济研究所所长、智库副理事长裴长洪介绍了智库的筹备情况，中国社会科学院科研局局长、智库办主任马援宣读中国社会科学院“当代中国马克思主义政治经济学创新智库”成立决定。

王伟光和全国人大教科文卫委员会委员顾海良共同为“当代中国马克思主义政治经济学创新智库”揭牌。

挂牌仪式上，中国社会科学院学部委员张卓元、中央党校经济学部主任韩保江、国家行政学院决策咨询部主任马宝成、南京大学商学院院长沈坤荣、北京师范大学当代经济理论研究中心主任白暴力、南开大学经济学院何自力先后作学术演讲。中国社会科学院经济研究所副所长杨春学、中国人民大学经济学院院长张宇先后主持演讲活动并作了精彩的点评。人民日报、光明日报等26家新闻出版单位出席了挂牌仪式。

当代中国马克思主义政治经济学创新智库是由中国社会科学院创办，依托经济研究所，并联合中国社会科学院经济学部其他7个研究所、哲学所和历史所成立的中国特色社会主义政治经济学研究的专业智库。在学科建设上，智库将整合经济研究所内部资源，将政治经济学建设成为经济学、哲学、经济史、经济思想史四位一体的开放式研究体系；在专家团队建设上，智库将整合院内外资源，构建精简、高效、开放的学习型专家团队，形成“跨学科专业人士的联合体”。

智库挂牌仪式在“中国特色社会主义政治经济学第十八届论坛”会议期间进行。论坛的主题是“深入研究中国特色社会主义政治经济学”，大会分“中国特色社会主义政治经济学建设”“社会主义市场经济理论”“经济发展新常态和供给侧结构性改革”“社会主义公平正义与共同富裕”四个专题进行了讨论。中国人民大学校长刘伟、清华大学政治经济学研究中心主任蔡继明、南开大学经济学院党委书记景维民、南京大学商学院院长沈坤荣、武汉大学邹薇、中国人民大学《资本论》教学研究中心主任邱海平等专家学者作了学术演讲。

论坛是智库的重要组成部分之一。作为智库的主要发起方，经济研究所正在搭建期刊、协会、论坛、论丛和新媒体五位一体的智库支撑平台（简称43311平台），包括：《经济研究》、《经济学动态》、《中国经济史研究》、《中国特色社会主义政治经济学研究》（创刊）四个期刊；“中国《资本论》研究会”“中国经济史学会”“中国比较经济学研究会”三个协会；“中国特色社会主义政治经济学论坛”“中国青年经济学者论坛”“马克思主义经济学发展与创新论坛”三个学术会议；《中国经济史论丛》一个丛刊；以经济研究所网站和微信公众账号为依托的一个新媒体平台。

中国社会科学院“当代中国马克思主义政治经济学创新智库”是国内成立的第一家中国特色社会主义政治经济学高端智库，其愿景目标“引领中国政治经济学方向，为中国经济发展贡献力量”，既彰显了中国社会科学院复兴中国政治经济学研究，助力中国经济发展的决心，也为避免智库建设中常常出现的浮躁情绪、短视行为和急功近利行为奠定了基础。

（科研处）

# 工业经济研究所

## （一）人员、机构等基本情况

### 1. 人员

截至 2016 年年底，工业经济研究所共有在职人员 89 人。其中，正高级职称人员 21 人，副高级职称人员 24 人，中级职称人员 30 人；高、中级职称人员占全体在职人员总数的 84%。

### 2. 机构

工业经济研究所设有：工业发展研究室、工业运行研究室、产业组织研究室、投资与市场研究室、能源经济研究室、资源与环境研究室、区域经济研究室、产业布局研究室、企业管理研究室、企业制度研究室、中小企业研究室、财务与会计研究室、《中国工业经济》编辑部、《经济管理》编辑部、*China Economist*（《中国经济学人》）编辑部、办公室、科研处、集团联络处、信息网络室。

### 3. 科研中心

工业经济研究所院属科研中心有：中国社会科学院管理科学与创新发展研究中心、中国社会科学院中国产业与企业竞争力研究中心、中国社会科学院中小企业研究中心、中国社会科学院西部发展研究中心、中国社会科学院食品药品产业发展与监管研究中心；所属科研中心有：中国社会科学院能源经济研究中心、中国社会科学院国家经济发展与经济风险研究中心、中国社会科学院澳门产业发展研究中心。

## （二）科研工作

### 1. 科研成果统计

2016 年，工业经济研究所共完成专著 33 种，825 万字；中文学术论文 182 篇，292.8 万字；外文学术论文18篇，23.4万字；研究报告14种，130万字；皮书8种，208万字；论文集1种，80万字；理论文章41篇，16.4万字；教材1种，35万字；工具书1种，50万字。

**2. 科研课题**

（1）新立项课题。2016年，工业经济研究所共新立项课题6项。其中，国家社会科学基金重点课题1项："'互联网+'背景下的中国制造业转型升级研究"（李晓华主持）；国家社会科学基金一般课题1项："技术集成能力对复杂装备性能的影响"（贺俊主持）；院国情调研重大课题2项："国有企业深化改革与创新调研"（黄群慧主持）；"工业去产能与传统制造业创新与升级——以煤炭、钢铁、轻工业为例"（史丹主持）；所级国情调研基地课题2项："浙江省开化县绿色发展经验考察"（黄速建主持），"营口市老边区汽保工业园区发展调研"（刘戒骄主持）。

（2）结项课题。2016年，工业经济研究所共有结项课题12项。其中，国家自然科学资金青年课题2项："能源和水资源消耗总量约束下的中国重化工业转型升级动态CGE模型与政策研究"（李鹏飞主持），"中国能源消费周期波动研究：基于多部门动态随机一般均衡模型"（吴利学主持）；国家自然科学基金应急课题3项："'十三五'时期我国经济社会发展若干重大问题的政策研究"（黄群慧主持），"建设国内统一市场的重点领域、体制障碍与政府治理研究"（刘戒骄主持），"全球价值链背景下我国制造业转型升级策略研究"（李晓华主持）；马克思主义理论研究和建设工程课题1项："马克思主义价值创造理论在中国的新发展"（王欣主持）；院国情调研重大课题1项："关于民间资本进入新媒体问题调研"（黄速建主持）；院级国情调研基地课题3项："企业职工个人持股情况调研（宁波基地）"（黄速建主持），"'两型综改区'对全国两型社会建设引领示范作用调研（湖南基地）"（沈志渔主持）；院国情调研基地课题1项："宁波基地：新常态下沿海地区新的经济增长点调研"（原磊主持）；所级国情调研基地课题2项："浙江省开化县调研基地考察"（黄速建主持），"营口市老边区汽保工业园区发展调研"（刘戒骄主持）。

（3）延续在研课题。2016年，工业经济研究所共有延续在研课题22项。其中，国家自然科学基金面上课题2项："中国产业政策理论反思、微观机制解析与实施效果评估：基于中国钢铁行业的研究"（江飞涛主持），"竞争性国有企业的混合所有制改革研究"（黄速建主持）；国家自然基金青年课题1项："双重约束下地方政府土地出让行为对中国双重转型的影响研究"（黄阳华主持）；国家社会科学基金重大课题3项："国有企业改革和制度创新研究"（黄速建主持），"稀有矿产资源开发利用的国家战略研究——基于工业化中后期产业转型升级的视角"（杨丹辉主持），"'中国制造2025'的技术路径、产业选择与战略规划研究"（黄群慧主持）；国家社会科学基金重点课题2项："推进中国工业创新驱动发展研究"（吕铁主持），"产业升级与环境管制提升路径互动研究"（李钢主持）；国家社会科学基金一般课题2项："物流成本及其对产业发展、价格水平影响研究"（刘勇主持），"中国对外贸易中的隐含资源环境要素流动问题研究”（郭朝先主持）；国家社会科学基金青年课题5项：“国有企业跨国投资与政府监管问题研究”（刘建丽主持），“中国企业社会责任评价与推进机制研究”（肖红军主持），“生产要素成本上涨对我国产业转型升级影响研究”（叶振宇主持），“新兴产业自主技术标准的导入与培育”（邓洲主持）；“自然资源资产负债表编制研究”（胡文龙主持）；国家软科学课题5项：“产业技术创新生态系统研究”（王钦主持），“制造业典型产业国际比较研究”（金碚主持），“颠覆性技术创新机制对产业发展影响研究”（李钢主持），“地区间潜在比较优势产业的甄别与突破式产业创新研究”（张其仔主持），“科技创新支撑引领新型城镇化的对策研究”（徐希燕主持）；所级国情调研基地课题2项：“浙江省开化县可持续发展路径考察”（黄速建主持），“营口市老边区汽保工业园区发展调研”（刘戒骄主持）。

**3. 获奖优秀科研成果**

2016年，工业经济研究所获“第九届（2016年）中国社会科学院优秀科研成果奖”论文类二等奖1项：黄群慧的论文《中国的工业大国国情与工业强国战略》；获“第九届（2016年）中国社会科学院优秀科研成果奖”专著类三等奖1项：史丹的专著《中国能源利用效率问题研究》，获“第九届（2016年）中国社会科学院优秀科研成果奖”论文类三等奖1项：渠慎宁、杨丹辉的论文《中国废弃物温室气体排放及其峰值测算》。

## （三）学术交流活动

**1. 学术活动**

2016年，工业经济研究所主办和承办的学术会议如下。

（1）2016年11月2日，由中国社会科学院和中国台湾“中华经济研究院”联合主办，中国社会科学院工业经济研究所和西安理工大学共同承办的“大陆供给侧结构性改革与两岸经贸深度合作的机遇”学术研讨会在陕西省西安市召开。

（2）2016年12月26日，由中国社会科学院主办，中国社会科学院工业经济研究所、中国社会科学院京津冀协同发展智库共同承办的“中国社会科学院高端智库论坛——供给侧结构性改革与国际产能合作暨第五届中国工业发展论坛”在北京召开。

**2. 国际学术交流与合作**

2016年，工业经济研究所共出访23批53人次，来访1批4人次。

## （四）学术社团、期刊

**1. 社团**

（1）中国工业经济学会，会长郑新立。

2016年10月14～15日，由中国工业经济学会主办，西安交通大学经济与金融学院承办、中国工业经济杂志社与中国海外建设集团有限公司协办的中国工业经济学会2016年学术年会暨“供给侧结构性改革与产业发展”研讨会在西安交通大学召开。

（2）中国企业管理研究会，会长黄速建。

2016 年 9 月 23 ~ 24 日，由中国企业管理研究会、江苏大学和蒋一苇企业改革与发展学术基金主办，江苏大学管理学院、中国工业经济杂志社、经济管理杂志社、中国社会科学院管理科学与创新发展研究中心和江苏省中小企业发展研究基地承办的“创新、创业与企业管理”学术研讨会暨中国企业管理研究会 2016 年年会在江苏省镇江市召开。

（3）中国区域经济学会，会长金碚。

2016 年 10 月 29 日，由中国区域经济学会、福建师范大学和中国工业经济杂志社共同主办，福建师范大学经济学院、福建师范大学福建自贸区综合研究院共同承办的“2016 年中国区域经济学会年会暨‘十三五’区域发展新理念、新空间与新动能学术研讨会”在福建师范大学召开。

**2. 期刊**

（1）《中国工业经济》（月刊），主编黄群慧。

2016 年，《中国工业经济》共出版 12 期，共计 381 万字。该刊全年刊载的有代表性的文章有：金碚的《论经济全球化 3.0 时代 ——兼论“一带一路”的互通观念》，吴先明、黄春桃的《中国企业对外直接投资的动因：逆向投资与顺向投资的比较研究》，王雨飞、倪鹏飞的《高速铁路影响下的经济增长溢出与区域空间优化》，邓向荣、曹红的《产业升级路径选择：遵循抑或偏离比较优势 ——基于产品空间结构的实证分析》，冯华、陈亚琦的《平台商业模式创新研究 ——基于互联网环境下的时空契合分析》，吴炯的《家族企业剩余控制权传承的地位、时机与路径 ——基于海鑫、谢瑞麟和方太的多案例研究》，顾一帆、吴玉锋、穆献中、左铁镛的《原生资源与再生资源的耦合配置》，金碚的《马克思劳动价值论的现实意义及理论启示》，洪银兴的《准确认识供给侧结构性改革的目标和任务》，苏坤的《国有金字塔层级对公司风险承担的影响 ——基于政府控制级别差异的分析》，王宇伟、范从来的《企业部门的货币持有与中国货币化率的变动 ——来自微观层面的经验证据》，吕炜、高帅雄、周潮的《投资建设性支出还是保障性支出 ——去杠杆背景下的财政政策实施研究》，黄群慧的《论工业的供给侧结构性改革》，孙晓华、李明珊的《国有企业的过度投资及其效率损失》，余明桂、范蕊、钟慧洁的《中国产业政策与企业技术创新》。

（2）《经济管理》（月刊），主编黄群慧。

2016 年，《经济管理》共出版 12 期，共计 380 万字。该刊全年刊载的有代表性的文章有：杨嫚、张学良的《天生国际化与阶段国际化 ——企业年龄特征与中国企业的国际化选择》，宋丙涛的《国家治理结构的转型动力分析 ——精英利他假设与集体行动逻辑》，马燕坤的《城市群功能空间分工形成的演化模型与实证分析》，段霄的《移动壁垒影响下的“战略与绩效”关系异质性 ——来自中国移动互联网行业的证据》，刘素、陈梦媛、崔淼的《控制权结构、海内外子公司间竞合冲突对利益重构的影响——基于中国本土合资企业“走出去”的多案例研究》，李燕萍、刘宗华、林叶的《员工知识分享的动力何在？——创新文化的跨层次作用机制》，王颖、梁婷的《组织中的权力分配与组织沉默——组织政治知觉的中介作用》，张明玺、雷明的《产品销量、网络口碑与在线观察学习信息之间的动态交互影响——基于天猫商城笔记本销售页面信息的实证分析》，张科、裴平的《信息不对称、贷款人类型与羊群效应——基于人人贷网络借贷平台数据的研究》，李秀玉、史亚雅的《绿色发展、碳信息披露质量与财务绩效》，邓涛涛、赵磊、马木兰的《长三角高速铁路网对城市旅游业发展的影响研究》，谢彦君、徐英的《旅游体验共睦态：一个情境机制的多维类属分析》，于宏、周升起的《城市化是否提高了失地农民的生活水平？——基于失地农民异质性视角下的实证分析》，邵红伟、靳涛的《收入分配的库兹涅茨倒U曲线是必然还是或然——力量对比决定的一般趋势和特殊演变》，芦慧、刘霞、陈红、龙如银的《组织亲环境价值观结构与现状：宣称与执行的视角》。

（3）*China Economist*（《中国经济学人》）（英文、双月刊），主编黄群慧。

2016年，*China Economist* 共出版6期，共计72万字。该刊全年刊载的有代表性的文章有：张晓晶、常欣的“Deleveraging: Data, Risks and Countermeasures”（《去杠杆化：数据、风险与对策》），史丹的“Supply-Side Solutions to China’s Energy Transition”（《推进中国能源转型的供给侧措施》），金碚的“Economic Globalization 3.0 and the Concept of Interconnection under the Belt and Road Initiative”（《论经济全球化3.0时代》），韩冬临、黄臻尔的“How the African Public Views China’s Aid to Africa”（《非洲公众如何评价中国的对非援助》），吕冰洋、马光荣、毛捷的“From Government to Enterprises: How Tax Sharing Interacts with Tax Rates”（《分税与税率：从政府到企业》），余永定、肖立晟的“To Accomplish the Unaccomplished Reform: Lessons and Options of RMB Exchange Rate Reform”（《实现未完成的改革：人民币汇率改革方向分析》），倪鹏飞、王海波的“Economic Competitiveness of China and the US: Comparison,Dynamic Change and Global Position”（《中美制造业竞争力的比较》），陈宝明、丁明磊的“Chinese and US S&T Innovation Policies and Their Effects on Economic Growth Potentials”（《中美科技投资与经济长期增长》），蔡昉的“The New Normal from the Perspective of Macro History and Grand Logic of China’s Economic Development”（《从中国经济发展大历史和大逻辑认识新常态》），黄群慧的“Supply-Side Structural Reforms of China’s Industries”（《中国工业的供给侧结构性改革》），高培勇的“An Assessment of China’s New Round of Reform of the Fiscal and Taxation Systems”（《中国新一轮财税体制改革进程评估》），赖伟娟、钟姿华的“China’s Position in Global Value Chains Compared with EU, U.S and Japan”（《中国与欧美日制造业全球价值链分工地位的比较研究》）。

## （五）会议综述

### “创新、创业与企业管理”学术研讨会暨中国企业管理研究会2016年年会

2016年9月23～24日，由中国企业管理研究会、江苏大学和蒋一苇企业改革与发展学术基金会主办，江苏大学管理学院、中国工业经济杂志社、经济管理杂志社、中国社会科学院管理科学与创新发展研究中心和江苏省中小企业发展研究基地承办的“创新、创业与企业管理”学术研讨会暨中国企业管理研究会2016年年会在江苏省镇江市召开。

来自中国社会科学院等国内73家高等院校和研究机构、8家企业的260余名中国企业管理和创业、创新领域的专家、学者和实践者出席了会议。会议共收到68篇论文。江苏大学副校长梅强教授，中国企业管理研究会会长、中国社会科学院工业经济研究所黄速建研究员分别致辞。中国社会科学院工业经济研究所黄群慧研究员、西交利物浦大学席酉民教授、天津财经大学李维安教授、上海国家会计学院李扣庆教授、对外经贸大学施建军教授、江西财经大学吴照云教授、东北财经大学杨光教授、西安理工大学党兴华教授、复旦大学苏勇教授、山西财经大学杨俊青教授、重庆工商大学梅洪常教授、南京理工大学周小虎教授、江苏大学庄晋财教授等分别作了主题发言；重庆工商大学廖元和教授、江苏大学梅强教授、北京印刷学院王关义教授分别主持了会议分论坛。

根据年会征文选题分设了三个分论坛，各论坛主持人分别就“企业创新与创业管理”“新工业革命与管理创新——企业实践与理论探索”“改革、创新与公共政策”三个主题组织了15位发言人演讲，并由相关领域的专家和学者予以点评。

年会上，来自国内科研机构、高等院校以及企业的260余位企业管理专家、学者和实践者围绕“创新、创业与企业管理”这一主题展开了多个层面的研讨和交流。综合各位专家学者的观点可以看出，在新技术革命、新常态、供给侧结构性改革、“大众创新、万众创业”等一系列条件和政策的叠加下，创新和创业已成为企业管理理论和实践最有活力的领域之一，一大批专家学者在这一领域展开了大量的研究，且研究视角、研究方向、研究方法等都有一些创新性。

（刘建丽　李先军）

### 中国工业经济学会2016年学术年会暨“供给侧结构性改革与产业发展”研讨会

2016年10月14～15日，由中国工业经济学会主办，西安交通大学经济与金融学院承办、中国工业经济杂志社与中国海外建设集团有限公司协办的中国工业经济学会2016年学术年会

暨“供给侧结构性改革与产业发展”研讨会在西安交通大学召开。来自中国社会科学院、中国人民大学、浙江大学、南京大学、武汉大学、厦门大学等100余所高校和研究院所的290余位学者参加了会议。

论坛开幕式由西安交通大学经济与金融学院院长孙早教授主持。西安交通大学党委书记张迈曾教授、中国社会科学院工业经济研究所党委书记兼副所长史丹研究员分别致欢迎词。会议包括主题报告和分论坛研讨两大版块。在夏大慰教授和隋广军教授的主持下，中国工业经济学会会长郑新立研究员和中国工业经济学会理事长吕政研究员分别作了题为“以结构转换释放经济增长新动能”和“对供给侧结构性改革理论与政策的分析”的主题报告。此后，在廖进球、杨蕙馨、于左、王俊豪、李国平、于良春、干春晖、唐晓华、冯根福、左和平、刘书翰、齐兰等教授的主持下，大会分为六个分论坛，围绕着金融与开放发展、供给侧改革、环境与产业发展、产业组织、创新与产业发展以及产业规制与政策六个主题进行了讨论与互动交流。

（温　军　杨秀云）

## 2016年中国区域经济学会年会暨“十三五”时期中国区域发展新理念、新空间与新动能学术研讨会

2016年10月29日，由中国区域经济学会、福建师范大学和中国工业经济杂志社共同主办，福建师范大学经济学院、福建师范大学福建自贸区综合研究院共同承办的“2016年中国区域经济学会年会暨‘十三五’时期中国区域发展新理念、新空间与新动能学术研讨会”在福建师范大学召开。大会共收到论文160多篇。来自中国社会科学院、中国科学院、中国科技大学、中国海洋大学、中国地质大学、南开大学、武汉大学、西南财经大学、江西财经大学、贵州财经大学、河南省社会科学院、山东省社会科学院、江西省社会科学院、重庆市社会科学院等全国上百所高校和研究机构的近300位专家学者参加了会议。

开幕式由中国区域经济学会副会长兼秘书长、中国社会科学院工业经济研究所陈耀研究员主持。福建师范大学原校长、中央马克思主义理论研究和建设工程重大项目第一首席专家李建平教授应邀在开幕式上作了题为“关于中国特色社会主义政治经济学的几个问题”的主旨报告。

年会分为主旨报告、高峰论坛、分论坛、总结交流等环节，围绕“五大理念”引领“十三五”区域发展、“十三五”区域发展动力转换与新动能培育、拓展区域发展新空间的战略布局、贫困地区发展与精准扶贫创新实践、“一带一路”建设、对外开放战略调整与国际产能合作、新时期海峡两岸合作发展、蓝色经济空间与海洋强国建设、京津冀协同发展、长江经济带建设等11个重大区域经济理论与政策问题展开了深入研讨，取得了一批有价值的讨论成果。

（黄茂兴　李军军）

# 农村发展研究所

## （一）人员、机构等基本情况

### 1. 人员

截至2016年年底，农村发展研究所共有在职人员78人。其中，正高级职称人员19人，副高级职称人员20人，中级职称人员25人；高、中级职称人员占全体在职人员总数的82%。

### 2. 机构

农村发展研究所设有：乡村治理研究室、农村组织与制度研究室、城乡关系与发展规划研究室、农村产业经济研究室、贫困与福祉研究室、农村环境与生态经济研究室、农产品市场与贸易研究室、农村金融研究室、土地经济与人力资源研究室、《中国农村经济》与《中国农村观察》编辑部、信息网络室、办公室及科研处。

### 3. 科研中心

农村发展研究所院属科研中心有：中国社会科学院生态环境经济研究中心、中国社会科学院贫困问题研究中心；所属科研中心有：合作经济研究中心、社会问题研究中心、畜牧业经济研究中心。

## （二）科研工作

### 1. 科研成果统计

2016年，农村发展研究所共完成专著9种，338.2万字；智库研究报告3种，18.5万字；皮书2种，72.8万字；论文80余篇，96万字。

### 2. 科研课题

（1）新立项课题。2016年，农村发展研究所共有新立项课题38项。其中，国家社会科学基金重大课题1项："新形势下中国农民工问题研究"（张晓山主持）；国家社会科学基金重点课题2项："劳动力转移、土地流转对我国农业生产和农民收入的影响研究"（杜鑫主持），"城镇化进程中农户土地退出及其实现机制研究"（刘同山主持）；国家社会科学基金青年课题1项："农业支持政策对新型农业经营主体种粮行为的影响研究"（张瑞娟主持）；院国情调研特大课题1项："百村调研"（李培林、魏后凯等主持）；中央农村工作领导小组办公室、中国社会科学院交办、委托课题5项："2016年中央一号文件贯彻落实情况评估"（魏后凯主持），"中国扶贫开发报告（2016）（扶贫蓝皮书）"（魏后凯主持），"稳定和完善农村基本经营制度"（魏后凯、崔红志主持），"维护进城落户农民土地承包权、宅基地使用权、集体收益分配权，支持引导其依法自愿有偿转让上述权益"（任常青等主持），"城乡一体化智库建设"（蔡昉、魏后凯主持）；中央各部委和地方委托研究课题 11 项：“‘转基因生物新品种培育’评估报告”（魏后凯主持），“推进农业供给侧结构性改革的‘永城试验’——促进永城市面粉产业健康发展试点工作的调查”（魏后凯等主持），“全国农业现代化规划（2016 ~ 2020）（征求意见稿）的反馈意见”（李国祥主持），“中国特色社会主义扶贫理论创新”（吴国宝主持），“‘供销合作社条例（征求意见稿）’的反馈意见”（苑鹏主持），“《中共中央关于打赢脱贫攻坚战的决定》重要政策措施贯彻实施分工方案的反馈意见”（吴国宝主持），“国内外农民合作社支持政策比较研究”（苑鹏主持），“农村改革试验区试验项目验收评估研究”（张晓山主持），“新型农业经营主体的培育和发展”（张晓山主持），“农民发展社会环境和新型职业农民发展战略研究”（崔红志主持），“2016 年度现代农业产业技术体系任务”（刘长全主持）；其他横向课题 17 项：“农业农村等资源监测统计经费（家庭农场）”（杜志雄主持），“湖州市与浙江大学市校合作十年发展的回顾与展望”（张军主持），“河南省南水北调丹江口库区移民村级社会治理创新研究项目”（魏后凯、谭秋成主持），“河南省南水北调丹江口库区移民‘强村富民’战略研究项目”（魏后凯、谭秋成主持），“农村改革试验区试验项目验收、评估研究”（张晓山主持），“贵州作为全国扶贫开发攻坚示范区建设研究”（魏后凯主持），“农民发展社会环境和新型职业农民发展战略研究”（崔红志主持），“行业部门扶贫政策衔接研究”（吴国宝主持），“中国妇女发展基金会‘@ 她创业计划’项目”（杜晓山主持），“油料作物耕作栽培新模式示范”（胡冰川主持），“重点水利工程运行维护及生态建设数据收集与绩效评价”（张海鹏主持），“国内外农民合作社支持政策比较研究”（苑鹏主持），“云南省鹤庆县北衙片区整体搬迁城镇安置移民后续发展与社区治理研究项目”（杨一介主持），农村土地制度改革试验跟踪监测（刘同山主持），“供销合作社综合改革试点评估”（魏后凯、苑鹏主持），“村规民约的边界及制定程序研究”（谭秋成主持），“政府购买服务”（胡冰川主持）。

（2）结项课题。2016 年，农村发展研究所共有结项课题 38 项。其中，院重大国情调研课题 1 项：“关于农村集体经济发展现状的调研”（崔红志、苑鹏主持）；国情调研基地课题 3 项：“河南省稳定和完善农村基本经营制度调研”（李人庆主持），“农村电商平台发展情况案例调查”（党国英主持），“浙江湖州市农民福祉的调研”（杨穗主持）；中央农村工作领导小组办公室、中国社会科学院交办、委托课题 5 项 ：“2016 年中央一号文件贯彻落实情况评估”（魏后凯主持），“中国扶贫开发报告（2016）（扶贫蓝皮书）”（魏后凯主持），“稳定和完善农村基本经营制度”（魏后凯、崔红志主持），“维护进城落户农民土地承包权、宅基地使用权、集体收益分配权，支持引导其依法自愿有偿转让上述权益”（任常青等主持），“城乡一体化智库建设”（蔡昉、魏后凯主持）；中央各部委和地方委托研究项目 11 项：“‘转基因生物新品种培育’评估报告”（魏后凯主持），“推进农业供给侧结构性改革的‘永城试验’——促进永城市面粉产业健康发展试点工作的调查”（魏后凯等主持），“全国农业现代化规划（2016 ~ 2020）（征求意见稿）的反馈意见”（李国祥主持），“中国特色社会主义扶贫理论创新”（吴国宝主持），“‘供销合作社条例（征求意见稿）’的反馈意见”（苑鹏主持），“《中共中央关于打赢脱贫攻坚战的决定》重要政策措施贯彻实施分工方案的反馈意见”（吴国宝主持），“国内外农民合作社支持政策比较研究”（苑鹏主持），“农村改革试验区试验项目验收评估研究”（张晓山主持），“新型农业经营主体的培育和发展”（张晓山主持），“农民发展社会环境和新型职业农民发展战略研究”（崔红志主持），“2016 年度现代农业产业技术体系任务”（刘长全主持）；其他横向课题 18 项：“农业农村等资源监测统计经费（家庭农场）”（杜志雄主持），“湖州市与浙江大学市校合作十年发展的回顾与展望”（张军主持），“河南省南水北调丹江口库区移民村级社会治理创新研究项目”（魏后凯、谭秋成主持），“河南省南水北调丹江口库区移民‘强村富民’战略研究项目”（魏后凯、谭秋成主持），“农村改革试验区试验项目验收、评估研究”（张晓山主持），“贵州作为全国扶贫开发攻坚示范区建设研究”（魏后凯主持），“农民发展社会环境和新型职业农民发展战略研究”（崔红志主持），“行业部门扶贫政策衔接研究”（吴国宝主持），“中国妇女发展基金会‘@她创业计划’项目”（杜晓山主持），“油料作物耕作栽培新模式示范”（胡冰川主持），“重点水利工程运行维护及生态建设数据收集与绩效评价”（张海鹏主持），“国内外农民合作社支持政策比较研究”（苑鹏主持），“云南省鹤庆县北衙片区整体搬迁城镇安置移民后续发展与社区治理研究项目”（杨一介主持），农村土地制度改革试验跟踪监测（刘同山主持），“供销合作社综合改革试点评估”（魏后凯主持），“村规民约的边界及制定程序研究”（谭秋成主持），“政府购买服务”（胡冰川等主持）。

**3. 获奖优秀科研成果**

2016 年，农村发展研究所获“第九届（2016 年）中国社会科学院优秀科研成果奖”专著类二等奖 1 项：魏后凯等的专著《中国区域协调发展研究》；获“第九届（2016 年）中国社会科学院优秀科研成果奖”论文类三等奖 2 项：郜亮亮等的论文“Rental markets for cultivated land and agricultural investments in China”（《中国农地流转市场的发展及其对农户投资的影响》）”，党国英、胡冰川的论文《农村政治参与的行为逻辑》；获“第七届中国农村发展研究奖”专项奖 2 项：檀学文的专著《不稳定城市化》，魏后凯、苏红键的论文《中国农业转移人口市民化进程研究》；获“中国社会科学院优秀智库研究报告”1 项：任常青等的研究报告《进城落户农民的农村产权问题研究》。

## （三）学术交流活动

**1. 学术活动**

2016 年，农村发展研究所主办和承办的学术会议有：

（1）2016 年 1 月 16 日，由农村发展研究所主办的“学习杜润生改革思想　全面深化农村改革”座谈会在北京召开。

（2）2016 年 4 月 27 日，由农村发展研究所与社会科学文献出版社联合举办的“中国农村经济形势分析与预测研讨会暨《农村绿皮书（2015 ~ 2016）》发布会”在北京召开。

（3）2016 年 7 月 8 日，由农村发展研究所主办的“农民合作社与农产品供应链网络建设：来自英国的经验”国际会议在北京召开。

（4）2016 年 8 月 3 日，由农村发展研究所与中国社会科学出版社联合举办的“《中国农村发展报告》(2016) 发布会暨中国农村改革与发展高层论坛”在北京召开。

2016年8月，“《中国农村发展报告》（2016）发布会暨中国农村改革与发展高层论坛” 在北京召开。

（5）2016 年 8 月 24 ~ 30 日，由农村发展研究所、城市环境研究所、英国格拉斯哥大学、英国谢菲尔德大学合作主办的“城市发展、移民、隔离和不平等”国际会议在北京召开。

（6）2016 年 9 月 5 日，由农村发展研究所主办的“转基因农产品专家座谈会”在北京举行。

（7）2016 年 9 月 6 日，由农村发展研究所主办的“中国社会科学院城乡发展一体化智库成立大会暨第一届理事会、深化农村集体产权制度改革研讨会”在北京召开。

（8）2016 年 9 月 23 日，由湖北省社会科学院、农业部农村经济研究中心、中国社会科学院农村发展研究所、人民日报社人民论坛杂志社、湖北日报传媒集团联合主办的“习近平‘三农’思想研讨会”在湖北省武汉市召开。

（9）2016 年 9 月 30 日，由农村发展研究所和波兰科学院农村与农业发展研究所联合举办的“中波农村发展机遇与挑战”国际会议在波兰华沙召开。

（10）2016 年 10 月 8 ~ 10 日，由农村发展研究所、山东社会科学院及山东智库联盟联合主办的“新常态下农业转型升级研讨会暨第十二届全国社科农经协作网络大会”在山东省潍坊市召开。

（11）2016 年 11 月 28 ~ 29 日，由农村发展研究所、山东社会科学院、青岛市财富管理金融综合改革试验区发展委员会办公室、青岛大学共同主办，山东智库联盟、山东省宏观金融研究院、青岛市融投资担保商会、青岛金家岭金融聚集区管委会共同承办的“中国农村财富管理论坛”在山东省青岛市举办。

（12）2016 年 12 月 27 日，由中国社会科学院和国务院扶贫办主办，中国社会科学院科研局、农村发展研究所、中国社会科学院贫困问题研究中心、国务院扶贫办全国扶贫宣传教育中心和社会科学文献出版社承办的《中国扶贫开发报告（2016）》（扶贫蓝皮书）新书发布会在北京举行。

**2. 国际学术交流与合作**

2016年，农村发展研究所共派遣出访20批33人次，接待来访15批41人次（其中，中国社会科学院邀请来访3批6人次），接待境外媒体采访3批3人次，参加涉外活动2批2人次。与农村发展研究所开展学术交流的国家有日本、韩国、美国、英国、波兰等。

（1）2016年1月11～24日，农村发展研究所副研究员张玉环赴加拿大就“自由贸易协定下的劳工规范”专题进行学术访问。

（2）2016年3月15日，农村发展研究所所长魏后凯研究员会见来访的安徽农大、美国科罗拉多州立大学7人代表团，双方就“生态与环境经济”“农村政策研究”“农村产业经济及期刊发展与合作”等问题进行了座谈。

（3）2016年3月15日，美国康涅狄格大学农业与资源经济系主任Rigoberto A. Lopez教授访问农村发展研究所并作学术报告。

（4）2016年3月16日，日本农畜产业振兴机构常务理事小林博行在农村发展研究所就“日本奶价形成机制与农协作用”问题作专题报告。

（5）2016年3月28日，中国国际扶贫中心主接的国际农业发展基金南非农村金融考察团到农村发展研究所访问，双方就“农村金融”相关问题进行座谈。

（6）2016年4月13日，农村发展研究所研究员吴国宝会见了来访的日本驻华使馆秘书伏村和展。

（7）2016年5月22～26日，农村发展研究所副研究员胡冰川参加共青团中央中国青年精英代表团赴韩国进行访问。

（8）2016年6月13～17日，农村发展研究所研究员冯兴元赴瑞典参加“中国经济发展与改革、企业活力和社会责任”研讨会。

（9）2016年7月7～13日，中国社会科学院与英国学术院学术互访项目英方项目组访问农村发展研究所。

（10）2016年9月1～29日，以色列希伯来大学博士后李欧就“中国农村社区建设”专题访问农村发展研究所。

（11）2016年9月28日至10月3日，农村发展研究所所长魏后凯研究员率团赴波兰参加“中波农村发展机遇与挑战”国际会议。

（12）2016年10月18～22日，农村发展研究所研究员包晓斌等赴韩国进行学术访问。

（13）2016年10月25日至11月3日，农村发展研究所党委书记潘晨光研究员率团赴新西兰进行学术访问。

（14）2016 年 11 月 3 ～ 7 日，农村发展研究所所长魏后凯研究员赴拉脱维亚参加国际会议。

（15）2016 年 11 月 15 ～ 21 日，农村发展研究所研究员崔红志等赴希腊进行学术访问。

（16）2016 年 12 月 11 ～ 18 日，农村发展研究所研究员崔红志等赴日本进行学术访问。

（17）2016 年，农村发展研究所新签订的国际合作研究项目有 3 项，分别为：2016 年度中国社会科学院—英国学术院学术互访项目“农民合作社参与农产品供应链网络建设模式的比较研究”、中国社会科学院亚洲研究中心国际资助项目“中韩流域生态补偿机制研究”、日本国际交流基金 2016 年度研究奖学项目“关于农业协同组合在日本农业现代化实现过程中的作用、问题研究”。

**3. 与中国香港、澳门特别行政区和中国台湾开展的学术交流**

（1）2016 年 6 月 13 ～ 15 日，农村发展研究所所长魏后凯研究员赴香港进行“中国经济带”系列专题讲座。

（2）2016 年 11 月 5 ～ 9 日，农村发展研究所研究员于法稳赴台湾参加“台湾农村经济学会 2016 年年会暨农业经济学术研讨会”。

（3）2016 年 12 月 11 ～ 15 日，农村发展研究所研究员任常青等赴香港进行学术访问。

## （四）学术社团、期刊

**1. 社团**

（1）中国国外农业经济研究会，会长杜志雄。

2016 年 8 月 18 ～ 19 日，由中国国外农业经济研究会和农村发展研究所主办，吉林农业大学、吉林省农业经济学会和吉林省社会科学院承办的“中国国外农业经济研究会第七次会员代表大会暨学术研讨会”在吉林省长春市召开。会议的主题是“供给侧结构性改革与农业转型”。

（2）中国城郊经济研究会，会长魏后凯。

2016 年 11 月 12 日，由中国城郊经济研究会、农村发展研究所主办的“新发展理念与城郊经济转型学术年会暨中国城郊经济研究会第七届会员代表大会”在北京举行。年会的主题是“新发展理念与城郊经济转型”。

（3）中国西部开发促进会

2016 年 7 月 9 日，由美国全球环境可持续发展研究所主办、贵阳市观山湖区人民政府承办、中国西部开发促进会协办的“城市生态资源创新”主题论坛在贵州省贵阳市举行。

（4）中国县镇经济交流促进会，会长蔡昉。

① 2016 年 9 月 10 日，由中国县镇经济交流促进会、中国农村财经研究会、中国金融出版社、金融会计杂志社、中国农村金融杂志社、中国村镇银行发展论坛组委会联合主办的“第

九届中国村镇银行发展论坛”在内蒙古自治区鄂尔多斯市举行。论坛的主题是“创新、融合、发展”。

② 2016年11月，由中国县镇经济交流促进会与中国小额信贷联盟联合主办的“‘普惠与融合’2016年中国小额信贷国际峰会暨中国小额信贷联盟年会”在北京举行。

③ 2016年12月16日，由中国县镇经济交流促进会、农村发展研究所、中国社会科学出版社和中国村镇银行发展论坛组委会共同举办的《中国村镇银行发展报告（2016）》发布会在北京举行。

④ 2016年12月16～17日，由中国县镇经济交流促进会和农村发展研究所主办的“中国县镇经济交流促进会第五届会员代表大会暨中国县域经济发展与治理论坛（2016）”在北京举行。

（5）中国生态经济学会，会长谭家林。

① 2016年7月9～10日，由中国生态经济学会海洋生态经济学专业委员会、浙江海洋大学主办，浙江舟山群岛新区研究中心、浙江海洋大学水产学院承办，浙江省海洋文化与经济研究中心、浙江省生态文明研究中心共同协办的“2016中国海洋生态经济发展·舟山论坛”在浙江海洋大学举行。

② 2016年7月22～24日，由中国生态经济学会、农村发展研究所、中国社会科学院生态环境经济研究中心主办，贵州财经大学承办的“中国生态经济学学会第九届会员代表大会暨2016年学术年会”在贵州省贵阳市召开。

③ 2016年7月29日，由中国生态经济学会生态经济教育专业委员会主办、信阳师范学院工商管理学院承办、信阳市旅游局协办的“2016中国生态经济建设·信阳论坛”在信阳师范学院举行。论坛的主题是“建设生态文明，发展绿色经济，推进绿色发展”。

④ 2016年10月28～30日，由中国生态经济学会循环经济专业委员会、中国生态经济学会工业生态经济与技术专业委员会主办，武汉循环经济研究院、华中科技大学、武汉汉能通新能源汽车服务有限公司承办，湖北省循环经济协会、武汉市循环经济协会协办的“循环经济与生态工业学术研讨会暨中国生态经济学学会工业生态经济与技术专业委员会2016年年会”在湖北省武汉市召开。

（6）中国林牧渔业经济学会，会长魏后凯。

2016年11月11～13日，由中国林牧渔业经济学会、农村发展研究所举办的“中国林牧渔业经济学会第四届会员代表大会暨中国林牧渔业供给侧结构性改革研讨会”在北京召开。

**2. 期刊**

（1）《中国农村经济》（月刊），主编魏后凯。

2016年，《中国农村经济》共出版12期，共计192万字。该刊全年刊载的有代表性的文章有：魏后凯的《新常态下中国城乡一体化格局及推进战略》，王琼、叶静怡的《进城务工人员健康状况、收入与超时劳动》，刘生龙的《新生代农民工与中国农村储蓄率下降》，农业部农村经济体制与经营管理司课题组的《农业供给侧结构性改革背景下的新农人发展调查》，陈帅等的《气候变化对中国粮食生产的影响》，韦宏耀、钟涨宝的《团结还是疏离：转型期的农村居民代际支持》，党国英的《中国农业发展的战略失误及其矫正》，李祖佩等的《项目制实践与基层治理结构》，龙启蒙等的《城乡一体化的资本困境与突破路径》，蔡昉等的《"三农"领域治国理政新思想新实践》，罗必良的《农地确权、交易含义与农业经营方式转型》，钱龙、洪名勇的《非农就业、土地流转与农业生产效率变化》。

(2)《中国农村观察》(双月刊)，主编魏后凯。

2016 年，《中国农村观察》出版 6 期，共计 96 万字。该刊全年刊载的有代表性的文章有：仝志辉的《村委会选举的村庄治理本位：从户内委托辩难走向选举权利祛魅》，邱晔、黄群慧的《休闲农业中的美感资源与美感体验分析》，陈明的《土地冲突：公共权力失范与农民的权力建构》，段新星、王秋月的《乡村困境中"共同经济利益意识"的凝聚逻辑及其限制》，于法稳的《习近平绿色发展新思想与农业的绿色转型发展》，高俊等的《农村小微金融"内部化悖论"的案例分析》。

## （五）会议综述

### 纪念杜润生辞世百日"学习杜润生改革思想　全面深化农村改革"座谈会

2016 年 1 月 16 日，被誉为"中国农村改革之父"的杜润生先生辞世百日，中国社会科学院农村发展研究所在北京举办"学习杜润生改革思想　全面深化农村改革"座谈会。中国社会科学院副院长、党组成员蔡昉出席会议并致辞。中央农村工作领导小组副组长、办公室主任陈锡文，全国政协经济委员会副主任、中华全国工商业联合会副主席林毅夫出席会议并作主题发言。

2016年1月，"学习杜润生改革思想　全面深化农村改革"座谈会在北京召开。

作为我国 20 世纪 80 年代一系列农村改革重大决策的推动者和参与者，杜润生对中国农村 30 多年来的改革与发展作出了杰出贡献，深受社会各界敬仰。

蔡昉指出，我们这一代做“三农”研究的同志，或多或少都曾受到杜润生先生的影响。“三农”研究界有一个共同的传统，也是以他为中心建立起来的。杜老的思想具有一种历史的视野，他关于农业发展阶段的思想，启发我们破除了农业经济理论中两个传统理论教条的束缚；当我国跨越了温饱阶段，他及时提出必须让农民稳步提高收入；他预见我们必将进一步深化改革，认为改革是要为新的结构诞生创造条件；他提出我们最终要对农业进行一定的反哺和保护，但保护的限度是不能损害市场的调节功能；他指出稳定家庭经营不是固化小农经济，而是随着市场化、工业化的发展，促使其向现代化农业结构转化，不应把家庭经营等同于小农经济。今天我们看到，杜老当年所预见的一些挑战都已显现出来，他所设想的阶段也到来了，我们已真正进入一个现代化农业生产方式的构建阶段。

陈锡文表示，无论是研究、工作还是做人，我们都从杜老身上学到了很多：“杜老的思想有三个特点：一是他一生都在探索规律性的东西，包括各种理论和模式；二是他十分注重基层经验，注重农民在实际中的创造；三是他很重视比较研究，既包括国内外经验的比较，也包括国内不同地区经验的比较……杜老还特别重视听取不同意见，哪怕是批评，他也总能发自内心地去鼓励和包容。”

林毅夫在发言中说：“杜老一生几上几下，不论是革命还是后来的工作，他的追求从来不是以个人的富贵荣华为依据，而是始终以人民的福祉为宗旨。”杜润生“解放思想，实事求是”的作风也令林毅夫印象深刻。“杜老很喜欢新知。但他在考虑中国问题的时候，知识和书本只是一个参照。当考虑什么样的政策才能推动中国进步时，他基本上都是从中国的现实出发去作最后的决定。”

中国社会科学院农村发展研究所所长魏后凯主持会议。中国社会科学院学部委员、农村发展研究所原所长张晓山，中国社会科学院农村发展研究所原所长李周，农业部农村经济研究中心主任宋洪远等也在会上发言。与会专家学者深情回忆了与杜润生的交往经历，深切缅怀他的学术品格、治学精神及其为中国农村改革作出的重要贡献。从杜润生的改革思想出发，与会者还深入探讨了当今中国全面深化农村改革的路径。

来自中农办、农业部、中国社会科学院、北京农林科学院等单位的40多位专家学者参加了会议。

（科研处）

## 中国社会科学院城乡发展一体化智库成立大会暨第一届理事会、深化农村集体产权制度改革研讨会

2016年9月6日，“中国社会科学院城乡发展一体化智库成立大会暨第一届理事会、深化农村集体产权制度改革研讨会”在北京召开。中国社会科学院院长、党组书记王伟光出席会议

并讲话。中国社会科学院副院长、党组成员蔡昉主持成立大会，宣读中国社会科学院批准成立城乡发展一体化智库的决定。全国政协经济委员会副主任、中央农村工作领导小组原副组长、办公室原主任陈锡文作主题报告。中央农村工作领导小组办公室副主任韩俊为大会致辞。王伟光和陈锡文共同为智库揭牌。

王伟光强调，党的十八大明确提出，解决好农业、农村、农民问题是全党工作的重中之重，城乡发展一体化是解决“三农”问题的根本途径。加快推进城乡发展一体化，既是落实中央“四个全面”战略布局的必然要求，也是以习近平为总书记的党中央治国理政新思想、新理念的重要组成部分。王伟光对智库建设和发展提出四点要求：一要坚持为人民做学问；二要服务国家的战略需求；三要搭建开放的研究平台；四要加强人才队伍建设。

韩俊祝贺城乡发展一体化智库成立，他表示我国当前处在破除城乡二元结构的关键阶段，该智库的成立具有重要意义。他建议加强战略性、前瞻性、全局性课题研究，防止研究内容碎片化，为中央决策提供系统研究。为此，一是加强“三农”领域重大理论和现实问题研究，二是努力增强研究的前瞻性、预见性和系统性，三是注重智库的内部合作和外部融合，促进研究成果的转化。

陈锡文在报告中指出，中国社会科学院高度重视智库建设，改革开放 30 多年来中国社会科学院在推进农村改革发展方面提供理论支撑和政策咨询，做了相当多的工作。农村集体产权制度改革是一个大题目，它关系到农村改革的底线，也关系到农村改革的方向。正如习近平总书记在安徽小岗村农村改革座谈会上强调的四条，即我国农村改革“不管怎么改，都不能把农村土地集体所有制改垮了，不能把耕地改少了，不能把粮食生产能力改弱了，不能把农民利益损害了”。

农村集体产权制度改革，从根本上绕不开一个基本问题：什么是集体经济。陈锡文指出，我们为什么要有农村集体经济，它和其他类型经济到底有什么不同？从需要注意的问题看，农村集体经济改革要防止被外部人控制，避免少数人借机侵占农民的财产，绝不允许外来的资本大鳄借机占有农村的集体资产，这样才能确保农村改革的底线。这些都是农村集体产权制度改革的重要理论任务，迫切需要专家学者积极探索和建言献策。

在研讨会上，叶兴庆、宋洪远、邓纯东、唐忠、黄季焜、史育龙、董祚继、方言、郭沛、陈光金等专家先后发言，分别从不同视角论述了农村深层次改革和进一步发展等方面问题。

（科研处）

## 习近平“三农”思想研讨会

2016 年 9 月 23 日，由湖北省社会科学院、农业部农村经济研究中心、中国社会科学院农村发展研究所、人民日报社人民论坛杂志社、湖北日报传媒集团联合主办的“习近平‘三农’

思想研讨会”在湖北省武汉市召开。来自中央有关部委、涉农研究院所和高等院校、政府农业管理部门等100多位专家学者参加会议。

湖北省人民政府副省长任振鹤就如何学习和落实习近平“三农”思想发表讲话。中国社会科学院副院长蔡昉、农业部副部长陈晓华分别以“马克思主义政治经济学的当代化和中国化”“习近平深化农村改革的科学思想方法”为题发表演讲。中国社会科学院农村发展研究所所长魏后凯、农业部农村经济研究中心主任宋洪远、香港城市大学公共政策系教授李芝兰、人民论坛杂志社总编辑贾立政、中共中央党校经济学教研部教授徐祥临、中国人民大学农业与农村发展学院副院长郑风田、中共中央编译局中国现实问题研究中心首席专家陈林以及来自湖北省社会科学院“习近平‘三农’思想研究”课题组的共12位专家围绕习近平总书记的“三农”思想，从多个角度作专题发言。大会研讨内容涉及农村改革、农业现代化、精准扶贫、城乡发展、农村社会治理等当前“三农”领域诸多热点问题。

（科研处）

## 新常态下农业转型升级研讨会暨第十二届全国社科农经协作网络大会

2016年10月8～10日，由中国社会科学院农村发展研究所、山东社会科学院及山东智库联盟联合主办的“新常态下农业转型升级研讨会暨第十二届全国社科农经协作网络大会”在山东省潍坊市召开。中国社会科学院副院长蔡昉、山东省人民政府副省长季缃绮出席会议并讲话。

蔡昉认为，经济发展“新常态”下，开展“三农”工作和“三农”研究任重道远，而中国要跨越中等收入陷阱，首先应跨越“三农”发展这一潜在的陷阱。他重点阐述了“新常态”下“农业供给侧结构性改革”的四大关键性问题，并指出农业的供给侧结构性改革是供给侧结构性改革的重要领域，核心在于农业的增效、转型、升级。他强调指出，新时期繁荣发展哲学社会科学事业具有重大意义，希望全国地方社科院与中国社会科学院一起，开拓创新，加强协作，为推进我国改革开放和社会主义现代化建设贡献智慧和力量。季缃绮指出，山东省高度重视推动农业转型升级，按照“走在前列”的要求和“敲开核桃、一业一策”的思路，编制“十三五”期间农业提质增效转型升级实施方案，明确了全省农业转型升级的路线图和时间表。目前，全省正在全力抓好贯彻落实，以实际行动促进农业转型升级，推动现代农业建设，加快由农业大省向农业强省迈进。山东省将充分汲取此次大会的研讨成果精髓，积极借鉴先进经验，更好地推动山东农业转型升级。

会议选举产生了首届理事会，包括79名理事和28名常务理事。蔡昉当选为理事长，魏后凯、宋亚平、张占仓、王兴国、杜志雄、彭建强、郭晓鸣、潘云当选为副理事长，翁鸣当选为秘书长。会议商定由河南省社会科学院承办2017年第十三届全国社科农经协作网络大会。来自全国社会科学系统和从事农经领域研究的专家学者共计 150 余人参加会议。与会专家围绕“新常态下农业转型升级”“‘三农’面临的新问题”“农民增收新瓶颈”等专题展开了深入讨论。

（科研处）

# 财经战略研究院

## （一）人员、机构等基本情况

### 1. 人员

截至 2016 年年底，财经战略研究院共有在职人员 77 人。其中，正高级职称人员 18 人，副高级职称人员 20 人，中级职称人员 28 人；高、中级职称人员占全体在职人员总数的 86%。

### 2. 机构

财经战略研究院设有：财政研究室、税收研究室、财政审计研究室、成本与价格研究室、国际贸易与投资研究室、服务贸易与 WTO 研究室、流通产业研究室、互联网经济研究室、服务经济研究室、城市与房地产经济研究室、旅游与休闲研究室、综合经济战略研究部、《财贸经济》编辑部、*China Finance and Economic Review* 编辑部、《财经智库》编辑部、学术档案馆、院长办公室、行政办公室、科研组织处、学术交流办公室。

### 3. 科研中心

财经战略研究院设有中国社会科学院院属科研中心 4 个：旅游研究中心、城市与竞争力研究中心、对外经贸国际金融研究中心、税收研究中心；财经战略研究院院属科研中心有 2 个：信用研究中心、服务经济与餐饮中心。

## （二）科研工作

### 1. 科研成果统计

2016 年，财经战略研究院共完成专著 10 余种，约 230 万字；权威期刊论文 8 篇，约 12 万字；核心期刊论文 140 余篇，约 140 万字；译著 2 种，约 40 万字；皮书 2 种，约 50 万字；研究报告 8 种，约 64 万字。

### 2. 科研课题

(1) 新立项课题。2016 年，财经战略研究院共有新立项课题 14 项。其中，国家社会科学基金课题 6 项：“外部冲击和结构性转换下的中高速增长和中高端发展研究”（汪红驹主持），“旅游需求结构与旅游产品创新的动态关系研究”（宋瑞主持），“货币政策、资本结构与促进产业向中高端升级研究”（王朝阳主持），“人口结构变迁对中国房地产市场的综合影响及应对措施研究”（李超主持），“精准扶贫战略下贫困地区农村信息化减贫能力提升研究”（郭君平主持），“国家资产负债表与提高国家治理能力研究”（杨志宏主持）；国家自然科学基金应急课题1项：“债务处置周期对通货紧缩预期的影响机制研究”（高培勇主持）；国家自然科学基金青年课题1项：“国际大宗商品价格走势与输入性通货紧缩影响研究”（汪红驹主持）；财经战略研究院院长交办课题4项：“互联互通是‘一带一路’建设的重要保障”（汪红驹主持），“旅游业：‘一带一路’建设的突破口”（宋瑞主持），“我国经济中期走势及政策取向研究”（冯明主持），“2015年如何实现7%左右经济增长预期目标”（付敏杰主持）；所级国情调研基地课题2项：“新形势下农村流通模式的变化”（依绍华主持），“新型城镇化与县域经济发展研究”（田侃主持）。

（2）结项课题。2016年，财经战略研究院共有结项课题6项。其中，财经战略研究院院长交办课题4项：“互联互通是‘一带一路’建设的重要保障”（汪红驹主持），“旅游业：‘一带一路’建设的突破口”（宋瑞主持），“我国经济中期走势及政策取向研究”（冯明主持），“2015年如何实现7%左右经济增长预期目标”（付敏杰主持）；所级国情调研基地课题2项：“新形势下农村流通模式的变化”（依绍华主持），“新型城镇化与县域经济发展研究”（田侃主持）。

（3）延续在研课题。2016年，财经战略研究院共有延续在研课题9项。其中，国家社会科学基金课题7项：“扩大我国服务业对外开放的路径与战略研究”（夏杰长主持），“现代国家治理体系下我国税制体系重构研究”（高培勇主持），“公共经济学理论体系创新研究”（杨志勇主持），“政府行为对服务业生产率的影响研究”（李勇坚主持），“全球分工新体系下的中国旅游业国际地位评估与提升研究”（金准主持），“基于全球生产网络构建的我国民营跨国公司成长机制及实证研究”（张海波主持），“新型城镇化与房地产市场协调发展及政策研究”（杨慧主持）；国家自然科学基金青年课题1项：“内生汇率传递下国际冲击对中国通货膨胀的动态影响”（汪川主持）；院国情调研重大课题1项：“增强我国服务业出口能力调研——以北京、上海、深圳等十大服务业出口基地为核心”（赵瑾主持）。

**3. 获奖优秀科研成果**

2016年，财经战略研究院获“第九届（2016年）中国社会科学院优秀科研成果奖”论文类二等奖1项：姚战琪的论文《工业和服务外包对中国工业生产率的影响》；获“第九届（2016年）中国社会科学院优秀科研成果奖”专著类三等奖1项：高培勇等的专著《中国公共财政建设指标体系研究》；获“第九届（2016年）中国社会科学院优秀科研成果奖”研究报告类三等奖1项：倪鹏飞等的研究报告《城市化进程中低收入居民住区发展模式探索——中国辽宁棚户区改造的经验》。

## （三）学术交流活动

**1. 学术活动**

2016年，财经战略研究院主办的主要学术会议如下。

（1）2016 年，财经战略研究院举办“双周财经论坛”20 次，分别邀请学者姜辉、杨春学、王小鲁、李拉亚、张车伟、汪向东、张翼、邱海平、周琪、胡必亮、章政、何帆、肖立晟、毛其淋、宋斐、陆方文等作了专题学术报告。

（2）2016 年 11 月 12 ～ 13 日，由财经战略研究院、浙江大学休闲农业产业研究院主办，北京第二外国语学院北京旅游发展研究基地、BCSA 庄园会俱乐部、中投环美文化产业发展有限公司、中国经济出版社协办的“2016 世界休闲与旅游研究峰会”在浙江省杭州市举行。会议的主题是“休闲旅游 & 互联网”。

（3）2016 年 12 月 28 日，由财经战略研究院举办的“财经战略年会 2017”在北京召开。

**2. 国际学术交流与合作**

2016 年，财经战略研究院共派遣出访 22 批 39 人次，接待来访 10 批 22 人次。与财经战略研究院开展国际交流的国家有：美国、日本、韩国、澳大利亚等。同时，财经战略研究院积极推进与联合国人居署城市经济局的合作，并制定了对外学术交流国际合作发展规划。

**3. 与中国香港、澳门特别行政区和中国台湾开展的学术交流**

2016 年 11 月 8 日，由财经战略研究院和香港特别行政区政府中央政策组主办、冯氏集团利丰集团研究中心协办的“中国经济运行与政策国际论坛 2016”在香港举行。论坛的主题是“‘十三五’规划与供给侧改革下的中国经济”。

### （四）学术社团、期刊

**1. 社团**

（1）中国市场学会，会长俞晓松。

（2）中国成本研究会，会长高培勇。

2016 年 10 月 15 日，由中国成本研究会、财经战略研究院、南京审计大学共同主办，南京审计大学公共经济学院承办的中国成本研究会 2016 年年会在江苏省南京市召开。

**2. 期刊**

《财贸经济》（月刊），主编何德旭。

2016 年，《财贸经济》出版了 12 期，共计 314 万字。该刊全年刊载的有代表性的文章有：马建堂、董小君、时红秀、徐杰、马小芳的《中国的杠杆率与系统性金融风险》，汪红驹、汪川的《国际经济周期错配、供给侧改革与中国经济中高速增长》，刘晓路、郭庆旺的《财政学 300 年：给予国家治理视角的分析》，何德旭的《构建基于消费者—金融产品关系生命周期消费保护体系》，陈国进、王少谦的《经济政策不确定性如何影响企业投资行为》，朱军的《债权压力下财政政策与货币政策的动态互动效应——一个开放经济的 DSGE 模型》，张昊的《距离、边界与一价定律的动态表现》，刘晓光、张杰平的《中国杠杆率悖论——兼论货币政策“稳增长”和“降杠杆”真的两难吗》，汪德华、李琼的《中国政府储蓄率：新的测算及财政视角的分解》，朱恒鹏、徐静婷的《共享发展、共同体认同与社会保障制度构建》，高培勇、汪德华的《本轮财税体制改革进程评估：2013.11—2016.10（上）》，高培勇、汪德华的《本轮财税体制改革进程评估：2013.11—2016.10（下）》。

## （五）会议综述

### 中国成本研究会2016年年会

2016年10月15日，由中国成本研究会、中国社会科学院财经战略研究院、南京审计大学共同主办，南京审计大学公共经济学院承办的中国成本研究会2016年年会在江苏省南京市召开。会议的主题是“降成本与中国成本研究会的历史使命”。中国成本研究会常务理事、理事，企业界、高校、科研机构的代表及学术期刊、媒体代表等100余人参加了会议。

大会开幕式由南京审计大学副校长尹平教授主持。南京审计大学党委书记王家新教授，中国成本研究会会长、中国社会科学院学部委员、财经战略研究院院长高培勇教授致辞。

大会分为主题报告和分论坛两个部分。主题报告由财经战略研究院总编辑杨志勇研究员主持，6位主讲嘉宾围绕“如何看待当前降成本的问题”“关于鉴定中国质量成本管理体系”“浙江省管理会计的运用实践”等主题作了学术报告。

年会分论坛设立了博士后论坛专场。三个分论坛通过宣读论文及点评的方式，围绕“政府成本”“产业成本”“审计对政府成本的影响”“企业成本管理”等问题进行了深入探讨。企业代表在分论坛上介绍了若干案例，进一步丰富了讨论内容。

（科研处）

### 中国经济运行与政策国际论坛2016

2016年11月8日，由中国社会科学院财经战略研究院和香港特别行政区政府中央政策组主办、冯氏集团利丰集团研究中心协办的“中国经济运行与政策国际论坛2016”在香港举行。论坛的主题是“‘十三五’规划与供给侧改革下的中国经济”。来自海内外的专家学者和实业界人士约300人参加会议。会议探讨了在供给侧结构性改革、“十三五”规划和“一带一路”环境下内地经济发展的趋势、战略、政策重点以及香港的角色和机遇。

会议分开幕式、主题演讲、“‘十三五’规划与供给侧改革”和“‘一带一路’建设下中国对外经济合作的新模式”四个环节。中国社会科学院院长王伟光与香港特别行政区行政长官梁振英在会前进行了友好会见。

在论坛致辞中，王伟光充分肯定了论坛选择“‘十三五’规划与供给侧改革下的中国经济，香港的机遇与挑战”作为主题所具有的重要现实意义。王伟光指出，“一国两制”巨大的潜能与优势，还远未得到充分的发挥和释放。在推进国家现代化与香港持久繁荣的未来实践中，内地与香港应挖掘并利用“一国与两制”的优势，以兼收并分享“一国与两制”的红利。

香港特别行政区政府中央政策组首席顾问邵善波致欢迎词。邵善波表示，“中国经济运行与政策国际论坛”已经成为内地和香港之间政策交流和沟通的重要渠道，也是香港各界理解中国经济发展、把握政策前沿的需要。香港应该做好准备，把握供给侧结构性改革和“一带一路”的重要机遇，把香港经济融入国家发展战略中，保证香港的繁荣发展。

中国社会科学院财经战略研究院党委书记、院长高培勇作主题演讲。高培勇系统全面分析了中共十八届三中全会以来中央经济政策从问题导向到顶层设计的转变，认为要完成全面建成小康社会目标，就必须坚持五大发展理念，推进供给侧结构性改革。高培勇认为，制造业和服务业增加值增速的对倒、劳动年龄人口数量的减少、老龄化的到来、城市化速度的放缓等，都意味着 2012 年以来中国经济增速变化是结构性的，经济发展的主要矛盾在供给侧；当前已经不能简单套用原有理论来解释中国经济，因此需要理论和方法的创新；经济新常态下，发展需坚持五大理念，将经济增长建立在提升全要素生产率基础上，用改革的方法推进结构调整。

在“‘十三五’规划与供给侧改革”研讨环节，四位学者分别发言：国家发改委宏观经济研究院研究员刘旭分析了如何提升香港在国家经济社会发展中的地位和作用，建议赋予香港国际金融中心新内涵，发挥香港在推动内地对外贸易、推动内地双向投资以及向全面实现服务贸易自由化迈进中的作用，加强创新科技相关产业合作，积极参与“一带一路”建设，构建最具国际竞争力的城市群，推进两地包容共享发展。首席中国经济学家巴曙松教授分析了以沪港通和深港通为代表的香港内地资本市场一体化所带来的巨大机遇。中国股市的交易量和市值的全球排名大大提前，对全球投资者和公司上市产生更大的吸引力。沪港通和深港通为提升人民币可兑换程度提供了一个可行的方法和平台。中国社会科学院财经战略研究院副研究员付敏杰认为，“十三五”后期的中国财政政策应当逐步走向稳健，原因在于积极财政政策略显疲态、“L”形增长轨迹下短周期见底、财政可持续性面临收入增长困难和刚性支出快速增长的挑战、财政支出因为不断增长的政府存款而产生低效率、去杠杆需要适度从紧的财政政策。中国社会科学院财经战略研究院副研究员王振霞分析了供给侧结构性改革下金融风险管理问题，尤其是稳增长中货币政策向实体经济的传导渠道不畅的问题，调结构中金融系统在去杠杆、降成本等过程中产生的风险和货币政策制定者与市场预期认识不一致导致的风险。

在“‘一带一路’建设下中国对外经济合作的新模式”研讨环节，中国社会科学院亚太与全球战略研究院院长李向阳论述了“一带一路”战略的深层含义，指出“一带一路”的战略重点不是产能输出，而是发展导向型区域经济合作机制。这种机制与现行的区域经济合作机制并行不悖，是原有区域合作机制的补充和完善，是促进全球贸易投资自由化的新途径，是中国提供国际公共产品的新模式。冯氏集团主席冯国经博士强调了创新的巨大意义，认为技术创新和商业模式的创新同样重要。

高培勇教授对会议进行了总结。他指出，中国经济一直是在对内改革和对外开放两种力量的推动下不断发展的。“十三五”期间，中国主要的经济体制改革就是供给侧改革，最主要的对外开放就是“一带一路”建设。只要把握住改革开放的机遇，内地和香港经济就能持续繁荣发展。

（科研处）

# 金融研究所

## （一）人员、机构等基本情况

### 1. 人员

截至2016年年底，金融研究所共有在职人员43人。其中，正高级职称人员12人，副高级职称人员12人，中级职称人员16人；高、中级职称人员占全体在职人员总数的93%。

### 2. 机构

金融研究所设有：货币理论与货币政策研究室、金融市场研究室、结构金融研究室、国际金融与国际经济研究室、保险与社会保障研究室、法与金融研究室、银行研究室、公司金融研究室、金融实验研究室、《金融评论》编辑部、综合办公室。

### 3. 科研中心

金融研究所院属科研中心有：投融资研究中心、保险与经济发展研究中心、金融政策研究中心；所属科研中心有：房地产金融研究中心、财富管理研究中心、支付清算研究中心；金融研究所院属科研基地有：中小银行研究基地、金融法律与金融监管研究基地、融资租赁研究基地、产业金融研究基地。

## （二）科研工作

### 1. 科研成果统计

2016年，金融研究所共完成专著7种，193万字；论文211篇，650万字；研究报告9种（含皮书6种），178万字；译著2种，71万字；工具书1种，35万字；一般文章150篇，40余万字，内部报告25种，250万字。

### 2. 科研课题

（1）新立项课题。2016年，金融研究所共有新立项课题25项。其中，国家社会科学基金青年课题1项：“新常态下我国经济增长转型与结构变迁研究”（陆明涛主持）；国情调研基地课题2项：“山东乳山金融生态环境状况考察”（杨涛主持），“互联网创新与农村普惠金融”（曾刚主持）；院马克思主义理论学科建设与理论研究工程课题1项：“生态文明建设的政策性金融支持体系构建”（陈经伟主持）；所重点课题6项：“新常态下的中国金融体制改革”（何德旭主持），“互联网金融风险防范与案例分析”（尹振涛主持），“互联网发展的增长效应和价格效应”（王向楠主持），“家业治理的无形资本传承问题研究”（王增武主持），“供给侧结构性改革视角下的人民币汇率问题研究”（林楠主持），“不良资产处置机制研究”（郑联盛主持）；其他部门与地方委托课题15项：国家发改委委托课题“政府资金用于转贷模式研究”（张跃文主持），国家发改委委托课题“‘十三五’气候投融资城市试点思路研究”（安国俊主持），国家信息中心委托课题“政府债务风险的历史比较与借鉴”（董裕平主持），上海研究院委托课题“长三角地区金融发展与上海国际金融中心建设关系研究”（程炼主持），云南省昆明市人民政府金融办公室委托课题“昆明市‘十三五’金融业发展规划平行研究”（何海峰主持），浙江省杭州市萧山区人民政府金融工作办公室委托课题“萧山区‘十三五’金融产业发展规划”（何德旭主持），山东省潍坊市高新区投融资管理服务中心委托课题“潍坊高新区技术产业开发区金融顶层架构设计”（郑联盛主持），中国儿童少年基金会委托课题“我国妇女和儿童群体保险保障状况与改善对策”（郭金龙主持），中国农业发展银行委托课题“农业政策性银行差别监管问题研究”（彭兴韵主持），中国电力财务公司委托课题“电改形势下财务公司向产业银行转型研究”（何德旭主持），中国银行间市场清算所股份有限公司委托课题“区块链技术在金融市场的应用与研究”（杨涛主持），中国财务公司协会委托课题“《中国企业集团财务公司行业发展报告》合作编写”（何德旭主持），中国新三板研究中心有限公司委托课题“新三板市场发展研究”（张跃文主持），上海华瑞银行委托课题“上海华瑞银行第三方复评”（曾刚主持），上海和丰永讯金融信息服务有限公司委托课题“中国消费金融创新报告”（曾刚主持）。

（2）结项课题。2016年，金融研究所共有结项课题20项。其中，国家社会科学基金青年课题1项：“金融危机后新兴经济体金融体系宏观审慎监管研究”（耿楠主持）；国家自然科学基金青年课题1项：“影子银行体系的宏观经济效应研究：基于货币视角”（周莉萍主持）；所国情调研基地课题2项：“山东乳山金融生态环境状况考察”（杨涛主持），“互联网创新与农村普惠金融”（曾刚主持）；所重点课题4项：“新常态下的中国金融体制改革”（何德旭主持），“互联网金融风险防范与案例分析”（尹振涛主持），“供给侧结构性改革视角下的人民币汇率问题研究”（林楠主持），“不良资产处置机制研究”（郑联盛主持）；其他部门与地方委托课题12项：国家发改委委托课题“中国农村扶贫金融体系建设研究”（王国刚主持），国家林业局经济发展研究中心委托课题“‘生态文明建设’国家战略的配套机制设计”（陈经伟主持），新疆维吾尔自治区发改委委托课题“丝绸之路经济带核心区金融中心建设规划”（殷剑峰主持），中国保险行业协会委托课题“转型与发展：从保险大国到保险强国”（殷剑峰主持），重庆市政府金融工作办公室委托课题“重庆市金融中心建设‘十三五’规划平行研究”（何海峰主持），四川省资阳市政府金融工作办公室委托课题“资阳市‘十三五’时期金融支持经济社会发展规划研究”（董裕平主持），北京市西城区政府金融工作办公室委托课题“‘十三五’时期西城区金融业发展思路与措施意见”（何海峰主持），中国保监会上海保监局委托课题“上海国际保险中心建设研究”（阎建军主持），国家开发银行委托课题“开发银行可持续协调发展研究”（杨涛主持），中国民生银行委托课题“民生银行‘十三五’战略规划外部环境研究”（王国刚主持），中国银联委托课题“区块链技术在金融支付领域的应用前景”（杨涛主持），江西省赣州市社科联委托课题“经济新常态下创新老区财税运行机制研究”（杨涛主持）。

（3）延续在研课题。2016 年，金融研究所共有延续在研课题 5 项。其中，国家社会科学基金课题 3 项：“我国金融体系的系统性风险与金融监管改革研究”（胡滨主持），“量化宽松政策研究：理论、效应与中国选择”（何海峰主持），“异质信念、卖空机制与企业定向增发行为研究”（徐枫主持）；国家自然科学基金课题 1 项：“影子银行体系的宏观经济效应研究：基于货币视角”（周莉萍主持）；其他部门与地方委托课题 1 项：国家开发银行委托课题“新型城镇化重大政策研究”（王国刚主持）。

**3. 获奖优秀科研成果**

2016 年，金融研究所获“第九届（2016 年）中国社会科学院优秀科研成果奖”专著类三等奖 1 项：尹振涛的专著《历史演进、制度变迁与效率考量——中国证券市场的近代化之路》；获“第九届（2016 年）中国社会科学院优秀科研成果奖”论文类三等奖 2 项：王国刚的论文《中国货币政策调控工具的操作机理：2001～2010》，殷剑峰的论文《21 世纪中国经济周期平稳化现象研究》。

## （三）学术交流活动

**1. 学术活动**

2016 年，金融研究所主办的较为重要的论坛如下。

（1）2016 年 1 月 8 日，金融研究所主办的第 344 期“金融论坛”在北京举办。论坛的主题是“全球互联网金融发展趋势与中国银行业转型”。

（2）2016 年 3 月 4 日，金融研究所主办的第 345 期“金融论坛”在北京举办。论坛的主题是“我们需要什么样的互联网金融”。

（3）2016 年 3 月 25 日，金融研究所主办的第 346 期“金融论坛”在北京举办。论坛的主题是“人民币汇率形成机制改革”。

（4）2016 年 4 月 1 日，金融研究所主办的第 347 期“金融论坛”在北京举办。论坛的主题是“一线城市房价或现分化格局”。

（5）2016 年 4 月 8 日，金融研究所主办的第 348 期“金融论坛”在北京举办。论坛的主题是“中国特色社会主义开放经济理论研究”。

（6）2016 年 4 月 29 日，金融研究所主办的第 349 期“金融论坛”在北京举办。论坛的主题是“中国（上海）自由贸易试验区发展建设与金改回顾”。

（7）2016年5月6日，金融研究所主办的第350期“金融论坛”在北京举办。论坛的主题是“中国新供给经济学发展及2049战略”。

（8）2016年5月20日，金融研究所主办的第351期“金融论坛”在北京举办。论坛的主题是“温州市破解企业担保圈风险的做法和启示”。

（9）2016年6月17日，金融研究所主办的第352期“金融论坛”在北京举办。论坛的主题是“支付经济学的起源、演进与现状”。

（10）2016年6月24日，金融研究所主办的第353期“金融论坛”在北京举办。论坛的主题是“蒙元的货币统一与世界经济的诞生”。

（11）2016年7月22日，金融研究所主办的第354期“金融论坛”在北京举办。论坛的主题是“习近平总书记关于治国理政的新理念、新思路、新战略”。

（12）2016年9月23日，金融研究所主办的第355期“金融论坛”在北京举办。论坛的主题是“社会主义市场经济理论的创新与发展”。

（13）2016年9月30日，金融研究所主办的第356期“金融论坛”在北京举办。论坛的主题是“人民币国际化、金融双向开放与汇率动态”。

（14）2016年10月14日，金融研究所主办的第357期“金融论坛”在北京举办。论坛的主题是“我国股票市场上市制度改革的基本方向”。

（15）2016年10月28日，金融研究所主办的第358期“金融论坛”在北京举办。论坛的主题是“网络数字新经济的理论冲击”。

（16）2016年11月9日，金融研究所主办的第359期“金融论坛”在北京举办。论坛的主题是“财富管理市场与发展”。

（17）2016年11月23日，金融研究所主办第的360期“金融论坛”在北京举办。论坛的主题是“股灾发生的原因及教训”。

**2. 国际学术交流与合作**

2016年，金融研究所共派遣出访9批10人次，接待来访26批83人次（其中，中国社会科学院拉美所委托来访1批2人次，正式来访2批5人次）。与金融研究所开展学术交流的国家有美国、英国、德国、墨西哥、日本、韩国等。

（1）2016年1月2～7日，金融研究所公司金融研究室主任张跃文副研究员应美国应用社会科学联合会邀请赴美国参加2016年度美国金融学会年会。

（2）2016年2月24日，金融研究所副所长胡滨研究员就中国经济发展形势、金融市场稳定性、人民币汇率改革、人口老龄化以及新型城镇化等专题接受日本《日经新闻》记者专访。

（3）2016年2月26日，金融研究所公司金融研究室主任张跃文副研究员等会见日本瑞穗银行研究员崛川直子一行，双方就“‘一带一路’政策”“‘一带一路’构想的背景”“中资企业走出去的状况”“中国金融机构的支持动向”等问题进行交流。

(4) 2016 年 3 月 10 日，金融研究所副所长胡滨研究员会见日本农林中金综合研究所主席南武志一行，双方就“中日两国宏观经济形势和货币政策现状”问题进行交流。

(5) 2016 年 3 月 30 日，金融研究所副所长胡滨研究员等会见日本伊藤忠经济研究所研究员武田淳一行，双方就“中国经济发展现状及金融制度改革”等相关问题进行交流。

(6) 2016 年 5 月 17 日，金融研究所副所长胡滨研究员等会见日本大和综研副理事长川村雄介一行，双方就“中国金融市场与监管及中日金融合作”等问题进行交流。

(7) 2016 年 5 月 31 日至 6 月 2 日，金融研究所副所长胡滨研究员作为中国社会科学院代表团成员，应日本财务省综合研究所邀请参加中日韩三边研讨会。

(8) 2016 年 6 月 3 日，结构金融研究室主任何海峰副研究员会见日本三菱东京日联银行市场研究战略专家関戸孝洋等客人，就量化质化宽松背景下的日本负利率政策问题进行交流。

(9) 2016 年 8 月 7 ~ 20 日，金融研究所副所长胡滨研究员赴美国，参加“美国智库的构建模式和运行机制”的培训。

(10) 2016 年 9 月 8 日，结构金融研究室主任何海峰副研究员、《金融评论》编辑部主任程炼会见日本三菱东京日联银行関戸孝洋等客人，就日本宏观经济形势进行交流。

(11) 2016 年 10 月 21 日，金融研究所银行研究室主任研究员曾刚等会见日本三井住友银行总行金融调查室室长森口善正一行，双方就“中日宏观经济现状”“中日不良贷款处置情况”“债转股资产证券化”等相关问题进行交流。

(12) 2016 年 11 月 9 日，金融研究所公司金融研究室主任张跃文副研究员等会见日本大和总研经济调查部主席研究员木村靖夫一行，双方就“中国房地产市场的动向和企业债务”问题进行交流。

### (四) 学术社团、期刊

《金融评论》(双月刊)，主编王国刚。

2016 年，《金融评论》共出版 6 期，共计 90 万字。该刊全年刊载的有代表性的文章有：张思成、党超的《基于央行调查数据的通胀预期转化：算法基础与理解分歧》，蔡继明、靳卫萍的《中国特色社会主义政治经济学三问》，陈霄、叶德珠的《中国互联网金融中的性别歧视研究》，罗琦、胡亦秋的《现金股利与资本结构动态调整》，马勇、李振的《城镇化、金融杠杆与经济增长》，熊劼的《中国货币政策银行资本传导渠道的实证研究》，王永中、赵奇锋的《风险偏好、投资动机与中国对外直接投资》，卞志村、胡恒强的《结构性减税、财政支出扩张与中国经济波动》，卫兴华的《供给侧结构性改革引领新常态》，周莉萍的《银行业监管：一般理论及实践发展》，贺力平、马伟的《论发展中国家的通货膨胀、汇率变动与贸易增长》，王磊、朱太辉的《存贷利差与利率市场化的宏观经济效应研究》。

## （五）会议综述

### 《中国支付清算发展报告（2016）》发布暨支付清算理论与政策高层论坛

2016年5月13日，由中国社会科学院金融研究所和国家金融与发展实验室主办，中国银联协办的“《中国支付清算发展报告（2016）》发布暨支付清算理论与政策高层论坛”在北京举行。

论坛上，中国社会科学院金融研究所支付清算研究中心（即国家金融与发展实验室支付清算研究中心）发布了新的年度研究报告，随后来自监管部门、行业协会、支付清算组织和机构的各方专家，就支付清算领域的热点问题进行了讨论。

《中国支付清算发展报告（2016）》继续从中国和全球两个维度，从理论、实践与政策多个视角，对于支付清算领域相关问题，进行“点”“面”结合的研究。报告分为总报告和专题报告两个部分。总报告全面分析了我国支付清算体系的发展历程、现状特点、存在问题及趋势，并且运用量化分析工具考察了支付清算运行与宏观经济变量、区域经济金融发展、金融稳定与金融风险、货币政策的内在关联等。专题报告跟踪分析了国内外支付清算体系的发展状况、热点与难点，系统梳理了近年来以支付经济学为主线的学术文献，并组织翻译了美联储在2015年年初发布的报告《美国支付体系提升战略》。

该报告旨在系统分析国内外支付清算行业与市场的发展状况，充分把握国内外支付清算领域的制度、规则和政策演进，并且深入发掘支付清算相关变量与宏观经济、金融及政策变量之间的内在关联，动态跟踪国内外支付清算研究的理论前沿与文献脉络。该报告将致力于为支付清算行业监管部门、自律组织及其他经济主管部门提供重要的决策参考，为支付清算组织、机构和金融机构的相关决策提供基础材料，为支付清算领域的研究者提供文献素材。

（科研处）

# 数量经济与技术经济研究所

## （一）人员、机构等基本情况

**1. 人员**

截至2016年年底，数量经济与技术经济研究所共有在职人员67人。其中，正高级职称人员16人，副高级职称人员21人，中级职称人员17人；高、中级职称人员占全体在职人员总数的81%。

**2. 机构**

数量经济与技术经济研究所设有：经济系统分析研究室、经济模型研究室、环境技术经济研究室、资源技术经济研究室、技术经济理论与方法研究室、数量经济理论与方法研究室、信息化与网络经济研究室、数量金融研究室、综合研究室、产业技术经济研究室、《数量经济技术经济研究》编辑部、网络信息中心、办公室、科研处。

**3. 科研中心**

数量经济与技术经济研究所院属科研中心有：中国社会科学院综合集成与预测研究中心、中国社会科学院信息化中心、中国社会科学院技术创新与战略管理研究中心、中国社会科学院项目评估与战略规划研究咨询中心、中国社会科学院环境与发展研究中心。

## （二）科研工作

**1. 科研成果统计**

2016 年，数量经济与技术经济研究所共完成专著 15 种，363.1 万字；学术论文 109 篇，129.2 万字；智库报告 1 种，7.5 万字；译著 1 种，20.8 万字；论文集 2 种，93.6 万字；皮书 2 种，51.6 万字。

**2. 科研课题**

（1）新立项课题。2016 年，数量经济与技术经济研究所共有新立项课题 17 项。其中，国家社会科学基金青年课题 2 项：“大众创业对中国经济发展的影响研究”（朱承亮主持），“新能源产业技术效率、环境效应与定价机制研究”（陈星星主持）；国家自然科学基金课题 5 项：“中国建设制造强国的行政路径研究”（李金华主持），“ 2040 中国经济社会发展的需求预测方法研究”（李平主持），“2040 重点产业发展对工程科技的需求分析”（王宏伟主持），“发展规划实施评估的内容框架、指标体系与定量化方法研究”（李富强主持），“2035 我国经济社会发展预测研究”（李平主持）；院国情调研课题 10 项，其中，院国情调研重大课题 1 项：“科技体制改革和科技政策调研”（王宏伟主持）；所国情调研重大项目百村调研课题 8 项：“双牌乡长托塘村精准扶贫调研”（李平 、刘建武主持），“特困山村精准扶贫脱贫案例研究 ——以恩施龙马村为例”（陈冬红主持），“武陵山区精准扶贫脱贫样本调查与综合量化评估 ——以恩施朝阳村为例”（陈冬红主持），“青海省互助县林川乡作干村精准扶贫精准脱贫百村调研”（王红主持），“青海省门源县东川镇寺尔沟村精准扶贫精准脱贫百村调研”（王红主持），“电子商务助力农村精准扶贫 ——何畈村案例调查研究”（叶秀敏主持），“新店台村精准扶贫工作机制及脱贫效果研究”（朱承亮主持），“探索川西北民族地区精准扶贫精准脱贫之路 ——四川省绵阳市江油县铜星乡五佛村调查数据分析报告”（李群主持）；所级国情调研基地课题 2 项。

（2）结项课题。2016 年，数量经济与技术经济研究所共有结项课题 4 项。其中，国家社会科学基金重点课题1项："垄断认定过程中的相关市场界定的方法比较与应用研究"（张昕竹主持）；院国情调研重大课题2项："关于经济结构调整、化解过剩产能问题调研"（李平主持），"西北地区农村基层组织严重弱化问题的实证研究"（林燕平主持）；院国情调研基地（湖南基地）课题1项："湖南省湘江流域绿色发展现状与对策研究"（李平主持）。

（3）延续在研课题。2016年，数量经济与技术经济研究所共有延续在研课题13项。其中，国家社会科学基金课题5项："中国潜在经济增长率计算及结构转换路径研究"（李京文主持），"宏观经济组合预测方法研究及其应用平台开发"（张涛主持），"国家安全视野下水资源管理制度体系研究"（王喜峰主持），"经济新常态下国内外产业关联对我国产业结构调整的影响及对策研究"（李新忠主持），"创新驱动发展战略与'双创'研究"（李平主持）；国家自然科学基金课题3项："中国战略性新兴产业的空间布局与发展路径"（李金华主持），"面向经济复杂性的行为建模与计算实验及应用研究"（王国成主持），"互联网基础设施对中国经济发展及公民政治参与的影响"（郑世林主持）；院长城学者课题1项："投入产出经济学理论与矩阵论之关系的新进展"（曾力生主持）；院基础研究学者课题2项："能源效率、竞争力和低碳发展"（蒋金荷主持），"经济评价的理论、方法与实证分析"（李群主持）；另有所级国情调研基地课题2项："城市基层社区治理调研——济南市历城区全福街道基地（李群主持），"嘎鲁图嘎查及鄂温克旗发展情况——内蒙古呼伦贝尔市鄂温克族自治旗嘎鲁图嘎查（村）"（李青主持）。

**3. 获奖优秀科研成果**

2016年，数量经济与技术经济研究所获"第九届（2016年）中国社会科学院优秀科研成果奖"专著类二等奖1项：李金华的专著《中国住户生产核算的方法论体系》；获"第九届（2016年）中国社会科学院优秀科研成果奖"专著类三等奖1项：蔡跃洲的专著《二元结构下的投资膨胀及要素驱动——收入分配视角的机制分析与实证》；获"第九届（2016年）中国社会科学院优秀科研成果奖"论文类三等奖1项：李平等的论文《中国工业绿色转型研究》；获第三届"刘诗白经济学奖"1项：张友国的专著《中国碳排放效率改善的途径及其影响——基于区域和产业视角的分析》。

## （三）学术交流活动

**1. 学术活动**

2016年，数量经济与技术经济研究所主办和承办学术会议如下。

（1）2016年5月10日，中国社会科学院经济学部、数量经济与技术经济研究所联合举办的"2016年中国经济形势分析与预测春季座谈会"在北京召开。会上发布了中国社会科学院《中国经济形势分析与预测2016年春季报告》。

（2）2016年6月30日～7月1日，由数量经济与技术经济研究所、研究生院国际能源安全研究中心、中华能源基金会、美国能源安全理事会、全球安全研究所（美国）共同主办的中国社会科学论坛“第五届全球能源安全智库论坛暨《世界能源发展报告2016》发布会在北京召开。论坛的主题是“能源选择：低油价下的能源革命”。

（3）2016年10月14日，中国社会科学院经济学部、数量经济与技术经济研究所联合主办的“2016年中国经济形势分析与预测座谈会”在北京召开。会上发布了中国社会科学院《中国经济形势分析与预测2016年秋季报告》。

（4）2016年10月26日，由中国社会科学院、全国博士后管理委员会和中国博士后科学基金会主办，中国社会科学院博士后管理委员会和数量经济与技术经济研究所承办，中国数量经济学会、中国技术经济学会、《数量经济技术经济研究》编辑部协办的首届全国数量经济技术经济研究博士后论坛在北京召开。论坛的主题是“马克思主义政治经济学指导下的经济发展新常态理论与实践创新”。

2016年10月，首届全国数量经济技术经济研究博士后论坛在北京召开。

（5）2016年11月12～13日，由数量经济与技术经济研究所、中国技术经济学会、清华大学经济管理学院、重庆大学经济与工商管理学院共同主办，重庆大学经济与工商管理学院承办的“中国技术经济论坛2016·重庆”在重庆大学召开。论坛的主题是“创新驱动发展与‘双创’实施”。来自全国各高校、科研院所和企业学院的100多位专家学者出席了论坛。

**2. 国际学术交流与合作**

2016年，数量经济与技术经济研究所共派遣出访24批35人次，接待来访20余批近100人次。与数量经济与技术经济研究所开展学术交流的国家有美国、加拿大、英国、德国、澳大利亚、日本、韩国等。

（1）2016年2月14～29日，数量经济与技术经济研究所经济系统分析研究室主任娄峰研究员赴加拿大阿尔伯塔大学进行学术访问。

（2）2016年3月30日至4月2日，数量经济与技术经济研究所所长李平研究员应邀参加由韩国经济战略研究院主办的“中国的崛起”研讨会，并发表了有关中国经济发展趋势的主旨演讲。

(3) 2016年4月19～21日，数量经济与技术经济研究所信息化网络经济研究室主任姜奇平研究员赴美国纽约参加由联合国总部举办的"中国故事"主题演讲系列活动。

(4) 2016年6月21～25日，数量经济与技术经济研究所所长李平研究员率团访问英国埃克塞特大学，讨论该所承担的中国社会科学院与伙伴项目（CASS-ESRC）的计划内容。

(5) 2016年7月31日至8月4日，数量经济与技术经济研究所产业技术经济研究室副主任彭旭庶副研究员赴日本东京参加由国家发改委与日本国际协力机构举办的循环经济研讨会。会议的主题是"与生产者责任延伸制度"。

(6) 2016年8月8～10日，经济模型研究室主任张涛研究员参加CIGS（佳能战略研究院）中美日三边会议。

(7) 2016年8月14～20日，经济系统分析研究室副研究员蒋金荷赴英国参加"能源挑战和力学"国际研讨会。

(8) 2016年10月18～23日，院学部委员、数量经济与技术经济研究所研究员汪同三赴加拿大多伦多大学参加联合国模型连接组织国际会议。会议的主题是"经济模型与经济预测"。

(9) 2016年10月24～25日，数量经济与技术经济研究所数量经济理论方法研究室主任蔡跃洲研究员随院代表团赴哥伦比亚麦德林参加"第三届中拉政策与知识"高端研讨会。

(10) 2016年10月25～28日，数量经济与技术经济研究所资源技术经济研究室主任刘强研究员赴新加坡参加新加坡能源局举办的能源周活动。

(11) 2016年10月31日至11月9日，数量经济与技术经济研究所所长李平研究员率团访问芬兰、瑞士、以色列，了解能源及其安全方面的最新信息、政策、研究进展等。

(12) 2016年11月20～26日，数量经济与技术经济研究所经济系统分析研究室研究员李军赴日本访问，访问的主题是"人口老龄化与经济发展的关系"。

(13) 2016年12月1～7日，数量经济与技术经济研究所资源技术经济研究室研究员李青赴匈牙利科学院进行学术访问。

## （四）学术社团、期刊

### 1. 社团

中国数量经济学会，理事长李平。

2016年10月15～16日，由中国数量经济学会主办，中央财经大学统计与数学学院承办的"2016年中国数量经济年会"在中央财经大学召开。会议研讨的主要议题有"数量经济理论与方法""经济增长、宏观经济""金融、保险""资本市场""财政、税收""投资、贸易""区域经济、产业经济""环境、资源""大数据理论与方法""实验经济学及其他学科"。

**2. 期刊**

《数量经济技术经济研究》(月刊),主编李平。

2016 年,《数量经济技术经济研究》共出版 12 期,共计 400 万字。该刊全年刊载的有代表性的文章有:蔡昉的《从中国经济发展大历史和大逻辑认识新常态》,孙叶飞、夏青、周敏的《新型城镇化发展与产业结构变迁的经济增长效应》,谌莹、张捷的《碳排放、绿色全要素生产率和经济增长》,杨振兵的《有偏技术进步视角下中国工业产能过剩的影响因素分析》,江永宏、孙凤娥的《中国 R&D 资本存量测算:1952 ~ 2014 年》,鲁钊阳的《新型农业经营主体发展的福利效应研究》,李平、李颖的《中国城镇化发展效率和制度创新路径》,朱平芳、罗翔、项歌德的《中国中小企业创新绩效空间溢出效应实证研究 ——基于马克思分工协作理论》,刘亦文、文晓茜、胡宗义的《中国污染物排放的地区差异及收敛性研究》,李军的《家庭储蓄与通货膨胀数理关系及实证分析》,韩永辉、黄亮雄、王贤彬的《产业结构优化升级改进生态效率了吗 ?》,苏振东、刘淼、赵文涛的《微观金融健康可以提高企业的生存率吗 ?——"新常态"背景下经济持续健康发展的微观视角解读》,杨玲的《生产性服务进口复杂度及其对制造业增加值率影响研究 ——基于"一带一路"18 省份区域异质性比较分析》。

## (五)会议综述

### 第五届全球能源安全智库论坛

2016 年 6 月 30 日至 7 月 1 日,"第五届全球能源安全智库论坛暨《世界能源发展报告 2016》发布会"在北京召开。论坛由中国社会科学院数量经济与技术经济研究所、美国能源安全理事会、中华能源基金委员会、全球安全研究所(美国)、中国社会科学院研究生院国际能源安全研究中心联合主办。

中国社会科学院副院长李培林,国家能源局总工程师韩水,全球安全研究所联席所长、美国能源安全理事会顾问盖尔·鲁夫特,中国电力联合会理事长杨昆,中华能源基金委员会常务副主席、秘书长何志平出席论坛开幕式并致辞。土库曼斯坦共和国驻华大使奇娜尔·鲁斯塔莫娃,以色列国驻华大使马腾·维尔奈将军,克罗地亚共和国驻华大使奈博伊沙·科哈罗维奇出席论坛。

论坛分为主题报告发布、能源安全国际合作大使论坛两个环节。中国社会科学院数量经济与技术经济研究所所长李平作了题为"推动能源革命,促进经济持续健康发展"的主题报告。联合国副秘书长、联合国亚太经社理事会秘书长沙姆沙德·阿赫塔尔到会作专题演讲。

(科研处)

### 中国技术经济论坛 2016

2016 年 11 月 12 ～ 13 日，由中国社会科学院数量经济与技术经济研究所、中国技术经济学会、清华大学经济管理学院、重庆大学经济与工商管理学院共同主办的“中国技术经济论坛 2016 · 重庆”在重庆大学召开。论坛的主题是“创新驱动发展与‘双创’实施”。来自全国各地高校、研究机构的 160 余位专家出席了论坛。论坛开幕式由重庆大学杨俊教授主持。重庆大学经济与工商管理学院院长刘星教授，中国社会科学院数量经济与技术经济研究所所长、中国技术经济学会理事长李平研究员分别致辞。

论坛分专题报告和小组讨论两部分。中国社会科学院数量经济与技术经济研究所所长李平研究员，清华大学经济管理学院雷家骕教授，中国科协创新战略研究院创新环境研究所所长王宏伟研究员，重庆大学杨俊教授分别作了题为“社会科学与自然科学的交叉融合”“我国经济基本态势与可能的出路”“知识产权与经济增长”“能源发展趋势及天然气利用前景”的特邀报告。

论坛分组讨论阶段，讨论了“创新驱动发展战略”“‘双创’与中国经济增长”“科技体制改革与科技政策创新”“产业转型与企业自主创新”“全要素生产率研究”“资源环境信息技术经济学研究”“农业技术经济研究”等议题。

（科研处）

# 人口与劳动经济研究所

## （一）人员、机构等基本情况

### 1. 人员

截至 2016 年年底，人口与劳动经济研究所共有在职人员 47 人。其中，正高级职称人员 8 人，副高级职称人员 14 人，中级职称人员 17 人；高、中级职称人员占全体在职人员总数的 83%。

### 2. 机构

人口与劳动经济研究所设有：人口统计与分析研究室、人口与社会发展研究室、劳动与就业研究室、社会保障研究室、人口资源环境经济研究室、劳动关系研究室、人力资源研究室、《中国人口科学》杂志社、《中国人口年鉴》编辑部、办公室。

### 3. 科研中心

人口与劳动经济研究所院属科研中心有：中国社会科学院人力资源研究中心、中国社会科学院劳动与社会保障研究中心、中国社会科学院老年与家庭科学研究中心；所属科研中心有：中国社会科学院人口与劳动经济研究所迁移研究中心。

## （二）科研工作

### 1. 科研成果统计

2016 年，人口与劳动经济研究所共完成专著 8 种，211 万字；论文 81 篇，90 万字；工具书 1 种，111 万字；教材 1 种，20 万字。

### 2. 科研课题

（1）新立项课题。2016 年，人口与劳动经济研究所共有新立项课题 11 项。其中，国家社会科学基金课题 3 项："信息通信技术进步对中国劳动力市场的影响研究"（李雅楠主持），"优化人力资本配置研究"（周灵灵主持），"老年人健康状况动态演变研究"（封婷主持）；国家自然科学基金应急管理课题 2 项："区域规划实施评估的理论方法、机制与案例研究"（张车伟主持），"供给侧结构性改革中的人力资本积累问题研究"（都阳主持）；院国情调研重大课题 1 项："共享式发展与收入分配差距调研"（张车伟、高文书主持）；院级国情调研基地课题 1 项："内蒙古创业带动就业模式调研"（钱伟主持）；所级国情调研基地课题 2 项："海宁制造业企业微观调查"（都阳主持），"四川省成都市养老服务体系与政策"（王桥主持）；院重大社会调查课题 1 项："家庭动态与养老追踪调查"（张车伟主持）；所重点课题 1 项："我国收入差距的新变化及政策研究调研"（谢倩芸主持）。

（2）结项课题。2016 年，人口与劳动经济研究所共有结项课题 9 项。其中，国家社会科学基金重大课题 1 项："中国收入分配问题研究"（蔡昉主持）；国家自然科学基金课题 1 项："劳动力市场转折对中国中等收入阶段发展的挑战及政策应对"（都阳主持）；国家自然科学基金应急课题 1 项："贫困地区人口的动态变化对扶贫开发的影响与应对研究"（王美艳主持）；院级重大社会调查课题 1 项："家庭动态与养老追踪调查"（张车伟主持）；院级国情调研基地课题 1 项："内蒙古创业带动就业模式调研"（钱伟主持）；所级国情调研基地课题 2 项："海宁制造业企业微观调查"（都阳主持），"四川省成都市养老服务体系与政策"（王桥主持）；所重点课题 2 项："最低工资与就业再配置"（贾朋主持），"人口转变与中国城乡劳动力流动趋势研究"（向晶主持）。

（3）延续在研课题。2016 年，人口与劳动经济研究所共有延续在研课题 12 项，均为国家社会科学基金课题："农村劳动力流动与中国城乡居民收入差距"（高文书主持），"老龄化和城市化背景下的中国社会养老服务体系研究"（林宝主持），"社会性别视角下人口流动对我国人力资本发展的影响"（牛建林主持），"社会转型初期家庭结构和代际关系变动研究"（王跃生主持），"中国人口—经济分布匹配性与区域均衡发展的路径选择"（蔡翼飞主持），"非正规劳动力市场中最低工资的实施效果研究"（贾朋主持），"流动人口'家庭化'至'稳定化'的发展历程与影响因素研究"（杨舸主持），"户籍制度改革的成本与收益研究"（屈小博主持），

“城市第一代独生子女家庭亲子财富流转研究”（伍海霞主持），“未来劳动力供求总量及结构变化趋势研究”（向晶主持），“人口结构变化对中国经济减速的影响和对策研究”（陆旸主持），“我国人口城镇化与土地城镇化协调发展研究”（熊柴主持）。

**3．获奖优秀科研成果**

2016年，人口与劳动经济研究所获“第九届（2016年）中国社会科学院优秀科研成果奖”论文类三等奖2项：王广州等的论文《到底能生多少孩子？——中国人的政策生育潜力估计》，吴要武的论文《寻找阿基米德的杠杆——“出生季度”是个弱工具变量吗？》；获第六届“张培刚发展经济学优秀成果奖”1项：都阳的论文《制造业企业对劳动力市场变化的反应：基于微观数据的观察》；获第七届中国农村发展研究奖提名奖1项：赵文的论文《农业生产方式转变与农户经济激励效应》；获国家发展和改革委的“‘十三五’规划问计求策二等奖”1项：蔡翼飞的论文《关于特大城市人口调控的几点认识和建议》；获第七届“优秀皮书奖”二等奖1项：《中国人口与劳动问题报告No.16》；获第七届“优秀皮书报告奖”1项：《“十三五”时期中国人口发展战略研究》。

## （三）学术交流活动

**1．学术活动**

2016年，人口与劳动经济研究所主办和承办的学术会议如下。

（1）2016年8月5日，由人口与劳动经济研究所《中国人口科学》杂志社与内蒙古自治区发展研究中心、呼伦贝尔市人民政府共同主办的“精准扶贫与城乡一体化”中青年学术研讨会在内蒙古自治区扎兰屯市举办。

（2）2016年9月14日，由人口与劳动经济研究所主办的“第二十一届中日社会经济国际研讨会”在北京召开。会议的主题是“东亚社会经济发展与人口老龄化比较研究”。

（3）2016年10月15日，由人口与劳动经济研究所《中国人口科学》杂志社主办，城乡社区社会管理湖北省协同创新中心和中南财经政法大学公共管理学院承办的“建立更加公平可持续社会保障制度”学术研讨会在湖北省武汉市召开。

（4）2016年10月24～25日，由中国社会科学院和欧盟委员会就业、社会事务与包容总司主办，人口与劳动经济研究所、河南省人民政府发展研究中心和郑州大学联合承办的“中国社会科学院—欧盟就业总司国际研讨会（2016）”在河南省郑州市召开。会议的主题是“供给侧结构性改革下的就业升级与技能提升”。

（5）2016年11月29～30日，由人口与劳动经济研究所举办的“大数据时代：接力人口与可持续发展”学术研讨会在北京召开。

（6）2016年11月30日，由人口与劳动经济研究所和社会科学文献出版社共同主办的“2016年度《人口与劳动绿皮书》发布会”在北京召开。

**2. 国际学术交流与合作**

2016 年，人口与劳动经济研究所共派遣出访 29 批 51 人次，接待来访 4 批 26 人次。与人口与劳动经济研究所开展学术交流的国家有德国、日本、英国等。

(1) 2016 年 5 月 25 ~ 29 日，人口与劳动经济研究所副研究员王磊赴新加坡参加国际社会学协会“社会分层与社会流动”分会第 28 届会议。

(2) 2016 年 7 月 24 日至 8 月 3 日，人口与劳动经济研究所副研究员屈小博执行中国社会科学院与澳大利亚社会科学院协议项目，赴澳大利亚堪培拉迪肯大学就“中国农村劳动力迁移、劳动参与率与劳动供给”问题进行学术交流。

(3) 2016 年 8 月 1 日，人口与劳动经济研究所副研究员陆旸赴比利时访问欧洲与全球经济实验室智库。

(4) 2016 年 9 月 21 ~ 25 日，人口与劳动经济研究所研究员王智勇等赴匈牙利参加“经济调整与社会治理”圆桌会议。

(5) 2016 年 10 月 1 日，人口与劳动经济研究所副研究员屈小博赴美国斯坦福大学弗里曼·斯波格利国际研究所做访问学者。

(6) 2016 年 10 月 21 日，人口与劳动经济研究所副研究员蔡翼飞赴加拿大执行中国社会科学院与蒙特利尔大学协议项目，交流城市化问题。

(7) 2016 年 10 月 23 ~ 29 日，人口与劳动经济研究所副所长钱伟研究员等赴日本参加“中国人口老龄化及长期照护体系的比较研究”研讨会和“养老现状及问题”演讲会。

(8) 2016 年 11 月 28 日，人口与劳动经济研究所副研究员牛建林赴美国执行中国社会科学院与波士顿大学协议项目，进行人口统计学、人力资本和劳动力迁移等方面的学术交流。

**3. 与中国香港、澳门特别行政区和中国台湾开展的学术交流**

2016 年 8 月 28 ~ 31 日，人口与劳动经济研究所所长张车伟一行 6 人参加台湾“中研院”人文社会科学研究中心举办的 2016 年“两岸家庭研究”研讨会。

## （四）学术期刊

(1)《中国人口科学》(双月刊)，主编蔡昉。

2016 年，《中国人口科学》共出版 6 期，共计 108 万字。该刊全年刊载的有代表性的文章有：尹文耀、尹星星、颜卉的《从六十五年发展看胡焕庸线》，王桂新、潘泽瀚的《中国人口迁移分布的顽健性与胡焕庸线》，张车伟、王志勇、蔡翼飞的《中国特大城市的人口调控研究——以上海市为例》，王金营、李竞博的《人口与经济增长关系的再检验——基于人口活跃度—经济模型的分析》，杨宜勇、吴香雪的《中国扶贫问题的过去、现在和未来》，穆怀中、陈洋、陈曦的《灵活就业人员参保缴费激励机制研究——以家庭预期收益效用为视角》，蓝庆新、彭一然的《中国当代生态文明观体系构建——基于马克思主义人与自然关系理论的解析》。

(2)《劳动经济研究》(双月刊)，主编蔡昉。

2016 年,《劳动经济研究》共出版 6 期，共计 108 万字。该刊全年刊载的有代表性的文章有：裴小革的《劳动价值论及相关理论的演变和比较》，蔡昉的《用“以人民为中心的发展思想”破解民生领域难题》，林闽钢、李缘的《福利国家积极劳动力市场政策的类型化及其改革取向》，都阳的《就业政策的阶段特征与调整方向》等。

## （五）会议综述

### “精准扶贫与城乡一体化”中青年学术研讨会

2016 年 8 月 5 日，由中国社会科学院人口与劳动经济研究所《中国人口科学》杂志社与内蒙古自治区发展研究中心、呼伦贝尔市人民政府共同主办的“精准扶贫与城乡一体化”中青年学术研讨会在内蒙古自治区扎兰屯市举办。来自北京大学、中国人民大学、浙江大学、北京师范大学等高校和社科院系统的专家学者、呼伦贝尔市部分旗（市、区）扶贫办的负责人 70 余人参加了会议。

(1) 以精准扶贫为基线的扶贫开发战略逐步成形。与会学者认为，新时期中国的扶贫形势发生了变化，农村贫困问题呈现绝对贫困现象减弱与相对贫困现象突出、生存贫困缓解与发展贫困凸显的双重特征，已进入巩固温饱成果和缓解相对贫困的新阶段，脱贫目标艰巨繁重。

(2) 准确识别贫困人口是精准扶贫的第一步。有学者提出，由收入单一维度对贫困测度的方法及视角选择掩盖了致贫原因的多样化及时代性。应从家庭基本特征、家庭收支情况、经营活动和服务获得及家庭住房情况 4 个维度对家庭贫困—富裕度进行测定。农村低保的家庭收入调查由于核定农民收入难度大、入户调查成本高、容易受人情因素影响等原因，低保的瞄准率难以让人满意。有学者建议在农村低保的家庭收入调查中，将低保申请者过去 1 年的家庭电力消费作为重要的参考指标，对电力消费超过一定水平的农村低保申请者实行重点审查，提高低保工作的瞄准率，实现精准扶贫。

(3) 探索多渠道、多元化精准扶贫新路径。与会学者认为，各地情况千差万别，不能都按照一个模式去做。要根据不同类型家庭之间所存在的发展能力差异，对不同的困难群体采取不同的扶贫方案。有学者认为，要坚持以贫困人口的真实需求为导向，对不同层次的贫困人群采取不同的扶贫模式，防止“一刀切”，实现“输血造血”协同并进；对仍处于极端贫困、没有工作能力的特困人群，需继续采取“输血式”救济型扶贫模式；对具备工作能力和工作意愿的贫困人群，则重点培养其创业就业的自我发展能力，采取区域“造血式”开发扶贫；对分布较为分散的个别贫困户或贫困村，采取参与式扶贫模式，强调个体的自主性、创造性和积极性。

（杨利春）

## 第二十一届中日社会经济国际研讨会

2016年9月14日，中国社会科学院人口与劳动经济研究所主办的“第二十一届中日社会经济国际研讨会——东亚社会经济发展与人口老龄化比较研究”在北京召开。来自中日两国科研机构、大学、政府管理部门、养老服务业一线的领军者等100余名代表参会。

人口与劳动经济研究所所长张车伟、久留米大学经济学部驮田井正教授、一桥大学名誉教授高山宪之分别作了题为“人口变化、劳动力市场与城镇职工养老保险制度改革”“少子老龄化与可持续社会的形成——银色经济的作用”“长期可持续性与保障水平的适当性：公共养老金制度的两个目标”的主旨讲演。

在分组会上，人口老龄化及其对经济的影响已经成为中日共同关注的焦点。与会学者认为，积极探索新形势下发展老年福祉事业的新途径、新办法，已势在必行。专家学者结合中、日及东亚地区的养老与经济发展、养老服务业、社会福祉、人口与文化经济、环境保护等问题进行专题比较研究。为推动中日两国养老服务业与经济发展，结合现状、现实问题提出对策建议。

总之，此次会议从人口学、经济学、社会学、社会保障、公共政策等学科领域进行讨论，注重强调研究的科学性、规范性、学术性和创新性，同时为人口学、经济学以及相关学科领域的学者提供交流平台，以推动东亚地区人口科学、经济科学的发展。深入探讨社会经济发展与人口老龄化之间的关系，研究人口问题、经济问题在社会发展过程中的地位和作用，为政府决策提供参考依据，探求解决现存各种问题的途径与方法。

（王　桥　程　杰）

## “建立更加公平可持续社会保障制度”学术研讨会

2016年10月15日，由中国社会科学院人口与劳动经济研究所《中国人口科学》杂志社主办，城乡社区社会管理湖北省协同创新中心和中南财经政法大学公共管理学院承办的“建立更加公平可持续社会保障制度”学术研讨会在湖北省武汉市召开。来自全国40余所高等院校、社科院系统等科研机构的百余位专家学者出席了会议。

（1）经济新常态与社会保障制度改革。有学者认为，经济新常态下，供给侧改革意味着降费。降费将增加社会保障收支平衡的压力和财政补贴的压力，并且降费不能从根本上解决制度的收入能力问题和制度目标的实现问题。

（2）社会保障制度公平性分析。有学者指出，基本医疗保险制度“碎片化”严重，管理分割，筹资标准、保险待遇、报销比例、报销医院级别、统筹层次等存在较大差异，极大地影响了制度的公平性。

（3）社会保障制度的可持续性探讨。有学者认为，中国职工基本养老保险制度财务短、中、长期存在 3 个缺口：一是个人账户空账规模越来越大；二是当期征缴收入和基金支出之间的缺口越来越大；三是未来累计收支缺口大。中国基本医疗保险制度的可持续性较低的主要原因是：① 基本医疗保险待遇上涨太快，消耗了大量的医保基金；② 制度运行效率低下，导致一些项目重复建设和基金浪费严重；③ 医保基金乱用，导致基金支出压力增大；④ 医疗费用快速增长；⑤ 医疗保险与养老保险边界不清；⑥ 制度体系激励性不足。

（4）促进制度公平可持续的对策建议。与会学者普遍认为，要提高社会保障制度的公平性和可持续性，需要从国家治理体系和治理能力现代化的高度，深化改革、完善治理机制。一是清晰界定不同制度中不同主体的责任和职能。二是准确界定不同项目的边界和功能，防止成本转嫁。养老保险、医疗保险、工伤保险、失业保险各有其设立的目标功能和边界，各险种要回归本位，不缺位、不越位。三是提高统筹层次。四是提高制度的激励性。五是建立长期护理保险制度。六是优化社会养老服务供给。

（薛新东　程翔宇）

## 中国社会科学院—欧盟就业总司国际研讨会（2016）

2016 年 10 月 24 ～ 25 日，由中国社会科学院和欧盟委员会就业、社会事务与包容总司主办，人口与劳动经济研究所、河南省人民政府发展研究中心和郑州大学联合承办的“中国社会科学院—欧盟就业总司国际研讨会（2016）”在河南省郑州市召开。会议的主题是“供给侧结构性改革下的就业升级与技能提升”。来自中国社会科学院、欧盟委员会、河南省人民政府发展研究中心、浙江大学等单位的 50 多位国内外学者参加了会议。

中国社会科学院人口与劳动经济研究所所长、劳动经济学会会长张车伟研究员主持开幕式。欧盟委员会就业、社会事务与包容总司司长 Detlef Eckert、郑州大学党委书记牛书成、河南省人民政府发展研究中心主任谷建全分别到会致辞。

劳动经济学会副会长、浙江大学社会科学学部主任姚先国教授就“中国供给侧结构性改革与劳动力市场建设”议题作了主旨演讲。他指出，我们需从理论和实践两方面正确认识供给侧结构性改革。理论上的误区是把供给侧结构性改革解读为从需求管理的凯恩斯主义转为供给管理的里根主义，实践上的误区则是将结构性改革理解为新一轮产业结构调整。在他看来，供给侧结构性改革的实质是改善制度供给，是以深化体制改革来强化发展动能。

中国社会科学院人口与劳动经济研究所所长、劳动经济学会会长张车伟研究员就“中国的就业形势与就业结构”议题作了演讲。他首先总结了中国就业结构变迁的特征，认为就业雇员化是经济走向成熟的一大标志。进而分析新经济对就业形态的影响，指出互联网经济等经济形态的兴起在很大程度上改变了就业形式，而目前的研究却很薄弱，需提高关注度。

欧盟委员会就业总司经济分析师 Jörg Peschner 梳理了欧盟劳动力市场的特点并对欧盟经济进行展望。欧盟委员会居住和职业环境促进基金会项目总监 John Hurley 探讨了欧洲的就业极化问题。中国社会科学院财经战略研究院副院长夏杰长研究员分析了文化创意产业人才的特性和发展环境问题。南开大学教授李建民则就人力资本与中国劳动力的职业流动进行了阐释。欧盟委员会就业总司技能与资质部副主任 Sonia Peressini 则从阅读能力、计算能力和信息能力等方面论述了技能错配问题。

贝萨研究院孟鸿伟教授就“欧盟与中国成人的基本技能”议题作了比较分析。人口与劳动经济研究所研究员高文书论述了中国的产业升级与人力资本提升，强调当前的劳动者技能不足以应对产业结构变迁带来的挑战，未来的发展需靠质量来代替数量。人口与劳动经济研究所研究员林宝结合最新数据分析了我国的城乡劳动力转移与农民工就业问题。

（周灵灵）

# 城市发展与环境研究所

## （一）人员、机构等基本情况

### 1. 人员

截至 2016 年年底，城市发展与环境研究所共有在职人员 43 人。其中，正高级职称人员 11 人，副高级职称人员 12 人，中级职称人员 15 人；高、中级职称人员占全体在职人员总数的 88 %。

### 2. 机构

城市发展与环境研究所设有：城市经济研究室、城市规划研究室、城市与区域管理研究室、环境经济与管理研究室、土地经济与不动产研究室、可持续发展经济研究室、气候变化经济学研究室、《城市与环境研究》中文期刊编辑部、办公室、科研处、人事处、财务室。

### 3. 科研中心

城市发展与环境研究所院属科研中心有：中国社会科学院可持续发展研究中心；所属科研中心有：城市政策与城市文化研究中心、人居环境研究中心；院重点实验室有：气候变化经济系统模拟重点实验室、城市信息集成与动态模拟重点实验室；所级国情调研基地有：北京市东城区东四街道基地（以社区治理为主要调研主题）、河南济源基地（以节能减排政策及效果为主要调研主题）；智库有：中国社会科学院生态文明研究智库。城市发展与环境研究所还是中国社会科学院—中国气象局气候变化经济学模拟联合实验室和中国城市经济学会的挂靠管理单位。

## （二）科研工作

### 1. 科研成果统计

2016 年，城市发展与环境研究所共完成专著 2 种，47.9 万字；论文 105 篇，120 万字；研究报告 6 种，179.8 万字；理论文章和对策报告 50 篇，15 万字；年鉴 1 种，160 万字。

### 2. 科研项目

（1）新立项课题。2016 年，城市发展与环境研究所共有新立项课题 17 项。其中，国家社会科学基金课题 3 项："大规模棚户区改造与新型社区共同体建设研究"（李国庆主持），"我国参与国际气候谈判角色定位的动态分析与谈判策略研究"（王谋主持），"新型城镇化投融资模式创新及政策研究"（禹湘主持）；院交办课题 2 项："长江经济带绿色发展战略研究"（李春华主持），"2030 年可持续发展研究"（潘家华主持）；院级国情调研重大课题 1 项："新型城镇化背景下智慧城市建设调研"（李春华主持）；院级国情调研基地课题 1 项："智慧城市建设与城市转型发展"（盛广耀主持）；所级国情调研基地课题 2 项："典型城市碳排放总量控制政策案例调研"（朱守先主持），"东四街道公共文化服务调研"（孟雨岩主持）；所级重点课题 3 项："应对气候变化报告 2016"（潘家华主持），"中国城市发展报告 NO.9"（潘家华主持），"中国房地产发展报告 NO.13"（李春华主持）；其他部门与地方委托课题 5 项：中国社会科学院科研局委托的课题"厦门市低碳城市创新发展研究"（潘家华主持），湖北省人民政府委托的课题"长江论坛 2016"（李春华主持），云南省发展和改革委员会委托的课题"云南省新型城镇化质量评价体系研究"（李学锋主持），内蒙古自治区节能与应对气候变化中心委托的课题"'一带一路'背景下的中蒙俄绿色低碳发展国际合作前景研究"（陈迎主持），成都市经济发展研究院委托的课题"成都市 2015 年温室气体清单编制服务 "（庄贵阳主持）。

（2）结项课题。2016 年，城市发展与环境研究所共有结项课题 11 项。其中，国家社会科学基金课题 2 项："我国北方荒漠化态势与治理成效研究"（黄顺江主持），"可再生能源城市理论分析"（娄伟主持）；国家自然科学基金课题 2 项："转移排放、碳关税对中美经济的影响及策略研究——基于 CGE 模型的实证分析"（潘家华主持），"气候变化适应治理机制：中国东西部地区案例比较研究"（郑艳主持）；院级国情调研重大课题 1 项："关于京津冀协同治理雾霾问题调研"（潘家华主持）；院级国情调研基地课题 1 项："智慧城市建设与城市转型发展"（盛广耀主持）；所级国情调研基地课题 2 项："典型城市碳排放总量控制政策案例调研"（朱守先主持），"东四街道公共文化服务调研"（孟雨岩主持）；所级重点课题 3 项："应对气候变化报告 2016"（潘家华主持），"中国城市发展报告 NO.9"（潘家华主持），"中国房地产发展报告 NO.13"（李春华主持）。

（3）延续在研课题。2016 年，城市发展与环境研究所共有延续在研项目 11 项。其中，国家社会科学基金项目 8 项："城市生态文明的科学内涵与实践路径研究"（潘家华主持），"中国新能源产业化发展的影响因素及其作用机理研究"（李萌主持），"建立多元化保障性住房供应体系研究"（李恩平主持），"中国西部农村电气化及分布式可再生能源发展的政策分析"（张莹主持），"农民工市民化的成本与收益研究"（单菁菁主持），"气候容量对城镇化发展影响实证研究"（朱守先主持），"北极航道的发展前景、经济影响与中国的参与机制研究"（丛晓男主持），"我国低碳城市建设评价指标体系研究"（庄贵阳主持）；国家自然科学基金项目 1 项："基于技术异质性与非期望产出的中国城市生产效率提升路径研究"（王业强主持）。

**3. 获奖优秀科研成果**

2016 年，城市发展与环境研究所获"第九届（2016 年）中国社会科学院优秀科研成果奖"专著类二等奖 1 项：潘家华、庄贵阳、朱守先等的专著《低碳城市：经济学方法、应用与案例研究》；获"第九届（2016 年）中国社会科学院优秀科研成果奖"论文类三等奖 1 项：李恩平的论文《基于六普、五普的城镇人口统计数据修补》；获"第七届'优秀皮书奖'"二等奖 1 项：《城市蓝皮书：中国城市发展报告 NO. 8》。

## （三）学术交流活动

**1. 学术活动**

2016 年，城市发展与环境研究所主办和承办的学术会议如下。

（1）2016 年 2 月 16 日，由中国社会科学院经济学部和中国社会科学院智库工作协调办公室主办，城市发展与环境研究所承办的"中国社会科学院高端智库论坛——2016 年经济形势座谈会"在北京举行。会议研讨的主要议题有"经济形势""供给侧结构性改革""互联网经济发展""劳动报酬和劳动力成本"。

（2）2016 年 6 月 13 日，由城市发展与环境研究所主办，中国社会科学院生态文明研究智库与《城市与环境研究》编辑部承办的"就地就近城镇化论坛"在北京召开。会议研讨的主要议题有"就地城镇化""新型城镇化""城乡统筹发展"。

（3）2016 年 7 月 12 日，由中国城市经济学会、城市发展与环境研究所、中国社会科学院生态文明研究智库共同举办的"见证历史：南海生态尊严与安全"研讨会在北京召开。会议研讨的主要议题有"南海安全形势""中国对南海的主权和管辖历史""改善南海局势的路径和策略"。

（4）2016 年 8 月 28 日，由中国社会科学院主办，中国社会科学院城市发展与环境研究所、社会科学文献出版社共同承办的"'2030 年可持续发展议程研究书系'首批成果发布会"在北京举行。会议研讨的主要议题有"2030 年可持续发展议程主要内容和意义""全球可持续发展格局""中国实施可持续发展战略的实践和经验"。

（5）2016 年 9 月 2 日，由中国社会科学院可持续发展研究中心内蒙古气候政策研究院主办的第二届内蒙古绿色发展研讨会在内蒙古自治区锡林郭勒盟召开。会议研讨的主要议题有"生态文明建设”“应对气候变化”“经济转型升级”。

（6）2016年11月18～19日，由中国社会科学院、湖北省人民政府、国家环境保护部、国家水利部长江水利委员会联合主办，城市发展与环境保护所、湖北省社会科学院、湖北省环境保护厅、长江水利委员会长江流域水资源保护局共同承办的中国“长江论坛·2016”在湖北省武汉市举行。会议研讨的主要议题有“长江经济带区域合作”“生态文明建设”“打造长江经济带经济增长极”。

2016年9月，第二届内蒙古绿色发展研讨会在内蒙古自治区锡林郭勒盟召开。

**2. 国际学术交流与合作**

2016年，城市发展与环境研究所共派遣出访30批36人次，接待来访5批12人次。与城市发展与环境研究所开展学术交流的国家有美国、澳大利亚、德国、印度尼西亚、荷兰、意大利、新加坡、卡塔尔、英国、瑞典、日本、印度、摩洛哥等。

（1）2016年4月10～14日，城市发展与环境研究所研究员张晓晶应国家新闻出版总局邀请赴英国伦敦参加2016年伦敦书展活动。

（2）2016年8月2～6日，城市发展与环境研究所副研究员黄育华等应美国进步研究中心邀请，赴美国参加关于城市经济和可持续政策问题的工作坊会议。会议研讨的主要议题有“新型城镇化”“基础设施融资”。

（3）2016年8月28日至9月2日，城市发展与环境研究所所长潘家华研究员应邀赴瑞典参加联合国政府间气候变化专门委员会“整合气候风险和可持续性解决方案”国际研讨会，围绕“地球工程的国际治理”“巴黎协定的不确定性与政策选择”等主题作了大会演讲。

（4）2016年10月1～5日，城市发展与环境研究所副研究员王谋应邀赴卡塔尔首都多哈参加联合国气候变化会议。

（5）2016年10月11～15日，城市发展与环境研究所所长潘家华研究员受加拿大阿尔伯塔大学中国研修中心邀请，赴加拿大参加中加伙伴关系论坛。

（6）2016年11月4～20日，城市发展与环境研究所副研究员王谋赴摩洛哥马拉喀什参加联合国气候变化大会。

（7）2016年11月28日至12月1日，城市发展与环境研究所研究员陈迎赴印度德里参加印度能源、环境和水资源理事会和联合太阳辐射管理治理委员会举办的太阳辐射管理工作坊，作题为“中国地球工程项目的进展”的主题发言。

（8）2016年，城市发展与环境研究所新签订的国际合作研究项目有1项：与世界自然基金会合作研究的“城市近零碳排放示范区相关标准体系研究及能力建设”（庄贵阳主持）；延续在研的国际合作研究项目有3项：与英国格拉斯哥大学和谢菲尔德大学等单位合作研究的“城市转型发展中的人口迁移与社会融合”（单菁菁主持），与荷兰瓦赫宁根大学合作研究的“城市建筑的智慧改造”（陈迎主持），与芬兰图尔库大学合作研究的“欧盟能源效率项目下的中国能源效率案例分析”（陈迎主持）。

**3. 与中国香港、澳门特别行政区和中国台湾开展的学术交流**

2016年10月19～21日，城市发展与环境研究所研究员宋迎昌、单菁菁、盛广耀受邀赴澳门参加“城市文化与管理模式”学术交流会。会议研讨的主要议题有“文化与城市转型发展”“文化与管理模式创新”“物质文化建设”“制度文化建设”。

## （四）学术社团、期刊

**1. 社团**

中国城市经济学会，会长晋保平。

（1）2016年6月6日，由中国城市经济学会和城市发展与环境研究所共同主办的“中国特色小城镇精准发展研讨会”在北京召开。会议的主题是“中国特色小城镇精准发展”，研讨的主要议题有“特色小城镇建设”“精准发展”。

（2）2016年8月26日，由中国城市经济学会、城市发展与环境研究所、广东省社会科学界联合会、广州市社会科学界联合会共同主办的“人文精神与智慧城市建设研讨会”在广东省广州市召开。会议的主题是“人文精神与智慧城市建设”，研讨的主要议题有“智慧城市建设”“城市文化发展”。

（3）2016年11月26～27日，由中国城市经济学会、城市发展与环境研究所、合肥市人民政府联合主办的“中国新型城市建设研讨会”在安徽省合肥市召开。会议的主题是“生态、智慧、人文”，研讨的主要议题有“新型城镇化”“智慧城市”“城市更新”“城市文化”。

**2. 期刊**

《城市与环境研究》（季刊），主编潘家华。

2016年，《城市与环境研究》共出版4期，共计63万字。该刊全年刊载的有代表性的文章有：姚愉芳、陈杰、张晓梅的《京津冀地区间经济影响及溢出和反馈效应分析》，郑蔚、陈雯、董双强的《北京市科技型中小企业的空间集聚特征与影响因素》，赵文、朱旭阳的《人口年龄结构转变对经济增长的影响研究》，王宁的《中国人口迁移的变化趋势及空间格局》，史丹、王俊杰的《生态环境的经济价值评估方法与应用》，安树伟、郁鹏、母爱英的《基于污染物排放的京津冀大气污染治理研究》，周飞舟的《地方产业和就地就近城镇化》，周立的《多元城市生态与就地村镇化》，宋迎昌的《城市化大潮下的农村真的衰落了吗？》，吴要武的《高学历女性：城市婚姻市场上的弱者？》，钟少颖、岳未祯、张耘的《基于公交刷卡数据和兴趣点数据的城市街区功能类型识别研究——以北京市朝阳区为例》，杨骞、王弘儒、刘华军的《区域大气污染联防联控是否取得了预期效果？——来自山东省会城市群的经验证据》，谢慧明、俞梦绮、沈满洪的《中国城市居民国内旅游需求的成本结构与邻居效应》。

## （五）会议综述

### 2016年经济形势座谈会

2016年2月16日，由中国社会科学院经济学部和中国社会科学院智库工作协调办公室主办、中国社会科学院城市发展与环境研究所承办的“中国社会科学院高端智库论坛——2016年经济形势座谈会”在北京召开。中国社会科学院院长王伟光到会并讲话。中国社会科学院的50多位专家学者参加了会议。会议就“新常态下的改革和发展”议题进行了讨论。

会议的主题是“新常态、新改革、新发展”。会议分五个单元进行，分别由中国社会科学院副院长蔡昉、学部委员汪同三、学部委员吕政、学部委员朱玲和学部委员刘树成主持。中国社会科学院原副院长、经济学部主任李扬作了主旨演讲。会上，有近30位专家学者分别从“供给侧改革”“宏观经济形势”“新经济特征”等不同视角对当前中国经济形势以及改革与发展中的问题进行了讨论。

王伟光在讲话中强调，坚持和发展马克思主义政治经济学，构建中国特色社会主义政治经济学是经济研究工作第一位的政治任务。一定要学会运用马克思主义政治经济学的立场、观点和方法分析当前我国经济和世界经济问题，以指导经济实践，以构建具有中国特色、中国特点、中国话语、中国风格的社会主义政治经济学。李扬指出，建立中国特色的社会主义政治经济学一直是中国经济学人的一个努力方向，应该认真学习习近平主席的重要讲话精神。中国特色社会主义政治经济学架构应以社会主义基本经济制度为基础，以人民主体为出发点，以新常态、五大发展、政府和市场合力为主干，以共同富裕为归属。

与会专家学者深入探讨了“供给侧改革”“当前国内外经济发展形势”“经济新常态的诸多特征”“互联网等新技术覆盖下的新经济特征”“全球与中国经济转型态势劳动报酬和劳动力成本问题”。

（李恩平）

### 人文精神与智慧城市建设研讨会

2016年8月26日，由中国社会科学院城市发展与环境研究所、中国城市经济学会发起，并联合广东省社会科学界联合会、广州市社会科学界联合会共同主办的“人文精神与智慧城市建设”研讨会在广东省广州市举行。中国社会科学院院长王伟光发来书面致辞。来自中国社会科学院、中山大学、深圳大学、广州市社会科学院、华南理工大学等科研机构的专家学者近60人参加了研讨会。会议由广州市社会科学界联合会党组书记、主席曾伟玉主持。

王伟光在致辞中表示，中央高度重视城市工作，城镇化与城市发展在国家现代化中具有不可替代的核心地位。现代化离不开自然科学与技术工程支撑，更离不开哲学社会科学的引导。中国社会科学院马克思主义研究院侯惠勤研究员作了题为“从当代人类文明的趋势开启城市建设的智慧”的发言。他指出，社会主义城市建设必须超越资本主义的城市文明，应该采取“以人民为中心”的城市发展理念，需要考虑三个重建：生产生活联合体的重建、单位关系的重建和大杂院邻里关系的重建。

中国社会科学院中国特色社会主义研究中心主任尹韵公研究员作了题为“关于文化自信的思考”的发言。他指出，中国有着丰富的文化积累和积淀，中华文明的精确性和包容性也成为当今中国发展的文化动力。中国社会科学院城市信息集成与动态模拟实验室主任刘治彦研究员作了题为“智慧城市建设面临的十大趋势”的发言。他认为，智慧城市是智慧社会的载体、虚拟世界和现实世界互动的平台、新型城镇化的核心内容、国家战略的重要抓手、各国城市的竞争高地、城市演变的高级形态、城市构件的有机整体、供需匹配的耦合系统、发展运行的监管中心和智慧产业的成长沃土。

中山大学党委副书记李萍教授作了题为“‘以人民为中心’的理念是智慧城市建设的核心伦理价值”的发言。她认为，智慧城市的建设既需要伦理德性，也需要实践智慧。深圳大学副校长李凤亮教授作了题为“为创新型城市建设提供文化支撑”的发言。他认为，文化支撑有助于铸造城市观念、提升城市形象、推动城市转型、增强城市黏性、扩大城市包容。广州市社会科学院副院长杨再高研究员作了题为“智慧城市建设与未来城市发展”的发言。他认为，智慧城市方兴未艾，未来的城市一定是智慧城市。华南理工大学建筑学院教授王世福作了题为“城市化视角的智慧城市思辨”的发言。他认为城市化需要的智慧是技术与人文的结合，源于信息技术驱动的智慧城市必须有助于城市化进程中的问题克服和目标实现。

广州市社会科学界联合会党组书记、主席曾伟玉作了会议总结。

（庄　立）

## 第二届内蒙古绿色发展研讨会

2016年9月2日，由中国社会科学院可持续发展研究中心内蒙古气候政策研究院主办的“第二届内蒙古绿色发展研讨会”在内蒙古自治区锡林郭勒市召开。中国社会科学院党组书记、院长王伟光，内蒙古自治区党委副书记、自治区主席布小林出席会议并讲话，内蒙古自治区政协主席任亚平作主旨发言，内蒙古自治区政协副主席董恒宇等主持开幕式及绿色发展研讨会。

来自中国社会科学院和内蒙古自治区政府、政协、锡林郭勒盟的各政府部门领导和工作人员以及中国社会科学院内蒙古气候政策研究院的顾问、理事等100余人参加了研讨会。

王伟光在开幕式上致辞指出，G20峰会即将在杭州召开，国际社会期待以“中国力量”引领世界经济走出困境，以“中国智慧”完善全球经济治理。在这样重要的时点上，召开第二届内蒙古绿色发展研讨会具有重要意义。中国社会科学院将继续高度关注与支持内蒙古气候政策研究院的建设发展，希望研究院以内蒙古为基地，弘扬蒙古马精神，面向全国，开拓国际视野，争取在产业发展、气候政策和生态文明研究领域取得更大成绩。

布小林指出，内蒙古幅员辽阔，横跨东北、华北、西北，是我国北方重要的生态安全屏障，也是全国重要的清洁能源输出基地。近年来，作为唯一的国家六大生态建设工程全部覆盖的省区，内蒙古不断增强全社会生态文明意识，在生态文明建设上取得了显著成绩。我们要深入贯彻落实习近平总书记考察内蒙古重要讲话精神，积极做好节能降碳工作，协调好节能降碳与促进发展的关系，积极探索建立生态地位重要、资源富集、经济欠发达、民族共融地区生态文明建设的有效模式，努力走出一条资源能支撑、环境能容纳、生态受保护的绿色发展新路子。

在绿色发展研讨会上，内蒙古自治区政协主席任亚平、中国科学院院士秦大河、中国社会科学院学部委员田雪原、中国社会科学院学部委员朝戈金、自然资源保护协会高级顾问杨富强、国家气候战略中心副主任徐华清、国家电网能源研究院首席研究员胡兆光等领导、专家就“内蒙古生态地位与绿色协调发展”“气候变化与可持续发展”“人口与可持续发展”“文化生态保护与绿色发展”“生态环境红线与能源转型”等问题发表主题演讲。

（姜大霖　庄贵阳）

## 生态优先　绿色发展——中国长江论坛·2016

2016年11月18～19日，由中国社会科学院、湖北省人民政府、国家环境保护部、国家水利部长江水利委员会联合主办，中国社会科学院城市发展与环境保护所、湖北省社会科学院、湖北省环境保护厅、长江水利委员会长江流域水资源保护局共同承办的“中国长江论坛·2016”在湖北省武汉市举行。论坛的主题是“生态优先　绿色发展”，全国政协副主席马培华，中国社会科学院党组书记、院长王伟光，中共湖北省委书记蒋超良，中共湖北省委副书记、湖北省人民政府代省长王晓东，以及中央和长江流域省市有关负责人和国内外专家学者500余人出席会议。

王伟光作主旨报告。他指出，以生态保护推动长江经济带发展，尊重自然，繁荣绿色经济，推动社会进步，是中央加强生态文明建设的新要求，事关我国的生态安全和数亿人民的生存健康；也是在落实《巴黎协定》和全球2030年可持续发展目标大背景下，主动适应、把握引领经济发展新常态的必然选择。推动长江经济带绿色发展，必须在大保护中确保精准发展，精准识别区域资源禀赋和发展优势、精准判定区域发展阶段和发展需求、精准定位区域功能和发展方向、精准规划区域产业和城市布局，统筹经济、环境和社会的可持续发展。

蒋超良表示，要牢固树立生态优先理念，把保护和修复长江生态环境摆在首要位置。他强调，要深入推进绿色发展，处理好保护与开发的关系，坚守生态保护和资源环境承载双重约束，推动产业结构优化升级，加快“两型”社会改革试验，走出一条绿色低碳循环的发展道路。

国家发展和改革委员会国土开发与地区经济研究所原所长肖金成认为，要充分考虑生态区流域面积、水源保护的数量和质量等关键因素，制定生态系统服务价值、保护成本、损失评估等量化指标和绩效考评体系和生态补偿机制。建立长江上中下游地区、支流上中下游、相邻省市、关联产业、受益地区和生态保护地区等之间的横向生态补偿，完善生态保护成效与资金分配挂钩的激励约束机制。

湖北省社会科学院副院长秦尊文认为，打造长江绿色生态走廊首先要构建全流域治理模式，通过建立沿江各省、直辖市首长联席会议制度和生态环境保护部级联席会议，处理好跨部门、跨行政区域的重大生态环境问题的衔接。其次，要发挥学者、企业家、社会公众的作用，建立跨区域的同行同业协会和民间交流机制。再次，坚守生态环境底线，加强立法、执法体系建设，加强环境污染的检测和处罚。最后，实施创新驱动战略，合理利用岸线资源，优化产业结构与布局，建立资源有偿使用机制、市场交易机制、多元投资机制以加强生态修复与环境保护。

中国社会科学院农村发展研究所所长魏后凯认为，创新驱动是促进长江经济带协调发展的关键之一。要打破地区分割，强化分工合作，推进区域合作和一体化发展。从长远来看，长江经济带要重点培育世界级城市群、国家级城市群、区域级城市群三级城市群体系。以城市群为载体，构建三级创新极，依托城镇体系，构建创新等级体系，实现全流域、多领域的协同创新，形成创新共同体，将长江经济带建设成为全球战略创新带。

重庆社会科学院副院长张波认为，应探索跨行政区、开放式产学研一体化发展机制，整合科技创新资源，鼓励创新要素在长江流域自由流动，使创新真正转化为长江经济带绿色发展的内生动力。他表示，应针对上中下游地区的资源禀赋和区位优势统筹研究解决长江流域总体规划、重大产业布局、重大基础设施建设等问题，提升长江经济带发展的系统性和协调性，形成相互协调、相互配套的流域产业体系。

中国地质大学（武汉）校长王焰新认为，应在长江生态系统承载能力范围内，挖掘一切可以利用的资源潜力，以创新驱动取代资源要素驱动，大力发展绿色经济、低碳经济、循环经济。沿线各省要根据自身基础和特色，明确发展定位，促进沿线产业不断转型升级，架构合理、高效、绿色、协调的产业布局。

（张　帆　丛晓男）

# 社会政法学部

## 法学研究所

### （一）人员、机构等基本情况

**1. 人员**

截至2016年年底，法学研究所共有在职人员100人。其中，正高级职称人员26人，副高级职称人员32人，中级职称人员26人；高、中级职称人员占全体在职人员总数的84%。

**2. 机构**

法学研究所设有：法理研究室、法制史研究室、宪法行政法研究室、民法研究室、商法研究室、经济法研究室、知识产权研究室、刑法研究室、诉讼法研究室、法治战略研究室、社会法研究室、法治国情调查研究室、图书馆（院图书馆法学分馆）、《法学研究》编辑部、《环球法律评论》编辑部、办公室、科研组织处、人事处（党委办公室）。

**3. 科研中心**

法学研究所院属科研中心有：民主问题研究中心、人权研究中心、知识产权中心、台港澳法研究中心、文化法制研究中心、国家法治指数研究中心；所属科研中心有：马克思主义法学研究中心、法治宣传教育与公法研究中心、私法研究中心、性别与法律研究中心、欧洲联盟法研究中心。

### （二）科研工作

**1. 科研成果统计**

2016年，法学研究所共完成中文专著24种，997万字；英文专著1种，25万字；论文158篇，191万字；国家智库报告12种，120万字；古籍整理1种，131万字；译著2种，31万字；教材6种，131万字；中文论文集11种，396万字；外文论文集2种，657页；皮书3种，120万字。

**2. 科研课题**

（1）新立项课题。2016年，法学研究所共有新立项课题45项。其中，国家社会科学基金年度课题2项："法律理学研究"（胡水君主持），"认罪认罚处理机制研究"（祁建建主持）；院党组交办委托课题1项："民法典编纂"（陈甦主持）；院国情调研重大课题1项："地方法治研究"（李林、莫纪宏主持）；所级基地课题2项："用法治思维和法治方法化解纠纷"（陈甦主持），"浙江法院阳光司法指数"（田禾主持）；院青年人文社会科学研究中心社会调研课题1项："股权众筹法律制度研究"（刘明主持）；中国法学会部级法学研究重点委托课题2项："把经济社会发展纳入法治轨道"（李林主持），"全球化条件下我国知识产权法律体系的调整与构建"（李明德主持）；一般课题1项："民法典编纂与商事通则立法：基于商法'法典化'的视角"（夏小雄主持）；其他部门与地方委托课题35项：中共中央办公厅委托课题"依规治党法规制度体系的目标、架构和实现途径研究"（李忠主持），中央网络安全和信息化领导小组办公室委托课题"对网络新闻信息和相关业务从业人员准入管理摸底"（支振锋主持），中央维护海洋权益工作领导小组办公室委托课题"油气资源权利研究"（陈甦主持），国务院办公厅委托课题"全国政务公开第三方评估（2016）"（田禾主持），中央政法委委托课题"审判权和执行权相分离的体制改革研究"（王敏远、徐卉主持），中央政法委委托课题"司法规律研究"（王敏远主持），最高人民法院委托课题"网络信息保护及网络犯罪问题研究"（刘仁文主持），最高人民法院委托课题"编写出版'中国法院信息化'蓝皮书"（田禾主持），最高人民法院委托课题"'中国法院信息化'第三方评估报告研究"（田禾主持），最高人民法院委托课题"关于基本解决执行难对策研究"（田禾主持），最高人民法院委托课题"基本解决执行难评价指标体系研究"（田禾主持），最高人民法院委托课题"网络司法拍卖服务提供者评估"（田禾主持）；国家安全部重大课题"犯罪嫌疑人、被告人认罪认罚从宽在案件侦查阶段的运用研究"（王敏远主持），民政部委托课题"民政部政务公开和政府信息依申请公开现状及对策研究"（田禾主持），民政部委托课题"行业协会商会文件资料汇编"（谢鸿飞主持），民政部委托课题"2016年区划地名和界线管理政策理论研究"（高旭晨主持），农业部委托课题"农村集体经济组织在《民法总则》中的立法对策研究"（孙宪忠主持），农业部委托课题"农业转基因生物安全监管制度法律审核研究"（李菊丹主持），农业部委托课题"'一带一路'有关国家植物新品种保护制度及实施情况研究"（李菊丹主持），文化部委托课题"全面落实依法治国战略中的文化法治建设战略研究"（周汉华主持），国务院港澳事务办公室委托课题"香港特别行政区危害国家安全犯罪之防治研究"（刘仁文主持），国家工商行政管理总局委托课题"消费者个人信息保护三国研究成果转化"（周汉华主持），国家新闻出版广电总局委托课题"部分国家广播影视法律文件概览研究"（吴峻主持），国家邮政局委托课题"邮政行政执法规范与保障研究"（李洪雷主持），国家邮政局委托课题"县级邮政管理机构职权与执法研究"（周辉主持），中国证监会委托课题"完善证券期货刑事犯罪法律制度研究"（刘仁文主持），北京市人民政府办公厅委托课题"北京市2016年政府信息和政务公开第三方评估"（田禾主持），北京市人民政府办公厅委托课题"北京市2016年依申请公开专项评估"（田禾主持）等。

（2）结项课题。2016年，法学研究所共有结项课题30项。其中，国家社科基金项目1

项："《意识形态阵地管理规定》可行性研究和草案初拟"（莫纪宏主持）；院国情调研课题4项："关于司法体制改革与司法公信力调研"（田禾主持），"宁夏回族自治区宗教事务依法管理的状况研究"（莫纪宏主持），"用法治思维和法治方法化解纠纷"（陈甦主持），"浙江法院阳光司法指数"（田禾主持）；中国法学会部级法学研究重点委托课题1项："把经济社会发展纳入法治轨道"（李林主持）；其他部门与地方委托课题24项：中共中央办公厅委托课题"依规治党法规制度体系的目标、架构和实现途径研究"（李忠主持），中央维护海洋权益工作领导小组办公室委托课题（陈甦主持）；中央政法委委托课题"审判权和执行权相分离的体制改革研究"（王敏远、徐卉主持），中央政法委委托课题"司法规律研究"（王敏远主持），国务院办公厅委托课题"2015年政府信息公开评估"（田禾主持），最高人民法院委托课题"基本解决执行难评价指标体系研究"（田禾主持），最高人民法院委托课题"网络司法拍卖服务提供者评估"（田禾主持），国家安全部重大委托课题"犯罪嫌疑人、被告人认罪认罚从宽在案件侦查阶段的运用研究"（王敏远主持），民政部委托课题"行业协会商会异常名录与黑名单制度研究"（谢鸿飞主持），民政部委托课题"行业协会商会年度报告制度研究"（谢鸿飞主持），民政部委托课题"行业协会商会信息公开制度研究"（李洪雷主持），民政部委托课题"募捐资格许可和管理研究"（栗燕杰主持），农业部委托课题"实质性派生品种制度国际实践及借鉴研究"（李菊丹主持），农业部课题"农业技术引进中的知识产权保护问题研究"（李菊丹主持），农业部委托课题"农业转基因生物安全监管制度法律审核研究"（李菊丹主持），国家互联网信息办公室委托课题"我国网络空间法治体系建设研究"（周汉华主持），国家工商行政管理总局委托课题"消费者个人信息保护国别研究"（周汉华主持），国家知识产权局委托课题"科技革命视野下的专利制度演进研究"（李顺德主持）等。

（3）延续在研课题。2016年，法学研究所共有延续在研课题25项。其中，国家社会科学基金课题17项："我国医药卫生体制改革法律问题研究"（董文勇主持），"明清则例研究"（徐立志主持），"立体刑法学"（刘仁文主持），"中国现代法学与法学教育的创建与发展研究"（金英主持），"债权总则的建构：历史、功能与体系研究"（谢鸿飞主持），"斯拉夫法的历史发展及对社会主义法系形成的影响"（刘洪岩主持），"反垄断法法益立体保护研究"（金善明主持），"西法东渐的思想史逻辑研究"（支振锋主持），"世界刑事诉讼的四次革命"（冀祥德主持），"可持续发展与中国民法典立法的价值取向"（渠涛主持），"版权资本运营法律问题研究"（杨延超主持），"秦汉刑事证据文明研究"（张琮军主持），"社会法总论重大理论问题研究"（余少祥主持），"人权的普遍性与主体性问题研究"（黄金荣主持），"光绪三十二年《刑律草案》整理与研究"（孙家红主持），"'公平、合理和无歧视'专利许可规则的构建与适用研究"（赵启杉主持），"法律理学研究"（胡水君主持），中国法学会部级法学研究课题5项："叛逃罪的犯罪构成要件和量刑规范研究"（樊文主持），"法官在案件事实认定中的地位和作用"（季桥龙主持），"沈家本法律思想与清末法律改革成因得失研究"（孙家红主持），"数字产业中的版权保护制度选择”（刘洁主持），“专利权效力判断上的行政介入与司法裁量”（张鹏主持）；司法部国家法治与法学理论研究课题 2 项：“历次刑法修正案评估”（刘仁文主持），“网络共同犯罪的司法认定疑难问题研究”（杨学文主持）；国家科学技术名词审定委员会委托课题 1 项：“法学名词规范化研究与发布”（李林主持）。

2016年1月，国家智库报告《基本解决执行难评估报告——以深圳市中级人民法院为样本》发布会在北京举行。

## （三）学术交流活动

### 1. 学术活动

2016 年，法学研究所主办和承办的学术会议如下。

（1）2016 年 1 月 6 日，由法学研究所、深圳市律师协会、中国社会科学出版社联合主办的国家智库报告《基本解决执行难评估报告——以深圳市中级人民法院为样本》发布会在北京举行。

（2）2016 年 1 月 8 ~ 9 日，中国社会科学院知识产权中心与日本知识产权研究所联合组织召开“中日两国商标法的最新发展及其应对策略研讨会”。会议研讨的主要议题有“知识产权基本理论”“知识产权人才培养”“知识产权战略”“非传统商标注册与商标法的变革”等。

（3）2016 年 3 月 18 日，由法学研究所、社会科学文献出版社联合主办的“2016 年《法治蓝皮书》《地方法治蓝皮书》《四川法治蓝皮书》发布暨中国法治发展与展望研讨会”在北京举行。会议总结了 2015 年中国法治发展的现状和面临的挑战，分析了中国法治发展的热点和难点问题，展望了 2016 年中国法治发展形势，并正式发布了《法治蓝皮书（2016）》《地方法治蓝皮书（2016）》《四川法治蓝皮书（2016）》。

（4）2016 年 3 月 24 日，法学研究所、新浪网法院频道、中国社会科学出版社在京联合发布了《中国司法公开新媒体应用研究报告（2015）》。该报告作为“国家智库报告”系列丛书之一，对人民法院近年来庭审网络及微博视频直播状况进行了考察，并与西方发达国家司法公开制度和实践进行了比较。

（5）2016 年 4 月 9 日，由北京市法学会和中国社会科学院法学研究所联合主办，北京市法学会立法学研究会和《法学杂志》编辑部协办的第十一届“首都法学家论坛”在北京召开。论坛的主题是“习近平全面推进依法治国新理念、新思想、新战略”。

（6）2016 年 4 月 12 日，由法学研究所、中国社会科学出版社联合主办的“《中国法院信息化第三方评估报告》发布会”在北京举行。会议总结了中国法院信息化建设的现状和面临的挑战，分析了中国法院信息化的成效与问题，对中国法院信息化 3.0 建设提出了对策建议，并正式发布了《中国法院信息化第三方评估报告》。

（7）2016 年 4 月 22 日，由中央政法委宣教室、最高人民法院中国应用法学研究所主办，中国社会科学院法学研究所、北京知识产权法院承办的“知识产权司法保护研讨会”在北京举行。会议研讨的主要议题有“知识产权侵权损害赔偿的司法定价问题”“知识产权司法保护与知识产权法院建设”“中华民族传统资源保护与知识产权制度创新”。

（8）2016 年 4 月 27 日，由法学研究所与中国民主法制出版社联合主办，法学研究所法治宣传教育与公法研究中心承办的“第三届全国新时期法治宣传教育研讨会”在江苏省江阴市召开。会议的主题是“深入学习贯彻习近平总书记全面依法治国思想，实施‘七五’普法规划”。

（9）2016 年 5 月 13 日，由中国法学会与泰国司法学院联合主办，中国社会科学院法学研究所、西南政法大学、中国—东盟法律研究中心承办的中国—东盟法律论坛“促进可持续发展法治高层研讨会”在北京举行。来自泰国王室和泰国司法学院的代表，泰国、菲律宾、新加坡等东盟国家驻华使节，中国外交部、司法部、中国人民外交学会、北京市法学会等单位的代表，以及中国社会科学院法学研究所与西南政法大学的专家学者等 200 余人参加了会议。

（10）2016 年 6 月 4 ~ 5 日，由中国社会科学院知识产权中心主办的“创新与竞争：标准必要专利相关法律问题”学术研讨会在北京举行。会议研讨的主要议题有“标准必要专利相关法律纠纷中的基础法律问题”“有关标准必要专利的禁令救济问题”“标准必要专利许可使用费率的确定”“涉及标准必要专利的反垄断规制问题”。

（11）2016 年 7 月 16 日，由中国社会科学院民法典编纂工作组主办，《法学研究》编辑部和法学研究所私法研究中心协办的“民法分则立法研讨会”在法学所举行。会议的主题是“现有民法的体系协调与内容整合”。

2016年8月，“法治中国建设的回顾与前瞻”理论研讨会在北京召开。

（12）2016 年 8 月 27 日，由法学研究所主办的“法治中国建设的回顾与前瞻”理论研讨会在法学所举行。会议研讨的主要议题有“法治中国建设的成就与经验”“法治中国建设的新思想新理论”“法治中国建设面临的机遇和挑战”“深化法制改革、加快法治中国建设”。

（13）2016年8月28日，由中国社会科学院文化法制研究中心、中国法学会网络法治研究方阵、中国法学会互联网与信息法学研究会联合主办的“中国法学会网络法治研究方阵成立大会暨2016年度中国网络法治30人论坛”在法学研究所举行。会议研讨的主要议题有“网络信息安全与主权”“网络创新、自由与治理”“平台责任与竞争”。

（14）2016年9月10～11日，由中国社会科学院知识产权中心、中国知识产权培训中心主办的“纪念郑成思教授逝世十周年暨‘国家知识产权战略实施：回顾与展望’研讨会”在北京举行。会议研讨的主要议题有“缅怀郑成思教授”“知识产权基础理论与战略问题”“著作权与商标保护”“专利相关问题”。

（15）2016年9月24日，由法学研究所主办的“民法典编纂与商法规范表达”学术研讨会在北京举行。会议研讨的主要议题有“民法典编纂与商法规范表达”“民法典编纂与商法体系建构”“主体制度中的民商关系”“民法典编纂中的商法参与和民法典编纂后的商法发展”。

（16）2016年11月4～5日，由中国社会科学院主办，法学研究所承办的中国社会科学论坛（2016年·法治）在北京举行。论坛的主题是“法制改革与法治发展：比较的视角”。

（17）2016年12月3～4日，由法学研究所、中国政法大学社会法研究所和北京大学非营利组织法研究中心联合举办的“第七届中国社会法论坛”在北京举行。论坛的主题是“部门法中蕴含的社会法基础理论探索：社会法与私法的碰撞”。

（18）2016年12月10日，由法学研究所主办，国家法治指数研究中心承办的“依法治国与法治评估理论研讨会（2016）”在北京召开。会议研讨的主要议题有“加强法治评估”“推动法治评估的理论发展”。

**2. 国际学术交流与合作**

2016年，法学研究所共派遣出访58人次，接待来访55人次。与法学研究所开展学术交流的国家有德国、法国、俄罗斯、芬兰、瑞士、美国、巴西、秘鲁、墨西哥、澳大利亚、日本、韩国等。

（1）2016年1月1日～12月31日，法学研究所社会法研究室副研究员邓丽赴美国哥伦比亚大学进行长期进修，就国家慈善法律制度的体制和经验有关问题进行研究。

（2）2016年2月11～15日，法学研究所民法研究室研究员孙宪忠赴日本静冈大学参加“中国法治发展状况”研讨会。

（3）2016年2月29日至3月4日，法学研究所诉讼法研究室主任熊秋红研究员和刑法研究室副主任樊文副研究员赴丹麦哥本哈根参加与丹麦人权研究所的项目伙伴会议。

（4）2016年5月1～5日，法学研究所副所长莫纪宏研究员等赴澳大利亚墨尔本大学参加国际宪法学协会国际会议。

（5）2016年6月12～20日，法学研究所副所长莫纪宏研究员、商法研究室主任陈洁研究员等赴秘鲁天主教大学、巴西马拉尼昂州立大学等机构进行学术访问。

（6）2016年6月23～30日，法学研究所刑法研究室主任刘仁文研究员赴意大利、法国，分别参加“中国—意大利惩治食品安全犯罪的刑法规制比较”研讨会和“中国—法国惩治食品安全犯罪的刑法规制比较”研讨会。

（7）2016年6月29日至7月3日，法学研究所社会法研究室主任薛宁兰研究员赴法国巴黎参加第一届中法性别平等专题研讨会。

（8）2016年7月1日至9月25日，法学研究所刑法研究室副主任樊文副研究员赴德国弗莱堡大学刑法与刑事诉讼法研究所进行“过失犯的处罚根据和界限”研究。

（9）2016年8月22～26日，法学研究所刑法研究室主任刘仁文研究员赴韩国参加“第十四届中韩两国刑法学术研讨会”。

（10）2016年10月1～30日，法学研究所知识产权研究室副研究员周林赴德国明斯特大学信息法研究所，开展中德信息法最新发展的比较研究。

（11）2016年10月3～10日，法学研究所所长李林研究员率领李明德研究员等赴波兰参加国际学术研讨会，并访问了波兰及匈牙利有关学术机构。

（12）2016年10月20～23日，法学研究所知识产权研究室研究员李明德等赴日本，就两国的知识产权法律制度和法学研究的最新进展进行交流。

（13）2016年11月2～5日，法学研究所知识产权研究室研究员李明德应韩国著作权法协会之邀，参加“中日韩著作权法研讨会”并作主题发言。

（14）2016年12月5～9日，法学研究所副所长莫纪宏研究员、研究员周汉华等赴意大利参加国际宪法学协会国际会议。

（15）2016年12月14～19日，法学研究所诉讼法研究室主任熊秋红研究员赴德国参加中德第一届刑事诉讼法学者高端论坛。

（16）2016年12月27日至2017年12月26日，法学研究所诉讼法研究室副研究员祁建建赴英国伦敦大学开展学术研究和访问。

**3. 与中国香港、澳门特别行政区和中国台湾开展的学术交流**

（1）2016年9月12～14日，法学研究所宪法与行政法研究室主任李洪雷研究员应澳门特别行政区经济局邀请，赴澳门进行专题讲座。讲座的主题是“竞争法与行政法管理制度”。

（2）2016年9月15日至10月13日，法学研究所刑法研究室主任刘仁文研究员等赴香港就有关问题进行调研。

（3）2016年11月11～15日，法学研究所宪法与行政法研究室主任李洪雷研究员赴台湾参加海峡两岸暨东亚行政法学研讨会。

（4）2016年11月23～25日，法学研究所副所长莫纪宏研究员等一行6人赴澳门参加“澳门爱国主义讲座”。

(5) 2016年12月12～20日，法学研究所法制史研究室主任张生研究员赴台湾参加第四届两岸公法圆桌论坛。

## (四) 学术社团、期刊

### 1. 社团

中国法律史学会，会长吴玉章。

2016年9月24～25日，由中国法律史学会主办，天津财经大学法学院承办，清华大学凯原中国法治与义理研究中心协办的中国法律史学会2016年年会暨“法制转型与政治文明”研讨会在天津召开。来自全国多所高校与研究机构的180多位代表参加了年会。

会议研讨的主要议题有“中国法治与义理研究”“传统中国法制转型与政治文明”“近代中国法制转型与政治文明”“近代中国法制转型与社会进步和域外影响”等。

### 2. 期刊

(1)《法学研究》(双月刊)，主编陈甦。

2016年，《法学研究》共出版6期，共计185万字。该刊全年刊载的有代表性的文章有：李林的《习近平全面依法治国思想的理论逻辑与创新发展》，高飞的《农村土地“三权分置”的法理阐释与制度意蕴》，王若磊的《依规治党与依法治国的关系》，杜强强的《合宪性解释在我国法院的实践》，张明楷的《法条竞合与想象竞合的区分》，周光权的《积极刑法立法观在中国的确立》，白建军的《基于法官集体经验的量刑预测研究》，魏晓娜的《完善认罪认罚从宽制度：中国语境下的关键词展开》，何海波的《论行政行为“明显不当”》，汪青松的《主体制度民商合一的中国路径》，汪志刚的《生命科技时代民法中人的主体地位构造基础》，林来梵的《民法典编纂的宪法学透析》，于飞的《民法基本原则：理论反思与法典表达》，刘文杰的《信息网络传播行为的认定》，陈海嵩的《雾霾应急的中国实践与环境法理》，张卫平的《民法典与民事诉讼法的连接与统合——从民事诉讼法视角看民法典的编纂》，吴峻的《反不正当竞争法一般条款的司法适用模式》，汤洁茵的《税法续造与税收法定主义的实现机制》，李启成的《法律继受中的“制度器物化”批判——以近代中国司法制度设计思路为中心》。

(2)《环球法律评论》(双月刊)，主编刘作翔（第1期至第3期）、周汉华（第4期至第6期）。

2016年，《环球法律评论》共出版6期，共计161万字。该刊全年刊载的有代表性的文章有：苏洁澈的《后危机时代英美银行监管体系变革》，刘斌的《独立担保的商事法理构造——兼论民法典视野下的独立担保制度建构》，张陈果的《解读“三步检验法”与“合理使用”——〈著作权法（修订送审稿）〉第43条研究》，季奎明的《论金融理财产品法律规范的统一适用》，范为的《大数据时代个人信息保护的路径重构》，张忠民的《环境公益诉讼被告的局限及其克服》，常鹏翱的《物上之债的构造、价值和借鉴》，蔡曦蕾的《论毁誉犯罪的特殊对象——从死者和官员名誉保护视角的分析》，王华伟的《网络服务提供者的刑法责任比较研究》，胡彦涛的《风险刑法的理论错位》，陈璇的《正当防卫与比例原则——刑法条文合宪性解释的尝试》，孙皓的《论检察权配置的自缚性》，周翠的《德国司法的电子应用方式改革》，王启梁的《国家治理中的多元规范：资源与挑战》，张效羽的《互联网分享经济对行政法规制的挑战与应对》，刘金瑞的《我国网络关键基础设施立法的基本思路和制度建构》，洪延青的《“以管理为基础的规制”——对网络运营者安全保护义务的重构》，冯辉的《竞争中立：国企改革、贸易投资新规则与国家间制度竞争》，黄志雄的《国际法在网络空间的适用：秩序构建中的规则博弈》，李庆明的《境外仲裁机构在中国内地仲裁的法律问题研究》。

### （五）会议综述

## 2016《法治蓝皮书》《地方法治蓝皮书》《四川法治蓝皮书》发布暨中国法治发展与展望研讨会

2016 年 3 月 18 日，由中国社会科学院法学研究所、社会科学文献出版社联合主办的“2016 年《法治蓝皮书》《地方法治蓝皮书》《四川法治蓝皮书》发布暨中国法治发展与展望研讨会”在北京举行。

与会专家总结了 2015 年中国法治发展的现状和面临的挑战，分析了中国法治发展的热点和难点问题，展望了 2016 年中国法治发展趋势，并正式发布了《法治蓝皮书（2016）》《地方法治蓝皮书（2016）》《四川法治蓝皮书（2016）》。发布会由社会科学文献出版社社长谢寿光主持。

中国社会科学院学部委员、法学研究所所长、法治蓝皮书主编李林研究员发布了 2015 年中国法治发展状况与 2016 年形势预测。李林首先介绍了法治蓝皮书的最新特点，包括中央和地方实践相结合，理论和实践相结合，务虚和务实相结合，以及法界和媒体界紧密结合。他分析了 2015 年中国立法、法治政府、司法改革、反腐廉政法治、民商法治、社会法治等方面的进展，全面总结了 2015 年中国法治发展取得的成效。他认为，在“十三五”规划的大背景下，2016 年中国法治发展趋势包括四大方面：全面推进依法治国在多方面取得重大进展；为全面深化改革积极提供立法引领和法治保障；为全面建成小康社会提供良好法治环境；进一步推动国家和社会治理法治化、现代化。他还对 2016 年中国法治发展的七大领域作出了预测。

中共四川省委副秘书长、政法委常务副书记、四川省依法治省领导小组办公室主任杨天宗作了题为“四川 2015 依法治省进展与 2016 展望”的报告。

参加发布会的既有最高人民法院、最高人民检察院、交通运输部等中央机关的领导，也有北京市、上海市、浙江省、四川省等地方党委、人大、政府、司法机关的领导干部，涵盖了从中央到省、市、区、县各个层级。

（科研处）

## “法制改革与法治发展：比较的视角”国际研讨会——中国社会科学论坛（2016年·法治）

2016年11月4～5日，由中国社会科学院主办，中国社会科学院法学研究所承办的中国社会科学论坛（2016年·法治）在北京举行。论坛的主题是“法制改革与法治发展：比较的视角”。来自德国、俄罗斯、澳大利亚、意大利、加拿大、荷兰、芬兰、丹麦、波兰、匈牙利、韩国、日本、墨西哥、巴西、秘鲁15个国家的国际知名法学家以及来自中国法学会、最高人民法院、中国社会科学院、中国人民大学、中国政法大学、北京外国语大学、贵州民族大学、大连行政学院等研究机构和实务部门的70余位专家学者出席了论坛。

中国社会科学院法学研究所副所长莫纪宏研究员主持论坛开幕式。中国法学会党组成员兼副会长、学术委员会主任张文显教授，秘鲁宪法法院前院长、秘鲁天主教大学法学院塞萨尔·兰达教授，赫尔辛基大学法学院中国法与中国法律文化研究中心主任乌拉·柳库恩教授、中国社会科学院学部委员、法学研究所所长李林研究员先后致辞。

在大会主旨发言环节，全国人大代表、中国社会科学院法学研究所研究员孙宪忠从民法体系和民事立法、民法典的基本内容、民法典编纂的现实问题三个方面介绍了中国民法典编纂的情况。塞萨尔·兰达教授对拉丁美洲国家间的人权法院的法律渊源，以及国内法和国际法的关系进行了探讨。中国政法大学终身教授应松年回顾了中国行政法制度产生发展的历程以及在一些重要行政法制度建立过程中产生的争议性问题，展望了中国行政法的发展前景，表达了对2020年基本建成法治政府目标的热切期望。墨西哥国立自治大学教授安都乐·欧罗佩萨·加西亚，从比较的角度探讨了中国和墨西哥法治发展的共性与各自特点。德国明斯特大学教授亨茨·斯图梅尔提出，随着中国的发展，中国所面临的问题或挑战也会越来越多，西方发达国家在法治进程中面临的挑战也会与中国有更多的共性。

第二单元的主题是“法治模式与法治文化”。第三单元的主题是“法制改革与法治发展”。第四单元的主题是“法治传统与法治变迁”。第五单元的主题是“法制改革与法治展望”。

会上，与会者分享了由来自不同文化、不同法律制度的10余个国家的专家学者对法治发展的经验和看法，这些将对有关中国的法制改革与法治发展产生重要的推动作用。

（科研处）

# 国际法研究所

## （一）人员、机构等基本情况

### 1. 人员

截至 2016 年年底，国际法研究所共有在职人员 32 人。其中，正高级职称人员 7 人，副高级职称人员 9 人，中级职称人员 14 人；高、中级职称人员占全体在职人员总数的 94%。

### 2. 机构

国际法研究所设有：国际公法研究室、国际私法研究室、国际经济法研究室、国际人权法研究室、科研与外事管理处、《国际法研究》编辑部、人事处、办公室和图书馆与法学研究所合署办公。

### 3. 科研中心

国际法研究所所属科研中心有：国际刑法研究中心、海洋法与海洋事务研究中心、竞争法研究中心。

## （二）科研工作

### 1. 科研成果统计

2016 年，国际法研究所共完成专著 4 种，104.3 万字；教材 3 种，91.6 万字；论文 56 篇，78.9 万字；一般文章 9 篇，5.43 万字；译文 5 篇，10.2 万字；研究报告 5 篇，5.4 万字；立法意见 14 份，3.5 万字。

### 2. 科研课题

（1）新立项课题。2016 年，国际法研究所共有新立项课题 12 项。其中，国情调研课题 1 项："泸水县经济社会发展中的法律问题"（黄晋主持）；横向课题 11 项："互联网信息服务外商投资的管理措施与制度安排"（黄晋主持），"《残疾人权利公约》国际履约情况及对我国的启示"（柳华文主持），"北京城乡一体化居民医疗保障制度研究"（李西霞主持），"海洋基本法应如何规定涉海条约的国内适用以及群岛海域适用等问题"（戴瑞君主持），"国际司法实践中当事方诉求变更的研究——以菲律宾南海仲裁案为例"（何田田主持），"历史性权利在专属经济区划界中的地位和作用"（张卫华主持），"中国在国际海洋秩序建设中的角色定位"（罗欢欣主持），"联合国海洋法公约：中国的海洋权利、义务与责任"（赵建文主持），"中国应对 WTO 网络安全争端法律问题研究"（孙南翔主持），"互联网规制的国际贸易法律问题研究"（孙南翔主持），"多边贸易体制下的数据跨境流动规则研究"（孙南翔主持）。

（2）结项课题。2016 年，国际法研究所共有结项课题 12 项。其中，长城学者资助课题 1 项："中国《涉外民事关系法律适用法》及其实施"（沈涓主持）；青年学者资助课题 1 项："联合国人权保护机制与中国"（戴瑞君主持）；交办、委托课题 4 项："人权领域的国际合作与中国视角”（陈泽宪主持），“中意经社会权利合作”（柳华文主持），“海洋划界与渔业关系”（王翰灵主持），“日本就中日东海争议提起国际司法裁决可能性及我对策”（王翰灵主持）；国情调研课题2项：“关于中国（上海）自由贸易试验区推进情况调研”（廖凡主持），“泸水县工业园区发展的法律问题”（黄晋主持）；横向课题4项：“海洋基本法应如何规定涉海条约的国内适用以及群岛海域适用等问题”（戴瑞君主持），“互联网信息服务外商投资的管理措施与制度安排”（黄晋主持），“《残疾人权利公约》国际履约情况及对我国的启示”（柳华文主持），“北京城乡一体化居民医疗保障制度研究”（李西霞主持）。

（3）延续在研课题。2016年，国际法研究所共有延续在研课题，即国家社科基金课题5项：“社区公民参与机制及其法治保障研究”（刘小妹主持），“中国接受国际人权条约个人申诉机制的挑战与机遇”（赵建文主持），“国际人权民事诉讼中的国家豁免”（李庆明主持），“海外利益法律保护的中国模式研究”（刘敬东主持），“国际条约在中国法律体系中的地位分析与制度设计研究”（戴瑞君主持）。

**3. 获奖优秀科研成果**

2016年，国际法研究所获“第九届（2016年）中国社会科学院优秀科研成果奖”论文类三等奖1项：沈涓的论文《法官裁量对结果选择的实现之认识》。

## （三）学术交流活动

**1. 学术活动**

（1）2016年10月22～23日，由国际法研究所主办的“人权领域的国际合作与中国视角”国际研讨会在北京举行。来自中国社会科学院、北京大学、中国人民大学、复旦大学、香港中文大学、英国密德萨斯大学、荷兰乌特勒支大学、意大利罗马第三大学、意大利泰拉莫大学、南非大学，意大利国家研究委员会、荷兰社会研究院、瑞典隆德大学罗尔瓦伦堡人权与人道法研究所等国内外高校和研究机构的50余位专家学者参加了研讨会。

2016年10月，“人权领域的国际合作与中国视角”国际研讨会在北京召开。

（2）2016 年 11 月 19 日，由国际法研究所国际刑法研究中心主办的“反恐、反腐与反洗钱：国际刑法的功能与角色”学术研讨会在北京举行。来自中国社会科学院国际法研究所、中国社会科学院法学研究所、中国人民大学、北京师范大学、北京外国语大学、中国青年政治学院、最高人民检察院、《三联周刊》的专家学者、记者等近 50 人参加了会议。

（3）2016 年 12 月 10 ～ 11 日，由中国社会科学院主办，国际法研究所承办的中国社科论坛暨第十三届国际法论坛“和平发展与国际法治”国际研讨会在北京举行。来自中国、美国、瑞典、意大利、加拿大、澳大利亚、新加坡等国家的 70 余位专家学者参加了会议。

**2. 国际学术交流与合作**

2016 年，国际法研究所共有 31 人次先后赴美国、法国、加拿大、澳大利亚、意大利、瑞士、瑞典、丹麦、日本、韩国等国家进行学术访问和交流。

（1）2016 年 1 月 20 日，国际法研究所研究员廖凡在所内会见了新加坡驻华使馆一等秘书邱俊育，就“一带一路”战略实施过程中的多元利益协调及中国企业潜在面临的投资争端解决途径和机制问题深入交换了意见。

（2）2016 年 2 月 29 日，国际法研究所所长陈泽宪研究员等出访丹麦，出席了丹麦国家人权研究所组织的“性别主流化”议题的国际会议，并与丹麦人权研究所学者、中国驻丹麦王国大使馆代表、丹麦的最高检察院官员分别举行了会谈。

（3）2016 年 7 月 10 日，国际法研究所研究员廖凡赴日本广岛参加第十一届东南亚及东北亚国际人道法高级研讨班。

（4）2016 年 9 月 5 日，国际法研究所所长陈泽宪研究员等对英国皇家国际事务研究所进行访问。

（5）2016 年 11 月 12 日，意大利马切拉塔大学法学院副教授 Andrea Caligiuri 来国际法研究所进行学术访问，并进行了相关学术讲座与研讨。

（6）2016 年 11 月 27 日至 12 月 1 日，国际法研究所所长陈泽宪研究员等赴罗马参加了意大利国家研究委员会举办的“《经济、社会和文化权利国际公约》与千年发展目标在中国和意大利的实施”研讨会。

（7）2016 年 12 月 9 日，国际法研究所所长陈泽宪研究员、院学部委员刘海年研究员等会见了来访的德国艾伯特基金会代表团。

## （四）学术期刊

《国际法研究》（双月刊），主编陈泽宪。

2016 年，《国际法研究》共出版 6 期，共计 123 万字。该刊全年刊载的有代表性的文章有：贺荣的《论中国司法参与国际经济规则的制定》，单文华、王鹏、王晗的《“一带一路”建设背景下中国加入〈能源宪章条约〉的成本收益分析》，陈喜峰的《争端的构成和本质：

“南海仲裁案”第1项诉求及其管辖权裁决评析》，包毅楠的《南海仲裁案中有关低潮高地问题的评析》，朱文奇的《东京审判与追究日本军政要人刑事责任》，戴瑞君的《认真对待国际法——基于对亚洲各国宪法文本的考察》，柳华文的《中国特色社会主义人权观——结合习近平致“2015·北京人权论坛”贺信的解读》，胡健生、黄志雄的《打击网络犯罪国际法机制的困境与前景——以欧洲委员会〈网络犯罪公约〉为视角》，沈涓的《再论海牙〈民商事管辖权和外国判决的承认与执行公约〉草案及中国的考量》。

## （五）会议综述

### “人权领域的国际合作与中国视角”国际研讨会

2016年10月22～23日，由中国社会科学院国际法研究所主办的“人权领域的国际合作与中国视角”国际研讨会在北京举行。来自中国社会科学院、北京大学、中国人民大学、复旦大学、南开大学、吉林大学、山东大学、中国政法大学、广州大学、华东理工大学、中南大学、香港中文大学、英国密德萨斯大学、荷兰乌特勒支大学、意大利罗马第三大学、意大利泰拉莫大学、南非大学，意大利国家研究委员会、荷兰社会研究院、瑞典隆德大学罗尔瓦伦堡人权与人道法研究所等国内外高校和研究机构的50余位专家学者参加了研讨会。

中国社会科学院国际法研究所所长陈泽宪研究员主持开幕式并致辞。中国社会科学院人权研究中心名誉主任、院荣誉学部委员刘海年研究员、英国密德萨斯大学教授威廉姆夏巴斯和瑞典隆德大学罗尔瓦伦堡人权与人道法研究所所长莫顿卡亚鲁姆教授分别作了开幕式致辞。

刘海年指出，近年来中国在人权领域取得了巨大的成就，是国际人权事业的推动者，也是人权国际合作的积极参加者。他认为，在人权交流与合作的过程中，将人权固有的内在因素与各民族文化有机结合具有重要的意义。中国文化和中国儒家的“仁和”的思想观念对《世界人权宣言》贡献已经载入了史册。当前，中国的人权理论以马克思主义为指导，立足于中国实际，并继承了中国的优秀传统文化，吸纳人类进程中的文明成果，为中国人权建设和人权对外交流服务。刘海年强调，实现人类生存与发展、和平以及享有充分人权是社会进步和人类文明发展的表现，应当以国际合作为基础来建设和谐世界，打造人类命运共同体。

夏巴斯强调，中国对国际人权发展作出了非常重要的贡献，不仅表现在中国儒家思想对《世界人权宣言》的影响，也反映在中国文化和哲学与人权理论发展的关联性方面。他相信，中国将进一步为国际人权事业的发展与人权保障发挥重要的作用。

卡亚鲁姆指出，当前国际社会共同面临一些全球化趋势，凸显了保障人的权利与尊严的积极意义。对此，中国发布国家人权行动计划、建立人权教育中心等行动均表明，中国正在以积极的姿态促进与保障人权，推进人权事业的进步。他还强调，要通过各国在人权领域的共同经验来建设更少冲突与紧张情势的、更加安全的国际社会。

与会专家学者围绕“人权领域的国际合作和中国视角”这一主题，在“人权观与人权事业”“联合国的人权机制”“国际条约及其实施机制”“发展与人权”“妇女、儿童、老年人与人权”以及“社会治理与人权”六个单元，从不同的视角与维度提出了诸多新的观点与建议。

研讨会闭幕式由中国社会科学院国际法研究所所长助理、院人权研究中心执行主任柳华文研究员主持，荷兰乌特勒支大学教授汤姆茨瓦特和国际法研究所所长陈泽宪研究员先后致辞。

（科研处）

## “反恐、反腐与反洗钱：国际刑法的功能与角色”学术研讨会

2016 年 11 月 19 日，由中国社会科学院国际法研究所国际刑法研究中心主办的“反恐、反腐与反洗钱：国际刑法的功能与角色”学术研讨会在北京举行。来自中国社会科学院国际法研究所、中国社会科学院法学研究所、中国人民大学、北京师范大学、北京外国语大学、中国青年政治学院、最高人民检察院、《三联周刊》的专家学者等近 50 人参加了会议。

开幕式由中国社会科学院国际法研究所国际刑法研究中心主任樊文主持。中国刑法学会常务副会长、国际刑法学协会中国分会副主席、中国社会科学院国际法研究所所长陈泽宪研究员作主旨发言。陈泽宪指出，当代世界恐怖犯罪、腐败犯罪、洗钱犯罪已对国际法治和国家安全构成全球性的严峻挑战，国际刑法作为集刑事实体法、程序法、司法组织法、国际刑事司法协助法于一体的综合性法律体系，在反恐、反腐、反洗钱的复杂斗争中具有独特功能和重要作用。国家反恐、反腐、反洗钱的刑事法律和相关法律制度的改革应与国际反恐、反腐、反洗钱公约的发展及其运用密切互动衔接，进一步推进各国在反恐、反腐、反洗钱领域的有效合作与交流借鉴。国际刑法在对反恐、反腐、反洗钱等涉及跨国因素的犯罪行为进行惩治的过程中，会面临有效性、法治原则、人权保障之间的平衡关系，三者不可偏废，方能收到长治久安之效。

在研讨会第一单元的研讨中，北京师范大学刑事科学研究院教授黄风指出，我国在追逃追赃中应加强国际刑事司法合作，要善于研究和利用国际法规则以及被请求国的相关法律制度，制定切合实际的策略并采用合法有效的运作手段，克服追逃工作中的单边主义倾向。中国社会科学院法学研究所研究员熊秋红在发言中列举了在惩治恐怖主义犯罪的刑事诉讼程序中面临的突出问题，并对国际公约上紧急状态下公民权利的克减问题进行了探讨。

在研讨会第二单元的研讨中，北京外国语大学法学院教授王文华介绍了我国反洗钱法律体系的建立过程，指出为了有效打击跨国洗钱犯罪，提高反洗钱刑事法律的适用性，我国刑事立法、司法、执法都需要采取多项措施，进一步完善并加强与外国的反洗钱合作。中国社会科学院国际法研究所研究员赵建文在发言中阐释了联合国安理会第 1624 号决议关于防止和惩治煽动实施恐怖行为的罪行与人权保护的关系。中国人民大学法学院副教授魏晓娜阐述了我国

《反恐怖主义法》在我国刑事法律体系中的效力地位，探讨了恐怖组织与恐怖主义嫌犯的认定问题，并进一步指出惩治恐怖主义犯罪中的正当程序问题应该得到深入研究。

在研讨会第三单元的研讨中，北京师范大学刑事科学研究院讲师赵晨光在发言中对德国非定罪资产没收制度进行了评介，并阐述了德国非定罪资产没收对我国的借鉴意义。中国社会科学院法学研究所博士后赵心在发言中对黎巴嫩法庭作为第一个国际刑事法庭在审判恐怖主义罪行中的司法实践进行了介绍，指出黎巴嫩法庭的司法实践对于恐怖主义罪行界定与刑事责任模式方面有重要理论与实践价值。

（科研处）

## 中国社会科学论坛暨第十三届国际法论坛“和平发展与国际法治”研讨会

2016年12月10～11日，由中国社会科学院主办、中国社会科学院国际法研究所承办、最高人民法院“一带一路”司法研究基地协办的中国社会科学论坛暨第十三届国际法论坛“和平发展与国际法治”研讨会在北京举行。来自外交部、最高人民法院、中国社会科学院、北京大学、清华大学、中国人民大学、中国政法大学、对外经济贸易大学、外交学院、国际关系学院、国务院发展研究中心、吉林大学、中山大学、山东大学、浙江大学、浙江工商大学、大连海事大学、西北政法大学、上海社会科学院、上海国际问题研究院、美国哈佛大学、澳大利亚悉尼大学、瑞典斯德哥尔摩大学、法国佩皮尼昂大学、新加坡管理大学、加拿大国际法理事会等国内外高校、研究机构和实务部门的70余位专家学者参加了此次论坛。

中国社会科学院国际法研究所所长陈泽宪研究员主持论坛开幕式。中国社会科学院副院长、学部委员李培林研究员在致辞中强调，应随着时代发展不断完善国际法体系；国际规则的创制需要广泛的国际参与，特别是广大发展中国家的参与；国际法与国内法有着密不可分的联系，国际法的诸多原则来源于国内法，而国际法的发展又反过来影响国内法；应该共同推动国际关系法治化，在国际关系中遵守国际法和公认的国际关系基本原则，用统一适用的规则来明是非、促和平、谋发展。中国外交部条约法律司司长徐宏作了题为“中国外交法律工作在推进国际法治领域的实践与进展”的主旨发言，指出中国在迎来国际法发展历史机遇的同时，在运用国际法维护和拓展国家利益、提升国际规则影响力等方面也面临着新的挑战和任务。他呼吁国际法实务界和学术界密切合作，抓住机遇，迎接挑战，提高运用和发展国际法规则的能力，在法律外交领域传递中国声音，增强中国的国际法软实力。

外交学院国际法系教授江国青作了题为“和平解决国际争端与中国的实践”的发言，指出国际争端解决方法经历了一个由强制方法向和平方法的转变过程，和平解决国际争端是联合国的宗旨和国际法基本原则；中国一贯奉行和平外交政策，主张和平解决国际争端，并为此作出了很大贡献。澳大利亚悉尼大学法学院教授戴维·金利作了题为“关于我们人权侧重点的解释”的主旨发言，指出虽然人权具有普遍性，但必须在一个充满活力和不断演变的国际规则制定进程的背景下来予以考虑，应同时考虑到国家和区域特点以及各种历史、文化和宗教背景的重要性。台湾东海大学法律学院教授林恩玮作了题为“台湾国际私法学研究之新发展”的主旨发言，介绍了近10年来台湾国际私法学研究的发展进程和取得的成果。中国社会科学院国际法研究所国际经济法研究室主任、最高人民法院民四庭副庭长刘敬东研究员作了题为“‘一带一路’法治化体系构建研究”的主旨发言，指出“一带一路”法治化体系的构建应遵循平等互利、规则导向和可持续发展的基本原则，着眼于国际法与国内法的互动协调。

研讨会第一单元围绕“‘一带一路’”进行。中国社会科学院荣誉学部委员、国际法研究所刘楠来研究员担任主持人，对外经济贸易大学法学院薛源教授担任评议人。清华大学法学院教授车丕照作了题为“一带一路建设将推动国际经济体制的创新”的发言，指出，“一带一路”建设有可能在平衡经济与社会及其他发展目标、平衡市场与政府的作用与平衡法律规则和非规则机制的作用方面开拓出新的途径，推动国际经济体制向更加合理的方向发展。清华大学法学院教授傅廷中作了题为“‘一带一路’视野内的国际海运立法”的发言，指出目前国际海运立法呈现从效益型向公平型转变、私法公法化、以公法影响私法、法的适用范围扩展、将买卖合同与运输合同置于一个整体框架之中等特点。中国政法大学国际法学院教授杜新丽作了题为“‘一带一路’战略下平衡保护投资者与东道国权益的法律思考”的发言，认为传统的投资争端解决与投资条约文本的核心宗旨在于强调保护投资者单方面利益，而在一定程度上牺牲了东道国社会公共利益；在投资仲裁中平衡保护东道国与投资者权益是为“一带一路”战略保驾护航的前提。瑞典斯德哥尔摩大学法学院教授斯迪克·塞亚德作了题为“英国‘脱欧’在欧盟内部和外部的法律及经济影响”的发言，指出短期来看英国“脱欧”使人民币汇率以及中国在英投资受到较大冲击，但长期来看不会影响中英和中欧的战略合作关系向前推进。哈佛大学法学院副教授伍人英作了题为“全球贸易时代的终结”的发言，指出中美两国均受其各自政治经济情形制约，需要更强有力的政府行动来重建对贸易协定的更广泛的公共支持。

第二单元由国际法研究所研究员赵建文主持，中山大学法学院院长黄瑶教授点评。吉林大学法学院何志鹏教授作了题为“国际关系中的相对自然法”的发言，阐述了自然法在国际关系和国际法中的重要地位与作用。浙江工商大学法学院教授古祖雪作了题为“国家人权义务的国际法阶梯”的发言，他围绕着国家人权义务的内容、法理基础、履行等问题进行了阐述。中国社会科学院国际法研究所研究员孙世彦作了题为“国际人权两公约中文本问题”的发言，指出在广为使用的中文本中存在着诸多错误，并提出了相应的解决方案。中国社会科学院国际法研究所所长助理柳华文研究员作了题为“中国残疾人权利保障道路的基本特点”的发言，认为中国特色残疾人权利保障道路的基本特点生动诠释了中国切实保障发展权的实践。国际关系学院副校长吴慧教授作了题为“国际海底区域资源勘探开发的主体研究”的发言，分析了单一开发制、国际注册制与国际执照制和平行开发制，指出发展深海关联企业、发展高新技术是突破我国资源瓶颈的机遇。

第三单元由北京大学法学院教授张潇剑主持，西北政法大学国际法学院教授孙尚鸿点评。中国社会科学院国际法研究所国际私法研究室主任沈涓研究员作了题为“再论海牙《民商事管辖权和外国判决承认与执行公约（草案）》及中国的考量”的发言，指出在拒绝承认和执行外国判决的理由方面，公约草案有必要重视并修正审查管辖权正当性与判决终局性和可执行力的依据不一致这一问题。中国政法大学国际法学院教授宋连斌作了题为“论违反一裁终局原则之仲裁协议的效力”的发言，阐述了作为商事仲裁制度基本原则的一裁终局原则的解释和适用问题。山东大学法学院教授许庆坤作了题为“我国合同冲突法中特征性履行原则之检讨”的发言，对特征履行原则的适用进行了具体分析。美国谢尔曼·斯特灵律师事务所易杰明作了题为“国际仲裁中的平行程序”的发言，对国际投资仲裁中平行程序产生的原因进行了分析，并提出了对策建议。

第四单元研讨由清华大学法学院教授傅廷中主持，中国社会科学院海洋法与海洋事务研究中心主任、国际法研究所副研究员王翰灵点评。上海社会科学院法学研究所研究员金永明作了题为“海洋开发利用制度：以海域权利及航行自由原则为中心”的发言，指出确保我国海洋开发战略顺利实施的关键是完善海洋资源开发法律制度。中国社会科学院国际法研究所研究员赵建文作了题为“菲律宾南海仲裁案裁决的后续影响”的发言，指出一个没有管辖权的仲裁庭的“裁决”，不仅不能给本地区的和平稳定带来积极影响，反而平添很多复杂因素，无助于南海地区的和平稳定。大连海事大学法学院院长初北平教授作了题为“‘人文海洋’背景下南海岛礁扩建的海事司法问题”的发言，认为应当通过海事司法对岛屿周边海域发生的各类行为进行管辖，保证国家司法主权在这一区域不至于“缺位”。

第五单元由外交学院国际法系主任许军珂教授主持，国务院发展研究中心研究员许宏强点评。新加坡管理大学法学院副教授高树超作了题为“TPP 中的电子贸易规制：从贸易规制到电子规制”的发言，认为从 WTO 到 TPP 的电子商务监管规则的演变中可以总结出关于如何塑造规则以及未来如何发展的重要经验。中国社会科学院国际法研究所研究员廖凡作了题为“投资者—国家争端解决机制的新发展：以 TPP 投资章节为视角”的发言，探讨了 TPP 投资章节所反映出来的投资者—国家争端解决机制的晚近发展与趋势。中国社会科学院国际法研究所国际公法研究室主任研究员蒋小红作了题为“中国的市场经济地位和欧盟关于‘非市场经济待遇’的最新立法”的发言，他指出中国市场经济地位问题在很大程度上已经成为欧盟的谈判砝码以及要求中国做出其他方面让步的工具。对外经济贸易大学法学院教授薛源作了题为“自贸试验区下区域争议解决中心的构建”的发言，就自贸试验区如何实现其打造区域仲裁中心这一目标提出了具体的措施和步骤。

第六单元由国际法研究所研究员朱晓青主持，吉林大学法学院教授何志鹏点评。浙江大学光华法学院教授赵骏作了题为“‘一带一路’倡议中的国际法问题”的发言，他认为包括区域治理机制在内的全球治理机制面临挑战，共建“一带一路”则是推动协同治理进程的重要途径。国际法研究所副研究员李赞作了题为“习近平建设人类命运共同体思想的国际法之维”的发言，认为国际法应更加重视人的内心和平的建设，从而实现世界的永久和平。上海国际问题研究院副研究员程保志作了题为“从政策塑造到规范生成：北极地区治理20年论纲”的发言，他指出北极理事会的正规化、法律化不断加速，正逐渐从一个政策塑造型的政府间高级论坛转变为政治决策型的组织机构。

闭幕式由国际法研究所所长助理柳华文研究员主持，清华大学法学院教授车丕照、法国佩皮尼昂大学教授弗朗索瓦·佛飞、国际法研究所所长陈泽宪研究员先后致辞。

（科研处）

# 政治学研究所

## （一）人员、机构等基本情况

### 1. 人员

截至2016年年底，政治学研究所共有在职人员40人。其中，正高级职称人员11人，副高级职称人员11人，中级职称人员12人；高、中级职称人员占全体在职人员总数的85%。

### 2. 机构

政治学研究所设有：马克思主义政治学研究室、政治学理论研究室、政治制度研究室、行政管理学研究室、比较政治研究室、政治文化研究室、信息资料室、《政治学研究》编辑部、党委办公室、老干部工作室、科研处、综合办公室。

### 3. 科研中心

政治学研究所所属科研中心有：马克思主义政治学研究中心。

## （二）科研工作

### 1. 科研成果统计

2016年，政治学研究所共完成专著2种74.8万字；论文90篇91.09万字；研究报告1种43.7万字；论文集1种37.2万字；皮书1种43.7万字；理论文章15篇2.4万字。

### 2. 科研课题

（1）新立项课题。2016年，政治学研究所共有新立项课题，即院马克思主义理论研究和建设工程课题2项：“新世纪以来中国特色社会主义政治学话语研究”（陈承新主持），“韩国的民主转型及对我国政治发展的启示”（陈海莹主持）。

（2）延续在研课题。2016年，政治学研究所共有延续在研课题18项。其中，国家社会科学基金课题 4 项："加强社会主义民主政治建设研究"（房宁主持），"社会主义民主政治理论研究"（王一程主持），"中国化马克思主义政治学理论研究"（杨海蛟主持），"新世纪以来我国政治思潮的演进及社会影响研究"（王炳权主持）；院"马克思主义理论研究和建设工程"课题 2 项："马克思主义政治学研究（文丛系列）"（房宁、杨海蛟主持），"中国干部治理体系研究"（田改伟主持）；院重大课题 3 项："中国地方政府职能建设的区域差异研究"（陈红太主持），"中国特色社会主义民主政治研究"（房宁主持），"科学发展观视野下的乡村治理研究"（赵秀玲主持）；院重点课题 1 项："完善和创新地方人大制度研究"（冯钺主持）；院国情调研重点课题 6 项："党的科学、民主、依法行政创新案例调研"（陈红太主持），"城市化进程中的社会治理"（陈承新主持），"全面推进党的建设新的伟大工程调研"（房宁主持），"社会转型腐败与反腐败的政治学研究"（张云鹏主持），"云南省开远市城乡统筹发展状况与政府职能研究"（贠杰主持），"试析人大代表在社会治理中的作用"（韩旭主持）；交办委托课题 2 项："划清中国特色社会主义民主与西方资本"（房宁、周少来主持），"香港立法选举制度变革研究"（史卫民主持）。

## （三）学术交流活动

**1. 学术活动**

2016 年，政治学研究所主办和承办的学术会议如下。

（1）2016 年 8 月 29 日，由政治学研究所主办的"国家治理体系和治理能力现代化的重点与难点"学术研讨会在北京举行。会议的主要议题是"以习近平同志为总书记的党中央关于国家治理体系和治理能力现代化的新战略""国家治理体系和治理能力现代化的新实践""国家治理体系和治理能力现代化的重点""国家治理体系和治理能力现代化的难点"。

（2）2016 年 9 月 1 日，由政治学研究所主办的"群团组织改革研究"学术研讨会在北京举行。会议的主要议题是"群团组织改革的历史及现实意义""群团组织改革试点经验与评估""现阶段我国群团组织改革的难点和对策"。

（3）2016 年 9 月 20 ~ 21 日，由政治学研究所主办的"党的十八大以来我国社会主义民主政治建设的新探索——以习近平为总书记的党中央治国理政新思想新实践"学术研讨会在北京举行。会议的主题为"党的十八大以来我国社会主义民主政治建设方面理论和实践的新发展"。会议的主要议题有"以习近平同志为总书记的党中央关于坚持中国特色社会主义政治发展道路的新思想""以习近平同志为总书记的党中央关于国家治理体系现代化的新战略""以习近平同志为总书记的党中央关于发展协商民主的新思想和新实践""以习近平同志为总书记的党中央关于人民代表大会制度建设的新思想和新实践""以习近平同志为总书记的党中央关于多党合作和政治协商制度的新思想和新实践""以习近平同志为总书记的党中央关于发展基层民主的新思想和新实践""以习近平同志为总书记的党中央关于行政体制改革的新思想和新实践”等。

(4) 2016年10月22～23日，由政治学研究所主办的“马克思主义政治学论坛（2016）”在北京召开。会议的主要议题有“马克思主义政治学的基本原理与方法论”“习近平5·17讲话对马克思主义政治学发展的指导意义”“马克思主义政治学与‘四个全面’战略布局”“马克思主义政治学与中国政治发展”。

(5) 2016年10月23日，由政治学研究所《政治学研究》编辑部与天津师范大学政治与行政学院共同举办的“党的十八大以来政治发展与政治学研究”学术研讨会暨2016《政治学研究》作者座谈会在天津召开。会议研讨的主要议题有“研讨党的十八大以来的政治发展实践与政治学研究的情况”“对《政治学研究》办刊的建议”等。

(6) 2016年11月12～13日，由政治学研究所主办的“第三届中国地方政府治理与社会治理学术研讨会”在北京召开。会议的主题为“地方政府治理与社会治理”。会议研讨的主要议题为“基层社会治理、政府治理转型”“民主与选举”“社会自治与社会组织发展”“乡村研究理论与方法”“政府治理与社会治理创新”等。

(7) 2016年11月28～30日，由政治学研究所主办的“第一届中国民主发展论坛”在北京举行。会议的主题为“中国民主创新与地方治理”。会议研讨的主要议题有“人大民主创新与地方治理”“协商民主创新与地方治理”“社会组织发展与地方多元治理”“新型城镇化与地方治理”“中国民主理论的创新与发展”“民主创新与地方治理的国际比较”等。

**2. 国际学术交流与合作**

2016年，政治学研究所共派遣出访4批8人次，接待来访5批9人次（其中，中国社会科学院邀请来访3批3人次）。与政治学研究所开展学术交流的国家有：美国、俄罗斯、法国、英国、日本、新加坡、亚美尼亚。

(1) 2016年7月12日，政治学研究所全体人员、马克思主义研究院研究员谭晓军、余斌等接待了前来访问的日本一桥大学社会学部教授渡边雅男、一桥大学特别研究员李晓魁等一行。渡边雅男教授作了题为“福利国家的危机：战后资本主义的梦与现实”的主题发言。随后，双方就阶级分化与联合、工人运动和马克思主义方法论的应用等相关问题交换了看法。

(2) 2016年7月19日，政治学研究所所长房宁研究员等会见法国驻华使馆政治处参赞福可瓦。双方就民族主义议题展开交流。

(3) 2016年9月9日，政治学研究所所长房宁研究员等会见俄罗斯国家学和地方自治研究所所长Igor Grankin、国家学和地方自治研究所处长Elena Zabelina、俄罗斯联邦驻华大使馆参赞Rinchen Rakshaev和Sergey Kramintsev及翻译一行。双方就中国的基层自治制度和民族区域自治制度、俄罗斯处理民族关系和民族矛盾的做法以及成功经验等问题进行了学术交流。

(4) 2016年12月12日，政治学研究所全体人员、人大重阳金融研究院科研人员代表、中国社会科学出版社代表、多维传媒公司和投联网人员、政治学研究所和中央党校的研究生等接待了来自美国克莱姆森大学中国中心主任胡晓波教授。双方就2016年美国大选、美国选举制度、美国社会结构等问题展开讨论。

**3. 与中国香港、澳门特别行政区和中国台湾开展的学术交流**

2016年，政治学研究所共派遣出访2批4人次，接待来访1批3人次。

（1）2016年2月2～5日，政治学研究所所长房宁研究员一行受香港特区政府中央政策组的邀请赴香港调研。

（2）2016年8月31日至9月6日，政治学研究所研究员史卫民等受香港特区政府中央政策组的邀请赴香港，就香港立法会选举制度问题开展调研。

（3）2016年12月16日，政治学研究所所长房宁研究员等与淡江大学国际事务与战略研究所所长李大中、中华战略暨兵棋研究协会研究员王信力等就台湾民主政治以及本次政党轮替的原因、选民态度和结构、网络新媒体对选举的影响、特朗普上台后两岸关系的走向等问题进行了讨论和交流。

## （四）学术社团、期刊

**1. 社团**

（1）中国政治学会，会长李慎明。

（2）中国政策科学研究会，会长滕文生。

（3）中国红色文化研究会，会长刘润为。

**2. 期刊**

《政治学研究》（双月刊），主编房宁。

2016年，《政治学研究》共出版6期，共计122.88万字。该刊全年刊载的有代表性的文章有：房宁的《谈谈当代中国政治学方法论问题》，马德普的《论协商民主对代议民主的超越》，王浦劬、李锋的《试析公务员对于公民政治参与的态度——基于六个地级市问卷结果的结构方程模型研究》，杨光斌的《合法性概念的滥用与重述》，马雪松、张贤明的《政治制度变迁方式的规范分析与现实思考》，王红艳的《社会组织腐败治理机制变迁与发展》，林尚立的《论以人民为本位的民主及其在中国的实践》，肖滨、方木欢的《寻求村民自治中的“三元统一”——基于广东省村民自治新形式的分析》，王传利的《论系统性治理腐败方略的原则与内涵》，桑玉成、周光辉的《从政治学博士论文看我国政治学研究之取向》，金太军、张振波的《公关政治：当代西方政治生活的形态呈现》，周庆智的《基层社会自治与社会治理现代转型》，李良栋的《论民主的内涵与外延》，周平的《中华民族：一体化还是多元化？》，彭才栋的《以消灭阶级为基础的政治形势——正确理解巴黎公社政治体制的意义》，吴江、张小劲的《极端宗教意识形态研究——以〈达比克〉为对象的分析》，包心鉴的《人民民主：治国理政的核心政治价值指向》，佟德志的《中国国家治理的复合体系与合力效应》，肖唐镖、易申波的《当代我国大陆公民政治参与的变迁与类型学特点——基于2002与2011年两波全国抽样调查的分析》，郑建君的《个体与区域变量对公民选举参与的影响——基于8506份中国公民有效数据的分析》，王浦劬的《中央与地方事权划分的国别经验及其启示——基于六个国家经验的分析》。

## （五）会议综述

### 党的十八大以来我国社会主义民主政治建设的新探索
### ——以习近平为总书记的党中央治国理政新思想新实践学术研讨会

2016年9月20～21日，由中国社会科学院政治学研究所主办的“十八大以来我国社会主义民主政治建设的新探索——以习近平为总书记的党中央治国理政新思想新实践学术研讨会”在北京召开。会议主要分为六个单元展开讨论：十八大以来社会主义协商民主的新发展；十八大以来民族地区治理的新发展；十八大以来基层治理的新发展（一）；十八大以来基层治理的新发展（二）；十八大以来其他重点改革领域的新发展；治国理政面临的难点问题。

全国政协委员、中央统战部原副秘书长张献生的发言主题是“社会主义协商民主：中国共产党治国理政的新理念新方式”。他提出，社会主义协商民主是党的十八大确立的一个重要政治命题，作为中国社会主义民主政治的特有形式和独特优势，作为中国共产党的群众路线在政治领域的重要体现，既是我国政治体制改革的重要内容和方向，也是中国共产党治国理政的新理念和新方式。

首先，社会主义协商民主坚持人民主体，明确了治国理政的依靠力量。推进国家治理体系和治理能力现代化，必须紧紧依靠人民，坚持和实现人民当家作主。社会主义协商民主的性质是人民主权，以保证人民当家作主为根本；根本要求是依靠人民治国理政、管理社会；目的是维护和实现人民利益。建设社会主义协商民主，能够确保人民是治国理政的主体，是治国理政的依靠，是治国理政的出发点、着力点和落脚点。

其次，社会主义协商民主坚持全程政治参与，奠定了治国理政的民主基础。推进国家治理体系和治理能力现代化，必须发扬社会主义民主，坚持社会公众的广泛参与，形成人民群众参与各层次管理和治理的机制。社会主义协商民主广泛多层制度化发展，把保证和支持人民当家作主落实到国家政治生活和社会生活之中，特别是协商民主作为选举以外的制度和方式让人民参与国家生活和社会生活的管理，形成了一种完整的参与实践，实现了人民群众政治参与的全程参与和实质参与，从而使治国理政建立在保证人民依法有效行使管理国家事务、管理经济和文化事业、管理社会事务的权力的坚实基础上。

最后，社会主义协商民主坚持民主协商，确立了治国理政的基本方式。推进国家治理体系和治理能力现代化，最基本的就是民主执政、民主治理，体现在治理方式上，就是民主协商、协商治理。协商是我国人民政府的性格，是人民民主的真谛。有事多商量，遇事多商量，做事多商量，是社会主义协商民主的主要方式。建设社会主义协商民主，从根本上改变了传统的国家治理主要靠国家强力的状况，使民主协商成为国家治理的主要途径，并贯穿于国家治理方方面面和全过程。

中国社会科学院政治学研究所研究员赵秀玲以“十八大以来基层协商民主的发展特点与趋势”为发言主题，指出，党的十八大之后，协商民主越发成为基层民主实践的重要组成部分。主要表现在三个方面：第一，党和国家高度重视，这一点主要表现在制度建设从上至下地推开。第二，进一步强化了人大和政协的功能。乡镇和县的人大一般作用较小，会议不太常开。会议提出要在乡人大设立专门的主席或者副主席。有些地方对这一政策进行了落实，方便人大代表参与协商民主的实践。比如浙江的人大代表调解法律纠纷的实践。政协和人大一样，党的十八大以来也以开展基层协商民主作为重点，具体表现是在乡镇机构设立政协联络委、工作组，在基层发挥联系群众的作用很大。第三，基层协商民主科学化、多元化逐步增加。党的十八大以来参与主体日益多元化，主要体现在非户籍居民纳入参与主体，这也是适应城乡一体化的需要。多元化主要表现在互联网加协商民主，协同性主要体现在不同层级的协商。党的十八大之后，很多地方探索了多层级的协商发展，体现了协同性、系统性。比如成都市、青岛市、太仓市的实践都是很好的经验。科学化主要体现在必经程序。协商民主是刚性约束。有些地方还探索了从选举性协商到四个民主的探索，提高了协商民主的科学化程度。

新疆维吾尔自治区“访民情、惠民生、聚民心”活动领导小组办公室阿不都热依木·哈力克的发言主题为“‘访惠聚’活动是新形势下稳疆安疆建疆的重大战略部署”。他在发言中指出，为深入贯彻落实中央精神和习近平总书记重要讲话精神，新疆维吾尔自治区党委从2014年2月起在全疆开展了为期3年的“访民情惠民生聚民心”活动。开展这个活动具有重要意义，它是促进民族团结和宗教和谐的迫切要求，是开展好群众路线教育实践活动的必然要求。大规模开展机关干部下基层活动，就是要转作风、反“四风”，带作风、促作风。这充分体现了改进工作作风、密切联系群众的要求，是对教育实践活动强有力的推进。开展这项活动，是加强新疆干部队伍建设的重要举措。习近平总书记强调，“干部是民族关系中最重要的因素”。这次下基层活动，主要有两个方面的考虑：一方面要通过机关干部的传帮带，让基层干部能力水平上一个台阶；另一方面，要让机关干部在维护稳定第一线和服务群众中接受锻炼，使他们尽快成长起来、成熟起来、能干起来。

（科研处）

# “十八大以来政治发展与政治学研究”学术研讨会暨2016《政治学研究》作者座谈会

2016年10月23日，由中国社会科学院政治学研究所《政治学研究》编辑部与天津师范大学政治与行政学院共同举办的“十八大以来政治发展与政治学研究”学术研讨会暨2016《政治学研究》作者座谈会在天津召开。来自全国各大学、科研院所的40多位专家学者出席了会议。会议主要围绕以下几个议题进行了研讨。

（1）十八大以来的政治发展与新实践

党的十八大以来，围绕“四个全面”的战略布局，当代中国的政治发展进入了一个新的阶段。为了适应世情、国情的新变化，中央围绕治国理政提出了许多新思想、新实践。这些新思想、新实践及相关政策举措都是当前中国政治发展的重要内容，得到了与会学者的高度关注。

南开大学教授朱光磊在发言中指出，党的十八大以来关于“政府职能”形成了一些新提法，特别是有五个方面的变化。第一，首次明确区分了“职能”与“职责”。前者是较大的概念；后者则落实为更为具体的事项。第二，首次对中央和地方的职责作了分别表述。中央政府的主要职责是“宏观调控”，地方政府则是“公共服务、市场监管、社会管理、环境保护”等职责。第三，第一次没有单列地方政府在经济建设方面的职责。第四，“公共服务”被提到地方政府职责的最前列，而过去这一项是列在政府职能的最后一位。第五，在地方政府职责中，“环境保护”被单独列出。围绕这五个方面的新变化，朱光磊也提出了一些有价值的思考。比如，环境保护虽然单列，但是其他四项地方政府职责中，也都包含环保的内容。

中国政法大学教授卢春龙在发言中指出，党的十八大以来，网络新媒体的发展与管理已经成为一个重要的新课题。网络新媒体是以数字技术为基础，以互联网为载体。网络新媒体已经改变了人们接触和获得信息的方式，相比而言，传统媒体的重要性则在下降。从管理角度来说，网络新媒体具有无结构、去中心化、实时、双向交流等新的特点。因此，传统的内容管理模式难以适应。党的十八大以来，中央提出要重视媒体的融合发展，占领新兴媒体制高点，强化互联网思维，建设网络强国。在管理体制上，国家网信办的建立使得之前过于分散的管理体制得以集中，也逐步推进了从内容管制到产业发展的转型。

中国人民大学教授杨光斌认为，党的十八大以后政治发展的一个重点内容是党政关系。传统上，党的领导包括政治领导、组织领导和思想领导。其中，政治领导主要是指决策。党的十八大以后，党的领导更进一步地扩展到执行层面。这一转变是更加符合决策体制科学化的，集中统一的领导会更有利于接下来的改革议程。

天津师范大学教授马德普指出，党的十八大以来提出了治理体系和治理能力等核心概念。相比民主概念，这是一个更好的表述，为中国的政治体制改革找到了正确的道路，也找到了一个更好的衡量标准。这一点，与邓小平提出的“三个有利于”也是相通的。此外，依法治国概念也被提到了一个新的高度。在依法治国的形式方面，应该包括党建与反腐的内容。而协商民主概念的提出，则对中国需要什么样的民主问题，形成了一个明确的思路。马德普教授还提出一些应该继续加以讨论的问题。比如，在治理体系现代化方面，究竟什么是“现代化”以及如何理解“多重的现代性”？在治理能力方面，是否治理能力就等同于政府能力？他的观点是，治理能力实际上应该包括政府、社会组织与个人协调治理的能力。

在政治实践中，政府官员的行为模式是一个关键问题。党的十八大之后，这一问题也有了一些新的发展。中山大学教授倪星在发言中分析了基层政府官员行为的一些新变化。根据最新的研究发现，基层官员的行为激励发生了一个从“邀功”向“避责”的转变。这种避责行为会采取几种不同的具体策略，包括忙而不动、纳入常规、隐藏信息、模糊因果关系、转移视线、制造新的热点以及寻找替罪羊等。对于避责策略的产生原因，则可以从不同的层面获得解释。在宏观层面，是因为风险社会所导致的全球性的避责时代开启；在中观层面，是源于信息化的快速发展；在微观层面，则是个体的敏感性加强，这些都引发了基层官员行为的改变。

此外，其他与会学者也围绕这一议题提出许多观点。比如，南开大学教授程同顺提出要关注党的十八大以来党内法规和规范性文件的修订；新疆大学教授朱新武提出要关注中央治理新疆方略的新进展，包括一手抓稳定，一手抓发展的举措。

（2）政治学研究应该重点关注的新课题

政治学研究具有紧密贴近现实、高度关注实践的特征。党的十八大以来的许多政治发展实践都应该转化为政治学研究的关注对象，同时也给政治学研究提供了广阔的新视野和新机遇。对此，与会学者提出了许多研究课题，并展开讨论。

天津师范大学教授高建指出，党的十八大之后，党中央将协商民主提到重要的战略高度。协商民主是中国民主的重要形式，同时也是中国民主的优势与特征所在。第二次世界大战以来，对于民主究竟是什么的问题，一直是由西方来解释的，并形成了代议制和多党竞争这样的固定标准。而对于协商民主这样新民主形式，有些学者是把它们看作一种补充，有些则看作一种超越。在这种争论的背景下，就需要思考民主的本源。而民主本来的含义应该是人民的权力。这一含义既包括其价值追求，也有其对应的制度安排，即代议制、选举制度、法治以及协商民主形式。

济南大学教授包心鉴认为，党的十八大以来政治发展有其内在逻辑，就是以现代化为总任务，实现“两个一百年”和“中国梦”的目标。与此同时，形成了一些重大的研究课题，需要政治学界加以关注。这些课题包括习近平治国理政的政治思想、协商民主的国家治理理论、净化和优化政治生态、制度化治党的问题、积极稳妥推进政治改革的问题等。围绕这些课题，包心鉴教授也提出一些自己的思考。他认为，在推进国家治理现代化的同时，也应该提出推进党的建设现代化的问题。

天津师范大学教授佟德志则提出，应该关注国家治理的复合体系与其相应的合力效应。这种复合体系包含主体与客体的不同维度。在前者，民主主体是复合的。其中，个体层面侧重自由，社会层面侧重自治，国家层面则是侧重权力。民主的这三个主体，其层次不同，重点也不同，相互不可片面和偏废。同样的，民主客体也是一个复合体系。其中，经济层面侧重效率，文化层面重视表现，政治层面则是强调平等。在这三者之间，则会形成能量交换与相互融合。比如说，政府绩效问题就是在政治层面上关注效率。此外，国家治理的顶层设计方面也有其结构特征，“四个全面”也有分别的对应。其中，全面建成小康社会是目标，全面深化改革是动力，全面依法治国是方式，而全面从严治党则是关于主体。

在政治学研究接下来应该关注的重要课题方面，其他与会学者也提出了一些观点。比如，天津师范大学教授常士訚建议，要区分宏观理念和中观可操作的制度与程序，要更多地关注决策机制、操作环节等问题。上海市委党校教授刘红林提出，要更多地关注政党研究这一新兴主题。深圳大学教授陈家喜认为，在研究中引用政策文献，应该将政策话语作相应的学术转化，这样才能有利于学术知识的积累。中国社会科学院政治学研究所副研究员郑建君则提出，在定量研究方面，基于中国的区域差距，应该更多地关注变量关系的研究，而少作整体性的描述性研究。

（3）对《政治学研究》办刊的相关建议

作为学术共同体建设的重要平台，《政治学研究》的期刊建设对整个学科的学术研究发展所起的作用是很重要的。与会学者围绕《政治学研究》的办刊问题进行了交流，并提出了许多好的建议。

第一，继续坚持办刊的问题导向是与会学者的一个重要共识。济南大学教授包心鉴提出，期刊一定要多关注理论、现实层面的重大问题，比如说协商民主与民主的关系等，而不要太多地作纯粹概念辨析。只有这样，才能坚持和凸显中国特色，推进中国话语与中国研究方法，超越西方的话语体系和语言风格。华东政法大学教授任勇也认为，问题导向可以使得杂志在选题方面起到引导作用，特别要关注哪些热点问题可以转化为学术研究的问题。杭州市委党校教授吴思红则提出，期刊的关注点应该更侧重实际问题，而且更聚焦。比如说在廉政研究领域，可以聚焦到政府采购与寻租问题等。

第二，与会学者还高度认可与重视期刊来稿外审这一程序环节，并且提出了一些具体的建议。天津师范大学教授刘训练基于自身的编辑经验，认为应该更加注重外审专家库的建设。具体来说，就是在初审之后，应对来稿进行细化分类，在库中找对应的专家来审。在外审内容方面，则要侧重于对稿件学术水准的把关，而不是具体观点的商榷。外审的意见也要尽量详尽，要有建设性，从而能激发作者的思路。东京大学研究员臧雷振根据国际期刊的审稿经验，建议在初审阶段增加作者自评环节。

第三，与会专家还围绕办刊的各个环节提出了一些针对性的建议。杨光斌教授认为，在稿件选录方面，重要的书评比综述更有价值。好的书评值得选入，国外的重要学术期刊也非常重视书评栏目。任勇教授认为，杂志可以走进校园，特别是与研究生、本科生交流，让其接触学术研究的未来。在学术传播方面，则可以增加公众号、专家数据库、笔谈等多种形式。臧雷振研究员提出，可以尝试在摘要后面增加一个“实践意义”的部分，以增加期刊对实务界的影响。

（科研处）

# 民族学与人类学研究所

## （一）人员、机构等基本情况

### 1. 人员

截至2016年年底，民族学与人类学研究所共有在职人员142人。其中，正高级职称人员34人，副高级职称人员44人，中级职称人员48人；高、中级职称人员占全体在职人员的89%。

### 2. 机构

民族学与人类学研究所设有：民族理论研究室、民族经济研究室、民族社会研究室、民族文化研究室、民族历史研究室、世界民族研究室、新疆历史与发展研究室、藏学与西藏发展研究室、资源环境与生态人类学研究室、影视人类学研究室、民族语言研究室、民族语言应用研究室、民族语言实验研究室、民族文字文献研究室、《民族研究》编辑部、《民族语文》编辑部、《世界民族》编辑部、《人类学民族学国际学刊》编辑部、图书馆、网络信息中心、办公室、科研处、人事处。

## （二）科研工作

### 1. 科研成果统计

2016年，民族学与人类学研究所共完成专著37种，777万字，论文239篇，198万字，四报一刊文章17篇，5万字。

### 2. 科研课题

（1）新立项课题。2016年，民族学与人类学研究所共有新立项课题48项。其中，国家社会科学基金课题5项：“多民族国家精神共同体建构与中华民族精神共同体研究”（马俊毅主持），“中国境内汉藏语言的语音类型与音变共性研究”（燕海雄主持），“蒙古语连续语流中的音联研究”（哈斯其木格主持），“比较视野中的民族特色建筑保护与改造研究”（李耕主持），“交往交流交融视角下南阳聚居维吾尔族流动人口研究”（孙嫱主持）；另有其他课题43项。

（2）结项课题。2016年，民族学与人类学研究所共有结项课题33项，其中，国家社会科学基金课题 8 项："多民族国家协调民族关系包容文化差异的制度设计研究"（王建娥主持），"我国少数民族地区的贫困与反贫困研究——基于社会保障反贫困的视角"（王延中主持），"蒙古语族语言词汇数据库及词汇比较研究"（斯钦朝克图主持），"数字多媒体记录——汶川县羌语资料库的开发与应用研究"（黄成龙主持），"国外萨满教研究的历史与发展现状研究"（孟慧英主持），"明清时期甘宁青地区民族迁徙与民族融合研究"（秦永章主持），"我国城市少数民族流动人口及其管理研究"（张继焦主持），"清代语言政策史研究"（黄晓蕾主持）；院国情调研课题 3 项："西藏全面建成小康社会及相关重大现实问题研究"（王剑锋主持），"科尔沁左翼中旗蒙古族萨满文化调研基地"（色音主持），"宁夏永宁县闽宁镇精准扶贫实施与成效评估"（丁赛主持）；委托交办课题 2 项："双语教学与新疆教育发展的战略及影响研究"（王锋主持），"对西藏和四省藏区党外知识分子统战工作有关问题研究"（尹虎彬主持）；另有横向课题 12 项；博士后课题 8 项。

（3）延续在研课题。2016 年，民族学与人类学研究所共有延续在研课题 43 项。其中，博士后在研课题 12 项："中国博士后基金第 55 批面上资助项目"（马亚辉主持），"教育部人文社科规划项目"（马亚辉主持），"马克思主义经典作家民族国家理论与实践研究"（张三南主持），"重构与变迁：满蒙祖先崇拜比较研究"（姜小莉主持），"四川纳日人传统音乐的民族志研究"（周特古斯主持），"亚洲北方草原音乐文化的跨境研究"（杨红主持），"贵州实施精准扶贫 创建国家扶贫开发攻坚示范区研究"（董强主持），"中国博士后基金第 58 批面上资助项目"（董向芸主持），"伏羲福兮：黄河蛇曲国家地质公园沿岸地区空间转型研究"（赵巧艳主持），"西藏唐卡的造像量度传习体系调查及研究"（刘冬梅主持），"族群发展视域下的内地维吾尔族流动人口研究"（李洁主持），"滇西边境集中连片特困地区精准扶贫研究"（付耀华主持）；另有国家社会科学基金课题 31 项。

**3. 获奖优秀科研成果**

2016 年，民族学与人类学研究所获"第九届（2016 年）中国社会科学院优秀科研成果奖"专著类二等奖 1 项：孟慧英的专著《中国原始信仰研究》；获"第九届（2016 年）中国社会科学院优秀科研成果奖专著类三等奖 3 项：王建娥的专著《族际政治：20 世纪的理论与实践》，王希恩的专著《20 世纪的中国民族问题》，管彦波的专著《民族地理学》；获"第九届（2016 年）中国社会科学院优秀科研成果奖"论文类三等奖 1 项：黄成龙的论文《羌语的实施者及其相关标记》。

## （三）学术交流活动

**1. 学术活动**

2016 年，民族学与人类学研究所主办的主要学术会议如下。

（1）2016 年 6 月 25 ~ 26 日，由民族学与人类学研究所主办的"第五届国际企业与工商人类学大会”在北京召开。近百名海内外的学者参加了会议。

（2）2016年10月11日，“中国社会科学论坛（2016）：中国民族理论的继承、发展与创新——纪念牙含章先生诞辰100周年学术研讨会”在中央民族大学举行。

（3）2016年2月23日，民族学与人类学研究所举办“实验语音学发展现状及趋势——自然口语信息交互与实验语音研究”讲座，主讲人为中国社会科学院语言研究所语音研究室主任李爱军研究员。

（4）2016年3月15日，民族学与人类学研究所举办“四个全面战略布局”讲座，主讲人为中国社会科学院马克思主义研究院研究员、博士生导师辛向阳。

（5）2016年4月12日，民族学与人类学研究所举办“论语言竞争讲座”，主讲人为北京语言大学教授、党委书记、国际中国语言学会副会长、《语言战略研究》主编李宇明。

（6）2016年4月12日，民族学与人类学研究所举办“让‘经济’有灵魂：‘人类学的经济学’与中国社会改革反思”讲座，主讲人为清华大学社会学系教授、社会科学学院人类学与民族学研究中心主任、中国人类学民族学研究会发展人类学专业委员会主任张小军。

（7）2016年4月26日，民族学与人类学研究所举办“瑞典外来移民的就业现状及困境”讲座，主讲人为瑞典哥德堡大学社会工作系教授、博士生导师别雍·古斯塔夫森。

（8）2016年6月14日，民族学与人类学研究所举办“南海问题的历史与现状”讲座，主讲人为边疆研究所党委书记兼副所长李国强研究员。

（9）2016年7月5日，民族学与人类学研究所举办“认真学习全国宗教工作会议精神，精心做好宗教工作”讲座，主讲人为国家宗教事务局业务三司副司长李革。

（10）2016年8月23日，民族学与人类学研究所举办“‘琉球学’还是‘冲绳学’”讲座，主讲人为独立学者、冲绳大学人文学部专任（终身）教授、史学博士刘刚。

（11）2016年9月6日，民族学与人类学研究所举办“从演揲儿法中拯救历史：解释藏传密教及其于汉地传播历史之故实”讲座，主讲人为教育部长江学者特聘教授、清华大学人文社会科学高等研究所、清华大学中文系教授沈卫荣。

（12）2016年9月27日，民族学与人类学研究所举办“高等教育在社区发展中的作用”讲座，主讲人为美国肯塔基大学社区与领导力发展系教授哈斯罗德。

（13）2016年11月29日，民族学与人类学研究所举办“雍正治藏政策的制度化成就”讲座，主讲人为中国政法大学教授、法律史学研究院副院长、博士生导师、国家清史编纂委员会典志组专家林乾。

**2. 国际学术交流与合作**

2016年，民族学与人类学研究所共派遣出访22批40人次，其中重要的对外学术交流活动有6次。

（1）2016年5月6～9日，民族学与人类学研究所所长王延中研究员等应世界人类学民族学会邀请，赴克罗地亚参加世界人类学民族学会2016年中期会议。

（2）2016年7月25～30日，应英国曼彻斯特城市大学、兰卡斯特大学邀请，民族学与人类学研究所张继焦、黄成龙、张少春赴英国开展中国社会科学院与英国经济社会研究理事会/艺术人文研究理事会伙伴项目“弘扬民族文化产品的意义：基于都市创意产业生态的研究”。

（3）2016年8月22～26日，民族学与人类学研究所副所长尹虎彬研究员、研究员郑信哲应韩国仁川大学、韩国在外韩人学会等相关华人华侨研究单位的邀请，出访韩国，与韩国华人华侨研究机构进行学术交流。

（4）2016年8月21～28日，民族学与人类学研究所所长王延中研究员、秦永章研究员参加由中宣部派遣的中国藏文化交流团出访蒙古国和韩国。

（5）2016年8月20～25日，应中宣部的派遣，民族学与人类学研究所研究员何星亮赴伊朗参加“丝绸之路经济带建设与中伊友好合作”研讨会。

（6）2016年11月29日至12月6日，应剑桥大学社会人类学系蒙古与内亚研究中心及尼斯大学邀请，民族学与人类学研究所西藏智库代表团由党委书记方勇研究员带队，赴英国、法国进行学术交流。

## （四）学术社团、期刊

### 1. 社团

（1）中国民族研究团体联合会，会长王延中。2016年11月11～13日，“中国民族研究团体联合会2016年会暨‘十三五’时期民族地区发展战略高端论坛”在贵州省黔南州都匀市召开。年会主办方是中国民族研究团体联合会，协办方是中国社会科学院民族学与人类学研究所、贵州省社会科学院，承办方是黔南民族师范学院。参加年会的学者共60余人，分别来自北京、内蒙古、四川、贵州、云南、西藏、黑龙江、广东、湖北等地的大专院校和科研单位。会议期间进行了换届选举，新一任中国民族研究团体联合会的会长为中国社会科学院民族学与人类学研究所所长王延中研究员，同时还产生了副会长和秘书长。

（2）中国民族理论学会，会长陈改户。

2016年7月26～27日，中国民族理论学会在云南省临沧市举办学术年会。年会的主题是“民族团结进步的理论与实践”，研讨的主要议题有“民族团结的基础理论”“民族团结的历史经验”“民族团结事业的创建”“民族团结教育与法制保障”等。

2016年11月28日，中国民族理论学会在内蒙古自治区呼和浩特市举办乌兰夫民族工作理论与实践——纪念乌兰夫诞辰110周年研讨会。会议的主要内容是回顾乌兰夫同志在民族工作中的理论与实践及其对当代中国民族政策和解决民族问题的贡献，以及相关理论与政策的当代价值。

（3）中国民族学学会，会长杨圣敏。

2016年7月1～3日，中国民族学学会高层论坛“民族研究与宗教研究的实践与前瞻”学术研讨会暨常务理事会在北京召开。

2016年11月5～8日，中国民族学学会年会“‘一带一路’视域下的民族、文化、国家”学术研讨会在云南省临沧市召开。

（4）中国民族史学会，会长罗贤佑。

2016年10月22～23日，中国民族史学会第十九次学术研讨会在西南民族大学召开。会议的主题为“中华民族共同体的凝聚与发展”，研讨的主要议题有“中国历史上各民族交往交流交融”“中国历史上的民族观念与民族认同”“少数民族对国家统一、民族团结的贡献”“少数民族对中国革命的贡献”“中国少数民族与‘一带一路’建设”“跨界民族关系研究”“民族史研究的新视野、新领域、新方法”。

（5）中国民族语言学会，会长尹虎彬。

2016年10月21～24日，中国民族语言学会第12次全国学术讨论会在武汉中南民族大学召开。会议研讨的主要议题有“民族语言的描写研究”“民族语言资源的保存、传播和应用”“民族语言文字的信息化、规范化和标准化”。

（6）中国世界民族学会，会长郝时远。

2016年1月30日，中国世界民族学会与国家民族事务委员会民族问题研究中心、《世界民族》杂志社、民族学与人类学研究所在北京联合召开了“当前世界民族热点问题专家咨询会议”。

2016年12月24～25日，中国世界民族学会与中央民族大学、《世界民族》杂志社在北京联合举办了“‘一带一路’与文化多样性”专家咨询会议。

（7）中国民族古文字研究会，会长尹虎彬。

2016年7月13～15日，中国民族古文字研究会联合云南民族大学民族文化学院举办了“中国民族古文字研究会第十次学术研讨会暨会员代表大会”。会议顺利举行了研究会理事会换届选举。会议研讨的主要议题有“新发现文字和文献”“文字与语言的关系”“民族古文字研究”“民族古文献解读”“民族古籍的保护”“彝文的起源”等。

2016年8月21～23日，中国民族古文字研究会举办了“北方民族文字数字化与西夏文献研究国际研讨会”。会议研讨的主要议题有“北方民族文字的数字化”“西夏文献的整理与研究”。

2016年10月2～6日，中国民族古文字研究会联合中央民族大学、圣彼得堡大学和俄罗斯科学院东方文献研究所在圣彼得堡举办了“第6届东方古文献国际学术研讨会”。会议就蒙古文、满文、突厥文、西夏文、契丹文等古代文字文献进行了深入研讨。

(8) 中国突厥语研究会，会长黄行。

2016 年 11 月 25 ～ 28 日，中国突厥语研究会第十二届学术研讨会暨纪念哈米提·铁木尔先生诞辰 85 周年学术研讨会在中央民族大学召开。会议由中国突厥语研究会主办，中央民族大学维吾尔语言文学系承办。

(9) 中国西南民族研究学会，会长何耀华。

2016 年 8 月 1 ～ 3 日，中国西南民族研究学会“青藏高原与‘一带一路’战略”学术讨论会暨第九届常务理事会在青海省西宁市召开。会议的主题是“青藏高原与‘一带一路’战略”。

**2. 期刊**

(1)《民族研究》(双月刊)，主编王延中。

2016 年，《民族研究》共出版 6 期，共计 120 万字。

(2)《世界民族》(双月刊)，主编方勇。

2016 年，《世界民族》共出版 6 期，共计 108 万字。该刊全年刊载的有代表性的文章有：雷海花的《“新德意志”计划在美国的兴起与落幕》，方天建的《全球化视野下的缅甸罗兴亚族问题》，韦平的《无欧元文化主义在英国的成与“败”》，杨旭爱的《文化相对主义与当代世界的两种民族问题》，马正义、谭蓉的《论国际制裁与南非政治转型》，刘烨的《汤姆奈恩：基于唯物史观的民族主义研究》，彭兆荣的《“新木马记”：艺术人类学的一种读法》，麻国庆的《山海之间：从华南到东南亚社会》，王强伟的《犹太人的宗教选择：“宗教市场论”的视角》，梁立佳、董小川的《“和平之树”观念与北美殖民地时代易洛魁人外交思想初探》，吴晓黎的《解析印度禁屠牛令争议》，黄鹏、吴连海的《族际冲突中的受害者心理研究》等。

(3)《民族语文》(双月刊)，主编尹虎彬。

2016 年，《民族语文》共出版 6 期。该刊全年刊载的有代表性的文章有：《以马克思主义语言平等观指导民族语文工作》《论苗语空间范畴的认知》《侗台语中的几个地支名》《十五调和气调：侗语榕江县口寨方言案例》《青海民和甘沟话的格标记系统》《西部霍尔语动词的词干交替》等。

## (五) 会议综述

### 第五届“国际企业与工商人类学大会”

2016 年 6 月 25 ～ 26 日，由中国社会科学院民族学与人类学研究所、中国人民大学商学院、中国市场杂志社、国际企业人类学委员会等机构联合举办的第五届“国际企业与工商人类学大会”在北京召开。来自中国、美国、加拿大、马来西亚、印度、日本等国家的近百名代表参加了会议。

中国社会科学院民族学与人类学研究所副所长尹虎彬研究员在开幕式致辞中指出，对人类学来说，企业是现代社会中的复杂组织。面对企业，人类学的传统优势研究对象是家庭或家族企业。最近几十年以来，企业人类学突破了人类学传统的家族企业研究模式，对现代社会中的各种类型的企业（如乡镇企业、国有企业、跨国公司、私营企业或民营企业、老字号企业等）都展开了调查研究，把人类学的研究对象从简单组织扩展到各种类型的企业之中。企业人类学给人类学注入了新鲜血液，夯实并提升了人类学作为一门现代学科的研究范畴，不但深化了人类学探究当代组织的学术解释能力，而且强化了人类学与应用经济学、企业管理学等显性学科的对话能力，是对传统人类学范畴（研究内容、研究范围和研究议题）的重大创新。企业人类学的国际化程度很高。近些年来，企业人类学研究者及其研究对象遍布五大洲（亚洲、大洋洲、欧洲、北美洲、南美洲）的 26 个国家和地区，已形成了较为制度化的学术交流机制，其产出的学术成果也比较丰富。可见，企业人类学的兴起所引发的人类学创新，不只是中国人类学的事，也是国际人类学的一件大事。

国家民委原副主任周明甫、中国人民大学商学院院长毛继业教授、中国市场杂志社社长范建华编审、中国企业公民委员会总干事刘卫华等在开幕式上致辞。

大会共同主席、中国社会科学院民族学与人类学研究所研究员张继焦博士认为，企业人类学在中国的发展态势，预示着人类学第四次革命的到来。企业人类学不仅为学者开拓了新的研究领域，也为中国工商界的发展提供了新的平台空间。企业人类学走出了具有中国学者的特色范式，这标志着中国人类学与管理学走向成熟。

大会共同主席、汕头大学商学院工商人类学研究所所长田广教授在大会主旨发言中指出，工商人类学说到底就是将人类学的理论和方法，运用于工商管理实践的一门应用学科。

（科研处）

## 丝绸之路经济带建设与民族地区文化产业发展学术研讨会

2016 年 8 月 17 日，由中国社会科学院民族学与人类学研究所、中国人类学民族学研究会丝绸之路文化产业专业委员会、青海省社会科学院主办，青海省社会科学院青海丝路研究中心承办，南京东大智能化系统有限公司协办的“丝绸之路经济带建设与民族地区文化产业发展学术研讨会”在青海省西宁市召开。来自中国社会科学院、兰州大学等科研机构、高校和省社科院、省内高校及相关单位的专家学者参加了研讨。

会议认为，推进“一带一路”建设，是习近平总书记提出的伟大战略构想，也是党中央主动应对全球形势深刻变化和我国发展面临的新形势、新任务、新要求，统筹国内国际两个大局，立足当下、谋划长远做出的重大战略决策，是构建我国开放型经济新体制的顶层设计，是参与和完善全球治理体系的主动作为，是助力实现“中国梦”的重大举措。

会议强调，民族地区在融入丝绸之路大局的进程中，文化产业发展十分重要，同时又得天独厚，如何抓住“一带一路”建设重大历史机遇，推动民族地区文化产业发展，需要专家学者当好参谋助手，提供对策建议。只有不同学科背景的专家学者通力合作，才能让“一带一路”建设造福全人类，才能让民族地区文化产业获得长足发展。

中国社会科学院民族学与人类学研究所党委书记、中国人类学民族学研究会丝绸之路文化产业专业委员会主任方勇教授在致辞中强调，文化产业专委会是为政府、企业与文化学者搭建的交流平台，充分发挥专家学者的优势资源，加大学术交流力度，把文化变成文化产业创意的根基；要充分发挥企业资源优势，让文化能真正服务于群众，为经济发展服务，推动文化产业快速发展；要充分发挥政府优势资源，挖掘地方文化特色，推动文化产业更好地服务于地方经济。

青海省社会科学院党组书记、院长陈玮教授在致辞中指出，青海是丝绸之路重要的节点省份，在“一带一路”建设中有着极其重要的地理和区位优势。当前，青海正充分利用重要的生态屏障地位，以及自身丰富的矿产资源和民族文化资源，深入推进丝绸之路经济带建设和民族地区文化产业发展，这次研讨会议的举办恰逢其时，既给地处“一带一路”战略通道的青海提供了借鉴和学习的契机，也给青海的学者提供了一次交流和提升的绝佳机会。

论坛为期一天，其间与会人员围绕“丝绸之路经济带建设与民族地区社会发展”“丝绸之路经济带建设与民族地区经济发展”“丝绸之路经济带建设与民族文化遗产”“丝绸之路经济带建设与民族地区文化产业发展”“丝绸之路经济带建设与信息化”等议题展开讨论。

（科研处）

## 中国突厥语研究会第十二届年会暨纪念哈米提·铁木尔先生诞辰85周年学术研讨会

2016年11月26～28日，由中国社会科学院民族学与人类学研究所主管的中国突厥语言研究会和中央民族大学维吾尔语言文学系联合举办的“中国突厥语研究会第十二届年会暨纪念哈米提·铁木尔先生诞辰85周年学术研讨会”在中央民族大学举行。哈米提·铁木尔先生是我国具有突出贡献的少数民族语言研究前辈，他的主要贡献在于察哈台语研究和现代维吾尔语研究。

中国突厥语研究会会长黄行研究员，中国民族语言学会会长、中国突厥语研究会常务副会长、中国社会科学院民族学与人类学研究所副所长尹虎彬研究员应邀出席会议。开幕式由中国突厥语研究会会长黄行研究员主持。开幕式上，中央民族大学党委副书记刀波，中国突厥语研究会原副会长、中央民族大学资深教授胡振华，新疆维吾尔自治区民族语言文字工作委员

2016年11月，中国突厥语研究会第十二届年会暨纪念哈米提·铁木尔先生诞辰85周年学术研讨会在北京举行。

会（翻译局）专职副局长铁来克·伊布拉音等领导和学者致辞。他们回顾哈米提先生的人生事迹、学术研究成果以及对突厥语言研究领域的贡献，并强调国家对中国突厥语研究会的期望，勉励突厥语研究专家学者在党的优越政策的支持下，坚持党的基本路线，为提高我国少数民族语言研究事业的蓬勃发展作出贡献。

研讨会分两个分场展开讨论。会议的主要内容包括：中国突厥语的语言本体研究、中国突厥语族语言的比较研究、中国突厥语族语言和汉语对比研究、维吾尔语语法研究、语言接触等。提交的学术论文涉及我国维吾尔语、柯尔克孜语、哈萨克语、乌兹别克语、撒拉语、西部裕固语等突厥语族诸语言。

（科研处）

## 额尔敦陶克陶先生诞辰100周年学术讨论会

2016年12月15日，由中国社会科学院民族学与人类学研究所主管的中国社会科学院少数民族语言研究中心与内蒙古自治区民族事务委员会、八省区蒙古语文工作协作小组办公室联合主办，内蒙古赤峰市民族事务委员会、内蒙古赤峰市克什克腾旗人民政府协办的“额尔敦陶克陶先生诞辰100周年学术讨论会”在内蒙古自治区呼和浩特市举行。来自北京、兰州、呼和浩特以及内蒙古各盟市的专家学者、相关部门领导以及中央人民广播电台、内蒙古人民广播电台、金轮文化传媒网等媒体的150多人参加了讨论会。讨论会共筛选出35篇论文，其中有19位学者宣读论文。中国社会科学院少数民族语言研究中心研究员、中国民族语言学会会员斯钦朝克图及曹道巴特尔、布日古德参加会议并分别提交论文《额尔敦陶克陶语言学思想与蒙古语言文字规范化问题》（斯钦朝克图）、《现代蒙古语研究的开端：20世纪上半叶》（曹道巴特尔）、《〈登坛必究〉中〈北虏译语〉的版本比较研究》（布日古德）。

讨论会的主题是“额尔敦陶克陶与蒙古语文工作”，旨在缅怀额尔敦陶克陶先生的历史贡献，继承额尔敦陶克陶先生无私奉献精神，讨论蒙古语研究和蒙古语文工作中存在的问题，以确保蒙古语文健康发展，更好地为党的民族语文工作服务。讨论会论文围绕主题，突出重点，就以下三个方面展开讨论。第一，从语言学、文学、语文工作角度深入探讨和客观评价了额尔敦陶克陶先生对蒙古语言学研究和蒙古语文工作作出的贡献。第二，分析研究了额尔敦陶克陶先生《蒙文新鉴》中的语法学问题以及对后来研究的启发。第三，围绕蒙古语规范化、标准化问题，多位学者就《蒙古语正字法词典》提出商榷意见。

讨论会开幕式由内蒙古赤峰市民族事务委员会副主任布和朝克图主持，内蒙古自治区民族事务委员会副主任萨楚日勒图、内蒙古赤峰市克什克腾旗党委副书记金仓致辞，他们缅怀额尔敦陶克陶先生对蒙古语研究和党的民族语文工作的巨大贡献，勉励广大科研工作者和蒙古语文工作者要继承和发扬额尔敦陶克陶先生热爱民族文化、无私奉献的精神。讨论会开幕式还进行了《额尔敦陶克陶》丛书第十二辑《额尔敦陶克陶研究资料集（2）》的首发式。

上午的会议由内蒙古社会科学院语言研究所所长萨日娜研究员主持，由5位专家学者作报告。报告包括原八省区蒙古语文工作协作小组办公室主任舍那木吉拉的《缅怀额尔敦陶克陶先生》、中央民族大学教授贺希格陶克陶的《额尔敦陶克陶与蒙古语文工作》、西北民族大学教授确拉布杰的《怀念蒙古文化巨人额尔敦陶克陶》、内蒙古大学教授那顺乌日图的《额尔敦陶克陶〈蒙文新鉴〉再读体会》、内蒙古师范大学教授策·朝鲁门的《额尔敦陶克陶对文学研究的贡献》等。

下午的会议由中央民族大学教授叶尔达主持，由14位学者宣读论文。论文内容涉及额尔敦陶克陶贡献研究、额尔敦陶克陶《蒙文新鉴》研究、额尔敦陶克陶思想研究、蒙古语正字法研究、蒙古语名词术语研究、蒙古语使用情况研究、蒙古语教学研究等。

额尔敦陶克陶（1916～2001），是我国现代蒙古语言学的奠基者和党的蒙古语言文字工作的开创者，为我国蒙古语研究、古籍整理、蒙古文献古籍收集保存、新闻报刊出版业的创立作出了卓越的贡献。

讨论会闭幕式由内蒙古社会科学院文学研究所所长布和朝鲁主持，中国民族语言学会常务理事、中国社会科学院少数民族语言研究中心副主任曹道巴特尔研究员作大会总结报告。

（科研处）

# 社会学研究所

## （一）人员、机构等基本情况

### 1. 人员

截至2016年年底，社会学研究所共有在职人员81人。其中，正高级职称人员15人，副高级职称人员25人，中级职称人员29人；高、中级职称人员占全体在职人员总数的85%。

**2. 机构**

社会学研究所设有：社会理论研究室、社会调查与方法研究室、家庭与性别研究室、组织与社区研究室、农村与产业社会学研究室、青少年与社会问题研究室、社会发展研究室、社会政策研究室、社会心理学研究室、社会人类学研究室、廉政建设与社会评价研究室、《社会学研究》编辑部、《青年研究》编辑部、办公室、科研处。

**3. 科研中心**

社会学研究所院属科研中心有：社会政策研究中心、私营企业主群体研究中心、国情调查与大数据研究中心、中国廉政研究中心；所属科研中心有：社会调查与数据处理研究中心、社区信息化研究中心、社会文化人类学研究中心、社会心理学研究中心、农村环境与社会研究中心。

## （二）科研工作

**1. 科研成果统计**

2016 年，社会学研究所共完成专著 11 种，780 万字；论文 149 篇，299.92 万字；论文集 6 种，136 万字；理论文章 9 篇，9.16 万字；译著 6 种，547.5 万字。

**2. 科研课题**

（1）新立项课题。2016 年，社会学研究所共有新立项课题 10 项。其中，国家社会科学基金课题 5 项："中国社会质量基础数据库建设"（陈光金主持），"社会心理建设：社会治理的心理学路径"（王俊秀主持），"中国股票市场稳定发展的社会机制研究"（杨典主持），"旧城改造与城市基层社会治理研究"（施芸卿主持），"我国网络借贷的地方治理模式研究"（向静林主持）；所级国情调研基地课题 5 项："社会基层治理调研"（陈光金、王春光主持），"中国西部农村基础教育现状研究"（孙壮志、李春玲主持），"宁夏中南部地区生态移民社会适应与后续产业发展研究"（赵克斌主持），"医养结合的社区实践"（夏传玲主持），"江苏太仓市基层社区创新社会治理调研"（刁鹏飞主持）。

（2）结项课题。2016 年，社会学研究所共有结项课题 7 项。其中，国家社会科学基金课题 3 项："农村社会资本影响老年健康的机制研究"（王晶主持），"中国社会中间阶层发展状况与趋势研究"（李春玲主持），"个人与社会关系视角下的公共风险规避与应对"（王俊秀主持）；国情调研课题 4 项："宁夏中南部地区生态移民社会适应与后续产业发展"（赵克斌、王晓毅主持），"关于社会管理和社会保障体系建设调研"（王春光主持），"医养结合的社区实践"（夏传玲主持），"江苏太仓市基层社区创新社会治理调研"（刁鹏飞主持）。

（3）延续在研课题。2016 年，社会学研究所共有延续在研课题，即国家社会科学基金课题 21 项："草原生态退化的社会机制与治理模式研究"（荀丽丽主持），"群体情绪、群体认同与行动倾向的关系研究"（陈满琪主持），"网络时代的社区参与和社区治理研究"（肖林主持），“人口变动对队列人口福利的影响及政策回应研究”（马妍主持），“社会转型期家庭变迁理论研究”（吴小英主持），“社会转型期的职业分类研究”（田丰主持），“梁漱溟与费孝通乡土重建思想比较研究”（张浩主持），“70 后、80 后、90 后文化代际文化差异与网络参与的关系研究”（赵联飞主持），“寻找和建构转型期中国的家庭政策体系”（马春华主持），“中等收入群体的发展趋势和消费模式研究”（朱迪主持），“我国社会心态测量指标研究”（杨宜音主持），“新工人的社区生活形态与劳资关系的地方性差异研究”（汪建华主持），“民国时期劳工社会学的学科建构与当代意义研究”（闻翔主持），“社会共识形成和作用机制研究”（高文珺主持），“文化符号消费和生产视角下的转型时期阶层分化的文化建构研究”（孟蕾主持），“日常生活研究的方法论”（赵锋主持），“社会转型中公益与民情关系的人类学研究”（李荣荣主持），“以社区服务为切入点的城市新熟人社区建构研究”（史云桐主持），“中国城镇化进程中西部底层孩子们阶层再生产发生的日常机制及策略干预研究”（李涛主持），“社会理论传统的重构及其对当代中国的现实意义研究”（陈涛主持），“同居问题成因、特征和趋势研究”（於嘉主持）。

**3. 获奖优秀科研成果**

2016 年，社会学研究所获“第九届（2016 年）中国社会科学院优秀科研成果奖”专著类三等奖 1 项：景天魁的专著《时空社会学：理论和方法》；获“第九届（2016 年）中国社会科学院优秀科研成果奖”论文类三等奖 1 项：陈光金的论文《市场抑或非市场：中国收入不平等成因实证分析》。

## （三）学术交流活动

**1. 学术活动**

2016 年，社会学研究所主办和承办的学术会议如下。

（1）2016 年 4 月 22 日，由上海研究院和社会学研究所主办，上海大学社会学院承办的“金砖国家超大城市可持续发展与中等收入群体成长”学术研讨会在上海大学举行。会议研讨的主要议题有“金砖国家及超大城市的发展”“中等收入群体状况及发展”。

（2）2016 年 5 月 14 日，由国家行政学院社会治理研究中心、陆学艺社会发展基金会、社会学研究所、北京工业大学人文社会科学学院联合主办的“新常态背景下中国农村发展与治理学术研讨会”在国家行政学院召开。

（3）2016 年 8 月 13 日，由中国社会科学院、全国博士后管理委员会、中国博士后科学基金会主办，中国社会科学院博士后管理委员会、社会学研究所和吉林大学承办的“第十一届中国社会学博士后论坛暨第三届社会学青年论坛”在吉林省长春市召开。会议的主题是“全面建成小康社会 共享民生发展”。

（4）2016 年 10 月 14 日，由社会学研究所主办，上海社会科学院社会学研究所承办的

2016年10月，供给侧结构性改革与社会学创新研讨会暨全国社会科学院系统社会学所所长会议在上海召开。

“供给侧结构性改革与社会学创新研讨会暨全国社会科学院系统社会学所所长会议”在上海召开。

（5）2016年10月15日，由中国社会心理学会主办，甘肃省心理学会、西北师范大学心理学院联合承办的“中国社会心理学会2016年学术年会”在西北师范大学召开。年会的主题是“传承与创新——中国社会心理学的历史使命”。

**2. 国际学术交流与合作**

2016年，社会学研究所共派遣出访56批121人次，接待来访22批59人次。与社会学研究所开展学术交流的国家有：英国、美国、法国、波兰、捷克、匈牙利、芬兰、奥地利、比利时、俄罗斯、白俄罗斯、乌克兰、哈萨克斯坦、土耳其、南非、澳大利亚、日本、韩国、新加坡、泰国、越南等。

（1）2016年1月19日，社会学研究所党委书记、副所长、上海合作组织研究中心秘书长孙壮志研究员赴哈萨克斯坦出席“中哈丝绸之路经济带”研讨会。

（2）2016年2月18日，社会学研究所家庭与性别研究室主任吴小英研究员赴韩国参加由日本北海道大学和韩国中央大学共同举办的“第四届北海道对话”。

（3）2016年3月3日，社会学研究所所长陈光金研究员、青少年与社会问题研究室主任李春玲研究员等赴日本东京和札幌为日本学者作题为“中国青年状况”的学术讲座。

（4）2016年3月10日，社会学研究所副所长赵克斌研究员、家庭与性别研究室主任吴小英研究员等应邀访问新加坡南洋理工大学进行学术交流。

（5）2016年3月28日，社会学研究所《社会学研究》编辑部主任杨典副研究员等赴日本和新加坡就英文期刊的国际化，以及中国、日本和新加坡各自的社会学发展现状进行学术交流。

（6）2016年4月19日，社会学研究所党委书记、副所长孙壮志研究员等赴俄罗斯，访问俄罗斯联邦立法与比较法研究所，参加由俄罗斯联邦审计署和联邦立法与比较法研究所联合主办的“第五届欧亚反腐败论坛”。

（7）2016年5月17日，社会学研究所所长陈光金研究员等赴英国曼彻斯特大学参加“英国和中国的可持续消费与福利”研讨会。

（8）2016年6月3日，社会学研究所社会政策研究室主任王春光研究员等赴奥地利、南非两国进行学术访问。

(9) 2016年7月11日，社会学研究所所长陈光金研究员等赴奥地利维也纳参加国际社会学协会第三届社会学论坛。

(10) 2016年9月6日，社会学研究所党委书记、副所长孙壮志研究员等随院代表团赴俄罗斯和法国参加学术会议。

(11) 2016年9月20日，社会学研究所社会政策研究室主任王春光研究员赴英国发展研究所进行学术访问。

(12) 2016年10月19日，社会学研究所社会发展研究室主任李炜研究员等赴美国芝加哥大学和密歇根大学就“大型调查的技术、数据维护、后期开发”问题进行学术交流。

(13) 2016年10月26日，社会学研究所家庭与性别研究室副主任马春华副研究员赴韩国首尔参加“第一届亚太地区家庭政策专家会议”国际学术会议。

(14) 2016年11月4日，社会学研究所《社会学研究》编辑部主任杨典副研究员赴韩国首尔参加第14届东亚社会学家会议。

**3. 与中国香港、澳门特别行政区和中国台湾开展的学术交流**

(1) 2016年1月17日，社会学研究所副所长张翼研究员、青少年与社会问题研究室主任李春玲研究员等赴台湾参加“2016两岸三地华人青少年研究暨台湾青少年成长历程研究第六次学术研讨会”。

(2) 2016年3月8日，社会学研究所社会心理研究室主任王俊秀研究员赴香港中文大学主持“中国社科院学者访校计划暨讲座系列”，并与香港中文大学学者进行学术交流。

(3) 2016年5月16日，社会学研究所青少年与社会问题研究室主任李春玲研究员赴澳门访问，与澳门基金会行政委员会有关人员就内地与澳门在青年研究方面的新热点、新领域进行学术交流。

(4) 2016年11月21日，社会学研究所社会政策研究室主任王春光研究员等赴台北参加“两岸学者共话社会学论坛：把社会找回来”学术交流工作坊。

## (四) 学术社团、期刊

**1. 社团**

(1) 中国社会学会，会长李强。

2016年7月16～18日，中国社会学会2016年学术年会在兰州大学召开。年会的主题是“新发展理念与全面建成小康社会”。

(2) 中国社会心理学会，会长许燕。

2016年10月15日，中国社会心理学会在甘肃省兰州市召开“中国社会心理学会2016年学术年会”。会议的主题是“传承与创新——中国社会心理学的历史使命”。会议设立了11个专题论坛、14个分会场和1个工作坊。

**2. 期刊**

(1)《社会学研究》(双月刊),主编陈光金。

2016年,《社会学研究》共出版6期,共计144万字。该刊全年刊载的有代表性的文章有:景天魁的《超越进化的发展——“十二五”时期中国经济和社会发展回眸与思考》,李强、杨艳文的《“十二五”期间我国社会发展、社会建设与社会学研究的创新之路》,练宏的《注意力竞争——基于参与观察与多案例的组织学分析》,向静林的《市场纠纷与政府卷入——一个风险转化的解释框架》,凌鹏的《井田制研究与近代中国——20世纪前半期的井田制研究及其意义》,吴帆的《欧洲家庭政策与生育率变化——兼论中国低生育率陷阱的风险》,菅志翔的《中国族际通婚的发展趋势初探——对人口普查数据的分析与讨论》,马磊的《产权性质与企业间网络的形成——对中国上市公司连锁董事的网络分析》,梁萌的《技术变迁视角下的劳动过程研究——以互联网虚拟团队为例》,纪莺莺的《转型国家与行业协会多元关系研究——一种组织分析的视角》,曹南来的《旅法华人移民基督教:叠合网络与社群委身》,朱迪的《市场竞争、集体消费与环境质量——城镇居民生活满意度及其影响因素分析》,程建新、刘军强、王军的《人口流动、居住模式与地区间犯罪率差异》,张翼的《当前中国社会各阶层的消费倾向——从生存性消费到发展性消费》,魏文一的《“刚”的人生态度与新知识分子——梁漱溟早期论中国文化的路向》,徐宗阳的《资本下乡的社会基础——基于华北地区一个公司型农场的经验研究》,吕鹏、范晓光的《中国精英地位代际再生产的双轨路径(1978~2010)》,王雨磊的《数字下乡:农村精准扶贫中的技术治理》,何蓉的《韦伯1895年就职演讲:语境、文本与文本间关联》,苏熠慧的《“交叉性”流派的观点、方法及其对中国性别社会学的启发》等。

(2)《青年研究》(双月刊),主编张翼。

2016年,《青年研究》共出版6期,共计106万字。该刊全年刊载的有代表性的文章有:郭瑾、蒲清平的《重构与改造:都市青年白领的社交媒介使用与社会交往》,王艺璇、陈然的《品味之争:Web3.0时代下都市青年白领的消费新镜像》,刘森林、陈恩海的《跨界流动:都市青年白领的职业发展新倾向》,刘成斌、童芬燕的《农民工子女随迁现状与推进路径》,张宇明、戴钢书的《港澳台侨大学生跨文化适应状况追踪分析》,李汪洋、谢宇的《中国儿童及青少年职业期望的性别差异》,陈刚的《劳动力迁移、亲子分离与青少年犯罪》,刘程的《城市青年的社会信心现状及其影响因素》,徐海东的《家庭认同的代际差异与变迁趋势探究》,骆风的《现代化进程中青少年道德面貌比较研究》,田丰、孙正昕的《青年对政府评价的影响因素》,苏红、任孝鹏、陆柯雯、张慧的《人名演变与时代变迁》,曾静的《马克思主义青年观及其当代价值》,林功成、李莹、陈锦芸的《大学生的社交焦虑、自我表露与网上互动——对微博社交行为的路径分析》,崔岩的《“90后”青年社会认知特征和社会评价分析》,李荣彬的《女性农民工的阶层差异与社会融合——基于2014年流动人口动态监测数据的实证研究》，王沛沛的《当代青年群体的社会态度及影响因素》，许丹红的《互联网使用动机、网络密度与网民社会资本》，王建武的《互联网使用、在线政治讨论与政治参与》等。

## （五）会议综述

### 中国社会学会2016年学术年会

2016年7月17日，中国社会学会2016年学术年会在兰州大学召开。会议的主题是“新发展理念与全面建成小康社会”。会议设有“少子老龄化：东亚社会面临的挑战”“社会学高峰论坛：新发展、新理念”“青年博士论坛”等61个分论坛。年会共收到论文1660余篇。来自全国各相关机构的学者近1600人参加会议。中国社会科学院副院长、党组成员、学部委员李培林，甘肃省副省长郝远，兰州大学校长王乘，中国社会学会会长李强等出席开幕式并讲话。

李培林指出，2016年是重要的一年，既是全面建成小康社会的关键性一年，也是“十三五”规划的开局之年。作为一种学界回应，此次学术年会以“新发展理念与全面建成小康社会”为主题，意义重大。我们社会学界要有“为天地立心”的历史担当，紧跟时代的步伐，以重大现实问题为主攻方向，为践行新发展理念和实现全面建成小康社会目标作出新的贡献。

李强指出，社会学界同人要用创新、协调、绿色、开放、共享的发展理念推进社会建设，为全面建成小康社会作出贡献。在五大发展理念中，创新排在第一位，中国社会学的发展也应尤其强调创新，走出一条创新之路。

韩国社会学会会长赵成南、欧洲社会学会主席弗兰克·维尔兹、日本社会学会会长盛山和夫、美国社会学会候任会长米切尔·拉蒙特分别致辞。开幕式后，宋林飞、边燕杰、张翼、罗家德、毛丹五位社会学专家分别作了主题演讲。

会议由中国社会学会主办，兰州大学、甘肃省社会学会、甘肃省社科院等单位联合承办。

（李凌静）

### 第十一届中国社会学博士后论坛暨第三届社会学青年论坛

2016年8月13～16日，以“全面建成小康社会 共享民生发展”为主题的“第十一届中国社会学博士后论坛暨第三届社会学青年论坛”在吉林省长春市举行。中国社会科学院副院长、党组成员李培林出席论坛开幕式并致辞。

李培林在致辞中说，当前中国社会正处在一个变革空前广泛深刻的时期，中国社会学应

2016年8月，以“全面建成小康社会 共享民生发展”为主题的第十一届中国社会学博士后论坛暨第三届社会学青年论坛在吉林省长春市举行。

有自身的历史担当，在社会发展亟须解决的重要问题领域，发出社会学者应有的声音。他勉励青年学者要将目光始终投注于最鲜活的社会现实当中，坚持社会学研究的问题导向，为探寻中国未来社会发展的新动力和新趋势、全面建成小康社会贡献智慧和力量。

论坛围绕“社会管理体制转型与创新”“基层社会治理”“文化变迁与传承”“基于群体视角的社会治理”“基层社会治理与新农村建设”“社会组织与制度创新”“新常态下的城市与农村发展”“群际关系与文化认同”等主题进行了讨论。

中国社会科学院人事教育局局长张冠梓主持开幕式。中国社会科学院政治学研究所所长房宁、社会学研究所党委书记孙壮志分别就哲学与科学异同中的方法论问题，以及“一带一路”背景下中国的周边政策与上合组织的新发展作了主题演讲。

**探索东北社会转型发展新思路**

此次论坛在吉林召开，东北地区的社会转型和发展议题成为焦点之一。

作为新中国老工业基地的东三省，单位制是其长期以来社会运行组织的一大特征。20 世纪 90 年代后，随着市场经济的发展，东北逐渐从“单位社会”进入“后单位社会”。然而，吉林大学哲学社会学院副院长田毅鹏研究发现，单位制在看似走向消解的同时，却伴随着一种“反向运动”。在一些大型国企和村落等地方，单位制反而得到了某种程度的强化，出现“新单位制”现象。“旧的制度未完全退去，新的制度又到来，东北社会便呈现出一种‘重层结构’特征。”

棚户区改造后的回迁社区是东北社会治理的盲区。吉林大学哲学社会学院副教授芦恒经过十年跟踪研究，探索如何通过发掘单位社会自身在组织、动员、社会空间、单位人主体性等方面的优势，从单位人再组织化、健全动员机制、重塑社区认同感、激活单位人抗逆力等方面，对棚户区进行优势治理。

**关注城市化中的社会群体**

当前我国社会正在经历史无前例的城市化进程。人口大规模流动和城市面貌急剧变迁，伴随着诸多社会议题的发生。

面对大城市发展中“城市病”带来的压力，越来越多城市中产阶层选择逃离大城市，形成了“逆城市化”现象。中国社会科学院社会学研究所博士后张慧以云南大理的“逆城市化”现象为例，提出以生态、文化和生活价值追求为特征的中产阶层生活方式，更能适应大城市选择回归人群的需求，并能在一定程度上缓解“城市病”带来的问题。因此，充分发挥小城镇或农村的文化吸引力，将更有利于均衡地区发展、促进社会和谐。

此外，白领新移民、新生代农民工、农村留守妇女、农村失能老人等社会群体的生存状态，也成为论坛上社会学者们观察的重点。

**增强社会学后继者使命感**

此次论坛集合了来自全国各地的社会学青年学者与博士后。

青年学者代表吕鹏表示，通过多年的学习与研究逐渐领悟到，社会学者既要通理论又要接地气，既要有情怀也要懂技术，唯有将四者融会贯通，才能让社会听到更有力的社会学声音。

博士后代表谭旭运表示，在诸多社会学前辈引领下，后辈学者定要努力作“顶天立地的学问”——既要追求前沿，运用世界眼光积极探索，努力构建经得住考验、具有自身文化特色和现实基础的原创理论；又要深入基层、扎根田野，为中国社会建设发展服务，将科研成果转化为生产力，实现理论和实践的良性互动。

第十一届中国社会学博士后论坛由中国社会科学院、全国博士后管理委员会、中国博士后科学基金会主办，中国社会科学院博士后管理委员会、中国社会科学院社会学研究所和吉林大学承办。第三届社会学青年论坛由中国社会科学院社会学研究所与吉林大学共同主办。

（邓之湄）

# 社会发展战略研究院

## （一）人员、机构等基本情况

**1. 人员**

截至2016年年底，社会发展战略研究院共有在职人员21人。其中，正高级职称人员5人，副高级职称人员7人，中级职称人员6人；高、中级职称人员占全体在职人员总数的86%。

**2. 机构**

社会发展战略研究院设有：发展战略与政策研究室、社会建设与管理研究室、组织与制度变迁研究室、社会责任与公共服务研究室、综合办公室。

**3. 科研中心**

社会发展战略研究院院属科研中心有：中国社会科学院社会景气研究中心。

## （二）科研工作

**1. 科研成果统计**

2016 年，社会发展战略研究院共完成专著 7 种 206 万字；论文 15 篇 17 万字；研究报告 15 篇 14 万字。

**2. 科研课题**

（1）新立项课题。2016 年，社会发展战略研究院共有新立项课题 6 项。其中，国家社会科学基金课题 4 项："基于手机大数据的社会心态研究"（陈华珊主持），"就地城镇化背景下的农转居社区发展与基层治理研究"（吴莹主持），"劳动者平衡工作与生活的互动过程及策略研究"（张帆主持），"社会生态视角下流动人口动态社会融入的心理机制研究"（陈咏媛主持）；所级国情调研课题 2 项："民族文化产业与扶贫组织调查"（沈红主持），"社区治理和服务创新实验区发展调研"（葛道顺主持）。

（2）结项课题。2016 年，社会发展战略研究院共有结项课题 7 项。其中，院重大社会调查课题 1 项："中国社会发展状况调查（2016）"（李汉林主持）；所级国情调研课题 2 项："民族文化产业与扶贫组织调查"（沈红主持），"社区治理和服务创新实验区发展调研"（葛道顺主持）；交办课题 1 项："城乡一体化进程中我国县域治理机制研究"（艾云主持）；博士后基金资助课题 2 项："城市居民信任政府吗？——基于 SASD 三年数据的分析"（邹艳辉主持），"所有制及行业维度下员工工作——生活平衡的差异"（张帆主持）；院亚洲研究中心研究课题 1 项："城镇化模式的中国经验：基于土地产权制度改革的实证研究"（艾云主持）。

（3）延续在研课题。2016 年，社会发展战略研究院共有延续在研课题 5 项。其中，国家社会科学基金课题 4 项："中国社会景气研究"（李汉林主持），"社会空间视域下的政府信任研究"（邹艳辉主持），"涂尔干的道德教育思想与职业伦理及公民道德的社会建设"（渠敬东主持），"企业工作环境研究——概念、量表与指数构建"（张彦主持）；交办委托课题 1 项："马克思主义发展观与中国社会发展经验研究"（葛道顺主持）。

## （三）学术交流活动

**1. 学术交流**

2016 年，社会发展战略研究院组织召开学术报告会、学术沙龙 15 次。

**2. 国际学术交流与合作**

2016 年，社会发展战略研究院共派遣出访 11 批 11 人次；接待来访 5 批 10 人次；与社会发展战略研究院开展学术交流的国家有美国、韩国、捷克、泰国、越南、挪威、俄罗斯、智利等。

(1) 2016 年 6 月 12 ~ 16 日，社会发展战略研究院副研究员钟宏武赴韩国参加"'一带一路'与海外社会责任"课题调研活动。

(2) 2016 年 8 月 7 ~ 14 日，社会发展战略研究院研究员葛道顺赴美国参加中国社会科学院组织的"美国智库的构建模式和运行机制"培训。

(3) 2016 年 9 月 1 ~ 5 日，社会发展战略研究院院长张翼研究员赴捷克科学院社会学所访问，并参加"丝绸之路经济带国家社会变迁研讨会"。

(4) 2016 年 9 月 6 ~ 12 日，社会发展战略研究院院长张翼研究员赴泰国和越南访问，并参加"家庭变迁与转换：中国和越南之间视角比较"研讨会。

(5) 2016 年 9 月 12 ~ 30 日，社会发展战略研究院副研究员钟宏武赴印度尼西亚、老挝开展"'一带一路'与海外社会责任"课题调研活动。

(6) 2016 年 10 月 6 日，社会发展战略研究院研究员高勇赴美国休斯敦大学进修。

(7) 2016 年 10 月 23 ~ 28 日，社会发展战略研究院研究员李汉林作为国际社会科学理事会执委会执委中国社会科学院参加在挪威召开的国际社会科学理事会会议。

(8) 2016 年 11 月 6 ~ 10 日，社会发展战略研究院院长张翼研究员出席由代表中国社会科学院和俄罗斯科学院共同举办的"现实与期待：中国梦与俄罗斯梦"等合作研究项目成果发布会，并出席在莫斯科举办的"中俄社会发展与社会治理"研讨会。

(9) 2016 年 11 月 21 ~ 26 日，社会发展战略研究院院长张翼研究员随中国社会科学院代表团参加在智利举办的"中国与智利经济社会发展研讨会"。

**3. 与中国香港、澳门特别行政区和中国台湾开展的学术交流**

2016 年 10 月 14 ~ 16 日，社会发展战略研究院院长张翼研究员赴台湾参加 2016 年"两岸三地人文社会科学论坛"。

## （四）学术期刊

《社会发展研究》（季刊），主编张翼。

2016 年，《社会发展研究》出版 4 期，共计 100 余万字。该刊全年刊载的有代表性的文章有：《社会组织与社会治理》《当代中国社会结构变迁与社会治理》《中国社会发展年度报告（2015）》《结构与变迁：转型过程中的生活机遇与认同意识》《弱者的守望》《当前中国社会各阶层的消费倾向——从生存性消费到发展性消费》《土地流转、阶层重塑与村庄治理创新——基于三个典型村落的调研》《社会新常态：后工业化社会与中产化社会的来临》《共享经济与社会发展成果》《互联网与社会学定量研究》《关于社会景气研究》《教育获得、户籍差异与户籍的意蕴》《农村回迁社区中的村委会角色转型》《“村改居”社区物业管理的主要类型与存在问题》《开展城市居民医疗卫生服务评价的启示》《农产品“市场链”：一个经济社会学分析》《社会工作转向：结构需求与国家策略》《社会法第三法域的定位的偏失与理性回归》。

# 新闻与传播研究所

## （一）人员、机构等基本情况

### 1. 人员

截至 2016 年年底，新闻与传播研究所共有在职人员 45 人。其中，正高级职称人员 10 人，副高级职称人员 11 人，中级职称人员 17 人；高、中级职称人员占全体在职人员总数的 84%。

### 2. 机构

新闻与传播研究所设有：马克思主义新闻学研究室、传播学研究室、媒介研究室、网络学研究室、信息室、编辑室（含《中国新闻年鉴》编辑部和《新闻与传播研究》编辑部）、综合办公室。

### 3. 科研中心

新闻与传播研究所院属科研中心有：新媒体研究中心；所属科研中心有：媒介传播与青少年发展研究中心、传媒发展研究中心、世界传媒研究中心、传媒调查中心、广播影视研究中心。所属实验室有：全球影视与文化软实力实验室、中国舆情调查实验室。所属基地有：中国跨文化传播研究与实践基地、国情调研浙江缙云基地。

## （二）科研工作

### 1. 科研成果统计

2016 年，新闻与传播研究所共完成专著 5 种，122 万字；论文 97 篇，82.7 万字；译文 1 篇，1 万字；理论文章 10 篇，3.5 万字；论文集 3 种，114.9 万字；蓝皮书 1 种，46.5 万字；编辑出版学术期刊 13 期，180 万字；编辑出版年鉴 2 种，344 万字。

### 2. 科研课题

（1）新立项课题。2016 年，新闻与传播研究所共有新立项课题 4 项。其中，国家社会科学基金一般课题 2 项：“冷战时期两岸文宣研究（1949 ~ 1991）”（向芬主持），“移动传播的现状、前景及其影响和对策研究”（黄楚新主持）；所级国情调研基地课题 1 项：“新常态下乡村生态与文化复兴的传播学研究”（赵天晓、卜卫主持）；院青年人文社会科学研究中心社会调研课题 1 项：“地方媒体的‘两微一端’研究：以酒泉市为例”（季芳芳主持）。

（2）结项课题。2016 年，新闻与传播研究所共有结项课题 2 项。其中，所级国情调研基地课题 1 项："新常态下乡村生态与文化复兴的传播学研究"（赵天晓、卜卫主持）；院青年学者资助课题 1 项："三网融合趋势下的版权管理体系研究"（朱鸿军主持）。

（3）延续在研课题。2016 年，新闻与传播研究所共有延续在研课题 8 项。其中，国家社会科学基金特别委托课题 1 项："媒体社会责任报告制度研究"（宋小卫主持）；国家社会科学基金一般课题 3 项："我国社交媒体著作权保护研究"（朱鸿军主持），"移动终端谣言传播与社会认同影响及对策研究"（雷霞主持），"中国网络广告发展史（1997 ~ 2016）"（王凤翔主持）；院亚洲研究课题 1 项："新媒介环境下印度传媒业的发展态势与媒介政策"（张放主持）；所重大课题 1 项："理论新闻传播学基础研究"（宋小卫主持）；全国科学技术名词审定委员会委托课题 1 项："新闻学与传播学名词审定"（唐绪军主持）。

**3. 获奖优秀科研成果**

2016 年，新闻与传播研究所获"第七届优秀皮书类"一等奖 1 项：唐绪军主编的《中国新媒体发展报告（2015）》；获"第九届（2016 年）中国社会科学院优秀科研成果奖"专著类三等奖 1 项：王怡红、胡翼青主编的《中国传播学 30 年》；获"第九届（2016 年）中国社会科学院优秀科研成果奖"论文类三等奖 1 项：殷乐的论文《"八卦新闻"之流变及传播解析》。

## （三）学术交流活动

**1. 学术活动**

2016 年，新闻与传播研究所主办和承办的学术会议如下。

（1）2016 年 1 月 6 日，由新闻与传播研究所、北京第二外国语学院、中国社会科学出版社共同在北京举行"文化传播前沿研究与翻译实践平台"合作框架协议签订仪式。

（2）2017 年 4 月 8 日，由新闻与传播研究所、中国社会科学出版社联合主办的中国新闻传播学新品力作发布会暨《中国新闻传播学年鉴》出版研讨会在北京举行。

（3）2016 年 4 月 21 ~ 22 日，中国新闻年鉴第 35 届全国工作会议在河北省石家庄市召开。中央主要新闻媒体、部分省（市、区）新闻媒体的代表共 50 余人参加会议。

（4）2016 年 6 月 21 日，以"新契机　新挑战　新实践"为主题的《中国新媒体发展报告》（2016）发布暨新媒体发展研讨会

2016年6月，"新契机 新挑战 新实践《中国新媒体发展报告》（2016）发布暨新媒体发展研讨会"在北京召开。

在北京举行。会议由新闻与传播研究所和社会科学文献出版社联合举办。

（5）2016 年 8 月 22 ~ 23 日，由中国社会科学院学部主席团主办，中国社会科学院新闻与传播研究所和丹麦哥本哈根大学媒介、认知与传播系协办的“信息传播技术、发展与社会变革——中国社会科学论坛”在北京召开。共有 60 余名中外代表参加论坛。

（6）2016 年 10 月 15 ~ 16 日，由中国新闻文化促进会传播学分会、中国社会科学院新闻与传播研究所、南京大学新闻传播学院共同主办的第十三届中国传播学大会暨南京大学新闻传播专业建设 80 周年庆典在南京大学举行。来自中国社会科学院、清华大学、北京大学、中国人民大学、复旦大学、北京师范大学、浙江大学、南京大学、武汉大学、四川大学、中国传媒大学以及中国台湾地区的近 200 位新闻传播学领域的专家学者等参加会议。

2016年10月，“全球视野 中国实践 中外合作互联网治理论坛”在北京举行。

（7）2016 年 10 月 22 日，由中国社会科学院新闻与传播研究所和北京师范大学新闻传播学院主办，加拿大多伦多大学麦克卢汉中心和美国宾夕法尼亚大学互联网政策观察室协办的首届中外合作互联网治理论坛在北京举办。来自中国、法国、美国、加拿大、日本、丹麦、喀麦隆等国家的专家学者参加会议。会议的主题是“全球视野　中国实践”。

（8）2016 年 11 月 19 ~ 20 日，由中国新闻史学会、中国社会科学院新闻与传播研究所、华中科技大学新闻与信息传播学院联合主办的第二届中国新闻史青年学者论坛在华中科技大学召开。会议的主题是“脉络与洞见——中国新闻史的个案研究及其超越”。

（9）2016 年 11 月 24 日，由中国社会科学院舆情调查实验室与腾讯公司联合举办的“中国网络舆情生态分论坛”在北京召开。会议的主题是“2016 年网络舆情生态环境下的新特征与新趋势”。

（10）2016 年，新闻与传播研究所中国舆情调查实验室共举办了 6 次“新媒体与大数据沙龙”。主题分别为“构建新媒体 + 舆情大数据的共享平台”“深入探讨新媒体时代的新影响力传播”“2016 中国旅游影响力论坛”“舆情大数据与国家治理现代化”“新媒体与政务舆情管理”“中国（袁家村）乡村旅游高峰论坛”。

**2. 国际学术交流与合作**

2016 年，新闻与传播研究所共派遣出访 16 批 20 人次，接待来访 3 批 16 人次。与新闻与传播研究所开展学术交流的国家有英国、丹麦、美国、日本、比利时、荷兰、南非等。

（1）2016 年 1 月 24 日至 2 月 3 日，新闻与传播研究所研究员姜飞赴肯尼亚、坦桑尼亚、南非三国，就中国媒体对非国际传播效果进行调研。

（2）2016 年 2 月 2 ~ 10 日，美国密苏里大学副教授田艳到新闻与传播研究所访问，访问主要议题包括人际传播、大众传播和新媒体等方面。

（3）2016 年 6 月 9 ~ 14 日，新闻与传播研究所研究员殷乐赴日本开展学术交流。一是参加国际传播协会 2016 年年会，二是应邀与哥本哈根大学媒介、认知与传播系教授克劳斯・延森领衔的项目团队会谈，讨论“人民的互联网”和中外互联网治理论坛合作事宜。

（4）2016 年 8 月 22 ~ 31 日，新闻与传播研究所研究员姜飞受邀参加由文化部组织的“对外传播能力建设海外调研小组团”访问了芬兰、比利时和丹麦。

（5）2016 年 9 月 1 ~ 30 日，新闻与传播研究所研究员黄楚新赴美国密苏里大学进行学术访问。

（6）2016 年 10 月 18 日，由中华全国新闻工作者协会邀请的，以俄罗斯记者联盟秘书沙菲尔・铁木儿为团长的俄罗斯新闻代表团一行 6 人到新闻与传播研究所访问。访问的主题是“中国在新闻媒体立法、监督、管理方面的制度和措施”。

（7）2016 年 12 月 4 ~ 11 日，党委书记赵天晓研究员、编辑室主任钱莲生编审、信息室主任杨瑞明副研究员、媒介室主任殷乐研究员等一行 6 人，赴丹麦哥本哈根大学和荷兰阿姆斯特丹大学参加国际会议并探讨进一步深化双边交流合作的领域和方式。

**3. 与中国香港、澳门特别行政区和中国台湾开展的学术交流**

（1）2016 年 2 月 17 ~ 20 日，新闻与传播研究所研究员卜卫赴香港参加由香港中文大学和浸会大学主办的“数字文化与公共领域”国际研讨会。

（2）2016 年 3 月 1 ~ 31 日，新闻与传播研究所副研究员朱鸿军赴香港参加香港城市大学媒体与传播系举办的“中国大陆新闻传播青年学者访问项目 2015 ~ 2016”。

（3）2016 年 4 月 5 日 ~ 5 月 4 日，新闻与传播研究所副研究员向芬赴香港参加香港城市大学媒体与传播系举办的“中国大陆新闻传播青年学者访问项目 2015 ~ 2016”。

（4）2016 年 7 月 4 ~ 12 日，新闻与传播研究所博士后黄艾受邀参加了由台湾政治大学传播学院举办的“两岸传播青年学者学术交流会”。

（5）2016 年 9 月 16 ~ 18 日，新闻与传播研究所所长唐绪军研究员赴香港参加“《传播与社会学刊》十周年暨华人传播研究与学术期刊国际学术会议”。

## （四）学术社团、期刊

### 1. 期刊

（1）《新闻与传播研究》（月刊），主编唐绪军。

2016年，《新闻与传播研究》共出刊13期，共计180万字。该刊全年刊载的有代表性的文章有：黄楚新、王丹、任芳言的《试论习近平的新媒体观》，谢新瑚、李冰的《新媒体在凝聚共识中的主渠道作用与实现路径》，周勇的《尊重网络传播规律 促进网络健康发展》，吴信训的《为人民讲话 让人民讲话 讲人民的话——习近平新闻思想的人民观》，邓绍根的《"党媒姓党"的理论根基、历史渊源和现实逻辑》，黄旦的《报纸革命：1903年的〈苏报〉》，周叶飞的《报刊与政府关系的重组：报律风波中的"共和"想象》，郭恩强的《作为关系的新闻纸：〈申报〉与晚清义赈》，季凌霄的《大世界与〈大世界报〉：空间、报纸与娱游者》，於红梅的《数字媒体时代城市文化消费空间及其公共性》，陈霖的《城市认同叙事的展演空间》，马中红的《第三种论坛：体制性网络空间的公共性透视》，杜丹的《镜像苏州：市民参与和话语重构》。

（2）《中国新闻年鉴》（年刊），主编钱莲生。

《中国新闻年鉴2016》是该刊自1982年创刊以来连续编辑出版的第35卷，它全面系统地记录了2015年中国新闻传播事业的发展变化情况。

该卷卷首图片记录了2015年党和国家领导人对新闻界的亲切关怀以及重大报道、重要活动、事业发展、友好往来、重要会议等的精彩瞬间。正文内含"重要文献""事业发展""学术成果""综合资料"四大版块，涵盖20编。具体内容如下。

"重要文献"包括"要文""典章"两编。"事业发展"包括"综述""中央主要新闻媒体、社团概况""各地新闻事业概况""港澳台新闻传播业概况""新媒体"五编。"学术成果"包括"习近平新闻思想研究专题""高峰论坛""新论""经验与思考""史海钩沉""新书""调查"七编。"综合资料"包括"评奖与表彰""人物""机构""统计""纪事""附录"六编。

该卷年鉴重点突出：其一，凸显年度新闻实务研究热点。根据2015年新闻学研究热点，特别设立了"习近平新闻思想研究专题"，在"新论"栏目里选取了"舆论导向""传媒生态""国际传播""媒体融合""大数据与传媒""媒体智库"等关键概念，集纳了相关研究的优秀成果。其二，凸显年度新闻界亮点。"综述"特别刊发了中国记协发布的《中国新闻事业发展报告（2015）》。

该卷在卷首编制了《本刊所涉缩略语释读》。

## （五）会议综述

# 中国新闻传播学新品力作发布会暨《中国新闻传播学年鉴》出版研讨会

2016年4月8日，由中国社会科学院新闻与传播研究所、中国社会科学出版社联合主办的中国新闻传播学新品力作发布会暨《中国新闻传播学年鉴》出版研讨会在北京举行。中国社会科学院副院长李培林出席会议并讲话。

李培林在讲话中指出，中国的新闻传播学历史很短，尤其是传播学引进中国只不过30多年，如何建立起中国自己的学科话语体系，是中国新闻传播学人不可推卸的历史责任与时代使命。中国社会科学院新闻与传播研究所作为国家级的专业研究机构，更是责无旁贷。今天推出的这批新品力作，可谓硕果累累。这批成果既是中国社会科学院创新工程的一个缩影，也是科研院所与出版单位合作的一个范例。

中国社会科学院新闻与传播研究所所长唐绪军具体介绍了这批新品力作。他说，2013年至2015年是新闻与传播研究所实施创新工程的第一期，这一期创新工程的总题目是“变革中的新闻与传播：理论构建与实践探索”。在这一总题目下设置了7个子项目，产出了一大批科研成果。今天在这里发布的只是其中的一部分，是对首期创新工程的一个总结，也是为“十三五”时期开启新一轮创新工程打下的一块基石。

发布会发布的新品力作，既有基础性的研究成果，如《马克思主义新闻传播史论的研究历程——中国学界文选》、《中国跨文化传播研究年刊》（中英文版），也有引领示范性的优秀论文集，如《治学例话——全国新闻传播学优秀论文品鉴》《新闻学传播学文摘》；还有大型资料性的年刊，如《中国新闻年鉴2015》《中国新闻传播学年鉴2015》。

《中国新闻传播学年鉴》是我国第一部新闻传播学科学术年鉴。2015卷为创刊号，在回溯百年中国新闻传播学术发展历程的基础上，全面记录、真实反映了2014年我国新闻传播学研究和新闻传播教育事业取得的成果与实绩。

中国社会科学院科研局局长马援、中国社会科学出版社社长兼总编辑赵剑英，教育部高等学校新闻传播类专业教育指导委员会秘书长高晓虹，中国新闻史学会会长、清华大学新闻与传播学院副院长陈昌凤先后致辞。会议还给第三届（2014年度）全国新闻传播学优秀论文遴选活动获奖者代表颁发了证书。发布会由中国社会科学出版社副社长李丕光主持。

来自北京大学、清华大学、中国人民大学、复旦大学、浙江大学等全国各大新闻传播学院系和研究机构的主要负责人及专家学者约70人参会。

（钱莲生）

## 新契机·新挑战·新实践
## 《中国新媒体发展报告》(2016) 发布暨新媒体发展研讨会

2016年6月21日，以“新契机·新挑战·新实践”为主题的《中国新媒体发展报告》(2016) 发布暨新媒体发展研讨会在北京举行。中国社会科学院副院长、党组成员李培林，中央网信办网络新闻信息传播局副局长陈云峰，社会科学文献出版社社长谢寿光出席会议并致辞。中国社会科学院新闻与传播研究所党委书记、副所长赵天晓主持了发布会。

李培林在讲话中指出，《中国新媒体发展报告》的影响力越来越大。过去的一年，仍然是中国互联网快速发展的一年。互联网已经深度嵌入中国社会发展的各个层面，成为媒体深度融合的新引擎，成为提升中国国际话语权、文化软实力的重要传播平台。互联网一方面成为中国社会转型升级的催化器，另一方面也促使网络空间治理达到前所未有的程度。我国在网络立法、行政监管、技术控制等领域采取了多项新举措，正在探索一条具有中国特色的治网之道，而共享资源、联合共治已经成为全球网络空间治理的新态势。

《中国新媒体发展报告》主编、中国社会科学院新闻与传播研究所所长唐绪军研究员介绍了新媒体蓝皮书的主要内容。2016年度新媒体蓝皮书分为总报告、热点篇、调查篇、传播篇和产业篇五个部分，深入探讨了中国网络空间新型犯罪、个人信息安全、媒体融合、互联网国际舆论、微信谣言、电子商务、新媒体新闻、搜索引擎、新媒体版权、云传播、微视频。同时，还总结了中国移动阅读、电视融媒体、手机视频、中外数字报纸等新媒体产业的发展状况。

蓝皮书对中国新媒体发展的未来提出了十大展望。“互联网+”效应持续显现，将成为全产业发展经济驱动因素；移动互联领域成为新媒体发展主战场，移动化发展热潮不减；媒体融合发展成为行业自觉；新的媒体生态圈和媒体生态系统逐步成形；视频直播、微视频、移动视频进入盈利阶段，移动广告成为新的发力点；智能技术向跨行业渗透，逐步进入相对理性发展时期；网络文化产业发展进一步推进，提质增效是重点；微政务精细化发展，网络舆论影响政府决策和中国政治进程；自媒体“变现”热潮涌现；新媒体资本市场合作与竞争并存。

蓝皮书的各分报告也提出了一些新发现、新观点。例如，“版权侵犯已成为制约新媒体发展的瓶颈”“青少年参与网络犯罪的‘暴力化’倾向愈加明显”“超四成人‘讨厌’大数据”等。

来自中央网信办、中国国际广播电台、中国社会科学网、中国人民大学、清华大学、北京大学、中国传媒大学、上海大学等单位的专家学者100余人对当前新媒体发展的热门问题，如“互联网+”、网络安全、大数据、媒体融合等进行了探讨。

(黄楚新)

## 中国社会科学论坛——“信息传播技术、发展与社会变革”国际研讨会

2016年8月22～23日，以“信息传播技术、发展与社会变革”为主题的中国社会科学论坛在北京召开。论坛由中国社会科学院学部主席团主办，中国社会科学院新闻与传播研究所与丹麦哥本哈根大学媒介、认知与传播系联合承办，旨在探讨信息传播技术在发展和社会变革中的角色和作用，并推动以人为本的发展传播学理念。

此次论坛邀请了来自丹麦、瑞典、英国、芬兰、联合国开发署、联合国儿童基金会等国际机构，中国社会科学院等国内相关学者以及国内发展项目的机构人员参会。

论坛开幕式由中国社会科学院新闻与传播研究所党委书记赵天晓主持。中国社会科学院新闻与传播研究所所长唐绪军致欢迎词，他说，信息传播技术对社会的发展和变革是多样化的，而广泛的借鉴有助于相互取长补短。丹麦哥本哈根大学媒介、认知与传播系副系主任施蒂格·夏瓦在开幕式上发言，表达了与中国学者进行学术合作的良好意愿。

此次会议共包含四个分论坛和一个特别论坛。四个分论坛的议题分别是“媒介化：社会和文化变迁中的媒体”“信息通信技术与以人为本的发展”“推动社会变迁的社区影像”“跨文化与跨传播研究的比较方法论”。特别论坛的主题为“信息传播技术与社会变革——来自发展传播项目的声音”。中外学者集中讨论了社会和文化变迁中的媒介化、信息传播技术与社会发展以及研究的历史视角、跨文化视角、跨媒介视角等重要理论和实践议题。

（卜　卫）

## 第十三届中国传播学大会

2016年10月15～16日，第十三届中国传播学大会暨南京大学新闻传播专业建设80周年庆典在南京大学举行。大会由中国新闻文化促进会传播学分会、中国社会科学院新闻与传播研究所、南京大学新闻传播学院共同主办。来自中国社会科学院、清华大学、北京大学、中国人民大学、复旦大学、北京师范大学、浙江大学、南京大学、武汉大学、四川大学、中国传媒大学以及中国台湾地区的近200位新闻传播学领域的专家学者、硕士生博士生参加会议。

开幕式上，中国新闻文化促进会传播学分会会长唐绪军研究员与南京大学党委副书记朱庆葆教授共同主持了南京大学首届“孙明经奖”的启动仪式。中国社会科学院新闻与传播研究所副所长季为民研究员宣布了第四届（2015年度）全国新闻传播学优秀论文遴选结果。唐绪军为10篇优秀论文的作者或代表颁发了荣誉证书。

会议的主题是“公共传播：新理念、新挑战、新机遇”。唐绪军在题为“新的传播时代呼唤新的传播概念——略论‘公共传播’与‘注意义务’在当下的适用性”的主旨演讲中，建议以“公共传播”的概念统称传统媒体和新兴媒体面向不特定人群的开放性传播活动，并且以

“注意义务”与之配套，从而将“一个标准、一个要求、一条底线”的要求，一视同仁地实施于对传统媒体和新兴媒体的统一管理。

浙江大学传媒与国际文化学院院长吴飞教授阐述了构建公共传播学的几点思考。他认为，快速的社会变迁为中国的传播学研究提供了丰富的研究问题和研究案例，期待通过建构公共传播学来对传播业态变化和传播学困境加以突破，在有冲突性的传播现场中能够听到传播学者的声音。

北京师范大学新闻传播学院执行院长喻国明教授则立足于当代传播技术发展带来的新规则展望新闻传播学的发展。他认为，当下是被激活的时代，需要用复杂性思维去考虑互联网传播。他指出，未来传播学最重要的几个研究领域是个人激活、关系资源和场景要素。

与会学者分别就“传播理论发展与范式转型”“公共传播的理论与实践”“公共传播视野中的国际传播”和“公共传播时代：中国经验”等专题进行了交流和探讨。

（张　丹）

## 互联网治理：实践、规则与发展
## ——首届中外合作互联网治理论坛会议综述

2016 年 10 月 22 日，首届中外合作互联网治理论坛在北京举行。论坛以“全球视野，中国实践”为主题，由中国社会科学院新闻与传播研究所和北京师范大学新闻传播学院联合举办，加拿大多伦多大学麦克卢汉中心和美国宾夕法尼亚大学互联网政策观察室协办。中国社会科学院副院长李培林、北京师范大学校长董奇、中国网络空间研究院副院长侯云灏出席论坛并致辞。中国社会科学院新闻与传播研究所党委书记、副所长赵天晓主持开幕式。来自中国、法国、美国、加拿大、丹麦、喀麦隆等国高校和研究机构的 20 余名专家学者参加会议。

此次论坛由开幕词、主题发言和四个分论坛组成。四个分论坛的议题分别是“中国互联网治理的实践与思考”“全球互联网治理的政策、法规与模式”“互联网治理的发展与态势”“互联网治理的多面向讨论”。

中国社会科学院副院长李培林在致辞中强调，要不断深化全球互联网治理的合作，加强共享资源、联合打击网络空间犯罪，维护网络空间的安全与秩序。北京师范大学校长董奇也强调建立多边、民主、透明的全球互联网治理体系的重要性。中国网络空间研究院副院长侯云灏在致辞中提出要尊重网络空间主权、加快规范网络空间秩序、共同制定网络空间国际规则、深入探究网络空间发展规律、积极构建网络空间命运共同体。

中国社会科学院新闻与传播研究所所长唐绪军研究员把互联网治理的“中国方案”概括为“一个目标、两大支点、三个理念、四项原则和五点主张”。北京师范大学新闻传播学院执行院长喻国明教授探讨了互联网治理规则的制定原则与关键要素，认为互联网治理的关键在于基于治理目标和诉求建立一整套相关的规则体系以及基于这种规则体系的实践、逻辑。法国巴黎第九大学教授埃里克·布劳萨通过梳理互联网治理的历史指出，国际互联网治理的核心以渐进的方式转变成如今的国际电信联盟和互联网名称与数字地址分配机构之间的治理权之争。美国宾夕法尼亚大学教授 Monroe Price 通过视频发表了主题演讲，重点提出了互联网治理研究的几组关键概念。

在讨论关于“互联网治理的中外实践”议题时，多伦多大学教授 Andrew Clement 探讨了全球范围内的国家对互联网行为的监督问题，展示了斯诺登事件中公开的文件里显示出的互联网数据交通情况。多伦多大学教授 Derrick de Kerckhove 分享了新加坡在数据信息管理方面的实践，呼吁大家“数字独裁”的社会和政治影响。北京师范大学新闻传播学院张洪忠通过实证调研的数据比较了网民对中央和地方政府的信任度。中国传媒大学教授王四新分析了中国互联网经验的成功原因以及其面临的问题，梳理了中西方在网络治理中的异同。中国社会科学院苗伟山通过对 233 个政策的内容分析和社会网络分析，描述了中国互联网从 1994 年到 2015 年的政策变迁。

在讨论关于“互联网治理的发展和挑战”议题时，英国约克大学和加拿大多伦多大学教授 Dominique Scheffel-Dunand 选取了多组互联网标识符号，研究它们在国际范围内的意识内涵转化过程。法国巴黎第八大学和中国香港城市大学教授教授 Maurice Benayoun 从互联网的发展和全球化的角度探索了对互联网理解的新视角。丹麦哥本哈根大学 Rasmus Helles 从国民对媒体的使用角度分析了互联网作为一种战略性的资源对于普通人日常生活产生的影响。北京第二外国语学院教授梁虹从文化研究角度提出了互联网治理中存在于技术与文化间的困境。针对互联网治理所面临的挑战，中国国际问题研究院欧洲所徐龙第总结了网络冲突的类型，主要有语言冲突、认知或者观念冲突、利益冲突以及国家间军事冲突或网络战争四种。上海社会科学院信息安全中心惠志斌从数据跨境流动展开论述，讨论了数据跨境流动的控制与利用。中国社会科学院新闻与传播研究所殷乐分享了“互联网治理中的隐私议题”的研究，从私人关系、私生活在中国演变的历史视角出发，总结了从 20 世纪 80 年代到现在人们隐私观念变化的不同阶段。汕头大学教授加藤隆则提出了对“互联网治理的答案在互联网上”的质疑，他的演讲集中在互联网时代的泄密问题。

在讨论关于“国际互联网治理的顶层设计”议题时，清华大学教授崔保国发表题为“论网络空间治理模式的合理性与可行性”的演讲，着重研究了世界互联网新秩序的构建问题。上海国际问题研究院全球治理研究所鲁传颖对国际互联网治理的多利益攸关方模型展开论述，他指出互联网治理体系经过了技术化、商业化以及安全与政治化三个阶段。

在讨论关于“互联网治理的中国方案”议题时，中国社会科学院法学研究所副教授支振锋从主权概念的历史演进出发提供了网络主权的理论证成。上海大学影视学院教授张咏华指出互联网传播特点对治理模式的传承和发展提出了呼唤，着重强调国家对业界和公众参与互联网治理的鼓励。暨南大学新媒体研究中心教授谭天强调了被忽略的互联网伦理问题，指出目前面临着两个问题，互联网自身构建的缺失和现实伦理与网络伦理的冲突。中国社会科学院美国研究所张国庆指出，当下互联网的生态环境并不是很好，需要从多角度提升治理水平。

此次论坛从全球视野出发，强调多学科的交叉碰撞，以中国实践为立足点，着眼于全球发展，为推动互联网治理的健康发展贡献了智慧。

（苗伟山）

# 国际研究学部

## 世界经济与政治研究所

### （一）人员、机构等基本情况

**1. 人员**

截至2016年年底，世界经济与政治研究所共有在职人员110人。其中，正高级职称人员25人，副高级职称人员31人，中级职称人员36人；高、中级职称人员占全所在职人员总数的84%。

**2. 机构**

世界经济与政治研究所设有：全球宏观经济研究室、国际金融研究室、国际贸易研究室、国际投资研究室、经济发展研究室、国际政治理论研究室、国际战略研究室、国际政治经济学研究室、马克思主义世界政治经济理论研究室、全球治理研究室、世界能源研究室、《世界经济》编辑部、《世界经济与政治》编辑部、《国际经济评论》编辑部、《中国与世界经济》（英文）编辑部、《世界经济调研》（内刊）编辑部、《世界经济年鉴》编辑部以及办公室、科研处、党委办公室（人事处）、办公室、杂志社、资料信息室。

**3. 科研中心**

世界经济与政治研究所所属科研中心有国际金融研究中心、全球并购研究中心、世界经济史研究中心、公司治理研究中心、发展研究中心、国际经济与战略研究中心。

### （二）科研工作

**1. 科研成果统计**

2016年，世界经济与政治研究所共完成中文专著26种664.6万字；译著5种144.45万字；工具书1种139.2万字；皮书2种62.6万字；普及读物3种18万字；论文集3种80万字；论文226篇176万字；译文12篇4.1万字。

**2. 科研课题**

（1）新立项课题。2016 年，世界经济与政治研究所共有新立项课题 7 项。其中，国家社会科学基金课题 3 项："TPP 对亚太价值链和中国参与亚太价值链分工的双重影响评估研究"（苏庆义主持），"亚投行与现有多边开发机构的竞争性与互补性研究"（刘玮主持），"中国与非洲国家建立合作共赢利益共同体研究"（徐晏卓主持）；国家社会科学基金中华外译课题 1 项："《中国与世界经济》英文刊"（余永定主持）；国家自然科学基金课题 1 项："国外科学基金项目科研人员薪酬法律制度研究"（韩冰主持）；院国情调研重大课题 1 项："中国海外利益保护调研"（张明主持）；所级国情调研基地课题 1 项："'一带一路'战略下的中国对外开放格局研究——以胶州为例"（陈国平主持）。

（2）结项课题。2016 年，世界经济与政治研究所共有结项课题 9 项。其中，国家社会科学基金课题 1 项："二十国集团面临的全球治理重点问题研究"（高海红主持）；国家自然科学基金课题 4 项："G20 主要经济体短期 GDP 和 CPI 走势预测"（何新华主持），"APEC 地区贸易、投资和产业分工研究——基于全球价值链视角的分析"（宋泓主持），"贸易增加值核算体系的演进及影响：国际比较"（马涛主持），"全球价值链下 APEC 地区贸易投资与生产网络发展趋势"（东艳主持）；软科学课题 1 项："国际投资规则新趋势及其对中国经济的影响"（田丰主持）；院国情调研重大课题（子课题）1 项："海上丝绸之路沿线国家与省份调研"（张明主持）；所级国情调研基地课题 1 项："'一带一路'战略下的中国对外开放格局研究——以胶州为例"；所课题 1 项："世界经济与国际政治学科研究综述（1978 ~ 2012）"（张宇燕主持）。

（3）延续在研课题。2016 年，世界经济与政治研究所共有延续在研课题 27 项。其中，国家社会科学基金课题 10 项："全球经济治理结构变化与我国应对战略研究"（张宇燕主持），"亚太区域一体化美国路线图与亚洲路线图的竞争性和相容性及中国对策研究"（东艳主持），"新安全观视野下新兴国家参与全球治理的制度性权力建构及其路径选择"（任琳主持），"低碳经济下金砖国家产业发展与经济增长模式研究"（马涛主持），"国际组织分析的社会学路径研究"（袁正清主持），"经济史与国际比较视角下以中国为代表的新兴大国经济转型中的产业发展选择研究"（李毅主持），"跨境制度匹配、对外直接投资与中国价值链升级研究"（李国学主持），"未来十年金砖国家合作的发展趋势及影响因素研究"（徐秀军主持），"我国预防腐败体制机制的国际借鉴研究"（彭成义主持），"联盟政治与中美新型大国关系的冲突管控研究"（杨原主持）；国家自然科学基金课题 2 项："企业动态视角下中国内需变动影响出口增长的机制及政策应对研究"（高凌云主持），"人民币有效汇率重估及中国对外竞争力再考察——基于 GVC 视角的分析"（杨盼盼主持）；"马克思主义理论研究和建设工程"课题 1 项："习近平文献（1989 ~ 2014 年）的引文研究"（石新香主持）；院基础研究学者计划课题 2 项（欧阳向英、李国学主持）；所重点课题 12 项："中国的印度洋战略区安全构想"（主父笑飞主持），"泛太平洋战略经济伙伴关系协定与中国的对策"（张琳主持），"中国出口的专业化之路及其影响因素”（高凌云主持），“中国对外金融资产负债失衡与金融调整”（肖立晟主持），“后起国家走向制造强国的产业路径研究：中国产业可持续发展的一项国际比较”（李毅主持），“BIT、制度非中性与‘走出去’战略”（贾中正主持），“基于大宗商品计价的人民币国际化研究”（陆婷主持），“全球公域治理研究”（任琳主持），“中国对外直接投资与经济转型升级”（王碧珺主持），“美国对外援助的国内政治影响”（肖河主持），“基于全球价值链视角的人民币有效汇率”（杨盼盼主持），“全球价值链背景下中国国际分工地位现状及提升对策研究”（苏庆义主持）。

**3. 获奖优秀科研成果**

2016 年，世界经济与政治研究所获“第九届（2016 年）中国社会科学院优秀科研成果奖”论文类二等奖 1 项：姚枝仲、田丰、苏庆义的论文《中国出口的收入和价格弹性》；获“第九届（2016 年）中国社会科学院优秀科研成果奖”专著类三等奖 2 项：黄薇、郑海涛、任若恩的专著《国际经济研究中的多边分析方法与应用》，徐进的专著《暴力的限度：战争法的国际政治分析》；获“第九届（2016 年）中国社会科学院优秀科研成果奖”论文类三等奖 1 项：东艳、约翰·沃利的论文“How Large are the Impacts of Carbon Motivated Border Tax Adjustments”（《碳边界调节措施的影响分析》）。

## （三）学术交流活动

**1. 学术活动**

2016 年，世界经济与政治研究所主办和承办的重要学术会议如下。

（1）2016 年 1 月 6 日，由世界经济与政治研究所和社会科学文献出版社共同主办的“《国际形势黄皮书》（2016 年）发布会”在北京举行。

（2）2016 年 1 月 27 ~ 28 日，由深圳市人民政府、世界经济与政治研究所、上海国际问题研究院、中国人民大学重阳金融研究院、英国皇家国际问题研究所主办，深圳前海深港现代服务业合作区管理局承办的“T20 前海国际金融论坛”在深圳举行。会议的主题是“T20 前海国际金融论坛——全球金融治理与创新”。

（3）2016 年 2 月 25 ~ 26 日，由世界经济与政治研究所、上海国际问题研究院、中国人民大学重阳金融研究院共同主办的二十国集团智库会议（T20）第三次会议在上海举行。会议的主题是“多边开发银行与 G20 发展议程”。

（4）2016 年 4 月 13 日，上海国际问题研究院、世界经济与政治研究所、中国人民大学重阳金融研究院和布鲁金斯学会在美国华盛顿联合举办了 T20 海外分论坛。会议的主题是“中国担任主席国：推动增长和可持续发展”。

（5）2016 年 4 月 13 ~ 14 日，世界经济与政治研究所和亚洲开发银行研究院在北京举办了主题为“亚洲中等收入陷阱与中国经济新常态”的学术研讨会。

（6）2016 年 4 月 25 ～ 26 日，由世界经济与政治研究所、上海国际问题研究院、中国人民大学重阳金融研究院以及秘鲁太平洋大学中国—秘鲁研究中心、德国经济政策论坛共同主办的二十国集团智库会议在秘鲁首都利马举行。会议的主题是“包容性增长国际发展融资体系：发展中国家合作与共同繁荣”。

（7）2016 年 5 月 12 ～ 13 日，由德国发展研究所、艾伯特基金会、上海国际问题研究院、世界经济与政治研究所和人大重阳联合举办的 T20 会议在德国柏林举行。会议的主要议题是“2030 议程和可持续发展路径、国际合作、中国和德国担任 G20 主席国”。

（8）2016 年 5 月 27 ～ 28 日，世界经济与政治研究所、中国国际文化交流中心与中国新兴经济体研究会在北京联合主办了“2016 年新兴经济体智库圆桌会”。

2016年5月，“2016年新兴经济体智库圆桌会”在北京召开。

（9）2016 年 6 月 8 日，由世界经济与政治研究所、上海国际问题研究院、中国人民大学重阳金融研究院以及 WTO、贸易与可持续发展中心、国际贸易、发展和经济治理咨询中心联合主办的 T20 系列活动之贸易与投资会议在瑞士日内瓦召开。会议的主题是“贸易与投资议题——面向全球与未来的经贸投资新规则”。

（10）2016 年 6 月 13 日，由印度智库 Gateway House、印度外交部、世界经济与政治研究所、上海国际问题研究院与中国人民大学重阳金融研究院联合举办的 T20 系列活动第八场会议在印度孟买举行。会议的主题是“T20 会议：全球经济治理”。

（11）2016 年 6 月 17 ～ 19 日，由世界经济与政治研究所、上海国际问题研究院、中国人民大学重阳金融研究院共同主办，浙江大学中国西部发展研究院、经济学院、教育学院、民营经济研究中心承办，安吉县人民政府协办的 T20 系列活动第九场会议在浙江安吉召开。会议的主题是“创新、新经济与结构改革”。

（12）2016 年 7 月 1 日，由中国社会科学院亚洲研究中心主办，世界经济与政治研究所承办的“第六届亚洲研究论坛”在北京召开。会议的主题是“清迈协定的多变主义和亚洲合作”。

（13）2016 年 7 月 29 ～ 30 日，由世界经济与政治研究所、上海国际问题研究院、中国人民大学重阳金融研究院共同主办的“G20 智库论坛（T20）：建设新型全球关系——新动力、新活力、新前景”峰会在北京召开。

（14）2016 年 8 月 1 日，由世界经济与政治研究所与瑞士日内瓦贸易和可持续发展中心联合主办的“2016年G20贸易和投资议题成果评估研讨会”在北京召开。

（15）2016年8月4日，由青海省社会科学院、世界经济与政治研究所、国际关系学院联合主办的“第七届国际政治经济学论坛”在青海省西宁市举行。

（16）2016年9月26日，由国务院新闻办公室主办，中国社会科学院以及世界经济与政治研究所承办的“‘一带一路’国际研讨会”的智库分论坛在陕西省西安市举行。会议的主题是“共同的记忆和共赢的发展”。

（17）2016年11月6日，由中国社会科学院学部主席团主办，世界经济与政治研究所、中国新兴经济体研究会、中国国际文化交流中心、广东工业大学、广东省新兴经济体研究会承办的中国社会科学院智库论坛系列之“G20：从杭州到汉堡”国际研讨会在广东省广州市召开。

2016年11月，“负利率时代的金融风险及其防范”研讨会在北京召开。

（18）2016年11月28日，由中国社会科学院与日本明治大学联合主办、世界经济与政治研究所承办的“负利率时代的金融风险及其防范”研讨会在北京召开。

（19）2016年12月20日，由世界经济与政治研究所和社会科学文献出版社共同主办的“2017年《世界经济黄皮书》《国际形势黄皮书》发布会”在北京举行。

**2. 国际学术交流与合作**

2016年，世界经济与政治研究所共派遣出访125批189人次，接待来访255批600多人次。其中，执行2016年度院级对外学术交流协议出访7批12人次；接待来访的外国学者7批9人次；接待执行院级对外学术交流协议的来访学者5批6人次。与世界经济与政治研究所开展学术交流的国家有美国、加拿大、俄罗斯、墨西哥、澳大利亚、英国、法国、德国、瑞士、希腊、荷兰、阿根廷、日本、韩国、越南、新加坡、土耳其、马来西亚、印度尼西亚、印度、斯里兰卡、缅甸、沙特阿拉伯等。

（1）对外学术交流活动如下：

① 2016年1月18～22日，世界经济与政治研究所所长张宇燕研究员率团赴沙特阿拉伯进行学术访问。

② 2016年3月28日，世界经济与政治研究所所长张宇燕研究员、副所长邹治波研究员等会见美亚学会第102批美国国会议员助手团一行，双方就中美关系、朝核问题和战略安全等

问题进行交流。

③ 2016 年 3 月 29 ~ 30 日，应韩国高等教育财团的邀请，世界经济与政治研究所所长张宇燕研究员赴韩国首尔参加“第二届中国系列讲座”，并就“一带一路”倡议及其推进路径进行演讲。

④ 2016 年 4 月 13 ~ 17 日，世界经济与政治研究所国际贸易研究室副研究员苏庆义等赴瑞士日内瓦参加联合国贸发会议“促进经济一体化与合作问题”多年期专家会第四次会议。

⑤ 2016 年 4 月 24 日至 5 月 2 日，世界经济与政治研究所与泛美开发银行、德国国际合作机构以及秘鲁太平洋大学在利马联合举办 T20 研讨会，会议的主题是“以国际发展融资体系促进包容性增长：发展中国家的合作与繁荣”。

⑥ 2016 年 5 月 29 日至 6 月 5 日，世界经济与政治研究所所长张宇燕研究员应邀参加中国宋庆龄基金会组派工作团赴俄罗斯、匈牙利执行工作访问任务。

⑦ 2016 年 6 月 14 日，世界经济与政治研究所所长张宇燕研究员等会见法国财政总署负责双边事务的桑德琳娜·古丹一行，双方就中国“十三五”规划及其他感兴趣的问题进行交流。

⑧ 2016 年 6 月 27 日，世界经济与政治研究所国际金融研究室主任刘东民副研究员、研究员高海红等会见东盟与中日韩宏观经济研究办公室经济学家 Chaipat Poonpatpibul 一行，双方就年度国别经济进行磋商。

⑨ 2016 年 6 月 30 日，世界经济与政治研究所所长张宇燕研究员等会见英国财政部国际经济司副司长理查德·索尔特、英国驻华使馆经济及贸易政策处公使衔参赞麦大伟等，双方就中国宏观经济、目前国际形势对中英两国经济及宏观政策的影响进行交流。

⑩ 2016 年 8 月 1 日，世界经济与政治研究所研究员余永定、张斌会见美国达拉斯美联储银行行长 Robert Kaplan、达拉斯美联储银行国际经济研究事务副行长 Mark A.Wynnc 等一行，并就双方感兴趣的经济问题进行探讨。

⑪ 2016 年 8 月 9 日，世界经济与政治研究所副所长邹治波研究员等会见美亚学会第 106 批美国国会医院助手团一行，双方就中美关系和中美经贸合作等问题进行交流。

⑫ 2016 年 8 月 11 日，世界经济与政治研究所党委书记陈国平研究员等会见越南社科院院长阮光舜等一行，双方就“一带一路”、中国经济、人民币国际化等进行交流。

⑬ 2016 年 8 月 21 ~ 30 日，应外交部邀请，世界经济与政治研究所所长张宇燕研究员、副所长姚枝仲研究员等随外交部代表团赴泰国、菲律宾、越南执行政策宣示和专题调研任务。

⑭ 2016 年 10 月 16 ~ 25 日，世界经济与政治研究所所长张宇燕研究员等应邀组织外交部代表团赴瑞士、英国、美国执行调研宣介任务，就 G20 峰会后的全球经济治理等问题进行交流。

⑮ 2016 年 10 月 22 ~ 26 日，世界经济与政治研究所国际战略研究室主任薛力副研究员参加全国友协组织的代表团赴伊朗进行友好访问。

⑯ 2016 年 11 月 15 日，世界经济与政治研究所余永定研究员会见 OECD 国别三司司长文森特·库恩，双方就中国宏观经济形势、经济转型与风险等话题进行交流。

⑰ 2016 年 11 月 22 日，世界经济与政治研究所所长张宇燕研究员等参加国际货币基金组织第一副总裁大卫·利普顿的演讲会，演讲的主题为“不断演变到全球政治经济新格局：融合还是割裂”。

⑱ 2016 年 11 月 29 日至 12 月 4 日，应德国发展研究所的邀请，世界经济与政治研究所研究员宋泓等赴德国柏林参加 G20 智库峰会德国启动会“营造多样化的凝聚力：紧跟 G20 德国主席年的步伐”系列活动。

⑲ 2016 年 12 月 1 日，世界经济与政治研究所副所长邹治波研究员等会见哈萨克斯坦共和国外交部副部长阿希克巴耶夫·叶尔詹、哈萨克斯坦共和国驻华大使沙赫拉特·努雷舍夫一行，双方就“哈萨克斯坦担任 2017 ~ 2018 年联合国安理会非常任理事国期间的优先倡议”进行交流。

⑳ 2016 年 12 月 6 ~ 11 日，世界经济与政治研究所所长张宇燕研究员陪同王伟光院长赴印度参加中印智库论坛。

（2）正在开展的国际合作研究项目如下。

① 世界经济与政治研究所经济发展研究室副主任毛日昇副研究员承担中国社会科学院与荷兰教育文化科学部等 7 个机构联合开展的 JSTP 合作研究项目“如何组织小农户生产高附加值的食品——合作、信任和农村发展”。

② 世界经济与政治研究所国际投资研究室副研究员韩冰与欧盟合作研究项目“促进全球责任研究与社会和科学创新”（3 年期项目）2016 年 2 月结项。

③ 世界经济与政治研究所经济发展研究室主任徐奇渊副研究员执行中国社会科学院—瑞士苏黎世大学学术互访项目“人民币国际化对中国金融安全的影响与对策”。

④ 世界经济与政治研究所马克思主义国际政治经济学研究室副研究员李燕执行中国社会科学院与白俄罗斯科学院合作研究课题“‘一带一路’战略中的中白工业园：发展战略与未来前景”。

⑤ 世界经济与政治研究所金融研究室主任刘东民副研究员与俄罗斯战略研究所有关学者就推动金砖国家实现本币国际化开展合作研究。

**3. 与中国香港、澳门特别行政区和中国台湾开展的学术交流**

（1）2016 年 1 月 21 ~ 25 日，应香港中华总商会的邀请，世界经济与政治研究所研究员余永定赴香港进行学术访问。

（2）2016 年 3 月 28 日，世界经济与政治研究所所长张宇燕研究员等会见台湾工业技术研究院知识经济与竞争力研究中心主任杜紫宸一行，双方讨论未来的合作事宜。

（3）2016 年 4 月 19 ~ 21 日，应台湾工业技术研究院的邀请，世界经济与政治研究所研究员宋泓等赴台湾参加由台湾工业技术研究院与德国基尔世界经济论坛合办的“全球经济论坛台北研讨会”。

(4) 2016 年 5 月 5 日，世界经济与政治研究所研究员余永定会见台湾《天下》杂志董事长殷允芃、总编辑吴迎春，双方就中国经济等问题进行交流。

(5) 2016 年 6 月 17 日，世界经济与政治研究所国际投资研究室副研究员韩冰等会见台湾工业技术研究院知识经济与竞争力研究中心主任杜紫宸一行，双方就大陆企业的对外直接投资等问题进行交流。

(6) 2016 年 6 月 20 日，世界经济与政治研究所研究员余永定会见香港政府中央政策组顾问雷竞旋，双方就中国经济及未来发展问题进行交流。

(7) 2016 年 6 月 26 ~ 27 日，应中国工商联房地产商会香港分公司邀请，世界经济与政治研究所全球宏观经济研究室主任张斌研究员赴香港参加中国工商联房地产商会香港分公司季度午餐会活动并发表主题演讲，演讲的题目为“中国的经济结构转型与人民币汇率”。

(8) 2016 年 7 月 19 日，世界经济与政治研究所国际金融研究室副主任肖立晟副研究员会见日本瑞汇银行香港分行分析师陈淑洁，双方就外汇市场相关问题进行交流。

(9) 2016 年 8 月 1 日，世界经济与政治研究所所长张宇燕研究员接受香港《文汇报》华北新闻中心记者的采访，双方就 G20 相关问题进行交流。

(10) 2016 年 8 月 10 ~ 13 日，应澳门城市大学的邀请，世界经济与政治研究所国际投资研究室副研究员潘圆圆赴澳门进行学术访问。

(11) 2016 年 10 月 18 日，世界经济与政治研究所国际贸易研究室副研究员苏庆义会见台湾工业技术研究院研究员李修莹，双方就大陆“十三五”规划期间的自主创新政策方向以及中国制造业向全球价值链高端跃升的路径等话题进行交流。

## (四) 学术社团、期刊

### 1. 社团

(1) 中国世界经济学会，会长张宇燕。

① 2016 年 2 月 29 日，由《国际经济评论》编辑部、中国世界经济学会共同主办的国际重大问题深度关注系列讲座“中国的宏观经济形势和政策”在北京召开。

② 2016 年 4 月 23 日，由中国世界经济学会统计专业委员会、四川省世界经济学会、四川大学经济学院和四川大学宏观经济研究院共同举办的“中国世界经济学会统计专业委员会 2016 年学术年会”在四川省成都市召开。

③ 2016 年 4 月 28 日，由《国际经济评论》编辑部、中国世界经济学会共同主办的国际重大问题深度关注系列讲座“全球货币寻锚”在北京召开。

④ 2016 年 5 月 7 日，由中国世界经济学会主办，南开大学跨国公司研究中心、APEC 研究院、国际经济研究所、国际经贸学院、《当代财经》杂志社联合承办的“第五届国际投资论坛”在天津举行。会议的主题是“全球价值链与双向国际投资政策协调”。

⑤ 2016 年 6 月 3 日，由中国世界经济学会和上海社会科学院世界经济研究所联合举办的“2016 年中国世界经济学会国际金融论坛”在上海举行。会议的主题是“美元升息背景下的国际金融形势及风险”。

⑥ 2016 年 6 月 27 日，由《国际经济评论》编辑部、中国世界经济学会共同主办的国际重大问题深度关注系列讲座“开放发展理念与构建开放型经济新体制”在北京召开。

⑦ 2016 年 8 月 25 日，由中国世界经济学会、《国际经济评论》编辑部主办的“扶贫理论与国际经验”研讨会在北京召开。

⑧ 2016 年 8 月 29 日，由中国世界经济学会转轨经济专业委员会、辽宁大学转型国家经济政治研究中心、复旦大学新兴市场经济研究中心、复旦大学世界经济研究所、《国际经济评论》编辑部联合举办的学术研讨会在上海召开。会议的主题是“俄罗斯的政治与经济：现状、困境和发展趋势分析”。

⑨ 2016 年 9 月 20 日，中国世界经济学会 2016 年会长会议在北京召开。

⑩ 2016 年 10 月 28 ~ 30 日，由中国世界经济学会主办，南开大学经济学院、《南开经济研究》编辑部承办的“2016 年中国世界经济学会年会”“中国世界经济学会中青年论坛”“中国世界经济学会第十一届代表大会”在天津召开。

⑪ 2016 年 11 月 19 日，由对外经济贸易大学国际经济研究院与中国世界经济学会联合举办的学术会议在北京召开。会议的主题是“全球经济治理体系变革”。

⑫ 2016 年 12 月 2 日，由中国世界经济学会、《国际经济评论》编辑部、中国银行间市场交易商协会、《金融市场研究》联合举办的学术研讨会在北京举行。会议的主题是“动荡中的分化：美国与中国经济”。

（2）新兴经济体研究会，会长张宇燕。

① 2016 年 3 月 22 日，新兴经济体研究会参与主办“博鳌亚洲论坛 2015 年度报告新闻发布会”。

② 2016 年 5 月 27 ~ 28 日，由世界经济与政治研究所、中国国际文化交流中心、中国新兴经济体研究会联合主办的“2016 年新兴经济体智库圆桌会”在北京召开。

③ 2016 年 11 月 4 ~ 6 日，由新兴经济体研究会、中国国际文化交流中心、广东工业大学主办，广东省新兴经济体研究会、广东工业大学经济与贸易学院、广东财经大学国民经济研究中心、广东外语外贸大学国际经济贸易研究中心、中山大学国际问题研究院、暨南大学国际关系学院等机构承办的“中国新兴经济体研究会 2016 年会暨 2016 新兴经济体论坛”在广州举行。会议的主题是“新兴经济体发展：创新、活力、联动、包容”。

**2. 期刊**

（1）《世界经济》（月刊），主编张宇燕。

2016 年，《世界经济》共出版 12 期，共计 264 万字。该刊新增了马克思主义研究专栏。

该刊全年刊载的有代表性的文章有：陆旸、蔡昉的《从人口红利到改革红利：基于中国潜在增长率的模拟》，张川川、贾珢、杨汝岱的《“鬼城”下的蜗居：收入不平等与房地产泡沫》，伍戈、连飞的《中国货币政策转型研究：基于数量和价格混合规则的探索》，钱学锋、范冬梅、黄汉民的《进口竞争与中国制造业企业的成本加成》，陈斌开、陆铭的《迈向平衡的增长：利率管制、多重失衡与改革战略》，徐春华的《危机后的一般利润率下降规律的表现、国别差异和影响因素》，张天华、张少华的《中国工业企业全要素生产率的稳健估计》，孟捷、冯金华的《非均衡和平均利润率的变化：一个马克思主义分析框架》，谢申祥、石慧敏、张铭心的《谈判势力与战略性贸易政策》，方意的《宏观审慎政策有效性研究》，郑挺国、黄佳祥的《中国宏观经济下行区间的冲击来源及其差异性分析》，周茂、陆毅、符大海的《贸易自由化与中国产业升级：事实与机制》，李宏瑾、苏乃芳的《货币理论与货币政策中的自然利率及其估算》，刘啟仁、黄建忠的《产品创新如何影响企业加成率》，倪红福、夏杰长的《垂直专业化与危机中的贸易下滑》。

（2）《世界经济与政治》（月刊），主编张宇燕。

2016 年，《世界经济与政治》共出版 12 期，共计 216 万字。该刊全年刊载的有代表性的文章有：苏长和的《从关系到共生——中国大国外交理论的文化和制度阐释》，曾向红的《“一带一路”的地缘政治想象与地区合作》，门洪华的《构建新型国际关系：中国的责任与担当》，任晓的《论国际共生的价值基础——对外关系思想和制度研究之三》，李巍的《中美金融外交中的国际制度竞争》，汪仕凯的《不平等的民主：20 世纪 70 年代以来美国政治的演变》，刘丰的《东亚地区秩序转型：安全与经济关联的视角》，孙德刚的《冷战后美国中东军事基地的战略调整》，李滨的《无政府下的世界秩序——一种历史唯物主义的分析》，祁怀高、李开盛、潘亚玲、吴其胜的《未来十年东北亚地缘政治结构的变化及其影响》，张宇燕、袁鹏、邢广程、程卫东、杨伯江的《构建以合作共赢为核心的新型国际关系》，秦亚青的《国际政治关系理论的几个假定》，吴志成、王亚琪的《国际战略研究的历史演进及其当代启示》，王存刚的《论当代中国的国际正义理念》，蔡昉的《全球化的政治经济学及中国策略》。

（3）*China & World Economy*（《中国与世界经济》）（英文双月刊），主编余永定。

2015 年，*China & World Economy*（《中国与世界经济》）共出版 6 期，共计约 60 万字（英文字符数）。该刊全年刊载的有代表性的文章有：“China’s Nonfinancial Corporate Debt Dynamics”/Yongding Yu, Ting Lu（余永定、陆婷的《中国非金融企业的债务动态》），“China and Natural Resource Curse in Developing Countries: Empirical Evidence from a Cross-country Study”/Fubing Su, Guoxue Wei, Ran Tao（苏福兵、魏国学、陶然的《中国与发展中国家自然资源的困惑：来自跨国研究的实证》），“Completing China’s Interest Rate Liberalization”/Yuyan Tan, Yang Ji, Yiping Huang（谭语嫣、纪洋、黄益平的《完善中国利率自由化》），“Macroeconomic Rebalancing in China and the G20”/Jeffry A. Frieden（杰弗里·弗里登的《中

国的宏观经济再平衡与 G20》)，“China, the G20 and the International Investment Regime” / Karl P. Sauvant（卡尔·索文特的《中国，G20 与国际投资体制》)，“Economic Growth and Convergence, Applied to China” /Robert J. Barro（罗伯特·巴罗的《经济增长与收敛在中国的适用》)，“Will China be Able to Avoid the Japan Syndrome?” /Yang Yao（姚洋的《中国能够避免日本综合征吗？》)，“Uncovering the Truth about Chinese Urban Unemployment Rates: 2005 ~ 2012” /Jun Zhang, Liheng Xu, Huihui Zhang（张军、徐力恒、张慧慧的《揭开有关中国城市失业率的真相：2005 ~ 2012》)。

(4)《国际经济评论》(双月刊)，主编张宇燕。

2016 年，《国际经济评论》共出版 6 期，共计 114 万字。该刊全年刊载的有代表性的文章有：余永定、张斌、张明的《尽快引入人民币兑篮子汇率宽幅区间波动》，盛斌、高疆的《透视 TPP：理念、特征、影响与中国应对》，雷达、朱丹的《TPP 对世界经济格局的挑战》，付明卫、朱恒鹏、夏雨青的《英国国家卫生保健体系改革及其对中国的启示》，余淼杰、张睿的《以我为主，为我所用：中国应积极主动寻求加入 TPP》，郎平的《国际互联网治理：挑战与应对》，黄海洲的《全球货币体系第三次寻锚》，章百家的《中国正面对新挑战 —— 基于当前国内外形势和历史经验的若干思考》，金中夏的《中国面临全球贸易投资规则重建的重大挑战》，韩冰的《二十国集团在国际投资领域的合作与前景展望》，徐奇渊的《负利率政策：原因、效果、不对称冲击和潜在风险》，盛斌、段然的《TPP 投资新规则与中美双边投资协定谈判》，姚枝仲的《以新的开放理念，打造对外开放新格局》，杨盼盼的《G20 结构性改革的进展与评述》，陆南泉的《俄罗斯体制转型与经济陷入困境关系的分析》，王海明的《从美国大选回看美国智库的政治化》，任琳的《英国脱欧对全球治理及国际政治经济格局的影响》，何帆、朱鹤的《“消失”的民间投资 ——2016 年民间固定资产投资同比快速下滑原因分析》，周敏慧、陶然的《市场还是政府：评估中国农村减贫政策》，齐传钧的《拉美社会养老金的精准扶贫与效果分析》。

(5)《世界经济年鉴》2015 年卷（年刊)，主编张宇燕。

《世界经济年鉴》2015 年卷共 147.3 万字。其特点主要有以下几点：其一，2015 年卷新设“世界经济学”和“马克思主义国际政治经济学”版块，同“全球宏观经济学”“国际贸易学”“国际金融学”“国际投资学”“世界经济统计学”“国际发展经济学”“全球经济治理”一起，构成该卷的九大学科篇。其二，2015 年卷新设栏目“世界经济学特稿”“最佳论文”“世界经济学人”“主要图书”“世界经济学机构”。其三，2015 年卷恢复了传统栏目“统计数据”。

该刊全年刊载的有代表性的文章有：张宇燕、姚枝仲的《2014 ~ 2015 年世界经济形势分析与展望》，常殊昱、杨盼盼的《2014 年全球宏观经济学综述》，李春顶、东艳的《2014 年国际贸易学综述》，刘东民、肖立晟、李远芳的《2014 年国际金融学综述》，王碧珺的《2014 年国际投资学综述》，刘仕国的《2014 年世界经济统计学综述》，毛日昇、于换军的《2014 年国际发展经济学综述》，黄薇、吴国鼎的《2014 年全球经济治理学综述》，欧阳向英的《2014 年马克思主义国际政治经济学综述》。

（五）会议综述

## 第六届亚洲研究论坛

2016 年 7 月 1 日，由中国社会科学院亚洲研究中心主办、世界经济与政治研究所承办的“第六届亚洲研究论坛”在北京召开。论坛的主题是“清迈协定的多边主义和亚洲合作”。

来自中国、日本、韩国、泰国、印度尼西亚、越南等国家的政府机关、研究机构和高校的专家学者参加了论坛。中国社会科学院副院长、学部委员李培林，韩国高等教育财团事务总长朴仁国出席会议并分别致开幕词。

论坛首先由东盟与中日韩宏观经济研究办公室主任常军红发表主旨演讲。之后，与会专家围绕“亚洲经济体面临的挑战”“清迈倡议多边机制成就和区域合作经验”“全球金融安全网建设”“亚洲合作未来路径”四个议题分享了各自的观点和经验。

在谈到亚洲经济体面临的挑战时，中国社会科学院副院长李培林列举了亚洲国家目前面临的诸多金融风险；亚洲开发银行首席经济学家 Donghyun Park 和世界经济与政治研究所张斌研究员重点关注亚洲地区的经济形势及主要风险；其他一些与会学者从货币政策溢出效应对这些挑战进行分析，也有一些学者从更宽泛的视角梳理亚洲地区面临的挑战。

围绕着第二个议题，与会学者认为，作为亚洲区域重要的金融合作平台，清迈倡议及其多边化协议自签署以来便被寄予厚望，但遗憾的是，截至目前，这一合作机制仍未被启动，即使出现了金融危机，一些国家也倾向于向美联储、中国或日本央行等寻求帮助。与会学者对这一现象及其背后的原因进行了剖析，并积极为完善这一机制建言献策。

谈到全球金融安全网建设和亚洲合作未来路径时，与会学者不仅讨论了全球金融安全网存在的问题，提出了改革方向，同时还设计了亚洲合作的未来路径。

（郗艳菊）

## 第七届国际政治经济学论坛暨“国际政治经济学：理论、方法与应用”学术研讨会

2016 年 8 月 4 日，由青海省社会科学院、世界经济与政治研究所、国际关系学院主办，中国国际文化交流中心、青海丝路研究中心、《青海社会科学》编辑部协办的“第七届国际政治经济学论坛暨‘国际政治经济学：理论、方法与应用’学术研讨会”在青海省西宁市举行。来自全国科研和教学机构的 100 余名专家学者参加了会议。

青海省委常委、宣传部部长张西明在致辞中介绍了青海人文、历史、经济、生态等情

况，并殷切希望与会专家学者通过论坛在西宁的召开，为青海经济社会发展建言献策。世界经济与政治研究所所长张宇燕在致辞中表示，此次论坛主要是讨论国际政治经济学的理论、方法和应用问题。青海省社会科学院院长陈玮在致辞中表示，随着全球一体化进程加快，我国经济实力显著增强、国际影响力不断扩大，这就需要我们不断加强国际政治经济学研究。在这个大背景和大趋势下，青海学术界绝对不能置身事外，作为“地球村”的一分子，我们应积极参与其中，去交流学习、去发现总结，在这个过程中，切实提高自身分析研判国际全球大势、国家及青海大局的能力和咨政建言水平。从这个角度看，召开这次会议对国内学术界进一步加强国际政治经济学研究，青海学者积极参与其中、借鉴这一学科发展的最新成果，必将产生重大而深远的影响。

与会学者围绕“马克思主义政治经济学与国际政治经济学学科发展”“国际政治经济学与国际安全”“国际政治经济学视角下的‘一带一路’”“‘一带一路’与中国对策”“国际政治经济学与全球治理”“国际政治经济学与发展问题”“‘一带一路’与区域合作”“‘一带一路’与中国外交”等专题深入探讨了国际政治经济学的相关理论、方法及其应用，为我国新时期对外战略提出了诸多建设性意见与建议，进一步深化了对国际政治经济学学科发展以及国际政治经济学研究新议题与新趋势的认识。

（郁艳菊）

## 2016年中国社会科学院智库论坛“G20：从杭州到汉堡”国际研讨会

2016年11月6日，由中国社会科学院学部主席团主办，世界经济与政治研究所、中国新兴经济体研究会、中国国际文化交流中心、广东工业大学、广东省新兴经济体研究会承办的中国社会科学院智库论坛系列之“G20：从杭州到汉堡”国际研讨会在广东省广州市召开。来自中外研究机构的著名学者、智库和国际组织的专家、中外政界及经济界高层人士参加了论坛。

世界经济与政治研究所副所长姚枝仲主持了开幕式。他首先介绍了论坛举办的背景。2016年9月，G20峰会在杭州召开。G20杭州峰会是中国主场外交，在中国和与会国的共同努力下，峰会取得了诸多成果。现接力棒已经传递给德国汉堡，但中国参与全球治理的道路依然漫长，面对多样性和复杂性并存的世界问题，中国如何充分利用G20这一全球经济治理的重要平台，继续贡献中国智慧、发出中国声音，是此次智库论坛召开的重大学术背景。

中国社会科学院科研局局长马援在开幕式中进一步介绍了中国社会科学院智库论坛的设立背景。他指出，中国社会科学院是中国特色新型智库的主力军，为了更好地落实国家关于中国哲学社会科学走出去的战略决策，发挥中国社会科学院作为国家哲学社会科学最高殿堂和思想库、智囊团的功能，中国社会科学院选出了6个论坛作为代表中国社会科学院水平的智库论坛。此次论坛就是6个智库论坛之一。

来自巴西联邦共和国参议院、瑞士日内瓦大学、国务院发展研究中心、中国社会科学院的6位资深专家围绕G20杭州峰会的成就与前景、全球治理新框架、当今变化与治理的世界格局等发表了主题演讲。

论坛还开设了两个专题讨论环节，来自中国外交部、德国驻华使馆及国内外著名高校和研究所机构的十几位著名专家学者围绕杭州峰会的成果与展望、汉堡峰会的期待与合作议题等，对当今国际经济新形势展开了探讨与研究。

（郝艳菊）

# 俄罗斯东欧中亚研究所

## （一）人员、机构等基本情况

### 1. 人员

截至2016年年底，俄罗斯东欧中亚研究所共有在职人员88人。其中，正高级职称人员22人，副高级职称人员25人，中级职称人员26人；高、中级职称人员占全体在职人员总数的83%。

### 2. 机构

俄罗斯东欧中亚研究所设有：俄罗斯政治社会文化研究室、俄罗斯经济研究室、俄罗斯外交研究室、中亚研究室、战略研究室、乌克兰研究室、中东欧研究室、俄罗斯历史与文化研究室、《俄罗斯中亚东欧研究》编辑部、院图书馆国际研究分馆、科研处、办公室。

## （二）科研工作

### 1. 科研成果统计

2016年，俄罗斯东欧中亚研究所共完成专著12种，438.2万字；论文165篇，139.5万字；研究报告124篇，31.2万字；一般文章151篇，98.6万字。

### 2. 科研课题

（1）新立项课题。2016年，俄罗斯东欧中亚研究所共有新立项课题5项。其中，国家社会科学基金青年课题1项："中亚国家的宗教事务管理与上海合作组织反宗教极端合作研究"（张宁主持）；院重点课题3项："俄罗斯发展报告（2016年）"（李永全主持），"中亚国家发展报告（2016年）"（孙力主持），"上海合作组织发展报告（2016年）"（李进峰主持）；中俄联合课题1项："欧亚全面伙伴关系"（李永全主持）。

（2）结项课题。2016年，俄罗斯东欧中亚研究所共有结项课题4种，院重点课题3项：

“俄罗斯发展报告（2016年）”（李永全主持），“中亚国家发展报告（2016年）”（孙力主持），“上海合作组织发展报告（2016年）”（李进峰主持）；中俄联合课题1项：“欧亚全面伙伴关系”（李永全主持）。

（3）延续在研课题。2016年，俄罗斯东欧中亚研究所共有延续在研课题7项。其中，国家社会科学基金课题3项：“中俄关系通史（六卷本）”（李静杰主持），“低碳经济时代中美发展清洁能源的合作与冲突及我国对策研究”（徐洪峰主持），“战后苏美对战败国日本的条约安排、执行及历史影响：1945～1956”（赵玉明主持）；国家专项课题1项：“20世纪俄罗斯历史档案文集”（李静杰主持）；所重点课题3项：“当代俄罗斯黑海战略研究”（刘丹主持），“外高加索三国对外政策与实践”（吕萍主持），“隔阂与偏见：俄罗斯犹太民族问题研究”（于卓超主持）。

**3. 获奖优秀科研成果**

2016年，俄罗斯东欧中亚研究所获“第九届（2016年）中国社会科学院优秀科研成果奖”专著类三等奖1项：高大鹏的专著《观念与制度：苏联解体后的俄罗斯国家治理（1991～2010）》；获第八届“优秀皮书奖”三等奖1项：李永金编的《俄罗斯发展报告（2016）》；获中国社会科学院第八届“优秀皮书报告奖”三等奖1项：孙力的《2015年中亚形势及发展趋势》；获中国社会科学院国家智库报告优秀奖1项：李永金、王晓泉的《丝绸之路经济带与欧亚经济联盟对接合作的问题与前景》。

## （三）学术交流活动

**1. 学术活动**

2016年，俄罗斯东欧中亚研究所举办的主要学术会议如下。

2016年9月，第二届丝绸之路天山论坛在新疆维吾尔自治区乌鲁木齐市召开。

（1）2016年4月16日，俄罗斯东欧中亚研究所在北京举办第六届俄罗斯东欧中亚青年论坛。

（2）2016年6月16日，俄罗斯东欧中亚研究所在北京举办第二届中白学术论坛。

（3）2016年8月30日，俄罗斯东欧中亚研究所在北京举办“和平之路 兴盛之路——塔吉克斯坦独立25周年”国际学术研讨会。

（4）2016年9月6日，俄罗斯东欧中亚研究所在新疆维吾尔自治区乌鲁木齐市举办第二届丝绸之路天山论坛。

（5）2016 年 9 月 29 日，俄罗斯东欧中亚研究所在北京举办《白俄罗斯简史》中文版新书发布会。

（6）2016 年 10 月 13 日，俄罗斯东欧中亚研究所在北京举办“欧亚伙伴关系”中俄专家研讨会。

（7）2016 年 10 月 21 ～ 22 日，俄罗斯东欧中亚研究所在上海举办中国社会科学论坛·第三届中国—中东欧论坛：“从‘16+1’到‘一带一路’：合作·发展·共赢”国际学术论坛。

2016年10月，中国社会科学论坛·第三届中国—中东欧论坛：“从‘16+1’到‘一带一路’：合作·发展·共赢”国际学术论坛在上海召开。

（8）2016 年 11 月 23 日，俄罗斯东欧中亚研究所在上海举办“‘一带一路’与中亚”国际论坛。

（9）2016 年 11 月 26 ～ 27 日，俄罗斯东欧中亚研究所在上海举办“‘一带一路’与上合组织互联互通发展战略：现状与前景”国际学术研讨会。

（10）2016 年 11 月 29 日，俄罗斯东欧中亚研究所在北京举办俄罗斯东欧中亚年终形势研讨会。

（11）2016 年 12 月 8 日，俄罗斯东欧中亚研究所在北京举办第八届俄罗斯东欧中亚与世界高层论坛。

**2. 国际学术交流与合作**

2016 年俄罗斯东欧中亚研究所共派遣出访 45 批 80 余人次，接待境外学者来访 9 批 20 余人次。

## （四）学术社团、期刊

**1. 社团**

中国俄罗斯东欧中亚学会，会长李永全。

**2. 期刊**

（1）《俄罗斯东欧中亚研究》（双月刊），主编李永全。

2016 年，《俄罗斯东欧中亚研究》共出版 6 期，共计 112.1 万字。该刊全年刊载的有代表性的文章有：李永全的《俄罗斯东欧中亚研究要向精深发展》，许勤华、时殷弘的《中国对外战略中的俄罗斯：显著意义与潜在负项》，徐坡岭的《俄罗斯进口替代的性质、内容与政策逻辑》，赵华胜的《评俄罗斯转向东方》，周晓沛的《传承世代友好的和平理念》，王海运的《“结伴而不结盟”：中俄关系的现实选择》，庞大鹏的《“普京主义”析论》，张昊琦的《俄国孤立主义：意识形态与历史心理》，包毅的《中亚国家政治发展进程中的政治稳定与政治危机》，张弘的《乌克兰政治稳定中的腐败问题》，李永全的《从列宁强调监督看从严治党》，侯艾君的《再论苏联持不同政见运动——兼论苏联解体 25 周年》，郭晓琼的《俄罗斯再工业化问题探析》，张昕的《产权制度演进的政治经济逻辑：来自俄罗斯破产法的证据》，欧阳向英的《中亚交通一体化与丝绸之路经济带政策的协调》，高际香的《俄罗斯区域经济社会发展：失衡及政策选择》，陈新明的《俄罗斯对欧盟能源政策的立场分析》，毕洪业的《中东战略的支点：俄罗斯地缘外交中的叙利亚》，李勇慧的《俄罗斯与伊朗核问题探析》，陆齐华的《俄罗斯对欧乌自由贸易协定的对策及其影响》，郑羽的《当前国际热点的快速转换与中俄美三国的政策互动》，焦一强的《乌克兰危机中的关税同盟因素》，徐海燕的《绿色丝绸之路经济带建设与中亚生态环境问题——以咸海治理和塔吉克斯坦为例》。

（2）《欧亚经济》（双月刊），主编高晓慧。

2016 年，《欧亚经济》共出版 6 期，共计 96.3 万字。该刊全年刊载的有代表性的文章有：张明等的《卢布汇率剧烈波动的原因及对中国金融改革的启示》，李自国的《欧亚经济联盟：绩效、问题、前景》，［俄］А．Г．拉林、［俄］В．А．马特维耶夫的《俄罗斯如何看待欧亚经济联盟与“丝绸之路经济带”对接》，张宁的《浅析欧亚经济联盟的反补贴措施》，徐向梅的《欧亚经济联盟反倾销措施的法律解读》，万青松的《试析当前欧亚经济联盟面临的难题——兼论与“丝绸之路经济带”的对接》，陈卫民等的《中俄人口问题比较与国际经验借鉴》，王志远的《“一带一路”的历史地理及其当代价值》，刘华芹的《徘徊在十字路口的中亚国家经济》，徐坡岭的《对中亚国家经济的几点思考》，雷婕、丁超、童伟的《中亚地区财政经济形势分析》，张栋、张银山的《2015 年哈萨克斯坦金融形势透视》，郑红媛的《哈萨克斯坦 2016 年金融形势预测》，赵常庆等的《竞争与合作：“丝绸之路经济带”与欧亚经济联盟的对接》，孔田平的《欧尔班经济学与经济转轨的可逆性——匈牙利经济转轨的政治经济学分析》，陈新、杨成玉的《塞尔维亚产业竞争力及中塞合作潜力》，姜琍的《“16+1”合作和“一带一路”框架内的中捷经贸合作：现状和前景》，鲍宏铮的《英国脱欧对欧盟中东欧成员国经济的影响》，郭翠萍的《波、匈、捷福利制度转型比较评析》，马骏驰的《匈牙利政党的卡特尔化及其带来的影响》，李福川的《俄罗斯联邦中央与地方的经济关系》，杨雷的《中亚新跨国铁路的建设及其利益协调》，孙铭的《大国战略对中国与哈萨克斯坦投资合作的影响》，郭晓琼的《黑龙江边境口岸：成果与问题》，徐洪峰的《欧亚经济联盟对俄欧关系影响分析》。

## （五）会议综述

### “第六届俄罗斯东欧中亚青年论坛——‘一带一路’与亚欧大陆：历史与现实”研讨会

2016 年 4 月 16 日，“第六届俄罗斯东欧中亚青年论坛——‘一带一路’与亚欧大陆：历史与现实”研讨会在广东外语外贸大学举行。论坛由中国社会科学院俄罗斯东欧中亚研究所、广东国际战略研究院、广东外语外贸大学法学院国际问题研究所共同主办，由中国社会科学院上海合作组织研究中心和俄罗斯研究中心协办。中国社会科学院俄罗斯东欧中亚研究所党委书记李进峰研究员、副所长孙力研究员、俄罗斯政治社会文化研究室主任庞大鹏研究员、《俄罗斯东欧中亚研究》执行主编李中海研究员，广东外语外贸大学副校长阳爱民教授、广东外语外贸大学法学院副院长王树春教授、广东国际战略研究院《战略决策研究》执行主编周方银教授等 50 余位学者出席论坛。

中国社会科学院俄罗斯东欧中亚研究所党委书记李进峰研究员在开幕式上介绍了欧亚所的历史与现状以及青年论坛这一学术品牌的发展历程。同时，他指出，在当前复杂的国际形势下，第六届欧亚所青年论坛选择以“‘一带一路’与欧亚地区：历史与现实”为主题显得意义深厚。最后，他寄语欧亚所与广东外语外贸大学积极合作、互通有无，共同把斯拉夫学研究发扬光大。

论坛围绕“‘一带一路’与欧亚大陆：战略思考、现实问题、历史问题”议题进行了深入交流。

关于战略思考，周方银教授介绍了广东省参与“一带一路”的实际情况，并指出，落实“一带一路”战略要充分发挥地方积极性，扩大非国有企业的参与。王树春教授讨论了丝绸之路经济带与欧亚联盟对接的可能性和具体操作路径。庞大鹏研究员表示，欧亚地区事关中国整体外交，经营好欧亚地区的外交具有重要意义。其中，中俄关系是中国欧亚外交的重中之重，在当前国际形势下，中俄关系可以也必须持续稳定发展。杨进副研究员从政治、经济角度分析了“一带一路”建设在中亚面临的风险，同时指出了在合作中出现的一些问题。王志远副研究员认为，中俄之间仍然存在战略竞争因素，使得中国在“丝绸之路经济带”建设中，仍需充分考虑俄方的态度和立场，采取审慎积极的态度进行相关部署。陈寒溪教授分享了自己对上合组织的变化及原因的研究，提出印度和巴基斯坦的加入，是否会导致中国对上合组织的影响力减弱的问题。詹德华教授从语言、文学和历史的角度介绍了俄罗斯人对“欧亚主义”的理解，提出了“类苏联”的概念。张振江教授从华侨华人研究的视角分析了“一带一路”中少数民族华侨华人对中国的认同问题。围绕现实问题，张宇权副教授对菲律宾风险投资的分析引起了许多学者的回应。施爱国副教授分析了缅甸在中国“一带一路”战略中的地位。苏畅副研究员认为，当前中南亚安全形势复杂，传统安全与非传统安全的威胁并存，大国角力与地区国家缺乏安全合力，加上各国国家权力交接、经济下滑、社会矛盾增多，未来相关安全威胁还会进一步上升。吴非教授从新闻传播的角度讨论了如何在“一带一路”沿线推进公共外交。张弘副研究员以乌克兰为案例分析了地缘政治对政治转型的影响。他认为，地缘政治因素不仅是对象国的精英集团有着密切的联系，而且是“地缘夹缝”国家政治转型的主导因素。

围绕历史问题，许华副研究员从传播的角度讨论了中国能否解开中亚地区错综复杂的历史文化之结，能否在俄罗斯的传统势力范围内实现“与熊共舞”，并应对以美国为代表的西方软实力的威胁。郝赫副研究员用国家治理理论评估了“一带一路”中的合作风险。万晓宏教授分析了欧盟难民危机的动因、影响以及启示。郑腊香副教授讨论了中东欧与欧洲一体化及国际秩序演变的问题。黎家勇副教授从宏观的视野阐述了中国外交政策的变化。

（赵玉明）

## 第三届中国社会科学论坛·中国—中东欧论坛：“从‘16+1’到‘一带一路’：合作·发展·共赢”国际学术论坛

2016年10月21～22日，第三届中国社会科学论坛·中国—中东欧论坛在上海召开。论坛是由中国社会科学院与上海大学主办，中国社会科学院俄罗斯东欧中亚研究所、上海大学上海合作组织公共外交研究院承办，旨在进一步推动中国与中东欧国家关系及相关问题的研究，深化中国与中东欧国家的传统友谊和互信，增进相互了解与沟通，为推动“16+1”合作和“一带一路”建设献计献策。论坛的主题为“从‘16+1’到‘一带一路’：合作·发展·共赢”。

来自国内十多家学术机构和高等院校、11个中东欧国家以及俄罗斯和乌克兰等国相关机构的70余位专家学者参加论坛。代表们从政治、经济、外交、文化等多个视角出发，讨论了中东欧国家转型发展现状以及中国与中东欧国家关系，评析了“16+1”合作取得的成果并指出面临的挑战，探讨了“16+1”合作与“一带一路”建设的关系等问题。

国别研究、基础性研究是推进中国与中东欧国家合作的基础，只有了解这些国家的发展现状，才能让中国走出去的资金和企业有的放矢。国务院发展研究中心欧亚社会发展研究所研究员马细谱与中国社会科学院俄罗斯东欧中亚研究所研究员朱晓中都指出，在中东欧研究中要加强基础研究和国别研究，真正了解中东欧国家在哪些领域、哪些层面上需要展开务实合作。对中东欧国家了解不充分将会影响双方关系，会导致“16+1”合作出现偏差。中国社会科学院俄罗斯东欧中亚研究所研究员姜琍也认为，中国与中东欧国家之间的相互了解和相互信任还需要进一步加强。国务院发展研究中心欧亚社会发展研究所研究员周东耀认为，在“16+1”合作中还要充分了解中东欧国家的法律法规，了解欧盟的相关法规。斯洛伐克欧洲和北美事务中心亚洲研究所副所长理查德·图尔恰尼认为，中国与中东欧国家间的投资、贸易出现偏差是因为中国对中东欧国家了解不够，打交道的经验也不足。

“16+1”合作与“一带一路”建设都是以双边为基础的多边合作框架，因此，中国与中东欧国家的双边关系仍然受到广泛关注。中外学者讨论了中国与中东欧国家的双边关系，并提出了对策建议。上海社会科学院国际问题研究所研究员崔宏伟认为，中波合作的动力主要源自双方政治经济深入发展的需要，但目前仍然存在挑战，欧盟与其他在中东欧有影响力的大国都会成为影响中波关系的重要因素。崔宏伟认为，未来中波关系发展的着力点在三个方面：(1) 要加强战略对话，“16+1”合作与“一带一路”倡议和波兰优先发展目标实现切实对接，要重视波兰地方政府的作用和双方中小企业之间的合作，要充分利用中国欧盟互联互通平台的机制，加强金融创新。(2) 中国要与波兰加强国家治理和改革领域的交流合作，借鉴波兰改革经验。(3) 进一步探讨中国、波兰开展第三方市场合作，充分发挥市场机制的作用。总之，中波关系的发展需要与中欧关系的整体性和“16+1”的整体性协调一致。国务院发展研究中心欧亚社会发展研究所研究员苗华寿认为，发展中波关系要注意的问题是：首先，要充分认识波兰的国情；其次，要认识到波兰经济发展最主要的资金来源是欧盟的结构基金；最后，要重视波兰在欧盟以及欧洲的战略作用，以及在“一带一路”建设中的枢纽作用，同时也要注意到波兰在对外合作上是典型的实用主义者，执政的法律与公正党更是如此，因此，中国在与波兰的合作中对此要有充分的认识。

北京大学中东欧研究中心主任孔凡君教授指出，中东欧各国在国家规模、经济发展水平、文化归属、“回归欧洲”程度上的差别非常大。他与姜琍研究员都认为，中国应根据不同中东欧国家的特点、需求和优先方向来进行合作，此外还要考虑中国与中东欧国家之间的差异性。捷克科学院经济所研究员维勒姆·塞梅拉克也十分关注中东欧 16 国的多样性问题。他认为，只有关注差异才能预测这些国家对待中国政策的不同反应，才能在“16+1”框架内找到平衡，实现真正务实的互补性措施。塞梅拉克认为，应把 16 国按照不同的需求再次分组，展开更有针对性的合作。

该届论坛获得了与会中外学者的高度赞扬，他们一致认为，论坛进一步推动了中国与中东欧国家关系及相关问题的研究，为促进“16+1”合作和“一带一路”建设提供了智力支持，是一次多学科、多领域、多层次、广度与深度并重的高水平国际论坛。

（曲　岩）

## 第八届俄罗斯东欧中亚与世界高层论坛暨俄罗斯东欧中亚学会2016年年会

由中国社会科学院俄罗斯东欧中亚研究所和中国俄罗斯东欧中亚学会共同主办的“第八届俄罗斯东欧中亚与世界高层论坛暨俄罗斯东欧中亚学会2016年年会”于2016年12月8日在北京举行。来自国内几十家学术单位和相关机构的上百名学者参加会议。会议围绕“2016年欧亚地区战略势态”“俄罗斯政治、经济与外交形势”“俄罗斯东欧中亚前沿问题”进行了交流与研讨。

与会专家认为，2016年，欧亚地区形势可谓变中求稳，但影响地区形势的不确定因素在增加，总体呈现出三个特点：(1) 总体稳定，但地区局部形势紧张，非传统安全威胁也越来越严重；(2) 地区的经济形势不容乐观；(3) 多个国家进入新一轮的政治周期。英国脱欧、俄国杜马选举“统俄党”大获全胜、乌兹别克斯坦新总统顺利当选等都是这一地区值得关注的热点问题。另外，特朗普当选美国总统后，必定会对中美俄大国关系产生一定影响。俄美关系有希望出现一定的缓和，但改善将是非常有限度的。此外，当今世界形势极具变化，黑天鹅事件层出不穷，这种格局给我们带来各种挑战。一方面，多极化确实在发展，另一方面，无极化的可能性也在增强。因此，稳妥处理大国关系，找准中美新型大国关系的着力点，继续发展中俄全面战略协作伙伴关系，激发内生性的动力显得尤为重要。

2016年，中亚地区的局势依旧十分复杂，但总体基本可控，形势基本稳定。其主要特点是：(1) 和中东地区形势的联动性越来越强，出现了此消彼长的翘翘板效应；(2) 中亚地区的宗教构成单一性越来越难以保持，这会对中亚地区原有的平衡的教派关系产生很大的冲击，且影响持久；(3) 阿富汗问题仍是地区安全一个巨大的外部威胁，特别是伊斯兰国在阿富汗的渗透对周边局势的影响问题值得关注。我们需要进一步认识这一轮的全球经济危机对国际格局的塑造和对世界经济格局所产生的影响。在这一改变的进程中，上合是我们一个重要的国际多边组织，扩员势必会带来新的问题，引发新的思考。在中亚问题上，我们需要进一步加强对俄合作，量力而行。从历史学角度看，中亚是一个特殊的地缘政治空间和地缘文化空间。中亚的国家和民族与中国拥有一定意义上的共同的历史与文化。我们应该在这个暂时的文化真空和长久的文化空间中，找到自己的位置，为推动“一带一路”建设和“一带一盟”对接发挥作用。

2016年，中东欧地区的政治形势基本稳定，这是“16+1”深入发展的有力保证。同时，认清中东欧国家的外交形势对“16+1”合作也尤为必要。中东欧国家在2016年进一步融入欧洲大西洋一体化进程，与美国和北约的军事合作进一步加强。因此，中国与中东欧国家发展关系必须重视欧盟的态度和作用，要采取措施打消欧盟的疑虑，实现“16+1”合作和中欧关系的对接。此外，还需考虑美国和北约与中东欧国家的紧密联系，乃至美俄关系、北约与俄罗斯关系的影响。“16+1”合作要和整个中欧合作融为一体，有机衔接。而“一带一路”要和中东欧每一个国家的发展对接，提出新机制，构建新平台。

2016 年，乌克兰方面政治依旧受寡头操控，政治力量不团结，政界分歧没有得到彻底解决。未来，不能完全排除政治危机再次发生的可能性。经济方面，虽然触底回升，但是复苏乏力，增长微弱。从地缘政治危机来讲，乌克兰危机只是大国间的一个议题，不是大国关系的决定性因素。

2016 年，俄罗斯政治方面的显著特征就是国家执政集团要继续维持现有的政治框架，核心事件是 9 月 18 日进行的国家杜马选举。尽管此次杜马选举普京的统俄党大获全胜，但就中期概念而言，这是一把双刃剑，俄国内堆积的一系列的经济和社会问题，如在中期内不能妥善解决，会使普京面临巨大的政治挑战和政治压力。俄罗斯现有的体制模式是维持稳定有余，促进发展不足。但从长远来看，真正的稳定一定需要建立在长期有效的经济发展基础上。

经济方面，俄罗斯正努力走出危机状态，但喜忧参半。乌克兰危机以后，俄罗斯经济开始面临普京执政以来前所未有的增长与稳定的双重挑战，经济衰退和宏观经济的不稳定同时显现，是当下俄罗斯经济危机的集中体现。2016 年，俄罗斯经济的现实表现正在改变过去这种危机的内涵，宏观经济基本回到了危机前的基本可控状态，但俄罗斯真正走出经济困境，还需时日。从 2016 年的俄罗斯政府预算执行情况来看，呈现出上半年艰难，下半年好转的迹象。从俄罗斯的财政风险来看，基本可控，目前经济系统是处于低水平的均衡。从中长期看，俄罗斯经济可维持小幅增长，但要实现经济强国目标依旧十分困难。如果俄罗斯经济一直处于低迷状态，8 年后对政治稳定产生变数的可能性会增大。

外交方面，俄罗斯的主要特点是继续与西方对抗，与东方交好。与西方的对抗体现在经济制裁延续和军事政治对抗加剧。加大转向东方外交的力度是俄罗斯 2016 年外交的第二个优先方向，特别是俄罗斯提出大欧亚伙伴关系倡议，反映了俄罗斯外交正在从大欧洲梦想向大欧亚地区转移。中俄关系方面，双方军事安全合作在升级，但经贸合作还有待加强。同时，俄罗斯继续加强与印度、越南等传统的战略伙伴国关系。此外，俄罗斯外交的另一个方向是维持欧亚经济联盟的一体化。一方面，积极推动欧亚经济联盟的机制一体化以及经贸合作；另一方面，也希望借助与“一带一盟”的对接合作，通过与区域外的其他国家建立自由贸易区等方式，提振欧亚一体化进程。俄罗斯对叙利亚的军事干预以及加强与伊朗在叙利亚问题上的军事合作使得俄罗斯在中东的影响力有所增强。总体来说，俄罗斯外交的成效在 2016 年是有限的。

中俄合作方面，俄罗斯的向东看战略将助推中俄全面合作，特别是给东部毗邻地区的合作创造了良好的条件。未来，还需加强和落实“带盟”建设对接合作，借鉴俄日合作经验，逐步深化中俄经贸合作。虽然中俄高层合作收效显著，但区域合作差距较大。俄远东超前区战略提出后，发展迅速，充分利用相关政策对远东开发合作大有益处，未来有必要展开联合调研。此外，在推动两国经济合作方面，没有企业的自发跟进和发展是无法实现的。

目前，中俄两国在政治、人文、军事方面的交流与合作日益频繁，这给俄语学科的发展提供了新的机遇，也对俄语专业的人才培养提出了新的要求和挑战。俄语专业的发展，已由俄语语言文学逐渐向俄罗斯学转型，旨在培养符合中俄新时期发展需求的多元化俄语人才。

（蒋　菁）

# 欧洲研究所

## （一）人员、机构等基本情况

### 1. 人员

截至2016年年底，欧洲研究所共有在职人员53人。其中，正高级职称人员11人，副高级职称人员14人，中级职称人员16人，初级职称人员3人。高、中级职称人员占全所在职人员总数的77%。

### 2. 机构

欧洲研究所设有：经济研究室、欧盟法研究室、社会文化研究室、欧洲政治研究室、科技研究室、中东欧研究室、国际关系研究室、《欧洲研究》编辑部、图资信息室、办公室。中国欧洲学会秘书处挂靠在欧洲研究所。

欧洲研究所院属科研中心有：国际发展合作与福利促进研究中心、西班牙研究中心、中德合作研究中心；所属科研中心有：马克思主义与欧洲文明研究中心。

## （二）科研工作

### 1. 科研成果统计

2016年，欧洲研究所共出版专著3种75.7万字；译著3种78.3万字；论文集2种68.9万字；学术论文115篇115.1万字；国家智库报告7种，其中中文版，4种，40.9万字，英文版3种58.8万字；皮书1种31.1万字。

### 2. 科研课题

（1）新立项课题。2016年，欧洲研究所共有新立项课题7项。其中，国家社会科学基金课题4项："法国多元文化主义的当代困境及其治理研究"（张金岭主持），"德国在欧盟地位和作用的变化及中国对欧政策研究"（杨解朴主持），"欧洲养老金制度改革及对我国的借鉴意义"（彭姝祎主持），"'一带一路'背景下中国与一体化组织的外交政策研究"（贺之杲主持）；所级国情调研基地课题2项："城镇化进程中农业人口的市民化调研"（黄平主持），"'一带一路'战略下的中欧科技创新合作"（张敏主持）；所重点课题1项："欧洲发展蓝皮书（2016—2017）"（周弘主持）。

（2）结项课题。2016年，欧洲研究所共有结项课题3项。其中，所级国情调研基地课题2项："城镇化进程中农业人口的市民化调研"（黄平主持），"'一带一路'战略下的中欧科技创新合作”（张敏主持）；所重点课题 1 项：“欧洲发展蓝皮书（2015—2016）”（周弘主持）。

（3）延续在研课题。2016 年，欧洲研究所共有延续在研课题 6 项。其中，国家社会科学基金课题 5 项：“海洋争端国际仲裁的新发展与中国对策研究”（刘衡主持），“城市化进程中欧洲国家的社会住房政策研究”（李罡主持），“中东欧国家在丝绸之路经济带战略构想中的地位与风险评估”（刘作奎主持），“新产业革命背景下欧盟工业智能化绿色化发展及其启示研究”（孙彦红主持），“东西德统一的历史经验研究”（周弘主持）；国情调研重大课题 1 项：“社区综合养老服务体系建设调研”（田德文主持）。

**3. 获奖优秀科研成果**

2016 年，欧洲研究所获“第九届（2016 年）中国社会科学院优秀科研成果奖”论文类三等奖 2 项：张磊的论文《国家利益和意识形态在欧洲议会中的博弈 ——欧洲议会党团凝聚力研究》，田德文的论文《国家转型视角下的欧洲民族国家研究》。

## （三）学术交流活动

**1. 学术活动**

2016 年，欧洲研究所主办的学术活动、学术会议主要有：

（1）2016 年 1 月 21 日，由欧洲研究所、中国社会科学出版社、中国社会保障学会、世界社会保障研究分会和中国社会科学院国际发展合作和福利促进研究中心合办的《走向人人享有保障的社会 ——当代中国社会保障的制度变迁》（“理解中国丛书”）新书发布会在北京举行。

（2）2016 年 3 月 22 日，由欧洲研究所、中国社会科学院西班牙研究中心主办，社会科学文献出版社协办的《当代西班牙经济与政治》新书发布暨“当前西班牙政治形势”国际会议在北京举行。

（3）2016 年 4 月 16 日，中国社会科学院欧洲研究所举行《欧元陷阱：关于泡沫破灭、预算和信仰》（中文版，中国社会科学出版社出版）首发式。

（4）2016 年 4 月 18 日，欧洲研究所与德国阿登纳基金会在北京联合举办了“中欧关系与‘一带一路’”国际研讨会。会议的主题是“中欧战略伙伴关系发展”和“‘一带一路’框架下的中欧合作”。

（5）2016 年 6 月 17 日，欧洲研究所、16+1 智库网络与塞尔维亚国际政治与经济研究所在塞尔维亚联合主办了“多瑙河与新丝路”国际学术研讨会。

（6）2016 年 6 月 20 日，欧洲研究所、16+1 智库网络与波兰国际事务研究所在华沙共同举办了“中波外交政策论坛”。

（7）2016 年 6 月 24 日，欧洲研究所、中国欧洲学会和社会科学文献出版社共同举办的“中欧大使论坛暨欧洲蓝皮书（2015—2016）”发布会在北京举行。会议的主题为“欧洲形势与中欧关系”。

(8) 2016年7月21日，欧洲研究所、里斯本大学、里斯本大学孔子学院共同举办的"中国—葡萄牙北京对话：'一带一路'倡议与中葡合作"国际研讨会在北京举行。

(9) 2016年9月27日，由深圳市贸促委主办、深圳国际商会和深圳市中东欧经济文化促进会承办的第一届深圳—中东欧经贸文化洽谈会在深圳召开。

(10) 2016年11月4日，欧洲研究所、16+1智库网络联合拉脱维亚国际事务研究所在拉脱维亚首都里加举办"中国—中东欧国家国际关系论坛"。

(11) 2016年11月8日，由科技部主办、江苏省科技厅承办的"首届中国—中东欧国家创新合作大会"开幕式及论坛在江苏省南京市举行。

(12) 2016年12月15日，由中国社会科学院和中国—中东欧国家合作秘书处主办，欧洲研究所与16+1智库网络承办的"中国和中东欧国家智库研讨会暨中国和中东欧国家人文交流年闭幕仪式"在北京举行。

(13) 2016年12月26日，马克思主义与欧洲文明研究中心和中国欧洲学会欧洲政治研究分会在欧洲研究所联合召开"难民危机背景下的欧洲政治变化"学术研讨会。

**2. 国际学术交流与合作**

2016年，欧洲研究所共派遣出访53批81人次，接待来访41批次。与欧洲研究所开展学术交流的国家有英国、德国、美国、法国等。

(1) 2016年3月30日，欧洲议会对华关系代表团团长乔·莱恩访问欧洲研究所，并举行主题为"中欧战略伙伴关系：挑战与前景"的讲座。

(2) 2016年4月12日，欧洲研究所、16+1智库网络特邀中国—中东欧国家合作秘书处王文刚参赞来所演讲，演讲的题目为"苏州峰会后16+1合作的潜力和问题"。

(3) 2016年4月19日，法国学者安东·布朗代和弗洛朗丝·皮萨尼访问欧洲研究所并举办主题为"当前欧盟经济形势"的讲座。

(4) 2016年4月20日，"欧洲研究所大使论坛"邀请斯洛文尼亚驻华大使善瑞译就"中国和斯洛文尼亚关系"发表演讲。

(5) 2016年5月18日，英国布里斯托大学教授米歇尔·奇尼和加拿大维多利亚大学教授艾米·凡尔登访问欧洲研究所，并举行主题为"欧元危机的影响、英国与欧盟关系公投的起源与意义"的学术讲座。

(6) 2016年6月14日，英国朴茨茅斯大学社会、历史与文学学院政治学与国际关系学系高级研究员 Richard McMahon 教授访问欧洲研究所，并举行主题为"欧盟一体化中的分化"的学术讲座。

(7) 2016年7月13日，欧盟外交事务与安全政策高级代表、欧盟委员会副主席费伐里卡·莫盖里尼到欧洲研究所访问，并作题为"欧盟的全球新战略"的演讲。

(8) 2016年7月22日，比利时自由大学教授 Duncan Freeman 访问欧洲研究所，就"当前中欧关系”与科研人员座谈。

（9）2016 年 7 月 26 日，欧洲政策研究中心资研究员、“欧盟外交政策研究部门”和“政治学与机构研究部门”负责人 Steven Blockmans 访问欧洲研究所，并举办主题为“欧洲一体化的未来发展进程：英国的全民公投、难民危机、经济和金融危机的影响”的学术讲座。

（10）2016 年 8 月 25 日，阿尔巴尼亚外交部部长迪特米尔·布沙蒂到访中国社会科学院欧洲研究所，并作了题为“中国和东南欧：从竞争到合作”的主题演讲。

2016年8月，阿尔巴尼亚外交部长迪特米尔·布沙蒂在中国社会科学院欧洲研究所作题为“中国和东南欧：从竞争到合作”的主题演讲。

（11）2016 年 9 月 21 日，德国汉堡联邦国防军大学国际政治系主任教授 Michael Staack 一行 18 人访问欧洲研究所，与欧洲研究所科研人员就“欧洲形势与中欧关系”作了学术交流。

（12）2016 年 9 月 23 日，捷克前副总理兼外长、布拉格新丝绸之路研究会会长扬·科胡特到访中国社会科学院欧洲研究所，与欧洲研究所、16+1 智库网络的专家学者举行会谈并签署了合作备忘录。

（13）2016 年 10 月 5 ～ 7 日，欧洲研究所刘作奎赴罗马尼亚参加第五届布加勒斯特论坛。论坛的主题是“支点的战略转变：确保稳定、构筑活力和把握机遇”。

（14）2016 年 10 月 13 日，英国兰卡斯特大学国际学院副院长罗伯特·盖耶尔教授、兰卡斯特大学孔子学院院长沈伟教授等访问欧洲研究所，就“英国脱欧——发生、发展以及对英国、欧盟和世界的影响”专题作了研讨。

（15）2016 年 10 月 26 ～ 28 日，中国社会科学院欧洲研究所研究员刘作奎赴波兰华沙参加主题为“通向里加：增强中国和中东欧国家合作的新思路”的国际学术研讨会。

（16）2016 年 11 月 1 日，德国联邦财政部副部长 Dr. Werner Ebert 和德国联邦财政部联邦预算部负责人 Dr. Jürgen Ehler 访问欧洲研究所，并举办座谈，主题为“长期的社会稳定与民主变革——从德国可借鉴的经验”“德国的社会安全体系概况”。

（17）2016 年 11 月 29 日，德国哈勒大学教授 Ulrich Blum 访问欧洲研究所，并举办了学术讲座，主题为“德国经济竞争力及发展前景”。

（18）2016 年 12 月 17 日，16+1 智库网络领导小组与匈牙利科学院、匈牙利中央银行、匈牙利安道尔知识中心等机构的来访学者举行了会谈，商讨未来在匈牙利共建“中国—中东欧研究院”的相关事宜。

## （四）学术社团、期刊

### 1. 社团

中国欧洲学会，会长周弘。

① 2016 年 9 月 10 ~ 11 日，中国欧洲学会在北京举行了主题为“全球治理框架下的中国与欧洲”的 2016 年年会，来自政府与全国欧洲研究学界的 120 人参加会议。

② 中国欧洲学会于年会期间换届改选，选出中国欧洲学会第九届理事会、常务理事会及学会领导机构。

③ 2016 年 10 月 26 ~ 27 日，“第六届海峡两岸欧洲研究学术论坛”在四川省成都市召开。

④ 中国欧洲学会与欧洲研究所共同编撰的《2016 年欧洲发展报告》蓝皮书出版。

（1）欧盟法律研究分会

2016 年 11 月 5 日，欧盟法律研究分会在湖北省武汉市举行主题为“中欧全面战略伙伴关系构建中的法治”的第十届年会。

（2）欧洲政治研究分会

2016 年 12 月 26 日，欧洲政治研究分会与中国社会科学院马克思主义与欧洲文明研究中心在北京联合举办了“难民危机背景下的欧洲政治变化”学术研讨会。

（3）欧洲一体化史研究分会

① 2016 年 6 月 17 ~ 18 日，欧洲一体化史研究分会的孔田平、刘作奎等赴塞尔维亚参加“多瑙河与新丝路”国际学术研讨会。

② 2016 年 6 月 19 ~ 20 日，欧洲一体化史研究分会的孔田平、刘作奎等赴波兰参加“中波外交政策论坛”。

（4）欧洲经济研究分会

（5）英国研究分会

① 2016 年 12 月 17 ~ 18 日，英国研究分会在上海召开主题为“多维视域中的英国研究”的年会，100 人参会。

② 2016 年 12 月 14 日，英国研究分会在北京举办《英国发展报告（2015 ~ 2016）》发布会暨“英国脱欧与中英关系”论坛，50 人参加会议。

（6）法国研究分会

① 2016 年 11 月，法国研究分会出版《继往开来：中法建交五十周年纪念文集》。

② 2016 年 12 月 1 日，法国研究分会在北京召开了“法国社会局势研讨会”。

（7）德国研究分会

① 2016 年 3 月 16 日，德国研究分会邀请德国柏林自由大学教授席斯勒在北京外国语大学作题为“德国及欧盟当前形势”的报告。

② 2016 年 4 月 7 日，德国研究分会邀请德国区域与全球研究中心阿普博士在北京作题为“德国与中国的政策咨询”的报告。

③ 2016 年 9 月 21 日，德国研究分会邀请汉堡德国联邦国防军国际政治研究所所长施塔克教授率团在北京外国语大学进行学术交流并作学术报告。

④ 2016 年 11 月 2 日，德国研究分会邀请德国柏林自由大学席斯勒教授在北京外国语大学作题为“当前欧盟形势及德国在欧盟的作用”的报告。

⑤ 2016 年 11 月 24 日，德国研究分会与欧洲所及中德合作中心在北京举办“德国政治形势与中德关系”研讨会。

（8）意大利研究分会

2016 年 12 月 21 日，意大利研究分会在北京举办“宪法改革公投后意大利形势及其影响”研讨会。

**2. 期刊**

《欧洲研究》（双月刊），主编黄平。

2016 年，《欧洲研究》共出版 6 期，约 150 万字。该刊全年刊载的有代表性的文章有：林德山的《新自由主义的政治渗透与欧洲危机》，程卫东的《多元法律秩序与欧盟法治的局限性》，胡建国的《欧盟是否给予中国“市场经济地位”的影响因素及对策》，张晓通、解楠楠的《联系权力：欧盟的权力性质及其权力战略》，贾文华的《 从“单民”到“多民”的欧盟民主赤字之争——合法性输入与输出的二维考察》。

## （五）会议综述

### 中国社会科学院国情调研厦门基地揭牌仪式

2016 年 1 月 21 日，中国社会科学院欧洲研究所和华侨大学中国海外发展研究中心共建的中国社会科学院国情调研厦门基地揭牌仪式在华侨大学厦门校区举行。中国社会科学院副院长、党组成员李培林为揭牌仪式发来书面致辞。中国社会科学院欧洲研究所所长黄平主持揭牌仪式。

李培林表示，中国社会科学院国情调研基地工作的推进，离不开各地伙伴机构的支持与合作。同时，中国社会科学院遍布全国各地的国情调研基地也能够为推进当地的经济社会发展提供有力的科研支持，为当地政府的科学决策建言献策。通过与各地高校、科研院所的合作，中国社会科学院的国情调研基地建设还有助于双方共同在哲学社会科学领域培育人才，强化机构间合作，多产出高质量的科研成果，实现高水平的互利共赢。

在我国对外开放过程中，欧洲不仅是我国最重要的国际贸易伙伴和技术来源地，而且在经济与社会发展方面，我国借鉴了一些欧洲的经验和教训。2010 年，我国与欧盟签署“中欧城镇化伙伴关系”协议，双方准备在城镇化的各个领域中开展全方位的国际合作。中国社会科学院欧洲研究所长期以来对欧洲政治、经济、社会、文化和外交等领域进行了比较全面深入的研究。厦门市是我国城镇化发展过程中具有示范意义的成功案例，具有开展中欧城镇化合作与经验交流工作的良好基础。为此，2015 年，中国社会科学院厦门国情调研基地项目已经启动了针对厦门城镇化进程的研究项目，为将来开展更加广泛的中欧城镇化比较研究与相关交流奠定了良好基础。

（科研处）

## 欧洲议会对华关系代表团乔·莱恩团长演讲会

2016 年 3 月 30 日，欧洲议会对华关系代表团乔·莱恩团长访问中国社会科学院欧洲研究所，并作了题为“中欧战略伙伴关系：挑战与前景”的讲座。中国社会科学院欧洲研究所程卫东副所长主持讲座。来自中国现代国际关系研究院、中国国际问题研究院和中国社会科学院欧洲研究所等科研机构的 30 多名学者参加了讲座。

莱恩团长首先介绍了欧洲议会对华关系代表团的基本情况。代表团现有 37 名正式成员，是欧洲议会第二大代表团，主要关注中欧关系的发展。随后，莱恩团长回顾了欧洲一体化的历史，既指出了一体化多年来取得的成就，诸如共同市场、四大自由、和平与财富等，又强调了近年来面临的诸多危机：金融危机和债务危机、难民危机以及最近刚刚在布鲁塞尔发生的恐怖袭击。莱恩团长重点分析了中欧合作的重点领域及挑战。 莱恩团长指出，中欧经济合作的成就巨大，贸易发展速度惊人；投资协定的谈判已经进行了数轮，期待今年年内能够达成协定；虽然中欧双方对中国的市场经济地位有不同的看法，但是双方正在积极寻求解决的办法；中欧战略合作伙伴应在反恐、环境保护等更加广阔的领域进行合作；希望中欧关系未来能够不断深入发展，创造共同的福祉，保护我们共同的地球。最后，莱恩团长就中国市场经济地位、双边投资协定的谈判、新一届议会的变化以及当前欧洲的极右翼政党等问题与听众进行了互动。

（科研处）

## “中欧关系与‘一带一路’”国际研讨会

2016年4月18日，中国社会科学院欧洲研究所与德国阿登纳基金会在北京联合举办“中欧关系与‘一带一路’”国际研讨会。

围绕“中欧战略伙伴关系发展”和“‘一带一路’框架下的中欧合作”两大主题，从安全、经济和社会角度回顾和展望了中欧关系，探讨了难民危机等热点问题，探索了中欧在“一带一路”沿线国家的合作可能。

来自德国联邦议会、欧盟驻华使团、德国驻沈阳总领馆、中国现代国际关系研究院、中国国际问题研究院、中共中央党校、外交部、北京大学、清华大学、外交学院、复旦大学、同济大学、新疆社会科学院、中国社会科学院欧洲研究所等国内外机构的近60位专家和学者参加会议。

（科研处）

## 波兰外长维托尔德·瓦什奇科夫斯基演讲会

2016年4月25日，应中华人民共和国外交部邀请，波兰外交部部长维托尔德·瓦什奇科夫斯基正式访华，并专程到访中国社会科学院，发表题为“‘一带一路’与欧洲在何处相遇：波兰眼中的欧洲与中国”的演讲。中国社会科学院院长王伟光会见了维托尔德·瓦什奇科夫斯基部长。中国—中东欧国家智库交流与合作网络秘书长、中国社会科学院欧洲研究所所长黄平主持演讲会。中国社会科学院学部委员、国际学部副主任周弘致欢迎辞。

黄平表示，中国社会科学院十分欢迎维托尔德·瓦什奇科夫斯基阁下访问中国社会科学院并发表主题演讲。维托尔德·瓦什奇科夫斯基先生在1993年获得历史学博士学位，同时具备丰富的外交经验。此次访问为促进两国间人文交流提供了良好契机，也为将来深化两国关系奠定了基础。

周弘表示，波兰是最早承认中华人民共和国的国家之一。自1949年10月两国建交以来，中波关系经受了时间和国际风云的考验，两国于2011年建立了战略伙伴关系，是真诚合作的好朋友、好伙伴。波兰加入欧盟后，成为欧洲经济增长的明星，其在欧盟地位的上升令人瞩目。中国乐见波兰成长为欧盟内一支有影响的力量。近年来中波关系发展得到加强，特别是中国与中东欧国家“16+1合作”机制的建立，为中波合作的深化提供了新的机遇。波兰是中国在中东欧16国中最大的贸易伙伴，波兰依托欧盟市场具备良好的产业基础和高素质的劳动力，吸引外国投资不断增加，已有许多中国企业在波兰投资设厂，推动了当地的经济发展，也促进了中波关系发展。波兰外长的此次到访，必将进一步推动中波两国的人文学术交流，深化中国社会科学院与波兰学术界的合作。

波兰外长维托尔德·瓦什奇科夫斯基在演讲会上强调，中波两国都有着相似的历史际遇，因此波兰能够理解中国，中波友谊也能够历久弥新。中国有着最古老的人类文明，有着成功发展的经济。而波兰地处欧洲“十字路口”，因此吸引了众多中国投资者的目光。波兰有动力在更广的领域开展更为积极的外交活动，同中国开展战略合作关系。波兰方面也高度评价中国的“一带一路”倡议，认为这一倡议能为中国与欧盟的合作提供有前景的平台，也将成为欧亚两大洲之间合作的新形式。演讲结束后，与会嘉宾就中波关系、“一带一路”、“16+1”合作等问题与维托尔德·瓦什奇科夫斯基部长进行了互动交流。

波兰驻华大使林誉平等波方贵宾、欧洲国家驻华使节、欧洲智库等外方代表，中国外交部、中国外文局、国务院发展研究中心、中国人民大学、北京大学、清华大学、北京外国语大学、北京第二外国语学院、中国社会科学院欧洲研究所、世界经济与政治研究所、俄罗斯东欧中亚研究所、世界历史研究所、新华社世界问题研究中心、中欧文化高峰论坛秘书处等机构的中方代表共100余人参加了演讲会。

（科研处）

## 世界社会保障发展走向
## ——中国社会保障学会世界社会保障研究分会2016年年会

2016年6月13日，中国社会保障学会世界社会保障研究分会在北京举行了“世界社会保障发展走向——中国社会保障学会世界社会保障研究分会2016年年会”。来自中国社会科学院、人民大学、北京大学、北京师范大学、首都经济贸易大学、复旦大学、浙江大学等的近30位学者出席了会议。会议在世界社保研究分会会长、中国社会科学院学部委员周弘研究员的主持下，采取“开放式”学术讨论的方式，围绕“全球化背景下世界社会保障的发展走向”等极具现实意义的问题进行了深入的研讨，以期在世界处于大变革的时期，冷静、客观地观察世界社保所面临的新问题和新挑战，从而对世界社保的发展走向形成一些共识性的判断并从中提炼出可供我国参考借鉴的经验。

周弘会长首先作了长篇主题发言，集中阐述了如下几方面问题：(1) 世界社保发展形势回顾与展望；(2) 经济危机与社会保障的关系；(3) 关于世界社会保障制度的走势。

周弘认为，目前欧洲福利国家在福利大幅削减后出现了社会反弹，各种打着民族主义，甚至民粹主义旗帜的政治派别也在社会福利问题上大做文章。社会保障作为一种国内的收入转移制度，本身是为了解决国内的社会问题，是建筑在国内各阶层的社会共识基础上。但是，在全球化时代，国家边界被打破，资本外溢，财政也难免。难民不仅冲破了国家的边界，也冲破了社会的边界，打破了有序的社会收入转移秩序。社会保障作为一个纯粹的国家收入转移制度，本来首先是个国内问题（减贫扶贫等），所以需要各国在国内层面重建社会共识。但目前却要变成一个国际问题，需要在国际政治层面对各国的国家战略进行整合。

（科研处）

## “中波外交政策论坛：进展、潜力、前瞻”国际学术研讨会

2016 年 6 月 20 日，由中国社会科学院、16+1 智库交流与合作网络、波兰国际事务研究所联合主办的“中波外交政策论坛：进展、潜力、前瞻”国际学术研讨会在波兰首都华沙举办。

波兰国际事务研究所所长 Slawomir Debski 等出席会议并发表了讲话，高度评价中波关系，对中波合作前景充满期待与信心。

来自中国社会科学院、中共中央对外联络部、北京外国语大学、商务部国际经济与贸易研究院、上海合作组织研究中心的专家学者出席会议并发表讲话。

会议围绕中波外交关系、“一带一路”倡议的重要性、波兰在“一带一路”倡议中的作用、落实“一带一路”倡议面临的挑战等议题开展交流与研讨。波方与会者表示，波兰各界高度关注和热情欢迎习近平主席访问波兰，相信此次国事访问将进一步提升中波战略伙伴关系，加深双方在“一带一路”倡议框架下的合作，推动中波关系在经贸、政治与人文各领域均得到积极发展。

（科研处）

## “中欧大使论坛暨欧洲蓝皮书（2015 ~ 2016）”发布会

2016 年 6 月 24 日，中国社会科学院欧洲研究所、中国欧洲学会和社会科学文献出版社共同举办的“中欧大使论坛暨欧洲蓝皮书（2015 ~ 2016）”发布会在北京举行。会议的主题为“欧洲形势与中欧关系”。来自全国各地的科研机构、院校代表，欧盟和欧洲各国驻华使馆人员共 100 余人参会。

中国社会科学院欧洲研究所所长黄平研究员主持会议并致开幕辞。欧盟驻华使团团长史伟大使发表主旨演讲。社会科学文献出版社社长谢寿光发表出版方报告，中国社会科学院欧洲研究所社会文化研究室主任田德文研究员发表题为“后冷战格局变化中的欧洲难民危机”的蓝皮书主题报告。中国社会科学院欧洲研究所经济研究室主任陈新研究员发表“当前欧洲经济形势评述”。中国前驻英大使马振岗、中国社会科学院国际学部副主任周弘、中国现代国际关系研究院副院长冯仲平、中国国际问题研究院欧洲研究所所长崔洪建均发表各自评论。与会代表还就“英国‘脱欧’”“中欧关系的机遇和挑战”等热点问题进行了讨论。

（科研处）

## 欧盟副主席莫盖里尼专题演讲会

2016 年 7 月 13 日，欧盟外交事务与安全政策高级代表、欧盟委员会副主席费代里卡·莫盖里尼专程到中国社会科学院欧洲研究所作题为“欧盟的全球新战略”的专题演讲。演讲前，中国社会科学院副院长蔡昉会见了莫盖里尼。中国社会科学院欧洲研究所所长黄平主持了演讲会。

蔡昉在会见中表示，中欧关系发展正日趋成熟，和平、增长、改革、文明四大伙伴关系建设全面推进，中欧双方之间的交流机制越来越完善。在第 18 次中欧峰会上，双方领导人对中欧关系未来发展作出了进一步指导和规划。中欧加强在国际事务协调，全球治理等议题的沟通与合作，将促进世界和平繁荣与稳定。莫盖里尼访问中国社会科学院必将进一步推动中欧学术与智库交流，深化中国与欧洲的合作。

莫盖里尼在演讲中强调，值此世界格局和地区局势复杂深刻演变之际，中欧双方各自发展和国际社会都面临新的挑战。由莫盖里尼副主席主持制定、新近发布的《欧洲外交和安全政策全球战略》进一步明确了欧盟在外交与安全领域的原则、利益和重点。欧盟未来的相关行动重点包括：联盟的安全；欧洲东部和南部的国家与社会韧性；采取综合方针处理冲突；合作性地区秩序；21 世纪的全球治理。欧盟愿与中国在外交安全领域加强交往与合作，共同应对挑战，进一步推动中欧关系的发展。

与会中欧嘉宾就欧盟外交与安全战略报告涉及的中欧安全合作的前景、英国脱欧对欧盟共同安全与防务政策的影响等问题与莫盖里尼进行了讨论。

莫盖里尼副主席在欧洲所的演讲是第 18 届中欧领导人峰会活动的一部分。来自中国外交部、中国社会科学院、中国国际问题研究院、中国现代国际关系研究院、国务院发展研究中心、北京外国语大学等机构的学者，欧盟驻华使团及欧洲各国驻华使馆官员近 100 人参加了演讲会。

（科研处）

## “中国—葡萄牙北京对话：‘一带一路’倡议与中葡合作”国际研讨会

2016 年 7 月 21 日，中国社会科学院欧洲研究所、里斯本大学、里斯本大学孔子学院共同举办的“中国—葡萄牙北京对话：‘一带一路’倡议与中葡合作”国际研讨会在欧洲所举行。

来自葡萄牙经济部、国家旅游局、葡中工商会、里斯本大学、葡萄牙经济观察机构、中国社会科学院、清华大学、科技部和澳门大学等国内外机构的官员和学者参加了此次研讨会。

中国社会科学院欧洲研究所所长黄平研究员、里斯本大学副校长 Joao Barreiros、葡萄牙驻华使馆参赞 Joana Fialho 发表开幕致辞。

研讨会分为四个部分，包括当前葡萄牙经济与外交、中国经济、“一带一路”倡议与中欧关系，中葡两国未来合作机遇等，与会专家学者就上述问题展开了广泛、深入的研讨。

（科研处）

## 阿尔巴尼亚外交部部长迪特米尔·布沙蒂演讲会

2016 年 8 月 25 日，阿尔巴尼亚外交部部长迪特米尔·布沙蒂到访中国社会科学院欧洲研究所，并作了题为“中国和东南欧：从竞争到合作”的主题演讲。中国社会科学院副院长、16+1 智库网络执行副理事长蔡昉在演讲前与布沙蒂外长进行了短暂会晤。中国社会科学院欧洲研究所所长、16+1 智库网络秘书长黄平主持了演讲会。

蔡昉在会晤中表示，中阿友谊源远流长，中阿关系发展正日趋成熟，双边交流与合作机制越来越完善。在中阿两国政治互信和经贸往来不断深化的背景下，布沙蒂外长的此次来访将进一步促进中阿学术机构间的互学互鉴，深化两国的人文交流与合作。

布沙蒂外长在演讲中表示，中国一直是阿尔巴尼亚的友好伙伴。两国间的经济、政治、文化等领域交流不断。中国近几年的经济飞速发展，并通过基础设施建设合作等方式进入欧洲市场。这为双方增加了深入交流的机会，也为阿尔巴尼亚的农产品等进入中国市场提供了契机。未来，阿尔巴尼亚也愿意与中国在金融、体育、文化等领域开展合作。

布沙蒂外长还表示，历史上，东南欧是一个民族问题较突出的区域，但如今各个国家都在积极改革，申请加入欧盟。阿尔巴尼亚也成功成为欧盟候选国之一。中国—中东欧国家合作机制是一个开放包容的平台，能够进一步带动东南欧的区域合作。

演讲结束后，与会中外嘉宾就“16+1 合作机制”“阿尔巴尼亚入盟”“欧洲难民危机”“中阿经贸投资的合作前景与挑战”等问题与布沙蒂外长进行了讨论。

布沙蒂外长在欧洲所的演讲是其访华活动的一部分。该演讲会由中国社会科学院欧洲研究所、16+1 智库交流与合作网络、国际合作局共同承办。来自中国外交部、中国社会科学院、中国人民对外友好协会、中央编译局、欧美同学会、北京大学、北京外国语大学等机构的学者以及意大利、波兰、爱沙尼亚、塞尔维亚、瑞士、匈牙利、罗马尼亚、爱尔兰等国的驻华使馆官员近 60 人参加了演讲会。

（科研处）

## 中国—中东欧国家国际关系论坛

2016 年 11 月 4 日，由中国社会科学院 16+1 智库交流与合作网络、中国社会科学院欧洲研究所、拉脱维亚国际事务研究所联合主办的“中国—中东欧国家国际关系论坛——为共同繁荣而加强联通”在拉脱维亚首都里加召开。

来自欧盟委员会、欧洲对外行动署等机构，美国、德国、法国等十几个国家驻拉脱维亚使馆参赞或相关负责人、相关机构的专家学者，中国社会科学院、北京外国语大学等研究机构、院校的中外智库代表近 100 人出席了会议。

中国社会科学院院长、16+1 智库交流与合作网络理事长王伟光、拉脱维亚前总统瓦尔季斯·扎特莱尔斯到会并作了主旨演讲。会议的主题是"'16+1 合作'如何推动中欧关系发展""中国与欧洲交通基础设施建设互联互通""中国和中东欧国家人文交流"。

（科研处）

# 西亚非洲研究所

## （一）人员、机构等基本情况

### 1. 人员

截至 2016 年年底，西亚非洲研究所共有在职人员 56 人。其中，正高级职称人员 12 人，副高级职称人员 18 人，中级职称人员 15 人；高、中级职称人员占全体在职人员总数的 80 %。

### 2. 机构

西亚非洲研究所设有：中东研究室、非洲研究室、国际关系研究室、社会文化研究室、《西亚非洲》编辑室、信息室、办公室、科研处、人事处。

### 3. 科研中心

西亚非洲研究所院属科研中心有海湾研究中心；所属科研中心有南非研究中心。

## （二）科研工作

### 1. 科研成果统计

2016 年，西亚非洲研究所共完成专著 4 种 149 万字；论文 56 篇 120 万字；论文集 1 种 40 万字。

### 2. 科研课题

（1）新立项课题。2016 年，西亚非洲研究所共有新立项课题 9 项。其中，院国家全球战略智库课题 4 项："军事政变对土耳其内政外交影响及中土关系走向"（唐志超主持），"中国对非洲战略运筹研究"（张宏明主持），"积极防范'伊斯兰国'向我周边扩张及对我外溢效应研究"（唐志超主持），"加强中国的中东研究"（王林聪主持）；院优势学科课题 1 项："当代中东研究"（王林聪主持）；院交办课题 1 项："以习近平同志为总书记的党中央治国理政新思想与西亚非洲发展问题"（杨光、安春英主持）；外交部中非联合研究交流计划项目课题 2 项："加强同北非港口合作研究"（杨光主持），"中国同东非三国开展产能合作的法律政策环境分析"

（朱伟东主持）；所国情调研基地课题1项："连云港'一带一路'核心区与先导区研究"（唐志超主持）。

（2）结项课题。2016年，西亚非洲研究所共有结项课题5项。其中，院交办课题1项："以习近平同志为总书记的党中央治国理政新思想与西亚非洲发展问题"（杨光、安春英主持）；院国情调研重大课题1项："'一带一路'在西亚面临的国际风险与合作空间"（王林聪、唐志超主持）；外交部中非联合研究交流计划项目课题2项："加强同北非港口合作研究"（杨光主持），"中国同东非三国开展产能合作的法律政策环境分析"（朱伟东主持）；所国情调研基地课题1项："连云港'一带一路'核心区与先导区研究"（唐志超主持）。

## （三）学术交流活动

### 1. 学术活动

2016年，西亚非洲研究所举办的主要学术会议有：

（1）2016年5月8～9日，中国中东学会，中以学术交流促进会、西北大学历史学院和中东研究所在西北大学联合举办"当前中东局势及其'一带一路'建设"国际学术研讨会。

（2）2016年6月25～26日，中国中东学会、新疆中亚区域发展研究中心在新疆维吾尔自治区伊宁市联合举办"'伊斯兰国'对中国周边及国内渗透、扩张态势及我政策应对"研讨会。

（3）2016年9月24～25日，由上海外国语大学中东研究所、中国中东学会等6家单位联合主办的第五届亚洲与中东国际论坛"全球视野下的中东地区治理"国际研讨会在上海举行。

（4）2016年11月5～6日，由中国中东学会、中国社会科学院海湾研究中心、西南大学伊朗研究中心共同主办，西南大学历史文化学院、西南大学伊朗研究中心承办的"2016伊朗学高端研讨会"在重庆市举办。

（5）2016年12月16～18日，由中国宗教学会、中国中东学会共同主办的"伊斯兰教与'一带一路'"暨第二届全国伊斯兰教学术研讨会在北京举行。

### 2. 国际学术交流与合作

2016年，西亚非洲研究所共派遣出访学者29批64人次，接待来访24批85人次。与西亚非洲研究所开展学术交流的国家有美国、法国、德国、荷兰、葡萄牙、意大利、瑞士、比利时、奥地利、新加坡、日本、蒙古、印度、哈萨克斯坦、土耳其、伊朗、以色列、阿联酋、埃及、阿尔及利亚、埃塞俄比亚、坦桑尼亚、莫桑比克、博茨瓦纳、塞内加尔、贝宁、肯尼亚、南非等近30个国家。

（1）2016年10月17日，土耳其智库学者友华人士代表团顺访，与西亚非洲研究所学者就中国"一带一路"倡议及中土战略合作关系发展前景等议题进行学术交流。

（2）2016 年 10 月 19 日，埃及议会外交关系委员会代表团一行 5 人顺访西亚非洲研究所，就当前中东热点问题、中埃关系、中东地区安全等问题与西亚非洲研究所学者进行交流。

（3）2016 年 11 月 1 日，西亚非洲研究所、中国亚非学会和中国社会科学院西亚非洲研究所南非研究中心共同邀请南非驻华大使馆多拉娜·穆西曼女士来所进行学术交流。多拉娜·穆西曼以“中国与南非关系”为题作学术报告。

（4）2016 年 11 月 22 日，伊朗国防外交战略研究中心（RAAD）代表团一行 5 人顺访西亚非洲研究，与该所学者就特朗普当选总统后美国中东政策和伊朗政策可能出现的变化、中东局势的发展趋势以及如何推进中伊“战略合作伙伴关系”等问题进行了交流和探讨。

（5）2016 年 11 月 28 日，非洲国家重要非政府组织骨干考察团 20 人到访西亚非洲研究所，与该所学者就中非关系及中非智库交流等问题进行交流。

（6）2016 年 12 月 15 日，以色列驻华大使到访西亚非洲研究所，与所长杨光研究员就未来中以双方如何开展智库交流进行沟通与探讨。

## （四）学术社团、期刊

**1. 社团**

中国中东学会，会长杨光。

**2. 期刊**

《西亚非洲》（双月刊），主编杨光。

2016 年，《西亚非洲》全年共出版 6 期，共计 16 万字。该刊全年刊载的有代表性的文章有：姜毅的《俄罗斯在中东的机会主义外交》，刘鸿武的《非洲研究的“中国学派”：如何可能？》，马晓霖的《奥巴马时代美国与沙特关系缘何渐行渐远？》，吕耀东的《从内罗毕宣言看日本在非洲利益的深化及其战略意图》，宋全成的《穆斯林移民在欧洲：身份认同及其冲突》，李安山的《国际政治话语中的中国移民：以非洲为例》，肖宪的《“一带一路”视角下的中国与以色列关系》，田文林的《“一带一路”与中国的中东战略》，姚桂梅的《从一体化看非洲工业化的新动力》，杨光的《石油地租经济及西亚与中国的合作潜力》，王林聪的《从马克思主义时代观看中东国家发展的国际环境》，钟伟云的《非洲的政党政治：回顾与反思》，王泰的《历史长时段视角下中东的政治转型与民主构建》，张宏明的《中国在非洲利益层次分析》，肖凌的《从总统长期缺位现象透视黎巴嫩政治生态》等。

## （五）会议综述

### “当前中东局势及‘一带一路’建设”学术研讨会

2016 年 5 月 8 ~ 9 日，由中国中东学会、中以学术交流促进会、西北大学历史学院和中东研究所联合主办的“当前中东局势及‘一带一路’建设”国际学术研讨会在西北大学举行。来自以色列、土耳其、伊朗、英国、美国、希腊等国家，以及中国社会科学院西亚非洲研究所、中国现代国际关系研究院、北京外国语大学、中国人民大学、对外经济贸易大学、人民日报社、上海国际问题研究院、上海外国语大学、宁夏社会科学院、陕西师范大学、西北政法大学、西北工业大学、西安外国语大学、西安交通大学的国内外专家学者约 50 人参加了会议。

西北大学历史学院副院长王新刚教授主持了研讨会开幕式；西北大学副校长贾明德教授和中国中东学会会长、西亚非洲研究所所长杨光研究员分别致辞；以色列特拉维夫大学副校长埃亚尔·齐瑟教授作了题为“新冷战阴影下的叙利亚内战”的主题演讲。

在发言和研讨阶段，与会者围绕以下几个专题进行了学术交流，即叙利亚问题的国际背景，叙利亚危机今昔与“伊斯兰国”，叙利亚局势与中东、欧洲地区形势的演变，“一带一路”与中东，中东其他问题。通过探讨，与会者加深了对当前中东局势发展特点的认知及其对于中国在该地区推进“一带一路”的影响。西北大学中东研究所所长黄民兴教授对研讨会进行了全面而深入的学术总结。

（科研处）

## 第五届亚洲与中东国际论坛“全球视野下的中东地区治理”国际研讨会

2016 年 9 月 24 ~ 25 日，由上海外国语大学中东研究所、中国中东学会、上海国际问题研究院外交政策研究所、上海社会科学院西亚北非研究中心、上海大学土耳其研究中心、黎巴嫩阿拉伯统一研究中心 6 家单位联合主办的第五届亚洲与中东国际论坛“全球视野下的中东地区治理”国际研讨会在上海外国语大学举行。来自中国、美国、俄罗斯、日本、印度、英国、法国、澳大利亚、埃及、伊朗、阿联酋、苏丹、黎巴嫩、土耳其等 24 个国家的 118 位嘉宾参会，另有来自学界、媒体等领域的其他相关人员 30 人参会。

中国前驻卡塔尔大使高有祯，埃及非洲学会秘书长、前非盟秘书长助理 Ahmed Haggag，伦敦大学亚非学院中东研究所所长 Hassan Hakimian，俄罗斯科学院非洲研究所所长 Alexey Vasiliev，英国埃克塞特大学阿拉伯研究中心教授、欧洲中东学会副会长 Tim Niblock，中国中东学会副会长、上海社会科学院研究员潘光，法国 KEDGE 商学院地缘政治研究中心主任 Yahia Zoubir，黎巴嫩阿拉伯统一研究中心主任 Khair El-Din Haseeb 先后在研讨会上作主旨发言。

研讨会的主要议题为“恐怖主义与中东热点问题治理”“‘一带一路’与中东治理”“中东经济与社会治理”“域外大国与中东治理”“中东地区国家与中东治理”。研讨会旨在为从事中东研究的中外学者探讨中东地区治理问题提供学术交流平台，推动中东研究向纵深发展，发挥学术界以智力贡献参与国际问题治理的积极作用，为中东研究国际学术共同体建设和中东地区和平与发展贡献自己的力量。

（科研处）

## 2016伊朗学高端研讨会

2016年11月5～6日，由中国中东学会、中国社会科学院海湾研究中心、西南大学伊朗研究中心共同主办，西南大学历史文化学院、西南大学伊朗研究中心承办的“2016伊朗学高端研讨会”在重庆举办。60多位专家学者参加了研讨会。

研讨会上，中国中东学会会长、西亚非洲研究所所长杨光，中国社会科学院海湾研究中心副秘书长陆瑾分别以“‘一带一路’建设与中东”“‘一带一路’视角下中国与伊朗的经济合作”为题作主旨报告。

在分组研讨过程中，与会的专家学者分别就“后伊核时代伊朗的西向战略及其对中国外交的影响”“中伊自由贸易区构想：背景、基础与实证研究”“中巴经济走廊与伊朗”“伊朗外交走向”“伊朗的外交智库：现状和特点”“简述伊朗经济发展思想与发展战略”“从伊朗来华留学生数量看中伊两国人文交流的缺失”“伊朗交通基础设施现状与发展前景评估”“伊朗与土耳其的竞争与合作”“影响伊朗未来经济发展的内在结构性矛盾”“伊朗军事介入叙利亚危机的影响”“伊朗的政治文化特征”“‘一带一路’战略倡议与中伊关系”“伊朗—以色列关系再思考”“霍梅尼非暴力不合作的历史地位”“论什叶派及其分布现状”等议题对伊朗的政治、经济、历史、文化、对外关系等方面进行了深入研讨。

（科研处）

## “伊斯兰教与‘一带一路’”暨第二届全国伊斯兰教学术研讨会

2016年12月16～18日，由中国宗教学会、中国中东学会共同主办的“伊斯兰教与‘一带一路’”暨第二届全国伊斯兰教学术研讨会在北京举行。来自国内外学术研究机构、宗教团体、媒体及社会各界130余位代表参加了研讨会。

会议围绕“伊斯兰教与‘一带一路’战略”“中国穆斯林与‘一带一路’”“中东局势与‘一带一路’”“丝绸之路上的伊斯兰教”“中华文明与伊斯兰文明”“‘一带一路’沿线经济文化”“青年学者论坛”7个主题和场次展开讨论。与会专家一致认为，伊斯兰教是“一带一路”建设中不容回避的重要因素，对其影响应有充分的认识与考量，方能发挥优势，防范风险，促进区域共同发展，维护社会繁荣稳定。

（科研处）

# 拉丁美洲研究所

## （一）人员、机构等基本情况

### 1. 人员

截至 2016 年年底，拉丁美洲研究所共有在职人员 52 人。其中，正高级职称人员 11 人，副高级职称人员 13 人，中级职称人员 16 人；高、中级职称人员占全所在职人员总数的 77%。

### 2. 机构

拉丁美洲研究所设有：经济研究室、政治研究室、国际关系研究室、社会文化研究室、马克思主义理论与拉美问题研究室、《拉丁美洲研究》编辑部、信息资料室、行政办公室。

### 3. 科研中心

拉丁美洲研究所设有所属科研中心 5 个：墨西哥研究中心、中美洲和加勒比研究中心、古巴研究中心、巴西研究中心、阿根廷研究中心。

## （二）科研工作

### 1. 科研成果统计

2016 年拉丁美洲研究所共完成专著 4 种，141.8 万字；论文 85 篇，90.58 万字；研究报告 81 篇，65.9 万字；译著 5 种，130.6 万字；皮书 1 种，42.3 万字；论文集 1 种，43.5 万字。

### 2. 科研课题

（1）新立项课题。2016 年，拉丁美洲研究所共有新立项课题 8 项。其中，院皮书课题 1 项："拉丁美洲和加勒比发展报告 2015 ～ 2016"（吴白乙主持）；所级国情调研广州基地建设及基地课题 1 项："广东与拉美地区重点产业对接研究"（柴瑜主持）；国家社会科学基金一般课题 1 项："古巴社会主义模式'更新'研究"（杨建民主持）；中国国际扶贫中心委托课题 1 项："拉丁美洲减贫与社会发展资料编译"（房连泉主持），"拉美国家减贫政策分析"（房连泉主持）；上海建工加勒比公司委托课题 1 项："特立尼达和多巴哥'环球中心'项目研究报告"（吴白乙主持）；国家发改委委托课题 1 项："中拉产能合作研究"（柴瑜主持）；北京第二外国语学院与中国社会科学院拉丁美洲研究所合作课题 1 项："实培计划"（杨志敏主持）。

（2）结项课题。2016 年，拉丁美洲研究所共有结项课题 7 项。其中，院皮书课题 1 项："拉丁美洲和加勒比发展报告 2015 ～ 2016"（吴白乙主持）；所级国情调研广州基地建设及基地课题 1 项："广东与拉美地区重点产业对接研究"（柴瑜主持）；中国国际扶贫中心委托课题 2 项："拉丁美洲减贫与社会发展资料编译"（房连泉主持），"拉美国家减贫政策分析"（房连泉主持）；上海建工加勒比公司委托课题 1 项："特立尼达和多巴哥'环球中心'项目研究报告”（吴白乙主持）；国家发改委委托课题1项：“中拉产能合作研究”（柴瑜主持）；科技部所属中国东盟环境保护合作中心委托课题1项：“拉美三国国别环境研究”（柴瑜主持）。

（3）延续在研课题。2016年，拉丁美洲研究所共有在研课题4项。其中，国家社会科学基金重大课题1项：“中拉关系及对拉战略研究”（吴白乙主持）；南开大学委托课题1项：“非西方国家政治发展道路研究”子课题“拉美国家政治发展道路研究”（袁东振主持）；国家社会科学基金一般课题2项：“拉美21世纪社会主义研究”（袁东振主持），“中国与拉丁美洲国家经贸关系研究”（谢文泽主持）。

**3. 获奖优秀科研成果**

2016年，拉丁美洲研究所获“第九届（2016年）中国社会科学院优秀科研成果奖”著作类三等奖1项：苏振兴主编的《拉美国家社会转型期的困惑》；获“第九届（2016年）中国社会科学院优秀科研成果奖”论文类三等奖1项：齐传钧、郑秉文的论文《拉美地区落入“中等收入陷阱”的考察：全要素生产率的分析框架》。

## （三）学术交流活动

**1. 学术活动**

2016年，拉丁美洲研究所主办和承办的主要学术会议如下。

（1）2016年1月6日，拉丁美洲研究所在北京举办“委内瑞拉国会选举及政局走势”研讨会。

（2）2016年3月1日，拉丁美洲研究所在北京举办专题讲座“从第二届民主左翼国际会见看拉美左翼的最新动向”。

（3）2016年3月17日，拉丁美洲研究所在北京举办“拉美中国研究新热点”学术研讨会。

（4）2016年3月22日，拉丁美洲研究所在北京举办“拉美左翼发展的新动向与中拉关系”研讨会。

（5）2016年3月23日，拉丁美洲研究所在北京举办2016年第一期“巴西论坛”。

（6）2016年4月13日，拉丁美洲研究所在北京举办2016年第二期“巴西论坛”。

（7）2016年4月20日，拉丁美洲研究所在北京举办“拉美政治格局变化对国际关系的影响”研讨会。

（8）2016年4月22日，拉丁美洲研究所在北京举办“古共七大及古巴内外政策的新动向”专题研讨会。

（9）2016年4月27日，拉丁美洲研究所邀请谭道明博士以“‘衰败’难以‘终结’——福山的‘政治衰败论’”为题在北京举办学术讲座。

（10）2016年5月16日，拉丁美洲研究所与CAF–拉丁美洲开发银行在北京联合举办“建设更有效率的国家：中拉经验比较”国际研讨会。

（11）2016 年 5 月 18 日，拉丁美洲研究所在北京举办 2016 年第三期“巴西论坛”。

（12）2016 年 5 月 25 日，拉丁美洲研究所在北京举办学术讲座，邀请中拉青年学术共同体秘书长黄思然谈“中国企业在拉美的跨文化交流：现实与挑战”。

2016年5月，“建设更有效率的国家：中拉经验比较”国际研讨会在北京举行。

（13）2016 年 7 月 2 日，拉丁美洲研究所在北京举办 2016 年第四期“巴西论坛”，由来访的巴西劳工党成员、圣保罗州前参议员爱德华多 · 苏普利西介绍巴西社会保障以及当前巴西政治经济危机。

（14）2016 年 7 月 6 日，拉丁美洲研究所在北京举办“拉美左翼和社会主义论坛”第四次会议暨《拉美国家政党执政的经验与教训研究》著作发布会。

（15）2016 年 7 月 8 日，拉丁美洲研究所在北京举办“中国企业投资拉美的风险与对策——从墨西哥高铁谈起”报告会。

（16）2016 年 7 月 16 日，由中国社会科学院拉丁美洲研究所主办，中国社会科学院拉丁美洲研究所阿根廷研究中心、四川大学拉丁美洲研究所、西安外国语大学拉丁美洲研究中心、吉林大学伊比利亚美洲研究中心、上海大学全球学研究中心以及中山大学国际翻译学院拉丁美洲研究中心承办的“迈向未来的中阿全面战略伙伴关系”国际研讨会在北京举行。

（17）2016 年 7 月 20 日，拉丁美洲研究所邀请首都师范大学西班牙语系副教授、秘鲁皮乌拉大学孔子学院前院长马征博士在北京举办主题为“黑白光影：中国移民在秘鲁”的讲座。

（18）2016 年 8 月 25 日，中国社会科学院世界经济与政治研究所《国际经济评论》编辑部与拉丁美洲研究所《拉丁美洲研究》编辑部在北京联合举办“扶贫理论与国际经验”研讨会。

（19）2016 年 8 月 31 日，拉丁美洲研究所在北京举办“拉美左翼和社会主义论坛第五次会议暨《劳尔 · 卡斯特罗——革命生涯》中文版首发式”。

（20）2016 年 9 月 7 日，拉丁美洲研究所邀请新华社阿根廷分社前社长叶书宏在北京举办题为“转型的挑战：当前阿根廷的政治、经济和对外政策”的讲座。

（21）2016年9月14日，拉丁美洲研究所在北京举行办第六期“巴西论坛”。

（22）2016年9月29日，拉丁美洲研究所《拉丁美洲研究》编辑部与《日本学刊》编辑部在北京联合举办“期刊技术性编辑学习报告会暨马克思主义专栏交流会”。

（23）2016年10月26日，拉丁美洲研究所邀请阿根廷国家探戈研究院研究员欧占明在北京举办“探戈艺术的认知与鉴赏”专题讲座。

（24）2016年10月20～21日，中国人民大学国际关系学院、中国拉丁美洲学会、中国拉丁美洲史研究会以及匹兹堡大学和墨西哥国立自治大学在北京联合主办“中国、美国与拉美：新行为体和变化中的关系暨第六届中国拉美研究青年论坛”。

（25）2016年10月27日，拉丁美洲研究所在北京举办2016年第七期“巴西论坛”。

（26）2016年11月2日，拉丁美洲研究所在北京举办“中美洲和加勒比地区形势及该地区国家对华关系”研讨会。

（27）2016年11月2日，拉丁美洲研究所在北京举办《中国与拉丁美洲及加勒比国家关系史》发布式暨“跨入发展新阶段的中拉关系：机遇与挑战”研讨会。

（28）2016年11月16日，拉丁美洲研究所在北京举办“TPP新变化与中美拉关系新进展和新挑战”研讨会。

（29）2016年11月16日，拉丁美洲研究所在北京举办“2016年美国大选与拉美政治经济形势”研讨会。

（30）2016年11月29日，拉丁美洲研究所在北京举办“习主席访拉成果暨第二份《中国对拉美和加勒比政策文件》”研讨会。

（31）2016年12月15日，拉丁美洲研究所在北京举办“马克里执政一周年评估”研讨会。

（32）2016年12月21日，拉丁美洲研究所在北京举办“2016年拉美及加勒比地区年终形势”研讨会。

**2. 国际学术交流与合作**

2016年，拉丁美洲研究所全年共接待来访63批222人次，派遣出访17批30人次；组织国际学术研讨会3个，涉外学术座谈会26个，签署所级对外交流框架协议1个。

重要对外学术交流活动如下。

（1）2016年3月1日，美洲国家组织秘书长路易斯·阿尔玛格罗访问拉丁美洲研究所并作题为“中国和拉丁美洲：紧密的联系”的演讲。

（2）2016年4月11日，阿根廷拉美中国政治经济研究中心执行主任迭戈·马索孔内率拉美青年政治家代表团5人访问拉丁美洲研究所。

（3）2016年4月25～29日，拉丁美洲研究所所长吴白乙研究员率团赴俄罗斯参加中俄外交部第10次拉美事务磋商智库论坛。

（4）2016年5月29日至6月3日，“拉丁美洲区域合作与一体化研究”创新项目组赴墨西哥参加墨西哥国立自治大学中国—墨西哥研究中心主办的“拉丁美洲及加勒比与中国：二十一世纪的状况与挑战”第三届拉美中国研究论坛。

（5）2016 年 7 月 16 日，拉丁美洲研究所在北京举办“迈向未来的中阿全面战略伙伴关系”国际研讨会。

（6）2016 年 8 月 24 日，阿根廷驻华大使盖铁戈访问中国社会科学院。中国社会科学院院长王伟光研究员会见盖铁戈大使，拉丁美洲研究所所长吴白乙研究员等参加会见。

（7）2016 年 11 月 5 ~ 17 日，拉丁美洲研究所所长吴白乙研究员率领中国社会科学院学者代表团访问秘鲁、智利两国。

（8）2016 年 11 月 17 ~ 20 日，受大西洋理事会艾德丽安·阿什特拉美中心邀请，拉丁美洲研究所研究员岳云霞赴墨西哥参加《人民币国际化：重塑拉美？》报告的发布式暨“当前形势：美国大选、中国与国际贸易”研讨会。

（9）2016 年 11 月 21 ~ 23 日，由《中国社会科学》杂志社、拉丁美洲研究所、阿根廷国家科学院技术研究委员会、科尔多瓦国立大学、拉普拉塔国立大学孔子学院共同组织的“第五届中拉学术高层论坛”在阿根廷举行。论坛的主题为“构建中拉战略互信，促进彼此相互了解”。拉丁美洲研究所副所长王立峰副所长率团组出席论坛。

## （四）学术社团、期刊

### 1. 社团

中国拉丁美洲学会，会长李捷。

（1）2016 年 9 月 1 日，中国拉丁美洲学会召开常务理事会网络通报会，向常务理事通报学会近期有关工作情况。

（2）2016 年 10 月 20 ~ 21 日，由中国人民大学国际关系学院、中国拉丁美洲学会、中国拉丁美洲史研究会以及匹兹堡大学和墨西哥国立自治大学联合主办的“中国、美国与拉美：新行为体和变化中的关系暨第六届中国拉美研究青年论坛”在北京举行。来自国内外的 80 多位中外专家学者参加了会议。

（3）中国拉美学会各分会的主要学术活动情况：

① 2016 年 4 月 22 日，中国拉丁美洲学会古巴分会召开了专题研讨会。会议的主题为“古共七大及古巴内外政策的新动向”。

② 2016 年 6 月 17 日，中国拉丁美洲学会墨西哥分会邀请墨西哥国立自治大学终身教授克莱门特·鲁伊斯·杜兰和刘学东访问拉美所，并就“墨西哥能源改革及经济增长展望”议题与拉丁美洲研究所学者进行了座谈。

③ 2016 年 7 月 15 日，中国拉丁美洲学会中美洲和加勒比分会举办主题为“当前中拉关系”的专题研讨会。美国加州大学圣迭戈分校伊比利亚拉美研究中心主任戴维·马瑞兹教授应

邀发表专题演讲，分析当前拉美形势和中拉关系。

**2. 期刊**

《拉丁美洲研究》(双月刊)，主编吴白乙。

2016年，《拉丁美洲研究》全年共出版6期，共计101万字。全年刊载的有代表性的文章有：高波的《发展道路上的再次迷失：2015年拉美地区形势综述》，袁东振的《拉美“21世纪社会主义”的理论与实践特性——以玻利维亚为例》，张慧玲的《从当前拉美左翼执政困境看其发展前景》，冯峰的《全球气候治理中的墨西哥：角色转型与政策选择》，思特格奇的《拉美本土国际关系理论与主流国际关系理论的比较》，蒲俜的《拉美一体化的多层次发展及其效应》，严怡宁的《身份与认同：巴西主流媒体涉华报道分析》，贺双荣的《构建中拉“命运共同体”：必要性、可能性及挑战》，万军的《中拉产能合作的动因、进展与挑战》，谢文泽的《中国经济中高速增长与中拉经贸合作》，陈涛涛等的《中国与拉美地区对外直接投资的比较研究》，徐世澄的《从古共六大到古共七大：古巴社会主义模式的更新》，王鹏的《委内瑞拉的“21世纪社会主义”：理论内涵、实践与现实意义》，郭存海的《中国的国家形象构建：拉美的视角》，欧阳俊、邱琼的《区域一体化的政治经济学分析：加勒比共同体案例》，韩琦的《拉美基础设施建设中的国际合作精神：以伊泰普水电站为例》，郭语的《巴西对外援助中的三方合作管理与实践》。

## （五）会议综述

### “建设更有效率的国家：中拉经验比较”国际研讨会

2016年5月16日，由中国社会科学院拉丁美洲研究所与CAF-拉丁美洲开发银行联合举办的“建设更有效率的国家：中拉经验比较”国际研讨会在京举行。国内外学者、政府官员和媒体记者等近50人出席了会议。

研讨会研讨的重点问题聚焦于中国与拉美国家的公共政策效率、国家治理能力、社会经济转型等方面。与会学者一致认为，此次研讨会的主题非常具有学术内涵与实践价值：一方面，中拉双方在致力于提高国家效率的过程中，既有经验教训，也都面临着切实的困难，这次会议能为双方提供学术上的支持；另一方面，拉美国家自20世纪70年代末开启了民主政治周期，为提高国家效率创造了稳定的环境，这能为中国政府改善国家治理能力提供宝贵经验。但是，当前一些拉美国家在科学决策和执行能力方面仍然存在缺陷，甚至陷入了政治经济发展的危险边缘。拉美治理难题存在的原因在于国家效率的低下、经济缺乏可持续性、社会不公平现象普遍存在，以及执政党和政府不能有效回应各个阶层的诉求等。为此，拉美国家应该进一步增强国家能力，包括加强公务员队伍建设、改善公共采购系统、提高公民的政治参与、完善政策的监督与评估。

与会代表还围绕“国家能力”“公共政策”“公民参与”等议题进行了讨论。与会代表一致认为，一个高效政府具有合理制定、实施公共政策并吸取经验教训的能力。中拉双方相互分享和借鉴在公共服务领域的研究成果，能够为今后优化公共资源管理提供有益的思路，为建设更有效率的国家作出贡献。

（张芯瑜）

## “拉美左翼和社会主义论坛”第四次会议暨《拉美国家政党执政的经验与教训研究》著作发布会

2016 年 7 月 6 日，中国社会科学院拉丁美洲研究所在北京举办“拉美左翼和社会主义论坛”第四次会议暨《拉美国家政党执政的经验与教训研究》著作发布会。来自外交部、中联部、北京大学、现代国际关系研究院等机构的专家学者参加会议。

2016年7月，“拉美左翼和社会主义论坛”第四次会议暨《拉美国家政党执政的经验与教训研究》著作发布会在北京举行。

中国社会科学院拉丁美洲研究所所长吴白乙研究员致辞。他指出，今天的世界，各地区、各国与各政党之间互动、互联的程度前所未有。拉美一些国家政党执政的经验与教训，值得我们认真总结、吸取和借鉴。

《拉美国家政党执政的经验与教训研究》一书是中国社会科学院拉丁美洲研究所创新工程子项目的阶段性成果之一。作为该项目的牵头人袁东振研究员向与会专家学者简要介绍了“拉美国家政党执政的经验与教训研究”项目的相关情况。他认为，项目组以拉美政党的成长环境、发展趋势、执政的经验教训及其差异性为重点，既客观认识各国和各个政党之间的差异，也为其他国家和地区政党执政提供了可资借鉴的具体素材。

会议特邀嘉宾、中国驻厄瓜多尔大使王玉林认为，对中拉关系的发展要保持战略定力，坚定不移地继续推进中拉整体合作。中方在“4・16”大地震的迅速反应得到了厄瓜多尔政府和人民的高度肯定。

王鹏副研究员指出，委内瑞拉执政的统一社会主义党的制度化水平有待提高，理念差异、人事矛盾和利益纠纷难以在短时间内消除。但即使在未来出现政党轮替，统一社会主义党仍有望作为一支重要力量在国家政治发展进程中发挥作用。

林华副研究员认为，智利中左翼联盟长期执政的成功经验在于：选择了一条符合智利历史和现实条件的执政路线；在执政过程中注意协调各方利益，兼顾各方诉求；在执政方式上选择温和的渐近式改革，避免矛盾和冲突；在具体政策上注重连续性、灵活性和务实性。

范蕾博士指出，玻利维亚“争取社会主义运动”面临严峻挑战：党的思想理论建设和组织建设滞后；腐败丑闻曝光导致党的领导人的威信下降，并间接导致总统连任的修宪公投失败；石油和天然气国有化缺少地区层面的共识；地区自治成为隐患；未能有效应对印第安人的土地诉求和民主权利诉求。

（谭道明）

## 中国、美国与拉美：新行为体和变化中的关系暨第六届中国拉美研究青年论坛

2016年10月20～21日，由中国人民大学国际关系学院、中国拉丁美洲学会、中国拉丁美洲史研究会以及匹兹堡大学和墨西哥国立自治大学联合主办的“中国、美国与拉美：新行为体和变化中的关系暨第六届中国拉美研究青年论坛”在北京举行。来自匹兹堡大学等4所美国高校、墨西哥国立自治大学、巴西坎皮纳斯州立大学、中国社会科学院、中国现代国际关系学院、北京大学、清华大学、南开大学等单位的80多位中外专家学者参加了会议。

开幕式由中国人民大学拉美研究中心主任崔守军主持。中国人民大学国际关系学院院长陈岳教授代表主办方致辞。陈岳表示，中国人民大学有着良好的拉美研究传统，学院从学科建设和发展的角度出发，更加注重对发展中国家区域国别研究的建设，拉丁美洲研究就是其中的重要组成部分。此次会议召开之际正逢习近平主席出访拉美前夕，会议的召开对于理解中拉关系和拉美国际格局具有重要意义。中国社会科学院拉丁美洲研究所研究员袁东振表示，拉美地区和美国在历史上有着密切的联系，相对而言，中国作为后来者如何处理好原有利益格局和传统秩序十分关键，此次会议对于理解当下的中拉关系和拉美国际格局具有重要意义。

会议共设置了11个讨论单元，来自美国、中国和拉美的与会学者就“中国与拉美基础设施建设合作”“中国在拉丁美洲的作用及影响”“中拉合作的潜力和挑战”“中美拉三边关系”“拉丁美洲历史”“移民和文化”等主题展开了讨论。

（刘维广　张芯瑜）

## 《中国与拉丁美洲及加勒比国家关系史》发布式暨“跨入发展新阶段的中拉关系：机遇与挑战”研讨会

2016年11月，《中国与拉丁美洲及加勒比国家关系史》发布式暨“跨入发展新阶段的中拉关系：机遇与挑战”研讨会在北京举行。

2016 年 11 月 2 日，由中国社会科学院拉丁美洲研究所“中拉关系及对拉战略研究”创新项目组、国际关系研究室以及中国社会科学出版社共同主办的《中国与拉丁美洲及加勒比国家关系史》发布式暨“跨入发展新阶段的中拉关系：机遇与挑战”研讨会在北京举行。来自中国外交部等政府部门，中国国际问题研究院、南开大学历史学院、西南科技大学拉美研究中心等学术研究机构，新华社、《当代世界》等新闻媒体，以及中国社会科学院拉丁美洲研究所的专家学者约 50 人参加了会议。

会议共分为两个单元。第一单元是《中国与拉丁美洲及加勒比国家关系史》发布式，第二单元的议题是“跨入发展新阶段的中拉关系：机遇与挑战”。

在第一单元，与会学者们认为，该书是拉美研究学界一部非常重要的科研成果，反映了中拉关系 60 余年的发展历程，以及在新中国所取得的外交成就中的重要地位。该书史论结合，既有史实，又有指导思想，并对中拉关系发展的经验、教训进行了总结，以鉴往知来。

在第二单元，与会学者从“对拉战略”“中拉合作”“文明互鉴”等方面对中拉关系取得的成就和面临的挑战进行了研讨。学者们认为，当前，中拉关系已经进入全面合作的新阶段，中拉对双方关系进行了重新定位，提出五位一体新格局，并创立中拉论坛这一整体合作新平台。中拉双方应进一步调整并加深在经贸和文化等领域的合作，将中拉经贸合作的良好态势扩展到其他领域，并进一步提升相互认知，为中拉关系在未来的可持续发展奠定坚实基础。

（赵重阳）

## “习主席访拉成果暨第二份《中国对拉美和加勒比政策文件》”研讨会

2016 年 11 月 29 日，中国社会科学院拉丁美洲研究所举办“习主席访拉成果暨第二份《中国对拉美和加勒比政策文件》”研讨会。会议旨在进一步总结和分析习近平主席出访拉美期间的重要成果，深入理解中国对拉美政策的新理念、新实践，凝聚学术界和相关企业、智库的行动共识。研讨会分为“习近平访问拉美三国取得重大成果”和“新《中国对拉美和加勒比政策文件》对发展中拉关系具有重要指导意义”两部分。

（1）习近平访问拉美三国取得重大成果。

外交部拉美司副司长张润在主旨发言中指出，习主席此次访拉成果丰硕，主要体现在以下四个方面：第一，进一步完善了中拉合作布局，中国与受访三国全部结为全面战略合作伙伴关系，开启双边关系新阶段，对中拉关系起到示范作用；第二，引领中拉关系的发展，习主席访拉期间提出的各项倡议与五位一体新格局相辅相成，为中拉关系开辟更广阔的前景；第三，推动中拉合作换挡提速，中国将在“1+3+6”务实合作新框架内推进中拉论坛发展，扩展中拉合作的宽度和深度；第四，拉近中拉人民心灵的距离，中国承诺在未来 3 年增加对拉培训名额和成立中拉新闻中心。

随后，现代国际关系研究院拉美所副所长孙岩峰、南开大学拉美研究中心主任王萍、中国国际问题研究基金会拉美研究中心主任吴长胜以及新华社国际部高级记者冯俊扬分别从当前中拉关系面对的新机遇、中拉关系迎来质的飞跃、智库交流正在为中拉关系的发展注入新动力以及提升中拉人文交流、增强双方信息与思想融通四个方面对习近平主席此次访拉成果进行阐释。

（2）新《中国对拉美和加勒比政策文件》对发展中拉关系具有重要指导意义。

吴白乙研究员指出，相较于 2008 年发布的第一份《中国对拉美和加勒比政策文件》，新文件在精神实质和具体举措等方面均有重大的提升和超越，充分体现了新一届中央领导集体的对拉外交成果、习主席治国理政的外交思想，包含一系列发展对拉关系的新主张和新倡议。

张润指出，中国发布新的对拉政策文件，在政治、经济、社会、人文、国际协作、安全和司法等八个方面提出了一系列符合国际发展大势和中拉共同发展需求的重要主张，从而为发展对拉关系提供牵引和指导。在第一份政策文件基本实现既定目标、达成应有效果的基础上，外交部广泛征求和吸收学界和各政府部门的观点与意见，制定出第二份《中国对拉美和加勒比政策文件》。

随后，商务部研究院美大部研究员周密、中联部拉美局综合处处长曾祥伟、中国社会科学院拉丁美洲研究所副研究员王鹏分别从“经贸合作”、“中拉政党工作”以及“中拉整体合作”三大领域对新文件的指导意义进行了解读。

（郑　猛）

# 亚太与全球战略研究院

## （一）人员、机构等基本情况

### 1. 人员

截至2016年年底，亚太与全球战略研究院共有在职人员60人。其中，正高级职称人员13人，副高级职称人员15人，中级职称人员23人；高、中级职称人员占全体在职人员总数的85%。

### 2. 机构

亚太与全球战略研究院设有：亚太政治研究室、国际经济关系研究室、亚太安全与外交研究室、亚太社会文化研究室、区域合作研究室、中国周边与全球战略研究室、大国关系研究室、新兴经济体研究室、全球治理研究室、周边环境监测实验室、《当代亚太》编辑部、《南亚研究》编辑部、英文期刊编辑部（筹建中）、网络与资料室、科研处、行政办公室。

### 3. 科研中心

亚太与全球战略研究院牵头成立或挂靠的全国性社团组织有：中国亚洲太平洋学会、中国南亚学会；由亚太与全球战略研究院管理或代管的研究中心有：南亚文化研究中心、澳大利亚—新西兰—南太平洋研究中心、亚太经济合作组织与东亚研究中心、地区安全研究中心、东北亚研究中心、东南亚研究中心。

## （二）科研工作

### 1. 科研成果统计

2016年，亚太与全球战略研究院共完成专著12种，57.6万字；论文33篇，34.9万字；研究报告218篇，61.1万字；译著1种，33万字；译文1篇，1.3万字；学术普及读物54篇，43.7万字。

### 2. 科研课题

（1）新立项课题。2016年，亚太与全球战略研究院共有新立项课题，即国家社会科学基金课题4项：“‘一带一路’与世界经济体系构建研究”（赵江林主持），“气候变化与亚太水资源安全治理研究”（李志斐主持），“美国‘亚太再平衡’战略对中国地缘政治的影响及其应对”（孙西辉主持），“排放权力与巴黎气候大会之后的中国气候战略”（谢来辉主持）。

（2）结项课题。2016年，亚太与全球战略研究院有结项课题，即国家社会科学基金课题1项：“21世纪海上丝绸之路建设的周边政治环境研究”（周方冶主持）。

（3）延续在研课题。2016年，亚太与全球战略研究院有延续在研课题，即国家社会科学基金课题1项：“后全球金融危机时期新兴经济体国家风险形成机制研究”（李天国主持）。

**3. 获奖优秀科研成果**

2016 年，亚太与全球战略研究院获“第九届（2016 年）中国社会科学院优秀科研成果奖”专著类三等奖 1 项：王玉主的专著《东盟 40 年：区域经济合作的动力机制》；获“第九届（2016 年）中国社会科学院优秀科研成果奖论文类三等奖 2 项：沈铭辉的论文《跨太平洋伙伴关系协议（TPP）的成本收益分析：中国的视角》，高程的论文《市场扩展与崛起国对外战略》。

## （三）学术交流活动

**1. 学术活动**

2016 年，亚太与全球战略研究院主办和承办的学术会议如下。

（1）2016 年 1 月 29 日，由亚太与全球战略研究院主办的“中泰交通基础设施互联互通建设的机遇与挑战”国际学术讨论会在北京举行。

（2）2016 年 4 月 6 ~ 8 日，由亚太与全球战略研究院主办、江阴市政府承办的“‘一带一路’中国—哈萨克斯坦合作发展”国际研讨会在江苏省江阴市举行。

2016年7月，“东亚峰会与东亚合作”国际研讨会在北京举行。

（3）2016 年 7 月 25 ~ 26 日，由亚太与全球战略研究院主办的“东亚峰会与东亚合作”国际学术研讨会在北京召开。

（4）2016 年 9 月 22 ~ 24 日，由亚太与全球战略研究院主办的“世界人道主义峰会后行动——中国德宏”国际研讨会在云南省德宏傣族景颇族自治州举办。

（5）2016 年 10 月 10 ~ 11 日，由中国社会科学院国家全球战略智库、北京外国语大学、中国社会科学院亚太与全球战略研究院联合举办的“全球视角下的‘一带一路’国际研讨会”在北京召开。

（6）2016 年 10 月 24 ~ 25 日，由亚太与全球战略研究院主办的“10+3”互联互通伙伴关系国际学术研讨会（2016）在广西大学举办。

（7）2016 年 11 月 7 日，由中国社会科学院与马来西亚战略与国际问题研究所联合主办、亚太与全球战略研究院承办的“中马智库论坛”在北京举办。

(8) 2016年11月15～17日，“一带一路”中国—印度尼西亚合作发展国际研讨会在海南省海口市举办。

(9) 2016年11月18～19日，由中国社会科学院国家全球战略智库、国际关系学院、中国社会科学院科研局、中国社会科学院亚太与全球战略研究院联合举办的“中国周边国家智库论坛”暨“周边命运共同体建设：挑战与未来”国际研讨会在北京召开。

(10) 2016年12月17～18日，由亚太与全球战略研究院与华侨大学共同主办的“第二届21世纪海上丝绸之路高端论坛”在福建华侨大学举行。

**2．国际学术交流与合作**

2016年，亚太与全球战略研究院共派遣出访75批105人次，接待来访49批96人次。与亚太与全球战略研究院开展学术交流的国家有美国、韩国、日本、新加坡、澳大利亚等。

(1) 2016年6月27日至7月1日，亚太与全球战略研究院朴键一等对朝鲜社会科学院进行学术访问。

(2) 2016年8月1～5日，亚太与全球战略研究院许利平等对缅甸塔姆帕蒂帕研究所进行学术访问。

(3) 2016年8月16～20日，亚太与全球战略研究院王晓玲对韩国成均馆大学进行学术访问。

(4) 2016年8月28日至9月1日，亚太与全球战略研究院许利平、杨丹志对老挝社会科学院进行学术访问。

(5) 2016年10月5～11日，亚太与全球战略研究院富景筠考察北海道学园项目。

(6) 2016年11月7～11日，亚太与全球战略研究院董向荣等对马来亚大学进行学术访问。

(7) 2016年11月21～25日，亚太与全球战略研究院董向荣等对印尼社会科学院进行学术访问。

(8) 2016年12月7～11日，亚太与全球战略研究院屈彩云对日本大阪府立大学进行学术访问。

(9) 2016年12月9～12日，亚太与全球战略研究院王晓玲对韩国成均馆大学进行学术访问。

(10) 2016年12月12～16日，亚太与全球战略研究院李向阳、王荣军、王玉主赴日本，参加中国驻日本大使馆举行的“东亚经济共同体研讨会”，并同日本政府、智库等各界进行学术交流。

## （四）学术社团、期刊

**1. 社团**

(1) 中国亚洲太平洋学会，会长张蕴岭。

2016年11月2～3日，2016年中国亚洲太平洋学会年会暨“中美战略博弈下的亚太地区”学术研讨会在武汉大学经济与管理学院召开。来自中国社会科学院亚太与全球战略研究院、中联部、中央党校以及清华大学、南开大学和同济大学等40多家科研机构和高校的共计80余名代表参加了会议。

（2）中国南亚学会，会长孙士海。

2016年10月15～16日，由中国南亚学会和云南财经大学印度洋地区研究中心联合主办的“中国南亚学会年会”在云南省昆明市召开。来自全国南亚研究学界的140多名专家学者参加了会议。会议第一天为主旨发言和大会主题发言，第二天设置了“南亚政治与外交”“‘一带一路’与区域合作”“南亚文化与民族宗教”三个分会场，与会专家学者围绕议题作了专题发言。

**2. 期刊**

（1）《当代亚太》（双月刊），主编李向阳。

2016年，《当代亚太》共出版6期，共计96万字。该刊2016年开设“中国特色国际关系理论与实践”专栏。该刊全年刊载的有代表性的文章有：凌胜利的《分而制胜：冷战时期美国的楔子战略》，王伟光、陈遥的《美国“再平衡”战略对中国海上领土争端的影响》，李巍的《现实制度主义与中美自贸区竞争》，刘博文、方长平的《周边伙伴关系网络与中国周边安全环境》，周方银、王旭彤的《两面结盟现象的再思考——兼评〈盟国的敌人还是盟国？——古代朝鲜半岛国家“两面结盟”之谜〉》，宋泓的《一超多强国际格局下的大国合作与纷争》，陈琪、管传靖、金峰的《规则流动与国际经济治理——统筹国际国内规则的理论阐释》，尹继武的《单边默契、权力非对称与中印边界战争的起源》，温尧的《东南亚国家的对华对冲：一项理论探讨》，王浩的《美国对外战略变迁的动力、机制与进程——基于“社会中心”视角的分析》。

（2）《南亚研究》（季刊），主编李向阳。

2016年，《南亚研究》共出版4期，共计60万字。该刊全年刊载的有代表性的文章有：凌胜利的《战略能力、共同利益与安全合作》，杨震、蔡亮的《海权视域下的当代中印海军战略比较》，富育红的《阿富汗政治重建中的军阀角色分析》，王旭的《巴基斯坦对中美两国南亚战略的认知与反应》，陈新丽、冯传禄、罗国祥的《国际社会对中国“西进”印度洋错误认知之刍议》，朱翠萍的《中美南亚战略的关联与相互影响》，文富德的《试论印度在中国“一带一路”倡议中的地位和作用》，雷玉明、李彤宇的《印度农民运动与马克思主义阶级斗争理论》，穆阿妮的《刍议乾隆年间清廷对中尼边界的厘定及其管理》。

## （五）会议综述

### 东亚峰会与东亚合作国际学术研讨会

2016年7月25～26日，由中国社会科学院、东盟与东亚经济研究中心联合主办，中国社会科学院亚太与全球战略研究院、中国东盟区域发展协同创新中心（广西大学）共同承办的“东亚峰会与东亚合作国际学术研讨会”在北京举行。来自东盟及中、日、韩、印度等东亚峰会成员国的专家学者 60 多人参加了会议。会议围绕“‘一带一路’、亚洲综合开发计划 2.0 版与东亚一体化的未来”这一主题进行了研讨。

在讨论关于东亚合作现状和面临的挑战议题时，中方学者主要阐述了 2009 年美国推动 TPP、把区域合作带向规则制定权争夺对东亚合作的负面影响。中方学者认为，美国把中国作为潜在竞争对手进而对中国进行围堵、遏制，已经改变了东亚区域合作追求互利共赢的基础环境，因此，东亚地区国家应从区域发展的现实需要出发，继续推动务实合作。从这个意义上说，中国提出的“一带一路”倡议代表的正是建立在中国对东亚发展现实、东亚合作现状的客观认识基础上的务实倡议。来自东盟的学者则分析了 RCEP、TPP 的发展现状及其对地区一体化的影响，东盟互联互通建设进展和目标及其与外部互动的需求等问题。

在讨论“一带一路”问题时，很多学者从各自国别的视角介绍了对“一带一路”倡议的认识以及目前仍存在的疑惑。虽然一些学者对南海问题、对“一带一路”倡议的落实、对地区国际关系的影响表示担心，但总体来看，学者们普遍认为，“一带一路”倡议将为东亚地区合作创造更好的基础设施条件，这是老挝、柬埔寨等经济发展落后国家的学者尤其强调的。

此次会议总体上体现了向前看的集体立场，虽然讨论中也有分歧，但主要是研讨如何通过落实“一带一路”、如何从亚洲综合开发计划设计的理念出发推动东亚合作迈向深入。

（科研处）

## 中马战略合作论坛

2016年11月，“中马战略合作论坛”在北京举行。

2016 年 11 月 7 日，由中国社会科学院、马来西亚战略与国际问题研究院主办，中国社会科学院亚太与全球战略研究院、广西大学中国东盟区域发展协同创新中心共同承办的“中马战略合作论坛”在北京举办。

会议围绕“如何深化中马合作”这一主题，分别从经济增长、“一带一路”倡议、促进双边战略合作以及如何构建成熟的双边关系四个方面展开了深入探讨。马来西亚共八位代表参加了会议，中方参与发言的专家分别来自中国社会科学院、现代国际关系研究院、厦门大学、华中师范大学等单位。

双方认为，中马共同面临如何维持经济持续稳定增长的问题，应加强合作，共同应对发展挑战。在双边关系方面，打造李克强总理倡导的成熟双边关系需要首先明确定义，然后从具体领域入手，开展务实合作。

双方一致认为，通过加强沟通，双边合作和理解将不断深化，中马之间将逐步走向更高水平的合作。

（科研处）

### “中国周边国家智库论坛”暨“周边命运共同体建设：挑战与未来”国际研讨会

2016 年 11 月 18 ～ 19 日，由中国社会科学院国家全球战略智库、国际关系学院、中国社会科学院科研局、中国社会科学院亚太与全球战略研究院联合举办的“‘中国周边国家智库论坛’暨‘周边命运共同体建设：挑战与未来’”国际研讨会在北京召开。来自 20 个周边国家的 30 位专家学者和 30 位国内专家代表参加会议。会议就“推动周边命运共同体建设”议题进行了理论与实践探讨。

与会专家普遍认为，“命运共同体”建设是推动世界争端解决和经济社会发展的新范式，正在以全新的视角构筑国际合作和国际新秩序，尽管各国、各地区面临的经济社会发展的困难和挑战不尽相同，对命运共同体的概念理解也存在差别，但是要求共同发展、共同安全这一具有共同价值的理念却为与会学者所倡导。

（科研处）

# 美国研究所

## （一）人员、机构等基本情况

**1. 人员**

截至 2016 年年底，美国研究所共有在职人员 56 人。其中，正高级职称人员 13 人，副高级职称人员 14 人，中级职称人员 21 人；高、中级职称人员占全体在职人员总数的 86%。

**2. 机构**

美国研究所设有：美国外交研究室、美国政治研究室、美国经济研究室、美国社会文化研究室、美国战略研究室、《美国研究》编辑部、图书资料室、行政办公室。

**3. 科研中心**

美国研究所院属科研中心有：中国社会科学院世界政治研究中心、中国社会科学院世界社保研究中心。所属学会和科研中心有：中华美国学会、中国社会科学院军备控制与防扩散研究中心、中国社会科学院台港澳研究中心。

## （二）科研工作

**1. 科研成果统计**

2016 年，美国研究所完成专著 8 种、416.8 万字；理论文章 9 篇 2.7 万字；核心期刊论文 49 篇，54.1 万字；一般期刊论文 46 篇 30.8 万字。

**2. 科研课题**

2016 年，美国研究所有延续在研课题，即国家社会科学基金青年课题 1 项："美国国会涉华关键议员行为研究"（刁大明主持）。

**3. 获奖优秀科研成果**

2016 年，美国研究所获"第九届（2016 年）中国社会科学院优秀科研成果奖"著作类一等奖 2 项：王玮的专著《跨越制度边界的互动：国际制度与非成员国关系研究》，顾国良等的专著《美国对华政策中的涉疆问题》；获"第九届（2016 年）中国社会科学院优秀科研成果奖"论文类一等奖 1 项：郑秉文的论文《"中等收入陷阱"与中国发展道路——基于国际经验教训的视角》。

## （三）学术交流活动

**1. 学术会议**

2016 年，美国研究所组织召开的学术会议如下。

（1）2016 年 1 月 14 日，由美国研究所主办的"朝鲜核试验与中美关系"研讨会在北京召开。

（2）2016 年 1 月 27 日，由美国研究所美国外交研究室和《美国研究》编辑部联合举办的"台湾政权再次更迭后的两岸关系和中美关系"学术研讨会在北京举行。

（3）2016 年 3 月 2 日，由美国研究所军备控制与防扩散研究中心举办的"核安全峰会、朝核问题与美国政策"研讨会在北京举行。

（4）2016 年 3 月 8 日，"大国经济与金融的外溢效应——美国与中国的案例"学术报告会在中国社会科学院美国研究所举行。

（5）2016 年 5 月 27 日，由中国社会科学院美国研究所、中华美国学会和社会科学文献出版社联合主办的《美国研究报告（2016）》（《美国蓝皮书》）发布式暨"2016 年大选与美国内外政策”学术研讨会在北京举行。

（6）2016年9月20日，由中国社会科学院主办，中国社会科学院美国研究所、美国凯特林基金会、北京大学国际战略研究院联合承办的“中国社会科学论坛（2016·国际关系）”在北京举行。会议的主题是“增进理解　加强互信——纪念‘中美长期对话’30周年”。

（7）2016年10月11日，瑞典斯德哥尔摩国际和平研究所中国与全球安全项目主任司乐如访问中国社会科学院美国研究所，并作主题为“网络安全与军备控制”的讲座。

（8）2016年11月28～29日，由中华美国学会、中国社会科学院美国研究所、四川大学美国研究中心联合主办的中华美国学会2016年年会暨“2016年大选与美国内外政策走向”学术研讨会在成都召开。

2016年5月，《美国研究报告（2016）》（《美国蓝皮书》）发布式暨“2016年大选与美国内外政策”学术研讨会在北京举行。

2016年11月，中华美国学会2016年年会暨“2016年大选与美国内外政策走向”学术研讨会在四川省成都市举行。

**2. 国际学术交流与合作**

2016年，美国研究所共派遣出访34批38人次，接待来访32批96人次。与美国研究所开展学术交流的国家有：美国、加拿大、英国、日本、韩国、朝鲜、新加坡、俄罗斯等。

（1）2016年4月4～8日，美国研究所研究员赵梅等赴美国代顿参加凯特琳基金会主办的多国工作会议。

（2）2016年4月13～17日，美国研究所前副所长陶文钊研究员、战略室主任樊吉社研究员赴美国哈佛大学参加“中国社会科学院亚太与全球战略研究院、美国研究所—哈佛大学智库对话”国际研讨会。

(3) 2016 年 5 月 10 ～ 14 日，美国研究所副研究员李　应日本笹川日中友好基金邀请，赴日本参加“日中青年友好对话”活动，并就“美国在东北亚地区的作用”进行主题发言。

(4) 2016 年 6 月 8 ～ 12 日，美国研究所副研究员魏南枝赴英国参加由埃克塞特大学政治系组织的“转换中的政治话语：西方与中国政治文化的关键概念与传统”国际学术研讨会。

(5) 2016 年 6 月 26 日至 7 月 1 日，美国研究所副研究员李　随亚太与全球战略研究院访问团访问朝鲜社会科学院，同朝鲜社会科学院的诸多研究所进行学术座谈，并参观平壤市内的工厂和农场。

(6) 2016 年 7 月 16 ～ 20 日，美国研究所研究员樊吉社赴新加坡参加“中国—新加坡高端智库南海问题与区域合作发展”国际学术研讨会。

(7) 2016 年 7 月 26 ～ 29 日，美国研究所副研究员李　赴韩国参加韩国高等教育财团举办的“中国系列”演讲活动，并与韩国学者进行交流。

(8) 2016 年 9 月 5 日至 12 月 2 日，美国研究所副研究员魏南枝参加中国社会科学院知名智库平台交流项目，赴美国纽约大学国际合作中心进行访学。

(9) 2016 年 10 月 26 日至 11 月 6 日，美国研究所研究员袁征赴美国夏威夷、华盛顿进行调研，调研的主题为“美国大选与中美关系”。

(10) 2016 年 11 月 3 ～ 17 日，美国研究所研究员刘得手参与“中国社会科学院与美国波士顿大学合作协议”项目，赴美访学。

(11) 2016 年 11 月 6 ～ 10 日，美国研究所所长郑秉文研究员随团访问俄罗斯，出席由中国社会科学院和俄罗斯科学院共同举办的“现实与期待：中国梦与俄罗斯梦”合作研究项目成果发布会，并出席在莫斯科举办的“中俄社会发展与社会治理”研讨会和在圣彼得堡举办的“治国理政与推进社会全面、可持续发展”研讨会。

(12) 2016 年 11 月 13 ～ 16 日，美国研究所所长郑秉文研究员赴美国芝加哥就美国社会保障问题进行调研。

(13) 2016 年 11 月 15 ～ 26 日，美国研究所副所长李文研究员等赴美国华盛顿和夏威夷就“美国大选后亚太战略与中美关系走向”进行调研。

(14) 2016 年 11 月 28 日至 12 月 4 日，美国研究所研究员樊吉社赴美参加国家全球战略智库和美国战略与国际研究中心联合举办的中美联席会议。

**3. 与中国香港、澳门特别行政区和中国台湾开展的学术交流**

(1) 2016 年 4 月 8 ～ 10 日，美国研究所副所长李文研究员应香港城市大学东南亚研究中心的邀请，赴香港参加“‘新加坡模式’及其对中国的影响”研讨会。

(2) 2016 年 6 月 5 ～ 8 日，美国研究所研究员樊吉社赴澳门参加“朝核危机——是否有解决之道？”国际研讨会。

(3) 2016年6月27～29日，美国研究所所长郑秉文研究员应香港投资基金公会邀请，率社保中心团赴香港调研，调研的主题为“香港强制性公积金计划”。

(4) 2016年10月12日至12月26日，美国研究所研究员赵梅赴台湾中国文化大学社会科学学院讲学，授课题目为《中国大陆的美国研究》。

(5) 2016年12月6～11日，美国研究所所长郑秉文研究员赴台湾进行学术交流，交流的主题为“养老保险、健康险、长期照护制度”等。

## （四）学术社团、期刊

### 1. 社团

(1) 中华美国学会，会长黄平。

(2) 中国社会科学院世界政治研究中心，主任黄平。

(3) 中国社会科学院台港澳研究中心，主任黄平。

(4) 中国社会科学院世界社保研究中心，主任郑秉文。

(5) 军备控制与防扩散研究中心，主任刘尊。

### 2. 学术期刊

《美国研究》（双月刊），主编郑秉文。

2016年，《美国研究》共出版6期，共计90万字。该刊全年刊载的有代表性的文章有：雷少华的《美国国家反恐体系的演进》，袁征的《“奥巴马主义”与美古关系解冻》，仇朝兵的《“贸易促进权”之争及其对美国贸易政策的影响》，节大磊的《美国的政治极化与美国民主》，吴白乙的《文化外交：历史、现实的审视与思考》，沈鹏的《试论美国“全球公域”资源开发政策》，李恒阳的《美国网络安全面临的新挑战及应对策略》，刘建飞的《中美新型大国关系中的国际秩序博弈》，信强的《“三重博弈”：中美关系视角下的“一带一路”战略》，刁大明的《2016年大选与美国政治的未来走向》等。

## （五）会议综述

### “《美国研究报告（2016）》（《美国蓝皮书》）发布式暨‘2016年大选与美国内外政策’”学术研讨会

2016年5月27日，由中国社会科学院美国研究所、中华美国学会和社会科学文献出版社联合主办的“《美国研究报告（2016）》（《美国蓝皮书》）发布式暨‘2016年大选与美国内外政策’”学术研讨会在北京举行。来自多家研究机构及高校的近百位学者与会。

中国社会科学院副院长李培林在致辞中强调，美国仍将是影响我国改革开放、发展稳定和长治久安的最重要的外部制约因素，其全球战略和对华战略调整将给我国的整体国际环境带来巨大的、全方位的影响。从统筹国内、国际两个大局的角度来看，把握美国的战略和政策走向、影响其战略选择对维护我国和平发展的国际环境、充分利用机遇期仍然极为关键。

与会学者围绕2016年美国总统选举，中美关系以及2015年美国政治、经济、社会、外交、科技、军事等方面的问题进行了研讨。

（魏红霞　罗伟清）

## 中国社会科学论坛（2016·国际关系）“增进理解、加强互信：纪念‘中美长期对话’三十周年”学术研讨会

2016年9月20日，由中国社会科学院主办，中国社会科学院美国研究所、美国凯特林基金会、北京大学国际战略研究院联合承办的中国社会科学论坛（2016·国际关系）“增进理解、加强互信：纪念‘中美长期对话’三十周年”学术研讨会在北京举行。

2016年9月，“中国社会科学论坛（2016·国际关系）：增进理解 加强互信——纪念‘中美长期对话’三十周年”在北京举行。

中国社会科学院副院长蔡昉教授在主旨演讲中首先对“中美长期对话”30周年纪念活动的举办表示祝贺，对30年对话潜移默化的社会效果表示认可，并希望长期对话在新形势下发挥更好的沟通桥梁作用。蔡昉副院长就中国经济及其与世界经济的关系问题作了细致阐述。他以多项重要公共政策议程的倡议人和推动者的体会，向在场听众解释了“新常态”“供给侧”“结构性”等关键词的含义。

中国社会科学院美国研究所所长郑秉文表示，“中美长期对话”见证了中美关系的发展，也引领了中美对话的潮流。即使在中美关系出现困难时期，“中美长期对话”从未中断过。回首30年，特别感谢“长期对话”的创立者和参与者。正是中美双方长期、共同的努力，春风化雨，为中美关系的发展贡献了力量。

中美双方学界、政界、商界、新闻界等领域的重量级嘉宾参会。围绕“增进理解、加强互信”的会议主题，与会学者就中美关系的宏观形势进行了交流，对当前中美关系的微观现象作了阐述，对困扰中美关系的深层原因进行了探讨，对未来中美关系的走势作了评估。

（王　玮）

### “网络安全与军备控制”讲座

2016年10月11日，瑞典斯德哥尔摩国际和平研究所中国与全球安全项目主任司乐如访问美国研究所，并作主题为“网络安全与军备控制”的讲座。

司乐如认为，中美在网络领域的争端与传统的军备控制领域不同，存在透明性和相对对称性的特点。网络取证能力的不断提升使得网络攻击的来源愈加透明，因此，中美的相互指责都有一定技术依据，她举例说明了过去几年中美网络争端的案例，并从技术层面作了解释。

在提问环节，司乐如就中美网络实力对称性、中美网络争端的具体案例、中美合作共建网络规则的可能性以及中美、美俄及美欧之间网络争端的差异等问题与美国研究所研究人员进行了交流。她认为，美国在网络领域的霸主地位并不牢固，其优势并非永远存在。此外，美国在网络领域具有优势的同时其脆弱性也更强。中美之间在网络领域能力的差距正在缩小，两国间不存在不对称关系。

（齐　皓）

# 日本研究所

## （一）人员、机构等基本情况

**1. 人员**

截至2016年年底，日本研究所共有在职人员46人。其中，正高级职称人员12人，副高级职称人员15人，中级职称人员11人；高、中级职称人员占全体在职人员总数的83%。

**2. 机构**

日本研究所设有：日本政治研究室、日本外交研究室、日本经济研究室、日本社会研究室、日本文化研究室、《日本学刊》编辑部、网络资料室、办公室。

**3. 科研中心**

日本研究所所属科研中心有：日本政治研究中心、中日经济研究中心、日本社会文化研究中心、中日关系研究中心。

## （二）科研工作

**1. 科研成果统计**

2016年，日本研究所所完成专著共12种，总计约335万字；核心期刊论文49篇，45万字。

**2. 科研课题**

（1）新立项课题。2016年，日本研究所共有新立项课题5项。其中，国家社会科学基金项目1项："第二次世界大战结束以来的日本领土问题研究"（李若愚主持）；创新工程4项："日本外交战略及中日关系研究"（吕耀东主持），"日本经济政策与经济战略研究"（张季风主持），"日本社会问题与社会治理"（胡澎主持），"'日本国民性'研究"（张建立主持）。

（2）结项课题。2016年，日本研究所共有结项课题即所级课题4项："日本海洋战略研究"（吕耀东主持），"日本国家能源战略研究"（张季风主持），"日本的文化软实力战略研究"（张建立主持），"日本老龄化社会应对战略研究"（胡澎主持）。

（3）延续在研课题。2016年，日本研究所共有延续在研课题即所级课题2项："中国对日战略研究"（杨伯江主持），"日本国家安全战略研究"（吴怀中主持）。

**3. 获奖优秀科研成果**

2016年，日本研究所获"第九届（2016年）中国社会科学院优秀科研成果奖"专著类三等奖1项：刘瑞著的专著《金融危机下的日本金融政策：困境与挑战》；获"第九届（2016年）中国社会科学院优秀科研成果奖"论文类三等奖1项：张建立的论文《试析日本人的历史认识问题形成原因》。

## （三）学术交流活动

**1. 学术活动**

2016年，日本研究所主办和承办的学术会议如下。

（1）2016年5月9日，由日本研究所、全国日本经济学会、中日经济研究中心共同主办的"日本经济现状与展望"学术研讨会在北京举行。

（2）2016年5月17日，由日本研究所《日本学刊》编辑部主办的第二届"日本研究论坛"在北京举行。

（3）2016年6月11日，由全国日本经济学会与云南国际博览事务局、商务部国际贸易经济合作研究院、中国社会科学院日本研究所联合举办的"全国日本经济学会2016年年会暨学术研讨会"在云南省昆明市召开。

2016年7月，中华日本学会2016年年会暨"东亚视阈下的日本研究"学术研讨会在浙江省杭州市举行。

（4）2016年7月1～2日，由中华日本学会和浙江工商大学主办，中国社会科学院日本研究所等联合承办的中华日本学会2016年年会暨"东亚视阈下的日本研究"学术研讨会在浙江省杭州市召开。

（5）2016年7月16日，由中国社会科学院日本研究所和同济大学国际公共事务研究院共同主办，《日本学刊》编辑部承办的“中国领导人外交战略思想与中日关系”学术研讨会在北京召开。

（6）2016年8月27日，由中国社会科学院主办，日本研究所承办的“中国社会科学论坛：‘世界中的日本与中日关系’国际学术研讨会”在北京举行。

（7）2016年10月8日，由中国社会科学院日本研究所中日关系研究中心和“日本海洋战略研究创新项目”联合主办的“日本海洋战略与政策分析——以当前海洋热点为中心”学术研讨会在北京举行。

2016年12月，“日本政治与社会文化国际学术研讨会”在北京举行。

（8）2016年11月19～20日，由中华日本学会、南开大学日本研究院、中国社会科学院日本研究所共同主办，《日本学刊》编辑部承办的“中国的日本研究——历史与未来”学术研讨会在天津举行。

（9）2016年12月3日，由中国社会科学院日本研究所主办的“日本形势回顾与展望2016年度学术研讨会”在北京召开。

（10）2016年12月4日，由中国社会科学院日本研究所主办的“日本政治与社会文化国际学术研讨会”在北京召开。

**2. 国际学术交流与合作**

2016年，日本研究所共派遣出访13批35人次，接待来访64批125人次。

## （四）学术社团、期刊

**1. 社团**

（1）中华日本学会，会长李薇。

① 2016年7月1～2日，由中华日本学会与浙江工商大学联合主办的中华日本学会2016年年会暨“东亚视阈下的日本研究”学术研讨会在浙江省杭州市召开。

② 2016年11月19～20日，由中华日本学会、南开大学日本研究院、日本研究所共

同主办，《日本学刊》编辑部承办的“中国的日本研究——历史与未来”学术研讨会在天津举行。

③ 2016年12月6日，由中国社会科学院日本研究所、中华日本学会主办，《日本学刊》编辑部承办的“第八届《日本学刊》优秀论文隅谷奖”揭晓。

(2) 全国日本经济学会，会长李培林。

① 2016年5月9日，由全国日本经济学会与中国社会科学院日本研究所中日经济研究中心联合举办“日本经济形势报告会”，邀请日本中央银行前副总裁山口广秀先生作报告。50多名国内学者与会。

② 2016年5月16日，由全国日本经济学会与《人民中国》杂志社、《世界知识》杂志社在北京联合召开“中日经济新形势”座谈会。座谈会邀请10余名专家就日本经济形势和中日经济关系进行了研讨。

③ 2016年5月24日，由全国日本经济学会与日本研究所联合举办的“《日本经济蓝皮书(2016)》新闻发布会暨学术研讨会”在北京召开。50余人参会。

④ 2016年6月10～11日，由全国日本经济学会与中国社会科学院日本研究所、商务部国际贸易经济合作研究院、云南省国际博览事务局在昆明联合举办了“全国日本经济学会2016年年会暨学术研讨会”，主题是“中国自贸区发展中的日本因素”。参会人数约150人。

⑤ 2016年10月29日，由全国日本经济学会与中国社会科学院中日经济研究中心共同主办的“日本供给侧改革与宏观经济政策”学术研讨会在北京举行，国内学者40多人参加。

⑥ 2016年11月5日，由全国日本经济学会与上海对外经贸大学等单位联合主办的“上海中日经济论坛”在上海召开。论坛邀请伊藤元重、翁百合等日本著名经济学家参会。会议的主题是“日本财政、金融、产业政策以及中日经济关系动向”。

**2. 期刊**

《日本学刊》(双月刊)，主编李薇。

2016年，《日本学刊》共出版7期（其中，正刊6期，增刊1期），共计132万字。该刊全年刊载的有代表性的文章有：武寅的《中国国际关系新理念与中日关系》，张蕴岭的《多视角下的中日关系》，吴怀中的《“安倍路线”下的日本与中日关系——兼论构建中日新型国家关系》，江瑞平的《当前中日经济关系的困境与出路》，门洪华的《中国公共外交与对日方略》，刘力臻的《日本经济长期衰退的政治经济学分析》，张季风的《日本财政困境解析》，刘江永的《论美国在钓鱼岛争议中偏袒日本的背景和原因》，郑毅的《中韩日“战争记忆”的差异与历史认识重构》，王青的《当代日本“共生”哲学理念解析——从马克思主义哲学出发》，格至的《“田中奏折”与〈帝国国防方针〉的相关性论考》等。

## （五）会议综述

### “世界中的日本与中日关系”国际学术研讨会

2016年8月，“中国社会科学论坛：世界中的日本与中日关系”国际学术研讨会在北京举行。

2016年8月27日，由中国社会科学院主办、日本研究所承办的“中国社会科学论坛：‘世界中的日本与中日关系’国际学术研讨会”在北京举行。中日双方的高级官员以及知名专家学者代表参加了研讨会。

中国中日关系史研究专家、中国社会科学院前副院长武寅，日本驻华大使横井裕出席开幕式并作基调报告。

武寅在基调报告中指出，新时代中日关系的实质和出路是创建新型大国关系。所谓新型，是指大国之间不走世界史上冲突对抗、强权政治的老路，而是通过对话、沟通，用政治手段去解决彼此间存在的分歧和矛盾。中日新型大国关系与中美关系相比有其特殊的复杂性，中日两个大国存在着国家利益分歧、价值观差异，还存在着领土争端、历史认识等诸多难题。因此，创建中日新型大国关系，其难度之大，变量之多，影响之深，远远超出双边关系和一般大国关系的范围，成为牵动整个国际大格局调整的重要一环。

与会代表围绕“日本国内形势与发展走向”“日本对外战略与政策态势”“中日关系的开放性机遇与挑战”三个议题，结合中日之间存在的一系列新老问题，阐述各自观点，展开了深入探讨与交流。与会代表及参会人员一致认为，在中日关系的历史和现实背景下，以世界中的日本与中日关系为视域，深入探讨新时代中日关系的构筑之路与总体展望，将对中日关系的持续健康稳定发展、地区及世界的和平与繁荣作出一份智力贡献。

（吴怀中）

### “中国的日本研究——历史与未来”学术研讨会

2016年11月19～20日，由中华日本学会、南开大学日本研究院、中国社会科学院日本研究所共同主办，《日本学刊》编辑部承办的“中国的日本研究——历史与未来”学术研讨会在天津举行。

来自中国社会科学院日本研究所、世界历史研究所，南开大学日本研究院，天津社会科学院日本研究所、东北亚研究所等研究机构的学者出席会议，北京大学、复旦大学、解放军外国语学院、天津理工大学等高校的学者提供了会议论文。

会议邀请中华日本学会常务副会长、中国社会科学院日本研究所党委书记、代所长高洪，南开大学世界近现代史研究中心主任杨栋梁，外交部亚洲司东北亚处副处长张漪波，就“日本研究与建言献策”“中国日本研究的状况与展望”“当前日本形势和中日关系”作了报告。

与会学者指出，进入21世纪，与经济长期低迷、政局动荡多变的日本相对照，中国经济持续高速增长，国际地位显著提高，作为日本研究的主体和客体，中国和日本都发生了巨大变化。这种变化引起的刺激与反应，对日本研究的视角、方法以及问题关切产生了重要影响。

（林　昶）

## 日本形势回顾与展望2016年度学术研讨会

2016年12月3日，由中国社会科学院日本研究所主办的“日本形势回顾与展望2016年度学术研讨会”在北京举行。来自北京、天津、上海等地的50余名学者参加了此次研讨会。

在国际政治格局多极化和经济全球化的今天，国际经济与政治形势正在发生迅速改变。安倍二次执政上台以来，日本的国内经济状况以及内政外交情况出现了很大变化。随着日本国内形势的变动与转型、对外战略的调整与落实，日本在经济、政治与外交等方面出现了新的趋势。有鉴于此，会议从以下四个角度分析总结了2016年日本的形势变化。

第一，日本经济形势与安倍经济学。2012年年底，安倍上台后实施了一系列的经济刺激政策，而这些经济刺激政策对实体经济影响如何仍待有效评估，“安倍经济学”的评价成为热点议题。

第二，日本的海洋战略。近年以来，日本的海洋战略与海洋政策发生了重大改变，其现实主义色彩日益浓厚，已经成为影响东亚地区海洋安全环境的不稳定因素，日本海洋战略调整及政策走向值得关注。

第三，中日关系的变化。中日关系呈现复杂的新型样态，机遇与挑战、合作与摩擦同步演进的两面性及摆动性突出，且双边关系“外溢”造成的国际接触与博弈日益明显。对中日关系的复杂、多面、新型以及国际化等特征，有必要进行梳理和评估。

第四，日本政治局势的改变。“2016参院选”使安倍二次上台执政以来获得选举四连胜，安倍长期执政的基础得以进一步巩固，为其实现长期战略目标（例如“修宪”等）创造了条件，探讨日本国内政局变化对研判日本国家发展趋势具有重要意义。

（田　正）

# 和平发展研究所

## （一）人员、机构等基本情况

### 1. 人员

截至 2016 年年底，和平发展研究所共有在职人员 5 人。

### 2. 机构

和平发展研究所设有：发展政治室、经济室、安全室、人物室、信息资料室、综合办公室。

## （二）科研工作

### 1. 科研成果统计

2016 年，和平发展研究所完成专题报告 30 篇，一般文章 20 篇。

### 2. 科研课题

2016 年，和平发展研究所共有结项课题，即所重点课题 5 项：“‘一带一路’倡议与相关融资平台”（廖峥嵘主持），“共建‘一带一路’中的能源与资源合作”（廖峥嵘主持），“‘一带一路’中的互联互通与基础设施建设”（廖峥嵘主持），“‘一带一路’与国际产能合作”（廖峥嵘主持），“南亚国家对‘一带一路’的态度、考虑和应对措施”（廖峥嵘主持）。

## （三）学术交流活动

（1）2016 年 1 月 12 日，和平发展研究所在北京召开“缅甸选后形势研讨会”。

（2）2016 年 1 月 19 日，和平发展研究所在北京召开“南海问题：形势与对策”研讨会。

（3）2016 年 5 月 13 日，和平发展研究所在北京召开“南亚国家对‘一带一路’的态度、考虑和应对措施”研讨会。

（4）2016 年 6 月 21 日，和平发展研究所在北京召开“南海诉讼案”专题讲座。

（5）2016 年 9 月 26 日，和平发展研究所与武汉大学共同举办“世界贸易体系创新：新兴经济体及其角度”学术研讨会。

（6）2016 年 12 月 15 日，和平发展研究所在北京召开“美国选后形势”专题讲座。

## （四）学术期刊

《和平发展观察》（不定刊期），主编廖峥嵘。

2016 年，《和平发展观察》共出版 19 期，共计 10 万余字。该刊全年刊载的有代表性的文章有：廖峥嵘的《特朗普当选可能带来的变化初探》，韦宗友的《特朗普执政后对外政策展望与中美关系》，何胜的《特朗普主政白宫对越影响初探》，韩献栋的《朝鲜半岛局势走向与中国的对策》，林敏旺的《莫迪政府的南海政策及其前景》等。

### （五）其他

研究所门户网站建成并正式运行。

# 马克思主义研究学部

## 马克思主义研究院

### （一）人员、机构等基本情况

**1. 人员**

截至2016年年底，马克思主义研究院共有在职人员127人。其中，正高级职称人员25人，副高级职称人员33人，中级职称人员55人；高、中级职称人员占全体在职人员总数的89%。

**2. 机构**

马克思主义研究院设有：马克思主义原理研究部（下设马克思主义基本原理研究室、马克思恩格斯思想研究室、列宁斯大林思想研究室、思想政治教育研究室），马克思主义中国化研究部（下设毛泽东思想研究室、中国特色社会主义理论体系研究室、党建党史研究室、马克思主义无神论研究室），马克思主义发展研究部（下设马克思主义发展史研究室、经济与社会建设研究室、政治与国际战略研究室、文化与意识形态建设研究室），国际共产主义运动研究部（下设国际共产主义运动史研究室、当代世界社会主义研究室、当代世界资本主义研究室），国外马克思主义研究部（下设国外左翼思想研究室、国外共产党理论研究室、西方马克思主义研究室），期刊网络中心（下设《马克思主义研究》编辑部、《国际思想评论》编辑部、《马克思主义文摘》编辑部、《马克思主义理论研究与学科建设年鉴》编辑部、网络室），以及办公室、科研处、人事处。

**3. 科研中心**

马克思主义研究院院属科研中心有：中国社会科学院马克思主义经济社会发展研究中心、中国社会科学院科学与无神论研究中心、中国社会科学院国家文化安全与意识形态建设研究中心。

### （二）科研工作

**1. 科研成果统计**

2016年，马克思主义研究院共完成专著34种，744万字；论文254篇，232万字；理论文章38篇，12.6万字；译著2种，97.4万字；译文8篇，5万字；论文集6种，282.3万字；皮书1种，33.5万字；年鉴1种，114.5万字；音像资料1种，13集。

**2. 科研课题**

（1）新立项课题。2016年，马克思主义研究院共有新立项课题12项。其中，国家社会科学基金课题5项："阿多诺'否定的辩证法'新探"（陈慧平主持），"南欧激进左翼政党新发展及其对社会主义运动的影响研究"（于海青主持），"俄罗斯新社会主义思想研究"（陈爱茹主持），"引导青年理性爱国与实现中国梦研究"（王永浩主持），"马克思主义中国化的思想逻辑"（后期资助项目，金民卿主持）；国情调研课题7项："宁波建设高水平全面小康社会目标下的村级集体经济发展调查研究"（邓纯东主持），"倡导社会主义核心价值观与培育良好社会风尚"（樊建新主持），"新型社会组织健康发展状况调研系列之三——枢纽型社会组织在地方经济社会运行中的作用"（余斌、朱燕主持），"中华优秀传统文化在绩溪的保护、传承和弘扬"（张小平、陈建波主持），"多措施扶贫，精准发力脱贫：湖南临湘官田村调查"（冯颜利主持），"中越边境地区扶贫与富民固边调研——广西靖西市龙邦镇大莫村案例"（潘金娥主持），"西南少数民族地区村庄精准扶贫工作研究"（宋丽丹主持）。

（2）结项课题。2016年，马克思主义研究院共有结项课题16项。其中，国家社会科学基金课题1项："科学发展观与发展模式的创新"（陈志刚主持）；国情调研课题4项："党的作风建设常态机制研究"（院重大项目，邓纯东、陈志刚主持），"宁波高水平全面建成小康社会目标下的村级集体经济发展调查研究"（院基地项目，邓纯东主持），"新型社会组织健康发展状况调研系列之三——枢纽型社会组织在地方经济社会运行中的作用"（余斌、朱燕主持），"中华优秀传统文化在绩溪的保护、传承和弘扬"（张小平、陈建波主持）；青年科研启动基金课题11项："近年来国外马克思主义若干重大前沿问题研究"（郑一明主持），"全球化背景下民族国家的定位及其走向"（张晓敏主持），"马克思主义服务思想研究"（汪世锦主持），"第三批判中的先天综合判断"（王晓红主持），"当代资本主义职工持股制度的发展研究"（牛政科主持），"论美国的对华战略对台海关系的影响"（汪海鹰主持），"马克思、列宁的方法论与经验主义比较研究"（唐芳芳主持），"金融危机爆发以来法国共产党的新动态"（遇荟主持），"环境政治中的政府职能与民众意识教育"（梁海峰主持），"改革开放条件下国民素质现代化研究"（于晓雷主持），"科学无神论与当代文化建设"（杨俊峰主持）。

（3）延续在研课题。2016年，马克思主义研究院共有延续在研课题10项。其中，国情调研课题4项："倡导社会主义核心价值观与培育良好社会风尚"（樊建新主持），"多措施扶贫，精准发力脱贫：湖南临湘官田村调查"（冯颜利主持），"中越边境地区扶贫与富民固边调研——广西靖西市龙邦镇大莫村案例"（2016年特大项目子课题，潘金娥主持），"西南少数民族地区村庄精准扶贫工作研究"（宋丽丹主持）；院青年科研启动基金课题6项："当代国外剩余价值理论和剥削问题研究"（韩冬筠主持），"中俄学者关于斯大林模式的评析"（杨朴伟主持），"马克思早期作品中共产主义思想研究"（朱亦一主持），"分享制的国际比较"（王珍主持），"建国初期人民法庭研究"（孟庆友主持），"后危机时代浙商经济再发展的探析——政治经济学视角的观察与思考"（王艳阳主持）。

### 3. 获奖优秀科研成果

2016 年，马克思主义研究院获“第九届（2016 年）中国社会科学院优秀科研成果奖”专著类三等奖 3 项：靳辉明、李崇富的专著《马克思主义若干重大问题研究》，侯惠勤的专著《马克思的意识形态批判与当代中国》，李慎明的专著《忧患百姓忧患党——毛泽东关于党不变质思想探寻》；获“第九届（2016 年）中国社会科学院优秀科研成果奖”研究报告奖三等奖 1 项：胡乐明、宋云中的研究报告《国有企业改革发展研究：以中国海洋石油总公司为例》。

## （三）学术交流活动

### 1. 学术活动

（1）2016 年 1 月 13 日，由中国社会科学院马克思主义研究学部主办的“中国社会科学院马克思主义政治经济学研讨会”在北京召开。会议的主题为“学习贯彻习近平总书记关于马克思主义政治经济学的重要讲话”。

（2）2016 年 4 月 9 日，由中国社会科学院马克思主义理论学科建设与理论研究工程领导共同小组主办，马克思主义研究院承办的“第三届中国社会科学院毛泽东思想论坛”在北京举行。论坛的主题为“毛泽东与中国共产党”。

（3）2016 年 5 月 14 ~ 15 日，由马克思主义研究院与中国政法大学共同主办的“全国马克思主义基本原理学术研讨会”在北京召开。会议的主题为“坚持与发展：互联网＋时代马克思主义基本原理研究”。

（4）2016 年 5 月 20 日，由马克思主义研究院、中共浙江省委党校、浙江省社会科学界联合会、浙江省中国特色社会主义理论体系研究中心共同主办的“习近平系列重要讲话学术论坛（2016）”在浙江省杭州市召开。会议的主题为“五大发展理念与中国特色社会主义”。

（5）2016 年 5 月 28 ~ 30 日，由马克思主义研究院、中国社会科学院马克思主义研究学部、苏州大学共同主办的“全国马克思主义青年学者论坛（2016）”在江苏省苏州市举行。会议的主题为“习近平治国理政思想研究”。

2016年5月，“全国马克思主义青年学者论坛（2016）”在江苏省苏州市举行。

（6）2016 年 6 月 25 日，由马克思主义研究院与山东社会科学院共同主办的“第三届全国国外马克思主义研究论坛”在山东省济南市召开。会议的主题为“国外马克思主义研究思想史及国外马克思主义研究的前沿与热点问题”。

（7）2016 年 6 月 25 ~ 26 日，

由马克思主义研究院与西藏大学共同主办的“全面建成小康社会与党的治藏方略学术研讨会”在西藏自治区拉萨市召开。会议的主题为“全面建成小康社会与党的治藏方略”。

（8）2016 年 6 月 25 ~ 26 日，由中国社会科学院马克思主义理论学科建设与理论研究工程领导小组主办，中国社会科学院科学与无神论研究中心、中国无神论学会共同承办的“第四届科学无神论论坛”在河北省秦皇岛市召开。论坛的主题是“理论创新与科学无神论学科建设”。

（9）2016 年 7 月 23 ~ 24 日，由马克思主义研究院和东北师范大学共同主办的“2016 年全国思想政治教育学术研讨会”在吉林省长春市召开。会议的主题为“马克思主义理论教育研究”。

（10）2016 年 8 月 21 ~ 23 日，由马克思主义研究院主办的“第三届执政党建设理论与实践论坛”在宁夏回族自治区银川市召开。会议的主题为“思想建党与制度治党”。

（11）2016 年 9 月 23 ~ 25 日，由马克思主义研究院与华侨大学共同主办的“第四届国际共产主义运动论坛”在福建省泉州市召开。会议的主题为“当代世界社会主义与社会发展”。

（12）2016 年 9 月 29 ~ 30 日，由马克思主义研究院、中国社会科学院马克思主义研究学部、国防科学技术大学人文与社会科学学院共同主办的“第九届全国马克思主义院长论坛”在湖南省长沙市举行。会议的主题为“马克思主义的真理性、大众化与对错误思潮的批判”。

（13）2016 年 10 月 28 ~ 29 日，由中国社会科学院马克思主义研究学部、马克思主义理论学科建设与理论研究工程办公室、马克思主义研究院原理部、经济社会发展研究中心以及河北经贸大学共同主办的“第五届全国马克思主义经济学论坛暨全国马克思主义经济学青年论坛第六次研讨会”在河北省石家庄市召开。会议的主题为“建构 21 世纪马克思主义政治经济学学科体系、教材体系、范畴体系、方法体系和话语体系”。

（14）2016 年 11 月 13 日，由马克思主义研究院与华南理工大学共同主办的“第七届马克思主义中国化学术论坛”在广东省广州市举行。会议的主题为“习近平治国理政思想与马克思主义中国化最新进展”。

（15）2016 年 11 月 19 日，由中国社会科学院马克思主义理论学科建设与理论研究工程领导小组主办，马克思主义研究院和广西大学共同承办的“第四届科学社会主义论坛暨社会主义思想 500 年与科学社会主义研讨会”在广西壮族自治区南宁市举行。会议的主题是“习近平总书记重要讲话精神”“科学社会主义基本原则”“社会主义运动的历史经验和教训”“国际共产主义运动的现状”“中国特色社会主义的理论逻辑与历史逻辑”。

（16）2016 年 5 月 23 日、7 月 7 日、10 月 29 日、12 月 7 日，由马克思主义研究院主办的“社会透视——马克思主义视角”青年学术沙龙在北京分别召开第 10 次、第 11 次、第 12 次、第 13 次活动。学术沙龙的主题分别是“马克思主义视角下的中国特色社会主义”“当前网络舆情热点”“马克思主义政治经济学创新与发展”“‘十三五’时期财经热点问题研究”。

另外，2016 年，马克思主义研究院共举办“马研院学术报告会”5 场，马克思主义系列学术研讨会 18 场。

**2. 国际学术交流与合作**

2016 年，马克思主义研究院完成对外合作交流活动 15 批次，其中出访 9 批 29 人次，接待来访 6 批次，长期出国进修 2 人。组织了 7 次国外学者报告会，举办“中国社会科学论坛”1 次，其他国际会议 4 次，承办国际会议 1 次。与马克思主义研究院开展学术交流的国家有：西班牙、法国、意大利、越南、老挝等。

（1）2016 年 6 月 13 ~ 22 日，马克思主义研究院与俄罗斯科学院经济学研究所、俄罗斯制度创新中心、白俄罗斯国立大学及保加利亚社会党等学术机构和政党联合举办了“第三届中、俄、中东欧国家发展战略论坛”。论坛包括系列国际学术论坛，在莫斯科和圣彼得堡分别与俄罗斯科学院经济研究所、俄罗斯制度创新中心联合主办了“第三届中国—俄罗斯国际学术论坛”，主题分别为“中国和俄罗斯：建立公平与安全的世界秩序”“中俄的区域一体化方案：合作的问题与前景”；在明斯克与白俄罗斯国立大学共同主办了主题为“21 世纪社会主义：中国与白俄罗斯”的国际学术论坛；在索菲亚与保加利亚社会党共同举办了主题为“21 世纪社会主义：中国与保加利亚”的国际学术论坛。

（2）2016 年 6 月 14 ~ 21 日，马克思主义研究院程恩富教授等 2 人赴斯里兰卡、印度，参加在科伦坡大学、印度塔塔社会科学院和印度旁遮普大学举办的“世界政治经济学学会第 11 届论坛”。程恩富教授作题为“全球化时代的农业与就业”的主题发言。

（3）2016 年 8 月 12 ~ 19 日，马克思主义研究院与澳大利亚纽卡斯尔大学、新西兰奥克兰大学文学院联合举办的“中国道路澳洲论坛”分别在澳大利亚、新西兰召开。来自中、澳、新三国的 100 余名学者参加了会议。

（4）2016 年 9 月 5 日，由马克思主义研究院和日本社会主义协会联合主办的“第五届中日社会主义学者论坛”在北京举行。论坛的主题是“《资本论》、十月革命与当代社会主义”。

（5）2016 年 10 月 10 日、11 日、15 日，由马克思主义研究院与欧洲相关机构组织共同主办，《人民

2016年10月，“2016中国道路欧洲论坛（意大利会场）‘五大发展理念’与中国道路”在意大利罗马召开。

日报》理论部、《马克思主义研究》编辑部、《中国社会科学》杂志社马克思主义编辑室协办的“第三届中国道路欧洲论坛”分别在西班牙、法国和意大利三国召开。论坛的主题为“五大发展理念与中国道路”。

（6）2016 年 11 月 1 ～ 4 日，由马克思主义研究院、越南社会科学翰林院哲学所、老挝国家社会科学院共同主办，广西师范大学马克思主义学院、广西马克思主义理论与区域实践协同创新中心、广西师范大学出版社集团协办的“第四届社会主义国际论坛”在广西壮族自治区桂林市召开。论坛的主题为“社会主义改革（革新）：回顾与展望”。

（7）2016 年 12 月 3 ～ 5 日，应英国伦敦大学亚非学院之邀，马克思主义研究院院长邓纯东研究员率“关于当代资本主义”课题组赴英国作学术访问，并与当地经济方面的专家及学者围绕金融危机以来发达资本主义国家新暴露出的问题和矛盾进行交流。

（8）2016 年 12 月 19 ～ 26 日，应中共中央宣传部、中共中央对外联络部之邀，马克思主义研究院院长邓纯东研究员跟随中央领导赴老挝巴塞省巴色市、越南河内市出席“中老、中越两党理论研讨会”，并作题为“提高党在复杂局面和情况下领导经济社会发展的能力和水平”的主题发言。

## （四）学术社团、期刊

### 1. 社团

（1）中国历史唯物主义学会，会长侯惠勤。

2016 年 8 月 5 ～ 7 日，中国历史唯物主义学会、中国社会科学院马克思主义理论学科建设与理论研究工程领导小组办公室、中国社会科学院国家文化安全与意识形态建设研究中心、河南科技大学马克思主义学院共同举办的“2016 年中国历史唯物主义学会年会”在河南省洛阳市举行。会议的主题是“新的历史起点和历史唯物主义新发展”，研讨的主要议题有“历史唯物主义重大理论和现实问题”“历史虚无主义的实质、危害及遏制对策”“唯物史观对人民主体地位的科学阐释”“马克思主义意识形态话语权面临的挑战及当代建构”“新的历史起点下历史唯物主义在当代中国的创新与发展”等。与会专家学者约 100 人。

（2）中华外国经济学说研究会，会长程恩富。

2016 年 11 月 26 ～ 27 日，中华外国经济学说研究会在福建省泉州市召开“中华外国经济学说研究会第 24 次年会”。会议的主题是“外国经济学说与当代中外经济”，研讨的主要问题有“外国经济思想史研究”“马克思主义经济学与西方经济学的比较研究”“西方经济学前沿问题研究”“中国经济‘新常态’与五大发展理念”“‘一带一路’与对外开放新格局”“供给侧改革理论与实践的比较分析”。与会专家学者约 100 人。

（3）中国经济规律研究会，会长程恩富。

2016 年 5 月 21 ～ 22 日，中国经济规律研究会在辽宁省沈阳市举行了“中国经济规律研究会第 26 届年会”。会议的主题是“政治经济学创新与供给侧改革”，研讨的主要问题有“马克思主义政治经济学的继承、发展和创新问题研究”“中国现代政治经济学的创新原则和创新方向”“中国道路视野下中国现代政治经济学的新境界”“马克思主义政治经济学与推进全面深化改革关系研究”“供给侧改革理论的比较分析”“供给侧改革的理论指向与政策含义”“用马克思主义政治经济学解读供给侧改革”“中国经济新常态下如何推动供给侧改革”。与会专家学者 150 人。

（4）中国无神论学会，理事长朱晓明。

2016 年 12 月 3 ～ 4 日，中国无神论学会、中国社会科学院科学与无神论研究中心在北京联合主办了“中国无神论学会 2016 年学术年会”。会议的主题为“学习贯彻全国宗教会议精神，推进无神论事业发展”。研讨的主要问题有“如何加强马克思主义无神论研究和宣传教育”“牢牢掌握宗教工作的主动权”“坚持教育与宗教相分离”“正确理解和贯彻全国宗教工作会议精神”。与会专家学者 50 人。

**2．期刊**

（1）《马克思主义研究》（月刊），主编邓纯东。

2016 年，《马克思主义研究》共出版 12 期，共计 320 万字。该刊全年刊载的有代表性的文章有：王伟光的《学习和掌握马克思两个伟大发现的重要意义》，程恩富的《分工深化论：五次社会大分工与部门内分工探析》，李崇富的《论治国理政的“底线思维”》，侯惠勤的《纯客观的学术研究无法真正读懂马克思》，田心铭的《论坚持和发展马克思主义的基本原则》，朱佳木的《在同历史虚无主义的斗争中推进中国特色马克思主义史学理论话语体系的建设》，武力、肖翔的《建设中国特色社会主义政治经济学的历史维度思考——从马克思主义广义政治经济学视角的探讨》，李炳炎的《论“四个全面”战略布局的辩证性》，何秉孟的《牢牢把握发展混合所有制经济的价值定位》，张雷声的《经济全球化视阈中马克思主义经济学的发展》，宋方敏的《论对社会主义国有经济理论的坚守和创新》等。

（2）《国际思想评论》（英文季刊），主编程恩富、［美］大卫·斯维卡特、［法］托尼·安德列阿尼。

2016 年，《国际思想评论》共出版 4 期。该刊全年刊载的有代表性的文章有：李慎明的《当今世界仍然处于金融帝国主义时代》，程恩富、谢长安的《美式民主、世界和平与中国模式——评福山〈民主依然挺立在“历史的终结”处〉》，魏小萍的《〈21 世纪资本论〉与〈资本论〉研究方法的比较》，张新宁、裴少华的《评美国总统选举中的“社会主义”因素》，［美］约翰·贝拉米·福斯特的《人类纪中的马克思主义：左翼在辩证法上的分歧》，［美］伊斯梅尔·侯赛因-扎德的《金融危机的解释：凯恩斯主义与马克思主义》，［英］莱斯利·斯克雷尔的《跨国资产阶级、社会运动与资本主义全球化的替代》，［澳大利亚］罗兰·波耶尔的《论马克思主义中的“暖流”》，［澳大利亚］艾瑞尔·萨勒的《人类纪：对“深沉地质时代”或深沉欲望时代的思考？》，［澳大利亚］安东尼·福森的《方便旗与全球资本主义》，［加拿大］肖卡特·安萨里的《消费不足是导致美国制造业持续滞胀的主因吗？——1965—2008年计量经济学分析的结论与政策含义》，［加拿大］卡皮尔·德夫·雷格米的《资本主义霸权批判：呼吁大众教育》，［加拿大］雅尼克·诺伊赛伍克斯的《非正式部门的工会组织：一个来自孟买拆船场的个案分析》，［印度］普拉纳布·坎蒂·巴苏的《从霸权走向治理》，［希腊］乔治·尼奥达克斯的《极权资本主义的最新进展与演进的世界秩序：社会运动的一些含义》，［墨西哥］爱戈斯提纳·科斯坦提诺的《繁荣的背后：21世纪对依附国家的土地掠夺》，［捷克］马瑞克·赫鲁贝奇的《全球政府的冲突》等。

（3）《马克思主义文摘》（双月刊），主编邓纯东。

2016年，《马克思主义文摘》共出版6期，共计120万字。该刊新增了“聚焦‘十三五’”栏目。该刊全年刊载的有代表性的文章有：王伟光的《不懈探索马克思主义哲学中国化、时代化、大众化》，朱佳木的《中国道路是顺应时代发展潮流的选择》，邓纯东的《坚持和发展马克思主义是中国共产党成功的根本原因》，余永定的《过早资本项目全面开放是犯颠覆性错误》，程恩富的《为马克思主义政治经济学创新发展贡献中国智慧》，顾海良等的《发展好当代中国马克思主义政治经济学》，刘国光的《政府和市场关系的核心是资源配置问题》，胡德宝、陈甬军的《国有经济占主导是社会主义市场经济的创新》，卫兴华的《澄清供给侧结构性改革的几个认识误区》，侯惠勤的《意识形态话语权建设方法论研究》，何畏的《论共产主义理想之美》，贺祥林的《马克思恩格斯8小时工作日制度思想》，陈先达的《历史唯物主义与中国道路》。

（4）《科学与无神论》（双月刊），主编杜继文。

2016年，《科学与无神论》共出版6期，共计80万字。该刊全年刊载的有代表性的文章有：朱晓明的《正确把握“宗教极端主义”与“宗教”的区别与联系》，杜继文的《坚定的方向和开创的精神》，张新鹰的《无神论宣传符合党的宗教信仰自由政策》，段德智的《我们是如何思考和写作〈境外宗教渗透与苏东剧变研究〉的》，王慧梅的《党员领导干部迷信现象研究》，吴云贵的《以马克思主义为指导坚持宗教研究的正确方向》，左鹏的《高校思想政治理论课中宗教问题教育的现状及对策研究》，戴继诚的《加强党员干部的马克思主义宗教观教育势在必行》，贺慧玲、孙涛的《探析信息化条件下反邪教科普宣传工作面临的形势及应对办法》，李申的《春秋战国时代的无神论思潮》，张裕民的《谈构筑大学生信仰安全防线》，徐国旺的《新媒体境遇下科学无神论教育在高校面临的挑战和应对政策》，郑念、王丽慧、齐培潇的《论科学文化建设对宗教去极端化的作用》，任重、任远的《一份谈话记录和半个世纪的演绎》，刘景尧的《毛泽东在全面建设社会主义时期的宗教主张及当代启示》，湖北大学反邪教课题组的《邪教快速发展的秘辛及其心理机制》，于祺明的《自然科学与宗教“对话”的历史审视与现实剖析》，吴星辰的《大统战格局下创新宗教工作干部培训内容探析》。

## （五）会议综述

### 全国马克思主义青年学者论坛（2016）

2016 年 5 月 28 ～ 30 日，由中国社会科学院马克思主义研究院、中国社会科学院马克思主义研究学部、苏州大学共同主办，苏州大学马克思主义学院、苏州大学“江苏省中国特色社会主义理论体系研究基地”承办，中国社会科学院《马克思主义研究》编辑部协办的“全国马克思主义青年学者论坛（2016）”在江苏省苏州市举行。来自国内研究机构的专家学者以及全国各地的马克思主义青年学者共 100 余人参加了会议。会议期间，与会学者围绕“习近平治国理政思想研究”这一主题展开研讨。

与会学者认为，习近平总书记 2016 年 5 月 17 日在哲学社会科学工作座谈会上发表的重要讲话，是加快构建中国特色哲学社会科学的纲领性文献，对当前和今后发展和繁荣中国特色哲学社会科学具有十分深远的意义。

与会学者认为，党的十八大以来，以习近平同志为总书记的党中央形成了一系列治国理政新理念、新思想、新战略，进一步丰富和发展了党的科学理论，为我们开展各项工作提供了基本遵循。

与会学者认为，祖国的未来属于青年，重视青年就是重视未来。加强青年马克思主义理论人才队伍建设是推进马克思主义发展的重要途径。

（田芝健　吉启卫）

### 第三届中、俄、中东欧国家发展战略论坛

2016 年 6 月 13 ～ 22 日，由中国社会科学院马克思主义研究院、俄罗斯科学院经济学研究所、俄罗斯制度创新中心、白俄罗斯国立大学及保加利亚社会党等学术机构和政党联合举办了“第三届中、俄、中东欧国家发展战略论坛”。6 月 14 ～ 20 日，分别在白俄罗斯的明斯克、俄罗斯的圣彼得堡和莫斯科、保加利亚的索菲亚召开了四场国际学术论坛。明斯克和索菲亚的学术论坛的主题是“21 世纪的社会主义”，主要议题为“21 世纪的社会主义与中国和白俄罗斯的合作”以及“中国和保加利亚的合作”；圣彼得堡和莫斯科的学术论坛主题是“中国和俄罗斯：建立公平与安全的世界秩序”以及“中俄的区域一体化方案：合作的问题与前景”。100 余位专家学者参加了圣彼得堡国际学术论坛，其他三场国际学术论坛的参会学者有 60 余人。

与会学者总结了 20 世纪世界社会主义运动的经验教训，认为，十月革命开创了社会主义的发展道路，在共产党的理论指导和领导下，实践证明了社会主义社会和共产主义社会的发展

道路是正确的。苏联、东欧等社会主义国家都进行了卓有成效的社会主义革命和建设，只是后来改变了方向，偏离了社会主义道路，才导致了社会主义制度的改变。我们要研究总结国际共产主义运动史的经验教训。

与会外国专家学者对中国特色社会主义取得的成绩给予了高度赞扬，对中国特色社会主义道路给予了充分肯定。中国的专家学者对中国特色社会主义理论和道路进行了充分的阐释。

与会学者围绕 21 世纪的社会主义发展道路展开了探讨，认为，探索对资本主义的替代方案仍然是 21 世纪的主题，在实践中，各国需要根据国情探索自己的发展道路。中国道路的成功充分显示了社会主义的生命力，对 21 世纪社会主义的命运和发展前景产生了具有世界性意义的深远影响。

与会学者一致认为，资本主义已经是一种衰落的制度，社会主义对世界来说是一种必然的选择，要对社会主义的未来充满信心。21 世纪社会主义应该总结 20 世纪社会主义的经验教训，适应 21 世纪的新形势，特别是第四次工业革命和信息革命的需要，把社会主义基本原则与各国具体实际结合起来，坚持社会主义的平等等基本价值观，有效发挥国家的作用，充分发挥各国人民的主体作用，加强全世界各国社会主义者和左翼进步力量的联系。

中俄学者讨论了中俄合作问题，认为，中俄合作很重要，可以成为世界格局中的重要一极，中国和俄罗斯应该在各领域、各方面开展广泛的合作。中国和俄罗斯的合作，不仅要维护两个国家的安全，还要促进世界的公平正义。

外国学者充分肯定了中国的“一带一路”倡议，认为“一带一路”建设对促进国家间以及地区间的合作具有重要作用，有利于推动世界经贸规则的公平化和合理化，希望“一带一路”与欧亚一体化搞好协调、对接，避免发生矛盾。

（尚　伟）

## 第九届全国马克思主义院长论坛

2016 年 9 月 29 ~ 30 日，由中国社会科学院马克思主义研究院、中国社会科学院马克思主义研究学部、国防科学技术大学人文与社会科学学院共同主办，马克思主义研究院国外马克思主义研究部、国防科学技术大学中国特色社会主义理论体系研究中心承办的“第九届全国马克思主义院长论坛”在湖南省长沙市举行。来自全国 80 多所高校和科研机构的 150 多位马克思主义学院院长、专家学者围绕论坛主题“马克思主义的真理性、大众化与对错误思潮的批判”进行了研讨，重点研讨了“马克思主义真理性、大众化研究”“当代中国马克思主义创新发展研究”“习近平治国理政思想、国防和军队建设重要论述研究”“网络时代思想政治教育研究和对当前错误思潮的评析与批判”“中国特色社会主义话语体系建设与传播研究”“马克思主义理论学科建设与思想政治理论课教学研究”等议题。

邓纯东作了题为“在马克思主义理论研究和教学中如何贯彻落实习近平总书记 5 · 17 重

要讲话精神”的主题发言。他指出，习近平总书记在讲话中，把坚持马克思主义的指导地位作为关键点、放在第一位。贯彻落实5·17重要讲话精神必须坚持马克思主义指导地位：一是要加大对马克思主义中国化理论成果的正面宣传和教育。二是需要对关系马克思主义指导地位的一系列重大理论和现实问题加强分析和辨析。要对关系全党和全体人民思想观念的重大理论与实践问题进行马克思主义的辨析，分清是非。三是需要对各种非马克思主义、反马克思主义的思想观念进行批评和批判，尤其要加大对错误思潮的批判。四是要加强对习近平总书记系列重要讲话精神的研究和宣传。邓纯东认为，习近平总书记的重要讲话为高校教学指明了方向，我们主要应从两方面落实讲话精神：一是确保马克思主义教学成为真正的马克思主义传播，二是构建完善的马克思主义学科和学术话语体系。

（任会芬　邹小军）

## 第三届中国道路欧洲论坛

2016年10月10日、11日、15日，中国社会科学院马克思主义研究院与西班牙、法国、意大利的相关机构和组织共同主办的“第三届中国道路欧洲论坛”分别在西班牙巴塞罗那、法国巴黎、意大利罗马召开。会议的主题为“五大发展理念与中国道路”。中方与会代表36人，西班牙、法国、意大利三国正式与会代表41人。

在论坛的开幕式和三个分论坛的开场阶段，中国社会科学院马克思主义研究院院长邓纯东研究员向所有与会代表介绍了创办中国道路欧洲论坛的初衷和发展历程。他强调指出，中国与欧洲都处于积极探索改革的历史阶段，在改革道路上都面临风险与挑战，中欧双方学术界人士应当加强交流、加深了解、互学互鉴，实现共同发展。邓纯东就中欧共同举办中国道路欧洲论坛提出几点希望：一是希望中欧双方能够围绕发展、治理方面的问题进行交流，并提出解决问题的对策方案；二是希望利用此论坛促进中欧人民的互相了解，增进双方交流合作与友谊；三是希望中欧双方能够对所处的时代保持清醒认识，并且能够在新的时代条件下对所要采取的路线方针政策以及社会主义运动的前景和趋势有清醒把握。

各国专家学者围绕“中国政治制度、中国共产党与21世纪马克思主义”“社会发展、文化创新与社会主义核心价值观”“‘一带一路、中欧关系’”“五大发展理念、创新驱动战略与全球转型驱动力”“互联网、气候变化等全球治理问题”等议题进行了研讨和交流。

最后，邓纯东对此次论坛进行了总结。

（任　洁）

## 第四届社会主义国际论坛

2016年11月1～3日，由中国社会科学院马克思主义研究院、越南社会科学翰林院和老挝国家社会科学院共同主办，广西师范大学马克思主义学院、广西马克思主义理论与区域实践协同创新中心承办，广西师范大学出版社集团协办的“第四届社会主义国际论坛”在广西壮族自治区桂林市召开。中国社会科学院马克思主义研究院院长邓纯东教授和副院长樊建新教授、越南社会科学翰林院哲学所所长阮才东教授、老挝社会科学院经济研究所所长方习・老峰博士和广西师范大学校长梁宏教授、广西壮族自治区党委宣传部部务委员赵勇富出席开幕式并讲话。来自中国、越南、老挝三国的100余位专家学者，围绕“社会主义改革（革新）：回顾与展望”的主题进行了讨论与交流，其中30余位专家学者进行了大会发言。

邓纯东认为，论坛以“社会主义改革（革新）：回顾与展望”为主题，学者集中对当代社会主义的发展趋势和现状进行探讨，有利于推进科学社会主义理论的创新和发展。

中国、越南和老挝作为社会主义国家，坚持以马克思主义为指导，坚持共产党（老挝称为人民革命党）的领导。因此，三国在进行社会主义改革的过程中，都强调要确保社会主义改革的正确方向，必须坚持马克思主义的指导地位和共产党的领导。中国、越南和老挝三国学者都认为，社会主义国家在改革或革新的过程中必须坚持和发展马克思主义，巩固和改善党的领导，确保社会主义改革的正确方向。只是中国学者更为注重的是对马克思主义基本原理的学习与运用，通过推进全面从严治党，加强党的纯洁性和先进性建设；而越南和老挝学者侧重于通过加强执政能力的培训，改革和创新党的领导方法。

经济领域的改革是社会主义改革的重要内容。中国、越南和老挝都把建设和完善社会主义市场经济体制作为经济改革的主要目标。因此，三国学者对如何推进经济领域的改革、各自取得了哪些经济发展成就和如何进一步完善社会主义市场经济体制格外关注。从三国专家学者的观点可以看到，中国、越南和老挝三个国家坚持以市场为导向的经济改革，改革的目标都是为了建设和完善社会主义市场经济体制，努力促进生产力的发展，提高人民生活水平，最终实现国强民富。

中、越、老三国在社会主义改革（革新）开放40多年的历史进程中，取得了巨大的发展成就，逐渐摆脱了经济政治文化落后的困境。但是，在现实发展过程中都面临着如何做到全面协调可持续发展的问题。三国学者重点关注改革中出现的贫富差距拉大、腐败问题、社会意识形态冲突、发展不平衡、公平与效率问题以及生态环境等挑战。虽然各社会主义国家改革的具体做法和具体路径不尽相同，但是三国学者都认为，在社会主义改革过程中，普遍存在公平与效率、贪污腐败、贫富差距过大以及生态破坏与环境污染等共性问题，需要各社会主义国家加强交流合作、共同解决。

（汤志华　刘晓华）

# 当代中国研究所

## （一）人员、机构等基本情况

### 1. 人员

截至2016年年底，当代中国研究所共有在职人员82人。其中，正高级职称人员14人，副高级职称人员17人，中级职称人员19人；高、中级职称人员占全体在职人员总数的61%。

### 2. 机构

当代中国研究所设有：办公室、科研办公室、第一研究室（政治史研究室）、第二研究室（经济史研究室）、第三研究室（文化史研究室）、第四研究室（社会史研究室）、第五研究室（外交史及港澳台史研究室）、第六研究室（理论研究室）。其中办公室下辖秘书档案处、人事保卫处、财务处、行政管理处、老干部工作处5个处级单位，负责管理服务中心。科研办公室下辖学术处、宣传教育处、图书资料室、信息中心和《当代中国史研究》编辑部5个处级单位。

### 3. 科研中心

当代中国研究所所属科研中心有：当代中国政治与行政制度史研究中心、当代中国文化建设与发展史研究中心、“一国两制”史研究中心、新中国历史经验研究中心。

## （二）科研工作

### 1. 科研成果统计

2016年，当代中国研究所共完成专著8种，488.5万字；论文115篇，107.6万字；研究报告77篇，18.4万字；论文集2种，94万字；影视53种，1590分钟。

### 2. 科研课题

（1）新立项课题。2016年，当代中国研究所共有新立项课题，即国家社会科学基金课题1项：“新中国成立以来党维护国家海洋权益的历史经验研究”（王巧荣主持）。

（2）转入课题。2016年，转入当代中国研究所的课题，即国家社会科学基金课题1项：“国家治理现代化进程中的治安治理研究”（钟金燕主持）。

（3）结项课题。2016年，当代中国研究所共有结项课题，即国家社会科学基金课题1项：“中国产业结构演变中的大国因素（1949～2010）”（武力主持）。

（4）延续在研课题。2016年，当代中国研究所共有延续在研课题9项。其中，国家社会科学基金课题7项：“‘大跃进’时期的农田水利建设”（王瑞芳主持），“中国当代社会史的理论与方法研究”（李文主持），“中国社会主义道路的探索和毛泽东思想的发展”（田居俭主持），“新中国治水史”（王瑞芳主持），“新中国成立以来党维护国家海洋权益的历史经验研究”（吴超主持），“国外当代中国社会史研究评析”（王爱云主持），“改革开放历史经验研究”

（荆惠民、武力主持）；院重大课题 1 项：“无产阶级专政的历史经验研究”（朱佳木主持）；其他部门与地方委托课题，即北京市课题 1 项：“新中国成立以来北京的科技发展”（张蒙主持）。

## （三）学术交流活动

### 1. 学术活动

2016 年，当代中国研究所主办和承办的学术会议如下。

2016年6月，“陈云的思想与‘四个全面’战略布局——第十届陈云年会与当代中国学术研讨会”在辽宁省沈阳市举行。

（1）2016 年 6 月 6 ~ 7 日，由中华人民共和国国史学会、中国社会科学院“陈云与当代中国”研究中心和陈云纪念馆联合主办，东北大学马克思主义学院承办的“第十届陈云与当代中国学术研讨会”在辽宁省沈阳市举行。会议的主题为“陈云的思想与‘四个全面’战略布局”。

（2）2016 年 9 月 23 ~ 24 日，由当代中国研究所、中华人民共和国国史学会联合主办的“第十六届国史学术年会”在北京举行。会议的主题为“中国改革开放的历史经验”。

（3）2016 年 12 月 2 日，由当代中国研究所与当代中国出版社共同举办的“坚定文化自信暨《中华人民共和国史研究丛书》出版座谈会”在北京召开。

### 2. 国际学术交流与合作

2016 年，当代中国研究所共派遣出访 3 批 3 人次，接待来访 3 批 3 人次。与当代中国研究所开展学术交流的国家有：俄罗斯。

出访

（1）2016 年 9 月 16 ~ 30 日，当代中国研究所博士王蕾履行当代中国研究所与俄罗斯科学院远东研究所的双边学术交流协议，赴莫斯科、圣彼得堡开展学术交流。

（2）2016 年 11 月 2 ~ 5 日，受韩国现代中心研究会邀请，当代中国研究所副研究员任晶晶赴韩国首尔，参加由韩国现代中国研究会和社会科学文献出版社共同主办的“2016 韩中人文学术交流论坛：全球时代的韩国模式与中国模式”国际学术研讨会。

来访

（3）2016 年 4 月 14 ~ 26 日，俄罗斯科学院远东研究所高级研究员亚历山大·弗拉基米拉维奇·彼格维尔履行当代中国研究所与俄罗斯科学院远东研究所的双边学术交流协议，来当代中国研究所开展学术交流。

（4）2016 年 11 月 17 ～ 19 日，俄罗斯科学院远东研究所卢贾宁所长来当代中国研究所续签当代中国研究所与俄罗斯科学院远东研究所的双边学术交流协议，并与全所编研人员就“全球和地区安全问题以及俄中战略合作伙伴关系的角色”问题进行座谈。

（5）2016 年 11 月 17 ～ 26 日，俄罗斯科学院远东研究所高级研究员玛玛耶娃履行当代中国研究所与俄罗斯科学院远东研究所的双边学术交流协议，来当代中国研究所开展学术交流，并就“20 世纪 50 年代苏联援建中国‘156 项’工程”的有关问题与相关学者进行座谈。

**3. 与中国香港、澳门特别行政区和中国台湾开展的学术交流**

2016 年 4 月 18 ～ 21 日，受台湾“中研院”邀请，当代中国研究所副编审孙辉赴台湾，参加由台湾“中研院”举办的“第十一届两岸三院信息技术与应用交流研讨会”。

## （四）学术社团、期刊

**1. 社团**

中华人民共和国国史学会，会长朱佳木。

（1）2016 年 4 月 29 日，中华人民共和国国史学会（以下简称国史学会）举行“第八届当代狼牙山镇教育奖助资金捐助”活动。

（2）2016 年 6 月 6 ～ 7 日，由国史学会、中国社会科学院“陈云与当代中国”研究中心和陈云纪念馆联合主办，东北大学马克思主义学院承办的“第十届陈云与当代中国学术研讨会”在辽宁省沈阳市举行。研讨会的主题为“陈云的思想与‘四个全面’战略布局”。

（3）2016 年 6 月 13 日，国史学会、中国社会科学院“陈云与当代中国”研究中心在北京联合召开“纪念陈云同志诞辰 111 周年座谈会”。

（4）2016 年 8 月 22 ～ 27 日，国史学会联合教育部高等学校社会科学发展研究中心，在新疆维吾尔自治区乌鲁木齐市举办了第六期“中华人民共和国史高级研修班”。

（5）2016 年 9 月 8 日，国史学会在北京主办了“纪念中共八大召开 60 周年”学术座谈会。

2016年9月，纪念中共八大召开60周年学术座谈会在北京召开。

（6）2016 年 9 月 23 日，当代中国研究所和国史学会联合召开主题为“中国改革开放的历史经验”的第十六届国史学术年会。

（7）2016 年 11 月 27 日，国史学会在北京召开“纪念朱德同志诞辰 130 周年座谈会”。

**2. 期刊**

《当代中国史研究》（双月刊），主编张星星。

2016 年，《当代中国史研究》共出版 6 期，共计 120 万字。该刊全年刊载的有代表性的文章有：柳建辉的《在历史和人民的选择中——论中国共产党的三大历史贡献》，张星星的《全面把握治国理政新理念新思想新战略》，张金才的《中共十八大以来司法体制改革的进展与成效》，朱佳木的《在回应历史虚无主义思潮的挑战中推动当代中国史研究的理论创新和话语体系建设》，邹兆辰的《关于构建中国特色马克思主义史学的思考》，宋月红的《构建中华人民共和国史研究学科体系初探》，李洪河等的《“思接千载”和“与时俱进”——新中国成立初期的旧戏改造》，苏泽龙的《新中国成立初期的农村生产互助与国家扶助措施研究》，张现民的《试论中国航天事业初创时期的人才短缺问题及其突破》，张岚岚等的《1962 年中印之战中共中央军委的战略运筹与应对》，郭永虎的《20 世纪五六十年代美国在香港的意识形态宣传和渗透》等。

## （五）会议综述

### 纪念陈云同志诞辰 111 周年座谈会

2016 年 6 月 13 日，中华人民共和国国史学会、中国社会科学院“陈云与当代中国”研究中心在京举行“纪念陈云同志诞辰 111 周年座谈会”。全国政协副主席、陈云同志的长子陈元出席会议，国史学会顾问、中共中央组织部原部长张全景和国史学会副会长、国防大学原副政委李殿仁到会并讲话。出席会议的还有陈云同志秘书、国家安全部原部长许永跃，国史学会副会长、中共中央文献研究室原常务副主任杨胜群和中央党史研究室原副主任张启华，国史学会顾问、中纪委驻文化部纪检组原组长李洪峰，陈云与当代中国研究中心副理事长、军事科学院军事历史研究部原副部长齐德学。陈云同志子女、亲属和陈云与当代中国研究中心的理事，以及有关部门和地方的代表、媒体记者也出席了会议。会议由国史学会会长、陈云与当代中国研究中心理事长、中国社会科学院原副院长朱佳木主持。

座谈会上，朱佳木首先回顾了 2015 年陈云同志诞辰 110 周年之际，习近平总书记在中央举行的纪念座谈会上发表的重要讲话，以及中央和地方有关部门、社会各界举办各种纪念活动、出版重点书籍的情况。随后，他介绍了陈云研究机构 2016 年已经举办和即将举办的有关陈云思想生平的研讨活动。他指出，2016 年是中国共产党成立 95 周年，红军长征胜利 80 周年，全面建成小康社会决胜阶段的开局之年，也是陈云同志诞辰 111 周年。不久前，“陈云与当代中国”研究中心、陈云纪念馆、东北大学马克思主义学院在沈阳刚刚成功主办了主题为“陈云的思想与‘四个全面’战略布局”的学术研讨会；“七一”前夕，中共文献研究会陈云思想生平研究会还将举办主题为“陈云与全面从严治党——纪念建党95周年”学术研讨会。可以预见，在以习近平同志为总书记的党中央领导下，陈云研究和宣传事业必将持续广泛深入地开展下去，为把老一辈革命家开创的伟大事业不断推向前进贡献自己的力量。

张全景在讲话中指出，陈云同志一生在维护党中央权威、领导全国财经工作、加强干部队伍建设和执政党党风建设等方面作出了独特而重要的贡献，他的思想、品格、作风、精神等都值得我们认真研究和继承发扬。在全面建成小康社会进入决胜阶段的关键时期，我们更要深刻学习和领会陈云同志提出的“执政党的党风问题是有关党的生死存亡问题”“党性原则和党的纪律不存在‘松绑’的问题”等重要论断，抵制各种错误思潮的侵蚀，警惕“颜色革命”的危险，为全面建成小康社会提供坚强的政治保证。

李殿仁在讲话中指出，陈云同志历经革命、建设和改革三大历史时期，是中国共产党公认的处理复杂问题的高手、解决疑难问题的大师、扭转困难局面的雄才，一生功勋卓著，彪炳史册，给我们留下了取之不尽用之不竭的宝贵思想财富。在当前进行的具有许多新的历史特点的伟大斗争中，我们更要大力学习和弘扬陈云同志的实事求是、勇于担当的精神，为协调推进“四个全面”战略布局、深入开展中国特色社会主义事业而不懈努力。

座谈会上，中国社会科学院经济研究所研究员董志凯、陈云纪念馆馆长徐建平、中共吉林省临江市委书记钟铁鹏、中共黑龙江省宾县县委书记郑永刚、中央文献研究室副研究员董振瑞等先后发言。他们结合当前实际，从不同角度畅谈了学习陈云同志光辉事迹、深邃思想和高贵品质的体会，一致表示要更加紧密地团结在以习近平同志为总书记的党中央周围，进一步做好陈云思想作风、生平事迹的研究和宣传工作，为实现“两个一百年”奋斗目标和中华民族伟大复兴而不断贡献智慧和力量。

（国　实）

## 纪念中共八大召开60周年学术座谈会

2016年9月8日，中华人民共和国国史学会在北京召开“纪念中共八大召开60周年学术座谈会”。国史学会会长、中国社会科学院原副院长朱佳木出席会议并讲话。国史学会副会长、中央党史研究室原副主任张启华代表学会讲话。座谈会由国史学会副会长、中央文献研究室原常务副主任杨胜群主持。国史学会副会长、国防大学原副政委李殿仁出席会议。出席会议的还有在京的国史学会理事以及有关研究院所和高等院校学者、研究生60余人。

会上，与会专家围绕中共八大的历史贡献和重要意义展开了深入研讨。国史学会秘书长、当代中国研究所副所长张星星在题为“中共八大与党的全国代表大会制”的发言中，通过论述中共八大在坚持、完善和发展党的全国代表大会制度所作出的积极努力和创造的宝贵经验，阐明了以毛泽东为核心的第一代中央领导集体在发扬党内民主、加强党内监督、增强全党凝聚力和战斗力等方面的巨大历史贡献。中央文献研究室第一编研部原副主任张素华在题为“毛泽东与《八大政治报告的决议》”的发言中，通过对《决议》形成过程的分析，阐述了毛泽东对中共八大一系列正确论断所作的重要历史贡献。中央文献研究室第三编研部副主任熊亮华在题为“党的八大对经济体制改革的探索”的发言中，深入剖析了中共八大对适合中国情况的社会主义建设道路，以及高度集中统一的计划经济体制改革进行的积极探索，指出，中共八大对于贯彻党的十八大以及十八大以来历次全会精神、不断推进全面深化改革具有重要启示意义。当代中国研究所政治史研究室主任李正华在题为“纪念党的八大　增强四个自信”的发言中指出，中共八大的主要成就和党在八大前后探索社会主义建设中取得的重要成果，是中国特色社会主义理论的源头活水，也是增强中国特色社会主义“四个自信”的重要前提之一。当代中国研究所文化史研究室主任欧阳雪梅在题为“略论‘团结一切可能团结的力量’思想”的发言中指出，中共八大为团结和凝聚全党力量开拓前进发挥了重大作用，是团结国内外一切可能团结的力量共同奋斗的重要思想来源。

张启华在讲话中指出，中共八大的伟大意义主要有三点：第一，总结了新中国成立 7 年来的建设经验，确定了继续前进的方向；第二，提出了突破苏联模式的任务；第三，开始了探索中国自己的建设社会主义道路的历程。遗憾的是，由于受“左”倾思想影响，中共八大路线未能贯彻到底，使社会主义事业遭受严重挫折。结合新的伟大实践，运用中国特色社会主义理论和习近平总书记系列重要讲话精神研究中共八大的思想和八大之后的曲折历史，给予正确的分析和说明，汲取其历史经验和智慧，是我们对中共八大召开 60 周年的最好纪念。

朱佳木在即席讲话中强调，国史与党史分属不同学科，但中国共产党在新中国的核心领导作用，决定了党史是国史的核心，党的路线、决策决定了国史的走向，研究国史不能不重视党史、熟悉党史。国史学会举办这次学术座谈会，目的正是通过研讨中共八大的历史性贡献，更深入地总结新中国的历史经验，从而为更好推进“四个全面”战略布局提供有益借鉴。

杨胜群在会议总结时指出，国史研究工作者在新的形势下，要继续深化对包括中共八大在内的重大事件、重大问题的研究和宣传，取得更多新的研究成果，帮助人们更好地认识今天党和人民坚持中国特色社会主义的历史必然性，更好地学习领会习近平总书记的系列重要讲话精神，为实现“两个一百年”奋斗目标贡献自己的力量。

（国　实）

## 第十六届国史学术年会

2016 年 9 月 23 日，当代中国研究所和中华人民共和国国史学会共同主办的“第十六届国史学术年会”在北京召开。会议的主题为“中国改革开放的历史经验”。中国社会科学院原副院长、国史学会会长朱佳木在年会上发表讲话，国防大学原副政委、国史学会副会长李殿仁等出席了会议。

朱佳木认为，要加强中国哲学社会科学的影响力，就必须取得话语权；要取得话语权，就必须构建具有中国特色、中国风格、中国气派的学科体系、学术体系和话语体系；要构建这三个体系，就必须坚持马克思主义指导下的理论创新，不断增强哲学社会科学的主体性、原创性；而要做到理论创新，就必须以发现问题为研究起点。朱佳木说，这一逻辑同样适用于中国当代史研究，同样应当成为加强当代史研究理论创新，构建当代史研究学科体系、学术体系、话语体系的行动指南。

朱佳木指出，对于中国当代史研究来说，当前需要发现、筛选、研究、解决的问题很多，但有一个问题是必须面对、必须重视、必须回应的，那就是历史虚无主义思潮的挑战。我们只要抓住历史虚无主义思潮中带理论性的问题，并运用马克思主义的立场、观点、方法去深入分析，就不难揭示它们的荒谬性、欺骗性，就能阐明道理、说服群众。这个过程就是理论创新和形成主体性、原创性话语的过程。抓住被历史虚无主义思潮搅乱是非、颠倒黑白的问题进行研究并正本清源，不仅能起到驳斥谬论、说服群众的作用，也有助于中国当代史研究的理论创新，促进中国当代史研究话语体系的形成。

（国 实）

## 纪念朱德同志诞辰130周年座谈会

2016年12月1日是伟大的马克思主义者，伟大的无产阶级革命家、政治家、军事家，中国人民解放军的主要缔造者之一，中华人民共和国的开国元勋，以毛泽东同志为核心的党的第一代中央领导集体的重要成员朱德同志诞辰130周年。为了纪念这个伟大的日子，中华人民共和国国史学会于11月27日在北京举行座谈会。中央军委原副主席迟浩田上将，中央组织部原部长张全景同志，全国人大财经委副主任、解放军总后勤部原政委、刘少奇主席之子刘源上将，毛泽东主席女儿李敏同志，周恩来总理侄女周秉德同志，解放军装备学院原副院长、朱德同志外孙刘建少将，任弼时同志女儿任远征同志，陈云同志女儿陈伟华同志等多位老一辈党和国家领导人的后代出席会议。国史学会会长、中国社会科学院原副院长朱佳木同志主持会议，国史学会副会长、国防大学原副政委李殿仁中将代表学会讲话。出席会议的还有国史学会副会长、中央党史研究室原副主任张启华同志，以及朱德同志亲属和身边工作人员，朱德家乡有关部门代表，中央机关、科研机构、部队的学者和研究生，媒体记者等60余人。

座谈会上，军事科学院战略与战争理论研究部原副部长齐德学、中央文献研究室第二编研部原副主任吴殿尧、中央党史研究室第一研究部原副主任李蓉、中央军委政治工作部宣传局编审崔向华、当代中国研究所经济史研究室原主任陈东林、中国延安精神研究会发展组组长马晓文、四川省委党史研究室原主任张继禄和刘建等，先后以“朱德的伟大军事功绩”“朱德的生平特色”“朱德和红军长征精神”“试论朱德元帅光辉历程中的五大功绩”“朱德与新中国经济建设”“拿着笔杆 配合枪杆”“抛弃高官厚禄苦寻党组织”“从‘五心’精神谈朱老总的革命情操”为题发言。

李殿仁在讲话中指出，我们要学习朱德同志理想如金、信念如钢、为共产主义事业奋斗到底的卓远志向，学习朱德同志艰苦朴素、廉洁奉公、一心为民的优良作风，学习朱德同志光明磊落、顾全大局、丹心向党的崇高风范。他强调，党的十八大以来，以习近平同志为核心的党中央带领全党和全国人民正在进行着具有许多新的历史特点的伟大斗争，正在进行着党的建设新的伟大工程，正在进行着中国特色社会主义伟大事业，我们要不忘马克思主义的根本信仰，不忘社会主义的初心，坚持中国特色社会主义的道路自信、理论自信、制度自信和文化自信，为推进“四个全面”战略布局和五大发展理念，为中国特色社会主义事业的顺利发展和实现伟大复兴的中国梦而奋斗到底。

朱佳木指出，朱德元帅值得人们学习的优秀品质有很多，但最值得我们特别是青年知识分子学习的，是他对劳动人民命运的深切关怀，对中华民族兴亡的自觉担当，对共产主义真理的执着追求。他的一生可以说是每个党员、每个青年理想信念的教科书，我们每个人在工作、生活中遇到困难、坎坷时，只要想想他的一生、他的精神，都会从中受到启迪，得到巨大的精神力量。习近平总书记说过：“在 20 世纪中国苦难而辉煌的历史进程中，涌现出一大批用特殊材料制成的共产党人。”我们今天纪念朱德同志，就是为了把这一大批用特殊材料制成的共产党人所开创的伟大事业继续下去、发扬光大，在以习近平总书记为核心的党中央领导下，为实现“两个一百年”宏伟目标和中华民族伟大复兴而不懈奋斗！

（国　实）

# 信息情报研究院

## （一）人员、机构等基本情况

### 1. 人员

截至 2016 年年底，信息情报研究院共有在职人员 42 人，其中，正高级职称人员 10 人，副高级职称人员 10 人，中级职称人员 14 人；高、中级职称人员占全体在职人员总数的 81%。

### 2. 机构

信息情报研究院设有：《要报》总编室、经济编研室、社会政法编研室、文史哲编研室、国际编研室、智库与舆情信息编研室、期刊编研室、综合处。

### 3. 科研中心

信息情报研究院设有中国社会科学院院属科研中心 2 个：世界社会主义研究中心、中国特色社会主义研究中心。

## （二）科研工作

2016 年，信息情报研究院共完成专著 3 种，97.2 万字；论文 31 篇，18.44 万字。

## （三）学术交流活动

2016 年 10 月 21 ~ 22 日，由中国社会科学院主办的第七届世界社会主义论坛在北京召开。论坛的主题为“创新 21 世纪马克思主义”。

## （四）学术期刊

(1)《国外社会科学》(双月刊)，主编张树华。

2016 年，《国外社会科学》共出版 6 期，共计 156 万字。该刊全年刊载的有代表性的文章有：[ 荷 ] 沃特 · 维利达尔、[ 澳 ] 杰克 · 科比特著、付建军译的《为什么小国家能够回答大问题？》，宋建丽的《分析马克思主义正义论及其当代批判》，孙伟的《当代西方学界对中西比较哲学方法论的研究及反思》，董新春的《当代西方左翼“文化马克思主义”研究现状及趋势》，鲍永玲的《欧洲难民潮冲击下的多元文化主义政策危机》。

(2)《第欧根尼》(半年刊)，主编肖俊明。

2016 年，《第欧根尼》共出版 2 期，共计 32 万字。该刊全年刊载的有代表性的文章有：[ 尼日利亚 ]J. 奥比 · 奥古埃吉奥福尔著、萧俊明译的《非洲哲学史的研究与编纂状况》，[ 塞内加尔 ] 伊西阿卡 · 普罗斯珀 · L. 拉莱耶著、萧俊明译的《非洲的审美经验： 现状与哲学视角》，[ 法 ] 米歇尔 · 拉勒芒著、马胜利译的《从范式到类别：当今法国的劳动社会学》，[ 韩 ] 丁大铉著、萧俊明译的《论倾向：从“诚”的概念展开的分析》，[ 韩 ] 韩慈卿著、李红霞译的《心的自我意识：现象世界及其之外的心》，[ 奥 ] 乌尔苏拉 · 马蒂斯 - 莫泽、[ 奥 ] 比吉特 · 梅茨 - 鲍姆加特纳著、陆象淦译的《是移民文学还是移民题材文学？——一个争论中的术语》，[ 留尼汪 ] 卡尔帕宁 · 马里穆图著、贺慧玲译的《印度洋文学中的跨文化迷宫》。

(3)《世界社会主义研究》(双月刊)，主编李慎明。

2016 年，《世界社会主义研究》共出版 2 期，共计 30 万字。该刊全年刊载的有代表性的文章有：王伟光的《以唯物史观为指导，加快构建中国特色马克思主义史学理论和史学学科创新体系》，李慎明的《习近平总书记系列重要讲话的核心要义是坚持和发展中国特色社会主义》，朱佳木的《我们为什么要坚持和加强中国共产党的领导 ——为纪念中国共产党成立 95 周年而作》，姜辉的《21 世纪的世界社会主义：新格局、新特征、新趋势》，张树华的《苏联政治改革与民主化的教训》，李捷的《重读列宁〈帝国主义是资本主义的最高阶段〉》，[ 俄 ]

米哈伊尔·科斯特里科夫著、陈爱茹译的《帝国主义并未改变其本质》，迟方旭的《四份涉及历史虚无主义民事判决书的判决共识及其历史意义》，李强的《国外用法律维护历史共识和民族英雄的司法实践》，陈元的《从毛主席的五篇文章谈学哲学——纪念毛泽东同志诞辰123周年》，

## （五）会议综述

### 创新21世纪马克思主义：第七届世界社会主义论坛

2016年10月21～22日，由中国社会科学院主办的第七届世界社会主义论坛在北京召开。论坛的主题为“创新21世纪马克思主义”。来自亚、非、拉和欧美等地的左翼学者、其他社会主义国家的学者和16个共产党组织的学者，共计36个国家的近100位外宾和200位国内科研单位和高校的学者参加会议。会议结合世界政治经济格局和中国特色社会主义的最新发展，探讨创新21世纪马克思主义的理论与实践问题。

中国社会科学院院长、学部主席团主席王伟光，全国人大内务司法副主任委员、中国社会科学院原副院长、世界社会主义研究中心主任李慎明，巴西圣保罗州立大学政治和经济系教授阿基纳尔多·多斯·桑托斯，中央马克思主义理论研究和建设工程咨询委员会主任徐光春，中组部原部长张全景，德国政治家、原民主德国统一社会党总书记埃贡·克伦茨，中国社会科学院原副院长朱佳木，尼共（毛主义）高级领导人纳拉扬·施雷斯塔，中国人民解放军国防大学原政治委员、上将赵可铭，南非人文科学理事会首席专家格雷格里·休斯顿，北京大学党委常务副书记、纪委书记于鸿君，中国人民解放军国防大学原副政委李殿仁，中国人民大学党委书记、教授靳诺，北京大学原副校长梁柱，国家文化软实力研究协同创新中心主任张国祚，中国社会科学院马克思主义研究学部主任程恩富等先后作大会发言，中央文献研究室原主任滕文生、中央党史研究室原副主任沙健孙等出席会议。大家共同探讨创新21世纪马克思主义的理论与实践问题。

王伟光作了题为“创新21世纪马克思主义”的大会发言。王伟光强调，今天，我们在这里举行第七届世界社会主义论坛。本届论坛的议题都很重要，也很有理论性和现实针对性。习近平总书记指出，“要根据时代变化和实践发展，不断深化认识，不断总结经验，不断实现理论创新和实践创新良性互动，在这种统一和互动中发展21世纪中国的马克思主义。”这一科学论断，为我们创新21世纪马克思主义提供了科学指导。

王伟光强调，把走上社会主义道路的经济文化相对落后的国家建设成为一个现代化强国，是史无前例的伟大探索。中国共产党治国理政新理念新思想新实践是科学系统、逻辑严密的理论体系，涵盖改革发展稳定、内政外交国防、治党治国治军等各方面，具有一以贯之的灵魂、

主题、主线、根本立场、奋斗目标、发展理念、战略布局、具体举措、哲学依据和创新观点，大大深化了中国共产党对共产党执政规律、社会主义建设规律、国家治理规律、人类社会发展规律的认识，是中国共产党人对马克思主义理论宝库的新贡献，是马克思主义中国化的最新成果，是中国特色社会主义理论体系的最新发展，是全党集体智慧的结晶，是指引我们党进行具有许多新的历史特点的伟大斗争、夺取新的伟大胜利的强大思想武器和行动指南。

李慎明作了题为“中国特色社会主义坚持了科学社会主义的基本原则，不是其他什么主义”的大会发言。

李慎明指出，党的十八大后，习近平总书记反复强调要“坚持和发展中国特色社会主义”。主要体现在六个方面。第一，中国特色社会主义道路主要体现在经济领域，体现着中国特色社会主义的经济基础。第二，中国特色社会主义理论体系体现在中国特色社会主义的文化领域，是中国特色社会主义的行动指南。第三，中国特色社会主义制度主要体现在中国特色社会主义政治领域，是中国特色社会主义的可靠保障。第四，坚持以人民为中心的发展思想是中国特色社会主义的灵魂本质。第五，坚持中国共产党的领导是中国特色社会主义的根本选择。第六，对外坚持和平发展，坚持合作共赢，让世界和世界各国人民都好。

会上，与会学者还围绕“金融帝国主义时代的性质、特征及趋势”“全球性的不平等、贫富两极分化与世界社会主义复兴”“世界和平发展与各国人民的共同使命”“以习近平为总书记的党中央关于中国特色社会主义的新实践、新理念、新战略”四个分议题展开了讨论。

（科研处）

# 二 院职能部门及党务部门工作

## 办公厅

2016年，办公厅深入贯彻落实党的十八大、十八届历次全会精神，深入学习贯彻习近平总书记系列重要讲话特别是“5·17”重要讲话精神，坚决贯彻落实院党组重大决策部署，认真履行党组的参谋和助手、全院综合服务和管理运转枢纽、院重大决策部署总督办的职责，开拓进取、扎实工作，各项工作都取得了新进展新成绩。

### （一）圆满完成院党组部署的重要任务

1. 贯彻落实习近平总书记“5·17”重要讲话精神持续深化。全面贯彻落实“5·17”重要讲话精神，是全院各项工作的重中之重。围绕如何加快构建中国特色哲学社会科学等一系列重大问题，办公厅组织专题调研，进行深入思考和谋划，拟订了《贯彻落实习近平总书记在哲学社会科学工作座谈会上的重要讲话精神总体方案》和《关于学习贯彻落实习近平总书记哲学社会科学重要讲话精神的工作方案》，按照“5·17”重要讲话提出的新思路新任务新要求，就建设具有中国特色中国风格中国气派的学科体系、学术体系、话语体系，深化中国社会科学院创新工程、高端智库建设工作等问题，提出了一系列新目标、新要求、新举措，发挥了中国社会科学院在哲学社会科学界的引领和带动作用，进一步扩大了学术影响力和社会影响力。

2. 巡视和审计整改落实工作取得重要进展。中央第一巡视组向院党组反馈巡视整改意见后，办公厅拟订了院《关于落实巡视和审计整改任务工作方案》；承担整改工作领导小组办公室协调材料组、督促办理组和政治纪律专项工作组职责和任务；建立巡视整改工作例会机制、联络机制、督办机制；按照件件有着落，条条都落实的要求，细化整改任务，建立整改清单、任务清单和责任清单，完成整改督办任务222项；形成《关于中央第一巡视组专项巡视中国社会科学院党组反馈意见整改落实情况的报告》等5个整改工作主报告，印制整改专项上报材料102期，有力推动院整改工作取得重要阶段性成果。

3. 推动兴起学习贯彻党的十八届六中全会精神热潮。拟订《中国社会科学院学习贯彻党的十八届六中全会精神总体方案》，举办全院学习传达党的十八届六中全会精神所局级领导干部大会，会同有关部门组织院党组中心组学习扩大会议，向中央办公厅和中央宣传部分别报送院《学习贯彻党的十八届六中全会精神情况报告》，协调落实总体方案确定的各项工作任务，推动了学习贯彻工作向纵深发展。

4. 提早谋划院庆 40 周年系列活动。拟订《院庆 40 周年活动工作方案》，按照充分体现“5·17”重要讲话精神，突出中国社会科学院学术特色的要求，分别拟订了举办院庆 40 周年大会、举行主题展览布展、开展主题宣传工作、编辑出版院领导关于中国社会科学院建设文集、编辑制作出版“学术大家口述史”大型系列文丛和《中国社会科学院庆祝建院 40 周年》画册、开展系列学术研讨活动等具体实施方案，明确了任务书、路线图、时间表，做到责任到单位、到人、到岗，为组织好院庆 40 周年系列活动，做了周密的筹备工作。

5.“四个文件”的贯彻落实成效显著。为推动“四个文件”的贯彻落实，协调人事教育局、直属机关党委、马研院等各任务责任单位成立工作机构，建立工作机制，每两周召开一次专项督办例会，每季度向党组会议作一次汇报，“四个文件”的贯彻执行取得显著进展。文件下发一个月内，全院 58 家单位均进行了传达学习，传达学习督办任务完成率达 100%。院属各单位领导干部和专家学者撰写学习“5·17”重要讲话精神体会文章 120 余篇，选编其中 68 篇代表作共计 26 万余字印刷成册。据统计，“四个文件”印发后，仅《要报》系列、《世界社会主义研究动态》内刊组织、编发各类意识形态类稿件达 130 余篇，其中不少对策信息经上级信息部门采用后，获得中央领导同志的重要批示。

6. 完成院落实中央“八项规定”《实施意见》修订工作。“八项规定”是加强作风建设，推进全面从严治党的重要制度利器。根据中央巡视组要求，办公厅对《中共中国社会科学院党组关于贯彻落实〈十八届中央政治局关于改进工作作风、密切联系群众的八项规定〉的实施意见》进行修订，体现了中央新要求，反映了作风建设的新进展。

7. 中央交办“七个课题”研究任务取得重要阶段性成果。按照党组要求，办公厅承担了中央交办的关于加强治国理政新理念新思想新战略 7 个课题的组织协调工作。定期组织工作协调会，组织开展重大理论和实践问题研讨，在七个课题分报告的基础上，概括形成总报告，上报中央有关部门，得到中央部门领导同志充分肯定。

### （二）全面履行院党组参谋助手、全院综合服务和运转管理枢纽、重大决策部署总督办的职责

1. 院党组的参谋和助手作用充分发挥。认真做好院党组会议、院务会议、院长办公会议、改革创新例会、行政例会和督办例会会务服务工作。围绕全院重大决策部署出台，开展深入调研，了解院属各单位和干部职工的意见建议，掌握思想动向，为党组科学决策提供咨询服务和支撑。注重把研究问题、分析问题、解决问题作为文稿服务的重中之重，组织理论学习写作小组，密切跟踪分析思想理论和意识形态新动向，加强分析研判，为院党组决策分析提供服务。2016 年以来，办公厅形成综合性重要文稿和调研报告 110 余篇，报送各类重要信息 420 余篇，

其中向中央有关部门报送情况报告 86 篇。

2. 全院综合服务和管理运转枢纽地位明显加强。创新工作协调机制和服务方式，推动全院工作科学规范高效有序运转。牢固树立全心全意为基层服务、为科研一线服务、为科研人员服务的思想。组织完成了年度工作会议、暑期专题培训班、名优工程建设工作会议等一系列大型会议活动。制定了《公文处理办法》等一系列规章制度，优化简化工作运转流程，消除工作运转中的“中梗阻”“肠梗阻”，提高办文办事办会的质量和效率，保障全院日常工作运转高效有序。2016 年，高质量地办理院内外文件 7000 余件，收发机要文件、资料 10 万余件（次），编发会议纪要、通报 200 余期。

3. 院重大决策部署总督办责任不断强化。通过实行台账管理、动态跟踪、定期反馈、办结销号等举措，建立并完善了中央和院党组重大决策部署贯彻落实督查督办工作机制，不断把工作重点和力量向抓落实集中。围绕贯彻落实党中央国务院一系列重大决策部署、中央和院领导重要批示事项、党组会院务会院长办公会等会议决策事项和工作任务抓督查督办，保证院重大决策部署和各项工作任务落实落地。全院重要事项督办落实率连续 3 年达 95% 以上，2016 年共完成了督办工作 1800 余项，保障了党中央国务院和院党组重大决策部署落地生根。

## （三）日常管理工作取得新进展

1. 档案管理和机要工作机制不断完善。印发《关于加强和改进新形势下我院档案工作的意见》，建立院属单位档案目录缴送备案制度。启用“公文自动分发管理系统”，完成院涉密人员分类确定和审查工作，组织院领导和 300 余名涉密人员参加国家保密局保密教育实训平台轮训。

2. 舆论引导、舆情分析研判工作不断加强。充分发挥新闻媒体作用，及时报道院重要活动。落实文化安全工作，建立政治责任追究制度，加强思想舆论阵地的管理。

3. 安全保卫、信访维稳、值班工作扎实推进。建立有效处置突发事件，职责明确、运转有序、反应迅速、处置有力的机房安全体系。启动院部监控系统升级改造工程，完成对院部机动车辆进出大门自动管理系统升级改造工作。完成所局领导干部外出备案登记、《双周要报》编发等工作。

4. 联络工作管理不断规范。严格执行《中国社会科学院公务接待管理办法》，启动全国社科院院际联络员体系的建设工作。完成国家和地方党政机关、社会团体、地方社科院来访接待 24 批次。

5. 院年鉴与院史工作处克服任务重、时间紧、人手少等各种困难，完成各项工作。

（1）高质量完成《院年鉴》2015 年卷编辑工作和 2016 年卷征稿工作。

2016 年，院年鉴处在编辑工作中始终坚持正确的政治方向和学术导向，时刻用政治家办刊的理念严格要求编辑人员，在稿件编审过程中，始终遵循党中央精神和院党组精神，讲政治、讲大局、讲导向，认真审核、严格把关，围绕“质量为王”这个“核心”，按照“精选精编出精品”的标准，努力做到8个“精心”：其一，精心设计调查问卷。就《院年鉴》的框架结构、章节设计、条目编写、体例规范、存在问题、改进建议等问题设计调查问卷向全院发放，征求意见和建议，以进一步增强《院年鉴》的前瞻性、权威性、史料性、实用性。其二，精心制定征稿大纲。在2016年卷征稿大纲中新增加了《2015年度专题：创新工程工作和新型智库建设工作》，特辟专章专节记录和反映我院和院属各单位在创新工程方面和新型智库建设方面所采取的新机制新举措和取得的新成果，使《院年鉴》更好突出全院和各单位的新成绩新特点。其三，精心准备征稿系列文件。修订了《〈院年鉴〉条目撰写要求》《〈院年鉴〉语言文字体例规范》等系列征稿文件。其四，精心开展征稿工作。通过发放纸质版、电子版征稿通知及征稿系列文件，全方位展开全院征稿工作。其五，用学术精神和科研作风精心编辑稿件。在全院50多个单位的供稿质量参差不齐、专业编辑人员缺乏、时间紧任务重的情况下，加班加点，埋头苦干，一丝不苟，精益求精，用学术精神和科研作风精心编辑，仔细研读，反复推敲，细心打磨。其六，精心进行校对和统稿工作。强化校对环节，尽最大努力，减少及至消除差错，提高质量。其七，精心落实领导审阅意见。编辑部以“踏石留印、抓铁有痕”的精神，认真细致地落实院领导的审稿意见。其八，精心与出版社对接。为出版社提供文字和图片问题核定细目备览，把一些疑难字词、生僻专业术语、插图位置等注意事项逐一标记清楚。通过以上8个环节，确保了《院年鉴》导向正确、中心突出、真实准确、质量第一。

（2）圆满完成了中宣部交办的《中国社会科学院2015年概况》的供稿任务，受到中宣部有关领导和部门的肯定。

（3）完成向中央巡视组提供《我院历史沿革、工作领域、组织架构等情况》的供稿任务。

（4）遵照院领导指示，完成人事局编《我院人员手册》书稿的审校工作。

（5）为院庆40年进行《中国社会科学院建院40周年画册》《学术大家口述史》先期策划方案的撰写，并逐步推进具体落实工作。

（6）为院内外有关部门提供院年鉴及院史资料审稿、写作指导及查询服务数十次。

6. 院厅其他日常工作取得新进展。完成2015年职能部门和直属单位创新工程绩效考评工作，完成全国人大、全国政协提案、建议答复工作，完成计划生育、综合科技统计、无偿献血工作。实施创新工程岗位竞聘和管理岗位绩效考核工作，做好厅内各类会议的服务保障工作。

### （四）办公厅自身建设取得显著进展

办公厅高度重视自身思想建设、效能建设、制度建设、能力建设、队伍建设，努力建立一支团结紧张、严肃活泼、工作高效、凝聚力强的团队。

1. 坚持办公厅中心组学习制度。深入学习马克思主义基本原理、中国特色社会主义理论体系、习总书记系列重要讲话、十八届六中全会精神等。深入开展“两学一做”专题教育活动，落实党风廉洁建设责任制。

2. 深入开展“查细节、摆问题、找原因、补措施、创实效”活动。对各项规章制度进行梳理，减少低效重复，优化制度机制，强化制度刚性约束，以制度促落实，以规范强管理，以优化流程求效率。

3. 深入开展“三会”活动。“三会”即“读书会”“工作讲评会”“文评会”。通过“三会”总结经验，查找问题，制定措施，推进落实；不断提高文字水平和写作能力，推动形成读书的风气、学习的风气、理论联系实际的风气。

4. 围绕打造一支政治强、业务精、作风正、纪律严的干部队伍，不断增强办公厅的凝聚力和战斗力。倡导能干事、干好事的风气，树立“有为才有位”的思想。加大内部人员工作岗位交流。2016 年，办公厅选拔任用处级领导干部 5 人，厅内岗位交流干部 5 人。

回顾一年来的工作，取得的成绩是主要的，但也存在一些困难和问题。一是服务效率和水平有待进一步提高；二是制度建设需要进一步加强；三是人才队伍结构不够科学合理，队伍偏老龄化，缺少青年骨干人才；四是信息化水平较低，办文办事人力成本较高。

# 科研局／学部工作局／创新办

2016 年，科研局认真学习习近平总书记在全国哲学社会科学工作座谈会上发表的“5·17”重要讲话和党的十八届六中全会精神，贯彻落实院党组和院年度工作会议、北戴河暑期工作会议、巡视整改工作一系列部署，积极进取，开拓创新，深入推进实施创新工程，探索新型智库建设，健全学部机制，不断完善科研管理体制机制和制度建设，较好完成了院党组部署的各项工作，取得了良好的成绩。

## （一）认真学习贯彻习近平总书记讲话和党的十八届六中全会精神，确保正确的政治方向与学术导向

2016 年 5 月 17 日，习近平总书记在全国哲学社会科学工作座谈会上发表重要讲话，深刻阐述了新形势下我国哲学社会科学的地位和任务，为新的历史时期构建中国特色的社会科学指明了方向。10 月，党的十八届六中全会召开，就新形势下加强党的建设做出重大部署。科研局在院党组的统一领导下，深入贯彻落实习近平总书记重要讲话精神和党的六中全会精神，结合自身职能实际，认真部署、精心谋划，积极推动全院的学科建设、智库建设、话语体系、创新工程等工作取得新成效。

中央巡视组对中国社会科学院的巡视是 2016 年极其重要的一项政治工作。根据院巡视和审计整改工作领导小组的统一部署，科研局作为科研管理专项工作组牵头单位开展一系列工作，先后共制订 16 个整改方案、召开 36 次专题会议、进行 28 次整改纪律传达与工作交流谈

话、完成12期整改报告、出台18个文件、制定并完善11项制度，顺利完成所有科研局承担的12项整改事项的阶段性整改任务。其中，即知即改任务2项、中期任务1项已经全部完成，长期任务9项，全部通过了整改方案，提交阶段性整改报告并抓好长效落实，圆满完成了中央和院党组交办的任务。

为建立健全纪律建设长效机制，尤其是为科研工作和科研管理过程中坚持正确的政治方向与学术导向把好关，根据中央纪委驻院纪检组的统一安排，科研局编制了院科研管理领域纪律建设清单，包括科研管理领域十大项目，23个子项目，91条具体措施，基本涵盖科研管理、创新工程、学部建设、智库协调等各项工作领域，为坚持从严治党、加强纪律建设，在相关工作中堵塞漏洞、完善制度等创造了条件。

### （二）积极落实中央、国家相关部门和院党组的部署，高质量完成系列交办任务

坚决贯彻中央和院党组一系列战略部署，完成中办、国办、国安委、中央深改组、中财办、中宣部、科技部、教育部等一系列重大交办和委托任务。顺利完成中央、中财办委托的“经济体制改革和财税体制改革第三方评估”各项工作；根据国务院的要求，圆满完成季度经济形势分析与预测研究；根据李克强总理的讲话精神和国办有关要求，组织相关领域的专家学者就经济增长速度、宏观经济政策、就业形势、资本市场和对外经济等几个热点领域进行专题研讨，组织理论文章，围绕中心、服务大局，营造正确的舆论氛围与经济环境；根据中办要求和中宣部部署意见，起草《全国哲学社会科学创新工程“十三五”时期实施意见》报中宣部；按中央深改组“实行以知识价值为导向的分配政策”专项改革任务要求，根据科技部领导委托撰写《以知识价值为导向的科研人员收入分配政策研究报告》；受中央有关部门委托协调院属专业化智库参与G20的各项工作受到好评；组织院内学者就南海问题资政建言、引导舆论；贯彻中宣部领导同志视察中国社会科学院时的指示，与亚洲开发银行共同组织中等收入陷阱问题研究，取得一系列成果；根据中宣部要求，组织相关研究所参与并完成“中国社会科学词条库”部分词条编撰工作；根据教育部《关于征求对普通高中部分学科课程标准（征求意见稿）意见的函》要求，组织协调院属相关单位后提出书面意见报教育部。

协调组织“研究阐释习近平同志为总书记的党中央治国理政新思想新实践工作方案”，组织《习近平治国理政新思想研究丛书》（12册）撰稿工作；组织国家重大专项任务立项工作2项，组织协调立项抗战主题课题9项；贯彻“5·17”讲话精神，向中宣部提交“关于中国社科院实施弘扬中华优秀传统文化的重要举措、重点项目和重点工程情况报告”。组织协调全院“纪念孙中山先生诞辰150周年”系列重要学术活动；全年共协调、协助举办各类论坛、研讨会、报告会、座谈会等170余次。

### （三）全面总结创新工程经验、完善创新制度建设，为创新工程第二个五年布好局、服好务

全面深入总结“十二五”创新工程实施经验，谋划布局，深入推进实施新一轮创新工程。完善创新工程管理，强化准入审核，严格把关，把意识形态工作与创新工程管理紧密结合起来，落实到创新单位和创新岗位准入、创新报偿发放等工作中，严格执行政治违纪问题“一票否决”，明确规定“政治立场坚定，旗帜鲜明，与中央保持高度一致”，违反政治纪律的不得参与创新岗位竞聘。以创新工程绩效考核为导向，将科研激励与后期资助目标报偿发放相挂钩。推进创新工程绩效考核和落实后期资助目标报偿，组织实施创新岗位绩效考核工作，保障绩效考核顺利进行和后期资助目标报偿按时发放。完善创新工程制度建设，重点健全创新工程准入退出制度体系，制定印发《关于创新工程准入退出条件的补充规定》和《关于创新岗位聘用工作的若干补充规定》；全面优化创新工程评价与资助制度体系，制定印发《中国社会科学院创新工程科研单位绩效考核和后期资助目标报偿实施办法》和《中国社会科学院创新工程科研人员绩效考核和后期资助目标报偿实施办法》；加强创新工程制度体系的宣传落实，编印《创新工程常见问题解答手册》。

创新工程“十三五”开局之年阶段性成果取得开门红。通过深入实施创新工程，中国社会科学院的阵地建设、学科建设、人才培养、成果产出以及科研组织方式创新和管理体制机制改革等方面都取得了新的成绩，取得了一批重要成果。2016 年度全院科研人员完成专著 437 部，学术论文 4060 篇，论文集 206 部，译著（文）163 部（篇），学术资料、古籍整理 58 种（部），理论文章 292 篇，各类线上成果共 7500 余条。

### （四）按照中国特色新型智库建设战略部署，全面推进中国社会科学院各级智库建设工作，完善智库工作机制

智库建设协调办公室积极推进中国社会科学院智库建设各项工作，进一步完善智库工作机制，协调院级专业化智库开展系列活动，院级专业化智库建设工作取得新进展。除完成中办、国办、中央深改组、中财办等一系列重大交办和委托任务之外，加强一系列智库协调与交流工作。每季度组织 16 家院级专业化智库进行工作座谈，了解进展情况，并向院党组和国家社科规划办汇报工作进展。制订完善《中国社会科学院国家高端智库建设实施方案（2016）》等一系列相关文件，落实智库成果报偿等制度。参加国家高端智库理事会会议，汇报智库试点工作。与全国社科规划办就完善智库工作进行座谈，就智库工作面临的问题以及如何进一步完善智库建设工作进行交流。与院评价中心研究推出更客观的智库评价体系。通过《研究专报》《信息专报》《简报》等形式向国家社科规划办及时报送智库成果。全年编发内刊 100 余篇，在全国 10 家高端综合性智库中排名第一。协调院级专业化智库开展对习近平总书记出访进行宣传、参与 G20 的各项协调咨询工作、就南海问题资政建言、引导舆论等系列活动。中国社会

科学院智库建设得到社会各界的高度评价，院智库组织T20工作在G20杭州峰会开幕会致辞中获得习近平总书记高度赞扬，中办、国办、中央深改组、中财办等多次对中国社会科学院智库高效、圆满地完成交办任务表示肯定。全国政协原副主席徐匡迪，全国政协经济委员会副主任陈锡文等均对中国社会科学院智库在资政建言、舆论引导、社会服务、公共外交等领域发挥重要作用给予高度评价。中外机构和学者高度评价中国社会科学院智库建设成效。

### （五）推动学科建设发展完善，发挥人才引领作用

根据习近平总书记"5·17"重要讲话精神，打造具有中国特色的学科体系、学术体系和话语体系，加强系统谋划，加大改革力度，完善学科建设机制，制定并印发了《中国社会科学院学科建设"登峰战略"资助计划管理办法》。学科建设"登峰战略"的资助对象为各研究单位二、三级学科，依据不同的建设目标，分为"优势学科"、"重点学科"和"特殊学科"三种类型。启动创新工程学科建设"登峰战略"，对于夯实全院学科发展基础，提升科研水平，进一步发挥阵地、殿堂和智库功能，增强核心竞争力，具有十分重要的意义。

为充分发挥资深学科带头人在学科建设中的支撑和引领作用，制定并印发了《中国社会科学院"登峰战略"资深学科带头人资助计划实施办法》。该计划重点支持有一定国际影响力，国内知名，具有领军才能和优秀团队组织能力，在国家经济社会发展的重大理论和现实问题领域、在重要学术前沿领域取得突出成就的资深专家学者。资深学科带头人计划的实施将极大有利于构筑创新人才高地，进一步凝聚和激励高层次学术人才。

为准确把握学科发展状况，跟踪学科前沿动态，印发了《关于编撰2016年度〈学科发展综述〉的通知》和《关于编撰〈学科前沿研究报告（2013～2015）〉的通知》。编撰学科年度新进展综述和学科前沿报告不仅是各研究单位申报创新工程的准入条件，也同时对全面评估各学科发展状况，在国内外同学科领域进行准确定位，引领学科发展方向具有重要意义。

根据《中国社会科学院创新工程"学者资助计划"管理办法》的相关规定，适度调适创新工程长城学者、基础研究学者、青年学者资助计划的年度工作。起草、修改2015年度学者资助规模情况及2016年学者资助拨款情况说明。落实经费预算编制工作。起草《中国社会科学院"学者资助计划"2016年度年检、结项和2017年度申报评审立项工作实施方案》，做好创新工程学者资助计划2016年度考核、结项及2017年度申报立项工作。组织2012年立项的长城学者、2014年立项的青年学者资助计划项目结项工作；组织在研学者资助计划项目年度检查；组织2017年长城学者和青年学者新立项等工作。

### （六）进一步完善项目管理体系，着力提升我院项目管理的科学性和规范性

创新工程院重大研究项目和研究所创新工程项目是创新工程项目管理的核心业务。完成了《黑龙江屯垦史》等16项创新工程院重大项目结项评定工作。积极探索并规范在研创新工

程重大专项的管理，拨付专项研究经费200万元。加强对创新工程项目管理工作的调查研究，按照一定比例对研究所项目进行了三轮抽查，摸清了创新工程研究所项目的基本情况。进一步明确研究所创新项目的备案要求，完成了实施创新工程以来立项的710个项目的备案工作。同时，针对研究所项目管理中存在的问题提出需要增补的管理规定。

获得年度立项国家社科基金项目136项，其中专题研究类项目10项、特别委托项目4项、重大项目9项、重点项目11项、一般项目45项、青年项目41项、后期资助项目10项、成果文库6项。另有4个项目经专家评估后获得滚动资助。获得立项国家自然科学基金6项，获资助159万元。2016年度，全院共获得国家基金资助的年度项目、青年项目共计立项97项，创历史新高，入围率（46.85%）、单位立项数（97项）均居全国第一。按要求完成31项重大项目的中期检查及评估工作，并根据项目研究进展情况为69个项目办理了延期或变更审批、备案手续。2016年，共受理国家社科基金项目结项申请73项，组织院内外专家360余人为57个项目进行通讯鉴定；汇总专家鉴定意见5万余字。全国社科规划办批准中国社会科学院结项55项，其中42项为良好以上等级，优良率76.40%。

### （七）完善国情调研工作机制，国情调研再上新台阶

认真总结国情调研10年工作经验，制定并印发《关于加强和改进国情调研工作的意见》。改进国情调研项目体系，设立国情调研特大项目。完善国情调研成果管理机制，进一步强化调研成果质量要求。总结院级国情调研基地建设情况，提出完善院级基地工作机制、实施新一轮院级基地建设的意见。调整“国情调研成果编选委员会”成员，启动国情调研专家委员会工作机制。组织落实国情调研年度资助工作。围绕党和国家关注的重大理论和实际问题制定重大国情调研领域指南，组织研究所申报，并组织专家委员会评审。全年共评审立项国情调研项目（不包括国情调研特大项目）79项，包括：国情调研重大项目11项，院级调研基地项目10项，所级调研基地项目51项，国情考察项目7项。组织落实“扶贫百村调研”国情调研特大项目。组织动员全院及部分院外科研力量，选定100个行政村，围绕“精准扶贫精准脱贫”重大选题进行深入调研。已建立总课题组和协调办公室，落实第一批82项子课题承担人，完成调研框架和问卷设计，并与国务院扶贫办合作完成选点工作。加强院所两级国情调研基地建设。组织召开2016年度院国情调研基地工作会议，实施研究所与调研基地对接机制，启动新一轮国情调研基地建设，院级国情调研基地由7个增至12个。增补部分所级国情调研基地，由53个增至59个。院所两级基地布局基本完成，为科研人员深入基层、深入实际搭建了重要平台。完成国情调研项目日常管理和调研成果审核工作。受理相关部门申请国情调研专项资助3项；办理重大项目结项14项，办理研究所基地项目和按系统考察项目结项49项；受理项目有关事项变更申请10项；审核一批调研成果，其中推荐列为“国情调研丛书”出版3项。

### （八）组织优秀科研成果评奖，资助学术成果出版，宣传推介创新工程重大成果

精心组织第九届（2016 年）中国社会科学院优秀科研成果评奖工作，以院正高级专业技术资格评审委员会为基础组建马克思主义研究、文学语言学、哲学、史学、经济学、社会政法、国际研究和翻译 8 个学科评奖委员会，评选出获奖成果 126 项，其中一等奖 8 项，二等奖 22 项，三等奖 96 项，获奖成果获得学界的广泛认可和好评。发挥中国社会科学院人文社会科学各学科高水平专家集中的优势，支持地方省市探索优秀科研成果评奖第三方评价机制，承担上海市第十一届邓小平理论研究优秀成果奖、第十三届哲学社会科学优秀成果奖复审工作，内蒙古自治区第五届哲学社会科学优秀成果政府奖一等奖评审工作以及第十届湖北省社会科学优秀成果奖复评工作。

支持研究所召开新书发布会，发布《自由权威多元——东亚政治发展研究报告》《民主与发展——亚洲工业化时代的民主政治研究》《古本戏曲丛刊（第六集）》《应对气候变化报告（2016）》《当代西班牙经济与政治》等成果。组织召开“中国社会科学院创新工程 2016 年度重大成果系列发布会”（7 场），包括基础研究重大成果、应用对策研究重大成果综合性发布会以及全面依法治国新发展、国家智库报告系列、2017 年中国经济形势分析与预测、2017 年中国社会形势分析与预测等专题发布会。

完善创新工程学术出版资助管理机制，加强图书出版质量监督检查。完成学术出版资助文库项目（113 项）、出版社大型学术出版后期资助项目（19 项）、皮书项目（41 项）、中国社会科学博士后文库项目（35 项）、博士论文文库项目（7 项）、“走出去”项目（25 项）、中国社会科学院学部委员专题文集（9 项）的评审资助工作。组织 2016 年图书出版编校质量检查，抽查院创新工程资助图书及辞书、教材教辅、地图、少儿、养生保健类出版物以及重大选题备案有关出版物 72 种，合格率超过 95%。审核发放各出版社书号 4800 多个，调阅三审档案 4000 多种，审核出存在问题的图书 100 多部，有效地把好图书出版政治方向关、学术质量关。

### （九）加强期刊建设，狠抓期刊学术质量，院属期刊地位和影响力进一步巩固

多次参加中宣部、国家新广总局、中国科协等单位牵头的有关期刊调研并较好完成了任务。组织院属期刊申报“丝路书香”外文期刊出版资助项目，申请新创办 5 个外文期刊，扩大提升 4 个已有外文期刊。组织院属期刊参加国家新广总局第二批学术期刊认定及清理工作。根据国家新广总局统一部署，组织院属期刊参加第四届中国出版政府奖期刊奖评选活动，推荐 5 个期刊代表中国社会科学院参与全国评选。配合国家有关部门开展打击假冒学术期刊专项行动。协助全国社科规划办组织召开专业类期刊座谈会。

加强全院期刊思想政治建设，组织全院期刊编辑人员学习习近平总书记新闻舆论座谈会重要讲话精神。举办编辑人员学习讲话培训班。组织召开全院期刊编辑部主任会议。协助院意识

形态工作办公室，督促院属期刊完成设立马克思主义专栏、发表马克思主义文章及批评错误思潮文章等任务。督促检查院属期刊发表研究和阐发习近平总书记治国理政重要思想文章情况。

做好全院报刊行政管理工作，支持院属单位创办新期刊。组织院属报刊参加2015年度北京市报刊核验工作。为院属期刊办理法人代表变更、变更开本、出版增刊等各类行政审批备案手续等。解决期刊拖刊问题。召开新办学术期刊质量审核会议。解决院属期刊超比例发表本单位人员文章问题。协助全国社科规划办做好获得国家社科基金资助期刊的管理工作。完善创新工程期刊经费管理工作。

加强和改进期刊审读工作。全年共审读期刊近480期，审读字数近1亿字，梳理专家审读意见80万字，向编辑部反馈审读意见150多篇、2000多条。改进审读意见反馈方式和《期刊审读意见通报》撰写方式。全年印发《期刊审读意见通报》4期，督促期刊主办和出版单位加强管理，不断提高办刊水平。做好名优建设工程协调会议相关工作。改进学术年鉴和学科集刊管理，开展中国社会科学年鉴资助。开展学科集刊调研。积极推进刊网融合发展，支持院属期刊网站建设，拓展“两微一端”新媒体业务，协助社会科学文献出版社在全院期刊推广统一采编平台。加强与期刊编辑一线的交流。

### （十）加强学术社团管理，进一步发挥社团中心学术组织作用

全年学术社团积极开展学术活动，年检结果进一步向好。针对近年年检结果为“基本合格”的28个学会启动约谈机制，对其挂靠单位及相关学会的主要负责人逐一进行了约谈，指出相关社团当前主要存在的问题及其原因，提出相应的整改要求。学术社团在民政部年检中“合格”率进一步提高，并消除了年检不合格现象。学术社团资助工作取得明显效果，学术活动和学术成果显著增加。2016年继续启动实施社团专项经费资助工作。

加强非实体研究中心整改和制度建设。落实中央巡视整改要求，提出《中国社会科学院关于加强非实体研究中心管理的意见》，对《中国社会科学院非实体研究中心管理办法（暂行）》进行了补充修订，印发了《中国社会科学院非实体研究中心管理办法（修订稿）》，在制度层面对非实体研究中心管理工作进行了完善。开展非实体研究中心专项自查自纠工作。印发了《关于对我院非实体研究中心开展自查自纠的通知》，对全院172个非实体研究中心就其主要事项变更、主要负责人、分支机构设立及管理、对外签订科研合同或签署横向课题合作协议、违规开展活动、外聘研究人员、接受国外经费资助、印章管理、独立账户及财务管理等方面的情况开展了自查自纠和限时整改工作。

### （十一）深化院际合作，不断开拓学术交流与科研合作双赢局面

深化院际合作交流，加大合作执行力度，科研合作空间进一步拓展，与厦门、贵州、上海、黑龙江、宁夏、湖北等地联合开展大型合作项目研究。“厦门城市治理体系和治理能力现

代化研究”等一批2015年度立项的重大合作课题顺利通过结项，“贵州作为全国扶贫开发攻坚示范区建设研究”等6项2016年度院省合作课题立项和调研工作如期进行。统筹协调陕西、甘肃、青海、四川、西藏五省区社科院共同开展的“唐蕃古道申请世界文化遗产前期研究”项目研究，协调组织出版“中国社会科学院院际合作系列成果·厦门”三卷本系列丛书。

协调举办院省高层合作论坛。2016年协调相关省市新办合作论坛三个：与福建省合作主办世界妈祖文化论坛，与湖北省合作主办中国长江论坛，与宁波市政府合作主办天一阁论坛。继续做好与黑龙江、贵州、广西、云南、宁夏等省区合办年度论坛的协调组织工作，如中国—欧亚经济联盟合作智库论坛、“一带一路”建设与龙江全面振兴高层论坛、后发赶超论坛、中国—东盟智库战略对话论坛、中国南亚智库论坛、中阿智库论坛、2016长白山国际生态论坛，以及与中国科学院、中国工程院合作主办中国城市百人论坛等。论坛主题和研讨内容广泛涉及政治、经济、文化、社会、生态等领域。

加强与全国省市区社科院的联系。协调组织编纂《全国社科院年鉴（2016）》，与全国31个省市区社科院沟通，做好编纂组稿、审校、出版等统筹协调工作。赴广东、甘肃、福建、济南等省市社科院开展合作交流调研，协调宁夏回族自治区人民政府与我院签署第二轮全面合作协议，与厦门市社科院共同做好协调我院学部委员、知名所长积极参与院学部委员厦门工作站暨厦门社科普及周活动。

### （十二）进一步发挥学部的学术指导、咨询协调功能，学部自身建设得到稳步加强

根据党组和学部主席团的部署，不断加强学部自身建设。修订了《中国社会科学院学部章程》《中国社会科学院学部委员增选工作实施细则》，加强院党组对学部工作的领导，加强马克思主义学部建设。草拟《关于学部委员在境外开展学术活动的行为规范》，细化对学部委员在境外开展学术活动的管理。按照学部章程规定，继续开展学部委员学术考察活动，探索完善学部在院地合作咨询中发挥的功能。

深入学习贯彻落实习近平同志重要讲话精神，围绕大局，加强马克思主义理论研究。组织召开“中国社会科学院马克思主义经济学研讨会”，深入学习习近平总书记在中共中央政治局集体学习会上关于马克思主义政治经济学的重要讲话。组织召开“第七届世界社会主义论坛”，来自36个国家的近百位外国学者和200位国内学者，围绕“创新21世纪马克思主义”的主题，探讨创新21世纪马克思主义的理论与实践问题。组织召开“马克思主义研究新趋势研讨会”，运用马克思主义的理论分析时代面临的新问题。举办“第二届唯物史观与马克思主义史学理论论坛”，强调马克思主义唯物史观对历史研究的指导意义。

围绕中央交办任务和国家经济社会建设的需求，组织开展一系列重大理论和现实问题研究，阐述中国发展道路。根据国务院要求，三次组织经济学部和国际学部有关学者召开2016

年经济形势分析与预测讨论会，评估2017年经济走势，并形成报告呈报国办。配合中央有关部门做好经济形势舆论引导，回应外媒唱空唱衰言论的相关工作，组织学部委员撰写理论文章，反击中国经济“崩溃论”等错误观点。举办“中华复兴与中国道路”研讨会，围绕“中国道路：理论与实践”“中国道路的世界意义”“中国的复兴战略”“大国崛起的道路比较”四个议题展开了多学科、多视角的深人研讨，凝聚共识，为中华复兴助力。组织学部委员赴青岛进行学术调研，参观知名企业，并根据双方需求实际，共同搭建智库研究新平台，为进一步战略合作指明方向。

鼓励学部委员积极参加国内外学术活动，引领学界的研究方向，充分发挥学部的学术影响力。学部委员以国际哲学与人文科学理事会主席的身份，参与了2017年首届世界人文大会的筹备工作，并在联合国教科文组织总部召开的新闻发布会上，向常驻团、非政府组织和专业媒体介绍了会议的筹备情况。鼓励和支持学部委员参加国内外学术活动，阐述、宣讲中国的“一带一路”建设，提升中国的国际话语权。组织召开“历史学部第十五届史学理论研讨会”，围绕史学研究中的国家认同、中原历史文化等问题展开研讨，强调历史学研究一定要走出象牙塔，主动介入当前社会的热点问题，为现实问题提供历史借鉴与参考。继续组织出版学部委员文集，组织学部委员发表纪念学部成立十周年的文章，进一步扩大学部和学部委员的影响力。

### （十三）完善话语体系建设联系协调机制，探索话语体系论坛固化模式，推进全国哲学社会科学话语体系建设扎实迈进

积极协调组织成员单位开展话语体系的研究，完善协调会议办公室工作机制，有力推动话语体系建设。组织召开话语体系建设协调会议成员单位2016年工作会议，总结2015年工作，制订2016年工作计划。向中央负责同志和中宣部呈报《关于全国哲学社会科学话语体系建设2015年工作总结和2016年工作设想的报告》，获得领导批示。“哲学社会科学话语体系建设”被列为2016年度国家社会科学基金特别委托项目，组织召开课题研讨会，协调会议成员单位共同交流研究动态，落实工作任务。与中共上海市委宣传部共同承办“第三届全国哲学社会科学话语体系建设理论研讨会”，院长王伟光、上海市委宣传部部长董云虎出席会议并讲话，6位专家作大会主题发言，200余位学者出席。编辑出版《中国哲学社会科学话语体系研究辑刊——中国学术与话语体系建构》（第2辑），通选出具有代表性的学术论文45篇，约50万字。编辑刊发《哲学社会科学话语体系建设研究动态》稿件32篇，约93000字。

### （十四）加强局内建设，不断完善政治、业务学习和青年培养制度，局风建设和工作效率不断创造新佳绩

大力推进局内制度建设和作风建设，有条不紊开展各项工作。建立健全局长办公会、局

务工作例会、局专题会等内部会议制度和议事规则，规范各项科研管理工作流程。不断健全局总支双周学习制度和青年学习制度，加强理论学习和业务工作培训，全年双周学习安排研究所领导、专家等讲授10次，邀请院内知名专家学者，就经济新常态、我国对外经济政策、中国特色社会主义等内容进行专题报告，开拓全局同志视野，拓展经验。以青年工作组为主力军，组织开展全局职工趣味运动会、主题植树、参观郭沫若纪念馆等活动。开展青年学习交流会12次，由局内青年同志就个人兴趣爱好，工作心得作主题讲座。在全局同志的不懈努力下，科研局团支部被国家机关团工委评为“2013 ～ 2015年度红旗团支部”。

优化整合处室人员结构，调整部分处长岗位，鼓励多岗位锻炼，形成了优势互补良性工作局面；积极配合院干部挂职工作需要，积极接收挂职干部，培养锻炼挂职干部；鼓励干部交流学习，打破处室划分，形成各专项工作小组，完成院交办各项专题任务，培养工作多面手；关注青年同志成长，以“六个一”为抓手开展青年学习活动，即跟随研究所参加一次国情调研、写一篇核心期刊水平的文章、参加一次学术研讨会、写一篇会议综述、写一篇期刊审读报告、做一次青年工作交流会的主讲人，把专业研究与科研管理相结合，全面提升各方面素质。鼓励青年同志参加全局、全院性活动，鼓励青年同志在局工会活动、支部活动、学习活动等多个方面发挥作用。鼓励青年同志相互交流学习，取长补短，形成爱学习、善思考、团结友爱，积极进取的工作氛围，为科研管理工作培养后备人才。

加强局信息化建设，不断推进创新工程综合管理平台相关模块建设工作。严格按照院有关规定和要求，完成相关学术出访、老干部服务工作。认真落实考勤制度，强化工作纪律。规范文件流转，提高办文效率，加强督办工作，全年完成局发文件240个，经办来文2325份，整理局文件档案60盒、1403件。按年度相关经费预算核拨科研专项业务经费，协助办理创新工程科研管理相关经费审批，落实项目拨款计划。高质量完成局内日常经费管理、工青妇宣传、局内外网站日常运维、网络安全、防火、治安和综合统计等系列工作。

# 人事教育局

2016年，人事教育局在院党组的坚强领导下，认真落实中央巡视组提出的整改任务，积极推动全院人事人才管理体制机制改革，全面提高人事人才工作制度化、科学化、规范化水平，为实现中央“三个定位”目标要求，推动构建中国特色哲学社会科学和中国特色新型智库建设，提供了有力的组织保障和人才支持。

## （一）深入学习以习近平同志为核心的党中央关于人事人才工作的重大部署

认真抓好中央精神特别是习近平总书记系列重要讲话的学习贯彻。多次召开全局会议，持续开展“两学一做”活动，传达学习中央十八届六中全会精神、习近平总书记在哲学社会科学工作座谈会上的重要讲话、中央学习《关于深化人才发展体制机制改革的意见》座谈会精神，坚持以习近平总书记系列重要讲话精神为指导，结合实际做好人事人才工作，切实把中央精神落到实处。

深入开展习近平总书记关于人才工作重要论述专题学习研究。根据中组部学习贯彻习近平总书记人才工作重要批示精神的通知要求，组织干部学者围绕习近平总书记关于人才工作的重要论述开展专题研究，形成了《聚天下英才而用之——学习习近平总书记人才问题重要论述的体会》书稿，该书稿通过中宣部、中央文献研究室的审核，由党建读物出版社和中国社会科学出版社联合出版。

积极做好人事人才工作相关问题研究。积极承担中组部、中宣部、人社部等中央部门委托课题，并组织课题成果出版。与中国社会科学出版社合作设立"国家智库报告——人才研究"系列，出版《党管干部原则如何落到实处——以宣传思想文化系统事业单位改革为例》《中国人才制度分析报告》《美俄大国人才发展概况及政策分析》《发达国家人才战略与机制——以德法英日为例》《亚非拉国际人才战略研究》五本著作。完成人社部《职称制度历史沿革、功能作用和基本定位》《科学研究人员职称制度改革研究》两项课题研究，相关意见建议被人社部采纳。

### （二）贯彻落实巡视整改和纪律检查建议书任务

贯彻落实中央巡视组提出的整改任务。按照责任分工，人事教育局组建了选人用人专项工作组，承担了 3 项即知即改任务、8 项中期任务和 6 项长期任务。在院党组和中央纪委驻院纪检组的统一安排部署下，选人用人专项工作组坚持"整改任务件件有着落"的工作要求，建立了每日督办制度、"每日一报"制度和整改工作例会制度，明确了时间表、任务书、路线图和责任状，确保任务到人、责任到岗、要求到位。在整改工作中，选人用人专项工作组共报出整改报告 30 余份；召开专项工作组会议近 30 次、内部小组会议 50 余次；先后与 200 多人进行谈话，谈话对象涉及所局级领导、人事干部，以及其他相关人员等；向院直属单位或院外相关机构发出函件、通知等公函 500 多份；向各单位印发文件 10 余份；问责的违规人员共 59 人，其中所局级领导干部 13 人、处室干部及其他人员 37 人、离退休人员 9 人；问责的部门共 5 个。

贯彻落实金融所整改工作。按照院党组的总体部署和中央纪委驻院纪检组的具体要求，人事教育局组建了人事问题专项小组，针对金融所选人用人工作中存在的问题进行了整改。人事问题专项小组认真梳理问题，摸清情况，并分析原因、全面整改。整改工作包含五个方面的整改任务，涉及金融所人员引进、职称评定、创新工程岗位聘用、工作人员企业兼职、出国留学等多个方面。整改工作中，人事问题专项小组召开专项会议 10 余次，督促金融所召开全所职工学习大会 1 次，完成并报出工作简报 6 份、整改工作总报告 1 份、整改工作分报告 5 份。

贯彻落实中央纪委驻院纪检组纪律检查建议书。人事教育局共收到驻院纪检组《纪律检查建议书》9 期，承担主办事项 11 项，督办 4 项，协办 2 项，包括印发了《中国社会科学院关于进一步加强干部选拔任用工作监督的意见》、报送了《中国社会科学院新任所局级干部报备表》、加强了学部委员相关工作的管理、对相关人员进行问责等。

## （三）深入推进人才发展体制机制改革

制定选人用人工作的“根本大法”。为深入贯彻中央关于选人用人工作的新思想新部署，改进和完善选人用人制度，加强所（院）领导班子和人才队伍建设，落实中央巡视组提出的整改要求，在院党组的部署下，组织起草了《关于改进和完善选人用人制度 加强领导班子和人才队伍建设的意见》（以下简称《意见》）及实施细则。《意见》作为全院选人用人工作的总体指导性文件，为今后较长时间里选人用人工作提供了基本规范。

完善人才引进机制。一是研究制定了《中国社会科学院领军人才引进评审办法》，进一步明确领军人才的引进范围，专家库组建、评审程序以及组织纪律等。二是制定并出台了《中国社会科学院关于进人工作的补充规定（暂行）》，对于单位领导及职工近亲属、师生等关系人员入院工作作出严格的限制性规定。三是继续坚持以成熟型人才为主渠道，加大高端人才特别是海外优秀人才宣传、引进力度，探索性开展了海外人才专场招聘活动，努力建设高端人才的聚集高地。

强化对领导人员的管理监督。一是修订了《中国社会科学院关于加强院属单位领导班子建设的若干规定》，对院属单位领导班子的选配标准、议事规则、考核评价、管理监督等方面做出了详细的规定。二是制定了《中国社科院关于培养选拔年轻干部和女干部、少数民族干部、党外干部的实施方案》。三是制定了《中国社科院关于进一步加强干部选拔任用工作监督的意见》，提出了落实“党要管党、从严治党”方针的具体举措。四是修订完善了《中国社科院五六级管理岗位领导人员聘任办法》，对五、六级管理岗位的分类、名称、选拔聘任的程序等进行了规范。五是修订了《中国社会科学院人员因私事出国（境）管理暂行规定》，进一步规范因私出国（境）登记备案范围和审批程序。六是修订完善了《中国社会科学院先进集体奖励办法（试行）》《中国社会科学院科研岗位先进个人奖励暂行办法》《中国社会科学院管理、科研辅助工勤岗位先进个人奖励暂行办法》。

健全专业技术人员培养、评价和联系服务制度。一是全面推行《关于深化我院专业技术职务评聘制度改革的方案》，继续落实《中国社会科学院专业技术职务任职资格评审工作管理办法》等制度，不断完善一年一次、评聘分开、衔接有序、内在关系明晰的专业技术职务评聘制度，使职称评审工作更加制度化、规范化，确保职称评审工作公平公正地运行。二是出台了《关于进一步加强专家联系服务工作的意见》，通过密切联系、适时表彰、发挥作用、做好服务等工作，推动专家联系服务工作科学化、制度化、品牌化，为专家发挥作用提供坚强的制度保证。三是起草了《关于加强和改进学部委员制度建设的建议》《关于中国社会科学院专业技术二级岗位聘用工作实施情况的报告》等，不断总结经验，完善哲学社会科学领域高端人才选拔工作。

推动薪酬和养老制度改革。一是研究制订了中国社会科学院实施事业单位绩效工资的方案。研究提出了核定绩效工资总量的四种方案，并创新性地提出建立基础绩效和创新绩效相结合的新型绩效工资制度，得到院党组的高度肯定。二是开展事业单位在职人员基本工资标准调整工作。三是实施院属企业负责人薪酬制度改革。完成了对中国社会科学出版社、社会科学文献出版社负责人 2015 年的考核和绩效年薪兑现工作，将相关工作总结上报人力资源社会保障部。四是做好事业单位在职人员养老保险有关工作。组织养老保险政策培训，并对全院养老保险采集数据进行汇总和审核，送交事业单位养老保险中心。

推进机构编制调整。一是向中央编办申请设立“中国社会科学评价研究院”。多次前往中央编办进行沟通，并取得突破性进展，机构名称方面已获中央编办初步同意。二是对院直属机关纪委和审计室机构编制职数设置核定事宜进行了研究。提出了对办公厅及直属机关党委（直属机关纪委、审计室）机构编制岗位一体性的调整方案，经院党组审议通过。三是对有关单位机构编制等进行了调整。全年共涉及调整三级机构 17 个，其中更名的 5 个，新设机构 5 个，撤销机构 7 个。

### （四）加强管理干部队伍建设

加强干部的调整备案。一是加强所局领导考察调整。根据院党组部署，对部分单位所局领导干部进行了考察和调整，共调整了 40 名所局级干部，其中，提拔任职 15 人（提任正局级领导 3 人，正局级 1 人，副局级领导 11 人），平级交流 10 人，免职 12 人，外调干部 3 人。二是加强处室干部审批备案。2016 年全院审批备案处级干部、研究室正副主任及科级以下干部共 169 人。其中，聘任处级干部 60 人，免职 15 人；聘任研究室主任副主任 49 人，解聘 10 人；聘任科级以下干部 35 人。

加强干部的培养锻炼。一是加强干部培训教材建设。受中组部委托，组织专家承担全国干部培训好教材评审工作，完成了 84 种教材的审核工作，得到了中组部高度评价。二是加强干部教育培训工作。通过中央干部调训、司局级干部专题研修、全院统一培训、出国留学等途径，组织全院干部 3500 余人次参加各类教育培训，提高业务能力和综合素质。三是加强挂职干部的选派和接收工作。2016 年共派出了 34 名挂职干部，其中第八批援藏干部 4 人、博士服务团成员 4 人、国家信访局挂职干部 1 人、定点扶贫县副县长和村第一书记 1 人、东北老工业基地和西部地区挂职干部 1 人、甘肃省挂职干部 20 人、安徽省亳州市挂职干部 3 人；接收了甘肃省宣传思想文化系统干部 6 人，到科研局、人事局、考古所、法学所、社科杂志社等单位挂职或研修。

加强干部的管理服务。一是做好对中管干部的服务。做好中管干部个人有关事项报告表填报和中管干部兼职、因私出国（境）等管理。二是加强所局级领导干部日常管理。每季度对院直机关落实《关于加强院属单位领导班子建设的若干规定》的情况进行汇总，向院务会议汇报；每月汇总统计院属研究单位党委书记、行政副所长坐班情况，并在改革协调会上通报相关情况；依据干部管理权限，对领导人员因公出国（境）进行审批；做好所局级干部档案的日常管理工作。三是组织开展 2013 ~ 2015 年度先进集体和先进个人评选工作，评选出 8 个先进集体，20 名科研岗位先进个人，16 名管理、科研辅助岗位先进个人。

加强干部的考核监督。一是组织开展所局级领导班子和领导干部考核测评。对全院 57 个单位领导班子和 200 余名领导干部进行了民主测评。二是开展干部经常性考察和试用期满考核。完成了 3 家单位的经常性考察和 2015 年提任的 10 名所局级干部的试用期考核。三是组织完成了全院年度考核工作。全院共有 57 个单位完成考核工作。参加考核人员共 3572 人，其中评为优秀等次 572 人，合格 2983 人，基本合格 8 人，不合格 9 人。

### （五）加强专业人才队伍建设

做好人才的引进接收。一是组织人才引进专家评审。组织开展了第 12 届和第 13 届人才引进院级专家评审会。二是积极推进高端人才引进，落实领军人才引进计划 1 名（语言所引进了著名二级教授）。三是接收安置军队转业干部。2016 年，国务院军转办下达军队转业干部安置计划 6 名，院办公厅、国际合作局、图书馆、服务中心、财计局等单位实际完成接收转业干部 9 人。四是积极招收博士后人员。2016 年，博士后进站 193 人，其中流动站自主招收博士后 156 人，工作站联合招收博士后 37 人；出站博士后 277 人，出站后留院工作 13 人。

优化人才的培养使用。一是举办了新入院人员培训班。组织 102 名新入院人员进行了 15 天培训。培训采取军训、专题报告、主题讨论、现场教学、体会交流等方式组织，实行半军事化管理。培训班有关情况在《中国社会科学报》和中国社会科学网进行了连续报道。二是推荐专家建言献策参政咨询。推荐 1 人担任国务院参事、2 人担任全国人大常委会法制工作委员会立法顾问。三是做好专家联系服务。在各单位党委推荐的基础上，组织 22 位优秀专家到山东休假疗养；落实中央领导和院领导看望专家活动；推荐专家参加中央部门举办的各类休假、团拜、慰问等活动。

健全人才的评价激励。一是完成年度职称评审。经过院所两级学术评审、两级党组织把关和两级公示，全院新评定 269 人的专业技术职务任职资格，其中，正高级 88 人，副高级 122 人，中初级 59 人。二是推进岗位分级。院属 43 家单位按照规定的程序和要求，组织开展了所级分级聘用工作，共评定三级以下岗位人员 800 余人，向院推荐 37 人（含申报二级 35 人，申报三级的研究所主要负责人 2 人）。三是落实国家重大人才工程。以“万人计划”哲学社会科学领军人才、政府特殊津贴专家、青年拔尖人才、新闻出版行业领军人才选拔工作为依

2016年6月，第五批《中国社会科学博士后文库》评审会在北京召开。

托，向中宣部、中组部等部委推荐了58名业绩突出、成果显著、贡献较大的优秀专家。

注重人才的储备交流。一是为人才流动做好服务。办理离职人员手续47人；办理两地分居调配偶户口进京手续15名；办理毕业生、留学归国人员、京外调干等落户手续34名。二是加强博士后管理工作。成立"中国社会科学院第三届博士后管理委员会"，并调整了"全国博士后管理委员会"和"中国博士后科学基金会第五届理事会"院组成人员。与全国博士后管委会合作推出第五批《中国社会科学博士后文库》，共35部成果；举办了四个全国性博士后学术论坛，编印论文集等四册；开展了三批中国博士后科学基金申报工作，共获得资助696万元。博士后科研成果突出，2016年277名出站博士后在站期间共发表文章及出版著作1460篇（部），完成出站报告、基金报告393部，申获科研项目454项，获得奖项或领导批示的成果38项。三是为西部地区培养学术领军人才。在完成2015～2016年度"西部之光"等访学工作的基础上，新接收5名"西部之光""新疆特培"访问学者来院开展研修工作。

## （六）加强人事教育局自身建设

加强党的建设。完成了人事教育局党总支、党支部调整、增补工作；按照"两学一做"学习教育活动的部署，开展了"学党章、交党费"活动，切实增强了党员的党员意识；召开了专题民主生活会，开展批评和自我批评。

改进工作作风。通过设置意见箱、问卷调研、专题会议等渠道和方式，广泛听取群众意见，作为人事教育局查摆问题、整改落实、改进作风的主要依据。印发了《中国社会科学院工作人员请销假管理办法（试行）》《人事教育局考勤管理规定》《人事教育局财务管理规定》等，健全了规章制度、规范办事流程，保证作风建设的有效性、规范性和长期性。

进行处室干部调整。经院领导同意，就人事教育局空缺的5个五六级管理岗位在全院范围内开展选拔竞聘，1个六级职员岗位在全局范围进行民主推荐。

开展国有资产清查。根据《行政事业单位资产清查核实管理办法》，对国有资产进行清查，共核查资产1796件，其中，通用设备543件，专用设备3件，家具用具1215件，图书

35 册。

完成人事档案和文书档案的清查归档工作。按照干部人事档案审核要求，对全局处级及以下干部人事档案逐卷进行了清查，形成了《干部任免审批表》存入个人档案。完成了 2013 年度 1936 件、2014 年度 2882 件文书档案的归档及整改，以及 2015 年 2564 件文书档案的归档工作。

推进信息化建设。人事系统总体框架已基本完成。系统投入使用后，将有效提高人事干部日常工作效率，并大大改进数据的实时性、有效性。

# 国际合作局

2016 年，国际合作局认真学习贯彻党的十八大和十八届六中全会精神，在院党组领导下，坚持服务科研、服务大局的工作方针，发挥中国社会科学院的学术资源和对外交流网络优势，打造国际合作高端平台，提升中国学术国际影响力，紧密配合国家对外工作大局，加强完善外事管理，实施“走出去”战略取得新突破。

## （一）配合国家对外工作大局，组织实施高端对外学术和智库交流

2016 年，国际合作局在院党组领导下，从全局高度筹划和组织对外交流，中国社会科学院作为国家高端智库在对外工作大局中发挥的作用进一步增强。

1. 习近平主席和俄罗斯总统普京见证中国社会科学院与俄罗斯国际事务委员会签署合作备忘录。6 月 25 日，在习近平主席和俄罗斯总统普京见证下，中国社会科学院院长王伟光与俄罗斯国际事务委员会会长科尔杜诺夫在北京共同签署《中国社科院与俄罗斯国际事务委员会合作备忘录》，开启中俄智库间交流合作的新机制。

2. 习近平主席和白俄罗斯总统卢卡申科见证中国社会科学院与白俄罗斯科学院签署建立中白发展分析中心合作协议。9 月 29 日，在习近平主席和白俄罗斯总统卢卡申科的见证下，中国社会科学院院长王伟光和白俄罗斯科学院院长古萨科夫在北京共同签署《中国社会科学院和白俄罗斯国家科学院关于建立中白发展分析中心的合作协议》。建立中白发展分析中心旨在落实 2015 年 5 月中白两国元首发表的《关于进一步发展和深化中白全面战略伙伴关系的联合声明》。中白发展分析中心将以智库引领的创新型工作模式，打造服务于中白政府间合作和中白重大合作项目的沟通与研究平台，为中白全面战略伙伴关系的拓展和深化提供智力支持。

3. 习近平主席在对乌兹别克斯坦进行国事访问期间接见中国社会科学院考古队员。中国社会科学院考古研究所与乌兹别克斯坦科学院考古研究所在乌兹别克斯坦联合开展明铁佩城考古挖掘项目，已经连续进行 5 年，取得重大突破。6 月 22 日，习近平主席在对乌兹别克斯坦进行国事访问期间接见中国社会科学院考古队员，称赞中乌在考古领域的合作已经成为两国人

文交流的新亮点。

4. 在沙特、埃及、伊朗三国举办研讨会，促进与三国人文和智库交流。中国社会科学院于 1 月中旬派出三个代表团分别赴沙特、埃及、伊朗三国访问，与埃及开罗大学、埃及地区战略研究中心、伊朗政治与国际研究所、伊朗总统战略研究中心、沙特国际能源论坛等 6 家智库共同召开学术研讨会或圆桌会议，为习近平主席中东之行营造良好氛围。

5. 在塞尔维亚和波兰举办中国—中东欧智库交流活动。6 月 17 日，中国社会科学院与塞尔维亚国际政治与经济研究所在贝尔格莱德共同举办“多瑙河和新丝绸之路”学术研讨会。6 月 20 日，中国社会科学院与波兰国际事务研究所在华沙共同举办“中波外交政策论坛：进展、潜力、前瞻”学术研讨会。中国社会科学院副院长王京清出席会议并致辞。

6. 在智利举办学术研讨会等活动。11 月 23 日，中国社会科学院与智利安德烈斯·贝洛大学等智利学术机构在圣地亚哥联合举办“中国智利经济社会发展高端研讨会”，中国社会科学院院长王伟光率领代表团出席会议并致辞。研讨会期间，举行了中国社会科学出版社智利分社成立揭牌仪式以及《理解中国》系列丛书首部西文著作《中国的民主道路》发布式。11 月 22 日，王伟光院长与智利大学校长签署《中国社会科学院与智利大学科学合作谅解备忘录》。

7. 在拉脱维亚举办智库论坛。11 月 4 日，中国社会科学院与拉脱维亚外交部、拉脱维亚国际事务研究所在里加联合举办“中国—中东欧国家国际论坛”。中国社会科学院院长王伟光率领代表团出席会议，并与拉脱维亚科学院院长签署《中国社会科学院与智利大学合作协议》。

8. 在俄罗斯举办学术交流活动。11 月 7 日，中国社会科学院与俄罗斯科学院在俄联合举办“现实与期待：中国梦与俄罗斯梦”等系列中俄合作研究成果发布会。中国社会科学院副院长李培林率代表团出席会议并致辞。这是中俄高端智库首次在俄就社会发展领域合作研究成果举行发布活动。

### （二）精心组织安排全院重大对外交流活动

1. 中国社会科学院重要代表团成功出访，推动对外交流合作迈上新台阶。中国社会科学院院长王伟光率代表团出访葡萄牙、匈牙利、克罗地亚三国，签署中国社会科学院与葡萄牙里斯本大学合作协议，出席中国社会科学院与托马尔理工学院共同举办的“中欧文明交流与文化遗产保护研讨会”；出席与匈牙利经济研究院共同举办的“‘一带一路’建设与中匈合作研讨会”；重新签署中国社会科学院与克罗地亚科学院合作协议，商讨“16+1”框架下的智库合作。中国社会科学院领导王京清、张江、李培林、张英伟、蔡昉等率团出访波兰、英国、意大利、土耳其、奥地利、南非、俄罗斯、法国、阿塞拜疆、日本、哥伦比亚、墨西哥、美国等国家，推动了中国社会科学院与各国高端科研机构、高教组织及知名智库等的交流合作。

2. 接待国外重要人士及合作伙伴机构代表团来访，进一步提升交流水平，夯实合作基础。俄罗斯总统经济一体化顾问格拉济耶夫、欧盟委员会副主席费代里卡·莫盖里尼、波兰外交部长维托尔德·瓦什奇科夫斯基、阿尔巴尼亚外交部部长布沙蒂、哈萨克斯坦外交部副部长阿希克巴耶夫等来中国社会科学院访问。此外，还先后接待了乌兹别克斯坦科学院、世界经济论坛、波兰国际事务研究所、亚洲社科联、泛美开发银行、澳大利亚人文科学院、澳大利亚社会科学院、加拿大蒙特利尔大学、越南社会科学院、马来西亚国际问题研究所、韩国对外经济政策研究院等机构负责人率领的代表团来访。

3. 拓展高层次、多渠道交流网络。2016 年，中国社会科学院新签、续签协议、备忘录 12 个，其中包括：中国社会科学院与瑞士苏黎世大学合作谅解备忘录、中国社会科学院与意大利都灵大学合作谅解备忘录、中国社会科学院与捷克科学院科学合作协议、中国社会科学院与克罗地亚科学与艺术院科学合作协议、中国社会科学院与葡萄牙里斯本大学谅解备忘录、中国社会科学院与葡萄牙托马尔理工学院合作谅解备忘录、中国社会科学院与阿塞拜疆科学院科学合作协议、中国社会科学院与俄罗斯国际事务委员会伙伴关系合作备忘录、中国社会科学院与白俄罗斯国家科学院关于建立中白发展分析中心的合作协议、中国社会科学院与日本北海学园学术交流协议、中国社会科学院与智利大学科学合作谅解备忘录、中国社会科学院与澳大利亚社会科学院 2017 年合作研究项目谅解备忘录等。截至 2016 年年底，中国社会科学院已与国外科学院、智库、国际组织、高教机构等签署 160 多个交流协议、合作备忘录，为中国社会科学院研究所和科研人员提供了与国外开展学术交流的畅通渠道和高层平台。

### （三）创新工程重点对外交流项目顺利实施，“走出去”成效显著

1.“中国社会科学论坛”“中国社会科学院高端智库论坛”及系列国际研讨会向世界传播中国学术、发出中国声音。2016 年，中国社会科学院研究所及所属单位踊跃申报和承办“论坛”，全年利用“中国社会科学论坛”和“中国社会科学院高端智库论坛”平台，共举办国际研讨会 20 个，涉及经济、社会、法律、历史、文学、国际关系等各个领域。其中，欧洲研究所、马克思主义研究院、中国社会科学杂志社分别在拉脱维亚、法国、意大利、澳大利亚、美国等地成功举办了“论坛”研讨会。“论坛”紧扣时代发展脉搏，聚焦国内外关注热点，为开展高层次学术对话交流提供了重要平台，其国际知名度和品牌效应进一步增强。

2016 年，全院立项举办国际会议 100 余次。国际合作局在院级对外合作机制下重点支持举办了一系列专题国际研讨会，包括“第七届世界社会主义论坛”“纪念孙中山诞辰 150 周年国际研讨会”“‘一带一路’中国—哈萨克斯坦合作发展”国际研讨会、2016 年二十国集团智库会议和第六届亚洲研究论坛等。这些专题国际会议层次高、研讨深入，增进了中外相互沟通与理解，得到与会学者的高度评价。

2. 周边及发展中国家青年学者培训项目收效显著。2016 年 8 月，国际合作局与研究生院合作，成功举办周边及发展中国家青年学者培训暨第五届“经济发展问题国际青年学者研修班”项目。研修班继续以经济发展为主题，来自越南、老挝、印度尼西亚、乌兹别克斯坦、墨

西哥、塞内加尔等23个国家的26名青年学者参加了培训班。中国社会科学院知名学者为研修班授课，授课内容以中国发展道路、“一带一路”倡议等议题为重点，并组织赴云南实地考察。经济发展问题国际青年学者研修班已成为中国社会科学院对外交流合作的一个重要品牌，受到了国外学术机构和青年学者的广泛欢迎。

3. 智库交流进一步密切和深化。根据2015年中国社会科学院与印度外交部签署的《关于设立中印智库论坛合作交流备忘录》，应印度外交部邀请，中国社会科学院代表团2016年12月访问印度，与印度高端智库展开深入交流。访问期间，双方在新德里举办首届中印智库论坛。中国社会科学院院长王伟光和印度外交部部长出席论坛并致辞。2016年，中国社会科学院继续推进创新工程“与国际知名智库交流平台项目”，选派6位学者赴美国、英国、波兰、比利时、阿根廷以及世界银行发展研究局开展调研访问。

4 . 加强与重要国际组织的合作关系。5月17日，中国社会科学院副院长蔡昉会见来访的亚洲社科联秘书长约翰·比顿教授，双方就中国社会科学院承办2017年第22届亚洲社科联大会达成共识。10月24～26日，中国社会科学院社会学研究所在成都承办主题为“基层社会治理：联盟建设与赋能”的联合国教科文组织MOST研讨班。这是联合国教科文组织MOST研讨班第一次在我国举办。10月，中国社会科学院派团出席了在挪威奥斯陆举办的国际社科理事会与国际科学理事会联合大会、国际社科理事会大会以及“变化中的全球性迁移、挑战与对策”学术研讨会。

5. 国际合作研究项目扎实推进。2016年，通过院级对外学术交流平台，中国社会科学院院属17个单位与俄罗斯、白俄罗斯、荷兰、芬兰、匈牙利、英国、意大利、澳大利亚、瑞士、保加利亚等国家，启动或继续实施23个国际合作研究项目，合作研究项目内容进一步深化，领域进一步拓展。同时，为贯彻中央领导和院领导指示，国际合作局统筹规划，陆续组织开展“重大问题中外合作研究项目”立项评审，分三批资助院9个单位开展重大问题中外合作研究。

6. 开展国外专项调研项目。为配合我国对非洲工作大局，顺应建设新型智库要求，中国社会科学院代表团于2016年11月访问肯尼亚、塞内加尔，开拓对非双边、多边交流机制。为落实中俄2015年两国元首签署的《中俄关于丝绸之路经济带建设和欧亚经济联盟建设对接合作的联合声明》，2016年中国社会科学院派团赴俄罗斯深入了解学术界和智库对丝绸之路经济带建设和欧亚经济联盟建设对接合作的认识和理解，为切实推进丝绸之路经济带建设提供对策性建议。近代史研究所申报的“新西兰华侨华人史研究”项目课题组赴新西兰开展实地调研，为全面研究新西兰华侨华人的移民史、奋斗史、发展史收集重要史料。院创新工程于2016年启动“撰写《列国志》新增书目国际调研与交流项目”，促进国别研究，打造列国志精品力作。

7. 对外学术翻译出版资助形式多样、力度加大。2016年，对外学术翻译出版资助工作稳步推进。《中国与世界经济》《中国经济学人》《中国考古学》《国际思想评论》《第欧根尼》《中国财政与经济研究》《欧亚学刊》《世界政治经济学研究》《中国经济学精粹》《文学评论选刊》等 14 种外文期刊得到资助。进一步提高对学术著作出版的经费资助标准。经评审，全年共有 25 本学术著作得到院翻译出版资助。

8. 出国（境）培训项目取得圆满成功。根据国家外专局批准的中国社会科学院 2016 年度出国（境）培训计划，中国社会科学院于 8 月组织赴美国以“美国智库的构建模式和运行机制”为主题开展为期 14 天的培训，来自中国社会科学院 23 个单位的 25 位专家学者参加培训。项目培训对服务全院智库建设发挥积极作用。

9. 多渠道派遣中国社会科学院科研人员长期出访研修。利用中国社会科学院与国外合作伙伴机构交流渠道，共派遣中国社会科学院学者 52 人长期出访开展学术专题研究。继续组织开展中青年骨干出国进修专业外语项目，筛选派出 7 名中青年学者出国进修专业外语，提高从事国际学术交流的能力。组织实施 2016 年度哈佛燕京项目学者选拔推荐工作。为加强小语种人才培养和学科建设，结合院属研究院所的需求，出台《中国社会科学院小语种与科研急需人才出访研修资助项目》。

## （四）完成对外交流工作重大活动

2016年11月，“一带一路”建设与中白合作研修班开学典礼在北京举行。

1. 开展对外人文和智库交流项目。为落实中韩两国元首关于加强两国人文交流的共识，中国社会科学院在“中韩人文交流共同委员会”《2016 交流合作项目名录》下承担了“中韩人文交流政策论坛”与“中韩人文学论坛”两个项目。2016 年 6 月，中国社会科学院信息情报研究院与韩国经济人文社会研究会共同主办的第三届“中韩人文交流政策论坛”在韩国首尔召开。11 月，中国社会科学院与韩国研究财团、教育部共同主办的第二届“中韩人文学论坛”在北京召开，这是中韩在人文领域共同举办的综合性、大规模、高水平的学术论坛，成为两国间重要的高端人文学术沟通桥梁。10 月，为促进中日人文交流、青年交流，承担政府间中日青年交流项目，中国社会科学院派出青年社会科学学者访日团，就文化创新产业与日本学界交流，以人文交流配合开展对日工作。10 月，邀请俄罗斯总统经济一体化顾问格拉季耶夫访华，通过与俄高层交流，促进“一带一路”与欧亚经济联盟对接。积极开展筹建丝绸之路研究院的工作，并于 11 月 27 日至 12 月 10 日在华举办了“‘一带一路’建设与中白合作研修班”，积极宣传“一带一路”建设的理念、政策、措施，加深白俄罗斯对“一带一路”的理解，促进双方务实合作。

2. 组织专题交流项目。7 月，中国社会科学院在新加坡主办“南海问题与区域合作发展高端智库学术研讨会”以及“南海问题：专家与媒体见面会”，中外专家共同探讨南海争端解决途径、南海的区域合作与发展。来自中国、新加坡、马来西亚、越南、泰国、柬埔寨、印度等国的 20 多名学者会聚新加坡，围绕海洋争端解决机制、南海争端解决途径、南海区域合作与发展三个议题，进行广泛深入交流，起到良好效果。9 月 25 ～ 27 日，完成“‘一带一路’——共同的记忆和共赢的发展”国际研讨会组织工作。中国社会科学院牵头承办大会智库分论坛。副院长李培林出席会议并致辞。

3. 开展海外汉学家交流项目。2016 年 7 月，中国社会科学院与文化部联合在北京主办青年汉学家研修班，来自美国、俄罗斯、法国、德国、日本、韩国、哈萨克斯坦、印度、巴西、埃塞俄比亚、加纳、新西兰等 30 余个国家的 38 人参加培训，其中 11 人分赴中国社会科学院 3 个对口研究所进行专题研修。10 月 24 ～ 26 日，由中国社会科学院与文化部共同主办的 2016“汉学与当代中国”座谈会在北京和浙江两地举行，共邀请 22 个国家的 26 位知名汉学家和中国社会科学院 11 位专家代表与会。研修班和座谈会项目，增进了中外思想文化交流。

### （五）积极开展与我国台、港、澳交流，发挥学术纽带作用，服务国家和平统一大业

1. 对台港澳地区学术交流活跃。2016 年，中国社会科学院对台港澳的学术交流活跃，交流量进一步增加。出来访交流总量：196 批 518 人次。其中出访台湾：71 批 156 人次；出访香港：64 批 131 人次；出访澳门：31 批 67 人次。台湾来访：22 批 122 人次，港澳来访：7 批 42 人次。

2. 以学术为抓手，扩展和深化对台学术交流。发挥中国社会科学院学术优势，与台学术机构联合召开 8 场高水准的学术研讨会，交流内容涉及经济、社会、历史、文学、信息化等多个领域。“自然习作与环境伦理海峡两岸学术研讨会”纳入国台办年度对台交流重点项目。中国社会科学院与台湾“中华经济研究院”共同主办的“大陆供给侧结构性改革与两岸经贸深度合作的机遇学术研讨会”在西安举办。由中国社会科学院、北京大学、复旦大学、南京大学、台湾大学、台湾“中央大学”、香港中文大学共同主办的“海峡两岸暨香港人文社会科学论坛”在台北举办，有效促进了海峡两岸及香港地区间的人文社科交流。由院台港澳研究中心和中国社会科学院欧洲研究所主办，厦门市石室书院承办的“海峡两岸佛医会议暨健康产业发展

研讨会”在厦门举行。由中国社会科学院和中国科学院、台湾“中研院”共同主办的“第十一届两岸三院资讯技术与应用交流研讨会”在台北举行。自 2002 年首届会议以来，该研讨会在两岸信息技术领域的学术交流与合作中一直发挥着积极作用。

3. 贯彻“一国两制”方针，积极开拓渠道，加强与港澳学术交流。11 月 7 ~ 8 日，中国社会科学院院长王伟光应香港特别行政区政府中央政策组的邀请率团顺访香港，出席由香港特别行政区政府中央政策组、中国社会科学院财经战略研究院和香港冯氏集团利丰研究中心联合举办的“中国经济运行与政策国际论坛（2016）”，并在开幕式上作主题发言。4 月，应香港瑞士信贷邀请，中国社会科学院原副院长、国家金融发展实验室理事长李扬赴香港出席第十九届瑞士信贷亚洲投资论坛，并作主旨演讲。10 月，由中国社会科学院历史研究所、香港理工大学与北京师范大学联合举办的“第七届中国古文献与传统文化国际学术研讨会”在香港召开。

4. 接待重要团组来访，巩固和加强对台港澳交流渠道。10 月 31 日，中国社会科学院院长王伟光会见台湾 21 世纪基金会董事长高育仁一行，双方就进一步深化合作与交流交换意见。6 月 29 日，中国社会科学院副院长李培林会见台湾“政治大学”教授唐屹。唐屹教授于 6 月 30 日在中国社会科学院近代史研究所出席“南海问题研究最新成果报告会”，并作专题报告，提出南海主权属于中国的强有力证据。5 月，应全国台湾研究会邀请，台湾大学政治系副教授张登及率领的师生代表团访问中国社会科学院民族学与人类学研究所。3 月，澳门环保青年协会代表团访问中国社会科学院工业经济研究所。

### （六）推进体制机制改革，提高国际交流合作管理水平

1. 制定《中国社会科学院关于进一步加强因公出国（境）管理的意见（修订版）》。按照巡视整改工作要求，为深入贯彻落实中央八项规定精神，加强党风廉政建设，制定《中国社会科学院关于进一步加强因公出国（境）管理的意见（修订版）》，强调规范出访审批；规范活动安排，严肃外事纪律；实行信息公开，强化约束机制；明确管理职责，严格监督问责，进一步提高因公出国（境）活动的管理水平。

2. 制定《中国社会科学院关于加强和改进科研教学人员因公临时出国管理工作的实施办法》。制定《中国社会科学院关于加强和改进科研教学人员因公临时出国管理工作的实施办法》，落实有关因公临时出国区别管理的各项要求。

3. 制定《中国社会科学院关于在华举办国际会议经费管理的补充规定（暂行）》。根据国务院办公厅《关于优化学术环境的指导意见》、财政部《关于在华举办国际会议经费管理办法》和《中央和国家机关外宾接待经费管理办法》，就改进在华举办国际会议经费管理作出补充规定，进一步规范和加强对外学术交流经费管理。

4. 编写和印发《院级国际合作交流项目指南》(2016 年版)。梳理和汇编中国社会科学院

外事管理各项规章制度，为全院外事干部开展管理工作提供参考，提高管理工作的规范性和效率。印发《院级国际交流合作项目指南》，为研究所和广大研究人员提供更为全面、翔实的对外交流项目信息，促进中国社会科学院的国际合作资源得到更加充分的利用。

5. 认真审核创新工程经费用于对外学术交流的项目计划。2016 年，32 个研究院所提出了创新工程经费用于对外学术交流的专项申请。国际合作局依据《关于创新工程用于对外学术交流的管理规定》，认真审核，经科研局、财计局会签后，回复各申请单位，确保全院 2015 年创新工程人均总额拨付经费用于出访交流工作规范、有序进行。

6. 做好加强外事经费预算管理的各项工作。完成 2015 年度国际交流合作专项经费绩效外部评价工作，获得 90.63 分的优秀成绩。编制《国际合作与交流专项经费项目申报书（2017 ~ 2019 年）》，督促院属单位 2016 年国际交流合作经费预算执行工作。

7. 如期完成院创新工程 2016 年度外文科研成果审核工作。根据院创新工程工作部署，国际合作局成立外文科研成果审核小组，按照院创新办相关规定要求，对各研究单位报送的 2016 年度外文科研成果进行审核认定。

### （七）加强党的建设，打造有凝聚力、战斗力的工作团队

1. 加强党风廉政建设和纪律建设。认真学习习近平总书记系列重要讲话精神，深入开展“两学一做”教育活动和“三项纪律”建设工作。落实院党组部署，制定《国际合作局 2016 年党风廉政建设和反腐败工作职责及主要任务分解》，进一步明确党风廉政建设两个主体责任。组织党员干部认真学习党的十八届五中、六中全会精神，认真研读《中国共产党廉洁自律准则》《中国共产党纪律处分条例》《关于新形势下党内政治生活的若干准则》《中国共产党党内监督条例》，以及院党组《关于落实全面从严治党 切实加强党的建设的意见》。

2. 发挥党支部战斗堡垒和党员先锋模范作用。党总支高度重视发挥党支部的战斗堡垒和党员先锋模范作用，认真制订党总支和党支部年度工作计划，对开展的各项工作任务明确责任主体，并定期进行汇报检查。加强党支部思想建设，提高全局党员干部对全面从严治党的重要性的认识，增强严守党的纪律的自觉性。

3. 组织全院外事干部培训班。按照中国社会科学院 2016 年干部统一培训计划，为进一步提高全院外事管理干部综合素质和外事管理工作水平，于 6 月 15 ~ 17 日举办了履行监管职责、提升外事管理水平 2016 年度外事管理培训班。副院长蔡昉出席并作报告。培训班内容充实，针对性强，取得明显成效。

4. 制定国际合作局保密工作要点，落实保密工作责任制。按照《国际合作局保密阶段性检查工作方案》，进行保密工作阶段性检查，修改完善保密工作内部管理制度，建立保密工作监督检查的长效机制。加强外事管理岗位人员保密意识，以保密工作为专题在全局范围内开展保密党课教育活动。严格按照《中国社会科学院保密工作考核标准》进行自查自评。完成网络

信息安全检查，修订了《国际合作局门户网站等互联网信息安全管理规定》。

## 财务基建计划局

2016 年，财务基建计划局全面深入学习党的十八大和十八届历次全会精神，大力贯彻落实习近平总书记系列重要讲话精神，深刻领会习近平总书记在哲学社会科学工作座谈会上发表的重要讲话精神，坚持正确的政治方向，把“两学一做”活动贯穿工作始终，认真落实中央巡视组提出的整改任务，积极探索适合哲学社会科学研究的经费等管理制度，全力推进哲学社会科学创新工程，努力提高服务科研能力和保障水平，为全院各项事业的发展尽心尽力，尽职尽责，保障了全院经费、资产、办公用房等方面的需求，圆满完成了院领导交办的各项任务。

### （一）财务管理

1. 积极落实经费指标，保障全院科研工作顺利开展。2016 年，全院经费预算继续稳步增长，为科研事业发展提供了坚实的基础，有力地保障了全院科学事业发展的需要，保证了创新工程的稳步推进。

2. 科学编制预决算，做好预决算执行管理。

（1）深入贯彻落实财政部关于预算管理科学化、精细化的有关要求，从 2015 年启动了三年财政拨款滚动规划编制工作，实行了项目库建设、预算评审的机制。

（2）按照院党组确定的方案，认真完成预算编制、审核工作，及时完成了 2016 年全院各单位的预算安排，下达预算指标和决算批复。根据审计要求，调整完善预算批复方式，将过去只批复财政拨款支出改变为批复全部收支的口径。科学安排预算计划，编制执行进度，办理请款手续，在预算执行过程中报送追加申请，办理指标调整，充分保障全院各单位的经费需求。

（3）不断加强全院预算绩效管理，实现了全院项目支出绩效目标管理全覆盖。提高预算绩效目标管理的科学性、规范性和有效性，较好地保障了全院各单位科研事业的发展需要。

（4）2016 年财政部加强了对预算执行的管理，为保证全院预算执行进度，财计局通过建立预算执行管理责任制来督促检查各单位的预算执行情况，并通过多种方式加强预算管理。一是及时与各单位沟通调整预算指标，办理请款计划；二是每月开展对预算执行进度的检查，定期分析分单位、分科目、分项目的执行情况；三是向院属各单位印发预算执行进度通报，对执行进度较慢的单位，发督办函并抄报其主管院领导。

3. 完善制度建设，强化财务监管。

（1）会计委派及会计代理制自实施以来，充分发挥了服务科研、规范核算的作用。目前共有 24 个单位实行了会计委派或会计代理制试点，委派和代理会计圆满完成了改革三步走的战略目标，完成了领导交办的任务。

（2）为贯彻落实中央关于深化改革创新、形成充满活力的科技管理和运行机制的要求，进一步完善中央财政科研项目资金管理等政策，将《关于完善中央财政科研项目资金管理等政策的若干意见》贯彻落实好，制订了实施方案，并按照实施方案启动有关工作。制定出台了《中国社会科学院国内差旅费管理办法（试行）》、《中国社会科学院非涉外学术会议费管理办法（试行）》。

（3）2016 年全院新增账户 8 个，已完成 4 个账户纳入网银系统。对于确实由于经营原因无法办理转户的单位，引入“跨行现金管理平台”方式解决了账户挂靠问题。

（4）向院属各单位印发《关于加强出版经费管理的通知》，完成了加强院属出版社财务活动监督管理工作。

4. 强化风险防控，推进内控制度建设。根据财政部《关于全面推进行政事业单位内部控制建设的指导意见》《关于开展行政事业单位内部控制基础性评价工作的通知》要求，为进一步提高全院各单位内部管理水平，规范管理行为，明确责任分工和业务流程，强化风险防控，加强廉政风险防控机制建设。

以院机关职能部门为试点，通过访谈、调查、专题讨论、实地查验等方法，收集院机关内部管理制度证据，完成基础性评价工作。编制院机关经济活动业务流程图，查找风险点，对潜在风险和缺陷进行优化设计，搭建院机关内部控制框架，按照经费预算、资金收支、政府采购、固定资产、建设项目及合同管理等业务，编制《院机关内部控制手册》，形成了院机关内控建议报告书，为完善财务制度体系建设，保障经济活动的有序运行奠定了基础。

5. 加强财务队伍建设，完善会计监督机制。

（1）为提高会计队伍业务水平，按照国管局的统一安排，组织举办了全院 2016 年会计人员继续教育培训班，110 余人参加了培训。利用预算编制和决算会审，组织主管会计学习业务和制度办法，听取大家对新办法的理解、执行情况，通报审计和专项经费检查发现的问题，讲解规范经费使用的要点，解答财务管理实际工作中具体问题的处理办法。

（2）按照院领导关于加强财务队伍学习型组织建设的要求，为提高全院财务工作整体业务水平，加强全院财务管理工作的有序性和体系化，建立财务工作联络小组机制。按照工作单位地理位置将全院 46 个二级预算单位划分为 7 个财务工作小组，采用小组联络员负责制开展工作。联络小组通过开展政策学习、业务交流的形式，传达财务政策文件，与各单位共同研究学习、解读各类财务制度，使各单位在政策理解和解释口径方面保持一致性，在执行过程中达到统一性。

6. 配合审计及中央巡视组工作，督促整改落实。

（1）完成审计整改与财经纪律专项工作组督办整改任务。在督办整改工作过程中，草拟了审计整改与财经纪律专项工作组整体工作计划及流程，撰写第二阶段审计整改与财经纪律专项工作组方案，撰写工作简报 20 期、院整改督办例会报告 13 篇、院督办联络员例会材料 20 篇、审计整改与财经纪律专项工作组整改工作总报告 2 篇。向中央纪委驻院纪检组上报整改任务呈批单 99 份，向院办公厅督办组报送整改工作推进材料 5 期，向院办公厅材料组报送阶段性整改成果 19 批。

（2）完成全院 41 个单位的横向课题经费整改工作，共退回违规资金 400 余万元。

（3）完成全院版税等收入管理使用情况自查自纠工作，共 55 个单位完成了单位各项收入的自查自纠工作，自查面达到 100%，收入全部纳入预算管理，没有私自发放的问题。

（4）督促民族学与人类学研究所出台了《〈21 世纪初中国少数民族经济社会发展综合调查〉项目经费管理办法》，同时征求了国家审计署等单位的意见，并对制度进行了完善。

（5）督办科研局完成全院 88 个全国性学术社团与 172 个非实体研究中心第二阶段巡视整改的工作。

（6）根据《关于开展 2016 年度“四项经费”检查工作实施方案》，组织、参加 21 个单位的创新工程经费、期刊经费、横向课题经费的检查工作。督促单位进行整改，汇总报告了检查情况和整改情况。

7. 积极归集资金，提高资金效益。2016 年财计局启动了全院二级预算单位实有资金账户的资金归集工作，于 9 月底完成了院属 41 个单位资金归集工作，资金归集总额 16970 万元。在坚持资金安全的原则上，为提高资金效益，与银行多次进行接洽，商谈提高存款利率事宜，将定期存款利率提高 50%。

8. 严格审核院机关各项收支，牢固树立服务至上意识。

（1）为加强财政资金管理，确保资金安全，院机关财务会计核算，严格贯彻落实中央八项规定和财政部以及中国社会科学院的会议费、差旅费、因公临时出国经费、国内公务接待、培训、公务机票购买等文件精神，以及创新工程文件制度有关规定，较好地完成了院机关全年资金 5.2 亿元会计核算工作。

（2）根据院审计室通知，配合完成对四个职能部门经费使用情况开展审计工作，并配合中央纪委驻院纪检组工作，提供相关会计档案等资料。

（3）配合财政部对院机关国际合作交流经费、信息化项目建设经费开展年度绩效考评，提供会计数据等资料。

（4）与北京地税二所、人事局有关人员沟通，改变挂职干部挂职补贴计税方法，提出分类计算方法，落实操作方案。

（5）完成全院基层工会 45 家预、决算报表收缴及会费收缴工作；填报院机关 2016 年季度、月《服务业财务状况表》和《非工业能源消费情况表》；完成院机关 2015 年度税审工作；根据国管局住房资金中心要求，测算、核定院机关职工 2016 年度住房公积金缴存基数；完成国税、地税按月税务申报工作，根据国税局要求，完成院机关营改增转轨相关工作；办理完成公务卡还款金、划拨款等业务。

## （二）房地产管理

1. 落实巡视整改意见，按标准调整办公用房。

（1）根据2016年1月31日中央第一巡视组《关于对中国社会科学院党组专项巡视情况的反馈意见》，按照中央纪委驻院纪检组统一部署，整改办公用房。

（2）制定了《中国社科院领导干部退出岗位办公用房使用规定》；协调配合办公厅对退出岗位院领导干部办公用房使用情况进行普查，向驻院纪检组报送了院领导干部退出岗位办公用房使用情况报告，并按规定对办公用房进行了调配。

（3）完成了地方志办公用房超标整改和新闻所办公用房调配搬家工作。根据用房标准，对地方志办公用房使用进行了调配，腾退超标用房。按照院领导要求，将腾退办公用房调整给新闻所使用，组织完成了新闻所搬家及租用办公用房腾退工作。

2. 科学配置办公用房，做好办公用房保障。

（1）组织完成了科研大楼西段搬家工作，督促有关单位落实办公用房调整方案，完成了部分单位办公用房调整，制订剩余办公用房调整补偿方案。

（2）完成续租泰达中心和赵家楼办公用房工作。

（3）协调国管局服务司、房管司处理鼓楼西大街158号办公用房使用存在的隐患问题，并向国管局房管司报送《关于无法腾退美国所、社科出版社办公用房的报告》。

（4）组织编写全院科研办公用房图集，完成了前期编辑工作。

（5）完成中央国家机关办公用房基本情况统计，向国管局呈报全院办公用房使用管理报告。

（6）协调基建办工程处和服务局物业管理处完成了行政档案楼运行设备交接工作。

（7）对13处办公用房小修进行实地勘察，办理了报批手续，向服务局物业处下达小修任务。

（8）协调国管局和中国科学院，推进史学片科研用房改造前期准备工作，完成向国管局申报院部报告厅装修改造立项工作。

（9）办理支付科研办公用房租金以及物业管理费、供暖费等。

3. 提高职工住房保障能力，加强单身宿舍管理。

（1）完成国管局和老旧小区职工住宅配售工作。

（2）完成全院职工2016年职工无房补贴的审核工作。

（3）组织实施太阳宫老旧小区综合整治工作，对工程项目实施情况进行监督，配合施工单位做好住宅楼住户室内改造各项协调工作；完成了昌运宫、车公庄住宅小区综合整治施工期准备工作。

(4) 完成省部级领导干部住房清理工作。按中组部、国管局的要求，对部分在职和离退休省部级领导干部的住房进行清理，编制住房台账，已报国管局审核；基本完成国管局住房管理信息系统所需要的信息采集、录入和上报等工作；按照国管局要求，完成未售承租房和合租房的信息采集、摸底统计工作。

(5) 向院属单位印发《中国社会科学院单身公寓管理办法》；并完成部分单身公寓家具采购合同的签订工作。

(6) 配合基建部门参加东坝职工住宅项目的推进工作。

(7) 完成统计上报未售公用住房工作。

(8) 协调中国科学院办理史学片科研用房改造前期准备工作。

4. 做好节能管理，建设资源节约型单位。

(1) 院部安装新能源电动汽车充电桩 5 个；制定了全院新能源汽车自助分时租赁项目建设方案，计划在全院办公区和住宅区建设充电桩 65 套，存放新能源汽车 20 辆。

(2) 按照国管局统一部署，完成院部节能监控系统建设单位招标工作。

(3) 向院属各单位转发国管局《关于开展全国公共机构生态文明作品征集活动的通知》，在全院组织开展公共机构生态文明宣传作品征集活动。组织开展节能宣传月活动，在全院张贴节能宣传画广泛进行节能宣传，提高全院职工节能意识。

(4) 向国管局报送全院“十二五”节能工作考核自评报告和自评评价考核表，在国管局“十二五”节能考核工作中获总分优良成绩。

## （三）国有资产管理

1. 完成全院 2016 年国有资产清查工作。按照财政部的工作部署，组织院属各单位开展资产清查工作，汇总全院资产清查报表，并向财政部报送《关于报送中国社会科学院 2016 年国有资产清查报表的函》。

2. 推进全院公务用车制度改革工作。

(1) 制订全院机关本级及中国地方志指导小组办公室公务用车制度改革方案，测算机关本级公车改革节支率，并向中央公务用车制度改革领导小组报送。

(2) 向院有关单位印发《关于做好我院各研究所及直属单位公务用车制度改革工作的通知》，并将个别情况复杂的单位如研究生院、地方志、考古所等的实际情况上报公车改革小组，并向国管局报告了有关情况。

3. 规范政府采购行为，进一步加强固定资产管理。

(1) 组织并完成中国社会科学院直属机关纪委 2016—2017 年度造价审计单位入围项目的竞争性磋商工作、中国社会科学院 2015 年预算绩效评审服务项目的竞争性磋商工作。

（2）完成单身宿舍家具采购项目招标事宜。

（3）完成东坝职工住宅建设项目法律顾问服务、跟踪审核、勘察及设计的招标工作和监理招标工作。

（4）与图书馆联合印发了《关于加强图书类固定资产管理的通知》。

4. 配合中央巡视组整改工作，查找资产管理漏洞。

（1）落实关于文物、古籍、善本等管理工作的整改任务，向院属各单位印发《关于做好我院可移动文物资产清查盘点工作的通知》《关于将我院文物、古籍纳入固定资产管理的通知》。向中央纪委驻院纪检组报送《关于我院文物管理领域存在腐败隐患问题的整改落实情况报告》《中国社会科学院关于文物、古籍、善本等管理工作问题的整改报告》。

（2）落实基建工作中存在问题的整改任务，向中央纪委驻院纪检组报送相关问题的整改情况报告。

### （四）企业资产监管

1. 全面开展企业国有资产监管，实现资产保值增值。

（1）完成向财政部、国资委等行政部门报送全院所属 30 家企业各类财务资产统计报表的汇总审核工作。

（2）完成对中国社会科学出版社、社会科学文献出版社企业负责人 2015 年度企业经营业绩评价考核的审核工作。

（3）完成对精品网（北京）科技有限公司股份改革方案的评估审核工作。

（4）依照《中央企业公务用车制度改革实施意见》规定，开展中央企业公务用车制度改革工作。

（5）依照《关于党政机关和国有企事业单位培训疗养机构改革的指导意见》规定，开展中央党政机关和国有企事业单位培训疗养机构改革工作。

2. 做好租赁合同监管，督促合同履约执行。

（1）完成 10 处院管房产租赁项目的履约执行工作。

（2）完成四处出租房产项目的合同续签工作。

（3）配合完成相关资产低价出租问题的调查工作。

（4）完成向东城区地税局填报关于全院土地使用税、房产税、增值税等税务登记信息表及有关情况的说明工作。

### （五）人防管理

1. 落实人防工作责任制，保障地下空间安全。

（1）按照中央国家机关人防办有关文件精神，院人防委完成与中央国家机关人防委签订《2016 年中央国家机关人民防空工作责任书》工作，并按时将责任书报送中央国家机关人防委。

（2）为进一步提高管理单位和使用人责任意识，督促履行监管责任，确保地下空间使用安全，修改完善《中国社会科学院地下空间使用管理委托书》，与院地下空间管理和使用单位续签《中国社会科学院地下空间使用管理委托书》。

（3）修改完善《中国社会科学院地下空间防汛应急预案》，督促地下空间管理单位完成制订《2016年防汛应急预案》，准备防汛物资，落实防汛队伍，确保地下空间安全度汛。

（4）做好地下空间日常安全巡视检查计划，坚持定期检查，对存在的安全隐患进行及时处置，不符合使用规定的地下空间向委托管理单位下发限期整改通知书。

（5）根据实际情况开展多种形式宣传活动。在院宣传橱窗张贴宣传图片，在人员流动性大的食堂张贴图片发放宣传手册，与服务局物业处联系在宿舍小区发放宣传材料，使人民防空在广大干部职工中得到普及。

2. 做好地下空间管理，推进地下空间综合整治工作。

（1）按照《中央国家机关人民防空工程建设与拆除审核暂行办法》的程序，本着积极为院基建单位做好服务的指导方针，协助研究生院到中央国家机关人防办办理各种建设报批手续和人防竣工验收工作，完成其宿舍楼竣工验收工作。

（2）为符合使用条件的地下空间办理备案和使用证，重大节假日期间向委托管理单位下发地下空间安全使用通知书，按时完成中央国家机关人防办布置的统计报表，定期向委托管理单位了解工作进展情况，确保按照中央国家机关人防办的要求如期完成此项工作。

3. 认真履行协作组组长职责。作为中央国家机关人防第五协作组组长单位，积极组织协作组活动，召开协作组工作会，传达中央国家机关人防办公室工作精神和指示，部署协调相关工作，较好地完成中央国家机关人防办部署的各项工作和任务。

## （六）内部管理

**1. 深入开展“两学一做”，强化党风廉政建设**

（1）通过局长办公会、局务会、全局职工大会以及上党课的形式，深入开展“两学一做”专题学习研讨活动，积极参加“党章党规知识竞赛”活动。通过“两学一做”活动，着力解决党员队伍在思想、组织、作风、纪律等方面存在的问题，把全面从严治党要求落实到每个支部、每个党员，使全体党员进一步增强政治意识、大局意识、核心意识、看齐意识。

（2）深入贯彻落实中央“八项规定”，严格遵守“三项纪律”，认真梳理财计局在履行职责范围内纪律建设责任清单，根据院年度工作会议确定的反腐倡廉建设工作职责，抓好反腐倡廉建设主要任务的分解落实。

**2. 加强干部队伍管理，推进内部机制建设**

（1）较好地完成了全院委派财务人员的招聘工作，完成2016年院财务人员引进和军转干部安置接收的招聘工作，并协调办理院2015年度引进财务人员的委派入职手续。

（2）充分发挥工青妇组织作用，创造和谐工作氛围。一是组织职工参加院羽毛球团体赛；二是组织全局青年团员召开座谈会，听取青年同志对全局工作的意见建议；三是“三八”妇女节组织女职工参观郭沫若纪念馆；四是协调女职工参加院工会组织的妇科体检。

**3. 努力提高工作效率，强化协调保障职能**

（1）充分发挥协调督办作用，做好局内工作完成情况的汇总上报，为领导科学决策提供依据。局各业务处室相互配合，认真做好“院三会决定事项”“院阅文批示督办”“督办例会决定事项落实情况”“院工作要点”“局创新工作要点”和局2016年度主要工作任务，共计180项工作任务办理情况的督查、汇总和报送工作。

（2）规范公文流转程序，对来文和局内工作文件做到及时登记、扫描、传阅及归档，保证整体工作务实高效运转。2016年共收发传阅机要文件230多份，院内文件415份，上网扫描文件近1702份，印发红头文件247份。

（3）配合办公厅保密办、信管办，做好财计局文书档案、计算机、网络等保密管理工作。完成财计局2016年度中国社会科学院网络安全检查评估、信息系统安全检查和2016年保密工作年度考核自评工作。按照公安部要求，配合信管办做好财计局信息系统等级备案工作，完成财计局关键信息系统检查工作。

# 离退休干部工作局

2016年，离退休干部工作局在院党组的领导下，认真学习领会党的十八届五中、六中全会精神和习近平总书记系列重要讲话精神，贯彻落实中办、国办《关于进一步加强和改进离退休干部工作的意见》和院党组《关于进一步做好离退休干部工作的意见》，按照王伟光院长“五个一样”“四个一流”的工作要求，加强和改进离退休干部思想政治建设和党支部建设，深入推进为党的事业增添正能量活动，强化管理和服务，全院离退休人员满意度不断提高，各项工作迈上新台阶。

## （一）深入学习贯彻党的十八届历次全会精神和习近平总书记系列重要讲话精神，离退休干部思想政治建设和党支部建设进一步加强

加强对离退休干部的教育引导。先后邀请知名专家学者分别作“两会”精神、中央《关于进一步加强和改进离退休干部工作的意见》、台湾政局与两岸关系、我国航空航天、十八届六中全会精神等学习辅导报告；组织离退休干部代表参加中组部举办的2次报告会；组织院直机关老同志到密云基地、通州区北京行政副中心和大运河森林公园参观考察，传达学习中央和全院重要会议精神。

2016年5月，中国社会科学院离退休干部党支部书记培训班在北戴河培训中心举办。

加强和改进离退休干部党支部建设。举办离退休干部党支部书记培训班，请原副院长、学部委员汝信介绍参加哲学社会科学工作座谈会情况，作当前意识形态工作报告，直属机关党委副书记孙伟平通报院党建工作情况，离退休干部工作局局长刘红作培训动员讲话，4位离退休干部党支部书记介绍支部工作经验，各处处长介绍业务政策和主要工作情况。与会人员自学了《习近平总书记系列重要讲话读本（2016版）》，分组讨论了学习习近平总书记重要讲话以及中央和我院相关文件精神的心得体会，交流了加强离退休干部两项建设的做法和经验；组织离退休干部党支部书记参加院专题报告会；完成中央国家机关工委的《进一步加强和改进中央国家机关离退休干部基层党组织建设工作的调查问卷》；按照全面从严治党的要求，指导院属各单位组织离退休干部党员开展“学党章党规、学系列讲话，做合格党员”活动，围绕纪念中国共产党成立95周年和红军长征胜利80周年，组织开展形式多样的主题党日活动，增强离退休干部党员的政治意识、大局意识、核心意识和看齐意识；组织院直机关13个离退休干部党支部活动30次；俄欧亚所离退休党支部的《利用网络媒体开展党支部工作的体会》、新闻所离退休党支部的《以阳光心态做好离退休党支部工作》分别荣获中央国家机关离退休干部支部工作方法推广会暨“支部书记谈党建”征文活动三等奖、优秀奖。

## （二）发挥离退休干部的独特优势，为党的事业增添正能量活动进一步深入

深入开展“展示阳光心态、体验美好生活、畅谈发展变化”活动。院属各单位组织了30余场、630余位离退休干部代表参加的专题座谈会，畅谈党的十八大以来以习近平同志为总书记的党中央带领全国人民，为实现“四个全面”战略布局所取得的巨大成就，表示“退休不褪色”，为党和人民的事业增添正能量；举办了中组部老干部局在中国社会科学院召开的“我看从严治党新气象”离退休干部调研座谈会。老同志提出的适当提高高级知识分子医疗待遇和增强党的自我净化能力等两项建议被中组部老干部局通过内部刊物《组工参阅》报送中央领导。此外，组织老同志为山东威海市总结提炼胶东“乳娘精神”，助力民族复兴（威海）教育基地

建设；选送部分老同志的书画摄影作品参加“桑榆金辉”杯中央国家机关老年大学教学成果展暨庆祝建党 95 周年和红军长征胜利 80 周年书画摄影展；组织老年时装协会参加国家机关工委举办的《光耀中华》文艺演出；开展纪念中国共产党成立 95 周年和红军长征胜利 80 周年摄影作品展览、诗词征集活动以及以“学讲话、谈变化、作贡献——纪念建院四十周年”为主题的纪念建院四十周年征文活动。

组织离退休专家学者发挥科研优势，为哲学社会科学事业作贡献。批准 2016 年离退休专家学者科研项目 17 项、学术出版资助项目 15 项。进行了 2017 年度老年科研基金科研项目、出版资助项目及第七届离退休人员优秀科研成果奖的申报评审工作；评审结项老年科研项目 17 项，有 7 项获优秀等级；对 63 位离退休专家学者 2015 年度在“四报一刊”、《要报》和有关学术期刊上发表的 114 篇理论文章、对策研究报告和学术论文给予后期资助，资助金额 26.7 万元；在首都图书馆“社科讲堂”举办了 9 场讲座。

## （三）用心用脑用情，离退休干部服务保障水平进一步提高

落实离退休干部生活待遇，扎实做好特困老同志帮扶工作。发放离退休人员补助。其中，高龄补助 1154 人次，长征基金补助 6914 人次；发放离休干部护理费、老红军补助等。

走访看望老同志。元旦、春节、老年节期间，走访慰问老领导、老红军、退休学部委员、荣誉学部委员、离退休干部党支部书记、老年协会负责人、生活特困和医疗困难人员、近三年新退休老干部工作人员共计 301 人。

做好离退休人员养老服务工作。实地考察部分京郊养老机构，解答老同志的生活待遇、医疗政策咨询，为老同志就医养老提供服务。

2016年10月，中国社会科学院在社科会堂举办六部委离退休老同志“金秋十月”文艺演出。

做好院直机关离退休人员服务管理工作。发放元旦、春节、五一、十一节日慰问品；组织老同志体检；走访慰问老空困卧及生病住院老同志；协助去世老同志家属做好后事料理工作。

## （四）搭建符合老同志特点的多种平台，离退休干部精神文化生活进一步丰富

打造老同志活动品牌。召开 2016 年离退休人员迎新年茶话会；举办第 28 届老年运动会；

举办六部委离退休老同志“金秋十月”文艺演出；组织老同志赴苏北、山东乳山、福建泉州健康休养。

加强老年协会和宿舍区活动站的管理和服务。完成部分老年协会领导班子的换届和调整工作，为协会开展活动提供保障和服务；加强活动站建设，充实活动站的管理力量；组织召开老年协会和宿舍区活动站工作经验交流会；各老年文体学术协会开展丰富多彩的经常性活动。

### （五）强化组织领导和局自身建设，离退休干部工作水平进一步提升

加强对离退休干部工作的组织领导。院党组印发《关于进一步做好离退休干部工作的意见》，为做好离退休干部工作提供了制度保障。召开全院 2016 年度离退休干部工作会议，院长、党组书记王伟光强调要像对待自己的父母那样，重视、尊重、爱护、帮扶、依靠老同志，副院长、党组成员蔡昉提出做好离退休干部工作的要求，局长刘红作工作报告。会议表彰了 2014—2015 年度离退休干部工作先进单位、2015 年度离退休干部工作达标单位。院离退休干部工作领导小组召开会议，研究和决定离退休干部工作有关重大事项。

强化离退休干部工作人员队伍建设。举办离退休干部工作人员培训班。进行了老干部工作先进集体和先进工作者评选工作，在《中国社会科学报》选登部分老干部工作先进集体、先进工作者事迹。

注重对院属单位的指导与服务。坚持联系片制度，召开联系片老干部工作人员座谈会，加强与各所的沟通联系和工作指导；召开院离退休干部联系小组会议，征求老同志的意见和建议，增强决策科学性。

加强局自身建设。以党建统领全局工作。发挥局党总支战斗堡垒作用，组织学习领会党的十八届历次全会精神和习近平总书记系列重要讲话精神，贯彻落实中办、国办和院党组有关文件精神，开展“两学一做”学习教育，增强“四个意识”。重视离退休干部意识形态工作，加强党风廉政建设，发挥纪检委员的监督作用，强化责任意识。开展党费收缴工作专项检查，补缴党费。发展预备党员；组织青年恳谈会，促进了青年同志素质和能力的提高；加强离退休干部工作制度建设，修订《老干部工作局规章制度汇编》（2007 年版）；完成工作人员人事档案审核、年终考核、创新工程后期资助目标报偿发放等工作，认真做好保密机档工作；重视宣传信息工作，及时更新维护全院离退休人员数据库和局网站信息，定期编发《离退休干部工作简讯》《老年科研》，向《中国老年报》《中国社会科学报》（社科院专刊）投送报道稿。

## 直属机关党委

2016 年，在院党组的坚强领导下，直属机关党委全面贯彻党的十八大和十八届六中全会

精神，深入贯彻习近平总书记系列重要讲话精神和治国理政新理念新思想新战略，按照中央巡视组提出的整改要求，坚定不移推进全面从严治党，以改革创新精神全面加强中国社会科学院党的建设，各项工作取得显著成效。

### （一）把学习贯彻党的十八届六中全会精神作为重大政治任务，与以习近平同志为核心的党中央保持高度一致

根据院党组要求，直属机关党委认真做好学习贯彻六中全会精神各项工作。

1. 组织所局级领导干部集中学习。组织学习贯彻六中全会精神党组中心组学习扩大会议，举办学习贯彻六中全会精神局级领导干部读书班，院党组书记、院长王伟光作动员报告，对中国社会科学院学习贯彻六中全会精神，落实全面从严治党要求作出总体部署，提出明确要求，院党组副书记、副院长王京清作总结讲话。党组成员和所局级领导干部认真学习全会精神，对如何把全面从严治党的要求转化为哲学社会科学创新的动力进行深入研讨，切实增强了政治意识、大局意识、核心意识、看齐意识。

2. 深入开展全院宣讲活动。为进一步推动全院干部职工深入学习全会精神，成立由中国社会科学院专家学者和党务工作者组成的学习贯彻六中全会精神宣讲团，到院属 30 家单位深入开展宣讲，取得了良好效果。不少干部职工表示，通过宣讲辅导，对全会精神有了更清晰的认识和更深刻的理解。

3. 推动各单位广泛学习。院属各单位积极安排党委中心组学习，把学习六中全会精神作为学习的重要内容；通过党委书记带头讲党课、举办报告会、讲座论坛等方式，推动全体党员广泛学习。科研部门围绕全会精神，列出重点选题，组织骨干力量开展深入研究。社科网、社科报等媒体开设学习六中全会精神专栏专版，组织刊发了一批学习和阐释文章，营造了浓厚的学习氛围。

在中央国家机关学习宣传贯彻党的十八届六中全会精神动员部署会暨贯彻落实全面从严治党要求党组（党委）书记座谈会上，王伟光作书面交流发言，介绍中国社会科学院学习贯彻六中全会精神和全面从严治党进展及收获，得到中央国家机关领导的高度肯定，充分展示了中国社会科学院学习宣传贯彻六中全会精神取得的成效。

### （二）深入开展“两学一做”学习教育，坚定正确的政治方向和学术导向

“两学一做”学习教育是继党的群众路线教育实践活动、“三严三实”专题教育之后，深化党内教育的又一次重要实践，是建立全面从严治党长效机制的重要举措。院党组高度重视在全院开展“两学一做”学习教育，专门召开党组会，研究制定“两学一做”学习教育《实施方案》；召开全院动员会，王伟光作专题党课报告，对开展“两学一做”学习教育进行全面动员与部署。院党组明确提出，要把“两学一做”学习教育与学习习近平总书记“5·17”

重要讲话精神结合起来，与学习马克思主义结合起来，坚持马克思主义的指导地位，牢牢把握正确的政治方向和学术导向。根据院党组的部署，直属机关党委认真组织开展我院“两学一做”学习教育。

1. 做好党组中心组学习的组织与宣传。党组制订了党组理论学习中心组“两学一做”专题学习年度计划。党组成员将学习与研究相结合，积极撰写理论文章，王伟光在《求是》等党刊发表《不断推进理论创新是我们党的重要法宝》等多篇理论文章，王京清在《人民日报》发表《让人民听到党的主张和声音》理论文章，体现了院党组理论学习中心组学习的质量和水平。直属机关党委认真做好党组理论学习中心组学习的总结、报送和宣传工作，充分发挥党组理论学习中心组的带头示范作用。

2. 推动所局领导干部深入学习。在党组的示范带动下，院属各单位把“两学一做”学习教育和习近平总书记“5·17”重要讲话精神列入党委中心组学习的重要内容，党委中心组成员结合各自专业，积极撰写学习体会文章，在院内外媒体发表。直属机关党委根据各单位报送的党委中心组学习成果，编印《坚持以马克思主义为指导 加快构建中国特色哲学社会科学》成果汇编，根据院党组要求，该成果汇编将在纪念习近平总书记“5·17”重要讲话发表一周年之际正式出版发行。

3. 举办读书班培训班强化学习。连续第六年举办全院所局级领导干部马克思主义经典著作读书班。王伟光同志作动员报告，王京清作总结讲话，全院 200 多名所局级领导干部分 2 期参加学习。连续第三年举办处室干部“千人大培训”，分 6 期对全院 1000 多名处级领导干部及研究室负责人进行培训。培训班将研读原著、学习研讨、交流工作体会有机结合，受到大家的一致好评。“千人大培训”被评为中央国家机关工委“优秀学习品牌”。

4. 以点带面推动全院广泛学习。根据院党组要求，举办“经济学部处级以上领导干部及研究室负责人学习马克思主义政治经济学培训班”“学习贯彻习近平总书记在党的新闻舆论工作座谈会上的重要讲话精神编辑人员学习班”“中特中心思想理论写作组培训班”、党校处室干部进修班、入党积极分子培训班等。通过举办各类培训班、学习班，推动全院学习不断向深度和广度发展。

在中组部“两学一做”督导二组和中央国家机关工委在中国社会科学院召开“两学一做”学习教育调研座谈会上，中国社会科学院作经验交流发言，得到了中央国家机关工委副书记和中组部督导二组组长的高度肯定。

### （三）以开展建党 95 周年、红军长征胜利 80 周年纪念活动为契机，深入开展理想信念教育

院党组以开展建党 95 周年、红军长征胜利 80 周年纪念活动为契机，深入开展理想信念教育，号召全院干部职工不忘初心、继续前进，为加快构建中国特色哲学社会科学而努力。直

属机关党委根据院党组要求，开展系列纪念活动。

1. 开展纪念建党95周年系列活动。一是举办庆祝中国共产党成立95周年大会，王伟光同志作重要讲话，表彰了中国社会科学院优秀党员、优秀党务工作者和先进基层党组织，总结交流了中国社会科学院党的建设工作经验。二是深入学习习近平总书记“七·一”重要讲话，党组成员带头认真学习，积极撰写理论文章，王伟光发表《坚持不忘初心 坚定理想信念》理论文章，王京清发表《坚持全面从严治党，不断把党的建设新的伟大工程推向前进》理论文章，营造了浓厚氛围。三是开展“习近平总书记全面从严治党思想”主题征文活动，举办“中华魂·家国情深”建党95周年赛诗会，参加中央国家机关工委“两优一先”评选，参加中央国家机关工委组织的党史知识竞赛等活动，不断把全院纪念活动推向高潮。

2. 开展纪念红军长征胜利80周年系列活动。一是王伟光带头撰写理论文章《弘扬长征精神　凝聚中国力量》，在中央主要媒体发表。二是组织青年学者开展“不忘初心　走好新长征”国情考察，赴四川省泸定县和陕北吴起县、志丹县、延安市等地实地调研。三是组织学者参观“英雄史诗　不朽丰碑——纪念中国工农红军长征胜利80周年主题展览”，参加中央国家机关纪念红军长征胜利80周年文艺演出活动等。

3. 深入开展理想信念教育。举办“学习党史知识　加强党性修养　做合格党员”专题报告会，邀请中央文献研究室原常务副主任金冲及作专题报告，在全院引起强烈反响；组织开展“情系老区　奉献爱心”捐书活动；组织观看大型专题片《永远在路上》。通过多种方式积极探索理想信念教育的有效方式。

### （四）履行全面从严治党主体责任，增强党组织的战斗力和凝聚力

按照院党组要求，推动院属各单位党组织认真履行全面从严治党主体责任，切实加强党委领导班子建设，加强基层党支部建设，建立健全党建考核与监督机制。

1. 加强党委领导班子建设。一是修订完善《中国社会科学院研究所党委工作条例》和《中国社会科学院研究所所长工作条例》，明确党委会议事规则，党委领导班子决策程序等。二是做好研究所（直属单位）党委和纪委换届工作，完善换届程序，严格换届流程。三是做好党建述职评议考核工作，重点考核党委班子议事制度执行情况、党委中心组学习情况、全面从严治党主体责任落实情况等。通过加强党委领导班子建设，切实增强党对哲学社会科学的领导。

2. 加强基层党组织建设。一是选优配强党支部书记，把推进党支部建在研究室上作为加强基层党支部建设的重要抓手，在研究室科研人员中选优配强党支部书记、抓好党支部理论武装、落实“三会一课”等制度。二是在社会组织中组建党组织，推动我院学会、协会、非实体研究中心，根据实际情况组建党支部或组建联合党支部。三是对党员组织关系、基层党组织按期换届情况、党费收缴工作、党支部组织党员开展学习情况进行了专项检查，形成台账，列出问题清单。四是做好党内统计、党费管理、发展党员等日常工作。通过加强基层党组织建设，

充分发挥基层党组织的战斗堡垒作用，充分调动每名党员干部的工作积极性。

3. 严肃认真开展党内政治生活。一是做好院党组年度民主生活会相关工作，对照《关于新形势下党内政治生活的若干准则》，广泛征求意见，做好联络协调等各项工作。二是做好院属各单位领导干部民主生活会的督导工作，成立 7 个督导组，对全院各单位民主生活会进行督导。院党组成员根据党风廉政建设分工，指导和参加有关单位领导班子民主生活会，切实提高民主生活会的质量。

4. 推动职能部门作风转变。一是开展院职能部门和有关直属单位 2015—2016 年度“文明窗口”评选工作。二是在院工作会期间，完成机关作风建设群众评议工作。三是做好相关信访工作。通过这些举措，为机关反“四风”、转作风奠定良好的群众基础。

### （五）落实巡视整改任务，持续抓好建章立制

围绕中央全面从严治党的重大部署，院党组以落实中央巡视组提出的整改任务和“中央八项规定”精神落实情况专项巡视整改任务为契机，抓好整改落实和建章立制工作，推进全面从严治党各项工作的落实。

1. 落实中央巡视整改任务。认真梳理党建存在的问题，从党委领导班子建设、党组织负责人配备、党组织生活内容、党组织活动载体、追责问责等存在的薄弱环节，逐条提出有针对性的整改措施，切实做到条条有整改，件件有着落，事事有督办。

2. 完成中央八项规定精神专项巡视整改任务。针对中央国家机关工委对中国社会科学院落实“中央八项规定”精神专项巡视提出的整改意见，重点对党组织建设、党委领导下的所长负责制、换届选举工作、公款旅游、违规发放购物卡等问题进行整改，形成整改报告。在整改基础上，举一反三、深刻反思，不折不扣地完成了专项巡视整改任务。

3. 持续抓好建章立制工作。制定《中国社会科学院党组关于落实全面从严治党　切实加强党的建设的意见》及《实施细则》，对全面从严治党作出全面部署，并开展督办检查。制定《关于进一步规范院属单位党组织和纪检组织换届工作的意见》《关于院属单位党组织在编辑出版工作中加强政治把关的意见》，印发《关于对全院预备党员未按时间转正情况进行自查自纠的通知》，不断推进制度建设，做到有制度、有检查，确保整改任务落到实处。

### （六）坚持围绕中心、服务大局，大力加强统战和工青妇工作

统战工作和群团工作是我们党事业的重要组成部分。按照院党组要求，认真贯彻落实中央统战工作会议精神和群团工作会议精神，大力加强统战和工青妇工作。

1. 扎实做好统一战线工作。一是做好中央统战工作领导小组来中国社会科学院调研检查相关工作，两名中央统战部副部长先后到中国社会科学院开展调研，对全院统战工作给予高度评价。二是组织召开中国社会科学院全国人大代表和全国政协委员座谈会，做好议案提案整理

工作。三是组织院内全国人大代表、政协委员和党外专家学者分别赴云南、湖南开展国情调研。四是做好党外人士教育培训和党外人才推荐工作。中国社会科学院被中央统战部评为信息报送先进单位，王伟光同志对统战工作给予高度肯定。

2. 切实关心职工生活。积极贯彻落实全国总工会“关于工会经费使用办法”相关政策，保障全院职工应享有的福利待遇。开展慰问困难职工活动，完成全院困难职工补助款项拨付工作，发放困难职工慰问金40余万元。扎实做好职工子女入学工作，在各方共同努力下，共帮助院内职工101人解决子女入学问题。

3. 充分发挥青年生力军作用。院团委以服务青年成长成才为重点，充分发挥青年在创新工程中的生力军作用。一是组织全院青年开展学习党章党规和习近平总书记系列重要讲话精神活动。二是积极参与首届亚非青年联欢节等活动，配合有关单位开展青年学术外交和外宣工作。三是参与中央国家机关“根在基层”调研实践活动，组织全院青年开展社会调研活动。通过这些举措，为青年学者搭建成长交流平台，受到大家的好评。

4. 积极开展适合女职工特点的活动。举办“家训家风与习惯养成”专题报告会；开展“我为国家工作　家人为我自豪”主题家庭日活动；积极参加全国妇联开展的评选活动，1个家庭被评为“全国五好文明家庭”，2个家庭被评为“全国最美家庭”。通过这些活动，积极用社会主义核心价值观引领家庭文明建设。

### （七）加强自身建设，不断提高党建工作科学化水平

打铁还需自身硬。加强自身建设是推动中国社会科学院全面从严治党要求落到实处，不断提高党建工作科学化水平的重要前提。直属机关党委坚持从严律己、从严带队，为做好各项工作提供坚强保证。

1. 加强政治理论学习。作为全院政治理论学习的牵头单位，尤其重视加强自身理论学习。为学深悟透中央精神，将院党组提出的抓学习任务落到实处，领导班子采取平时学与集中学相结合、读讲话与看文件相结合、自学与交流相结合的方式组织大家学习，要求大家在学习中，紧密结合工作、深入思考和研究实际问题，确保学习取得实效。

2. 加强制度建设和队伍建设。完善领导班子会议、处室工作例会、全体人员会议等会议制度，提高工作效率；重大事项集体研究决策。树立正确的用人导向和激励机制；加强对青年干部的培养选拔使用，打造一支富有朝气，特别能打硬仗的干部队伍。

3. 加强党建理论研究。一是编撰出版全国第一本党建蓝皮书《党的建设研究报告No.1(2016)》。二是完成全国党建研究会交办和院领导交办课题，通过加强党建研究，不断提升对党建工作的规律性认识。三是以全国党建研究会换届为契机，大力推荐党建理论研究骨干担任全国党建研究会特邀研究员。通过加强党建理论研究，提高对党建工作的全局认识与把握能力。

4. 加强阵地建设。办好《社科党建》《党的工作简报》《统战学习活页》等，提高选稿用稿质量，增强刊物影响力。加强党建工作信息化建设，将直属机关党委网站建设成为全院党员干部群众的理论宣传平台和学习交流平台。

### （八）直属机关党委创新工程工作

2016 年 12 月，直属机关党委按照《中国社会科学院职能部门和部分单位创新工程实施方案（试行）》的文件要求，直属机关党委顺利完成了竞聘工作。按照院创新办审批结果，2017 年，直属机关党委共有 21 位同志进入创新工程，其中常务副书记崔建民同志、直属机关纪委书记王晓霞同志为首席管理。

### （九）评奖与表彰

直属机关党委组织撰写的《加强机关党员理想信念教育问题研究》被评为 2016 年度全国机关党建课题研究成果优秀奖。院妇工委在 2016 年度中央国家机关“家风建设在行动 · 家庭助廉”活动中，获得“主题家庭日优秀案例”奖。直属机关党委课题组完成的《当前民主党派成员尤其是新一代成员的主要思想特点和整体思想态势研究报告》在中央统战部民主党派工作调研报告评比中获得二等奖。

## 基建工作办公室

2016 年，基建工作办公室紧紧围绕院党组指示和院“三会”精神，以创新工程任务为抓手，在院领导的支持、关心和帮助下，经过全体同志的共同努力，完成了年初制定的创新工程任务目标和临时追加的任务。

### （一）院重大基本建设工程项目取得成效

2016 年，基建工作办公室负责的院重大基本建设任务共有 4 大项：一是东坝职工住宅建设前期手续；二是科研与学术交流大楼拆迁项目；三是史学部科研技术业务用房翻扩建项目；四是协助研究生院扩建研究生宿舍项目前期手续办理工作。

1. 东坝职工住宅项目前期推进工作取得成效。成立东坝项目住宅项目建设指挥部开展统一工作部署，项目前期手续已取得北京市规划委员会批复的《规划方案复函》，正在办理《规划许可证》，与朝阳区水、电、热力等配套设施部门沟通初步设计方案；完成法律顾问、设计、地勘招标，已启动项目监理、施工招标。

2. 科研与学术交流大楼项目。受国家政策影响，科研与学术交流项目追加拆迁安置资金未得到国家发改委批复，为此，院里提出用该项目建设用地与北京市政府置换位置适宜、面积相当的办公楼一处，以保证科研事业发展需要，目前置换申请已经报北京市人民政府，相关沟通协调工作正在推进。项目的善后事宜，包括司法应对、拆迁区域维稳、消防安全、环境整治等正在进行。

3. 史学部科研技术业务用房翻扩建项目。受京津冀规划大环境的影响，项目前期立项等手续正在办理中。

4. 协助研究生院扩建研究生宿舍项目前期手续办理工作取得进展。该项目拟在基建工作办公室 2012 年为研究生院争取的 75 亩后勤用地上建设，按办校规模 4000 人规划，申报建设规模 44608 平方米。该项目规划选址意见书已报北京市规划委员会等待批复。

## （二）房修任务稳步推进，取得较好效果

2016 年共推进修缮项目（含 2015 年结转项目）17 项，其中：年内完成 9 项，正在组织施工 4 项，积极推进立项及前期工作 4 项，完成院领导交办的工作任务 10 余项。

**1. 年内完成的工程项目**

2016 年已完工项目分别是“科研楼西段施工改造”“法学所西小楼整修”“民族所办公楼维修”“考古所科研楼外檐及防火幕墙整修”“拉美所办公用房修缮”“院部 4 号楼东配楼危房加固改造”“郭沫若纪念馆地下展厅防水、屋檐雨水槽”“考古所河南、新疆工作站房屋维修及环境整治工程改造”等项目。

**2. 正在实施的项目**

2016 年开工按工期需跨年度的施工项目分别是“院部电力增容项目”“考古所科研楼地下车库改造项目”“昌运宫职工老旧小区改造项目”“车公庄职工老旧小区改造项目”等项目。

**3. 正在推动前期工作的项目**

2016 年列入计划正在进行设计工作或前期招标手续的项目分别是“院部学术报告厅加固改造项目”“研究生院望京校区修缮工程”“院部 1 号楼加固及整修项目”。

**4. 院领导交办工作**

2016 年完成院领导交办任务 10 余项，其中包括编制 2017 年项目申报预算、2017 年项目评估工作、社科会堂灯具等的抢修、老旧小区系统调研等项目，还有图书馆 301 房间、二层展厅、一层出入口改造项目和科研楼贵宾厅、5 号会议室改造等项目。

## （三）行政后勤保障工作扎实有效

一是完成了日常公文流转、“三会”的联络通知和上会资料的准备工作；完成 2016 年工作总结及 2017 年工作计划、2016 年党风廉政工作总结等；整理主任办公会纪要 10 期。

二是创新工程工作。组织了 2016 年度创新工程管理岗位绩效考核，发放创新工程报偿，制定 2017 年创新工程实施方案并开展 2017 年创新岗位竞聘工作。

三是人事工作、资产管理、消防安全等日常工作有序推进。

## （四）抓好党风廉政建设，转变工作作风

建立长效学习机制，加强党风廉政建设，不断增强党员干部的政治意识、大局意识、核心意识、看齐意识，始终与以习近平总书记为核心的党中央保持高度一致，营造风清气正的工作氛围。

**1. 深入学习贯彻中央精神**

建立长效学习机制，把学习贯彻党的十八大、十八届五中、六中全会精神和习近平系列重要讲话精神作为党总支重要政治任务，每周组织党员干部学习，深入开展“两学一做”学习教育；开展党日活动，增强党性教育；开好领导班子民主生活会。

**2. 落实审计和巡视整改任务，建章立制，规范基本建设工作秩序**

一是落实审计和巡视整改任务。对国家方志馆建设项目存在的问题进行专项清理；组织开展了全院基本建设项目自查自纠工作；制定基建工作办公室纪律建设职责清单，进一步规范基本建设程序。二是加强党风廉政建设，坚决贯彻执行中央八项规定。三是发挥基建办纪检小组的监督作用，对招标项目严格把关。

# 三　院直属单位工作

## 中国社会科学院研究生院

### （一）人员、机构等基本情况

**1. 人员**

截至2016年年底，研究生院共有在职人员123人。其中，正高级职称人员10人，副高级职称人员16人，中级职称人员29人；高、中级职称人员占全体在职人员总数的45%。

**2. 机构**

研究生院设有：院办公室（校友会办公室）、党委办公室/人事处、教务处、网络中心、招生与就业处、研究生工作处、财务处、学位办公室、国际交流与合作处、总务处、保卫处、基建处、综合协调办公室、本科办学筹建办公室、图书馆、学报编辑部、马克思主义理论与基础课教学部、外语教研室、政府政策系与公共管理系、工商管理硕士教育中心、公共管理硕士教育中心、社会工作硕士教育中心、税务硕士教育中心、金融硕士教育中心、文物与博物馆硕士教育中心、法律硕士教育中心、马克思主义学院、继续教育学院、国际文化教育中心、研苑物业服务中心、东盟学院、深圳研究院等33个部门。

截至2016年年底，研究生院共有在校生3426人。其中，中国内地博士研究生1531人，硕士研究生1804人；港澳台地区博士研究生56人，硕士研究生3人。外国留学生中，博士研究生26人，硕士研究生6人。

另有继续教育课程班在校生1639人。其中，课程班1040人，高级课程班599人。

### （二）招生录取与教学管理工作

**1. 招生就业工作**

2016年，研究生院硕士研究生统考报名1744人，录取750人（含接收推免生77人）。博士研究生报名2285人，录取445人（含硕博连读生11人）。2016年研究生院录取的硕士生中，学术型硕士生180人，专业学位硕士生570人，其中，法律硕士（非法学）107人，法律硕士（法学）41人，工商管理硕士152人，社会工作硕士47人，公共管理硕士76人，金融硕士57人，税务硕士45人，文物与博物馆硕士45人。

2016 年，研究生院组织的就业指导类活动主要包括：一是与院外专业培训机构合作，免费为毕业生开办为期一周的“公务员考试辅导培训班”；二是充分利用高校毕业生就业指导中心的资源举办了简历制作、面试技巧、职业规划等 6 场就业指导讲座，组织召开 8 场用人单位招聘会；三是开展人性化、个性化的日常就业指导与服务，为毕业生提供就业政策、就业知识、就业技巧等方面的指导咨询 2000 多人次，收到了较好的效果。截至 2016 年年底，研究生院毕业生就业率为 86.7%。

**2. 学位授予与学科专业设置工作**

2016 年 6 月，研究生院学位评定委员会第十届三次会议审议决定，授予 317 人博士学位，授予 277 人硕士学位（含以同等学力申请学位 103 人），授予 661 人硕士专业学位。2016 年 12 月，研究生院学位评定委员会第十届四次会议审议决定，授予 91 人博士学位（含以同等学力申请学位 1 人）。2016 年，研究生院共授予学位 1346 人，科学学位研究生 685 人，其中获博士学位研究生 408 人（含以同等学力申请学位 1 人）、硕士学位研究生 277 人（含以同等学力申请学位 103 人），专业学位硕士研究生 661 人。截至 2016 年年底，研究生院共授予学位 14915 人，其中，博士学位 4862 人，硕士学位 6162 人，硕士专业学位 3891 人。

在学科建设方面，研究生院设置了 6 个学科门类，15 个博士学位一级学科、17 个硕士学位一级学科，108 个博士学位二级学科（含 18 个自主设置的博士学位二级学科）、109 个硕士学位二级学科（含 13 个自主设置的硕士学位二级学科），有北京市重点学科建设 5 个。

**3. 教学与教学管理工作**

2016 年两个学期，研究生院共开设课程 63 门，其中包括：18 门公共课、9 门学部专业基础课、36 门选修课。2016 年通过学生问卷调查、院领导听课、学术秘书听课、学生座谈会等方式，对研究生院院内开设的公共课、专业基础课和选修课进行了教学质量评估。共评估了 75 门课程、312 位老师，评选出了 2016 ～ 2017 学年教学突出贡献奖和优秀教学奖，共有 2 位教师获得教学突出贡献奖、5 位教师获得优秀教学奖。

2016 年，研究生院内开设的 61 门课程评聘了 64 个课程助理，并分别于 3 月和 9 月组织召开了“课程助理培训会”，明确课程助理岗位职责，组织课程助理学习多媒体讲台操作，保证为授课教师做好服务。督促教学研究部学术秘书做好学部专业基础课开设，审核各学部秘书上报学部专业基础课教学计划，督促学术秘书对其负责的学部专业基础课听课 3 次以上，填写学术秘书听课记录表。

2016 年，研究生院还整理编印《学术讲座荟萃》109 ～ 110 辑。2005 ～ 2010 年研究生院立项的 95 部教材中，已经提交给出版社 63 本，正式出版 53 本。2016 学年给出版社发送了 2 本教材定稿：《人口资源与环境经济学》和《技术经济学》。

2016 年，研究生院评选表彰了 15 篇“2015 年研究生院优秀博士学位论文”的作者、导师及相关教学系。

**4. 博士后管理工作**

研究生院博士后流动站于2013年10月建立，同时成立了研究生院博士后工作领导小组和博士后管理办公室，与科研办公室合署办公。制定了《研究生院博士后工作管理办法》《研究生院博士后进站程序》《研究生院博士后出站程序》《关于“延期在站博士后”相关管理规定的通知》等相关管理制度及其管理细则。2016年，研究生院招收博士后研究人员共2人，均为国家资助博士后。

## （三）研究生教育管理工作

2016年，研究生院进一步抓好研究生党、团组织建设，建立健全研究生管理制度，加强对研究生会工作的领导，开展团员评优等丰富多彩的主题活动。为进一步增强研究生思想政治教育，举办了“一二·九”“九·一八”“2016年度入党积极分子培训班”等系列教育活动；为丰富校园文化活动，举办了“新生系列体育比赛”“英语辩论赛”“元旦晚会”等文体活动；筹建了校园广播台。同时，组织代表参与房山区团委组织的社会调研活动，组织志愿者参与“一带一路”国际葡萄酒大赛以及其他相关活动，倡导研究生的创新精神和实践能力。

2016年，为了进一步完善研究生院奖助学金管理体系，激励在校研究生勤奋学习，潜心科研，勇于创新，基于“奖优”“助困”的原则，制定了《中国社会科学院研究生院奖助学金管理实施方案（试行）》和《中国社会科学院研究生院国家助学金管理办法》。2016年，完成了2016年度研究院新生奖学金、二三年级奖学金和国家奖学金评审工作。其中，获得2015—2016学年新生奖学金的有390人；二三年级奖学金的有657人，共发放奖学金582.2万元；获得2016年度国家奖学金的有87人，共计217万元。为了解决在读期间因家庭经济困难或其他特殊原因而产生的临时生活困难，在完成2016年研究生特困补助申报评审工作基础上，还为研究生院教务处、图书馆、国际合作处、研究生工作处、总务处等部门招聘三助岗位学生120名。

## （四）专业硕士学位教育工作

**1. 公共管理硕士（MPA）教育工作**

2016年，MPA教育中心共录取154人，其中，全日制共77人，毕业131人。MPA教育中心继续围绕“打造中国最顶级的MPA专业学位教育品牌”这一核心战略目标，有侧重、有层次地展开工作：一是加大成果出产。中心策划编辑了《学生优秀案例集》《领导力系列讲座文稿》《自我管理》。二是打造最顶级的MPA微信传播平台，加大原创力度。三是调动学生积极性，以“突出领导力能力训练”为核心继续开展活动。成立领导力训练督导员团队，设置学生领导力提升档案，加强对学生领导力的训练。四是从员工工作需求、能力提升、解决工作中的实际问题出发，开展具有针对性的员工培训。

### 2. 工商管理硕士（MBA）教育工作

2016年，MBA教育中心获得第十六届中国MBA发展论坛“十大优秀联合会”、新华网“社会影响力MBA院校”、“尖峰时刻”中国区总决赛二等奖及最佳风尚奖和最佳指导教师奖、“2016国际企业管理挑战赛（GMC）”中国赛区全国比赛三等奖等荣誉。统考报名共计225人，录取146人，其中，提前面试114人，正常批次面试233人，第一志愿录取49人，考录比为4.59∶1，面试与录取人数比例为2.38∶1。151名学生参加论文答辩，143人通过，通过率94.7%，毕业143人，就业率为97.9%。年底在校生人数为330人。

2016年，MBA教育中心狠抓教学质量，推进专业内涵建设。在教学管理方面，优化专业建设，调整课程结构；加强和完善各项教学制度；认真完成教育部学位与研究生教育发展中心开展的专业学位水平评估工作。在学科建设方面，着力于教师培训，通过开展案例教学公开课、“案例沙龙”等推进新型案例教学开展和案例开发。在课程开设方面，加强社会主义市场经济理论与实践等精品课程建设；同时注重实践教学和企业家大讲堂等第二课堂教育。2016年，成功举办了第十六届中国MBA发展论坛等，并组织学生参加创业大赛、企业模拟挑战赛等文体和学术活动；共评选出新生奖学金12人、国家奖学金6人、学业奖学金29人；成功派遣多名交换生赴荷兰蒂尔堡大学和台湾暨南大学学习，与蒂尔堡大学共同开展双学位项目；与杜兰大学合作，成功派遣学生赴美参加杜兰大学EMBA国际周项目学习；与美国密苏里州立大学达成合作双学位项目意向。

### 3. 社会工作硕士（MSW）教育工作

2016年，MSW教育中心统考报名共计135人，录取47人，其中，推荐免试考生6人，一志愿考生录取41人；44名学生参加论文答辩，通过率100%，毕业44人，就业率为100%。年底在校生人数为94人。

2016年，社工中心紧紧围绕提高社工硕士研究生培养质量的主线，转变教学理念，实行教学方法改革，将传统的讲授式教学与体验式教学和案例教学相结合，将实验室教学和实地教学相结合，逐步实现了教学方式的多元化，并聘请国内外的知名专家学者开设社工学术讲座和社工实务讲座十余场。2016年，社工中心评选国家奖学金获奖2人，金额为4万元，新生奖学金获奖8人，金额为2.1万元，专业奖学金获奖8人，金额为1.95万元。

### 4. 金融硕士（MF）教育工作

2016年，金融硕士教育中心统考报名共计60人，录取67人，其中，推荐免试考生9人，一志愿考生录取11人，调剂考生47人；63名学生参加论文答辩，通过率98.4%，毕业62人，就业率为98.4%。年底在校生人数为121人。

2016年，MF教育中心在课程设置上不断完善课程体系，创新课程形式，切实提高课程质量，基本涵盖了全国金融教指委要求的主干课程。在教学内容上，MF教育中心更加突出专门性、实用性与趣味性，在讲授基本知识的基础上加大了案例分析的比重并开展实地教学，如

2015—2016学年第二学期，中心开设了选修课程《巅峰对决——银行管理实景沙盘课程》，该课程旨在通过电子化便携平台，让学生有机会亲身体验银行工作流程，从实践中培养发现问题以及解决问题的能力。

**5. 税务硕士（MT）教育工作**

2016年，MT教育中心计划招收45名学生，实际招生45人。其中，推荐免试的报考人数为35人，实际录取人数为14人；统考报名共计54人，录取31人。41名学生参加论文答辩，通过率100%，毕业41人，就业率为95.1%。年底在校生人数为90人。

2016年，税务硕士教育中心各项工作顺利开展。教学开展过程中，为保障培养质量，MT教育中心修订了教学质量评估方案、实习暂行规定、2016级培养方案等相关文件，专门增设了《税收分析与纳税评估》《营改增专题》《税收征管专题》《税务稽查专题》等课程，正式出版了《税务管理新论》教材，并用于2016级新生课堂教学。2016年，受北京注册税务师协会的委托，MT教育中心与合作单位共同开展了三期四个班次的“营改增”专题培训，培训效果良好，得到了广大学员和北京注册税务师协会的好评。

**6. 文物与博物馆硕士（MCHM）教育工作**

2016年，文物与博物馆硕士教育中心2名学生获得国家奖学金荣誉称号，2名学生获得北京市优秀毕业生荣誉。文物与博物馆硕士教育中心统考报名共计106人，录取50人，其中，文物鉴定与修复专业方向22人，博物馆与文化遗产管理专业方向22人，故宫学专业方向6人；42名学生参加论文答辩，通过率100%，毕业42人，就业率为61.9%。年底在校生人数为90人。

2016年，在文化部非物质文化遗产司的大力支持下，为培养高层次的文化遗产传承与保护专业人才，建设高水平的中国非物质文化遗产与传统技艺保护学科，研究生院与文化部恭王府管理中心合作，招收首届“中国非物质文化遗产与传统技艺保护”专业子方向全日制硕士研究生。该方向设置于文博中心“博物馆与文化遗产管理”专业方向，学制二年，和国家非物质文化遗产展示基地、文化部恭王府中华传统技艺研究与保护中心联合开展教学工作。

**7. 法律硕士教育中心教育工作**

2016年，法律硕士专业学位教育中心继续保持稳定发展。全日制法律硕士（法学）研究生和法律硕士（非法学）研究生统考报名共计459人，录取148人，其中，法本法硕研究生报名141人，非法本法硕研究生报名318人。共有199名学生参加答辩，实际毕业198人，通过率99.5%。其中，全日制法律硕士毕业生144人，就业率95.1%，升学率2%。2016年年底，在校生人数为526人。

2016年，法律硕士中心开展的主要工作有：教学管理方面，更加严格了学生考勤制度，建立了班主任和任课老师双层监督机制；完善了课前任课教师提醒确认制度；继续施行值班老师责任制。学科建设方面，继续坚持实施学科导师组制度，学生选择导师实行双向选择制度和学生人数上限制度，学科整体结构布局合理，以法学应用型学科为主，同时兼顾法学基础理论学科建设。课程开设方面，参照全国法硕教育指导委员会的指导性培养方案，逐步推进课程改革，优化课程结构，新增加了部分选修课。此外，2016 年 12 月，组织召开了首届法学系研究生学术论坛。2016 年 11 月，全部由法律硕士研究生组成的“中国社会科学院代表队”在第三届全国“社科杯”辩论大赛上获得亚军，2016 级法律硕士（非法学）研究生符强获得“最佳辩手”称号。在“五四”青年节期间，组织首届“青年法律 信仰”主题演讲比赛，举办“社会主义新农村建设与青年成长论坛”，组织“影像中的法律——《云中行走》电影赏析活动”；中心师生共同参加了中国—东盟法律论坛；中国法硕网改版后重新恢复上线运行；《中国法硕》全年出版 12 期；组织“社科法律人”高级学术论坛和“社科法硕”学术沙龙共计 9 场。

## （五）继续教育工作

2016 年，继续教育学院共计招生 1062 人，其中，课程班 645 人，高级课程班 417 人；结业人数共计 699 人；截至年底，在校生人数为 1639 人，其中，课程班 1040 人，高级课程班 599 人。

2016 年，继续教育学院在原有项目基础上，创新开发专业课程，寻求新的课程教学模式；在管理上、教学上严格要求，随时掌握学生的思想动态和学习需求；在保留原有教学特色的基础上，不断深化完善课程体系，开展院校之间、专业之间、国际之间特色课程的深度合作，丰富学生知识层面，开拓学生知识视角，努力为全球化时代的国家培养各类高级专门人才提供优质的服务。

## （六）科研工作

### 1. 科研成果统计

2016 年，研究生院共完成专著 5 种，140 万字；论文 36 篇，26.4 万字；研究报告 1 部，26 万字；论文集 1 种，15 万字。

### 2. 科研课题

（1）新立项课题。2016 年，研究生院共有新立项课题 6 项。其中，国家社会科学基金课题 1 项：“患者隐私权法律保护研究”（龚赛红主持）；国家社会科学基金子课题 1 项：“马克思主义理论话语权建设研究”（张政文主持）；院国情调研课题 4 项：四川省雅安市荥经县天凤乡基地项目“乡村治理体系与治理能力建设研究——对四川省雅安市荥经县天凤乡追踪调研”（董礼胜主持），广西柳州汽车城人力资源调研基地项目“广西柳州市职业教育及其汽车城人力资源培训状况调查”（任朝旺主持），“边远山区的现代化突围——广西三江侗族自治县洋溪乡安马村情况调研”（赵燕主持），“精准扶贫机制创新研究——以湖南花垣县十八洞村为例”（刘艳红主持）。

（2）结项课题。2016年，研究生院共有结项课题27项。其中，国家社会科学基金青年课题1项："我国民间组织与公共服务供给的实证研究"（蔡礼强主持）；社科院国情调研项目3项："我国城市社区综合养老服务体系建设状况调查"（赵一红主持）；四川省雅安市荥经县天凤乡基地项目"乡村治理体系与治理能力建设研究——对四川省雅安市荥经县天凤乡追踪调研"（董礼胜主持），广西柳州汽车城人力资源调研基地项目"广西柳州市职业教育及其汽车城人力资源培训状况调查"（任朝旺主持）；研究生院重点课题1项："世界能源发展报告（2016）"（黄晓勇主持）；研究生院专题研究课题与个人自选课题23项："理论转场与转场的本土化、当下化——构建当代美学理论话语体系的基本路径"（张政文主持），"社会工作与党的执政能力关系研究"（赵一红主持），"我国本土化老年社会工作的发展路径研究"（赵一红主持），"新中国成立初期农村基层政权建设问题研究（1949—1958）"（刘文瑞主持），"民办社工机构社工人才流失问题的分析与思考——基于北京深圳成都三地的调查"（刘文瑞主持），"清帝国的1905年"（刘强主持），"基于关联数据的知识发现研究"（李楠主持），"面向MOOCs的高校图书馆实践方法探索"（李楠主持），"孔子的修齐治平之道"（栾贵川主持），"显失公平制度研究"（张初霞主持），"湖南湘西苗族傩文化研究——'还傩愿'仪式调查研究"（翁建敏主持），"网络出版时代图书馆与馆配商的角色重塑及思维转换"（袁宝龙主持），"论当前我国博士生教育培养模式的变化及启示"（常淑贞主持），"高校意识形态工作若干问题研究"（王彩霞主持），"试论山片蟠桃的政治论"（李晓东主持），"中美非传统安全合作研究——以网络与信息安全为例"（邓淑娜主持），"数字环境下的藏书建设：电子书还是纸质书"（蔡曙光主持），"赛珍珠的宗教观念与文学表象——以《东风·西风》《大地》《群芳亭》为例"（延缘主持），"收入差距、市场分层与政府行为"（杨小科主持），"日本江户时代的西洋观——以山片蟠桃为中心"（李晓东主持），"泛在理念下的高校图书馆文化建设策略"（李楠主持），"北魏中期贪污之风盛行的内在原因及其影响"（袁宝龙主持），"现代汉语离合词离析现象的社会交际功能"（王铁利主持）。

（3）延续在研课题。2016年，研究生院共有延续在研课题5项。其中，国家社会科学基金课题2项："抓住和用好本世纪第二个十年我国发展重要战略机遇期的若干重大问题研究——面向未来的我国大国经济发展战略"（刘迎秋主持），"私募股权基金监管制度研究"（文学国主持）；研究生院研究课题4项："能源博弈论"（黄晓勇主持），"山片蟠桃的理论研究"（李晓东主持），"关键词：掌控话语权的锁钥"（周勤勤主持），"中国农村地区的政治信任问题研究"（董礼胜主持）。

## （七）国际学术交流与合作

2016年，研究生院教职工出访11批23人次，接待来访19批26人次。国家留学基金委建设国家高水平大学项目中，提名38人，获选29人；2016年社科院国际青年学者研修班共招收了来自 23 个国家的 27 名学员；2016 年“一带一路”建设与中白合作研修班共招收 25 名学员。

2016 年，研究生院先后承办“发展中国家基础设施投资与管理官员研修班”“非洲国家经济与社会发展智库研修班”“非洲国家经济与社会发展总统顾问研讨班”“西语国家社会保障及社会福利官员研修班”四期援外培训项目，共邀请到来自亚洲、非洲、北美洲、南美洲的 37 个国家的 109 名官员和学者来华参加研修活动。合作办学方面实现发展突破，研究生院与美国杜兰大学合作举办的金融管理硕士项目三期全面展开。

## （八）学术期刊

《中国社会科学院研究生院学报》（双月刊），主编张政文。

2016 年，《中国社会科学院研究生院学报》共出版 6 期。该刊全年刊载的有代表性的文章有：叶秀山的《读〈老子〉书札记》，李西祥的《马克思对黑格尔辩证法批判的三维视域》，唐代兴的《“攻乎异端，斯害也已”的政治智慧和道德容忍度思想》，桁林的《全面建成小康社会的经济局面及其政策选择》，刘海鹰、奚彦辉的《试论“中华民族”的概念生成及其思想启示》，沈顺福的《试论儒家之道》，林祖华的《十八大以来习近平民生思想探析》，季娓的《必须始终坚持和完善中国共产党的领导》，夏承伯、包庆德的《马克思生产力论的生态意蕴及其绿色向度》，吴锋的《孔子“孝”观念的创见及孝行应用的理论预设》，丁国民、高炳巡的《论我国环境公益诉讼的归位与诉讼模式的选择》，陈浚的“法治中国建设”背景下党领导立法的几点探讨》，左大培的《企业的惠顾者所有论研究述评》，杨春学、杨新铭的《供给侧改革逻辑的思考》，钟瑛的《20 世纪 90 年代末我国从供需两侧治理经济下行的经验启示》，蔡昌的《增值税立法的经济学分析》，高文强的《真理与方法：古代文论现代研究再反思》，赵炎秋的《中国马克思主义文艺思想与中国文论话语体系的构建——以党的领导人关于文艺问题的三篇重要讲话为研究对象》，刘方喜的《审美分享主义：物联网时代马克思主义美学的伟大复兴》，曾繁仁的《美与分析——20 世纪西方分析美学述评》，刘晖的《布尔迪厄的思想谱系——布尔迪厄生成结构理论探源》，沈铭辉、张中元的《中国企业海外投资的企业社会责任——基于案例分析的研究》。

## （九）会议综述

### 国家艺术基金人才培训项目高级研修班

2016 年 3 月 20 日，2016 年国家艺术基金人才培训项目“传统年画刻绘技艺传承人才培养”高级研修班开班典礼暨学术研讨会在文化部恭王府管理中心举行。此次人才培养项目由文化部国家艺术基金管理中心主办，中国社会科学院研究生院承办，文化部恭王府管理中心和山东省非物质文化遗产中心、《中华传统技艺》编辑部协办。

我国是一个有着数千年悠久历史的文明古国，其中多姿多彩的非物质文化遗产体现了中华民族深厚的文化底蕴，也是构筑中华民族文化根脉的重要基因。然而，目前我国的非物质文化遗产事业正面临着严峻的考验，很多手工技艺已后继乏人，濒临灭绝。如何保护和利用好祖先留给我们的这些厚重的文化遗产，如何发掘这些遗产背后的文化价值，又如何让这些价值以喜闻乐见的形式呈现在当代民众面前，这是每一位传承人和本领域研究人员需要解决的问题，也是此次研修班力图探索和讨论的主要问题。研修班邀请了刘魁立、薄松年、孙建君、乔晓光等 30 余名专家授课，并设置了 10 余个专业实践考察点。

（李　安）

## 2016 年发展中国家基础设施投资与管理研修班

2016 年 4 月 7 日，“2016 年发展中国家基础设施投资与管理研修班”开班仪式在北京外国专家大厦举办。中国社会科学院研究生院院长黄晓勇出席仪式并讲话。来自 9 个国家的 31 名官员参加了为期三周的研修活动。

黄晓勇首先向各国官员的到来表示欢迎。他介绍了中国基础设施特别是充分代表中国科技创新实力的高铁和核电的建设情况，并指出良好的基础设施将对一个国家持续、稳定、快速的经济发展具有非常积极的作用。他向各国官员全面介绍了中国社会科学院在我国政策咨询、学术研究领域的重要地位，以及该期研修班师资团队、课程设置、实地参观考察等教学安排。他希望各国官员能够在理论和实践上对中国基础设施建设投资与管理方面的经验方法和政策研究进行深入的学习与交流。

来自埃及的艾勒盖奥扎代表研修班官员致辞。他指出，中国是世界上发展最快的发展中国家，这离不开中国多年来持续对基础设施的投资和建设，中国经济社会高速发展为其他发展中国家提供了很好的参照。艾勒盖奥扎表示，此次“发展中国家基础设施投资与管理研修班”是一次很好的交流学习机会，他代表研修班全体官员，向中国社会科学院及研究生院表示感谢。

（李　安）

## 2016 年非洲国家经济与社会发展智库研修班

2016 年 5 月 18 日，由中国社会科学院研究生院承办的“2016 年非洲国家经济与社会发展智库研修班”开班仪式在北京举行。中国社会科学院研究生院院长黄晓勇出席仪式并讲话。开班仪式由中国社会科学院研究生院副院长王兵主持。

黄晓勇在致辞中肯定了研修班的重大意义，并指出，当前国际形势正经历着复杂、深刻的变化，中国经济身处转型时期，虽遇增速下降但仍保持着活力，中国有信心也有能力取得长期稳健的经济增长。黄晓勇表示，研修班将为大家提供各种学习了解中国的机会，研究生院也将充分发挥自身优势，紧密结合社科院及各方资源办好研修班。

研修班为期 21 天。其间，非洲智库专家和学者围绕经济与社会发展及智库建设与合作的主题展开深入研讨。研究生院还安排研修班学员参观中国国电集团、中铁建集团等大型国企，并赴天津滨海新区及浙江省象山县调研考察，使研修班学员能全面深入了解中国经济社会发展的理论成果和实践经验。

（李　安）

## 2016 年非洲国家经济与社会发展总统顾问研讨班

2016 年 5 月 25 日，由国家商务部主办，中国社会科学院研究生院承办的“2016 年非洲国家经济与社会发展总统顾问研讨班”开班仪式在北京举行。中国社会科学院研究生院院长黄晓勇出席开班仪式并致辞。

黄晓勇对研究生院近年来援外培训项目特别是面向非洲国家政府高级顾问、智库学者的研修项目进行了简要回顾，并介绍了中国社会科学院的主要职能和机构。他认为，智库对于一个国家经济社会发展过程中的政策研究和制定具有非常重要的作用，中国的学者在面对当前宏观经济增长趋缓、经济结构矛盾凸显的问题时，积极思考并给出了应对策略，而且中国 2016 年以来的各项指标都说明当前的政策调整是卓有成效的。在向非洲官员详细介绍了研讨班课程设置、实地参观考察等教学安排后，黄晓勇表示，研究生院将做好各项安排，让非洲的朋友们不仅收获思想，更能收获深厚的情谊。

坦桑尼亚桑给巴尔大法官奥马・奥瑟曼・马昆古代表研讨班官员致辞。他指出，现代社会快速发展进一步加强了个人与社会、国家与国家之间的联系，一国的发展离不开国际社会的帮助，中国已逐步承担起帮助包括非洲在内的广大国家的职责。马昆古认为，在科技发展日新月异的今天，人们持续不断学习特别是掌握如何运用科技促进社会和人的发展显得尤其重要，研究机构需要履行好这项使命，为整个社会的发展作出贡献。

（李　安）

## 第五期中国社会科学院经济发展问题国际青年学者研修班

2016 年 9 月 18 日，中国社会科学院创新项目、第五期“中国社会科学院经济发展问题国际青年学者研修班”举行结业式。研修班的学员来自阿塞拜疆、俄罗斯、哈萨克斯坦、泰国、墨西哥、塞内加尔、印度等 23 个国家的国家级研究机构和高等学府。8 月 22 日，国际研修班开班典礼在中国社会科学院举行，中国社会科学院副院长蔡昉、中国社会科学院研究生院党委书记张政文、副院长王兵以及中国社会科学院国际合作局副局长周云帆出席了开班典礼并讲话。

研修班围绕“经济发展问题”这一主题，邀请经济学、社会学及国际政治等领域的权威学者讲授中国经济、世界经济以及对外政策等内容。研修班采取讲座、研讨会、文化体验等多种形式，安排学员访问中国社会科学院经济学部相关研究院所、国家外文局等单位，与我国经济领域的学者展开深层次多角度的学术交流，并专程赴云南省红河州弥勒、蒙自、建水、昆明市呈贡区，就云南省工业、商业、农业及城市发展等方面的情况进行调研。

（李　安）

## 第二届“中韩人文学论坛”

2016 年 11 月 4 日，由中国社会科学院与韩国研究财团共同举办，中国社会科学院国际合作局、研究生院、文学研究所、历史研究所、哲学研究所共同承办的第二届“中韩人文学论坛”在北京开幕。中国社会科学院研究生院院长黄晓勇、副院长王兵出席了开幕式。论坛的主题为“中韩人文传统和现代化”。论坛下设四个分论坛，中国社会科学院研究生院承办其中的语言教育及文化领域分论坛。

中国社会科学院研究生院承办的分论坛共设四个议题，包括中韩两国语言教育文化领域交流合作的现状与前景、中韩两国的影视研究及跨文化理解、中韩文化遗产的继承与保护以及现代数据技术在中韩两国传统文化研究中的运用。论坛邀请来自中韩两国科研院所和高等学校的语言教育、文化与跨文化理解、历史遗产以及现代数据技术四个领域的专家学者，就中韩两国的语言、教育和文化领域内的诸多议题进行讨论。

此次论坛针对中韩人文学传统和发展的理解、认知与阐释提出了许多建设性的意见和建议，并达成多项共识。

（李　安）

## 中国社会科学院“‘一带一路’建设与中白合作研修班”

2016 年 11 月 27 日至 12 月 10 日，由中国社会科学院主办，中国社会科学院国际合作局与研究生院联合承办的“‘一带一路’建设与中白合作研修班”在北京举办。

研修班共邀请到来自白俄罗斯学术界、实业界和政府部门的相关学者、官员、企业家等 25 人参加。研修班围绕“一带一路”建设和中国经济开发区发展情况这一主题，邀请了中国相关部委、协会以及开发区建设领域的学者和官员，就“一带一路”建设、中国经济发展及开发区建设等问题为学员们进行了深入的讲解。

此次研修班的举办，是中国社会科学院深入贯彻落实我国“一带一路”倡议、推进我国新一轮对外开放和沿线国家共同发展的一次人文交流活动。

（李　安）

# 中国社会科学院图书馆（调查与数据信息中心）

## （一）人员、机构等基本情况

### 1. 人员

截至2016年年底，图书馆（调查与数据信息中心）共有在职人员78人。其中，正高级职称人员3人，副高级职称人员20人，中级职称人员35人；高、中级职称人员占全体在职人员总数的74%。

### 2. 机构

院图书馆设有：文献信息研究室（知识定制部）、规划建设部、数字资源部、综合集成实验室、网站运维部、网络安全部、信息咨询部、采编部、期刊部、典藏部、古籍特藏部、办公室、科研处、人事处（党办）。

### 3. 科研中心

图书馆设有1个院级科研中心：中国社会科学院互联网发展研究中心（也是中国社会科学情报学会秘书处所在地）。

## （二）图书馆工作

### 1. 落实中央战略部署，国家哲学社会科学文献中心建设初见成效

为贯彻落实习近平总书记“5·17”重要讲话精神，2016年9月，中宣部部署由中国社会科学院牵头、教育部和国家新闻出版广电总局配合建设国家哲学社会科学文献中心。院党组高度重视此项工作，经研究决定由图书馆负责建设工作，2016年年底前初步建成国家哲学社会科学文献中心并实现网站上线运行。

图书馆将国家哲学社会科学文献中心建设工作列为重中之重，由馆领导牵头成立项目组，组织调配精干力量，以最快的时间启动了项目调研和方案论证工作。图书馆依托“一库”（海量数据库）、“一网”（互联网）、“一平台”（综合集成实验室研究平台），全力以赴、加班加点推进国家哲学社会科学文献中心建设工作。经过3个多月的不懈努力，2016年12月30日，在中宣部、教育部、文化部、国家行政学院、中国社会科学院、求是杂志社、国家图书馆、北京大学、军事科学院等诸多单位领导和专家学者的共同见证下，国家哲学社会科学文献中心网站正式上线运行，免费向社会公众提供千种中文学术期刊，以及相关外文学术期刊、外文图

书、古籍等文献数据约 1000 万条。

**2. 加快推进院重大信息化项目“国家哲学社会科学海量数据库”（一期）建设工作**

该项目已完成云平台、社会调查数据库、海量数据库整合平台、馆藏文献数据库和科研成果数据库等子库的初验工作，古籍数据库建设取得突破，国家哲学社会科学期刊库影响力进一步扩大。

一是云平台部署稳步推进。云平台为海量库提供底层架构支撑，已完成了云平台部署实施及相关保障工作，包括到货验收、硬件安装、设备加电测试、设备联调、设备物理及网络环境部署、软件安装、应用部署、系统联调、功能测试等具体工作，并于 2016 年 11 月中旬通过初验专家评审会，为海量库部署实施及验收相关工作提供了基础保障。

二是调查数据库上线试运行。完成了社会调查数据库网络调查系统、计算辅助面访系统和社会调查门户网站的需求说明书、需求确认单等相关文档的审阅、核验及项目评审工作；完成了上述三个子系统的安装、调试和测试工作；配合做好海量数据库调查子库的初验及系统试运行工作。此外，紧跟调查技术发展前沿，开展云调查系统、社会科学数据管理与服务平台、GIS 地图抽样系统等项目的前期调研工作。

三是科研成果数据库建设顺利进行。对收录的各项数据进行回溯补充和成果类型细分，完善元数据标准。截至 2016 年年底，该库收录成果数据约 12.6 万条、学者数据 1 万余条、机构数据 726 条，建立机构知识门户 54 个；完善《科研成果数据库科研成果类型数据标准》，启动数据加工工作；起草《科研成果数据库运行管理办法（暂行）》及作品使用授权系列文件；推动科研成果数据库开发，启动系统测试、初验工作。

四是古籍数据库建设取得突破。2016 年召开数字化加工平台和检索平台需求专家交流会，确定了上述两个平台的专家需求；召开并通过古籍善本数据库数字化加工平台和检索平台需求规格说明书专家评审会；召开并通过古籍善本数据库数字化加工平台和检索平台概要设计说明书专家评审会。2016 年年底，已确定数字化加工车间场地，正在进行加工车间装修改造、开展古籍善本数据库存储设备进机房工作等。

五是国家哲学社会科学学术期刊数据库影响力进一步扩大。2016 年国家期刊库继续秉承国家级、开放型、公益性的建设理念开展建设，继续保持全球最大开放获取知识平台的态势，被国家新闻出版广电总局评为“全国报刊媒体融合创新案例 20 佳”，与人民日报社、南方报业传媒集团等共同跻身国内该领域第一方阵。截至 2016 年年底，该库收录期刊 1000 种并实现数据上线。该库有个人用户注册数 105410 人、机构用户 72 家，较 2015 年新增个人用户 24478 人、新增机构用户 16 家；微信平台关注人数累计 21617 人，较 2015 年新增 6498 人，2016 年阅读量近 26 万次；新浪微博粉丝数为 159437 人，较 2015 年新增 5157 人，2016 年阅读数近 400 万次。该库上线以来，文献累计下载量近 380 万篇，2016 年全年下载量 100 余万篇。

**3. 有序开展综合集成实验室平台建设**

2016年，图书馆密切联系院属27个实验室，稳步推进综合集成实验室建设工作。根据院名优建设工程协调会精神，起草上报了《中国社会科学院综合集成实验室管理办法（修订版）》等系列文件。经实地走访和电话调研，汇总形成《院属27个实验室运行评估报告》，制定了《关于综合集成实验室相关政策与运行机制调研计划》。实施综合集成实验室内容建设后期资助计划，组织召开相关专家评审会，城市信息综合集成与动态模拟实验室等4家实验室获得资助。编制《综合集成实验室内部通讯》。与中国舆情调查实验室举办新媒体与大数据沙龙等活动。

**4. 加强基础设施和信息化建设，提供强有力信息技术保障服务**

2016年，图书馆启动实施了一系列院级重大信息化项目，积极稳妥做好网络、网站、系统的安全运维和管理服务工作，推进全院信息化建设工作迈上新台阶。

一是启动实施多项院级重大信息化项目。2016年新立项“国家哲学社会科学文献中心门户网站（一期）”项目、“云平台网络连接安全防护”项目、“社科网平台升级扩容”项目、“社科网平台安全设备更新”项目、“中国社会科学院租用新华联大厦网络建设”项目、“中国社科院骨干网络系统升级改造工程”项目、“数字资源服务器及配套设施更新扩容”项目、“远程访问系统设备更新换代”项目等。继续实施上一年度“科研楼西段综合布线”项目，“邮件扩容升级改造”项目、“电子邮件系统信息安全等级保护”项目，“四号机房建设及一号机房、二号机房、配电室改造工程”项目，配合社科杂志社继续推进“子网迁移”项目等。

二是加强网络日常管理与维护，提升通信网络保障能力。图书馆承担全院网络链路租用、带宽扩容、专线迁移切割、网络综合布线、网络流控系统运维及流量监控、网络设备升级改造、网络安全检查、机房管理、服务器及相关设备日常维护管理等工作。同时，还为全院年度工作会议、暑期工作会议等重要网络视频会议直播，提供现场技术服务保障措施。

三是为中国社会科学网网站和图书馆网站运行维护提供技术支持。图书馆及时响应中国社会科学网网站技术需求，处理突发故障，完成系统升级、漏洞修补、阻断异常IP地址、安全巡检、风险评估、策略变更、数据备份、安全保障等工作。同时，还承担图书馆门户网站的日常运维和信息发布工作。

四是提高系统运行稳定性，做好软硬件维护工作。图书馆负责全院远程访问系统、全院邮件系统、图书馆自动化系统、资源发现系统、天宇全文检索平台等相关系统的用户管理、数据维护、安全巡检、故障排查和硬件设备维护工作，确保硬件使用正常，系统平稳运行。

**5. 强化责任意识，推进全院文物古籍管理规范化建设**

2016年，为落实中央巡视组关于院文物古籍管理整改建议的要求，图书馆组织开展全院古籍资产核查工作，督办相关单位仔细查找文物古籍管理中存在的问题，制订整改方案，完善规章制度；开展《中国社会科学院古籍管理规定》落实情况大检查，督办相关单位对本单位收藏的文物进行彻底清理核对，做到账实相符。此外，在国家文物局和院科研局、考古所等单位的大力支持下，起草完成了《中国社会科学院可移动文物保护暂行规定》，有效推进了全院文物古籍管理的规范化建设。

**6. 以科研需求为导向，不断提高文献资源建设水平**

图书馆通过走访调研、收集文献推荐意见等多种方式，深入科研第一线，准确把握研究单位和科研人员关于使用文献资源的实际需求，开展纸本文献和数字资源建设，进一步提高文献信息保障能力。2016 年，图书馆订购中文图书约 13441 册、外文图书约 5696 册；订购外文期刊 820 种、中文期刊 1368 种；对本院各研究单位提出的中外文数据库采购需求，委托院属人文公司本着长期、永久的原则梳理引进。

图书馆还积极通过馆际协作、文献传递、赠授图书等方式，补充现有馆藏资源。已与国家图书馆、上海图书馆和北京大学图书馆、清华大学图书馆等 30 家高校图书馆实施了馆际互借；与国家图书馆、中国科学院文献情报中心（国家科学图书馆）、中国高校人文社会科学文献中心、国家科技图书文献中心开展了文献传递服务；接收新疆、云南等地有关图书馆和出版社赠送的图书 1000 余册。此外，图书馆还支援地方图书馆文化事业的发展，向甘肃嘉峪关、江西上犹等地有关图书馆赠送图书 990 册。

**7. 提高主动服务能力，为科研创新贡献力量**

图书馆继续开展“图书馆服务年”活动，创新服务载体，拓展服务方式，提升服务水平。2016 年图书馆接待全院到馆借阅读者约 26000 人次，为 400 人次提供了专题参考咨询服务，为 500 人次提供送书上门服务，为院属单位有关课题组、智库团队和科研人员免费提供代查代检、专题服务、项目跟踪、复印等服务；为院属有关单位提供视频剪辑、图形设计、光盘制作等服务；按月编制《中国社会科学院图书馆新书目录》，方便科研人员及时了解馆藏文献引进情况；积极推介国家图书馆等机构的相关信息产品等。

**8. 积极开展社会调查项目，提升在业界的影响力**

承接社会调查项目。图书馆发挥学术资源优势，为院内外机构提供翔实可靠的第一手调查数据。2016 年受相关单位委托，图书馆新承接调查项目 4 项，分别是“中国公民的服务参与和表达参与问卷调查（2016）”项目、“廉政调查（2016）”项目、“大学生就业、生活及价值观追踪调查（2016）”项目、“农村义务教育学校教师特设岗位计划”实施成效评估项目。同时，继续完成上一年度“中国社会状况综合调查”等 5 项调查项目。

**9. 重视期刊管理工作，加快市场期刊转型**

图书馆加强对《程序员》和《环球市场信息导报》两个刊物的管理。其中，为配合国家哲学社会科学文献中心建设工作，正在进行《程序员》由市场刊物向学术刊物的转型调研工作，目前已经完成转型方案。《环球市场信息导报》仍按照市场刊物进行出版发行。

## （三）科研工作

### 1. 科研成果统计

2016 年，图书馆共完成专著 1 种，29.2 万字；研究报告 7 种，20.4 万字。

### 2. 科研课题

（1）新立项课题。2016 年，图书馆共有新立项课题 4 项。其中，院级国情考察课题 1 项："新形势下的图书馆转型与发展"（王岚主持）；所级国情调研基地课题 1 项："中国社会科学院图书馆甘肃敦煌市国情调研基地"（王岚主持）；所级国情调研基地课题 2 项："'一带一路'战略与敦煌市图书馆的功能与定位"（蒋颖主持），"山东武城优秀传统文化保护与传承调研"（王玉巧主持）。

（2）结项课题。2016 年，图书馆共有结项课题 3 项。其中，院级国情考察课题 1 项："新形势下的图书馆转型与发展"（王岚主持）；所级国情调研基地课题 2 项："'一带一路'战略与敦煌市图书馆的功能与定位"（蒋颖主持），"山东武城优秀传统文化保护与传承调研"（王玉巧主持）。

（3）延续在研课题。2016 年，图书馆共有延续在研课题 5 项。其中，院长委托课题 1 项："汉英新词语词典"（黄长著主持）；院重大课题 1 项："世界语言大辞典"（黄长著主持）；所重点课题 4 项："'走出去'战略与我院学者国际论文统计分析"（刘振喜主持），"图书馆危机管理研究"（魏进主持），"院图书馆岗位设置及考核办法研究"（赵慧主持），"论图书馆行政管理规章制度的建设"（王清君主持）。

### 3. 获奖优秀科研成果

2016 年，图书馆获"第九届（2016 年）中国社会科学院优秀科研成果奖"专著类三等奖 1 项：黄长著等的专著《网络环境中图书情报学科与实践的发展趋势》；获"2016 年中国社会科学情报学会学术征文获"二等奖 1 项：周霞的论文《大数据趋势下社科数字资源构建研究》；获 2016 年中国社会科学情报学会学术征文三等奖 2 项：魏进的论文《国内公共图书馆危机管理研究》，刘怡飞的论文《馆藏外文珍本的挑选标准及方法探讨》。

## （四）学术交流活动

### 1. 学术活动

2016 年，院图书馆举办的比较重要的学术活动如下。

（1）2016 年 9 月 7 ~ 9 日，图书馆在北戴河培训中心举办"大数据时代背景下图书馆的转型升级与创新发展"主题培训班。馆领导分别作专题报告，北京市公安局有关专家应邀作专题报告，图书馆有关业务部门负责人分别介绍了院网络运维、安全、电子邮件系统及数据库建设与应用情况等，人文公司、工经所、经济所图书馆代表作有关专题发言。全院各单位图书资料工作负责人、网络管理工作人员等近 80 人参加培训。

（2）2016 年 9 月 22 ～ 23 日，中国社会科学情报学会 2016 年“文献情报学发展趋势与智库研究”主题学术年会暨学会成立三十周年大会在北京召开。会议由中国社会科学情报学会主办，中国社会科学院图书馆承办。来自社科院系统、高校系统、党校系统、军队院校系统和新闻系统五大系统的近 100 位文献情报工作者参加会议。

（3）2016 年 12 月 30 日，由中国社会科学院牵头承建的国家哲学社会科学文献中心正式上线，中宣部、教育部、文化部、国家行政学院、中国社会科学院、《求是》杂志社、国家图书馆、北京大学、军事科学院等单位领导和专家学者出席上线仪式，共同见证了文献中心上线运行。

**2. 国际学术交流与合作**

2016 年，图书馆主要派出出访组团 3 批 6 人次；接待临时来访 5 批 15 人次，接待院属单位接待外宾访问图书馆 3 批 10 人次；完成院图书馆向国外 41 家单位的期刊交换工作；配合国务院新闻办开展“中国之窗”和“中国馆”项目有关工作等。重要出访项目有：

（1）2016 年 6 月 30 日至 7 月 7 日，院图书馆原副馆长庄前生一行访问蒙古国科学院和俄罗斯科学院社会科学学术信息研究所。6 月 30 日至 7 月 2 日，应蒙古国科学院邀请，图书馆代表团访问蒙古国科学院，深化 2014 年双方倡议的文献合作，签署框架交流协议，并洽谈“中国馆”合作事宜。7 月 2 ～ 6 日，应俄罗斯科学院社会科学信息研究所邀请，图书馆代表团访问俄罗斯科学院社会科学学术信息研究所、俄罗斯科学院远东研究所等机构，就中国学研究和中文文献流使用情况进行座谈。

（2）2016 年 10 月 24 ～ 28 日，应韩国国会图书馆邀请，常务副馆长何涛一行对韩国国会图书馆进行了学术访问。

## （五）学术社团

中国社会科学情报学会，理事长庄前生。

2016 年 9 月 22 ～ 23 日，中国社会科学情报学会 2016 年“文献情报学发展趋势与智库研究”主题学术年会暨学会成立三十周年大会在北京召开。

## （六）会议综述

### 全国报刊媒体融合创新案例路演

2016 年 8 月 29 ～ 31 日，由国家新闻出版广电总局新闻报刊司主办的全国报刊媒体融合创新案例路演在北京举行。中国社会科学院图书馆承建的国家社科规划办重点委托项目“国家哲学社会科学学术期刊数据库”，作为唯一的国家级公益性项目，获得了 2016 年“全国报刊媒体融合创新案例 20 佳”。院图书馆党委书记、馆长王岚代表中国社会科学院图书馆出席活动，并接受国家新闻出版广电总局颁发的证书。

此次路演以“融合引领发展 创新成就未来”为主题，由国家新闻出版广电总局有关部门领导、媒体创新和业界领军人物、技术与投资界的著名专家学者组成的路演评审团，现场点评2015年产生的全国报刊媒体融合创新30佳案例，最终评选出了更具分类指导、更具行业示范意义的20佳项目，形成了全国报刊媒体融合创新案例的第一方阵。人民日报社、光明日报社、中国社会科学院图书馆、北京日报社、浙江日报报业集团、南方报业传媒集团等30家报刊出版单位出席活动。

（院图书馆规划建设部）

## “大数据时代背景下图书馆的转型升级与创新发展”主题培训班

2016年9月7～9日，中国社会科学院图书馆在院北戴河培训中心举办大数据时代背景下图书馆的转型升级与创新发展培训班。来自院图书馆及院职能局、研究院所、直属单位的主要负责人和相关工作人员共80人参加了培训。

院图书馆党委书记、馆长王岚作了题为“大数据环境下图书馆转型升级与创新发展”的主题报告。他说，习总书记在哲学社会科学工作座谈会上的重要讲话系统阐明了加快构建中国特色哲学社会科学的重要性、特殊性、紧迫性和创新性，是当前和今后一个时期指导哲学社会科学发展的纲领性文件，我们要在认真学习的基础上，贯彻落实到本职工作中去。在图书馆的转型创新方面，一是改变资源建设模式，实现纸本资源与数字资源的合理配置与和谐共存；二是改变传统服务模式、实现全方位服务升级；三是加强网络安全，提升网络运维服务保障能力；四是加强资源引进规范，严格经费使用管理。

院图书馆纪委书记、常务副馆长何涛就院文献信息资源及信息化纪律建设作了专题报告，具体介绍了全院开展的图资、古籍管理自查自纠工作，并指出应将巡视整改作为今后相关工作的标准和标杆，各所应认真落实，分工明确、责任到人。

副馆长蒋颖介绍了院纸本图书资源建设情况及经费使用有关规定。

培训班特邀北京市公安局文保总队专家作题为“网络信息系统运维探析”的专题报告。

在培训班上，图书馆数据库网络部、网络安全部负责人分别就院图书馆数据库建设、网络安全建设作专题报告。在经验交流环节，工业经济研究所、经济研究所的专家分别介绍了各自单位在信息化建设过程中的成功经验及思考与体会。

（赵　慧）

## “文献情报学发展趋势与智库研究”主题学术年会

2016 年 9 月 22 ～ 23 日，中国社会科学情报学会 2016 年“文献情报学发展趋势与智库研究”主题学术年会暨学会成立三十周年大会在北京召开。会议由中国社会科学情报学会主办，中国社会科学院图书馆承办。来自社科院系统、高校系统、党校系统、军队院校系统和新闻系统五大系统的近 100 位文献情报工作者参加会议。

会上，中国社会科学情报学会常务副理事长兼秘书长、院图书馆副馆长蒋颖作了题为“中国社会科学情报学会三十年回顾”的主题报告。学会各个系统的代表分别就各系统三十年的建设与发展进行了发言。学会常务理事、中央党校图书馆副馆长刘俊瑞研究馆员代表党校系统以“发挥桥梁和纽带作用，积极推动党校图书馆事业发展”为题作了全国党校文献情报学会工作三十年回顾与展望的发言。学会副秘书长、国防大学图书馆原副馆长王荣臣代表军队院校系统作了题为“军队院校图书馆三十年发展与思考”的发言。学会常务理事、人民日报社人民网蒋建华代表新闻系统作了题为“新闻信息资料系统三十年”的发言。武汉大学信息管理学院博士研究生陈一受学会学术委员会主任陈传夫教授委托，代表高校系统作了“新时期我国图书情报学学科教育升级转型历程研究”的发言。学会副理事长、中国人民大学书报资料中心总编辑高自龙作了题为“我国社科情报事业发展与繁荣的记录者——学会学报《情报资料工作》三十年发展历程”的发言。

大会期间，国内图情界的专家学者作了学术报告。学会副理事长、中山大学资讯管理学院教授曹树金作了题为“网络信息资源聚合单位的元数据研究”的主题学术报告；学会副理事长、北京大学信息管理系主任李广建作了题为“大数据环境下情报学应该注意的几个问题”的主题学术报告；学会副理事长、上海社科院信息所王世伟研究员作了题为“论智库专报撰写的五大要素”的主题学术报告；学会副理事长、中国社会科学院中国社会科学评价中心主任荆林波研究员作了题为“略论智库评价方法”的主题学术报告；学会学术委员会委员、副秘书长、中国人民大学信息资源管理学院周晓英教授作了题为“从数据看发展——2010 ～ 2015 年学会征文的回顾与点评”的主题学术报告；国家图书馆立法决策服务部副主任田贺龙副研究馆员作了题为“国家图书馆立法决策服务的历史和现状”的主题学术报告。中国社科院图书馆工作人员王卡、孔青青还分别作了题为“知识开放获取 学术走进大众——国家哲学社会科学学术期刊数据库建设”“大数据环境下的社会调查业务创新与探索”的业务报告。

大会闭幕式上，中国社会科学情报学会名誉理事长、中国社科院学部委员黄长著研究员回顾了学会三十年来发展历程，总结了图书馆学情报学学科和事业三十年的发展变化及未来发展，分享了他本人三十年来的治学经历。蒋颖公布了 2016 年学会征文评选结果，与会嘉宾向征文获奖作者代表颁发获奖证书。

（魏　进）

## 国家哲学社会科学文献中心正式上线

2016 年 12 月 30 日，由中国社会科学院牵头承建的国家哲学社会科学文献中心正式上线，中宣部、教育部、文化部、国家行政学院、中国社会科学院、《求是》杂志社、国家图书馆、北京大学、军事科学院等单位领导和专家学者出席上线仪式，并共同见证了文献中心上线运行。

为贯彻落实习近平总书记重要讲话精神，2016 年 9 月，中宣部部署，由中国社会科学院牵头，教育部和国家新闻出版广电总局配合建设“国家哲学社会科学文献中心”。中国社会科学院对该中心的建设高度重视，精心组织、积极推进，发挥中国社会科学院深厚的学术资源和人才优势，依托“一库一网一平台”，“一库”即海量数据库，包括社会科学图书文献数据库、学术期刊数据库、古籍善本数据库、科研成果数据库、社会调查数据库、人文社会科学评价数据库、智库信息采集处理数据库、地方志数据库等专题库；“一网”即互联网；“一平台”即综合集成实验室研究平台，本着“合理规划、集中投入、联合共建、方便快捷、全国共享”的原则，经过 3 个多月的建设，实现了国家哲学社会科学文献中心网站的上线运行。

新上线的国家哲学社会科学文献中心主要开设有资讯、资源、专题、服务四个栏目，资源包括中文、外文学术期刊 7000 多种，还有外文图书、古籍等四类，上线文献数据超过 1000 万条，与国内 60 多家社会科学研究机构网站导航链接，初步形成国家哲学社会科学学术期刊数据库，外文学术期刊数据库，中国社会科学院科研成果数据库等特色资源数据库。

今后，网站将不断完善，建成国家哲学社会科学综合服务平台，为全国哲学社会科学工作者提供开放型、公益性、权威性和学术性的文献保障与知识服务。中国社会科学院也将把“国家哲学社会科学文献中心”建设成为我国重要的社科信息文献保障机构，成为广大哲学社会科学工作者离不开、用得好的重要平台，成为交流学术信息、传播学术成果的重要舞台，成为展示我国哲学社会科学发展成就的重要窗口。

（社科网）

# 中国社会科学评价中心

## （一）人员、机构等基本情况

### 1. 人员

截至 2016 年年底，中国社会科学评价中心共有工作人员 33 名，其中编制内人员 20 名，聘用制人员 13 名。在编人员中，正高级职称人员 4 名，副高级职称人员 4 名，中级职称人员 7 名；高、中级职称人员占全体在编人员总数的 72%。

**2. 机构**

中国社会科学评价中心设有：综合服务部（含人才交流培训中心）、机构评价项目部（含全球核心智库评价项目部）、期刊及成果评价项目部、评价数据项目部和中国社会科学评价报告编辑部。

## （二）主要学术活动及工作业绩

（1）思想认识新境界。评价中心始终把握正确的评价导向，深入学习习近平总书记系列重要讲话精神、中央领导同志关于意识形态领域的重要讲话精神、院领导的有关讲话精神，将最新精神贯彻到评价中心的科研工作中；深化认识，将政治导向寓于评价工作中，把握正确的学术方向，引领评价导向。

（2）落实两个责任，加强党组织与队伍建设。评价中心认真组织理论学习，按照从严治党的总体要求，深入开展"三项纪律""三严三实""两学一做"等教育学习活动。在工作中，继续将加强组织纪律建设作为工作重心，强化主体责任与监督责任，推进意识形态责任制，将学习贯彻习近平总书记系列讲话精神与评价中心工作相结合，建设具有"四个意识"、具有正确政治方向的科研队伍，保障评价中心在正确的道路上快速发展。评价中心党总支加强党组织建设，认真传达、学习院年度工作会议以及各种会议精神，发挥党总支在政治方向、组织纪律方面的引导，发挥先锋模范作用，推进廉政建设，强化廉洁意识，领导班子成员做好表率作用，认真遵守廉洁自律各项规定。2016 年，评价中心党总支发展预备党员两名。

（3）制定"名评价"标准，切实推进名优工程"名评价建设"。评价中心制定名优工程建设的"名评价"标准，即：评价对象的认可（评价指标推广的单位数量等）、评价同行的认可（评价同行口碑、年度重大事件入选等）、主管部门的认可（获得荣誉、委托专项任务等）、中央领导同志的认可（领导级别、表扬次数等）、国家标准（制定者），以此为标准开展评价中心的各种评价工作。

（4）期刊评价取得新进展。评价中心不断完善中国人文社会科学综合评价 AMI 指标体系，继续探索对院内期刊进行评价，完成相关评价报告；探索构建英文期刊评价指标体系，筹建英文期刊引文数据库；承接中宣部出版局委托对教育部推出的经济学 A 刊继续评价，完成了相关评价报告；承接中宣部任务，负责创建全国人文社科期刊的评价标准，联合新闻出版广电总局，进一步推广期刊评价标准。

（5）智库评价开辟新领域。评价中心努力掌握全球智库评价话语权，扩大宣传智库评价 AMI 体系。承接全国社科规划办委托国家社科基金项目，完成对国内高端智库评价指标的设计；接受全国社科规划办的委托，对全国高端智库开展评价工作；加强与全球智库的合作与交流，发出中国的智库评价声音。2016 年，在过去全球智库交流的网络基础上，加强了与俄罗斯、阿塞拜疆和中国香港地区、中国澳门地区等智库的联系。

（6）数据建设进入新阶段。评价中心积极推进数据采购工作，夯实评价数据基础，加快建设全国最大的中国人文社会科学期刊引文数据库。评价中心目前正在对现有数据库进行补充完善，建立国内规模最大的中文期刊引文数据库。评价中心协同人文公司，在社科院纪检、财计局等部门的指导下，开展了“中国人文社会科学引文数据库数据采购项目”与“中国人文社会科学引文数据库规范管理系统项目”等招投标工作，以求全面、准确地完成最大数据库建设的目标，为评价项目的开展奠定数据支撑。

（7）对外合作取得新成果。评价中心积极推进国内外联合，锻造宣传平台，加强评价中心外联与外宣工作。一是承接国家社科基金重大课题研究，探索对哲学社会科学成果评价与奖励制度的研究。二是探索申请期刊评价与智库评价的标准体系，推进相关评价工作的规范化进行。三是协助中组部测评中心，参与中直机关事务管理局干部思想状况的调查工作。四是承接工信部、国家烟草局委托的专项课题，对电子烟的政府监管问题进行第三方评估研究。五是与贵州社会科学界联合会合作建立了中国社科评价中心贵州基地，共同举办了“绿色发展与智库建设”国际论坛，300 多位国内外嘉宾参加会议。六是全国人文社会科学评价高峰论坛成功举办三届，树立问题意识，完善中国人文社会科学评价体系，深化学术评价体系的改革与发展，使学术评价在人文社会科学事业发展过程中越来越多地显示出正能量，推广宣传评价中心的科研成果。

（8）组织机构建设谱写新篇章。2016 年 3 月，评价中心启动改制筹备中国社会科学评价研究院，中国社科院党组为评价中心配备了党总支书记，完善组织机构建设，以“制定标准、组织评价”为宗旨，以“健全体系、完善标准”为责任，向国家有关部门申请成立中国社会科学评价研究院。评价中心会同人事教育局等部门，提交中编办、财政部的评价研究院科研报告，并走访有关司局，力争尽快成立评价研究院。

（9）积极开展建院40 周年活动的成果推介工作。根据院办公厅以及信管办等部门的要求，评价中心为迎接中国社会科学院建院 40 周年，拟订宣传材料，收集整理具有代表性的成果以及图片，设计名优建设展板，扩大评价中心的影响力。

（10）承办第七届名优建设工程工作会议、优秀科研成果颁奖大会和期刊工作专题会议。经院党组批准，2016 年 12 月 13 日在社科会堂召开了中国社会科学院 2016 年度报刊、出版、馆网库志和学术评价第七届名优建设工程工作会议、优秀科研成果颁奖大会和期刊工作专题会议。此次会议由办公厅、科研局和信管办主办，中国社会科学评价中心具体承办。院党组成员、院属各单位主要领导同志、院优秀科研成果获奖代表、院属各期刊主要负责人等 220 余人与会，院长王伟光、副院长张江、副院长李培林等院领导与会并作重要讲话。

（11）加强自身建设，培养又红又专的人才和过硬的队伍。评价中心努力培养和造就一支政治可靠、专业过硬的评价队伍，下大力气抓好人才引进培养和使用工作，以更好地适应越来越为繁重和艰巨的评价工作，培养政治上过硬、学术上过硬、业务上过硬和品德上过硬等优良素质。评价中心召开人才引进聘用大会，确定引进应届博士毕业生1名，聘用制工作人员1名。评价中心召开多次学术讲座，邀请专家学者就期刊评价、智库发展、科研档案管理等作报告，加强科研队伍建设，加强业务学习，了解学科发展、理论动态，汲取先进的理念。评价中心科研人员发表近10篇学术论文，数次在央视、新华社等中央级媒体接受访谈，积极参加各种研讨会，参加各类专项学习班，提升了研究水平，扩大了评价中心的学术影响。

## （三）会议综述

### 第三届全国人文社会科学评价高峰论坛

2016年11月30日，由中国社会科学评价中心主办的第三届全国人文社会科学评价高峰论坛在北京举行。会议的主题为“全球智库研究与展望”。来自全国哲学社会科学规划办公室、中国社会科学院、清华—卡内基全球政策中心、英国查塔姆社、武汉大学国际法研究所、中山大学粤港澳研究中心、华南理工大学公共政策研究院、商务部国际贸易经济合作研究院、中国（深圳）综合开发研究院、中国人民大学重阳金融研究院、盘古智库、西南政法大学民族研究院、光明日报智库研究与发布中心以及来自贵州、湖南、广东、山东社会科学院（社会科学界联合会）等近100名国内外智库的专家出席论坛。中国社会科学院副秘书长韩大川、全国哲学社会科学规划办公室副主任操晓理出席论坛并致辞。

会上，国内外的智库专家围绕“全球智库研究与展望”这一主题，分享了自己的观点，重点介绍了德国、日本等国家智库的发展情况、特点以及对中国智库建设的启示。

北京大学教授、中国（深圳）综合开发研究院院长樊纲在作主旨演讲时表示，智库并不是单纯的学术机构。他认为，智库要有理论功底，但也要接地气；要有自主寻找研究课题的独立性和专业性；要有问题导向，能够提出前瞻性和批判性的建议；要针对发现的问题提出建设性的解决方案，并能够落地、落实，最终解决一定的问题。他指出，智库要保持财务的独立性，也就是要有稳定的收入来源，来保证自身的可持续发展。

中国社会科学评价中心机构评价项目部副研究员胡薇以“当代日本智库：特征、问题与借鉴”为题，介绍了日本智库的发展现状以及对中国智库建设的启示。胡薇认为，中日两国在政府主导、官办智库、项目来源等方面不乏相似之处，在我国新型智库建设全面启动之际，无论日本智库建设的经验或教训，及其显现出来的问题，都为我国当前的中国特色新型智库建设提供了有益参考。在新的历史阶段，我们应该实现各类智库的有效分工，建立有限竞争的智库市场结构，保持智库资金来源的多元化与平衡性，建立政府与智库人员交流的常设机制，强化智库的社会责任。

中国社会科学评价中心的刘潇潇以“德国智库的特点及对中国智库建设的启示”为题，

介绍了德国智库的发展历史、现状和发展趋势，认为中国智库应该借鉴德国学术型智库对思想独立性的苛刻要求、对接受公共资金的严格监管、智库与高校的紧密联系、亲政党政治基金会强大的外交功能以及智库对社会职能的重视等。

清华—卡内基全球政策中心主任韩磊和赵可金以自身智库为例，介绍了美国智库与中国高校间在人员交换、经济、安全、能源与金融等多领域的合作和创新，以及利用闭门和开放式研讨会、网站、出版物等多种渠道扩大中美两国智力间合作影响力的经验。

会上，与会嘉宾分别以“面向世界的中国智库”和“中国特色新型智库建设”为主题进行了圆桌讨论。盘古智库理事长易鹏和光明日报智库研究与发布中心副主任王斯敏分别担任主持。西南政法大学民族研究院副院长吴喜在讨论中介绍了中国边疆智库的现状，指出我国边疆智库根源于丰富的边疆研究，为当代国家治理提供了强大的智力支持。中国人民大学重阳金融研究院信息中心总编辑胡海滨在会上介绍了在拓展国际交流中的成功经验。

（办公室）

# 中国社会科学出版社

2016年，中国社会科学出版社坚持正确的出版方向，贯彻创新发展理念，抢抓哲学社会科学发展的良好机遇，坚持把社会效益放首位，集中精力做专、做精、做强学术出版，推动社会效益和经济效益再上新台阶。

## （一）加强思想政治建设，不断扩大作为马克思主义理论出版阵地和党的意识形态重镇的影响力

### 1. 加强政治学习，提高理论水平

中国社会科学出版社领导班子和机关党委充分重视政治学习，始终及时传达、贯彻中央及院党组有关精神和中央决策部署。一是组织全社党员深入学习、贯彻、执行中央精神。2016年，中国社会科学出版社先后召开机关党委理论中心组学习会、中心组扩大会议、党员大会等专门学习会议18次，及时传达并学习中共十八届六中全会精神和学习贯彻习近平总书记系列重要讲话精神、国家新闻出版广电总局和院党组的会议精神和文件精神。二是积极参加院组织的学习培训班。积极响应院党组号召，组织机关党委班子成员和党支部书记参加全院处级以上领导干部培训。三是认真制订实施相关学习方案。根据院党组统一部署和四个文件精神，中国社会科学出版社研究制定了出版社贯彻落实相关政治学习的工作方案和制定了《中国社会科学出版社关于贯彻落实习近平总书记在哲学社会科学工作座谈会上的重要讲话精神总体方案》《全面从严治党　切实加强党的建设的意见》的实施方案以及《中共中国社会科学出版社机关委员会关于加强党的意识形态工作　加强马克思主义坚强阵地的意见》的实施方案，并认真贯彻落实。

**2. 结合“两学一做”学习教育，把意识形态工作纳入全体党员的学习内容**

根据上级部署和要求，中国社会科学出版社在全体党员中开展“两学一做”专题教育活动，切实抓好全社员工思想教育和理论学习工作。一是制定《中国社会科学出版社关于在全体党员中开展“学党章党规、学系列讲话，做合格党员”学习教育工作方案》。二是多种形式组织学习，在全社开展党课教育，确保将精神深刻领会，并学以致用，贯彻到学习和工作中。三是进一步完善党建工作制度，严格党内组织生活，召开专题民主生活会和组织生活会，深入查摆在思想、组织、作风等纪律方面存在的问题。

**3. 学习习近平总书记系列重要讲话精神，与党中央保持一致**

2016 年 7 月 7 日，社机关党委召开党委中心组学习扩大会议，全社中层干部学习了习近平总书记在庆祝中国共产党成立 95 周年大会上的重要讲话精神。根据会议要求，各党支部自觉组织开展了学习研讨活动，认真学习贯彻习近平总书记“七一”重要讲话精神。

根据中央和院党组要求，中国社会科学出版社于 2016 年 10 月召开全社干部职工大会，学习习近平总书记在哲学社会科学工作座谈会上的讲话及院党组相关文件精神，讨论该社贯彻落实的措施及五年发展规划。大会邀请院科研局领导和国际合作局局长作报告，全体成员围绕培训主题进行了讨论，形成了切实有效的讨论成果，实现了培训的实践意义。

**4. 坚持正确的出版方向，充分发挥党和国家意识形态主阵地作用**

2016 年，中国社会科学出版社认真学习贯彻院意识形态工作部署和要求，制定《中共中国社会科学出版社机关委员会关于加强党的意识形态工作　加强马克思主义坚强阵地的意见》的实施方案。要求编辑和全体员工牢记学术出版的意识形态属性，始终坚持正确的出版方向，坚持马克思主义新闻出版观，把好选题关和审稿关，守好党的学术出版阵地。继续严格执行“三审三校”制度和重大选题备案制度，以保证出版物内容在政治导向上万无一失。

### （二）出版业绩稳步提升，推动选题和产品创新，巩固和提升品牌影响力

**1. 出版规模扩大，社会效益和经济效益再上新台阶**

2016 年，在全社职工的共同努力下，中国社会科学出版社经济效益和社会效益协调发展，再上新台阶。经济效益主要表现在：各项经济指标均实现较快增长。全年出版新书两千余种，立项选题、会签生效合同、使用书号、出版图书、重印书数量、加工制作电子书均比 2015 年有所增长。2016 年 8 月，国家新闻出版广电总局发布了《2015 年新闻出版产业分析报告》。报告显示，中国社会科学出版社在社科类图书出版单位总体经济规模综合排名中名列第九位。

社会效益主要表现在：加快选题和产品创新，学术影响力、国际影响力、社会影响力进一步增强。2016 年，中国社会科学出版社再次进入“中国图书海外馆藏影响力出版 100 强”，并以 1812 种的优异成绩在全国近 600 家出版社中排名第二。这一指标表明，中国社会科学出版社图书的国际学术影响力在中国近 600 家出版社中数一数二。而在人文社科出版方面，中国

社会科学出版社居于第一位。

**2. 主动作为，敢于亮剑，积极策划出版弘扬主旋律、传播正能量的选题**

2016 年，从学术导向来看，中国社会科学出版社发挥党和国家意识形态主流阵地和全国马克思主义理论成果重要窗口作用更加凸显，其主要工作如下。

(1) 策划和出版马克思主义理论研究成果。出版《中国社会科学院马克思主义理论学科建设与理论研究系列丛书》、《马克思主义经典作家专题摘编》、《马克思主义专题研究文丛》(系列)、《中国社会科学院马克思主义研究文集》(系列)、《马克思理论学科前沿研究报告》(系列)、《马克思主义史学思想史》(六卷本)、《新大众哲学》等几十种图书，其中，《新大众哲学》入选“第二届全国党员教育培训教材”。

(2) 出版研究和阐发习近平总书记系列重要讲话精神著作，弘扬主旋律。在出版研究和阐发习近平总书记系列重要讲话精神方面，中国社会科学出版社出版了《马克思主义中国化的最新成果：习近平治国理政思想研究》《习近平的国家治理现代化思想——中国文明基体论的延续》等。特别是策划了被中宣部和院党组立为重大出版项目的“习近平治国理政系列思想研究丛书”。

(3) 敢于亮剑，积极策划更多与错误思潮作斗争的选题，传播正能量。譬如“理解中国”丛书，从学术角度系统阐释中国道路、中国理论、中国制度的基本内涵，研究和回答中国改革开放和中国特色社会主义的重大问题。又如，《中国社会科学院历史虚无主义批判文选》《历史虚无主义的生成机理及其克服》《历史虚无主义对当代大学生的影响研究》《中国社会科学院新自由主义批判文选》《中国社会科学院“普世价值”论批判文选》《中国社会科学院西方宪政民主观批判文选》等，回应和批驳了中国“威胁论”“国家资本主义”“新官僚资本主义”“资本社会主义”等各种质疑与论调。这些图书起到较好的引领作用，体现了中国社会科学出版社作为党和国家意识形态阵地的使命与担当。

**3. 推动选题和产品创新，巩固和提升品牌影响力**

(1) 服务新型智库建设，打造“中社智库”品牌。2016 年，中国社会科学出版社正式创立“中社智库”出版品牌。智库成果的不断发布密切了中国社会科学出版社与智库单位的联系，向社会各界、国内外发出了智库声音。截至 2016 年年底，共推出了近 120 种国家智库报告及一系列年度报告。智库成果出版与发布，成为该社影响力提升的一个重要增长点。

同时，该社积极探索智库成果的纸电同步出版。在图书出版的基础上，尝试通过互联网传播智库成果。该社还与百度文库、亚马逊等网络平台开展合作，建立智库成果专题发布频道，利用这些平台数以亿计的用户群，扩大智库成果的传播力和影响力。

(2)“理解中国”丛书继续拓展，影响力进一步扩大。2016 年，“理解中国”丛书新出版 5 种。其中《破解中国经济发展之谜》入选“第一财经 2014 年度图书”、2015 年中宣部优秀通俗理论读物（全国仅 6 本）和 2016 年中华优秀出版物奖。《破解中国经济发展之谜》《中国社会巨变和治理》《中国的民主道路》《中国的环境治理与生态建设》4 种书获中华外译项目资助；丛书全部入选国家出版基金。

丛书成功走向海外，与施普林格出版集团合作，已陆续出版韩文版、日文版、西班牙语版、阿拉伯语版等。

同时，以"理解中国"丛书为载体，还开展了若干学术研讨活动。2016 年 4 月，举办"'理解中国'发布暨学术研讨会：'十三五'规划下的中国改革发展"，丛书英文版成功发布；8 月北京国际图书博览会开幕，该社举行了"理解中国"丛书之《中国的价值观》中文版发布暨英文版签约仪式，反响很大；11 月，在智利首都圣地亚哥举行的"中国—智利经济社会发展高端研讨会"上，该社发布了"理解中国"丛书西班牙文版。"理解中国"丛书及各项学术交流活动中中国学者的演讲，已经成为中国文化（学术）"走出去"、传播中国声音、扩大中国国际话语权的重要载体，发挥了重要的外宣作用。"理解中国"丛书也为该社品牌影响力的提升作出了重要贡献。

（3）"中国社会科学年鉴工程"出版规模和社会影响进一步扩大。"中国社会科学年鉴工程"2016 年出版 20 部。拓展院内年鉴有《全国社会科学院年鉴》《中国边疆学年鉴》《中国民俗学年鉴》《中国生态文明建设年鉴》；拓展院外年鉴有《中国教育学年鉴》《中国艺术学年鉴》《中国政府管理年鉴》。自 2014 年启动年鉴工程以来，"年鉴工程"成为出版社品牌的又一个亮点。

（4）"剑桥史"大型翻译工程稳步推进。《剑桥古代史》共计 14 卷 19 册。《剑桥基督教史》（9 卷）作为社科基金重大招标项目，2016 年年底已结项。《剑桥哲学史》已经得到国家出版基金资助。

（5）"当代中国学术思想史"系列丛书。2016 年新出版 9 卷，分别是：《当代中国近代经济史研究》《当代中国近代思想史研究》《当代中国基督宗教史研究》《当代中国边疆研究（1949 ~ 2014）》《当代中国的文化研究（1990 ~ 2010）》《当代中国语言学研究》《当代中国世界经济学研究》《当代中国国际政治学研究》《中国近代史研究回顾与展望 2009 ~ 2011 年卷》。

（6）其他重大项目申报和出版进展顺利。在创新工程申报方面，2016 年，中国社会科学出版社承担创新工程学术出版资助项目共 63 项，承担创新工程大型学术出版资助项目 9 项。2016 年度，《社科学术文库》申报顺利通过审核；《中国社会科学院学部委员文集》年度申报资助 9 种；申报通过《中国社会科学院博士文库》19 种，《中国社会科学院博士后文库》13 种。

2016 年，中国社会科学出版社申报通过的大型项目还包括："十三五"时期（2016 ~ 2021 年）国家重点图书、音像、电子出版物出版规划，国家"十三五"少数民族语言文字出版规划图书项目，国家出版基金资助项目资助，国家古籍整理出版专项经费资助。

《马克思主义中国化的当代最新成果》、“理解中国”丛书2项入选2016年主题出版。

2016年，中国社会科学出版社共有9种图书入选中国社会科学院创新工程重大成果系列发布，分别是：“中国社会科学院对错误思潮批判系列文选（2016年）”、《中国收入分配问题研究》《中国城市化模式、演进机制和可持续发展研究》《金砖国家研究：理论与议题》《中国与拉丁美洲和加勒比国家关系史》《中国海外投资国家风险评级报告（2016）》《中国古代科技文化及其现代启示》《出土文献与早期道教》《礼与中国古代社会》。

**4. 大力推进出版的转型升级和融合发展**

2016年，中国社会科学出版社实现纸电同步出版，完成近5000种电子书加工，数字产品的经营收入稳步增长；完成CNONIX国家标准应用示范工作，起草了相关工程标准，得到了国家有关部门的表彰；维护ERP系统和OA系统，运行基本稳定；完成门户网站及数字产品发布平台和内容资源管理系统调研论证。

**5. 学术出版“走出去”取得新进展**

截至2016年年底，中国社会科学出版社先后与剑桥大学出版社、罗德里奇出版集团等8个国家的20多家出版机构建立了长期战略合作关系；并对美国、俄罗斯等国的出版机构、科研机构和图书馆进行业务访问，积极筹备、参加大型国际书展活动10余次。围绕学术出版“走出去”，举办了“中国社会科学论坛暨国际学术出版论坛”“中国社会科学论坛暨智库论坛”“青年汉学家研修班交流座谈会”等多场国际交流活动。

2016年，中国社会科学出版社“走出去”项目签约数创历史新高，其中实现了“理解中国”系列图书阿语和西语的突破；获得国家社科基金中华学术外译项目12项，国务院新闻办公室“中国图书对外推广计划”资助4种，国家新闻出版广电总局“经典中国国际出版工程”2项，国家新闻出版广电总局“丝路书香工程”重点翻译资助项目3项，院创新工程学术外译项目6项。

响应国家“走出去”的大战略，积极探索扩大国际合作，在海外建出版社分社的“走出去”新模式。2016年11月，在智利首都圣地亚哥举行的“中国—智利经济社会发展高端研讨会”上，中国社会科学出版社新成立的智利分社揭牌。

**6. 图书获奖情况**

2016年，中国社会科学出版社图书获奖主要项目有：《破解中国经济发展之谜》获“第六届中华优秀出版物奖图书奖”，《马克思主义史学思想史》获“第六届中华优秀出版物奖图书奖提名奖”；《清代诗学史（第一卷）》《马克思主义哲学形态的演变（上、下卷）》《中国南传佛教研究》等7种图书获“第九届（2016年）中国社会科学院优秀科研成果奖”专著类二等奖；《中国少数民族人类起源神话研究》《20世纪的中国民族问题》等11种图书获“第九届（2016年）中国社会科学院优秀科研成果奖”专著类三等奖；《新大众哲学（共7册）》《简明中国历史读本》在第二届全国党员教育培训教材展示交流活动中被评为精品教材；《简明世界历史读本》在第三届全国党员教育培训教材展示交流活动中被评为精品教材；《中国历史学 30 年（1978～2008）》《中国社会巨变和治理》《新中国人权保障发展六十年》三种图书获“2015 年度输出版优秀图书奖”。

## （三）学术会议、学术交流

（1）2016 年 1 月 9 日，印度新德里世界书展在印度首都新德里举办。中国社会科学出版社精心准备了 150 余种参展图书，有反映当代中国的“理解中国”丛书，也有包括《摩诃婆罗多》《薄伽梵往世书》《薄伽梵歌》在内的几十种印度经典图书，还主办了题为“中印文化交流与碰撞”的座谈会，受到广大读者朋友的关注。

（2）2016 年 1 月 11 日，中国社会科学院世界经济与政治研究所和中国社会科学出版社联合在北京举办《〈跨太平洋伙伴关系协定〉文本解读》《美国行为的根源》新书发布暨出版座谈会。世界经济与政治研究所所长张宇燕、中国社会科学出版社社长兼总编辑赵剑英分别致辞。来自中国社会科学院世界经济与政治研究所、中国社会科学出版社、北京高校、科研机构、媒体界等机构的研究人员、编辑人员、记者参加活动。

（3）2016 年 4 月 12 日，由中国社会科学出版社策划、中国社会科学院统筹实施的重点项目“理解中国”丛书在第 45 届伦敦书展上发布。在“‘理解中国’发布暨学术研讨会：‘十三五’规划下的中国改革发展”会议上，中外学者表示，该丛书多角度阐释了中国历史与现实，有助于满足国外对于中国研究的需求，增进世界对中国社会经济制度、发展理念、发展道路以及历史文化的理解。

（4）2016 年 5 月 10 日，《美国历史和黑皮书的故事》新书发布会在中国社会科学出版社举行。《美国历史和黑皮书的故事》一书的作者——美国前议员艾德莱·伊·史蒂文森对该书进行了介绍，中国社会科学院美国研究所战略室主任樊吉社作了发言。会议对美国大选和中美关系进行了探讨。

（5）2016 年 5 月 19 日，智利前驻华大使费尔南多·雷耶斯·马塔到访中国社会科学出版社。中国社会科学出版社副总编辑郭沂纹代表中国社会科学出版社和社长赵剑英对大使表示欢迎，并介绍了中国社会科学出版社的基本情况、海内外影响力和近年来重视对外交流和对外合作出版的情况。双方就进一步加强文化学术交流交换了意见。

（6）2016 年 5 月 27 日，由中华美国学会、中国社会科学出版社和中国社会科学院美国研究所共同举办的 2015 中华美国学会年会论文集《21 世纪的美国与世界》发布会在北京举行。中华美国学会副会长、美国研究所所长郑秉文致辞，中国社会科学出版社副总编辑王浩介绍了中国社会科学出版社出版的美国系列丛书和该社的有关情况。

（7）2016 年 6 月 14 日，由中国社会科学院欧洲研究所和中国社会科学出版社共同举办的《欧洲难民危机专题研究报告》发布会在北京举行。中国社会科学院欧洲研究所所长黄平、中国社会科学出版社社长赵剑英分别致辞，中国社会科学院欧洲研究所研究员赵俊杰作专题报告。

(8) 2016 年 6 月 22 日，泰勒·弗朗西斯集团图书区域市场营销总监爱丽丝、市场营销高级经理温迪·张、编辑主管孙炼到访中国社会科学出版社。中国社会科学出版社重大项目出版中心主任、营销中心主任、国际合作与出版部主任参加了会谈。会谈围绕"合作图书的市场推广""市场增长的机会和可能性""关于未来营销策略的设想"几个问题展开。

(9) 2016 年 6 月 25 日，由北京大学哲学系、北京大学马克思主义哲学研究中心、中国社会科学出版社联合主办的"马克思主义哲学研究的传承与创新"研讨会暨《北京大学马克思主义哲学论丛》出版座谈会在北京召开。来自中共中央党校、中国社会科学院、国家行政学院、国防大学、中央编译局、中国人民大学、北京师范大学、北京市委党校等科研院所的 50 多名专家学者参加会议。

(10) 2016 年 6 月 29 日，《中国新常态宏观经济：机制变异与理论创新》《货币政策理论反思及中国政策框架转型》《供给侧结构性改革的理论逻辑及实施路径》《农民合作新路：构建"三位一体"综合合作体系》四本新书发布会在北京举行。中国社会科学出版社社长兼总编辑赵剑英致辞。该套图书作者——来自中国人民大学国家发展与战略研究院、经济学院、农业与农村发展学院的研究员和教授以及中国社会科学院经济研究所、当代中国研究所的研究员发言。

(11) 2016 年 7 月 1 日，匈牙利教育部代表团成员 Balint Magyar 来中国社会科学出版社进行学术访问。中国社会科学出版社社长兼总编辑赵剑英接待此次来访。

(12) 2016 年 7 月 11 日，中国社会科学出版社举办"中国改革开放回顾与展望——《郑新立文集》首发座谈会"。会议回顾与总结中国经济改革开放历程，探讨和展望新时期新形势下如何深化改革开放。

(13) 2016 年 7 月 15 日，中国社会科学出版社举行"2016 年青年汉学家研修班交流座谈会"。11 位汉学家与中国社会科学出版社的编辑对图书及出版进行了交流。

(14) 2016 年 8 月 24 日，中国社会科学出版社出版的"理解中国"丛书之《中国的价值观》中文版在北京国际图书博览会正式发布，并与德国施普林格出版社签订英文版协议。

(15) 2016 年 8 月 25 日，中国社会科学出版社在北京国际图书博览会举办"走出去"合作图书暨《中国社会科学院学部委员专题文集》系列（英文版）和"中华学术外译项目"成果发布会。

(16) 2016 年 8 月 25 日，中国社会科学出版社与院国际合作局在北京国际图书博览会承办"中国社会科学论坛·智库成果的出版与传播"，中国社会科学院领导出席并作主旨发言。中国社会科学出版社社长兼总编辑赵剑英与施普林格自然出版集团就《中国工业经济运行夏季报告（2016）》英文版进行签约。

（17）2016 年 9 月 7 ~ 11 日，第 29 届莫斯科国际图书博览会在俄罗斯首都莫斯科举办。由中国社会科学出版社副总编辑王浩带队的一行三人参加了此次博览会。

（18）2016 年 10 月 21 日，剑桥大学出版社亚洲学术销售主管那荣起，大中华区合作出版经理（学术出版）王鑫光到访中国社会科学出版社，就如何进一步加强合作以及电子书的合作展开讨论。中国社会科学出版社社长兼总编辑赵剑英出席了会谈。

（19）2016 年 11 月 9 日，由中国社会科学出版社主办的《中国古代科技文化及其现代启示》出版座谈会在北京召开。来自中国社会科学院、四川大学、北京师范大学、北京天文馆古观象台的专家就中国的古代科技哲学进行探讨。

（20）2016 年 11 月 23 日，在智利首都圣地亚哥举行的“中国—智利经济社会发展高端研讨会”上，中国社会科学出版社发布了“理解中国”丛书西班牙文版新书，并为新成立的智利分社揭牌。

# 社会科学文献出版社

2016 年，社会科学文献出版社以坚定的理想信念服务党和国家大局；以学术资源建设为中心，以构建智慧型出版社为主线，始终坚持把社会效益放在首位，努力实现社会效益和经济效益的有机统一，积极推进传统出版和新兴出版的融合发展；以锐意进取的精神、沉稳的心态和崇高的使命感投身学术出版事业，各项工作呈现新气象。

## （一）经营概况

2016 年，社会科学文献出版社各项工作稳步推进，基本实现了预期发展目标。

（1）生产经营各项指标平稳增长。2016 年，社会科学文献出版社保持了平稳增长的发展态势，全年共出版图书 2084 种，同比增长 2.16%，其中新书 1686 种，同比增长 13%。出版皮书 421 种；统一印制发行中国社会科学院学术期刊 77 种。

全年新书出版字数 5.55 亿字，同比增长 0.78%，基本实现了年初制定的控制字数的预期目标。造货码洋 3.11 亿元，增长 4.09%，总印数 532.77 万册，实现了减库存、控印数的预期目标。全年完成 3731 册图书的数字化加工，加工字数 11.8 亿字。

2016 年，社会科学文献出版社的数字出版总收入实现 2100 多万元，其中数据库与科研平台实现销售收入 1300 万元，同比增长 22.9%。

全年现金流入 3.5 亿元，流出 3.1 亿元。全年总收入 2.59 亿元，同比增长 12.6%；实现利税 4327 万元，其中利润 1589 万元。员工收入同步增长，发展成果惠及全社员工。

2016 年，社会科学文献出版社办公用房面积达到 8000 余平方米。到 2016 年年底，全社总资产 3.6 亿元，同比增长 28.6%，实现了国有资产的保值增值。

（2）坚持把社会效益放在首位。2016年，社会科学文献出版社积极在实现社会效益和经济效益相统一方面发挥示范作用。紧紧围绕“中国梦”和“十三五”规划相关建议，积极策划优质选题：共有23个项目入选国家“十三五”出版规划，立项数量居全国前列，5种图书入选《国家哲学社会科学成果文库》；27个项目入选“国家社科基金后期资助项目”，在传统出版发行领域，连续六年获得“全国优秀馆配出版社”称号。

全年全社图书获得省部级以上奖励43项；“社会科学研究领域知识挖掘与服务实验室”列入国家新闻出版广电总局公布的首批新闻出版业科技与标准重点实验室名单；皮书研究院获得科技部、中央宣传部、中国科协共同授予的“全国科普工作先进集体”称号；“一带一路”数据库获得“2015全国新闻出版业网站系列优秀内容资源平台”称号和第六届中华优秀出版物奖音像电子游戏出版物提名奖。

“2030年可持续发展议程研究书系”在G20杭州峰会期间及时出版，在社会上获得较好反响。

## （二）主要工作及业绩

（1）深入贯彻落实全面从严治党要求，锻造坚强领导核心。2016年，社会科学文献出版社完成换届选举的机关党委和机关纪委把落实从严治党要求、加强党风廉政建设和院党组各项工作部署作为党建工作的重要任务，进一步强化和细化领导责任，明确职责分工，形成了党建新格局。

将“两学一做”和学习党的十八届六中全会精神、习近平总书记系列重要讲话精神纳入全社重点工作部署，在各类会议中，始终把学习党的理论排在首位，全年组织相关学习92次，先后制定《贯彻党的十八届六中全会精神工作方案》等文件70多个。

建章立制、强化内部管理，全年共制定、修订或完善《出版社选人用人管理办法》等规章制度24项。

（2）融合发展全方位推进。为继续深入贯彻落实国家新闻出版广电总局关于融合发展的文件精神，社会科学文献出版社积极将融合发展和数字化转型升级战略落到实处，社内科研平台建设、传统出版与数字出版、国际出版与本土出版的融合蓬勃发展。

一是融合发展办公室正式落地。一方面，完成基础设施建设工作。制定融合发展办公室岗位工作职责，启动社内人员选调和外部招聘工作。制定融合发展工作管理规定。制定学术科研平台立项流程审批及绩效奖励管理办法。另一方面，深入推动学术科研平台项目工作。深入挖掘项目资源，对宁夏大学等13家单位的数字学术科研平台项目进行论证。2016年已完成宁夏大学和中山大学2家单位的合同签署，项目正式启动。

二是数字出版势头良好。

数字出版业绩再创新高。数据库个人用户和海外市场均有新突破，机构用户达1300余家，海外机构用户百余家；电子书业务和定制库业务稳步走高；文产项目成功申报，获600万元资助。

数据库产品建设稳步推进，以全社核心资源和重大出版项目为主的4条产品线11个数据库产品齐头并进。①皮书数据库报告量突破12.5万篇，字数达26.1亿；50余万个数据图表实现按照完整指标体系分类管理。②国内首个减贫学术研究成果聚合、发布与知识服务平台中国减贫数据库上线，完成600多个子库建设，受到国务院扶贫办、多省政府扶贫机构的关注。③台湾大陆同乡会文献数据库完成2.1亿繁体竖排文字加工入库，相继开发完成湖北库和福建库并召开发布会，赢得两岸专家及全国台联的肯定。

数字产品和个人共获10多个奖项，业界影响力不断提升。专业数字内容资源知识服务模式试点单位工作成绩突出，获得国家有关部门的大力表彰。

三是信息化建设工作成效显著。2016年信息化建设工作围绕互联互通展开。双统一平台一期工程正式收官。新版官网升级完成，全网实现移动化。开展了文稿预处理试验工作，探索编辑流程模式创新；与中译语通签订战略合作协议，探索学术资源的多语种应用模式。探索预出版及OA出版新模式，完成新BI平台的基础部署。

四是国际出版由点到面，风生水起。2016年，社会科学文献出版社继续致力于中国学术“走出去”，国际出版工作进入由点到面的新局面。

出版品种数进一步扩大，全年共签署国际合作出版协议107份，比2015年增长30%，繁体版权输出协议15份。出版语种稳中有升，出版地区逐步拓展。全年共有21种图书获得中华学术外译项目资助，39种图书入选丝路书香工程，4种图书入选经典中国国际出版工程；18种图书入选院创新工程；10种图书入选中国图书对外推广计划，共获得翻译出版资助2000余万元，在单体出版社甚至出版集团方面均位居前列。

国际出版平台建设有了实质性进展。2016年，社会科学文献出版社被评为“2015—2016年度国家文化出口重点企业”。“人文社科国际学术交流平台建设”项目被认定为“2015—2016年度国家文化出口重点项目”。社会科学文献出版社首家海外分社俄罗斯斯威特出版分社正式成立，为全社实施海外出版本土化战略迈出了重要一步，实际参与了中国新闻出版话语权的海外建设。

国际出版意识和国际出版人才培养更加深入。2016年，社会科学文献出版社共61人次出访12个国家和地区，参加了各类国际书展和国际学术会议，拓展了学术出版网络，强化了学术资源建设，培育了一批有国际化出版眼光的人才。

国际传播能力进一步强化。2016年，社会科学文献出版社充分利用国际书展及大型国际会议的机会，向世界展示中国学者的学术水平和研究成果，进一步推动形成了学术成果的国际影响力。

（3）坚守专业化学术出版之路，全面做实产品布局。2016年，社会科学文献出版社继续坚持专业化学术出版之路不动摇，以学术出版五大能力建设作为重中之重，着力搭建最具影响力、最有质感的智库产品整合及传播平台、人文学科资源服务平台。

学术资源建设各项工作进展顺利。2016 年，社会科学文献出版社完成了与北京市社会科学院、华中师范大学等 7 家基地的签约，继续加强优质学术出版资源整合。社科文献学术文库、学术译库出版工作稳步推进，出版了《学术文库》图书 9 种；《学术译库》图书 6 种。

与院创新工程对接顺畅。2016 年社会科学文献出版社承担各类创新工程项目共计 75 项，共完成出版院创新工程项目 150 余种。

皮书管理进一步专业化和科学化。2016 年，社会科学文献出版社不断完善皮书品牌管理相关制度，成功开办首次皮书研创高级研修班，这是对皮书质量管理前移的一项重要举措。

列国志项目稳扎稳打。新版《列国志》与《国际组织志》丛书入选“十三五”国家重点图书出版规划项目。2016 年，新版《列国志》197 种国别类选题正式签约近 160 种。《国际组织志》项目正式启动，已完成签约 40 种。2016 年 9 月，新版《列国志》编辑委员会第二次会议召开。

甲骨文系列蓬勃发展。2016 年甲骨文工作室主推的“甲骨文书系”又有新发展，其门店书出版品种超过 40 种。与“豆瓣纸书”和“单读”展开纸书策划与销售的合作，取得了较好的社会影响力与经济效益。此外，甲骨文继续加强与实体书店和三大网店的合作，并在 2016 年广受各大主流媒体、新媒体关注，与读者之间的联系进一步加强，初步形成了以甲骨文为核心的读书共同体。

学术期刊“两统一”工作进展顺利。2016 年，社会科学文献出版社从外部形态上打造了社科院统一品牌形象，基本形成两种统一尺寸。制定院学术期刊自动纳入机制，从多方面为期刊编辑部提供专业服务。发行收入也稳中有增，全年实现收入 2200 万元。

积极推进学术期刊采编系统建设工作，全院完成采编系统安装配置的期刊编辑部达 68 家。组织参加了“2016 年第四届中国（武汉）期刊交易博览会”，继续打造社科院学术期刊方阵形象。

着力加强集刊运营管理工作。2016 年全社成立集刊运营中心，系统整理了集刊流程，修改了集刊规范，优化了中国集刊网（数据库），合作组织了集刊评审会，开发了投约稿编辑评审系统，举办了第五届集刊年会，与南京大学 CSSCI 达成了战略合作意向。2016 年，全社新增集刊 34 种，比 2015 年增加了 41.6%，集刊数据库收录集刊近 190 种，文章近 1500 篇。

（4）跨越式提升市场营销能力，全面加强生产运营统筹协调功能。2016 年，市场营销中心跨越式提升全社学术产品营销能力和品牌传播能力，全年实现销售收入 8802 万元，同比增长 11%；馆配市场占有率全国排名第八，居人文社科类出版社前列。

2016 年，生产运营中心全面加强全社生产运营统筹协调功能，大力提升济南编辑中心加工生产能力，进一步优化了生产流程，强化管理，参与并支持全社融合出版的发展战略。

（5）体制机制改革和创新持续发力。2016 年，社会科学文献出版社体制机制改革领导小组与社战略委员会合并，组建改革与发展工作领导小组，主要负责全社发展战略、创新战略、投资战略及对外战略合作的研究，负责为全社重大投资项目及投资公司做好前期调研、方案起草及实施监督工作。颁布《投资公司监督管理办法》，进一步完善了投资公司管理机制，与济南智泉文化发展有限公司、中安盟公司、新模式公司、绿坞公司分别签订合作协议，并完成扬州公司股权溢价撤出。

（6）人力资源建设工程稳步推进。2016 年，社会科学文献出版社积极推进多渠道、多形式招聘工作。加大了校园招聘和宣传的力度，树立了良好的企业雇主品牌形象。同时，加大了海外招聘宣传力度，2016 年 4 月，社会科学文献出版社在英国牛津大学三一学院举行海外高端人才招聘宣讲会。

《企业年金方案》起草完毕。该方案对保障和提高职工退休后的待遇水平，建立人才长效激励机制，增强全社的凝聚力，促进全社健康持续发展具有重要意义。

完善了具有社科文献特色的编辑人才培养课程体系。2016 年，社会科学文献出版社开展了社长总编下午茶、首席编辑下午茶、青年编辑论坛、导师小课堂、新编辑集训班等一系列品牌内训课程，丰富和完善了全社编辑培训课程体系。全年共组织培训 68 场，435 人次参训。

## （三）会议综述

### 第六届中国学术出版年会

2016 年 1 月 5 日，由社会科学文献出版社、中国新闻出版研究院、百道网联合主办，《中国编辑》杂志社、壹学者协办的“第六届中国学术出版年会”在北京举行。来自全国各地的经销商代表、图书馆代表以及关注学术出版事业的学者及读者 100 余人参加了年会。

社会科学文献出版社社长谢寿光就“拥抱中国学术出版的美好时代”主题发表了演讲。他提出学术出版是专业出版的基本门类之一，处于整个出版产业的顶端，代表一个国家学术研究和出版产业发展水平，是国家文化软实力的重要衡量标准。

社会科学文献出版社 2011 年首次举办“中国学术出版年会”，到 2016 年已是第六届，“中国学术出版年会”以新锐与前沿的视野获得了国家新闻出版广电总局、出版业同行的广泛关注与支持，同时广受经销商及图书馆代表的好评。

（柳　杨）

### 第十七次全国皮书年会

2016 年 8 月 5 日，由中国社会科学院主办，社会科学文献出版社、河南省社会科学院、河南大学共同承办的“第十七次全国皮书年会”在河南省郑州市举行。中国社会科学院副院长、党组成员蔡昉，河南省委常委、宣传部部长赵素萍，中国出版协会常务副理事长邬书林，国家新闻出版广电总局出版管理司副司长许正明，中国社会科学院科研局局长马援，社会科学文献出版社社长谢寿光，河南省社会科学院党委书记魏一明等出席开幕式并讲话。开幕式由河南省社会科学院院长张占仓主持。

2016年8月，“第十七次全国皮书年会”在河南省郑州市举行。

蔡昉指出，作为中国社会科学院的重要学术品牌，皮书自 1991 年年底首次推出，逐渐壮大、完善，到今天，皮书研创出版已经成为中国特色新型智库建设的重要抓手和智库成果重要的发布平台。皮书的专业化与规范性是其价值所在，也是皮书能持续发展的立命之本，对于皮书研究团队来说，做学术研究，要有“规范化、专业化研究”的意识。主要应从两个方面着手：一方面是注重学术体例规范。出版社实施的各种皮书操作规范和条例，以及皮书综合评价指标体系，就是对皮书学术规范水平的要求准则和评价标准。另一方面，研究写作要规范。要对数据的来源和真实性、可靠性进行严格把关，对资料的引用、问题的分析要科学客观，符合学理要求，调查研究要务实求真。

新形势下，我国哲学社会科学工作者应立足于中国改革开放的伟大实践，为党和人民述学立论、建言献策、讲好“中国故事”，担负起繁荣中国特色哲学社会科学的光荣使命。对此，蔡昉提出三点建议：第一，加强话语体系建设，建造属于我们自己的话语体系；第二，不断创新，依据时代特点建言献策，发挥智库的功能；第三，注重学术规范，加强学风建设。

年会的主题为“皮书研创出版：专业化与规范性”。来自中国社会科学院、地方社会科学院以及高校、政府研究机构等单位的近 400 名专家学者参加会议，并围绕皮书成果形式的规范性、皮书研究程序的规范性、皮书研创人员的专业化、皮书成果发布的专业化、皮书研创平台建设的专业化等议题展开研讨。

（柳　杨）

## 《2030 年可持续发展议程研究书系》首批成果发布会

为迎接 G20 杭州峰会，2016 年 8 月 28 日，由中国社会科学院主办，中国社会科学院城

2016年8月，《2030年可持续发展议程研究书系》首批成果发布会在北京召开。

市发展与环境研究所、社会科学文献出版社共同承办的"《2030年可持续发展议程研究书系》首批成果发布会"在北京举行。中国社会科学院副院长李培林代表院长王伟光和副院长蔡昉到会致辞。出席会议的还有中国社会科学院城市发展与环境研究所所长潘家华、社会科学文献出版社社长谢寿光、中国社会科学院科研局局长马援、21世纪议程管理中心副主任柯兵、中国科学院战略咨询院副院长王毅、外交学院前副院长郑启荣教授、首发图书作者代表、相关专家学者以及20多家新闻媒体等。

李培林在致辞中强调，2015年9月，联合国可持续发展峰会正式通过了《改变我们的世界——2030年可持续发展议程》，该议程包含一套涉及17个领域169个具体问题的可持续发展目标，标志着全球可持续治理掀开了新的篇章。2016年是落实该议程的第一年，即将在杭州召开的G20峰会将其列为重要议题之一。围绕可持续发展目标，客观评估中国已经取得的成绩和未来需要做出的努力，将可持续发展目标纳入国家和地方社会经济发展规划，是当前亟待研究的重大理论和实践问题，也契合了国际学术研究前沿和国内的政策需求。为此，中国社会科学院高度重视，邀请院内外知名专家学者共同参与撰写《2030年可持续发展议程研究书系》（共18册），包括一本总论，覆盖所有17个重点领域。这些成果对我国参与全球治理和实施可持续发展战略具有重要意义。

（柳　杨）

## 第五届人文社会科学集刊年会

2016年9月24日，由社会科学文献出版社联合贵州省社会科学院、贵州师范大学举办的"第五届人文社会科学集刊年会"在贵州省贵阳市召开。年会以"学术集刊与学术传播：从规范到e世界"为主题。来自国家新闻出版广电总局、中国社会科学院、地方社会科学院及全国各大高校和科研机构的近200位代表、集刊主编参加会议，并共同探讨数字化时代的学术传播与学术集刊规范化建设。

年会开幕式由中国社会科学院科研局局长马援主持，中国社会科学院副院长蔡昉、贵州省政协副主席左定超到会并讲话，社会科学文献出版社社长谢寿光、贵州省社会科学院院长吴大华、贵州师范大学校长李建军致欢迎辞。

社会科学文献出版社与南京大学中国社会科学研究评价中心战略合作协议签约仪式、社会科学文献出版社与贵州省社会科学院学术资源建设基地签约及揭牌仪式也在会上举行。

（柳　杨）

# 中国社会科学杂志社

## （一）人员、机构等基本情况

### 1. 人员

截至 2016 年年底，中国社会科学杂志社共有编制内在职人员 59 人。其中，正高级职称人员 11 人，副高级职称人员 13 人，中级职称人员 22 人；高、中级职称人员占全社编制内在职人员总数的 78%。另有聘用制人员 254 人。

### 2. 机构

中国社会科学杂志社设有处级机构 18 个。其中，采编业务部门 11 个：研究室、马克思主义部、哲学社会科学部、文学部、史学部、国际一部、国际二部、综合编辑部、《中国社会科学报》编辑中心、《中国社会科学报》新闻中心、中国社会科学网；采编辅助部门 4 个：总编室、网络舆情部、战略合作部、事业发展中心；行政管理部门 3 个：办公室、人事处（党委）、财务资产部。

## （二）报刊编辑工作

### 1.《中国社会科学报》（周一、周二、周三、周四、周五出版），总编辑张江。

2016 年，《中国社会科学报》全年共出版 243 期，每周 44 个版（包括社科院专刊 4 个版），每月 96 万字。报纸编辑部继续坚持正确的政治导向和学术方向，组织系列主题报道，积极引导学术舆论。

（1）主动设置议题，突出学术引领。为学习贯彻落实党的十八届六中全会精神、习近平总书记系列重要讲话精神和治国理政思想，2016 年《中国社会科学报》主动设置议题，提炼标识性概念，深入研究马克思主义基本理论，深化研究标志性历史事件的重大理论问题和改革发展实践中的重大现实问题，策划专题重点报道，例如，开辟“治国理政新实践”、《思潮辨析》专栏，组织系列报道、特别策划、独家报道等形式，进行学术引领。

围绕重大社会热点，组织特别策划，以马克思主义新闻观为指导，展开深入的学理阐释，正确引导舆论。如围绕“一带一路”、“五位一体”总体布局、“四个全面”战略布局、“五大发展理念”、“2·19”讲话、“4·19”讲话、“5·17”讲话、建党95周年、G20杭州峰会、红军长征胜利80周年等主题，组织刊发了“构建舆论场新格局：理论与实践”“学术视域中的习近平治国理政思想”“中国古代航海文明与海上丝绸之路”“国家治理视域中的党风廉政建设”“中国共产党与中国道路”“贯彻落实绿色发展新理念”“牢牢把握马克思主义的领导权话语权”“后杭州峰会时代：全球治理新趋势与中国角色新定位”等20余组特别策划。

(2) 建设精品版面和栏目。资讯版突出重点、热点学术主题，增强可读性与丰富性；下大力气办好重点版面与栏目，包括《学海观潮》《评论》《争鸣》《学术评价》《智库》《马克思主义月刊》《国际月刊》等，努力体现学术前沿，正确引导舆论，使学科版面与栏目在走向成熟的过程中，体现出以马克思主义理论为指导的内涵。

(3) 重视报网联动，突出报道效果。更新观念，认真研究、探索媒体传播规律，积极推进报刊网一体化机制。在杂志社主办的众多学术活动中，注重报网协调配合，展开及时、互动、多样的报道，相得益彰，提升了活动的影响力与传播力。

(4)《中国社会科学报》英文数字报走上正轨。2016年，英文数字报共发行96期，选题策划力度加大，版面与栏目设置更加丰富，报道形式日益专业化，表现风格趋于成熟，翻译水平明显提高，影响力得到进一步的提升。

(5) 社会反响。资讯类、学术类文章影响力日益增大，学术资讯、学科文章被教育、社科、党校等领域以及主流媒体网站转载，国际资讯报道成为国内学者了解海外学术的窗口。评论版《思潮辨析》栏目在学界引起了较好反响。《虚无主义的起处》《史学思潮的背后》《历史假设的边界》《史料运用的规则》四期先后被中国社会科学网、人民网、光明网、中华人民共和国国史网、近代中国研究网、中国高校人文社会科学信息网、中国人民大学官网、复旦大学官网、南京大学官网、南开大学官网、上海财经大学官网、中华网论坛、环球视野网、搜狐网、海疆在线网等众多网站转载。与学术机构联系增强，在深化与985高校开展学术联系的基础上，不断扩展与国内新型智库、地方社科院的交流与合作。

**2.《中国社会科学》(月刊)，主编张江。**

2016年，《中国社会科学》共出版12期，约330万字。

该刊围绕学习贯彻落实习近平总书记关于哲学社会科学重要讲话精神，加快构建中国特色哲学社会科学，《中国社会科学》组织刊发了王伟光的文章《学习贯彻落实习近平总书记关于哲学社会科学重要讲话精神，加快构建中国特色哲学社会科学》；围绕十八大报告提出的“提高人类命运共同体意识”组织刊发了专题“人类命运共同体视角下的全球治理与国家治理”；为发展当代中国的马克思主义政治经济学，组织策划了2个专题“唯物史观视域中的政治经济学批判”，“发展当代中国的马克思主义政治经济学”；围绕提炼“标识性概念”，设置

“创新性议题”，刊发专题“中国现代化——比较的视野”，笔谈《“唯物史观视域中的现代性问题”笔谈》《“互联网与社会变迁”笔谈》《“文化自信语境下百年新文学的民族性与现代性”笔谈》。该刊坚持把对重大理论问题和现实问题的研究放在重要位置，刊发《“碳政治”的生态帝国主义逻辑批判及其超越》《当代中国的哲学观念变革》《大数据中的因果关系及其哲学内涵》《论中国国民经济核算体系2015年的修订》《第三次工业革命与工业智能化》《中国贸易利益评估的新框架——基于双重偏向型政策引致的资源误置视角》《当代中国农地制度的存续与变迁》等文章。

**3.《历史研究》（双月刊），主编李红岩。**

2016年，《历史研究》共出版6期，180万字。该刊全年刊载的有代表性的文章有：刘源的《周承殷制的新证据及其启示》，马俊亚的《史实的构建：历史真理与理性差序》，黄纯艳的《“汉唐旧疆”话语下的宋神宗开边》，李治安的《元至明前期的江南政策与社会发展》，仇鹿鸣的《制作郡望：中古南阳张氏的形成》，钟焓的《中古时期蒙古人的另一种祖先蒙难叙事——“七位幸免于难的脱险者”传说解析》，卢毅的《蒋介石“放水”长征说辨正》，黄艳红的《近代法国莱茵河“自然疆界”话语的流变（1450～1792）》，张惟捷的《从古文字角度谈〈夏商周：从神话到史实〉的若干问题》，刘文鹏的《内陆亚洲视野下的“新清史”研究》等。

**4.《中国社会科学评价》（季刊），主编张江。**

2016年，《中国社会科学评价》共出版4期，约79万字。该刊全年刊载的有代表性的文章有：陈学明等的《马克思主义哲学研究“新启蒙”化与“后现代”化批判》，史正富的《新古典经济学对中国经济解释力的终结》，李文珍的《学术批评与学术理论创新的自觉性——刘少杰、叶初升、秦前红、叶航、肖滨、何艳玲六人谈》，中国社会科学评价中心的《全球智库评价报告》，叶继元、臧莉娟的《新创学术期刊评价探讨》，谭好哲的《学术争鸣与文艺理论的发展》，肖宏等的《基于CNKI大数据的期刊发展决策参考——以〈中国社会科学〉为例》，倪梁康、方向红的《现象学在中国与中国现象学》，孙麾的《中国学术的基本语境与学术期刊的发稿方向》，高楠的《贴近文学实践是当下文学理论建构的要务》。

**5.《中国文学批评》（季刊），主编张江。**

2016年，《中国文学批评》共出版4期，约79万字。该刊全年刊载的有代表性的文章有：陈思和的《面对现实农村巨变的痛苦思考——论关仁山的创作兼论一种新现实主义文学的诞生》，朱立元的《“文学终结论”的中国之旅》，朱德发的《弘扬“五四”为人生派的文学批评精神》，袁良骏的《夏志清的历史评价》，陈晓明的《先锋的隐匿、转化与更新——关于先锋文学30年的再思考》，程光炜的《以历史回溯眼光看“先锋小说”》，王侃的《散论作为女性作家的王安忆》，曾军的《西方文论对中国经验的阐释及其相关问题》，杜卫、冯学勤的《中国美育话语体系的历史渊源、现代传统与发展展望》，冯宪光的《中国当代文论话语体系建构的主导结构》等。

**6.《中国社会科学文摘》（月刊），主编余新华。**

2016 年，《中国社会科学文摘》共出版 12 期，290 万字。该刊全年刊载的有代表性的文摘有：王伟光的《马克思主义中国化的当代理论成果》，张江等的《文学批评的伦理问题》，姜安的《国际共产主义运动在世界反法西斯战争中的历史作用》，包心鉴的《“四个全面”战略布局的时代价值》，郁建兴的《经济新常态下中国社会治理的特征》，李雨峰的《互联网领域不正当竞争行为的判定》，张文显的《习近平法治思想的实践意义》，王伟光的《马克思主义政治经济学是坚持和发展马克思主义的必修课》，赵秀玲的《基层协同治理的问题与路径选择》，曲青山的《中国共产党与中华民族伟大复兴》，王迪、王汉生的《移动互联网的崛起与社会变迁》，赵洋的《中国负责大国身份的形成》，杨洁篪的《G20 杭州峰会：中国推动全球治理体系变革》，于雪、王前的《“机器伦理”思想的价值与局限性》。

**7.*Social Sciences in China*（《中国社会科学》英文版，季刊），主编张江。**

2016 年，*Social Sciences in China* 共发表论文 51 篇。其中的代表性文章有：Zhang Jiang, “The Dogmatic Character of Imposed Interpretation”；Li Pelin and Zhu Di, “Make Efforts to Develop an Olive-shaped Distribution Pattern: An Analysis Based on Data from the Chinese Social Survey for 2006-2013”；Han Dayuan and Meng Fanzhuang, “The Constitutional Consciousness of Chinese Citizens over 60 Years of Social Change”；Li Yongdong, “The Nanjing Massacre in Fiction and the Expression of the Idea of the Nation-state”；Special Issue: “Global and State Governance in Light of a Community of Shared Future for Mankind” 等。

**8.《国际社会科学杂志》（中文版，季刊），主编王利民。**

2016 年，《国际社会科学杂志》（中文版）共出版 4 期，65 万字。该刊全年刊载的有代表性的文章有：［斯洛文尼亚］尼古拉·格诺夫的《个体化的挑战》，［斯洛文尼亚］马泰·马卡罗维奇和［斯洛文尼亚］迪·戈洛布的《个体化语境下不断增强的认同流动性——对欧盟的认同》，［斯洛文尼亚］扬·恰尔诺古尔斯基的《中东欧各国的转型：结果与经验教训》，［捷克］鲁道夫·弗斯特的《中国在中东欧：“1+16”与捷克经验》，何忠礼的《试论南宋的社会政治生态及其成因》，［日］土肥祐子的《宋代“乳香”考——兼及〈庆元条法事类〉中的相关内容》，李安山的《从坦赞铁路到蒙内铁路：中非合作中的技术转移》，［喀麦龙］塞勒斯汀·孟加的《通往和平与繁荣之路——非洲工业化的全球红利》，［南非］撒迪厄斯·梅茨的《儒家思想与非洲的价值观、现实观与知识观》等。

**9.《中国社会科学内部文稿》（双月刊），主编孙麾。**

2016 年，《中国社会科学内部文稿》共出版 6 期，总发稿 90 篇。该刊全年刊载的有代表性的文章有：韩庆祥的《面向 21 世纪的中国马克思主义——习近平治国理政思想的理论贡献和历史地位》，张屹山、陈超、张丽媛的《基于产业结构模型的中国潜在经济增长率测算》，朱喜钢的《中产化的中国实践与启示》，保罗·罗默的《宏观经济学的困境》，顾昕的《走向准全民公费医疗——中国基本医疗保障体系的组织和制度创新》，王锋的《风险感知视角下城市“邻避危机”探析——以宁波PX事件为例》，王甫勤的《代际社会流动与精神健康——基于“中国家庭追踪调查数据”的实证研究》，张清勇、丰雷的《中国土地征收制度：历史演进、改革困境与出路》，李小云、徐进的《我国公众对援外的意向性认知分析》，沈湘平的《当代中国马克思主义哲学自我认同的反思》，王露璐的《资本扩张与村落“终结”——中国乡村城市化进程中的资本逻辑及其伦理反思》。

**10. 中国社会科学网，总编辑李红岩。**

2016年，中国社会科学网积极抓好学科建设，继续用学术方式关注现实，影响力不断扩大。网站入选中央网信办公布的《互联网新闻信息稿源单位名单》，并列入中央新闻网站。这一年，社科网2人获中央网信办颁发的“二十国集团领导人杭州峰会”网络工作先进个人称号。14个原创作品在中央网信办的评比中获奖，其中7篇学术理论文章获优秀理论文章奖，4个多媒体交互专题和2个图解新闻获优秀创新传播奖，1个大型网络专题获优秀专题策划奖。

2016年，中国社会科学网发布的84篇学术理论文章、22个多媒体交互专题、27个图解新闻、3个微视频、5个大型网络专题等原创作品被中央网信办向全网重点推送。

中国社会科学网微信公众号还被中央网信办主办的《网络传播》杂志评为优秀国际化智库类公众号，并排在首位进行推荐。此外，中国社会科学网还承担了中央网信办委托的课题《西方错误社会思潮网上斗争研究》。

截至2016年年底，中国社会科学网发布文章40余万篇，原创5万余篇，策划专题近400个，制作图解、微视频500余个。2016年，中国社会科学网总阅读量突破4亿PV，中国社会科学网手机网、微信公众号、学术要闻客户端、官方微博、今日头条号、企鹅号、一点资讯号（中国社会科学网、社科历史、社科考古、社科国际、社科军事）等移动端的阅读量也在不断提升，影响力不断扩大。

2016年，中国社会科学网先后与国家行政学院、中央社会主义学院、上海市委党校、云南省委党校、湖北省委党校、牡丹江市委党校、南华大学学报、《求索》编辑部、《现代教育科学》编辑部、《重庆高教研究》编辑部、《高校教育管理》编辑部等单位建立了合作关系。此外，还利用QQ平台和微信平台，建立了“社科书友群”和“党政院校专家学者交流群”，拓宽了网络原创资源。中国社会科学网还积极开展高校行活动，先后走进北京师范大学、华中师范大学、河北师范大学等高校，主办了“学术网络传播规律研讨会”、多场人文社科科普知识讲座以及各种形式多样的线下推广活动，扩大了社科网在高校的影响力。

2016年，中国社会科学网受邀参加了乌镇第二届国际互联网大会、罗马国际电子期刊大会、澳大利亚新媒体传播培训。在受邀参加中国期刊交易博览会新媒体展期间，中国社会科学网获得主办方颁发的优秀组织奖。

## （三）科研工作

**1. 科研成果统计**

2016年，中国社会科学杂志社共完成论文17篇，约22.38万字；理论文章11篇，约5.15万字；一般文章4篇，约2万字。

**2. 科研课题**

（1）新立项课题。2016年，中国社会科学杂志社共有新立项课题10项。其中，院国情考察课题1项："新媒体与学术传播"（余新华主持）；国家社会科学基金一般课题1项："融资类信托系统性风险法律治理研究"（赵磊主持）；国家社会科学基金青年课题1项："现代性视阈中的马克思与齐美尔货币理论比较研究及其当代社会意义研究"（李凌静主持）；国家社会科学基金后期资助课题2项："早期儒家的'为己之学'"（匡钊主持），"对现代社会的复杂性理解：马克思与韦伯比较研究"（郑飞主持）；委托交办课题5项：国家互联网信息办公室委托课题"几内亚湾安全形势及域外国家军事活动的调研"（李新烽主持），外交部委托课题"西非总体安全隐患及对中国与西非经贸合作的影响"（杨立华主持），外交部委托课题"中国建设性参与非洲和平与安全事务国际研讨会"（李新烽主持），国家互联网信息办公室委托课题"西方错误社会思潮网上斗争研究"（李红岩主持），国家互联网信息办公室委托课题"网络时代社会思潮引领问题研究"（张征主持）。

（2）结项课题。2016年，中国社会科学杂志社共有课题结项7项。其中，院国情考察课题1项："新媒体与学术传播"（余新华主持）；院马克思主义理论学科建设与理论研究课题1项："马克思主义话语权研究"（王广主持）；院青年科研启动基金课题1项："建构主义哲学与德国当代哲学思潮"（莫斌主持）；委托交办课题4项：国家互联网信息办公室委托课题"几内亚湾安全形势及域外国家军事活动的调研"（李新烽主持），外交部委托课题"西非总体安全隐患及对中国与西非经贸合作的影响"（杨立华主持），外交部委托课题"中国建设性参与非洲和平与安全事务国际研讨会"（李新烽主持），国家互联网信息办公室委托课题"西方错误社会思潮网上斗争研究"（李红岩主持）。

（3）延续在研课题。2016年，中国社会科学杂志社共有延续在研课题4项。其中，国家社会科学基金课题1项："近代外国在华直接投资与中外竞争研究"（梁华）；社重点集体课题2项："1949年以来我国启蒙问题研究专题论文集"（柯锦华主持），"新兴大国合作及其对全球治理结构变革的影响"（林跃勤主持）；交办委托课题1项："上山下乡运动与知青共同体研究"（高翔主持）。

## （四）学术交流活动

**1. 学术会议**

2016年，中国社会科学杂志社主办的学术会议如下。

（1）2016 年 3 月 25 ～ 27 日，由中国社会科学杂志社、《哲学研究》编辑部、《马克思主义与现实》杂志社、中国人民大学期刊社、《当代中国马克思主义哲学研究》编辑部联合主办，江苏师范大学哲学范式研究中心、江苏省“马克思主义理论”重点学科、中共中央编译局江苏师范大学发展理论研究中心、江苏师范大学江苏省中国特色社会主义理论体系研究基地联合承办的主题为“唯物史观视域中的政治经济学批判”的学术研讨会在江苏省徐州市举行。

（2）2016 年 4 月 9 ～ 10 日，由中国社会科学杂志社和武汉大学共同主办的“第二届法学前沿论坛”在湖北省武汉市召开。论坛的主题是“绿色、开放、共享发展理念下的法治中国”。

（3）2016 年 4 月 16 ～ 17 日，由《中国社会科学》编辑部和华东师范大学中国现代思想文化研究所主办的“首届中国社会科学青年哲学论坛”在上海举办。论坛的主题是“古典学的新生命”。

（4）2016 年 5 月 13 ～ 15 日，由《中国社会科学》编辑部和浙江师范大学主办的“第五届中国语言学研究方法与方法论学术讨论会”在浙江省金华市举行。会议的主题是“互联网时代的语言与语言规划”。

（5）2016 年 6 月 11 ～ 12 日，由《历史研究》编辑部与南京大学历史学院、南京大学中国抗日战争研究协同创新中心共同主办的“第三届青年史学家论坛”在南京大学举行。论坛的主题是“史学功能与历史书写”。

（6）2016 年 7 月 1 日，由中国社会科学杂志社主办的“纪念中国共产党建党 95 周年学术研讨会”在北京举行。会议的主题是“中国共产党与中国道路”。

（7）2016 年 8 月 15 ～ 17 日，由中国社会科学杂志社、中国文学批评研究会主办，大连外国语大学和《中国文学批评》承办的第三届“当代中国文论：反思与重建”高端学术论坛在大连外国语大学召开。

（8）2016 年 9 月 24 ～ 25 日，由中国社会科学杂志社、浙江大学共同主办的“第四届中国社会科学跨学科论坛”在浙江省杭州市召开。论坛的主题是“治理与文明”。

2016年7月，纪念中国共产党建党95周年学术研讨会在北京举行。

(9) 2016 年 9 月 24 ～ 25 日，由中国社会科学杂志社、辽宁大学哲学与公共管理学院联合主办的“第十六届马克思哲学论坛”在辽宁省沈阳市举行。论坛的主题是“方法论自觉：发展 21 世纪中国的马克思主义哲学”。

(10) 2016 年 10 月 15 日，由中国社会科学杂志社与江苏师范大学共同主办的“法学与哲学的对话高峰论坛”在江苏省徐州市召开。论坛的主题是“自由、秩序与规则”。

(11) 2016 年 10 月 24 日，由中国社会科学杂志社、同济大学主办，同济大学政治与国际关系学院、中国战略研究院、文科办公室、科学技术研究院共同承办的“马克思主义国际学术周”高端论坛在上海开幕。论坛的主题是“危机与变革：面向全球共同问题”。

(12) 2016 年 10 月 29 日，由中国社会科学杂志社与华东政法大学共同举办的“第二届青年法学家论坛”在上海召开。论坛的主题是“《民法总则（草案）》的法理研判”。

(13) 2016 年 11 月 5 日，由中国社会科学杂志社和苏州大学联合举办的“第十届中国社会科学前沿论坛”在江苏省苏州市召开。论坛的主题是“习近平治国理政思想研究”。

(14) 2016 年 11 月 5 日，由中国社会科学杂志社哲学社会科学部与中国社会科学院社会政策研究中心共同主办的“中国社会科学杂志社第三届社会学前沿论坛”在北京召开。论坛的主题是“老龄化背景下的家庭与社会”。

(15) 2016 年 12 月 21 日，由中国社会科学杂志社《历史研究》编辑部、福建师范大学社会历史学院主办的“第十届历史学前沿论坛”在福建省福州市开幕。论坛的主题是“中国话语与学派生成”。

**2. 国际学术交流与合作**

2016 年，中国社会科学杂志社共进行国际学术交流活动 14 次。与中国社会科学杂志社开展学术交流的国家有美国、英国、德国、日本、尼日利亚、赤道几内亚、新加坡、法国、意大利等。

(1) 2016 年 3 月 15 ～ 23 日，中国社会科学杂志社副总编辑李新烽赴尼日利亚、喀麦隆参加“耶鲁—拉各斯商学院中非关系国际学术会议”并洽谈学术合作事宜。

(2) 2016 年 5 月 9 ～ 13 日，中国社会科学杂志社路育松赴英国伦敦参加由国家新闻出版广电总局组团、中国期刊协会组织的“全球杂志人峰会”，并顺访国际期刊联盟总部。

(3) 2016 年 5 月 19 ～ 23 日，中国社会科学杂志社副总编辑李红岩赴日本参加由中国社会科学院历史研究所与日本东方学会联合主办的“第八届中日学者中国古代史论坛”。

(4) 2016 年 9 月 7 ～ 20 日，中国社会科学杂志社副总编辑李新烽一行赴赤道几内亚、加纳和科特迪瓦就外交部课题“几内亚湾安全形势及域外国家军事活动”开展实地调研。

(5) 2016 年 9 月 12 ～ 16 日，中国社会科学杂志社王广赴美国参加由国家新闻出版广电总局组团、中国期刊协会组织的美国学术期刊媒体学习交流活动，分别对文顿出版集团、汤森路透集团（SCI 总部）、普林斯顿大学、哥伦比亚大学进行学术出版交流与考察。

(6) 2016 年 9 月 26 ～ 30 日，中国社会科学杂志社焦兵赴新加坡参加由国家新闻出版广电总局组团、中国期刊协会组织的“第五届亚太数字期刊大会”，并访问新加坡杂志媒体协会。

(7) 2016 年 10 月 18 ～ 19 日，由中国社会科学杂志社主办，中非合作论坛中方后续行动委员会秘书处协办的“中国建设性参与非洲和平与安全”国际研讨会在北京召开。来自非洲、拉丁美洲及美国的 20 余名国外专家学者及国内专家学者、政府决策者和相关企业代表等参加会议。会议研讨的主要议题有“中国参与非洲和平与安全”“西非与几内亚湾安全形势”“公共卫生、人口流动等非传统安全领域的中非合作”“非传统安全与中国在非企业安全”。

(8) 2016 年 10 月 21 ～ 26 日，中国社会科学杂志社副总编辑李红岩一行赴美国组织并参加由中国社会科学杂志社与美国加州大学圣地亚哥分校中国研究中心联合举办的“中国社会科学论坛（2016）——第五届世界华文学术名刊高层论坛”。会议的主题是“挑战与机遇：全媒体时代的世界华文学术期刊”。来自美国、加拿大、新加坡和中国内地及澳门等地的华文学术期刊代表共 20 余人参加论坛。

(9) 2016 年 10 月 24 ～ 25 日，由中国社会科学杂志社与同济大学共同主办的“马克思主义国际学术周”高端论坛在上海举行。论坛的主题是“危机与变革 : 面向全球共同问题”。来自国内外高校和科研机构的 20 多位专家学者参加会议。

(10) 2016 年 10 月 28 ～ 30 日，由中国社会科学杂志社、中国文学批评研究会主办的“文学作品意义之源”国际学术研讨会在北京召开。来自中国、美国、英国、法国、德国、匈牙利的 20 余名专家学者参加会议。会议的主题是“文学作品意义之源”。

(11) 2016 年 11 月 8 ～ 12 日，中国社会科学杂志社常务副总编辑王利民一行赴德国柏林参加由波恩大学应用政治研究院、康拉德·阿登纳基金会及中国社会科学杂志社联合举办的“第四届中德学术论坛”。会议的主题是“新发展理念与快速变化的社会”。

2016年10月，“文学作品意义之源”国际学术研讨会在北京召开。

（12）2016年11月13～27日，中国社会科学杂志社副总编辑李新烽一行赴利比里亚、塞拉利昂和佛得角就外交部课题“西非总体安全隐患及对中国与西非经贸合作的影响”开展实地调研。

（13）2016年11月19～25日，中国社会科学杂志社李放一行赴阿根廷科尔多瓦、拉普拉塔组织并参加由中国社会科学杂志社、中国社会科学院拉丁美洲研究所和智利安德烈斯·贝略大学、巴西圣保罗州立大学、阿根廷国立科尔多瓦大学联合主办，阿根廷国立科尔多瓦大学、拉普拉塔国立大学承办的“第五届中拉学术高层论坛”。会议的主题是“中国与拉美战略信任关系的建立——进一步深化命运共同体”。

**3. 与中国香港、澳门特别行政区和中国台湾开展的学术交流**

（1）2016年4月26～27日，中国社会科学杂志社常务副总编辑王利民赴澳门参加《澳门理工学报》编委会全体会议。

（2）2016年6月4～12日，中国社会科学杂志社赵磊赴香港中文大学法律学院进行学术交流访问。

（3）2016年6月28日～7月4日，中国社会科学杂志社副总编辑李新烽等赴台湾参加由中国期刊协会举办的“第六届两岸期刊研讨会暨期刊展”。

（4）2016年11月12～18日，中国社会科学杂志社赵磊赴台湾东吴大学法学院参访讲学并参加“第四届两岸公法圆桌论坛”。

（5）2016年12月5～7日，中国社会科学杂志社路育松赴澳门，就澳门大学澳门研究中心开展的课题“澳门在亚洲航海史的重新定位（1550～1887年）”进行交流与讨论。

（6）2016年12月22～23日，中国社会科学杂志社常务副总编辑王利民、副总编辑李红岩随中国社会科学院副院长张江赴香港交流访问，探讨中国社会科学院与香港大公文汇传媒集团构建合作交流平台事宜。

## （五）会议综述

### “中国共产党与中国道路”学术研讨会

2016年7月1日，由中国社会科学杂志社主办的纪念中国共产党建党95周年学术研讨会在北京举行。会议邀请来自国内的马克思主义、哲学、史学和政治学等学科的相关专家学者，尤其是党史国史领域的专家学者参加会议。会议的主题是“中国共产党与中国道路”。中国社会科学院副院长、党组成员，中国社会科学杂志社总编辑张江出席开幕式并讲话。中国社会科学杂志社常务副总编辑王利民、副总编辑余新华、李红岩、孙麾出席会议。

中共中央党史研究室原副主任石仲泉、中共中央党史研究室第一研究部主任蒋建农、中共中央党校科社教研部副主任吴忠民、中共中央党校中共党史教研部一室主任卢毅、华南师范大学政治与行政学院院长陈金龙、中共中央党校中共党史教研部主任谢春涛等学者先后发言，就“伟大的红军长征与长征精神”“中国道路与现代化内生动力”“中国特色政治经济学”“中国共产党与中国道路的开创和拓展”“中国道路的‘世界历史’意义”“中国国家治理复合体系的形成历史与合力优势”等议题进行阐释和说明。

学者们表示，我们能够创造出人类历史上前无古人的发展成就，中国共产党带领全国人民走上正确道路是根本原因。中国共产党的成立，将民族复兴的历史进程推进到以马克思主义为指导、以社会主义为方向的崭新时期。新中国的成立，开启了依靠社会主义制度实现民族复兴的必由之路。改革开放、走中国特色社会主义道路，标志着民族复兴伟大事业“潮平两岸阔，风正一帆悬”。党的十八大以来，以习近平同志为总书记的党中央统筹推进“五位一体”总体布局，协调推进“四个全面”战略布局，为实现“两个一百年”奋斗目标、实现中华民族伟大复兴的中国梦所进行的伟大实践和取得的历史性功绩，再次证明了中国共产党的领导是取得一切胜利的根本保证，中国特色社会主义道路、理论和制度是中国人民富起来、中华民族强起来的唯一正确选择。

来自中国社会科学院、中共中央党校、中共中央党史研究室、国防大学、北京大学、中国人民大学、华南师范大学、河北师范大学、吉林大学、中共上海市委党校、江西师范大学、天津师范大学、华东政法大学等高校和科研机构的专家学者参加了会议。

（霍文琦）

## 第十届中国社会科学前沿论坛

2016 年 11 月 5 日，由中国社会科学杂志社和苏州大学联合举办的第十届中国社会科学前沿论坛在江苏省苏州市召开。论坛的主题是“习近平治国理政思想研究”。

中国社会科学院副院长、中国社会科学杂志社总编辑张江代表中国社会科学院院长、党组书记王伟光宣读主旨报告。苏州大学校长熊思东致欢迎词。教育部社科司司长张东刚，江苏省委宣传部常务副部长周琪，中共苏州市委常委、副市长、宣传部长盛蕾出席开幕式并致辞。苏州大学党委书记王卓君主持闭幕式。

（一）担当学术使命，关切马克思主义中国化最新理论成果

王伟光在报告中指出，党的十八大以来，以习近平同志为核心的党中央形成的一系列治国理政新理念新思想新战略，是马克思主义中国化的最新理论成果，是我们党带领和团结全国各族人民，在观察、分析和判断国内外复杂形势，顺应历史和时代潮流，科学把握发展规律的基础上逐步形成和发展的，具有广阔的历史视野、丰富的理论内涵和根本性的指导意义。深入学习、研究、宣传、贯彻习近平总书记系列重要讲话精神和治国理政新理念新思想新战略，是

全党的重要政治任务，也是哲学社会科学界的重要使命。

围绕“习近平治国理政思想研究”这一主题，王伟光重点强调了三方面内容。第一，坚持和发展马克思主义是治国理政新理念新思想新战略的根本灵魂。在这一过程中形成、发展和不断完善的治国理政新理念新思想新战略，是马克思主义中国化的最新成果，也是指导处于新历史起点和新发展阶段的当代中国实践的科学指南。第二，治国理政新理念新思想新战略具有鲜明主题、宏伟目标、战略布局、发展理念和政治保证。其中，鲜明主题是坚持和发展中国特色社会主义；宏伟目标是实现中华民族伟大复兴中国梦；战略布局是统筹推进经济建设、政治建设、文化建设、社会建设和生态建设，协调推进全面建成小康社会、全面深化改革、全面依法治国、全面从严治党；发展理念是创新、协调、绿色、开放、共享；政治保证是从严治党。第三，深入学习、研究、宣传、落实治国理政新理念新思想新战略是哲学社会科学界的重要使命。具体体现为要坚持马克思主义的指导地位；要坚持为人民做学问；要深入研究重大理论和实践问题；“文化自信”成为中国特色社会主义的“第四个自信”；要加快构建中国特色哲学社会科学；要始终坚持正确的政治方向。

王伟光强调，当代中国正经历着我国历史上最为广泛而深刻的社会变革，正在进行着人类历史上特别宏大而独特的实践创新。这种前无古人的伟大实践，必将给理论创造提供强大动力和广阔空间。这是一个需要理论而且一定能够产生理论的时代，这是一个需要思想而且一定能够产生思想的时代。中国哲学社会科学界应当自觉承担起自身的历史使命，掌握马克思主义基本立场、观点、方法，贯彻到认识世界、改造世界的全过程，为中国特色社会主义伟大事业提供强大的精神动力和智力支持。

（二）立时代之潮头，把握当代中国实际和时代特征

关注重大理论和实践问题，是中国社会科学前沿论坛一贯秉承的宗旨，也是论坛的最大特色所在。正如熊思东在欢迎词中所言，治国理政新理念新思想新战略是我们党科学把握当代中国实际和时代特征、推进马克思主义中国化的最新成果，是夺取全面建成小康社会、加快推进社会主义现代化的行动指南，为我们在新的历史起点上实现新的胜利提供了基本遵循。论坛围绕“习近平治国理政思想研究”这一重大主题开展研讨，具有鲜明的时代意义和深远的历史意义。

在对治国理政新理念新思想新战略进行阐释时，张东刚认为，“三新”是一个完整的科学体系，包含着丰富的内涵，主要是：第一，坚持以人民为中心，彰显党执政为民的根本宗旨，开辟社会主义建设的新境界；第二，坚持中国立场，与中国当代实际紧密结合，不断发展当代中国马克思主义的新境界；第三，坚持统筹国际国内两个大局，与人类世界共命运，分享了中国的智慧，拓展了国际治理新格局；第四，坚持核心意识，伟大事业需要坚强的领导核心。

在周琪看来，此届论坛对于学习贯彻党的十八届六中全会精神，深化治国理政“三新”研究十分及时、非常必要，并得以为迎接党的十九大召开做好思想理论准备。

同济大学副校长江波认为，中国哲学社会科学工作者肩负着面向世界提升中国话语权的重大历史使命，应更自觉地做有思想的学问，应更善于用外国人听得懂的中国话讲好中国故事。

（三）发思想之先声，为改革道路提供智力支持

从“中国走向世界”到“世界走向中国”，中国的全球地位和开放格局发生了重大转变。正如苏州大学调研员任平所言，当前处于全球文明秩序重建过程当中，2008 年以来的西方金融危机和欧债危机不仅是西方经济霸权危机，也是西方文化霸权危机。马克思主义中国化的重大任务是建立中华民族的新文化，习近平治国理政思想中所强调的文化自信正是学界需要研究的重点。

浙江大学副校长罗卫东在阐释供给侧结构性改革对于中国未来改革与发展的重大意义时提出，供给侧结构性改革具有长期性、系统性和对整个社会变迁的深刻影响，不仅是一个具体的政策，还是一个重大战略部署。学界在解读供给侧结构性改革过程中，对西方经济学理论进行从政策层面到体制层面的反思和纠偏，相关研究成果构成了中国的新宏观经济学的主体内容。窥一斑而知全豹。从中可以窥见中国哲学社会科学的繁荣发展。

陕西师范大学党委书记甘晖认为，当前我国全面建成小康社会进入决胜阶段，“五大发展理念”等习近平治国理政系列思想正是为解决我国发展中的突出矛盾和问题应运而生，反映了我们党对我国经济社会发展规律认识的深化，是对中国特色社会主义改革开放 30 多年来发展经验的深刻总结。

中国社会科学杂志社常务副总编辑王利民作了论坛总结。王利民指出，此次论坛从政治学、经济学、哲学、文学、国际关系学等多学科出发，产生了一批有重要价值的理论观点。一是从理念层面关注习近平总书记提出的文化自信问题；二是中国哲学社会科学要引领中国问题导向的研究、对包含中国智慧的治国理政理念积极进行传播；三是在实践层面，要进一步深化关于中国改革道路、发展道路的研究。

王卓君在主持闭幕式时表示，习近平治国理政思想体系是马克思主义中国化、中国特色社会主义的最新成果，也因此成为我们时代精神的思想旗帜。深度理解和全面阐释习近平总书记治国理政思想体系的鲜明时代特色，是我们把握“思想中的时代”“文明活的灵魂”的关键。

来自中国社会科学院、苏州大学、浙江大学、南京大学、中山大学、同济大学、山东社会科学院、湖南省社会科学院、安徽省社会科学院、重庆社会科学院、广东省社会科学界联合会、四川省社会科学界联合会等数十所高校和科研机构的近百位学者出席了会议。

（张君荣　王广禄）

### 第十届历史学前沿论坛

2016 年 12 月 21 日，主题为“中国话语与学派生成”的第十届历史学前沿论坛在福建省福州市开幕。

开幕式上，中国社会科学院副院长、党组成员，中国社会科学杂志社总编辑张江发表讲话。福建师范大学党委书记林和平出席论坛开幕式，福建师范大学校长王长平致辞。中国社会科学杂志社常务副总编辑王利民主持开幕式。

论坛由中国社会科学杂志社《历史研究》编辑部、福建师范大学社会历史学院主办。来自中国社会科学院、北京大学、中国人民大学、北京师范大学、浙江大学、中山大学、武汉大学、山东大学、吉林大学、东北师范大学、福建师范大学等国内科研机构和高等院校的 80 余位历史学专家学者参加了论坛。

历史学前沿论坛是由中国社会科学杂志社《历史研究》编辑部发起创办并作为常设主办方的高端、前沿性品牌史学论坛。论坛旨在关注史学研究中具有学科影响的宏观性、前沿性和理论性问题，特别注重交叉学科方法在历史学研究中的运用，提倡研究成果理论的方向性、方法的多样性、材料的新颖性，以期为历史学的学科发展提供理论与方法的参考。此前，先后与武汉大学、华南师范大学、南开大学、南京大学、山东大学、上海师范大学、陕西师范大学、华中师范大学、江西师范大学等高校合作，通过设置“历史进程与社会转型”“理论与方法：中国历史学三十年（1978 ~ 2008）”“历史记忆与失忆：价值选择与史学功能”等具有重大理论与实践意义的会议主题，为构建有中国特色的历史学话语体系、打造有中国特色的学术共同体作出了积极的探索与贡献，站在历史和时代的制高点引领中国历史学研究不断向前推进。

（张春海　李永杰）

# 服务局

2016 年，服务局按照院年度工作会议的要求和《服务局 2016 年工作要点》，紧紧围绕全院中心工作，以管理为基础、以服务为核心、以保障为目标，强化服务意识、巩固改革成果、完善管理机制、积极探索后勤服务工作的新思路、新举措，改进服务方式、方法，为我院科研和创新工程提供了良好的后勤服务保障。

## （一）紧紧抓住“服务”主线，做好各项服务保障工作

**1. 物业管理中心**

物业管理中心紧密围绕服务局中心工作，积极发挥“管理、保障、服务”职能作用，科学谋划，统筹安排，突出物业管理重点，加大物业保障力度，提升物业服务质效，认真落实国

管局《关于在京中央国家机关职工住宅区物业管理和供热采暖改革的意见》的要求，组织实施了 14 个住宅区物业评估和费用收缴，较好地完成了各项工作任务。在院部、小区管理方面：圆满完成了 2016 年防汛工作；完成了国家机关老旧小区改造入户调查工作；收回了华威地下二层人防工程出租房；接收档案楼及地下车库的管理工作；完成良乡研究生院新单身公寓的接收与管理工作；配合院基建办完成太阳宫老旧小区改造工作，车公庄、昌运宫两小区改造工作正在进行中；皂君庙工作站在自行车棚内安装电动车充电插座，方便住户充电，赢得了住户的好评。在设备设施维修管理方面：加大设施设备排查检查力度，及时发现存在的问题。2016 年，完成办公区维修 800 余件、宿舍区维修 4000 余件；完成办公区和宿舍区供暖工作及供暖设备设施的维保工作；积极推进供暖锅炉降氮改造；高质量、高效率完成突发性、临时性抢修维修等工作，得到广大用户的好评。

**2. 交通服务中心**

交通服务中心始终坚持“安全驾驶、优质服务”原则，强化“内强素质、外树形象”意识，定期对驾驶员进行消防、安全行车教育，与司勤人员签订了安全责任书；为推动车改工作，制定了《公务用车停放补充规定》，对车辆停放进一步进行了规范，分别对现职部级领导专车和离退休部级领导专车、退休部级领导保障车辆及其他公务车辆停放作了相关规定，并加大巡查人员工作力度，把好车辆停放和人员管理关；上交了已故离休院领导专车 2 台，报废考斯特中巴 3 台，并根据中央、院车改文件要求，封存待上交一般公务用车 12 台；院交通安全委员会组织院属各单位车管干部及全院公务车驾驶员进行交通安全培训，使大家进一步认识交通安全和车辆服务的重要性，提高了服务质量。

2016 年共出动车辆约 4 万余台次，安全行驶里程 140 余万公里，未发生一起责任事故，做到了严格按照操作规程遵章行驶，安全教育工作做到了“警钟长鸣”，保证了车辆行驶安全，圆满完成了重大活动的交通服务保障工作。

**3. 服务保障中心**

服务保障中心下属四个服务部门紧紧围绕服务局中心工作，秉承“以人为本、服务为先”的后勤保障理念，按照“精细化服务、责任式服务”的要求，把全心全意为科研、为职工、为机关服务作为各项工作的最高准则，积极为广大干部职工解决实际问题和困难。

（1）机关食堂。认真落实院领导关于“办好院部机关食堂”的指示，强化服务意识，严格规范管理，加强成本核算，积极拓展服务范围和服务项目。一是调整了早餐品种结构，推出早餐风味小吃。二是贴心服务，推出“手工水饺”带回家服务项目，东餐厅开设了零点餐厅。三是完成了餐厅煤气表改造升级工作；完成东餐厅及女职工宿舍的改造工作；承接了地方志食堂服务工作；机关食堂 2016 年获得院 2013—2015 年度先进集体，为服务局赢得了荣誉。

（2）会议服务部。牢固树立为科研、为全院服务的意识，力求不断提高会议服务质量。一是强化服务意识，提高服务效率，树立良好的服务形象；二是提高业务技能，细化服务环节，定期举办各岗位服务演练；三是在会议服务面积增加的情况下，为了提高工作效率，发挥团队精神，合理分工，相互配合，共同完成各项会议接待任务；四是积极配合基建办完成科研楼西段会议室装修及桌椅、专业设备配置等工作；2016 年共接待会议 1000 余个，接待人数为 32000 人次，较好地完成了会议接待任务。

（3）医务室。积极围绕科研第一、病人第一、质量第一、服务第一的服务理念，以提高管理水平和业务能力为前提，以增强理论知识和提高业务技能为基础，圆满完成了年度各项工作任务。一是为便于规范化管理，建立处方微机化管理系统；二是完成医务室一楼装修改造及医务室整改工作；三是开设了中医药、理疗室；四是制定药品采购制度、医疗器械采购制度；五是通过医务室微信公众号，宣传健康常识等；六是组织完成院直机关职工、离退休老干部和全院妇科专项体检工作；七是完成了为职工免费接种流脑 A+C 疫苗和流感疫苗及幽门螺杆菌、甲状腺 B 超、过敏源等专项检测工作；八是为院内重要活动和会议期间的医疗保健巡诊 30 余次；九是为行动不便的老同志提供送药上门服务。

（4）社科文印部。紧紧抓住文件印刷质量和安全保密工作这两个关键环节，强化服务意识，规范生产标准，改进服务方式，服务质量和保障能力明显提升。2016 年，共印制各类文件、资料 120 余万册。实现了优化工作流程，提高工作效率的目标。制定《社科文印部非政府采购管理规定》，规范了非政府采购的相关工作程序；完成了印刷装订设备的更新工作；完成了业务保障用车的置换更新工作。

**4. 综合管理处**

综合管理处加强管理，严格落实各项规章制度，落实安全责任制，通过加强职工培训，努力提高综合管理水平。完成了消防监控、植树、绿化美化、爱国卫生、院领导办公室保洁等工作。一是圆满完成大院环境整治工作任务，整修大院西门、更换护栏、更新华灯、拆除废弃的围栏和自动门、修整大院路基，使大院环境面貌焕然一新。二是认真贯彻落实北京市禁烟控烟条例，积极开展禁烟控烟宣传工作。采取下发张贴宣传品，明确禁止吸烟标志，达到人人应知吸烟危害。三是积极开展环境整治，做好大院环境绿化美化工作。在劳动节、中秋节和国庆节到来之际，特别是为迎接党的十八届六中全会胜利召开，在大院摆放了绿植花坛，制作了景观，张贴了宣传标语，营造欢乐和谐的氛围。

**5. 行政管理处**

行政管理处以抓消防、保安全为中心，以协调沟通各单位日常事务为基础，紧紧围绕服务科研工作这个核心，认真落实局领导对国际片消防工作重要指示精神。完成了国际片“卫星电视接收系统”的日常维护、收费办法等协调工作；开展了“消防安全宣传周”活动；组织各研究所坐班、新入职人员对消防井、消火栓等消防器材的实际操作和演练，提高了国际片大院全体干部、职工的安全意识；认真做好收发工作、户口管理和社会协调等工作；更换各研究所灭火器共 360 个，手推式灭火器 5 个；全年完成了春节、全国“两会”、国庆节等重要会议期间的值班任务，确保了大院全年无事故。

## （二）做好管理工作，提高工作效率

### 1．机关建设工作

（1）“从严管理”永不停歇，“两学一做”敢于争先。“从严管理”专题教育活动和“两学一做”学习教育活动开展以来，各单位都高度重视，精心组织，科学安排，认真落实“从严管理”专题教育各项工作要求，使广大职工的遵章守纪意识明显增强；科学化、规范化、制度化管理水平进一步提高，执行力有效提升；活动取得了一定成效，达到了预期目的。

（2）加强机关工作作风建设，提高工作效率。全局提倡开短会、说短话，简办事。充分利用办公自动化系统，实现文件网络传输和网上办理，尽量减少纸质文件，严格精简各种简报；建立了服务局公众微信号。健全《户籍管理制度》，实现并完善户籍信息化管理，在服务局微信公众号上设置户籍管理人员在线客服，发布办事流程及所需材料，简化办事手续，提高办事效率。

（3）根据人事教育局《关于在全院开展因私出国（境）专项整改工作的通知》的要求，对服务局2012年12月4日至2016年2月29日因私出国（境）情况进行全面检查和整改。所有备案人员护照均集中管理；协助老干部局进行离退休备案人员因私出国（境）证件收缴工作。

（4）加强公文、档案管理，完成局信息化工作。服务局呈报的文件格式和办文程序日趋规范，达到了院里的要求。较好地完成了局信息化工作，信息化经费预算更加合理，加强了信息员的培训工作，新闻专业技能、新闻稿质量得到了提高，信息安全意识进一步增强。

（5）认真落实督办工作制度。办公室及时向院办公厅督查处报告服务局落实院“三会”决定事项情况和完成《2016年院工作要点》服务局部分的情况；落实服务局督查工作管理实施细则，经常督促局属各单位工作落实，工作效率得到明显提高。

（6）开展“从严管理”专题教育月活动。落实全面从严治党要求，加强和改进作风建设，查找和堵塞管理漏洞，健全和完善服务科研长效机制。强化干部职工遵章守纪意识，按照“抓好学习、查找漏洞、健全制度、强化落实”的工作思路，制定完善并从严落实各项管理规定，夯实日常管理工作基础，全面提升执行力和管理水平。

### 2．安全管理工作

2016年年初，服务局与各单位主要负责人签订了安全责任书；召开安全工作会议，组织了消防、交通安全培训班。安全培训使大家进一步认识到消防安全、交通安全和车辆服务的重要性，以确保更好地完成服务保障工作。

局安全工作领导小组到所属单位检查达20余次，共计检查了60多个单位（有的单位接受了多次检查）。做到了有布置、有检查、有讲评，每次检查都有记录、有交代、有督促。把安全工作落到实处，确保安全无事故。

**3. 财务和资产管理工作**

（1）完成院资产清查工作。完成了财政部布置的全国性的机关事业单位资产清查工作，并通过中介机构的审核，完成服务局资产清查报告并提交院财计局，其中包含服务局和代管院机关的固定资产，合计4000余件。

（2）完成资产管理工作。截至2016年10月月底，入账资产共计100余件，还有其他办公用品和耗材。

（3）执行年度项目预算。编制了2017年度项目预算和三年滚动项目预算，通过了2017年度专家项目评审；完成了1次竞争性谈判招标和2次工程预算审计及18次工程决算审计工作。

（4）完成了《服务局内部控制实施方案》的制定和《服务局内部控制基础性评价报告》的起草工作。

**4. 服务监管工作**

为把社科院《关于学习贯彻习近平总书记在哲学社会科学工作座谈会上的重要讲话精神工作方案》中“为科研人员办实事、做好事、解难事，最大限度满足科研人员需求”的工作要求落到实处，结合工作实际，制定了《服务局后勤保障工作措施》，向全院公布服务局各服务部门的联系电话、服务监管处投诉电话和主管局领导电话，随时受理建议和接受全院同志的监督。

**5. 职工队伍建设和人事管理工作**

全局完成了2016年创新岗位竞聘组织实施工作；制定了《服务局创新工程绩效考核和后期资助目标报偿实施方案》《服务局2016年创新工程后期资助绩效考核计分分档工作办法》；完成各类人员工资核定及统计工作；完成社会保险缴纳工作；完成残疾人就业保障金申报及缴纳工作；加强了外聘人员合同管理工作。

## （三）加强党务及工、青、妇工作

（1）制定了《服务局机关党委2016年工作计划》和《服务局机关党委中心组理论学习计划》；完成了2016年党风廉政建设及反腐败任务分解及查找廉政风险点有关工作；定期组织中心组理论学习，开展了学习交流，党委中心组按计划完成了全年学习任务；党建述职评议考核工作和召开专题民主生活会按时完成。

（2）组织中心组理论学习，推进“两学一做”学习教育持续深入开展。为推进“两学一做”学习教育持续深入开展，把党的思想政治建设抓在日常严在日常，突出经常性教育的特点。在服务局微信公众号上发布“两学一做”学习文章15篇，营造了良好的学习气氛。组织全局部门以上领导认真学习《中国共产党廉洁自律准则》和《中国共产党纪律处分条例》，并且对《中国共产党纪律处分条例》特别是“对违反廉洁纪律行为的处分”中“违反有关规定买卖股票或者是进行其他证券投资的”和“对违反生活纪律行为的处分”等大家关心的热点条款进行了详解。

(3) 组织召开建党九十五周年纪念大会。把习总书记重要讲话作为自己人生的“加油站”，永葆党员先进性，努力为服务局的全面发展添砖加瓦，做出积极贡献。

(4) 召开“严明党的纪律和规矩”学习研讨会。认真学习讨论《习近平关于严明党的纪律和规矩论述摘编》及“习近平总书记给领导干部提出的25条忠告”，对“25条忠告”逐条研读，并结合后勤服务工作实际认真讨论，积极交流个人体会。大家一致认为，要把严明政治纪律和政治规矩放在首要位置，使纪律真正成为后勤服务保障工作中的“带电高压线”，切实把党章党规党纪的权威性、严肃性树立起来，自觉做学习贯彻的表率。

(5) 充分发挥工会作用，积极做好群众工作。一是组织开展文化体育活动，积极参加院里组织的各项体育比赛，并取得较好成绩。院第十四届“社科杯”职工乒乓球比赛，获得冠亚军的好成绩；院第八届羽毛球团体赛，取得了近年来羽毛球比赛的最佳成绩，获得羽毛球团体赛乙组第五名，并顺利晋级到甲组。二是关心职工生活，安排女职工专项体检；努力帮扶困难职工，慰问病困职工；每季度给职工过集体生日，重视对职工的人文关怀，营造温暖和谐的大家庭氛围。三是组织爱心捐助，向甘肃省敦煌市郭家堡中学的贫困学生进行捐资助学，为贫困生送去了温暖和关怀。

2016年，服务局在服务保障工作中，广大干部职工付出了辛劳，解决各种困难和矛盾，取得了较好成绩。但还存在一些不足：一是创新意识还有待增强；二是管理水平还有待提升；三是服务质量还有待提高；四是干部进取精神有待加强。

# 郭沫若纪念馆

## （一）人员、机构等基本情况

### 1. 人员

截至2016年年底，郭沫若纪念馆共有在职人员16人。其中，副高级职称人员3人，中级职称人员2人；高、中级职称人员占全体在职人员总数的31%。

### 2. 机构

郭沫若纪念馆设有：研究室、文物与陈列工作室、公众教育与资讯中心、办公室。

## （二）科研工作

### 1. 科研成果统计

2016年，郭沫若纪念馆共完成专著1种25.2万字；论文集3种70.8万字；论文14篇，

12.3 万字。

**2. 科研课题**

2016 年，郭沫若纪念馆有新立项课题，即国家社会科学基金一般项目 1 项："郭沫若翻译作品版本演变研究及语料库建设"（张勇主持）。

## （三）学术交流和展览宣传活动

**1. 专题展览、公众教育及宣传活动**

2016 年，郭沫若纪念馆举办或参与举办的展览及文化活动有：

（1）2016 年 2 月 11 ~ 28 日，郭沫若纪念馆在该馆西院展厅举办"友谊的见证——郭沫若纪念馆馆藏文化交流礼品展"。

（2）2016 年 4 月 15 日至 5 月 3 日，郭沫若纪念馆与孙中山大元帅府纪念馆在郭沫若纪念馆西院展厅合作举办"古应芬先生文献史料展"。

（3）2016 年 4 月 15 日，郭沫若纪念馆与鲁迅博物馆等 8 家名人故居纪念馆在西南大学合作举办"文化名人与民族精神"主题展。

（4）2016 年 5 月 17 日，由北京市文物局、北京博物馆学会、中共西城区委宣传部主办，郭沫若纪念馆、北京市文物局宣传教育中心、北京市文物局图书资料中心等单位承办的"博物馆与文化景观"活动在郭沫若纪念馆举行。

（5）2016 年 5 月 18 日，郭沫若纪念馆与鲁迅博物馆等 8 家名人故居纪念馆共同在北京市平谷区北京实验学校附属小学举办"文化名人与文化景观——名人·名居·名树"主题展。

（6）2016 年 5 月 18 日至 6 月 18 日，郭沫若纪念馆与北京市文物局图书资料中心在郭沫若纪念馆西院展厅举办"传承与创新——名人·名拓与郭沫若碑拓精选展"。

（7）2016 年 6 月 20 ~ 24 日，郭沫若纪念馆与鲁迅博物馆等 8 家名人故居共同在广西壮族自治区贺州市举办"20 世纪中国文化名人与民族精神展览走进贺州"系列文化活动。

（8）2016 年 7 月 27 ~ 29 日，郭沫若纪念馆与老舍纪念馆、中国老舍研究会、中国郭沫若研究会在内蒙古自治区呼伦贝尔市海拉尔区共同举办"戏里戏外：郭沫若与老舍戏剧艺术创作及交往展暨学术研讨会"。

（9）2016 年 8 月 25 日，郭沫若纪念馆在日本东京法政大学"百年来越境的现代中国文学——纪念郭沫若、田汉留日一百周年"国际学术研讨会会场举办"郭沫若与田汉展"。

（10）2016 年 9 月 20 日至 10 月 10 日，郭沫若纪念馆与梅兰芳纪念馆在郭沫若纪念馆西院展厅合作举办"文心、墨韵——徐福山书画展"。

（11）2016 年 10 月 24 日至 11 月 7 日，郭沫若纪念馆在该馆西院展厅举办"玩雅趣伴书香——爱新觉罗毓岚先生文玩收藏展"。

（12）2016 年 11 月 11 日至 12 月 11 日，郭沫若纪念馆与老舍纪念馆在郭沫若纪念馆西院展厅举办“永远的老舍”展。

(13) 2016 年 12 月 14 ～ 20 日，郭沫若纪念馆与埃及驻华大使馆文化处、北京语言大学阿拉伯研究中心在郭沫若纪念馆西院展厅合作举办“中埃文化年系列活动——中埃书法绘画雕塑艺术展”。

**2. 国际学术交流与合作**

2016 年，郭沫若纪念馆共派出访 4 批 10 人，接待来访 450 余人。与郭沫若纪念馆开展学术交流、展览合作的国家有加拿大、埃及、日本、意大利等。

(1) 2016 年 7 月 3 ～ 7 日，应国际博物馆协会第 24 届大会米兰组委会的邀请，郭沫若纪念馆助理馆员王静、陈瑜赴意大利米兰参加国际博物馆协会第 24 届大会。

(2) 2016 年 8 月 24 ～ 28 日，郭沫若纪念馆专业人员李斌、徐萌、刘秋琬等应国际郭沫若研究会邀请，前往日本东京参加“郭沫若、田汉留日一百周年”纪念活动。此次纪念活动的主要部分为 8 月 25 日在日本东京法政大学举办的“百年来越境的现代中国文学——纪念郭沫若、田汉留日一百周年”国际学术研讨会。研讨会由国际郭沫若研究会、日本郭沫若研究会等单位主办。来自中国、美国、法国、日本等国家的 40 多位学者参加了研讨会。应主办方邀请，郭沫若纪念馆在学术研讨会会场主办了“郭沫若与田汉展”。

(3) 2016 年 10 月 27 ～ 31 日，应埃及苏伊士运河大学邀请，郭沫若纪念馆馆长赵笑洁、文物与陈列工作室王静出访埃及，就“郭沫若中国海外研究中心”的相关事项进行商谈。同时，赵笑洁与埃及金字塔集团商谈了郭沫若作品和郭沫若研究相关学术成果阿拉伯文版的译介出版事宜。

(4) 2016 年 10 月 31 日至 11 月 5 日，应哈萨克斯坦共和国欧亚库纳耶夫法律大学校长吾买尔力邀请，郭沫若纪念馆副馆长刘曦光、文物与陈列工作室梁雪松、赵欣悦等赴哈萨克斯坦共和国阿拉木图市欧亚库纳耶夫法律大学举办“郭沫若展”及文化座谈等活动，还应邀访问了哈萨克斯坦“阿里法拉比”哈萨克民族大学，哈萨克斯坦中央国家博物馆、哈萨克斯坦国立阿·卡斯捷耶夫艺术博物馆。

**3. 学术社团**

中国郭沫若研究会，执行会长蔡震。

2016 年 7 月 27 ～ 29 日，中国郭沫若研究会参与主办“戏里戏外：郭沫若与老舍戏剧艺术创作及交往展暨学术研讨会”。2016 年 10 月 15 ～ 16 日，中国郭沫若研究会参与主办“郭沫若与中国马克思主义史学学术研讨会”。2016 年 12 月 2 ～ 4 日，中国郭沫若研究会参与主办“郭沫若研究的回顾与展望——中国郭沫若研究会第二届青年论坛”。

## （四）会议综述

### 戏里戏外：郭沫若与老舍戏剧艺术创作及交往展暨学术研讨会

2016年7月27～29日，“戏里戏外：郭沫若与老舍戏剧艺术创作及交往展暨学术研讨会”在内蒙古自治区呼伦贝尔市海拉尔举行。会议由郭沫若纪念馆、老舍纪念馆、中国老舍研究会、中国郭沫若研究会主办。来自中国社会科学院、北京师范大学、华东师范大学、北京语言大学等20余家科研院所、高等院校以及文化名人博物馆及老舍后人等近30余位专家学者参加了会议。

与会学者围绕“郭沫若与老舍戏剧艺术创作比较研究”“郭沫若与老舍戏剧人生交往及相关资料考证”“郭沫若与老舍戏剧创作及思想研究”三个方面的主要议题展开研讨。

郭沫若和老舍戏剧艺术创作的比较研究是会议研讨的重点。安徽师范大学谢昭新认为，《屈原》和《茶馆》在有关历史与现实、情感与人物、结构与冲突等戏剧因素的创作方面达到了极高的艺术价值。聊城大学石兴泽在郭沫若和老舍20世纪50年代所创作的《蔡文姬》和《茶馆》进行比较分析的基础上认为，他们所创作的人物形象以及作品的艺术风格都存在着巨大差异。山东师范大学魏建则从戏剧艺术创作理论出发，阐释了郭沫若和老舍戏剧创作中戏剧性的不足。中国社会科学院民族文学研究所关纪新就《茶馆》和《蔡文姬》中有关民族性问题进行了阐释。

对郭沫若和老舍戏剧作品的解读是相关研究领域中的热点，也是常说常新的话题。华南师范大学咸立强从郭沫若新诗与诗剧创作的关系着手，着重阐释了郭沫若戏剧创作的文体融合的特性。郭沫若纪念馆张勇从郭沫若诗剧翻译角度入手，揭示了郭沫若历史剧创作的异质特色。四川郭沫若研究中心何刚对20世纪中国史剧创作及理论建构进行了重新梳理和阐释。

老舍的女儿舒济，郭沫若纪念馆蔡震、李斌就相关史料进行了说明。与会专家学者还就“生命情调”、“民族性”以及“歌诗”等方面的问题进行了答疑和争鸣。

（李　斌）

### “郭沫若与中国马克思主义史学”学术研讨会

2016年10月15～16日，由华中师范大学历史文化学院与中国郭沫若研究会联合举办的“郭沫若与中国马克思主义史学”学术研讨会在华中师范大学举行。来自中国社会科学院、北京师范大学、四川大学、复旦大学、华东师范大学等20多所国内科研机构和高等院校的50余位学者参加了会议。

北京师范大学瞿林东、郭沫若纪念馆蔡震、华中师范大学赵国华、四川大学何平、中国社会科学院世界历史研究所吴英等作了大会主题发言。在分组研讨中，与会学者围绕“郭沫若史学”“中国马克思主义史学”“郭沫若与中国马克思主义史学的关系”“中国近现代史学史和学术史的发展”等问题等展开了讨论。很多学者表达了对郭沫若的敬仰，充分肯定了郭沫若对中国马克思主义史学的重要贡献。对于中国马克思主义史学，学者们提出了很多富有启发性的认识，既有对其发展道路和发展方式的宏观认识，也有对其经验教训的深刻反思，更有对其发展前景的不同期待。对中国近现代史学史和学术史，传统的问题与领域在不断深化，新的问题与领域在不断发掘。大家对中国史学史学科的发展方向和发展方式表达了高度关注，主张突破既有研究范式，注意史学史与社会史、文化史研究相结合。

中国郭沫若研究会名誉会长郭平英在讲话中谈到了郭沫若与武汉的渊源，介绍了关于郭沫若的一些重大研究课题比如《郭沫若年谱长编》等的进展情况，提出了对郭沫若研究的殷切期望。

（李　斌）

## 中国郭沫若研究会第二届青年论坛

2016 年 12 月 2 ～ 4 日，中国郭沫若研究会第二届青年论坛在四川乐山举行。会议的主题为“郭沫若研究的回顾与展望”。论坛由中国郭沫若研究会、《历史研究》编辑部、乐山师范学院和四川省郭沫若研究会主办，四川郭沫若研究中心承办。来自中国社会科学院、北京师范大学、四川郭沫若研究中心、四川省社会科学院、四川大学、山东师范大学等单位的 50 余名专家和青年学者参加了论坛。郭沫若纪念馆馆长赵笑洁、乐山师范学院党委书记杨胜宽、中国郭沫若研究会执行会长蔡震、四川郭沫若研究会会长彭邦本、中国郭沫若研究会副会长李怡等学者在开幕式上讲话。

郭沫若纪念馆李斌认为，应将郭沫若放置在现代中国的流动性关系中展开更为深入的研究。学者们应该突破自己的专业局限，综合文学史、史学史、思想史、革命史等学科的方法，从整体上去理解和把握郭沫若。

近年来随着译介学和翻译研究的发展，作为翻译家的郭沫若日益受到关注。华南师范大学文学院咸立强认为，郭沫若的翻译文学和郭沫若的新诗创作、历史剧创作一样，表现出来的是郭沫若将一种思想用一种语言恰到好处地传达出来的高超的文学技巧和能力。在西南大学中国新诗研究所熊辉看来，郭沫若的翻译伴随着学术研究方法的改进和史料的发掘，无论是从文化交流、文学译介还是从民族文学建构的角度来讲，还有很多可供发掘和深化之处。

郭沫若纪念馆张勇、商丘师范学院文学院刘海洲、北京师范大学文学院张国龙、西南大学文学院李永东、四川省社会科学院刘平中、山东师范大学文学院陈夫龙等围绕郭沫若诗歌研究、郭沫若戏剧创作研究、国外的郭沫若研究、相关史料的梳理、郭沫若的儿童文学创作等议题展开了深入讨论。

（李　斌）

# 四　院直属公司工作

## 中国人文科学发展公司

### （一）人员、机构等基本情况

**1. 人员**

截至2016年年底，中国人文科学发展公司共有27人。其中，原在编在岗人员12人，机关聘用人员15人（不含所属企业聘用人员）。正式职工中，局级干部2人，处级干部5人，科级以下干部4人，工人1人。

**2. 机构**

中国人文科学发展公司设有：办公室、财务部、进口图书部、中文图书部、电子资源部5个部门；所属密云绿化基地、北戴河培训中心、社科博源宾馆、双业科兴物业管理中心、社科光大、玉泉营建材市场、安信捷、北京人文科工、社会科学成果开发中心、中咨公司、哲社企业信息咨询有限公司11个企事业单位。

### （二）主要工作

**1. 思想政治建设情况**

（1）认真学习贯彻党的十八届六中全会精神。一是院召开学习贯彻党的十八届六中全会精神及考核评价工作部署会后，公司及时召开总经理办公会，在领导成员中先行传达学习；各单位、支部分头组织学习了《公报》，作为学习的第一步。二是召开总经理办公扩大会和党总支中心组理论学习会，组织学习了院学习贯彻党的十八届六中全会精神党组中心组扩大会议精神，重点组织学习了院长王伟光的动员讲话及副院长王京清的总结讲话。三是根据《中国社会科学院学习贯彻党的十八届六中全会精神总体方案》的要求，制定了《人文公司学习贯彻党的十八届六中全会精神工作方案》。对领导班子、党总支、党支部学习作了安排。

（2）认真学习贯彻院工作会议、反腐倡廉建设工作会议和暑期工作会议精神，将中央全面从严治党、党风廉政建设的要求和院赋予公司的工作定位、经营创收任务，作为公司年度工作和谋划发展的总指引和工作动力。

（3）在公司全体党员中开展了“两学一做”专题教育。通过党总支中心组、各党支部认真学习总书记系列重要讲话精神，学习党章和党规，领导班子主要负责同志和支部书记上党课，党的建设得到进一步加强，全面从严治党和党风廉政建设的“两个责任”得到加强，“四个意识”得到增强，领导干部以上率下的良好作风、党支部的战斗堡垒作用和党员的先锋模范作用得到体现。

(4) 坚持正确的政治方向和舆论导向，在思想上、政治上、行动上和党中央保持高度一致，与院党组的决策部署保持一致。一是在图书采购中，注意把好政治关口，在各研究所、图书馆把关的基础上，严把采购、进口关，杜绝具有自由化思潮、反党、反社会主义言论的书籍、期刊进入社科院。二是始终坚持后勤工作正确的政治方向和服务方向，坚持为科研服务、为科研工作者服务，坚持服务第一的思想。三是坚持合规合法经营，遵守行业自律和政策法规的严肃性，杜绝了只讲经济效益、不讲政治效益和社会效益的问题。

(5) 党风廉政建设工作。一是制定了人文公司党风廉政建设和反腐败工作任务分解，明确了工作重点、责任要求和时间表、路线图，将党风廉政建设的要求落实到位。二是高度重视巡视整改工作。根据院党组和驻院纪检组要求，上报了巡视、巡查整改报告，制定了整改措施，认真组织了整改工作，使巡视整改工作取得了阶段性成果。三是严格执行中央八项规定。在会议接待、公务用车、财务管理上，严格按照中央文件规定及院党组“三项纪律”要求抓好落实，在“三重一大”问题上集体研究决定，从根本上杜绝了腐败问题的发生。

**2. 经营创收工作**

公司领导班子和全体职工坚持以经营工作为中心，紧紧围绕院下达的经营创收上缴任务，开拓创新，锐意进取，圆满完成了年度经营工作任务。

(1) 完成了院赋予的2000万元（货币资金）的上缴任务，实现了历史突破。上半年完成1040万元；下半年完成960万元。

(2) 努力解决经营工作中的历史遗留问题。一是积极向院领导和财计局反映，并通过领导班子成员的共同努力，着力解决或部分解决了所得税税负过重问题，减轻了公司及所属单位的经营创收上缴压力。二是较好地解决了图书采购中的垫支问题。在财计局和图书馆的大力支持下，历史形成的400余万元的垫支费用得到妥善解决。

(3) 完成了“中国社会科学文化发展促进中心”的注册工作，使职工的事业身份得到保留，解决了公司在职职工的后顾之忧。

(4) 积极做好燕郊“学者之家”项目的启动工作。

**3. 管理工作**

公司领导高度重视管理工作，坚持会议制度、值班制度、请示报告制度、指纹考勤制度等。在重大政治活动、节日、危险危急时刻，大家坚守岗位、尽职尽责，排除隐患，确保了安全无事故。

(1) 扎实推进图书采购总代理工作和信息化项目的实施，为社科院科研工作和创新工程提供有利保障。在院图书馆和各所、片图书馆的大力支持下，严格执行社科院图书采购实施细则和人文公司制定的图书采购内部流程的相关规定，通过图书采购中心各部门的共同努力，完成了年度代理业务的采购工作。

一年来，公司有关部门拓宽图书进货渠道，努力降低采购成本，提高采购水平，保障图书采购质量，提高到货率，加大图书采购市场调研，为社科院重点采购学科领域重要文献需求提供了有力保障。加强地方文献采购，寻找书源，给部分图书馆采购年代久远、发行量少、发行面窄的地方文献书源，做到拾遗补缺，为全院及时准确采购到学术价值较高的珍贵文献；同时每周及时为各所馆提供专业性强的可供书目，满足各图书馆的最大需要。

信息化招标项目做到公开透明、合规合法。在院直属机关纪委、信管办、财计局等相关单位监督下，积极配合各项目建设单位，按照相关法律法规，较好地完成了相关信息化项目招标工作。先后完成了院图书馆“中国社会科学院科研楼西段网络综合布线系统工程项目”“国家期刊库 2015 年下半年数据加工”“国家期刊库 2016 年全年数据加工”；院评价中心“中国社会科学院中国人文社会科学引文数据库项目”第二、第三、第四包，“中国人文社会科学引文数据库 2015 年度数据采购”“英文期刊评价”等 8 个项目的招标工作，确保了每一个招标项目的公开透明、公平公正。

（2）双业科兴物业管理中心提升物业管理水平，经营效益进一步提高，成为完成公司上缴任务的主力军。建立健全各项安全管理制度，紧紧围绕“安全第一，预防为主”的安全工作原则，建立全年“零间隙”安全中控监视管理机制，坚持“日检查周总结”，完善突发事件应急处理机制，加强园区客户备用钥匙封存管理，建立全面系统的安全管理档案，发现问题及时整改处理。抓好安全部署、日常管理、重点区域管理和节假日管理，及时发现并处理了 50 多起消防、安防等安全事故隐患，充分保障了国家财产和人员安全。

结合社会化物业管理标准，充分做好客户宣传、沟通、协调等工作，维护公司及各用户单位合法权益，建立了较为稳固的客户关系，达到和谐共建共赢的目的。通过层层监管、督导，全年完成物业接报修共计 560 多次。顺利完成全年各项费用收缴等物业服务工作，建立了完整的客户档案系统，提升综合服务品质，得到用户充分理解和支持。

（3）社科博源宾馆打造宾馆人文特色、开拓会议新空间，实现了人文公司经营以来经济效益的五连增。博源宾馆找准人文公司及“两地”工作新定位，采取切实措施调动员工积极性、打造宾馆人文特色，顺利完成公司赋予的上缴院里 600 万元的任务。

博源宾馆主动与院内外多部门进行沟通协调，进一步改善了外部经营环境，结合自身实际，继续挤出了部分资金对硬件进行改造和完善，使内部环境进一步改善和提高。通过坚决贯彻和推进年初成本控制措施，中层干部管理能力和员工素质显著提高。大力开拓机关事业单位会议培训新业务，进一步开拓了市场空间，满足社会各界各种会议场地的需求，取得了较好的经济效益。

(4) 密云绿化基地为院内各种培训提供优质服务保障的同时，采取措施大力引进社会消费，取得显著成绩。充分发挥新建综合楼的优势为院内各种培训提供优质服务，全年共承接院里 62 个培训班次，共计 1 万多人次，圆满完成所局领导培训班、院暑期会议等重大接待任务，受到院里及有关部门的好评。经过多方努力，彻底改变社科院内培训和社会消费的比例，使社会消费比例超过院内消费，2016 年共接待院外消费 130 批次 1.5 万余人次，社会消费比例超过全年营业额的 4/7。

与多部门积极沟通协调，使密云绿化基地周边环境得到稳定和改善，为大规模的经营服务工作奠定了基础。实行餐饮社会化改革，在提高质量的前提下降低了成本。

(5) 北京社科光大公司（玉泉营建材市场）进一步提升经营管理水平。玉泉营建材市场克服各种不利市场因素的影响，努力做好日常经营管理工作，实现收入和利润与 2015 年基本持平。

提高各类人员的消防安全意识，本着群防群治、共同参与的原则，逐岗、逐位签订消防安全责任书，加强对消防各类设施、设备、器材及警示标识的管理、维护。

安信捷积极打造服务型企业，深化和延长服务链，提高客户的满意度，按照客户实际需求做好各种服务定制，丰富商品种类，增加客户选择面，始终将客户的需求放在首位。积极维护院外市场，广泛联系各企业公司，尝试新的盈利点。

(6) 北戴河培训中心提升服务保障能力和水平，经营创收再创新高。2016 年共接待社科院学术交流会 4 批次，学术研讨会 4 批次，老专家、学者（院领导）写作班 6 批次，圆满完成 2016 年经营创收任务。

通过各种宣传与合作措施，采取网络销售与实体销售相结合、联系各旅行社和旅游团入住、在院部餐厅播放宣传片、联系地方会议等方法，适当降低房价，提高入住率，游客入住与 2015 年同期相比有所增加，经过多方努力，在北戴河旅游业不景气的情况下，营业额超过年初制定的经营目标，上缴利润再创新高。

(7) 按照审计整改意见和院里决定，推进燕郊“学者之家”项目建设重启。按照审计署审计整改意见和院里重启该项目的决定，积极与当地政府及相关部门沟通协调，说明情况。

## （三）创新工程的实施和公司管理新举措

2016 年，人文公司在实施创新工程和提升管理水平等方面的指导思想和要求是，认真学习习近平总书记一系列重要讲话精神，积极落实院党组和分管院领导的工作部署和安排，围绕全院中心工作，加快改革步伐，向现代企业制度运作模式转变，强化管理服务、经营创收，使国有资产保值增值。

### 1. 创新工程年度规划

(1) 扎实推进和完善图书采购代理制度。与图书馆等单位密切配合，进一步规范图书、电子资源等采购流程，按照分工要求，做到各司其职，各尽其责，合规合法，提高采购效率，切实担负起为全院创新工程和科研人员服务的重任。

（2）积极承担院信息化项目建设工作。重点是把院信息化两个服务外包项目做好，并承担、协调好有关信息化项目的招投标工作，力争做到既为院里节省建设成本，又合规合法，经得起检验和检查。

（3）所属企业要增收节支，开源节流。要按照现代企业制度管理的要求，发挥各自职责，增收节支，开源节流，降低管理成本，提高社会效益和经济效益，为国有资产保值增值作贡献。

（4）强化对下属企业监管力度，确保经营安全。总公司要在企业用人、绩效和分配、财务、党建、纪检等方面强化对下属企业的监管，防范经营风险。

（5）强化班子建设。完善公司决策平台，落实好总经理办公会会议和党政联席会议等决策制度，坚持“一岗双责”，认真落实主体责任，坚持“三重一大”和民主集中制原则。

（6）把公司党总支、纪检小组等建设好。适时开展党总支换届工作，加强党的基层组织建设，把党支部建在企业，发挥好党支部的保驾护航和监督作用。完善公司纪检组织，充分发挥纪检组的监督责任。

（7）完善各项制度，从严管理。重点是完善企业用人、绩效分配、重大事项决策、财务、审计等方面的制度，并认真执行，抓好督查、督办工作。

**2. 改革工作创新要点**

（1）扎实推进图书采购总代理制，理顺流程。与院图书馆等密切配合，在中外文图书、数据资源采购方面引入市场规则，合规合法，降低成本，提高服务水平。

（2）院图书馆、信管办等单位做好信息化项目招投标工作，合规合法。认真落实院里安排的其他重点项目。

（3）提高社科博源宾馆的经营效益。强化管理，降低成本，提高中层管理能力和员工素质，加大销售力度，开拓市场增长空间。

（4）把密云绿化基地打造成重要的学习培训场所。发挥新建综合楼优势，全力承接院内各种培训任务，积极引进社会培训资源，严控成本支出，采取措施确保常年正常经营，在经营规模和效益上实现突破。

（5）提升双业科兴物业管理中心服务水平和效益。稳定望京研究生院老校区承租老客户，提高经营管理水平，增收节支、开源节流，为国有资产保值增值作出更大贡献。

（6）提高玉泉营建材市场（社科光大公司、安信捷办公用品中心）等经营管理水平。完善经营措施，重点做好稳定老客户的工作。

（7）力促北戴河培训中心产生较好效益。认真做好社科院暑期工作会议等保障工作，加大外部资源利用，采取措施延长经营期限，自负盈亏，争取多作贡献。

(8) 燕郊公司积极协调处理好各种关系，做好相关工作。配合燕郊开发区有关部门、合作单位，学习国家法律法规，吃透相关政策，处理好各种关系。

(9) 加强纪检、财务监管、审计等制度，防范经营风险。明确监督责任，对公司及下属企业重大项目和重要支出进行监督，实施各企业财务会计代理制，对出纳进行统一管理。

(10) 适时推进公司改革，制定好五年发展规划。在院党组，院资产、人事管理等部门的领导下，按照现代企业制度的要求，适时进行产权、人事、绩效分配等改革。谋划制定并实施公司五年发展规划。

(11) 加强党建工作，把党总支、党支部建设好。加强党章等学习和党风廉政建设，适时进行党总支换届选举，认真开展“三会一课”和上级党组织安排的各种活动。

(12) 加强领导班子建设，强化主体责任。在图书电子资源采购等工作中落实意识形态责任制和审读制，加强“一岗双责”。

# 中国经营出版传媒集团

2009 年，中国经营出版传媒集团由中国社会科学院批准中国社会科学院工业经济研究所组建成立，下辖由中国社会科学院主管、中国社会科学院工业经济研究所主办的经济管理出版社和《中国经营报》社及《中国经营报》社主办的《精品购物指南》报社三个独立法人实体。并批准中国社会科学院工业经济研究所设立“集团联络处”，负责处理中国经营出版传媒集团的日常办公事务。

2013 年 9 月，中国社会科学院党组决定中国经营出版传媒集团划归中国社会科学院直接管理。中国社会科学院成立中国经营出版传媒集团管理委员会，由院领导（副院长）、院各相关职能厅局主要领导、工业经济研究所主要领导及经济管理出版社、《中国经营报》社和《精品购物指南》报社的主要领导组成，院领导（副院长）任主任。并成立了中国共产党中国社会科学院中国经营出版传媒集团机关党委，由院党组成员（副院长）任党委书记，办公室设在中国共产党中国社会科学院机关党委。

中国经营出版传媒集团为法人联合体，由经济管理出版社、《中国经营报》社和《精品购物指南》报社等法人实体单位组成。

附

# 经济管理出版社

2016年，经济管理出版社以加强马克思主义阵地建设为根本，坚持正确的政治方向和学术导向；以质量建设为中心，推进各项工作科学化、规范化和制度化；以改革创新为动力，进行全面的供给侧结构性改革；以增强学术引领为目标，服务好创新工程和国家高端智库建设，促进理论学术传播，走出一家名优出版社的独特发展路径。

## （一）注重社会效益，坚持社会效益与经济效益相统一

经济管理出版社在2016年的工作中一如既往地坚持正确的出版导向，在政治上严格把关，强化政治意识、大局意识、核心意识、看齐意识，保持政治定力、坚定原则立场，在供给侧结构性改革的框架下，充分发挥现代企业制度的优势，把社会效益放在首位，实现社会效益和经济效益相统一，加强阵地建设、搞好思想引领、推进理论创新，策划出版了一批具有社会影响力的精神文化产品，努力打造优秀学术著作的出版平台。

2016年，经济管理出版社通过完善“四项保障”，把围绕中心、服务大局的基本职责贯彻到位。

（1）强化选题申报制度，坚持主流意识。通过经常性的学习，全社员工对如何正确处理社会效益和经济效益、社会价值和市场价值的关系有了更深刻的认识。在工作中，始终围绕大局，坚持主流意识，把握经济发展的主旋律，把选题重点集中在经济体制改革、经济结构调整、产业转型升级、促进社会民生改善等方面，策划出版多个体现中国改革开放伟大成就的大型重点项目，充分发挥专业出版社的学术优势。例如，策划了“一带一路”“创业创新”“中国企业志”“中国经济地理”等立足经济管理专业、体现中国经济面貌的优秀学术著作。

在选题审批制度方面，坚持社长、总编辑负责制，严格遵守国家关于新闻出版的各项规定，把握正确出版导向，认真履行重大选题备案制度和书号实名制管理制度。

（2）强化图书质量管理制度，坚持质量立社，努力打造精品。经济管理出版社坚持贯彻“质量立社”的原则，努力完善以质量为中心的出版流程管理，进一步严格执行三审三校制度，坚持关口前移，加强审校印制等环节衔接的紧密性。对编校过程中高发的问题定期整理并进行编辑集中培训，修订相关的审读规范和绩效奖惩措施，从制度上强化图书质量保障体系，打造在内容、装帧、印刷多方面的精品图书。

（3）强化组织和团队建设，构建一支政治成熟、业务过硬的人才梯队。在组织建设上，经济管理出版社着力加强和改进新形势下国有文化企业党建工作，充分发挥党组织的政治核心

作用，加强职工思想政治工作，积极吸收各方面人才特别是优秀青年员工入党，着力扩大党员在关键岗位的比例。

在人才队伍建设上，在着力培养成熟业务骨干的基础上引进一批具有专业知识和工作经验的高素质人员充当后备力量。通过员工培训，把社会主义核心价值观的要求贯穿到全社生产经营管理的各环节和全过程，提高全社员工的政治责任意识、业务水平和综合素质，增强企业内生动力。

(4) 强化基层党组织建设，使党组织充分参与到企业内部的经营管理活动中。在企业经营活动中，强化书记、社长、总编辑协同负责制，形成党组织领导与法人治理结构相结合、内部激励和约束相结合，体现文化企业特点、符合现代国有企业制度要求的经营管理模式。

内部管理依据领导分工职责、权限和议事规则，讨论决定涉及内容导向管理的重大事项及企业运营与发展的重大决策、重要人事任免、重大项目安排和大额度资金使用等事项。建立由书记和总编辑负责的编辑委员会，对涉及内容导向问题的事项行使一票否决权。

## （二）出版经营和发展情况

2016 年，经济管理出版社进行了品种结构的供给侧结构性调整，共出版图书 600 余种，新书品种 570 余种，总印数 220 余万册，总码洋近 15000 万元；全年发行图书 120 余万册。

近年来，出版社在管理和建设工作上目标明确，即集中有限精力打造国内经济类和管理类图书出版名社。在前几年品种高速扩张的基础上进行结构性的优化调整，即选题策划系列化，明确“专、精、特、新”的市场定位，力争打造一个集权威作者、权威编者和权威读者为一体的“三权威”出版社。为此，在组织机构、人力财力、市场营销、创新能力等方面做了大量工作。

在组织和人力资源方面，在社内经常性组织编辑进行专业知识和理论动态的学习，同时由出版社提供资源和信息，鼓励编辑外出参与学术会议，与专家、学者共同交流、探讨学术问题和学科发展。

在图书质量方面，编审室负责书稿内容质量的审读和把关，不断增加审读比例和覆盖范围，保证出版的图书质量保持较高水平。

在市场营销方面，抓好学术图书的馆配工作和网站的图书销售工作，并深入拓展图书销售渠道，探索新的图书营销方式，鼓励编辑参与图书的推广工作，不断加强发行与编辑的协作能力。

在创新能力方面，对全社管理系统进行全面升级，ERP 正式上线，出版社网站全面更新，以全新的面貌服务专业机构和大众读者。

在各方面的努力下，出版社在经营中始终保持优良的业绩，未出现违规违纪现象，图书质量得到主管单位、作者和读者的一致认可。

通过几年的努力，出版社打造出的学术权威著作、精品教材和优秀经济管理普及读物三大门类多个系列的品种格局，尤其是在发挥自身优势资源上特别突出，出版了一大批社会上有影响、经济上有效益的精品学术著作。2016年，经济管理出版社39个图书项目获得国家和省部级奖项，“产业技术创新研究系列丛书”入选国家“十三五”重点出版项目主题出版规划，“中国经济地理系列丛书（第一辑15卷）”入选国家出版基金资助项目；在中国社会科学院创新工程出版工作中，经济管理出版社承担25个出版项目（累计41卷）。

### （三）搞好制度建设和队伍建设

在制度建设上，经济管理出版社本着规范化、人性化、创新化的原则，在保证企业持续发展和保障员工权益的基础上，出台了一系列规范、严谨的管理规章制度，这些制度的建立和完善使出版社的工作得以有序开展，员工工作的积极性和主动性得到有效调动，工作效率和企业效益大大提高。

在人才队伍建设和储备上，出版社建立一套完善的学习型组织模式，内部培训与外部深造并重，打造一支高素质、高学历、高执行力的编辑发行队伍。在任用干部上，本着重能力、轻资历的原则，大胆起用年轻干部，保证了干部队伍的年轻与活力，同时也对年轻员工起到了激励作用。

# 五 院代管单位工作

## 中国地方志指导小组办公室

### （一）人员、机构等基本情况

**1. 人员**

截至 2016 年年底，中国地方志指导小组办公室共有在职人员 38 人。其中，31 人为参照公务员法管理人员（含院管局级干部 3 人），7 人为事业编制人员。

**2. 机构**

中国地方志指导小组办公室为参照公务员法管理的事业单位，加挂国家方志馆牌子，管理方志出版社。中国地方志指导小组办公室（国家方志馆）共有内设机构 10 个，即方志处、年鉴处、规划处、信息处、期刊处、科研处、秘书处、人事处（机关党委办公室）、国家方志馆馆藏部、国家方志馆综合部。

### （二）中国地方志指导小组领导科学决策

2016 年，中国社会科学院院长、中国地方志指导小组组长王伟光，中国社会科学院副院长、中国地方志指导小组常务副组长李培林通过出席地方志活动、赴各地进行工作调研、在北京听取地方志工作汇报等方式谋划和指导全国地方志事业不断发展壮大。2016 年，王伟光出席地方志重要活动 8 次，李培林出席 29 次。中国地方志指导小组领导先后到江苏省苏州市吴中区东山镇和昆山市锦溪镇、重庆市、山西省、广西壮族自治区柳州市和南宁市、新疆维吾尔自治区克拉玛依市和和田市、辽宁省、青海省、宁夏回族自治区等地开展地方志工作调研。自王伟光、李培林担任中国地方志指导小组领导以来，其工作调研区域遍及全国 30 个省（自治区、直辖市）。在北京先后听取了山东省、江苏省、常州市、陕西省等地地方志工作汇报。在这些重要活动中，王伟光、李培林对各地贯彻落实国务院《地方志工作条例》和“一纳入、八到位”等情况作出指示，强调要确保完成《全国地方志事业发展规划纲要（2015 ~ 2020 年）》提出的“两全目标”，为推动文化大发展大繁荣、建设社会主义文化强国作出新的更大贡献。

### （三）加强学习，认真落实全面从严治党总要求

（1）组织开展“两学一做”学习教育活动。制定“两学一做”学习教育活动实施方案，组织各党支部、党员干部认真学习党章党规，学习习近平总书记系列重要讲话，积极践行做合格党员，中国地方志指导小组办公室机关党委举行纪念建党95周年专题党课活动，推进“两学一做”学习教育常态化。

（2）深入学习贯彻习近平总书记系列重要讲话精神。认真学习习近平总书记在哲学社会科学工作座谈会上的重要讲话，中国地方志指导小组办公室党组制定学习方案，组织撰写理论文章。在学习中，注重学用结合，融会贯通，把学习领会贯彻落实习近平总书记重要讲话精神与学习习近平总书记在全国宣传思想工作会议、文艺工作座谈会、新闻舆论工作座谈会、网络安全和信息化工作座谈会上的重要讲话精神，以及对地方志工作的重要指示精神，研究阐释党中央治国理政新理念工作，落实《全国地方志事业发展规划纲要（2015～2020年）》，推进地方志事业发展新跨越结合起来。

（3）认真学习党的十八届六中全会精神。中国地方志指导小组办公室党组召开全体人员会议和党组中心组学习扩大会议，传达、学习、贯彻会议精神，要求全体人员尤其是全体党员要充分认识确立习近平同志党中央核心地位的重大意义，深刻把握从严治党的重大意义，高度重视新形势下加强与规范党内政治生活的重大意义，全面认识加强党内监督的重大意义；要组织研究课题，撰写理论文章；要全面落实党要管党、从严治党的要求；要贯彻落实好《关于新形势下党内政治生活的若干准则》和《中国共产党党内监督条例》，扎扎实实做好各项工作。

（4）圆满完成巡视整改任务。按照中央加强党风廉政建设和反腐败斗争的工作部署，遵照中央第一巡视组《关于对中国社会科学院党组专项巡视情况的反馈意见》提出的整改任务和中国社会科学院党组要求，中国地方志指导小组办公室党组把整改工作作为重要的政治任务，明确中指办党组整改主体责任，成立整改工作领导机构，制定《中国地方志指导小组办公室落实〈中国社会科学院关于落实巡视和审计整改任务的工作方案〉的工作方案》。通过自查自纠、建章立制，即知即改、立行立改，圆满完成整改任务。

### （四）着眼长远，相继出台全国地方志工作专项规划

2016年8月30日，值《全国地方志事业发展规划纲要（2015～2020年）》颁行一周年之际，中国社会科学网发布《〈全国地方志事业发展规划纲要（2015～2020年）〉颁行一周年取得重大成绩》一文，全面总结了一年来党中央、国务院继续高度关注地方志工作；中国地方志指导小组及其办公室科学谋划并扎实推进《全国地方志事业发展规划纲要（2015～2020年）》贯彻落实工作；各地坚持以“一纳入、八到位”为主线，全面落实《全国地方志事业发展规划纲要（2015～2020年）》方面取得的成绩。

中国地方志指导小组出台《全国地方志信息化发展规划（2016～2020年）》《全国信息

方志与数字方志建设工程实施方案》，统筹协调全国地方志信息化工作，有力推进全国地方志信息化事业科学发展。出台《全国年鉴事业发展规划（2016 ~ 2020 年）》，紧紧围绕《全国地方志事业发展规划纲要（2015 ~ 2020 年）》确定的到 2020 年实现“年鉴全覆盖”核心任务，提出 2016 ~ 2020 年年鉴事业发展的总体目标。出台《关于加强全国地方志科研工作的意见》《全国地方史志期刊工作指导意见》，提升地方志科研工作水平和期刊管理水平，推动地方志事业繁荣发展。讨论完善《全国地方志科研工作规划（2016 ~ 2020 年）》《全国地方志科研项目管理办法》《全国地方志优秀科研成果奖评奖办法》《方志馆建设标准》，并在不同的会议上多次征求意见。

### （五）组织召开会议，推进地方志事业全面协调发展

（1）召开第一次全国地方志基层基础工作会议。2016 年 4 月 19 ~ 20 日，中国地方志指导小组办公室在四川省西昌市召开第一次全国地方志基层基础工作会议。会议由王伟光倡议，李培林出席会议并作题为“强本固基创新发展　谱写地方志事业新华章”的讲话。参会各地方志工作机构进行了工作经验交流。会议要求，全国地方志基层基础工作要出思路、出措施、出经验，要继续深入贯彻落实习近平总书记系列重要讲话和李克强总理、刘延东副总理关于地方志工作的重要批示、讲话精神，充分利用国家规划做好顶层设计，依法层层加强对地方志工作的管理和规范，坚持进度和质量兼顾实现“两全目标”，因地制宜构建事业发展新局面，创新资政、育人路径，推广地方志成果。来自全国 31 个省（自治区、直辖市）地方志工作机构、新疆生产建设兵团志办公室的省市县三级地方志机构代表共 140 余人参加会议。

（2）召开全国地方志系统信息化工作会议。2016 年 4 月 26 ~ 27 日，全国地方志系统信息化工作会议在贵州省贵阳市召开。会议认真贯彻落实 2016 年 4 月 19 日习近平总书记主持召开的网络安全和信息化工作座谈会精神的重要举措，旨在总结交流 2011 年以来全国地方志系统信息化工作的成绩与基本经验，分析新形势、新问题、新任务，研究讨论“十三五”时期地方志信息化工作。来自全国 31 个省（自治区、直辖市）地方志工作机构、新疆生产建设兵团志办公室等机构的约 100 名代表参加会议。

（3）举办首届全国名镇论坛暨中国名镇志丛书出版座谈会。2016 年 5 月 12 日，首届全国名镇论坛暨中国名镇志丛书出版座谈会在北京人民大会堂开幕。第十届全国政协副主席、中国工程院主席团名誉主席、院士、中国名镇志文化工程专家委员会名誉主任徐匡迪、王伟光、李培林等出席会议并讲话。会上还举行了向首批编纂中国名镇志的 11 个镇授牌和颁发证书的仪式。中国名镇志文化工程专家委员会委员代表、各省地方志工作机构负责人、中国名镇志丛书指导专家、中国名镇志丛书首批名镇志编纂单位代表等共 150 余人参加会议。

（4）召开《汶川特大地震抗震救灾志》出版座谈会。2016 年 5 月 12 日，《汶川特大地震抗震救灾志》出版座谈会在北京人民大会堂召开。国务委员王勇、中国社会科学院院长王伟光

出席座谈会并讲话。四川省委副书记、省长尹力，国务院副秘书长孟扬，中共中央宣传部副部长、国务院新闻办副主任崔玉英，民政部副部长窦玉沛，人力资源和社会保障部副部长、国家公务员局局长信长星，中国社会科学院副院长李培林等出席会议。会上举行了赠书仪式。《汶川特大地震抗震救灾志》编委会副主任单位负责人与各分卷编纂人员、指导专家，以及各省级地方志工作机构负责人等约140人参会。

（5）举行国家数字方志馆揭牌暨“方志中国”展览开展仪式。2016年5月13日，国家数字方志馆揭牌暨“方志中国”展览开展仪式在国家方志馆举行，王伟光出席仪式，并为国家数字方志馆揭牌。来自全国31个省（自治区、直辖市）地方志工作机构、新疆生产建设兵团志办公室、全军军事志指导小组办公室、武警部队政治部编研部等机构的代表及部分特邀嘉宾共100余人参加仪式。

（6）召开纪念国务院《地方志工作条例》颁布实施10周年座谈会。2016年5月13日，纪念国务院《地方志工作条例》颁布实施10周年座谈会在北京召开。李培林出席会议并作题为“坚持依法治志，大力推进地方志事业科学发展”的讲话。部分省市负责人作大会发言交流，会议还就修订完善《地方志工作条例》征求意见。来自全国31个省（自治区、直辖市）地方志工作机构、新疆生产建设兵团志办公室、全军军事志指导小组办公室、武警部队政治部编研部等机构负责人及部分地方志专家共90余人参加会议。

（7）召开第一次全国年鉴工作会议。2016年7月15～16日，第一次全国年鉴工作会议在山西省太原市召开。李培林出席会议并讲话，宣读《中国地方志指导小组关于对全国地方志优秀成果（年鉴类）的通报表扬》。李培林在题为“统一思想，凝心聚力，深入贯彻落实《规划纲要》，努力实现年鉴事业发展新跨越”的讲话中，全面系统地总结了改革开放近40年来尤其是《条例》颁布施行10年来全国年鉴工作取得的不凡成绩、积累的弥足珍贵的经验，指出了工作中存在的困难和问题，并提出具体要求。来自全国31个省（自治区、直辖市）地方志工作机构、新疆生产建设兵团志办公室、全军军事志指导小组办公室、武警部队政治部编研部、国务院有关部委局史志机构、中央直属企事业单位年鉴编纂部门等单位主要负责同志或分管年鉴工作的同志，以及中国年鉴精品工程试点单位、获得表扬的全国优秀年鉴编纂单位代表共120余人参加会议。

（8）召开第一次全国方志馆工作会议。2016年9月10～11日，第一次全国方志馆工作会议在江西省景德镇市召开。与会代表对《方志馆建设标准》进行了讨论，部分地方志工作机构负责人作大会经验交流。来自全国31个省（自治区、直辖市）地方志工作机构、新疆生产建设兵团志办公室、副省级城市地方志工作机构、国土资源部史志办公室以及北京大学、清华大学等高校，国家博物馆、国家图书馆、故宫博物院等相关部门的专家学者约140人参加会议。

（9）召开第一次全国地方史志期刊工作会议。2016年9月27日，第一次全国地方史志期刊工作会议在吉林省长春市召开。会议交流期刊工作经验，讨论了加强史志期刊工作的《指导意见》。来自全国 31 个省（自治区、直辖市）地方志工作机构期刊分管领导、主编或主要负责人，以及中国社会科学院、中国人民大学等相关部门专家学者约 120 人参加会议。

（10）召开中国名村志文化工程启动会暨业务培训会。2016 年 10 月 31 日，中国名村志文化工程启动仪式在安徽省绩溪县举行。李培林出席开幕式并作题为“实施中国名村志文化工程，让地方志成果进入寻常百姓家”的讲话。来自全国 31 个省（自治区、直辖市）三级地方志工作机构工作人员、部分名村志主编、总纂和编纂人员共 150 余人参加会议。

（11）召开第一次全国地方志科研工作会议。2016 年 11 月 1 日，第一次全国地方志科研工作会议在安徽省铜陵市召开。李培林出席会议并讲话。各地进行了工作经验交流，部分地方志工作机构负责人介绍了各自地方志科研工作。会议要求，要进一步加强地方志科研工作，上下联动，整体谋划，不断丰富方志理论研究成果，提升方志理论研究水平，夯实方志学学科建设的基础；要进一步加强科研管理能力，积极制定宏观规划，完善绩效评价机制，优化资源配置。来自全国 31 个省（自治区、直辖市）地方志工作机构、新疆生产建设兵团志办公室和全军军事志指导小组办公室等单位的代表共 100 余人参加会议。

2016年12月，第一次全国地方志工作经验交流会暨2017年全国地方志机构主任工作会议在广东省广州市召开。

（12）召开第一次全国地方志工作经验交流会暨 2017 年全国地方志机构主任工作会议。2016 年 12 月 6 ～ 7 日，第一次全国地方志工作经验交流会暨 2017 年全国地方志机构主任工作会议在广东省广州市召开。李培林出席会议并作题为“全面推进地方志事业转型升级”的讲话。会上，各地进行了工作经验交流，李培林为刚刚退出地方志工作岗位、担任省级地方志工作机构主要负责人十年以上的安徽省地方志办公室原主任朱文根，重庆市地方志办公室原主任周焕强和新疆生产建设兵团志办公室原主任刘和鸣颁发“你真方志”牌匾和荣誉证书。来自全国 31 个省（自治区、直辖市）地方志工作机构、新疆生产建设兵团志办公室、全军军事志指导小组办公室、武警部队政治部编研部等单位主要负责人等共 150 余人参加会议。

## （六）贯彻落实《规划纲要》，实施全国地方志重大工程

（1）民族地区与贫困地区志书出版资助工程。截至 2016 年 12 月月底，中国地方志指导小组办公室确定资助两批 18 部志书，其中 12 部志书已交付方志出版社。为扩大资助面，中国地方志指导小组办公室继续推进资助工程的申报工作。

（2）中国志书精品工程。按照《中国志书精品工程工作流程》《中国志书精品工程行文规范》《中国志书精品工程评审办法》，分别于 2016 年 1 月 26 ～ 27 日、4 月 6 ～ 7 日、12 月 22 日组织了中国志书精品工程专家评审会，经过匿名投票、全国公示，在 10 部志书中评选出 3 部志书入选中国志书精品工程。

（3）中国年鉴精品工程。2016 年 4 月 13 ～ 14 日，召开全国精品年鉴指导培训会议，邀请专家学者对 10 家中国年鉴精品工程试点单位编纂的年鉴框架进行评议，并提出修改意见。2016 年 10 月 27 ～ 28 日，召开中国年鉴精品工程专家评稿会议，讨论《中国年鉴精品工程实施方案》，评审 8 部试点年鉴稿件。2016 年 11 月 13 ～ 14 日，召开中国年鉴精品工程专家指导会议，对 9 部年鉴稿进行评析。

（4）中国名镇志文化工程。2016 年 3 月 26 日，举行中国名镇志文化工程丛书编纂指导会暨与央视联合拍摄宣传片启动仪式；2016 年 5 月 12 日，举办首届全国名镇论坛暨中国名镇志丛书出版座谈会；2016 年 10 月 26 日，举办第二期中国名镇志丛书编纂业务培训班，提升编纂人员的业务能力。在《人民日报》、《光明日报》、中国社会科学网、中国地方志网等刊发中国地方志指导小组领导的理论文章，宣传中国名镇志文化工程。截至 2016 年 12 月月底，全国已有 133 部镇志申报加入中国名镇志文化工程，共出版 15 部镇志。

根据王伟光、李培林在西藏自治区林芝地区调研期间作出的编纂西藏自治区第一部名镇志——《八一镇志》的指示，成立由中国地方志指导小组办公室、方志出版社和外聘专家联合组成的编辑部，拟定了《八一镇志》篇目、组织开展了资料收集，申请落实了编纂经费。

（5）中国名村志文化工程。2016 年 10 月 10 ～ 11 日，召开中国名村志文化工程实施方案（讨论稿）和篇目研讨会。会议就《中国名村志文化工程实施方案》（讨论稿）和安徽省提交的 5 部拟申请名村志的志稿篇目进行了深入研讨。2016 年 10 月 31 日，中国名村志文化工程启动会暨业务培训会在安徽省绩溪县召开。会后，中国地方志指导小组办公室印发《关于启动中国名村志文化工程的通知》，标志着中国名村志文化工程正式启动。

## （七）信息化建设与宣传工作

（1）推进全国信息方志与数字方志建设工程。2016 年 7 月 4 ～ 5 日，全国方志馆建设标准暨地方志信息化建设研讨会在山东省烟台市召开。会议主要围绕方志馆建设标准和地方志信息化建设的《方志馆建设标准》（讨论稿）、《全国信息方志与数字方志建设工程实施方案（2015 ～ 2020 年）》（征求意见稿）、《国家数字方志馆建设方案》（征求意见稿）等文件进行

研讨。与会专家学者就实体方志馆的功能定位、建设原则、建设内容，数字方志馆的建设思路、数据标准、索引标注、开发利用等进行研讨。2016 年 12 月 26 日，《方志馆建设标准》暨《全国信息方志与数字方志建设工程实施方案》研讨会在河南省信阳市召开，研讨《方志馆建设标准》（讨论稿）与《全国信息方志与数字方志建设工程实施方案》（讨论稿）。

（2）加强新兴媒体建设。进一步优化中国方志网功能和栏目，及时更新信息，保障信息安全。积极推进中国地情网二期建设。修改完善、研讨论证国家数字方志馆建设方案，稳步推进国家数字方志馆平台建设。不断完善方志中国微信和方志中国手机报发布内容和形式，方志中国微信发布 349 期，方志中国手机报发布 57 期。2016 年 2 月 1 日，《中国方志》报创刊号出版，该报是中国地方志指导小组办公室编印的内部资料性出版物，年内共出版 12 期。

（3）完成全国地方志系统各项工作统计。专项开展全国地方志系统地方史管理编写出版统计工作和全国年鉴管理编纂出版统计工作。系统整理汇总、核对全国地方志系统报送的相关数据。

（4）加大地方志宣传力度。进一步加强与传统媒体、新兴媒体的密切联系，运用中指办自办媒体，全力做好中国地方志指导小组、中国地方志指导小组办公室举办的重大活动、会议的宣传工作。配合《光明日报》做好“以史鉴今・地方志的故事”专栏的制作发布。2016 年 8 月 31 日，中指办颁布实施《中国地方志指导小组办公室新闻宣传工作管理办法》（试行），正式推出新闻发言人制度。

## （八）地方史志期刊与科研工作

（1）《中国地方志》《中国地方志年鉴（2016）》编辑及《中国年鉴研究》创刊工作。《中国地方志》编辑部继续围绕“名优工程建设”，研究和优化期刊全年方志理论研究选题，加强重点栏目建设，加强审稿、用稿、组稿以及编辑管理等方面的制度管理，努力提高期刊编校质量；设“纪念《地方志工作条例》颁行十周年”“《汶川特大地震抗震救灾志》出版”专栏，刊发的文章《论依法治志》被《中国社会科学文摘》、中国人民大学复印报刊资料转载，《断代志简论》被中国人民大学复印报刊资料转载。《中国地方志年鉴》编辑部优化《中国地方志年鉴（2016）》框架设计，努力在增强资料性上下功夫，更加突出年鉴的年度特色和专业特色。《中国年鉴研究》期刊已经国家新闻出版广电总局批准，拟于 2017 年正式创刊。为强化《中国方志通讯》的平台作用，扩大信息容量和保存资料，2016 年 4 月将《中国方志通讯》改为《方志中国》半月刊，全年刊印 18 期。

（2）编辑出版地方志理论成果。编写出版《地方综合年鉴编纂教程》，编辑出版《全国地方志法规、规章及规范性文件》，《方志百科全书》《2014 年新方志编纂论坛论文集》《2015 年新方志编纂论坛论文集》《方志理论学习通典》进入出版阶段，《中国方志发展史》《方志馆概论》等进入统稿阶段。

（3）加强对外交流与合作。为推动中华方志文化走向世界，中国地方志指导小组办公室不断加强与国外和中国港澳台地区高校、科研机构和图书收藏机构的学术联系和交流，推介中国优秀方志文化。2016 年 12 月 9 ～ 14 日，由中国地方志指导小组办公室主任冀祥德带队的港澳地方志工作考察团一行 6 人赴香港、澳门访问交流，就香港、澳门的地方志工作进行深入考察交流。

## （九）干部队伍建设与地方志人才培养工作

（1）干部队伍建设。中国地方志指导小组办公室完成 6 名正处级干部、10 名副处级干部的选拔工作和处级干部轮岗工作，选派 1 名正处级干部到西藏自治区地方志办公室挂职。

（2）地方志队伍培训。2016 年 3 月 14 ～ 18 日，举办首届全国方志馆业务培训班，提升方志馆从业人员的业务能力。2016 年 8 月 3 日，举办第一期全国年鉴主编培训班，聘请专家讲授年鉴基本理论问题，地方综合年鉴法治栏目设计、内容记述及条目编写，精品年鉴标准、国外年鉴的框架设计、资料收集和内容编写。2016 年 8 月 17 ～ 20 日，举办全国地方志工作机构新任负责人培训班，使来自全国的 100 多位省市县三级地方志工作机构新任负责人尽快进入角色，全面了解地方志工作。2016 年 11 月 8 ～ 11 日，举办第一期全国地方志信息化业务培训班，提高地方志信息化工作者的业务素质和综合能力。2016 年 12 月 20 ～ 22 日，举办全国地方史志期刊编辑培训班，提升编辑人员的政治素质和业务水平。

（3）培养地方志专业人才。2016 年 1 月，与暨南大学合作举办历史文献学（方志学方向）研究生课程班，学生圆满结业。10 月，中国地方志指导小组办公室下发招生通知，与中国社会科学院研究生院联合举办 2017 级非全日制公共管理硕士（MPA）（地方志方向）专业学位研究生班。

## （十）围绕中心，服务大局

（1）成功申报《中国抗日战争志》项目。组织召开国家社科基金抗日战争研究专项工程论证会，对《中国抗日战争志》项目进行论证。联合高等院校、科研院所的中国抗日战争史学者对《中国抗日战争志》框架、研究思路和方法进行全面设计，积极向国家社科规划办提交立项依据。2016 年 6 月，《中国抗日战争志》项目在国家社科基金抗日战争研究专项工程中获准立项。

（2）联合编纂《三沙市志》《中国南海志》。召开《三沙市志》篇目研讨会，与海南省地方志办公室、中共三沙市委相关同志进行座谈，确定该志编纂工作时间表、任务书、路线图，努力推进《三沙市志》的编纂工作。筹备“南海主权与地方志”论坛暨《中国南海志》《三沙市志》编纂启动会，起草上报国务院领导的关于组织编纂《中国南海志》的请示。

（3）推动全国地方志“一体两翼”用志工程。印发《关于做好〈中国地情报告（2017）〉

编纂工作的通知》《〈中国地情报告（2017）〉编写方案》，组建各地地情报告撰稿人队伍。2016 年 4 月 13 日，召开《中国年鉴发展报告（2016）》启动会议，研讨篇目，明确分工。2016 年 8 月 31 日，组织召开《中国方志发展报告（2015）》出版座谈会暨《中国方志发展报告（2016）》编纂启动会，明确《中国方志发展报告（2016）》撰稿人队伍和时间安排。

## （十一）中国地方志学会工作

（1）成立中国地方志学会各分支机构。2016 年 4 月 26 日，在贵州省贵阳市召开中国地方志学会信息化研究会成立大会，选举产生第一届理事会及研究会领导，并就下一步工作提出明确要求；2016 年 7 月 16 日，在山西省太原市召开中国地方志学会年鉴研究会成立大会，同时成立省级年鉴部、地市级年鉴部、县区级年鉴部、部委年鉴部、地方专业年鉴部等工作部门，提出“举旗、誓师、团结、奋进”的要求；2016 年 9 月 10 日，在江西省景德镇市召开中国地方志学会方志馆研究会成立大会，选举产生第一届理事会及研究会领导，并就加强方志馆建设提出要求。2016 年 9 月 28 日，在吉林省长春市召开中国地方志学会史志期刊研究会成立大会，选举产生第一届理事会及研究会领导；2016 年 10 月 25 日，在湖南省长沙市组织召开中国地方志学会方志学研究会成立大会暨第一次学术研讨会，选举产生第一届理事会及研究会领导，成立省志专业委员会、市志专业委员会、县志专业委员会、专志专业委员会、乡镇村志专业委员会等工作部门。

（2）发挥中国地方志学会的桥梁纽带和学术引领作用。中国地方志学会除增设分支机构外，2016 年 9 月 5 ~ 6 日，在甘肃省兰州市举办以“一带一路”与地方志创新为主题的第六届中国地方志学术年会。2016 年 11 月 15 日，中国地方志学会年鉴研究会在福建省福清市召开第一次全国省级综合年鉴编纂研讨会，专题研讨地方综合年鉴编纂出版全覆盖问题，交流省级综合年鉴编纂经验。

## （十二）国家方志馆工作

中指办、国家方志馆积极推进方志馆建设与研究工程。2016 年全年主要工作和成绩如下。

（1）完成“方志中国”展览，推进“魅力中国”展览。“方志中国”展览于 2016 年 5 月 13 日开展，全年共接待参观来访 66 批次 490 余人次。修改完善“魅力中国”展览大纲，2016 年 6 月 13 日和 7 月 7 ~ 8 日，分别召开国家方志馆“魅力中国”展览大纲研讨会，研讨《国家方志馆“魅力中国”展览大纲》。

（2）加强馆藏资源建设。注重收集种类的多元化，积极开拓购买、征集、报送、捐赠等多种收集渠道。全年共接收焦作市地方史志办公室、四川省地方志工作办公室、北京市地方志办公室、上海市地方志办公室、全军军事志办公室等单位赠书。购买《国家图书馆藏地方志珍本丛刊》《中国稀见地方史料集成》《历代日记丛抄》等大型图书，完成图书馆管理系统软件及编目上架所需各种设施设备的采购工作，完成3758种6481册志书、7580多种13797册年鉴的编目、加工、上架工作。

（3）组织指导全国方志馆建设。做好国家方志馆黄河分馆展陈设计工作，2016年5月20日，召开国家方志馆黄河分馆暨东营市方志馆展陈设计征求意见座谈会；2016年10月30日和12月14日，分别召开国家方志馆黄河分馆展览大纲研讨会，与山东省东营市地方史志办公室工作人员多次研讨、反复修改国家方志馆黄河分馆展览大纲，特别是黄河文化展大纲；12月17日，中指办与山东省东营市政府、黄河水利委员会签订三方共建国家方志馆黄河分馆协议，三方共建协议的签署，标志着黄河分馆建设真正进入实质性实施阶段。国家方志馆先后接待北京市方志馆等14家单位，为各地建设方志馆提供业务咨询和指导。

（4）开展方志馆理论研究工作。着手启动《国家方志馆馆刊》创刊工作。扎实开展《方志馆概论》《方志馆发展史》《中国历代方志导读》等相关著述的编写工作，通过开展理论研究，提升国家方志馆工作人员的理论水平和业务素质。

## （十三）方志出版社工作

方志出版社依据《方志出版社发展规划纲要（2014～2020年）》的要求，坚持“方圆天下，志书古今”的宗旨，按照“志书精品，社科奇葩”的定位，贯彻“团结立社，制度治社，质量强社，效益兴社”的方针，大力开展全国地方志专业出版基地建设、名社建设、依法治社体系建设和图书质量保障体系建设。

（1）开展名社建设，打造方志品牌。全面实施全国地方志“十大工程”，着力推动民族地区与贫困地区志书出版资助工程、中国志书精品工程、中国名镇志文化工程、全国地方志“一体两翼”用志工程、中华家训文化工程等重大工程项目的出版工作，策划并出版“名镇”“名村”“名志”“名鉴”“名训”系列丛书。

配合中国地方志指导小组办公室策划、出版精品图书。出版“中国名镇志丛书”首批11部名镇志，第二批12部名镇志进入出版流程，其中4部于2016年12月出版。在首届全国名镇论坛暨“中国名镇志丛书”出版座谈会上发布方志出版社出版的首批11部名镇志。出版全国地方志“一体两翼”用志工程之一的《中国方志发展报告（2016）》。《汶川特大地震抗震救灾志》《北辰区志》和《威海市志》3部志书列入中国志书精品工程，其中《汶川特大地震抗震救灾志》《北辰区志》已经出版。中国年鉴精品工程试点单位编纂的9部年鉴都已按照专家的意见进行修改、完善，其中7部年鉴已经在出版社的三审流程中。民族地区与贫困地区志书出版资助工程两批共13部图书正式进入出版环节，其中4部已印刷出版。中国名村志文化工程系列图书外观设计已经完成。落实“社科奇葩”的重要出版项目《中国社会科学博士后文库》丛书，全年出版4部图书。

申报“十三五”规划。方志出版社积极申报“十三五”国家重点图书出版规划，申报的

《中国名镇志丛书》、“民族地区与贫困地区志书出版资助”丛书成功入选。

获得国家出版基金资助。2016年出版的《法治中国与制度建设》一书获得国家出版基金资助，并被列入“深入学习贯彻习近平总书记系列重要讲话精神主题出版项目”。

（2）推进全国地方志专业出版基地建设，打造专业出版队伍。2016年4月19日，成立方志出版社第一个分支机构——方志出版社成都工作站。随后，长沙工作站、太原工作站、哈尔滨工作站、浙江编辑部、潍坊工作站相继成立。为加强对各地工作站的管理，方志出版社专门成立方志出版社工作站专项管理办公室，并制定《方志出版社分支机构管理办法》和《方志出版社分支机构生产经营管理细则》，对各地工作站均按照“统一管理、互利共赢、沟通协商”三项基本原则开展业务工作和管理。

坚持“人才强社”。重视出版社编辑队伍的专业化建设，加强对编辑人员在出版物社会效益、社会价值、文化价值、出版质量方面的考核和评价，引导编辑多出精品力作，推出“首席编辑”机制。

（3）完善图书质量保障体系建设，打造精品图书。方志出版社始终高度重视图书质量，通过对图书内容质量、编校质量、装帧质量和印装质量等各个生产环节层层把关，形成对出版物全过程的监控和管理。

（4）加强依法治社体系建设，促进出版社健康可持续发展。2016年，方志出版社着手修订完善《方志出版社管理手册》和《方志出版社章程》，依据国家最新颁布的法律法规，从行政管理、编辑出版业务管理、薪酬分配及奖惩制度、人事管理和人才引进管理等各个层面不断完善该社的制度建设。

# 第五编

# 科研成果

KEYANCHENGGUO

# 2016年主要科研成果

## 文学哲学学部

### 文学研究所

**《中国民间小戏史论》**
李玫（研究员）
专著　452千字
中国社会科学出版社　2016年1月

按中国民间文学的文体分类，民间戏曲被称为“小戏”。“小戏”即短剧，是民间戏曲具有代表性的形态。该书以明清两代成熟的小戏作品为研究中心，通过回溯中国古代文学史暨戏曲史上早期具有戏剧因素的民间文艺作品，明确古代民间戏曲的传统承袭和传承脉络。第一次将数百年间著名的民间小戏作品做了纵向的汇集和梳理，呈现了民间戏曲发展的历时状态，还解释了民间戏曲发展的社会动因，探讨了作品中包含的人性善恶、生活智慧、大众趣味及其艺术表现的得失。

**《杜甫》**
陈才智（研究员）
专著　150千字
五洲传播出版社　2016年1月

杜甫是中国古典诗歌史上影响深远的大家，有“诗圣”“诗史”之誉，一生作诗1500多首，其中很多是传颂千古的名篇。该书精选杜甫代表作30余首，体例为诗人小传与作品赏析两部分，每首作品都配以与诗词意境相呼应的传统中国画，辅以通俗的译注、评解，可使读者在诗与画的意境中欣赏杜诗瑰丽的风采。

**《柳田国男民间文学思想研究》**
乌日古木勒（副研究员）
专著　330千字
中国社会科学出版社　2016年1月

柳田国男是日本民俗学和民间文学学科的奠基人，也是卓越的文学家和思想家。民间文学思想是柳田国男民俗学的重要组成部分，不仅奠定了日本民间文学学科的基础，而且对中国和亚洲其他国家的民间文学研究也产生过直接或间接的影响。该书主要探讨了柳田国男民间文学研究思想和理论方法的特征及其对日本民俗学发展的重大贡献，以及日本民俗学家们对柳田国男民间文学思想的继承和批评。

**《从文献到文本：先唐经典文本的抄撰与流变》**

孙少华（副编审） 徐建委（副教授）

专著 230千字

上海古籍出版社 2016年10月

该书在个案研究的基础上，尝试一种新的研究方式，即由传统的文献学研究过渡到综合的文本研究。该书涉及许多经典文本的文献问题，其中主要的研究思路还是以文献研究为基础，对经典文本的生产、抄撰、流变、接受等各方面问题进行探讨，形成一种不局限于文献考证的综合研究方式。同时，该书提出文本研究这一不同于西方学术概念的说法，尝试将文学研究的对象置于文本之上，而非文学作品之上。

**《隐蔽的风景：清末民初女性小说创作研究》**

马勤勤（助理研究员）

专著 261千字

南开大学出版社 2016年10月

该书关注清末民初"女作者写作小说"这一古之未有的文学现象，或者将之称为性别现象。上编运用报刊史料，对清末民初女性小说创作的基本情况加以介绍，同时勾勒小说女作者的生平与交游，以期展现出这一"原点"的复杂图景和丰富内核；下编从闺情、启蒙、市场、学校四个方面，展现该阶段女作者小说创作对以下几个传统的继承、指代或开启——即古代闺秀创作、晚清"小说界革命"、民初的通俗文坛、"五四"新文学。

**《古典的再生：论尼采的艺术形而上学》**

何兰芳（副研究员）

专著 230千字

中国社会科学出版社 2016年5月

该书梳理了尼采艺术形而上学思想的主要观点和内在理路，并探讨了这一关键问题：在人类探索终极问题的三种不同路径中，尼采何以认为求美之路比求真、求善之路更为根本、更为紧要，何以是艺术而非知识或道德，与形而上学的关系最为密切。该书进而在海德格尔的启发下，对尼采论艺术的三个基本概念——陶醉、伟大风格和艺术家，与其形而上学的三个基本概念——强力意志、永恒轮回和超人之间明确的对应关系进行了深入、细致的分析。

**《温克尔曼的希腊艺术图景》**

高艳萍（助理研究员）

专著 235千字

北京大学出版社 2016年11月

该书以温克尔曼的希腊艺术研究为中心，旨在厘清与阐明其艺术思想的基本内涵，探究其形成，阐发其深义，揭显其艺术思想、感受方式中被现实和理论的历史所遮蔽的具有价值的诸特征。该书分为以下三个层次：包括温克尔曼的希腊艺术美学、温克尔曼希腊艺术观的哲学解读、温克尔曼希腊艺术观的历史研究。其主要内容涉及希腊艺术的知性、形式微妙性及道德层面，温克尔曼前后期艺术思想的变迁，温克尔曼的艺术史书写及其历史哲学，温克尔曼的"艺术敷格"及其"凝视"哲学，温克尔曼的"希腊形象"等。

**《影像的踪迹——当代电影的文化政治阐释》**

徐刚（助理研究员）

专著 196千字

中国言实出版社 2016年6月

该书是一部影视文化评论著作，作者从“影史探问”“影坛概况”“港台影像”“内地影风”“电视文化”五个方面详细分析了近几年热映的电影和电视，不仅对电影文本这一特殊叙事模式进行了细读，而且敏锐捕捉了叙事细节中所包含的文化政治，进而探讨了不同类型的电影、电视出现的社会背景及其产生的社会意义。

**《神话与古史：中国现代学术的建构与认同》**

谭佳（副研究员）

专著 270千字

社会科学文献出版社 2016年6月

将上古区分为神话和信史，并加以科学性和实证性的研究，这是中国现代学术转型最重要的实践之一。“神话—古史”话语系统对立互补、缠绕共生的关系及发展过程是中国现代学术建构与认同中非常重要的面相。遗憾的是，历来对中国现代学术史的研究大都关注史学、哲学、政治思想方面，忽略甚至遗忘了神话学。该书在重勘“神话”进入中国学术界过程的基础上，探寻“神话—古史”话语的呈现方式、研究方法及历史价值，挖掘其潜藏的思想性因子及可反思之处，旨在探讨中华文明与中华神话学的关系，即中国神话学为何须有中华文明探源研究的视角，及在中华文明探源方面总结出哪些特点和经验。

**《比较神话学在中国》**

叶舒宪（研究员）等

专著 460千字

社会科学文献出版社 2016年3月

该书“反思”部分以追溯西方和中国比较神话学的发生为基点，系统总结新时期以来比较神话学研究的总体情况，从而探究作为交叉学科的“比较神话学”是如何、为何在中国发展起来的；该书“创新开拓部分”围绕中国比较神话学从一开始就亦步亦趋地追随西方学术范式，能否以及如何在中西对话中建立自己的理论范式这一核心问题，从七大国际前沿理论尝试中国比较神话学的范式开拓与创新。

**《作为实验的田野研究——中国现代民俗学的“科玄论战”》**

施爱东（研究员）整理

专著 292千字

中国社会科学出版社 2016年4月

该书呈现了围绕民俗学田野作业问题而展开的学术论争，论争焦点集中在“科学方法尤其是实验方法是否适用于人文研究”的问题。这场主要局限于一批青年民俗学者的网络学术论战，其问题和意义却并不局限于民俗学科。全书分为上中下三编，上编是唇枪舌剑的“科玄论战”，中编是实验研究的学术案例，下编是执着于不同观点的民俗学者就田野作业中科学与伦理问题而撰写的学术论文。该书旨在提倡一种实验的田野研究观：田野不能仅仅是个自然观察的场所，而且也可以是我们实验研究的场所。在田野中，除了会“捡”，还要会“挖”；除了“观察”，还可“实验”。积极发挥研究者的能动作用是田野研究的题中应有之义。

### 《华夏审美风尚史（第一卷）俯仰生息》

王悦勤（教授）　户晓辉（研究员）

专著　170千字

北京师范大学出版社　2016年1月

该书以大量翔实的资料细致描述、全方位扫描、立体展示了中华民族审美精神诞生、发展的历史，改变了以往的美学史写作方式，把美作为人类的审美活动进行全方位的历史描述。在较深层次上再现了中华民族的精神风采，舒展出一幅哀婉动人、辉煌壮丽的中华民族审美风尚的历史长卷。

### 《小说·田野：舞鹤创作与台湾现代性的曲折》

李娜（副研究员）

专著　210千字

中国社会科学出版社　2016年9月

该书以台湾重要作家舞鹤为线索，对舞鹤创作及其所展现的台湾现代性问题做了深入考察。舞鹤创作体现了战后中国台湾“婴儿潮”世代作家融汇“本土经验”和“现代主义”所达致的美学高度和思想困境。其对台湾现代性问题的不舍追问，包括反体制思潮、本土文化政治、城市化、族群与多元文化等丰富的面相。该书还论及旅台马华小说，陈映真、郭松棻、白先勇的昆曲改编以及日据末期殖民地知识分子将台湾现代性问题延及身份政治、战后左翼、文化革新及去殖民化等多重层面。

### 《当代中国文论热点研究》

高建平（研究员）等

专著　803千字

中国社会科学出版社　2016年4月

该书将宏观的总体概括和分阶段具体探讨相结合，对中华人民共和国成立以来的文艺理论研究思潮和学人思想及著述进行了深入研究，即将“序”勾勒整个当代中国文艺理论研究的演进脉络，与分章论述不同时期的各自特点、评价学者们著述的价值相结合，综合、推绎大量文献，针对当代文艺理论研究的热点问题和学人论说有的放矢，论之有效。

### 《鲁迅全传·苦魂三部曲》

张梦阳（研究员）

专著　1160千字

华文出版社　2016年8月

该书选取鲁迅一生的早、中、晚三个点，分为《会稽耻》《野草梦》《怀霜夜》三部。在史料积累、科学实证、借鉴鲁迅研究最新成果基础上，以醇厚、凄美、逼真的文笔描述了鲁迅一生复杂的精神历程。该书旨在刻画鲁迅作为中国20世纪最痛苦的灵魂的心灵史，以及他周围各色人物的社会众生相，展现20世纪中国知识分子的精神史。

### 《中国文情报告（2015—2016）》

白烨（研究员）主编

课题报告　200千字

社会科学文献出版社　2016年5月

该书是一本有关文学现状的宏观考察报告。在文化环境日益繁复，文学自身不断变异的情况下，该书清点文学成果、描绘文学风貌、记录文学足迹、梳理文坛脉络。书中设总报告及长篇小说、中篇小说、短篇小说、纪实文学、散文、诗歌、戏剧、网络文学、理论批评等9个专题和附录资讯，分门别类地对2015～2016年度的文学创作、文学现象、文学论争与文学事件等进行了全面的梳理与概要的描述。

**《鲁迅形影》**

董炳月（研究员）

论文集　275千字

生活·读书·新知三联书店　2016年1月

该书收录“鲁迅研究”文章16篇。上编为鲁迅研究论文，探讨了鲁迅本人的文学作品和思想，同时着力探讨了鲁迅在俄国和日本的接受史。下编为对鲁迅研究的评论，具有一定的可读性。作者对于鲁迅文明观、孔子观、美术观、受俄国的影响等问题均有自己的见解。而对于霜川远志、新岛纯良、井上厦等日本知名作家、学者接受塑造鲁迅状况的介绍与研究，填补了国内乃至日本学术界的空白。

**《文学问题：后理论时代的文学景观》**

吴子林（编审）

论文集　280千字

海峡文艺出版社　2016年6月

“后理论时代”是该书所有问题的历史语境。理论之后，中国文学理论何为，中国文学批评何为，正逐渐成为文学研究者们普遍关注的话题。该书认为，文学不是对象性研究的学科，而是处世态度和生命实践，是“对人的生活世界的反思、批判，以及对一种新的生存方式和文化价值的重构、再塑”。因此，文学研究是“生命的学问”，文学创作者与研究者都需要持有“文学抱负”，将文学视为实现生命价值的终生事业。在该书收录的13篇论文中，涉及创作方法论、文学语言、文学与政治、文学与信仰、作家主体性以及中国当代文艺学研究的可能向度等问题。

**《童庆炳评传》**

吴子林（编审）

专著　190千字

黄山书社　2016年8月

童庆炳是中国审美学派的主要创立者之一，积极探索文学的审美特征，在文艺理论、古代文论、中外文论比较等领域取得了卓越成就。世纪之交，他大力倡导文化诗学研究，拓展文学审美在新时代的思想空间。该书全面展现了童庆炳先生在文学理论等领域所取得的突出成就和为师为文的道德风范。

**《钱中文评传》**

刘方喜（研究员）

专著　160千字

黄山书社　2016年8月

钱中文是著名的文艺理论家，他积极拓展现实主义理论、文学观及方法论研究，在20世纪80年代对文论核心问题“审美反映论”“审美意识形态论”等进行了深入的理论探析和建构。20世纪90年代以后，致力于交往对话和新理性精神的阐释与建构。世纪之交，积极介入全球化时代文学的思考之中。该书全面展现了钱中文先生在文学理论领域所取得的突出成就和永不止息的学术探索意识。

**《棔柿楼集（卷八）　藏身于物的风俗故事》**

扬之水（研究员）

论文集　150 千字

人民美术出版社　2016 年 4 月

该书收录了作者关于画像石和墓室壁画研究的文章及古代生活习俗考证的文章 12 篇。以“名物新证”的方法结合文献、考古及图像资料，详细考证了画像石及墓室壁画所反映的卤簿制度；其余诸篇讨论了若干古代节令习俗，力图展示古代生活中的种种细节。最后附上《一花一世界》一文，通过考证故宫博物院等文博单位收藏的精品工艺、纹样等，讲述古代的生活与文人意趣。

**《中国左翼文学卮言》**

张大明（研究员）

论文集　336 千字

社会科学文献出版社　2016 年 9 月

左翼文学是在国民党统治区由中国共产党领导的文学，它有一个酝酿、发展、演变的过程。该书所收文章均为作者自改革开放以来发表的优秀论文，论及李劼人、李健吾、胡秋原、朱光潜、徐訏等，反映出左翼文学的丰富性、复杂性和生动性。

# 民族文学研究所

**《中国的濒危民族语言文字的保护及学术价值》**

朝克（研究员）

论文　14 千字

《“一带一路”战略及东北亚研究》，社会科学文献出版社 2016 年 10 月

该文认为，我国有着极其悠久的民族语言文字历史，同样有着极其丰富多彩的民族语言文字世界。在不同历史年代用不同民族文字撰写留存后世的文献资料浩如烟海。它是中华文明，乃至世界文明史上不可缺失的弥足珍贵而博大的精神财富。我国的民族语言文字及其文献资料，一直以来引起国内外学术界的极大兴趣和关注。尤其是中华人民共和国成立以后，我国的民族语言文字得到了空前的保护和发展，民族语言文字研究事业取得了世人惊叹的辉煌成绩。我国民族语言同国外相关语言间存在复杂多层面的亲缘关系。我国在民族语言研究、民族文字创制、濒危民族语言的抢救和保护等工作方面取得了伟大成绩。对于已进入濒危或即将进入濒危状态的民族语言文字不失时机地采取保护和抢救措施，具有重要的现实意义和长远意义，非常有必要进一步对民族文字历史文献资料和现存口语深入开展调查研究。

**《联合国教科文组织〈保护非物质文化遗产伦理原则〉：绎读与评骘》**

朝戈金（研究员）

论文　12 千字

《内蒙古社会科学（汉文版）》2016 年第 5 期

该文针对联合国教科文组织于 2015 年通过的《保护非物质文化遗产伦理原则》这一国际文件及其出台的背景，梳理该政府间组织在文化遗产领域先后颁布的相关国际文书，就《保护非物质文化遗产公约》的伦理维度和实践进路作概要性的解读、评述和分

析，进而反观《公约》实施以来全球范围出现的若干横向问题及其伦理关切，兼谈国内非物质文化遗产保护面临的伦理选择和能力建设走向。

**《威·瓦·拉德洛夫在国际〈玛纳斯〉学及口头诗学中的地位和影响》**

阿地里·居玛吐尔地（研究员）

论文　14千字

《民间文化论坛》2016年第5期

拉德洛夫是国际《玛纳斯》学、国际突厥学以及口头诗学方面举足轻重、影响深远的德裔俄国学者。19世纪下半叶，他对中亚各民族的民间文学尤其是对于柯尔克孜族《玛纳斯》史诗的文本收集和研究具有开拓性意义。他对于玛纳斯奇表演史诗现场的描述、评介，对于玛纳斯奇用现成的“公用段落”创编史诗的讨论以及对柯尔克孜族史诗歌手与荷马的比较研究启发了西方经典的“荷马问题”专家，并对后来影响世界民俗学界的“口头程式理论”（即“帕里—洛德理论”）的产生起到了很大的启迪作用。对于他的学术观点的总结，具有很大的参考和借鉴意义。

**《在家族的边界之内：基于穆昆组织的满族说部传承》**

高荷红（副研究员）

论文　10千字

《民族文学研究》2016年第4期

该文认为，有清一代，穆昆组织为满族基本的社会组织，虽然在辛亥鼎革后该组织变得相对松散，但从20世纪70年代开始，在满族聚居地某些家族开始慢慢恢复这一组织。时至今日，满族人世代传承的祭祖、续谱、萨满教祭祀等活动仍在穆昆组织中存在着。作为满族最具代表性的民间文类满族说部，其讲述及传承的边界、保存和发展的空间也在无形的穆昆组织内。

**《新世纪少数民族文学的叙事模式、情感结构与价值诉求》**

刘大先（副研究员）

论文　12千字

《文艺研究》2016年第4期

该文认为，21世纪以来的少数民族文学在全球本土化与本土全球化的双向流动中，出现了从他者言说到自我表述的叙事转型，而在情感结构上则体现为怨恨、忧郁和欢欣三种突出倾向，这关涉到符号生产与文化政治的重大话题。在多元认同的现实中，少数民族的“小传统”只有在“效果历史”的进程中才能体现出其建设性意义。就此而言，少数民族文学作为一种“可选择的现代性”，提供了反思片面发展模式、文化的普遍性与差异性、文学的人性论与目的论等多重维度。

**《论口头史诗中的多级程式意象——以〈格斯尔〉文本为例》**

乌·纳钦（研究员）

论文　22千字

《民族文学研究》2016年第3期

程式意象是史诗歌手的工具，歌手运用它的途径是演述中的再创编。该文通过分析一位歌手同类内容的两次演唱文本揭示出程式的内部有着分解转化的弹性，程式的分解转化又造成富含声学魅力和审美快感的多级程式意象及多级程式意象平行式。多级程式意象平行式又在诗行末端达成内在原型的统一，显示出其独特的核心美学功能。同类程式意象在同一位歌手不同史诗诗章中又产生变异，即被简化或潜伏，构成多级程式意象的逆向再创编。

### 《中国少数民族神话研究的学术发展分期刍论》

王宪昭（研究员）

论文　10 千字

《民族文学研究》2016 年第 3 期

该文认为，中国少数民族神话研究是近百年不断发展起来的一个新兴学术领域，其学术发展大致可以划分为三个时期：20 世纪初到 1937 年抗日战争全面爆发，这一时期为孕育期；抗日战争全面爆发到 1976 年，这一段时期是萌芽期与雏形期；1977 年至今则是少数民族神话研究的迅速发展期和理论成熟期。

### 《〈格萨尔〉向何处去？——后现代语境下的〈格萨尔〉史诗演述歌手》

诺布旺丹（研究员）

论文　19.2 千字

《西藏研究》2016 年第 3 期

该文认为，工业化、都市化和后现代消费观念等都是后现代思潮的具体表征，城市则是后现代文化的前沿阵地。身份符号的改变和城市化生活的开始，使部分《格萨尔》艺人不得不面对这样一个全新的社会语境，使他们从原生态生活环境中剥离开来，迁居都市，改变了他们原有的生活空间和生产方式。在迫使他们适应都市生活的同时也使他们的思维方式和精神生活日趋“都市化”，从而消弭了艺术创造的原动力，遮蔽了诗性思维和诗性智慧的灵光，也稀释了口头传统的纯洁性。这是对《格萨尔》史诗传统前所未有的冲击和异化，并表现出根本性和结构性异化的特征。

### 《人物角色转换与史诗变体的生成——以〈汗青格勒〉史诗中蒙异文为例》

斯钦巴图（研究员）

论文　8 千字

《民族文学研究》2016 年第 4 期

该文认为，口传史诗的不同唱本之间，按变异程度上的差异，互相成为异文与变体关系。在词语上或“故事的那些非实质性部分”上有所不同的文本，相互之间形成异文关系；在故事的某些重要方面发生变异的，相互之间成为变体。保持异文关系，是史诗变异的一般限度；保持变体关系，则是底线，突破它意味着新的史诗篇章的诞生。该文以《汗青格勒》史诗中蒙异文为例，探讨在蒙古史诗传统中存在的英雄的妻子 / 妹妹、结义兄弟 / 对手两组可转换角色对史诗变体的生成所起的作用，认为角色的转换带来叙述套路的调整，虽然异文之间表层故事上有较大差异，但在故事结构上，仍然维持着较为清晰的一致性，从而在两国异文之间形成变体关系。

# 外国文学研究所

**《外国文论在中国（1949～2009）》**

周启超（研究员）主编

专著 491 千字

河南大学出版社 2016 年 9 月

该书旨在成为一部记录外国文论在当代中国 60 年旅行里程的年鉴，一部可以大致反映 60 年来中国学界对外国文论的接受与化用之基本轨迹的文献，一部以跨文化视界来反思 60 年来中国学人对外国文论的“拿来”与“借鉴”活动的备忘录，其主要特点如下。(1) 视野较为开阔，覆盖面较广，以多方位梳理追求真正的世界眼光，力避局限于一隅。(2) 尊重事实，正视历史，力避那种或“言必称希腊”或“言必称罗马”之偏食与偏执。(3) 有对于外国文论重大学派在当代中国的命运之反思，有对于外国文论大家名说在当代中国的旅行之梳理，面上扫描辅之以个案清理。力避“思潮至上”与“唯新主义”。(4) 对于影响深远的马克思主义文论，同时约请两位专家从不同角度来加以勘察，或偏重于接受历程之描述，或偏重于范式转换之反思，恰好形成视角互补与互证。(5) 这些专论的作者，来自不同类型的高校与科研院所，耕耘于外国文论研究与教学一线，可以比较充分地体现外国文论研究队伍的多元构成。(6) 这些文章，或是对外国文论学派学说之影响的清理，或是对外国文论教材的考察，或是对外国文论名著丛书资料翻译成绩的检阅，颇具文献史料与资料索引价值。

**《福柯的“异托邦”思想研究》**

张锦（副编审）

专著 409 千字

北京大学出版社 2016 年 4 月

该书在哲学、文学、历史等各学科综合的意义上全面研究福柯的“异托邦”概念和思想，旨在说明“异托邦”不仅是指真实存在的文本和社会空间，而且也表征了一种不同的哲学领域和哲学思考方式。建构该书逻辑的核心是福柯关于“异托邦”的两处功能性定义，既要实现对福柯著作中关于“异托邦”概念表述的研究；又要实现人们关于福柯的“异托邦”式研究，以福柯为圆心确立“异托邦”思想和哲学的世界观、方法论、认识论和伦理观。

**《走向平民化的诗学——十九世纪俄国自然派文学研究》**

侯丹（副研究员）

专著 178 千字

春风文艺出版社 2016 年 3 月

在俄国现实主义文学发展史上，自然派起到了承上启下、继往开来的重要作用。该书通过分析自然派文学的体裁形式、诗学原则、人物类型、情节范式和语言特色，指出自然派文学继承并发展了由卡拉姆津开启的俄国文学平民化进程，在内容、形式、语言和情节等方面都表现出强烈的日常化、平民化倾向。该书认为，自然派作家以集体的力量大大推动了俄国文学的民主化进程，确立了现实主义在俄国文学中的主导地位，为十九世纪下半叶俄国现实主义文学的全面繁荣奠定了理论基础和诗学基础。书中系统梳理和归纳了自然派时期的文学作品，阐明了自然派文学在俄国文学历史进程中的地位和意义。

### 《论“谱属诗”——《天问》《神谱》比较研究

李川（助理研究员）

专著 270千字

中国社会科学出版社 2016年3月

“谱属诗”是中西共有的诗歌形式，而《神谱》和《天问》乃此类诗歌的代表。该书试图从理论上界定“谱属诗”，并以此为理论支点，剖析两首诗所蕴含的诸如天理—人欲、信仰—理性、秘索思—逻各斯等一系列命题。该书的主要内容有以下五个方面：第一，通过分析赫西俄德生平及诗作引入“谱属诗”的定义。第二，在定义“谱属诗”基础上，剖析两诗的写作笔法。第三，从诗作表层的笔法、视角问题深入其思想和叙事主题。第四，从超验—经验的互动关系理解两诗的深层结构。第五，对“谱属诗”笼罩下的诸多问题发表评论。诗人赫西俄德和屈原都是通过“谱属诗”的创作形式，通过超验—经验这两个叙述层面，表达了对人类面临的灾难和人性自身弱点的关切。

### 《父权的解构与共同体的想象》

金成玉（副研究员）

专著 100千字

韩国新星出版社 2016年10月

该书通过对中国和韩国的现实主义作家巴金和廉想涉的家族小说《家》和《三代》进行比较研究，考察了现代化和共同体的构想在家族叙事中体现的方式。

巴金和廉想涉经历现代转型期的“五四运动”和“三一运动”，成为无政府主义者和民族主义者。但是，他们的思想根源却在于人道主义，他们将对人生和社会的探索与文学创作相结合，创作了通过现实主义反映时代精神的家族小说。

### 《从“强制”到“虚无”——批判的武器不能代替武器的批判》

陈众议（研究员）

论文 12千字

《中国文学批评》2016年第1期

该文认为，“强制”论是当下批评界的一个热门话题，而它所隐含或对应的是“弱化”或“淡化”。后者可谓后时期或后之后的“新常态”，其虚无主义倾向不言而喻。从某种意义上说，形形色色的后主义客观上顺应了资本逻辑和跨国公司的利益诉求：“去意识形态化”“去二元论”，无论有关作家作品、思潮流派的初衷如何。这是大而化之的一种说法，并不能涵盖实际的丰富性和复杂性。问题是，别人并未“强制”或“虚无”，而是我们不同程度地自我“强制”、自我“虚无”了。

### 《中国传统文学批评中的“体认”功夫论》

党圣元（研究员）

论文 16千字

《学术研究》2016年第10期

该文认为，“体认”是中国传统思想固有的一个重要范畴。“体认”范畴之形成与演变，有一个较为复杂而叠错的思想演化过程和观念史进程。“体认”功夫论联结着包括文艺思想在内的传统思想之各个门类，以理学、佛道、文学为主要体现方面。中国传统文学批评中的“体认”功夫论，具有非常深厚的哲学底蕴，精义迭出，思想内涵丰富。传统文学批评中的“体认”功夫论关涉中国艺术思维的一些奥秘，其影响遍及诗文、小说、戏曲、绘画、书法。“体认”功夫论涉及主体的审美心胸，又涉及客体的特征；既指示了文学创作与文学批评鉴赏之终极目的，又标示了主客一体的审美境界，值得重视。

**《重温马克思主义的“世界文学”理念——马克思主义文艺观与“世界文学”理念再领悟》**

吴晓都（研究员）

论文　7.8 千字

《外国文学动态研究》2016 年第 5 期

该文认为，“世界文学”是马克思主义文艺理论的主要理念之一。马克思和恩格斯从历史唯物主义的角度最先揭示了“世界文学”形成的历史条件和经济基础并对其内涵作出了科学的系统的阐释。马克思主义的“世界文学”理念预言了全人类文学未来发展的总体态势，描述了一种跨民族、跨文化、跨地域和跨语言的整体观文学语境及文学形态的必然诞生。马克思主义经典作家在世界文学的语境中建构现实主义文学理论，并为世界社会主义文学的建立与发展指明了必由之路。

**《夏洛蒂·勃朗特：鸦片、“东方”与 1851 年伦敦博览会》**

程巍（研究员）

论文　60 千字

《外国文学评论》2016 年第 4 期

该文认为，从 1847 年的《简·爱》到 1853 年的《维莱特》，夏洛蒂·勃朗特几乎全部作品都创作于两次鸦片战争之间，但其中却见不到对这些重大现实事件的哪怕最隐蔽的暗示。考虑到她对内外时政的关心，这就显得非常奇特了。当夏洛蒂震惊于“水晶宫”里来自地球各个角落的展品时，她说“似乎只有魔术才能把地球各个角落的财富汇集到这里”，轻轻一笔，就把英国的海外殖民史、战争掠夺史以及贩运鸦片史全部勾销了。但回避有时是一种迂回策略。通过在《简·爱》和《维莱特》中将鸦片描写为“万灵药”和“魔药”，通过赞美中世纪“十字军东征”和同时代“基督教英雄”，夏洛蒂参与到了当时英国社会围绕对华鸦片贸易和对华鸦片战争展开的激烈争论中，为受到“反鸦片同盟”以及以格莱斯顿为代表的反战派的道德指控的对华鸦片贸易和对华鸦片战争提供了某种道德的和美学的合法性支持。

**《阿列克西耶维奇因何获诺奖》**

侯玮红（研究员）

论文　4 千字

《世界文学》2016 年第 2 期

该文认为，任何一个文学奖项的评选，都离不开文本内和文本外两个方面的考量。作为世界上最具权威性和影响力的文学奖项，诺贝尔文学奖同样如此。该文认为，作为白俄罗斯作家，阿列克西耶维奇的批判矛头不仅指向苏联社会的种种弊端，也指向当今的俄罗斯和白俄罗斯。在苏联解体将近25年的时刻，将诺贝尔文学奖颁给这样一位特殊身份的作家，不能不说别有一番深意。

**《格奥尔格的“唯美主义的纲领诗”——解读〈我的花园不需要空气不需要热〉》**

杨宏芹（副研究员）

论文　17千字

《外国文学》2016年第5期

斯特凡·格奥尔格是19世纪末20世纪初德国著名诗人。1892年，他在巴黎出版了诗集《阿尔嘎巴》，其中最著名的一首诗《我的花园不需要空气不需要热》，被德国学者称为其“唯美主义的纲领诗”。该文把这首诗与法国唯美主义文学经典文本进行比较，并结合唯美主义的核心理念“为艺术而艺术”在19世纪欧洲的演变以及康德、席勒的审美理论，对这首诗进行文本细读。该文认为，格奥尔格作为一个德国现代诗人，他在吸收法国唯美主义艺术的同时，又返回到了康德与席勒的美学传统，以自己独特的艺术实践，宣告了唯美主义思潮这一“世界性因素”从英国、法国传到德国诗坛以后发生的美学变化与突破。

**《〈爱与黑暗的故事〉与以色列人的身份认同》**

钟志清（研究员）

论文　10千字

《外国文学动态研究》2016年第4期

该文认为，当今最富影响力的希伯来语作家阿摩司·奥兹的自传体长篇小说《爱与黑暗的故事》采用回忆手法，描写了父母、祖父母从欧洲移民巴勒斯坦并在以色列求生存的艰辛经历，同时再现了19世纪末期以来犹太民族荣辱兴衰的遭际，在个体命运与集体身份之间建构了一座桥梁。对作品中不同人物类型的身份加以探讨，有助于了解当代以色列的社会与文化特质。

**《世界主义、种族革命与〈共产党宣言〉中译文的诞生——以〈天义〉〈衡报〉的社会主义宣传为中心》**

梁展（研究员）

论文　39.2千字

《外国文学评论》2016年第4期

《共产党宣言》第一个中译文是中日革命者于1907～1908年在东京密切交流与合作的产物。该文揭示了这一复杂过程的历史语境，并在此基础上指出，《共产党宣言》的翻译作为一种跨语际实践，激活了拥有相同命运和传统的亚洲人走向联合的思想，同时也使清末革命呈现出世界主义的面向。

**《巴别塔下：维多利亚时代文人的“词语焦虑”》**

乔修峰（副研究员）

论文　11千字

《国外文学》2016年第3期

该文所说的“词语焦虑”是指词语引起的焦虑或不安，是一个描述性而非规定性的说法。维多利亚时代的英国正经历着“现代化”过程，面对前所未有的变革，文人在思考道德时，意识到了彼此之间在理念、概念和词语上的分歧并不断论争，导致了思想和话语层面众声喧哗的状态。他们对词语的无序状态可能造成的危害深感不安。这种焦虑不仅出现在用词语思考和写作的时候，还出现在对词语本身进行反思的时候。该文旨在探讨这种焦虑的表现和原因，指出文人重构意义体系的尝试也是转型时期抵制种种焦虑并重构道德的手段。

**《异端马奈的生成——论〈马奈：象征革命〉》**

刘晖（副研究员）

论文　11千字

《外国文学动态研究》2016年第3期

法兰西第二帝国时代，马奈发起了艺术史上反学院绘画的最伟大的象征革命。为了理解和解释这场象征革命，布尔迪厄从马奈绘画引起的丑闻入手，实施读者反应批评，建立了将作品的生产与接受一体化的配置主义理论。该文意图阐述布尔迪厄如何通过具体的实证研究，尤其是马奈与标志性人物的关系，构建配置主义理论并考察这种理论的作用。

## 语言研究所

**《名词和动词》**

沈家煊（研究员）

专著　350千字

商务印书馆　2016年6月

该书是对汉语“名动包含说”的系统阐述，有机整合了30余篇相关论文。全书正文共12章。第一章“后退没有出路”提出“同形合并”原则和新的“三层制”。第二章“正视存在的问题”，包括“名词的界定”“名动词”“中心扩展规约”等。第三章论述了汉语和印欧语的差异，提出了“汉语是‘名动包含’格局”。第四章以“指称”和“述谓”作为初始概念，论证汉语的名词和动词就是指称语和述谓语。第五章“名词和动词的不对称”从“名词动用”和“动词名用”入手，阐述名动不对称的普遍性和认知原因，以及名词的根本性。第六章“谓语的指称性”以名词直接作谓语，“是”是判断动词，“有”是存现动词等为证，揭示汉语谓语的指称性。第七章解答“‘补语问题’和‘状语问题’”，提出基于“名动包含说”的具体解决方案，解释汉语词类的多功能。第八章研究“‘之’和‘都’的个案”，确立包含模式范畴观。第九章“汉语、汤加语、拉丁语”确定词类跨语言比较的共同基础，区分了“型—例”语言和“名—动”语言这两种词类系统，指出汉语是“型例合一、名动包含”语言。第十章考察“‘是’‘有’大分野”，勾勒出“是”“存在”“拥有”这三个概念的分合“地图”。第十一章“‘单双区分’的地位和作用”着眼于韵律语法，提出“单双区分”比“名动区分”重要，“单双组配”比“词—语区分”重要。第十二章“‘标记颠倒’和包含格局”论证了“汉语名词（含动词）和饰词的区分是主要分野，而名词和动词的区分是次要分野”。该书甩掉印欧语眼光，在对先贤洞见深刻理解的基础上建立了一套立足汉语并放眼世界的词类模型。

### 《安徽宣城（雁翅）方言》

沈明（研究员）

专著 200 千字

中国社会科学出版社 2016 年 8 月

该书介绍了安徽宣城（雁翅）的地理位置、历史沿革、方言归属和调查过程，记录了安徽宣城（雁翅）方言的语音系统（声韵调、连读变调）、4000 条左右的常用词语、100 多条反映语法特点的例句和 150 多项长篇口语标音语料。这些语料全部从三次实地调查所得，可以系统地反映该方言的基本面貌。书中通过古今语音比较，归纳了该方言的语音演变规律和结构规律，重点分析了古全浊声母的演变和两字组连读变调这两个最具特点的极为复杂的问题。同时，长篇口语标音语料反映了当地的风土民情和方言文化，体现了方言和文化的多样性。

### 《汉语助动词的历史演变研究》

李明（副研究员）

专著 200 千字

商务印书馆 2016 年 4 月

该书对汉语助动词的历史演变作了全面、系统的研究。一是对汉语助动词的历史面貌作了细致的描写。根据大量的历史文献查考了汉语从古到今近百个助动词在各个历史时期意义、用法，列出了典型的例句，并详细说明了这些助动词产生、消亡的时代，说明了一些词在不同历史时期意义、用法的变化。二是对助动词的范围、分类、性质作了研究。作者把一般所说的助动词中表示能力、意志的排除在外；根据助动词所表示的情态意义，把助动词分为“认识”“道义”“条件”“估价”四类。三是在对汉语助动词的历史面貌细致描写的基础上，既探讨了各个助动词的演变过程（包括其来源、发展和相互之间的竞争、更替），也总结了助动词系统在各个历史时期的发展，以及助动词语义发展的规律。

### 《“的”的性质与功能》

完权（副研究员）

专著 180 千字

商务印书馆 2016 年 2 月

该书引进认知语法的入场理论作为基本框架阐述“的”在名词短语中的基本功能。全书正文共 12 章。首先基于复合词连续统、概念整合等观念探讨“的”字隐现的规律，尤其是“的”的隐没对相关构造语法意义的影响。从反映即时言语认知场景的语篇中寻找制约多项定语的名词短语中“的”的隐现和位置的规律。以对“的”的基本功能是在“参照体—目标”构式中提高指别度这一认识为据，考察了“N 的 V”中“的”在篇章中的隐现和位置问题。其次将分析进一步延伸到非典型环境中的“的”，即事态句句末的“的”。在跨语言比较视野中考察“的”的分合问题，以词类功能专门化的观点为据论证“的”的非词尾属性以及几个“的”之间的共性。最后，旁及生成语法，以后置词方案为“的”字结构的中心语问题作出新的解释；也兼顾及汉语史，从上古汉语的“之”和“的”的对比中拓展研究。

### 《从唐诗的对偶看汉语的词类和语法》

沈家煊（研究员）

论文　18千字

《当代修辞学》2016年第3期

该文首先承认唐诗有词类的分别，但将重点放在论述唐诗中还有大量的词性不同的词的对偶，甚至动词、形容词跟名词的对偶，而且发生在主语、宾语、定语、谓语各种位置上。基于大量用例，该文从唐诗的对偶，特别是字词“并置”、话题—说明结构、链式话题结构等方面来反思我们对汉语词类和汉语语法的认识偏差，提出只有摆脱印欧语语法观念的束缚，重新认识汉语里名词和动词的关系，论证名动包含格局，承认“名词”是包含动词形容词在内的“大名词”，才能对唐诗里的词性对偶作出简洁而自洽的解释。唐诗的对偶不仅佐证汉语的名词是“大名词”，而且使我们认识到，汉语的“语法”是个“大语法”，它同时是“语义语法”“语用语法”“声韵语法”，不是印欧语那种单纯的“语法”。

**《汉语中的非话题主语》**

刘丹青（研究员）

论文　25千字

《中国语文》2016年第3期

该文以若干句法、信息结构和韵律特征为标准，辅以跨语言比较，判定至少在7种情况下，汉语主句的主语不是话题：主语为对比焦点；主语为信息焦点；主语出现于整句焦点句；主语受焦点敏感算子约束；无定主语句；新信息主语句；最小量化主语句等。而且，从句中非话题主语更多。这些情况显示汉语主语和话题虽然交叉很多，但仍是汉语中两个各自独立的句法库藏成分。该文还从跨语言角度进一步探讨主语和话题的关系，赞同主语的原型是施事。主语能够扩展到离施事多远的角色，因语言而异。话题优先语言中主语会比其他语言的主语更常带话题特征，但不妨碍非话题的施事类成分充当主语。

**《言者与听者的错位》**

张伯江（研究员）

论文　12千字

《语言教学与研究》2016年第1期

言语交流以互相理解为目的，但是也常有说话人与听话人理解错位的情况。交流是否成功，根本的决定因素还是在于听话人是否准确理解了说话人的意思。不准确，就形成了错位，就不是一次成功的言语交流。一般来说，说话人总是充分考虑听话人能否准确理解自己而选择其说话方式的，这是常见的交际原则；与此同时，语言的主观性无处不在，说话人在说出一段话的同时表明自己对这段话的立场、态度和感情，从而在话语中留下自我的印记。说话人这种主观立场、态度和感情又往往不能被听话人及时准确地把握住。该文分10种情况讨论了语言解码者在言语理解时对编码者主观意图不准确解读的现象：指称意义的错位、论元关系与话题关系的错位、条件与叙实的错位、行域与知域的错位、行域与言域的错位、句法与修辞的错位、注意焦点的错位、主观大量和主观小量的错位、话题和焦点的错位、评论和报道的错位等。

### 《汉语方言中的舌叶元音和兼舌叶元音》

麦耘（研究员）

论文 33千字

《方言》2016年第2期

“舌叶元音”是一个比较生疏的术语，这类元音在汉语方言中本来相当常见，但以往很少得到学界注意，往往被错认错记。该文根据作者多次方言调查所得的语音材料，主要从生理发音角度，梳理了汉语方言中的多种舌叶元音，包括舌叶与不同的被动部位（龈和后龈）相配造成的舌叶元音，指出舌叶元音是从舌面元音到舌尖元音这个连续统中可分析出的、有自身特点的一个语音范畴。该文进一步讨论了几种舌尖兼舌叶元音、舌面兼舌叶元音和舌尖与舌面兼舌叶元音，着重分析了带R色彩（卷舌色彩）的舌尖兼舌叶元音，以及它与舌尖后元音的异同和它们之间的转化；并对与舌叶元音有关的语音演化途径作出了推测，在共时研究的基础上，讨论了几个古音构拟问题。

### 《北京话语气词变异形式的互动功能——以“呀、哪、啦”为例》

方梅（研究员）

论文 15千字

《语言教学与研究》2016年第2期

语气词“呀”“啦”“哪”以往论著多解释作语气词“啊”的条件音变形式。该文对北京话的考察发现，有大量用例不能从语流音变、形态音变或者合音得到解释。这些被视为变异形式的语气词，使用上具有语气类型、语体分布和言语行为类别的偏好。这种使用格局从清末民初的时候已经大致定型，其功能在于显示语句的施为性意义，将述谓句变成施为句。这些不符合音变规律的“呀”“啦”“哪”具有独立的互动交际功能。其句法结果是，不同语义类别的动词在与这些变异形式共现的时候，具有句类分布限制或者体现为不同的语气类型。

### 《复制、型变及语言区域》

吴福祥（研究员）

论文 24千字

《民族语文》2016年第2期

“复制”、“型变”和“语言区域”是接触语言学和历史语言学的三个重要概念，尤其是“复制”和“型变”，与之相关的探究和讨论是近年来接触语言学和历史语言学的重要进展。该文讨论这三个术语的内涵及其内在关系。语法复制是指一种语言（复制语）仿照另一语言（模式语）的某种语法模式，产生出一种新的语法结构或语法概念；它是接触引发的语法和语义演变的重要机制。型变是指一个语言的语法系统受另一语言的影响而发生整体性重组，以致在结构类型上发生根本性改变；它是语法复制的后果或产物。语言区域的重要特征是一个地理区域的不同语言之间具有显著的结构相似性；而其原因和动力是包括语法复制在内的接触引发的语言演变。该文的主要观点是，“语法复制”作为接触引发的语言演变的重要机制，是形成“型变”和“语言区域”的重要过程。另外，以往报道的倒话、五屯话和唐汪话这类双语人的混合语，既然是典型的型变过程的产物，那么其最终的演变机制也可能是语法复制。

**《“他的老师当得好”与论元的选择——语法中的显著性和局部性》**

胡建华（研究员）

论文　29千字

《世界汉语教学》2016年第4期

在“他的老师当得好”这一结构中，“他”与“老师”之间的关系不是常规的领属关系，而是一种语义上的主谓关系，表示“他当老师”的意思，这便是所谓的伪定语结构。为了解决这类结构的解读问题，汉语形式语法学者们假设出各种复杂的推导过程，但实际上，语言成分的解读并非都要以句法结构与语义解读相对应的形式来实现，也就是说并不是有什么样的语义解读，就要相应地假设有什么样的句法结构来支撑该解读。该文的主要观点是，现代汉语普通话是受事主语句语言，而“他的老师当得好”这类结构是普通话中真正的受事主语句。受事主语句中伪定语结构的解读，可以用Hu，Jianhua（2002）及胡建华（2010）所提出的显著性与局部性这两个交互作用的条件来调节。至于非受事主语句中的伪定语结构，其解读不取决于句法，而是取决于语境或言谈双方所共享的背景知识。

该文继而讨论了南方几种方言与普通话在相关结构中所表现出的一些不同，指出所谓的南北差异，关键在于相关语言是否允准受事主语结构。在南方方言中，相关的结构不成立，是因为这些方言不是受事主语句语言。与普通话相比，局部性在这些南方方言中的地位更加重要。

# 哲学研究所

**《习近平的群众观》**

李景源（研究员）

论文　15千字

《中共福建省委党校学报》2016年第10期

该文认为，群众观点是马克思主义的基本观点，是我们党的基本政治观点。群众路线是马克思主义群众观点的方法论，是党的根本领导方法和工作方法。习近平总书记在治国理政实践中提出，要始终坚持人民是历史创造者的根本观点，尊重人民主体地位，发挥人民首创精神；要以人民为中心，一切为了人民，一切从人民利益出发；要从群众中来，到群众中去。这一系列关于群众观点和群众路线的新思想新阐述，进一步丰富和发展了我们党的群众观点和群众路线。

**《当代哲学发展的世界图景与中国精神的诠释》**

谢地坤（研究员）

论文　13千字

《中国社会科学文摘》2016年第5期

该文认为，哲学是时代精神的集中体现。在当今全球化的背景下考察一个民族的精神，需要具有世界眼光。中国古代有着丰富的哲学思想和学说，其中关于天人合一、名实之辩、知行关系、形神关系、古今变通等问题的探讨及成果，在世界哲学史上占有不可或缺的地位。但是在当代世界多民族全方位交流的情况下，哲学发展的世界图景呈现出普遍性与特殊性、时代性与永恒性相结合等特点，中西哲学的会通已经成为大趋势。中华民族最核心的精神在于自强不息和厚德载物。当代中国哲学研究要精确地表达和反映这种奋斗和宽容的精神，既不能搞文化虚无主义，也不能夜郎自大，搞文化保守主义。要坚持哲学的批判精神，发现自己文化的弱点，主动修正它、改变它；还要吸收各种文化的优势，让自己的文化更丰富、更全面。

**《出土文献与早期道教》**

姜守诚（副研究员）

专著 480千字

中国社会科学出版社 2016年3月

该书立足于考古新资料，结合有关传世文献，对道教史上的重要问题进行了深入考证，提出了若干新见解，对早期道教与民间信仰、方术与丧葬礼俗等关系进行了具有原创性的研究。

**《北宋礼学研究》**

刘丰（研究员）

专著 650千字

中国社会科学出版社 2016年4月

该书对北宋礼学进行了体系性的研究，在一系列问题上取得较大突破。该书将礼学放在宋代儒学发展和哲学思想演变的脉络当中，结合北宋时期特定的政治背景和历史发展，对北宋礼学进行了全景式的研究，重点研究了《周礼》与北宋儒学发展的关系，深化了对王安石等人的礼学思想的认识。

**《天下的当代性》**

赵汀阳（研究员）

专著 190千字

中信出版社 2016年1月

该书试图以现实主义的方式去叙述理想主义的天下，表达天下之道与天下之器的距离、理想与现实的距离、历史与未来的距离。天下也是一个方法论，该书也试图说明天下概念如何用来理解历史、制度和政治空间，甚至重新定义政治的概念。

**《图像暨影像哲学研究》**

尚杰（研究员）

专著 496千字

中国社会科学出版社 2016年1月

该书是从现当代哲学的视角，讨论为什么图像和影像问题成为哲学领域里的学术前沿问题。20世纪西方哲学经历了从“观念哲学”到“语言哲学”的转向，这一转向在意味着概念分析转向词语分析的同时，隐含着词语向影像过渡的大趋势。这种过渡，使20世纪的西方哲学和同时代的科学与艺术一样，经历着革命性的变革，它将最终改变哲学的生存方式，这既包括哲学领域本身，比如哲学的话题、基本概念、出场方式、哲学方法等，也包括哲学与人文社会科学之间的关系。

**《符号与政治：后马克思思潮研究》**

毕芙蓉（研究员）

专著 229千字

中国社会科学出版社 2016年5月

后马克思思潮充分利用了后结构主义的

理论成果，突出了马克思哲学的政治性质，对马克思的问题给出了后现代解答。该书以“符号”为内在线索，追根溯源，分析了阿尔都塞、福柯、德里达、布迪厄、鲍德里亚、齐泽克、拉克劳、墨菲等几位理论家关于意识形态、政治抵抗、政治策略、政治经济学批判等的相关思想，对后马克思思潮进行了全景式展示和深入式研究，具有理论价值。

**《设计美学》**

梁梅（副研究员）

专著　300 千字

北京大学出版社　2016 年 9 月

该书从哲学美学的应用出发，选取世界设计文化中具有代表性的地域，对其设计在不同时期的美学特征进行了总结和归纳，从功能、形式和装饰等方面分析其审美特征和美学风格。该书论述了不同地区设计美感产生的哲学和社会文化背景，阐释了设计之美既有体现人类价值观的共性，也有每个民族、每个时代所崇尚的美学个性和审美偏好。

**《“一带一路”与文化产业》**

胡文臻（副研究员）

专著　238 千字

社会科学文献出版社　2016 年 3 月

“一带一路”倡议的实施，开拓了中国对外开放的新路径，创新了中国经济新的增长点，满足了建设国际经济新格局的需求。该书重点研究“‘一带一路’产业硬实力和‘一带一路’文化软实力”建设问题。通过学习体会习近平总书记“一带一路”理论构想，研究“一带一路”文化产业发展的新路径和产业模式；通过对文化产业融合相关产业进行分析，总结“一带一路”文化产业成果。

**《重估马克思与唯物主义的关系问题》**

崔唯航（研究员）

论文　9 千字

《南京大学学报（哲学·人文科学·社会科学）》2016 年第 1 期

该文认为，马克思在创建自己的新唯物主义过程中实现了两次双重超越，第一次是对唯灵主义和唯物主义的双重超越；第二次是对旧唯物主义和唯心主义的双重超越。唯物主义是一个近代的概念，与唯物主义对应的不是唯心主义，而是唯灵主义。马克思的新唯物主义打碎了思维与存在在理性基础上的和解，从现实实践出发来把握并改变世界。

**《转基因技术的伦理分析——基于生物完整性的视角》**

肖显静（教授）

论文　26.6 千字

《中国社会科学》2016 年第 6 期

该文认为，生物物种的完整性不同于生物个体基因的完整性，它是同一物种中的成员所共有的基因组的完整性，代表物种的本质。人类有责任维护物种的完整性，以保持物种的特异性。异源转基因技术违背了生物物种的完整性，应伦理地拒斥；而同源转基因技术一般没有损害生物物种的完整性，可伦理地接受；基因内修饰技术（尤其是基因编辑技术）有可能损害生物物种的完整性，需具体分析。相对于转基因技术生物物种完整性损害的伦理拒斥，转基因技术对生物个体的肉体和精神完整性以及基因完整性损害的伦理拒斥要弱一些。转基因技术生物完整性损害的伦理评价，应结合转基因技术应用的目的。单纯出于人类眼前的、狭隘的、非根本的利益而应用转基因技术，并造成生物完整性的损害，应受到更多的伦理拒斥。

**《非常态下的道德抉择》**

甘绍平（研究员）

论文　10 千字

《哲学研究》2016 年第 10 期

该文认为，历史上所有的道德学说及伦理规范，往往都是以常态的时空条件为背景得到建构、辩护、论证和践行的。但是，人类社会也难免遭遇非常态环境的冲击。非常态有三种表现形式：制度环境恶劣的状态、道德规范相互冲突的状态和人命之间抉择的极端情形。虽然在非常态下道德规范的选取与应用会出现极端困难和复杂的情况，但这并不能成为在困境中排斥一切道德考量的理由。恰恰是非常态让我们不得不正视道德规范的特殊应用问题，它要求我们必须对道德规范适用的环境背景因素（包括行为目的、预期后果等各种具体内容）、道德的规范性要求可能出现的变通性调整情形以及在极端特殊的两难困境里某些道德律令的一种变形性的应用方式等复杂问题，做出全面的审慎与精心的权衡，进行细致的辨析和深入的讨论，从而力求最终的行为体现出最大的道德合理性。

**《人间佛教：中国佛教的机遇与挑战》**

成建华（研究员）

论文　8 千字

《世界宗教研究》2016 年第 5 期

人间佛教是关于人本的佛教，是以提升人的道德品质、尊重人性和生命价值、净化心灵及实现人间净土为目的的人文宗教。作为我国传统文化的重要组成部分，佛教在处理传统与现代、调和主体精神与现代社会相适应的当下，面临着其转型与发展过程中受世俗化影响的机遇与挑战。该文从人间佛教的思想渊源和特征、面临的挑战与机遇以及保持自身超越性和主体精神的重要性三个方面作了系统论述，明确指出在末法时期提倡人间佛教，绝不能片面地将这一契合现代性而发端的人间佛教，理解为适应世俗化生活的一项革新举措，从而忽略佛教固有的化世导俗、净化人心、净化社会的根本功能和超越世间的出世精神。

# 世界宗教研究所

**《中国宗教研究年鉴（2014）》**

曹中建（助理研究员）主编

工具书　835 千字

中国社会科学出版社　2016 年 4 月

该书全面反映了 2013 年度中国宗教研究的全貌，收录了 2013 年度学术界的研究精品，概述了中国宗教学的研究成果，展望了学科发展趋势，既涵盖了传统宗教学的各个分支学科，又兼顾跨学科跨领域的研究以及新兴学科的研究成果。

**《新疆屯垦文献目录》**

刘志（副研究员）主编

专著　600千字

上海科学技术文献出版社　2016年4月

该书以文献编目形式汇集了国家治疆兴疆的重要方略和有关研究成果，集中反映了新疆生产建设兵团60余年来所进行的屯垦戍边的国家事业。作为专题文献目录，可为兵团领导和有关部门决策提供信息咨询，也可为从事屯垦与新疆经济社会等领域的学术研究提供翔实的资料索引。该书所收录图书也是兵团文化建设的重要组成部分，是在新疆屯垦戍边事业中形成的宝贵的当代文化资源和精神财富，凝聚着几代兵团人“热爱祖国，无私奉献、艰苦创业、开拓进取”的兵团精神。

**《国家建构与文化认同——以北魏的兴废进行的考查》**

张宏斌（助理研究员）

专著　260千字

人民出版社　2016年5月

北魏作为少数民族政权，能够入主中原，统治中国100多年，其国家体制建构和国家文化认同必然有可圈可点之处。该书希冀从北魏兴废的历史教训和经验中寻绎中华民族得以整合为一个政治与文化共同体的线索，探讨北魏政治、文化制度之所以如是的内在逻辑。该书首先深入探讨了北魏政权如何在政治制度设计上合理地安排众多不同族属，乃至利益集团的诉求，这可以视为征服者与被征服者重新厘定各方关系，重新定位不同的角色，建构新的国家的一面；而后系统分析了其如何在不同文化传统中撷取共同的价值，形成主流的文化意识，这可视为取得政治认同之后，重新建构新的文化认同，形成新的国家认同的一面。

**《〈了凡四训〉读本》**

纪华传（研究员）编著

专著　159千字

中国人民大学出版社　2016年9月

《了凡四训》融入儒、释、道三家的智慧精华，是一部劝人为善的书，书中所讲的内容非常适合普通百姓阅读。《了凡四训》是明代儒者袁了凡先生为教育自己的子孙而作的四篇家训。这四篇家训分别为《立命之学》《改过之法》《积善之方》《谦德之效》。《了凡四训》蕴含着丰富的历史经验和人生智慧，阅读这本书不仅可以提升个人的道德修养，而且对于世道人心、社会风气的树立，也能起到积极的作用。该书分原文、注释、译文、解读等部分，对《了凡四训》的主要内容作了全新解读。

**《存在与逍遥》**

戈国龙（研究员）

专著　230千字

华夏出版社　2016年10月

该书在理论上展示了贯通儒释道传统文化的核心智慧，可以帮助人们建立基本的“正见”，奠定灵性世界观的“基石”。由此我们可以真正进入儒释道智慧的“内线”，得到深入灵性奥秘、畅游智慧大海的“钥匙”。在实践上提供了灵修世界不同“版本”、不同“范式”下的实修路径与实修方法，由此我们能进入内在灵性奥秘的探索之旅，找到一条属于自己的实修道路，并沿着这条道路迈向真实的觉醒境界，开启心灵的实相、一种新的思维方式和一种人生的新境界。

### 《洞经乐仪与神马图像》

王卡（研究员）　汪桂平（研究员）

专著　236 千字

社会科学文献出版社　2016 年 12 月

近十几年来，对中国大陆民间道教暨村社信仰仪式活动的调查，以及与此相关的科仪文本、音像资料的收集和研究，在国内外道教学界已成为一项时兴的课题。日本、法国、美国及中国港台地区的道教学者及学术机构，都在积极从事这方面的调研活动。该书作者应邀参加中国社会科学院世界宗教研究所在云南省腾冲县举办的一次学术研讨会，会议期间调研该县与道教相关的民间习俗，并从中发现了颇有意思的神马雕版和洞经音乐。该书主要探讨了洞经、神马的含义、来源及现状等，从而描述了一个立体的民间俗祀的发展过程。

# 历史学部

## 考古研究所

### 《下川：旧石器时代晚期文化遗址发掘报告》

中国社会科学院考古研究所、山西省考古研究所合编

田野考古发掘报告　820 千字

科学出版社　2016 年 4 月

下川文化是中国旧石器时代晚期华北地区最有代表性的一种文化遗存，因发现于山西沁水县下川镇而得名。下川文化的发现，为我国细石器文化的研究提供了丰富的材料，它不仅是衡量我国境内其他类似文化的时代、性质和分期的标准，同时，它的文化类型品也见于北亚、东北亚和北美各石器时代遗址，在国际同类文化的研究上占有重要地位。该报告为专业人员研究中国旧石器时代晚期文化及细石器文化提供了重要的参考资料。

### 《地下长安》

刘庆柱（研究员）

专著　250 千字

中华书局　2016 年 1 月

汉唐时代是我国历史上的辉煌时代，在中国历史上占有重要的地位，在世界历史上也留下了光辉的一页。汉唐时代的首都长安是当时全国政治、经济、文化的中心，也是世界著名的国际大都会。作者长期致力于长安城的考古研究工作。在该书中，作者利用已经取得的考古成果，结合文献记载，对长安城尤其是汉唐时代的长安城进行了全面的介绍，使人们能够更好地了解这座历史名城。

**《中国古文字学概论》**

冯时（研究员）

教材　905 千字

中国社会科学出版社　2016 年 3 月

该书为中国社会科学院研究生重点教材，系中国古文字学的通论性作品，系统阐述了中国古文字学的基本理论、基础知识、主要内容及研究方法，涉及中国文字的起源与发展、汉字研究史、古文字学理论与考释方法、音韵学、训诂学、甲骨学、商周金文、简帛与其他古文字材料，以及古器物学与商周史研究，并提出诸多重要见解。作者认为，中国文字起源两源论，揭示了六书理论的本旨，并将文字纳入语言的背景下加以研考，尤重语音对于古文字研究的作用。作者强调古文字资料作为直接史料的特殊价值，论释了其对考古学与历史学研究的意义。

**《大都无城：中国古都的动态解读》**

许宏（研究员）

专著　102 千字

生活·读书·新知三联书店　2016 年 5 月

考古发现的遗迹，尤其是作为大型遗迹的都城遗址，相对于遗物来说，不是那么直观和易于观察，但它正是文明诞生、发展的重要载体，对于我们观察古代都城在先秦时期的时代变迁、理解“大都无城”现象在中国古代文明中的文化内涵具有重要的意义。该书从考古材料出发，进行了独立的分析思考。该书既是对早期中国的解读，同时也是考古学者用自己的方式构建历史、体现考古学家在古史构建中发挥作用的又一力作。

**《汉长安城地区城市水利设施和水利系统的考古学研究》**

张建锋（副研究员）

专著　600 千字

科学出版社　2016 年 9 月

该书通过收集汉长安城及其郊区的城市水利设施的考古资料，并参考历史地理及城市水利学的研究成果，从考古学的角度，对各项城市水利设施以及由此组成的水利系统进行了综合考察，探讨当时城市水利建设的特点和规律，分析城市水利与自然、社会各要素的辩证关系，并通过与古罗城的同类设施和系统的比较，寻求汉长安城城市水利建设的中国特色。作者期望通过研究、总结西汉长安地区城市水利建设的经验与教训，为今天的城市规划与城市水利建设提供指导和借鉴。

**《考古现场处置与文物保护技术》**

李存信（执行馆员）

专著　410 千字

中国社会科学出版社　2016 年 1 月

科学合理地处理、保护珍贵的历史文化遗产，对于认识中国的悠久历史和灿烂文化，揭示历史社会客观发展规律，具有重要的特殊意义。该书是作者多年来从事文物保护与室内考古发掘的总结之作。详细介绍了作者从事的考古发掘现场的具体情况和发掘技术方法，对于后学具有指导意义。

**《“最初的中国”之考古学认定》**

李新伟（研究员）

论文　25.5 千字

《考古》2016 年第 3 期

“中国”名称之初现，在考古资料方面，有西周初年的“何尊”铭文“余其宅兹中国，自之辥民”；在文献方面，有《尚书·梓材》中的“皇天既付中国民越厥土于先王”，《诗经·大雅·民劳》中的“惠此中国，以绥四方”。在上述语境里，“中国”均指以河洛汇聚之地为中心的中原地区。“最初的中国”在“古史辨”派出现之前本不是问题，在以文献构建的古史系统中被追溯到了黄帝时代。该文对“最初的中国”认定为“中国文明”的定义和形成标准的探索提供了重要的考古学视角。以此视角反思 20 世纪 80 年代以来的相关讨论，深切认识到，中国文明起源研究并不仅仅是要为已经建立的经典社会发展框架增添一个新的证明，更是要确立我们的多民族统一国家的史前基础，寻找中国文明的独特基因。

**《自然之色与哲学之色——中国传统方色理论起源研究》**

冯时（研究员）

论文　30 千字

《考古学报》2016 年第 4 期

该文指出，在中国的传统文化中，颜色不仅作为一种自然色彩用于各种器物和艺术品的装饰，而且更重要的是，古人将其与空间、时间、星象、五行、阴阳等观念相互配伍，形成了一种独具特色的方色理论。具体地说，古人不仅以青、赤、白、黑、黄五种颜色分别表现东、南、西、北、中五个方位，而且通过空间与时间、天文、哲学等不同观念的联系，形成了以颜色表现相关事物与观念的传统。这种方色理论通过颜色与时空体系所建立的固有联系而形成，成为中国传统文化中极富特色的内容。

**《重庆奉节白帝城藏南朝石刻佛像》**

李裕群（研究员）

论文　4.5 千字

《文物》2016 年第 1 期

2013 年出版的由四川博物院等单位编著的《四川出土南朝佛教造像》将四川地区出土南朝造像的全部资料汇集在一起，内容翔实，为研究川地南朝佛教造像提供了便利。1995 年，该文作者赴四川省奉节县（今属重庆市）考察时，在白帝城保管所大厅内倚墙壁看到了一尊南朝佛像。该文对这次发现作了记述，认为，这是川东地区前所未见的，也未见诸于报道，可以作为四川地区南朝造像的补充。此尊佛像的发现，为研究从建康经荆州至益州的佛教信仰及其造像样式的传播提供了可以追寻的线索。

## 历史研究所

**《礼与中国古代社会》**

吴丽娱（研究员）主编

专著　1800 千字

中国社会科学出版社　2016 年 1 月

该书是一部集众家之长、自成系统的礼制史专书，共 4 卷（先秦、秦汉魏晋南北朝、隋唐五代宋元、明清）。该书注重对礼仪进行通观性考察，从礼与社会的互动关系发掘礼存在变迁的深层意义，以提供礼制研究的新视角和新思路。目的在于追寻中国社会起源和发展踪迹，体现中国与西方在上层建筑、意识形态乃至国家体制的区别，建立对中国特色与核心价值观的理解。其研究包括两个方面。其一，对礼本身的剖析，通过一些具体问题，如起源时代的礼，三《礼》和礼学的建立与发展，五礼制度的创建、沿革及其与国家政治的关系，郊庙祭祀制度的发展变化，礼法制度和关系，国礼与家礼及礼俗关系等，力求展现各时代礼的风貌及特色；通过国家礼制在传统社会的建立、发展与沿革变迁，勾勒礼的轨迹，由此发现和解析礼仪自身在不同历史阶段中的变化及规律。其二，探索不同时期内礼制与国家社会发展的互动关系，揭示礼仪作为传统社会核心长期存在的历史价值，以深刻理解国家体制的来源与文化思想的形成特色；注重从礼仪活动、礼仪实践中理解中国社会，通过动态的礼制史来追寻中国历史发展的渊源，探索对中国传统文化的再认识，建立历史与现代之间的联系。该书从认识国家特色和弘扬民族精神出发，对礼作为古代中国主流价值观与制度规范的作用、意义进行了深入的解读和阐发。

**《中国婚姻史》**

孙晓（研究员）主编

专著　250千字

中国书籍出版社　2016年1月

婚姻生活是人类社会生活的重要方面。在任何时代，婚姻形态的演变无不同社会的发展紧密联系在一起，并忠实地反映社会发展的水平。婚姻是人类社会最基本的组合方式，它的发展变化涉及人类社会历史中的家庭、家族、家庭公社、原始氏族与原始人群各个方面。对它的研究，有助于我们更清楚地认识人类社会历史，理解人类社会发展的基本规律。该书简要叙述人类婚姻发生与发展情况，重点对我国的婚姻史进行了探讨，系统探讨了中国婚姻制度的演变过程、婚姻状况的时代差异以及婚姻观念的变迁，并通过流传甚广的民间传说、历史故事，展现出一幅中国婚姻史的全景图画。

**《“非科学”的中国传统舆图：中国传统舆图绘制研究》**

成一农（研究员）

专著　456千字

中国社会科学出版社　2016年2月

近代以来王庸等学者构建的中国地图学史认为，中国传统舆图的绘制多注重追求绘制的准确性和科学性。在这一研究框架下，中国地图学史的研究视角主要集中于分析中国古代地图“准确性”和“科学性”的具体体现和发展过程，在研究内容上则主要关注那些能体现这种准确性和科学性的地图和绘图方法，那些体现了准确和科学的地图被认为是“好”的地图，代表了中国古代地图发展的主流；对于具体地图的研究而言，研究的重点除了绘制内容之外，更多的是揭示这些地图所体现的“准确”和“科学”。然而，形成反差的是，至今很少有学者对传统认为代表了中国古代地图绘制技术的绘图方法和理论，如“计里画方”和“制图六体”的实际影响力和作用进行具体分析；对于那些传统认为绘制准确的地图，如《禹迹图》和

《广舆图》也极少有学者具体分析它们使用的绘图数据和绘图方法。这样，以往构建的以追求“准确性”和“科学性”为目标的中国地图学史的基础并不牢固。简言之，中国传统舆图的绘制方法和绘图数据是以往相关研究的薄弱环节。基于此，该书对以往研究中所忽略的中国古代地图的绘制方法和绘制数据进行了分析，并对一些传统认为代表了中国古代地图绘制“科学性”的绘图理论、方法和地图的影响力抑或准确性进行了重新评价，这些都是不同于以往的研究成果，也是被以往研究所忽略的，并最终认为以往构建的中国古代地图学史可能存在根本性的错误。

**《明清徽州诉讼文书研究》**

阿风（研究员）

专著 450千字

上海古籍出版社 2016年3月

该书用古文书学的方法，考察了诉讼文书的存在形态、格式及其演变过程，探讨了明清时代诉讼制度及诉讼社会的特点。其主要内容与特点体现在如下方面。第一，考察了徽州诉讼文书的存在形态，提出了诉讼文书分类的新标准，厘清了官方档案与民间保存的诉讼文书之间的差异，说明了不同性质文书的史料价值。同时指出，徽州人重视保存文书，与这些文书可以成为诉讼书证有着密切的关系。第二，探讨国家大历史与区域小历史之间的错综复杂关系，以整体史研究的视野探讨明清时代徽州的诉讼纷争。通过对不同时期诉讼文书的分析，说明诉讼的发生频率及争讼内容与国家制度的变化有着密切的关系。第三，以明清徽州诉讼文书为中心，考察了明清时代的诉讼程序，除了关注老人理讼、州县审判外，还考察了府、巡按御史、兵备道、道、巡抚等职官在诉讼程序中的地位与作用，并分析了明清时代民事案件的京诉（京控）程序，说明了清代京控的扩大化与清初停止御史巡按有着密切的关系。第四，对于徽州诉讼文书的整理遵循古文书整理、考释原则，尽量保持原有文书的格式及文字的写法，并对照原件文书反复校阅，力求文本的准确、规范。

**《中国通史》（五卷（本））**

卜宪群（研究员） 总撰稿

专著 1305千字

华夏出版社 安徽教育出版社 2016年5月

该书用100个专题叙述了从中国境内的人类起源到晚清的中国历史，以历代治乱兴衰的历史经验与教训、统一多民族国家的形成与发展、中华文明的灿烂与辉煌为主线，以丰富的历史资料为基础，充分吸收当代考古和史学研究的最新成果，以时代演进纵向贯通，以问题分析横向展开，以严谨科学的态度、宏阔的视野回顾中国历史的发展道路；探索了中国历史的大脉络、大趋势、大线索、大走向、大波折。该书具有以下特点。（1）兼具学术性与可读性。每一时段都从人物、事件的细节入手，采用了人物传记与重大事件结合的方式，如周公摄政、诸葛亮治蜀、炀帝功过、永乐迁都等，着重写出了人物身上体现的时代特点及其对历史的贡献和影响，以普及化的方式表述对历史的解读。（2）广阔的全球视野。站在21世纪的历史高度来把握、透视与思考中华民族所走过的历程，同时把中国历史放到世界史的大背景下考察，在全球化时代郑重回答了中国人对本国历史的重大关切。(3) 新的体例、新的史料、新的观点、新的评价。用100个专题叙述了从中国境内的人类起源到晚清的中国历史，脱离了一般历史书编年体或章节体的限制；许多新近的出土文物和研究成果都囊括其中；对人物或事件的评价更加多元化、立体化，展示了历史多面性的魅力。

**《乾嘉四大幕府研究》**

林存阳（研究员）

专著　442千字

中国社会科学出版社　2016年6月

该书以乾隆初叶至道光初叶近百年间四个具有典型性、关联性的幕府，即乾隆初叶的卢见曾幕府、乾隆中期的朱筠幕府、乾隆晚期的毕沅幕府、乾隆末至道光初叶的阮元幕府为研究对象，采用学术史与政治史、社会史相结合的方法，从动态的、整体的新视野，对四大幕府的学术宗向、学术活动、学术成就，以及与清中期学术演进之间的关联，作了系统、全面的梳理、剖析和揭示。该书认为，乾嘉四大幕府的出现并非偶然，而是清代学术演进和清廷政治文化导向调适相互作用的结果；从时间、规模、特色与作用等方面看，它们实为一个有机、完整、典型的现象链，不仅体现了清初“以经学济理学之穷”学术取向在乾嘉时期的展开和提升，还彰显出“乾嘉学派的发展是一个历史进程”的演进路向。更值得关注的是，相较于清初、晚清甚至清朝以前的幕府，乾嘉四大幕府的独特性在于其体现出的“学术性”及文化功能，尤其是对经史之学的张扬和对“新经学”的塑造，在很大程度上彰显了乾嘉学派与乾嘉学术兴起、发展、兴盛、趋于衰微的历程。概而言之，乾嘉四大幕府既是传统幕府的延续，更是幕府发展到清中期的一种新形态，无论从学术还是政治演进以及二者的互动来看，都是非常值得关注的文化现象。

**《走进日常：唐代社会生活考论》**

黄正建（研究员）

专著　350千字

中西书局　2016年6月

该书的内容分三个部分：第一部分，按衣、食、住、行顺序，研究了唐代的戒指、耳环、军队衣装、车服变化；北方地区的饮食生活、官员宴会、皇帝赐宴、胡食；住房面积、椅子与绳床；传与递等内容。既有细致考证，也有结合社会背景的宏观分析。例如，在分析唐代戒指具有神秘性、胡族性特点的同时，也从中外不同婚姻制度的角度分析了唐人不戴戒指的原因。第二部分，综合探讨衣、食、住、行生活，包括从小说看唐人的衣、食、住、行；日本所存资料在研究衣、食、住、行方面的作用（特别考辨了袴奴、半臂、腰舆的形制等）；土贡与皇帝消费的关系；官员（如韩愈、元稹、张说）日常生活的个案研究；等等。尤其从理论上探讨了日常生活史研究的特点，即，一是重视“日常性”，二是要以“人”而不是以“物”为中心，三是注意“综合性”。官员日常生活的个案研究与日常生活史研究的理论探讨在一定程度上为以后的相关研究提供了范例。第三部分，研究了衣、食、住、行之外的社会生活，包括“平阙”制度及其在社会生活中的运用；“宇文士及割肉”故事的层累构成；隋朝铜镜与前蜀亡国；“别宅妇”现象；崔府君信仰；县级老年官员；等等。其中关于“平阙”的研究展示了以往较少为人关注的一种唐代制度，这种制度广泛使用于公文、书信、碑刻中，是表示尊卑关系的重要手段。该书的主要特点是充分利用文献资料、考古资料和域外资料，重视日常生活的社会性。

### 《中华图像文化史·先秦卷》

张翀（助理研究员）

专著 450千字

中国摄影出版社 2016年6月

该书以“图像”为视角，重新探讨先秦时期的物质文化及历史进程，作者试图通过青铜器上的图像叙述先秦时期的图像文化史。公元前221年之前的历史，除历史文献以外，所依据的最为重要的材料即考古学提供的。考古学为我们研究这一时期的政治、经济、科技、文化、思想、艺术等诸方面提供了新的材料和新的视角。同时，这些方面的材料也共同构建了先秦图像文化的历史图景，这是先秦图像存续的背景环境和文化支撑。先秦是一个初美术时代，图像文化也多处于朦胧状态，与此后历史时期发达的图像文化相比，这一时期的萌芽状态更为珍贵，更值得探究。该书利用历史学、考古学以及图像学、艺术史等学科的发现及研究方法，进行了跨学科的科研创新与探索。在先秦时期所谓纯艺术尚未出现时期，更多的是礼仪美术的范畴，更亟须加强关于早期中国的图像文化研究。同时，该书还有助于进一步加强先秦史与早期中国美术史之间的联系、拓展乃至超越，其意义在于消解学科之间的壁垒，化解研究者个体的研究盲区。

### 《汉代画像与汉代社会》

宋艳萍（研究员）

专著 330千字

福建人民出版社 2016年8月

汉代画像，是汉代人遗留的绘有图像的文物，包括壁画、帛画、画像石、画像砖等，内容丰富、题材广泛，是研究汉代历史的重要史料。以往对汉代画像的研究，主要放在对画像本身的诠释上，而且存在对图像内容解读有误的现象。该书弥补了汉代画像与汉代社会关系研究的不足，最大限度地校订了画像石题记文字释读的误漏，重新解读了有争议的图像内容。该书分“汉代画像考析”“汉代画像与汉代政治”“汉代画像与汉代人的观念世界”“汉代画像与汉代政治史观”“汉代画像与汉代思想文化”“汉代画像与汉代社会”等章节，以汉代画像为切入点，以图证史，以史解图，并以传统文献及简牍等出土文献为史料证据，以图像解释学和历史诠释学为理论方法，从汉代画像与汉代政治、经济、思想文化、宗教信仰等各个方面，对汉代画像与汉代社会的关系进行了全面解析，并对题记画像石和无题记画像石尤其是母题相类者、汉代画像的区域性进行了对比研究。

### 《中华茶史·宋辽金元卷》

沈冬梅（研究员）等

专著　400千字

陕西师范大学出版社　2016年9月

在大中华版图上，辽宋夏金元是中国历史上一个比较特殊的时期，宋与辽、西夏、金、元诸朝先后并立而存，最后一统于蒙古族建立的元帝国。在这一时期，以宋朝为代表的汉文化虽然在地理版图上呈现缩小态势，但在文明版图上却有极大的扩展，不仅影响了并存的辽、西夏、金、元诸民族的文明发展，其影响也波及朝鲜和日本。而茶与茶文化，正是所有这些发展与影响因素的一个代表和缩影。在大中华版图内，茶在民族文化的交流融合中起到了巨大作用。在对外经济文化交流中，茶相对于丝绸与瓷器后来居上，自唐宋开始至明清形成了海上、陆上多条茶叶之路，茶在影响世界的同时又反过来影响中国。该书以翔实的史料、图文并茂的形式，从茶叶生产、茶叶贸易、茶政茶法、饮茶文化、茶具、贡茶、茶与宋元政治生活、茶与宋元社会生活、茶与宋元宗教生活、茶与宋元文化艺术、宋元茶文化思想和学术、宋元茶文化传播与交流等诸多方面，勾勒出生动的宋、辽、金、元时期的茶叶历史。并从辽、宋、西夏、金、元的对立与朝代更替的社会历史背景出发，梳理了宋元茶史的发展脉络与特点，阐述了宋元茶文化的历史地位及其意义。

### 《〈周易〉的治国之道——程颐易学要旨》

刘永霞（副研究员）

专著　240千字

知识产权出版社　2016年9月

《周易》文化在中国源远流长，是儒家的“六经之首”，从其诞生至现代，对它的文字与意义阐释从未停止过。《周易》包括《易经》与《易传》两个部分，《易传》即孔子及其儒门学者对《易经》的解释。孔子开《易经》义理化阐释的先声，其后的继承者层出不穷。北宋的程颐，则在继承前代的基础上又有创新，是一位承前启后的易学家。该书主要研究了程颐的易学思想。程颐一生对儒家经典有精深的研究，对五经都有注释，而集中表现他的易学思想的则是《周易程氏传》。程颐的易学思想上继孔子的义理化易学的脉络，下启南宋及明清时期的义理易学的继续发展，在他的易学启发下，南宋出现了著名的继承者朱熹，以及明末的易学集大成者王船山。在经过历代的继承与发展后，王船山对易学思想进行了高度的概括与生动的阐发，在中国易学史上又掀起了一个思想高潮。该书在对程颐的生平与学术作系统梳理的同时，重点诠释了程颐精深、独到、透彻的易学思想。

### 《中国古代历史图谱》

张政烺（研究员）主编

专著　2000千字

湖南人民出版社　2016年12月

该书的主要特色如下。(1) 规模宏大，内容丰富。该书分为12卷（含附卷1卷）17册。该书以图片为主，配以适量、准确、精练、生动的文字。每卷内容分为历史进程、政治制度、经济发展、社会生活、科学技术、文化艺术、民族融合、中外关系等，并利用丰富多彩的文物、古遗址、古墓葬、古建筑、古籍、古画等，以图说史，以图证史，多角度、多侧面地反映了各个朝代的历史风貌。（2）重点突出，结构新颖。该书突出中国古代教科文成就，反映中华古文明长期在世界上居于遥遥领先地位的史实，再现了中华古文明的灿烂辉煌。该书在概述与图片说明之间增加了门类及其综述（即小序），不仅使全书层次丰富，结构严谨，便于查阅，而且避免了概述与图片说明脱节等问题。（3）文物与历史紧密结合，学术品位高。该书各卷概述，均有文物与历史部分，阐述各朝代文物的历史价值。所选图片皆与所述历史进程契合。图片的选择，以能反映史实为首要标准。（4）极为重视新的重大考古发现，尽可能使用新出土的考古材料和新发现的地上文物，注重吸收历史、文物、考古的新研究成果，同时广征博引，以增强说服力，增加厚重感，如《春秋战国》卷引用的专著、考古报告及论文就多达300多种。总之，该书是一部用文物阐述我国历史的鸿篇巨制，以浩繁的篇幅，以图文结合的形式，立体呈现了千百年来中华民族各地域、各民族文化间不断交融、汇流的历史进程，对于深入研究中华文明史、中华民族史，具有重大而深远的现实意义和学术价值。

### 《近畿五百里——清代畿辅地区的旗地与庄头》

定宜庄（研究员）　邱源媛（副研究员）

专著　207千字

中国社会科学出版社　2016年12月

1644年清军入关，在“近畿五百里”范围内实行圈地，将圈占的土地变为国家所有的旗地与庄园，为管理这些归入八旗的土地和人口，清廷设立了一整套独立于传统中原农村地区的制度和机构，且持续至清末未改。在这套八旗管理庄园的特有机构治下的庄园人口，日久遂成为介于八旗旗人和民人（以汉族为主）之间的一个边缘人群，有着他们特有的生活方式和族群认同，而这些人群正是学术界多年来未曾关注的空白，也产生了诸多误区。该书以梳理清代庄园制度为主线，通过探讨庄园的建立、形成、庄园人丁来源、从属机构、管理体制、缴纳赋税、身份地位等问题，对畿辅地区旗人群体的多样性、旗人社会的内部分化等问题进行了讨论。同时，采用官方史料、民间文献与口述访谈等多重史料与个案分析相结合的研究视角，把清代曾活跃于京畿，后因政治变动而被遗忘、湮没的旗人庄园群体展示出来，希望能从前人较少触及的视角，更为全面地了解京畿地区的人文、社会和历史演变的重要意义。

### 《中国王权的诞生——兼论王权与夏商西周复合制国家结构之关系》

王震中（研究员）

论文　20千字

《中国社会科学》2016年第6期

上古中国，真正的王权是夏商西周王朝国家之王支配天下的最高统治权，与三代多元一统的复合制大国家结构联系在一起，它的诞生以夏王朝的出现为标志。该文认为，王权与王的称谓有联系，但又并非绝对等同：在甲骨文、金文和传世文献中，凡是直言王者皆指商王周王；但金文中，还存在某些边远地区的小邦邦君称王的旧俗。该文指出，王朝的最高统治者称王，体现的是王朝的王权；个别的边远小国也自称为王，体现的是小国的邦君君权。“王”的称谓之所以并存于这两类不同形态的国家之中，即在于“王”字和“王”的称谓起源于作为军权象征的斧钺。夏王朝并非中国最早的国家，尧舜禹时代是已形成国家的邦国林立并组成族邦联盟的万国时代，夏王朝“天下共主”的王权源于万国时代族邦联盟的盟主权，是由盟主的霸权转化而来的。

**《东方朔仕进小考》**

卜宪群（研究员）

论文　9千字

《史学集刊》2016年第3期

该文认为，东方朔一生仕宦虽官秩不高，但却属于汉武帝核心决策层次的人物。东方朔仕宦不显，主要原因在他个人身上的游士风格，也有其政绩缺乏的原因，但根本原因还是战国以来的游士风格与秦汉大一统国家间的政治矛盾、制度矛盾。从东方朔身上，既可以看到大一统背景下游士的处境与心态，又可以窥见战国到秦汉间，士从游到不能游的历史变化过程及原因。

## 近代史研究所

**《两岸新编中国近代史·民国卷》（上、下册）**

王建朗（研究员）　黄克武（研究员）主编

专著　1251千字

社会科学文献出版社　2016年6月

**《两岸新编中国近代史·晚清卷》（上、下册）**

王建朗（研究员）　黄克武（研究员）主编

专著　1196千字

社会科学文献出版社　2016年10月

《两岸新编中国近代史》分为民国卷和晚清卷，每卷又分上、下两册。大体以时间和事件为经，社会发展面向为纬，分章探讨了从鸦片战争到1949年最为关键的一些历史课题。上册以时间和事件发展变迁为主轴，下册则包含政治、社会、经济、外交、文化思想等专题。这些年来新公开的史料，为两岸史学研究提供了大量“关键性细节”，该书亦对过去不少因各种因素形成的“成见”给予修正和重评。这套书是中文学界在中国近代史领域多年研究成果的系统展现，也是首次尝试两岸学者达成对中国近代史的共识。

**《中国社会科学院近代史研究所藏“满铁剪报”类编》第一辑（全100册，总目3册）**

“满铁剪报丛刊”编委会编

资料集　52000千字

国家图书馆出版社　2016年10月

“满铁剪报”是日本情报机构“满铁”调查部集数百人的力量、持续近30年（1918～1945）而未间断的专题剪报。“满铁剪报”选用近170份中、西、日文报刊，共分20余大门类、近百个小门类，将涉及中国以及日本、朝鲜半岛相关文章等剪裁下来，是世界范围内迄今为止涉及20世纪20～40年代中国（东北亚）问题的采集范围最宽、分类最齐全、数量最庞大的资料剪报，是研究东北亚近现代史、近现代中日关系史和中国东北地方史的极为珍贵的第一手资料。该书涵盖近代史研究所图书馆珍藏的学界最为关注的政治、外交、军事类资料，涉及日本向东北的移民与开拓、世界粮食问题、国际政治争端、日本的外交方针、华北自治运动、西南反蒋运动、国民党内部争斗等重要内容。

### 《孙中山图文全传》

尚明轩（研究员）

专著　600千字

新星出版社　2016年11月

该书以孙中山的思想和生平活动为主线，吸收最新的史料和研究成果，反映了孙中山这位历史巨人毕生主要言行的方方面面，对读者了解并学习其百折不挠的奋斗精神有帮助。考虑到孙中山一生所留下的珍贵影像图录、题词遗墨和各种文物都是重要的历史载体，该书编排了631幅具有代表性的历史图片、照片、题词遗墨等，与正文相互对照，以求严谨而生动地反映孙中山的活动和社会交往。

### 《裂变与重构——人民共和国的创世纪》（全2册）

于化民（研究员）等

专著　800千字

社会科学文献出版社　2016年10月

该书系统梳理了1949年中华人民共和国宣告成立这一历史巨变的来龙去脉，围绕中共建国方略的形成、中华人民共和国基本制度和大政方针的酝酿与确立、中共联合各民主党派筹备和召集新政协、老根据地和新解放区民众动员、建立巩固人民政权、推进土地改革、恢复经济和重建社会秩序等相关问题，作了深入细致的研讨。

### 《甲午影像志》

卞修跃（编审）等

中国人民抗日战争纪念馆编

资料集　328千字

华文出版社　2016年5月

该书收录了大量传世老照片、地图、绘画、器物图片等珍贵图像资料。图像资料主要来源于编者多年来收集积累的档案文献、中国的传世旧照与纪实绘画、中外文报刊当时所刊的有关图像资料、日军随军记者所摄照片、有关历史文物照片、战事陈迹图片、日本浮世绘相关绘图、人物旧影等。该书通过文字简述与图像展现，互相配合，互为说明，互相补充，从而简明、完整、系统而又形象、具体、生动地向读者介绍了中日甲午战争的缘起、历史背景、战争过程、《马关条约》的签订、台湾的割让、中国抗日战争胜利与台湾回归等一系列与这一重大历史事件相关的历史进程的全貌。

### 《清末变局中的袁世凯集团》

马平安（研究员）

专著　274千字

福建教育出版社　2016年3月

该书研究了袁世凯集团从地方性的军事政治集团到攫取中央政权的经过。作者从军事、政治、文化教育、金融、实业等多个方面进行研究，涉及袁世凯集团众多人物，多方面、多角度剖析袁世凯集团从形成、发展、扩张到兴盛的过程，聚焦于探讨地方与中央的关系，阐述其成为军事政治集团的历史原因及其所产生的广泛、深刻的历史影响。

**《企业、外交与近代化：近代中国的准条约》**

侯中军（副研究员）

专著　339千字

社会科学文献出版社　2016年7月

该书围绕近代中国准条约产生、发展、消亡的历史线索展开论述，对准条约进行了系统性梳理。近代中国准条约是洋务运动发展到一定历史阶段的产物，最初以电信、铁路、开矿等近代工业为内容，与近代化议题密切相关。由于准条约涉及对外经济事务，在外交职责划分并不清晰的晚清时期，企业在很多时候承担起对外交涉的职能，并由此演化出具有自身特色的企业社会责任——政府责任或国家责任。甲午战争后，尤其是义和团运动后，准条约与近代化密切相关的主题出现了变动，虽然电信、路、矿等准条约依然存在，但政治贷款开始出现。民国成立后，全面继承了晚清政府遗留下来的条约和外债，并宣布对所有外人既得利权一体保护。经过第一次世界大战，准条约的弱化趋势加强，这种状况一直维持到南京国民政府的最后时刻。

**《西方的中国影像（1793～1949）：美国〈生活〉周刊卷》（全8册）**

卞修跃（编审）主编

资料集　1600千字

黄山书社　2016年6月

《生活》（*Life magazine*）杂志是美国著名的图画杂志，在美国乃至全世界都家喻户晓。该杂志定位于新闻摄影纪实杂志，内容以专题照片、新闻特写为主，题材广泛，视野宽阔，覆盖全球。从中国抗日战争全面爆发伊始，《生活》杂志即派遣出大批记者来到中国，拍摄了数量巨大的新闻图片，反映了中国军民艰苦卓绝的抗日战争、世界反法西斯战争统一战线的配合作战、战时中国的军政外交、战时中国普通民众的生产生活、抗日战争的胜利，以及战后中国的形势等。该书将上述珍贵的影像资料辑录出版，为读者了解战时中国的对敌抗战、民众生活、社会状况，以及战后局势的变迁提供了丰富、珍贵的影像资料。

## 世界历史研究所

**《所有制形式的演进与社会变革》**

赵文洪（研究员）　张红菊（研究员）

侯建新（教授）

专著　493千字

社会科学文献出版社　2016年1月

该书比较系统地探讨了西方封建社会和资本主义社会所有制形式的演进与社会变革的关系。作者通过具体史实论证了欧洲封建所有制向资本主义所有制的演进以及资本主义所有制本身的变化，是社会生产力发展和其他因素共同作用的结果，是不以人的意志为转移的。作者的研究对于读者了解所有制演进的规律，所有制形式同生产力、个人权利、政治制度、阶级结构、政府政策之间的关系，如何保持所有制形式同生产力之间的适应性，有一定的启发意义。

**《和与战的抉择：战后国民党的东北决策》**

汪朝光（研究员）

专著　230 千字

中国人民大学出版社　2016 年 10 月

该书以国际冷战和中苏、中美关系为大背景，以国共关系和国共对东北的争夺为研究基点，论述战后国民党东北决策的由来、制定、实施、影响及其利弊得失，得出科学结论，揭示了国民党何以最终失去了东北，从而也失去了在中国大陆的执政权。

**《法国旧制度末期的税收、特权和政治》**

黄艳红（研究员）

专著　360 千字

社会科学文献出版社　2016 年 4 月

该书详尽介绍了 1695 年后法国王权的直接税改革进程。这一具有平等化倾向的政策遭遇的是一个以差异原则组织起来的等级—团体社会，而免税特权就是这种社会组织原则的表现。王权在推行这一政策的过程中，遇到了特权集团与传统观念和心态的抵制，再加上旧制度财政体制本身的结构性缺陷，决定了王权的新政策无法克服等级—团体制的藩篱，无法实现真正的平等税制。另外，特权集团，尤其是法院贵族对新税制的抵制，在 18 世纪中叶之后造成了一种政治动员，民族、自由等观念开始成为对抗专制主义的口号。但特权集团的自由等观念与平等是不相容的，这就导致革命前夕第三等级与他们的决裂，革命者为确立平等原则发展出一种反历史先例的政治话语。

**《冷战前期美国对拉美政策研究》**

杜娟（助理研究员）

专著　280 千字

中国社会科学出版社　2016 年 4 月

该书利用美国政府的解密文件并借鉴相关的科研成果，考察冷战前期美国对拉美政策的几次重大调整。作者以美国国家安全和拉美地区经济发展之间的博弈关系为主线，揭示冷战时期美国对拉美政策的实质和美拉关系的规律性发展；采用比较分析的方法，呈现美国与苏联在西半球此消彼长的竞争关系；从国际、地区、国家三个层次，阐明冷战、拉美地区局势与美国对外政策之间的互动影响。该书突破美拉关系史研究中“美国中心论”的叙事模式，丰富了“新冷战史学”的研究，还兼具文献整理学价值。

**《汉译西洋数学书对日本影响的文献学研究——以康熙〈御制数理精蕴〉为中心》**

李文明（助理研究员）

专著　254 千字

知识产权出版社　2016 年 10 月

《数理精蕴》最显著的特征是对明末清初传入中国的对数、三角函数等欧洲最新的数学理论进行的系统性总结。《数理精蕴》成书后，日本也出现了对数、三角函数方面的数学书籍。但对这些书籍是日本数学家间接地从《数理精蕴》借鉴而得的，还是通过荷兰传入的书籍直接从欧洲学习的，日本学术界莫衷一是，一直没有定论。该书通过对当时日本出现的日本、中国、荷兰的相关书籍进行文献考证，解决了日本最早对数表的底本问题，也解决了《数理精蕴》最早日文译本的问题。另外，该书对《数理精蕴》在日本的传播情况也进行了梳理。

**《全球化进程中的时间标准化》**

俞金尧（研究员）等

论文 30千字

《中国社会科学》2016年第7期

对于全球化的历史，人们多关注人类活动空间范围的扩大和联系纽带的加强，说明和诠释人类从彼此相对孤立的状态转向相互联系渐趋密切，并最终发展成为一个整体的过程。但这种关注欠缺一个重要的维度，即世界各地趋向于使用统一的时间体系的过程。该文认为，事实上，在全球化的历史进程中，人类空间联系的逐渐扩大和加强，与人类为建立全球统一的时间体系作不断的努力是同步进行的。时间的标准化，既是全球化进程的产物，同时也是推动全球化向纵深发展的重要因素。人类的时间是社会文化时间，时间的社会性必然导致人类在全球交往层面上所使用的时间趋同。与全球化一样，全球时间标准化是一个必然的进程，与这个趋势的任何抵触都难免失败。不过，这不纯粹是一个自然的历史过程。由于时间又具有政治性，时间趋向统一的过程中充满了竞争和霸权。到19世纪后期，以格列高利历和格林威治本初子午线为基础的全球通用时间体系和时间标准基本形成，体现了英美等西方国家在当时世界上所处的霸权地位。

**《近代法国莱茵河“自然疆界”话语的流变(1450～1792)》**

黄艳红（研究员）

论文 33千字

《历史研究》2016年第4期

法国的“自然疆界”观念产生于中世纪后期。作为自然疆界的莱茵河形象诞生于文艺复兴时代，它以古代高卢的历史意象为依据，并逐步取代中世纪的“四河之境”；17世纪，它成为某种国民意识和公共舆论，为法国向莱茵河方向的扩张提供了观念上的支持；在启蒙时代，它更具和平主义色彩，大革命初期，它再次进入扩张主义的话语，但其理论基础在于非历史的政治理念：自由和人民自决。这一话语三个世纪的历程见证了法国政治文化中关于国家东北边疆的记忆和认知的变迁，也反映了构建民族认同和国家地域实体的过程中不同理论和话语的转换与混杂。

**《中世纪英格兰仆从的法律地位探析》**

王超华（助理研究员）

论文 13千字

《世界历史》2016年第4期

仆从是中世纪英格兰工资劳动者的一种类型，指的是那些在他人家中学艺的年轻人，往往被视为雇主的家庭成员。按照当时的家庭概念，家庭成员的行为应由户主负责，因此，理论上讲，仆从在法律上处于对雇主的依附地位。通过对庄园法庭档案和地方治安法庭档案的研读，该文发现，史实与理论并不吻合。法庭档案中关于仆从的诉讼的内容显示，他们不仅作为当事人出现在法庭上，而且也会为自己的行为承担法律责任。尤其是在与雇主的共同犯罪中，他们分担责任，而非由雇主负全责。因此，仆从对雇主并没有法律上的依附关系。这进一步证实，仆从与雇主之间本质上的契约关系，隐藏在虚假的家庭关系背后。该文通过对原始文献的研读，挑战了学界的传统观点，对理解前工业时代英格兰社会商业化进程和资本主义起源有一定的参考价值。

**《论罗纳德·塞姆〈罗马革命〉中的西塞罗形象》**

吕厚量（助理研究员）

论文　13 千字

《史学理论研究》2016 年第 3 期

罗纳德·塞姆在《罗马革命》中对共和晚期伟大的罗马文学家、政治家西塞罗作出了负面评价。该文指出，塞姆对西塞罗的批评与蒙森等德国史家的相关论述存在着表面上的相似之处，但其根源却是塞姆本人在“二战”爆发前夕法西斯主义政治宣传甚嚣尘上的形势下形成的、对几乎一切政治制度与政治家持道德批判态度的政治批判史观。该史观在塞姆的后期史学创作中逐渐弱化，但在塞姆从传统政治史转向罗马史学史、社会史研究的学术转向过程中产生过重要影响，构成了塞姆学术生涯中思想演变的重要线索。

**《论战后英美在英属撒哈拉以南非洲的经济伙伴关系（1945～1964）——基于英国政策的考察》**

杭聪（助理研究员）

论文　12 千字

《世界历史》2016 年第 6 期

国内外研究忽略了对英国政策的研究，也忽略了对英美双方在英帝国范围内经济关系的研究，更没有将双方关系的变化同资本主义发展阶段结合起来。这三点正是该文叙述的重点。该文以英美一手档案资料为基础，研究英美国家资本和私人资本之间诉求的异同，认为，英美私人资本之间的合作与分歧是双方经济关系维持的深层原因。资产阶级追求利润最大化可以放弃国家层面的竞争，同时，各个集团又拥有各自的利益诉求。所以，英美经济伙伴关系呈现出合作为主竞争为辅的特征。

**《“新泛突厥主义”运动及中国意识形态安全：挑战与应对》**

侯艾君（研究员）

论文　18 千字

《国际安全研究》2016 年第 2 期

泛突厥主义是 19 世纪中后期出现的政治意识形态和社会政治运动，其宗旨是所有突厥语族联合起来（往往与泛伊斯兰主义合流）。大致从 2007 年土耳其“正义与发展党”再度执政并推行所谓“新奥斯曼主义”政策开始，在中亚、高加索、俄罗斯的某些地区，泛突厥主义作为主导性意识形态之一影响不断扩大。该文认为，相对于 1991 年后迅速高涨、其后一度沉寂的泛突厥主义来说，新一轮现象或可称为“新泛突厥主义”。“新泛突厥主义”进程被土耳其用以凝聚国民、自我扩张，争夺地缘文明、地缘政治优势。与之前相比，土耳其推行政策更积极、明确；与相关各国互动更频繁，相关各国积极配合，合作水平提升；突厥语国家初步具备了机制化的合作平台。作者指出，“新泛突厥主义”与其他地缘文明形成复杂互动，对我国带来意识形态—文化挑战，甚至安全威胁。因此，必须重新审视该现象，深入观察其动态和趋势，并积极应对。

**《比利时社会主义运动：从“棉花起义”到“制服革命”》**

邓超（助理研究员）

论文　12 千字

《当代世界与社会主义》2016 年第 2 期

比利时地处德、法思想交流的要冲，社会主义运动起步较早，在第一、第二国际组织的发展中曾发挥过特殊作用，拥有较为深厚的社会主义思想传统。该文指出，从建国初期到今天，比利时的社会主义运动呈现出革命与改良两种策略。比利时社会主义的实践表明，当改良还有缓和社会矛盾的空间之时，革命不会成为民众首选的抗争手段。从最新的局势来看，比利时社会改良的空间日益缩小，而产生一种新型革命的氛围却在与日俱增。社会主义者能否抓住这一时机，提出解决当前矛盾的创新政策，关系到比利时社会主义的前景。

**《印度对中印边界问题态度的变化》**

孟庆龙（研究员）

论文　20 千字

《清华大学学报（哲学社会科学版）》2016 年第 5 期

该文认为，印度对中印边界问题的态度包括两层含义，即对地理上的习惯线和实际控制线的立场，以及对解决中印在地理边界问题上的分歧的态度。70 年来，印度在地理边界上的立场没有明显变化，但其政府、议会、军方、媒体和公众，特别是学术界，对边界问题的认知以及解决问题的态度，出现了一些积极的变化，这此变化对中印关系的健康发展具有重要意义。通过对有关方面档案文献的解读分析，既可对中印边界问题的极端复杂性和解决问题的长期性有充分的认识，也会对解决问题的前景充满信心。

**《中世纪晚期英格兰圣职候选人的“头衔”探析——以赫里福德主教区为例》**

孙剑（助理研究员）

论文　15 千字

《世界历史》2016 年第 2 期

在中世纪晚期的英格兰，教士需要持有一份“头衔”，即一定的经济来源，才能作为圣职候选人在圣职授予仪式中获得正级神品，进而有资格在教会中谋得教职。1400 ~ 1532 年，赫里福德主教区主教文件汇编中的神职人员授职名单中保存了 4 种教会认可的“头衔”。修道院“头衔”原本只是“法定的虚构物”，却为教会认可并大力推广。其他 3 种“头衔”（世袭“头衔”、私人“头衔”和圣俸“头衔”）虽为数不多，但却代表着圣职候选人获得的真实经济来源。这些“头衔”折射出中世纪晚期英格兰教会和教士群体与世俗社会之间紧密的经济社会关系，反映了直到宗教改革前夕，天主教会在英格兰仍然具有稳定的生存空间，教士仍然是一份具有吸引力的职业。该文利用第一手原始档案，从教会认可的一种证明入手，挖掘研究当时教会、教士与世俗社会的关系，为了解教士与教会对西方社会的作用提供了直接的证据。

### 《世界体系理论方法论的启示意义》

吴英（研究员）

论文　10 千字

《文史哲》2016 年第 5 期

世界体系理论是一种以世界体系为框架、长时段地分析全球资本主义发展、演进的理论，为我们对现代资本主义作整体、动态认识提供了新的视角和方法。自创立以来，世界体系理论在不断扩展其影响的同时，也遭到来自各方面的批评。针对来自韦伯主义、正统马克思主义、大卫·李嘉图倡导的“比较优势规律”的拥护者、新欣策主义和后现代主义对世界体系理论所提出的各种批评，沃勒斯坦作出了有力回应，并在新近出版的《现代世界体系》第 4 卷中对以前没有涉及的资本主义意识形态的形成与影响进行了系统考察，由此更全面和深刻地展现出世界体系理论的方法论内涵及其对当代社会科学研究的启示意义。

## 台湾研究所

### 《台湾政党再轮替后两岸经济关系走向探析》

张冠华（研究员）

论文　10 千字

《台湾研究》2016 年第 5 期

该文认为，民进党重新执政后未明确承认“九二共识”，两岸经济合作机制与平台面临坍塌，两岸相互经贸政策将由良性互动转向博弈，岛内社会对两岸经济合作的看法也产生了复杂变化。同时，全球经济与两岸变局使两岸经济关系步入新的转型期，出现市场动能转换、产业竞合、利益分配等新问题，有赖于通过更高水平的制度化合作来加以解决。政经因素的叠加冲击，将延长两岸经济关系转型阵痛期，对台湾经济与两岸关系均将产生不利影响。总体上，在新的时空背景下，两岸经济的转型升级必然要经历一个阵痛过程，政治因素的叠加会进一步延长阵痛期。从长远看，市场力量终究会发挥主导作用，以两岸经济的发展态势、两岸存在的互补优势，以及两岸同文同种的天然联结，两岸经济实现融合发展是必然趋势。只是未来转型阵痛期的延长，将使两岸经济和民众付出更多的代价。

### 《台湾青年世代认同问题初探——基于国家认同的社会分化及其演变》

王鸿志（副研究员）

论文　12 千字

《台湾研究》2016 年第 3 期

该文认为，认同问题是台湾研究的热点领域。大陆、台湾以及海外学者，都曾围绕台湾的国家认同、政治认同、文化认同、族群认同、省籍认同等，基于不同的历史时空背景，做了丰富而有成效的研究工作，提出了“省籍—族群—本土化研究模式”“省籍族群的结构功能主义”“差异政治”“认同政治”等颇具理论和实践价值的研究成果。该文的研究重点仍着眼于台湾的国家认同，首先基于“人们在政治生活中所形成的国家认同，是人们现实存在必不可少的心理与精神要素”，实质指向“归属于何种国家范畴或者组织”。同时，中国正面临全球化的外力推动及社会内在转型的双向互动，在全球化背景下的社会转型这一双重时空坐标中，国家认同遭遇的挑战更为严峻。该文从年龄、族群、政党倾向等视角，对台湾青年群体的国家认同状况进行分析，以期在岛内国家认同错乱、“一个中国”认同弱化的情况下，寻求解决困境的思路与方法。

# 经济学部

## 经济研究所

### 《中国城镇化：路径、驱动力与作用》

裴长洪（研究员） 等主编

专著 320千字

社会科学文献出版社 2016年4月

中国的城镇化举世关注，一方面，主要是因为它有可能使全球第二大经济体获得20～30年的持续发展，把中国推上世界第一强国的地位，同时带来无限的商机，促进世界经济的增长；另一方面，中国的城镇化建设举步维艰，如何改革户籍制度、土地制度、社会保障制度，如何协调城乡区域发展，以及如何为十多亿人口提供社会公共产品及基础设施，都面临前所未有的挑战，需要理论、实践和政策等方面的创新与应对。该书围绕中国特色的城镇化、城镇化与区域经济互动关系、城镇化与房地产等方面展开了理论和实证探讨，从生态文明建设、城乡统筹、城镇化发展道路选择等角度对中国新型城镇化道路进行了详细的诠释。

### 《政治经济学的经济危机理论：经济危机相关理论及其历史作用研究》

裴小革（研究员） 等

专著 670千字

社会科学文献出版社 2016年10月

该书的研究内容主要包括三个方面：第一，追踪各种经济危机相关理论的产生背景和政治经济倾向，打破某些经济危机相关理论的伪装，还原它们的真实价值取向。第二，分析各种非马克思主义经济危机相关理论的基本内容和政策主张，肯定和汲取其中的合理因素，揭露和批驳其中的不合理因素，正确评价它们的历史作用，取其精华，去其糟粕，为我所有。第三，结合对2008年爆发的国际金融危机的研究，分析马克思主义经济危机相关理论的整体性体系、历史作用和科学方法，并对创新发展马克思主义经济危机相关理论作出自己的探索。

### 《仙境·酒都·新乡镇——山东蓬莱刘家沟镇调研报告》

叶坦（研究员） 李传桐（ ）

赵学军（研究员）

研究报告 332千字

中国社会科学出版社 2016年1月

该书基于实地调研的大量数据和图片，着重针对蓬莱与刘家沟镇的社会经济概况、刘家沟镇的工业经济及其发展、“仙境”旅游与服务业的发展拓进、农业经济及其发展、农村社会保障与新农村建设、城镇化与社会转型以及镇政府的经济职能与招商引资等方面进行重点研究论述。

**《“十三五”时期国有企业改革重点思路》**

杨春学（研究员）　杨新铭（副研究员）

研究报告　31 千字

社会科学文献出版社　2016 年 1 月

该报告深入分析了未来五年以及更长时间我国经济社会发展的环境、趋势和问题，提出了未来发展的思路和对策。报告聚焦于“十三五”时期中国国有企业改革问题，并提出了对策建议。

该报告认为，进入 21 世纪，特别是从“十一五”末到中共十八届五中全会期间，一项具有深远意义的成就就是对中国特色“社会主义基本经济制度”给予了一种充分肯定的诠释。中共中央《关于全面深化改革若干重大问题的决定》《关于全面推进依法治国若干重大问题的决定》《关于制定国民经济和社会发展第十三个五年规划的建议》中关于社会主义基本经济制度的表述，为深化改革指明了方向，也为进一步完善基本经济制度确立了保障性的制度框架与原则。但不可否认的是，如何坚持和完善这一经济制度，依然是我国面临的一项长期重要任务。

**《经济增长的结构性冲击与增长效率：国际比较的启示》**

陆明涛（　）　袁富华（研究员）

张平（研究员）

论文　18 千字

《世界经济》2016 年第 1 期

该文基于多国历史统计数据，在增长核算框架下，对中国经济增长减速的各因素进行了分析，得出如下结论。(1) 在经济追赶国家向发达经济增长阶段演变过程中，劳动年龄人口增长率下降、资本产出比和消费率变化引发的资本增长率下降和资本产出弹性下降，共同决定了结构性减速的必然趋势。(2) 投资增长下降、人口结构转型和要素弹性逆转，对中国构成三重结构性冲击，导致未来增长减速。如果全要素生产率不能得到切实提高，中国未来经济的可持续增长前景堪忧。(3) 中国工业化时期的高速增长是由投资、劳动力等要素规模扩张维持的，经济投入产出效率低下，解决效率问题是未来增长模式转型的重中之重。

**《中国城市医疗卫生体制的演变逻辑》**

杜创（副研究员）　朱恒鹏（研究员）

论文　25 千字

《中国社会科学》2016 年第 8 期

该文通过建立一个综合性理论框架，阐释中国城市医疗卫生体制的演变逻辑发现，中华人民共和国成立后形成的城市医疗卫生计划体制与当时的外部环境相适应，且内部各组成要素之间协调互补。改革开放以来，整体社会经济制度走向市场体制，人口特征与疾病谱显著改变，居民收入水平显著提高且差距拉大，医疗卫生人员素质普遍提高，外部环境这些不可逆转的变化，内在地要求城市医疗卫生事业走出传统计划体制。这期间发生的诸多问题，源于体制转变期的冲突，是渐进式改革难以避免的。因此，不能以“改革”之名退回传统计划体制，应该逐步完善新体制，使其既与外部环境相适应，又能实现内部要素间的协调互补。

**《建设中国特色社会主义政治经济学话语体系》**

胡家勇（研究员）

论文　6千字

《学习与探索》2016年第7期

习近平总书记2016年5月17日《在哲学社会科学工作座谈会上的讲话》是繁荣中国哲学社会科学的纲领性文献。在这篇讲话中，习近平总书记多次强调构建中国特色哲学社会科学话语体系的重要性。中国特色社会主义政治经济学是中国特色社会主义理论体系的重要组成部分，建设中国特色社会主义政治经济学话语体系，以此来凝结改革开放近40年的实践和理论创新成果，具有重要的理论和现实意义。该文认为，构建中国特色社会主义政治经济学话语体系，主要包括四个方面内容：一是中国特色社会主义政治经济学话语体系要植根于中国改革开放和经济发展的丰厚土壤，系统展示中国特色社会主义发展道路和发展经验，并上升到理论高度；二是系统提炼、归纳改革开放以来党的重要文献和经济学界提出的一系列重大理论创新，形成基本理论命题；三是形成基本的概念和理论假设；四是构建中国特色社会主义政治经济学话语体系需要借鉴现代经济学中的科学成分。

**《论中国特色社会主义政治经济学的国家主体性》**

王立胜（副研究员）

论文　18千字

《学习与探索》2016年第8期

在民族国家依然存在的背景下，政治经济学的国家主体性不可能消失。隐去国家主体性的世界主义经济学，实际上代表着经济强国主张扩大国际分工及强化全球经济控制权的国家主体性。在中国特色社会主义初级阶段，国家之间的竞争和合作关系必然存在，一个国家的政治经济学就是要研究这种竞争与合作关系——国家利益就是这种研究的根本点，国家主体性是中国特色社会主义政治经济学不可或缺的基本属性。中国特色社会主义政治经济学的国家主体性是经济规律一般性与个别性的统一，符合“普遍—特殊—个别”的哲学原理。国家主体性也是自主性与开放性的辩证统一，落实两者的辩证统一，就要贯彻习近平总书记“既要立足本国实际，又要开门搞研究”的基本要求：一方面认真学习，坚持理论创新的开放性胸怀；另一方面立足中国国情，站稳中国立场。

**《民间投资增速严重下滑与宏观经济波动》**

刘树成（研究员）

论文　9千字

《中国工业经济》2016年第11期

2016年年初以来，民间投资增速严重下滑，成为中国经济走势分析中的一个焦点问题。该文首先就民间投资增速本身、民间投资增速与全国投资增速的比较、民间投资占全国投资的比重这三个方面，考察了民间投资增速严重下滑的状况。民间投资增速严重下滑，其原因是多方面的。该文指出，最关键的原因是投资的盈利预期不振、盈利前景迷茫。该文分析了企业盈利预期的四种类型：古典预期、外推预期、适应性预期和理性预期。该文的研究结论是，营造有利于形成企业盈利预期的宏观经济运行环境，是扭转民间投资增速严重下滑的充分必要条件。

### 《实现社会主义与市场经济有机结合——建构中国特色社会主义政治经济学的主线》

张卓元（研究员）

理论文章　2千字

《人民日报》2016年11月21日理论版

该文认为，社会主义与市场经济的结合、公有制与市场经济的结合是发展社会主义市场经济的核心，贯穿于社会主义市场经济活动的方方面面，社会主义市场经济体制就是在推进这种有机结合中不断完善和成熟的，也是在这一过程中推动经济社会发展的。因此，我们在构建中国特色社会主义政治经济学时，要把社会主义与市场经济的结合、公有制与市场经济的结合作为主线贯穿始终，形成逻辑严密、结构有序的理论体系。

### 《提高社会养老保险的普惠性》

朱玲（研究员）

理论文章　2千字

《人民日报》2016年11月28日理论版

该文认为，社会养老保险制度最初是针对工业和服务业雇员的职业特点设计的。如何让这一制度更多惠及农业就业者，是各个国家在社会保障发展中都会遇到的难题。因此，总结社会养老保险制度包容农业就业者的国际经验教训，可以为我国社会养老保险制度建设带来启发。

## 农村发展研究所

### 《中国农村发展报告——聚焦农村全面建成小康社会（2016）》

魏后凯（研究员）　潘晨光（研究员）主编

专著　339千字

中国社会科学出版社　2016年7月

该书采取文献研究、案例研究、实证研究等多种方法相结合，分析了目前中国农村发展的现状和问题，提出了深化农村改革、促进农村发展的对策建议。该书包括总报告和农村综合发展、农村经济发展、农村社会事业发展、农村生态环境、农村治理与制度5篇研究专题。总报告在总结“十二五”时期农村小康社会建设方面成就、经验和问题的基础上，提出“十三五”时期农村小康社会建设的任务、思路和政策建议。每篇研究专题含3个研究报告。该书选题的价值，一是填补国内该领域的空白；二是提供一个展示农村发展研究所研究成果的平台，促进农村发展研究所科研工作；三是扩大中国社会科学院及农村发展研究所的学术影响力、社会影响力和政策影响力。

### 《中国扶贫开发报告（2016）》

李培林（研究员）　魏后凯（研究员）主编

研究报告　446千字

社会科学文献出版社　2016年12月

中国的扶贫开发在改革开放以来取得了巨大的成就，是中国道路、中国经验和中国发展模式的重要组成部分，是人类社会扶贫的一个成功样板。该书全面分析了中华人民共和国成立以来尤其是改革开放以来中国减贫的进程、做法和经验，研判“十三五”时期中国精准扶贫、精准脱贫面临的形势，讨论和提出未来5年中国农村扶贫开发的战略、政策和措施。

**《中国农村经济形势分析与预测（2015～2016）》**

魏后凯（研究员） 杜志雄（研究员）
黄秉信（研究员）主编
研究报告 282千字
社会科学文献出版社 2016年4月

该书是由中国社会科学院农村发展研究所和国家统计局农村社会经济调查司共同组织编撰的年度系列研究报告。

该书包括三个部分：一是总报告，重点分析了2015年中国农业和农村经济的运行特点、市场状况和重要进展，并对2016年的发展趋势和主要指标进行预测；二是专题篇，共有9篇研究报告，着重对2015年农业农村经济重要领域的变化和2016年走势进行深入评价分析，其内容涵盖了农村居民收入与生活、农产品生产和价格、粮食市场、经济作物市场、畜牧产品生产和市场、水产品市场、林业发展、农产品期货市场、农产品国际贸易等诸多方面；三是热点篇，共有4篇研究报告，着重对近年来中国农业农村经济发展中若干重大和热点问题进行深入探讨，所选择的专题包括农村三次产业融合发展、农村集体产权制度改革、粮食托市收购政策和农业绿色转型发展。

**《中国城乡发展一体化指数（2014）——以全面建成小康社会为目标》**

朱钢（研究员） 张海鹏（副研究员）
陈方（助理研究员）
专著 374千字
社会科学文献出版社 2016年8月

该书通过作者编制的城乡发展一体化实现程度评价指标体系，以2007年（中共十七大明确提出形成城乡经济社会发展一体化新格局之年）为起点，以设定的2020年全面建成小康社会下的城乡发展一体化目标值（即实现目标）为衡量标准，测度中国及30个省份（不包括西藏自治区及港澳台地区）2010—2014年城乡发展一体化实现程度和进展，描述各省份实现程度在全国的排序变化。在此基础上，对中国及30个省份城乡发展一体化实现程度与进展以及存在的问题进行简要评价，指出各省份在城乡发展一体化目标实现过程中存在的主要短板。

**《中国农村发展研究报告 No.9》**

李周（研究员） 魏后凯（研究员）主编
研究报告 416千字
社会科学文献出版社 2016年5月

作为系列研究报告，该书共收录中国社会科学院农村发展研究所研究人员在2010～2012年发表的28篇学术论文或研究报告。这些论文或研究报告按其内容分为7个部分，包括农业与农村发展战略、可持续发展、农民组织与乡村治理、农产品市场与贸易、农村金融、农村政策与体制改革、世界农业，涵盖了中国农村发展的诸多方面。

**《中国农民合作社的发展与作用研究——基于对3省121家农民合作社的调研》**

孙同全（副研究员） 苑鹏（研究员）

崔红志（研究员）等

专著 428千字

中国社会科学出版社 2016年10月

该书是在对山东、江西和四川13省121个农民合作社调研的基础上完成的，重点分析了中国农民合作社的发展现状，包括发展规模、领办主体、基本制度、业务内容和范围、联合社和互联网应用策略等，并总结了农民合作社在促进农业现代化、提升农产品质量、提高农民组织化程度和农民增收等方面的作用，以及在治理结构、利益分配、服务能力等方面存在的问题。该书中所涉及的合作社类型包括种养殖合作社、土地股份合作社、资金互助社以及合作社联合社等。

**《全面深化农村改革与小康社会建设》**

魏后凯（研究员） 彭建强（研究员）主编

研究报告 422千字

社会科学文献出版社 2016年9月

该书是2015年中国社会科学院农村发展研究所与河北省社会科学院联合主办的“深化农村改革智库建设论坛暨第十一届全国社科农经协作网络大会”的重要成果。该书通过“城乡一体化发展与精准扶贫”“农业创新发展理论与机制”“农业可持续发展与资源基础”“农村深化改革的区域实践”四个部分就“城乡一体化战略”“新型农业经济组织发展”“农村环境保护和资源可持续利用”等重大现实问题进行了理论探讨，介绍了各地在精准扶贫、现代农业发展、乡村治理、土地制度改革等方面的实践经验。

**《稳定和完善农村基本经营制度研究》**

魏后凯（研究员） 崔红志（研究员）主编

研究报告 50千字

中国社会科学出版社 2016年10月

该书立足中国国情和农村特点，深入探讨了新形势下“统分结合”双层经营体制的新内涵和机制，界定了集体所有权、农户承包权和土地经营权的内涵和边界，并提出了实行农村土地“三权分置”的具体办法、贯彻落实农村土地承包关系长久不变的具体方案、中国特色现代农业经营体系的构架和运行模式以及发展农村新型集体经济的思路与路径。

**《进城落户的农村产权问题研究》**

任常青（研究员） 郜亮亮（副研究员） 刘同山（助理研究员）

研究报告 80千字

中国社会科学出版社 2016年10月

该书记叙了城市化进程中进城落户农民的数量越来越多的事实，认为维护进城落户农民在农村的土地承包权、宅基地使用权和集体收益分配权有利于提高城市化的质量和水平。该书提出在坚持农民集体所有制的前提下，通过分置农民的经济权益、政治权益和社会权益，创新农村集体经济实现方式，从政策和法律上赋予农民在农村的财产权益。该书认为，支持引导进城落户农民依法有偿转让农村权益，需要打破现有集体经济的封闭边界，让市场决定农民权益的价值。

**《中国渔业公共管理的比较研究》**

操建华（副研究员）等

研究报告　55 千字

中国社会科学出版社　2016 年 2 月

具有开放性特征的渔业资源由于产权的非排他性，往往被过度利用，加强渔业公共管理是实现渔业可持续发展的重要方式。我国渔业率全国市场经济改革之先，在迅速增长、创造社会财富的同时，资源衰竭的压力也不断增加，迫使我国渔业管理从单纯的抓生产导向转向资源的可持续利用。近二十年来，我国渔业公共管理积累了大量经验，也存在不少问题。该书期望通过横向比较和缺口分析方法探讨如何进一步加强渔业管理。该报告由五个部分构成：第一部分回顾和描述了渔业经济的发展和加强渔业公共管理的意义；第二部分比较了各国渔业公共管理的目标、职能与组织体系；第三部分梳理了各国渔业公共管理的手段；第四部分分析对比了各国渔业公共管理的财政资金支出结构和支持政策；第五部分针对前四部分的分析提出了相应的对策建议。

**《万年村的幸福》**

廖永松（研究员）

专著　290 千字

中国社会科学出版社　2016 年 6 月

伴随着中国改革开放的浪潮，远离首都北京，地处西南一隅的重庆市梁平县万年村也在发生急剧变化。随着现代交通设施的改善和科学技术的进步，环境对于乡村发展的硬约束下降，乡村与城镇之间的联系日益加强，千年形成的“日出而作、日落而息”的传统农民生活方式不可逆地向着信息化、市场化、多元化为特征的现代化方向奔去。该书以万年村村民的幸福感为核心，梳理了当前关于幸福讨论的理论知识和研究进展，紧紧围绕影响村民幸福感的各种因素进行全方位的论证与深度思考，重点讨论了村民幸福生活的环境要素、物质要素、社会要素、政治要素以及农业生产方式转变和农业现代化问题，展望了万年村经济社会发展远景，为理解中国农业、农村和农民问题打开了一扇门。

**《红林村——一个京郊山村的经济社会变迁》**

潘劲（研究员）

专著　460 千字

中国社会科学出版社　2016 年 10 月

该书系统阐述了红林村这一京郊山村自道光年间建村以来经济社会诸多方面的历史变迁，具体包括：村庄的历史沿革、人口与土地、农业及非农产业、村民生活、村级组织及其治理、村庄的可持续发展等。该书围绕农业、农村、农民在社会经济变迁中的演变轨迹这一主线而展开，通过对村庄的农业、农村和农民的百年变迁来映射中国农村的发展变化。全书分为两大部分，即研究报告和个案访谈。其中，研究报告包括十三章，从不同侧面详细阐述了村庄的演变轨迹，相当于一部十分全面的红林村村志，个案访谈则是在大量访谈中选取 38 个个案，以当事者口述的形式再现其本人的经历及村庄的变迁，是对于村庄基本文献资料的生动阐释。

《资源与环境经济学学科前沿研究报告》

孙若梅（研究员） 尹晓青（副研究员）

操建华（副研究员）等主编

研究报告 450千字

经济管理出版社 2016年9月

该书通过对国内外公开发表的资源与环境经济学相关的期刊文章和图书进行检索、分析，总结了资源与环境经济学学科发展状况和新动态，梳理总结出一些重要的理论观点和研究热点，以及学科未来的发展动态。此外，该书还对该学科领域的一些重大事件及召开的重要国际国内学术会议进行了汇总和介绍。该书有助于理解和掌握资源与环境经济学学科研究前沿，适用于相关人员了解未来资源与环境经济学的发展趋势，开展相关实践活动。

《饮水安全与环境卫生可持续管理》

王宾（博士后） 于法稳（研究员）

专著 203千字

社会科学文献出版社 2016年8月

饮水安全与环境卫生直接关乎人类生命健康，关系人类生存发展，持续关注并不断改善水资源和环境卫生状况，是世界各国共同承担的责任。该书紧紧围绕水资源管理、饮水安全和环境卫生三大维度，立足国际、国内两大视角，采用最新的国际、国内权威性数据，全面、及时地评估了三个维度的发展现状，具有很强的现实性和时效性。

# 财经战略研究院

《扩大内需的财税政策研究》系列著作

高培勇（研究员）主编

专著 500千字

中国社会科学出版社 2016年3月

该丛书对扩大内需的财税政策进行了研究，其中分别从国际经验（比较与借鉴）在梳理财政政策理论演变发展的基础上，将研究视角主要集中于国别层面，对美国、欧盟、日本、印度、巴西、南非、越南等典型国家近些年来扩大内需财政政策的发展轨迹和相应政策效果进行归纳和总结；通过跨国比较分析，提炼出对于我国改革或调整财政政策，以有效扩大国内消费和投资需求具有重大裨益的思路和方案；中国的国民收入分配与扩大内需（基于财税政策视角的探究）按照国际可比的口径和方法，比较分析了中国内需不足的成因，并从财政收入和支出两个角度深入分析了其对扩大内需的影响。在财政收入领域，该丛书重新核算了中国全口径宏观税负和结构，消费、资本、劳动的平均有效税率；在财政支出领域，核算了全口径财政支出规模和结构，分析了其存在的问题；同时利用农村固定观察点农户调查数据等，采用微观计量方法评估了居民收入分配以及新型农村合作医疗政策对农村居民消费的影响。

《中国宏观经济模型及经济政策评价》

李雪松（研究员） 张涛（研究员） 张延群（研究员）等

专著　400千字

中国社会科学出版社　2016年3月

该书汇集了中国宏观经济的各类主要模型，定量模拟和评价了若干重要经济政策的效应，可为经济政策制定提供参考。该书包括十个重要经济模型：中国宏观经济年度模型、中国宏观经济季度协整模型、中国宏观经济季度GVAR模型、全球GVAR模型、中国世代交叠CGE模型、中国微观模拟与CGE连续模型、中国经济DSGE模型、人口老龄化影响中国经济增长潜力的数理模型、中国经济—能源—环境动态CGE模型（CN3EM）和中国3E—CGE模型。在经济预测与经济政策效应评价方面，该书涉及的应用主要有：中国宏观经济年度、季度及中长期预测；财税改革与收入分配政策效应模拟；货币政策效应模拟；经济冲击或经济政策的国际溢出效应模拟；能源与环境政策效应模拟；等等。

### 《中国经济增长的主导产业：服务业还是工业？》

夏杰长（研究员）　倪红福（助理研究员）

论文　17千字

《南京大学学报（哲学·人文·社会科学）》2016年第3期

该文认为，服务业和工业自身特点发生了根本变化，服务业与工业的界限日益模糊；服务业在协调和支撑全球价值链过程中发挥着重要作用，在国际贸易中作用日益突出。未来较长一段时间内，中国经济增长应该是服务业和工业的“双轮驱动”，不是谁主导。应避免从过去片面强调工业主导地位转向现在单纯强调服务业主导地位，要树立从传统产业或行业的市场干预（产品补贴、投资补贴、关税和税收优惠等）转向水平型措施（平台、网络、制度）的新产业政策思路。

### 《中国无形资产测算及其作用分析》

田侃（副研究员）　倪红福（助理研究员）

李罗伟（　）

论文　23千字

《中国工业经济》2016年第3期

该文首次利用直接支出法估算了2001～2012年中国宏观无形资产，突破了过去以R&D代替无形资产的研究范式，拓展了计算机化信息资产、经济竞争力资产，尽量使无形资产定义和分类与中国国民经济核算实践保持一致，创造性地结合微观调查数据和行业部门数据推算员工培训费用、组织资本支出等无形资产，并利用扩展的增长核算模型分析其对经济增长的贡献，为完善无形资产统计和核算体系提供了借鉴。

### 《递增阶梯定价、分时定价与微观需求行为》

冯永晟（助理研究员）　张昊（助理研究员）

阙光辉（助理研究员）

论文　15千字

《世界经济》2016年第7期

该文解决了非线性定价规则导致的电量与电价间的内生性、电力需求的引致性、消费者的复杂异质性和多种定价方式的组合性等4个理论难题，利用基于广义矩估计的完备结构计量模型和微观居民电力需求数据，研究了递增阶梯定价与峰谷定价组合下中国居民的微观电力需求，评估了阶梯和分时定价组合的政策效果。该文认为，阶梯定价和峰谷定价的组合难以引导用户合理调整用电行为，既无助于促进公平，也难以消除价格补贴，而且阶梯电价与峰谷电价之间存在政策效果冲突。居民电价政策的目标与手段错配，表明居民电价改革必须在整体电力体制改革的框架下协调推进。

**《共享经济理论与政策研究动态》**

刘奕（副研究员） 夏杰长（研究员）

论文 22 千字

《经济学动态》2016 年第 4 期

该文认为，以 Airbnb 和 Uber 为代表的商业模式在全球范围内的成功和扩散，不仅拉开了各种资源进行分享的序幕，更是宣告了共享经济的崛起。综合国外关于共享经济的已有研究，交易成本理论、协同消费理论和多边平台理论是三个常用的理论分析框架；共享经济的驱动因素、非营利性共享与营利性共享的区别和联系、共享经济的影响评估、共享服务与传统服务的异同、新兴业态的冲击与传统服务行业模式创新、共享经济企业商业模式分析是文献中集中关注的重要问题。为促进我国共享经济健康有序发展，政府应创新监管理念，坚持底线思维；制定相应的适用法规和基本服务标准，鼓励通过市场机制解决共享中的风险问题；加大对共享经济创新的支持力度，积极推进诚信体系建设。

**《基于价值链视角的 O2O 模式价值创新 ——以美乐乐家居网和钻石小鸟为例》**

依绍华（研究员）

论文 10 千字

《中国流通经济》2016 年第 9 期

该文认为，O2O 模式是线上线下企业融合发展的商业模式，是互联网普及环境下电子商务发展的趋势之一，但由于在线上线下协同、资源配置等环节存在许多问题，采取 O2O 模式的企业必须进行价值创新，包括精准确定目标市场，提供个性化商品，确定有针对性的促销方案和适合网络特点的营销方式，丰富物流配送方式和货款支付方式，提高物流配送效率，综合安排线上线下的顾客服务，实施采购与前向一体化策略等，最终实现企业与消费者的共赢。

**《WTO 国内规制改革与国际服务贸易自由化发展趋势》**

赵瑾（研究员）

## 金融研究所

**《利率市场化改革与利率调控政策研究》**

王国刚（研究员）等

专著 322 千字

社会科学文献出版社 2016 年 9 月

该书从存贷款理论地位及其市场化的影响、中国资本回报率、实际利率与投资关系、利率市场化对居民储蓄的影响、利率市场化与汇率形成机制改革、推进利率市场化的条件及配套政策等多个角度，探讨了存贷款利率市场化改革的难点、路径选择和应对之策，研究了利率市场化与中国金融体系改革的关系。

**《保险业系统性风险及其管理的理论和政策研究》**

郭金龙（研究员）等

专著　258千字

社会科学文献出版社　2016年1月

该书以2008年金融危机为背景，系统地整理了国内外关于保险业系统性风险的理论研究成果，在此基础上，比较了保险业和银行业系统性风险造成的危害程度和后果；介绍了全球首批系统重要性保险机构的评估方法、在国际保险市场中的重要性、国际系统重要性保险机构近几年的发展情况；论述了中国国内系统重要性保险机构的评估方法、国内系统重要性保险机构排名；梳理了中国针对保险业系统性风险的监管制度和监管措施等问题。

**《中国金融监管报告（2016）》**

胡滨（研究员）主编

研究报告　305千字

社会科学文献出版社　2016年6月

该报告为中国社会科学院金融法律与金融监管研究基地系列年度报告，该报告秉承“记载事实”、“客观评论”以及“金融和法律交叉研究”的理念，系统、全面、集中、持续地反映了中国金融监管体系的现状、发展和改革历程，为金融机构经营决策提供参考，为金融理论工作者提供素材，为金融监管部门制定政策提供依据。报告由三部分组成。“总报告”由“新三板市场的发展与监管”和“中国金融监管：2015年重大事件述评”组成。“分报告”具体剖析了2015年中国银行业、证券业、保险业、信托业以及外汇领域监管的年度进展，呈现给读者一幅中国金融监管全景路线图。“专题研究”部分是对当前中国金融监管领域重大问题的深度分析，主要涉及商业银行同业业务监管、程序化交易监管、区块链技术应用监管、证券质押困境解决和金融账户实名制实施方法等方面。

**《替代账户：历程、机制、问题与改革前瞻》**

郑联盛（副研究员）

论文　15千字

《国际经济评论》2016年第1期

该文认为，替代账户是基于特别提款权的一个开放式基金，通过主权货币资产与特别提款权的“替代”来缓解主权货币作为国际储备货币的矛盾。替代账户通过资产组成、资产规模、流动性和收益性四个领域的“替代”，有助于建立SDR的发行准备机制，有利于深化国际货币体系改革。但是，由于特别提款权和替代账户自身的技术、制度和政治博弈等问题，替代账户始终无法建立起来。该文指出，全球金融危机以来，超主权货币是国际货币体系改革的一个重要方向，将特别提款权和替代账户机制融合成一个有机主体，或是国际货币体系改革的一个重大探索。

**《隐含波动率文献综述》**

胡志浩（副研究员）　李淼（硕士研究生）

论文　11千字

《金融评论》2016年第2期

该文认为，隐含波动率作为波动率的重要子分支，在金融产品定价、风险对冲以及未来已实现波动率预测方面起着极其重要的作用。该文综述了隐含波动率的研究情况，以期扩展对期权期货市场的理解。该文首先基于市场不完备的三种解释，分为波动率随机性、价格异常值和金融市场交易费用这三个阶段对隐含波动率的研究进行综述。其次，该文就隐含波动率在风险管理和期权定价方面的应用成果进行总结。最后，该文简述隐含波动率的未来研究方向及意义。

**《马克思主义政治经济学国际收支分析：文献综述》**

林楠（副研究员）

论文　15 千字

《金融评论》2016 年第 3 期

该文认为，国际收支作为国家对外经济交往系统的货币记录，之所以重要，因为涉及国家的根本利益。在西方学界，国际收支是有关国际经济学的宏观方面较成熟的内容，也是 IMF 等国际机构所关注的重要内容。虽然在《政治经济学批判》中，国际收支并没有直接出现，但是，马克思在《资本论》中已有所分析。与西方对国际贸易与收支分析忽略商品的具体生产过程相比，马克思主义政治经济学更加强调生产和生产的国际关系。与西方对国际收支“交易汇总表”分析的工具论相比，马克思主义政治经济学更加强调国际收支的性质和变化原因的过程论。与西方国际收支调节货币论和结构论的总需求分析相比，马克思主义政治经济学国际收支分析更强调的是供给侧结构性分析。国内对国际收支分析在马克思主义政治经济学视角下专门、系统研究的文献尚不多见。如何在“新常态”和“供给侧结构性改革”过程中结合人民币国际化和“一带一路”新背景，构建马克思主义政治经济学国际收支分析框架，将成为未来研究的可能方向。

**《证券投资基金、资本市场及货币政策传导机制》**

黄国平（研究员）　李捷（副研究员）

程寨华（高级经济师）

论文　20 千字

《管理科学》2016 年第 3 期

该文从宏观和市场发展层面上，在 SVAR 分析框架内，结合有向非循环图技术和 Granger 因果方法，对 2006 年至 2015 年中国证券投资基金与 M2、M0、SHIBOR、股票、债券以及居民存款之间的联动关系进行分析，研究证券投资基金与股票、债券、居民存款等金融市场和服务之间的因果联系以及证券投资基金发展对货币政策在资本市场的传导机制的影响效果。该文认为，股票与证券投资基金存在紧密的因果互动关系，但它们与其他变量之间还没形成有效联动，表明当前中国金融体系发展还不完善，市场还处于分割状态。相对于 M0 和 M2，SHIBOR 与金融市场中主要指标变量之间相关性更小，反映了中国以货币供应量作为主要中介目标的现状以及利率还未完全市场化的事实。股票与证券投资基金相互冲击较大，但与其他变量的互动作用较小，说明当前中国金融市场还不成熟，证券投资基金的投资渠道狭窄，扎堆于高风险股票类资本市场，加剧了股票市场剧烈波动和风险集中。M0、M2 和 SHIBOR 的波动性对基金、债券和股票的冲击较小，同时，它们自身受基金和股票冲击也不大。但债券对M0具有较强冲击作用，说明当前的货币政策与资本市场相互影响较小，货币政策通过资产价格传导渠道影响资本市场的功能尚未发挥。将计入证券投资基金的广义货币M+2作为货币政策的中介目标，对改善货币政策对资本市场监测和调控效果不大，但对减小财政政策对货币政策冲击、提高中国货币政策执行稳定性和独立性有正面作用。尽管从Granger因果关系看，M+2没有提高货币政策与金融市场的互动效果，但从DAG因果关系看，它改善了货币政策与资本市场同期因果互动关系，从而提高了货币政策对资本市场的敏感性。

**《支付经济学：起源、发展脉络与前沿动态》**

董昀（副研究员）

论文　19千字

《金融评论》2016年第4期

该文致力于探究作为一个学科分支的“支付经济学”的起源、发展、演进脉络与最新研究现状。文章通过对代表性文献的剖析，力图探究支付经济学的理论内涵与研究特色，勾勒出该学科分支的发展轨迹。在此基础上，该文以近年来召开的两次支付经济学国际研讨会的成果为主要样本，辅之以其他类型的晚近文献，对支付经济学研究的前沿动态进行跟踪和评论。

**《通道渠道、财富管理与平台经济》**

王增武（副研究员）

论文　10千字

《上海金融》2016年第4期

该文以平台经济为视角，以规范经济学和实证经济学为方法，研究国内财富管理市场通道业务和渠道业务的市场格局及其对应的定价策略。结果表明，通道业务总体处于竞争市场格局，但存在结构性差异。该文认为，银监会推动债权性直接融资工具以提高通道市场竞争生态是正确的，但2010年禁止“银信合作”则是以“管制失灵”为代价的。证券投资基金市场的销售渠道趋向良性竞争，其他非银行金融机构的销售渠道依然被商业银行所垄断。文章指出，作为平台经济在财富管理领域的一个应用，私人银行以发展平台经济为盈利转型突破口的定价策略选择依次是补贴定价、拉姆齐定价、竞争定价和垄断定价。

**《网络借贷的风险及应对之策：基于信用利差的分析》**

胡滨（研究员）　郑联盛（副研究员）　王寿菊（硕士研究生）

论文　8千字

《社会科学辑刊》2016年第5期

该文认为，由于国内金融抑制程度较深，金融服务需求无法得到全面满足，网络借贷基于互联网技术发挥了长尾效应，提高了长尾客户金融服务的可得性和便利性，引发其爆发式增长。但是，网络借贷没有改变金融的风险属性，网络借贷利率对于基准利率、期限结构以及借款规模不敏感，其信用利差定价机制不完善。网络借贷由于民间金融属性、资金可得性、监管规避性以及产品公募化使得其信用风险和利差无法有效定价。长期的监管缺位、扭曲的监管体制等问题亦是信用风险管控机制不健全的重要原因。该文指出，理顺网络借贷的监管体制，认清网络借贷的金融本质，强化信用利差定价机制和风险管控机制建设，是网络借贷稳健发展的必要政策选择。

**《银行业监管：一般理论及实践发展》**

周莉萍（副研究员）

论文　28 千字

《金融评论》2016 年第 5 期

该文系统回顾并评析了银行监管理论和实践，主要梳理了以下几方面的问题：一是为什么要监管银行业；二是采用何种方法监管银行业；三是在上述理论框架内，国际银行业监管制度如何发展演变，形成了怎样的监管目标和监管路径。最后结合中国实际情况，该文简析了中国的银行监管发展演变及当前面临的挑战，并给出相关建议。

**《异质信念与证券发行的股价效应》**

徐枫（助理研究员）

论文　15 千字

《北京工业大学学报（社会科学版）》2016 年第 5 期

该文认为，证券发行的股价效应不仅取决于公告信息含量，而且还与投资者认知特征相关。该文结合中国市场卖空制度环境，构建企业证券发行模型，探讨投资者异质信念对企业证券发行股价效应的影响机理，进而利用 2008 ~ 2011 年发行证券的上市公司数据，考察异质信念与证券发行股价效应的关系。该文的研究发现，股权发行股价效应为负，债券发行股价效应不明显；与此同时，股权发行股价效应大小与异质信念正相关，而债券发行股价效应与异质信念无关。该文的研究结论表明，投资者异质信念与证券发行股价效应的关系受证券类型影响。

**《非信贷业务与银行绩效》**

李广子（副研究员）　张翼（副教授）

论文　17 千字

《国际金融研究》2016 年第 10 期

该文指出，通过发展非信贷业务实施业务结构调整已经成为我国银行业的普遍做法，并基于 208 家银行 2008 ~ 2012 年数据，从资产和收入两个角度分别考察了利率市场化背景下非信贷业务对银行盈利能力和风险的影响及其背后的影响机制。主要发现包括如下。(1) 无论是从资产还是从收入角度来看，非信贷业务总体上都会降低银行的盈利能力并加大银行的风险，这一结论在控制了内生性之后仍然成立。(2) 较高的存贷款利差是导致非信贷业务降低银行盈利能力的重要原因；存贷款利差越高，非信贷业务对银行盈利能力的负向作用越明显；随着存贷款利差的降低，非信贷业务对银行盈利能力的负向作用会减弱甚至出现逆转。(3) 非信贷业务之所以会加大银行的经营风险，主要是由于非信贷业务本身较高的波动性所引起。

## 数量经济与技术经济研究所

**《环境经济学研究新进展——中国绿色发展战略与政策研究》**

张友国（研究员）　张晓（研究员）

李玉红（副研究员）等

专著　351千字

中国社会科学出版社　2016年4月

该书运用定性与定量研究方法，对中国绿色低碳发展的战略、路径与政策方面的一些重大问题进行了深入思考。主要内容有四篇。第一篇是关于绿色发展战略的思考，论述了我国将应对气候变化列为国家战略的必要性和可能性，我国能源发展战略中必须重视的不确定性和技术及路径锁定问题，辩证分析了我国的节能目标。第二篇讨论了绿色发展的路径，分析了我国人均碳排放的减缓途径、农业生产方式的环境影响，通过对中国贸易隐含碳和虚拟水的定量分析探讨了绿色贸易发展路径，并对云南普洱市的绿色发展路径作了调研分析。第三篇讨论了制定绿色发展政策需要重视的几个基础性问题，论述了环境价值评估、引入环境因素的效率评价、温室气体排放的计量方法和原则。第四篇是关于我国绿色发展政策的整体回顾、展望以及对水价调整和碳强度约束等具体政策的定量评价。

**《分享经济：垄断竞争政治经济学》**

姜奇平（研究员）

专著　337千字

清华大学出版社　2016年12月

该书是一本“道论”型选题的分享经济专著，专注于分享经济的基础理论。

该书从内生技术的垄断竞争政治经济学角度剖析分享经济，指出在生产力发展超过工业化达到高级阶段后，共享发展理念将成为未来经济的引领力量。财富的拥有者只有分享使用——实现共用（分享固定成本）——才能得到比专有专用更为丰厚的回报；而劳动者凭借对生产条件更具包容性的参与进行分成，实现更直接的财富创造与收获。

**《提升全要素生产率的路径及影响因素—增长核算与前沿面分解视角》**

李平（研究员）

论文　15千字

《管理世界》2016年第9期

该文主要论述了生产率表征的是投入要素的产出效率，而全要素生产率则是指所有可观测投入要素的产出效率。以索洛增长模型和“索洛余值”为基础，衍生出乔根森增长核算框架，并成为测度全要素生产率增长率及其增长贡献的重要方法。以生产前沿面为基础的数据包络分析（DEA）和随机前沿分析（SFA）则从微观层面测度厂商的全要素生产率指数，并能进一步分解为技术进步（技术变化）和技术效率提升；它们与产业结构转换是提升全要素生产率的三大途径。该文在对三大途径具体影响因素进行系统梳理基础上，从加快科技创新步伐、助力企业提质增效、引导产业结构转换三方面提出了政策建议。

**《义务教育法与中国城镇教育回报率：基于断点回归设计》**

刘生龙（副研究员）　周绍杰（副教授）

胡鞍钢（教授）

论文　27千字

《经济研究》2016年第2期

该文利用中国城镇住户调查数据(2007～2009年)，基于断点回归设计方法，就1986年开始实施的义务教育法对个体受教育年限及教育回报率进行了实证研究。该文的实证结果有三个主要发现：第一，义务教育法实施所导致的局部处理效应为0.4年左右；第二，基于断点回归估计的中国城镇居民的教育回报率为12.8%，高于OLS估计；第三，高收入群体的教育回报率高于低收入群体，表明教育在一定程度上具有导致城镇居民收入差距扩大的“马太效应”。该文从定量上评估了义务教育法对促进中国教育发展的积极贡献，提供了研究中国教育回报率的新证据。

**《家庭储蓄与通货膨胀数理关系及实证分析》**

李军（研究员）

论文 20千字

《数量经济技术经济研究》2016年第4期

该文从理论与实证两方面分析了通货膨胀与家庭储蓄的关系。基于生命周期理论构建家庭储蓄数理模型，由此建立家庭储蓄与通货膨胀因素之间的关联机制；利用所建模型在数学上严格证明家庭储蓄率与通货膨胀率为正向关系；利用1978～2013年统计数据实证分析通货膨胀因素与中国家庭储蓄率之间的数量关系。该文认为，长期来看，家庭储蓄与通货膨胀为正向关系。

**《供给侧结构性改革背景下我国收入分配对策研究》**

张涛（研究员） 万相昱（副研究员）

论文 10千字

《求是学刊》2016年第6期

该文主要阐述了在我国经济进入新常态的背景下，特别是为应对“十三五”期间社会深层次变革，谋求未来高效发展的全新动力的具体要求，必须加快完善收入分配和再分配体制的结构性改革。初次分配领域强调“迫切性”，兼顾效率与公平，逐步提高劳动报酬占国民整体收入的比重，再分配领域重点将抑制收入差距和保障社会公平的目标具体化、微观化和定量化，从而有效推进国家治理体系和治理能力的现代化。

**《区域间供给驱动的碳排放溢出与反馈效应》**

张友国（研究员）

论文 12千字

《中国人口·资源与环境》2016年第4期

该文主要阐述了减缓区域间的碳排放溢出—反馈效应对中国协调区域发展和实现绿色发展的重要意义。该文基于供给多区域投入产出模型建立了供给视角下三区域碳排放溢出—反馈效应的分析方法，继而测算了2002～2010年中国东、中、西部之间的碳排放溢出—反馈乘数和实际效应。研究发现，在整个研究时期内东、中部对西部以及东、中部之间的溢出乘数有所下降，但西部对东、中部的溢出乘数有所上升。同时，三大地区的反馈乘数则都有所上升。不过，由于各个地区的经济总量都显著上升，因而各区域各种实际的碳排放效应在整个研究时期内都显著上升。东部对中、西部地区的溢出乘数明显小于中、西部对东部地区的溢出乘数，且东部地区的反馈乘数也几乎一直小于中部和西部。不过，由于东部地区的经济总量远远大于中、西部，因而东部地区各种实际的碳排放效应在整个研究时期内都显著大于中、西部地区相应的实际碳排放效应。三大地区碳排放溢出及反馈乘数效应较大的部门很相似，它们都以采掘业及相关下游重工业为主，如煤炭开采和洗选业。碳排放溢出及反馈乘数效应较小的部门则主要包括通信设备、计算机及其他电子设备制造业、建筑业以及服务业。为减缓区域间供给驱动的碳排放溢出—反馈效应，地区间应当加强在碳减排领域的合作，以此提升区域间供应链的碳排放效率；促进节能减排技术的推广应用以提高各部门特别是碳排放密集型产业的能源利用效率；同时应大力发展清洁型战略新兴产业并严格控制碳密集型产业的扩张，从而优化产业结构。

**《房地产限购对公司违约风险的影响》**

郑世林（副研究员） 韩高峰（博士）

石光（博士）

论文 35千字

《世界经济》2016年第10期

该文利用倍差法考察了房地产限购政策对各行业上市公司违约风险的影响。研究发现，限购政策致使上市公司违约风险大约平均下降了25.5%；城市限购越严格，公司违约风险下降幅度越大；限购主要降低了一、二线大城市公司的违约风险。从传播机制看，限购导致房价增速和房地产投资下降，引起房地产及其相关产业链公司经营和财务指标发生变化，进而影响公司违约风险。然而，限购难以化解房地产供给侧土地一级市场由地方政府控制所导致的公司违约风险。

**《“互联网+”行动的创新创业机遇与挑战》**

蔡跃洲（研究员）

论文 15千字

《求是学刊》2016年第3期

该文依托创新经济学相关理论，对创新创业内涵及内在关联进行辨析。系统梳理了工业革命以来已经历的5次技术革命，总结技术革命、关键要素、技术—经济范式转换之间的内在关联。以此为基础，从技术革命和技术—经济范式转换的视角展望新一轮技术革命，分析“互联网+”的本质，将其看作新一轮技术革命的产物。该文结合中国创新创业和“互联网+”的相关实践，就“互联网+”行动背景下创新创业面临的机遇和挑战进行分析展望。针对现实中存在的误区和障碍，给出了相应的政策建议。

**《联合国国民经济核算体系的源生、发展及学理价值》**

李金华（研究员）

论文 17千字

《国外社会科学》2016年第4期

联合国推出了最新版的国民经济核算体系（System of National Accounts 2008，简称SNA2008）。这是迄今为止阐述国民经济核算原理、方法、准则最为系统、最为全面、最为权威的统计文献。联合国的国民经济核算体系（SNA）自诞生之日起，一直深受全球统计学界的关注，广泛深入地影响着世界各国的国民经济核算实践。

SNA在理论和实践上对全球宏观经济的测度和分析影响深远而巨大，它源生于社会账户研究报告，经历过多次重大修订，已形成科学严谨的理论体系，是现代统计学中的经典理论，它是其他重要核算体系的母本，是国民经济核算实践的圭臬，具有重要的学理价值。

## 人口与劳动经济研究所

### 《中国收入分配问题研究》

蔡昉（研究员） 张车伟（研究员）等

专著 306千字

中国社会科学出版社 2016年9月

我国当前面临的收入分配问题有着非常复杂的原因，既有市场机制自身的影响，更有制度和规则方面的原因，还有经济发展阶段本身的特殊影响，我国收入分配问题因而具有以下特征。一是具有市场经济国家在快速发展过程中所出现的收入差距扩大的一般特征，体现了发展中的共性问题。二是与我国基本经济制度相关联，我国收入分配问题具有自身的特殊性，体现为收入分配中的不公平现象突出。三是我国收入分配具有发展阶段的特征。基于这些结论，该书对我国当前和今后一段时期收入分配的趋势变化及其相应的改革路径做出了预判断，并提出了相应的政策建议。

### 《当代农村家庭生命周期变动分析：以河北三县区农村调查为基础》

王跃生（研究员）

专著 236千字

中国社会科学出版社 2016年9月

该书通过实证方法分析北方农民家庭生命周期和夫妇生命历程不同阶段的家庭类型、家庭代际关系和家庭功能及其变动，把握中国农村家庭生命周期和夫妇生命历程的阶段特征。该书抓住不同层次和形式的亲子关系是认识中国家庭生命周期和生命历程的重要视角。这种分析方法丰富了家庭生命周期和夫妇生命历程研究的内涵，将家庭生命周期分析与夫妇生命历程结合起来，既关注婚姻、生育、分爨、分家、丧偶等生命事件在家庭形态和规模变动中的作用，又不脱离各个生命事件发生时夫妇所生活的具体家庭形态，这一研究具有完善家庭生命周期理论的意义。

### 《社会变革时代的民众居住方式：以家庭结构为视角》

王跃生（研究员） 伍海霞（副研究员）等

专著 432千字

社会科学文献出版社 2016年1月

该书以2010年第六次全国人口普查数据为基础，并通过与1982年、1990年和2000年人口普查数据进行比较，揭示中国当代家庭结构的最新状态及其变动特征；对不同地区之间、城乡之间家庭结构的异同进行探讨，深入考察进入老龄化社会后老年人的居住行为，对中国家庭结构的未来变动趋向作了尝试性预测。该书认为，中国当代家庭以核心家庭、直系家庭和单人户为三种基本形态。与2000年及之前普查数据相比，2010年家庭结构的变动主要表现为：核心家庭打破了1982年至2000年近20年间稳定于70%上下的状态，出现了明显下降。其中2010年比2000年减少11.99%；单人户则显著上升，较2000年增加59.51%。这是当代中国家庭结构变动的一个重要特征。另一特征是，在人口城市化水平提高、人口迁移流动率上升的过程中，直系家庭并没有像人们预期的那样进一步降低，反而略有增加，若与前三次普查相比，整体上表现出一定的稳定性。这一构成变动表明，2010年单人户的增加在很大程度上是核心家庭萎缩所促成。如果将家庭的核心化视为一种“现代”趋向的话，那么，直系家庭的稳定则是对“传统”形态的一种保持。可见，当代家庭受到两种力量的作用。

**《中美流动迁移比较研究》**

郑真真（研究员） 贺珍怡（美国项目主管） 张展新（研究员）主编

论文集 284千字

中国社会科学出版社 2016年10月

该书聚焦大规模人口流动下的社会发展和社会保障，从相同视角比较中美两国国内迁移和国际迁移相关的公共政策变迁方面的特点，以及共同关注的社会议题。中国学者撰写的主要内容包括中国人口流动及其研究的回顾、有关农民工权利的改革研究、流动人口公民权实现问题、流动人口的健康、教育和社会保障；美国学者撰写的内容与之相对应，涉及美国移民与社会权利的演进、国际移民的医疗保障和教育获得以及养老保障。

**《劳动力市场转变与农民工就业》**

都阳（研究员）等

专著 220千字

中国社会科学出版社 2016年10月

农村劳动力从农业向非农业的转移、由农村向城市的流动是近几十年来中国劳动力市场上最重要的现象。农民工的流动不仅提升了经济效率、推动了经济发展，也使中国的社会经济结构发生了巨大的变化。同时，农民工跨城乡、跨地区、跨行业的流动推动了劳动力市场的一体化进程，促进了劳动力市场的发育。

近年来，劳动力流动的趋势出现了新的变化，尤其是经济发展跨越刘易斯转折点后，中国经济告别了二元经济时代，劳动力市场上出现了一系列新的现象。同时，中国经济发展正在经历由中等收入向高收入迈进的关键阶段，对农民工就业问题进行大最的实证研究具有现实意义。

**《人口与劳动绿皮书：中国人口与劳动问题报告No.17》**

蔡昉（研究员） 张车伟（研究员）主编

主编 419千字

社会科学文献出版社 2016年9月

该书包括六个专题：(1)“全面二孩”政策调整的社会经济影响；(2)户籍改革与“以人为中心”的城镇化；(3)如何缩小收入差距；(4)消除贫困与共同富裕；(5)劳动力市场与和谐发展；(6)社会保障改革与完善。具体内容包括：“全面二孩”实施、预期与政策储备；“全面二孩”调整与潜在增长率；“全面二孩”与家庭支持政策；居住证改革与公共服务均等化；积分制入户制度；户籍城镇化；特大城市人口规模调控；劳动报酬份额变化与个人所得税改革；政府财政转移支付的区域不平衡；城乡收入差距如何继续缩小；城市内部收入差距；农村贫困现状、难点与政策应对；城市最低生活保障制度；流动人口贫困问题；维护劳动收入主体地位；劳动力素质差距与人力资本培育；女性就业与歧视；银色经济及其发展战略；养老保障体系的保障效果；中国长期护理保险制度构建；城市独生子女家庭养老服务；医疗保险与医疗服务；特定人群的支持政策。

**《中国当代家庭、家户和家的“分”与“合”》**

王跃生（研究员）

论文 18千字

《中国社会科学》2016年第4期

在社会转型期，中国城乡家庭在结构和功能上已经和正在发生深刻变化。既有研究多单纯基于个体家庭、家户进行分析或对三者混合考察，难以识别家庭的构成特征、成员范围，无法把握家庭及其变动的整体状态，即难以解释和回应新时期的家庭问题。该文打破既有研究的碎片化倾向，在整合的视角下，通过引入“直系组家庭”概念，将个体家庭、家户的“家内”分析和直系组内各单元家庭的“家际”考察结合起来，促使家庭研究由对民众单个居住载体的“家内”分析为主转向注重对亲缘关系成员多个独立生活单位互动状态的“家际”考察，兼顾三者的分、合关系。这一努力有助于把握新时期亲缘关系成员的“家内”生存状态、“家际”相互支持能力及相应问题，从而在推进相关领域学术研究的同时对当代家庭政策的制定和实践有所启示。

**《就业政策的阶段特征与调整方向》**

都阳（研究员）

论文 20千字

《劳动经济研究》2016年第4期

该文认为，中国经济正处于向高收入国家行列迈进的关键阶段。由于经济发展阶段的变化，就业政策的重点也应做相应调整。在刘易斯转折点之前，岗位创造和劳动力区域流动是就业工作的重点领域。在经济发展新常态下，中国经济越来越受到人口老龄化、对就业质量的要求、资本报酬递减等诸多因素的约束，提升生产率更成为未来经济发展的核心。相应的，产业政策和就业政策的重点应该致力于经济结构和就业结构的调整，以及由此推动的生产率提升，劳动力市场政策改革的方向也应该围绕这一核心展开。

**《农民工消费潜力估计——以城市居民为参照系》**

王美艳（研究员）

论文 25千字

《宏观经济研究》2016年第2期

中国经济发展进入新常态，必须使消费继续在推动经济发展中发挥基础作用。释放农民工的潜在消费需求，是扩大消费的一条重要途径。该文利用2010年中国城市劳动力调查数据，描述了农民工与城市居民的消费水平与消费模式，考察了两个群体的消费弹性和边际消费倾向。该文认为，如果农民工转换为城市居民身份，按照城市居民的消费模式进行消费，但其禀赋特征保持不变，其人均总消费将大幅度增长27%，与城市居民消费水平基本相当。如果将农民工的收入水平、养老保险覆盖水平和受教育水平等禀赋特征不断改善一并考虑在内，农民工的消费潜力将更大。加快农民工市民化的步伐，是挖掘农民工消费潜力的关键。

**《基础养老金全国统筹的待遇确定方法研究》**

林宝（研究员）

论文　12 千字

《中国人口科学》2016 年第 2 期

实现基础养老金全国统筹是职工基本养老保险深化改革的重要任务，而制定合理的待遇确定方法则是实现基础养老金全国统筹的关键。在实现全国统筹的过程中，必须兼顾横向公平和纵向公平。由于各地区间缴费率存在一定差异，只有将缴费率纳入基础养老金待遇的计算才能真正实现公平。为此，在借鉴现有计算公式的思路和结构的基础上，该文提出了一个用实际缴费率与制度缴费率的比值进行加权的基础养老金待遇计算公式。模拟结果表明，缴费率加权的计算方法可以有效解决缴费待遇不公平问题，既可以在一定程度上消除地区差异、实现收入再分配，又可以将制度参与者的缴费贡献与其基础养老金待遇密切挂钩，实现横向公平与纵向公平兼顾。

**《独生子女家庭亲子居住特征研究》**

伍海霞（副研究员）　王广州（研究员）

论文　12 千字

《中国人口科学》2016 年第 5 期

该文利用 2005 年全国 1% 人口抽样调查 2‰ 样本，在对原始个案数据进行母子匹配的基础上，分别从母亲和子女的角度揭示了城乡独生子女家庭亲子居住特征。该文研究结果表明，独生子女与多子女家庭亲子居住方式因城乡、母子的年龄和流动状况而存在明显差异。城镇独生子女母亲与子女同住比例普遍高于同年龄的乡村独生子女母亲；55 岁及以上独生子女母亲与子女同住比例明显低于相应年龄的多子女母亲，且城镇高于乡村。0 ~ 14 岁的未成年子女和 15 ~ 30 岁的成年未婚子女构成了城乡与母亲同住者的主体，同住比例超过 50%。在城乡母子同住独生子女家庭中，母子未离开户籍地的比例最高，接近 80%，母子共同流动到外地的比例次之，约 12%，而母亲流动到子女所在地的比例不到 5%。从调查时的情况看，追随子女异地养老的独生子女父母并未给流入地社会带来明显的养老压力，有关部门对区域养老的规划与关注仍应以户籍地老年人为主要对象。

**《从人口红利到改革红利：基于中国潜在增长率的模拟》**

陆旸（副研究员）　蔡昉（研究员）

论文　22 千字

《世界经济》2016 年第 1 期

中国的人口红利正在逐渐消失，根据测算，在“十三五”期间，中国的平均潜在增长率仅有 6.6%。因此，如何从依赖“人口红利”转向“改革红利”，决定了中国经济增长能否具有可持续性。该文在增长核算方程内，对各种改革措施进行模拟，最终发现如下。(1) 尽管增加劳动参与率和全要素生产率都能提高中国的潜在增长率，但是提高劳动参与率只能获得短期的增长效应，在长期将出现递减现象；相反，提高全要素生产率产生的增长效应呈现单调递增的趋势。这说明中国的经济增长将越来越依赖全要素生产率的提高，而不是传统的要素投入。（2）如果在“十三五”初期各项改革发挥作用（实施“全面二孩”政策、生产税减少20%、劳动参与率增加1个百分点、全要素生产率增加0.2个百分点、增加培训），那么综合的“改革红利”将达到平均1～2个百分点。

**《中国制造业就业动态研究》**

屈小博（副研究员）等

论文　16千字

《中国工业经济》2016年第2期

以企业层面就业创造、损失和再配置为核心的就业动态是分析中国经济增长路径和宏观就业变化的一个微观基础。该文使用中国1998～2008年工业企业数据计量分析了中国制造业就业动态的特征及其背后的逻辑。该文认为，中国制造业就业再配置率为27.2%，新成立企业就业创造率为5.1%，消亡企业的就业损失率为2.3%，就业创造比就业损失有更快的市场反应，显示了就业动态的良性特征；制造业不同行业之间的就业再配置率为23.6%，就业动态70%以上属于行业内的就业再配置。通过双向固定效应模型并克服薄面板数据截面相依性的问题，该文强调了就业动态的影响机制，出口对就业创造的贡献最大，并且主要影响行业之间的就业动态；企业平均规模越小的行业，就业创造、损失及再配置的变动更大；劳动生产率虽然对短期的就业创造有负向影响，但长期看提高了产出，增加了新的就业岗位需求。就业动态的特征及影响因素显示经济增长及运行的变化对企业就业需求的影响得到了快速体现，劳动力市场机制的政策调整必须考虑企业异质性。

## 城市发展与环境研究所

**《2030年可持续发展的转型议程：全球视野与中国经验》**

潘家华（研究员）　陈孜（博士）

专著　195千字

社会科学文献出版社　2016年8月

该书首先对全球可持续发展的历史进程、重大阶段以及标志性事件进行了回顾，分析了《2030年可持续发展议程》与可持续发展目标体系的转型特征，考察和评估了新议程中的可持续发展目标的构建以及重点领域，并全面梳理了当今全球可持续发展的基本格局。同时，该书分析了转型发展的理念与实践，基于在工业文明下可持续发展面临的困境，进一步探索了可持续发展治理体系的生态文明转型，审视全球可持续发展在资金、制度、市场、技术和人口等方面面临的各种挑战，并介绍了中国在实践可持续发展中取得的成绩与积累的经验。

**《碳排放交易体系的构建、挑战与市场拓展》**

潘家华（研究员）

论文　12千字

《中国人口·资源与环境》2016年第8期

碳排放权通过市场交易实现效率配

置，有理论与实践支撑。“碳排放”作为一种“恶品”，需要不断压缩或定额管控，与“善品”有着本质不同。因而，“碳排放”市场交易有着固有的困境。在国内碳市场构建中，困境还会得到强化。一是中国与国际社会、中央与地方、地方之间、政府与企业存在多重博弈，受经济、政治、环境、社会多重因素制约，排放总量的确定和分配具有潜在不确定性。二是“碳”的核算从属于能源，并不完全独立，是一种具有被动属性的交易品，企业的选择与能效和节能关联，则“用能权”和“碳排放权”重叠。由于碳作为交易品的从属和被动属性，企业经营决策的碳约束可能被弱化或边缘化，对消费者的价格信号部分失真。三是开放的、竞争的市场才是有效率的，但是从欧盟的碳排放贸易体系和国内的试点看，这一系统则是相对封闭的。四是如果说高碳产品低品质可以通过市场的自我调节而对企业有所约束，而城市基础设施锁定的碳，其成本只能由全社会承担，在碳排放交易体系中得不到实际体现。五是用能权和碳排放权有可能一体兼容，但是，碳交易的市场激励传递受到一些体制性因素的约束而失效。因此，该文着眼于中国的碳交易体系构建，在顶层设计中考虑碳排放的属性特点，拓展碳排放交易的市场空间，主张在认知上将“碳交易”从约束变为一种机遇。

**《基于气候变化脆弱性的适应规划：一个福利经济学分析》**

郑艳（副研究员） 潘家华（研究员）
谢欣露（博士）等
论文 16千字
《经济研究》2017年第2期

该文基于气候变化科学的基本概念和福利经济学理论，构建了柏格森—萨缪尔森社会福利函数，评估了气候变化背景下的社会经济脆弱性与经济福利风险，提出了适用于中国国情的适应规划路径。首先，基于社会福利核心要素的气候变化脆弱性评估结果表明，气候敏感性是影响中国不同地区福利水平和脆弱性的重要因子。其次，依据气候敏感性与适应能力将中国30多个省份划分为三类适应区：发展型适应优先区、增量型适应优先区、发展型与增量型并重地区。最后，采用地区加权方法测算了中国2016～2030年RCP8.5（高排放、高温升）气候变化情境下的气候灾害经济损失及福利风险，指出气候变化对我国西部气候变化高脆弱地区带来的福利损失风险将是巨大和长期的。

**《基于环境介质的生态底线指标体系构建及考核评价》**

李萌（副研究员）
论文 12千字
《中国人口·资源与环境》2016年第7期

该文从解析生态底线的内涵和表征着手，基于环境介质，选取大气、水体、植被、土壤、能源5个方面共17项指标，构成生态底线指标体系研究框架。提出评估模型和方法，通过测量值与底线值的比较，来反映环境保护和生态建设的实际绩效，考虑到各行政区、各功能区的生态特点及环境初始状态的差异，引入历史的数据进行修正，单个指标及综合绩效分为优良、改善、恶化、极差四个基本等级进行考核鉴定。

不同于以往许多以污染物排放控制作为指标体系的思路和地方实践，该文提出的生态底线指标体系更关注生态环境的本底条件，指标测度从常规的过程和终端标准转向自然生态环境的质量状况，有效化解“污染排放都达标，但环境质量日益恶化”的难题。该文建议各地结合当地特点明确本地区的生态底线，加强各参与部门的交流协调以提供全面而一致的统计与监测信息，加强信息发布平台的建设等基础工作；处理好底线考核机制与原有年度考核机制的关系，生态底线考核结果与相应的奖惩制度和晋升制度等挂钩，将其作为领导干部选拔任用及“五好”班子评选的重要依据；加强配套制度的建设；建立公众参与的相关机制。

**《城市低碳发展路线图编制：技术要素与改进建议》**

庄贵阳（研究员） 周枕戈（博士）

论文 8千字

《中国人口·资源与环境》2006年第1期

该文根据城市低碳发展路线图编制实践，从部门管理的现实需求出发，建立了温室气体清单“七部门”的编制分析结构，使其与低碳发展重点领域，即IPCC七大重点减排领域对接，并将部门（行业）低碳适用技术需求评估纳入城市低碳发展路线图编制。为了促进温室气体排放清单和低碳适用技术需求评估更好地纳入城市低碳发展路线图编制，特提出三点改进建议。一是发挥温室气体清单最核心的直接功能，需改进清单工具分析质量，科学、系统地分析城市温室气体排放的时间分布、部门分布，为城市低碳发展路线图制定和低碳发展决策服务。二是发挥温室气体清单为规划、考核和决策服务的衍生功能，需提升温室气体清单编制质量与时间序列上的连续性。三是发挥温室气体清单衍生功能，需把改进的温室气体清单、低碳适用技术需求评估纳入低碳发展路线图编制之中。

**《房价压力、房租负担与人口持久性迁移意愿》**

董昕（助理研究员）

论文 15千字

《财经问题研究》2016年第3期

该文认为，人口的持久性迁移意愿直接影响人口流向以及城镇规模的变化，要改变我国城镇规模结构不合理的现状，关键是引导人口的迁移方向。该文重点研究住房价格对人口持久性迁移意愿的影响，将住房价格对人口迁移意愿的影响细化为购房与租房两方面，采用房价收入比、房租收入比等作为变量进行实证研究。该文认为，房价收入比、房租收入比对人口持久性迁移意愿的影响均显著；相对于收入水平而言，住房的销售价格已经进入抑制人口持久性迁移意愿的阶段，而住房的租赁价格尚未进入抑制人口持久性迁移意愿的阶段。因而，可以利用住房市场价格对人口持久性迁移意愿的影响来引导人口流向，因城施策合理选择住房保障的范围和方式，使住房政策成为引导人口迁移的手段。

**《地球工程的国际争论与治理问题》**

陈迎（研究员）

论文　11千字

《国外理论动态》2016年第3期

近年来，地球工程作为应对气候变化的非常规技术在国际上受到越来越多的关注，也引发了激烈的争论。该文梳理了地球工程的相关概念、争议焦点和研究进展，分析有关地球工程争论不断升温的国际背景，在应对气候变化的大框架下，重点探讨了地球工程的国际治理问题，提出了我国在地球工程领域的应对策略和建议。

**《气候安全的国际治理困境》**

王谋（副研究员）　潘家华（研究员）

论文　9千字

《江淮论坛》2016年第2期

该文介绍了气候变化作为一个非传统安全问题，可能对经济社会发展构成的影响以及国际社会在应对气候变化问题上所开展的努力和面临的困境。该文指出，当前的国际气候治理进程恰逢国际经济、排放格局发生变化，各方谈判诉求日显多元，利益博弈纵横交错。发达国家欲借机转移责任，要求发展中国家承担更多国际义务，而发展中国家面临国内发展事务的诸多挑战，难以在现阶段承担过重义务，气候谈判因各方政治意愿不足进展缓慢。高效的国际气候治理体制，需要在公平的基础上进行制度设计，更需要发达国家正视其历史排放责任，实施大幅减排，并向发展中国家提供支持，引领国际气候治理进程。只有参与国际气候治理的各方以建设性的姿态相互协作，积极开展共同行动，才能保证气候安全和人类社会的可持续发展。

**《“十三五”时期我国城市经济转型升级的目标和路径》**

黄顺江（副研究员）

论文　12千字

《企业经济》2016年第10期

该文认为，“十三五”是我国经济新常态化的关键时期，也是城市经济转型升级的决胜阶段。在当前形势下，我国城市经济转型发展的大方向就是走向高端化，目标是建立现代产业体系，包括先进制造业、现代服务业及都市农业，核心是大力发展生产性服务业。转型的主要路径，就是通过创新推进产业的智慧化、绿色化、精益化、服务化和全球化。为此，必须切实转变政府职能，加快供给侧结构性改革步伐，为企业和城市走创新发展道路营造一个宽松和公平的市场环境。

**《北京市人口疏解乘数效应分析——基于改进的劳瑞模型的视角》**

丛晓男（助理研究员）　王宇飞（副研究员）

论文　11千字

《城市问题》2016年第8期

特大城市和超大城市的人口膨胀速度过快，对城市资源环境承载力形成严峻挑战，引发大城市病。如何有序疏解人口成为破解大城市病、完善城市治理体系的重要突破口。该文以北京市为例，通过改进标准劳瑞模型，推导出人口疏解乘数，该乘数与就业人员带眷系数、劳动生产率等参数密切相关。计算发现，北京市人口疏解乘数为1.5302，即每疏解10000人，将间接促使人口数量降低5302人，人口疏解总量达15302人。人口疏解降低了对各部门的就业需求，其中，租赁和商务服务、房地产、金融、教育以及住宿餐饮等部门的就业需求缩减量占缩减总量的 60.4%，是受人口疏解乘数效应影响较大的部门。

因此，人口疏解政策的制定不能只依赖于对单部门进行人口疏解，还应根据各部门就业需求缩减情况，制定多部门联动的综合疏解策略，这样一方面可以充分发挥间接疏解作用，提升人口疏解的效果，另一方面能够对受人口疏解冲击较大的部门予以特别关注，化解就业需求减少所导致的社会矛盾。

### 《中国城镇住房需求密集年龄人口对住房市场的影响》

李恩平（研究员）

论文 16 千字

《中国人口科学》2016 年第 1 期

该文基于生命周期的消费理论，提出个人（或家庭）存在一个特定的住房购房年龄，社会人口也存在一个特定的购房需求密集年龄人口。该文以 2010 年第六次人口普查数据为基础，对中国城镇人口的住房需求密集年龄和住房需求密集年龄人口进行了估算，并且结合城镇住房市场数据对城镇住房需求和住房价格进行了分析和预测。

# 社会政法学部

## 法学研究所

### 《中国法治发展报告 No. 14（2016）》

李林（研究员） 田禾（研究员）主编

研究报告集 421 千字

社会科学文献出版社 2016 年 3 月

该书从立法、人权保障、政府法治、司法改革、刑事法治、民商经济法治等方面，梳理总结了 2015 年度中国法治发展的重点、焦点问题，分析了犯罪形势、行政审批制度改革、环境公益诉讼、证券市场法治、民间借贷等问题。

该书继续重磅推出多篇法治指数测评报告。以政府网站为依托，通过观察网站、电话验证等方法，对国务院部门、省级政府、较大的市政府的信息公开情况进行调研和测评，推出中国政府透明度指数报告；对最高人民法院和 31 家省、自治区、直辖市的高级人民法院以及 49 家较大的市的中级人民法院的司法透明度进行量化评估，对最高人民检察院和 31 家省、自治区、直辖市的人民检察院以及 49 家较大的市的人民检察院的检务公开工作进行量化评估，对全国 10 家海事法院司法公开情况进行评估，并分别对浙江全省 3 级 105 家法院以及北京市 3 级 23 家法院的司法公开工作，进行了阳光司法指数评估。

### 《中国的法治道路》

李林（研究员）

专著 330 千字

中国社会科学出版社 2016 年 3 月

该书紧密结合当代中国的法制改革和依法治国、依宪治国、依宪执政的实践，深入研究坚持党的领导、人民当家作主和依法治国有机统一的理论创新、实践探索、制度程序运行和道路模式特征，在一定程度上揭示了中国特色社会主义法治发展道路的内涵、特征、规律和面临的挑战。

**《刑事诉讼法修改后的司法解释研究》**

王敏远（研究员）等

专著　486 千字

中国法制出版社　2016 年 5 月

该书认为，我国关于刑事诉讼法的具有法律普遍适用效力的解释性规定，不仅在当今世界独树一帜，而且相对于我国其他法律的司法解释也具有鲜明特色，可以称为解释性规定。这些解释性规定，不仅颁布的主体多，且条文的数量多，内容与法律规定几乎无异，相当于刑事诉讼中的职权机关各自（或联合）颁布的刑事诉讼法之下的二级法律。鉴于我国刑事诉讼法的规定多有操作性不足的问题，这些解释性规定，对贯彻落实刑事诉讼法具有基础性的意义，因此，对其研究的重要性，应不亚于对刑事诉讼法的研究。然而，以往我国刑事诉讼法学界对此的系统研究严重匮乏。该书的研究是一次尝试，既对刑事诉讼法修改过程中司法机关等部门作出的司法解释方案进行分析，为当时正在起草的司法解释提供参考；又在司法解释出台后，对新出台的司法解释所存在的问题进行研究，以求其完善。对于刑事诉讼法修改后的司法解释中仍然存在的问题，也提出了解决路径。

**《破产法——程序理念与制度结构解析》**

邹海林（研究员）

专著　586 千字

中国社会科学出版社　2016 年 9 月

该书共分导论和九章正文，从破产程序结构、债权申报与调查、管理人制度、债权人自治、破产程序中的财产、破产程序中的权利、重整程序、和解程序、破产清算程序等方面，系统全面研究了破产法的现状和发展趋势，充分展示出破产法学融汇众多学科的魅力之所在。

**《死刑改革与国家治理》**

刘仁文（研究员）主编

专著　642 千字

社会科学文献出版社　2016 年 12 月

在中共十八届三中全会精神的指引下，《刑法修正案（九）》继《刑法修正案（八）》首次取消 13 个非暴力犯罪的死刑后，进一步成批量地取消了 9 个罪名的死刑，使我国刑法中死刑的罪名在短短几年内由 68 个减至 46 个。该书分析了我国死刑改革的国内外背景，回顾了我国削减死刑的司法和立法进程，对下一步如何继续稳步推进我国的死刑改革并建构相关配套措施提出了设想。

**《“总体法治宣传教育观”的理论与实践》**

莫纪宏（研究员）等

研究报告　190 千字

中国社会科学出版社　2016 年 12 月

该报告按照辩证唯物主义和历史唯物主义的观点，在对过去 30 年六个五年普法规划实施经验进行认真总结的基础上，结合党的十八大、十八届三中和四中全会对法治宣传教育与普法工作提出的新要求，提出了“总体法治宣传教育观”这一理念。报告全面系统地论述了“七五”普法规划实施期间，如何根据“总体法治宣传教育观”的各项要求，实现普法主体的“精细化”、普法对象的“全覆盖”、普法内容的“系统化”、普法手段的“现代化”、普法效果的“指标化”、普法工作格局的“法治化”，以及如何更好地关注和保障普法领导体制的“统一性”、普法运行机制的“高效性”，从而提升法治宣传教育与普法工作的实效，强化法治宣传教育与普法工作在促进全民守法、建设法治社会中的重要作用。报告提出，要转变普法工作方式，实现从被动型“受法”到主动型“学法”、从重视普法工作的数量指标转而关注普法工作的质量和实效的战略转型，充分发挥每一个普法参与者的主动性和积极性，努力形成稳定可靠的全民尊法知法懂法守法用法的法治宣传教育长效机制。

**《推进农地三权分置经营模式的立法研究》**

孙宪忠（研究员）

论文　30 千字

《中国社会科学》2016 年第 7 期

中共十八届三中全会决定要在我国农村推行“三权分置”的经营模式。该文认为，试验区的经验证明，“三权分置”不但具有建立规模化农业、绿色农业、科技农业和提升我国农业产业地位的优势，而且还有保障农民收入、改善农村以及农业生态，从而解决困扰多年的“三农问题”的优势。该文认为，在作者进行相关问题的调研时，发现我国相关立法并不能对“三权分置”提供有力的支持和制度保障。现在特别需要创新设置物权性质的土地经营权。报告的事实依据是作者多年跟踪研究农村土地权利发展状况的调查。调查已经持续多年，主要采取走访田间地头、百姓人家的方式，所以只有现场笔记而没有发放调查问卷。文章的着眼点是立法研究报告，报告结语部分指出，只有准确理解中央关于“长久不变”的精神，才能够为三权分置建立坚实的理论基础和配套制度。

## 国际法研究所

**《刑事法前沿》（第九卷）**

陈泽宪（研究员）主编

专著　264 千字

社会科学文献出版社　2016 年 10 月

该书面向全国刑事法学界，反映学科前沿动态和发展趋势，展示了众多名家及青年学者的研究成果；密切关注国际刑事法学界的最新研究动态，选用国际知名刑事法学家教授首发的重要论文，荟萃高水平国际学术研讨会的优秀文章和精彩评论。

**《省级地方立法研究报告——地方立法双重功能的实现》**

刘小妹（副研究员）

专著　121 千字

中国社会科学出版社　2016 年 10 月

该书将省级地方性法规分为实施性立法和自主性立法（含先行性立法）两类，采取点面结合、内外兼顾、数量与质量并重的方法和视角，既对地方立法内部的体制机制建设及其成效予以细致阐述，分析地方人大在提高立法质量方面的制度性创新与成效，同时又关注地方立法产生的外部结果，通过对5637件省级地方性法规的大数据分析，呈现省级地方立法的总体规律和特点，并重点对省级地方性法规实施国家法律的情况采取横向比较、纵向比较以及法律—地方性法规双向分析的方法，精确考察各省级地方主动制定实施国家法律细则的情况，以及现行有效的253件法律被省级地方立法具体化、配套化的情况。最后，针对省级地方立法实践中存在的问题及薄弱之处，提出了加强省级地方立法的几点建议。

**《美洲人权法院引渡第一案的意义及其启示》**

柳华文（研究员）

论文　15千字

《东南大学学报（哲学社会科学版）》2016年第6期

该文认为，人权问题常成为国际追逃过程中遣返、引渡工作的障碍。美洲人权法院审理的中国公民黄海勇诉秘鲁案典型地反映了中国对外追逃工作面临的挑战和问题。在此案的审理过程中，中国专家证人通过提供书面证词和出庭作证，协助秘鲁政府应诉，成功反驳了原告方的相关主张。2015年6月，法院判决由于不存在死刑和酷刑风险，秘鲁政府可以将黄海勇引渡回中国。这是美洲人权法院关于引渡框架下国家保障人权义务的首个案例，对于接受法院管辖的国家有直接的法律效力，对欧洲人权法院等区域性人权司法机构和其他国家和地区也具有一种启示作用。作为既有案例，美洲人权法院在此案中总结和运用的法理在国际法和国内法上都具有重要的影响和启示。

**《贸易与人权的联结——试论欧盟对外贸易政策中的人权目标》**

蒋小红（研究员）

论文　15千字

《欧洲研究》2016年第5期

该文认为，欧盟的对外贸易政策是欧盟对外人权政策发挥作用的主要领域。为全面贯彻人权主流化目标，欧盟不断强化贸易与人权的联结。欧盟贸易政策从多边主义向双边和区域主义的转变客观上促成了欧盟贸易与人权联结的空前兴起。欧盟主要借助自主性的立法措施和契约性安排—缔结国际贸易协定这两种法律工具来实现贸易与人权的联结。欧盟对外贸易政策中人权目标的设立和实施面临着合法性、一致性、有效性和公信力等诸多问题和挑战。这些问题和挑战也从另一个角度再次证明，国际合作是促进国际人权保护的最好的、最令人接受的方式。

**《大国司法：中国国际民事诉讼制度之重构》**

刘敬东（研究员）

论文　18千字

《法学》2016年第7期

该文认为，与世界上发达国家特别是西方大国相比，中国国际民事诉讼制度尚显落后。如何以大国司法理念推动我国国际民事诉讼制度的重构，是当前我国法治建设中一项极为重要的课题，也是中国彰显大国地位、在全球治理中发挥大国作用的前提和必要条件。在现阶段，中国应当秉承大国司法理念，借鉴大国司法核心要素，运用大国司法应具备的制度内涵完善现行国际民事诉讼制度。这是中国实现“一带一路”、海洋强国等新时期国家建设构想的必然要求，是中国进一步提升全球影响力和竞争力的法治保障，是新形势下全球经济治理赋予中国的重要使命和历史责任。

**《比较视野下的亚投行贷款条件研究》**

廖凡（研究员）

论文 11 千字

《法学杂志》2016 年第 6 期

该文认为，“条件性”是多边开发银行贷款尤其是政策性贷款的重要特点，相关条件涵盖政治、经济、环境、社会等多个方面。亚投行贷款与世界银行、亚洲开发银行等现有多边开发银行贷款之间的区别，主要在于贷款条件的性质、内容和特点。就现阶段而言，亚投行的投资领域较为集中，即本区域基础设施建设和相关的生产性领域，从而使其贷款条件得以围绕经济事项展开，而不像世界银行和亚开行的政策性贷款那样，不同程度地介入公共管理和政治领域。“非政治化”的基本原则使得亚投行的条件性相比其他多边开发银行有所简化和弱化，有助于确立和发展多边开发融资的新范式。未来如何在商业性与政策性之间取得恰当平衡，决定着亚投行的发展融资在多大程度上取得成功。

**《国家安全审查制度中的外国投资者识别——兼评〈外国投资法（草案征求意见稿）〉》**

黄晋（副研究员）

论文 8 千字

《中国社会科学院研究生院学报》2016 年第 3 期

该文认为，国家安全审查制度的复杂性迫切要求我国建立一套更为完整和实用的规制制度。在该制度框架内，识别外国投资者显得尤为重要，这是因为它不仅有利于向外国投资者明确申报义务，同时也方便我国外国投资安全审查机构对交易进行审查。我国《外国投资法（草案征求意见稿）》首次建立了外国投资者识别制度。与美国、德国和日本等国家相比，草案中的外国投资者识别制度还有待于进一步改进和提高。

**《境外仲裁机构在中国内地仲裁的法律问题研究》**

李庆明（副研究员）

论文 17 千字

《环球法律评论》2016 年第 3 期

该文认为，自 2013 年起，最高人民法院逐渐改变了不认可约定境外仲裁机构在中国内地仲裁的仲裁协议效力的立场，开始承认其合法性和有效性。境外仲裁机构在中国内地作出的裁决并非“非内国裁决”。如何支持和监督境外仲裁机构在中国内地仲裁，以及依据何种标准来认定是否承认与执行其作出的裁决，是允许境外仲裁机构在中国内地仲裁方面尚待解决的问题。中国内地当事人日益广泛参与境外仲裁的现实，以及发展涉外法律服务业和提升中国仲裁国际性和公信力的需要，都要求允许境外仲裁机构在中国内地仲裁。有必要及时修改《仲裁法》，明确将仲裁地作为认定裁决国籍的标准，并同等对待境外仲裁机构与我国涉外仲裁机构在中国内地进行的仲裁。

**《解析欧盟移民法：历史演进、现实困境与发展趋势》**

郝鲁怡（副研究员）

论文　1.6 千字

《环球法律评论》2016 年第 2 期

该文认为，欧盟一体化共性治理与主权国家多元需求的根本矛盾制约着欧盟移民法的一体化结构与功能，不仅对其外部移民领域的决策与立法带来显著的局限性，也为欧盟移民法的现实困境和发展埋下隐患。欧盟一体化共性治理与成员国多元需求之间蕴含着矛盾与张力，欧盟移民法价值目标往往以尖锐的冲突与对立范式呈现出来，譬如“内部自由”与“外部安全”、外来移民的“排斥”与“包容”、外部边界的“开放”与“严控”、政策效率与个人公平等。欧盟亟须对冲突的价值目标进行权衡与抉择，这对于拥有 27 个成员国的欧盟而言，无疑是一个严峻的挑战。

**《生育产假制度发展的国外经验及其启示意义》**

李西霞（助理研究员）

论文　10 千字

《北京联合大学学报（人文社会科学版）》2016 年第 1 期

该文认为，生育产假制度是保护生育妇女的重要制度之一。基于生育产假制度国外创建的新生儿父亲陪护假和父母育儿假制度，极大地推动了男女两性在有偿工作中的机会平等和无偿家务劳动中的责任分担，显著提高了生育保护水平。目前我国为应对人口老龄化问题，将实施“全面二孩”政策，以期鼓励生育。这在客观上要求建立新生儿父亲陪护假和父母育儿假等配套制度，促进对生育妇女的有效保护。鉴于《人口与计划生育法》和绝大多数省、直辖市和自治区的计划生育条例都对新生儿父亲陪护假（男性陪护假）作为奖励性措施进行规定，该文建议应先行在国家层面将陪护假转化为法定权利，建立新生儿父亲陪护假制度，之后在条件成熟时再建立父母育儿假制度。

**《残疾人权利公约中的合理便利——考量基准与保障手段》**

曲相霏（副研究员）

论文　33 千字

《政法论坛》2016 年第 2 期

该文认为，合理便利是联合国《残疾人权利公约》的一个关键概念，也是国际人权法的一个新概念。《残疾人权利公约》中的“便利”广泛而全面，只以“合理”为限制条件。“合理”可以从“有效”、“必要”、“适当”和“不造成过度或不当负担”四个方面予以解释。合理便利的提供者不能拒绝为合理便利承担大于微不足道的经济成本，只有“过度的或不当负担”才可以作为免责理由。在判断不当负担时，成本—收益的经济分析是基本但不唯一的分析工具。合理便利不同于无障碍建设，其基本特征是个人化和协商性，一般要求提供者积极行动、区别对待。《残疾人权利公约》缔约国对合理便利承担着三重义务，即直接提供的义务、“确保”提供的义务和促进的义务。合理便利反映了反歧视手段和工具的新发展，人权理论中的连带关系理论和财产权的社会义务理论为合理便利提供了正当性支持。

**《认真对待国际法——基于对亚洲各国宪法文本的考察》**

戴瑞君（副研究员）

论文 22千字

《国际法研究》2016年第4期

该文认为，一国如何对待国际法，从理论上说属于国际法与国内法的关系问题，在实践中是国家如何执行国际法、适用国际法的问题。在国内法上，这一问题取决于宪法的规定。该文在考察亚洲各国宪法文本的基础上认为，绝大多数亚洲国家在宪法中对国际法的地位有所规定，它们分别从对国际法的一般态度、国际法是否属于国内法律体系的组成部分、国际法在一国法律体系中的法律位阶、国际法在国内的适用方式等方面对国际法与国内法的关系作出规定。这些国家的宪法的相关规定尽管在内容和措辞上存在较大差异，但其背后蕴含着明显的共性和趋势：大多数国家明确承诺遵守国际法，同时赋予国际法特别是其中的国际人权法以优先效力；国际法日益得到重视和善待。亚洲多数国家处理国际法与国内法关系的宪法事例可以为构建中国的国际法实施制度提供借鉴。

**《从限权到赋权：面向未来的互联网贸易规则》**

孙南翔（助理研究员）

论文 13千字

《当代法学》2016年第5期

该文认为，互联网技术创造出一个与实体空间相平行的网络空间，并促进互联网贸易的发展。由于互联网技术的外生性、贸易对价的特殊性以及多边贸易协定的局限性，互联网贸易需要新的贸易规则进行调整。在理论上，以消除电子贸易障碍和增强贸易商电子权利为导向，互联网贸易规则可分为确权性规则、限权性规则和赋权性规则。在实践中，升级互联网贸易规则的方法将从限权路径走向赋权路径。由此，在推进“互联网+”战略的过程中，我国应避免对互联网贸易施加不必要的电子贸易障碍，并赋予贸易信息的自由流动权，以此推动全球互联网贸易的自由有序的发展。

**《习近平法治道路思想探析》**

刘小妹（副研究员）

论文 12千字

《法学杂志》2016年第5期

该文认为，习近平关于中国特色社会主义法治道路的思想是中国特色社会主义道路理论在依法治国领域的创造性运用。习近平法治道路思想的形成，对于党领导人民坚持走中国特色社会主义道路，对全面推进依法治国、建设社会主义法治国家都具有极为重要的指导意义。中国特色社会主义法治道路以坚持党的领导、坚持中国特色社会主义制度、贯彻中国特色社会主义法治理论为核心要义，以坚持中国共产党的领导、坚持人民主体地位、坚持法律面前人人平等、坚持依法治国和以德治国相结合、坚持从中国实际出发为基本原则，回应法治建设的中国问题。法治道路的实现方式是以中国特色社会主义法治体系建设为总抓手，坚持依法治国、依法执政、依法行政共同推进，坚持法治国家、法治政府、法治社会一体建设，坚持科学立法、严格执法、公正司法、全民守法协调发展。

**《菲律宾南海仲裁案管辖权与可受理性裁决书评析——以事实认定和证据使用为角度》**

何田田（助理研究员）

论文　22千字

《国际法研究》2016年第2期

该文指出，2015年10月29日，依据《联合国海洋法公约》附件七，由菲律宾单方请求组成的仲裁庭以全体一致的方式，对菲律宾单方提起的仲裁请求作出了关于管辖权与可受理性问题的裁决。事实认定与法律适用属于裁判过程中不可或缺的两个基本依据。而仲裁过程中的事实认定，从根本上就是裁判者对证据的采纳、评估与解释过程。该文从仲裁庭裁决书的思路出发，结合国家间仲裁的特点，以事实认定和证据使用为角度，评析裁决书中在这两方面存在的问题，同时提出仲裁庭在实体阶段的审理中可能面临的问题。虽然仲裁庭在认定事实方面拥有较大的自由裁量权，但对于证据的提供、采纳、评估与解释依然需要以公平原则为基础。

**《中国独立行使审判权制度的历史考察》**

田夫（助理研究员）

论文　17千字

《环球法律评论》2016年第2期

该文认为，中国宪法上的独立行使审判权制度源自苏联，并经历了“五四宪法”第78条和“八二宪法”第126条的发展。长久以来，中国法学界围绕“五四宪法”第78条与“八二宪法”第126条，展开了热烈的比较与争论，其实质在于如何理解独立行使审判权制度。对“八二宪法”第126条的宪法解释表明，其涵义既不包括党、国家权力机关、检察机关不能干涉人民法院依法独立行使审判权，也不包括党、国家权力机关、检察机关可以干涉人民法院依法独立行使审判权，而是留下了一定缺漏。这暗合了党政机关和领导干部干预司法的现象，由此，需要从党政关系层面进一步反思独立行使审判权制度，在中共十八届四中全会提出建立防止党政机关和领导干部干预司法制度的背景下，可以考虑在适当时机推动宪法的修改，恢复“五四宪法”第78条的规定。

## 政治学研究所

**《社会组织腐败治理机制变迁与发展》**

王红艳（副研究员）

论文　20千字

《政治学研究》2016年第2期

该文认为，改革开放以来的实践表明，我国选择了从法制性治理、行动式治理和构造性治理三种路径入手对社会组织腐败问题实施治理，并逐步形成了以此三种方式为主轴的社会组织腐败治理机制。其间，这套机制从维度上看发生了从单线向多元的转变，从关系上看发生了从彼此分离到相互关联的转变，从作业面上看发生了从笼统的宽泛式治理向针对性更强的专项治理的转变，从力度上看发生了由弱到强的转变。这套机制为治理我国社会组织腐败问题发挥了积极作用。在新形势新背景下，社会组织发生腐败的可能性、发现社会组织腐败的可能性均将增加，社会组织腐败治理难度也将增加，而社会组织腐败治理机制优化压力将进一步加大，优化目标将进一步清晰，优化重点将进一步明确，一套更有效、结构化程度更高的治理机制呼之欲出。

**《以消灭阶级为基础的政治形式——正确理解巴黎公社政治体制的意义》**

彭才栋（助理研究员）

论文　12 千字

《政治学研究》2016 年第 6 期

该文认为，1871 年巴黎公社的政治体制是以消灭阶级为基础的政治形式，而消灭阶级不仅需要消灭私有制，而且需要消灭劳动者的分工，因此巴黎公社政治体制是对经济基础高度挑剔的政治体制，并不是无产阶级专政的普遍有效形式。在《法兰西内战》中，马克思只肯定了巴黎公社政治体制的历史意义，并没有有意识地探讨其现实有效性问题，这种评价是时代性和策略性的产物：当时科学社会主义尚处于理论探讨阶段，还无暇顾及后一问题；《法兰西内战》作为政治宣言的性质促使马克思有意识地回避了巴黎公社的错误，以免不合时宜地责备正在流血牺牲的战士。人们在反思现实中的社会主义政治体制的弊端时往往会滋生照搬巴黎公社政治体制的教条主义倾向。这种倾向在我国改革开放以来已经有明显的好转，但仍然存在，对巴黎公社政治体制的借鉴有待进一步科学化。

**《谈谈当代中国政治学方法论问题》**

房宁（研究员）

论文　12 千字

《政治学研究》2016 年第 1 期

该文认为，当代中国政治学需要一次新的方法论变革，需要超越传统的和现有的研究视域和研究方法。改革开放历史新时期，中国政治学得到了恢复和发展，在研究整理马克思主义政治理论、介绍西方政治学说和研究中国社会主义现代化进程中的政治建设等方面取得了一定成绩。但中国政治学发展状况和水平与时代要求尚有较大距离，中国政治学的实践影响力比较薄弱，尚未形成完整的具有中国特色的学科体系和学术流派。中国政治学要跟上时代前进的步伐，满足社会发展的需要，当务之急是转变研究范式和创新研究方法，从注重运用现有的中西方理论说明中国现实转向关注中国实践、创新中国理论，从注重文本研究转向注重实证性研究、经验性研究，更多地采取现场观察法、比较研究法和典型调查法研究当代中国的政治实践与政治发展，以期对当代中国社会发展与进步作出更大贡献。

**《个体与区域变量对公民选举参与的影响——基于8506份中国公民有效数据的分析》**

郑建君（副研究员）

论文　22千字

《政治学研究》2016年第5期

在县、乡人大代表选举研究中，影响选民参与的因素及其作用机制是重要的研究议题。该文整合个体和区域两个水平的相关因素，通过在北京、天津、黑龙江、浙江、山东、湖北、安徽、陕西、甘肃和广西壮族自治区等10个省、自治区、直辖市的问卷调查，获得8506份中国公民的有效数据，并采用多层线性模型技术对大样本嵌套结构数据进行分析。分析结果显示：个体水平因素对选民在县、乡人大代表选举中的参与行为具有显著的预测作用，而这一预测作用存在显著的区域间差异。具体而言，在个体水平上，个体特征因素（年龄、个人收入、政治面貌、户籍类型等）和政治参与心理（意愿和效能感）对选民在县、乡人大代表选举中的参与行为差异具有显著的预测作用；在区域水平上，地市一级的GDP、就业状况和公共财政预算收入等因素对选民在县、乡人大代表选举中的参与行为差异具有显著的预测作用。

## 民族学与人类学研究所

**《俄藏黑水城文献》（第25册）**

史金波（研究员）等

古籍整理　200千字

上海古籍出版社　2016年7月

该书为《俄藏黑水城文献》的西夏文佛教部分。佛教是享国一百九十余年的西夏王朝境内主要的宗教，保存的佛典多达四百余种，不仅有经律论，还有疏义经传等，译本则取自汉传佛书，也有译自藏文者。许多佛典有场面恢宏、刻印细微的弘法经图，有序跋、发愿文、题款，并列出著译校者姓名，史料价值极高。

**《“丝绸之路”上的少数民族》**

史金波（研究员）

论文　14千字

《历史教学》2016年第6期

“丝绸之路”历史上是一个多民族地区，各民族对“丝绸之路”的形成和发展都发挥着重要作用，作出了历史性贡献。通过“丝绸之路”东西方在经济、科学技术方面密切交流，推动了沿线社会的发展，有助于世界文明的进步。“丝绸之路”各民族在文化上互相学习、渗透、吸收，在语言和文字上相互交流、借鉴，出现了很多翻译作品和双语人才。“丝绸之路”是各民族互相吸收、交融的典型地区，总的趋势是民族逐渐减少，各民族共同点越来越多。“丝绸之路”的巨大贡献是通过和平交往，对沿线各国、各民族都带来福祉。中国提出建设“一带一路”的倡议，借用“丝绸之路”的历史经验，推动横跨亚洲、非洲和欧洲的地区发展合作框架，符合历史发展规律，顺应国内外的民心民意。

**《“一带一路”倡议与中华民族的复兴》**

何星亮（研究员）

论文 14 千字

《云南社会科学》2016 年第 5 期

"一带一路"倡议对复兴中华民族具有重要意义。它是中国人提出的合作共赢、共同富裕的国际性现代化构想，是近代以来中国人提出的第一个"走出去"的发展构想，是促进国内东西部平衡发展的措施，是海防和塞防并重的体系，是古代丝绸之路的超越版和升级版。"一带一路"倡议是中国前所未有的发展创新，是一项举世瞩目的系统工程。中国将通过"一带一路"建设，为沿线国家实现现代化作出应有的贡献，为世界发展中国家的平衡发展、共同富裕和社会稳定担负起更大的国际责任。

**《文化人类学理论的类型及其构建方法》**

何星亮（研究员）

论文 12 千字

《中南民族大学学报（人文社会科学版）》2016 年第 2 期

该文认为，通过分析人类学理论的特征、类型和功能，探讨人类学理论建构的方法理论上具有普遍性、抽象性、逻辑性和验证性的特征。理论的类型可以从不同的角度分类，从理论的形态来划分，人类学理论可分为宏观理论、中观理论和微观理论；从理论的科学性来划分，可分为成熟理论、未充分验证的理论和未验证的理论三类。理论的功能有多种，主要有认识的功能、解释的功能、预测的功能和指导的功能。理论与概念不同，概念是理论的构成要素。理论的建构通常有逻辑演绎法、归纳探索法、由果究因探索法和联想探索法。只有在理论和方法上进行创新，才有可能构建真正具有中国特色的人类学理论和方法。

**《中国社会保障收入再分配效应研究——以社会保险为例》**

王延中（研究员）等

论文 24 千字

《经济研究》2016 年第 2 期

社会保障是调节收入分配的重要工具。社会保障的收入再分配作用需要在客观调查的基础上充分考察社会公众的主观评价。中国社会科学院课题组 2012 年在四川、黑龙江、湖南、山西、江苏、海南等省采用经验分层和非严格随机抽样的方法进行了城乡入户问卷调查，对社会保障的收入再分配效应进行了宏观理论分析和实证分析，包括社会保障收入再分配效应的客观测量与主观评价。该文认为，我国社会保障收入已经成为城乡居民收入的重要组成部分，社会保障在调节收入分配方面发挥的作用日益显著。从总体上看，社会保障制度是用来缩小收入差距的，但是的确存在一些扩大收入差距的制度安排。由于多方面的原因，我国社会保障制度调节收入分配方面的效果还存在若干亟须解决的重要问题。

**《我国哲学社会科学研究存在的问题与建议》**

王延中（研究员）

论文 5 千字

《学术界》2016 年第 2 期

该文认为对于改革开放以来我国哲学社会科学的繁荣发展特别是取得的巨大成绩、作出的巨大贡献应予以高度肯定和积极评价，但是当前哲学社会科学研究领域存在的问题也不少。该文在分析问题产生原因的基础上，结合哲学社会科学创新工程的实施，提出解决问题的思路和具体建议。

**《深化社会保障与公共服务制度改革的思考》**

王延中（研究员）

论文　5千字

《国家行政学院学报》2016年第2期

社会保障和公共服务制度既是基本公共服务均等化建设的重要内容，更是完善公共治理体系的重要环节。该文认为，第一，健全社会保障体系，提升社会保障国家治理功能。社会保障体系功能的发挥，有赖于社会保障治理自身体系的完善。要从国家治理现代化的角度谋划社会保障治理体系建设，努力形成法治保障、政府宏观管理、专业机构实施、社会广泛参与的社会保障治理体系。第二，深化社会服务供给体制改革，提升社会服务效率和公平性。一是改革事业单位人事管理，构建体现社会服务技术人员特点的薪酬制度；二是完善政府公共服务购买制度，建立竞争性公共资源配置机制；三是积极发展社会公共服务组织，努力开创社会服务社会化的新路径。

**《当代国外民族分离主义与反分裂研究》**

刘泓（研究员）等

专著　350千字

中国社会科学出版社　2016年10月

该书选取基本能够反映当前国外分裂势力特点的案例进行研究，分析了相关国家分裂势力的形成、发展与活动规律，以及它们为反对、遏制和打击分离主义势力所采取的战略。重点探讨了有关国家对反分裂工具和各种资源的运用，以及反分裂理论和法理基础的研究。

**《民族地区家庭住房财产的城乡和民族差异》**

丁赛（研究员）

论文　22千字

《民族研究》2016年第1期

该文利用2014年民族地区家庭住房财产调查数据，对所调查的民族地区的城乡和不同民族家庭的人均住房财产进行分析研究后发现：农村受访家庭的人均住房财产均值相当于城镇受访家庭的59.52%；不同民族和城乡受访家庭的人均住房财产存在差异。家庭人均住房财产的基尼系数表明，民族地区城乡家庭人均住房财产不均等程度不高，不同民族家庭的人均住房财产不均等程度存在差异。通过对城乡和民族因素进行分解后证实，城乡各自内部的差距对总体的家庭人均住房财产差距贡献达到了90%以上；汉族家庭和少数民族家庭之间的住房财产不均等差异对家庭人均住房财产不均等的影响都在5%以内。目前民族地区城乡及不同民族家庭住房财产差距不大的良好态势应继续保持，避免快速扩大所带来的危害。

**《12世纪河西方音中的党项式汉语成分》**

孙伯君（研究员）

论文　15千字

《中国语文》2016年第1期

《番汉合时掌中珠》等西夏文献所记录的12世纪河西方音是"党项式汉语"，属于汉语西北方音的民族变体。母语为非汉语的人说汉语时，受本族语的影响，他们口中的汉语会发生音素的替代、增加、失落等现象，这种汉语的变读形式与语音的历时演化无关，不能作为真正的方言语音变化形式纳入汉语的历时演化序列。利用番汉对音资料研究古代汉语时，只有仔细分析汉语与这些民族语声韵特点的差异，剥离其中的变读成分，才能更好地还原古代汉语的语音形式。

**《先秦两汉时期民族观念与国家认同研究》**

彭丰文（副研究员）

专著 451 千字

中国社会科学出版社 2016 年 3 月

该书对中国古代“国家”“国家认同”概念进行了辨析界定，在此基础上，紧紧围绕“中国古代统一多民族国家的形成发展”这个中心议题，考察了先秦两汉时期民族观念与国家认同的形成发展历程及其历史意义。作者认为，先秦时期，中国传统文明已经显示了追求“大一统”政治的文化特质；两汉时期，“大一统”特色的中国古典国家认同正式形成并不断得到发展和巩固。两汉时期国家认同包含鲜明的“大一统”意识和政治继承意识，开启了中国古代重视政治传承与思想教化的传统，为保持中华文明的连续性、为中国古代统一多民族国家基本格局的形成和发展，提供了重要的精神源泉。从国家认同建构的角度来看，秦、汉王朝的兴亡也为后世提供了宝贵的历史经验和教训。

**《西双版纳傣泐的居住空间结构及其认知逻辑》**

艾菊红（副研究员）

论文 14 千字

《民族研究》2016 年第 1 期

该文认为，西双版纳傣泐所营造的居住空间体现为“家屋—村寨—勐”逐层向外扩展的层级结构。每一层级在家神、寨神和勐神的分别荫庇下，构筑起内向、封闭、洁净、有序和安全的内部空间。这种内外分隔的空间秩序构成了傣泐社会运转的基本空间图式，是傣泐人观和宇宙观的重要反映。

**《制度环境视角下的民族地区企业社会责任研究》**

刘玲（助理研究员）

论文 14 千字

《民族研究》2016 年第 4 期

民族区域自治制度是观察民族地区企业社会责任履行情况的基本制度维度。该文将研究视角聚焦于民族地区，重点考察民族地区企业社会责任制度环境的一般性与特殊性，并通过对民族地区上市企业社会责任报告的比较和分析，探讨制度因素与社会责任行为的关系，检验民族地区企业对自身责任的认知情况，以及民族区域自治制度在民族地区企业社会责任建设中的影响和作用，以期得出有益于实践和制度建设的结论。

**《水道画卷：清代京杭大运河舆图研究》**

王耀（助理研究员）

专著 241 千字

中国社会科学出版社 2016 年 4 月

该书是对海内外现存清代京杭大运河舆图的较系统深入的调查、整理和研究。“调查、整理”体现为：弄清运河图藏图机构、收藏路径、图幅保存状况，并进行分类和编目。“研究”则集中体现在三个层面：一是研究单幅运河图图幅内容、表现年代、图幅价值、版本源流等问题；二是探讨不同类型运河图的特征、背景等，并归纳总结运河图绘制内容的时空差异及成因；三是发掘运河图图像史料的价值，进行图史互证、以图证史的研究尝试。总之，该书是对中国古地图中类型图研究的新探索。

## 社会学研究所

**《建设中国特色福利社会》**

景天魁（研究员）等

专著　300千字

中国社会科学出版社　2016年10月

中国能不能建设福利社会？该书对此作出了肯定的回答，并且论述了中国特色福利社会与西方“福利国家”的区别，论证了建设中国特色福利社会的必要性和可行性。该书认为，“中国特色社会主义福利社会”是全体人民都能够各尽所能，都对社会作出自己的贡献，同时能够公平地享有社会福利，合理地分享经济和社会发展成果，真正实现共同富裕的社会。该书从社情人情、文化传承、政治制度、经济条件等四个方面分析了福利模式的制约条件，提出以教育为基、劳动为本、服务为重、健康为要，是中国特色福利模式的四大特点和优势。

该书依托对福利社会概念的界定、底线公平福利模式和普遍整合型福利体系的提出，以及对福利体系建设的政策探讨，推动了福利社会学在中国的兴起。

**《超越城乡：资源、机会一体化配置》**

王春光（研究员）

专著　271千字

社会科学文献出版社　2016年9月

该书认为，城乡一体化的本质是机会一体化，资源投入和配置虽然重要，但是如果不能带来机会的增加和平等化水平的提高，就不能算是推进城乡一体化。该书通过田野调查，并借助于现有的国家统计数据，从经济发展机会、社会福利机会、公共服务、城市化、社会管理体制等多个维度论证了以超越城乡视角看待城乡一体化的重要性、必要性和可行性，力图矫正现有的不合理的城乡一体化做法和认识误区，对理解当前我国城乡社会变迁以及城乡政策，具有一定的穿透力和解释力。

**《迈向社会治理的基层实践》**

王春光（研究员）　房莉杰（副研究员）等

专著　361千字

经济管理出版社　2016年10月

该书引入社会治理视角来分析基层社会管理和服务问题，研究就业、教育、司法、医疗、养老、反贫困与社会救助等社会服务实践在县域范围如何得以实现和发展，着重探讨社会服务传递中的治理关系与挑战。该书认为，长期以来，基层社会服务主体相对单一，缺乏多元主体，难以满足民众日益增长并多元化的服务需求。国家应该从制度、政策、资源等方面促进多元主体的发展，为他们参与基层社会服务提供更大的空间、机会和支持。

### 《中俄青年比较：现在与未来》

李春玲（研究员）等

专著　358 千字

社会科学文献出版社　2016 年 8 月

该书认为，中国和俄罗斯的当代青年都成长于大变革的时代。中国青年伴随三十多年的经济改革浪潮而成长，充分享受了经济高速增长带来的生活条件的改善，同时承受了随之而来的市场竞争压力和风险。俄罗斯青年则经历了苏联解体带来的政治动荡和经济衰退，又迎来了近十几年的经济复苏和快速增长。两国的变迁既有共通之处，又有所不同。该书通过“社会变迁与青年研究”“青年人口的基本特征”“文化、认同、价值观”“消费与休闲”“教育与就业”“恋爱、婚姻、家庭”“意识形态与政治参与”“互联网与公共生活”等 8 个方面内容阐述了中国和俄罗斯当代青年的境遇与态度，揭示两国社会转型的某些内在机制和长远趋势。

### 《社会福利建设研究的民意视角》

李炜（研究员）

专著　233 千字

经济管理出版社　2016 年 3 月

该书以国内四个地区的实地调查数据资料为基础，从民意研究的视角，系统地考察了普通公众与专业人士对我国当前社会福利体系六大领域的认知、态度、需求和意见，以及当前社会保障制度整合统筹的标准和方向，揭示了在社会福利领域存在着公众和专家不同的政策偏好差异。该书提出专家群体的利益卷入削弱了其工具理性的中立立场，存在着维护自身利益而引导公共政策选择偏好的驱动，提倡引入“协商式民主”方式和“专家竞争体制”，提升公共政策的决策民主化与科学化。

### 《提升社会质量的社会政策建设》

李炜（研究员）等

专著　151 千字

社会科学文献出版社　2016 年 10 月

该书在理论层面阐述了社会质量、社会政策与社会发展的关系，将社会质量研究范式看作社会发展理论的新拓展。在资料层面以大规模的全国公众调查和上海、广东、吉林、河南、甘肃、云南等六省市的典型调查的数据资料为基础，描述和分析我国城乡社会质量的现状，揭示社会政策的现状与问题所在；在政策层面提出以深化社会质量为导向的社会政策建设，保障民众基本生活，提升社会凝聚，促进社会融入，注重社会赋权，希冀为社会政策建设提供可资参考的导向和衡鉴标准。

### 《家庭负担系数研究》

田丰（副研究员）

专著　173 千字

社会科学文献出版社　2016 年 6 月

该书认为，家庭作为社会生活的基本单位，在人类历史上扮演了极其重要的角色。家庭负担系数可以作为衡量一个地区整体家庭负担状况的宏观指标，也可以作为测量一个家庭负担状况的微观指标，有助于以家庭为单位的社会政策制定。家庭负担系数首先是一个可以测度微观层面上家庭负担的指标，以人口数量为纲量的家庭负担系数可以根据家庭成员构成不同，匡算出家庭负担的大致情况；而以负担为纲量的家庭负担系数由于使用了调查数据，既能够直接计算出每个被调查家庭的负担状况，也能够通过对调查数据的分析，间接匡算出家庭负担的情况。根据家庭负担系数可以依据家庭负担的大小对家庭进行分类计算，从而在微观层面关注和测量家庭负担的实际状况和变动趋势。依据家庭负担系数的大小将家庭划分为不同等级，既能够精细地计算单个家庭实际的负担状况，也能够提高社会政策的有效性。

**《找回家庭：农村代际合作与老年精神健康》**

王晶（副研究员）

专著　243 千字

社会科学文献出版社　2016 年 4 月

该书从家庭代际关系入手，观察和分析农村老年精神健康问题。从一个变迁与延续的视角，研究中国家庭代际合作的可能性和现实性。该文认为，在以“照顾孙辈为中心的代际合作”中，父子二代家庭因为隔代养育重新成为一个赡养单位；在以“照顾父辈为中心的代际合作”中，女儿的重新介入补充了儿子外出流动无法侍亲的不足。在市场化环境下，家庭功能因为重新整合而产生了有别于西方社会的魅力，而这种魅力是以对农村老年人生活健康（包括精神生活健康）“有利”还是“不利”作为衡量的尺子。该文认为，老年人经济交换能力越强、隔辈照护付出劳动越多时精神健康水平就越高，在市场化环境下，农村老年人的“工具性价值”是决定晚年精神健康的重要变量。这也说明，市场化条件下形成的代际合作是相当不稳定的，代际亲情在经济互助消退之后变得非常脆弱。

**《汉藏之间的康定土司：清末民初末代明正土司人生史》**

郑少雄（助理研究员）

专著　224 千字

生活·读书·新知三联书店　2016 年 5 月

该书通过对清末民初康定末代明正土司人生史的叙述，反映了处于汉藏之间的康区土司的政治历程，在此基础上进一步揭示了汉藏历史关系的模式及生成机制，对当代边疆少数民族地区的治理提供了洞见。该书的重点体现在：(1) 对族群认同非本质主义的理解；(2) 通过地方文献和口传材料来分析历史应然模型；(3) 从中间地带着手来处理汉藏和谐相处的文化机制；(4) 把区域政治放到经济（贸易）、交通、亲属制度、生态环境的情境中来理解，都是新时期进行康藏研究时值得借鉴的创新。而人生史研究的方法论意义在于，既充分关注了结构的作用，也承认能动性的力量，充分论证了结构性和能动性、个体和社会之间并非截然对立，个体的人生可以实现两者的勾连。

**《废品生活：垃圾场的经济、社群与空间》**

胡嘉明（助理教授）　张劼颖（助理研究员）

专著　80 千字

香港中文大学出版社　2016 年 5 月

该书是一本视角独特的人类学作品，一系列的田野考察呈现和讲述了在经济迅速发展之下，北京城乡废品从业者的生活世界，并将垃圾视作参与社会政治关系的物质，审视它如何有机地参与中国的转型社会过程：阶层断裂、政策壁垒、城乡经济文化差异、农民工流动性和城乡隔阂，纠缠在一起。

## 社会发展战略研究院

### 《社会组织与社会治理》

张翼（研究员）主编

专著 645千字

经济管理出版社 2016年6月

该书基于现代组织理论和社会治理理论，旨在回答关于我国组织体系发展和社会治理体制创新的三大问题。第一，改革开放以来，我国的社会组织体系（政府组织、企业组织和社会组织）及其运作机制发生了怎样的改变，其深层原因是什么；第二，这种新的社会组织体系对我国原有社会治理体制造成了什么样的问题和挑战；第三，如何创新社会治理体制和机制，打造政府组织、企业组织及社会组织“多方参与、共同治理”的社会治理新格局。该书基于中国情境的探索不但有助于丰富关于现代组织和社会治理问题的经验研究，也有助于修正、完善现有基于西方的组织理论和社会控制、社会治理理论，并对创新我国社会治理体制、提高社会治理水平提供政策启示和借鉴。

### 《当代中国社会结构变迁与社会治理》

张翼（研究员）主编

专著 582千字

经济管理出版社 2016年4月

改革开放以来的社会巨变由两个大转变构成，一个是经济体制的转变，另一个是社会结构的转变。相比于经济体制的转轨，社会结构转型是更加长期、更加深刻、更加艰难的转变。加快推进社会体制改革，成为全面推进改革开放的重要内容。该书以中国社会经验研究为基础，借鉴国内外既有研究成果，谨守明确的学术定位、社会关怀和政策建议，力求严谨、规范、系统地呈现现阶段中国社会学有关中国社会结构变迁与社会治理的情况。

### 《中国社会发展年度报告（2015）》

李汉林（研究员）主编

专著 437千字

中国社会科学出版社 2016年6月

该书依据科学抽样和统计分析方法，对全国总体的社会经济发展状况进行系统评估，其内容主要包括“社会景气”“社会包容”“公众参与”“城市公共服务包容性评估”“社会管理绩效评估”“城市居民生活质量”“城市居民工作环境”“民众的环境满意度”“政府信任”“城市居民社区参与”等方面。

### 《结构与变迁：转型过程中的生活机遇与认同意识》

高勇（副研究员）

专著 211千字

中国社会科学出版社　2016年4月

该书根据获取到的调查数据资料，在结构论的理论偏好指引下，对于主观地位认同、社会流动结构、教育机会获取、社会参与行为几个具体领域进行了较为详尽的描述与推衍，努力寻找这些变迁背后的结构性动因，揭示其变迁过程中的结构性张力。

**《弱者的守望：社会保险法的理论发展与制度创新》**

余少祥（副研究员）主编

专著　455千字

社会科学文献出版社　2016年7月

该书重点突出社会保险法的最新研究成果及其在实践中的应用。“理论发展”部分主要介绍欧美、日本等发达国家在养老、医疗、失业、工伤、生育保险等方面的新理论，同时对我国有关研究的新进展进行述评。“制度创新”部分主要介绍我国在养老、医疗、失业、工伤和生育保险制度中的一些新做法，有关制度存在的问题及其对策。“未来展望”部分主要讨论护理保险、企业年金、补充医疗保险和个人储蓄性保险等在我国发展的可行性及其发展趋势，社会保险的统一立法与完善等。

**《当前中国社会各阶层的消费倾向——从生存性消费到发展性消费》**

张翼（研究员）

论文　24千字

《社会学研究》2016年第4期

该文利用2013年CSS数据对中国社会各阶层消费倾向进行分析发现，农民阶层、工人阶层和老中产阶层的平均消费倾向较高；但受收入约束，农民阶层和工人阶层边际消费倾向较低。将消费进一步区别为生存性消费和发展性消费之后，显示的趋势是：农民阶层、工人阶层和老中产阶层的生存性边际消费倾向较高；新中产阶层与之相反，其生存性边际消费倾向较低，而发展性边际消费倾向却很高。由此可见，在顶层设计居民消费的供给侧结构性改革时，需要在生存性消费上瞄准农民阶层、工人阶层和老中产阶层，在发展性消费上瞄准新中产阶层和业主阶层。

**《社会新常态：后工业化社会与中产化社会的来临》**

张翼（研究员）

论文　18千字

《江苏社会科学》2016年第1期

该文认为，在经济进入新常态过程中，社会也表现出了强烈的后工业化和中产化特征，从而生成未来社会的新生长点。与中产化过程相伴而发生的消费化社会、网络化社会与老龄化社会特征，反过来进一步强化了第三产业的发展力度。为避免中等收入陷阱，顺利实现社会的中产化，完成中国社会的转型过程，需要加强社会意识的整合作用，防止消费过程的炫富心理，支持家庭的协调发展，构建收入分配的橄榄形社会，加强供给侧改革，满足中产阶层的消费需求，在“创新型破坏”中解决好就业问题。

**《互联网与社会学定量研究》**

孙秀林（副教授）　陈华珊（副研究员）

论文 10 千字
《中国社会科学》2016 年第 7 期

该文梳理了互联网对社会科学研究产生的影响。从数据方面来看，互联网带来了新的数据生成方式，也使得数据的可获得性大大增加。从社会科学研究方法方面来看，互联网产生了新的社会测量方法，使得一些新的研究方法如网络实验方法、虚拟民族志等在社会科学研究中得到应用，同时也为定量研究的复制性检验提供了新的便利。从研究议题方面来看，互联网的发展大大拓展了社会网络研究、社会参与研究以及城市社会学研究等领域的研究范畴和研究深度。社会科学应该正视互联网带来的挑战，并充分利用互联网带来的机遇，积极调整学科研究范式与人才培养模式，以适应互联网的发展。

### 《关于社会景气研究》

李汉林（研究员）
论文 20 千字
《社会发展研究》2016 年第 2 期

该文试图从理论与实践的结合上探讨社会景气研究的学术意义。首先，努力阐述对社会景气与社会信心的总体考虑；其次，分别分析社会景气的三个子量表，并说明选择这样三个角度来观察与测量一个国家社会景气状况的理论与方法上的依据；最后，从宏观的层面探讨社会景气与社会信心之间的关系以及对社会信心设计的一些考虑。该文认为，以社会信心与社会景气作为观察和研究一个国家社会发展的重要切入点，可以在把握一个国家的社会变迁与发展的形势上，为理论研究与政策制定提供一个较为全面和准确的理论与事实基础。

### 《农村回迁社区中的村委会角色转型》

吴莹（副研究员）
论文 10 千字
《学海》2016 年第 3 期

城市化带来的“撤村并居”使得农村回迁社区成为一类重要的城市社区单元。目前国家层面关于这类社区中村委会的职能、居委会的承继问题等并没有指导性原则安排，各地的回迁社区在治理实践中因地制宜地发展出多种形态。该文通过比较个案研究，分析了回迁社区中村委会的角色期待，及其在实践中发挥的实际作用，提出经营者、管理者和服务者是村委会在回迁社区基层治理中的典型角色。从其职能履行的特点可以看出，村委会具有居委会所不可替代的独特资源和优势。因此当前回迁社区治理的重点不是后者对前者的简单替代，而是如何引导两套基层治理体系的优势互补和有效合作。

### 《农产品“市场链”：一个经济社会学的分析》

艾云（副研究员）
论文 20 千字
《社会发展研究》2016 年第 1 期

20 世纪 90 年代以来，国家计划经济逐渐退出农村经济领域，各个厂商组织纷纷进入农产品市场采购农产品，农民的生活和命运日益卷入现代市场经济体系。该文以一个北方乡镇的农产品市场为案例讨论这一图景：一是提出“市场链”的分析概念，将厂商、中间商和农民三个市场主体置于统一的分析框架之下，考察多方交易主体及其互动对市场结构的影响；二是从经济社会学视角出发，讨论现代市场机制与传统社区组织制度的相互融入，强调地方社会制度和社会关系在市场组织、资源动员与协调、降低市场风险等方面所起的关键作用。

## 新闻与传播研究所

**《民粹主义的网络喧嚣》**

孟威（研究员）

论文　5千字

《人民论坛》2016年第3期

该文聚焦网络民粹主义思潮，研究其四种表现和特征，提出，网络民粹主义在以平民化、草根化、非主流化为特征的亚文化语境之下，表现出对峙精英主义、挑战既有权力结构、极化民意权威、激起群体对立等看点。互联网民粹主义影响公民参与行动，加剧了转型期中国社会矛盾关系的复杂化。该文从法治、道德、素养等方面探索消解网络民粹主义消极影响的路径，紧扣热点，率先提出网络民粹主义特征，剖析其异化歪曲民主的本质所在，并提出了针对性建议。

**《新媒体时代抗议性谣言传播及其善治策略研究》**

雷霞（副研究员）

专著　249千字

中国社会科学出版社　2016年1月

该书选取近年来有代表性的33条抗议性谣言为主要研究对象，重新界定了谣言，提出“信息拼图”和“信息稀释”概念，这一提法是对新媒体时代谣言传播特点的提炼。同时，“信息拼图”概念还能有效解释谣言的扩散原因，并能为有效治理谣言提供“信息稀释”的参照。该书在辩证看待抗议性谣言及其传播特征的基础上，导入善治理念，并试图将抗议转为协商与对话，提出了正视和正面回应抗议性谣言传播的具体策略。

**《试论习近平的新媒体观》**

黄楚新（研究员）等

论文　12千字

《新闻与传播研究》2016年第3期

该文较系统地总结归纳了习近平总书记党的十八大以来发表的有关新媒体重要讲话精神，重点分析了习近平新媒体观体现出的鲜明时代特色，其观点主要体现在：强调新媒体的重要地位，媒体融合上升为国家战略，利用新技术占领信息制高点，鼓励理念、体制机制变革，在网络强国战略与国际话语权等方面提出重要论断。综观习近平的新媒体观，可以看到以先进技术为支撑，发展新媒体人才优势，进行理念、手段、内容、体制创新是扶持和进行媒体发展的三个切入点。

**《中国跨文化传播年刊》**

姜飞（研究员）主编

专著　300千字

中国社会科学出版社　2016年3月

为服务大中华（大陆、港澳台以及海外华人）范围内有关国际跨文化传播研究学术群体，建设本领域的学术发表园地，综合反映国际跨文化传播研究前沿话题和最新研究成果，中国社会科学院新闻与传播研究所创新工程“全球化时代的跨文化传播：理论研究与成果应用”项目组创办《中国跨文化传播年刊》，发表年度有关国际跨文化传播研究的成果，实践对策以及书评、文评等。在全球化情境中，全面探讨中国国际、跨文化传播理论和实践的各种议题，汇聚思想、交流经验、促进共识，从而进一步推动国际跨文化传播研究和实践的发展。

**《对汉语“广告”一词意义流变的考察》**

王凤翔（副研究员）

论文 10千字

《新闻与传播研究》2016年第4期

汉语“广告”一词意义的历时性流变，充分反映了生产力和交往形式之间的矛盾，和汉语自身发展规律紧密相关。该文较全面地阐释了“广告”一词的意义在历史不同时期的发展流变。晚清七十年大变局，“告白”是近代广告的中国化表达，具有马克思论述的“付了钱的”“充满活力的、洋溢着产业精神的、常常是妙趣横生的”广告传播特征。民国时期，广告的商品传播属性逐步深入人心，同时强调广告的艺术设计与审美性。新中国初期，强调广告的社会主义意识形态性。改革开放时期，“明示的广告主”“使用付费形式”“非人际传播的提示”三个要素成为广告定义的主流内容。互联网时代，将“广告”界定为推销商品或者服务的“信息”。

**《乡村文化传播的内生性视角：“文化下乡”的困境与出路》**

沙垚（助理研究员）

论文 10千字

《现代传播》2016年第6期

在理论层面，该文提出乡村文化传播的内生性视角，即从文化主体的实践、文化与社会的互动以及文化传统内部生长出来的文化属性。这里的文化传统，既包括农村的历史文化传统，也应包括中国革命和社会主义的传统。在实践层面，该文批判了“送文化下乡”中的“送”和“下”中所包含的自上而下的、施舍的、城市中心主义的文化行为。认为由于长期以来的发展主义和“他者”视角，导致有着良好初衷的“文化下乡”惠农政策在农村遭到冷遇。该文期望重返群众文化的历史传统与生活世界，激活农村社会内部的文化资源与能量，并使之有益于社会主义价值观以及农民情感价值的传播与弘扬。

**《野火之后：台湾地区媒体市场、政府管控与新闻自由》**

向芬（副研究员）

论文 12千字

《现代传播》2016年第6期

该文认为，新闻自由的意涵在台湾地区新闻界、法学界欠缺共识，在媒体实践、司法实务等方面也存在较大认识落差。相关论争主要集中在作为制度性权利的新闻自由与言论自由、媒体自由与民众自由、消极新闻自由和积极新闻自由等几个方面。就台湾地区媒体而言，报禁解除近30年学界与业界仍诟病台湾处于新闻自由缺位的境地。媒体第四权的监督政府职能虽被广泛使用，但是却存在局限，媒体自由的边界需要划定。自由放任论指导下的媒体所有权过度集中和多元意见市场的丧失，促使社会责任论的生发，但同样也面临公共利益与政府角色的冲突。未来台湾地区新闻自由的构建或许可以着力于结构性管制、合理社会结构促进媒体资源多元化、建立媒体内生性制度和发展公共媒体。

**《新形式下媒体国际传播与话语权竞争》**

冷淞（副研究员） 王颖（助理研究员）

张化冰（副研究员） 向芬（副研究员）

专著 200千字

中国社会科学出版社 2016年6月

该书的绪论部分主要论述了中国话语权研究的现状和挑战；第二部分主张立足中国传统文化构建对外话语体系，实现中国媒体国际传播的突破，加强中国智库的创新思维；第三部分从话语权保护的角度，探讨新闻自律、新闻发言人制度等话题，进而关注中国媒体如何提升自己的话语权；第四部分则聚焦互联网传播形式下如何构建国家话语权，基于对网络话语权现状、特点等分析，并以“颜色革命”“茉莉花革命”为案例，指出网络话语权在公共外交中的重要性。

**《从信息到讯息：网络社会多元安全感重组的传播视角》**

姜飞（研究员）

论文 10千字

《南京社会科学》2016年第8期

该文从讯息传播逐步取代信息传播为切入点，探讨随之而来的讯息边界被打破和多元安全感的重组，进而分析传媒业的重组所带来的体制、机制性传播信用重构及社会信用体系安全感的重组。

**《把握态势 加强连接 推进互联网发展和治理的中国之道——学习习近平在网络安全和信息化工作座谈会上的讲话》**

殷乐（研究员）

论文 11千字

《新闻与传播研究》2016年第8期

该文围绕习近平总书记对于互联网发展和治理的技术基础、发展思想和发展路径三方面的阐释来进行一些思考。主要分为四个方面：一是把握信息技术的发展态势，深化对互联网技术的理解；二是贯彻以人民为中心的发展思想，建立与人民的真正联结；三是深化安全与发展理念，多途并进维护网络安全；四是推进互联网发展和治理的中国之道，积极参与全球治理。总体而言，互联网发展和治理中国之道的深化和实践是对互联网治理的技术博弈、理念博弈、话语权博弈的回应，是提升中国在全球网络治理中话语权的要求。这一理念和实践也正在受到越来越多的国际认可。但是不可否认，在全球互联网治理体系中彰显中国声音，使中国参与到全球互联网发展的规则制定中，是一个长期的过程，需要各界付出持续艰苦的努力，通过及时因应变化，把握原则，坚定主张，共同推进中国由网络大国走向网络强国。

**《新媒体：融合与发展》**

黄楚新（研究员）

专著 280千字

人民日报出版社 2016年12月

该书较全面地解读了当今中国和世界新媒体的发展趋势，对新媒体发展中的热点、难点和焦点进行剖析。该书共分为“融合发展的潮流”“融合发展的表现”“融合发展的策略”“融合互动的创新”“中外媒体融合发展案例分析”“融合发展的未来”等六个篇章，对新媒体发展尤其是媒体融合的发展提出了建设性建议。

# 国际研究学部

## 世界经济与政治研究所

### 《2016 年世界经济形势分析与预测》

王洛林（研究员）　张宇燕（研究员）主编
孙杰（研究员）　副主编
专著　361 千字
社会科学文献出版社　2015 年 12 月

该书作为年度形势报告，其主旨是为读者了解过去一年的世界经济形势和把握未来一年世界经济的发展趋势提供分析和参考。该书认为，2015 年世界经济增速放缓，反映出全球复苏之路崎岖艰辛。大宗商品价格继续下降，全球物价水平增速下行，部分经济体面临通缩压力。整体就业状况有所改善，但各经济体间存在差异。国际贸易负增长，国际直接投资有所恢复，跨国并购活跃，区域合作取得进展。金融市场波动剧烈，关联性明显。全球总债务水平处于历史高位，其不可持续性提升了风险层级。

2016 年世界经济受到一系列不确定和趋势性因素的影响，包括发达经济体需求管理政策效果能否延续，美联储加息的时间、速率和力度如何，全球超高债务水平对金融稳定可能带来多大威胁，新兴市场和发展中经济体连续五年经济增速下滑的势头能否得到有效遏制，许多经济体内外经济政策和结构改革受到既得利益集团不断掣肘的危害程度等。

### 《全球政治与安全报告（2016）》

李慎明（研究员）　张宇燕（研究员）主编
李东燕（研究员）　副主编
专著　265 千字
社会科学文献出版社　2015 年 12 月

该书作为国际政治领域的年度形势报告，其宗旨是根据形势发展，以专题的形式阐述一年来国际政治与安全的现状，进行原因解释并提出预测和对策建议。该书全面阐释了国际形势的总体发展，提供了有关大国关系、全球重大冲突与军事形势、全球恐怖主义与反恐斗争、能源政治、网络安全、国际移民问题以及国际组织与国际会议等方面的专题报告。该书还关注网络安全、恐怖主义、能源安全、气候变化、国际难民等全球重大问题的应对与治理。该书还对中国的“一带一路”倡议、中国的海外利益保护、世界战争与和平问题及联合国 70 周年作了专门讨论。作为年度热点受到关注的有乌克兰局势、2015 年全球选举情况、南海问题以及西亚北非局势。

**《〈跨太平洋伙伴关系协定〉文本解读》**

中国社会科学院世界经济与政治研究所国际贸易研究室

专著　318千字

中国社会科学出版社　2016年1月

该书是国内第一本公开出版的全面系统地解读TPP文本的著作，中国社会科学院国际贸易团队基于长期对国际贸易理论、区域经济一体化理论、实证模拟、规则分析和贸易政策进行跟踪研究的基础上，在TPP官方文本公布后第一时间对6354页的文本进行了专业的深度解读。该书总论部分从广度、深度及新理念三个视角对TPP文本进行了总体分析，随后对TPP 30个章节的内容进行了逐一的深入分析，在对TPP文本细化分析的基础上，提出中国应对TPP的政策建议。

**《最后的屏障：资本项目自由化和人民币国际化之辩》**

余永定（研究员）

专著　398千字

东方出版社　2016年1月

该书收录了作者1997年到2014年就资本项目自由化和人民币国际化所写的35篇文章。该书大致按照时间顺序分为5组，阐述了资本项目自由化和人民币国际化的关系，强调要吸取昔日亚洲金融危机的教训，慎重对待资本项目的全面自由化和人民币国际化。该书指出，资本项目自由化一直被中国经济学家奉为圭臬，然而，资本项目自由化从来就不是经济学界的共识。在经济结构转型中的中国，不应该强调资本项目自由化的迫切性和重要性。经济结构的调整、金融体制的改革不能通过资本项目自由化来解决。

**《中国海外投资国家风险评级报告（2016）》**

中国社会科学院世界经济与政治研究所

专著　115千字

中国社会科学出版社　2016年3月

该书从中国企业和主权财富的海外投资视角出发，构建了经济基础、偿债能力、社会弹性、政治风险和对华关系五大指标共41个子指标，全面量化评估了中国企业针对57个国家海外投资所面临的战争风险、国有化风险、政党更迭风险、缺乏政府间协议保障风险、金融风险以及东道国安全审查等主要风险。该评级体系通过提供风险警示，为企业降低海外投资风险、提高海外投资成功率提供了参考。

**《结构主义与国际关系理论：变迁与创新》**

薛力（研究员）

专著　296千字

中国社会科学出版社　2016年5月

该书是一部比较系统梳理结构与结构主义的专著，在梳理结构主义思想的基础上，探究国际关系理论1979年出现“结构转向”后的变迁历程，并分析下一步的发展趋势与可能的突破点，初步构建了一个新的国际关系结构理论框架。这是一种跨学科研究，涉及不同学科思想史的探究与中心线索把握，并进行不同学科的结构观比较，既有元理论研究，又有思想史梳理，还有理论创新方面的尝试，无论是对于国内结构主义研究还是国际关系理论创新的研究都具有启发与借鉴作用。

《合作与不对称合作：理解国际经济与国际关系》

孙杰（研究员）

专著　265 千字

中国社会科学出版社　2016 年 4 月

该书从合作概念出发，推导出合作中内生存在的不对称性。不对称合作导致了合作收益分配中的不对称，使得弱势一方在竞争中难以提高自己的相对实力。作者利用扩展的古诺模型展开的分析表明，如果弱势一方能够开展全方位的国际合作，那么，多局合作收益的加总就可能使其达到最终提高相对实力的目的。由于大国常常要面对制衡的局面而无法像小国那样左右逢源地展开全面合作，从而给了小国通过多局不对称合作最终提升自身实力的机会。该书认为，不对称合作不是一种没有冲突的状态，而是对潜在冲突的管理，也是一种博弈和竞争。在不对称合作中，小国也可以通过合作和平崛起。

《金砖国家研究：理论与议题》

徐秀军（副研究员）等

专著　422 千字

中国社会科学出版社　2016 年 8 月

该书以金砖国家研究为主题，遵循理论联系实际、从总体到局部的研究思路，聚焦金砖国家研究的核心问题，比较系统地分析了金砖国家合作的理论、现状与问题，并从国别视角分析了金砖国家合作的基础与定位，反映了国内金砖国家研究的现状与前沿，对国际上的金砖国家研究具有参考价值。

《“一带一路”：迈向治理现代化的大战略》

冯维江（副研究员）　徐秀军（副研究员）

专著　160 千字

机械工业出版社　2016 年 5 月

该书从治理现代化的视角，对中国对外经济战略经验进行了较为全面的总结，并对这些经验在“一带一路”合作规划中的适用性进行了较为深入的探讨。该书还对“一带一路”主要区域软硬基础设施状况及其与中国的关系以及“一带一路”合作机制等问题进行了分析，评估了中国在“一带一路”倡议中的潜在动员和治理能力。在此基础上，该书提出借助“一带一路”建设推进治理现代化的相应策略。

《“一带一路”与“亚欧世纪”的到来》

薛力（研究员）

专著　325 千字

中国社会科学出版社　2016 年 5 月

该书分为四个部分，从不同角度分析“一带一路”倡议提出与实施过程中所面对的种种挑战与中国的应对。第一部分论述“一带一路”与外交转型；第二部分为“一带一路”与区域应对，包括 21 世纪海上丝绸之路建设；第三部分为“一带一路”与双边关系；第四部分为“一带一路”背景下的国别研究。该书认为，对中国来说，“改变自己，影响世界”依然有效，但重心已经不限于埋头发展自己，而是增加了“与周边共谋发展”的内涵。一旦亚欧大陆中部地区也发展起来，并且亚欧大陆的各个文明之间实现了和平共处与共同发展，则亚欧大陆无疑将成为全球政治经济文化的中心板块。因此，

"一带一路"主客观上都在促成亚欧世纪的到来。

**《冲突与趋同：中美双边投资协定谈判研究》**

韩冰（副研究员） 姚枝仲（研究员）等

专著 242千字

中国社会科学出版社 2016年6月

该书对围绕中美双边投资协定（BIT）谈判而引发的一系列问题进行了深入的分析和跟踪研究，在系统地梳理与概括国际投资协定发展概况、动向和热点条款的基础上，详细阐释了美国2012年BIT范本的新变化以及其所反映出的美国对外投资政策新变化，重点分析了在中美BIT框架下中国应如何应对美国国家安全审查制度的挑战、中美BIT谈判对中国投资环境的潜在影响以及中国应如何应对中美BIT实质谈判。通过分析与研究，揭示中美BIT谈判对中国的利弊、影响与挑战，并提出对策建议。

**《霸权国与其他主要大国关系研究——以二战后历史为例》**

肖河（助理研究员）

论文 29千字

《世界经济与政治》2016年第3期

该文的研究主题是霸权国与其他主要大国有哪些关系模式，不同模式在稳定性上又具备何种特点。分析框架上，该文从政治、经济、安全三个政策维度以及追随和对等这两个行为维度构建了12种可能的关系模式，并区分为消极、积极和中间三类。案例分析中，该文选取了"二战"后美苏、美英、美日和美德四对关系进行考察，归纳出当其他国家在政治、安全上采取对等政策、经济上采取半追随政策时，其与霸权国的关系最不稳定。该文在研究霸权国与其他主要大国关系上突破了"和平/战争"的简单二分法，系统性地描述了两者间的可能关系模式，为中美构建新型大国关系提供了理论和历史借鉴。

**《中国与国际人权规范重塑》**

袁正清（研究员）等

论文 15千字

《中国社会科学》2016年第7期

该文的重点主要有两个：其一，对国际学界主流的规范生命周期理论提出了质疑，认为国际规范的变化不只是一个从产生、扩散到内化的过程，还是一个从产生、扩散到重塑的过程。其二，以中国人权的变化对这样的分析框架进行了实证研究，批评了人权规范研究上的西方中心论和盲点。

**《中美权力博弈与新型大国关系的演进——基于公共产品与关系专用性投资的视角》**

冯维江（副研究员）

论文 22千字

《世界经济与政治》2016年第11期

该文从软硬权力的角度提出国际权力构架概念，对中美关系的演变进行了经验检验和理论阐释。在实证研究基础上，该文还对中美新型大国关系应当如何构建开展了规范分析，提出中美应当互相进行充足的关系专用性投资并接受其他国家的关系专用性投资，同时共同向其他国家提供公共产品。要达成这一前景，中国可以通过加大对其他国家的投入来带动或“倒逼”美国跟进，但不宜显著地进一步降低对美国的已有关系专用性投资存量。该文针对如何实现理想的中美新型大国关系提出了具备新的理论基础的政策建议。

**《国际组织中的权力计算——以 IMF 份额与投票权改革为例的分析》**

黄薇（副研究员）

论文　14 千字

《中国社会科学》2016 年第 12 期

中国在承担越来越多的全球治理责任的同时，迫切需要厘清国际组织中不同成员国之间的权力关系，特别是具有形式合法化特征的投票权和决策权的计算与分配。该文研究的问题是 IMF 剖析投票表决机制中投票权数量多寡与实际决策权力大小的关系。该文认为，IMF 份额与投票权改革能够带来成员国实际决策权力间差距的缩小；对于中国而言，IMF 若更多采用 70% 多数票获胜规则将有助于提升中国的决策影响力；尽管成员国拥有不同的投票权比重，但这些国家仍有可能拥有相同的决策力，该发现提供了以最小代价实现最高收益的机会。

**《中国的资本账户开放：行为逻辑与情景分析》**

张明（研究员）

论文　21 千字

《世界经济与政治》2016 年第 4 期

该文研究了中国政府资本账户开放的行为逻辑，展望了不同的资本账户开放策略可能导致的不同情境。自 2012 年以来，国内学术界对是否应该加快资本账户开放争论不休，尚未达成共识。中国政府在资本账户开放方面最初遵循了一条渐进、审慎、可控的路径，但从 2008 年全球金融危机爆发后，中国政府开放资本账户的速度明显加快。该文指出，资本账户开放速度的转变反映了中国政府行为逻辑的变迁，但这背后可能低估了潜在风险。作者认为，考虑到目前中国经济所处的错综复杂的国内外形势，中国政府依然应该审慎、渐进、可控地开放资本账户，否则就可能遭遇系统性金融危机的爆发。因此，中国政府在未来的资本账户开放中仍应遵循恰当次序，加快建立宏观审慎监管框架，大力推进国内结构性改革并建立危机预警、管理与应对机制。

## 俄罗斯东欧中亚研究所

**《国家智库报告：“丝绸之路经济带”与哈萨克斯坦“光明之路”新经济政策对接合作的问题与前景》**

李永全（研究员）　王晓泉（副研究员）主编

专著　1150 千字

中国社会科学出版社　2016 年 10 月

该书从政策对接、宏观经济形势、基础设施建设合作、生态环保合作、社会舆论等多个角度综合分析了“丝绸之路经济带”与哈萨克斯坦“光明之路”新经济政策对接合作的着力点以及所面临的挑战。该书认为，中哈两国的对外政策、发展目标及实施战略存在高度契合，可以全方位进行合作，实现互利共赢。同时，也要认识到，由于各种因素的影响，中哈两国合作和战略对接不会一帆风顺，需要克服很多困难。

**《中亚国家发展历程研究》**

赵会荣（研究员）

专著 252千字

社会科学文献出版社 2016年3月

该书采用马克思主义以及历史学和国际关系学的研究方法，对中亚五国（哈萨克斯坦、乌兹别克斯坦、土库曼斯坦、吉尔吉斯斯坦和塔吉克斯坦）的地理、历史、文化、政治、经济、安全、民族、外交，大国的中亚政策，中国与中亚关系等主要领域的基本情况和发展历程进行了系统性梳理，对这些领域的基本问题进行了客观描述、准确概括和深入分析，总结其基本特点和发展规律，对中国如何开展中亚外交提出自己的看法和建议。

**《转型国家的政治稳定研究：对乌克兰危机的理论思考》**

张弘（研究员）

专著 235千字

社会科学文献出版社 2016年3月

该书以政治稳定为研究主线，分析了国家转型中的政治文化、政治制度和政治行为体对政治稳定的影响。该研究基于国家转型中的政治稳定的一般性理论基础，同时针对乌克兰的特殊性进行个案分析。既考虑到社会转型所产生的社会分化和政治分化可能会引起的政治不稳定、制度性机制缺失也往往会造成政治秩序混乱，同时，也分析了乌克兰的政治转型在国家性、政治文化、精英等方面所具有的特殊性，及其对国家政治稳定带来的不同后果。书中涉及政治与意识形态、议会制度和政党制度、经济领域的私有化和寡头经济及政治的形成，考察了政治精英、经济精英及其在大动荡和转型过程中的行为特点。

**《中国社会主义道路选择问题研究》**

蒋菁（副研究员）

专著 180千字

五洲传播出版社 2016年5月

中国在社会主义发展道路的选择深受斯大林模式的影响。毛泽东在总结中国共产党28年光辉历程时曾形象地说："十月革命一声炮响，给我们送来了马克思列宁主义。"中华人民共和国成立前夕，中共领导人决定在外交上实行对苏联"一边倒"的政策，这与苏联承诺对中国革命胜利后进行大规模的经济援助有关。中华人民共和国成立后，不仅接受了苏联的巨大援助，更是照搬了苏联的社会主义建设经验。第一个五年计划时期，中央政府按照苏联的模式，开始优先大力发展重工业，引进苏联的技术、人才和管理体系，成功地进行了以发展工业为主的"一五"计划，并在斯大林有关社会主义理论和实践的影响下进行了大规模的社会主义改造。到1956年，中国就实现了对资本主义工商业的社会主义改造，实现了全国范围的农业集体化，向社会主义过渡的时间缩短到7年。该书试图从"一五"计划期间苏联援助中国的角度，分析学习苏联工业化模式与中国社会主义道路选择之间的联系，探讨中苏合作对中共领导人改变原来的认识和确定的方针，急于向社会主义过渡的主客观原因。这对于重新认识什么是社会主义、怎样建设社会主义、深入理解社会主义初级阶段、坚定中国特色社会主义的信念都具有理论意义和现实意义。

### 《巴尔干地区合作与欧洲一体化》

徐刚（副研究员）

专著　230 千字

社会科学文献出版社　2016 年 3 月

该书是一部系统论述巴尔干国家加强地区合作和融入欧洲一体化进程及其相互关系的专著。作者以巴尔干地区为本体，在借鉴国内外最新研究成果的基础上，全面梳理该地区民族国家的发展进程与地理政治的变迁，系统评述了巴尔干地区合作及其欧洲化的进程与困境，从“欧洲化双向运动”维度讨论了巴尔干地区与欧洲一体化的相互关联，从身份认同与国家建构的视角思索了巴尔干与欧洲的属性关系。该书以“大历史”的思维模式加“本土的”叙事方式来拓展对巴尔干的认知和解读，力求更客观、更深刻地理解巴尔干及巴尔干性，帮助读者把握巴尔干的过去、现在和未来。

### 《俄罗斯发展报告 2016》

李永全（研究员）主编

研究报告　288 千字

社会科学文献出版社　2016 年 7 月

该书由总论、俄罗斯外交、俄罗斯经济与社会、乌克兰问题、区域合作组织、中俄关系等六部分组成，详尽地论述了一年来俄罗斯各方面的发展概况及需要关注的热点问题，使读者能够对 2015 年俄罗斯的整体发展状况一目了然。

### 《中亚国家发展报告 2016》

孙力（研究员）等主编

研究报告　409 千字

社会科学文献出版社　2016 年 7 月

该书运用定量与定性相结合的研究方法，从宏观和微观的角度，在乌克兰危机、俄罗斯与西方关系恶化、国际油价大幅下跌背景下，对 2015 年以来中亚地区的形势、热点问题、重大事件以及各国基本国情进行了深入分析，并对 2016 年中亚国家政治经济的发展趋势进行了展望。

### 《上海合作组织发展报告 2016》

李进峰（研究员）等主编

研究报告　37.8 万字

社会科学文献出版社　2016 年 6 月

该书分析了当前上海合作组织所面临的国际和地区形势以及复杂的地缘政治经济格局变化，深入解读了地区热点问题和重大事件对上海合作组织发展的影响，梳理了 2015 年至 2016 年年初上海合作组织在反恐、军事、经济、教育、文化和农业等领域的合作现状及取得的积极进展，并对成员国、观察员和对话伙伴国发展现状及其与上海合作组织关系进行了系统客观的描述。

### 《“一带一路”建设发展报告 2016》

李永全（研究员）主编　王晓泉（副研究员）执行主编

研究报告　37.5 千字

社会科学文献出版社　2016 年 7 月

该书由总报告、国际合作篇、国内区域篇、专题篇四部分组成，汇集了中国社会科学院、高等院校和政府部门专家学者的较新研究成果。该书从国际和国内两个维度分别对“一带一路”建设中存在的重大问题与挑战以及应对方略进行了分析与探讨。

## 欧洲研究所

### 《欧洲发展报告（2015～2016）》

周弘（研究员） 黄平（研究员） 江时学（研究员）主编

专著 311千字

社会科学文献出版社 2016年6月

该书分为四部分：“主题报告”主要探讨了欧洲难民危机的成因及其影响，并分析了欧盟成员国对难民的态度以及欧洲移民政策的变化；“欧盟篇”紧扣当前重要的政策、机制、协议等议题，重点研究了欧元区的量化宽松政策、新一届欧盟委员会的结构调整和政策走向、欧盟在巴黎气候大会上的努力和立场、欧盟与美国的TTIP谈判、欧盟“东部伙伴关系计划”的现状与前景、欧盟与西巴尔干国家的关系，呈现了一幅欧盟即时发展图景；“国别和地区篇”从具体的国家入手，介绍了这些国家面临的主要问题（如英国的“苏格兰独立公投”等）及其演进历程，并分析了其背后的原因，提出了应对措施并进行了前景展望；“中欧关系篇”则从中国中东欧合作、中欧双边投资协定和中意合作等方面把脉中欧关系新进展，并指出了推进中欧关系的重要机遇和前景。

### 《欧元陷阱：关于泡沫破灭、预算和信仰》

［德］汉斯-维尔纳·辛恩著 曹慧（助理研究员）译

译著 380千字

社会科学文献出版社 2016年3月

该书批判性地阐述了欧元的历史、欧元危机以及欧洲中央银行和欧元区各国的纾困计划。作者将相关政治、经济问题联系起来，通过抽丝剥茧、深入浅出的论述，使非专业读者也能了解这场“二战”以来、欧洲最严重的主权债务危机的爆发诱因和演变过程。作者在解开复杂谜团的同时，启发我们理解欧洲是如何一步步陷入困境的。

### 《欧洲难民危机专题研究报告》

赵俊杰（研究员）

研究报告 115千字

中国社会科学出版社 2016年6月

该书主要围绕以下五个问题展开研究：欧洲难民危机的严重性及其特点，难民危机产生的主要原因，欧洲道义观与现实差异的悖论，欧盟能否充当难民救世主，难民危机将为欧洲带来怎样的深远影响。该书认为，一些西方智库将难民危机归结于叙利亚巴沙尔政权的暴政独裁和“伊斯兰国”残酷杀戮，这种观点是片面的，没有真正意识到美欧推广的西方民主和价值观、在热点地区奉行的“可控制的动荡”霸权战略等才是产生战乱、导致难民潮的祸根。

该书认为，欧盟虽然接纳了上百万的难民，但从全球范围来看，欧洲地区并非接纳难民的大户，广大发展中国家才是安置全球难民的主体，因此，难民问题是跨国界的全球性问题，需要国际社会各方共同努力才能实现有效治理。

**《全球治理中的中国与欧盟：观念、行动与合作领域》**

江时学（研究员）

专著　104 千字

中国社会科学出版社　2016 年 8 月

该书认为，在全球化深入发展、各国相互依存度不断提高的条件下，全球问题呈现出多元化和复杂化的特点，因此，世界各国应团结一致，共同努力，积极谋求应对之道。这样的应对就是全球治理。该书同时指出，中国与欧盟是正在形成中的多边世界的重要力量，肩负着推动全球治理、维护世界和平、促进共同繁荣与可持续发展的责任，因此，中、欧应在全球治理的多个领域开展切实可行的合作，以集体行动应对各种全球问题。为使中、欧在全球治理中的合作取得重大的成效，双方必须坚持以下原则：相互尊重主权、最大限度地吸纳一切可以吸纳的力量、服从于联合国的主导作用及《联合国宪章》、继续稳步推进双边关系。中、欧在全球治理中的合作应该主要包括：在二十国集团内的合作、在全球贸易治理中的合作、在全球金融治理中的合作、在全球气候治理中的合作、在全球互联网治理体系中的合作、在反恐领域的合作以及在非洲事务中的合作。

**《“一带一路”倡议下厦门全方位对外开放的策略与路径》**

黄平（研究员）等

专著　197 千字

社会科学文献出版社　2016 年 9 月

该书主要论述了厦门自贸区先行先试与战略升级相匹配的系统性体制改革。该书认为，厦门自贸区先行先试一年来取得了战略性的突破，未来“十三五”期间，厦门自贸区战略要再上一层楼，带动整个厦门经济向着跨国（区域）要素配置枢纽中心转变，构造特区、自贸区、海西试验区和一带一路“海丝”核心区的四区叠加的中心城市转型，完成中国全面开放新实践的带路任务。

**《英国对法战略的历史和政治学分析（1914 ~ 1929）》**

刘作奎（研究员）

专著　280 千字

社会科学文献出版社　2016 年 12 月

该书主要分析和论述了 1914 ~ 1929 年英国对欧洲大陆和平外交战略的成因、演进和影响，集中论述了英国面向欧洲大陆的“均势战略”同法国追求欧洲大陆霸权政策的矛盾与互动。该书认为，这种矛盾与互动具体表现为：英国的“扶德抑法”政策与法国的压制德国政策产生了尖锐的矛盾，经过外交上的折冲樽俎，英国迫使法国一步步作出妥协，各相关大国在欧洲大陆安全问题和赔偿问题上终于达成了和平的解决框架，促使欧洲在“一战”结束后步入短暂的和平时期，但也为“二战”的爆发埋下了隐患。

**《从敌人到盟友：英国对德政策研究（1943 ~ 1955）》**

鞠维伟（助理研究员）

专著　280 千字

社会科学文献出版社　2016 年 12 月

该书对“二战”后期英国政府内部关于战后处置德国政策的初步讨论和制定，“二战”结束前后有关战后处置德国的政策，对德占领初期的政策及与盟国的关系，在德国分裂过程中的政策及其作用，重新武装西德政策的开启与实施，欧洲军事一体化的政策态度等问题作了详细的分析，指出：首先，英国对德政策具有未雨绸缪的外交主动性，战时及战后的对德政策也保持了很强的一致性与稳定性；其次，英国政府在考虑和制定对德政策时，往往将其与整个欧洲的战后重建和发展联系在一起；最后，英国对德政策在制定与实施过程中体现了原则性和灵活性的统一。该书总结认为，英国对德政策从根本上来说是其长久以来所奉行的“大陆均势”和“光辉独立”政策的缩影。

**《中国与捷克的战略伙伴关系：现状、前景、问题及对策》**

刘作奎（研究员）　鞠维伟（助理研究员）等

专著　90 千字

中国社会科学出版社　2016 年 12 月

该书运用国际关系学、政治学、经济学、统计学等学科研究方法，采用了大量通过实地调研、访谈等方法获得的资料，结合中国—中东欧国家“16+1 合作”现状和当前中国与捷克两国建立战略伙伴关系的现实背景，向读者介绍了中捷两国关系发展新情况、未来前景和面临的问题挑战。

**《中国—中东欧经贸合作进展报告（2016）》**

陈新（研究员）　杨成玉（助理研究员）

专著　100 千字

中国社会科学出版社　2016 年 12 月

该书通过可视化的方式，结合中东欧国家营商环境、中国—中东欧国家双边合作研究体系的建立以及指数计算，展示过去 5 年中国—中东欧经贸合作所取得的进展。该书的基本思路是建立“中东欧国家营商环境”（横轴）以及“中国与中东欧国家双边合作”（纵轴）这两个指标体系，通过坐标轴将中东欧 16 个国家在中国—中东欧合作机制中取得的进展形象地展示出来，同时评估中东欧国家营商环境以及中国—中东欧国家双边合作的动态关系。

**《葡语国家蓝皮书：葡语国家发展报告（2015 ～ 2016）》**

张敏（研究员）等主编

专著　270 千字

社会科学文献出版社　2016 年 12 月

该皮书主报告阐述葡语国家经济社会发展；专题报告突出讨论巴西面临的挑战、葡萄牙的能源计划、安哥拉与中国的经贸合作、莫桑比克与中国的产能和农业合作、东帝汶的入盟（东盟）之路、葡语国家共同体，以及葡语国家媒体与葡萄牙语在中国与葡语国家经贸合作中的作用；特别报告专述中国澳门在中国与葡语国家经贸合作中的商贸平台作用；国别报告则阐述安哥拉、巴西、佛得角、几内亚比绍、莫桑比克、葡萄牙、东帝汶 2015 ～ 2016 年的发展状况；最后是资料部分。

**《欧盟的合法性及其合法化策略》**

贺之杲（助理研究员）

论文　11 千字

《世界经济与政治》2016 年第 2 期

该文认为，尽管关于民族国家的合法性与合法化策略，特别是霸权的合法性问题已经有不少研究，但作为一个新兴国际行为体的欧盟的合法性及其合法化策略议题仍未得到充分探讨。该文认为，欧盟的合法性分为内部与外部两个层面，可分别从理念、规制和有效性维度进行考察。欧盟内部合法性是指欧盟成员国让渡权力至欧盟层面和民众对欧盟的认同，外部合法性是指国际社会行为体对欧盟规制、政策等的学习与模仿。欧盟内部与外部合法性的互动促成欧盟作为一个国际行为体在国际社会具有影响力。合法性的获取与强化依赖合法化策略。欧盟的合法化策略既涉及内外两个层面，又涉及承认与扩散两个维度。一方面，一个特定的行为体要符合既有的国际规范、规则与程序的要求；另一方面，一个特定的行为体会通过扩散其规范与规则而获得更多的合法性基础。欧盟采取合法化策略的微观机制是伴随着其规范扩散开展的，面对不同的对象采用不同的策略或策略集合，基于工具理性、规范理性或沟通理性逻辑，呈现出强制、理性计算、社会化、模仿等机制。

**《解析欧盟中东北非战略》**

田德文（研究员）

论文　12 千字

《当代世界与社会主义》2016 年第 1 期

该文认为，冷战结束后，欧盟国家周边战略的基本格局是“向东扩张、稳住南方”，在将中东欧国家先后拉入联盟的同时，与南地中海国家建立“欧盟—地中海伙伴关系”，试图使用“接纳”的手段维持南地中海国家的稳定，同时推动其政治民主化和经济自由化进程。2011 年后，在内外因素的共同作用下，中东北非国家发生多米诺骨牌式的变局，利比亚和叙利亚陷入内战，伊斯兰极端势力兴起，南地中海地区由此失去稳定。在这种情况下，欧盟试图通过强化“伙伴关系”重新控制局面，但很快就发现行不通。目前，欧盟正在对其后冷战时代的中东北非战略进行反思与调整。解析这个过程，可以从一个侧面发现，后冷战时代西方国家的扩张性已经受到遏制，世界将愈加明显地进入多极化时代。

**《多元法律秩序与欧盟法治的局限性》**

程卫东（研究员）

论文　133 千字

《欧洲研究》2016 年第 1 期

该文指出，在欧洲一体化过程中，法治逐渐成为欧盟的一项重要价值与原则。但是，由于欧盟权能上的授权原则、欧盟法治演进的历史特征等原因导致了欧盟法治在不同领域的不均衡性以及欧盟存在的多元法律秩序，致使欧盟法治存在着不可避免的局限性。这种局限性是否会导致欧盟出现一种新的法治范式，目前尚不清楚。但只要欧盟多元主义赖以存在的基础不变，欧盟多元主义法律秩序与法治多样性的存在将是一个长期现象。而多元法治意味着法律秩序内必须有某种宽容，不能试图以一种模式来取代其他模式，或以其中一种模式来评判其他模式的优劣，否则有可能会导致欧盟内部新的紧张与矛盾，并进而影响欧洲的一体化。

**《欧盟 2015 年贸易政策及对中国的影响》**

陈新（研究员）

论文 16 千字

《欧洲研究》2016 年第 1 期

2015 年 10 月欧盟发布的《贸易政策沟通文件》体现了“新世界”的世界观，即责任感、公开和透明。该文认为，欧盟落实新贸易政策的路线图首先是振兴多边贸易体系，其次是推动双边贸易关系的发展。作者指出，该政策对中国的启示是：如何深刻认识全球贸易的新变化。对中国的挑战则体现在：一是中欧如何构建未来的双边贸易投资法律框架；二是中欧如何开展多边领域的合作；三是中国如何应对欧盟在东亚的再平衡举措。

**《欧盟的国际法治观——基于联合国“国内和国际法治”议题探析》**

刘衡（助理研究员）等

论文 15 千字

《欧洲研究》2016 年第 1 期

2006 年联合国“国内和国际法治”议题的启动为欧盟双边法治行动的多边化创造了条件，也为欧盟的对外法治行动获得联合国框架下的国际正当性提供了可能。该文指出，欧盟积极参与该议题的对话、讨论和辩论，不断为国际法治提供欧盟的观念与行动方案，以“在更广泛的世界中坚持和促进其价值观和利益”。欧盟的国际法治观具有以《联合国宪章》为基础和以国际法为中心，淡化主权色彩、强调国际法义务的履行，推崇国际司法以及弱化国际社会与欧盟社会的结构性差别四大特点。从当代国际法和国际社会的基本结构角度看，欧盟的国际法治观既具有积极意义，也存在消极的一面，可能在观念和实践层面对欧盟法治自身以及中国的法治进程（尤其是参与国际法治建设）产生多方面影响。欧盟的国际法治观最终能对国际法治的演进产生多大影响，相当程度上可能取决于欧盟内部法治的经验如何与国际社会的结构相适应，这也意味着欧盟的国际法治观本身必须具有动态性。

**《欧洲难民危机的国际政治分析》**

田德文（研究员）

论文 12 千字

《山东社会科学》2016 年第 2 期

2015 年，欧洲遭遇“二战”后最大的国际难民潮的冲击。该文认为，从难民潮的发生发展过程看，已经取消内部边界的欧洲联盟没有统一避难政策的制度缺陷起到了推波助澜的作用。巴黎恐怖袭击发生后，欧洲国家改变了对叙利亚内战的立场，将目标由推翻巴沙尔政权转变为打击宗教极端主义的“伊斯兰国”，与美国有了很大不同。反思欧洲国家这次战略调整的过程可以看到，后冷战时代欧美国家的“新干预主义”政策害人害己。此次欧盟国家遭遇难民潮冲击和恐怖袭击应能促使其反思与调整后冷战时代的国际战略，推进世界多极化进程。

**《当代穆斯林移民与法国社会：融入还是分离》**

彭姝祎（副研究员）

论文　18 千字

《西亚非洲》2016 年第 1 期

法国是欧洲国家中穆斯林移民在数量和占比上均位居前列的国家，北非马格里布诸国是法国穆斯林最主要的来源地。由于多种因素，穆斯林移民对法国社会的融入程度很低，与主流社会疏离严重，大多数人沦为社会底层，在就业、福利、治安、文化等领域对法国社会造成了压力并引发了与当地社会的紧张关系。该文分析了上述问题并指出，张力积聚到一定程度并在合适的诱因下，移民问题便会以极端的方式爆发。虽然法国政府采取了对外加强移民管控，对内放松同化政策、改造移民聚居区等措施来应对移民问题，但是，鉴于该问题由来已久，且受到国内外多重因素的影响，解决起来绝非易事。促进移民全面融入社会从而从根本上铲除恐怖主义的根源，仍需要法国长期的政策探索和穆斯林移民的共同努力。

**《苏格兰民族党力量兴起对英国政治的影响》**

李靖堃（研究员）

论文　5 千字

《当代世界》2016 年第 6 期

2016 年 5 月，苏格兰举行地方议会选举，苏格兰民族党再次单独组成地方政府。该文指出，对于苏格兰民族党力量的兴起，国际社会的关注点聚焦在两个方面：第一，苏格兰民族党在选举中的表现及其结果对苏格兰再次寻求独立将会有何种影响。第二，苏格兰的独立诉求迫使英国政府进一步下放权力，而随着地方自治权力的增强，将引发英国宪政制度的重大变革。如何在国家统一与地区自治之间找到一个平衡点，这将是英国政府今后长期面临的一个棘手问题。

**《从州议会选举看当前德国的政治生态走向》**

黄萌萌（助理研究员）

论文　5 千字

《当代世界》2016 年第 5 期

德国巴登符滕堡州、莱茵兰—普法尔茨州以及萨克森—安哈特州于 2016 年 3 月 13 日进行了州议会选举。与以往州议会选举不同，德国民众的注意力从各州财政、教育政策以及环保等内政议题转移至难民政策。该文认为，在当前欧洲难民危机不断发酵之际，三州选情是对总理默克尔不设上限的难民政策的一次民意大考。结果表明，反对难民的右翼民粹主义政党——选择党成为此次州选的最大赢家，选票比例均达到两位数，而“全民政党”——基民盟与社民盟的民意基础大幅下降，选票流失严重。此次选举反映了德国民众对默克尔难民政策的不满，加剧了德国国内政治生态的分化。选举结果虽不能完全反映 2017 年德国大选的民意走向，但在难民危机尚未缓解之时，州选结果无疑会使默克尔政府面临更大压力，也加剧了德国政局以及政治生态所面临的挑战。

**《法国“黑夜站立”运动及其社会背景》**

张金岭（副研究员）

论文　6 千字

《当代世界》2016 年第 6 期

该文认为，法国“黑夜站立”运动蔓延至欧洲各国，甚至溢出欧洲，充分说明法国社会所潜伏的制度危机在西方社会具有普遍性。这场社会运动未来能够持续多久，又会朝向何方发展，是一个未知数。但是，作为一面透视镜，它赋予我们审视当代法国社会的独特视角，看到这个国家在新的历史时代所面临的困顿与危机。法国社会的未来走向是人们观察当代世界格局变化的一个重要窗口。

**《“一带一路”倡议背景下的“16+1 合作”》**

刘作奎（研究员）

论文　12 千字

《当代世界与社会主义》2016 年第 3 期

“16+1 合作”是“一带一路”倡议下重要的区域合作框架，它因应了“一带一路”倡议的市场需求，是推进欧亚大陆互联互通的重要制度保障，有助于形成全面均衡发展的中欧合作关系，有助于“一带一路”建设在中东欧区域形成良性互动效应。该文指出，“一带一路”倡议背景下的“16+1 合作”还需要处理好与其他利益相关国的关系，采取措施，走出贸易与投资困境，应对好中东欧地区的动荡局势，确保金融支持工具有效投放至中东欧市场；不能忽视对于合作的负面舆论及不友好态度，协调好中国和中东欧国家的战略需求对接问题。作者指出，可以从注重不同框架和平台之间的合作、坚持开放办平台的政策、加强对欧盟相关法律和法规的认知、发挥好“走出去”企业的作用以及完善双方合作的金融支持工具等几个方面着手。

**《中欧在非洲事务中的合作》**

江时学（研究员）

论文　6.5 千字

《国际观察》2016 年第 5 期

该文指出，非洲是人类命运共同体的重要组成部分，帮助非洲加快发展符合全世界人民的共同利益，是国际社会的共同责任，同时也有利于推动全球治理。中国和欧洲都与非洲国家保持着密切的关系，在帮助非洲加快发展的过程中积累了不少经验，中欧双方也都为维护非洲大陆的和平、发展与稳定做出了贡献，都主张加强非洲自身的能力建设。

**《波兰宪法危机根源、进程及对中波关系影响评析》**

刘作奎（研究员）

论文　12 千字

《欧洲研究》2016 年第 2 期

2015 年波兰总统和议会选举后发生的宪法危机，引发了广泛关注。但关于宪法危机发生的前因、后果，国内学界尚欠缺透彻的分析。该文详细论述了波兰宪法危机发生的根源、国际社会对宪法危机的反应、欧盟对波兰宪法危机采取的应对措施以及波兰宪法危机的解决前景。该文最后分析了宪法危机对中波关系的影响。

**《新产业革命背景下欧盟智能电网发展政策析评》**

孙彦红（副研究员）

论文　15 千字

《学海》2016 年第 2 期

作为新产业革命倡导的核心基础设施，同时也是工业智能化与绿色化发展高度结合的代表性部门，智能电网同时承载着欧盟新产业革命的“技术内涵”、“能源内涵”与“市场内涵”，对欧盟从整体上推进新产业革命意义重大。该文以新产业革命为背景，集中考察了欧盟的智能电网发展政策，包括其出台原因、政策内容、落实进展与前景等。分析表明，当前欧盟的智能电网建设仍处于实际部署的初级阶段，要实现智能电网全面取代现有电网既具备一定的基础，也面临诸多挑战，尚有相当长的路要走。现阶段，欧盟智能电网的发展仍由公共部门主导，未来如何转向以私人部门为主导的市场化运作模式值得关注。

**《当前欧洲能源联盟建设进展及面临的挑战》**

张敏（研究员）

论文　7 千字

《中国能源》2016 年第 4 期

继容克计划推出之后，欧盟提出创建能源联盟。该文基于实证研究方法，重点探讨了能源联盟建设的战略背景，跟踪分析了能源联盟实施一年来在五大战略目标上的最新进展：（1）保障能源供应安全；（2）建立完全一体化、具有竞争力的内部能源市场；（3）降低能源需求，提高能源效率；（4）加大可再生能源的利用和开发；（5）加强对绿色能源技术的研发。该文认为，当前欧盟启动和加快能源联盟建设，恰逢其时，具有重大战略意义。从短期看，能源联盟建设将推动欧盟能源基础设施投入，实现成员国之间能源网络之间的互通互联；从长期看，将为欧盟建设安全、可持续的、一体化的能源市场奠定基础。

**《英国退欧前景及其未来影响分析》**

李靖堃（研究员）

论文　5 千字

《当代世界》2016 年第 7 期

2016 年 6 月 24 日，英国脱欧公投结果出炉，英国脱欧派以 51.9% 的选票胜出，英国将退出欧盟。作者对英国退欧前景及其未来影响作了分析研究，认为，此次公投对英国、欧盟的政治经济乃至世界政治格局都将产生重大影响，尤其是欧洲一体化的未来及欧盟的应对将举世瞩目。英国退欧事件或许能使欧盟其他成员国团结起来共渡难关，因为“危机”历史上就是欧洲一体化前进的动力。

**《德国住房价格稳定的原因与启示》**

秦爱华（副研究员）

论文　6 千字

《当代世界》2016 年第 7 期

德国的房价长期稳定，供需持久平衡。在金融危机时期，德国的房地产市场逆势而上，呈现繁荣之态。该文指出，德国房价长期稳定不仅是德国房地产政策有效规制的结果，也是德国社会市场经济制度的必然产物。德国的房地产市场与本国的经济政策和社会发展都具有紧密的联系。

**《欧洲议会在中欧关系中的作用》**

张磊（副研究员）

论文　12 千字

《国际问题研究》2016年第4期

该文认为，《里斯本条约》生效后，欧洲议会在欧盟对外关系领域的权能得到强化。欧洲议会内部有众多涉华行为体，其中议会委员会和党团是涉华决议的重要形成机构。欧洲议会的涉华议题已由主要关注人权单一问题转变为关注政治、经贸、社会、发展、外交环境等多个议题，视角更加广阔。欧洲议会与中国的多种沟通渠道为中欧双方增进理解奠定了基础。但欧洲议会的人权决议对中欧关系的发展有消极影响，其在欧盟贸易和投资领域的新权能使该领域的谈判过程更加复杂和多变。随着欧洲议会权能的不断增大，其在未来中欧关系中的地位将日益增强。

**《规范性外交框架下的"保护的责任"》**

贺之杲（助理研究员）等

论文　12千字

《教学与研究》2016年第8期

规范性外交有两种表现形式，其一是国际行为体为实现其规范目标而进行的外交活动；其二是国际行为体为实现其外交目标而进行的规范性外交。通过梳理"保护的责任"的发展历程，该文认为，该规范已经在国际社会得到不同程度的接受与认可。考虑到规范主导国家的地位作用，国际社会主要力量对"保护的责任"的发展起到重要作用，这就为各行为体将"保护的责任"这一规范纳入规范性外交的框架提供了可能性。在规范性外交框架下，全球主要行为体（包括欧盟、美国及新兴国家群体）对"保护的责任"这一规范的理解与实践也在影响着这一规范本身的发展。

**《捷克研发创新的绿色智能发展》**

贾瑞霞（副研究员）

论文　9千字

《科学管理研究》2016年第4期

在欧盟研发创新日益紧密结合社会经济问题的大背景下，捷克提出"工业4.0"倡议以及智能专业化发展战略，希望利用欧盟、国家以及私人的资金加强研究与创新，提高研发创新能力，加强经济竞争力。该文认为，捷克需要通过绿色、智能发展应对社会挑战。捷克已经具备了相当优势发展智能专业化、实现"工业4.0"，捷克与中国的战略伙伴关系也有助于双方在"一带一路"倡议下的共同繁荣。

**《欧盟政治体系中的成员国议会：发展及挑战》**

张磊（副研究员）

论文　12千字

《欧洲研究》2016年第3期

该文认为，成员国议会是具有高度适应性的机构，其在欧盟政治体系中的实际地位和作用总体上逐渐上升，政治参与实践呈现多样化的特点，虽然在全体会议中围绕欧洲事务的辩论仍然有限，但议会间的合作机制不断加强。该文指出，尽管条约赋予成员国议会越来越多的权力，但其参与和监督审议欧盟事务仍面临诸多局限和挑战，尤其是欧元区危机使成员国议会处于弱势地位。为了增强欧盟的民主合法性，提高成员国议会在欧盟中的地位既是一项长期工作，也是未来的发展方向。

**《恐怖袭击的“新灾区”：德国反恐形势分析》**

杨解朴（副研究员）

论文 6千字

《当代世界》2016年第9期

2016年7月中下旬，德国境内接连发生四起暴力和恐怖袭击事件，德国成了恐怖主义的“新灾区”。该文对德国的反恐形势作了分析与研究，认为，德国的恐怖主义袭击与难民及移民问题紧密结合，加之还纠缠于德土关系、关系德国大选走向，德国的反恐形势格外复杂，反恐政策及战略的制定将是一个充满争议及不断调整的过程。

**《欧盟可再生能源产业去补贴化趋势及对中国的影响》**

曹慧（助理研究员）

论文 8千字

《中国能源》2016年第11期

可再生能源，无论是在欧盟的“2020战略”（2007）、“2030战略”（2014）还是在我国的《国家应对气候变化规划（2014～2020年）》里都占据着重要的地位。基于此，该文认为，绿色和清洁能源的发展不仅决定着双方能否实现既定的减排目标，也是未来10年通过低碳经济的发展增加就业、提高产业竞争力的重要途径。可以说，谁在可再生能源领域占得先机，谁就将在全球气候治理中拥有更多的话语权。探析欧盟在该领域的发展趋势，可以为我国能源决策者提供重要参考。

**《欧盟TTIP投资争端解决机制草案：挑战与前景》**

叶斌（副研究员）

论文 12千字

《国际法研究》2016年第6期

投资者诉国家争端解决机制（ISDS）在当前《跨大西洋贸易与投资伙伴关系协定》（TTIP）谈判中广受争议，尽管这一机制被包括中国在内的大多数国家的投资协定所接受。以德国为代表的要求投资争议完全在本国法院解决的声浪，是卡尔沃主义在欧洲的回声。该文认为，就欧盟对公众关切的回应来看，欧盟ISDS方案极力减少各种质疑，其国际投资法院设计脱离当前最佳实践，不是减少了公众质疑，而是加重了公众对投资仲裁机制的担忧。欧盟方案试图加强东道国规制权，加强程序的透明度和公正性，以及减少程序滥用。但是，僵化和不合时宜的投资法院方案，很可能成为目前TTIP谈判的障碍。欧盟极力在ISDS上打上欧盟印记，反映出欧美对国际投资规则领导权上的争夺。就当前中欧投资协定谈判而言，对于欧盟版本的投资法院方案，建议在现有仲裁机制上加以改良，而不是在双边层面采用法院机制。

**《公私合作制在德国的构建与治理战略——历史性的考察和分析》**

李以所（助理研究员）

论文 15千字

《经济与管理评论》2016年第6期

该文指出，作为推行公私合作制（PPP）的后发国家，德国虽只是步英美之后尘，但在 PPP 的概念界定和实践发展方面仍作出了巨大贡献，其针对 PPP 所做的法理基础梳理和具体制度构建都富有建设意义。依托担保国家的构想，创造性地提出国家责任分担和责任层级的理论，从政治层面解决了 PPP 发展的桎梏和障碍。尽管德国引入 PPP 的最初动机只是为了缓解财政困境，但其在 PPP 发展过程中所呈现出的治理思想的革新与飞跃，尤其是在 PPP 立法方面进行的尝试和努力，都能够为我国重新思考政府与民间的合作伙伴关系提供示范性的参照和借鉴。

**《后巴黎—布鲁塞尔时期欧盟反恐法的新发展》**

魏怡然（助理研究员）

论文　16 千字

《欧洲研究》2016 年第 5 期

2015 ～ 2016 年屡遭恐怖袭击的欧盟，将如何回应外国恐怖主义战斗人员的棘手问题成为后巴黎—布鲁塞尔时期反恐法的重点。为了追求安全目标，这一阶段欧盟推出的《乘客姓名记录指令》和《欧盟打击恐怖主义指令》体现了以无差别大规模监控为手段、以情报为基础、以主观危害性为可罚性标准的反恐法预防性转向。该文认为，欧盟反恐法的这一趋势动摇了传统刑法的目标和原则，改变了刑事合作的模式。欧盟反恐法的预防性转向不乏正当性，但也要引起警惕并加以约束。在维护反恐法的重要原则、尊重人权的基础上，将预防作为辅助标准，针对欧盟反恐法的局限性发挥补充作用，是对预防性转向的合理规制。

**《试析欧盟打击跨国公司避税及其意义》**

张浚（研究员）

论文　10 千字

《现代国际关系》2016 年第 12 期

该文指出，经济全球化的发展给欧洲带来了双重影响。一方面，欧洲国家越来越深地被纳入全球价值链之中；另一方面，经济全球化挑战了欧洲的经济社会模式，动摇了欧洲的社会团结与政治稳定。为了应对全球化的挑战，欧盟正在寻找一种能够与全球化的市场和经济活动相匹配的治理方式，进而在更高的层次上和更大的范围内有效地化解因“市场失灵”造成的负面影响。这在欧盟打击避税、推进国际税制协调方面的政策中表现得十分明显。

**《欧尔班经济学与经济转轨的可逆性——匈牙利经济转轨的经济学分析》**

孔田平（研究员）

论文　12 千字

《欧亚经济》2016 年第 6 期

2010 年后匈牙利经济转轨的逆转是中东欧国家经济转轨中的重大事件。首先，该文对欧尔班经济学的主要内容及政策效果进行分析；其次，以匈牙利为案例，考察经济转轨的可逆性，分析匈牙利经济转轨逆转的原因及其表现；最后，根据匈牙利的案例提出一些值得思考的问题。

**《塞尔维亚产业竞争力及中塞合作潜力》**

陈新（研究员）　杨成玉（助理研究员）

论文　12 千字

《欧亚经济》2016 年第 6 期

该文从宏观和中观两个层面对塞尔维亚的产业竞争力进行分析，并结合欧盟和中国的产业竞争力状况进行比较研究。首先，该文按照初级产业、资源密集型产业、劳动密集型产业、资本密集型产业、技术密集型产业、传统服务业、现代服务业的分类对塞尔维亚宏观产业结构竞争力进行分析；其次，按照28个工业部门和9个服务业部门的分类对塞尔维亚中观产业部门的竞争力进行分析，然后，根据以上研究结果，以产业竞争力排名、横纵向比较等直观方式系统性呈现塞尔维亚产业竞争力现状；最后，结合欧盟整体以及中国相关分析结果进行横向比较分析，并针对中国与塞尔维亚的产业对接、中塞两国产业合作提出具有操作性的工作建议。

**《欧盟生态创新绩效评析》**

孙艳（助理研究员）

论文　15千字

《欧洲研究》2016年第6期

实现以绿色经济为主的可持续增长是“欧洲2020战略”三大优先发展目标之一。为实现此目标，欧盟提出了7个配套性“旗舰计划”，将“创新联盟”旗舰计划列于首位。该计划旨在使创新性想法转化为产品和服务，最终帮助欧盟实现增长并应对关键的社会挑战和环境目标。欧盟委员会2011年公布的“生态创新行动计划”是实现“创新联盟”旗舰计划的重要一步，目标是以此为指导工具，在欧盟内创造并强化对生态创新及相关活动的需要并将它转化为社会经济效益，推动欧盟向绿色经济转型。该文首先梳理了生态创新概念；其次，在对生态创新行动计划的出台背景、主要内容和评估指标进行分析的基础上，对欧盟2010～2015年生态创新绩效进行比较分析和评估；最后，总结了欧盟实践生态创新的经验及对我国生态创新发展的启示。

**《“中国梦”与“欧洲梦”：新时期中欧关系研究》**

田德文（研究员）

论文　12千字

《欧洲研究》2016年第4期

该文按照中欧“四大伙伴关系”框架梳理了中共十八大以来中欧关系的新发展，对中华民族伟大复兴的“中国梦”和通过民族国家一体化实现繁荣与安全的“欧洲梦”之间的共同性和差异性进行分析，指出，“中国梦”和“欧洲梦”在和平与发展目标上具有共同性，而这种“梦的融合”正是中欧关系未来按照“新型国际关系”理念发展的重要基础。

# 西亚非洲研究所

**《中东黄皮书：中东发展报告No.18（2015～2016）——“一带一路”建设与中东》**

杨光（研究员）主编

研究报告　365千字

社会科学文献出版社　2016年11月

该书以“一带一路”建设与中东为研究专题，分析了“一带一路”倡议对于世界以及中东和平与发展的重大意义，中国与中东国家共建“一带一路”的优势和主要合作领域、挑战和对策建议。该书不仅对整个中东地区进行了全局性论述，也对土耳其、阿富汗、埃及、沙特阿拉伯、伊朗、伊拉克、阿拉伯联合酋长国、卡塔尔、约旦、以色列等国进行了分析。该书回顾和分析了一年来中东地区经济和政治局势的新发展。由于世界经济复苏乏力、国际石油价格低迷以及地区冲突的影响，中东国家经济增长缓慢，多数国家经济发展处在比较困难的时期。该书分专题详细分析了利比亚、叙利亚、也门等国的冲突，并解读了土耳其未遂政变的来龙去脉及最新发展。该书回顾和分析了一年来中东市场发展趋势，着重介绍了中东国家货物贸易市场、建筑工程承包市场和投资市场的新变化。

**《非洲黄皮书：非洲发展报告 No.18（2015～2016）—中国企业在非洲：成效、问题与对策》**

张宏明（研究员）主编

研究报告　389千字

社会科学文献出版社　2016年8月

该书是由中国社会科学院西亚非洲研究所组织编撰的非洲形势年度报告，由主报告、专题报告、地区形势、热点问题、市场走势和文献资料6部分内容构成。

该书专题报告的主题为“中国企业在非洲的经营状况：成效、问题与对策”，由1篇主报告和11篇专题报告构成。主报告全面、系统地阐述了中国企业在非洲投资兴业取得的成效、面临的问题并给出了解决问题的思路或建议。专题报告邀请了11家具有代表性的央企、国企和民企站在合作主体的视角，结合各自所在行业，阐述了中国企业在非洲的经营状况，并就面临的困难、问题或挑战提出应对之策。该书的固定栏目（“地区形势”“热点问题”“市场走势”“文献资料”）比较全面、系统地分析了2015年非洲政治、安全形势和热点问题，探讨了非洲经济形势和市场走势（包括贸易、投资、工程承包、国际援助），剖析了大国与非洲关系特别是中非关系的新动向，并对其发展趋势进行了研判。

**《列国志·约旦》**

唐志超（研究员）　编著

专著　419千字

社会科学文献出版社　2016年8月

该书是修订版，作者在原版的基础上收集、更新了许多新材料，特色鲜明，时代感更强。比较全面地反映了约旦的地理、历史、政治、军事、经济、教育、外交和社会发展等情况，是国人了解约旦的重要参考读本。约旦全称约旦哈希姆王国，位于亚洲西部，基本上是个内陆国家，约旦淡水比较缺乏，石油资源也不丰富。约旦相对比较开放，人民生活较为富裕，经济社会比较稳定。旅游业是约旦的支柱产业之一，佩特拉、死海、瓦迪拉姆沙漠等都是世界各地游客喜爱的旅游目的地。

**《中国中央企业走进非洲》**

智宇琛（助理研究员）

专著　330千字

社会科学文献出版社　2016年8月

近年来，非洲国家经济发展取得较好成

绩，中非经贸合作快速发展。在此过程中，我国中央企业在非洲基础设施建设、能矿开发、工业制造等领域取得良好成绩，在中非合作“461框架”及建设非洲“三大网络”等战略举措中具备重大比较优势。在中非经贸合作快速发展的背景下，央企在非洲的业务拓展迎来了重要的历史机遇期。该书系统梳理了近5年来央企在非洲北部、西部、东部、中部和南部各次区域能矿开发、交通、水利、电力、房建、市政、工业制造等领域的所有重大项目，对央企在各次区域不同领域发展特点进行了总结分析，并提出了有关发展建议。

**《石油地租经济及西亚与中国的合作潜力》**

杨光（研究员）

论文　20千字

《西亚非洲》2016年第5期

该文认为，西亚石油输出国与中国的经贸合作具有深厚潜力。作为石油地租经济国家，这些国家在石油地租收入基础上，形成了独具一格的发展模式，也面临一些特殊的挑战。采取富有远见的国际石油市场战略、加快工业制造业的发展、改善基础设施和开展经济体制调整等方面的改革，代表了这些国家经济发展的新方向。在这种背景下，中国与这些国家在能源安全合作、货物贸易和产业合作三大领域，具有共同战略利益和经贸合作基础，可以在“一带一路”倡议框架下，通过合作，实现互利共赢和共同发展。

**《非洲工业化战略与中非工业化合作战略思考》**

李智彪（研究员）

论文　28千字

《西亚非洲》2016年第5期

该文指出，中非工业化合作目前正成为中非合作的新突破口和着力点，但中国要想真正帮助非洲推进工业化，首先应了解非洲对自身工业化战略的构想，还应理解非洲推进工业化面临的一系列难题，如工业化中的产业布局问题、生产规模化与市场碎片化难题、经济多元化与资源依赖症难题、工业化模式与路径选择难题，等等。该文认为，这些难题首先要靠非洲国家自己破解，同时也需要中国在启动中非工业化合作计划时高度重视。中国政府提出的中非“十大合作计划”是一项系统工程，中非工业化合作计划只是其中比较重要的组成部分，这一计划能否顺利推进，还有赖于其他九项计划能否同步顺利推进。中国现将非洲作为国际产能合作的优先对象，但不应指望通过向非洲转移中国过剩产能实现去产能任务，还应防止中国企业扎堆进入少数几个产能合作示范国。中国也应注重中非产能合作进程中融资渠道的拓展，特别是挖掘非洲自身融资潜力。非洲工业化说到底是非洲人自己的工业化，非洲能不能实现工业化，关键还要看非洲人自己的努力。

**《外国投资者与非洲国家之间的投资争议分析——基于解决投资争端国际中心相关案例的考察》**

朱伟东（研究员）

论文　16千字

《西亚非洲》2016年第3期

解决投资争端国际中心成立50年来，

受理了大量外国投资者与非洲国家间的投资争议。通过对这些案例的整理和分析，该文指出，这些投资争议主要发生在接受外资较多或易发生政治动荡的非洲国家，而提起此类投资争议的外国投资者主要来自英国、美国、法国、荷兰等传统上对非投资较多的西方国家，投资争议主要发生在石油、天然气、矿产、建筑业、交通运输业、生产、加工、运营等行业。此类投资争议解决程序中的仲裁员、调解员或临时委员会成员主要来自西方国家，其程序也主要是在西方国家内进行的。通过对比，该文认为，中国投资者有利用该中心解决与非洲国家投资争议的现实必要性和实际可能性，但中国需要对中非双边投资条约的相关内容进行完善，尽量选择来自中非双方的仲裁员，选择在中非双方的地点进行仲裁，并尽量通过调解方式进行。从长远来看，中非双方可以考虑设立“中非投资争议解决中心”。

**《中国在非洲利益层次分析》**

张宏明（研究员）

论文　25千字

《西亚非洲》2016年第4期

中国在非洲利益是中国与非洲国家交往的驱动因素，也是中国对非洲战略的决策依据。中国对非洲关系的政策理念、战略规划、政策目标以及与之相匹配的行动原则、资源配置、实施步骤和操作手段，从根本上说，是由中国对非洲需求和欲求的轻重缓急决定的。过去20年特别是近10年，中国在非洲利益的迅猛拓展源于中国综合国力快速提升所激发的对非洲需求的变化。该文认为，从趋势上看，非洲在中国外交战略特别是发展战略中的地位仍有较大的提升空间，这预示着伴随“走进非洲”步伐的提速，中国在非洲利益的辐射领域和体量还将进一步增大，但与此同时，其所涉及的利益关系将日益广泛而复杂，利益维护亦将更具挑战性。在这种情况下，深化对中国在非洲利益的认知特别是厘清其层次，不仅有助于引导、优化中国在非洲利益的拓展方向、实现方式和维护手段，也是运筹中国对非洲战略所不可或缺的基础性条件。基于此，该文指出，作为“地区利益”，中国在非洲优先利益的取向一定要有全局观，必须立足全局、服从全局、服务全局。基于非洲禀赋和中国需求，以及非洲在中国国家利益和国家战略中的定位，未来5～10年甚或更长时间，以经济利益为核心的发展利益应成为中国在非洲的优先利益，其中资源、市场及产业、产能合作是重中之重。

**《伊拉克库尔德人难以独立的国际法检视》**

王琼（副研究员）

论文　14千字

《西亚非洲》2016年第4期

伴随着中东地缘政治的变化，库尔德人独立问题时隐时现。中东变局发生以来，在打击“伊斯兰国”的过程中，伊拉克库尔德人实力大增，加紧了独立活动。该文认为，无论从国际法上的民族自决原则还是从“新民族自决权”观点考量，库尔德人独立均不具备坚实的国际法基础，其独立行为得不到伊拉克中央政府的同意，单方宣布独立也不具备相关法律要件，且会遭到美国等西方大国和土耳其、叙利亚、伊朗等中东国家的反对，库尔德人恐难突破上述层层阻力。该文同时指出，从未来发展看，库尔德人独立问题具有复杂性，会引发“溢出效应”，并对现有国际法构成挑战。

**《“九·一一”事件以来美国的非洲反恐策略评析》**

刘中伟（副研究员）

论文　22 千字

《西亚非洲》2016 年第 3 期

该文指出，“九·一一”事件发生后，随着美国国家安全战略的转向，美国的非洲政策也出现了重要调整，最突出的表现就是确立了反恐在对非政策中的首要地位。基于对美国利益威胁的攸关程度，“大非洲之角”、萨赫勒地带和马格里布地区被视为非洲恐怖主义活动的重灾区。近年来，美国迅速提升对非反恐的战略层级，频频展开对非反恐外交，不断推出包括创建美军非洲司令部等系列举措来打击非洲的恐怖主义活动。该文认为，从实施效果上看，美国的反恐举措在一定程度上打击和削弱了非洲相关恐怖组织的实力，但是，美国主要依赖军事手段在非洲反恐的做法，不但难以根除恐怖主义，反而导致恐怖主义活动在非洲部分地区泛滥。从发展趋势上看，打击恐怖主义仍将是奥巴马执政后期和下一届新政府对非政策的重中之重。

**《从一体化视角看非洲工业化的新动力》**

姚桂梅（研究员）

论文　15 千字

《西亚非洲》2016 年第 4 期

该文认为，实现非洲经济一体化是非洲国家的夙愿。通过多年不懈的努力，非洲经济一体化不断推进。东南非共同市场、南共体和东共体三大区域一体化组织的整合、最大自贸区的扬帆起航、内部贸易和投资的加强，以及跨境基础设施建设的推进，无疑都助力非洲一体化踏上新征程。虽然非洲一体化组织也将工业合作列为重要合作领域，但成效甚微，为诸领域合作之“短板”。当前，非洲一体化组织已出台区域工业化战略和政策，借此引领成员国间工业合作，推动经济结构转型，促进包容性增长，前景可期。非洲实现一体化和工业化为大势所趋，但在全球经济不景气背景下，非洲国家面临着政治、经济、社会文化等方面的严峻挑战，其发展道路坎坷而曲折。

**《从马克思主义时代观看中东国家发展的国际环境》**

王林聪（研究员）

论文　18 千字

《西亚非洲》2016 年第 5 期

时代观指人们观察和判断时代及其变化的立场和方法。马克思主义时代观是科学认识中东国际环境、分析中东国家、把握时局状况的依据。该文认为，中东国际环境变迁是内外因素作用的结果。历史上，帝国兴亡更迭既反映中东区域力量对比的态势，又显示自内而外塑造国际关系的基本路径。但是，近代以来，中东地区自主塑造国际关系的机制已被打断，中东国际环境遂呈现外部性、多变性、脆弱性等特征。土耳其、伊朗、埃及、利比亚等国关于时代认知及其战略抉择方面存在诸多问题，教训沉重。其缘由在于：许多国家在时代认知上受传统伊斯兰国际观的消极影响，在激进主义和理想主义理念驱动下追求不切实际的目标，民族国家主权观念淡薄，忽视国家和社会发展问题，等等。因此，在激烈竞争的当代世界，中东国家急需一种理性的时代观，认清时代特征，洞悉时代方向，恰当施策，才能在中东复杂的国际环境中谋求国家之持久稳定、发展和繁荣。

**《中国发展经验对非洲国家经济发展的启示》**

安春英（研究员）

论文　12 千字

《上海师范大学学报（哲学社会科学版）》2016 年第 2 期

该文认为，中国是世界上经济发展速度最快的发展中国家之一，其发展经验对非洲等发展中国家有一定借鉴意义。中国通过发展农业促减贫；改善经济结构低度化状况，拓展产业发展空间，优化就业结构；利用国民储蓄、外资、外援、侨资，化解资本不足困境；提升劳动力身体素质和知识技能，推进劳动力资源参与经济活动能力；培育发展国内消费市场，拓展国内以及地区市场空间——上述做法对不同非洲国家具有或多或少的适应性，但需要非洲国家基于本土国情兼容并蓄、扬长避短，从而探索自己的经济发展模式和道路。

**《法国穆斯林移民问题的原因剖析》**

刘冬（副研究员）

论文　12 千字

《阿拉伯世界研究》2016 年第 1 期

该文认为，由于法国穆斯林第一代移民缺少必要的知识和技术，第二代移民又缺少在法国社会中向上晋升的渠道，因此，他们在住房、教育、就业等领域实际上处于与主体社会“断裂”的状态。而这种“断裂”状态又为伊斯兰思想在移民社区的传播和移民穆斯林身份认同的固化提供了机会。但在本土法国人看来，移民穆斯林身份认同的固化对法国“共同文化”构成威胁，对威胁的感知也催生出法国社会对穆斯林移民群体的歧视。面对歧视，法国穆斯林群体对自身的边缘处境强烈不满，并使少数人走上恐怖主义的道路。

**《浅析伊斯兰教对非洲民族国家构建的影响》**

李文刚（副研究员）

论文　10 千字

《世界宗教文化》2016 年第 3 期

该文认为，伊斯兰教在非洲古代国家的兴盛、非洲人民反抗西方殖民侵略与殖民统治以及争取民族独立解放运动中发挥了重要而特殊的作用。但在现代非洲民族国家构建中，由于受多重因素制约，伊斯兰教大致表现为聚合力和离心力的双重影响，且二者相互依存，只是在非洲各国的表现不尽相同。该文认为，非洲民族国家构建需要走政府主导、自上而下的道路，既要考虑历史背景和各自国情，采取稳妥和谐的民族宗教政策，又要积极应对伊斯兰原教旨主义、宗教极端势力的严峻挑战，任重而道远。

### 《沙特阿拉伯的经济调整与“一带一路”的推进》

陈沫（副研究员）

论文　15 千字

《西亚非洲》2016 年第 2 期

2014 年下半年开始的国际油价下跌对沙特阿拉伯的经济造成严重冲击，加上其他政治、经济和对外关系变化等因素的影响，该国开始调整经济发展政策——资源配置从依靠政府干预向依靠市场支配的方向转变；政府财政收入从依靠石油收入向扩大非石油收入的方向转变；产业结构从过度依赖石油经济向新能源和矿业等多样化领域拓展；企业所有制结构从国有化向加快私有化的方向转变；投资资金来源从基本依靠本国资本向重视吸引外资的方向转变；劳动就业从依靠外籍侨工向“沙特化”的方向转变。该文综观沙特经济发展重点与中国“一带一路”倡议的契合点，认为，能源安全、产能合作、基础设施和金融是双方经济合作最有潜力的合作领域。

### 《卡塔尔经济发展战略与“一带一路”建设》

姜英梅（副研究员）

论文　12 千字

《阿拉伯世界研究》2016 年第 6 期

近年来，卡塔尔积极实施经济多元化发展战略，包括以油气和石化产业带动非石油产业迅速发展、举办国际赛事以提升国家软实力等措施。该文认为，卡塔尔经济显现出的超越以往的发展势头和良好的投资环境，能够为中卡两国共建“一带一路”提供重要保障，该文认为，中卡两国在“一带一路”的建设过程中，应着力打造能源（天然气）领域、金融领域和基础设施领域的互联互通，并加强包括非洲国家在内的三方合作，实现互利共赢。

### 《中国与中东国际产能合作的理论与政策分析》

魏敏（研究员）

论文　13 千字

《阿拉伯世界研究》2016 年第 6 期

中东是中国改革开放后对外开展国际合作较早的区域。该文基于对国际产能合作的界定以及中国与中东开展国际产能合作的演进及特征的分析，从理论上探索发展中国家之间开展国际产能合作的途径和方式，同时对中国与中东开展国际产能合作的现实基础、重点领域以及相对成熟的产业领域进行研究。该文认为，中国与中东产能合作的领域不断扩大，正日益从传统的工业领域、基础设施建设向商业零售、金融、通信和旅游等生产性服务业领域拓展，而中东国家的国情状况、发展阶段和特征、竞争优势等因素影响着中国和中东开展国际产能合作的深度和广度。未来中国与中东开展国际产能合作应顺乎世界经济体系调整大趋势，尤其要关注世界能源市场格局变动和政府在产能合作中的作用。

### 《军队在埃及政治和经济秩序重建中的作用》

王建（副研究员）

论文　15 千字

《阿拉伯世界研究》2016 年第 6 期

该文认为，2011 年“一·二五革命”后，埃及军队在主导埃及政治进程的同时，其经济实力也迅速扩张。作为既得利益集团和既有体制的维护者，埃及军队在国家政治和经济秩序重建中发挥着双重作用：一方面，军队是恢复埃及政治秩序的决定性力量和稳定经济发展的重要依靠力量；另一方面，军队势力的扩张和威权统治将为未来埃及政治动荡埋下隐患，特殊的军队经济将成为未来埃及经济改革的重要障碍因素。

**《“一带一路”视角下中国与伊朗的经济合作》**

陆瑾（副研究员）

论文　16千字

《阿拉伯世界研究》2016年第6期

伊朗是中国重要的经贸伙伴，也是中国在中东推进“一带一路”的重要合作对象。不断发展的中伊经贸关系为共建“一带一路”奠定了坚实的基础。在“一带一路”框架下，中伊发展战略实现对接，为深化两国经济合作提供了新机遇。该文认为，自2016年1月中国国家主席习近平访问伊朗以来，中伊在能源、互联互通、产能和金融等领域的合作已初见成效，但双方对合作项目进展速度都不甚满意。美国解除对伊朗制裁速度缓慢和解除障碍不彻底，以及伊朗营商环境有待改善等都是影响当下中国对伊朗投资的重要因素。中伊需要共同努力，继续加强政策沟通和制度建设，以市场经济为导向，推动两国务实经贸合作进一步拓展规模和提升质量。

**《美国对外政策中的“保护的责任”立场》**

史晓曦（助理研究员）

论文　12千字

《美国研究》2016年第3期

纵观克林顿政府以来的美国对“保护的责任”的态度变化和政策调整，该文指出：随着近年来美国实力的相对衰弱，加之国际形势的变化，美国已经在逐步改变其倡导的单边行动的外交政策，转而寻求在国际合作中维持主导地位。但是，美国的对外政策依然受制于其内政压力的影响，对于国家利益和地缘政治利益的实用主义考虑，依然是美国决策者的首要关注点，因此，美国的外交政策能否成为有效推进“保护的责任”发展的力量，尚需进一步观察。

**《津巴布韦殖民时期的土地剥夺、种族隔离与民族反抗》**

沈晓雷（助理研究员）

论文　16千字

《世界民族》2016年第4期

根据非洲人的传统，土地并不归个人所有，而是各族体的公有财产，欧洲殖民者将非洲人的土地视为“无主土地”，并开始侵占这些土地。对于津巴布韦而言，英国南非公司开始占领其土地，责任政府逐步完成对其土地的剥夺，并进而将以种族隔离为基础的土地隔离合法化，而罗德西亚阵线党政府最终确立了种族主义土地政策。殖民当局的土地剥夺与种族隔离引起津巴布韦人民的反抗，并最终导致民族解放运动的爆发。英国为解决罗得西亚问题而召集兰开斯特大厦会议，津巴布韦根据会议达成的《兰开斯特大厦协议》在1980年取得独立。但《兰开斯特大厦协议》确立的“愿买愿卖”的土地分配方案，对津巴布韦独立后的土地改革、种族和解与政治发展等产生了深远的影响。该文对上述历史作了系统的分析与研究。

### 《利比亚战后乱局中的部落因素》

王金岩（助理研究员）

论文 14千字

《阿拉伯世界研究》2016年第4期

该文认为，利比亚战后未能实现政治和经济重建，相反却陷入了严重动荡，恐怖极端势力趁乱进入并大幅扩张。利比亚战后乱局形成的原因众多，其中部落因素成为造成当前政局动荡的主因之一。具体而言，部落因素对政权过渡、经济重建、安全环境以及对外关系等方面产生了多重影响。此外，在利比亚未来的政治和解及打击恐怖主义问题上，部落因素的作用也不容小觑。

## 拉丁美洲研究所

### 《中国与拉丁美洲和加勒比国家关系史》

贺双荣（研究员）主编 谌园庭（副研究员）副主编

专著 597千字

中国社会科学出版社 2016年8月

该书共分7章，对从古至今，特别是1949年中华人民共和国成立以来至2014年中拉关系的发展进行了系统梳理及分析。中国人“发现”美洲、马尼拉大帆船贸易与中拉关系、拉美华人华侨问题以及晚清和民国时期中国与拉美一些国家建交和立约是1949年以前中拉关系研究的重点。1949～1958年，中拉关系以民间外交为主，这一时期的民间交往为后来中拉建交高潮的到来做了历史性的铺垫。1960年9月28日，中古建交，中拉关系取得历史性突破。但20世纪60年代中后期，受意识形态因素影响，中拉关系出现波折。1970～1978年，中拉迎来建交高潮，有11个拉美国家同中国建交。随后，中拉关系进入平等互利、共同发展阶段，经贸开始成为合作重点。1989年，中国领导人首访拉美，双方关系在各领域取得长足发展。2000～2014年，中拉关系迈入了全方位、跨越式发展阶段。

### 《拉美国家政党执政的经验与教训研究》

袁东振（研究员） 杨建民（研究员）等

专著 378千字

中国社会科学出版社 2016年3月

该书指出，政党是拉美国家政治制度的重要组成部分，是拉美政治发展进程的主要推动力量。许多曾经十分强大甚至曾长期主导拉美国家政治发展进程的老牌执政党，由于未能有效化解各国的政治、经济和社会难题，陷入治理困境。不少政党在长期执政环境中忽视自身建设，造成思想混乱、组织涣散和凝聚力缺失。有些政党党内缺乏有效监督机制，滋生了严重的官僚主义作风和腐败习气，失去民众信任。许多老牌政党因循守旧，不能根据国内外环境变化推行制度和体制变革，丧失对大众的吸引力和感召力。拉美也有这样一些老牌政党，它们在丧失执政地位后，能够痛定思痛，通过进行深刻反思和积极内部变革，对政策主张及时进行调整，重新赢得民众信任。该书力图研究拉美国家政党的执政经验与教训，并选取一些主要政党进行案例研究，分析其成长过程与现状，政治立场、理论倾向与执政理念，各党应对政治经济和社会发展难题的措施，思想和组织建设的基本做法，执政的经验、教训及其启示。

**《农民、土地与政治稳定：墨西哥现代村社制度研究》**

高波（副研究员）

专著　213千字

中国社会科学出版社　2016年11月

政治稳定问题是发展中国家必须面对的重大现实问题。墨西哥自20世纪初期以来保持了高度的政治稳定，在动荡不安的第三世界非常突出，但一直缺乏令人信服的解释，成为困扰国际学术界多年的一个难题。不同于以往制度主义、政治文化、经济增长等解释，该书从农民问题入手，提出1910年革命后进行的土地改革及现代村社制度、新卡西克体制的建立才是墨西哥长期稳定的主因，并由此提出了从政治、经济结构变迁来分析政治稳定的新思路。

**《拉丁美洲和加勒比发展报告（2015～2016）》**

吴白乙（研究员）主编

研究报告　423千字

社会科学文献出版社　2016年5月

该书系统介绍了2015年拉丁美洲和加勒比地区诸国的政治、经济、社会、外交等方面的发展情况，总结和分析了相关国家的热点和难点问题，并在此基础上预测了2016年该地区诸国的发展前景。

2016年是中拉文化交流年。构建一个具有现代性、包容性文化强国的国际形象是我们必须正视的战略使命。该书以此为主题，从对外文化输出的体制机制、国际传播能力、学术思想影响力、海外企业的公共关系等八个方面，全面检视和反思文化及相关要素在构建中国海外形象中的不足与缺失，提出应大力强化文化外交在对外关系中的地位和作用，建立与变化中的世情、国情和海外利益相适应的对外文化战略及工作机制，以构建政、企、学、媒、民五位一体的对外话语传播体系为突破口，打造国家新的文化形象。

**《文化外交：历史、现实的审视与思考》**

吴白乙（研究员）

论文　28千字

《美国研究》2016年第3期

伴随中国向全球大国成长的"烦恼"之一是中外之间相互理解上的不平等、非对称。从根本上讲，这是由于文化观念的差异所造成的。同时，也与中国自身的文化现代化水平和文化外交能力相对滞后有关。该文从历史唯物主义观点出发，对当代文化外交的内在机理和发展规律加以总结，对中国文化外交存在的"短板"作出剖析，力图推动建立一个跨层次的研究框架，以解释文化外交，丰富文化外交理论，推进中国与世界文化融合，保障对外战略的平稳、可持续实施。

**《美国与古巴复交的地缘政治效应》**

张凡（研究员）

论文　6千字

《美国研究》2016 年第 1 期

2014 年 12 月，美古两国领导人宣布将采取措施实现关系正常化，次年年中，双方恢复邦交。这是美古关系进而也是美拉关系发展中的重要里程碑。该文认为，两国关系的走向及其对各自国内政治的影响，不仅涉及政治和外交方面的实质内容，而且具有重要的象征意义，或将触发拉丁美洲和域外国家竞相迎合和应对这一变局的联动效应。美古复交可视为西半球范围内的“地缘政治”事件，但冷战终结前后地缘政治本身的内容已发生重大变化。革命胜利后的古巴逐步成为国际格局及其演变中的重要角色，而美国的关注点则是遏制“共产主义在西半球的扩张”。对于美国而言，这有一个从“颠覆”革命政权到“限制”其发展扩散的转变过程。冷战结束后，颠覆政权的目标又回到美国对古政策的中心位置。对于拉美其他国家而言，冷战终结正值拉美政治民主化的转型阶段结束之际，整个拉美大陆的“集体安全”关切转向了国内秩序。拉美国家的安全观是历史的产物，民族主义、主权、不干涉甚至反帝永远是拉美国家对外关系的底色。使局面进一步复杂化的因素还包括其他域外国家对拉美的积极介入。该文认为，美古关系的基本症结在于力量极不对称的大小邻国关系如何处理，而两国关系的改善短期内限于具体政策的调整，与双方秩序诉求和基本原则无涉。

**《中国的国家形象构建：拉美的视角》**

郭存海（副研究员）

论文　16 千字

《拉丁美洲研究》2016 年第 5 期

随着中国的崛起和“走出去”战略的推进，中国的国家形象意识日益增强。相对于其他地区，拉美距离中国更遥远，文化更复杂，受西方价值理念影响更深，从而给中国在该地区的形象构建带来了特别的挑战。该文通过对美国皮尤态度调查和“拉美晴雨表”公司有关拉美对华认知的连续调查进行了比较性分析，发现，中国在拉美的形象虽好于在西方世界的形象，但远逊于在非洲的形象。其背后的原因主要可归结于四点：中国对拉美的认知反过来影响了拉美对华认知；拉美的历史和文化形成过程导致拉美人对一切外来者采取怀疑和忧虑态度；在不同文化碰撞和融合中形成的拉美文化本质上是一种西方文化占主导的混合文化，与中国文化差异较大，由此成为中拉认知偏差的核心根源；西方媒体对拉美媒体的主导性影响和中国对外传播能力相对滞后，导致中国在拉美的形象构建尤其困难。该文认为，鉴于国家形象日益成为国家利益的构成要素，亟须采取综合措施提升中国在拉美地区的形象。

**《全球应对气候变化进程中的加勒比国家及与中国的合作》**

赵重阳（助理研究员）

论文　11 千字

《拉丁美洲研究》2016 年第 2 期

加勒比地区国家是一个小国群体，邻近美国，约三分之一的国家未与中国建交，在国际关系中具有比较特殊的身份和地位。该地区国家在全球气候治理进程中非常活跃，对中国在全球气候谈判中的作用也有较大影响，但目前国内对中国与该地区国家的气候合作问题研究较少。加勒比地区国家在气候问题上面临独特而严峻的挑战。而作为小国，其在全球气候治理进程中的激进诉求又极易被忽视。为提高应对气候变化的能力，该地区国家积极利用现有气候治理机制，采取灵活的策略，尽最大可能争取国际社会的关注、支持和援助，以提高其应对气候变化的能力，并在一定程度上取得了积极成效。中国与该地区国家在气候问题上有合作也有分歧，但根本的原则和立场是一致的。该文认为，鉴于该地区国家的特殊性，中国应加强与其的气候合作。合作的渠道除了增进在全球气候谈判框架内的沟通与合作外，还应加强在加勒比地区气候治理进程中的合作，并推行综合立体的合作模式。这将进一步促进双方在全球气候治理进程中的合作关系并推进双方关系的全面发展。

**《拉美社会养老金的精准扶贫与效果分析》**

齐传钧（副研究员）

论文　19千字

《国际经济评论》2016年第6期

老年人贫困是很多发展中国家长期面临的社会问题，而社会养老金作为面向老年人的一个精准扶贫工具，在拉美地区得到广泛应用。拉美地区广泛选择社会养老金并非偶然，而是老年人收入保障制度经过长期曲折发展所作出的最终选择。拉美地区养老金制度可以追溯到20世纪20年代，50年代和60年代基本定型为现收现付型并迅速普及；到70年代后期，拉美地区经济陷入停滞甚至严重衰退，部分国家开始将养老金制度转向积累制，但受制于非正规化就业比例较高的现实约束，养老金覆盖面难以有效扩大，老年人贫困问题长期存在；进入21世纪，为老年人提供经济保护成为改革的主基调，引入或强化已有社会养老金便成为其中的一个主要内容，从而掀起了新的养老金改革浪潮。该文对拉美地区老年人收入保障制度的发展历程作了系统的分析与研究，指出，总的来看，拉美的社会养老金扶贫效果显著，且财务成本基本可控，在四个方面值得广大发展中国家借鉴：一是要认识到社会养老金可以作为精准扶贫的一部分；二是要掌握养老金制度发展的一般规律；三是要正确理解社会养老金的功能定位；四是要处理好模式选择和长期成本制约问题。

**《拉美左派政府社会政策的实施成效及面临的挑战》**

方旭飞（副研究员）

论文　13千字

《西南科技大学学报（哲学社会科学版）》

2016年第5期

社会政策的改革和调整是拉美左派构建替代新自由主义发展模式的重要组成部分，拉美左派政府的社会政策既有对既有政策的延续、更新，也有新推出的政策。而不同类型、不同国家的左派政府，其社会政策也存在一定差异。总体特点是大幅提高社会支出，实施面向低收入阶层的有条件现金转移支付计划，扩大社会计划覆盖面，推出各种“社会战役”。该文认为，上述社会政策的实施取得了重要社会成效，有效地促进了社会融合与发展，缓解了新自由主义改革对弱势群体的负面影响。但是，由于缺乏深刻的结构调整和对大宗商品繁荣的严重依赖，左派政府在社会政策领域的改革缺乏坚实而持续的财政基础和物质基础，破坏了社会政策的可持续性和长期效果。2014 年以来，国际环境的变化对左派执政国家造成了严重冲击，拉美左派政府面临经济增长率下跌和社会形势动荡的严峻挑战，各项经济社会政策改革受到严重限制。面对国际国内的复杂局势，未来拉美左派政府社会政策的改革和调整的难度将进一步加大，拉美左派未来前景仍有较大不确定性。

**《中拉整体合作：机遇、挑战与政策思路》**

周志伟（副研究员）　岳云霞（研究员）

论文　13 千字

《世界经济与政治论坛》2016 年第 5 期

该文分析了中拉整体合作的形成逻辑、发展动力，从多维度视角对中拉整体合作的挑战作出客观判断，认为中拉合作模式具备了“换挡升级”的条件，加之中拉双方提升合作水平的共同诉求，中拉整体合作从“设想”高效地转化为“现实”。从双方主体的政策意愿来看，中拉整体合作具备充分的形成逻辑：拉美是中拉整体合作中实现跨区域合作全面覆盖的重要板块；中拉双方经济转型对接是提升整体合作的新“引擎”；中拉经贸合作的新阶段对整体合作的“质量”提出新诉求。同时，该文指出，中拉整体合作仍面临现实挑战：第一，拉美地区错综复杂的地缘政治环境错综复杂；第二，拉美国家对中拉整体合作的诉求存在差异；第三，中拉经济均“下行”，双边贸易目标面临较大压力；第四，扩大对拉投资有一定难度；第五，非建交国因素存在敏感性。对此，该文认为，中拉整体合作在中短期的政策思路可从以下几个方面着手：第一，中国应充当整体合作的主要推动者和贡献者，促成取得早期收获；第二，尽快实现贸易、投资、金融同步驱动，推动达成中拉经贸合作目标；第三，强化中拉人文交流，增进相互理解与认知；第四，协调现有双边、多边合作机制，搭建多渠道协作机制网络。

**《拉美生产一体化及对产能合作的启示》**

张勇（副研究员）

论文　11 千字

《国际经济合作》2016 年第 11 期

价值链以及生产和基础设施一体化对于拉美实施结构变革战略十分重要。以“软件”要素——产业政策和“硬件”要素——基础设施为支撑，同时提升区域内贸易和产业内贸易，并促进投资多元化，是拉美地区实现价值链和生产一体化的关键步骤。有鉴于此，该文认为，在中长期内，拉美国家可能在重新激活区域内贸易、提高投资率、促进贸易和投资便利化等领域推进一体化进程，这将给中拉产能合作带来重要的机遇：第一，积极融入拉美产业升级有利于产能合作；第二，提升拉美区域内贸易比重可作为产能合作的着力点；第三，中小企业国际化既有利于生产一体化，也有益于产能合作；第四，以基础设施领域合作为支撑，整合价值链和生产网络；第五，继续签署自由贸易协定，推动贸易和投资便利化。

**《拉美国家的脆弱阶层与反脆弱性政策》**

林华（副研究员）

论文　15 千字

《拉丁美洲研究》2016 年第 3 期

脆弱阶层指介于贫困人群与中产阶级之间的中低收入阶层，目前，在拉美地区，其数量已经超过贫困人口，成为拉美地区规模最大的群体。进入 21 世纪以来，脆弱阶层陷入贫困的可能性逐渐降低，这主要得益于良好的宏观经济环境、社会保护网的扩大和侨汇的增加等因素。但脆弱阶层的贫困脆弱性依然存在，未来一段时期经济的不稳定、通货膨胀率的上升、劳动力市场的分化等都有可能对脆弱阶层造成冲击。该文指出，无论从社会权利的角度出发，还是从脆弱性带来的社会心理视角来看，或是出于巩固前期减贫成果的考虑，反脆弱性政策都是必要的。长期以来，拉美各国实施的反脆弱性政策还存在不少局限性，导致其难以起到应有的作用。实施有效的反脆弱性政策并不需要拉美国家改变目前的基本政策框架，重要的是要将反脆弱性的理念和目标引入相关政策，在政策设计上更多考虑中低收入阶层的诉求和需要，对现有资金、资源进行整合和优化，使社会政策发挥更大的反脆弱性效力，以顺应当前社会阶层结构的变化。

**《建设一个更有效率的国家：提高设计、执行和学习公共政策的能力（2015 年经济和发展报告）》**

CAF- 拉丁美洲开发银行主编　拉丁美洲研究所集体翻译

译著　233 千字

中国社会科学出版社　2016 年 5 月

在讨论哪些是促发展的最佳公共政策时，通常我们默认政府是有能力成功设计和执行相关政策的，但事实并不一定是这样。许多情况下，有些政策目标明确、拥有足够资源、并且在其他国家取得过成功实践，但却因负责政策执行的机构缺乏能力而没有取得预期效果。甚至很多时候，政府机构没有从这些失败的教训中学会日后如何完善资源管理。该书讨论的核心是公共政策的设计、执行和学习能力，其中重点突出了政策设计过程中充当横向因素的官僚系统、项目有效执行阶段作为关键要素的公共采购系统、可以提高公共资源使用效率和加强监督公共服务的公民参与权，以及将公共资源管理实践转化为日后提高政府效率的经验和学习机会的可能性等。

**《劳尔·卡斯特罗：革命生涯》**

［俄罗斯］尼古拉斯·S. 列昂诺夫著

魏然（助理研究员）等译

译著　238 千字

中国社会科学出版社　2016 年 8 月

作者撰写此书的起因是 1953 年 5 月，他被派往墨西哥，求学于墨西哥国立自治大学文哲系。在墨西哥留学期间，他结识了青年学子劳尔·卡斯特罗·鲁斯。共同的梦想与志趣，促使两人建立起牢固的友谊。在该书中，作者讲述了古巴革命的故事，以及劳尔·卡斯特罗在这场革命中肩负的使命。该书是一部以客观方式触摸劳尔生命与品格的传记。

# 亚太与全球战略研究院

## 《跨太平洋伙伴关系协定与“一带一路”之比较》

李向阳（研究员）
论文　15 千字
《世界经济与政治》2016 年第 9 期

一个守成大国（美国）与一个新兴大国（中国）分别提出两个不同的跨区域的区域经济合作机制：跨太平洋伙伴关系协定与“一带一路”。两者都以全球经济最有活力的亚洲地区为基础，到目前为止互不包含对方。通过比较两者的联系纽带、合作机制、目标及定位，该文认为，它们分属于两种不同类型的区域经济合作机制：前者以规则为导向，以高门槛和排他性为特征，体现了西方的哲学理念；而后者则以发展为导向，以开放性和多元化为特征，属于新型的区域经济合作机制，体现了东方的哲学理念。就规范性而言，“一带一路”远不及跨太平洋伙伴关系协定，但其所体现的发展导向更适应广大发展中国家的实际需求。当然，“一带一路”在实现发展目标的同时也并不排除构建其内部规则与治理体系。因而，它是中国向本地区乃至世界提供的一项公共产品。该文进一步指出，未来两者之间的互动关系将在很大程度上决定着中美新型大国关系的形态、亚洲区域经济一体化乃至全球经济格局的发展方向。

## 《区域贸易协定中透明度机制对出口贸易的影响》

张中元（副研究员）　沈铭辉（研究员）
论文　11 千字
《国际贸易问题》2016 年第 9 期

该文利用 39 个经济体（34 个 OECD 国家和 5 个主要新兴经济体）与 59 个贸易伙伴之间签署的 50 份区域贸易协定，引入各经济体的制度质量，检验区域贸易协定中透明度条款设定对双边贸易的影响、评估透明度承诺对贸易的促进效应是否受制度质量的影响，结果发现：(1) 区域贸易协定中透明度条款的设定对双边贸易增加值有异质性影响，发达国家之间签署的区域贸易协定中的透明度条款设定对双边贸易增加值没有显著影响，但发展中国家之间或发展中国家与发达国家之间签署的区域贸易协定中的透明度条款设定能够显著地促进出口贸易增加值的增长；(2) 制度质量的改善能够显著地增加双边出口贸易增加值，制度质量的提高会提升透明度对双边贸易增加值的促进作用；(3) 政府施政有效性对双边贸易增加值的促进作用需要一定水平的透明度承诺，只有在透明度承诺较高的状况下，政府施政有效性才能发挥对双边贸易增加值的促进作用。

## 《从全球治理视角透析中等强国合作体的意义与前景》

丁工（助理研究员）
论文　13 千字
《太平洋学报》2016 年第 3 期

该文以“中等强国合作体”(MIKTA) 作为一个独立的对象进行研究。中等强国合作体是由韩国、澳大利亚、土耳其、墨西哥、印度尼西亚五个中型力量强国，本着“志趣相投、凝合聚力”的宗旨自发相结而成，意图是通过集体发声、共同行动来弥补自身相比大国单个能力的不足，进而成为影响全球治理改革进程和发展方向的重要力量。在全球治理核心平台的“20国集团”机制中，中等强国合作体在一定意义上与七国集团和金砖组织形成“三足鼎立”的格局。该文以创造性视角发掘潜藏在中等强国合作机制与全球治理体系之间的有机联系，较为深入全面地对中等强国合作体这一机制进行了针对性研究。该文不仅探索到中等强国合作的特有形式和独特优势将全球治理带入了新局面，同时指出，中国与中等强国合作体具有较强的利益趋同性、理念相似性和协调空间，加强相互之间的合作能够有助于推进全球治理体系朝着更加公正合理的方向发展。

**《“一带一路”建设与中蒙俄能源合作——基于地区安全视角》**

朴光姬（研究员） 李芳（博士研究生）

论文 15千字

《亚太经济》2016年第5期

该文从中蒙俄面临的地区安全形势出发，立足于“一带一路”建设的框架，从双边和多边层次，运用较为翔实的数据，对中蒙俄能源合作的基础、机遇、现状与挑战等方面进行分析。该文认为，中蒙俄相互毗邻的优势和能源互补性为三国能源合作奠定了基础。复杂多变的地区安全形势以及蒙俄对接中国“一带一路”倡议，为中蒙俄能源合作迎来前所未有的机遇期，中蒙俄能源合作正在形成宽领域、多层次、多样化的局面。中国必须抓好这一战略机遇期，从构建合作机制、完善基础设施、增强互信、促进东北亚能源有序竞争等方面入手，加快推进中蒙俄能源合作，为“一带一路”建设打造示范工程。

**《探析“日美澳印”战略合作的形成及其制衡博弈》**

屈彩云（助理研究员）

论文 9千字

《辽宁大学学报（哲学社会科学版）》2016年第1期

21世纪初，随着中国崛起，亚太地区力量中心对比出现了新的变化，亚太大国和地区国家开始了新的战略调整。该文深入挖掘日、美、澳、印四国加强合作的背景、前提、基础和动因，认为，日、美、澳、印四国为了角逐变动着的亚太地区秩序的权力和利益，迅速拉近距离，开展紧密合作，这不仅由于日、美、澳、印四国有着萌生战略合作的背景，而且由于四国有着奠定战略合作的前提和基础，更由于四国有着推动战略合作的多重动因。日、美、澳、印四国拥有基本一致的政治制度和价值认同，在一定程度上缓冲了因价值观不同所导致的战略顾虑与猜疑，有助于加深四国在身份认同上的亲近感，成为密切四国关系的天然纽带；日、美、澳、印拥有共同的海洋国家身份认同，缩短了地理距离造成的隔膜，加深了四国的地缘身份和地缘战略认同。相同或相似的价值认同和海洋国家身份认同为四国战略合作提供了必要的前提。美、日、澳战略三角关系的日益密切，美、日、澳三国与印度双边关系的加强都为四国战略合作奠定了基础。在遏制与平衡中国的同时，四国都在亚太动态博弈中追求本国利益的最大化。

**《欧亚经济联盟共同能源市场建设的现状及前景》**

富景筠（副研究员）

论文　12千字

《现代国际关系》2016年第9期

共同能源市场建设是欧亚经济联盟走向深度一体化的核心内容。目前，这一进程逐步从理念构建过渡到具体实施，并具有了明确的行动路线图。由于俄罗斯和哈萨克斯坦寻求东向能源出口市场的需求与中国能源进口来源多元化的目标相契合，能源领域的基础设施和产业合作构成了丝绸之路经济带与欧亚经济联盟战略对接的重要内容。作为由能源生产国和出口国主导的欧亚经济联盟共同能源市场，其建设条件和障碍何在？乌克兰危机后，在西方制裁和国际油价暴跌背景下，俄罗斯的实力衰退对共同能源市场未来发展将产生怎样的影响？共同能源市场建设对于目前丝绸之路经济带与欧亚经济联盟的战略对接又将意味着什么？该文着重考察了欧亚经济联盟共同能源市场的理念与实践、构建基础与发展前景，分析了联盟内部的能源相互依赖以及有关共同能源市场的利益分歧，对上述问题作出了自己的回答。

**《构建包容性国际经济治理体系——从TPP到“一带一路”》**

沈铭辉（研究员）

论文　14千字

《东北亚论坛》2016年第2期

TPP的出现改变了亚太地区各经济体在区域经济合作上的格局和博弈，TPP不仅标志着以巨型自贸区为代表的新一轮区域合作浪潮的来临，也标志着亚太区域经济合作进入新的阶段，亚太区域经济合作已呈现出TPP与RCEP双轨竞争局面，亚太地区面临着制度割裂的风险。该文从贸易成本角度，对TPP与“一带一路”倡议的异同和“一带一路”的核心内容进行了分析，从经济学视角对“一带一路”倡议进行了深入理解，拓展了“一带一路”研究的视野。同时，该文从区域合作为出发点，在理论研究基础上，提出了可操作的政策建议。该文认为，新的时期，亚太区域经济合作在区域架构、地缘政治、区域生产网络等方面发生的重大变化既是挑战也是机遇，作为亚太地区最大的发展中国家和区域合作的深度参与者，中国需要积极面对和作出战略预判。在以TPP为代表的全球贸易体系新一轮重构期内，中国需以加大开放作为推动改革的压力和动力，以G20机制为合作平台，以中美双边投资协定（BIT）谈判为抓手，积极推动亚太自贸区建设和多边贸易谈判，能动地参与和影响新规则制定，推动完善和进一步构建包容性的国际经济治理体系。

**《中国周边安全形势评估（2016）》**

张洁（研究员）主编

专著　212千字

社会科学文献出版社　2016年1月

该书认为，“一带一路”的推进与落实直接受到周边安全形势的影响与制约。海上争端造成的安全互信缺失阻碍着中国与周边国家发展战略的对接，中日博弈导致“一带一路”项目投标竞争的激烈化与成本的提升，恐怖主义与各国政治稳定性对中国海外人员与资产安全构成威胁。故而，随着中国把控与塑造周边的能力不断上升，如何准确评估安全风险并及时预警，如何弥补安全合作的“短板”以保障“一带一路”战略的顺利推进，如何平衡维护国家主权与实现地区合作互利共赢的双目标，都是中国外交亟须解决的理论与现实挑战。

该书指出，2016年，中国周边安全形势至少面临四大挑战：一是大国博弈激烈，尤其是中美、中日之间；二是海上争端或将激化，凸显为中美围绕南海岛礁建设的博弈、中菲南海国际仲裁案对中国构成的挑战；三是恐怖主义、气候与环境问题等非传统安全的挑战形势严峻；四是周边国家政治转型或政局变动将会影响其对华政策的稳定性。

**《朴槿惠政治经济学》**

王俊生（副研究员） 李天国（助理研究员）

专著 140千字

中国人民大学出版社 2016年5月

韩国在人口、国土面积上虽属中小国家，但在国家综合实力与地缘政治上着实是一个大国。该书从韩国政治、经济、外交、安全等角度深入分析与解读了朴槿惠的相关政策，并从历史背景和现实国内外环境等出发，分析了这些政策出台背后的原因。该文以研究朴槿惠为切入点，深入分析韩国内外政策背后的政治经济学逻辑。

**《马克思主义工业化理论及其在亚洲的实践》**

赵江林（研究员）等

专著 381千字

中国社会科学出版社 2016年9月

该书主要运用马克思主义的工业化理论，较为全面、系统地总结了亚洲国家的工业化实践，并对未来的亚洲工业化前景提供方向性判断。早在百年前，马克思、恩格斯从英国的工业化实践研究起步，提出了一套较为完整的工业化理论体系。不过，国内外学者较少运用马克思主义工业化理论解释亚洲工业化的实践，而是更多地从西方理论角度对亚洲工业化问题进行研究和总结，如发展经济学、雁形理论，等等。但是，传统的西方经济学理论特别是关于发展中国家的工业化理论，只是部分地解释了亚洲新兴国家工业化的成功实践，对亚洲工业化道路的说明并不充分，当然也难以预测未来的亚洲工业化面临的主要挑战和提供解决的路径。该书通过对现实的工业化道路进行系统研究总结，旨在为更多的不发达国家完成工业化目标提供可借鉴的参考依据，同时也为中国参与不发达国家工业化进程提供决策依据，推进中国与世界不发达国家共同发展，更好地践行“一带一路”的目标和宗旨。

**《中国与周边命运共同体：构建与路径》（国际领域重要理论与现实问题研究丛书）**

许利平（研究员）等

专著 205千字

社会科学文献出版社 2016年10月

该书主要研究构建中国与周边命运共同体的战略意义与具体实施路径。在理论上，该书提出了“多元共同体”模式，以价值共同体、发展共同体、安全共同体和社会文化共同体共同构筑中国与周边命运共同体。该书认为，中国与周边命运共同体是一个系统工程，也是一项重塑亚洲秩序、建立中国影响力的百年工程。通过建立中国与周边价值共同体，建立中国与周边的区域价值认同；通过发展共同体，建立中国与周边命运共同体的物质基础；通过安全共同体，建立中国与周边命运共同体的安全保障系统；通过社会文化共同体，建立起中国与周边的人文社会基础。四大共同体就如四根支柱，支撑中国与周边命运共同体这座21世纪亚洲新大厦。

## 美国研究所

### 《美国蓝皮书：美国研究报告（2016）——2016年大选与美国内外政策》

郑秉文（研究员）　黄平（研究员）主编

研究报告　375千字

社会科学文献出版社　2016年6月

该书对2015年以来美国的内政外交以及重大事态进行了全面、系统的梳理。2015年，美国的内政外交继续呈现胶着状态。在政治层面，政治对民意的回应性每况愈下。在经济层面，美国经济虽然持续缓慢复苏，但民众的“获得感”有限。在社会层面，种族、移民、控枪、同性婚姻合法化等问题继续引发争议。在国际舞台上，美国持续强化亚太战略，实现美古复交，力促伊朗核协议，但面对叙利亚问题以及“伊斯兰国”等恐怖主义威胁抬头的现实，奥巴马政府却选择了“不做傻事”的廉价平衡，无法令国际社会信服。

### 《中美关系史》（修订本）

陶文钊（研究员）

专著　1515千字

上海人民出版社　2016年8月

该书是一部完整呈现从1784年美国第一艘商船“中国皇后号”远航广州到2013年6月习近平主席同奥巴马总统举行庄园会晤为止的中美关系史全貌的通史性著作。该书的大量史料广泛收集自中、美、英、日等多国的原始档案材料，清晰勾勒出200多年来特别是20世纪以来中美关系发展的脉络。该书分三卷，通过对三个时期两国间重大事件的叙述，展示了中美两国外交政策的决策过程及影响双方决策的种种国内和国际因素。修订本除文字修订外，还对一些有重要意义的内容作了强调，并新增“新世纪以来的中美关系”一章，对中美关系中的一些新现象、新发展作了概述。

### 《海明威书信集（1917～1961）》（上、下）

［美］海明威　著　潘小松（译审）　译

译著　748千字

上海译文出版社　2016年9月

该书为读者呈现了一位有史以来最为有趣的书信达人。作为100年来所有诺贝尔文学奖得主中最为我国读者所知的一位作家，海明威的公众形象、传奇人生早已通过其作品为世人所知。而该书收集的这批私人书信则让一个崭新的海明威浮现在世人面前。海明威研究专家卡洛斯·贝克从海明威留给世人的卷帙浩繁的海量书信中精选了其从18岁至逝世这40多年间写就的近600封信件，书信中的海明威用作品外的“私人”语言坦诚地向各色人群——家人、朋友、敌手、编辑以及当时几乎所有的知名作家——揭示了自我，记录了他生活与写作生涯的方方面面。

**《供给侧：降费对社会保险结构性改革的意义》**

郑秉文（研究员）

论文　15千字

《中国人口科学》2016年第3期

中国社会保险费率始终居高不下，这种状态显然不利于经济增长和提高企业竞争力。推进供给侧结构性改革，对社会保险来说，有两项任务需要完成：一是确实将社会保险费率降下来，以确保供给侧结构性改革顺利进行；二是通过降费，推进以提高财务可持续性为核心的社会保险结构性改革，以实现降费不减制度收入、降费不减职工待遇、降费仍坚持精算平衡的目的。该文运用拉弗曲线的分析框架对社会保险高费率与低收入的关系进行理论诠释，指出，高费率有可能成为道德风险猖獗进而导致制度低收入的原因之一。该文在考察社会保险费率高企的现状和原因的基础上，着重阐释了养老保险降费后提高财务可持续性的途径以及失业保险降费后扩大受益人数比例的思路。

**《美国的南海政策与当前的中美关系》**

倪峰（研究员）

论文　6千字

《太平洋学报》2016年第7期

该文指出，南海问题已经成为国际舆论和地区地缘政治博弈的焦点，在七国集团（G7）峰会、香格里拉安全对话会以及中美战略与经济对话中，南海问题都是最引人注目的话题之一。从目前的形势来看，这一问题继续处在不断升温的轨道上，其如何演化将对地区局势产生重大影响。中美在南海问题的竞争显然是在一个循环升级的轨道上，美国对这种竞争的投入是全方位、全要素性质的，具有明显的战略性特征，在近期形成一种战略妥协的可能性是比较小的。该文认为，随着美国南海政策的不断激进化，我们必须对它对中美关系可能产生的巨大冲击有所预警和防备，美国在南海问题上空前规模的战略举动，有可能带来空前规模的战略风险。与此同时，我们也应看到，南海问题尽管日益凸显，但远非中美关系的全部，中美两国应当从构建中美新型大国关系这样的大战略和大思路来审慎地处理这组最重要的双边关系。

**《关于美国学者对“一带一路”认识的思考》**

王欢（研究员）

论文　8千字

《当代世界》2016年第4期

2015年7月和12月，该文作者分别赴美国硅谷地区和纽约市对部分学者进行访谈，调研美国学界和政府对中国“一带一路”构想的认识。作者认为，美国学界和政府对“一带一路”的认知总体不足，对“一带一路”的目的、具体内容和政策手段缺乏了解，合作意愿缺乏。该文作者与一些学者就中国推动"一带一路"面临的一些风险以及应该采取的政策举措进行了分析和交流。该文对上述状况作了分析与研究，认为，虽然美国学界和政府对"一带一路"倡议认知总体不足，但同时其对中国推动"一带一路"构想所面临的风险和可采取的应对措施的分析和判断也有可资借鉴之处。

**《新常态下中美综合经济实力对比——基于国内生产总值的分析》**

王孜弘（研究员）

论文　15千字

《美国研究》2016年第5期

该文指出，数十年来高增长率与位居第二的国内生产总值表明中国的"崛起"与规模的庞大，但同时表明，中国崛起的过程是中美两国国内生产总值均实现高速增值，从而将其他经济体远甩其后的过程，而不是中国独快的过程。中美间国内生产总值差距至今仍大于改革开放之初。该文认为，除改革开放本身是个渐进漫长的过程等原因外，人口结构与生产及消费模式使国内生产总值难以充分体现中国建设成就也是影响中美间国内生产总值差距变化的重要原因。这意味着在以国内生产总值为指标进行中美经济实力对比时，对中国经济成就仍有所低估。中国经济新常态下进行的结构调整过程中体现的国内生产总值增长率下降并不意味着经济实力增长的放缓。国内生产总值并非各经济体独立建设的结果，而是在相互促进中形成。不可以军备竞赛的思维分析国内生产总值。在改变中美经济力量对比过程中，更重要的是通过结构调整提高在国际分工产业链中的地位而非国内生产总值的排位与赶超。

**《美国联邦化石燃料补贴规模分析》**

罗振兴（副研究员）　冯升波（副研究员）

论文　8千字

《中国能源》2016年第11期

该文建立了以补贴政策工具和补贴环节相结合的美国化石燃料补贴分析框架，运用该分析框架测算了美国联邦化石燃料补贴规模，并将测算结果与美国官方自述报告、能源信息署、经合组织及国际石油变革组织等的测算数据进行了比较分析。结果表明，美国、能源信息署和经合组织的测算结果低估了美国联邦化石燃料补贴规模，而国际石油变革组织的估算则比较接近或大于该文测算结果。

**《"奥巴马主义"与美古关系解冻》**

袁征（研究员）

论文　14千字

《美国研究》2016年第1期

"奥巴马主义"是奥巴马政府所奉行的对外政策思想理念，美古关系的解冻是"奥巴马主义"指导下所取得的重要外交成果之一。该文认为，美国之所以决定放弃半个多世纪以来对古巴的封锁政策，根本的原因是奥巴马政府改变思维定式后重新界定了实现和维护美国国家利益的最佳路径。该文同时指出，美古关系的解冻不会一帆风顺，还会面临许多挑战。但美古关系的改善顺应了历史的潮流，符合两国的利益。美古关系的正常化进程或许还会有波折，但大势已难以扭转，美古关系将翻开新的一页。

**《朝核问题重估：僵局的根源与影响》**

樊吉社（研究员）

论文　25 千字

《外交评论》2016 年第 4 期

朝鲜半岛的任何重大事态都具有深远的地缘政治影响。冷战结束后的 20 余年中，朝核问题历经多种形式的谈判，仍未获得解决，但朝鲜的核、导能力已经有了长足发展。朝核危机能否解决或者如何解决极有可能重塑东北亚地缘安全格局，长远影响与朝核相关的各国之间的关系。该文认为，朝鲜的核武器研发已经超越了“有”还是“无”的关键问题，进入了核武“多”还是“少”的阶段；多种迹象表明，朝鲜基本放弃了无核化的意愿；美国侧重管控朝核问题的后果，而不是着重解决朝核问题；朝核问题的未来发展必将牵动东北亚地缘政治环境的显著变化。

**《美国宪法全球传播论析》**

周婧（副研究员）

论文　19 千字

《世界经济与政治》2016 年第 7 期

美国宪法自制定之初就对其他国家产生影响，但美国宪法是在第二次世界大战之后，尤其是冷战结束初期逐渐实现了全球传播。从发生学的角度看，美国宪法的传播可分为有意传播和无意传播。无意传播是在美国没有进行推介的情况下，移植国自行学习和接受美国宪法，是“无心插柳”。这一方面是基于美国在“二战”后的国际地位，另一方面是因为美国宪法有助于解决“二战”后各国所面临的问题。有意传播则与美国为推广宪法而采取的行动有关，可谓“有心栽花”。美国主动推广宪法在很大程度上是特定时期外交战略的需要，因此在不同时期、不同地区和国家，推广的机制不尽相同。此种推广通过为其他国家提供制宪咨询和“帮助”，甚至是通过施压乃至强制来实现。该文认为，美国宪法的传播并不完全是一个天然形成的过程，它同时也是美国运用多种方式积极推广美国模式的产物。在这个意义上，即使是一国的国内法律制度，也并非完全独自运作的封闭体系，而是深嵌于整个世界格局当中。

**《美国总统候选人提名制度的演进及争论》**

刁大明（助理研究员）

论文　22 千字

《美国研究》2016 年第 2 期

美国总统候选人提名制度决定着未来总统的人选。该文认为，经历了从国会党团到政党全国代表大会再到如今初选制主导的复杂而曲折的制度变迁，现行的美国总统候选人提名制度可被视为是由各州、各政党在不同历史时期多次渐进改革成果叠加而成的产物。在联邦与各州的分权、政党精英与普通民众的平衡等因素的交互影响下，美国总统候选人的提名制度仍旧存在着各州初选差异性、各州初选“前置”竞争，以及“超级代表”等争议议题。可以预见，美国总统候选人提名制度将继续处于调整与改革之中。

**《试论美国“全球公域”资源开发政策》**

沈鹏（助理研究员）

论文　20 千字

《美国研究》2016 年第 3 期

"全球公域"资源丰富，经济价值可观。第二次世界大战后，世界各国对各类"全球公域"资源的利益博弈从未间断。该文指出，美国依靠其先进的科技水平和强大的经济实力，比其他国家更有可能深入探索"全球公域"，发现其中的资源。资源开发问题与主权问题、安全问题、环境保护问题常常纠缠在一起。在这种情况下，美国政府需要平衡多种国家利益。在国际社会为任何一种"全球公域"资源开发问题进行制度设计的时候，美国都在发挥其影响力，力图使国际制度向美国期望的方向发展。

### 《美国对外使用武力的历史考察》

王玮（助理研究员）

论文　18 千字

《世界经济与政治》2016 年第 6 期

美国国会研究局档案资料数据显示，美国武力使用的频率呈波动上升的趋势。冷战期间是个例外，出现了武力使用记录减少的情况。冷战后则是另一个极端，美国的武力使用出现爆发性增长。该文认为，在崛起阶段，美国使用武力主要是为了扩张和进行干涉，随着实力增强而扩大了武力使用的范围。成为大国后，美国不再单纯为了追求物质利益而使用武力，也会为了缔造或维持秩序、推行其价值观念而使用武力。但是，受国内孤立主义思潮和国际竞争对手的制约，美国的武力使用并没有显著增多。实际上，在冷战期间，由于军事扩张一再受挫，美国开始重视战略威慑和常规威慑，同时非常倚重秘密行动，公开记录的武力使用还有所减少。但是同苏联的对抗造成全球性的持续紧张，让军工复合体绑架了美国的政策制定。冷战后，美国精英圈子普遍支持使用武力，在维持秩序、推进民主等口号下，武力的使用出现了爆发性增长。

## 日本研究所

### 《日本经济结构转型：经验、教训与启示》

张季风（研究员）

专著　65 千字

中国社会科学出版社　2016 年 2 月

该书指出，目前，我国经济已进入从高速增长转入中高速增长的新常态，与日本 20 世纪 70 年代初高速增长期结束时的状况十分相似。1973 年第一次石油危机爆发后，世界经济下滑，日美贸易摩擦激化，日本经济发展的外部环境恶化；日本的长期高速增长带来了各种后遗症，如公害泛滥、环境污染严重、产能过剩、石油短缺、外需减少，等等，这一切，倒逼了日本的改革以及经济结构转型。目前，中国经济正处于经济结构转型和供给侧改革的重要阶段，日本彼时推动经济转型的经验与教训颇值得借鉴。

### 《日本能源形势与能源战略转型》

张季风（研究员）

研究报告　108 千字

中国社会科学出版社　2016 年 4 月

能源是国民经济的命脉。长期以来，能源一直是中国经济发展中的热点和难点问题。我们的邻国日本能源资源贫乏，但其从供给侧和需求侧两方面下功夫，很好地解决了能源安全问题，实现了经济腾飞和长期稳定发展。其中，日本的国家能源战略发挥了重要作用。该书重点对东日本大地震和福岛核电站事故发生后被迫重新进行能源战略调整作了深入分析，认为日本的能源战略转型，其经验教训可资中国借鉴。

**《日美贸易摩擦再探讨》**

徐梅（研究员）

专著　84千字

中国税务出版社　2016年4月

该书在回顾“二战”后日美贸易摩擦发展演变的基础上，考察了日美贸易摩擦各个阶段的背景、特点等，并从理论与实践、经济与政治等多视角，探讨了日美贸易摩擦产生的主要原因、美国采取的限制性措施、日本化解摩擦的对策及其对日本的影响等。同时，该书通过分析当前中美经贸摩擦与中日贸易摩擦的差异，深刻总结了值得借鉴的经验和教训，为及时有效地缓解和规避现实中的贸易摩擦提供了有益启示。

**《日本蓝皮书：日本研究报告（2016）》**

杨伯江（研究员）主编

研究报告　368千字

社会科学文献出版社　2016年5月

该书对2015年日本政治、经济、社会的总体形势进行了分析评估，重点围绕新安保法、战后70周年等重要事件和时间节点，作了多角度的专题研究，对安全战略、地区与全球外交、中日关系、经济与能源、军工产业、社会与新闻媒体等诸领域的动态进行监测分析，并对2016年日本国内外形势及中日关系走向作了初步展望。

该书报告，2015年，中日关系保持回暖势头，呈现“低潮波动”特点，高层保持对话，各界交流逐步恢复。但两国在历史认识、领土和东海海洋权益争端等原则问题上障碍依然存在，政治互信依然脆弱，改善关系的基础仍不稳固。民调显示，中日两国民众对对方印象不好者比例仍处高位，化解负面因素、改善国民感情，是当前中日关系亟待解决的问题。

**《日本经济蓝皮书：日本经济与中日经贸关系研究报告（2016）》**

张季风（研究员）主编

研究报告　364千字

社会科学文献出版社　2016年5月

该书以总报告为基础，对日本经济、中日经济关系，特别是围绕“一带一路”建设中的日本因素，日本对“一带一路”倡议的矛盾心理、纠结以及搅局等备受关注的问题进行了全方位的分析。该书以“‘一带一路’建设中的日本因素”为专题，设有“‘一带一路’背景下的中日经济合作与竞争”“日本经验对‘一带一路’建设的启示”“‘一带一路’建设对日本经济的影响”“日本应对‘一带一路’倡议的经贸布局”四个栏目。该书还收录了大量来自日本政府权威机构的数据图表，具有极高的参考价值。

**《日本的自画像与他画像》**

崔世广（研究员）　张建立（研究员）主编

论文集　416千字

中国社会科学出版社　2016年7月

该书从社会、文化和思想的角度对日本人的自我认知与对外认识进行了探讨，主要包含以下三方面的内容。(1) 对日本人自我认知特点的研究。主要涉及日本政治精英、普通民众等社会各阶层的自我认知特点，中日相互认知的差异，民族主义、自由民权等社会思潮以及日本人的自然观、“格”意识等问题。(2) 对日本人对外认识的研究。主要梳理了战后日本对华认识研究的现状，以代表性的汉学家、政治家等为案例，以日本小学教科书、日本文学作品等为文本，深入解析了日本的对外认识特点。(3) 关于日本问题研究方法的一些探索。作者期望通过方法论的探讨，为日本文化研究的创新提供有益的参考。

**《“一带一路”推进过程中的日本因素》(智库丛书)**

杨伯江（研究员）　刘瑞（副研究员）主编

研究报告　306千字

中国社会科学出版社　2016年10月

围绕“一带一路”推进过程中的“日本因素”这一主题，该书重点进行了以下三方面的研究：第一，评估日本在我国“一带一路”沿线地区及相关国家经济投资、影响力渗透与战略布局状况；第二，厘清日本针对我国“一带一路”的认知及应对思路；第三，分析日本当前具体政策对我国“一带一路”战略规划的影响及走势，并提出对策建议。

**《日本人口老龄化与老年人力资源开发》(国家智库报告)**

丁英顺（副研究员）

专著　70千字

中国社会科学出版社　2016年11月

随着人口老龄化的不断加剧，开发老年人力资源已成为社会普遍关注的重要问题之一。日本是世界上人口老龄化程度最高的国家，已进入人口减少和超老龄化社会。面对日益严重的少子化、高龄化问题，日本政府和企业界不断创新，从立法、政策、管理等角度展开了诸多开发老年人力资源的实践，发挥了积极的作用。该书探讨了日本开发老年人力资源的背景、制度建设和老年人再就业状况，同时分析了日本的经验对于我国应对人口老龄化及开发老年人力资源方面的启示。

# 马克思主义研究学部

## 马克思主义研究院

**《45位著名学者纵论政治经济学》**

中国社会科学院马克思主义研究学部

论文集　510千字

中国社会科学出版社　2016年9月

该书是中国社会科学院马克思主义研究学部编写的“著名学者纵论丛书”第八本。

中共中央政治局2015年11月23日下午就马克思主义政治经济学基本原理和方法论进行第28次集体学习。习近平总书记在主持学习时强调，要立足我国国情和我国发展实践，揭示新特点新规律，提炼和总结我国经济发展实践的规律性成果。根据习近平总书记讲话精神，中国社会科学院马克思主义研究学部组织国内著名专家学者就发展当代中国的马克思主义政治经济学进行了研究探讨，该书即专家学者在上述领域的研究成果集粹。

**《论坚持马克思主义指导地位》**

邓纯东（研究员）

论文　14千字

《世界社会主义研究》2016年第1期（创刊号）

该文指出，中国近代以来的历史表明，坚持马克思主义的指导地位，是中国共产党取得辉煌成就的根本原因，也是中华民族实现伟大复兴、中国人民走向美好未来的思想保证。苏东剧变的惨痛教训昭示，坚持马克思主义的指导地位，事关社会主义国家和人民的前途命运。在当前不断变化、复杂纷繁的国内外形势下，坚持马克思主义的指导地位，不是一句空话，必须从理论上明确马克思主义指导地位的适用范围；必须对社会上形形色色的社会思潮、多元思想进行指导和引导；必须对各类错误思潮和观点进行批评、批判；必须对关系指导地位的若干重大理论与现实问题一一予以明确，以正视听。更重要的是，坚持马克思主义的指导地位，必须坚定推进马克思主义中国化，不断做好与中国实际"结合"的文章，推进马克思主义理论的创新。尤其要认真学习领会习近平总书记系列重要讲话精神，在伟大实践中推进21世纪中国马克思主义的发展，不断丰富发展中国特色社会主义理论体系。

**《要坚持中国特色社会主义政治经济学的八个重大原则》**

程恩富（教授）

论文　8.3千字

《经济纵横》2016年第3期

该文从马克思主义政治经济学的一般原理出发，阐述我国发展社会主义市场经济要坚持中国特色社会主义政治经济学的八个重大原则：科技领先型的持续原则；民生导向型的生产原则；公有主体型的产权原则；劳动主体型的分配原则；国家主导型的市场原则；绩效优先型的速度原则；结构协调型的平衡原则；自力主导型的开放原则。

**《论治国理政的"底线思维"》**

李崇富（教授）

论文　15千字

《马克思主义研究》2016年第3期

习近平同志在我们党治国理政中的一项理论和实践创新，就是向全党尤其是领导干部提出了"底线思维"概念和"强化底线思维"、固守"底线"的要求。该文运用唯物辩证法，阐述了我们党在治国理政中确定其"底线"和规范"底线思维"的历史、国情、阶级和法纪依据及其科学性、现实性、阶级性和法治性原则，进而根据党的"一个中心、两个基本点"的基本路线及其"四项基本原则"，结合实践要求，论述了"底线思维"在经济、政治、文化和涉外方面的主要指向和基本维度，指出，"底线思维"的主旨，是在改革开放和现代化建设中，必须始终坚持中国特色社会主义的发展方向。

### 《毛泽东与中国共产党的理论自主性》

金民卿（研究员）

论文 18 千字

《毛泽东研究》2016 年第 4 期

该文认为，没有独立的理论建构就没有话语权，而没有理论自主就不可能有独创性的理论建构。理论自主性是党的独立自主性的重要前提和内在组成部分，毛泽东对党的理论自主性作出了重大贡献，科学地揭示了中国共产党理论自主性的科学内涵，厘清了党内理论依附性的思想根源，反对和批判了各种错误思想对党的理论自主性的影响，创立了毛泽东思想的科学理论体系，形成了中国共产党的自主性理论建构，并把这种理论自主性用于实践探索，在道路、制度、政策等方面实现了自主性的创新。毛泽东的理论自主性思想对于当代中国发展具有重大的启发意义：必须毫不动摇地坚持马克思主义的指导地位，与时俱进地发展当代中国的马克思主义，独立自主地创造和坚持自己的发展道路和理念，理直气壮地捍卫国家的主权独立和核心利益。

### 《“中国道路为什么能成功”丛书》

邓纯东（研究员）总主编

专著（共 10 本） 共 2258 千字

国家行政学院出版社 2016 年 4 ～ 11 月

中国道路为世界瞩目，中国道路成功是全球公认的事实。全世界都希望了解中国道路成功的原因和依据。对此，国内学者近年来出版了大量关于中国道路的专著和丛书，但绝大多数是叙述、介绍中国道路的内容、理论、制度，即只是停留在“是什么”的介绍上。该丛书着力于从“为什么”的角度，全面、系统地分析并揭示了中国道路成功的各方面原因，包括国家意识形态、党的领导与自身建设、社会主义所有制、人民民主及其实现形式、民主集中制、改革开放的伟大政策、政府与市场两手作用、传统与现代治理手段相结合、中华优秀传统文化、独立自主的和平外交等，旨在（1）向国内外特别是向国际介绍中国道路成功的原因、根本所在，从而讲好中国故事，传递中国声音；（2）揭示中国道路成功的原因，在理论上填补中国道路成功原因研究这一空白，完善该主题研究；（3）从实践上把中国道路成功的原因向全社会宣传，树立中国人民的道路自信、理论自信、制度自信、文化自信，增强中国在国际领域的话语权。

### 《我国社会主义初级阶段基本经济制度》

樊建新（研究员）

专著 52 千字

社会科学文献出版社 2016 年 10 月

该书指出，改革开放以来，中国共产党从我国社会主义初级阶段的具体实际出发，总结了过去单一公有制的教训，提出了建立公有制为主体、多种所有制共同发展的所有制结构，并把它确定为基本经济制度。这是中国共产党几代领导集体根据马克思主义生产力与生产关系的相互关系的原理，结合我国社会主义初级阶段的实际情况，经过艰苦的探索，几经波折才得出的结论。我们应该对这一成果倍加珍惜。

该书从基本经济制度的极端重要性；我国社会主义初级阶段基本经济制度确立的依据；我国社会主义初级阶段基本经济制度的含义；对公有制和国有经济的一些错误认识的评析；公有制为主体是防止两极分化、实现共同富裕的根本；正确认识社会主义条件下私营经济的性质和作用；坚持改革的正确方向，确保基本经济制度的巩固和发展等7个方面，科学地回答了建设中国特色社会主义为什么要确立一个基本经济制度、确立基本经济制度的依据是什么、怎样理解基本经济制度的含义、坚持基本经济制度应当防止哪些倾向、怎样才能更好地坚持基本经济制度等重大理论和现实问题。

**《文化生产力与人类文明的跃迁》（《国家哲学社会科学成果文库》）**

李春华（研究员）

专著　268千字

中国社会科学出版社　2016年3月

该书以马克思唯物史观为指导，运用理论与实践相结合的研究方法，系统研究文化生产力的基本理论，揭示文化生产力与未来文明发展的关系。该书提出人类文明将从"物质时代"转向"精神时代"的观点，认为由于"文化生产力"自身的特点和价值，使其成为实现人类文明这次转换的一种直接的现实力量。当今时代，人类文明依然处在"物质时代"。"物质时代"为人类文明的发展奠定了基础，但也带来了诸多的困惑与问题。"物质时代"的弊端，迫切呼唤人类文明的转换，而人类文明的这次转化，是由以物质需求为主的时代向以精神需求为主的时代——"精神时代"的转换。因而，生产满足人的精神文化需求的精神文化产品的力量——文化生产力，必然成为这次文明转化的一种直接的现实力量。实现人类文明的这次转换，需要物质条件、主体条件和制度条件的保障，社会主义制度为实现人类文明的转化开辟了广阔道路。

**《世界社会主义整体发展视阈中的国外社会主义流派》**

吕薇洲（研究员）等

专著　303千字

中国社会科学出版社　2016年5月

由于社会主义者所处的历史环境及所持的政治立场不同，他们对资本主义的认识和批判、对社会主义的设想和憧憬也各异，由此形成了前提、目的、内容和特征各不相同的社会主义流派。该书运用历史与逻辑相统一、理论与实践相联系、分析与比较相结合的方法，纵横交错地对纷繁复杂的国外社会主义流派进行全景式考察和阐述。

该书共分为9章。前四章按历史发展的轨迹，将国外社会主义流派还原到宏大的世界社会主义发展进程中，置于人类社会发展的整个历史长河里，分四大时期若干阶段，纵向考察各流派产生的历史背景和社会条件，把握其发展变化的内在逻辑和基本规律，力图全面客观地阐述国外社会主义流派的发展演变、理论主张和本质特征。后五章选取当代最具代表性和影响力的国外社会主义流派——民主社会主义、市场社会主义、生态社会主义、原苏东地区的新社会主义、拉美21世纪社会主义5种国外社会主义流派——进行具体辨析，既剖析各流派的发展脉络、理论观点、本质特征及地位作用，又探讨各流派对世界社会主义正反两方面的影响和启示，并阐述各种思潮流派及其与中国特色社会主义的关系，廓清国外各种社会主义理论流派与中国特色社会主义理论体系的本质区别。

**《2016 政策热点面对面》**

辛向阳（研究员）等

普及读物 150 千字

中国言实出版社 2016 年 4 月

2016 年是一个重要年份，它既是全面建成小康社会决胜阶段“十三五”规划的开局之年，也是推进结构性改革的攻坚之年。这一年的任务繁重、艰巨、伟大而光荣。认真贯彻落实《中共中央关于制定国民经济和社会发展第十三个五年规划的建议》精神，努力完成 2016 年政府工作报告提出的各项目标任务，为实现全面建成小康社会的宏伟目标而奋斗，是全体人民的共同期盼。“十三五”期间，能否实现相关的既定目标，保证经济按照预期稳步转型，经济结构逐步升级，将是关系到我国未来经济发展格局的关键。该书围绕“十三五”规划的相关问题，对经济发展的环境、面临的挑战、发展的重点难点、五大发展理念、实施脱贫攻坚工程、全面建成小康社会、“互联网 +”、“大众创业万众创新”、建设平安中国等问题进行论述。

# 当代中国研究所

**《中国特色社会主义：道路与制度——第十四届国史学术年会论文集》**

张星星（研究员）主编

论文集 592 千字

当代中国出版社 2015 年 9 月

该书是当代中国研究所和中华人民共和国国史学会于 2015 年 9 月在北京主办的“第十五届国史学术年会”的论文集，共收录会议文稿和论文 60 篇。该书集中围绕“改革开放与中国特色社会主义”的会议主题，以习近平总书记系列重要讲话精神为指导，以深化改革开放史、改革开放历史经验和中国特色社会主义研究为主旨，着重就深入学习贯彻习近平总书记系列重要讲话精神，增强坚持中国特色社会主义的战略定力；推进国家治理体系和治理能力现代化，不断完善中国特色社会主义制度；发挥市场决定性作用与更好地发挥政府作用相结合，积极拓展中国特色社会主义经济发展道路；努力增强国家文化软实力，坚持中国特色社会主义文化发展道路；创新和谐社会与生态文明建设，让改革发展成果更多更公平地惠及全体人民；坚定不移走和平发展道路，为维护世界和平、促进共同发展作出更加积极的贡献等问题，作了系统而深入的研究。该书认为，改革开放与中国特色社会主义是两个紧密联系的重大时代主题，改革开放是中国共产党在新的历史条件下带领中国人民进行的一场新的伟大革命，是中国特色社会主义创立、发展的实践源泉和不竭动力；中国特色社会主义是改革开放伟大实践的最主要成果，指导和引领着改革开放的正确方向，是实现中华民族伟大复兴的必由之路。

**《中华人民共和国政治史（1949—2012）》（中华人民共和国史研究丛书）**

李正华（研究员） 张金才（研究员）主编

专著 293 千字

当代中国出版社 2016 年 10 月

该书以中华人民共和国史为大背景，注重从政治的角度，全面反映国史发展的大脉络、主题主线、阶段性特征，详细阐述和分析了中国人民当家作主的新型政权的建立、巩固和发展过程，以及适应这种政权需要的社会主义制度建立、健全、发展与不断完善的历史过程；客观论述了相关重要政治人物、重大政治事件，认真总结了中国共产党领导中国人民在探索符合中国实际、适合中国国情的民主政治发展道路中所取得的成功经验和失误教训，对人们坚定中国特色社会主义的道路自信、理论自信、制度自信、文化自信具有重要意义。

**《中华人民共和国经济史（1949—2012）》（中华人民共和国史研究丛书）**

郑有贵（研究员）主编

专著 278 千字

当代中国出版社 2016 年 10 月

通过对中华人民共和国成立起至中共十八大前的中国经济发展历程进行的全面系统的梳理，该书初步构建起国史学科体系下能够全面系统呈现主线和主流的经济史研究框架，以期从长时段、多维度、整体史的视角对中华人民共和国经济史进行系统梳理和比较。

**《中华人民共和国文化史（1949—2012）》（中华人民共和国史研究丛书）**

欧阳雪梅（研究员）

专著 369 千字

当代中国出版社 2016 年 10 月

该书以马克思主义唯物史观为指导，能够在清晰界定研究范围的基础上，系统地梳理出中华人民共和国 60 多年来文化建设与发展的历史脉络，从历史观照现状，总结经验教训，提出自己的思考，对深入认识与坚持中国特色社会主义文化发展道路，为坚持与发展中国特色社会主义文化提供借鉴。

**《中华人民共和国社会史（1949—2012）》（中华人民共和国史研究丛书）**

李文（研究员）主编

专著 347 千字

当代中国出版社 2016 年 10 月

该书不是中国古代和近代社会史的简单延伸，而是本着国史研究的主题和主线构建起的一个全新的中国当代社会史研究框架，并第一次粗略地勾勒出 60 余年中华人民共和国社会建设和社会发展的阶段性特点和基本脉络。全书共 6 章，以基本民生为主线，分期上没有固守国史、党史的传统，而是体现了社会发展的阶段性特点，尽量揭示出社会发展的基本点、基本脉络和主要成就，同时对发展中的曲折、工作中的失误也不回避、不轻描淡写，重在总结经验、揭示规律。

**《中华人民共和国外交史（1949—2012）》（中华人民共和国史研究丛书）**

黄庆（研究员）　王巧荣（研究员）主编

专著　351千字

当代中国出版社　2016年10月

该书在坚持马克思主义辩证唯物主义和历史唯物主义原则的基础上，采用史论结合方法开展研究，同时借鉴政治学、外交学和国际关系学等多种学科的理论和分析方法。该书研究的主要内容是：沿新中国外交战略发展变化的历史脉络，以中华人民共和国外交史中发生的重大历史事件为主导，重点论述中华人民共和国外交战略和外交政策的形成、发展以及演变过程，阐述中华人民共和国历史上党和国家主要领导人关于时代主题、国际格局、国家利益及国际秩序的主张和观点，阐明中华人民共和国外交工作中遵循的外交原则和外交方针，揭示中国政府为维护国家安全与发展利益，探索中国与世界关系的历史规律。

**《中华人民共和国史研究的理论与方法》（中华人民共和国史研究丛书）**

宋月红（研究员）　王爱云（研究员）

专著　347千字

当代中国出版社　2016年10月

中华人民共和国史研究（简称国史研究），是以中华人民共和国的成立、建设和发展的历史为主要研究对象，与中国古代史、近代史研究相衔接，与中共党史研究相融合而又颇具特色的历史学科，又是历史与现实、理论与实践、基础研究与应用研究相结合的综合性学科。国史研究的理论与方法，建立在国史研究及其经验与规律的基础上，同时借鉴其他学科特别是中共党史研究等相近、相关学科的理论与方法，是国史研究学科体系中不可或缺的重要组成部分，对于国史研究起着规范、引导和推动作用。该书比较系统地研究了国史研究的学术发展史、基本理论问题、研究范畴和方法，为本学科的建设与发展提供了学理基础。

**《1966—1976年中国国民经济概况》**

陈东林（研究员）主编

专著　415千字

四川人民出版社　2016年4月

该书对“文化大革命”时期的经济运行、经济思想、经济制度，经济概况（是有所发展还是濒临崩溃边缘），“文化大革命”时期经济在中国经济史上的地位等焦点和疑难问题，进行了梳理和分析。在指出“文化大革命”使国民经济遭受巨大损失的前提下，认为“文化大革命”后期，“四三方案”开启20世纪70年代对外引进的先声，三线建设建成西部工业后方，农村社队工业发展打下乡镇企业基础等方面，都有重要成就。而且，在社会发展方面，推广农村合作医疗制度，普及中小学教育，把环境保护和计划生育确定为基本国策，都具有现代化建设的意义。

## 信息情报研究院

**《跨学科研究的理论与实践：基于研究文献的考察》**

唐磊（副研究员）刘霓（编审）等

专著　206千字

中国社会科学出版社　2016年5月

经过近一个世纪的积累，跨学科研究在西方学术界不仅取得了丰硕的成果，同时磨合出一套完整的机制，并嵌入教育、科研、评估、出版等知识生产的各个环节中。该书涉及以下几方面内容。(1) 在最大程度占有原文资料的基础上，对国外有关跨学科研究的概念发展和理论升华给予尽可能全面的梳理和介绍。(2) 从政策、资助、管理和评估几个方面介绍和分析国外教育和学术界跨学科的理论研究成果与实践经验，为国内学术界提供参考和借鉴。(3) 对重要的业已确立的跨学科领域（如区域研究、性别研究、文化研究等）给予综述性的介绍和分析。

**《21世纪世界社会主义的新特点》**

姜辉（研究员）

专著　48千字

社会科学文献出版社　2016年10月

该书分六个部分探讨了在21世纪初西方资本主义社会发生巨大经济、金融危机的大背景下，世界社会主义在新形势下的发展状况，提出：在新的历史机遇条件下，世界社会主义发展的条件和机遇也随之发生了变化，生存发展环境发生了有利转变，迎来了反思和创新社会主义理论的好时机，社会主义力量得以恢复并有所作为，各社会主义力量之间谋求联合，中国特色社会主义成为世界社会主义的中流砥柱。

**《观中国——〈国际中国研究动态〉精选集(2013～2015)》**

中国社会科学院国际中国学研究中心

专著　718千字

中国社会科学出版社　2016年10月

该书为中国社会科学院国际中国学研究中心主办的内部刊物《国际中国研究动态》的精选集。从2013年7月开始，《国际中国研究动态》每月出版一期，主要形式为编译和摘编网络和中外期刊库上可获得的海内外中国研究论文和报告。该书按照国家治理、经济发展、社会建设、大国关系、全球治理等几个板块来组织，从2013年7月至2015年12月在动态发表的文章中精选出来四十余篇，并在每个版块配以5000字左右的导读。

**《国外中国研究中的民生视角与社会治理》**

刘霓（编审）

论文　9.2千字

《国外社会科学》2016年第1期

随着经济发展突飞猛进，中国一跃成为世界第二大经济体。然而，与经济的快速发展相比较，民生观照和社会治理则稍显滞后，发展不均衡带来了诸多前所未见的问题，一些政策的副作用也渐次抬头，改革的深入推进也面临各种困难和阻力。上述种种，不仅在国内各类智库和学界引发讨论，也吸引和带动了境外学者争相开展研究。该文简要综述了近两年国外智库和中国学界相关的研究成果，希望通过他们的实地调研、建设性思考以及新的政策思路为国内学界和决策层的相关研究和政策讨论提供补充和参考。

## 《改革开放以来“海外汉学／中国学研究”学科的自我建构——基于文献计量结果的考察》

唐磊（副研究员）

论文　11 千字

《国际汉学》2016 年第 3 期

该文基于对中国知网（CNKI）数据库收录的 1181 篇海外汉学研究和 1141 篇海外中国学研究文章文献计量分析考察了“海外汉学／中国学研究”领域的发展过程。对其高产作家、高产机构、研究热点、研究对象和主要范式进行了统计分析。该文认为，尽管在建制层面上，“海外汉学／中国学研究”具有了学科化的一些特征，但在研究范式等认知属性上，其学科性尚不充分。

## 《苏联政治改革与民主化的教训》

张树华（研究员）

论文　8 千字

《世界社会主义研究》2016 年第 1 期

历史表明，苏联解体是苏共后期蜕化变质的结果。苏共对政治发展道路的“改革”，不是坚持马克思列宁主义，而是改向资本主义；苏共对“改革”和党的领导权不是坚持，而是放弃；苏联对政治制度的“改革”，不是对社会主义制度的完善，而是背离社会主义。该文认为，苏共政治改革失败的教训警示后人，改革是社会主义制度的自我完善，必须坚持社会主义方向，必须在党的领导下进行；政治改革必须有利于国家稳定和民族团结，必须有利于提升政治民主、政治稳定和政治效率；要树立正确的民主观，走全面发展的社会主义政治道路。

## 《21 世纪的世界社会主义：新格局、新特征、新趋势》

姜辉（研究员）

论文　7 千字

《世界社会主义研究》2016 年第 1 期

2016 年是世界社会主义诞生 500 年，站在新的历史起点上，我们需要用世界眼光和历史视野来观察研究世界社会主义发展的新格局、新特征和新趋势。20 世纪的主旋律无疑是世界社会主义运动的兴起和发展，21 世纪是世界社会主义走向振兴的世纪。世界社会主义发展振兴的重要标志性成果，是社会主义制度赢得比资本主义更广泛的制度优势；中国成为世界社会主义发展振兴的中流砥柱和引领旗帜；两大社会制度在长期竞争中的力量对比将发生历史性的转折；社会主义国家数量与社会主义理念实现程度的结合成为判断社会主义发展状况和程度的标准。21 世纪世界社会主义发展的趋势和前景，取决于坚持世界社会主义的民族性与国际性、地域性与世界性、工人阶级运动与广泛群众运动、社会发展建设与生态文明建设的有机统一。

## 《近年来海外中国软实力研究述评》

崔玉军（研究员）

论文　35 千字

《国外社会科学》2016 年第 5 期

中国软实力是最近 10 年来全球关注的热门话题。该文简要介绍了海外在这一专题研究中的基本面，包括中国政策界和学界如何理解软实力、中国软实力的主要来源、中国实施软实力战略的原因及制约因素、以孔子学院为主的公共外交在推动中国软实力走出去中存在的问题，以及海外学者对自身本专题研究的反思等。该文提出，我国应该整合政府内外多种资源，深入研究数字时代的软实力建设和公共外交的新特点，利用新媒体技术和社交网络讲好中国故事，以更有效地实施中国软实力战略。

# 其他单位

## 中国社会科学院研究生院

### 《社会工作与党的执政能力关系研究》

赵一红（教授）等

专著　326 千字

中国社会科学出版社　2016 年 3 月

该书从中国社会工作发展特点与作用出发，系统梳理了马克思、恩格斯、列宁、斯大林和毛泽东、邓小平、江泽民、胡锦涛、习近平等关于加强党的执政能力建设的理论与思想。认为党的执政能力的提高与否最终体现在是否有力地推动党完成历史任务、担当历史使命方面，尤其是深入论述了我国社会工作与党的执政能力之间的关系：从社会工作在提高党的执政能力的作用形成、作用分析、作用体现等方面充分论证了我国社会工作与我党执政能力的关系。围绕社会工作在社区发展、新农村建设、企业管理、困难群体服务等社会各个方面的功能与作用展开论述，表现出社会治理与社会发展的主要内涵，从而与我党的执政本质紧密结合在一起。

### 《基于关联数据的知识发现研究》

李楠（副研究馆员）

专著　201 千字

中国社会科学出版社　2016 年 8 月

该书论证了关联数据和知识发现之间的关系，明确了关联数据知识发现的独特优势和知识发现对于关联数据进一步发展的重要作用。针对基于关联数据的知识发现这一新的问题，提出了基于关联数据的知识发现的综合研究，分析了基于关联数据的知识发现的基本规律。构建了基于关联数据的知识发现模型。针对理论研究和应用开发，建立了基于关联数据的知识发现应用体系，并且对其中的主要方向进行了研究，探索了一套解决针对关联数据环境下知识发现关键问题的综合性方法。

### 《清帝国的 1905 年》

刘强（讲师）

专著　285 千字

社会科学文献出版社　2016 年 3 月

该书对日俄战争、抵制美货运动、废除科举及革命党人给清廷施加的压力等各方面因素与清廷最高当权者作出派遣五大臣出洋考察宪政这一历史性决策及五大臣排除困难最终出行的关系进行论述，认为从当时的历史进程来看，清廷是倾向于尝试立宪道路的，既不是传统观点所认定的骗局，也并非“走上立宪”，而是“走向立宪”。

**《孔子的修齐治平之道》**

栾贵川（副教授）

专著 318 千字

社会科学文献出版社 2016 年 5 月

该书阐述了以下几个观点。其一，提出“修身齐家治国平天下”是孔子仁学思想的纲领，认为孔子的言行无不是围绕这个“纲”而展开。其二，廓清了“修身”这个先儒最为基本的概念，即包括修德、为学、成才、养寿四个部分。其三，总结分析了孔子的外交思想。其四，全面阐述了孔子的军事思想。其五，第一次全面总结和分析了孔子的朋友之道，“朋友”作为“五伦”之一，由来已久，但孔子论述最为充分。其六，提出所谓“平天下”就是《孟子》所说的“平治天下”“治天下”，它是治国之道的向外延伸。

**《理论转场与转场的本土化、当下化——构建当代美学理论话语体系的基本路径》**

张政文（教授）

论文 10 千字

《天津社会科学》2016 年第 4 期

该文认为，当代美学话语正在慢慢失去其社会实践性。当代美学失聪、哑语症状的主要病因，既源于多年来美学撤离中国火热的文艺现实生活，严重气血乏匮；又根于当代美学与中国本土美学传统自断血脉，美学的民族精神先天不足；还与误读西方理论，食洋不化所造成的后天不良直接相关。构建当代中国美学理论话语体系，最重要的路径就是自觉地对古今中外的场外理论进行理论转场，并在理论转场过程中使之本土化、当下化，使之成为面对当代中国审美文化、置身当代中国审美生活、言说与表达当代中国审美共同经验和文艺实践活动，并具有广泛话语影响力与巨大社会参与度的当代美学理论话语体系。

**《北魏中期贪污之风盛行的内在原因及其影响》**

袁宝龙（副研究馆员）

论文 9 千字

《中国石油大学学报（社会科学版）》2016 年第 5 期

该文深入地考察了北魏中期贪污之风盛行的内在原因，指出由于贪污风气盛行产生的一系列后果，以及此种现象对于北魏政权未来发展走向的直接影响。该文认为，北魏之所以贪污风气盛行一时，主要有以下三个因素：北魏国家社会生活中保留了部落历史传统，对公私财产的区分标准不明确；官员薪俸机制不健全，在一定程度上促成并加剧了北魏后期的贪污之风；北魏法律工具的失效和礼制建设的缺失，使防贪力量极其薄弱。

**《收入差距、市场分层与政府行为》**

杨小科（副教授） 刘溦（博士研究生）

谭华清（博士研究生）

论文 17.8 千字

《经济管理》2016 年第 2 期

该文通过构建市场分层模型将以往的收入分配影响经济的机制统一起来，并且通过市场分层模型将收入差距过大对经济社会的影响进行了全面的讨论，内容涉及经济增长、消费差距、未来的收入差距和产业结构升级等。

**《世界能源发展报告 2016》**

黄晓勇（教授）主编

研究报告　350 千字

社会科学文献出版社　2016 年 6 月

该书基于世界权威机构发布的相关数据以及能源问题专家在各自研究领域掌握的翔实资料，对世界各国能源政策及市场走势进行了系统分析，还对“一带一路”建设与国际能源合作、清洁能源发展与应对全球气候变化、全球与国内核能市场等热点话题进行了分析，提出了富有建设性的政策建议。

## 中国社会科学杂志社

**《中国马克思主义史学思想概说》**

李红岩（研究员）

论文　23 千字

《史学理论研究》2016 年第 1 期

该文认为，中国马克思主义史学走过 90 多年的历程，核心主题是揭示中国历史奥秘，阐明中国历史发展的规律性及与世界历史发展规律性的关系。它是马克思主义传入中国的结果，但也具有本土的学术根脉与源流，是对晚清新史学的超越与扬弃。走向马克思主义，是 20 世纪中国史学的基本脉络。它与中国革命史息息相关，与国际共产主义运动血脉相通，与马克思主义中国化历程紧紧相联，以“中国社会性质”为话语之源，是具有中国特色的科学学术形态，以“史论结合”为基本方法，表现为“历史”与“逻辑”的高度一致。它实现了唯物史观与中国历史的结合，第一次让中国历史显示出其内在的规律性，前所未有地探讨、研究、提出了一系列理论命题，极大地丰富、深化了中国人的历史认识，为马克思主义中国化作出了巨大的理论贡献，为中国史学引入一批科学的思想方法与研究方法。

**《中国学术的基本语境与学术期刊的发稿方向》**

孙麾（编审）

论文　14 千字

《中国社会科学评价》2016 年第 4 期

该文认为，提升中国学术的原创性需要进行前提反思与自我批判。对学术研究路径依赖的检讨，对西方学术有效性的认识，中国学术的表达方式，必须从我们生活其中的时代及其时代的生活再出发。基于中国学术语境看学术论文的质量，包括研究层次、理论境界与学术评价问题，这是学术期刊编辑实践的时代要求和现实起点，同时也决定了学术期刊的发稿方向。学术期刊作为一种互动性的学术活动不能脱离评价与研究，需要在“评价体系—学术期刊—学术研究”的整体环节中确立观察角度和判断尺度。中国学术期刊应该以符合学术发展和创新规律的要求引导论文的发表，限制知识性论文，鼓励评论性论文，倡导思想性论文，激励当代中国学术话语体系的建构，扭转各种评价体系以其示范效应所加剧的思想创造衰竭的趋势。

### 《中国新文学研究增殖及其路径选择》

王兆胜（编审）
论文 12千字
《广西师范学院学报（哲学社会科学版）》2016年第2期

该文认为，中国新文学研究在获得长足发展时，一直面临“饱和”的困扰。如何获得新的学术增长点，就成为研究者近些年努力的重点和方向。不过，就目前情况看，真正富有观念创新和有效路径的研究并不多见。要改变这一状况，有以下方面值得注意：在强调“人的文学”时，要避免被其遮蔽和异化，要加大对于“物”和“物性”的研究；在“正业”与“副业”之间形成一种良性互动，尤其要加强对于作家文学创作之外的“兴趣”的研究；辩证理解“人道”与“天道”关系，为中国新文学研究流入新的观念与方法；重视对所谓的“旧文学”“俗文学”甚至是“恶文学”研究，以确立中国新文学研究新的基石和理论支撑。

### 《历史虚无主义的终结》

王广（副编审）
论文 4千字
《中国社会科学报》2016年2月4日

该文认为，批判历史虚无主义，既是一项严肃的政治任务，也是一场严峻的理论斗争。经过理论学术界深入系统的辨析、研究和批判，历史虚无主义的本质和危害已经充分暴露出来。从本质上说，历史虚无主义不是任何一种学术思潮，而是一种反动政治思潮，其要害归根到底是两点，一是反对中国共产党的领导；二是反对社会主义制度。当前，历史虚无主义的散播，出现了新的特点和表现形式：一是从传播场域看，历史虚无主义已从传统媒体转移到网络空间；二是从传播手法看，历史虚无主义特别善于制造“带毒”的历史知识碎片；三是从传播主体看，宣扬历史虚无主义的学者与其他阶层的代表性人物相互唱和，在很大程度上形成共谋关系；四是从影响对象看，历史虚无主义强调以具有迷惑性的言论，加紧抢夺网民尤其是青年。面对这一变化，需要我们不失时机地将历史虚无主义批判引向深入，在微观维度和深层意义上进一步揭穿历史虚无主义的谬误，同时坚持立破并举的原则，推进唯物史观的创新性研究，以中国特色社会主义的伟大实践彻底终结历史虚无主义。

### 《基于新实践发展21世纪中国的马克思主义》

王海锋（副编审） 李潇潇（助理研究员）
论文 5.4千字
《中国社会科学报》2016年8月25日

该文认为，党的十八大以来，以习近平同志为核心的党中央提出并践行一系列治国理政新理念新思想新战略，书写了马克思主义中国化的新篇章，形成了中国特色社会主义理论体系的最新成果，成为中华民族伟大复兴的科学理论指导和行动指南。习近平总书记在中共中央政治局关于“历史唯物主义基本原理和方法论”“辩证唯物主义基本原理和方法论”“马克思主义政治经济学基本原理和方法论”集体学习时、在哲学社会科学工作座谈会上以及在不同时期对如何坚持和发展马克思主义所作的重要讲话，集中体现了一个时代的重大命题，即用新的实践丰富和发展21世纪中国的马克思主义。该文认为，马克思主义发展的动力来自中国特色社会主义伟大实践；马克思主义在开辟通向真理的道路上并没有结束真理，马克思主义中国化理论成果，是根植于中国特色社会主义实践基础之上的认识与判断的理论结晶；只有在实践中才能彰显马克思主义科学方法论的生命力。

**《公共文化服务体系建设的文化效应与价值实现——以西藏为例》**

项江涛（编辑）

论文　8千字

《思想战线》2016年第4期

该文认为，全球化以其巨大的“现代性”能量，冲击、模糊了人类社会几乎所有有形、无形的边界，引发了人们思想意识、文化价值观的冲突与重构。随着全球化的深入发展，世界政治格局结构性失衡的巨大压力与文化霸权主义的扩张，引发了传统民族国家普遍的认同危机。文化建设亦被提升到国家战略层面，并被赋予了新的战略考量。在我国多元的文化生态环境中，要构建均等化、标准化的现代公共文化体系以维护国家文化安全，增强民族凝聚力，须以社会主义核心价值观的“同一性”融汇区域文化生态的“差异性”；弥平“文化错层”，构建对“现代公共人文精神”认知的均衡性，构筑民族地区民众对现代文化的“归属感”，并以此引导多元文化需求的升级，从而实现公共文化体系的社会文化效应与战略价值，“为实现中华民族伟大复兴中国梦提供强大的精神动力和文化支撑”。

## 郭沫若纪念馆

**《抗战中的郭沫若与茅盾——郭沫若与茅盾展览纪实暨学术研讨论集》**

赵笑洁（副研究馆员）主编　张勇（副研究员）副主编

学术资料集　170千字

当代中国出版社　2016年5月

该书主要是有关郭沫若与茅盾学术研讨会和展览内容的展现，共分为学术研讨、文博论坛、展览现场和展板设计四个部分。通过该书，读者可以较为清晰地了解郭沫若、茅盾在抗战中的英勇业绩，更加全面和深刻认识他们之间的关系，以及他们对中国现代社会发展、文化建设等方面的深刻影响。

**《文化名人与民族精神——2015年北京八家名人故居纪念馆活动纪实》**

秦华生（研究员）　赵笑洁（副研究馆员）主编

刘祯（研究员）　张勇（副研究员）执行主编

学术资料集　150千字

中国社会科学出版社　2016年5月

该书是北京八家名人故居纪念馆2015年活动的工作总结和现场记录，主要分为“理论前沿”“追忆空间”“经典案例”“学术论坛”“资讯动态”等部分。该书的“理论前沿”部分刊登了5篇文章，从不同角度探讨了如何使名人故居博物馆的发展更加美好的问题。“追忆空间”部分既回顾了名人历史的故事，又记录了8馆同仁奔赴各地巡展的心声。“学术论坛”部分选取了多名学者从不同角度对名人历史价值的解读。

**《时代之音——读名家名言 听文物故事》**

秦华生（研究员） 赵笑洁（副研究员）主编

刘祯（研究员） 张勇（副研究员）执行主编

学术资料集 220千字

中国社会科学出版社 2016年4月

该书以宋庆龄、李大钊、鲁迅、郭沫若、茅盾、老舍、徐悲鸿和梅兰芳等8位20世纪文化名人在民族精神、爱国情怀、人生修养、艺术创作等方面的言论为主线，以各个名人故居纪念馆所藏文物为副线，多方位、全方面地展示这些文化名人的伟大情操。

**《民国时期中学国文教科书研究》**

李斌（副研究员）

专著 252千字

北京大学出版社 2016年11月

该书描述了民国时期中学国文教科书的复杂面貌，提出了其发展演变的主要矛盾，并试图回应近年来关于确定“语文教学内容”的探讨。思想道德教育、知识灌输、文学教学、技能训练相互冲突、缠绕和斗争，构成了该期中学国文教科书发展演变的主要矛盾。新文化运动前，这一主要矛盾表现为“古文作法”、保存国粹、“厉行明史”的并置和冲突。1920～1939年的初中国文教科书分思想道德教育、文学教学和文章作法三种，后者逐渐占据了主导，但其内容多为系统的文章知识。1922～1939年的高中国文教科书以经史子集等传统文献为主，近人学术论著为辅，突出国故知识。1940年代，国民政府编出《初中国文甲编》，推行“党化教育”；与此不同，叶圣陶主编的4套中学国文教科书以读写能力训练为主。通过总结历史经验，该书建议中学“语文教学内容”以读写能力训练为主。

**《创造社出版部历史价值重估——从后期创造社与鲁迅关于“革命文学”论争谈起》**

张勇（副研究员）

论文 12千字

《鲁迅研究月刊》2016年第7期

该文在现有史料的基础上进一步阐释了创造社出版部成立的原因，从创造社出版部出版策划等角度对后期创造社与鲁迅有关“革命文学”论争的历史进行了新的解读，对创造社出版部的历史价值进行了辩证的分析和阐释。

**《沈从文与民盟》**

李斌（副研究员）

论文 16千字

《文学评论》2016年第2期

沈从文与民盟的关系，由于部分文献相对晦涩，部分文献或出土较晚，或被人为遮蔽，及史家对现代作家与民主党派关系研究的相对忽略，长期以来隐而不彰。该文从新发现的民盟盟员王康《沈从文批判》等文献出发，梳理了沈从文自1944年以来跟民盟盟员闻一多、吴晗、王康、王瑶、丁易等人的关系，认为这些关系对于考察中华人民共和国成立前后沈从文的思想、心态、处境及文学史地位等具有重要意义。

**《郭沫若思想中的尼采资源新探》**

李斌（副研究员）

论文　13 千字

《中国现代文学研究丛刊》2016 年第 4 期

该文认为，郭沫若曾受尼采学说的深刻影响。新文化运动时期郭沫若对古代中国尤其是儒家思想的想象打上了深刻的尼采烙印。作为尼采学说核心的“超人”，既超越了现实中的善恶观念，自己制定规则；也超越了现代社会对人的专业限制，具有多方面的才能；还不断自我超越，其未来超越现在，其后代超越他本人。尼采强调生命 / 本能，但认为生命 / 本能须通过文学艺术等形式得到表现，而不能泛滥无边；他不反对科学 / 理性，但反对以其名义压抑生命，驱逐本能。尼采关于“超人”和生命的学说对郭沫若具有长期而深远的影响，是其思想发展的重要底色。

# 第六编

# 学术人物

XUESHURENWU

# 一　中国社会科学院博士学位研究生指导教师（2016～2017）

| 系别 | 学科专业 | 姓名 | 出生年月 | 主要研究方向 |
|---|---|---|---|---|
| 马克思主义学院 | 中国史 | 于　沛 | 1944.05 | 史学史与史学理论 |
| | 政治经济学 | 卫兴华 | 1925.10 | 马克思主义政治经济学 |
| | 文艺学 | 王　宁 | 1955.07 | 马克思主义文学理论 |
| | 马克思主义民族理论与政策 | 王希恩 | 1954.06 | 马克思主义民族理论 |
| | 马克思主义发展史 | 王学东 | 1953.08 | 世界共产主义运动 |
| | 马克思主义中国化研究 | 王顺生 | 1944.12 | 马克思主义中国化 |
| | 政治经济学 | 王振中 | 1949.06 | 马克思主义政治经济学 |
| | 马克思主义中国化研究 | 尹汉宁 | 1955.01 | 马克思主义中国化 |
| | 马克思主义中国化研究 | 邓纯东 | 1957.10 | 马克思主义中国化 |
| | 思想政治教育 | 田克勤 | 1945.12 | 中国共产党思想政治教育理论与实践 |
| | 马克思主义哲学 | 邢贲思 | 1929.01 | 马克思主义哲学 |
| | 政治经济学 | 刘凤义 | 1970.06 | 马克思主义政治经济学 |
| | 法学理论 | 刘海年 | 1936.04 | 马克思主义法学原理 |
| | 科学社会主义与国际共产主义运动 | 闫志民 | 1936.12 | 中国特色社会主义理论体系 |
| | 国外马克思主义研究 | 汝　信 | 1931.08 | 国外马克思主义研究 |
| | 科学社会主义与国际共产主义运动 | 许全兴 | 1941.07 | 毛泽东思想 |
| | 科学社会主义与国际共产主义运动 | 许志功 | 1945.11 | 中国特色社会主义理论体系 |

续表

| 系别 | 学科专业 | 姓名 | 出生年月 | 主要研究方向 |
|---|---|---|---|---|
| | 科学社会主义与国际共产主义运动 | 严书翰 | 1950.01 | 中国特色社会主义理论体系 |
| | 宗教学 | 杜继文 | 1930.05 | 马克思主义宗教理论 |
| | 政治经济学 | 李成勋 | 1934.03 | 马克思主义政治经济学 |
| | 中国史 | 李红岩 | 1963.06 | 马克思主义史学理论与史学史 |
| | 劳动经济学 | 李　实 | 1956.10 | 马克思主义劳动经济学 |
| | 中共党史 | 李　捷 | 1955.02 | 中国共产党党史 |
| | 国际关系 | 李静杰 | 1941.10 | 中俄关系 |
| | 劳动经济学 | 杨伟国 | 1969.05 | 马克思主义劳动经济学 |
| | 马克思主义哲学 | 杨春贵 | 1936.01 | 马克思主义哲学 |
| | 马克思主义哲学 | 杨信礼 | 1958.01 | 马克思主义哲学 |
| | 马克思主义哲学 | 吴晓明 | 1957.07 | 马克思主义哲学 |
| | 马克思主义发展史 | 吴恩远 | 1948.04 | 马克思主义发展史 |
| | 文艺学 | 张　江 | 1954.09 | 马克思主义文学理论 |
| | 政治经济学 | 张　宇 | 1963.12 | 马克思主义政治经济学 |
| | 文艺学 | 张政文 | 1960.10 | 马克思主义文学理论 |
| | 中国史 | 张昭军 | 1970.10 | 中华人民共和国史 |
| | 思想政治教育 | 张耀灿 | 1937.10 | 思想政治教育 |
| | 文艺学 | 陈晓明 | 1959.02 | 马克思主义文学理论 |
| | 中共党史 | 金冲及 | 1930.12 | 中国共产党党史 |
| | 文艺学 | 周　宪 | 1954.09 | 马克思主义文学理论 |
| | 科学社会主义与国际共产主义运动 | 周新城 | 1934.12 | 政治经济学 |
| | 马克思主义哲学 | 庞元正 | 1947.09 | 马克思主义哲学 |
| | 马克思主义中国化研究 | 赵智奎 | 1950.01 | 马克思主义中国化 |
| | 科学社会主义与国际共产主义运动 | 赵　曜 | 1932.02 | 科学社会主义 |

续表

| 系别 | 学科专业 | 姓名 | 出生年月 | 主要研究方向 |
|---|---|---|---|---|
| | 政治经济学 | 逄锦聚 | 1947.02 | 马克思主义政治经济学 |
| | 国际关系 | 宫　力 | 1952.09 | 中美关系 |
| | 马克思主义哲学 | 袁贵仁 | 1950.11 | 马克思主义哲学 |
| | 马克思主义哲学 | 贾高建 | 1959.05 | 马克思主义哲学 |
| | 马克思主义中国化研究 | 夏兴有 | 1954.01 | 马克思主义中国化 |
| | 政治经济学 | 顾海良 | 1954.01 | 马克思主义政治经济学 |
| | 法学理论 | 徐显明 | 1957.04 | 马克思主义法学原理 |
| | 科学社会主义与国际共产主义运动 | 徐崇温 | 1930.07 | 中国特色社会主义理论体系 |
| | 文艺学 | 董学文 | 1945.01 | 马克思主义文艺学 |
| | 文艺学 | 程光炜 | 1956.12 | 马克思主义文学理论 |
| | 马克思主义基本原理 | 靳辉明 | 1934.01 | 马克思主义基本原理 |
| | 中共党史 | 蔡长水 | 1936.04 | 中国共产党的建设 |
| | 政治经济学 | 缪建民 | 1965.01 | 马克思主义政治经济学、宏观经济 |
| 马克思主义研究系 | 国外马克思主义研究 | 冯颜利 | 1963.08 | 国外马克思主义 |
| | 科学社会主义与国际共产主义运动 | 吕薇洲 | 1970.06 | 科学社会主义史 |
| | 思想政治教育 | 李春华 | 1961.11 | 马克思主义基本原理教育 |
| | 科学社会主义与国际共产主义运动 | 李崇富 | 1943.09 | 科学社会主义与中国特色社会主义 |
| | 马克思主义发展史 | 李慎明 | 1949.10 | 当代中国与当代世界 |
| | 马克思主义基本原理 | 余　斌 | 1969.04 | 马克思主义经济学与西方经济学比较研究 |
| | 科学社会主义与国际共产主义运动 | 冷　溶 | 1953.08 | 中国特色社会主义理论研究 |
| | 马克思主义中国化研究 | 辛向阳 | 1965.03 | 中国特色社会主义理论与实践 |

续表

| 系别 | 学科专业 | 姓名 | 出生年月 | 主要研究方向 |
|---|---|---|---|---|
| | 马克思主义发展史 | 罗文东 | 1967.12 | 中国特色社会主义理论体系研究 |
| | 马克思主义中国化研究 | 金民卿 | 1967.08 | 中国特色社会主义理论与实践 |
| | 国外马克思主义研究 | 郑一明 | 1962.10 | 西方马克思主义 |
| | 马克思主义基本原理 | 胡乐明 | 1965.10 | 中外马克思主义经济学、中外社会主义市场经济理论与政策 |
| | 马克思主义发展史 | 侯惠勤 | 1949.02 | 当代意识形态研究、马克思主义哲学史与当代中国 |
| | 科学社会主义与国际共产主义运动 | 姜　辉 | 1969.11 | 科学社会主义史 |
| | 马克思主义中国化研究 | 夏春涛 | 1963.11 | 中国特色社会主义理论与实践 |
| | 马克思主义基本原理 | 程恩富 | 1950.07 | 中外马克思主义经济学、中外社会主义市场经济理论与政策 |
| | 科学社会主义与国际共产主义运动 | 潘金娥 | 1967.05 | 世界社会主义 |
| 哲学系 | 马克思主义哲学 | 王伟光 | 1950.02 | 历史唯物主义 |
| | 科学技术哲学 | 王延光 | 1955.09 | 医学哲学与生命伦理学 |
| | 外国哲学 | 王　齐 | 1968.08 | 存在哲学 |
| | 美学 | 王柯平 | 1955.05 | 美学与诗学 |
| | 伦理学 | 甘绍平 | 1959.08 | 应用伦理学 |
| | 外国哲学 | 叶秀山 | 1935.06 | 欧洲哲学史 |
| | 外国哲学 | 成建华 | 1964.01 | 印度哲学 |
| | 逻辑学 | 刘培育 | 1940.04 | 逻辑因明学 |
| | 马克思主义哲学 | 孙伟平 | 1966.01 | 价值论研究 |
| | 伦理学 | 孙春晨 | 1963.02 | 伦理学与应用伦理学 |
| | 外国哲学 | 孙　晶 | 1954.01 | 东方哲学 |
| | 逻辑学 | 杜国平 | 1965.10 | 现代逻辑及其应用 |

续表

| 系别 | 学科专业 | 姓名 | 出生年月 | 主要研究方向 |
| --- | --- | --- | --- | --- |
| | 外国哲学 | 李　河 | 1958.08 | 符号哲学 |
| | 马克思主义哲学 | 李俊文 | 1973.04 | 马克思主义哲学中国化 |
| | 马克思主义哲学 | 李景源 | 1945.07 | 历史观与认识论 |
| | 科学技术哲学 | 杨通进 | 1964.02 | 应用伦理学与环境哲学 |
| | 外国哲学 | 杨　深 | 1952.02 | 近现代欧洲哲学 |
| | 科学技术哲学 | 肖显静 | 1964.05 | 科学哲学、环境哲学与生态哲学 |
| | 伦理学 | 余　涌 | 1961.10 | 中西伦理学比较 |
| | 逻辑学 | 邹崇理 | 1953.07 | 现代逻辑 |
| | 中国哲学 | 张志强 | 1969.10 | 中国佛学 |
| | 外国哲学 | 张　慎 | 1954.12 | 德国哲学与文化 |
| | 中国哲学 | 陈　静 | 1954.09 | 庄子哲学 |
| | 中国哲学 | 陈　霞 | 1966.04 | 道家与道教文化研究 |
| | 马克思主义哲学 | 欧阳英 | 1964.03 | 马克思主义哲学中国化 |
| | 外国哲学 | 尚　杰 | 1955.09 | 法国当代哲学 |
| | 外国哲学 | 周贵华 | 1962.12 | 东方哲学 |
| | 外国哲学 | 周晓亮 | 1949.10 | 16 ~ 18 世纪欧洲哲学 |
| | 马克思主义哲学 | 单继刚 | 1967.11 | 马克思主义哲学中国化 |
| | 伦理学 | 赵汀阳 | 1961.06 | 中西伦理学比较、中国古代伦理学 |
| | 马克思主义哲学 | 赵剑英 | 1964.10 | 马克思主义哲学 |
| | 美学 | 徐碧辉 | 1963.08 | 马克思主义美学、中国古代美学、中国现代美学 |
| | 美学 | 章建刚 | 1952.12 | 美学与现代社会 |
| | 外国哲学 | 谢地坤 | 1956.12 | 德国哲学 |
| | 马克思主义哲学 | 魏小萍 | 1955.12 | 马克思主义哲学 |

续表

| 系别 | 学科专业 | 姓名 | 出生年月 | 主要研究方向 |
| --- | --- | --- | --- | --- |
| 世界宗教研究系 | 宗教学 | 王　卡 | 1956.12 | 道教学、中国哲学 |
| | 中国哲学 | 卢国龙 | 1959.11 | 中国哲学 |
| | 宗教学 | 叶　涛 | 1963.10 | 当代宗教 |
| | 宗教学 | 尕藏加 | 1959.11 | 藏传佛教历史、藏区宗教文化生态 |
| | 宗教学 | 纪华传 | 1970.10 | 中国佛教史 |
| | 宗教学 | 李建欣 | 1966.12 | 宗教文化 |
| | 宗教学 | 邱永辉 | 1961.04 | 当代宗教 |
| | 宗教学 | 何劲松 | 1962.08 | 汉传佛教及佛教艺术 |
| | 宗教学 | 卓新平 | 1955.03 | 基督宗教、西方宗教学、中西宗教文化比较 |
| | 宗教学 | 金　泽 | 1954.05 | 宗教学、宗教人类学 |
| | 宗教学 | 周伟驰 | 1969.10 | 中世纪哲学、基督教思想史 |
| | 宗教学 | 郑筱筠 | 1969.08 | 南传佛教 |
| | 宗教学 | 魏道儒 | 1955.10 | 佛教 |
| 经济系 | 西方经济学 | 王红领 | 1952.09 | 技术创新 |
| | 经济思想史 | 王　诚 | 1955.10 | 外国经济思想史、宏观经济理论 |
| | 西方经济学 | 左大培 | 1952.08 | 西方经济学理论、经济模型分析 |
| | 经济思想史 | 叶　坦 | 1956.10 | 中国经济思想史、东亚经济思想比较研究 |
| | 发展经济学 | 朱　玲 | 1951.12 | 收入分配、贫困问题和乡村发展、发展经济学 |
| | 西方经济学 | 朱恒鹏 | 1969.09 | 微观经济学 |
| | 西方经济学 | 仲继银 | 1964.03 | 公司管理 |
| | 西方经济学 | 刘小玄 | 1953.01 | 微观经济学、产业组织理论 |

续表

| 系别 | 学科专业 | 姓名 | 出生年月 | 主要研究方向 |
|---|---|---|---|---|
| | 经济史 | 刘兰兮 | 1954.06 | 中国商业史、中国近代企业史 |
| | 西方经济学 | 刘树成 | 1945.10 | 数量经济学、宏观经济学 |
| | 西方经济学 | 刘霞辉 | 1962.10 | 经济增长理论、中国经济增长问题 |
| | 经济史 | 苏金花 | 1972.01 | 中国古代经济史 |
| | 政治经济学 | 李铁映 | 1936.09 | 社会主义市场经济理论 |
| | 经济思想史 | 杨春学 | 1962.11 | 当代西方经济学说、新制度经济学与公共选择理论 |
| | 政治经济学 | 张　平 | 1964.07 | 中国经济增长、收入分配、资本市场理论 |
| | 西方经济学 | 张晓晶 | 1969.09 | 宏观经济学 |
| | 西方经济学 | 赵志君 | 1962.02 | 经济增长理论、宏观经济政策 |
| | 经济史 | 赵学军 | 1968.07 | 中华人民共和国经济史 |
| | 经济思想史 | 胡怀国 | 1971.03 | 外国经济思想史 |
| | 政治经济学 | 胡家勇 | 1962.11 | 社会主义市场经济理论 |
| | 经济史 | 袁为鹏 | 1972.12 | 中国近现代经济史、工业区位研究 |
| | 西方经济学 | 袁钢明 | 1953.09 | 宏观经济学、企业理论 |
| | 经济史 | 徐建生 | 1966.05 | 中国近代经济史 |
| | 西方经济学 | 剧锦文 | 1959.10 | 现代产权与企业理论、资本市场理论 |
| | 西方经济学 | 常　欣 | 1972.07 | 宏观经济 |
| | 经济史 | 董志凯 | 1944.08 | 中华人民共和国经济史 |
| | 西方经济学 | 韩朝华 | 1953.09 | 微观经济学、企业制度 |
| | 政治经济学 | 裴小革 | 1956.10 | 马克思主义经济学基本理论、中国经济改革与发展 |
| | 发展经济学 | 魏　众 | 1968.03 | 劳动力市场、收入分配研究 |
| | 经济史 | 魏明孔 | 1956.09 | 区域经济史 |

续表

| 系别 | 学科专业 | 姓名 | 出生年月 | 主要研究方向 |
| --- | --- | --- | --- | --- |
| 工业经济系 | 企业管理（含：财务管理、市场营销、人力资源管理） | 王　钦 | 1975.06 | 创新管理、战略变革 |
| | 产业经济学 | 史　丹 | 1961.04 | 能源经济 |
| | 产业经济学 | 吕　政 | 1945.07 | 工业发展理论与政策 |
| | 产业经济学 | 吕　铁 | 1962.12 | 产业成长与产业政策 |
| | 产业经济学 | 刘戒骄 | 1963.03 | 产业组织理论与政策 |
| | 产业经济学 | 刘　勇 | 1970.09 | 产业经济 |
| | 会计学 | 杜莹芬 | 1964.09 | 公司理财、企业并购 |
| | 企业管理（含：财务管理、市场营销、人力资源管理） | 李海舰 | 1963.09 | 战略管理、管理创新 |
| | 产业经济学 | 杨丹辉 | 1969.09 | 工业资源与环境 |
| | 企业管理（含：财务管理、市场营销、人力资源管理） | 余　菁 | 1976.11 | 公司治理、国有企业改革 |
| | 企业管理（含：财务管理、市场营销、人力资源管理） | 沈志渔 | 1954.06 | 企业制度、企业改革 |
| | 产业经济学 | 张世贤 | 1956.04 | 工业投资与融资 |
| | 产业经济学 | 张其仔 | 1965.05 | 产业竞争力 |
| | 区域经济学 | 陈　耀 | 1958.05 | 区域经济与政策 |
| | 企业管理（含：财务管理、市场营销、人力资源管理） | 罗仲伟 | 1955.10 | 企业战略管理 |
| | 产业经济学 | 金　碚 | 1950.04 | 产业组织 |
| | 企业管理（含：财务管理、市场营销、人力资源管理） | 周文斌 | 1966.09 | 企业青年员工（新生代员工）管理研究 |
| | 区域经济学 | 周民良 | 1963.01 | 区域经济学 |
| | 产业经济学 | 赵　英 | 1952.09 | 产业政策与技术创新、国家经济安全 |
| | 产业经济学 | 郭克莎 | 1955.07 | 产业经济学、经济增长 |

续表

| 系别 | 学科专业 | 姓名 | 出生年月 | 主要研究方向 |
|---|---|---|---|---|
| | 企业管理（含：财务管理、市场营销、人力资源管理） | 黄速建 | 1955.11 | 企业管理、公司理财 |
| | 企业管理（含：财务管理、市场营销、人力资源管理） | 黄群慧 | 1966.08 | 企业理论与战略管理、管理理论与管理学方法论 |
| | 产业经济学 | 曹建海 | 1967.12 | 投资与消费的关系 |
| 农村发展系 | 农业经济管理 | 于法稳 | 1969.07 | 资源与环境经济 |
| | 农业经济管理 | 王小映 | 1966.10 | 土地资源管理 |
| | 区域经济学 | 冯兴元 | 1965.11 | 农村与区域金融 |
| | 农业经济管理 | 朱　钢 | 1958.11 | 农村财政 |
| | 农业经济管理 | 任常青 | 1965.06 | 农村金融 |
| | 农业经济管理 | 孙若梅 | 1962.09 | 资源与环境经济 |
| | 农业经济管理 | 杜志雄 | 1963.02 | 农村发展融资 |
| | 农业经济管理 | 李国祥 | 1963.08 | 农产品市场与贸易 |
| | 农业经济管理 | 李　周 | 1952.09 | 资源与环境经济 |
| | 农业经济管理 | 李　静 | 1966.03 | 农村金融 |
| | 农业经济管理 | 吴国宝 | 1963.12 | 贫困与发展 |
| | 农业经济管理 | 张元红 | 1964.02 | 农村产业经济 |
| | 农业经济管理 | 张晓山 | 1947.10 | 农村组织与制度 |
| | 农业经济管理 | 苑　鹏 | 1962.08 | 农村组织与制度 |
| | 农业经济管理 | 党国英 | 1957.06 | 农村发展理论与政策 |
| | 农业经济管理 | 崔红志 | 1964.11 | 农村产权制度 |
| | 农业经济管理 | 韩　俊 | 1963.11 | 农村发展理论与政策 |
| | 区域经济学 | 谭秋成 | 1965.08 | 乡村治理与财政 |
| | 农业经济管理 | 潘晨光 | 1954.09 | 农村人才与人力资源管理 |
| | 区域经济学 | 魏后凯 | 1963.12 | 城镇化与城乡发展 |

续表

| 系别 | 学科专业 | 姓名 | 出生年月 | 主要研究方向 |
|---|---|---|---|---|
| 财经系 | 财政学（含：税收学） | 马　珺 | 1972.03 | 财税理论与政策 |
| | 旅游管理 | 王诚庆 | 1958.08 | 旅游经济与管理 |
| | 国际贸易学 | 王洛林 | 1938.06 | 国际贸易理论与政策 |
| | 国际贸易学 | 申恩威 | 1957.01 | 国际贸易与跨国公司 |
| | 国际贸易学 | 冯　雷 | 1954.06 | 国际投资 |
| | 产业经济学 | 江小涓 | 1957.06 | 体育经济 |
| | 国际贸易学 | 杨圣明 | 1939.07 | 国际服务贸易 |
| | 财政学（含：税收学） | 杨志勇 | 1973.08 | 财税数据分析与政策评估 |
| | 金融学（含：保险学） | 汪红驹 | 1970.04 | 金融理论与政策、宏观经济学 |
| | 财政学（含：税收学） | 张　斌 | 1973.11 | 财税理论与政策 |
| | 产业经济学 | 张群群 | 1970.10 | 服务经济学 |
| | 产业经济学 | 依绍华 | 1970.11 | 流通产业理论与政策 |
| | 国际贸易学 | 赵　瑾 | 1965.03 | 国际贸易理论与政策 |
| | 产业经济学 | 荆林波 | 1966.04 | 市场组织与价格制度 |
| | 金融学（含：保险学） | 钟春平 | 1977.04 | 金融经济学 |
| | 旅游管理 | 姚战琪 | 1971.05 | 现代服务业与金融 |
| | 国际贸易学 | 夏先良 | 1963.06 | 国际知识产权 |
| | 旅游管理 | 夏杰长 | 1964.03 | 旅游与现代服务业 |
| | 金融学（含：保险学） | 倪鹏飞 | 1964.03 | 城市与房地产金融 |
| | 财政学（含：税收学） | 高培勇 | 1959.01 | 财税理论与政策 |
| | 金融学（含：保险学） | 裴长洪 | 1954.05 | 金融理论与政策 |
| 金融系 | 金融学（含：保险学） | 王　力 | 1959.09 | 区域金融、资本市场 |
| | 金融学（含：保险学） | 王松奇 | 1952.03 | 国际金融理论与政策 |
| | 金融学（含：保险学） | 王国刚 | 1955.11 | 金融市场 |
| | 金融学（含：保险学） | 李　扬 | 1951.09 | 货币理论与货币政策 |

续表

| 系别 | 学科专业 | 姓名 | 出生年月 | 主要研究方向 |
| --- | --- | --- | --- | --- |
| | 金融学（含：保险学） | 杨　涛 | 1974.01 | 产业金融与政策、互联网金融 |
| | 金融学（含：保险学） | 何德旭 | 1962.09 | 金融理论与政策 |
| | 金融学（含：保险学） | 周茂清 | 1954.03 | 金融市场 |
| | 金融学（含：保险学） | 胡　滨 | 1971.05 | 金融监管与金融法律 |
| | 金融学（含：保险学） | 殷剑峰 | 1969.12 | 宏观金融与政策 |
| | 金融学（含：保险学） | 郭金龙 | 1965.04 | 现代金融体系和保险、保险与社会保障 |
| | 金融学（含：保险学） | 彭兴韵 | 1972.04 | 宏观经济与货币政策 |
| | 金融学（含：保险学） | 董裕平 | 1969.10 | 金融制度改革与发展 |
| | 金融学（含：保险学） | 曾　刚 | 1975.08 | 银行经济学 |
| 数量经济与技术经济系 | 技术经济及管理 | 王宏伟 | 1970.11 | 技术创新与经济增长 |
| | 数量经济学 | 王国成 | 1956.11 | 博弈论 |
| | 技术经济及管理 | 齐建国 | 1957.06 | 技术创新、知识经济 |
| | 技术经济及管理 | 李文军 | 1966.10 | 产业技术经济学、循环经济 |
| | 技术经济及管理 | 李　平 | 1959.06 | 技术创新、能源经济 |
| | 数量经济学 | 李　军 | 1963.04 | 经济数量分析方法及应用 |
| | 技术经济及管理 | 李　青 | 1964.09 | 区域经济学 |
| | 数量经济学 | 李金华 | 1962.11 | 国民经济核算、经济统计理论与方法 |
| | 技术经济及管理 | 李京文 | 1932.10 | 技术经济学理论与方法、宏观经济预测 |
| | 数量经济学 | 李雪松 | 1970.09 | 经济模型理论与应用 |
| | 数量经济学 | 李　群 | 1961.12 | 人力资源与经济发展 |
| | 数量经济学 | 汪同三 | 1948.07 | 经济模型与经济预测 |
| | 技术经济及管理 | 汪向东 | 1954.03 | 信息化理论与实践、互联网经济与应用 |
| | 会计学 | 张国初 | 1942.06 | 会计、技术经济与管理 |

续表

| 系别 | 学科专业 | 姓名 | 出生年月 | 主要研究方向 |
| --- | --- | --- | --- | --- |
| | 数量经济学 | 张昕竹 | 1964.05 | 管制经济学与管制政策、激励理论与应用 |
| | 技术经济及管理 | 张　晓 | 1957.03 | 环境与发展的经济分析 |
| | 数量经济学 | 张　涛 | 1973.08 | 经济模型与经济预测 |
| | 数量经济学 | 郑玉歆 | 1945.11 | 生产率研究 |
| | 数量经济学 | 赵京兴 | 1950.01 | 增长理论及应用 |
| | 技术经济及管理 | 蔡跃洲 | 1975.09 | 创新经济与创新管理 |
| | 数量经济学 | 樊明太 | 1963.11 | 数量经济学与政策模拟 |
| 投资经济系 | 国民经济学 | 马晓河 | 1955.08 | 产业经济和宏观经济 |
| | 国民经济学 | 王一鸣 | 1959.08 | 宏观经济、区域经济 |
| | 国民经济学 | 王昌林 | 1967.01 | 产业经济学 |
| | 国民经济学 | 刘立峰 | 1965.05 | 公共部门投资 |
| | 国民经济学 | 杨　萍 | 1965.09 | 宏观经济、资本市场 |
| | 国民经济学 | 肖金成 | 1955.09 | 投资经济、区域经济 |
| | 国民经济学 | 汪文祥 | 1962.12 | 投资理论与实践、产业经济 |
| | 国民经济学 | 张长春 | 1962.11 | 政府投资、宏观经济政策 |
| | 国民经济学 | 陈东琪 | 1956.08 | 政治经济学、宏观经济分析、资本市场与投资 |
| | 国民经济学 | 曹玉书 | 1948.09 | 投资理论与实践、产业经济发展 |
| | 国民经济学 | 臧跃茹 | 1964.11 | 经济体制改革 |
| 政府政策与公共管理系 | 国民经济学 | 马建堂 | 1958.04 | 国民经济发展与政策 |
| | 国民经济学 | 王延中 | 1963.04 | 社会保障 |
| | 国民经济学 | 王金南 | 1962.05 | 环境规划、环境政策、环境经济评估、环境经济学 |
| | 国民经济学 | 文学国 | 1966.04 | 反垄断与竞争政策、私募股权基金 |

续表

| 系别 | 学科专业 | 姓名 | 出生年月 | 主要研究方向 |
|---|---|---|---|---|
| | 国民经济学 | 刘迎秋 | 1950.08 | 国民经济发展与政策 |
| | 国民经济学 | 刘国祥 | 1963.01 | 卫生经济学 |
| | 国民经济学 | 刘春成 | 1968.05 | 区域经济 |
| | 国民经济学 | 闫　坤 | 1964.08 | 宏观经济与财政理论 |
| | 国民经济学 | 孙国峰 | 1972.07 | 货币理论与政策 |
| | 国民经济学 | 李成贵 | 1966.09 | 创新驱动理论与政策 |
| | 国民经济学 | 李志军 | 1965.03 | 创新驱动发展与政策 |
| | 国民经济学 | 李连仲 | 1949.10 | 国民经济发展与政策 |
| | 政治学理论 | 李金河 | 1955.09 | 统一战线、政党制度、协商民主 |
| | 国民经济学 | 李富强 | 1957.02 | 宏观经济运行与管理 |
| | 国民经济学 | 杨建龙 | 1969.02 | 国民经济发展与政策 |
| | 国民经济学 | 吴群红 | 1962.12 | 卫生经济学 |
| | 国民经济学 | 邹东涛 | 1949.11 | 国民经济发展与政策 |
| | 国民经济学 | 张承惠 | 1957.05 | 国民经济发展与政策 |
| | 政治学理论 | 张　峰 | 1954.06 | 哲学、政治学 |
| | 国民经济学 | 张菀洺 | 1973.04 | 公共经济理论与政策 |
| | 国民经济学 | 陈　文 | 1969.10 | 药物经济学与政策 |
| | 国民经济学 | 郑秉文 | 1955.01 | 社会保障 |
| | 国民经济学 | 郑新立 | 1945.04 | 国民经济发展与政策 |
| | 国民经济学 | 赵　芮 | 1967.11 | 人力资本投资、人力资源开发与管理 |
| | 国民经济学 | 胡建忠 | 1965.03 | 并购重组研究 |
| | 政治学理论 | 姚俭建 | 1958.09 | 参政党与人民政协功能研究 |

续表

| 系别 | 学科专业 | 姓名 | 出生年月 | 主要研究方向 |
|---|---|---|---|---|
| | 国民经济学 | 贺　泓 | 1965.01 | 大气污染控制原理与技术、大气化学与污染控制化学、环境保护的经济效果评估、污染排放标准确定的经济准则 |
| | 国民经济学 | 黄　伟 | 1964.06 | 信息系统与经济管理 |
| | 国民经济学 | 黄晓勇 | 1956.11 | 能源经济与政策比较 |
| | 国民经济学 | 崔民选 | 1960.09 | 制度经济学、资源与环境 |
| | 国民经济学 | 葛新权 | 1957.03 | 能源经济与政策比较 |
| | 国民经济学 | 曾培炎 | 1938.02 | 国民经济发展与政策 |
| | 国民经济学 | 谢伏瞻 | 1954.08 | 国民经济发展与政策 |
| | 国民经济学 | 谢朝斌 | 1963.04 | 国民经济发展与政策 |
| | 政治学理论 | 董礼胜 | 1955.03 | 政治制度 |
| 人口与劳动经济系 | 人口学 | 王广州 | 1965.10 | 应用人口学 |
| | 劳动经济学 | 王美艳 | 1975.07 | 劳动力市场与劳动关系 |
| | 人口学 | 王跃生 | 1959.12 | 人口与社会变迁 |
| | 人口学 | 田雪原 | 1938.08 | 人口理论 |
| | 劳动经济学 | 吴要武 | 1968.11 | 城镇劳动力市场 |
| | 劳动经济学 | 张车伟 | 1964.10 | 就业与收入分配 |
| | 人口学 | 张展新 | 1955.07 | 迁移社会学 |
| | 人口学 | 郑真真 | 1954.12 | 人口分析技术与应用 |
| | 劳动经济学 | 都　阳 | 1971.04 | 劳动力市场理论与政策 |
| | 劳动经济学 | 高文书 | 1974.06 | 人力资源开发与管理 |
| | 人口、资源与环境经济学 | 蔡　昉 | 1956.09 | 发展经济学 |
| 城乡建设经济系 | 区域经济学 | 仇保兴 | 1953.11 | 城市发展 |
| | 区域经济学 | 陈　淮 | 1952.02 | 城市化理论、房地产经济 |
| | 区域经济学 | 翟宝辉 | 1964.10 | 城市运行管理 |

续表

| 系别 | 学科专业 | 姓名 | 出生年月 | 主要研究方向 |
| --- | --- | --- | --- | --- |
| | 可持续发展经济学 | 庄贵阳 | 1969.09 | 低碳经济 |
| | 城市经济学 | 刘治彦 | 1967.08 | 城市经济发展 |
| | 可持续发展经济学 | 李国庆 | 1963.09 | 城市社会学 |
| | 城市经济学 | 李景国 | 1957.01 | 城镇与区域规划 |
| | 城市经济学 | 宋迎昌 | 1965.10 | 城市与区域发展 |
| | 可持续发展经济学 | 陈　迎 | 1969.04 | 全球环境治理 |
| | 可持续发展经济学 | 潘家华 | 1957.06 | 可持续发展经济学理论、气候变化经济学 |
| 法学系 | 经济法学 | 王晓晔 | 1948.10 | 经济法、竞争法 |
| | 民商法学（含：劳动法学、社会保障法学） | 王家福 | 1931.02 | 民法总论、物权法、债权法 |
| | 诉讼法学 | 王敏远 | 1959.11 | 刑事诉讼法学 |
| | 宪法学与行政法学 | 冯　军 | 1965.12 | 大众传媒法 |
| | 国际法学（含：国际公法、国际私法、国际经济法） | 朱晓青 | 1955.09 | 国际公法 |
| | 刑法学 | 刘仁文 | 1967.09 | 中国刑法学 |
| | 法学理论 | 刘作翔 | 1956.09 | 法理学、法律文化学、法律社会学 |
| | 民商法学（含：劳动法学、社会保障法学） | 孙宪忠 | 1957.01 | 民法总论、物权法、债权法 |
| | 法学理论 | 李步云 | 1933.08 | 法理学 |
| | 宪法学与行政法学 | 李　林 | 1955.11 | 宪政与民主理论 |
| | 知识产权法学 | 李明德 | 1956.03 | 版权法、知识产权法 |
| | 经济法学 | 李顺德 | 1948.04 | 知识产权法 |
| | 法学理论 | 吴玉章 | 1955.09 | 法理学 |
| | 宪法学与行政法学 | 吴新平 | 1951.10 | 宪法基本理论 |
| | 民商法学（含：劳动法学、社会保障法学） | 邹海林 | 1963.08 | 民法总论、破产法 |

续表

| 系别 | 学科专业 | 姓名 | 出生年月 | 主要研究方向 |
|---|---|---|---|---|
| | 国际法学（含：国际公法、国际私法、国际经济法） | 沈　涓 | 1962.08 | 国际私法 |
| | 民商法学（含：劳动法学、社会保障法学） | 张广兴 | 1954.03 | 债权法 |
| | 法律史 | 张　生 | 1970.10 | 中国法制史 |
| | 宪法学与行政法学 | 张明杰 | 1962.03 | 信息公开法、行政诉讼法 |
| | 法律史 | 张冠梓 | 1966.08 | 中国传统法律文化、法律人类学与法律社会学 |
| | 刑法学 | 陈泽宪 | 1954.07 | 中国刑法学、国际刑法学 |
| | 经济法学 | 陈　洁 | 1970.04 | 证券法、公司法 |
| | 经济法学 | 陈　甦 | 1957.12 | 证券法、商法基础理论、公司法 |
| | 宪法学与行政法学 | 周汉华 | 1964.10 | 行政法学 |
| | 刑法学 | 屈学武 | 1949.07 | 中国刑法学 |
| | 国际法学（含：国际公法、国际私法、国际经济法） | 赵建文 | 1956.01 | 国际公法 |
| | 国际法学（含：国际公法、国际私法、国际经济法） | 柳华文 | 1972.07 | 国际公法 |
| | 法学理论 | 信春鹰 | 1956.10 | 法理学 |
| | 国际法学（含：国际公法、国际私法、国际经济法） | 莫纪宏 | 1964.05 | 国际人权法 |
| | 法学理论 | 夏　勇 | 1961.11 | 法理学、法治与人权理论 |
| | 法律史 | 徐立志 | 1951.06 | 中国近代法律史 |
| | 民商法学（含：劳动法学、社会保障法学） | 龚赛红 | 1966.06 | 侵权责任法、医事法 |
| | 经济法学 | 崔勤之 | 1944.02 | 证券法、公司法 |
| | 民商法学（含：劳动法学、社会保障法学） | 梁慧星 | 1944.01 | 民法总论、债权法 |
| | 民商法学（含：劳动法学、社会保障法学） | 谢鸿飞 | 1973.12 | 物权法、合同法 |

续表

| 系别 | 学科专业 | 姓名 | 出生年月 | 主要研究方向 |
|---|---|---|---|---|
| | 知识产权法学 | 管育鹰 | 1969.04 | 知识产权法 |
| | 诉讼法学 | 熊秋红 | 1965.10 | 刑事诉讼法学 |
| | 民商法学（含：劳动法学、社会保障法学） | 薛宁兰 | 1964.03 | 亲属法 |
| | 诉讼法学 | 冀祥德 | 1964.02 | 刑事诉讼法学 |
| 政治学系 | 政治学理论 | 王炳权 | 1972.07 | 政治学理论与当代中国政治发展 |
| | 政治学理论 | 贠　杰 | 1972.05 | 行政管理 |
| | 政治学理论 | 杨海蛟 | 1955.03 | 政治学理论与当代中国政治建设 |
| | 政治学理论 | 张树华 | 1966.09 | 政治比较与国别政治 |
| | 政治学理论 | 陈红太 | 1957.10 | 政治学理论与当代中国政治建设 |
| | 政治学理论 | 周少来 | 1964.11 | 政治学理论与当代中国政治建设 |
| | 政治学理论 | 周庆智 | 1960.08 | 中国地方政府治理 |
| 社会学系 | 社会学 | 王春光 | 1964.03 | 农村社会学 |
| | 社会学 | 王俊秀 | 1963.08 | 社会心态、风险社会 |
| | 社会学 | 李春玲 | 1963.01 | 社会分层 |
| | 社会学 | 李培林 | 1955.05 | 企业组织与社会发展 |
| | 社会学 | 杨宜音 | 1955.12 | 社会心态 |
| | 社会学 | 吴小英 | 1967.09 | 家庭社会学、性别与社会 |
| | 社会学 | 何　蓉 | 1971.07 | 社会学理论 |
| | 社会学 | 张　翼 | 1964.12 | 社会保障 |
| | 社会学 | 陈光金 | 1962.05 | 社会结构与变迁、农村社会学 |
| | 社会学 | 罗红光 | 1957.01 | 社会人类学 |
| | 社会学 | 赵一红 | 1963.09 | 发展社会学 |

续表

| 系别 | 学科专业 | 姓名 | 出生年月 | 主要研究方向 |
| --- | --- | --- | --- | --- |
| | 社会学 | 夏传玲 | 1964.02 | 组织社会学 |
| | 社会学 | 景天魁 | 1943.04 | 发展社会学 |
| | 社会学 | 鲍　江 | 1968.11 | 影视人类学 |
| 民族学系 | 中国少数民族史 | 乌　兰 | 1954.04 | 蒙古史 |
| | 中国少数民族语言文学（侗傣语族、西夏文、苗瑶语族） | 尹虎彬 | 1960.05 | 少数民族文学 |
| | 专门史 | 史金波 | 1940.03 | 西夏文史 |
| | 人类学 | 色　音 | 1963.07 | 文化人类学 |
| | 专门史 | 刘正寅 | 1963.06 | 北方民族史 |
| | 语言学及应用语言学 | 江　荻 | 1954.01 | 计算语言学 |
| | 中国少数民族语言文学（侗傣语族、西夏文、苗瑶语族） | 孙伯君 | 1966.03 | 文献学 |
| | 语言学及应用语言学 | 李云兵 | 1968.01 | 描写语言学 |
| | 人类学 | 何星亮 | 1956.08 | 文化人类学 |
| | 马克思主义民族理论与政策 | 陈建樾 | 1964.07 | 中国的民族理论与政策 |
| | 中国少数民族语言文学（侗傣语族、西夏文、苗瑶语族） | 呼　和 | 1962.01 | 实验语音学 |
| | 人类学 | 孟慧英 | 1953.03 | 宗教人类学 |
| | 民族学 | 郝时远 | 1952.08 | 民族理论 |
| | 专门史 | 聂鸿音 | 1954.11 | 古文献 |
| | 中国少数民族语言文学（侗傣语族、西夏文、苗瑶语族） | 徐世璇 | 1954.01 | 南方民族语言 |
| | 语言学及应用语言学 | 黄成龙 | 1968.09 | 语言类型学 |

续表

| 系别 | 学科专业 | 姓名 | 出生年月 | 主要研究方向 |
|---|---|---|---|---|
| | 语言学及应用语言学 | 黄　行 | 1952.06 | 语言学 |
| | 民族学 | 曾少聪 | 1962.12 | 国际移民 |
| | 民族学 | 管彦波 | 1967.06 | 生态学 |
| 社会发展系 | 社会学 | 李汉林 | 1953.11 | 社会结构与社会组织 |
| | 社会学 | 沈　红 | 1965.05 | 发展社会学 |
| | 社会学 | 渠敬东 | 1970.01 | 社会理论 |
| | 社会学 | 葛道顺 | 1966.02 | 社会（保障）政策评估 |
| 文学系 | 中国古代文学 | 王达敏 | 1960.11 | 明清文学与近代文学 |
| | 中国民间文学 | 户晓辉 | 1966.02 | 民间文学理论 |
| | 文艺学 | 刘方喜 | 1966.08 | 文艺美学 |
| | 中国古代文学 | 刘　宁 | 1969.01 | 唐宋文学 |
| | 中国古典文献学 | 刘跃进 | 1958.11 | 中国古典文献 |
| | 中国民间文学 | 安德明 | 1968.01 | 口头艺术的民族志研究 |
| | 中国古代文学 | 李　玫 | 1957.01 | 中国古代戏曲史 |
| | 中国现当代文学 | 李建军 | 1963.05 | 中国当代小说 |
| | 中国现当代文学 | 杨　义 | 1946.08 | 中国现代文学 |
| | 中国古代文学 | 吴光兴 | 1963.09 | 魏晋南北朝隋唐五代文学 |
| | 比较文学与世界文学 | 陆建德 | 1954.02 | 英国文学 |
| | 文艺学 | 陈定家 | 1962.01 | 文学理论与批评 |
| | 中国古代文学 | 范子烨 | 1964.05 | 魏晋南北朝隋唐文学 |
| | 文艺学 | 金惠敏 | 1961.11 | 文学理论与当代文化理论 |
| | 中国古典文献学 | 郑永晓 | 1963.01 | 唐宋文学 |
| | 中国现当代文学 | 赵京华 | 1957.11 | 中日现代文学比较 |
| | 中国现当代文学 | 赵稀方 | 1964.01 | 文学史研究 |
| | 文艺学 | 党圣元 | 1955.09 | 中国古代文论 |
| | 文艺学 | 高建平 | 1955.03 | 比较美学 |

续表

| 系别 | 学科专业 | 姓名 | 出生年月 | 主要研究方向 |
|---|---|---|---|---|
| | 文艺学 | 彭亚非 | 1955.04 | 中国古代文论与美学 |
| | 比较文学与世界文学 | 董炳月 | 1960.09 | 现代中日文化 |
| | 中国古代文学 | 蒋　寅 | 1959.06 | 中国诗学 |
| | 中国现当代文学 | 黎湘萍 | 1958.08 | 中国当代文学（台港文学） |
| 外国文学系 | 比较文学与世界文学 | 叶　隽 | 1973.07 | 德语文学 |
| | 比较文学与世界文学 | 史忠义 | 1951.06 | 中西比较诗学、中西比较文学 |
| | 俄语语言文学 | 刘文飞 | 1959.11 | 俄罗斯文学与文化 |
| | 比较文学与世界文学 | 李永平 | 1956.05 | 德语文学 |
| | 法语语言文学 | 余中先 | 1954.08 | 法国当代文学 |
| | 比较文学与世界文学 | 陈中梅 | 1954.01 | 古希腊文学 |
| | 比较文学与世界文学 | 陈众议 | 1957.10 | 西班牙语文学 |
| | 俄语语言文学 | 周启超 | 1959.04 | 俄罗斯文论、比较诗学 |
| | 比较文学与世界文学 | 钟志清 | 1964.11 | 希伯来、犹太文学与文化研究 |
| | 英语语言文学 | 黄　梅 | 1950.02 | 英国小说 |
| | 比较文学与世界文学 | 梁　展 | 1970.10 | 比较文学 |
| | 英语语言文学 | 程　巍 | 1966.05 | 英美文学 |
| | 英语语言文学 | 傅　浩 | 1963.04 | 英语诗歌及诗论、文学翻译 |
| 少数民族文学系 | 民俗学（含：中国民间文学） | 巴莫曲布嫫 | 1964.04 | 口头传统 |
| | 中国少数民族语言文学（侗傣语族、西夏文、苗瑶语族） | 张春植 | 1959.02 | 朝鲜族移民文学、朝鲜族现当代文学 |
| | 中国少数民族语言文学（侗傣语族、西夏文、苗瑶语族） | 阿地里·居玛吐尔地 | 1964.02 | 突厥与民族文学、口头史诗理论 |

续表

| 系别 | 学科专业 | 姓名 | 出生年月 | 主要研究方向 |
|---|---|---|---|---|
| | 中国少数民族语言文学（侗傣语族、西夏文、苗瑶语族） | 斯钦孟和 | 1954.07 | 蒙古文学 |
| | 中国少数民族语言文学（侗傣语族、西夏文、苗瑶语族） | 斯钦巴图 | 1963.01 | 蒙古族文学研究 |
| | 中国少数民族语言文学（侗傣语族、西夏文、苗瑶语族） | 朝　克 | 1957.09 | 中国北方语言学 |
| | 民俗学（含：中国民间文学） | 朝戈金 | 1958.08 | 民间文艺学、史诗学 |
| 新闻学与传播学系 | 新闻学 | 卜　卫 | 1957.03 | 传播与社会发展研究 |
| | 新闻学 | 尹韵公 | 1956.10 | 新闻史、新闻理论 |
| | 新闻学 | 宋小卫 | 1958.03 | 新闻理论、媒介消费保障与受众权益理论 |
| | 新闻学 | 姜　飞 | 1971.06 | 新闻学 |
| | 新闻学 | 殷　乐 | 1972.11 | 新闻传播 |
| | 新闻学 | 唐绪军 | 1959.02 | 新闻业务研究 |
| 语言学系 | 汉语言文字学 | 王灿龙 | 1962.05 | 现代汉语语法 |
| | 汉语言文字学 | 方　梅 | 1961.04 | 现代汉语 |
| | 汉语言文字学 | 刘丹青 | 1958.08 | 语言类型学 |
| | 汉语言文字学 | 许嘉璐 | 1937.06 | 训诂学 |
| | 语言学及应用语言学 | 李爱军 | 1966.09 | 语音学 |
| | 汉语言文字学 | 李　蓝 | 1957.11 | 汉语方言学 |
| | 汉语言文字学 | 杨永龙 | 1962.07 | 汉语历史语法 |
| | 汉语言文字学 | 吴福祥 | 1959.10 | 汉语历史语法 |
| | 汉语言文字学 | 沈　明 | 1963.12 | 汉语方言学 |
| | 语言学及应用语言学 | 沈家煊 | 1946.03 | 句法语义学 |

续表

| 系别 | 学科专业 | 姓名 | 出生年月 | 主要研究方向 |
|---|---|---|---|---|
| 语言文字应用系 | 汉语言文字学 | 张伯江 | 1962.11 | 现代汉语 |
| | 汉语言文字学 | 孟蓬生 | 1961.02 | 训诂学 |
| | 汉语言文字学 | 赵长才 | 1964.10 | 汉语历史词汇语法 |
| | 语言学及应用语言学 | 胡建华 | 1962.11 | 句法语义学 |
| | 语言学及应用语言学 | 顾曰国 | 1956.10 | 语料库语言学 |
| | 汉语言文字学 | 曹广顺 | 1952.03 | 汉语史 |
| | 汉语言文字学 | 谭景春 | 1958.04 | 词典学 |
| | 语言学及应用语言学 | 苏金智 | 1954.02 | 社会语言学 |
| | 语言学及应用语言学 | 李宇明 | 1955.06 | 应用语言学、语言理论 |
| | 媒体语言学 | 姚喜双 | 1957.01 | 广播电视语言 |
| | 语言学及应用语言学 | 郭龙生 | 1964.04 | 社会语言学 |
| 历史系 | 历史文献学（含：敦煌学、古文字学） | 卜宪群 | 1962.11 | 秦汉史 |
| | 专门史 | 王启发 | 1960.10 | 中国思想史 |
| | 中国古代史 | 王震中 | 1957.01 | 先秦史（史前与夏商） |
| | 中国古代史 | 刘　晓 | 1970.04 | 元史 |
| | 历史文献学（含：敦煌学、古文字学） | 刘　源 | 1973.07 | 中国古文字（甲骨文、金文） |
| | 中国古代史 | 孙　晓 | 1963.09 | 秦汉史、经学史 |
| | 专门史 | 李锦绣 | 1965.09 | 唐代西域史 |
| | 中国古代史 | 杨　珍 | 1955.06 | 清代政治史 |
| | 中国古代史 | 杨振红 | 1963.12 | 战国秦汉史、简帛学 |
| | 历史文献学（含：敦煌学、古文字学） | 吴玉贵 | 1957.11 | 历史文献学、隋唐史 |
| | 历史文献学（含：敦煌学、古文字学） | 宋镇豪 | 1948.01 | 古文字学、中国上古史、甲骨文献学 |
| | 中国古代史 | 阿　风 | 1970.11 | 徽学 |

续表

| 系别 | 学科专业 | 姓名 | 出生年月 | 主要研究方向 |
|---|---|---|---|---|
| | 中国古代史 | 陈祖武 | 1943.10 | 清代学术史 |
| | 中国古代史 | 高　翔 | 1963.10 | 清代政治史、清代社会文化史 |
| | 中国古代史 | 黄正建 | 1954.07 | 唐史 |
| | 史学理论及史学史 | 彭　卫 | 1959.02 | 史学理论与中国古代史学史、秦汉史 |
| 近代史系 | 中国近现代史 | 于化民 | 1958.03 | 中国革命史、中国现代政治史 |
| | 中国近现代史 | 马　勇 | 1955.12 | 中国现代化史 |
| | 中国近现代史 | 王建朗 | 1956.11 | 中国外交史 |
| | 中国近现代史 | 左玉河 | 1964.10 | 中国近代思想文化史 |
| | 中国近现代史 | 刘小萌 | 1952.03 | 清史 |
| | 中国近现代史 | 刘俐娜 | 1958.12 | 中国近代思想史 |
| | 中国近现代史 | 李长莉 | 1958.02 | 中国近代社会文化史 |
| | 中国近现代史 | 李细珠 | 1967.06 | 中国近代政治史 |
| | 中国近现代史 | 邹小站 | 1971.01 | 中国近现代史学史 |
| | 中国近现代史 | 汪朝光 | 1958.10 | 中华民国史 |
| | 中国近现代史 | 张海鹏 | 1939.05 | 中国近代政治史、台湾史 |
| | 中国近现代史 | 罗检秋 | 1962.07 | 中国近代思想文化史 |
| | 中国近现代史 | 金以林 | 1967.12 | 中华民国史 |
| | 中国近现代史 | 郑大华 | 1956.08 | 中国近代思想史、中国近代文化史 |
| | 中国近现代史 | 赵晓阳 | 1964.08 | 中国近代社会史 |
| | 中国近现代史 | 闻黎明 | 1950.09 | 中国现代政治史 |
| | 中国近现代史 | 崔志海 | 1963.12 | 晚清政治史、中国近代思想史 |
| | 中国近现代史 | 葛夫平 | 1965.04 | 近现代中法关系史 |
| 世界历史系 | 世界史 | 王晓菊 | 1965.09 | 俄罗斯史、西伯利亚史 |
| | 世界史 | 毕健康 | 1967.06 | 中东近现代史 |

续表

| 系别 | 学科专业 | 姓名 | 出生年月 | 主要研究方向 |
|---|---|---|---|---|
| | 世界史 | 吴必康 | 1954.05 | 西欧近现代史 |
| | 世界史 | 张顺洪 | 1955.02 | 英帝国史 |
| | 世界史 | 易建平 | 1957.12 | 古代政治制度比较研究、文明与国家起源比较研究 |
| | 世界史 | 赵文洪 | 1958.03 | 西欧中世纪和近代早期史 |
| | 世界史 | 俞金尧 | 1962.05 | 近现代西方经济社会史 |
| | 世界史 | 徐再荣 | 1967.04 | 欧美环境史、20 世纪美国社会经济史 |
| 考古系 | 考古学及博物馆学 | 王　巍 | 1954.05 | 夏商周考古、东亚考古 |
| | 考古学及博物馆学 | 白云翔 | 1955.12 | 汉唐考古 |
| | 考古学及博物馆学 | 冯　时 | 1958.10 | 古文字学 |
| | 考古学及博物馆学 | 朱岩石 | 1962.08 | 汉唐考古 |
| | 考古学及博物馆学 | 刘庆柱 | 1943.08 | 汉唐考古 |
| | 考古学及博物馆学 | 刘国祥 | 1968.10 | 新石器时代考古 |
| | 夏商周考古 | 许　宏 | 1963.07 | 夏商周考古 |
| | 考古学及博物馆学 | 李裕群 | 1957.09 | 佛教考古 |
| | 考古学及博物馆学 | 张雪莲 | 1957.12 | 科学测年 |
| | 考古学及博物馆学 | 陈星灿 | 1964.12 | 新石器时代考古 |
| | 考古学及博物馆学 | 赵志军 | 1956.05 | 植物考古 |
| | 考古学及博物馆学 | 袁　靖 | 1952.10 | 动物考古 |
| | 考古学及博物馆学 | 唐际根 | 1964.01 | 夏商周考古 |
| | 考古学及博物馆学 | 董新林 | 1966.09 | 宋辽金元明清考古 |
| 中华人民共和国国史系 | 中国当代史 | 王瑞芳 | 1963.04 | 中国当代经济史、中国当代农业经济史 |
| | 中国当代史 | 朱佳木 | 1946.06 | 中华人民共和国史 |
| | 中共党史（含：党的学说与党的建设） | 刘国新 | 1950.12 | 中共党史 |

续表

| 系别 | 学科专业 | 姓名 | 出生年月 | 主要研究方向 |
|---|---|---|---|---|
| | 中国当代史 | 李　文 | 1963.07 | 中国当代社会史 |
| | 中共党史（含：党的学说与党的建设） | 李正华 | 1964.06 | 中国当代史 |
| | 中国当代史 | 邱新立 | 1966.09 | 地方志 |
| | 中共党史 | 宋月红 | 1965.10 | 中国当代政治史、中华人民共和国研究的理论与方法 |
| | 中国当代史 | 张英聘 | 1967.08 | 方志学 |
| | 中国当代史 | 张星星 | 1955.04 | 中国当代政治史 |
| | 中国当代史 | 武　力 | 1956.11 | 中国当代经济史 |
| 中国边疆历史系 | 中国边疆史地 | 于逢春 | 1960.04 | 疆域理论 |
| | 中国边疆史地 | 邢广程 | 1961.10 | 周边国际环境与中国边疆 |
| | 中国边疆史地 | 许建英 | 1963.10 | 新疆近现代史 |
| | 中国边疆史地 | 李　方 | 1955.01 | 西北边疆史 |
| | 中国边疆史地 | 李大龙 | 1964.05 | 汉唐边疆史 |
| | 中国边疆史地 | 李国强 | 1963.01 | 中国海疆历史与现状 |
| 世界经济与政治系 | 世界经济 | 东　艳 | 1974.10 | 国际贸易理论 |
| | 世界经济 | 孙　杰 | 1962.10 | 国际金融 |
| | 国际关系 | 李东燕 | 1960.09 | 当代全球问题 |
| | 世界经济 | 何　帆 | 1971.04 | 国际金融 |
| | 世界经济 | 何新华 | 1962.03 | 宏观经济分析 |
| 世界经济与政治研究所 | 世界经济 | 宋　泓 | 1965.07 | 国际贸易与国际投资 |
| | 世界经济 | 张宇燕 | 1960.09 | 国际政治经济学 |
| | 世界经济 | 张　明 | 1977.09 | 国际金融 |
| | 世界经济 | 张　斌 | 1975.10 | 宏观经济分析 |
| | 世界经济 | 姚枝仲 | 1975.06 | 国际投资 |
| | 国际关系 | 袁正清 | 1966.01 | 国际安全与中国外交 |

续表

| 系别 | 学科专业 | 姓名 | 出生年月 | 主要研究方向 |
|---|---|---|---|---|
| | 世界经济 | 高海红 | 1964.04 | 国际金融 |
| | 世界经济 | 鲁　桐 | 1961.12 | 公司治理 |
| 美国研究系 | 世界经济 | 王孜弘 | 1960.07 | 美国经济 |
| | 国际关系 | 周　琪 | 1952.11 | 国际政治 |
| | 国际关系 | 赵　梅 | 1962.10 | 美国社会与文化 |
| | 国际关系 | 袁　征 | 1968.11 | 美国外交 |
| | 国际关系 | 倪　峰 | 1963.08 | 美国政治 |
| | 国际关系 | 姬　红 | 1964.03 | 美国社会与美国文化 |
| | 国际关系 | 樊吉社 | 1971.12 | 国际关系 |
| 日本研究系 | 国际关系 | 吕耀东 | 1965.07 | 日本外交 |
| | 国际政治 | 李　薇 | 1954.04 | 日本政治外交 |
| | 国际政治 | 杨伯江 | 1964.09 | 日本国家战略研究 |
| | 世界经济 | 张季风 | 1959.08 | 日本经济 |
| | 国际关系 | 张建立 | 1970.03 | 日本文化与社会思潮 |
| | 国际政治 | 高　洪 | 1955.02 | 日本政治 |
| | 国际政治 | 崔世广 | 1956.06 | 日本文化与社会思潮 |
| 欧洲研究系 | 国际政治 | 孔田平 | 1965.08 | 转轨经济比较研究 |
| | 国际政治 | 田德文 | 1964.12 | 欧洲社会文化 |
| | 世界经济 | 江时学 | 1956.09 | 欧洲经济 |
| | 国际关系 | 吴　弦 | 1952.04 | 欧洲一体化 |
| | 世界经济 | 张　敏 | 1964.02 | 欧洲经济 |
| | 世界经济 | 陈　新 | 1966.09 | 欧洲经济 |
| | 国际政治 | 周　弘 | 1952.10 | 欧洲政治 |
| | 国际关系 | 黄　平 | 1958.02 | 欧洲社会变迁 |
| | 国际政治 | 程卫东 | 1968.10 | 欧洲政治 |

续表

| 系别 | 学科专业 | 姓名 | 出生年月 | 主要研究方向 |
| --- | --- | --- | --- | --- |
| 俄罗斯东欧中亚研究系 | 国际政治 | 朱晓中 | 1957.03 | 中东欧国家对外关系 |
| | 国际政治 | 孙壮志 | 1966.05 | 中亚地区社会政治 |
| | 国际政治 | 李永全 | 1955.03 | 俄罗斯、国际政治 |
| | 国际政治 | 李建民 | 1953.04 | 俄罗斯、独联体经济 |
| | 国际政治 | 吴　伟 | 1957.10 | 国际政治与国家关系 |
| | 国际政治 | 吴宏伟 | 1959.10 | 中亚政治、上海合作组织 |
| | 国际政治 | 张盛发 | 1957.01 | 国际关系史、苏联政治和苏联外交 |
| | 国际政治 | 庞大鹏 | 1976.02 | 俄罗斯政治 |
| | 国际政治 | 郑　羽 | 1956.08 | 俄罗斯外交与中俄关系 |
| | 国际政治 | 姜　毅 | 1963.01 | 俄罗斯外交 |
| | 国际政治 | 高　歌 | 1968.11 | 中东欧政治、中东欧外交 |
| | 国际政治 | 程亦军 | 1959.03 | 俄罗斯经济、金融、人口 |
| 亚洲太平洋研究系 | 世界经济 | 王玉主 | 1968.06 | 亚太经济、区域合作 |
| | 国际政治 | 王灵桂 | 1967.11 | 国际关系 |
| | 世界经济 | 朴光姬 | 1963.03 | 亚太经济、能源 |
| | 国际关系 | 朴键一 | 1962.01 | 东北亚国际关系 |
| | 国际关系 | 许利平 | 1966.05 | 亚太国际关系、非传统安全 |
| | 国际政治 | 李　文 | 1957.01 | 亚太政治 |
| | 世界经济 | 李向阳 | 1962.12 | 世界经济理论 |
| | 世界经济 | 张蕴岭 | 1945.05 | 国际经济关系、区域一体化 |
| | 世界经济 | 赵江林 | 1968.08 | 亚太经济 |
| | 国际关系 | 高　程 | 1977.11 | 国际政治经济学 |
| 拉丁美洲研究系 | 国际政治 | 刘纪新 | 1951.02 | 拉美政治 |
| | 世界经济 | 杨志敏 | 1971.10 | 拉美经济 |
| | 国际政治 | 吴白乙 | 1959.01 | 拉美政治 |

续表

| 系别 | 学科专业 | 姓名 | 出生年月 | 主要研究方向 |
| --- | --- | --- | --- | --- |
| | 世界经济 | 吴国平 | 1952.09 | 拉美经济 |
| | 世界经济 | 宋晓平 | 1952.08 | 拉美经济、区域经济合作 |
| | 国际政治 | 张 凡 | 1961.06 | 拉丁美洲政治、拉丁美洲国际关系 |
| | 世界经济 | 岳云霞 | 1977.01 | 拉美经济 |
| | 国际政治 | 袁东振 | 1963.10 | 拉丁美洲政治 |
| | 世界经济 | 柴 瑜 | 1968.10 | 拉美经济 |
| 西亚非洲研究系 | 国际政治 | 王林聪 | 1965.05 | 中东政治 |
| | 国际关系 | 朱伟东 | 1972.11 | 非洲法 |
| | 国际关系 | 李智彪 | 1961.09 | 非洲国际关系 |
| | 国际政治 | 李新烽 | 1960.07 | 非洲政治 |
| | 世界经济 | 杨 光 | 1955.03 | 中东经济 |
| | 国际政治 | 张宏明 | 1959.02 | 非洲政治 |
| | 国际关系 | 贺文萍 | 1966.10 | 非洲国际关系 |
| | 国际关系 | 唐志超 | 1970.08 | 中东国际关系 |

# 二 2016年度晋升正高级专业技术职务人员

**刘倩**（1972年10月～ ），女，四川盐亭人，研究员。1990年9月至1994年7月在中国青年政治学院青少年工作系学习，获法学学士学位；1997年9月至2000年7月在中国人民大学中文系学习，获文学硕士学位；2000年9月至2003年6月在中国社会科学院研究生院学习，获文学博士学位。2003年7月至今，在中国社会科学院文学研究所工作，历任研究实习员、助理研究员、副研究员。

现从事古代文学研究，主要学术专长是明清小说。主要代表作有：《通俗小说与大众文化精神》（专著）；《床下义气——冯燕型故事》（论文）；《论慕寿祺〈中国小说考〉》（论文）；《以诗译诗——浅说〈诗经〉今译》（论文）；《孙楷第先生的藏书与小说戏曲研究》（论文）。

**张重岗**（1968年4月～ ），山西原平人，研究员。1985年8月至1989年7月在山西师范大学中文系学习，获文学学士学位；1989年8月至1992年6月在北京师范大学中文系学习，获文学硕士学位；2003年9月至2006年6月在中国社会科学院研究生院在职学习，获文学博士学位。1992年7月至2006年10月在北京青年政治学院文秘系工作，历任讲师、副教授；2006年11月至今，在中国社会科学院文学研究所工作，任副研究员。

现从事现代文学研究，主要学术专长是台湾文学与文化。主要代表作有：《心性诗学的再生》（专著）；《思想的复调：1990年代以来的台湾文学思潮》（论文）；《“言志”论与现代诗学的转向》（论文）；《历史叙述的源流：台湾史志的修纂与近代士人网络》（论文）。

**程凯**（1974年10月～ ），北京人，研究员。1993年9月至2004年6月在北京大学中文系学习，先后获文学学士、硕士、博士学位。2004年6月至今，在中国社会科学院文学研究所工作，历任助理研究员、副研究员。

现从事现代文学研究，主要学术专长是中国现当代文学史、文学思潮。主要代表作有：《革命的张力——“大革命”前后新文学知识分子的历史处境与思想探求（1924～1930）》（专著）；《重读〈新的信念〉与〈我在霞村的时候〉》（论文）；《乡村变革的文化权力基础——再读〈小二黑结婚〉与

〈李有才板话〉》（论文）；《“不看中国书”与再造“新青年”的歧路——由 1925 年“青年必读书”事件引发的考察》（论文）；《“硬译”与文化革命的主体性》（论文）。

**毛巧晖**（1975 年 12 月～　），女，山西襄汾人，研究员。1993 年 9 月至 1997 年 7 月在山西师范大学历史系学习，获历史学学士学位；1997 年 9 月至 2000 年 7 月在西北民族学院民族学所学习，获文学硕士学位；2002 年 9 月至 2005 年 7 月在华东师范大学中文系在职学习，获文艺学博士学位。2000 年 7 月至 2008 年 7 月在山西师范大学文学院工作，历任讲师、副教授，其间，2005 年 8 月至 2007 年 6 月在复旦大学中文系从事博士后研究；2008 年 9 月至今，在中国社会科学院民族文学研究所工作，任副研究员。

现从事中国民间文学研究，主要学术专长是民间文学学术史。主要代表作有：《20 世纪下半叶中国民间文艺学思想史论》（专著）；《民族国家与文化遗产的共构——1949 ～ 1966 年中国少数民族神话研究》（论文）；《记忆、表演与传统——当代文化语境下安泽文化寻踪》（专著）；《现代民族国家话语与民间文学的理论自觉》（论文）；《现代民族国家话语与〈刘三姐〉的创编》（论文）。

**徐畅**（1973 年 1 月～　），女，辽宁开原人，研究员。1992 年 9 月至 1996 年 6 月在广东外语外贸大学西语系学习，获文学学士学位；1996 年 9 月至 2003 年 6 月在北京大学德语系学习，先后获文学硕士、博士学位，其间，2000 年 4 月至 2002 年 4 月作为交流生在德国柏林自由大学日耳曼语言文学系学习。2003 年 7 月至今，在中国社会科学院外国文学研究所工作，历任研究实习员、助理研究员、副研究员，其间，2009 年 3 月至 2010 年 3 月在德国柏林自由大学做访问学者。

现从事德语语言文学研究，主要学术专长是近现代德语文学。主要代表作有：《现代性视域中的“没有个性的人”》（专著）；《“魔鬼的发明”？——从〈浮士德〉的纸币主题看人本主义批判》（论文）；《东方—西方：尼采摆脱欧洲世界图景的尝试》（译著）；《在木偶的重心中跳舞——〈马斯戴特儿童时期的爱情〉的互文性解读》（论文）；《〈乌鸫〉：多重质疑下的“自我”和“意义”》（论文）；《理性的他者：〈没有个性的人〉中的神秘主义》（论文）。

**梁展**（1970 年 10 月～　），山西孝义人，研究员。1989 年 9 月至 1993 年 7 月在陕西师范大学文学院学习，获文学学士学位；1993 年 9 月至 1996 年 7 月在华东师范大学文学院学习，获文学硕士学位；1996 年 9 月至 1999 年 7 月在中国社会科学院研究生院文学系学习，获文学博士学位。1999 年 7 月至 2005 年 5 月在中国社会科学院外国文学研究所工作，历任助理研究员、副研究员，其间，2002 年 9 月至 2005 年 9 月在瑞士洛桑大学哲学系和法语系学习；2005 年 5 月至 2013 年 11 月在北京第二外国语学院工作，任教授；2013 年 11 月至今，在中国社会科学院外国文学研究所工作。

现从事外国文学研究，主要学术专长是德语和法语文学。主要代表作有：《颠覆与生存：德国思想与鲁迅早期的自我观念（1906—1927）》（专著）；《政治地理学、人种学与大同世界的构想——围绕康有为〈大同书〉的文明论知识谱系》（论文）；《帝国的想象——卡夫卡〈中国长城修建时〉中的政治话语》（论文）；《制造‘现实’——西方近代文学的科学谱系》（论文）；《从地理人种学到文化人种学——海克尔种族等级观念的形成》（论文）。

**严蓓雯**（1971年12月～ ），女，浙江上虞人，编审。1990年9月至1995年7月在北京大学中文系学习，获文学学士学位；2001年9月至2004年6月在北京大学中文系比较文学与比较文化研究所学习，获文学硕士学位。1995年8月至2000年8月在上海永乐股份有限公司《电影故事》杂志社工作；2004年7月至今，在中国社会科学院外国文学研究所工作，历任助理编辑、编辑、副编审，现任《外国文学评论》编辑部副主任。

现从事编辑工作，主要业务专长是比较文学与世界文学编辑。主要代表作有：《伊丽莎白·斯特劳特：寻找救赎的力量》（论文）；《“近代”的明暗与同情的国界——近代日本文化人笔下的北京人力车夫》（论文，责任编辑）；《“文学社会学”之后的文学社会学》（论文）；《后殖民理性批判：正在消失的当下的历史》（译著）；*Zibuyu*：*“What the Master Would Not Discuss”*，*According to Yuan Mei*：*A Collection of Supernatural Stories, Vols.2*［《袁枚〈子不语〉：灵异故事集》（译著，合译，第二译者）］。

**李明**（1974年4月～ ），侗族，湖北宣恩人，研究员。1991年9月至1998年7月在中国人民大学中文系学习，先后获文学学士、硕士学位；1998年9月至2001年7月在北京大学中文系学习，获文学博士学位。2001年7月至今，在中国社会科学院语言研究所工作，历任助理研究员、副研究员，其间，2005年11月至2007年8月在法国东亚语言研究所从事博士后研究。

现从事汉语言文字学研究，主要学术专长是汉语史。主要代表作有：《汉语助动词的历史演变研究》（专著）；《试谈语言中的主体性与主观性》（论文）；《从言语到言语行为》（论文）；《试谈言说动词向认知动词的引申》（论文）；《从“容”、“许”、“保”等动词看一类情态词的形成》（论文）。

**毕芙蓉**（1971年7月～ ），女，山东梁山人，研究员。1988年9月至1990年7月在山东省菏泽师范专科学校政教系学习；1990年9月至1992年7月在山东师范大学政治系学习，获文学学士学位；1996年9月至2002年7月在中国人民大学哲学系学习，先后获哲学硕士、博士学位。1992年7月至1996年7月在山东菏泽医学专科学校工作，任助教；2002年7月至2007年6月在中国社会科学院科研局工作，历任助理研究员、副研究员；2007年6月至今，在中国社会科学院哲学研究所工作，历任马克思主义哲学原理研究室副主任、主任。

现从事马克思主义哲学研究，主要学术专长是马克思主义哲学原理、西方马克思主义、当代国外马克思主义。主要代表作有：《符号与政治——后马克思思潮研究》（专著）；《多重面向中的马克思——基于对〈黑格尔法哲学批判〉及其导言的解读》（论文）；《文化资本与符号暴力——论布尔迪厄的知识社会学》（论文）；《无须回折——德里达应答马克思》（论文）；《颠覆与"承接"——关于福柯与马克思》（论文）。

**刘丰**（1972年10月～　），陕西榆林人，研究员。1991年9月至1995年7月在西北大学文博学院学习，获历史学学士学位；1995年9月至1998年7月在西北大学中国思想文化研究所学习，获历史学硕士学位；1998年9月至2001年7月在南开大学历史学院学习，获历史学博士学位。2001年7月至2002年8月在南开大学历史学院中国社会史研究中心工作；2002年8月至2004年8月在中国社会科学院哲学研究所从事博士后研究；2004年8月至今，在中国社会科学院哲学研究所工作，历任助理研究员、副研究员，其间，2010年9月至2011年8月在英国剑桥大学做访问学者。

现从事中国哲学史研究，主要学术专长是儒学。主要代表作有：《北宋礼学研究》（专著）；《王肃的三〈礼〉学与"郑王之争"》（论文）；《王安石的礼乐论与心性论》（论文）；《叶时〈礼经会元〉与宋代儒学的发展》（论文）；《宋代礼学的新发展——以二程的礼学思想为中心》（论文）。

**刘悦笛**（1974年12月～　），辽宁锦州人，研究员。1993年9月至1997年6月在渤海大学中文系学习，获文学学士学位；1997年9月至2003年6月在南开大学哲学系学习，先后获哲学硕士、博士学位。2003年7月至今，在中国社会科学院哲学研究所工作，历任研究实习员、助理研究员、副研究员。

现从事美学研究，主要学术专长是美学基本原理、当代西方美学和中西比较哲学。主要代表作有：《当代艺术理论：分析美学导引》（专著）；《分析美学史》（专著）；《生活中的美学》（专著）；《无边风月：中国古典生活美学》（专著）；《作为人类"活动"的艺术——再论分析美学的"艺术本体论"》（论文）。

**崔唯航**（1974年5月～　），山东菏泽人，研究员。1993年9月至1997年7月在山东大学（威海）中文系学习，获文学学士学位；1997年9月至2000年7月在山东大学文学院学习，获文学硕士学位；2000年9月至2003年7月在清华大学人文学院哲学系学习，获法学博士学位。2003年7月至今，在中国社会科学院哲学研究所工作，历任助理研究员、副研究员、研究室副主任、主任、副所长，其间，2005年8月至2008年7月在复旦大学从事博士后研究；2009年9月至2010年8月在英国牛津大学做访问学者；2015年11月至今，任安徽省亳州市人民政府副市长（挂职）。

现从事马克思主义哲学研究，主要学术专长是历史唯物主义。主要代表作有：《重估马克思与唯物主义的关系问题》（论文）；《穿透“我思”：对科耶夫欲望理论的存在论研究》（专著）；《让马克思主义哲学说汉语：旨趣与路径》（论文）；《理论自觉与马克思主义哲学中国学术话语体系的当代建构》（论文）；《改变世界的哲学现实观》（论文，第二作者）。

**霍桂桓**（1963年3月～ ），河北深县人，研究员。1981年9月至1988年6月在中国人民大学哲学系学习，先后获哲学学士、硕士学位；2006年7月至2007年7月在武汉大学哲学学院在职学习，获哲学博士学位。1988年7月至1993年7月在北京气象学院社会科学系工作；1993年7月至2000年8月在中国社会科学院社会学研究所工作；2000年8月至今，在中国社会科学院哲学研究所工作，历任讲师、助理研究员、副研究员。

现从事马克思主义哲学研究，主要学术专长是文化哲学。主要代表作有：《文化哲学论要》（专著）；《论境界的意义和有关其表现研究的几个问题》（论文）；《从能动者到社会行动者：从社会个体生成论看当代心灵哲学的出路》（专著）；《论实践的主体超越性》（论文）；《论当前中国文化哲学研究的问题和出路》（论文）。

**杨健**（1970年9月～ ），湖南津市人，研究员。1988年9月至1991年6月在湖南常德师范专科学校英语科学习，获大专学历；1997年9月至2000年6月在中南工业大学文法学院学习，获哲学硕士学位；2003年9月至2006年6月在中国社会科学院研究生院世界宗教研究系学习，获哲学博士学位。1991年7月至1996年6月在湖南津市对外经济贸易公司工作；1996年9月至1997年6月在湖南津市李家铺中学任教；2000年7月至2003年8月在北京大陆桥文化公司工作；2006年7月至今，在中国社会科学院世界宗教研究所工作，历任研究实习员、助理研究员、副研究员、佛教研究室副主任。

现从事宗教学研究，主要学术专长是佛教。主要代表作有：《世界佛教通史·亚洲之外佛教》（专著）；《美国佛教徒的身份认定》（论文）；《英国维多利亚时代的佛教》（论文）；《19世纪美国的华工及其佛教信仰》（论文，第二作者）；《三世章嘉呼图克图与“撤驿之变”》（论文）。

**于光**（1964年10月～ ），女，天津宁河人，编审。1984年9月至1988年6月在武汉大学图书情报学院学习，获文学学士学位。1988年6月至今，在中国社会科学院世界宗教研究所工作，历任助理馆员、馆员、编辑、副编审。

现从事编辑工作，主要业务专长是宗教学编辑。主要代表作有：《中国宗教研究年鉴·2001～2002、2003～2004、2005～2006、2007～2008年卷》（工具书，执行副主编、责任编辑）；《太虚大师与民国“维持佛教同盟会”研究》（论文）；《普觉丛书·第一、二册》（丛书，执行副主编、责任编辑）；《浙江佛教联合会成立的背景》（论文）；《中国佛教界与抗战运动研究》（论文，第一作者）。

**汪勃**（1970年3月～ ），重庆涪陵人，研究员。1988年8月至1992年7月在西北大学文博学院学习，获历史学学士学位；1997年4月至2002年3月在日本关西大学大学院文学研究科学习，先后获历史学修士（硕士）、文学博士学位。1992年7月至1995年4月在陕西省西安市灞桥区文化馆工作，任研究实习员；1995年4月至1996年3月在日本关西国际学友会日本语学校学习日语；1996年4月至1997年3月在日本关西大学大学院文学研究科做研修生；2002年7月至2004年6月在中国社会科学院考古研究所从事博士后研究；2004年7月至今，在中国社会科学院考古研究所工作，任副研究员。

现从事考古学研究，主要学术专长是汉唐考古。主要代表作有：《试论日本龟虎古坟壁画的谱系》（论文）；《扬州城遗址考古发掘报告1999～2013年》（考古发掘报告）；《扬州蜀岗古代城址考古勘探报告》（考古勘探报告）；《扬州南宋堡城和宝祐城的发掘与研究》（论文）；《再谈中国出土的唐代中晚期至五代之西亚伊斯兰孔雀蓝釉陶器》（论文）。

**孙亚冰**（1978年3月～ ），女，河南登封人，研究员。1995年9月至1998年7月在河南大学历史文化学院学习，获历史学学士学位；1998年9月至2001年7月在中国社会科学院研究生院历史系学习，获历史学硕士学位；2007年9月至2011年7月在中国社会科学院研究生院历史系在职学习，获历史学博士学位。2001年7月至今，在中国社会科学院历史研究所工作，历任研究实习员、助理研究员、副研究员。

现从事历史文献学研究，主要学术专长是甲骨文与殷商史。主要代表作有：《殷墟花园庄东地甲骨文例研究》（专著）；《从甲骨文看商代的世官制度——兼释甲骨文“工”字》（论文）；《俄罗斯国立爱米塔什博物馆藏殷墟甲骨》（合著，第四作者）；《旅顺博物馆所藏甲骨》（合著，第四作者）；《殷墟甲骨拾遗》（合著，第三作者）。

**张金奎**（1973年1月～ ），北京人，研究员。1992年9月至1999年7月在中国人民大学历史系学习，先后获历史学学士、硕士学位；2004年9月至2007年7月在中国社会科学院研究生院历史系在职学习，获历史学博士学位。1999年7月至今，在中国社会科学院历史研究所工作，历任研究实习员、助理研究员、副研究员。

现从事中国历史学研究，主要学术专长是明史。主要代表作有：《明代山东海防研究》（专著）；《锦衣卫职能略论》（论文）；《明初倭寇海上三角“贸易”略论》（论文）；《明初山东地区枣强裔移民考》（论文）；《洪武时期山东沿海卫所建置述论》（论文）。

**邵蓓**（1972年8月～ ），女，安徽萧县人，编审。1990年9月至1997年7月在北京师范大学历史系学习，先后获历史学学士、硕士学位。1997年7月至今，在中国社会科学院历史研究所工作，历任助理编辑、编辑、副编审，现任《中国史研究》编辑部主任。

现从事编辑工作，主要业务专长是中国古代史编辑。主要代表作有：《西周伯制考索》（论文）；《西周春秋的用鼎制度研究》（论文）；《殷商兵制若干问题刍议》（论文，责任编辑）；《根据〈五藏山经·北次三经〉再现上古太行山川道里图》（论文，责任编辑）；《西周的诸侯与邦君》（论文）。

**马平安**（1964年7月～ ），河南卢氏人，研究员。1984年9月至1987年7月在洛阳师范专科学校历史系学习；1989年9月至1991年7月在东北师范大学政治系研究生班学习；1993年10月获辽宁大学历史学硕士学位；1994年9月至1997年7月在北京师范大学历史系学习，获历史学博士学位。1991年9月至1994年9月在沈阳师范学院工作，历任助教、讲师；1997年9月至1998年12月在中央民族大学工作，任讲师；1998年12月至2000年12月在中国社会科学院近代史研究所从事博士后研究；2000年12月至今，在中国社会科学院近代史研究所工作，任副研究员。

现从事中国近代史研究，主要学术专长是晚清政治史。主要代表作有：《北洋集团与晚清政局》（专著）；《夏曾佑的宗教思想初论》（论文）；《北洋集团与清末东三省新政》（论文）；《奕劻在辛亥鼎革之际的努力与抉择》（论文）；《近代东北移民研究》（专著）。

**马忠文**（1967年6月～ ），内蒙古阿拉善左旗人，研究员。1985年9月至1992年7月在东北师范大学历史系学习，先后获历史学学士、硕士学位；2010年9月至2016年1月在复旦大学历史系在职学习，获历史学博士学位。1992年7月至1998年4月在中共中央党校图书馆工作；1998年4月至2000年5月在中华书局工作；2000年5月至2008年10月在中国社会科学杂志社工作；2008年10月至今，在中国社会科学院近代史研究所工作，历任馆员、编辑、副编审、副研究员，中国近代史档案馆副馆长、馆长。

现从事中国近现代史研究，主要学术专长是晚清政治史。主要代表作有：《荣禄与晚清政局》（专著）；《张荫桓、翁同龢与戊戌年康有为进用之关系》（论文）；《维新志士王照的“自首”问题》（论文）；《张荫桓与英德续借款》（论文）；《寇连材之死与“烈宦”的诞生》（论文）。

**高国荣**（1973年3月～ ），湖北汉川人，研究员。1991年9月至1998年7月在武汉大学历史系学习，先后获历史学学士、硕士学位；2001年9月至2005年7月在中国社会科学院研究生院世界历史系在职学习，获历史学博士学位。1998年7月至今，在中国社会科学院世界历史研究所工作，历任助理研究员、副研究员，曾任欧美研究室副主任，其间，2007年1月至2008年1月在美国堪萨斯大学做访问学者。

现从事美国环境史研究，主要学术专长是环境史学史、荒漠化治理及战后美国环保运动。主要代表作有：《美国环境史学研究》（专著）；《近二十年来美国环境史研究的文化转向》（论文）；《20世纪美国环保运动与环境政策研究》（合著，第三作者）；《全球环境史在美国的兴起及其意义》（论文）；《激进环保运动在美国的兴起及其影响——以地球优先组织为中心》（论文）。

**刘兰**（1969年11月～ ），女，四川简阳人，研究员。1988年8月至1992年7月在兰州大学历史系学习，获历史学学士学位；1995年8月至1998年7月在兰州大学历史系学习，获历史学硕士学位；1998年8月至2001年7月在北京大学历史系学习，获历史学博士学位。1992年8月至1995年7月在青海大通二中任教；2001年7月至今，在中国社会科学院世界历史研究所工作，历任助理研究员、副研究员。

现从事非洲史研究，主要学术专长是南非经济史。主要代表作有：《南非种族隔离时期的教育制度与种族分层劳动力市场的形成》（论文）；《南非白人政府在非洲人城市化进程中的作用（1948～1978）》（论文）；《透视南非白人政府对劳动力市场的干预（1900～1945）》（论文）；《白人政府干预政策与南非劳动力市场供求结构的变化》（论文）；《南非白人政府对经济发展的影响》（论文）；《南非黑白人经济一体化在和平转型中的作用》（论文）。

**侯艾君**（1971年8月～ ），内蒙古乌兰察布人，研究员。1991年9月至1995年7月在内蒙古师范大学历史系学习，获历史学学士学位；1995年9月至1998年7月在兰州大学历史系学习，获历史学硕士学位；1999年9月至2002年7月在中国社会科学院研究生院历史系在职学习，获历史学博士学位。1998年7月至今，在中国社会科学院世界历史研究所工作，历任研究实习员、助理研究员、副研究员，其间，2003年3月至2004年3月在吉尔吉斯国立大学做访问学者；2014年9月至2015年12月在内蒙古大学历史旅游文化学院挂职锻炼。

现从事苏联史研究，主要学术专长是中亚—高加索现当代史。主要代表作有：《“反俄阴谋”：内容、根源与评析》（论文）；《中亚垦荒运动及其后果新论》（论文）；《车臣危机与外部因素》（论文）；《中亚的学术论战：意识形态与国家间关系》（论文）；《新“泛突厥主义运动”与我国的意识形态安全：挑战与应对》（论文）。

**黄艳红**（1973年10月～ ），安徽宿松人，研究员。1989年9月至1993年8月在安徽省化学矿山学校学习；1994年10月至1998年5月参加安徽省高等教育自学考试，获汉语言文学本科学历；1999年9月至2002年8月在浙江大学历史系学习，获历史学硕士学位；2002年9月至2006年7月在北京大学历史系学习，获历史学博士学位。1993年8月至1999年8月在安徽省宿松磷矿工作；2006年7月至今，在中国社会科学院世界历史研究所工作，任副研究员，其间，2011年11月至2012年7月，在法国人文之家从事博士后研究。

现从事史学理论研究，主要学术专长是法国史。主要代表作有：《法国旧制度末期的税收、特权和政治》（专著）；《欧洲历史中的过去与未来——简析科泽勒克和阿尔托格的历史时间研究》（论文）；《钱与权：制度史视角下法国旧制度时代的职位买卖》（论文）；《制度、精神、心理——伊波利特·泰纳“旧制度”述评》（论文）；《法国革命的思想起源》（译著）。

**宋培军**（1971 年 12 月～ ），河北沧县人，编审。1991 年 9 月至 1995 年 7 月在河北大学历史系学习，获历史学学士学位；2000 年 9 月至 2003 年 7 月在北京大学历史系学习，获历史学硕士学位；2012 年 9 月至 2015 年 7 月在首都师范大学历史学院学习，获历史学博士学位。1995 年 9 月至 2000 年 9 月在河北省沧县人民政府办公室地方志办公室工作，任助理编辑；2003 年 7 月至 2011 年 7 月在中国社会科学院社会科学文献出版社工作，历任编辑、副编审；2011 年 7 月至今，在中国社会科学院中国边疆研究所工作，任副编审。

现从事编辑工作，主要业务专长是疆域理论编辑。主要代表作有：《中国边疆治理的“主辅线现代化范式”思考》（专著）；《马克思的“世界历史”与“世界历史民族”思想及其中国边疆研究意义——从“生产方式”的三种含义说起》（论文）；《拉铁摩尔“双边疆”范式的内涵及其理论和现实意义》（论文）；《居者有其屋：二战后新加坡组屋政策探析》（论文）；《李大钊的“金线论”与恩格斯的“红线论”——兼论多民族国家的理论基础》（论文）。

**王震**（1977 年 7 月～ ），山东昌乐人，研究员。1996 年 9 月至 2000 年 7 月在烟台大学外语系学习，获文学学士学位；2002 年 9 月至 2008 年 7 月在中国社会科学院研究生院经济系学习，先后获经济学硕士、博士学位。2008 年 7 月至今，在中国社会科学院经济研究所工作，历任助理研究员、副研究员。

现从事发展经济学研究，主要学术专长是收入分配与社会保障、医疗卫生体制改革、长期照料服务。主要代表作有：《农村地区母亲就业对儿童营养状况的影响》（论文）；《农民工城市社会融入的测度及影响因素——兼与城镇流动人口的比较》（论文）；《南姚家庄村调查：村域经济视角下的农民收入与支出》（专著）；《劳动市场中的性别分析：理论、方法与实证研究》（专著）；《包容性发展与社会公平政策的选择》（专著）。

**陈昌兵**（1966 年 4 月～ ），江苏如东人，研究员。1985 年 9 月至 1989 年 7 月在扬州大学数学科学学院学习，获理学学士学位；1999 年 9 月至 2002 年 7 月在西安交通大学经济与金融学院学习，获经济学硕士学位；2004 年 9 月至 2007 年 7 月在中国社会科学院研究生院数量经济学系学习，获经济学博士学位。1989 年 9 月至 1999 年 7 月在江苏省如东县石屏初级中学工作；2002 年 9 月至 2004 年 7 月在南京财经大学经济学院工作；2007 年 9 月至 2008 年 2 月在北京信息科技大学经济管理学院工作；2007 年 10 月至 2009 年 9 月在中国社会科学院经济研究所从事博士后研究；2009 年 9 月至今，在中国社会科学院经济研究所工作，任副研究员，其间，2013 年 9 月至 2014 年 9 月在美国俄亥俄州托莱多大学做访问学者。

现从事西方经济学研究，主要学术专长是宏观经济学。主要代表作有：《可变折旧率估计及资本存量测算》（论文）；《城市化、房地产及宏观调控》（论文）；《城市化与投资率和消费率间的关系研究》（论文）；《突破“中等收入陷阱”的新要素供给理论、事实及政策选择》（论文）；《总量调控还是结构调控？——基于城市化、工业化和内外再平衡分析》（论文）。

**张自然**（1972 年 12 月～ ），湖北麻城人，研究员。1991 年 9 月至 1994 年 7 月在洛阳工学院机械设计系学习，获工学学士学位；1994 年 9 月至 1997 年 4 月在清华大学精密仪器和机械学系学习，获工学硕士学位；2005 年 9 月至 2008 年 7 月在中国社会科学院研究生院经济系学习，获经济学博士学位。1997 年 4 月至 1998 年 8 月在中国航空工业总公司 303 所工作，任助理工程师；1998 年 9 月至 1999 年 9 月在北京科利华软件集团公司工作；1999 年 10 月至 2001 年 10 月在北京融汇兴业网络技术有限公司工作；2001 年 11 月至 2004 年 7 月在北京易泰克网络科技有限公司工作；2004 年 8 月至 2005 年 8 月在北京华夏全网信息技术有限公司工作；2008 年 7 月至今，在中国社会科学院经济研究所工作，历任助理研究员、副研究员。

现从事西方经济学研究，主要学术专长是城市化、技术进步与经济增长。主要代表作有：《中国城市化模式、演进机制和可持续发展研究》（合著，第一作者）；《TFP 增长对中国城市经济增长和波动的影响》（论文）；《全要素生产率对中国地区经济增长与波动的影响》（论文）；《中国城市化模式、演进机制和可持续发展研究》（论文）；《中国最优与最大城市规模探讨——基于 264 个城市的规模成本—收益法分析》（论文）。

**郭冠清**（1967 年 2 月～ ），河北魏县人，研究员。1990 年 9 月至 1993 年 7 月在清华大学电子工程系学习，获工学硕士学位；1999 年 9 月至 2002 年 7 月在中国人民大学经济学院学习，获经济学博士学位。1987 年 8 月至 1990 年 8 月在河北大名师范学校工作；1993 年 8 月至 1994 年 6 月在清华大学微电子学研究所工作，任助教；1994 年 7 月至 1999 年 8 月在北京海通公司工作，任总经理；2002 年 10 月至 2005 年 9 月在中国社会科学院经济研究所从事博士后研究；2005 年 9 月至今，在中国社会科学院经济研究所工作，历任助理研究员、副研究员，研究室副主任。

现从事政治经济学研究，主要学术专长是政治经济学、西方经济学、经济思想史。主要代表作有：《回到马克思：政治经济学核心命题的重新解读——以〈马克思恩格斯全集〉历史考证版第二版（MEGA2）为基础（上、下篇）》（论文）；《西方经济思想史导论》（专著）；《论中国特色社会主义政治经济学理论来源》（论文）；《新兴的新古典综合学派和最优货币政策规则》（论文）；《马克思经济学数学模型研究》（专著）。

**陈建青**（1963年8月～ ），河南唐河人，编审。1980年9月至1984年7月在河南师范大学数学系学习，获理学学士学位；1986年9月至1988年7月在中国社会科学院研究生院经济系学习，获经济学硕士学位；2002年9月至2005年7月在西北大学经管学院政治经济学专业在职学习，获经济学博士学位。1984年7月至1986年9月在郑州工学院工作；1988年7月至1993年8月在河南金融管理学院金融系工作；1993年8月至1997年10月在河南省证券公司研究所工作，任副所长；1997年10月至2005年7月在民生证券公司研究所工作，任所长、高级经济师；2005年8月至今，在中国社会科学院经济研究所工作，任副编审。

现从事编辑工作，主要业务专长是金融经济学和计量经济学编辑。主要代表作有：《金融行业间的系统性金融风险溢出效应研究》（论文）；《农产品批发市场的发展演进：集聚、扩散与瓦解——兼论中国农产品批发贸易发展阶段（论文）；《对我国学术论文创新性评审的几点思考》（论文）；《中国资本市场制度变迁与股市运行周期研究》（论文）；《证券业对经济增长的贡献度分析》（论文）。

**白玫**（1963年8月～ ），女，河南郑州人，研究员。1980年9月至1984年6月在河南大学数学系学习，获理学学士学位；1998年9月至2001年3月在北京理工大学管理经济学院在职学习，获工商管理硕士学位；2001年3月至2003年12月在南开大学经济学院在职学习，获经济学博士学位。1984年6月至2004年6月在河南财经学院工作，历任助教、讲师、副教授；2004年7月至2008年3月在中国社会科学院工业经济研究所从事博士后研究；2005年1月至2008年3月在首都师范大学工作，任副教授、教授；2008年4月至今，在中国社会科学院工业经济研究所工作，任副研究员。

现从事产业经济学研究，主要学术专长是能源经济与政策、区域经济学。主要代表作有：《中国企业总部迁移理论与政策研究》（专著）；《吉林长春秸秆能源化利用的易货合同模式调查》（论文）；《中国对外直接投资对产业结构调整影响研究》（论文，第一作者）；《深化能源价格改革：规律、目标与路径选择》（论文）；《企业迁移的三个流派及其发展》（论文）。

**贺俊**（1976年12月～ ），山西神池人，研究员。1995年9月至1999年6月在中国人民大学商学院学习，获经济学学士学位；1999年9月至2002年6月在中国社会科学院研究生院经济系学习，获经济学硕士学位；2005年9月至2008年6月在中国社会科学院研究生院经济系学习，获经济学博士学位。2002年7月至2005年8月在中信建投证券公司工作；2008年7月至今，在中国社会科学院工业经济研究所工作，历任研究实习员、助理研究员、副研究员。

现从事管理学研究，主要学术专长是技术创新与工业发展。主要代表作有：《从产业结构到现代产业体系：继承、批判与拓展》（论文）；《校企合作研发的最优制度安排》（论文）；《战略性新兴产业：从政策概念到理论问题》（论文）；《中国制造业的核心能力、功能定位与发展战略》（论文）；《第三次工业革命与中国经济发展战略调整》（论文）。

**郭朝先**（1971 年 9 月～　），江西鄱阳人，研究员。1989 年 9 月至 1993 年 6 月在上饶师范学院数学系学习，获理学学士学位；1994 年 9 月至 1997 年 7 月在首都经济贸易大学工业经济系学习，获经济学硕士学位；2004 年 9 月至 2007 年 6 月在中国社会科学院研究生院工商管理系学习，获管理学博士学位。1993 年 7 月至 1994 年 8 月在江西省鄱阳县珠湖中学工作；1997 年 9 月至今，在中国社会科学院工业经济研究所工作，历任研究实习员、助理研究员、副研究员，研究室副主任，其间，2012 年 12 月至 2013 年 12 月，在内蒙古包头稀土高新区挂职锻炼，任管委会副主任。

现从事产业经济学研究，主要学术专长是产业竞争力、投入产出技术、碳减排及政策分析。主要代表作有：《中国工业碳减排潜力估算》（论文）；《经济发展方式转变：产业升级与空间布局》（合著，第一作者）；《产业结构变动对中国碳排放的影响》（论文）；《中国煤矿企业安全发展研究》（专著）；《中国二氧化碳排放增长因素分析——基于 SDA 分解技术》（论文）。

**廖永松**（1970 年 9 月～　），四川富顺人，研究员。1988 年 9 月至 1993 年 7 月在西南大学（原西南农业大学）农业经济与管理系学习，获经济学学士学位；1994 年 9 月至 1997 年 7 月在中国农业科学院研究生院农业经济与管理系学习，获农学硕士学位；2000 年 9 月至 2003 年 7 月在中国农业科学院研究生院农业经济与管理系学习，获管理学博士学位。1997 年 8 月至 2000 年 8 月在农业部农垦经济研究中心工作；2003 年 8 月至 2008 年 2 月在中国水利水电科学研究院水利所工作，其间，2005 年 7 月至 2007 年 7 月，在斯里兰卡国际水资源管理研究所从事博士后研究；2008 年 3 月至今，在中国社会科学院农村发展研究所工作，历任研究实习员、助理研究员、副研究员。

现从事农业经济与管理研究，主要学术专长是农业政策。主要代表作有：《“小富即安”的农民：一个幸福经济学的视角》（论文）；《灌溉水价改革对灌溉用水、粮食生产和农民收入的影响分析》（论文）；“Global Trade and Water: Lessons from China and the WTO”（《全球水和贸易：来自中国和 WTO 的经验》）（英文论文）；“An empirical analysis of the impacts of irrigation pricing reforms in China”（《中国灌溉水价改革影响的实证分析》）（英文论文）；《万年村的幸福》（专著）。

**檀学文**（1975 年 5 月～　），安徽贵池人，研究员。1993 年 9 月至 1997 年 7 月在安徽农业技术师范学院农学系学习，获农学学士学位；1997 年 9 月至 2000 年 7 月在中国农业科学院研究生院农业经济管理专业学习，获管理学硕士学位；2002 年 9 月至 2006 年 7 月在中国社会科学院研究生院人口与劳动经济系在职学习，获经济学博士学位。

2000 年 8 月至 2005 年 3 月在北京市农村经济研究中心城郊经济研究所工作；2005 年 3 月至今，在中国社会科学院农村发展研究所工作，历任助理研究员、副研究员，研究室主任。

现从事农业经济管理研究，主要学术专长是贫困与福祉研究、城市化与农民工问题。主要代表作有：《为什么多数农民工子女留守而不流动？》（论文）；《稳定城市化——一个人口迁移角度的城市化质量概念》（论文）；《时间利用对个人福祉的影响初探——基于中国农民福祉抽样调查数据的经验分析》（论文）；《用多少时间为自己而活？——作为福祉的农民个人生活时间影响因素分析》（论文）；《福祉框架下中国农民时间利用指数测算研究——基于中国农民抽样调查样本的实证分析》（论文）。

**李勇坚**（1975 年 1 月～ ），湖南益阳人，研究员。1990 年 9 月至 1994 年 6 月在长沙工业高等专科学校（现中南大学）矿山系学习；1997 年 9 月至 2000 年 6 月在北京工业大学经济与管理学院学习，获管理科学与工程硕士学位；2000 年 9 月至 2003 年 6 月在中国社会科学院研究生院经济系学习，获经济学博士学位。2003 年 7 月至今，在中国社会科学院财经战略研究院工作，历任研究实习员、助理研究员、副研究员。

现主要从事产业经济学研究，主要学术专长是互联网经济。主要代表作有：《从产品经济到服务经济：对人类社会经济发展史的新考察》（专著）；《互联网金融监管政策发展的国际比较及对我国的启示》（论文）；《高端服务业：护和促进国家经济安全的战略产业》（论文）；《中国第三产业体制改革的动力与路径（1978～2000 年）》（论文）；《电子商务与宏观经济增长的关系研究》（论文）。

**汪德华**（1974 年 10 月～ ），安徽怀宁人，研究员。2000 年 9 月至 2005 年 6 月在南京大学商学院硕博连读，获理论经济学博士学位。1994 年 10 月至 2000 年 8 月在安徽省怀宁县洪镇镇政府工作；2005 年 10 月至 2007 年 10 月在清华大学经济管理学院从事博士后研究；2007 年 11 月至今，在中国社会科学院财经战略研究院工作，历任助理研究员、副研究员，副主任、研究室主任。

现从事财政学、审计学研究，主要学术专长是财政管理学、税收管理学、财政审计。主要代表作有：《中国的国民收入分配与扩大内需：基于财税政策视角的探究》（专著）；《宏观税负与企业税负地区间差异之比较——基于工业企业数据计量分解的分析》（论文）；《扶贫与地方政府公共支出——基于“八七扶贫攻坚计划”的经验研究》（论文）；《美国联邦政府治理年末“突击花钱”的经验与启示——兼论国家审计如何促进“突击花钱”的治理》（论文）；《增值税“扩围”——覆盖服务业的困难与建议》（论文）。

**娄峰**（1975 年 8 月～ ），安徽临泉人，研究员。1995 年 9 月至 2002 年 6 月在大连理工大学土建学院学习，先后获工学学士、硕士学位；2002 年 9 月至 2005 年 6 月在对外经济贸易大学学习，获经济学博士学位。2005年7月至今，在中国社会科学院数量经济与技术经济研究所工作，历任助理研究员、副研究员。

现从事应用经济学研究，主要学术专长是数量经济学。主要代表作有：《中国经济—能源—环境—税收动态可计算一般均衡（CN3ET-DCGE）模型理论及应用》（专著）；《中国企业价格刚性研究：基于扩展的双粘性菲利普斯曲线》（论文）；《碳税征收对我国宏观经济及碳减排影响的模拟研究》（论文）；《中国粮食价格变动的传导机制研究——基于动态随机一般均衡（DSGE）模型实证分析》（论文）；《中国产出缺口测度、比较及稳健性分析》（论文）。

**林宝**（1973年10月～　），湖北罗田人，研究员。1991年9月至1995年7月在中国人民大学统计学系学习，获经济学学士学位；1997年9月至2000年6月在中国人民大学人口研究所学习，获法学硕士学位；2006年9月至2009年6月在中国人民大学社会与人口学院在职学习，获法学博士学位。1995年7月至1997年8月在北京新意达公司工作；2000年7月至2001年2月在国家发展计划委员会能源研究所工作；2001年2月至今，在中国社会科学院人口与劳动经济研究所工作，历任研究实习员、助理研究员、副研究员、研究室主任，其间，2010年3月至2012年5月，在清华大学核能与新能源研究院从事博士后研究。

现从事人口学研究，主要学术专长是人口社会学。主要代表作有：《人口老龄化与城镇基本养老保险制度的可持续性》（专著）；《基础养老金全国统筹的待遇确定方法研究》（论文）；《世界各地区人口长寿水平的测量与比较分析》（论文）；《中国不能自理老年人口状况及趋势分析》（论文）；《北京人口调控要厘清八大关键问题》（论文）。

**王智勇**（1975年3月～　），江西会昌人，研究员。1992年9月至1996年7月在南开大学信息资源管理系学习，获文学学士学位；1996年9月至1999年7月在中国社会科学院研究生院世界经济与政治系学习，获经济学硕士学位；1999年9月至2002年7月在中国科学院地理科学与资源研究所学习，获理学博士学位。2002年9月至2005年1月在中国社会科学院世界经济与政治研究所从事博士后研究；2005年3月至今，在中国社会科学院人口与劳动经济研究所工作，历任助理研究员、副研究员，其间，2009年8月至2010年8月，在美国加州大学伯克利分校做访问学者。

现从事应用经济学研究，主要学术专长是劳动经济学。主要代表作有：《工业化、城市化与中国地区经济增长——兼论中等收入阶段的跨越》（论文）；《FDI对中国产业效率的影响——基于1989～2010年地市级面板数据的研究》（论文）；《产业结构、城市化与地区经济增长》（论文）；《城市化对县域经济发展的影响——以云南省为例》（论文）；《成长环境与人力资本形成》（论文）。

**李恩平**（1974年9月～　），江西鄱阳人，研究员。1991 年 9 月至 1995 年 7 月在长沙电力学院社科系学习，获教育学学士学位；1997 年 9 月至 2000 年 7 月在湖南师范大学经济与管理学院学习，获经济学硕士学位；2000 年 9 月至 2003 年 7 月在中国社会科学院研究生院经济系学习，获政治经济学博士学位。1995 年 7 月至 1997 年 9 月在江西省景德镇市第一中学任教师；2003 年 7 月至今，在中国社会科学院城市发展与环境研究所工作，历任助理研究员、副研究员，研究室主任，其间，2004 年 10 月至 2005 年 8 月，在上海中国浦东干部学院挂职访问学者；2005 年 8 月至 2006 年 8 月，在韩国韩信大学做访问学者。

现从事城市经济学研究，主要学术专长是城市化与房地产。主要代表作有：《城市化时间路径曲线的推导与应用——误解阐释与研究拓展》（论文）；《中国城镇住房需求密集年龄人口对住房市场的影响》（论文）；《基于六普、五普的城镇化人口统计数据修补》（论文）；《北京大都市区城镇体系建设存在的问题、原因与对策》（研究报告）；《加快天津市城镇体系建设和城乡一体化发展的对策建议》（研究报告）。

**侯京林**（1956 年 8 月～ ），女，山西陵川人，研究员。1989 年 9 月至 1992 年 6 月在兰州大学生态学专业学习，获生态学硕士学位；1992 年 9 月至 1996 年 4 月在俄罗斯科学院地理所区域经济与生态规划专业学习；1996 年 5 月至 1998 年 10 月在俄罗斯国立莫斯科大学地理系学习，获理学博士学位。1969 年 11 月至 1978 年 12 月在四冶机修厂工作；1979 年 1 月至 1986 年 6 月在甘肃省教育学院工作；1986 年 7 月至 1989 年 8 月在甘肃省金城联合大学工作；1992 年 7 月至 1999 年 6 月在河南农业大学工作，历任助教、讲师、副教授；1999 年 7 月至 2002 年 3 月在北京大学从事博士后研究；2002 年 3 月至今，在中国社会科学院城市发展与环境研究所工作，任副研究员，人居环境部主任、人居环境中心主任。

现从事生态经济研究，主要学术专长是生态布局与区域规划、生态规划与产业布局。主要代表作有：《生态文明的发展模式》（专著）；《县域经济：农村剩余劳动力城市化融入的另一途径》（论文）；《关于允许新型农民合作组织以集体法人名义登记注册试点的建议》（研究报告）；《中国特色城市化道路之关键——县域经济——合理安置农村剩余劳动力》（研究报告）；《浙江省松阳建设中等宜居城市的对策思路》（研究报告）。

**冉昊**（1975 年 5 月～ ），女，江苏南京人，研究员。1993 年 9 月至 2000 年 7 月在南京大学法学院学习，先后获法学学士、硕士学位；2000 年 9 月至 2003 年 7 月在中国社会科学院研究生院学习，获法学博士学位。2003 年 7 月至今，在中国社会科学院法学研究所工作，历任研究实习员、助理研究员、副研究员，其间，2003 年 12 月至 2005 年 12 月在北京大学法学院从事博士后研究；2004 年 1 月至 2004 年 10 月在北京市东城区法制办挂职副主任；2011 年 10 月至 2012 年 10 月在北京市朝阳区教委挂职主任助理；

2007年7月至2008年5月在美国哥伦比亚大学法学院做访问学者；2010年1月至2011年1月在英国剑桥大学三一学院做访问学者。

现从事民商法学研究，主要学术专长是英美财产法比较和中国农村土地法。主要代表作有：《反思财产法制建设中的“事前研究”方法》（论文）；《物权、所有权与地产权——当代中国不动产法的比较改进》（专著）；《法律实施系统比较：财产法律的视角》（论文）；《解构所有权的迷思——英美法系与大陆法系财产法比较初论》（专著）；《论权利的“相对性”及其在当代中国的应用》（论文）。

**翟国强**（1979年3月～　），河南焦作人，研究员。1997年9月至2004年7月在中南政法学院（现中南财经政法大学）学习，先后获法学学士、硕士学位；2004年9月至2007年6月在浙江大学法学院学习，获法学博士学位。2007年7月，在中国社会科学院法学研究所工作，历任助理研究员、副研究员、研究室副主任。

现从事宪法学与行政法学研究，主要学术专长是中国宪法学、比较宪法学、立法学。主要代表作有：《中国宪法实施的双轨制》（论文）；《依宪治国：理念、制度与实践》（专著）；《宪法判断的正当化功能》（论文）；《公法学如何对待政治事实》（论文）；《中国语境下的“宪法实施”：一项概念史的考察》（论文）。

**王雪梅**（1962年10月～　），女，江苏宿迁人，编审。1981年9月至1985年6月在北京市政法干部管理学院学习，获大专学历；2001年9月至2004年7月在中国社会科学院研究生院法学系在职学习，获法学硕士学位。1984年4月至1988年8月在北京市朝阳区人民法院民事审判庭工作，任书记员；1988年8月至今，在中国社会科学院法学研究所工作，历任助理馆员、馆员、助理研究员、副研究员、副编审，编辑部副主任，现任《环球法律评论》编辑部主任，其间，1995年5月至1996年5月，在加拿大渥太华大学人权研究和教育中心做访问学者。

现从事编辑工作，主要业务专长是刑法学、刑事诉讼法学、未成年人法学编辑。主要代表作有：《儿童福利论》（专著）；《刑法思维的理论分野及其思想资源》（论文，责任编辑）；《社会公众参与反腐败：以〈联合国反腐败公约〉为视角》（论文）；《当代恐怖主义犯罪发展特点分析》（论文）；《再论少年观护制度之建构——兼议〈刑事诉讼法修正案〉附条件不起诉的规定》（论文）。

**田改伟**（1970年9月～　），河南郾城人，研究员。1992年8月至1996年7月在郑州大学文博学院学习，获历史学学士学位；1998年8月至2001年7月在郑州大学现代管理学院学习，获法学硕士学位；2001年8月至2004年7月在北京大学马克思主义学院学习，获法学博士学位。1996年8月至1998年7月在河南省漯河经贸中专工作；2004年7月至今，在中国社会科学院政治学研究所工作，历任助理研究员、副研究员，其间，2005年5月至2007年7月在天津师范大学从事博士后研究。

现从事政治学研究，主要学术专长是党的建设。主要代表作有：《党内民主与人民民主》（专著）；《新形势下基层党建工作创新研究》（论文）；《90 年来中国共产党建设的成就与经验》（论文）；《西方民主衰败的五大原因》（论文）；《党员队伍建设与党员教育现状》（研究报告）。

**徐海燕**（1971 年 7 月～ ），女，新疆乌鲁木齐人，研究员。1998 年 9 月至 2001 年 7 月在新疆大学社科部学习，获法学硕士学位；2002 年 9 月至 2005 年 7 月在中国社会科学院研究生院法学系学习，获法学博士学位。1989 年 12 月至 1992 年 10 月在阿勒泰驻乌鲁木齐办事处工作；1992 年 10 月至 1998 年 6 月在中国集装箱总公司乌鲁木齐公司工作；2001 年 7 月至 2002 年 9 月在新疆维吾尔自治区公安厅工作；2005 年 7 月至今，在中国社会科学院政治学研究所工作，历任研究实习员、助理研究员、副研究员。

现从事国际政治研究，主要学术专长是中亚及俄罗斯政治。主要代表作有：《国家治理与政治稳定——以吉尔吉斯斯坦转轨为视角》（论文）；《新丝绸之路上的明珠——哈萨克斯坦》（专著）；《原则与方法：马克思主义比较政治学对苏联解体的阐释》（论文）；《政治稳定与政治参与——以俄罗斯选举为视角》（论文）；《俄罗斯保守主义政治思想及其治理实践》（论文）。

**彭雪芳**（1963 年 7 月～ ），女，彝族，贵州大方人，研究员。1981 年 9 月至 1985 年 7 月在中山大学人类学系学习，获历史学学士学位。1985 年 8 月至 1993 年 5 月在中国民族博物馆工作，任助理馆员；1993 年 6 月至今，在中国社会科学院民族学与人类学研究所工作，历任助理研究员、副研究员，其间，2004 年 1 月至 2004 年 9 月在泰国清迈大学做访问学者；2007 年 1 月至 2007 年 10 月在加拿大不列颠哥伦比亚大学及第一民族大学做访问学者。

现从事文化人类学研究，主要学术专长是教育人类学。主要代表作有：《加拿大土著民族的汗屋仪式》（论文）；Education for Hmong Women in Thailand（《泰国苗族妇女教育》）（英文论文）；《对彝族教育的现状分析及对策研究》（论文）；《人类学视野下的非物质文化遗产研究——以台江苗族姊妹节为例》（论文）。

**周峰**（1972 年 1 月～ ），河北安新人，研究员。1989 年 9 月至 1993 年 7 月在北京联合大学文理学院学习，获历史学学士学位；2010 年 9 月至 2013 年 6 月在中国社会科学院研究生院历史系在职学习，获历史学博士学位。1993 年 7 月至 1994 年 2 月在北京市文物研究所工作；1994 年 2 月至 1999 年 8 月在北京辽金城垣博物馆工作；1999 年 8 月至今，在中国社会科学院民族学与人类学研究所工作，历任助理研究员、副研究员。

现从事中国民族史研究，主要学术专长是辽金史、西夏学。主要代表作有：《西夏文〈亥年新法·第三〉译释与研究》（专著）；《元代西夏遗民杨朵儿只父子事迹考述》(论文);《中华大典·民俗典·地域民俗分典·东北总部》(古籍整理);《中国辽夏金研究年鉴2013》(年鉴,常务副主编);《阿尼哥与元大都雕塑艺术》(论文)。

**艾菊红**(1971年4月~ ),女,河南渑池人,研究员。1998年9月至2001年7月在云南民族大学民族研究所学习,获民族学硕士学位;2001年9月至2004年7月在中央民族大学民族学与社会学学院学习,获民族学博士学位。1990年7月至1998年9月在河南省义马矿务局初级中学工作;2004年7月至今,在中国社会科学院民族学与人类学研究所工作,历任助理研究员、副研究员,其间,2008年10月至2009年9月在美国威斯康星大学麦迪逊分校人类学系做访问学者;2013年3月至2013年9月在韩国首尔国立大学奎章阁做访问学者。

现从事民族学研究,主要学术专长是西南民族、宗教人类学和影视人类学。主要代表作有:《羌笛 藏歌——陇南宕昌藏族的族群认同与构建》(合著,第一作者);《身份的政治学——西双版纳傣族基督徒的身份研究》(论文);《基督教在韩国的本土化》(论文);《基督教在韩国的本土化实例——民众神学》(论文);《文化再生产与身份认同——以澜沧拉祜族的旅游业发展为例》(论文)。

**周少青**(1967年7月~ ),回族,宁夏同心人,研究员。1985年9月至1989年7月在宁夏大学政法学院学习,获政治学学士学位;1990年9月至1993年7月在西安交通大学人文社会科学学院学习,获法学硕士学位;2002年9月至2006年1月在中国人民大学法学院在职学习,获法学博士学位。1993年9月至1995年10月在宁夏大学工作;1995年10月至2010年5月在中共北京市石景山区委党校工作;2010年5月至今,在中国社会科学院民族学与人类学研究所工作,历任助理研究员、副研究员。

现从事世界民族研究,主要学术专长是少数人权利、族际政治。主要代表作有:《权利的价值理念之维:以少数群体保护为例》(专著);《多元文化主义视阈下的少数民族权利问题》(论文);《少数民族权利保护的价值理念问题研究》(论文);《"非均质化民族自治"——多民族国家处理民族自治问题的一种新范式》(论文);《少数民族权利保护与国家安全问题》(论文)。

**李炜**(1962年10月~ ),陕西西安人,研究员。1980年9月至1984年7月在北京大学历史学系学习,获历史学学士学位;1996年9月至1999年7月在中国社会科学院研究生院社会学系在职学习,获法学博士学位。1984年7月至1987年8月在国家图书馆善本部工作;1987年9月至1988年10月在中国社会调查所工作;1988年11月至1989年7月在中国经济体制改革研究所社会调查中心工作;1989年8月至1996年7月在北京社会心理研究所工作;1996年9月至今,在中国社会科学院社会学研究所工作,历任助理研究员、副研究员,研究室副主任、主任,其间,2002年9月至2003年10月,在韩国延世大学做访问学者。

现从事社会学研究，主要学术专长是发展社会学。主要代表作有：《社会福利建设研究的民意视角》（专著）；《中国当前社会问题的特征及影响机制分析》（论文）；《提升社会质量的社会政策建设》（合著，第一作者）；《农民工在中国转型中的经济地位和社会态度》（论文，第二作者）；《近年来农民工的经济状况和社会态度》（论文，第二作者）。

**高勇**（1976 年 6 月～ ），山西盂县人，研究员。1993 年 9 月至 1997 年 7 月在南开大学社会学系学习，获法学学士学位；1997 年 9 月至 2000 年 7 月在中国社会科学院研究生院社会学系学习，获法学硕士学位；2004 年 9 月至 2008 年 7 月在北京大学社会学系在职学习，获法学博士学位。2000 年 7 月至 2011 年 4 月在北京市社会科学院社会学研究所工作，历任研究实习员、助理研究员、副研究员、副所长；2011 年 4 月至今，在中国社会科学院社会发展战略研究院工作，任副研究员，研究室副主任。

现从事社会学研究，主要学术专长是社会流动与分层。主要代表作有：《结构与变迁：转型过程中的生活机遇与认同意识》（专著）；《参与行为与政府信任的关系模式研究》（论文）；《社会樊篱的流动——对结构变迁背景下代际流动的考察》（论文）；《地位层级认同为何下移—兼论地位层级认同基础的转变》（论文）；《国家与社会："强国"与"新民"的重奏》（合著，第一作者）。

**刘晓红**（1957 年 4 月～ ），女，北京人，研究员。1980 年 9 月至 1983 年 9 月在北京广播电视大学电子专业学习；1990 年 9 月至 1993 年 7 月在北京师范大学心理系教育心理专业学习，获法学硕士学位。1983 年 9 月至 1990 年 9 月在北京市邮政局邮政枢纽工程处工作；1993 年 7 月至今，在中国社会科学院新闻与传播研究所工作，历任助理研究员、副研究员。

现从事新闻与传播学研究，主要学术专长是社会科学研究方法、传播与社会发展。主要代表作有：《中国传播学问卷调查研究的现状与发展》（研究报告，第一作者）；《在线调查方法综述》（研究报告，第一作者）；《消费者调查及信心指数研究》（研究报告）；《价值观框架分析——研究媒介和价值观变迁的可能途径》（论文，第一作者）；《量化 VS 质化是非七辨》（论文，第二作者）。

**黄楚新**（1965 年 10 月～ ），湖南蓝山人，研究员。1983 年 9 月至 1986 年 7 月在湖南科技学院英语系学习；1994 年 9 月至 1997 年 6 月在北京广播学院国际新闻系学习，获文学硕士学位；2004 年 9 月至 2007 年 7 月在中国社会科学院研究生院新闻与传播学系学习，获文学博士学位。1986 年 8 月至 1994 年 8 月在湖南科技学院英语系工作；1997 年 7 月至 1999 年 6 月在北京第二外国语学院工作；1999 年 7 月至 2004 年 8 月，先后在朗络电子商务有限公司和北京世纪盈华信息技术有限公司工作；2007 年 8 月至 2008 年 7 月在中国数码集团品牌策略管理部工作；2008年8月至2012年11月在中国青年政治学院新闻与传播系工作，历任讲师、副教授，教研室主任；2012年12月至今，在中国社会科学院新闻与传播研究所工作，任副研究员，研究室主任。

现从事新闻与传播学研究，主要学术专长是新媒体研究。主要代表作有：《新媒体：融合与创新》（专著）；《“互联网+”媒体——融合时代的传媒发展路径》（论文）；《中国媒体融合发展现状（2014～2015）》（专著）；《中国新媒体发展报告（2013、2014、2015、2016版）》（专著，责任编辑）。

**薛力**（1965年8月～ ），福建屏南人，研究员。1982年9月至1987年8月在福建医科大学医疗系学习，获医学学士学位；2001年9月至2004年7月在清华大学国际问题研究所学习，获国际关系学硕士学位；2004年9月至2007年7月在中国社会科学院研究生院法学系学习，获法学博士学位。1987年8月至2001年8月在福建屏南县医院内科工作；2007年7月至今，在中国社会科学院世界经济与政治研究所工作，历任助理研究员、副研究员，研究室副主任、主任。

现从事国际政治研究，主要学术专长是中国外交与国际战略。主要代表作有：《“一带一路”战略面对的外交风险》（论文）；《马六甲海峡海盗活动的趋势与特征——一项统计分析》（论文）；《美国再平衡战略与中国“一带一路”》（论文）；《结构主义与国际关系理论：变迁与创新》（专著）；《“一带一路”与“亚欧世纪”的到来》（专著）。

**张宁**（1971年10月～ ），辽宁沈阳人，研究员。1989年9月至1993年6月在辽宁师范大学外语系学习，获文学学士学位；2001年9月至2003年6月在国际关系学院国际政治系学习，获法学硕士学位；2003年9月至2006年6月在中国社会科学院研究生院法学系在职学习，获法学博士学位。1993年8月至1995年3月在沈阳服装进出口公司工作；1995年3月至1998年8月在辽宁国际建筑工程集团公司工作；1998年8月至2001年9月在辽宁省中国国际旅行社工作；2003年6月至今，在中国社会科学院俄罗斯东欧中亚研究所工作，历任研究实习员、助理研究员、副研究员。

现从事国际政治研究，主要学术专长是中亚国际关系。主要代表作有：《上海合作组织农业合作与中国粮食安全》（专著）；《“丝绸之路经济带”在中亚的愿景与行动》（论文）；《哈萨克斯坦独立后的政治经济发展（1991～2011）》（专著）；《中亚的伊斯兰宗教极端形势》（论文）；《警惕美国在我西部周边制造可控混乱》（研究报告）。

**张弘**（1972年12月～ ），安徽阜阳人，研究员。1991年9月至1995年7月在齐齐哈尔师范学院外语系学习，获文学学士学位；2001年9月至2004年7月在中国社会科学院研究生院学习，获法学硕士学位；2005年9月至2008年7月在中国社会科学院研究生院在职学习，获法学博士学位。1995年7月至1996年9月在安徽大学俄罗斯研究所工作；1996年10月至2001年8月在安徽省粮油食品进出口集团公司工作；

2004 年 7 月至今，在中国社会科学院俄罗斯东欧中亚研究所工作，历任助理研究员、副研究员。

现从事国际政治研究，主要学术专长是乌克兰政治与外交。主要代表作有：《转型国家的政治稳定研究：对乌克兰危机的理论思考》（专著）；《政党政治与政治稳定——乌克兰案例研究》（论文）；《大国关系调整与乌克兰的“欧洲一体化危机”》（论文）；《独联体经济一体化中的认同困境》（论文）；《乌克兰危机中的大国博弈》（论文）。

**赵会荣**（1973 年 11 月～ ），女，安徽合肥人，研究员。1993 年 9 月至 1997 年 7 月在黑龙江大学俄语系学习，获文学学士学位；1998 年 9 月至 2001 年 7 月在外交学院国际关系研究所学习，获法学硕士学位；2003 年 9 月至 2006 年 7 月在中国社会科学院研究生院在职学习，获法学博士学位。1997 年 7 月至 1998 年 7 月在哈尔滨市德龙工贸有限责任公司工作；2001 年 6 月至今，在中国社会科学院俄罗斯东欧中亚研究所工作，历任研究实习员、助理研究员、副研究员，研究室主任，其间，2004 年 11 月至 2005 年 7 月在乌兹别克斯坦塔什干国立经济大学做访问学者。

现从事国际政治研究，主要学术专长是中亚和乌克兰等欧亚地区国家问题。主要代表作有：《中亚国家发展历程研究》（专著）；《当前乌克兰政治基本特征与影响因素》（论文）；《论中亚国家整体发展进程》（论文）；《俄美中欧在中亚：政策比较与相互关系》（论文）；《中俄共建丝绸之路经济带问题探析》（论文）。

**刘作奎**（1975 年 11 月～ ），辽宁大连人，研究员。1995 年 8 月至 2005 年 7 月在首都师范大学历史系学习，先后获历史学学士、硕士学位。2005 年 8 月至今，在中国社会科学院欧洲研究所工作，历任研究实习员、助理研究员、副研究员，其间，2007 年 1 月至 2007 年 6 月在德国曼海姆大学做访问学者。

现从事国际问题研究，主要学术专长是欧洲研究。主要代表作有：《深化还是扩大？——东扩十年欧洲一体化走向分析（2004～2014）》（论文）；《国家构建的“欧洲方式”——欧盟对西巴尔干政策研究》（专著）；《欧洲与“一带一路”倡议：回应与风险》（研究报告）；《中东欧在丝绸之路经济带建设中的作用》（论文）；《中国与中东欧合作：问题和对策》（论文）。

**杨建民**（1974 年 12 月～ ），河北满城人，研究员。1993 年 9 月至 1997 年 6 月在河北师范大学法律与经济管理系学习，获法学学士学位；1997 年 9 月至 2000 年 6 月在中国人民大学国际关系学院学习，获法学硕士学位；2007 年 9 月至 2010 年 6 月在中国社会科学院研究生院拉丁美洲研究系在职学习，获法学博士学位。2000 年 7 月至今，在中国社会科学院拉丁美洲研究所工作，历任研究实习员、助理研究员、副研究员、研究室副主任、主任，其间，2005 年 5 月至 2006 年 6 月在墨西哥国立自治大学做访问学者。

现从事拉美研究，主要学术专长是拉

美国家的政治与法治、古巴研究。主要代表作有：《古巴“更新”经济模式与美古关系正常化》（论文）；《拉美国家的法治与政治——司法改革的视角》（专著）；《拉美国家的司法改革与治理能力建设》（论文）；《古巴“更新”社会主义经济模式的政策取向与中古关系》（论文）；《美国“促进民主”的拉美政策辨析》（论文）。

**沈铭辉**（1979 年 7 月～ ），上海人，研究员。1997 年 9 月至 2001 年 7 月在武汉大学经济学院学习，获经济学学士学位；2001 年 9 月至 2004 年 7 月在武汉大学商学院学习，获经济学硕士学位；2004 年 9 月至 2007 年 7 月在武汉大学经济与管理学院学习，获经济学博士学位。2007 年 7 月至今，在中国社会科学院亚太与全球战略研究院工作，历任助理研究员、副研究员。

现从事世界经济学研究，主要学术专长是国际贸易。主要代表作有：《美国的区域合作战略：区域还是全球？——美国推动 TPP 的行为逻辑》（论文）；《跨太平洋伙伴关系协议（TPP）的成本收益分析：中国的视角》（论文）；《跨太平洋伙伴关系协定：基于 FTA 战略视角的研究》（专著）；《构造区域全面经济伙伴关系协定——走向统一的地区架构》（论文）；《应对“意大利面条碗”效应——兼论东盟在东亚合作中的作用》（论文）。

**张帆**（1968 年 10 月～ ），重庆人，研究员。1986 年 9 月至 1990 年 7 月在重庆渝州大学经济管理系会计专业学习；1993 年 9 月至 1996 年 1 月在国际关系学院研究生部国际政治专业学习，获法学硕士学位；1998 年 9 月至 2001 年 7 月在中国社会科学院研究生院美国系学习，获法学博士学位。1990 年 7 月至 1993 年 7 月在重庆钟厂财务处工作；1996 年 5 月至 1998 年 8 月在重庆电信局通信信息管理公司工作；2001 年 7 月至今，在中国社会科学院美国研究所工作，历任助理研究员、副研究员，现任美国战略研究室副主任。

现从事国际政治研究，主要学术专长是美国对外战略。主要代表作有：《试析“茉莉花革命”以来美国对突尼斯的援助》（论文）；《“关键国家”：美国维持现存世界秩序的战略选择》（论文）；《海湾君主国对中东国家对外援助动因的发展变化》（论文）；《“阿拉伯之春”后中东国家争夺地区影响力的竞争》（论文）；《美国军事：冷战后的战略调整》（合著，第二作者）。

**金莹**（1973 年 9 月～ ），女，江苏徐州人，研究员。1989 年 9 月至 1993 年 6 月在山东大学外国语学院学习，获文学学士学位；1993 年 9 月至 1996 年 4 月在北京外国语大学日本学研究中心学习，获文学硕士学位；2005 年 9 月至 2008 年 6 月在中国社会科学院研究生院在职学习，获法学博士学位。2003 年 7 月至今，在中国社会科学院日本研究所工作，历任助理研究员、副研究员。

现从事国际政治研究，主要学术专长是日本政治社会。主要代表作有：《日本“核”去“核”从》（专著）；《安倍政权的新闻管控与日本的舆论生态》（论文）；《日本应改善对华舆论生态》（理论文章）；《从大地震看当代日本社会管理机制》（论文）；《关涉国计民生的战略行业须由国家严格掌控——日本核泄漏危机的教训与深层次矛盾分析》（论文）。

**杨静**（1977年11月～ ），女，河北保定人，研究员。1996年9月至2003年7月在河北大学经济学院学习，先后获经济学学士、硕士学位；2003年9月至2006年7月在中国人民大学经济学院学习，获经济学博士学位。2006年7月至今，在中国社会科学院马克思主义研究院工作，历任助理研究员、副研究员、研究室主任。

现从事马克思主义政治经济学研究，主要学术专长是社会主义经济理论与实践。主要代表作有：《新自由主义“市场失灵”理论的双重悖论及其批判——兼对更好发挥政府作用的思考》（论文）；《通往共享之路——马克思社会共同需要思想的当代阐释及运用》（专著）；《从西方金融危机看我国政府监管》（论文）；《竞争中立规制：国企“走出去”面临的挑战》（理论文章）；《推动“三个同步转变”的新型城镇化——以农民工市民化为突破口》（论文，第一作者）。

**苑秀丽**（1972年8月～ ），女，蒙古族，内蒙古通辽人，研究员。1991年9月至1995年7月在内蒙古大学哲学系学习，获哲学学士学位；1996年9月至1999年7月在内蒙古大学马列教学部学习，获法学硕士学位；1999年9月至2002年7月在中国人民大学马克思主义学院学习，获法学博士学位。1995年9月至1996年7月在内蒙古哲盟交通工程局工作；2002年7月至今，在中国社会科学院马克思主义研究院工作，历任研究实习员、助理研究员、副研究员，现任列宁斯大林思想研究室主任。

现从事马克思主义基本原理研究，主要学术专长是列宁斯大林思想。主要代表作有：《“传统社会主义观”与“新社会主义观”评析》（论文）；《国际因素与斯大林的社会主义建设理论与实践》（专著）；《列宁社会主义观的当代解读》（专著）；《列宁维护和巩固党的历史事实不容歪曲》（论文）；《斯大林时期苏联选择重工业发展战略原因再探讨——驳强加在斯大林头上的不实之词》（论文）。

**朱继东**（1975年10月～ ），回族，山东东明人，研究员。1994年9月至1998年7月在中南民族学院（现中南民族大学）汉语言文学系学习，获文学学士学位；2010年9月至2013年7月在中国社会科学院研究生院马研系在职学习，获法学博士学位。1998年7月至1998年11月在济南日报社工作；1998年11月至1999年12月在经济日报社工作；1999年12月至2006年1月在新华社经济参考报社工作；2006年1月至2013年7月在新华网工作；2013年7月至2014年12月在中国社会科学出版社工作，任编辑；2014年12月至2015年6月在中国社会科学院信息情报研究院工作，任副研究员，其间，2013年7月至2016年5月在清华大学从事博士后研究；2015年6月至今，在中国社会科学院马克思主义研究院工作，任副研究员。

现从事马克思主义发展史研究，主要学术专长是当代意识形态研究。主要代表作有：《新时期领导干部意识形态能力建设》（专著）；《党的纯洁性建设新机制的有效探索》（论文）；《中国为何要坚定不移地走共同富裕道路（论文）；《深化国企改革为什么必须坚持、加强和改进党的领导》（论文）；《古田会议精神的四大亮点及其现实意义》（论文）。

**戴立兴**（1969年7月～　），安徽宿州人，研究员。1988年9月至1990年7月在安徽大学管理系学习；1998年9月至2004年7月在中共中央党校研究生院学习，先后获历史学硕士、博士学位。1990年7月至1998年9月在安徽省皖北矿务局工作；2004年7月至2006年4月在北京朝阳区委组织部、大屯街工委工作；2006年4月至2008年4月，在清华大学哲学系从事博士后研究；2006年4月至今，在中国社会科学院马克思主义研究院工作，历任助理研究员、副研究员，研究室主任。

现从事马克思主义理论研究，主要学术专长是党史党建。主要代表作有：《毛泽东人民观及其当代意义研究》（专著）；《论毛泽东的人权思想》（论文）；《中国共产党是实现中国梦的坚强领导核心》（合著，第一作者）；《习近平管党治党新思想研究》（论文）。

**郑珺**（1974年4月～　），女，天津人，编审。1993年9月至2000年6月在首都师范大学历史系学习，先后获历史学学士、硕士学位。2000年7月至今，在中国社会科学院当代中国研究所工作，历任助理编辑、编辑、副编审。

现从事编辑工作，主要业务专长是当代中国史学编辑。主要代表作有：《当代北京的对外交往研究》（专著）；《新中国成立初期“中医科学化”的历史考察》（论文，责任编辑）；《新中国成立以来党的基本路线的历史演变及其经验启示》（论文，责任编辑）；《长安街》（专著）；《国史学理论问题研究述评》（论文）。

**王铁利**（1965年9月～　），女，天津人，教授。1984年9月至1988年6月在河北师范大学外语系学习，获文学学士学位；1998年9月至2001年7月在中国社会科学院研究生院语言系学习，获文学硕士学位。1988年9月至1993年6月在河北省邯郸一中工作；1993年9月至1998年6月在河北省邯郸师专外语系工作；2001年7月至今，在中国社会科学院研究生院工作，历任讲师、副教授。

现从事英语教学，主要业务专长是现代汉语研究、英语教学。主要代表作有：《现代汉语离合词离析现象的社会交际功能》（论文）；《汉字教学与中华文化传播》（论文）；《形式与任务：汉语走向世界的思考》（论文，第一作者）；《针对韩国学生的汉语阅读课教学方法刍议》（论文，第二作者）；《非目的语环境下韩国学生汉语口语课教学的策略与方法》（论文，第二作者）。

**郭鹏**（1966年4月～ ），北京人，编审。1985年7月至1989年7月在郑州大学历史系学习，获考古学学士学位；1993年7月至1996年7月在中国社会科学院研究生院考古系学习，获考古学硕士学位。1989年7月至1998年7月在中国社会科学院考古研究所工作，任助理研究员；1998年7月至2005年3月在社会科学文献出版社工作，历任编辑、副编审；2005年4月至今，在中国社会科学出版社工作，任副编审。

现从事编辑工作，主要业务专长是考古学编辑。主要代表作有：《文化传承的器与物》（专著）；《新世纪中国考古新发现（2001～2010）》（专著，责任编辑）；《商代史（第四卷）》（专著，责任编辑）；《中华人民共和国国家历史地图集》（专著，责任编辑）；《论学术图书编辑的责任与担当》（论文）。

**邓泳红**（1963年12月～ ），女，湖南长沙人，编审。1982年9月至1986年7月在湖南农业大学农业经济系学习，获农学学士学位。2001年1月至今，在社会科学文献出版社工作，历任编辑、副编审，现任皮书出版分社社长。

现从事选题策划皮书管理工作，主要业务专长是经济学、社会学编辑。主要代表作有：《中国应对第四次工业革命的战略选择》（论文，第一作者）；《中国创意产业国际竞争力分析》（论文）；《如何提升皮书系列的国际影响力》（论文）；《创意产业竞争力》（论文）；《协调环境保护与经济增长关系的制度设计：源于钢铁工业的启示》（论文）。

**魏小薇**（1965年5月～ ），女，北京人，编审。1983年9月至1987年6月在北京联合大学中文系学习，获文学学士学位。1987年8月至2005年12月在北京出版社工作；2006年1月至今，在社会科学文献出版社工作，历任编辑、副编审，现任编审室主任。

现从事图书质量管理工作，主要业务专长是文学、历史、古籍编辑。主要代表作有：《关于学术编辑行为准则与职业道德养成思考》（论文）；《满铁档案资料汇编（15卷）》（资料集，策划、责任编辑）；《中国法制史考证续编（13卷）》（专著，责任编辑）；《李贽全集注（26卷）》（古籍校注，策划、责任编辑）；《英藏敦煌社会历史文献释录（第7～11卷）》（古籍文献释录，责任编辑）。

**谭伟**（1970年9月～ ），北京人，编审。1989年9月至1993年7月在北京联合大学文法学院中文系学习，获文学学士学位。1993年8月至1997年8月，在中国土地报社工作，任编辑、记者；1997年9月至今，在经济管理出版社工作，任副编审、总编辑助理、编辑部主任。

现从事编辑工作，主要业务专长是经济学和管理学图书编辑。主要代表作有：《酒店（宾馆）营销技能培训与管理实务》（专著）；《草根企业家如是说》（专著，责任编辑）；《数字时代国内图书出版模式的转变》（论文）；《中国环境保护政策法规汇编》（专著，主编）；《人力资源经理成功手册》（合著，第二作者）。

**和卫国**（1975 年 7 月～ ），河北隆尧人，研究员。1992 年 9 月至 1994 年 6 月在邢台师范专科学校政史系学习；1994 年 9 月至 1996 年 6 月在河北师范大学历史系学习，获历史学学士学位；2003 年 9 月至 2008 年 6 月在中国人民大学清史研究所学习，先后获历史学硕士、博士学位。1994 年 8 月至 2003 年 8 月在河北省临城中学工作；2008 年 7 月至今，在中国地方志指导小组办公室工作，历任助理研究员、副研究员。

现从事中国古代史研究，主要学术专长是清史和方志学。主要代表作有：《治水政治：清代国家与钱塘江海塘工程研究》（专著）；《乾隆朝常平仓减价平粜问题研究》（论文）；《汶川特大地震抗震救灾志（总述卷）》（合著，第二作者）；《政治理念与政府行为之间：乾隆朝钱塘江海塘修筑的政治史解读》（论文）；《“天神赐佑”与“尽人之力”：清世宗“天人感应”理念下的钱塘江海塘工程》（论文）。

**孙晶**（1971 年 7 月～ ），河南正阳人，研究员。1990 年 9 月至 1992 年 7 月在黄淮学院英语系学习；1994 年 9 月至 1997 年 7 月在中国社会科学院研究生院哲学系学习，获硕士学位；1997 年 9 月至 2000 年 7 月在中国人民大学哲学系学习，获博士学位。2000 年 7 月至今，在中国社会科学院科研局工作，历任助理研究员、副研究员，副处长、处长。

现从事马克思主义哲学研究，主要学术专长是文化哲学、管理哲学。主要代表作有：《文化霸权理论研究》（专著）；《文化力与作为一种非正式制度的文化》（论文）；《人文学科科研管理特点浅析》（论文）；《澳门社会建设问题研究》（研究报告）；《博与专：知识的“T”型结构》（论文）。

# 第七编

# 规章制度

GUIZHANGZHIDU

# 一　中国社会科学院领军人才引进评审办法

社科人字〔2016〕1号

为实现中央对我院“三个定位”目标要求，全面推进实施哲学社会科学创新工程，积极建设中国特色新型智库，努力打造哲学社会科学人才高地，不断加大领军人才引进力度，科学有序开展领军人才引进评审工作，结合我院实际情况，制定本办法。

## 第一章　总　则

**第一条**　领军人才引进坚持德才兼备、以德为先，坚持高端引领、紧缺急需，坚持不求所有、但求所用。

**第二条**　领军人才引进坚持公开招聘、专家评审，坚持岗位聘用、合理管理，坚持聘期考核、有序退出。

**第三条**　领军人才引进实行分级分类管理，坚持全院统一引进与院属单位行使用人自主权相结合的原则。

**第四条**　领军人才引进由院专业技术二级以上专家进行评审，坚持科学规范、实事求是、公正公认的原则。

## 第二章　遴选范围与资格条件

**第五条**　领军人才的遴选范围是国内在哲学社会科学相关领域掌握学术话语权，在学术研究、政府决策、社会治理、国际事务等领域具有重要影响力的专家学者，特别是掌握学术话语权的新光、交叉、濒危、绝学等学科方面的基础研究学者，以及智库型学者。

**第六条**　领军人才引进人选须具备以下资格条件：

（一）遵守中华人民共和国宪法和法律，拥护中国共产党领导，坚定不移地坚持中国特色社会主义，学风端正、文风务实、作风正派。

（二）近五年发表过有重要影响的学术成果，在国内外具有较大的学术影响力，能够引领本学科领域发展方向，作为主持人承担过国家级项目或省部级重大项目。

（三）具备正高级专业技术职务任职资格，获得过国家级荣誉称号，或在国家机关、企事业单位、社会团体、国际组织担任过重要领导职务。

## 第三章 评审专家库

**第七条** 按照学科和岗位类别的不同，领军人才引进评审专家库划分为文学、马克思主义研究与哲学、史学、经济学、社会政法、国际问题等6个专业组和1个综合组。专业组专家由专业技术二级以上人员组成，综合组专家由院职能部门副局级以上领导组成。

**第八条** 领军人才引进评审专家应为院在职人员，年龄不超过70周岁，身体健康，能够胜任专家评审工作。

**第九条** 根据院属单位人员、岗位等变化情况，人事教育局对专家库进行动态维护。

## 第四章 工作程序

**第十条** 人事教育局通过《人民日报（海外版）》《光明日报》《中国社会科学报》等传统媒体和新媒体，向海内外发布中国社会科学院领军人才招聘公告。

**第十一条** 相关人员通过我院院领导推荐、我院学部委员推荐、院属单位推荐或本人自荐（须有3名及以上专业技术二级岗位专家分别推荐）等方式进行申报。

**第十二条** 人事教育局对申报人资格条件进行审查，形成初步资格审查意见报院务会议审定。

**第十三条** 人事教育局从专家库相关评审组随机抽取7～9名专家组成评审委员会，对资格审查通过人员进行会议评审，得赞同票超过半数视为通过。

**第十四条** 人事教育局将评审结果、拟安排工作单位岗位及工资待遇等事项经院人才工作领导小组审议后，报院务会议审定。

**第十五条** 人事教育局会同相关单位对评审通过人员进行政审考察，安排到指定医院体检。

**第十六条** 人事教育局协助相关单位为政审体验合格人员办理入院和聘用手续，签订引进领军人才聘用合作（项目聘用的签订项目聘用合同）。

## 第五章　附　则

**第十七条**　根据国家和我院有关规定，评审专家和工作人员与领军人才拟引进人员，存在直旁系三代以内血亲及近姻亲关系的，实行回避。

**第十八条**　领军人才引进适用于《中国社会科学院关于进人工作的补充规定（暂行）》，特殊情况由人事教育局提出审核意见，报院务会议审定。

**第十九条**　院纪检部门对领军人才引进资格审查、专家抽取、会议评审等环节实行全程监督。

**第二十条**　本办法由人事教育局负责解释。

**第二十一条**　本办法自印发之日起施行。

注：此《办法》于2015年12月31日经第43次院务会议审议通过，于2016年1月8日印发。

# 二　中国社会科学院横向课题管理办法

社科研字〔2016〕3号

为了规范横向课题管理，更好地调动科研人员的积极性、体现创造力，发挥我院思想库、智囊团作用，服务于党和国家决策、服务于经济社会发展，按照《国务院关于改进加强中央财政科研项目和资金管理的若干意见》、中办国办《关于加强中国特色新型智库建设的意见》，参照财政部、科技部和发改委《民口科技重大专项资金管理暂行办法》、财政部和科技部《关于调整国家科技计划和公益性行业科研专项经费管理办法若干规定的通知》等规定，制定本办法。

**第一条**　本办法所指横向课题是指：中央或国家有关部门、地方政府、高校、研究单位、社会组织、企事业单位及个人、境外组织或机构等提供研究经费，委托我院或院属单位通过签署协议书（合同书）开展的研究课题。

**第二条**　横向课题研究要坚持正确的政治方向和学术导向，为党和国家决策服务、为国家经济社会发展服务，有利于促进学术发展。实施横向课题要维护我院形象，遵守合作协议，提供高质量研究成果。

**第三条**　院属单位和个人承担横向课题要从自身科研力量出发，数量适宜，不得影响本职科研任务和上级交办任务的完成。研究单位、研究人员当年承担的横向课题数量不得超过承担的本职科研任务和上级交办任务数量的80%。研究单位、研究人员完不成当年本职科研任务和上级交办任务的，下年度不得承担新的横向课题任务。

**第四条**　横向课题实行分级管理。以院名义签署的横向课题，由院相关责任单位管理；以院属单位名义签署的横向课题，由院属单位管理，报科研局和财务基建计划局备案。各院属单位承接横向课题，须按照“三重一大”事项要求，经领导班子研究决定。不得以个人名义或非实体研究中心名义签署横向课题合作协议。

**第五条**　设立横向课题须依据合同法正式签署协议或合同，协议或合同应明确规定双方的权利和义务，对经费支出、合作方式、成果要求及知识产权等事项作出明确约定。课题委托单位不要求签署协议的，课题组须按照规范方式与课题管理单位签订任务书，明确有关事项。

**第六条** 院属单位应切实加强对横向课题经费的管理。凡以院属单位名义签署的横向课题，经费须纳入本单位财务账户统一管理。单位领导对课题经费使用负有领导责任。课题负责人对课题经费使用的合规性、真实性和有效性承担法律责任，对课题成果质量负有直接管理责任。

**第七条** 横向课题可将经费总额的一定比例用于课题承担人的绩效成本补偿。经费总额50万元以下的，比例不超过35%；50万～100万元的，不超过30%；100万～150万元的，不超过25%；150万元以上的，不超过20%。绩效成本补偿总额封顶不超过100万元。绩效成本补偿一次核定，分次发放。课题研究实施阶段发放70%，课题结项并经验收合格后发放30%。绩效成本补偿应按规定缴纳个人所得税。

**第八条** 中国社会科学院和院属单位按一定比例对横向课题提取管理费用，用于课题管理成本及相关人员的间接费用支出。院提取比例为5%，院属单位提取比例为10%。

**第九条** 横向课题除绩效成本补偿、管理费之外的其他经费支出严格按照我院创新工程相关管理规定执行。各管理单位要对经费加强审核、完善审批手续，保证票据真实。横向课题应按时完成研究成果及经费结算，不得长期拖延。

**第十条** 院财务管理部门和监察部门对院属单位横向课题经费进行监督审计。凡弄虚作假、损害单位利益、违反财务管理制度的，依法依纪予以处理。

**第十一条** 本办法颁布之前设立且在研的横向课题，如原协议或合同中已确定绩效成本补偿和管理费比例的，按原协议或合同执行；未确定绩效成本补偿和管理费比例的，按照本办法执行。已结项的横向课题结余经费安排实际成本支出及绩效成本补偿后，由管理单位统筹安排，统一管理。

**第十二条** 与境外合作的研究课题同时按照国际合作局的相关规定执行。

**第十三条** 国家社会科学基金、国家自然科学基金和国家软科学研究计划项目等不属于横向课题，管理费提取按各自项目管理办法执行。

**第十四条** 院属各单位要根据本办法精神，结合本单位实际情况制定具体的横向课题管理实施细则，报科研局、财务基建计划局、监察局备案。

**第十五条** 本办法由科研局、财务基建计划局和监察局负责解释。

**第十六条** 本办法自发布之日起施行。此前相关管理规定与本办法相抵触的，以本办法为准。

---

注：此《办法》于2016年1月14日院务会议审议通过，于2016年1月22日印发。

# 三　关于加强干部教育培训工作的实施意见

社科党组字〔2016〕35 号

为深入贯彻落实中共中央《干部教育培训工作条例》，提高我院干部教育培训工作科学化、制度化、规范化水平，培养造就高素质干部队伍，结合我院实际，提出如下实施意见。

## 一　指导思想和总体要求

### （一）指导思想

坚持以马克思列宁主义、毛泽东思想、邓小平理论、“三个代表”重要思想、科学发展观为指导，深入贯彻习近平总书记系列重要讲话精神，紧紧围绕全面建成小康社会、全面深化改革、全面依法治国、全面从严治党的战略布局，以落实中央对我院的“三个定位”目标要求为重点，把“三严三实”要求贯穿干部教育培训全过程，努力培养造就信念坚定、为民服务、勤政务实、敢于担当、清正廉洁的好干部，为繁荣发展哲学社会科学提供人才保证和智力支持。

### （二）目标任务

把培养党和人民需要的好干部作为根本任务，重点强化理论武装、党性教育、能力培训和知识更新，让干部进一步坚定理想信念、提高理论素养、增强党性修养、改进工作作风，努力构建具有哲学社会科学特点的干部教育培训工作体系，使我院干部教育培训更加开放、更具活力、更有实效。

### （三）基本原则

服务大局，按需施教。紧紧围绕党和国家及我院事业发展需要，结合干部岗位职责和健康成长需求开展教育培训，全面提高质量和效益。

以德为先，注重能力。坚持德才兼备、以德为先，突出理想信念教育和党性党规党纪教育，将能力培养贯穿始终，全面提高干部德才素质和履职能力。

分类分级，全员培训。按照干部管理权限组织实施教育培训，把教育培训的普遍性要求与干部的特殊需要结合起来，增强针对性，确保全覆盖。

联系实际，学以致用。大力弘扬马克思主义学风，以问题为导向开展教育培训，引导干部在改造主观世界的同时，运用所学理论和知识指导实践，推动科研、管理等各项工作的深入开展。

与时俱进，改革创新。坚持开放办学，完善培训内容，改进培训方式，整合培训资源，优化培训队伍，不断推进干部教育培训理论创新、实践创新、制度创新。

依法治教，从严管理。建立健全干部教育培训规章制度，依法依规开展干部教育培训，从严治教、从严治学、保持良好的教学秩序和学习风气。

## 二　培训对象及措施

### （一）培训对象

干部教育培训的对象是全体干部，重点是所局领导干部、处室干部和优秀中青年干部。

### （二）分类培训

根据干部不同情况，组织干部参加贯彻落实党和国家重大决策部署的集中轮训；党的基本理论和党性教育的专题培训；新录（聘）用人员的初任培训；晋升领导职务的任职培训；在职期间的岗位培训；从事专项工作的专门业务培训等各类培训，扩大培训覆盖面。

### （三）培训时间

省部级、所局级、处室级干部应当每 5 年参加党校、行政学院、干部学院，以及干部教育培训管理部门认可的其他培训机构累计 3 个月或者 550 学时以上的培训。提拔担任领导职务的，确因特殊情况在提任前未达到教育培训要求的，应在提任后 1 年内完成培训。

其他干部参加教育培训的时间，根据有关规定和工作需要确定，每年累计不少于 12 天或者 90 学时。

### （四）奖惩机制

干部因故未按规定参加教育培训或者未达到教育培训要求的，应当及时补训。对无正当理由不参加教育培训的，给予批评教育直至组织处理。干部弄虚作假获取培训经历、学历或者学位的，按照有关规定严肃处理。

干部在参加组织选派的脱产教育培训期间，一般不承担所在单位的日常工作、出国（境）考察等任务。因特殊情况确需请假的，必须严格履行手续。

干部个人参加社会化培训，费用一律由本人承担，不得由财政经费和单位经费报销，不得接受任何机构和他人的资助或者变相资助。

## 三 培训内容

**（一）政治理论培训**

坚持正确的政治方向和学术导向，重点开展马克思列宁主义、毛泽东思想、邓小平理论、“三个代表”重要思想、科学发展观和习近平总书记系列重要讲话精神教育培训，加强党的路线方针政策、社会主义核心价值观、党史国史、国情形势等教育培训，引导干部坚定共产主义远大理想和中国特色社会主义共同理想，增强中国特色社会主义道路自信、理论自信、制度自信，提高运用马克思主义立场、观点、方法分析解决实际问题的能力。

**（二）党规党纪培训**

对党员干部，重点开展马克思主义基本原理培训，加强党性教育，重点开展党章、党的宗旨、党规党纪、党的优良传统、党风廉政建设等教育培训，引导党员干部增强党的意识、宗旨意识、执政意识、大局意识、责任意识、规矩意识，做到对党忠诚、个人干净、敢于担当。

对党外干部，根据其特点，开展相应的政治理论教育，增强政治敏锐性和鉴别力，坚定政治立场。

**（三）政策法规培训**

加强宪法法律和党内法规教育，开展党中央关于经济建设、政治建设、文化建设、社会建设、生态文明建设和党的建设等方面重大决策部署的培训，提高干部科学执政、民主执政、依法执政水平。

**（四）新知识新技能培训**

根据干部岗位特点和工作要求，有针对性地开展履行岗位职责所必备知识的培训，加强各种新知识新技能培训，帮助干部提高专业素养和实际工作能力。领导班子成员着力加强党的创新理论学习，提高战略决策和驾驭全局的能力；新任领导干部着力加强本职业务培训，提高履行岗位职责的能力；年轻干部着力加强公共管理理论培训和实践锻炼，提高业务本领；科研人员主要开展与本研究领域相关的新理论、新知识培训，全面提高科研创新能力。

**（五）科学文化素养培训**

结合哲学社会科学工作特点，有针对地开展哲学、历史、科技、文学、艺术和军事、外交、民族、宗教、保密、心理健康等方面教育培训，引领干部加快知识更新、优化知识结构、拓宽眼界视野，培育科学思维、辩证思维，提升干部的综合素质和自身修养。

## 四 培训方式

**（一）组织调训**

干部教育培训管理部门负责制定干部调训计划，对重要岗位干部可以实行点名调训。干部所在单位按照计划完成调训任务。干部必须服从组织调训。

**（二）中心组学习**

坚持和完善中心组学习制度，以党的理论和路线方针政策为基本内容，在自学和调研基础上保证每季度不少于1次集体学习研讨。

**（三）干部选学**

加强干部选学规章制度建设，进一步完善我院干部选学信息库。鼓励干部结合个人发展和履职要求，坚持“干什么学什么、缺什么补什么”的原则，积极参加干部选学。努力寻求新型的管理与服务模式，积极推进干部选学的健康发展。

**（四）统一培训**

凡由院职能部门按系统组织的全院干部培训，均应遵循统一领导、统一规划、统一培训、统一管理、统一经费渠道和分类教学、分类指导的原则，纳入年度干部教育培训计划，由院干部教育培训机构统筹安排、分工协作、有序实施。

**（五）境外培训**

合理利用境外培训资源，科学设置培训项目，改进培训方式，严格培训管理，增强干部境外培训的统筹性、针对性、实效性，切实提升出境培训的质量和效益。

**（六）在线学习**

充分依托中国干部网络学院，引导干部在线学习，满足干部日益增长的个性化、差异化学习需求。有效缓解工学矛盾。积极探索适合我院特点的干部网络培训体系，适应现代化发展的培训趋势。

## 五　考核评估

**（一）考核和激励机制**

建立干部教育培训考核和激励机制。将干部接受教育培训情况作为干部考核的内容和任职、晋升的重要依据。干部教育培训考核的内容包括干部的学习态度和表现，理论、知识掌握程度，党性修养和作风养成情况，以及解决实际问题的能力等。干部教育培训考核应当区分不同教育培训方式分别实施。干部参加脱产培训情况记入干部年度考核表，参加2个月以上的脱产培训情况记入干部任免审批表。

**（二）培训档案**

干部教育培训实行登记管理。院各级干部教育培训主管部门和干部所在单位应当按照干部管理权限，建立和完善干部教育培训档案，如实记载干部参加学习培训情况和考核结果，对干部参加学习培训情况进行登记管理，并及时载入干部人事档案。

### （三）评估制度

建立健全干部教育培训评估制度，加强对干部教育培训机构、项目及课程的评估。评估的内容包括办学方针、培训质量、组织管理、学风建设、基础设施、经费管理等。

## 六　组织领导

### （一）高度重视

各单位要站在全局和战略的高度，深刻认识贯彻落实中共中央《干部教育培训工作条例》、全面加强干部教育培训工作的重要性和紧迫性，牢固树立“大教育、大培训”的观念，把加强和改进干部教育培训工作作为战略性、先导性和基础性工作摆上重要议事日程，抓紧抓实。

### （二）明确职责

坚持在院党组领导下，实行由院干部教育培训领导小组主管，院属各单位分工负责、分级管理的干部教育培训管理体制。

院干部教育培训工作领导小组：负责全院干部教育培训工作的统一领导，审批年度培训规划和经费预算，研究决定涉及干部教育培训工作的重大问题。

院干部教育培训工作领导小组办公室（设在人事教育局）：主要负责制定全院干部教育培训年度规划，编制经费预算，审核经费支出决算，指导协调各职能部门组织的干部教育培训工作。

院属有关单位：严格按照全院年度培训计划，负责组织实施本单位承办的干部教育培训工作任务，选派干部参加培训。

### （三）经费管理

各单位需将干部教育培训经费列入年度经费预算，保证干部教育培训工作需要。加强干部教育培训经费管理，严格执行《中国社会科学院培训费管理办法》相关规定，厉行节约、勤俭办学，提高经费使用效益。

### （四）监督检查

各级人事部门要按照干部管理权限，会同有关部门加强对干部教育培训工作的监督检查，确保干部教育培训工作健康深入开展。院干部教育培训工作领导小组要充分运用评估结果，指导干部教育培训机构改进工作。建立健全跟班管理制度，加强对干部学习培训的考核与监督。

---

注：此《意见》于 2015 年 12 月 17 日经第 381 次党组会议审议，于 2016 年 2 月 1 日印发。

# 四　中国社会科学院国家高端智库管理细则（试行）

社科研字〔2016〕9号

## 第一章　总　则

**第一条**　为深入贯彻落实中央《关于加强中国特色新型智库建设的意见》精神，加强我院中国特色新型智库建设，根据中宣部《国家高端智库管理办法（试行）》，制定本细则。

**第二条**　我院作为国家高端智库建设试点单位，要充分发挥作为国家级综合性高端智库的优势，建设中国特色新型智库研究的“综合集成平台”，生产基于全院的智库成果，直接服务党和政府决策，打造具有国际影响力的世界知名智库。

**第三条**　我院高端智库建设必须遵循五大原则：

1. 坚持正确方向，体现中国特色；

2. 坚持高端定位，积极服务决策；

3. 坚持研以致用，专业性和综合性相结合；

4. 坚持改革创新，建立灵活高效的运行机制；

5. 坚持人才为先，凝聚一流研究队伍。

**第四条**　我院高端智库建设要切实发挥咨政建言、理论创新、舆论引导、社会服务、公共外交五大功能。

**第五条**　我院高端智库建设以院整体智库为统领，以院各家专业化新型智库为组成，构建院级、所级、专业化智库“三位一体”的智库建设格局。

**第六条**　我院高端智库建设与创新工程统筹布局，实现智库建设与创新工程相互促进、协调发展。

**第七条**　我院高端智库建设要严守政治纪律、财经纪律，把好底线和关口，牢固树立国家安全意识、信息安全意识、保密纪律意识、财经纪律意识，落实好意识形态工作责任制、信息安全责任制和经费管理责任制，对出现问题的单位实行“一票否决”，逐级问责。

**第八条**　本细则所指的高端智库主要指经院党组批准确定、由院直接拨付国家高端智库专项经费和院配套经费的院专业化智库（以下简称“院属高端智库”）。

## 第二章　工作机制

**第九条**　我院综合性国家高端智库建设由院党组领导。由分管智库工作的副院长牵头，科研局负责组织实施，设立智库协调办公室（设在科研局），负责日常协调联系。

**第十条**　院属高端智库责任单位党委要加强对智库建设的领导。责任单位领导班子和主要负责人要坚定政治立场，坚持为党和人民开展智库研究的工作方向，要求和引导智库工作者自觉运用马克思主义的观点方法指导智库研究，树立和弘扬理论联系实际的马克思主义学风，从党和国家事业发展全局的战略高度，开展重大理论和现实问题研究。

**第十一条**　建立并落实党委领导下的智库工作责任制。党委领导班子承担本智库建设的主体责任和监督责任，主要负责人为第一责任人，主管领导为直接责任人，分管领导为具体负责人。责任单位纪委或纪检组织为院属高端智库建设的监督机关，必须履行好监督责任，纪委书记必须履行好第一监督责任人的职责。

**第十二条**　院属高端智库建设中重大事项必须提请智库责任单位党委审议。如有必要，智库责任单位党委须提请院党组审议。院党组或智库责任单位党委审议通过后，方可实施。

**第十三条**　党委在智库建设中的主要职责是：

1. 负责本部门高端智库建设的意识形态工作；

2. 负责本部门高端智库建设的纪检监察工作；

3. 审议本部门高端智库建设规划、研究选题、人员聘用等重大事项；

4. 负责本部门高端智库建设的资源整合和统筹协调，协调解决人事、办公场所、资料设备等支撑条件和服务保障等方面问题；

5. 配合院做好智库建设工作的年检、评估和审计工作；

6. 定期听取本部门高端智库建设各项任务的落实情况；

7. 定期检查本部门高端智库建设的意识形态工作和纪检监察工作；

8. 决定其他重要事项。

**第十四条**　院属高端智库应成立高端智库理事会，作为指导具体智库建设的议事机构。理事会下设秘书处，作为具体智库工作日常办事机构。理事会由院属高端智库责任单位所领导、高端智库主要负责人和智库专家代表组成，设理事长 1 名。理事会成员结构、成员任期、主要职责、工作机制等由院属高端智库根据实际情况确定，报院批准后执行。

**第十五条**　院属高端智库责任单位党委成员应在高端智库理事会任职，直接参与智库理事会的议事和决策。

**第十六条**　院属高端智库理事会的主要职责是：

1. 制定智库建设规划和规章制度；

2. 审议智库建设年度工作计划、年度报告、经费预决算和财务会计报告；

3. 制定绩效考核、奖励等内部管理制度；

4. 完成院党组、智库协调办公室交办的其他任务；

5. 决定其他重要事项。

**第十七条** 院属高端智库理事会每年至少召开 2 次理事会全体会议，总结工作，讨论重点研究课题，研究重要事项。会后，及时向院智库协调办公室报送会议纪要。

**第十八条** 院属高端智库须成立学术委员会，选举产生学术委员会主席和首席专家。

**第十九条** 院属高端智库学术委员会的主要职责是：

1. 制定中长期研究规划和年度工作计划；

2. 研究提出年度智库研究选题和决策应急研究任务；

3. 评审智库项目并提出资助意见；

4. 审核鉴定智库成果并择优向有关部门报送；

5. 对学风和诚信问题进行监督；

6. 决定其他重要事项。

**第二十条** 建立院属高端智库工作及智库成果报送制度。向智库协调办公室及时报送智库工作动态、最新智库成果及影响力反馈、国际合作交流、接受国内外媒体采访、举办或参加国内重要学术会议等情况。每月向智库协调办公室报送至少 1 篇高质量智库研究报告，智库协调办公室每季度向全国社科规划办择优提交不少于 20 篇高质量研究报告，全年不少于 100 篇。

**第二十一条** 院属高端智库建设必须依托有编制、有人员的实体单位，落实在相关研究所（院），具体落实在研究室，并充分利用院内院外研究力量，构建智库研究网络。

**第二十二条** 以后期资助和成果奖励的方式，动员和鼓励全院科研人员参与院综合性国家高端智库建设和研究工作。

**第二十三条** 通过智库建设全面带动和加强学科队伍、人才队伍建设，选聘一批科研水平高、学术视野广且具有较高社会知名度的院外知名专家作为我院专兼职智库学者。

**第二十四条** 院属高端智库责任单位党委，要引导和要求智库工作者自觉运用马克思主义的观点方法指导智库研究，树立和弘扬理论联系实际的马克思主义学风，要培养出一批政治方向学术导向正确、又红又专、德才兼备、有广泛影响力的高水平智库人才。

**第二十五条** 建立督办协调会议制度。由分管院领导召集，智库协调办公室每两个月组织召开一次智库专题协调会，研究部署重大研究攻关项目，布置智库任务，交流智库工作动态，督促任务落实情况。

**第二十六条** 院党组每季度听取院高端智库建设工作汇报，院属高端智库责任单位党委每两个月听取本部门高端智库建设工作汇报，院属高端智库每年向院作一次书面汇报。

## 第三章 研究任务和项目管理

**第二十七条** 院综合性国家高端智库建设要从党和国家事业发展全局的战略高度，以党和人民关注的重大理论和现实问题为智库研究的主攻方向，开展全局性、战略性、前瞻性研究，为党和国家重大决策服务，为中国特色社会主义事业服务。

**第二十八条** 我院综合性国家高端智库建设要按照服务决策、适度超前的要求，科学制定中长期研究规划，加强选题策划和项目遴选。

**第二十九条** 院属高端智库要根据自身研究专长和优势，确定相对稳定的研究领域，形成持续跟踪研究的长效机制。

**第三十条** 院属高端智库要推进研究方法、政策分析工具、技术手段创新和跨学科平台建设。利用大数据、云计算等技术，加强专业数据库、案例库和信息系统平台建设。

**第三十一条** 院属高端智库要认真完成中央或有关部门交办的研究任务，按时提交高质量的决策咨询报告。鼓励与实际部门开展合作研究，提高政策研究、评估、解读工作的针对性、实效性、准确性。

**第三十二条** 院属高端智库要深入开展实地调查研究和数据抽样检查，了解和掌握真实情况，为决策咨询研究提供科学依据和坚实支撑。

**第三十三条** 加强和规范智库项目管理，健全智库项目管理机制，强化院属高端智库在项目立项、中期检查、结项鉴定等环节的组织和评估工作。

## 第四章 成果报送和资助

**第三十四条** 建立高端智库成果报告制度，设立中国社会科学院国家综合性高端智库《研究专报》和《信息专报》。研究报告要求主题鲜明、资料翔实、分析深刻、对策具体、逻辑严密，有较强的决策参考价值。《研究专报》和《信息专报》要及时报送全国社科规划办。

**第三十五条** 院属高端智库可通过原有渠道将重要成果报送中央及有关部门，同时抄送智库协调处，报全国社科规划办。

**第三十六条** 坚持内外有别，严格遵守国家保密规定。对于涉密的资料数据和研究成果，必须按规定确定密级和报送范围，不得公开发布。对于党委和政府委托研究课题、向全国社科规划办或有关部门报送的材料，未经授权不得公开或发表。

**第三十七条** 智库成果要通过成果发布会、研讨会、论坛讲座、报刊图书、广播电视、网络传媒等多种传播手段，阐释党的理论、解读公共政策、研判社会舆情、疏导公众情绪，积极引导社会舆论。

**第三十八条** 建立科研成果奖励制度，院属高端智库可根据本细则和《中国社会科学院国家高端智库专项经费管理细则》制定相应的奖励规定，报院审批后执行。

**第三十九条** 对院内学者完成的或由院属高端智库资助完成的智库成果，统一纳入我院数据库。

## 第五章 经费保障

**第四十条** 我院智库建设经费来源渠道分为：社科基金拨付的国家高端智库专项经费、国家财政安排的专项经费、院创新工程智库建设配套经费和院外横向课题专项经费。

**第四十一条** 社科基金拨付的国家高端智库专项经费按照《国家高端智库专项经费管理办法（试行）》和《中国社会科学院国家高端智库专项经费管理细则（试行）》管理；国家财政安排的专项经费按照相关规定管理；院创新工程智库建设配套经费按照创新工程经费管理办法管理；院外横向课题专项经费按照横向课题管理办法及相关合同中有关经费条款的约定管理。

**第四十二条** 院属高端智库可通过接受购买服务、项目委托、社会捐助等多种途径筹措经费，建立多元化、多渠道、多层次的经费保证机制。

**第四十三条** 院属高端智库接受社会资金、境外资助，须按有关规定履行审批手续。

**第四十四条** 院国家高端智库专项经费由智库责任单位负责管理，经费使用坚持精打细算、厉行节约、实报实销、提高效率。

**第四十五条** 对于院国家高端智库专项经费使用中违法违规违纪的行为，一经发现，依法依规依纪进行严肃处理。

## 第六章 人员和报偿管理

**第四十六条** 建立体现智库运行规律和特点、符合国家及我院有关政策规定的用人制度。推行访问学者、客座教授、博士后工作站等流动科研岗位制度。

**第四十七条** 院属高端智库可吸收具有丰富决策咨询经验、社会知名度高的退休或离职党政官员进入智库，兼职人员的年龄和任期由智库根据需要自行确定，但一般不超过70周岁。

**第四十八条** 积极创造条件，推荐智库专家到党、政、军部门及国际组织和国外智库挂职、任职、兼职，推动形成人才有序流动的“旋转门”机制。

**第四十九条** 完善高端智库人员职称评定办法，提高决策咨询类成果在考核评价体系中的权重，推进职称评定与岗位聘用有机结合。

**第五十条** 智库人员分为编制内和编制外人员，编制内人员按照院创新工程人员岗位管理办法执行；编制外聘用人员，由聘用单位参照《国家高端智库管理办法（试行）》制定相应实施办法进行管理。

## 第七章　国际合作与交流

**第五十一条**　院属高端智库应积极开展国际合作与人员交流，加强与国家知名智库的项目合作研究，积极参与国际学术组织和国际科学计划，深度参与全球治理研究和政策对话，提升参与重大国际议题设置、国际规则制定、国际协商谈判的能力和水平，提升国家软实力和国际话语权。

**第五十二条**　院属高端智库要加强对外传播能力建设，通过举办国际学术研讨会，参加国际高端智库平台对话或高峰论坛，对外翻译出版智库成果（非涉密），创办外文学术期刊，以及接受访谈、发表演讲、发表文章、开办外文网站等多种方式，在国际舞台上讲好中国故事，传播好中国声音。

**第五十三条**　智库研究人员执行《外交部、科技部、财政部关于对部分科研人员因公临时出国实行分类管理的意见》规定的五类科研任务，实行分类管理，不计入本单位和个人年度因公临时出国批次限量管理范围，出访组团、人次数和经费单独统计。

## 第八章　考核和评估

**第五十四条**　加强对院属高端智库的绩效考核和综合评估，以质量创新、实际贡献和社会效益为主要标准，建立一套涵盖决策影响力、学术影响力、社会影响力、国际影响力等内容的综合评价指标体系，智库考核体系与院创新工程绩效考核体系有效衔接。

**第五十五条**　院每年对院属高端智库进行年度绩效考核，院属高端智库应按规定向智库协调办公室报送年度工作计划和年度总结、研究成果、人员聘用情况、国际合作与交流情况、院国家高端智库专项经费分配方案和决算等。党委落实责任制情况、成果报送数量及影响力情况、向院工作汇报情况等均纳入考核内容。

**第五十六条**　院制定智库绩效评估细则，每 3 年对院属高端智库进行一次综合评估。评估合格的继续予以支持，不合格的动态调整，形成优胜劣汰、有进有出的竞争机制。

**第五十七条**　智库成果得到中央领导同志重视和肯定、或被有关部门采纳情况，每年报送决策咨询报告的数量及其被中宣部《国家高端智库报告》、院《要报》及院国家高端智库《研究专报》《信息专报》刊发情况，作为年度绩效考核和 3 年综合评估的重要依据。

**第五十八条**　建立具有可操作性的社会诚信和学风监督机制。对存在抄袭剽窃、弄虚作假、沽名钓誉、浮躁浮夸等严重学术不端行为的人员，视情节轻重采取相应的惩戒措施。

**第五十九条**　建立保密制度，智库机构负责人和研究人员要签署保密责任书。出现泄密并造成严重后果的，依法追究当事人责任。

**第六十条** 建立健全逐级考核问责制度，加大对违规行为的惩处力度。对违反国家法律法规和相关管理规定的，视情况分别采取书面警告、通报批评、暂停拨款、撤销资格等处罚措施。

## 第九章 附 则

**第六十一条** 院属高端智库可根据本细则制定具体管理办法，经院批准后实施。

**第六十二条** 院视情况对承担智库研究任务的院属研究单位，给予院国家高端智库建设专项经费支持，经费管理和使用按照本细则有关规定执行。

**第六十三条** 本细则由科研局、人事教育局、国际合作局、财务基建计划局负责解释。

**第六十四条** 本细则自院务会议通过后执行。《中国社会科学院关于中国特色新型智库的若干管理规定（暂行）》废止。

注：此《细则》于 2016 年 2 月 18 日经院务会议审议通过，于 2016 年 2 月 22 日印发。

# 五 中国社会科学院国家高端智库专项经费管理细则（试行）

社科研字〔2016〕11号

## 第一章 总 则

**第一条** 为规范和加强国家高端智库专项经费管理，提高资金使用效益，根据《国家高端智库专项经费管理办法（试行）》，制定本细则。

**第二条** 我院智库建设经费来源渠道分为：社科基金拨付的国家高端智库专项经费、国家财政安排的专项经费、院创新工程智库建设配套经费和院外横向课题专项经费。

**第三条** 社科基金拨付的国家高端智库专项经费按照《国家高端智库专项经费管理办法（试行）》和《中国社会科学院国家高端智库专项经费管理细则（试行）》管理；国家财政安排的专项经费按照相关规定管理；院创新工程智库建设配套经费按照创新工程经费管理办法管理；院外横向课题专项经费按照横向课题管理办法及相关合同中有关经费条款的约定管理。

**第四条** 院属高端智库可从其他渠道获得资金，包括接受社会捐赠、企业赞助以及其他方面的合法收入等，按照国家有关法律法规和财务会计制度规定以及相关资金提供方的具体要求管理和使用。

**第五条** 院属高端智库接受社会资金、境外资助，须按有关规定履行审批手续。

**第六条** 我院国家高端智库专项经费主要用于支持院党组确定的、参与院国家高端智库建设的决策咨询研究工作。院国家高端智库专项经费从国家社会科学基金中列支，由中央财政按年度拨款。

**第七条** 院国家高端智库专项经费管理和使用的原则：

（一）重点支持，科学保障。加大对院属高端智库支持力度，为开展决策咨询研究工作提供支撑和保障，推动建立有利于高端智库持续发展、不断创新的长效机制。

（二）遵循规律，引导带动。专项经费的管理和使用，应当体现智库发展规律和运行特点，提高资源配置效益，有利于推出一流成果、吸引一流人才。注重发挥专项经费的引导带动作用，促进形成智库多元化投入机制。

（三）绩效导向，动态调整。坚持激励与约束相统一，对院属高端智库定期进行绩效考核和动态调整，建立以绩效为导向的经费管理制度，提高资金使用效益。

（四）单独核算，专款专用。我院高端智库建设经费根据不同经费来源渠道实行分类管理，单独核算，专款专用。

## 第二章　经费开支范围

**第八条**　院国家高端智库专项经费主要用于支持高端智库开展决策咨询研究，以及相关人员聘用、国际合作与交流、奖励等发生的支出。具体开支范围如下：

（一）项目研究经费：是指开展决策咨询项目研究所发生的费用。其开支范围可以参照《国家社会科学基金项目经费管理办法》，但不得开支管理费或者间接费用。

对于在开展调查研究、数据抽样调查等过程中发生的不具备票据报销条件的合理支出，可按实际发生额予以报销。

（二）人员聘用经费：是指支付给智库聘用编制以外、不开支财政补助人员经费的专职研究人员、管理人员和国外访问学者的费用。

从党政部门、高等院校、科研院所等行政事业单位聘用的、开支人员聘用经费的专职研究人员和管理人员，其人事、工资等关系须与原单位脱钩。

（三）国际合作与交流经费：是指研究人员为完成智库决策咨询研究工作任务临时出国而发生的费用。开展国际合作与交流的经费支出应当执行国家和我院外事经费管理的有关规定。

（四）奖励经费：是指院属高端智库根据一线研究人员实际贡献安排的奖励性费用。开支奖励经费必须符合以下条件之一：

1. 研究成果被中央决策采用的；

2. 研究成果得到中央领导同志重视和肯定的；

3. 研究成果被省部级（军队大军区级）以上重要决策采用的；

4. 参与国际高端智库平台对话，在国际主流媒体或刊物上发表研究成果，产生较大国际影响的；

5. 全国社科规划领导小组认定的在其他方面作出突出贡献的。

**第九条**　安排智库成果奖励经费要合理合规、公开公平、拉开档次，符合国家收入分配制度要求，由院属高端智库责任单位制定标准并报院审批备案。不得在奖励经费以外再以任何名义在院国家高端智库专项经费中重复提取、列支相关费用。

**第十条**　对于院国家高端智库专项经费中国家已规定开支标准的科目，应当严格按照国家有关规定执行；对于未规定开支标准的科目，院属高端智库应当建立健全经费开支标准和管理制度，并报院和国家高端智库的行政主管部门备案。

**第十一条**　院国家高端智库专项经费中允许开支的劳务费是指支付给没有工资性收入的人员（如在校研究生）和临时聘用人员等的劳务性费用，以及临时聘用人员的社会保险费用补助。院国家高端智库专项经费中专家咨询费是指支付给临时聘请的咨询专家的费用。开支标准按国家有关规定执行。

**第十二条**　院国家高端智库专项经费中差旅费和会议费的管理按照国家和我院有关规定执行。严格控制会议规模、会议数量、会议开支标准和会期。

**第十三条**　院国家高端智库专项经费不得用于租赁办公场所和基础设施建设，不得用于行政事业单位的人员经费和日常公用经费，不得用于开支罚款、捐赠、赞助、投资等，不得用于与高端智库开展决策咨询研究工作无关的支出，严禁以任何方式牟取私利。

## 第三章　预算管理与执行

**第十四条**　院属高端智库责任单位编制次年院国家高端智库专项经费预算，院在汇总各家高端智库经费预算的基础上编制次年院综合性国家高端智库专项经费预算，报全国社科规划办。

**第十五条**　院按照全国社科规划领导小组对高端智库建设的有关要求，在年度绩效考核的基础上，根据承担研究任务的实际需要、提供决策咨询服务的数量和质量，统筹分配拨付各院属高端智库责任单位的院国家高端智库专项经费。

**第十六条**　院属高端智库因组织跨地区、跨单位合作研究项目，向外单位转拨经费的，应当在院国家高端智库专项经费年度收支报告和经费决算表中单独列示。外拨经费应当纳入转拨单位财务统一管理，不得提取管理费或者间接费用。

**第十七条**　院属高端智库应当会同科研、财务、资产等管理部门按照有关要求编制院国家高端智库专项经费年度决算，并附上财务部门提供的经费开支明细账。院汇总整理后形成院综合性国家高端智库专项经费年度决算，经审核后，报全国社科规划办备案，并纳入部门决算反映。

**第十八条**　院国家高端智库专项经费年度剩余资金按规定结转下一年度继续使用。因考核评估不合格或被终止院高端智库资助资格的，剩余资金按原渠道收回。院创新工程智库建设配套经费按年拨付，结余收回，并相应核减次年拨付额度。

**第十九条**　院国家高端智库专项经费的资金支付按照国库集中支付制度有关规定执行。涉及政府采购的，应当按照政府采购有关法律制度规定执行。使用院国家高端智库专项经费形成的固定资产、无形资产等，按照国家有关规定执行。

## 第四章　绩效考核与监督检查

**第二十条**　院对各院属高端智库实施定期绩效考核制度，将绩效考核结果作为年度院国家高端智库专项经费安排的重要依据，并建立动态调整机制。

**第二十一条**　院属高端智库及其主管主办单位应当结合工作实际建立院国家高端智库专项经费的内部绩效考核制度，有关制度和情况及时向院报告，由院汇总提交全国哲学社会科学规划办。

**第二十二条**　院采取年度抽查、专项审计与 3 年综合评估相结合的方式，对院国家高端智库专项经费执行情况进行监督检查和评估。

**第二十三条**　院对各院属高端智库及其责任单位的信誉度进行评价和记录。

**第二十四条**　对于违反规定管理和使用院国家高端智库专项经费的，按照《财政违法行为处罚处分条例》有关规定执行。

## 第五章　附　则

**第二十五条**　本细则由科研局、人事教育局、国际合作局、财务基建计划局负责解释。

**第二十六条**　本细则自院务会议通过后执行。

注：此《细则》于 2016 年 2 月 18 日经院务会议审议通过，于 2016 年 2 月 22 日印发。

# 六 关于进一步做好离退休干部工作的意见

社科党组字〔2016〕69号

为贯彻落实中共中央办公厅、国务院办公厅《关于进一步加强和改进离退休干部工作的意见》精神，进一步做好离退休干部工作，结合我院实际，提出如下意见：

一、离退休干部工作是党的组织工作和人事工作的重要组成部分。要始终牢记尊重老同志就是尊重党的光荣历史，爱护老同志就是爱护党和国家的宝贵财富，重视老同志就是重视党的执政基础和执政资源，以强烈的政治责任感和历史使命感，进一步加强和改进离退休干部工作，为我院实施哲学社会科学创新工程、实现中央“三个定位”要求，为全面建成小康社会、实现中华民族伟大复兴中国梦贡献智慧和力量。

二、全院离退休干部工作在院党组领导下进行，实行院所两级管理体制。院所两级都要成立离退休干部工作领导小组，负责指导、协调离退休干部工作，研究解决有关重大问题。院离退休干部工作领导小组由办公厅、科研局、人事教育局、国际合作局、财务基建计划局、离退休干部工作局、直属机关党委、直属机关纪委、服务中心等部门负责人组成，由分管离退休干部工作的院领导任组长，秘书长任副组长。院属各单位也要建立由党委书记任组长、相关部门负责人参加的领导小组。领导小组要建立健全离退休干部工作制度，分工协作，责任到人。

三、离退休干部工作局在院党组领导下，认真履行职责。负责贯彻执行党和国家有关离退休干部工作的方针政策；落实院党组的工作部署和要求；制定离退休干部工作规章制度；宏观指导、检查督促院属各单位离退休干部工作；加强和改进离退休干部党支部建设和思想政治建设；承担院直机关离退休干部服务管理工作。落实离退休干部工作监督的主体责任，健全和完善离退休干部工作目标管理考核制度，坚持联系片制度，加强工作指导、服务和监督。发挥离退休干部工作联系小组的作用，听取老同志的意见和建议，增强决策科学性。

四、院属各单位离退休干部工作在党委领导下进行。党委要把离退休干部工作摆到重要位置，加强领导，健全制度，完善职责，强化保障。党政主要负责同志要重视离退休干部工作，带头联系、经常走访离退休干部，定期听取离退休干部的意见建议。离退休干部工作领导小组每年至少召开两次会议，研究解决离退休干部工作中的重大问题。要认真履行意识形态工作主体责任，加强离退休干部思想政治工作，把思想政治工作与精神关怀慰藉、解决实际困难结合起来，增强针对性、实效性，保持离退休人员思想稳定。要高度重视老同志信访工作，有明确政策规定的要严格按政策抓紧办理，没有明确政策规定的要从实际出发提出解决办法，不符合政策规定的要解释清楚，耐心细致做好老同志的思想工作。同时，要引导老同志顾大局、明事理，理性正确表达诉求。离退休干部工作要作为领导班子和主要领导干部考核的重要内容。离退休干部工作目标管理考核情况纳入创新工程的准入条件。

五、重视和加强离退休干部党支部建设。要落实全面从严治党要求，把离退休干部党支部建设纳入本单位党建规划，加强谋划，精心部署，扎实推进。党委分管离退休干部工作的领导，要直接联系离退休干部党支部，适时参加其活动。重视离退休干部党支部定期换届选举工作，选配党性强、威信高、身体好、经验丰富、乐于奉献的离退休干部党员担任党支部书记。党支部要加强自身建设，坚持“三会一课”的组织生活制度，落实支委普遍联系老同志制度。离退休干部党员要坚定共产党人的理想信念，不能信仰宗教，不能参加宗教活动，要坚决与邪教组织作斗争；严格用党章党规党纪规范自己的言行，在大是大非面前旗帜鲜明、立场坚定。提倡和鼓励离退休干部党员在党组织内部开展互助关爱、传递温暖活动。离退休干部工作局每年召开离退休干部党支部工作会议，组织离退休干部党支部书记开展学习培训活动。建立健全离退休干部党支部工作经费保障机制，加大党费对离退休干部党支部活动的支持力度，适当提高离退休干部党支部收缴党费的下拨比例，给予离退休干部党支部书记、委员适当工作补贴。

六、加强离退休干部思想政治工作。完善和落实阅读文件、参加重要会议和重大活动、通报情况、参观学习等制度。组织引导离退休干部深入学习中国特色社会主义理论体系特别是习近平总书记系列重要讲话精神，坚定中国特色社会主义道路自信、理论自信、制度自信；牢固树立纪律和规矩意识，始终严守政治纪律和政治规矩，坚决拥护党中央的重大决策部署和方针政策，理解和支持全面深化改革，正确对待利益调整；自觉遵法学法守法用法，做社会主义法治的忠实崇尚者、自觉遵守者、坚定捍卫者；严格遵守中央和我院关于讲座、论坛、刊登、出版、在企业和社会团体兼职（任职）、继续从业、出国（境）审批、重要情况报告等方面的纪律规定。

七、加强和改进离退休干部服务工作。坚持思想上关心、精神上关怀、生活上照顾，保持敬重之心、倾注关爱之情、多做务实之事，依法保障离退休干部各项权益，满腔热忱为他们排忧解难，让离退休干部安心、舒心、暖心。切实落实离退休干部生活待遇，努力为老同志办实事、做好事。按月发放长征基金补贴、高龄补贴、护理费、老红军补贴、离休干部特困补助，及时报销医药费。坚持节日探望慰问制度、住院看望制度、高龄祝寿制度。公车改革后要保障离退休干部服务用车。加大对特殊困难老同志的帮扶力度，做好生活困难和医疗困难补助工作，对高龄、孤寡、重病、生活特别困难的离退休干部和高龄空巢家庭给予更多关心照顾。

八、发挥离退休干部的独特优势。坚持不懈地开展以“展示阳光心态、体验美好生活、畅谈发展变化”为主要内容的为党和人民事业增添正能量活动，结合老同志所能所愿，设计好平台载体，组织引导离退休干部自觉践行社会主义核心价值观，弘扬中华民族传统美德，传递向上向善的精神力量，影响和带动周围群众坚定不移跟党走，讲好中国故事、弘扬中国精神、传播中国好声音，共同释放正能量。按照自觉自愿、量力而行的原则，组织引导广大离退休干部在推进全面建成小康社会、全面深化改革、全面依法治国、全面从严治党中作出新贡献。老年科研是我院离退休干部工作中独具特色的重要组成部分。院、所的创新工程项目，要注意吸收确有专长的离退休科研人员参加。做好老年科研基金项目组织管理工作，努力为离退休专家学者继续从事科研创造良好的条件。发挥老专家协会组织离退休专家学者在社科研究、建言献策等方面的积极作用。对老有所为、事迹突出的离退休干部，给予鼓励、宣传和表彰。

九、丰富离退休干部精神文化生活。坚持老有所教、老有所学、老有所乐、老有所为相统一的原则，把政治性、科学性、趣味性有机结合起来，组织开展丰富多彩、积极健康的文体活动。根据离退休干部的年龄、身体状况、志趣爱好等，在安全、节俭的前提下，合理确定活动、学习的内容与形式。加强老年文体协会和宿舍区离退休干部活动站建设，为离退休干部活动、学习创造必要的条件。要充分利用活动站和社区资源优势，开展“六个老有”活动。

十、加强离退休干部工作队伍建设。院属各单位要重视离退休干部工作队伍建设，严把入口，畅通出口，按规定选好配强专、兼职离退休干部工作人员。要选派思想政治素质好、有一定政策水平和工作能力、公道正派、热心为老同志服务、身体健康的干部从事离退休干部工作。加强对离退休干部工作人员的培养，增强政治意识、大局意识、核心意识和看齐意识，拓宽工作视野，锤炼过硬作风，提高业务水平。要关心爱护离退休干部工作人员，帮助他们解决实际困难，为他们的成长进步创造条件。离退休干部工作局每年要组织离退休干部工作人员开展学习培训活动。对在离退休干部工作中表现突出的工作人员进行宣传表彰。

十一、保障离退休干部工作经费。院属各单位要按照离退休干部工作年度计划统筹安排，做好经费预算，保障离退休干部政治理论学习、座谈会、茶话会、参观考察、文体等活动，看望慰问、特困帮扶等服务以及离退休干部党支部建设和工作补贴等经费的开支。逐步提高离退休干部公用经费标准。离退休干部工作经费管理要制度化、规范化，严格按照财务规定加强经费支出管理，定期向离退休干部公布经费使用情况。

---

注：此《意见》于2016年3月17日经院党组批准印发。

# 七　中国社会科学院关于进一步加强干部选拔任用工作监督的意见

社科党组字〔2016〕142 号

为贯彻落实党要管党、从严治党方针，严明组织纪律，大力营造风清气正的选人用人环境，根据中共中央《党政领导干部选拔任用工作条例》、中共中央办公厅《事业单位领导人员管理暂行规定》和中共中央组织部《关于加强干部选拔任用工作监督的意见》，现就进一步加强我院干部选拔任用工作监督，提出如下意见。

一、切实提高思想认识，增强做好干部选拔任用工作监督的责任感和使命感。我们党历来高度重视选贤任能，始终把选人用人作为关系党和人民事业的关键性、根本性问题来抓。以习近平同志为总书记的党中央，着眼于培养选拔党和人民需要的好干部，提出了一系列新思想、新观点、新论断，为干部选拔任用工作及其监督指明了方向。各级领导和人事干部要认识到，加强干部选拔任用工作监督，是确保选贤任能、纯洁选人用人风气的必然要求，是扩大干部工作民主、深化干部人事制度改革的重要途径，是形成干部选拔任用科学机制、造就高素质干部队伍的根本保证。一定要从激发全院干部职工创新活力、推动哲学社会科学事业繁荣发展的高度，从选好用好干部、为党的事业提供坚强组织保证的高度，从协调推进“四个全面”战略布局、实现中华民族伟大复兴中国梦的高度，充分认清做好干部选拔任用工作监督的重要意义，不断增强责任感和使命感。

二、认真落实制度规定，严格按照制度规定选人用人。各级领导和人事干部要学好用好选人用人政策法规，不断强化法规意识，增强对政策法规的执行力。坚持有规必依，治规必严。一是严格干部选拔任用的程序和标准。认真贯彻落实《党政领导干部选拔任用工作条例》《事业单位领导人员管理暂行规定》和我院选人用人有关制度规定，严格按规定的原则、标准、条件、资格、程序和纪律组织开展选人用人工作，确保中央和我院的选人用人制度规定不折不扣落到实处。二是严禁各种违规活动和行为。严禁违反规定程序选拔任用干部，严禁私自干预下级或原任职单位干部任用，严禁在干部考察中隐瞒或歪曲事实真相，严禁在干部档案上弄虚作假，严禁跑风漏气，严禁突击提拔调整干部，严禁封官许愿、任人唯亲、营私舞弊，严禁采取跑官要官、说情打招呼等手段为本人或他人谋取职位，严禁拉票等违纪活动，严禁超职数配备、超机构规格提拔干部或违规提高干部职级待遇。

三、重视做好考察核实工作，切实把好提拔对象廉政关。坚持把人选对象的党风廉政情况作为考察重点内容，加大考察核实的力度，坚决防止“带病提拔”。一是认真听取纪检部门意见。通过纪检部门了解人选对象的党风廉政情况，对有问题反映应当核查但尚未核查或正在核查的，不得提交党委（组）讨论决定，对有反映但不构成违纪的要从严掌握。二是加强对个人事项报告的核查。对人选对象，要认真查阅个人有关事项报告情况，重点核查干部的婚姻状况，本人、配偶及共同生活子女财产，配偶子女移居国（境）外等情况，对不如实填报或隐瞒不报的，不得提拔任用。三是严格干部档案审核。对人选干部身份、年龄、工龄、党龄、学历、工作经历等档案信息要仔细核查，不放过任何疑点。个人信息存在涂改造假的，未核实清楚前不提交会议研究；对伪造干部档案材料，弄虚作假的，一律不得提拔使用。四是认真对待公示期间的信访举报。拓宽干部任职公示渠道，扩大干部选拔任用工作的透明度，对干部任职公示期间收到的有关问题反映，有关部门要按规定认真调查核实，没有查清之前，不得办理任职手续。

四、加大监督检查力度，及时发现和纠正存在的问题。进一步建立完善选人用人监督检查机制，不断强化党委（组）主体责任、纪委监督责任和组织人事部门考察责任。一是加强经常性检查。主要检查程序是否合规、导向是否端正、风气是否清正、结果是否公正。强化重点检查，对干部群众反映强烈的突出问题、举报反映多的单位进行有针对性的检查；开展专项督查，对干部“带病提拔”、违规破格提拔、临时突击提拔以及跑官要官、买官卖官等突出问题进行立项督查；组织普遍检查，成立选人用人专项检查工作组，每 3 年对院属单位进行一次全面检查。二是严格事前监督。严格执行干部选拔任用工作有关事项报告制度，凡应报告而未报告的任用事项一律无效，防止出现违规破格提拔干部、任人唯亲、借竞争性选拔变相违规用人等问题。三是注重结果监督。坚持和完善干部选拔任用“一报告两评议”、领导干部报告个人有关事项、经济责任审计、问责和任职回避等制度，对干部选拔任用实施全程监管，有效规范选人用人行为。四是建立倒查机制。完善干部选拔任用纪实制度，强化干部选拔任用责任追究。认真落实《党政领导干部选拔任用工作责任追究办法（试行）》有关规定，凡出现“带病提拔”、突击提拔、违规破格提拔等问题，都要对选拔任用过程进行倒查，存在隐情不报、违反程序等失职渎职行为的，不仅查处当事人，而且追究责任人，一查到底、问责到人。

五、严厉查处违规行为，坚决整治用人上的不正之风。坚持把纪律和规矩挺在前面，对违反组织人事纪律的实行“零容忍”，发现一起、查处一起。一是坚决落实“五个一律”。对跑官要官的，一律不得提拔使用，并记录在案，视情节给予批评教育或组织处理；对拉票贿选的，一律排除出人选名单或取消后备干部资格，已经提拔的责令辞职或者免职、降职，贿选的还要依纪依法处理；对买官卖官的，一律先停职或免职，移送执纪执法机关处理；对违反规定作出的干部任用决定，一律宣布无效，按干部管理权限予以纠正；对说情、打招呼和私自干预干部选拔任用的，一律坚决抵制，视情节给予批评教育或组织处理。二是畅通民主监督渠道。建立健全干部选拔任用监督综合举报受理平台，充分发挥各单位纪委和驻院纪检组的监督作用。做好选人用人舆情特别是网上舆情的监测和应对，加强干部选拔任用政策法规宣传，实行干部工作信息公开，主动接受群众监督。三是加大对违规行为的查处力度。建立完善立项督查制度，对选拔任用干部没有按照规定进行民主推荐和组织考察的，考察、公示期间反映考察对象问题线索具体、情节严重的，讨论决定干部任免时到会人数没有达到规定人数的等选人用人问题，要认真核查、严肃处理。

六、加强人事干部队伍建设，严格执行组织人事纪律。坚持把加强人事干部队伍自身建设摆到突出位置来抓，努力建设一支讲政治、重公道、业务精、作风好的过硬队伍。一是严格选人用人标准。把好人事干部“入口关”，选调时加强全面考察，突出政治标准，切实把政治思想好、坚持原则、公道正派、廉洁自律、敢于担当的同志选调充实到人事干部队伍中来。二是加强教育培训。突出政治纪律和政治规矩学习教育，引导广大干部践行“三严三实”要求，不断强化政治意识、大局意识、核心意识和看齐意识。加强对人事工作政策法规学习，适时举办人事干部业务培训班，全面提高综合素质。三是注重党性锻炼。在工作实践中加强自我教育、自我约束、自我提高，培养坚持原则、顾全大局、廉洁奉公的优良品质，敢于向组织反映真实情况，敢于指出党员干部存在的问题，带头维护干部工作的严肃性，坚决抵制和纠正用人上的不正之风。四是严肃组织人事纪律。严格执行干部选拔任用的原则和程序规定，切实按党的政策办事、按规章制度办事、按组织程序办事。对违反组织人事纪律的，要依纪依法严肃追究当事人的责任。

**附件：**

## 中国社会科学院加强干部选拔任用工作监督的措施

为进一步加强我院干部选拔任用工作监督，根据中共中央《党政领导干部选拔任用工作条例》、中共中央办公厅《事业单位领导人员管理暂行规定》和中共中央组织部《关于加强干部选拔任用工作监督的意见》精神，结合中央纪委驻院纪检组提出的纪律检查建议，现就我院加强干部选拔任用工作监督，制定措施如下。

注：此《意见》于2016年8月18日经院党组会议审议通过并印发。

## 一　认真落实“九个严禁”

1. 严禁拉帮结派。不准在选拔任用干部时分亲疏远近，搞任人唯亲；不准在选拔任用干部时搞派别和团团伙伙；不准在选拔任用干部时相互拉拢人员，结党营私。上述问题一经查实，对参与者一律给予纪律处分，对干扰影响干部选拔任用的主要责任人要严肃追究相关责任。

2. 严禁拉票贿选。不准在民主推荐、民主测评、组织考察和选举中搞拉票等非组织活动，通过宴请、电话、短信、拜访、委托或者授意中间人出面说情等形式，请求他人给予自己关照；不准贿赂参与投票人员；不准参与或者帮助他人拉选票。对拉票贿选的，一律排除出考察人选，已经提拔的责令辞职、免职、降职或者依法罢免，贿选的要依纪依法处理；参与或者帮助他人拉票贿选的，比照为自己拉票贿选的行为给予相应处理。

3. 严禁买官卖官。不准以谋取个人职务晋升、调任、转任、留任或者提高职级待遇等为目的，贿赂他人；不准利用职务上的便利，以为他人谋取职务晋升、调任、转任、留任或者提高职级待遇等为目的，索取、收受或者变相索取、收受贿赂。对买官卖官的，一律先予停职或者免职，再根据情节轻重进一步给予组织处理或者纪律处分；涉嫌违法犯罪的，移送司法机关依法处理；通过行贿手段获取的职务坚决予以撤销。

4. 严禁跑官要官。不准采取拉关系、走门子或者要挟等不正当手段，谋取职务或者职级待遇；不准封官许愿，或者为他人提拔调动说情、打招呼。对跑官要官的，一律不得提拔重用，视情节给予批评教育或者相应的组织处理，并记录在案；搞封官许愿或者为跑官要官的人疏通关系、说情、打招呼的，要严肃批评，造成用人失察失误等严重后果的要追究责任。

5. 严禁造假骗官。对“三龄两历一身份”（年龄、党龄、工龄，学历、工作经历以及干部身份）涂改造假的干部，情节较轻的，给予批评教育、责令书面检查、诫勉处理；情节严重的，给予停职检查、调离岗位、限制提拔使用处理；情节严重或者干部群众反映强烈、造成恶劣影响的，给予引咎辞职、责令辞职、免职、降职处理。对伪造干部档案材料，弄虚作假的，一律不得提拔使用。

6. 严禁说情打招呼。不准以任何方式私自干预下级或原任职单位的干部选拔任用工作；不准对下属封官许愿或以封官许愿的方式安慰未提拔的干部。对下属封官许愿或者为他人提拔任用说情打招呼的，对私自干预下级干部选拔任用的，一律记录在案，情节严重的要严肃追究相关人员责任。

7. 严禁违规用人。不准违反规定程序选拔任用干部；不准突击提拔调整干部；不准任人唯亲，指定提拔调整人选；不准违反规定超职数配备领导干部，或者违反规定提高干部的职级待遇。对违反规定作出的干部任用决定，一律无效，并严肃追究相关人员的责任。

8. 严禁跑风漏气。不准私自泄露民主推荐、民主测评、考察、酝酿、讨论决定干部等有关情况；人事干部不准在干部任命公示前将本单位人事安排内容告诉同事或亲友；参加人事任免会议人员不准在干部任命公示前将人事安排内容告诉同事或亲友。对泄露、扩散涉及人事安排等保密内容的，一律追究相关人员责任。

9. 严禁诋毁诽谤。不准以威胁、欺骗等手段妨害干部群众自由行使民主推荐选举干部和被选举的权利；不准编造、传播谣言，诬告陷害或者侮辱诽谤提拔人选；不准在别人提拔晋升时，采取信函、信访、电话等方式进行恶意诋毁诽谤。对恶意诋毁诽谤他人的行为，要严肃追究相关人员责任，涉嫌违法犯罪的移送司法机关处理。

## 二　坚持做到“四个凡提”

1. 严把干部信息关，坚持“凡提必审”。干部考察任用前，对干部个人信息进行严格审查把关。在提交党组（党委）会议研究前，组成干部考察组认真核实提拔考察对象的“三龄两历一身份”（年龄、党龄、工龄，学历、工作经历以及干部身份），审查发现干部信息存在涂改档案、资料造假、材料不规范不齐全等情况的，根据干部管理权限，由相应的人事和纪检部门进行调查核实，未核实清楚前一律不提交会议研究。

2. 严把个人事项报告关，坚持“凡提必核”。对拟提拔考察对象的干部个人报告事项进行核查，重点核查干部的婚姻状况，因公因私出国（境）及证件情况，本人、配偶及其共同生活子女财产，配偶子女是否移居国境外，经商办企业和在企业兼职取酬等情况，对隐瞒不报的，不得提拔使用、不得列入后备干部人选，并根据情节轻重给予批评教育、组织处理或纪律处分。

3. 严把征求意见关，坚持“凡提必听”。在考察所局级干部拟任人选前，就考察对象廉政建设情况提前 5 个工作日书面征求驻院纪检组和直属机关纪委意见，并附考察对象的《干部任免审批表》及初步使用意向。各院所在考察处室管理岗位干部时，也要书面征求所在单位纪检部门意见。对有举报的考察对象，由纪检和人事部门联合调查核实，对存在违纪违规问题或有反映暂未查实的干部，一律不提交会议研究。

4. 严把干部任前公示关，坚持“凡提必查”。在对干部进行民主推荐、测评，组织发布考察预告、任前公示、试用期等环节工作中，要广泛听取意见，扩大群众对干部选拔任用的知晓度，引导群众正确参与对干部和选拔工作的监督，扩大群众的知情权、参与权、监督权。严格执行干部任前公示制度，保证公示时间，设立举报电话、邮箱、信箱等举报平台，畅通举报渠道，把好干部任前最后一道关口。对公示期间收到的举报信息，做到有报必查，有查必果。

## 三　切实加强组织领导

1. 加大政策宣传力度。认真组织广大干部学习《党政领导干部选拔任用工作条例》《事业单位领导人员管理暂行规定》和《关于加强干部选拔任用工作监督的意见》，熟悉了解干部选拔任用工作“九个严禁”和“四个凡提”的具体要求，做到入脑入心，自觉遵守。

2. 严格落实规章制度。认真抓好《党政领导干部选拔任用工作条例》《事业单位领导人员管理暂行规定》和我院选人用人规章制度的贯彻落实，严格按规定的原则、标准、条件、资格、程序和纪律组织开展选人用人工作，切实把规矩立起来，把纪律挺起来。

3. 形成齐抓共管合力。纪检部门和组织人事部门要齐抓共管、密切配合，形成合力。纪检部门要认真履行党内监督专门机关的重要职责，严肃执纪，为干部选拔任用提供纪律保证。组织人事部门要加强组织协调，把干部选拔任用工作监督的要求落实到每一个环节，确保监督工作有力有序推进。

# 八　中国社会科学院学科建设“登峰战略”资助计划管理办法

社科研字〔2016〕27 号

## 第一章　总　则

**第一条**　为更好地落实习近平总书记“5 · 17”重要讲话精神，打造具有中国特色和普遍意义的学科体系、学术体系和话语体系，加强系统谋划，加大改革力度，完善学科建设机制，实现我院学科发展的历史性跨越，特制定并实施学科建设“登峰战略”。

**第二条**　学科建设“登峰战略”的总体目标是，紧扣构建具有“中国特色、中国风格、中国气派”的哲学社会科学学科创新体系的总体目标，在“十三五”时期，打造一批“国内一流、国际知名”的学科集群。

**第三条**　学科建设“登峰战略”的资助对象为各研究单位二、三级学科，依据不同的建设目标，分为“优势学科”“重点学科”和“特殊学科”三种类型。

**第四条**　学科“登峰战略”资助计划施行责任制，一个责任期为五年。

**第五条**　院拨付专项经费用以资助各类学科建设项目。

## 第二章　基本条件

**第六条**　优势学科建设项目原则上应具备下列基本条件：

（一）代表我院学术水平的学科或体现学术发展方向和我院学术特色的学科，在国内学术界处于领先地位，已经或初步在国际学术界相关领域产生影响力。

（二）发表的学术成果、举办的学术活动、主办的学术刊物在重大理论、现实和学术前沿问题方面发挥了重要引领作用。

（三）应有完备的学术梯队，学科人员的年龄结构、职称结构、知识结构合理有序。

（四）至少应有2 名在本学科、专业领域中学术水平达到国内或国际学界公认的领先水平，在科研中能起到指导和领头作用的学科带头人。优势学科的负责人可以是所、室领导，也可以是其他具备条件者。

（五）近五年来发表有重要影响的高水平学术成果不少于 10 种，部分成果有国际影响力。

（六）近五年来主办过有重要影响的学术活动不少于 5 项，部分学术活动有国际影响力。

（七）学术资料和科研手段现代化有着良好的基础，在国内处于领先地位。

**第七条**　重点学科建设项目原则上应具备下列基本条件：

（一）在各研究单位处于领先地位，在国内学术界有一定影响力的二、三级学科。

（二）重点学科负责人一般应由本学科的学术带头人担任。

（三）近五年来发表有重要影响的高水平学术成果不少于 5 种。

（四）近五年来主办过有重要影响的学术活动不少于 3 项。

（五）学术资料和科研手段现代化有一定基础。

**第八条**　特殊学科建设项目应具备下列基本条件：

（一）较为偏僻但具有重要文化价值和传承意义的“绝学”“濒危学科”和“冷门学科”，或重要的“新兴学科”和“交叉学科”。

（二）特殊学科负责人须学术造诣较深，科研成就突出，在相关学科领域具有影响并能代表中国社会科学院的学术水平。

（三）特殊学科负责人一般应具有正高级专业技术职务；副高级专业技术人员若担任学科负责人，须经院学科评审委员会批准。

（四）近五年来在相关学科领域发表有重要影响的高水平学术成果不少于 3 种。

**第九条**　已作为优势学科或重点学科列入学科建设计划的，不能重复申报为特殊学科。

**第十条**　特殊学科人员与优势学科、重点学科人员不重合。

**第十一条**　优势学科、重点学科的负责人不能兼任特殊学科的负责人。

**第十二条**　成建制的研究室一般不能作为特殊学科申报。

## 第三章　立项程序

**第十三条**　学科资助项目的申报，在院统筹安排和指导下，由各研究单位按照计划进行。

**第十四条**　各研究单位按照拟申报计划，分别填写相应的学科建设项目申报书。可申报学科及数量参照以下执行：

（一）各研究单位原则上最多可申报 2 项优势学科；

（二）各研究单位可申报的重点学科数，原则上参照在编在岗科研人员数设定，40 人及以下的单位可申报 1 项，41 ～ 70 人的单位可申报 2 项，70 人以上的单位可申报 3 项；

（三）特殊学科的申报按照学科实际发展状况，可参照《特殊学科建议名录》申报。

**第十五条**　研究单位以所级学术委员会为基础，成立学科资助计划评审组（以下简称“评审组”），负责学科建设计划项目评审、推荐工作。

**第十六条** 院设立学科评审委员会（以下简称“院评审委员会”），对研究所申报推荐的学科进行评议。

**第十七条** 研究单位评审组根据本办法的有关规定，对申报立项的学科进行评议，并按照院核定的立项名额进行投票。投票表决采取无记名的方式，达到三分之二票数者方可向院评审委员会推荐。

**第十八条** 院评审委员会对研究所申报推荐的学科建设项目进行评议和表决：

（一）优势学科建设项目采取无记名方式进行投票表决，达到三分之二票数者获得通过；

（二）重点学科建设项目在研究单位评审的基础上，评议无异议即可通过，由院备案；

（三）特殊学科建设项目采取无记名方式进行投票表决，达到三分之二票数者获得通过。

**第十九条** 学科负责人在院所评议过程中，凡涉及本学科的评议和投票应予回避。

**第二十条** 院评审委员会评审结果与科研局、财计局提出的资助经费方案同时提交院务会议，经院务会议审议批准后实施。

**第二十一条** 学科立项和资助经费方案批准后，由院科研局与研究所和学科负责人三方共同签订《中国社会科学院学科建设项目协议书》。

## 第四章　经费管理

**第二十二条** 学科建设项目经费使用和管理的原则：

（一）以调动科研人员积极性和创造性为出发点和落脚点；

（二）按照学科建设规律，优化经费使用途径，提高经费使用效率；

（三）建设经费应切实着眼于学科建设和发展，明确目标，突出重点，避免分散使用；

（四）学科建设经费应当纳入单位财务统一管理，任何个人不得截留、挤占和挪用，确保专款专用；

（五）学科建设经费资助额度一次核定，分年度拨付。

**第二十三条** 根据学科建设计划类型：

（一）在全院资助 40 个左右优势学科，资助周期为 5 年，资助金额原则上为每年 50 万元。

（二）在全院资助 80 个左右重点学科，资助周期为 5 年，资助金额原则上为每年 20 万元。

（三）在全院资助 15 个左右特殊学科，资助周期为 5 年，资助金额根据情况每年 5 万～10 万元。

**第二十四条** 学科建设经费指在学科建设过程中发生的与学科发展和研究活动直接相关的费用，开支范围包括：

（一）人才队伍建设经费

1. 学科人才进修与培训费用；

2. 客座与特邀研究人员聘用费用；

3. 学术助手聘用费用；

4. 退休科研人员返聘费用等。

（二）学术活动与研究经费

1. 差旅费：在学科建设过程中，开展国内调研发生的交通费、食宿费及其他费用；

2. 会议费：在学科建设过程中，为组织开展学术研讨、咨询等活动召开小型会议的费用；

3. 数据采集费：为学科建设开展研究而发生的问卷调查、数据跟踪采集、案例分析等费用；

4. 国际合作与交流费：在学科建设过程中发生的赴国外及港澳台地区调研、开展学术交流等活动发生的交通费、食宿费及其他费用；

5. 劳务费：在学科建设过程中发生的支付给直接参与学科建设的在读研究生和其他临时聘用人员的劳务性费用；

6. 专家咨询费：在学科建设过程中因学术咨询支付给同行专家的费用；

7. 学科建设研究项目经费：因学科建设需要设立研究项目的经费。

（三）成果出版推介经费

1. 学科建设学术成果出版经费；

2. 学科建设优秀成果后期资助经费；

3. 学科建设重大学术成果宣传推介经费。

（四）学科平台运行经费

1. 学科所依托学会、社团、非实体研究中心建设费用；

2. 学科所依托刊物、集刊、年鉴建设费用；

3. 学科网站、数据库、公众号等建设费用。

（五）学科基础建设经费

1. 资料费：在学科建设过程中发生的资料收集、录入、复印、翻拍、翻译等费用，以及图书和专业软件购置费用；

2. 科研设备购置费：在学科建设过程中因购置或租赁科研设备发生的费用，所购设备按照国家和院有关国有资产管理的规定进行管理；

3. 印刷费：在学科建设过程中发生的打印费、印刷费和誊写费等。

**第二十五条**　学科负责人每年年初要制定年度经费预算计划，经所（院）长办公会批准后实施。年终要向本单位提交年度财务报告，并向本学科研究人员公布。

**第二十六条**　学科建设项目经费的使用，应符合国家和院有关财务制度的规定，同时接受院、所的财务监督和有关部门的审计。研究单位负责对项目经费使用的日常管理和监督。

## 第五章　项目管理与检查验收

**第二十七条**　学科负责人每年年底应向本单位学术委员会报告项目执行情况，同时提交书面报告，经学术委员会讨论后签署评议意见。对学科建设中存在的问题，要提出解决办法；对项目执行不力的学科，研究单位要责成学科负责人提出整改意见。学科负责人的年终报告应作为其年终考核的重要内容，对年度计划执行不力的学科建设项目，其负责人年终考核不能评为优秀。

**第二十八条**　学科建设计划年度项目执行报告和财务报告经研究单位审核后报送院科研局，院审核合格后拨付下一年度的项目经费。审核不合格者将停拨经费，限期整改。

**第二十九条**　在责任期内，学科负责人一般不应更换。确需更换的，由研究单位向院提交更换负责人报告，经院批准后执行。

**第三十条**　研究单位对学科建设项目的执行负有领导、监督和保障职责，应对学科建设项目的实施给以必要的支持。

**第三十一条**　在5年建设周期内，院对资助项目实行“3+2”的节点评价模式，对第一节点进行中期考核，第二节点进行终期考核。中期考核合格者，继续予以支持，不合格者，中止支持。责任期满后，学科负责人应向本单位学术委员会提交结项验收申请和项目总结报告。

**第三十二条**　研究单位学术委员会负责对学科建设进行验收评估，验收评估采取会议评估的方式。评估应吸收院外有正高级专业技术职务的同行专家（邀请不少于2名院外专家）参加，每个院外评估专家应有书面评估意见。

**第三十三条**　研究单位将学科验收申请、项目总结报告、评估结果一并报送院科研局。

**第三十四条**　院评审委员会以会议讨论的方式，对学科建设项目完成情况进行审议，在无记名投票的同时，使用考核指标体系进行量化评估。凡达到三分之二票数且量化评估分数在60分及以上者为验收合格。

**第三十五条**　院务会议对院学科评审委员会的验收结果进行终审。

**第三十六条**　凡未能通过验收的学科，取消下一个责任期继续申请学科建设计划的资格，该学科负责人三年内不得进入创新工程。

**第三十七条**　研究单位科研处负责本所学科建设的组织和日常管理工作。

**第三十八条**　院科研局负责学科建设项目实施的总体组织和协调，负责对学科建设项目进行年度检查、中期考核和验收结项等相关组织与管理工作。

## 第六章　附　则

**第三十九条**　本办法由院科研局负责解释。

**第四十条**　本办法自院务会议批准之日起实施。

注：此《办法》于 2016 年 7 月 27 日经院务会议审议通过，于 2016 年 9 月 1 日印发。

# 第八编

# 统计资料

TONGJIZILIAO

# 一 中国社会科学院2016年在职各类人员情况

| 项目 / 人数（人） / 单位 | 合计 | 专业人员 | | | | | | 管理人员 | 工勤人员 |
|---|---|---|---|---|---|---|---|---|---|
| | | 小计 | 正高级 | 副高级 | 中级 | 初级 | 未定级 | | |
| 总计 | 4102 | 3071 | 742 | 907 | 1148 | 83 | 191 | 969 | 62 |
| 文学研究所 | 115 | 100 | 34 | 34 | 32 | 0 | 0 | 15 | 0 |
| 民族文学研究所 | 44 | 38 | 11 | 11 | 15 | 1 | 0 | 6 | 0 |
| 外国文学研究所 | 79 | 67 | 18 | 25 | 24 | 0 | 0 | 12 | 0 |
| 语言研究所 | 77 | 64 | 20 | 27 | 15 | 2 | 0 | 13 | 0 |
| 哲学研究所 | 131 | 114 | 42 | 44 | 27 | 1 | 0 | 17 | 0 |
| 世界宗教研究所 | 78 | 68 | 22 | 21 | 24 | 1 | 0 | 10 | 0 |
| 考古研究所 | 152 | 130 | 40 | 41 | 49 | 0 | 0 | 21 | 1 |
| 历史研究所 | 134 | 123 | 35 | 40 | 45 | 3 | 0 | 11 | 0 |
| 近代史研究所 | 124 | 106 | 30 | 36 | 37 | 3 | 0 | 16 | 2 |
| 世界历史研究所 | 79 | 65 | 16 | 21 | 26 | 2 | 0 | 14 | 0 |
| 中国边疆研究所 | 34 | 31 | 8 | 10 | 13 | 0 | 0 | 3 | 0 |
| 经济研究所 | 120 | 102 | 30 | 36 | 31 | 4 | 1 | 15 | 3 |
| 工业经济研究所 | 89 | 76 | 21 | 24 | 30 | 1 | 0 | 12 | 1 |
| 农村发展研究所 | 78 | 65 | 19 | 20 | 25 | 1 | 0 | 13 | 0 |
| 财经战略研究院 | 77 | 68 | 18 | 20 | 28 | 2 | 0 | 9 | 0 |
| 金融研究所 | 43 | 40 | 12 | 12 | 16 | 0 | 0 | 3 | 0 |

续表

| 项目<br>人数（人）<br>单位 | 合计 | 专业人员 | | | | | | 管理人员 | 工勤人员 |
|---|---|---|---|---|---|---|---|---|---|
| | | 小计 | 正高级 | 副高级 | 中级 | 初级 | 未定级 | | |
| 数量经济与技术经济研究所 | 67 | 55 | 16 | 21 | 17 | 1 | 0 | 12 | 0 |
| 人口与劳动经济研究所 | 47 | 39 | 8 | 14 | 17 | 0 | 0 | 8 | 0 |
| 城市发展与环境研究中心 | 43 | 39 | 11 | 12 | 15 | 0 | 1 | 4 | 0 |
| 法学研究所 | 100 | 86 | 26 | 32 | 26 | 2 | 0 | 14 | 0 |
| 国际法研究所 | 32 | 30 | 7 | 9 | 14 | 0 | 0 | 2 | 0 |
| 政治学研究所 | 40 | 34 | 11 | 11 | 12 | 0 | 0 | 6 | 0 |
| 民族学与人类学研究所 | 142 | 129 | 34 | 44 | 48 | 3 | 0 | 13 | 0 |
| 社会学研究所 | 81 | 69 | 15 | 25 | 29 | 0 | 0 | 12 | 0 |
| 社会发展战略研究院 | 21 | 18 | 5 | 7 | 6 | 0 | 0 | 3 | 0 |
| 新闻与传播研究所 | 45 | 38 | 10 | 11 | 17 | 0 | 0 | 7 | 0 |
| 世界经济与政治研究所 | 110 | 93 | 25 | 31 | 36 | 1 | 0 | 17 | 0 |
| 俄罗斯东欧中亚研究所 | 88 | 76 | 22 | 25 | 26 | 3 | 0 | 12 | 0 |
| 欧洲研究所 | 53 | 44 | 11 | 14 | 16 | 3 | 0 | 9 | 0 |
| 西亚非洲研究所 | 57 | 49 | 12 | 18 | 18 | 1 | 0 | 8 | 0 |
| 拉丁美洲研究所 | 52 | 43 | 11 | 13 | 16 | 3 | 0 | 9 | 0 |
| 亚太与全球战略研究院 | 60 | 53 | 13 | 15 | 23 | 2 | 0 | 7 | 0 |
| 美国研究所 | 56 | 48 | 13 | 14 | 21 | 0 | 0 | 8 | 0 |
| 日本研究所 | 46 | 39 | 12 | 12 | 14 | 1 | 0 | 7 | 0 |
| 马克思主义研究院（含中特中心） | 127 | 115 | 25 | 33 | 55 | 2 | 0 | 12 | 0 |
| 当代中国研究所 | 82 | 51 | 14 | 17 | 19 | 1 | 0 | 31 | 0 |
| 信息情报研究院 | 42 | 36 | 10 | 10 | 14 | 2 | 0 | 6 | 0 |
| 研究生院 | 123 | 63 | 10 | 16 | 29 | 8 | 0 | 60 | 0 |

续表

| 项目 / 人数（人） / 单位 | 合计 | 专业人员 | | | | | | 管理人员 | 工勤人员 |
|---|---|---|---|---|---|---|---|---|---|
| | | 小计 | 正高级 | 副高级 | 中级 | 初级 | 未定级 | | |
| 中国社会科学院图书馆 | 78 | 67 | 3 | 20 | 35 | 5 | 4 | 10 | 1 |
| 中国社会科学杂志社 | 59 | 46 | 11 | 13 | 22 | 0 | 0 | 13 | 0 |
| 服务中心 | 93 | 4 | 0 | 0 | 4 | 0 | 0 | 48 | 41 |
| 郭沫若纪念馆 | 16 | 11 | 0 | 3 | 2 | 6 | 0 | 5 | 0 |
| 中国人文科学发展公司（文化发展促进中心） | 12 | 0 | 0 | 0 | 0 | 0 | 0 | 11 | 1 |
| 中国社会科学出版社 | 202 | 141 | 19 | 13 | 54 | 7 | 48 | 49 | 12 |
| 社会科学文献出版社 | 346 | 278 | 9 | 28 | 98 | 6 | 137 | 68 | 0 |
| 中国地方志指导小组办公室 | 38 | 0 | 0 | 0 | 0 | 0 | 0 | 38 | 0 |
| 院领导 | 12 | 0 | 0 | 0 | 0 | 0 | 0 | 12 | 0 |
| 办公厅 | 47 | 1 | 1 | 0 | 0 | 0 | 0 | 46 | 0 |
| 科研局 | 35 | 0 | 0 | 0 | 0 | 0 | 0 | 35 | 0 |
| 人事教育局 | 28 | 0 | 0 | 0 | 0 | 0 | 0 | 28 | 0 |
| 国际合作局 | 30 | 0 | 0 | 0 | 0 | 0 | 0 | 30 | 0 |
| 财务基建计划局 | 31 | 5 | 0 | 0 | 0 | 5 | 0 | 26 | 0 |
| 离退休干部工作局 | 20 | 0 | 0 | 0 | 0 | 0 | 0 | 20 | 0 |
| 直属机关党委 | 27 | 0 | 0 | 0 | 0 | 0 | 0 | 27 | 0 |
| 驻院纪检组 | 14 | 0 | 0 | 0 | 0 | 0 | 0 | 14 | 0 |
| 基建工作办公室 | 13 | 0 | 0 | 0 | 0 | 0 | 0 | 13 | 0 |
| 信息化管理办公室（含评价中心） | 33 | 14 | 2 | 4 | 8 | 0 | 0 | 19 | 0 |
| 1. 研究单位 | 2845 | 2441 | 687 | 810 | 896 | 46 | 2 | 397 | 7 |
| 2. 院直属单位 | 369 | 191 | 24 | 52 | 92 | 19 | 4 | 136 | 42 |

续表

| 项目<br>人数（人）<br>单位 | 合计 | 专业人员 | | | | | | 管理人员 | 工勤人员 |
|---|---|---|---|---|---|---|---|---|---|
| | | 小计 | 正高级 | 副高级 | 中级 | 初级 | 未定级 | | |
| 3. 院直机关 | 290 | 20 | 3 | 4 | 8 | 5 | 0 | 270 | 0 |
| 4. 院属企业 | 560 | 419 | 28 | 41 | 152 | 13 | 185 | 128 | 13 |
| 5. 代管单位 | 38 | 0 | 0 | 0 | 0 | 0 | 0 | 38 | 0 |

# 二　中国社会科学院2016年在职人员年龄结构

| 项目<br>人数（人）<br>单位 | 合计 | 年龄结构 | | | | | | | |
|---|---|---|---|---|---|---|---|---|---|
| | | 35岁及以下 | 36岁至40岁 | 41岁至45岁 | 46岁至50岁 | 51岁至55岁 | 56岁至60岁 | 女 | 60岁以上 |
| 总计 | 4102 | 1030 | 692 | 664 | 579 | 592 | 451 | 108 | 94 |
| 文学研究所 | 115 | 1 | 3 | 14 | 26 | 28 | 35 | 15 | 8 |
| 民族文学研究所 | 44 | 11 | 7 | 7 | 2 | 8 | 9 | 2 | 0 |
| 外国文学研究所 | 79 | 11 | 9 | 11 | 19 | 12 | 16 | 9 | 1 |
| 语言研究所 | 77 | 5 | 12 | 18 | 13 | 15 | 12 | 1 | 2 |
| 哲学研究所 | 131 | 28 | 19 | 20 | 19 | 26 | 14 | 4 | 5 |
| 世界宗教研究所 | 78 | 14 | 11 | 15 | 12 | 12 | 11 | 2 | 3 |
| 考古研究所 | 152 | 23 | 21 | 29 | 23 | 27 | 24 | 4 | 5 |
| 历史研究所 | 134 | 24 | 31 | 30 | 18 | 14 | 15 | 4 | 2 |
| 近代史研究所 | 124 | 15 | 30 | 23 | 23 | 12 | 18 | 6 | 3 |
| 世界历史研究所 | 79 | 15 | 16 | 16 | 11 | 14 | 5 | 0 | 2 |
| 中国边疆研究所 | 34 | 6 | 7 | 7 | 2 | 7 | 5 | 1 | 0 |
| 经济研究所 | 120 | 36 | 16 | 22 | 12 | 24 | 7 | 0 | 3 |
| 工业经济研究所 | 89 | 20 | 14 | 13 | 13 | 18 | 8 | 3 | 3 |
| 农村发展研究所 | 78 | 19 | 8 | 6 | 12 | 22 | 9 | 1 | 2 |
| 财经战略研究院 | 77 | 21 | 16 | 17 | 9 | 9 | 5 | 5 | 0 |
| 金融研究所 | 43 | 7 | 10 | 12 | 9 | 2 | 2 | 0 | 1 |
| 数量经济与技术经济研究所 | 67 | 6 | 9 | 11 | 10 | 16 | 11 | 3 | 4 |

续表

| 项目<br>人数（人）<br>单位 | 合计 | 年龄结构 | | | | | | | |
|---|---|---|---|---|---|---|---|---|---|
| | | 35岁及以下 | 36岁至40岁 | 41岁至45岁 | 46岁至50岁 | 51岁至55岁 | 56岁至60岁 | 女 | 60岁以上 |
| 人口与劳动经济研究所 | 47 | 14 | 8 | 10 | 2 | 10 | 3 | 1 | 0 |
| 城市发展与环境研究所 | 43 | 5 | 4 | 9 | 14 | 8 | 3 | 0 | 0 |
| 法学研究所 | 100 | 19 | 26 | 13 | 18 | 14 | 8 | 0 | 2 |
| 国际法研究所 | 32 | 10 | 6 | 7 | 5 | 3 | 0 | 0 | 1 |
| 政治学研究所 | 40 | 6 | 6 | 10 | 6 | 8 | 4 | 3 | 0 |
| 民族学与人类学研究所 | 142 | 21 | 15 | 34 | 29 | 30 | 12 | 4 | 1 |
| 社会学研究所 | 81 | 23 | 20 | 9 | 8 | 13 | 5 | 2 | 3 |
| 社会发展战略研究院 | 21 | 8 | 4 | 2 | 2 | 3 | 1 | 0 | 1 |
| 新闻与传播研究所 | 45 | 13 | 8 | 5 | 10 | 4 | 5 | 2 | 0 |
| 世界经济与政治研究所 | 110 | 34 | 15 | 20 | 11 | 18 | 11 | 6 | 1 |
| 俄罗斯东欧中亚研究所 | 88 | 19 | 7 | 19 | 19 | 11 | 11 | 1 | 2 |
| 欧洲研究所 | 53 | 9 | 12 | 13 | 7 | 4 | 5 | 2 | 3 |
| 西亚非洲研究所 | 57 | 1 | 6 | 13 | 11 | 17 | 6 | 1 | 3 |
| 拉丁美洲研究所 | 52 | 13 | 9 | 15 | 4 | 7 | 4 | 1 | 0 |
| 亚太与全球战略研究院 | 60 | 11 | 14 | 13 | 13 | 5 | 3 | 1 | 1 |
| 美国研究所 | 56 | 10 | 9 | 10 | 6 | 13 | 5 | 1 | 3 |
| 日本研究所 | 46 | 11 | 6 | 5 | 12 | 5 | 5 | 2 | 2 |
| 马克思主义研究院（含中特中心） | 127 | 15 | 40 | 30 | 22 | 7 | 10 | 0 | 3 |
| 当代中国研究所 | 82 | 12 | 13 | 16 | 17 | 16 | 6 | 2 | 2 |
| 信息情报研究院 | 42 | 2 | 19 | 5 | 5 | 5 | 5 | 4 | 1 |
| 研究生院 | 123 | 43 | 18 | 18 | 14 | 14 | 15 | 1 | 1 |
| 中国社会科学院图书馆 | 78 | 17 | 15 | 8 | 11 | 15 | 9 | 4 | 3 |
| 中国社会科学杂志社 | 59 | 11 | 9 | 18 | 7 | 9 | 4 | 0 | 1 |

续表

| 项目<br>人数（人）<br>单位 | 合计 | 年龄结构 | | | | | | | |
|---|---|---|---|---|---|---|---|---|---|
| | | 35岁及以下 | 36岁至40岁 | 41岁至45岁 | 46岁至50岁 | 51岁至55岁 | 56岁至60岁 | 女 | 60岁以上 |
| 服务中心 | 93 | 8 | 10 | 5 | 15 | 10 | 44 | 0 | 1 |
| 郭沫若纪念馆 | 16 | 8 | 4 | 1 | 0 | 1 | 2 | 0 | 0 |
| 中国人文科学发展公司（文化发展促进中心） | 12 | 0 | 0 | 1 | 2 | 3 | 6 | 0 | 0 |
| 中国社会科学出版社 | 202 | 94 | 38 | 21 | 25 | 14 | 10 | 0 | 0 |
| 社会科学文献出版社 | 346 | 225 | 65 | 26 | 13 | 10 | 7 | 0 | 0 |
| 中国地方志指导小组办公室 | 38 | 16 | 4 | 3 | 8 | 5 | 2 | 1 | 0 |
| 院领导 | 12 | 0 | 0 | 0 | 0 | 0 | 1 | 0 | 11 |
| 办公厅 | 47 | 8 | 7 | 7 | 2 | 10 | 10 | 2 | 3 |
| 科研局（创新办） | 35 | 15 | 4 | 5 | 3 | 4 | 4 | 3 | 0 |
| 人事教育局 | 28 | 15 | 5 | 4 | 3 | 1 | 0 | 0 | 0 |
| 国际合作局 | 30 | 8 | 3 | 6 | 6 | 6 | 1 | 0 | 0 |
| 财务基建计划局 | 31 | 9 | 2 | 2 | 6 | 10 | 2 | 0 | 0 |
| 离退休干部工作局 | 20 | 6 | 2 | 3 | 1 | 4 | 4 | 1 | 0 |
| 直属机关党委 | 27 | 11 | 4 | 1 | 4 | 4 | 3 | 1 | 0 |
| 驻院纪检组 | 14 | 8 | 2 | 2 | 1 | 1 | 0 | 0 | 0 |
| 基建工作办公室 | 13 | 5 | 1 | 1 | 0 | 3 | 3 | 0 | 0 |
| 信息化管理办公室（含评价中心） | 33 | 5 | 13 | 3 | 4 | 1 | 6 | 2 | 1 |
| 1. 研究单位 | 2845 | 518 | 486 | 529 | 454 | 467 | 318 | 93 | 79 |
| 2. 院直属单位 | 369 | 87 | 56 | 50 | 47 | 49 | 74 | 5 | 6 |
| 3. 院直机关 | 290 | 90 | 43 | 34 | 30 | 44 | 34 | 9 | 15 |
| 4. 院属企业 | 560 | 319 | 103 | 48 | 40 | 27 | 23 | 0 | 0 |
| 5. 代管单位 | 38 | 16 | 4 | 3 | 8 | 5 | 2 | 1 | 0 |

# 三　中国社会科学院 2016 年专业人员年龄、学历结构

| 项目 / 人数（人） / 单位 | | 合计 | 正高 | 副高 | 中级 | 初级 | 未定级 |
|---|---|---|---|---|---|---|---|
| 总计 | | 3071 | 742 | 907 | 1148 | 83 | 191 |
| 年龄结构 | 35 岁及以下 | 765 | 0 | 40 | 513 | 60 | 152 |
| | 36—40 岁 | 548 | 15 | 206 | 294 | 10 | 23 |
| | 41—45 岁 | 554 | 85 | 267 | 190 | 2 | 10 |
| | 46—50 岁 | 435 | 164 | 188 | 77 | 3 | 3 |
| | 51—55 岁 | 432 | 250 | 128 | 46 | 6 | 2 |
| | 56—60 岁 | 265 | 164 | 74 | 24 | 2 | 1 |
| | 61 岁及以上 | 72 | 64 | 4 | 4 | 0 | 0 |
| 学历结构 | 研究生 | 2602 | 693 | 803 | 990 | 32 | 84 |
| | 其中：1. 博士 | 2000 | 578 | 679 | 724 | 0 | 19 |
| | 2. 硕士 | 602 | 115 | 124 | 266 | 32 | 65 |
| | 大学 | 384 | 49 | 86 | 131 | 39 | 79 |
| | 大专 | 75 | 0 | 16 | 26 | 10 | 23 |
| | 中专 | 4 | 0 | 0 | 0 | 1 | 3 |
| | 高中及以下 | 6 | 0 | 2 | 1 | 1 | 2 |

# 四　中国社会科学院 2016 年邀请来访人员统计

表 1　中国社会科学院 2016 年邀请来访人员按交流学科划分统计

| | 总计 | | 欧亚处 | | 欧洲处 | | 亚非处 | | 美大处 | | 国际处 | | 联络处 | |
|---|---|---|---|---|---|---|---|---|---|---|---|---|---|---|
| | 批次 | 人次 | 批次 | 人次 | 批次 | 人次 | 批次 | 人次 | 批次 | 人次 | 批次 | 人次 | 批次 | 人次 |
| 国际问题 | 19 | 156 | 2 | 3 | 1 | 1 | 7 | 104 | 2 | 2 | 7 | 46 | 0 | 0 |
| 史学 | 15 | 99 | 1 | 1 | 3 | 4 | 7 | 41 | 1 | 1 | 3 | 52 | 0 | 0 |
| 哲学 | 3 | 14 | 1 | 2 | 1 | 1 | 0 | 0 | 0 | 0 | 1 | 11 | 0 | 0 |
| 经济学 | 17 | 134 | 0 | 0 | 3 | 9 | 4 | 45 | 2 | 2 | 6 | 62 | 2 | 16 |
| 法学 | 7 | 35 | 0 | 0 | 2 | 2 | 2 | 11 | 0 | 0 | 3 | 22 | 0 | 0 |
| 社会学 | 7 | 14 | 0 | 0 | 4 | 7 | 1 | 4 | 1 | 1 | 1 | 2 | 0 | 0 |
| 新闻出版 | 1 | 12 | 0 | 0 | 0 | 0 | 1 | 12 | 0 | 0 | 0 | 0 | 0 | 0 |
| 综合 | 1 | 47 | 0 | 0 | 0 | 0 | 1 | 47 | 0 | 0 | 0 | 0 | 0 | 0 |
| 其他 | 8 | 13 | 0 | 0 | 1 | 4 | 0 | 0 | 7 | 9 | 0 | 0 | 0 | 0 |
| 文学 | 3 | 21 | 0 | 0 | 1 | 1 | 0 | 0 | 0 | 0 | 2 | 20 | 0 | 0 |
| 语言学 | 1 | 1 | 0 | 0 | 1 | 1 | 0 | 0 | 0 | 0 | 0 | 0 | 0 | 0 |
| 民族学 | 2 | 3 | 0 | 0 | 0 | 0 | 0 | 0 | 0 | 0 | 2 | 3 | 0 | 0 |
| 马克思主义 | 4 | 137 | 0 | 0 | 0 | 0 | 0 | 0 | 0 | 0 | 4 | 137 | 0 | 0 |
| 政治学 | 1 | 2 | 0 | 0 | 0 | 0 | 0 | 0 | 0 | 0 | 1 | 2 | 0 | 0 |
| 总计 | 89 | 688 | 4 | 6 | 17 | 30 | 23 | 264 | 13 | 15 | 30 | 357 | 2 | 16 |

表 2　中国社会科学院 2016 年邀请来访人员按交流方式划分统计

| | 合计 | | 欧亚处 | | 欧洲处 | | 亚非处 | | 美大处 | | 国际处 | | 联络处 | |
|---|---|---|---|---|---|---|---|---|---|---|---|---|---|---|
| | 批次 | 人次 | 批次 | 人次 | 批次 | 人次 | 批次 | 人次 | 批次 | 人次 | 批次 | 人次 | 批次 | 人次 |
| 学术访问 | 32 | 47 | 3 | 5 | 15 | 22 | 7 | 12 | 6 | 6 | 1 | 2 | 0 | 0 |
| 双边讨论会 | 7 | 51 | 0 | 0 | 1 | 7 | 3 | 20 | 0 | 0 | 2 | 10 | 1 | 14 |
| 进修 | 1 | 20 | 0 | 0 | 0 | 0 | 1 | 20 | 0 | 0 | 0 | 0 | 0 | 0 |
| 国际及多边会议 | 40 | 558 | 1 | 1 | 0 | 0 | 12 | 212 | 0 | 0 | 27 | 345 | 0 | 0 |
| 工作访问 | 8 | 10 | 0 | 0 | 1 | 1 | 0 | 0 | 7 | 9 | 0 | 0 | 0 | 0 |
| 合作研究 | 1 | 2 | 0 | 0 | 0 | 0 | 0 | 0 | 0 | 0 | 0 | 0 | 1 | 2 |
| 总计 | 89 | 688 | 4 | 6 | 17 | 30 | 23 | 264 | 13 | 15 | 30 | 357 | 2 | 16 |

# 五　中国社会科学院 2016 年派遣出访人员统计

表 1　中国社会科学院 2016 年派遣出访人员按交流学科划分统计

| | 合计 | | 欧亚处 | | 欧洲处 | | 亚非处 | | 美大处 | | 国际处 | | 联络处 | | 交流中心 | |
|---|---|---|---|---|---|---|---|---|---|---|---|---|---|---|---|---|
| | 批次 | 人次 | 批次 | 人次 | 批次 | 人次 | 批次 | 人次 | 批次 | 人次 | 批次 | 人次 | 批次 | 人次 | 批次 | 人次 |
| 国际问题 | 312 | 540 | 50 | 85 | 61 | 104 | 133 | 245 | 47 | 83 | 4 | 4 | 17 | 19 | 0 | 0 |
| 经济学 | 252 | 447 | 4 | 6 | 60 | 107 | 76 | 136 | 58 | 94 | 13 | 14 | 41 | 90 | 0 | 0 |
| 史学 | 166 | 323 | 13 | 44 | 19 | 30 | 62 | 124 | 25 | 40 | 1 | 1 | 46 | 84 | 0 | 0 |
| 社会学 | 73 | 148 | 7 | 20 | 15 | 33 | 30 | 59 | 8 | 10 | 1 | 1 | 12 | 25 | 0 | 0 |
| 文学 | 89 | 115 | 3 | 5 | 14 | 24 | 25 | 32 | 7 | 8 | 11 | 12 | 29 | 34 | 0 | 0 |
| 综合 | 75 | 271 | 11 | 41 | 18 | 61 | 21 | 88 | 5 | 15 | 3 | 4 | 16 | 37 | 1 | 25 |
| 新闻出版 | 52 | 110 | 5 | 11 | 12 | 29 | 13 | 22 | 5 | 12 | 1 | 5 | 16 | 31 | 0 | 0 |
| 法学 | 59 | 93 | 2 | 4 | 21 | 40 | 12 | 15 | 9 | 14 | 4 | 4 | 11 | 16 | 0 | 0 |
| 政治学 | 17 | 26 | 0 | 0 | 4 | 5 | 8 | 14 | 2 | 3 | 0 | 0 | 3 | 4 | 0 | 0 |
| 哲学 | 28 | 37 | 0 | 0 | 8 | 9 | 7 | 14 | 9 | 9 | 1 | 2 | 3 | 3 | 0 | 0 |
| 民族学 | 27 | 47 | 1 | 1 | 7 | 15 | 7 | 10 | 5 | 10 | 3 | 7 | 4 | 4 | 0 | 0 |
| 语言学 | 27 | 32 | 6 | 7 | 4 | 4 | 5 | 8 | 5 | 6 | 0 | 0 | 7 | 7 | 0 | 0 |
| 宗教学 | 10 | 17 | 1 | 1 | 2 | 2 | 4 | 5 | 1 | 1 | 0 | 0 | 2 | 8 | 0 | 0 |
| 图书资料 | 3 | 6 | 0 | 0 | 0 | 0 | 3 | 6 | 0 | 0 | 0 | 0 | 0 | 0 | 0 | 0 |
| 马克思主义 | 13 | 32 | 5 | 9 | 4 | 13 | 2 | 3 | 2 | 7 | 0 | 0 | 0 | 0 | 0 | 0 |
| 行政管理 | 1 | 5 | 0 | 0 | 0 | 0 | 0 | 0 | 0 | 0 | 0 | 0 | 1 | 5 | 0 | 0 |
| 总计 | 1204 | 2249 | 108 | 234 | 249 | 476 | 408 | 781 | 188 | 312 | 42 | 54 | 208 | 367 | 1 | 25 |

表2 中国社会科学院2016年派遣出访人员按交流方式划分统计

| | 合计 | | 欧亚处 | | 欧洲处 | | 亚非处 | | 美大处 | | 国际处 | | 联络处 | | 交流中心 | |
|---|---|---|---|---|---|---|---|---|---|---|---|---|---|---|---|---|
| | 批次 | 人次 | 批次 | 人次 | 批次 | 人次 | 批次 | 人次 | 批次 | 人次 | 批次 | 人次 | 批次 | 人次 | 批次 | 人次 |
| 学术访问 | 595 | 1219 | 58 | 141 | 139 | 276 | 172 | 403 | 110 | 187 | 11 | 15 | 105 | 197 | 0 | 0 |
| 双边讨论会 | 118 | 263 | 11 | 22 | 15 | 42 | 50 | 113 | 12 | 30 | 0 | 0 | 30 | 56 | 0 | 0 |
| 工作访问 | 50 | 91 | 9 | 15 | 8 | 20 | 22 | 33 | 2 | 3 | 1 | 1 | 8 | 19 | 0 | 0 |
| 合作研究 | 9 | 26 | 1 | 11 | 0 | 0 | 4 | 10 | 3 | 4 | 0 | 0 | 1 | 1 | 0 | 0 |
| 进修 | 22 | 52 | 1 | 1 | 2 | 2 | | | 8 | 8 | 6 | 6 | 4 | 10 | 1 | 25 |
| 国际及多边会议 | 393 | 579 | 28 | 44 | 84 | 134 | 155 | 216 | 51 | 78 | 24 | 32 | 51 | 75 | 0 | 0 |
| 讲学 | 17 | 19 | 0 | 0 | 1 | 2 | 5 | 6 | 2 | 2 | 0 | 0 | 9 | 9 | 0 | 0 |
| 总计 | 1204 | 2249 | 108 | 234 | 249 | 476 | 408 | 781 | 188 | 312 | 42 | 54 | 208 | 367 | 1 | 25 |

# 六　中国社会科学院图书馆系统 2016 年藏书情况

| 名称 \ 单位 | 合计（万册） | 新购图书（册） | | 新购期刊（种） | |
|---|---|---|---|---|---|
| | | 中文 | 外文 | 中文 | 外文 |
| 院图书馆 | 172.5037 | 13441 | 5696 | 1368 | 820 |
| 法学分馆 | 23.99 | 0 | 0 | 103 | 60 |
| 民族分馆 | 44.58 | 1490 | 160 | 195 | 46 |
| 国际研究分馆 | 22.731 | 452 | 1460 | 362 | 518 |
| 研究生院分馆 | 42.4 | 11969 | 891 | 1152 | 84 |
| 经济研究所 | 70 | 3903 | 448 | 228 | 94 |
| 考古研究所 | 31.96 | 2698 | 485 | 141 | 63 |
| 历史研究所 | 60.8734 | 1148 | 0 | 358 | 0 |
| 近代史研究所 | 0.4724 | 4040 | 337 | 286 | 61 |
| 世界历史研究所 | 11.5068 | 0 | 21 | 130 | 100 |
| 中国社会科学杂志社 | 5.7434 | 290 | 0 | 358 | 18 |
| 中国边疆研究所 | 1.9202 | 359 | 0 | 76 | 0 |
| 当代中国研究所 | 9.1224 | 410 | 0 | 202 | 13 |
| 总计 | 497.8033 | 40200 | 9498 | 4959 | 1877 |

# 七　中国社会科学院 2016 年期刊一览表

## 学术类期刊

（有 CN 号，79 种中文，4 种英文，1 种中英文双语，按创刊时间排序）

| 序号 | 名　称 | 创刊时间 | 刊　期 | 主办单位 |
|---|---|---|---|---|
| 1 | 《考古学报》 | 1936 | 季刊 | 考古所 |
| 2 | 《中国语文》 | 1949 | 双月刊 | 语言所 |
| 3 | 《世界文学》 | 1953 | 双月刊 | 外文所（文学类期刊） |
| 4 | 《历史研究》 | 1954 | 双月刊 | 中国社会科学杂志社 |
| 5 | 《文学遗产》 | 1954 | 双月刊 | 文学所 |
| 6 | 《经济研究》 | 1955 | 月刊 | 经济所 |
| 7 | 《考古》 | 1955 | 月刊 | 考古所 |
| 8 | 《外国文学动态研究》 | 1955 | 双月刊 | 外文所 |
| 9 | 《哲学研究》 | 1955 | 月刊 | 哲学所 |
| 10 | 《世界哲学》 | 1956 | 双月刊 | 哲学所 |
| 11 | 《文学评论》 | 1957 | 双月刊 | 文学所 |
| 12 | 《民族研究》 | 1958 | 双月刊 | 民族所 |
| 13 | 《经济学动态》 | 1960 | 月刊 | 经济所 |
| 14 | 《当代语言学》 | 1961 | 季刊 | 语言所 |
| 15 | 《国外社会科学》 | 1978 | 双月刊 | 情报院 |
| 16 | 《世界经济》 | 1978 | 月刊 | 世经政所 |
| 17 | 《世界历史》 | 1978 | 双月刊 | 世历所 |

续表

| 序号 | 名　称 | 创刊时间 | 刊　期 | 主办单位 |
|---|---|---|---|---|
| 18 | 《法学研究》 | 1979 | 双月刊 | 法学所 |
| 19 | 《方言》 | 1979 | 季刊 | 语言所 |
| 20 | 《环球法律评论》 | 1979 | 双月刊 | 法学所 |
| 21 | 《近代史研究》 | 1979 | 双月刊 | 近代史所 |
| 22 | 《经济管理》 | 1979 | 月刊 | 工经所 |
| 23 | 《拉丁美洲研究》 | 1979 | 双月刊 | 拉美所 |
| 24 | 《民族语文》 | 1979 | 双月刊 | 民族所 |
| 25 | 《南亚研究》 | 1979 | 季刊 | 亚太院 |
| 26 | 《青年研究》 | 1979 | 双月刊 | 社会学所 |
| 27 | 《世界经济与政治》 | 1979 | 月刊 | 世经政所 |
| 28 | 《世界宗教研究》 | 1979 | 双月刊 | 宗教所 |
| 29 | 《哲学动态》 | 1979 | 月刊 | 哲学所 |
| 30 | 《中国史研究》 | 1979 | 季刊 | 历史所 |
| 31 | 《中国史研究动态》 | 1979 | 双月刊 | 历史所 |
| 32 | 《财贸经济》 | 1980 | 月刊 | 财经院 |
| 33 | 《世界宗教文化》 | 1980 | 双月刊 | 宗教所 |
| 34 | 《西亚非洲》 | 1980 | 双月刊 | 西亚非所 |
| 35 | 《中国农村观察》 | 1980 | 双月刊 | 农发所 |
| 36 | 《中国社会科学》 | 1980 | 月刊 | 中国社会科学杂志社 |
| 37 | 《中国社会科学》（英文） | 1980 | 季刊 | 中国社会科学杂志社 |
| 38 | 《俄罗斯东欧中亚研究》 | 1981 | 双月刊 | 俄欧亚所 |
| 39 | 《中国地方志》 | 1981 | 月刊 | 方志办 |
| 40 | 《中国社会科学院研究生院学报》 | 1981 | 双月刊 | 研究生院 |
| 41 | 《中国哲学史》 | 1982 | 季刊 | 中国哲学史学会 |
| 42 | 《国际社会科学杂志》 | 1983 | 季刊 | 中国社会科学杂志社 |

续表

| 序号 | 名　称 | 创刊时间 | 刊　期 | 主办单位 |
|---|---|---|---|---|
| 43 | 《马克思主义研究》 | 1983 | 月刊 | 马研院 |
| 44 | 《民族文学研究》 | 1983 | 双月刊 | 民文所 |
| 45 | 《欧洲研究》 | 1983 | 双月刊 | 欧洲所 |
| 46 | 《数量经济技术经济研究》 | 1984 | 月刊 | 数技经所 |
| 47 | 《中国工业经济》 | 1984 | 月刊 | 工经所 |
| 48 | 《第欧根尼》 | 1985 | 半年刊 | 情报院 |
| 49 | 《日本学刊》 | 1985 | 双月刊 | 日本所 |
| 50 | 《政治学研究》 | 1985 | 双月刊 | 政治学所 |
| 51 | 《中国农村经济》 | 1985 | 月刊 | 农发所 |
| 52 | 《社会学研究》 | 1986 | 双月刊 | 社会学所 |
| 53 | 《中国经济史研究》 | 1986 | 季刊 | 经济所 |
| 54 | 《美国研究》 | 1987 | 双月刊 | 美国所 |
| 55 | 《外国文学评论》 | 1987 | 季刊 | 外文所 |
| 56 | 《中国人口科学》 | 1987 | 双月刊 | 人口所 |
| 57 | 《台湾研究》 | 1988 | 双月刊 | 台湾所 |
| 58 | 《抗日战争研究》 | 1991 | 季刊 | 近代史所 |
| 59 | 《中国边疆史地研究》 | 1991 | 季刊 | 边疆所 |
| 60 | 《当代亚太》 | 1992 | 双月刊 | 亚太院 |
| 61 | 《史学理论研究》 | 1992 | 季刊 | 世历所 |
| 62 | 《当代韩国》 | 1993 | 季刊 | 社科文献出版社 |
| 63 | 《中国与世界经济》（英文） | 1993 | 双月刊 | 世经政所 |
| 64 | 《当代中国史研究》 | 1994 | 双月刊 | 当代所 |
| 65 | 《新闻与传播研究》 | 1994 | 月刊 | 新闻所 |
| 66 | 《世界民族》 | 1995 | 双月刊 | 民族所 |
| 67 | 《国际经济评论》 | 1996 | 双月刊 | 世经政所 |

续表

| 序号 | 名　称 | 创刊时间 | 刊　期 | 主办单位 |
|---|---|---|---|---|
| 68 | 《欧亚经济》 | 1996 | 双月刊 | 俄欧亚所 |
| 69 | 《科学与无神论》 | 1998 | 双月刊 | 中国无神论学会 |
| 70 | 《中国社会科学文摘》 | 2000 | 月刊 | 中国社会科学杂志社 |
| 71 | 《中国经济学人》（英文） | 2006 | 双月刊 | 工经所 |
| 72 | 《金融评论》 | 2009 | 双月刊 | 金融所 |
| 73 | 《中国财经与经济研究》（英文） | 2012 | 半年刊 | 财经院 |
| 74 | 《劳动经济研究》 | 2013 | 双月刊 | 人口所 |
| 75 | 《城市与环境研究》 | 2014 | 双月刊 | 城环所 |
| 76 | 《国际法研究》 | 2014 | 季刊 | 国际法所 |
| 77 | 《社会发展研究》 | 2014 | 季刊 | 社发院 |
| 78 | 《世界史研究》（英文） | 2014 | 半年刊 | 世历所 |
| 79 | 《中国社会科学评价》 | 2015 | 季刊 | 中国社会科学杂志社／评价中心 |
| 80 | 《中国文学批评》 | 2015 | 季刊 | 中国社会科学杂志社 |
| 81 | 《财经智库》 | 2016 | 季刊 | 财经院 |
| 82 | 《世界社会主义研究》 | 2016 | 双月刊 | 情报院 |

**报纸（3 种）**

（有 CN 号）

| 序号 | 报名 | 主办单位 | 备注 |
|---|---|---|---|
| 83 | 《中国社会科学报》 | 中国社会科学杂志社 | 行业类报纸 |
| 84 | 《中国经营报》 | 中国经营报报社 | 财经类报纸 |
| 85 | 《精品购物指南》 | 中国经营报报社 | 市场类报纸 |

## 非学术类期刊（11 种）

（有 CN 号）

| 序号 | 报名 | 主办单位 | 备注 |
|---|---|---|---|
| 86 | 《商学院》 | 中国经营报报社 | 市场类期刊 |
| 87 | 《家族企业》 | 中国经营报报社 | 市场类期刊 |
| 88 | 《风尚志》 | 精品购物指南报社 | 市场类期刊 |
| 89 | 《精彩》 | 精品购物指南报社 | 市场类期刊 |
| 90 | 《新视线》 | 精品购物指南报社、新视线杂志社 | 市场类期刊 |
| 91 | 《商业评论》 | 美国研究所、社科文献出版社 | 财经类期刊 |
| 92 | 《财智生活》 | 经济研究所 | 市场类期刊 |
| 93 | 《台湾周刊》 | 台湾研究所 | 时政类期刊 |
| 94 | 《程序员》 | 图书馆 | 市场类期刊，休刊 |
| 95 | 《环球市场信息导报》 | 图书馆 | 市场类期刊 |
| 96 | 《今日中国论坛》 | 中国政策科学研究会 | 时政类期刊，休刊 |

## 学术年鉴

| 序号 | 名　称 | 主办单位 | 主编／总编辑／编委会主任 | 出版单位 |
|---|---|---|---|---|
| 1 | 《世界经济年鉴》2015 | 世经政所 | 刘仕国 | 中国社会科学出版社 |
| 2 | 《中国哲学年鉴》2016 | 哲学所 | 谢地坤 | 中国社会科学出版社 |
| 3 | 《郭沫若研究年鉴》2015 | 郭沫若纪念馆 | 赵笑洁 | 中国社会科学出版社 |
| 4 | 《中国辽夏金研究年鉴》2015 | 民族所、中国辽金史学学会 | 史金波<br>宋德镇 | 中国社会科学出版社 |
| 5 | 《中国考古学年鉴》2015 | 中国考古学会 | 王巍 | 中国社会科学出版社 |
| 6 | 《中国边疆学年鉴》2016 | 中国边疆研究所 | 李国强 | 中国社会科学出版社 |
| 7 | 《中国新闻传播学年鉴》2016 | 新闻所 | 唐绪军 | 中国社会科学出版社 |

续表

| 序号 | 名　称 | 主办单位 | 主编／总编辑／编委会主任 | 出版单位 |
|---|---|---|---|---|
| 8 | 《中国文学年鉴》2016 | 文学所 | 陆建德 | 中国社会科学出版社 |
| 9 | 《中国管理学年鉴》2016 | 工经所 | 黄群慧　黄速建 | 中国社会科学出版社 |
| 10 | 《中国社会科学院年鉴》2016 | 办公厅 | 方军 | 中国社会科学出版社 |
| 11 | 《马克思主义理论研究与学科建设年鉴》2016 | 马研院、马研学部 | 邓纯东　程恩富　樊建新 | 中国社会科学出版社 |
| 12 | 《中国新闻年鉴》 | 社科院新闻所 | 钱莲生 | 中国社会科学出版社 |
| 13 | 《中国宗教研究年鉴》2015 | 世界宗教研究所 | 曹中建 | 中国社会科学出版社 |

# 八 中国社会科学院2016年主管学术社团一览表

| 序号 | 挂靠单位 | 学会名称 |
|---|---|---|
| 1 | 文学所 | 中国当代文学研究会 |
| 2 | | 中国近代文学学会 |
| 3 | | 中国鲁迅研究会 |
| 4 | | 中国现代文学研究会 |
| 5 | | 中国中外文艺理论学会 |
| 6 | | 中华文学史料学学会 |
| 7 | | 中国文学批评研究会 |
| 8 | 民文所 | 中国《江格尔》研究会 |
| 9 | | 中国蒙古文学学会 |
| 10 | | 中国少数民族文学学会 |
| 11 | | 中国维吾尔历史文化研究会 |
| 12 | 外文所 | 中国外国文学学会 |
| 13 | 语言所 | 中国语言学会 |
| 14 | | 全国汉语方言学会 |
| 15 | 考古所 | 中国考古学会 |
| 16 | 历史所 | 中国明史学会 |
| 17 | | 中国秦汉史研究会 |
| 18 | | 中国魏晋南北朝史学会 |
| 19 | | 中国先秦史学会 |
| 20 | | 中国殷商文化学会 |

续表

| 序号 | 挂靠单位 | 学会名称 |
|---|---|---|
| 21 | 历史所 | 中国中外关系史学会 |
| 22 | | 中国郭沫若研究会 |
| 23 | 近代史所 | 中国抗日战争史学会 |
| 24 | | 中国史学会 |
| 25 | | 中国孙中山研究会 |
| 26 | | 中国现代文化学会 |
| 27 | | 中国中俄关系史研究会 |
| 28 | 世界史所 | 中国朝鲜史研究会 |
| 29 | | 中国德国史研究会 |
| 30 | | 中国第二次世界大战史研究会 |
| 31 | | 中国法国史研究会 |
| 32 | | 中国非洲史研究会 |
| 33 | | 中国国际文化书院 |
| 34 | | 中国拉丁美洲史研究会 |
| 35 | | 中国美国史研究会 |
| 36 | | 中国日本史学会 |
| 37 | | 中国世界古代中世纪史研究会 |
| 38 | | 中国世界近代现代史研究会 |
| 39 | | 中国苏联东欧史研究会 |
| 40 | | 中国英国史研究会 |
| 41 | | 中国中日关系史学会 |
| 42 | 台湾所 | 全国台湾研究会 |
| 43 | 哲学所 | 国际易学联合会 |
| 44 | | 中国辩证唯物主义研究会 |
| 45 | | 中国伦理学会 |
| 46 | | 中国逻辑学会 |

续表

| 序号 | 挂靠单位 | 学会名称 |
|---|---|---|
| 47 | 哲学所 | 中国马克思主义哲学史学会 |
| 48 | | 中国现代外国哲学学会 |
| 49 | | 中国哲学史学会 |
| 50 | | 中华美学学会 |
| 51 | | 中华全国外国哲学史学会 |
| 52 | 宗教所 | 中国宗教学会 |
| 53 | 经济所 | 中国《资本论》研究会 |
| 54 | | 中国比较经济学研究会 |
| 55 | | 中国城市发展研究会 |
| 56 | | 中国经济史学会 |
| 57 | | 中国经济思想史学会 |
| 58 | 工经所 | 中国工业经济学会 |
| 59 | | 中国企业管理研究会 |
| 60 | | 中国区域经济学会 |
| 61 | 农发所 | 中国城郊经济研究会 |
| 62 | | 中国国外农业经济研究会 |
| 63 | | 中国生态经济学学会 |
| 64 | | 中国林牧渔业经济学会 |
| 65 | | 中国西部开发促进会 |
| 66 | | 中国县镇经济交流促进会 |
| 67 | 财经院 | 中国成本研究会 |
| 68 | | 中国市场学会 |
| 69 | 数技经所 | 中国数量经济学会 |
| 70 | 城环所 | 中国城市经济学会 |
| 71 | 人口所 | 中国劳动经济学会 |
| 72 | 法学所 | 中国法律史学会 |

续表

| 序号 | 挂靠单位 | 学会名称 |
|---|---|---|
| 73 | 政治学所 | 中国红色文化研究会 |
| 74 | | 中国政策科学研究会 |
| 75 | | 中国政治学会 |
| 76 | 民族所 | 中国民族古文字研究会 |
| 77 | | 中国民族理论学会 |
| 78 | | 中国民族史学会 |
| 79 | | 中国民族学学会 |
| 80 | | 中国民族研究团体联合会 |
| 81 | | 中国民族语言学会 |
| 82 | | 中国世界民族学会 |
| 83 | | 中国突厥语研究会 |
| 84 | | 中国西南民族研究学会 |
| 85 | 社会学所 | 中国社会心理学会 |
| 86 | | 中国社会学会 |
| 87 | 世经政所 | 新兴经济体研究会 |
| 88 | | 中国世界经济学会 |
| 89 | 俄欧亚所 | 中国俄罗斯东欧中亚学会 |
| 90 | 欧洲所 | 中国欧洲学会 |
| 91 | 西亚非所 | 中国亚非学会 |
| 92 | | 中国中东学会 |
| 93 | 拉美所 | 中国拉丁美洲学会 |
| 94 | 亚太院 | 中国南亚学会 |
| 95 | | 中国亚洲太平洋学会 |
| 96 | 美国所 | 中国世界政治研究会 |
| 97 | | 中华美国学会 |

续表

| 序号 | 挂靠单位 | 学会名称 |
|---|---|---|
| 98 | 日本所 | 全国日本经济学会 |
| 99 | | 中华日本学会 |
| 100 | 马研院 | 中国历史唯物主义学会 |
| 101 | | 中国社会主义经济规律系统研究会 |
| 102 | | 中国无神论学会 |
| 103 | | 中华外国经济学说研究会 |
| 104 | 图书馆 | 中国社会科学情报学会 |
| 105 | 当代所 | 中华人民共和国国史学会 |
| 106 | 方志办 | 中国地方志协会 |
| 107 | 中国社会科学院 | 中国企业投资协会 |
| 108 | 中国社会科学院 | 中国战略文化促进会 |
| 109 | 金融所 | 中国开发性金融促进会 |
| 110 | 经济所 | 孙冶方经济科学基金会 |
| 111 | 办公厅 | 当代城乡发展规划院 |

# 第九编

# 大事记

DASHIJI

# 中国社会科学院2016年大事记

## 一　月

1月5～6日　院长、党组书记王伟光出席全国宣传部长会议。院领导班子成员张江、李培林、张英伟、蔡昉、高翔列席会议。

1月6日　副院长蔡昉在北京出席第四届中国工业发展论坛——"十三五"中国工业与京津冀协同发展学术研讨会。

1月7日　院长、党组书记王伟光主持召开第385次党组会议。会议传达学习了全国宣传部长会议精神。会议审议了《中国社会科学院关于加强政治纪律建设的意见》并研究了有关信访案件。

△ 院长、党组书记王伟光主持召开2016年度第1次院务会议。会议审议了《关于举办中国社会科学院2016年度智库工作会议暨马克思主义政治经济学培训班的计划》《关于加强和改进因私出国（境）管理工作的方案》《关于2013～2015年度院先进集体和先进个人评选工作的方案》《中国社会科学院关于进人工作的补充规定（暂行）》《关于中国社会科学院2015年"四项经费"检查情况的报告》等。

1月8～9日　院长、党组书记王伟光，副院长李培林出席国务院学位委员会会议。

1月12日　院长、党组书记王伟光出席中共第十八届中央纪委六次会议。

△ 院长、党组书记王伟光出席马克思主义研究院2015年度"三严三实"专题民主生活会。

1月12～14日　中央纪委驻院纪检组组长张英伟列席中共第十八届中央纪委第六次会议。

1月13日　院长、党组书记王伟光，秘书长高翔出席《财经智库》创刊仪式。

△ 院长、党组书记王伟光，秘书长高翔出席《中华思想通史》项目工作会议。

1月14日　院长、党组书记王伟光主持召开第386次党组会议。会议传达学习了习近平总书记在中央政治局"三严三实"专题民主生活会、十八届中央纪委六次全会上重要讲话精神和全国统战部部长会议精神。会议审议了《中国社会科学院党组关于加强和改进新形势下党校工作的意见》《关于调整中国社会科学院党风廉政建设领导小组的请示》《中国社会科学院2016年度马克思主义理论学科建设与理论研究工程工作要点》《中国社会科学院思想理论写作组2015年工作简要总结和2016年初步规划》等。

△　院长、党组书记王伟光主持召开2016年度第2次院务会议。会议审议了《中国社会科学院哲学社会科学创新工程“十二五”时期总结报告和“十三五”时期发展规划》《关于院党组交办课题“改革开放以来党领导思想文化工作的历史经验教训”立项及资助的请示》《关于研究所创新工程项目管理若干问题的答复意见》《中国社会科学院横向课题管理办法（修订稿）》《关于创新工程准入条件的补充规定》《中国社会科学院关于进一步加强因公出国（境）管理的意见》《关于亚太与全球战略研究院与山东省烟台市合作开展东亚文化研究初步方案的请示》。

1月15日　院领导班子成员王伟光、李培林、张英伟、蔡昉、高翔出席2016年经济学部、马克思主义研究院处室级以上领导干部学习马克思主义政治经济学培训班。

△　副院长李培林、中央纪委驻院纪检组组长张英伟出席中国社会科学院传达贯彻中共第十八届中央纪委第六次会议精神会议。

△　秘书长高翔出席中国社会科学院与浙江省宁波市人民政府第二轮战略合作2015年度工作会议并致辞。

1月16日　副院长李培林出席2016年部级领导干部历史文化讲座颁奖暨开班仪式，在北京市社会科学院出席京津冀社会学界“学习贯彻十八届五中全会精神”座谈会。

1月17日　秘书长高翔在《求是》杂志社出席中国史学会第九届理事会会长会议第一次会议。

1月18～21日　院长、党组书记王伟光在中央党校参加省部级主要领导干部学习贯彻党的十八届五中全会精神专题研讨班。

1月20日　院领导班子成员王伟光、张江、李培林、蔡昉、高翔出席度中国社会科学院哲学社会科学创新工程2016年首席管理签约仪式。

1月21日　副院长张江、中央纪委驻院纪检组组长张英伟出席党组巡视组整改推进会。

1月22日　院长、党组书记王伟光主持召开第387次党组会议。会议传达学习了中共中央政治局常委、中央书记处书记刘云山，中共中央政治局委员、中组部部长赵乐际在全国组织部长会议上的讲话精神。会议审议了《关于紧急清理领导干部违规在企业兼职的建议》《关于对中央巡视组交办事项整改情况报告进行审核的方案》《关于修订完善到职能部门挂职局级干部管理办法的建议》等。

△　院长、党组书记王伟光主持召开2016年度第3次院务会议。会议审议了《中国社会科学院2016年度工作会议暨党风廉政建设工作会议筹备方案》《关于加大对西藏社科院支援力度、支持“西藏重大现实问题研究基地”项目的意见》《关于创新工程准入（退出）条件的补充规定》《关于2013～2015年度院先进集体和先进个人评选工情况的报告》《关

于修订完善到职能部门挂职局级干部管理办法的建议》《关于横向课题经费使用情况的检查报告》《关于落实经济责任审计整改意见的报告》等。

1 月 24 ~ 31 日　副院长蔡昉率团访问比利时、意大利。

1 月 25 ~ 26 日　中国社会科学院 2016 年度工作会议暨党风廉政建设工作会议在社科会堂召开。院领导班子成员王伟光、张江、李培林、张英伟、高翔和中宣部副部长、中央政策研究室副主任王晓晖，国家审计署科学技术审计局局长韩大川，中央国家机关纪工委副书记吴海英，财政部教科文司科学处处长李文进出席会议。王伟光作 2016 年度工作报告。张江传达全国宣传部长会议精神。李培林主持大会开幕式。张英伟传达十八届中央纪委六次全会精神并就全面从严治党工作讲话。院现职所局级领导干部，学部委员、荣誉学部委员，全国人大代表和全国政协委员，离退休干部代表和青年代表等近 300 人参加了会议。

1 月 26 日　中国社会科学院马克思主义理论学科建设与理论研究工程 2016 年度工作会议在北京召开。

1 月 27 日　副院长李培林出席中央精神文明建设指导委员会第四次全体会议。

1 月 28 日　院长、党组书记王伟光主持召开第 388 次党组会议。会议听取了办公厅关于中央第一巡视组专项巡视中国社会科学院党组情况反馈会议筹办情况的汇报和中国社会科学杂志社关于马克思主义学术网军建设情况的汇报。会议审议了有关信访问题和《中共中国地方志指导小组办公室机关委员会和纪律检查委员会选举结果的报告》等。

△ 院长、党组书记王伟光主持召开 2016 年度第 4 次院务会议。会议审议了关于下达 2016 年度人才引进计划的有关意见和建议。会议强调，院属单位引进人才必须严格遵守党组已经确定的基本原则，坚决贯彻党组会议和院务会议及已经出台相关文件精神。

△ 院长、党组书记王伟光主持召开 2016 年度第 1 次院长办公会议。会议听取了相关责任单位关于 2015 年第 4 季度及 2015 年全年贯彻落实《中共中国社会科学院党组关于贯彻落实〈十八届中央政治局关于改进工作作风、密切联系群众的八项规定〉的意见》《中国社会科学院关于改进机关工作作风的若干规定》《中国社会科学院关于加强科研学风、文风、作风建设的若干要求》《中国社会科学院关于加强中国特色新型智库建设的若干意见》《中国社会科学院中国特色新型智库建设 2015 年先行试点方案》《中国社会科学院关于加强院属单位领导班子建设的若干规定》《关于加强党的意识形态工作　建设马克思主义坚强阵地的意见》等情况汇报。

△ 院长、党组书记王伟光出席全国哲学社会科学话语体系建设协调会议。

1 月 29 日　院领导班子成员王伟光、张江、李培林、张英伟、高翔在社科会堂出席 2016 年度中国社会科学院春节团拜会。

△ 院领导班子成员王伟光、张江、李培林、张英伟、高翔出席 2016 年度老领导迎新春茶话会。王伟光致新春贺词。

△ 副院长张江、李培林出席院学术出版资助管委会会议。

1月30日　副院长李培林在北京出席国家发改委组织的“十三五”规划专家论证会。

1月31日　中央第一巡视组专项巡视中国社会科学院党组情况反馈会在社科会堂召开。院长、党组书记王伟光，党组成员张江、李培林、张英伟、高翔和中央第一巡视组组长王怀臣，中央巡视工作领导小组办公室主任黎晓宏，中央第一巡视组副组长彭文耀、赵春光、黄建平出席会议。王伟光主持会议并讲话。王怀臣反馈中央第一巡视组专项巡视中国社会科学院党组情况。黎晓宏就巡视整改工作提出要求。院现职处长以上干部、正高职称党员同志、离退休老同志代表和中央第一巡视组、中央巡视办有关成员参加会议。

△ 院长、党组书记王伟光主持召开第389次党组会议。会议传达学习了习近平总书记在中央政治局常委会上听取2015年中央第三轮专项巡视情况汇报时的重要讲话精神。会议研究讨论了中央第一巡视组《关于对中国社会科学院党组专项巡视情况的反馈意见》整改落实相关事宜。

## 二　月

2月1日　《中国社会科学》第四届编委会第三次全体会议在中国社会科学杂志社召开。院长、《中国社会科学》编委会主任王伟光出席会议并讲话。副院长李培林、蔡昉等编委会委员出席会议。秘书长、中国社会科学杂志社总编辑、《中国社会科学》编委会副主任高翔主持会议。

2月2日　院长、党组书记王伟光主持召开第390次党组会议。会议研究讨论了落实中央第一巡视组《关于对中国社会科学院党组专项巡视情况的反馈意见》。会议研究讨论了有关干部人事问题。

△ 院长、党组书记王伟光，秘书长高翔看望陈奎元、王忍之同志。

2月3日　院领导班子成员王伟光、张江、李培林、张英伟、蔡昉、高翔在社科会堂出席中国社会科学院巡视和审计整改工作动员会。

2月4日　院领导班子成员王伟光、张英伟、蔡昉、高翔在八宝山革命公墓出席杨克同志遗体告别仪式。

△ 院长、党组书记王伟光主持召开第391次党组会议。会议听取了关于巡视整改有关情况的通报。会议传达了中央纪委有关文件精神。会议审议了《关于党组管理干部试用期满后正式任职的请示》等。

△ 院长、党组书记王伟光主持召开2016年度第5次院务会议。会议审议了《关于院2016年度第一批创新工程学术出版资助项目的请示》《关于“学部委员（荣誉学部委员）资助计划”结项考核、年度考核和2016年申报立项评审结果的请示》《关于下达2016年度人才引进计划的有关意见建议》《关于制定中国社会科学院〈公务用车改革实施方案〉有关事项的请示》等。

△ 院长、党组书记王伟光会见印度驻华大使顾恺杰一行。

2月16日　院长、党组书记王伟光，中央纪委驻院纪检组组长张英伟、副院长蔡昉在北京出席由中国社会科学院经济学部、智库工作协调办公室主办，城市发展与环境研究所承办，中国社会科学出版社、社会科学文献出版社、经济管理出版社协办的“中国社会科学院高端智库论坛”之“2016年经济形势座谈会——聚焦：新常态、新改革、新发展”。

2月18日　院长、党组书记王伟光主持召开第392次党组会议。会议审议了《中央纪委驻中国社会科学院纪检组信访举报了结反馈实施意见（暂行）》《关于成立中国社会科学院后勤服务保障联合机关党委和机关纪委方案》。

△ 院长、党组书记王伟光主持召开2016年度第6次院务会议。会议审议了中国社会科学院2016年智库建设工作会议有关文件以及关于向院属单位印发“十三五”信息化建设规划的请示。

2月19日　院长、党组书记王伟光在北京出席中央马克思主义理论研究和建设工程重大项目“国家治理体系和治理能力现代化问题研究”项目组全体人员会议。

△ 副院长蔡昉在北京钓鱼台国宾馆出席中国经济50人论坛2016年年会。

2月20日　院长、党组书记王伟光主持召开第393次党组会议。会议通报了中央纪委有关处分决定。

2月21日　院长、党组书记王伟光在北京出席中央宣传文化单位领导干部学习贯彻习近平总书记在党的新闻舆论工作座谈会上重要讲话精神专题会议并发言。党组成员张江、李培林、张英伟、蔡昉、高翔出席会议。

2月23日　院长、党组书记王伟光出席中国社会科学院2016年智库建设工作会议并作动员报告。副院长蔡昉就智库建设相关制度、文件作说明，并部署2016年度智库工作。副院长李培林主持会议。院领导班子成员张江、高翔出席会议。

2月24日　副院长蔡昉出席第十二届全国人大常委会第十九次会议。

2月25日　院长、党组书记王伟光主持召开第394次党组会议。会议审议了《关于调整中国经营出版传媒集团管理委员会成员及临时机关党委和临时机关纪委委员的请示》和关于举办学习习近平总书记在党的新闻舆论座谈会上的重要讲话精神专题培训班等事宜。

△ 院长、党组书记王伟光主持召开2016年度第7次院务会议。会议审议了《关于“学部委员（荣誉学部委员）资助计划”结项考核、年度考核和2016年申报立项评审结果

的请示》《关于分级聘用工作有关情况的报告》等。

2 月 26 日　副院长张江主持召开人事教育局学科组（文学、哲学）评审会。

2 月 29 日　院长、党组书记、《中国社会科学报》和中国社会科学网编委会主任王伟光出席《中国社会科学报》暨中国社会科学网编委会 2015 年全体会议并讲话。秘书长，中国社会科学杂志社总编辑，《中国社会科学报》、中国社会科学网编委会副主任高翔主持会议。

△ 副院长李培林分别主持召开院二级岗位人员（社会政法组、国际组）评审会。

△ 副院长蔡昉主持召开院二级岗位人员（经济组）评审会。

## 三　月

3 月 1 日　院领导班子成员王伟光、张江、李培林、张英伟、蔡昉、高翔出席学习贯彻习近平总书记在党的新闻舆论工作座谈会上重要讲话精神专题培训班并作动员报告。

△ 秘书长高翔分别主持召开院二级岗位人员（史学组、出版图资组）评审会。

3 月 2 日　院长、党组书记王伟光出席《2015 ～ 2016 世界社会主义黄皮书》发布暨“坚持和发展中国特色社会主义——习近平治国理政思想与‘四个全面’战略布局”学术研讨会并讲话。

△ 副院长张江主持召开院专业二级岗位人员评审会。副院长李培林、蔡昉，秘书长高翔出席。

3 月 3 日　院长、党组书记王伟光主持召开第 395 次党组会议。

会议学习了《党委会的工作方法》。会议传达了中央纪委有关重要会议精神。会议审议了《关于中国社会科学院第二次警示教育大会方案》等。

△ 院长、党组书记王伟光主持召开 2016 年度第 8 次院务会议。会议审议了《关于〈中国社会科学院横向课题管理办法〉的补充规定》《关于落实中央巡视组对我院学部工作反馈意见的整改方案》《关于落实中央巡视组“加强马克思主义学部建设”整改意见的工作方案》等。

3 月 4 日　秘书长高翔主持召开院扶贫工作领导小组会议。

3 月 4 ～ 16 日　副院长蔡昉出席第十二届全国人民代表大会第四次会议。

3 月 9 日　副院长李培林会见塔吉克斯坦科学院院长法赫德·拉希米一行。

3 月 10 日　院长、党组书记王伟光主持召开第 396 次党组会议。会议传达学习了中央纪委有关重要文件精神。会议审议了《关于规范涉嫌违反政治纪律问题线索处置工作的建议》《关于研究室主任与行政级别脱钩的情况说明》《中国社会科学院2016年党风廉政建设和反腐败工作任务分解》等文件。

△ 院长、党组书记王伟光主持召开2016年度第9次院务会议。会议审议了《关于2016年度创新岗位审核问题的请示》。

△ 院长、党组书记王伟光出席《中华思想通史》项目第15次工作会议。秘书长高翔主持会议。

3月11日　院长、党组书记王伟光会见波兰驻华大使林誉平一行。

3月16日　院长、党组书记王伟光出席《中华思想通史》项目第16次工作会议。

3月17日　院长、党组书记王伟光主持召开第397次党组会议。会议传达学习了中央纪委有关文件精神。会议研究讨论了有关干部人事问题。会议审议了《关于推动金融研究所巡视和审计整改的工作方案》《关于进一步做好离退休干部工作的意见》等文件。

△ 院长、党组书记王伟光主持召开2016年度第10次院务会议。会议审议了《关于部分院属期刊拖刊情况及处理意见》《关于2016年度创新岗位审核意见落实情况的报告》《关于我院新进人员专业技术职务认定的有关规定》等文件。

△ 中央纪委驻院纪检组组长张英伟参加中央纪委监察部传达贯彻十二届全国人大四次会议和全国政协十二届四次会议精神大会。

3月18日　院领导班子成员王伟光、李培林、蔡昉、高翔出席院加强党的意识形态工作和马克思主义阵地建设协调会议第四次会议。

3月21日　院长、党组书记王伟光主持召开第398次党组会议并宣布了中央关于王京清同志任中国社会科学院副院长（正部长级）、党组副书记的决定。党组副书记王京清，党组成员张江、李培林、张英伟、蔡昉、高翔出席会议。会议研究了工作分工问题。

3月21～23日　院领导班子成员王伟光、高翔出席由直属机关党委和马克思主义研究院共同在院党校组织的中国社会科学院思想理论写作组第一次理论学习班。

3月23日　副院长蔡昉会见中国宋庆龄基金会党组书记、常务副主席齐鸣秋一行。

3月23～24日　中央纪委驻院纪检组组长张英伟参加全国党建研究会第六次会员代表大会。

3月24日　院长、党组书记王伟光主持召开第399次党组会议。会议听取了当代中国研究所、马克思主义研究院、中国特色社会主义理论体系研究中心、中国社会科学出版社、社会科学文献出版社、中国社会科学杂志社、研究生院关于贯彻落实2016年度院工作会议精神情况、审计巡视整改情况的汇报。

△ 院长、党组书记王伟光主持召开2016年度第11次院务会议。会议审议了《院2016年度国内学术会议计划》《关于对有关同志创新岗位聘用的意见》《2016年度创新岗位审核意见落实情况》《关于2015年度全院各单位意识形态报告的汇总分析报告》以及关于院党

组交办课题立项及资助事宜。

△ 院领导班子成员王伟光、王京清、张江、李培林、蔡昉、高翔在研究生院参加2016年春季义务植树活动。

3月25日 院长、党组书记王伟光主持召开关于人事工作的专题会议。

△院长、党组书记王伟光，副院长蔡昉出席2016年度离退休干部工作会议。

3月25～26日 副院长李培林在江苏省苏州市参加地方志工作会议。

3月27日 院长、党组书记王伟光主持召开第400次党组会议。会议讨论了党组成员工作变动情况以及党组成员分工问题。

3月28日 副院长、党组副书记王京清在北京出席国务院第四次廉政工作会议。

△ 副院长张江在北京出席《中国文学批评》创刊一周年座谈会并讲话。

3月28日～4月1日 院长、党组书记王伟光率团出访捷克。

3月29日 副院长张江送高翔同志赴福建省履职。

3月31日 副院长、党组副书记王京清主持召开第401次党组会议暨2016年第1季度党组中心组理论学习会。党组成员在学习习近平总书记在省部级主要领导干部学习贯彻十八届五中全会精神专题研讨班开班式上的重要讲话、习近平总书记在党的新闻舆论工作座谈会上的讲话等学习材料的基础上，结合工作实际，交流了学习体会。

△ 中央纪委驻院纪检组组长张英伟出席院第九届廉政研究论坛。

# 四 月

4月1日 副院长蔡昉主持召开中央交办工作会议。

4月6日 副院长、党组副书记王京清在北京出席"两学一做"学习教育工作座谈会。

△ 副院长蔡昉主持召开第一季度经济形势专家座谈会。

4月7日 院长、党组书记王伟光主持召开第402次党组会议。会议传达了中央有关文件精神、中央纪委有关领导同志重要讲话精神、中央有关领导同志在"两学一做"学习教育工作座谈会上重要讲话精神。会议听取了《关于我院智库相关工作情况的汇报》《关于我院纪检小组设置的相关情况和建议的汇报》。会议审议了《中国社会科学院审计结果反馈和整改的实施细则》《关于对开展违反规定在企业兼职取酬专项清理工作审核情况的报告》等。

△ 院长、党组书记王伟光主持召开2016年度第12次院务会议。会议审议了《"第九

届（2016 年）中国社会科学院优秀科研成果奖”评选工作有关问题的请示》《创新岗位聘用工作的若干补充规定》《关于加强创新工程绩效考核和准入审核工作的意见》等文件。

△ 院长、党组书记王伟光主持召开 2016 年度第 2 次院长办公会议。会议听取了关于智库相关工作情况的汇报。会议要求院属单位要高度重视中国特色新型智库建设，要加强对新型智库建设的领导，把新型智库建设的重点放在出成果出人才上。

4 月 8 日　院长、党组书记、中国辩证唯物主义研究会会长王伟光出席由中国辩证唯物主义研究会、哲学研究所、中央党校哲学教研部联合举办的“习近平总书记治国理政新理念新思想新战略的哲学思考”理论座谈会。

△ 副院长、党组副书记王京清，中央纪委驻院纪检组组长张英伟出席院属单位党委书记、纪委书记、人事处处长会议暨向中央纪委推荐干部动员会。

△ 副院长李培林出席由新闻与传播研究所、中国社会科学出版社联合主办的中国新闻传播学新品力作发布会暨《中国新闻传播学年鉴》出版研讨会。

△ 副院长蔡昉在北京出席由中宣部主办的讲好中国故事专家学者、文化交流使者座谈会。

4 月 11 日　院长、党组书记王伟光出席国务院经济形势座谈会。

4 月 12 日　副院长、党组副书记王京清，副院长李培林出席中国社会科学院学习贯彻习近平总书记在党的新闻舆论工作座谈会上的重要讲话精神编辑人员学习班开班动员大会。王京清作动员讲话，李培林主持会议。

△ 副院长张江出席全国文物工作会议。

4 月 13 日　院领导班子成员王伟光、张江出席《中华思想通史》项目工作会议。

4 月 14 日　院长、党组书记王伟光主持召开第 403 次党组会议。会议学习了中央有关文件精神。会议审议了《关于推进第二阶段巡视和审计整改的工作方案》《中国社会科学院第二次警示教育大会方案》《对违规设置职务名称、变相提高职级待遇、超职数配备干部问题的整改方案》等。

△ 院长、党组书记王伟光主持召开 2016 年度第 13 次院务会议。会议审议了《中国社会科学院关于进一步规范领导干部参加学术活动领取报酬的若干规定》（送审稿）、《中国社会科学院第三届博士后管理委员会组成人员名单》等。

4 月 15 日　院领导班子成员王伟光、王京清、张江、李培林、张英伟、蔡昉出席中国社会科学院“两学一做”学习教育专题党课暨动员部署会议。

△ 副院长、党组副书记王京清出席贯彻实施国家安全法座谈会。

4 月 19 日　院长、党组书记王伟光出席全国哲学社会科学规划领导小组会议。

△ 院长、党组书记王伟光会见新加坡驻华大使罗家良一行。

4 月 19 ~ 20 日　副院长、党组副书记王京清分别在信息情报研究院、中国边疆研究所、民族学与人类学研究所调研。

4 月 19 ~ 20 日　副院长、中国地方志指导小组常务副组长李培林在四川省凉山彝族自治州西昌市出席全国地方志基层基础工作会议并作题为“强本固基创新发展　谱写地方志事业新华章”的讲话。

4 月 21 日　院长、党组书记王伟光主持召开 2016 年度第 14 次院务会议。会议审议了《关于加强和改进新形势下我院档案工作的意见》《关于增补及调整我院博士后合作导师的请示》《关于我院租用办公用房情况的报告》等。

4 月 22 日　院长、党组书记王伟光，副院长张江出席全国宗教工作会议第一次全体会议。

4 月 24 日　副院长、上海研究院院长李培林在上海大学出席“中国社会科学院—上海市人民政府上海研究院 2016 年度院务委员会全体委员会议”并作 2015 年工作总结。

4 月 25 日　院长、党组书记王伟光会见波兰共和国外交部部长维托尔德·瓦什奇科夫斯基一行。

4 月 25 ~ 28 日　副院长蔡昉出席第十二届全国人民代表大会常务委员会第二十次会议。

4 月 25 ~ 29 日　院领导班子成员王伟光、王京清、张江、李培林、张英伟、蔡昉出席中国社会科学院第六期所局级主要领导干部马克思主义经典著作读书班。

4 月 27 日　副院长、党组副书记王京清出席院“优秀共产党员、优秀党务工作者和先进基层党组织”评选会议。

△　副院长蔡昉出席中国农村经济形势分析与预测研讨会暨《农村绿皮书：(2015 ~ 2016)》发布会。

4 月 28 日　院长、党组书记王伟光主持召开第 404 次党组会议暨党组中心组理论学习会。会议学习了《中国共产党章程》、《中国共产党纪律处分条例》和《中国共产党廉洁自律准则》。会议研究了关于落实以习近平同志为总书记的党中央治国理政新思想新实践宣传研究第二阶段任务。会议传达了全国宗教工作会议精神、中央纪委有关会议精神。会议审议了关于中组部交流干部问题、中国社会科学院“两优一先”评比情况等事宜。

4 月 29 日　院长、党组书记王伟光参加中共中央政治局第三十一次集体学习。中国边疆研究所党委书记李国强就“历史上的丝绸之路和海上丝绸之路”进行讲解。

## 五　月

5 月 3 日　副院长张江出席由世界宗教研究所主办的学习贯彻习总书记在全国宗教会上的讲话

精神研讨会并致辞。

5月4日　副院长、党组副书记王京清分别在世界经济与政治研究所、欧洲研究所、美国研究所调研。

5月5日　院长、党组书记王伟光主持召开第405次党组会议。会议传达了中央纪委领导重要讲话精神。会议听取了中央纪委有关批示情况的汇报。会议审议了《关于修订〈中国社会科学院党风廉政建设职能部门监督职责清单〉的建议》《关于中央组织部干部交流人选方案》等。

△ 院长、党组书记王伟光主持召开2016年度第15次院务会议。会议审议了《我院关于加强以习近平同志为总书记的党中央治国理政新思想新实践重点宣传阐释方案》《关于推荐全国“最美家庭”候选家庭的请示》《我院2016年预算安排》。会议听取了《关于我院数据库建设情况的汇报》等。

△ 院领导班子成员王伟光、王京清、张英伟在中宣部汇报有关工作。

△ 副院长张江、李培林出席学术出版资助管理委员会会议。

5月6日　副院长、党组副书记王京清出席学习贯彻《关于深化人才发展体制机制改革的意见》座谈会。

5月9日　院长、党组书记王伟光在国务院出席全国推进简政放权放管结合优化服务改革电视电话会议。院领导班子成员王京清、张江、李培林、蔡昉在社科会堂分会场出席会议。

5月9～12日　中国社会科学院举办所局级领导干部马克思主义经典著作读书班。副院长、党组副书记王京清作开班动员讲话，副院长、党组成员张江主持开班仪式，副院长、党组成员蔡昉出席总结大会并讲话。

5月10日　中国社会科学院召开研究阐释以习近平同志为总书记的党中央治国理政新思想新实践工作动员会。院长、党组书记王伟光，副院长、党组副书记王京清，副院长、党组成员张江、李培林，中央纪委驻院纪检组组长、党组成员张英伟，副院长、党组成员蔡昉出席动员会。王伟光作重要讲话。王京清传达中央有关文件及有关中央领导同志的讲话精神。李培林主持会议。

△ 院长、党组书记王伟光，副院长张江出席《中华思想通史》项目工作会议。

△ 副院长蔡昉出席2016年中国经济形势分析与预测春季座谈会暨《2016中国经济前景分析》发布会。

5月11日　院长、党组书记王伟光出席院思想理论写作组第一次专题会议。

△ 院长、党组书记王伟光出席国家社科基金年度评审会。

△ 副院长、党组副书记王京清分别在俄罗斯东欧中亚研究所、西亚非洲研究所、拉丁美洲研究所、亚太与全球战略研究院、日本研究所调研。

5月11～13日　副院长张江、李培林出席国家社科基金年度评审会。

5 月 12 日　院长、党组书记王伟光主持召开第 406 次党组会议。会议审议了《关于国务院参事拟聘人选》《关于加强科学无神论阵地建设的建议方案》《马克思主义研究院关于加强无神论学科建设和研究方案》《关于在中国社会科学院组建无神论研究所的建议》等。

5 月 12 日　院长、党组书记王伟光主持召开 2016 年度第 16 次院务会议。会议审议了《中国社会科学院关于加强学术会议管理的若干规定》（送审稿）、《中国社会科学院关于举办学术活动支付报酬的规定》、《我院智库项目管理及成果编撰若干问题的请示》、《2016 年第二批创新工程学术出版资助项目》等。

△ 院长、党组书记、中国地方志指导小组组长王伟光在人民大会堂出席首届全国名镇论坛暨中国名镇志丛书出版座谈会并讲话。副院长、中国地方志指导小组常务副组长李培林主持会议。

△ 院长、党组书记、中国地方志指导小组组长王伟光在人民大会堂出席由中国地方志指导小组办公室、方志出版社联合召开的《汶川特大地震抗震救灾志》出版座谈会并讲话。副院长、中国地方志指导小组常务副组长李培林主持会议。

5 月 13 日　院长、党组书记、中国地方志指导小组组长王伟光在国家方志馆出席国家数字方志馆揭牌暨“方志中国”展览开展仪式。

△ 副院长、中国地方志指导小组常务副组长李培林出席纪念国务院《地方志工作条例》颁布实施 10 周年座谈会并作题为“坚持依法治志，大力推进地方志事业科学发展”的讲话。

5 月 15 日　副院长蔡昉出席劳动经济学会成立大会暨第一届全国会员代表大会。

5 月 17 日　院长、党组书记王伟光，副院长、党组成员李培林在北京出席习近平总书记主持召开的哲学社会科学工作座谈会。

5 月 18 日　副院长、党组副书记王京清出席“中国社会科学论坛：丝绸之路与中国—伊朗关系”国际学术研讨会并致辞。

△ 副院长蔡昉出席京津冀产业创新协同发展高端论坛。

5 月 19 日　院领导班子成员王伟光、王京清、张江、李培林、张英伟、蔡昉出席学习贯彻习近平总书记在哲学社会科学工作座谈会上重要讲话精神工作会议。

5 月 20 日　院长、党组书记王伟光主持召开第 407 次党组会议。会议传达了习近平总书记在哲学社会科学工作座谈会上的重要讲话精神和中央有关文件。会议审议了《关于举办我院处室干部学习习近平总书记系列重要讲话精神专题教育培训班工作方案》。

△ 院长、党组书记王伟光主持召开 2016 年度第 17 次院务会议。会议审议了《2016 年度国情调研拟立项项目》、《2015 年院属相关单位创收上交情况及 2016 年预算安排》、《中国社会科学院创新工程学术著作翻译出版资助实施细则》（修订版）等。

5 月 21 日　院长、党组书记王伟光在河南省郑州市出席由中国考古学会主办，郑州中华之源与嵩山文明研究会、河南省文物考古学会承办的首届中国考古学大会（2016·郑州）。

5月24日　院处室干部学习习近平总书记系列重要讲话精神专题教育培训班开班。副院长、党组副书记王京清出席开班仪式并作动员讲话。副院长、党组成员李培林主持开班仪式。

△ 副院长、党组副书记王京清出席2015年度优秀对策信息奖评审会议。

5月25日　中央纪委驻院纪检组组长张英伟出席中央纪委机关“两学一做”专题党课。

5月25～27日　副院长、党组副书记王京清分别在办公厅、科研局、国际合作局、离退休干部工作局、城市发展与环境研究所、人口与劳动经济研究所、政治学研究所、财经战略研究院、金融研究所、基建工程办公室、图书馆、服务中心、中国人文科学发展公司、财务基建计划局、信息化管理办公室、中国社会科学评价中心等单位调研。

5月25日～6月1日　副院长蔡昉率学术代表团访问阿塞拜疆和日本。

5月26日　院长、党组书记王伟光主持召开第408次党组会议。会议传达了中央纪委有关领导同志的重要讲话精神。会议听取了有关信访案件查处情况的报告。会议审议了《关于请办公厅协调中央网信办立即处置网络舆情突发事件的建议》《关于学习贯彻习近平总书记在哲学社会科学工作座谈会上的重要讲话精神工作方案》《关于学习贯彻习近平总书记在哲学社会科学工作座谈会上的重要讲话精神动员会方案》等。

△ 院长、党组书记王伟光主持召开2016年度第18次院务会议。会议审议了《关于发放所局级干部2015年度目标报偿的请示》、《中国社会科学院加强学术会议管理的若干规定》（送审稿）、《关于“与国际知名智库交流平台项目”2016年度派出人员名单及相关预算的请示》、《中国社会科学院陆家嘴研究基地经费管理办法》（送审稿）、《加强海外中国学研究的基本构想和规划》等。

△ 副院长、党组副书记王京清出席“党建高端智库”座谈会并作发言。

5月27日　院长、党组书记王伟光在北京出席中共中央政治局就我国人口老龄化的形势和对策举行的第三十二次集体学习。

△ 院长、党组书记王伟光、副院长张江在北京协和医院送别杨绛先生。

5月30日　院长、党组书记王伟光、副院长李培林在人民大会堂出席全国科技创新大会、中国科学院第十八次院士大会和中国工程院第十三次院士大会、中国科学技术协会第九次全国代表大会。

5月31日　院领导班子成员王伟光、王京清、张江、张英伟出席中国社会科学院学习贯彻习近平总书记在哲学社会科学工作座谈会上的重要讲话精神动员会。王伟光发表讲话。王京清主持会议并宣读《关于学习贯彻习近平总书记在哲学社会科学工作座谈会上重要讲话精神的通知》。张江部署中国社会科学院学习贯彻习近平总书记重要讲话精神工作方案。张英伟传达中央领导关于学习贯彻习近平总书记重要讲话精神的讲话。

△ 副院长张江在北京出席中国科学技术协会第九次全国代表大会第三次全体会议。

# 六　月

6月1日　副院长、党组副书记王京清出席《宣传思想文化系统事业单位领导人员管理暂行办法》征求意见座谈会。

6月1～11日　副院长李培林率学术代表团出访土耳其、南非、奥地利。

6月2日　院长、党组书记王伟光主持召开第409次党组会议。会议传达了全国科技创新大会精神。会议研究了有关信访案件和干部人事问题。

△ 院长、党组书记王伟光主持召开2016年度第19次院务会议。会议审议了《关于组织编纂〈全国社会科学院年鉴（2016）〉的工作方案》《中国社会科学院关于改进学术会议管理的若干规定（暂行）》《关于第12届人才引进院级专家评审情况的报告》《关于院党组交办课题“2030年可持续发展研究”立项及资助的请示》等。

6月3日　院长、党组书记王伟光在中央党校为中宣部等六部委组织的哲学社会科学教学科研骨干研修班授课。

6月4日　副院长蔡昉在山东省青岛市出席由山东省青岛市人民政府主办，《财经》杂志、《财经》智库承办的2016青岛·中国财富论坛。

6月6日　副院长、党组副书记王京清出席中国社会科学院挂职实践锻炼工作座谈会。

6月7日　副院长、党组副书记王京清在中宣部出席中国共产党成立95周年和红军长征胜利80周年纪念活动筹办工作协调会。

6月8日　院长、党组书记王伟光主持召开第410次党组会议。会议研究了有关干部挂职问题。会议审议了《关于同意中共民族文学研究所新一届党委委员和纪委委员换届选举结果的批复》。

△ 院长、党组书记王伟光主持召开2016年度第20次院务会议。会议研究了暑期专题工作会议事宜。会议审议了《2016年收入上解收支预算》《关于2015年度优秀对策信息奖表彰有关事项的请示》等。

6月12日　副院长、党组副书记王京清听取文学研究所、外国文学研究所、民族文学研究所、语言研究所、哲学研究所、世界宗教研究所、历史研究所、中国特色社会主义理论体系研究中心汇报。

△ 副院长蔡昉在云南省昆明市出席“第四届中国—南亚智库论坛”并致辞。

6月13日　副院长、党组副书记王京清听取农村发展研究所、数量经济与技术经济研究所、社会学研究所、社会发展战略研究院、马克思主义研究院汇报。

6月14日　院长、党组书记王伟光出席中央会议。

△ 副院长蔡昉出席“G20前瞻：全球经济困境与政策挑战”国际研讨会。

6月14～15日　副院长李培林在黑龙江省哈尔滨市出席由黑龙江省人民政府、中国社会科学院联合主办，黑龙江省社会科学院、黑龙江省人民政府发展研究中心承办的第三届中国与欧亚经济联盟合作高层智库论坛。

△ 副院长王京清在中国社会科学杂志社、新闻与传播研究所、中国地方志指导小组办公室调研。

6月16日　院长、党组书记王伟光主持召开第411次党组会议。会议研究了有关干部人事问题。会议传达了中央纪委有关文件精神。

△ 院长、党组书记王伟光主持召开2016年度第21次院务会议。会议审议《关于“第9届（2016年）中国社会科学院优秀科研成果奖”评选工作进展情况的报告》《中国社会科学院关于改进在华举办国际会议经费管理的补充规定（暂行）》《2016年信息化经费预算分配方案》等。

△ 副院长、党组副书记王京清在当代中国研究所调研。

6月17日　院长、党组书记王伟光，副院长张江出席《中华思想通史》第19次项目工作会议。

6月19～22日　副院长、党组副书记王京清率学术代表团在波兰进行学术访问，并出席中国社会科学院与波兰国际事务研究所共同召开的中波外交政策论坛。

6月21日　副院长李培林在北京出席由新闻与传播研究所、社会科学文献出版社共同主办的《新媒体蓝皮书：中国新媒体发展报告No.7（2016）》发布会并致辞。

6月21～25日　院长、党组书记王伟光在乌兹别克斯坦共和国进行访问。

6月23日　副院长、党组副书记王京清出席中央国家机关工委办公室来院开展对中央八项规定精神纪检专项巡视启动工作会议。

6月24日　副院长、党组副书记王京清在人民大会堂出席中央国家机关优秀共产党员、优秀党务工作者和先进基层党组织表彰大会。

6月25日　院长、党组书记王伟光与俄罗斯国际事务委员会会长科尔杜诺夫签署智库合作备忘录。

6月27日　院长、党组书记王伟光，副院长、党组副书记王京清，中央纪委驻院纪检组组长、党组成员张英伟在社科会堂出席“中华魂·家国情深”中国社会科学院纪念建党95周年赛诗会，并为获奖单位颁奖。

6月27日～7月2日　副院长蔡昉出席第十二届全国人大常委会第二十一次会议。

6月28日　院领导班子成员王伟光、王京清、张江、李培林、张英伟出席中国社会科学院庆祝中国共产党成立95周年大会。王伟光发表讲话。王京清主持会议。张江宣读《中国社会科学院关于表彰优秀共产党员、优秀党务工作者和先进基层党组织的决定》。

△ 院长、党组书记王伟光，副院长、党组成员张江出席中国社会科学院研究生院2016届研究生毕业典礼暨学位授予仪式。王伟光发表讲话。

△ 院长、党组书记王伟光出席哲学研究所联合党支部“两学一做”学习教育活动。

6月28～29日　副院长、党组副书记、中国廉政研究中心理事长王京清，中央纪委驻院纪检组组长、党组成员张英伟在北京出席由中国廉政研究中心、社会学研究所共同主办，联合国社会发展研究所协办的“实现可持续发展目标的社会治理与反腐败：中国—俄罗斯比较”论坛。

6月29日　院长、党组书记王伟光，副院长、党组副书记王京清在北京出席中国社会科学院西藏智库成立大会暨第一届理事会会议。

△ 副院长、党组副书记王京清在郭沫若纪念馆、中国社会科学出版社、社会科学文献出版社调研并座谈。

6月30日　院长、党组书记王伟光主持召开第412次党组会议。会议传达了中央纪委有关精神。会议审议了《关于中央纪委驻院纪检组不再对“试用期满转正”“二级研究员评选”“两优一先评选”回复廉政意见的请示》《关于金融研究所巡视审计整改工作情况的汇报》《中共日本研究所委员会和纪律检查委员会换届选举结果的批复》《中国社会科学院研究所党委工作条例》《中国社会科学院研究所所长工作条例》等文件。

△ 院长、党组书记王伟光主持召开2016年度第22次院务会议。会议审议了《院属有关单位研究阐释以习近平同志为总书记的党中央治国理政新思想新实践工作方案进展情况报告》《我院专业技术岗位分级评审结果》《关于加强出版经费管理的通知》《关于研究生院2016年博导遴选工作的报告》《关于马克思文学理论与批评工作有关合作项目》等文件。

△ 副院长、党组副书记王京清在考古研究所、近代史研究所、世界历史研究所、法学研究所、国际法研究所调研并座谈。

△ 副院长李培林出席第五届全球能源安全智库论坛。

# 七　月

7月1日　副院长张江出席中国社会科学杂志社举办的“中国共产党与中国道路”学术研讨会。

△ 副院长李培林出席第六届亚洲研究论坛清迈协定的多边主义和亚洲合作会议。

7月4日　副院长、党组副书记王京清在经济研究所、工业经济研究所、中国经营出版传媒集团调研。

7月5日　院长、党组书记王伟光出席中国城市百人论坛——中国社会科学院、中国科学院、中国工程院院长联席会议。

7月6日　副院长张江在国家图书馆出席由文化部、中国社会科学院联合主办，中外文化交流中心承办的2016“青年汉学家研修计划”开班仪式。

7月7日　院长、党组书记王伟光主持召开第413次党组会议。会议学习了习近平总书记在庆祝中国共产党成立95周年大会上的重要讲话精神。会议审议了《中国社会科学院关于深入学习贯彻习近平总书记在庆祝中国共产党成立95周年大会上的重要讲话精神的通知》《中国社会科学院人员因私事出国（境）管理暂行规定》《中共中国社会科学院党组关于落实全面从严治党切实加强党的建设的意见》《中共中国社会科学院党组关于落实全面从严治党切实加强党的建设的实施细则》《中国社会科学院〈关于加强党的意识形态工作　建设马克思主义坚强阵地的意见〉的实施细则》等。

△ 院长、党组书记王伟光主持召开2016年度第23次院务会议。会议审议了《关于中国社会科学院创新工程研究单位、科研人员绩效考核和后期资助目标报偿实施办法修订的报告》《关于贯彻落实〈完善中央财政科研项目资金管理等政策的若干意见〉工作方案》《中国社会科学院企业公务车制度改革准备情况的报告》等。

△ 院长、党组书记王伟光主持召开2016年度第3次院长办公会议。会议听取了职能局等相关部门关于2016年上半年主要工作落实情况的汇报。

7月8日　院领导班子成员王伟光、王京清、张英伟、蔡昉在中央和国家机关保密教育实训平台出席保密教育培训活动。

△ 副院长、党组副书记王京清在中宣部出席哲学社会科学培训工作协调会。

7月9日　副院长、论坛主席张江在山东省威海市出席由马克思主义理论学科建设与理论研究工程领导小组主办，文学研究所、中国社会科学出版社及山东大学马克思主义文艺理论研究中心合作承办的中国社会科学院2016年马克思主义文艺理论论坛暨“当代西方文论辨识——以马克思主义的立场、观点和方法”学术研讨会。

7月11日　副院长、党组副书记王京清出席国务院有关会议。

△ 副院长李培林出席院优秀科研成果评选（经济学部）活动。

7月12日　副院长、党组副书记王京清出席人力资源和社会保障部“人事制度改革和收入分配改革”调研座谈会。

△ 副院长、党组副书记王京清，中央纪委驻院纪检组组长张英伟出席院纪检干部培训班开班式。

△ 副院长张江出席院优秀科研成果评选（文学语言类）活动。

△ 副院长蔡昉出席 G20 劳工就业部长会议。

7 月 13 日　院长、党组书记王伟光，副院长、党组副书记王京清，副院长、党组成员张江、李培林，中央纪委驻院纪检组组长、党组成员张英伟，副院长、党组成员蔡昉出席中国社会科学院优秀对策信息表彰大会暨信息情报研究院成立五周年信息报送工作经验交流会，并为优秀对策信息奖获奖作者代表和组织奖获奖单位颁奖。

△ 副院长、党组副书记王京清出席全国党建研究会会议。

7 月 14 日　院长、党组书记王伟光主持召开第 414 次党组会议。会议传达了中央有关会议精神、中央纪委有关精神和中央巡视办有关反馈意见。会议研究了有关信访案件和干部人事问题。会议审议了《中国社会科学院关于深入学习贯彻习近平总书记在哲学社会科学工作座谈会上重要讲话精神专题培训工作方案》等。

△ 院长、党组书记王伟光主持召开 2016 年度第 24 次院务会议。会议审议了《关于〈中国社会科学评价〉等三刊为创新工程增补期刊的请示》《关于资助出版 2015 年度“中国社会科学年鉴”的请示》《关于对 2016 年度军转安置计划及下一步工作的意见建议》等。

△ 副院长张江出席《中国文学批评》工作会议。

7 月 15 日　院长、党组书记王伟光主持召开第 415 次党组会议。会议研究了有关干部人事问题。

△ 副院长、党组副书记王京清出席中央国安办《“十三五”国家安全保障能力建设规划》任务分解协调会。

△ 副院长、中国地方志指导小组常务副组长李培林在山西省太原市出席第一次全国年鉴工作会议，并为方志出版社太原工作站揭牌。

△ 副院长蔡昉出席国家教育体制改革领导小组第 22 次会议。

7 月 16 日　院长、党组书记王伟光出席由中国宗教学会、世界宗教研究所主办的“宗教与人类命运共同体”高层论坛暨 2016 年中国宗教学会年会。

△ 副院长李培林在甘肃省兰州市出席中国教育发展智库启动仪式暨中国西部农村基础教育现状研究课题论证会。

7 月 18 日　副院长张江主持召开中央国家机关事务工作先进集体先进工作者推荐评选专题会议。

△ 副院长蔡昉出席“推动国际产能合作和‘一带一路’背景下的中国—中东欧国家合作”专题研讨班开班仪式。

7 月 19 日　副院长张江出席院文哲学部职称评审会。

△ 副院长蔡昉出席院出版编辑系列职称评审会。

7 月 20 日　副院长张江出席院历史学部职称评审会。

△ 副院长蔡昉出席院经济学部和国际学部职称评审会。

7月21日　院长、党组书记王伟光主持召开第416次党组会议。会议传达了中央纪委有关领导重要讲话精神。会议研究了有关工作。

△ 院长、党组书记王伟光主持召开2016年度第25次院务会议。会议审议了《关于组织开展领军人才院级专家评审工作的请示》《关于第九届（2016年）中国社会科学院优秀科研成果奖评选工作的报告》等。

△ 副院长张江出席院图书资料系列职称评审会。

△ 副院长李培林出席院社会政法学部职称评审会。

△ 副院长蔡昉出席首届全球战略论坛。

7月22日　院长、党组书记王伟光在北京出席由世界社会主义研究中心召开的“学习习近平总书记‘7·1’讲话、‘5·17’讲话”理论座谈会。

△ 副院长张江出席院政府特殊津贴专家评审会。

7月25～29日　院领导班子成员王伟光、张江、李培林、张英伟、蔡昉出席中国社会科学院2016年度贯彻落实习近平总书记系列重要讲话精神专题研讨班。

7月26日　院长、党组书记王伟光主持召开第417次党组会议暨党组中心组理论学习会。会议学习了习近平总书记在哲学社会科学工作座谈会上的重要讲话等文件。

7月27日　院长、党组书记王伟光主持召开2016年度第26次院务会议。会议审议了《关于院党组交办课题“中央一号文件贯彻落实情况评估方案”立项及资助的请示》《我院2016年享受政府特殊津贴专家拟推荐人选》《〈21世纪初中国少数民族经济社会发展综合调查〉项目经费管理办法》等。会议听取了关于学科登峰计划的汇报和关于中国社会科学院与中国知网签订合同情况的汇报。

7月29日　副院长蔡昉出席由世界经济与政治研究所、上海国际问题研究院、中国人民大学重阳金融研究院主办的2016年二十国集团智库会议（T20智库会议）。

## 八　月

8月1日　中央纪委驻院纪检组组长张英伟主持召开驻院纪检组组务会议和信访案件专题会议。

8月2日　副院长蔡昉出席“习近平治国理政新思想丛书”研讨会。

8月4～6日　院长、党组书记、中国地方志指导小组组长、中国辩证唯物主义研究会会长王伟光在广西壮族自治区调研地方志工作，出席中国辩证唯物主义研究会2016年年会暨“哲学思维与以习近平为总书记的党中央治国理政新理念新思想新战略”理论研讨会，并作主题报告。

8 月 5 日　副院长蔡昉在河南省郑州市出席由中国社会科学院主办，社会科学文献出版社、河南省社会科学院、河南大学共同承办的第 17 次全国皮书年会。

8 月 8 ~ 11 日　院长、党组书记、中国地方志指导小组组长王伟光在新疆克拉玛依、和田等地调研地方志工作，并在和田市召开座谈会。

8 月 9 日　院长、党组书记王伟光在新疆维吾尔自治区克拉玛依市出席由新疆维吾尔自治区人民政府与中国社会科学院共同主办，克拉玛依市政府、亚太与全球战略研究院、中国社会科学院蓝迪国际智库项目共同承办的以“共商　共建　共享——区域合作与产业发展”为主题的丝绸之路经济带新疆·克拉玛依论坛并致辞。

8 月 12 日　副院长蔡昉会见越南社会科学翰林院院长阮光舜一行。

8 月 13 日　副院长李培林在吉林省长春市出席由中国社会科学院、全国博士后管理委员会和中国博士后科学基金会共同主办，吉林大学等单位承办的第十一届中国社会学博士后论坛并作主旨报告。

8 月 15 ~ 17 日　副院长张江出席由中国社会科学杂志社、中国文学批评研究会主办，由大连外国语大学和《中国文学批评》承办的第三届“当代中国文论：反思与重建”高端学术论坛。

8 月 16 日　院长、党组书记王伟光，副院长、党组成员、中国社会科学院—上海市人民政府上海研究院院长李培林在上海市出席“长江三角洲城市群发展论坛：建设具有全球影响力的世界级城市群”。

8 月 18 日　院长、党组书记王伟光主持召开第 418 次党组会议。会议传达了中央纪委领导同志重要讲话精神。会议审议了《关于学部领导任免意见》《关于 2015 年度所局级干部考核评优情况的报告》《中国社会科学院关于进一步加强干部选拔任用工作监督的意见》《关于加强辞书编辑工作领导的意见》等。

△ 院长、党组书记王伟光主持召开 2016 年度第 27 次院务会议。会议审议了《关于 2016 年我院正高级专业技术职务任职资格评审结果的请示》《关于院党组交办课题“民法典编撰”立项资助及成立民法典编撰工作项目组的请示》《关于 2016 年第三批创新工程学术出版资助项目的请示》等。

8 月 19 日　院长、党组书记王伟光在北京出席全国卫生与健康大会。

△ 副院长张江、李培林、蔡昉在中央和国家机关保密教育实训平台出席保密教育培训活动。

8 月 20 日　院长、党组书记、智库名誉理事长王伟光，副院长、党组成员、智库理事长蔡昉在北京出席中国社会科学院当代中国马克思主义政治经济学创新智库挂牌仪式。

8 月 22 日　院长、党组书记王伟光，副院长张江出席《中华思想通史》项目第 20 次工作会议。

8月24日　院长、党组书记王伟光会见阿根廷驻华大使盖铁戈一行。

△ 中央纪委驻院纪检组组长张英伟出席中国社会科学出版社在北京国际图书博览会发布《理解中国》丛书之《中国的价值观》中文版，并与德国施普林格出版集团签署了该书英文版的出版协议的活动。

8月25日　院长、党组书记王伟光主持召开第419次党组会议。会议审议了《贯彻落实习近平总书记在哲学社会科学工作座谈会上的重要讲话精神总体方案》《关于加强党的意识形态工作　建设马克思主义坚强阵地的意见》《关于落实全面从严治党　切实加强党的建设的意见》《关于改进和完善选人用人制度　加强领导班子和人才队伍建设的意见》等。

△ 院长、党组书记王伟光主持召开2016年度第28次院务会议。会议审议了《关于创办〈当代美国评论〉杂志的请示》《关于领军人才引进评审工作方案的请示》《关于贯彻落实〈关于完善中央财政科研项目资金管理等政策的若干意见〉的实施方案》等。

△ 副院长张江出席由中国社会科学院主办，国际合作局、中国社会科学出版社承办的“中国社会科学论坛·智库成果的出版与传播”，并作题为“加强智库国际交流　推动全球出版合作”的主旨发言。

△ 副院长蔡昉分别会见阿尔巴尼亚外交部部长布沙蒂一行、南非人文科学研究理事会首席执行官苏迪恩教授一行。

8月26日　院长、党组书记王伟光在河北省秦皇岛市经济技术开发区，就开发区产业结构调整、高新产业发展、科技成果转化等进行考察，并就秦皇岛未来城市发展提出建设性意见。

8月28日　副院长李培林在北京出席由中国社会科学院主办，城市发展与环境研究所、社会科学文献出版社共同承办的“2030年可持续发展议程研究书系”首批成果发布会。

8月29日～9月3日　副院长蔡昉出席第十二届全国人大常委会第二十二次会议。

8月31日　中央纪委驻院纪检组组长张英伟出席院2016年“四项经费”检查工作动员会议并作动员讲话。

## 九　月

9月1日　院长、党组书记王伟光主持召开第420次党组会议。会议传达了中央有关文件精神。会议审议了《贯彻落实习近平总书记在哲学社会科学工作座谈会上的重要讲话精神总体方案》《关于加强党的意识形态工作　建设马克思主义坚强阵地的意见》《关于落实全面从严治党　切实加强党的建设的意见》《关于改进和完善选人用人制度　加强领导班子和人才队伍建设的意见》《关于开展2016年度“四项经费”检查工作实施方案》等。

△ 院长、党组书记王伟光主持召开2016年度第29次院务会议。会议审议了《关于“第九届（2016年）中国社会科学院优秀科研成果奖”评选结果和奖励金额的请示》《中国社会科学院关于在华举办国际会议经费的补充规定（暂行）》《中国社会科学院国内差旅费管理办法（试行）》等。

9月2日 院长、党组书记王伟光在内蒙古自治区锡林郭勒盟出席第二届内蒙古绿色发展研讨会并致辞。

9月6日 院长、党组书记王伟光，副院长、党组成员蔡昉在北京出席中国社会科学院城乡发展一体化智库成立大会暨第一届理事会会议、深化农村集体产权制度改革研讨会。

△ 院长、党组书记王伟光在中央党校为中央宣传部等六部委组织的哲学社会科学教学科研骨干研修班授课。

9月6～13日 中央纪委驻院纪检组组长张英伟率团出访俄罗斯、法国。

9月7日 中国社会科学院研究生院2016级新生开学典礼在研究生院举行。院长、党组书记、学部主席团主席王伟光出席并讲话，副院长、党组成员张江出席开学典礼。

9月8日 院长、党组书记王伟光主持召开2016年度第30次院务会议。会议审议了《中国社会科学院“登峰战略”资深学科带头人资助计划实施办法》《关于我院2016年度全国新闻出版行业领军人才推荐人选的请示》《中国社会科学院各研究所及直属单位公务用车制度改革方案》《关于图书馆数据库与服务的建设发展规划》等。

△ 院长、党组书记王伟光，副院长、党组成员张江、李培林出席院属研究单位和出版单位座谈会。

9月9日 院长、党组书记、学部主席团主席王伟光，副院长、党组成员张江在北京出席由中国社会科学院历史学部、马克思主义研究学部联合主办，中国社会科学院历史研究所承办的中国社会科学院第二届唯物史观与马克思主义史学理论论坛。

△ 院长、党组书记、《列国志》编委会主任王伟光，副院长、党组成员、《列国志》编委会副主任李培林出席由社会科学文献出版社组织召开的《列国志》编委会第二次会议。

9月10日 院长、党组书记王伟光出席中宣部、中组部党委中心组经验交流座谈会。

9月13日 院领导班子成员王伟光、张江、李培林出席中央交办课题工作情况汇报督办会议。

△ 副院长蔡昉出席第十二届全国人大常委会第二十三次会议。

9月14日 院长、党组书记王伟光主持召开第421次党组会议。会议传达了中央纪委有关精神和中央有关领导同志讲话精神。

△ 院长、党组书记王伟光主持召开2016年度第31次院务会议。会议审议了《关于签署〈中国社会科学院 宁夏回族自治区人民政府全面合作协议〉事宜的请示》《关于2016年资助开展“撰写〈列国志〉新增书目国际调研与交流项目”和“修订〈列国志〉国际调研

与交流项目”的请示》《关于成立世界中国学研究联合会的请示》等。

9月18日　院长、党组书记王伟光，副院长、党组副书记王京清在北京出席国务院首次举行的宪法宣誓仪式。

9月19日　副院长、党组副书记王京清出席中央国家机关工委专项巡视组巡视中国社会科学院落实中央八项规定精神情况反馈会。

9月22日　副院长、党组副书记王京清，党组成员张江、李培林、张英伟、蔡昉出席传达学习习近平总书记关于2016年二十国集团杭州峰会总结批示有关精神会议。

9月22～23日　副院长李培林出席在山东省淄博市召开的第十九届全国社会科学院院长联席会议。

9月22～25日　中央纪委驻院纪检组组长张英伟带队在山东省进行国情调研，并参加在山东省淄博市举办的首届全国社会科学院系统廉政论坛。

9月25日　副院长李培林在陕西省西安市出席“一带一路”国际智库论坛。

9月26日　院领导班子成员王京清、张江、李培林、张英伟、蔡昉出席院党组中心组（扩大）学习会，听取中纪委副书记、监察部部长黄树贤关于《中国共产党问责条例》的辅导报告。

9月27日　副院长、党组副书记王京清出席中国社会科学院2016年“西部之光”访问学者欢迎座谈会并讲话。

9月28日　副院长、党组副书记王京清出席中央人才工作协调小组第43次会议。

9月29日　副院长、党组副书记王京清出席中共中央在北京举行的学习《胡锦涛文选》报告会。

△　副院长李培林在宁夏回族自治区银川市出席由中国社会科学院、宁夏回族自治区人民政府主办的“中国—阿拉伯国家博览会理论研讨会”“第二届中国—阿拉伯国家智库论坛”。

9月30日　副院长、党组副书记王京清出席2016年国庆招待会。

## 十　月

10月9日　院长、党组书记王伟光主持召开第422次党组会议。会议传达了中央领导同志重要批示精神和河南焦作落实意识形态工作责任制经验。会议审议了《关于呈报七个中央交办课题的报告》（送审稿）。

10月10日　院长、党组书记王伟光会见澳大利亚驻华大使安思捷一行。

10月11日　院长、党组书记王伟光在人民大会堂出席纪念红军长征胜利80周年文艺晚会。

△ 副院长、党组副书记王京清出席院党校第 42 期处室干部进修班开学典礼。

10 月 13 日　院长、党组书记王伟光主持召开第 423 次党组会议。会议传达学习了习近平总书记在全国国有企业党的建设工作会议上的重要讲话精神。会议研究了有关信访案件和关于庆祝中国社会科学院建院四十周年有关事宜。会议审议了《关于加强财务人员监督管理工作的建议》《关于落实中央国家机关专项巡视整改任务的工作方案》《关于对落实中央八项规定精神情况进行自查自纠的通知》。会议听取了《关于贯彻落实习近平总书记在哲学社会科学工作座谈会上的重要讲话精神总体方案》等四个文件情况的汇报和关于贯彻落实《关于改进和完善选人用人制度加强领导班子和人才队伍建设的意见》《关于落实全面从严治党切实加强党的建设的意见》《关于加强党的意识形态工作建设马克思主义坚强阵地的意见》情况的汇报。

△ 院长、党组书记王伟光主持召开 2016 年度第 32 次院务会议。会议审议了《关于组织开展“2016 天一阁论坛”相关工作提出意见的请示》《中国社会科学院“登峰战略”资深学科带头人资助计划实施办法》《关于第七届社会主义论坛立项及经费资助的请示》《我院小语种与科研亟需人才出访研修资助项目方案》等。

△ 院长、党组书记王伟光主持召开 2016 年度第 4 次院长办公会议。会议听取了关于 2016 年第三季度智库工作情况的汇报等事项。

10 月 14 日　院长、党组书记王伟光，副院长、党组成员李培林在浦东干部学院出席由中国社会科学院、上海市委宣传部承办的第三届全国哲学社会科学话语体系建设理论研讨会。

△ 中央纪委驻院纪检组组长张英伟主持召开院“学习党史知识 加强党性修养 做合格党员”专题报告会。

10 月 15 日　院长、党组书记王伟光在中国科学院大学出席由中国科学院、中国工程院和中国社会科学院共同主办的中国城市百人论坛 2016 年年会。

10 月 16 日　副院长李培林出席中国城市百人论坛。

10 月 17 ~ 19 日　副院长、党组副书记王京清率调研组在甘肃省嘉峪关市调研挂职干部工作情况，并就成立丝路（长城）文化研究院、开展院市战略合作进行交流座谈。

10 月 20 日　院长、党组书记王伟光主持召开第 424 次党组会议。会议传达学习了中央有关领导同志重要讲话精神。会议审议了《关于中央宣传部就有关文件征求意见回函事宜》和《关于直属机关纪委机构编制、职数、岗位等有关问题的请示》等事项。

△ 院长、党组书记王伟光主持召开 2016 年度第 33 次院务会议。会议审议了《关于我院与湖北省人民政府合作打造“中国长江论坛”品牌的协议》《关于我院推荐“万人计划”青年拔尖人才人选的请示》《中国社会科学院关于加强和改进科研教学人员因公临时出国管理工作的实施办法》等。

△ 院长、《世界社会主义研究》编委会名誉主任王伟光出席由中国社会科学院主管，

中国社会科学院信息情报研究院和社会科学文献出版社主办，中国社会科学院世界社会主义研究中心承办的《世界社会主义研究》创刊号发布会。

△ 副院长李培林出席《中国社会科学院与湖北省人民政府“中国长江论坛”合作协议》签字仪式，与湖北省政府副省长郭生练代表双方签订“中国长江论坛”合作协议并讲话。

10 月 21 日　院长、党组书记、学部主席团主席王伟光在北京出席由中国社会科学院主办的第七届世界社会主义论坛。

△ 院长、党组书记王伟光，中央纪委驻院纪检组组长张英伟会见内蒙古自治区党委副书记李佳一行。

△ 副院长、党组副书记王京清在北京出席纪念红军长征胜利 80 周年大会。

10 月 22 日　副院长、党组成员、中国社会科学杂志社总编辑、《中国文学批评》主编张江在陕西省西安市出席以“中国故事与中国精神——从新时期到新世纪的文学”为主题的中国当代文学研究会第十九届学术年会。

△ 副院长李培林在北京出席由新闻与传播研究所和北京师范大学新闻传播学院主办，以“全球视野，中国实践”为主题的首届中外合作互联网治理论坛。

10 月 24 日　副院长、党组副书记王京清出席“登峰战略”学科评审会议（历史学科组）。

△ 副院长张江出席“登峰战略”学科评审会议（文学学科组）。

10 月 24 ~ 27 日　院长、党组书记王伟光，副院长、党组成员李培林在北京出席中国共产党第十八届中央委员会第六次全体会议。

10 月 25 日　副院长、党组副书记王京清出席“登峰战略”学科评审会议（哲学学科组）。

10 月 27 日　院长、党组书记王伟光出席中宣部召开的学习宣传贯彻党的十八届六中全会精神工作会议。

10 月 28 日　院长、党组书记王伟光主持召开第 425 次党组会议。会议传达学习了党的十八届六中全会精神。会议审议了《关于进一步做好中央巡视反馈问题有关问责工作的建议》和《中国社会科学院落实习近平总书记重要讲话精神　推进哲学社会科学建设方案（暨庆祝建院四十周年）》。会议听取了《关于“八问当前思想形势”有关工作部署落实情况的汇报》和《关于我院实践锻炼工作情况的汇报》等。

△ 院长、党组书记王伟光主持召开 2016 年度第 34 次院务会议。会议审议了《关于开展创新工程 2016 年度考核评价和做好 2017 年度创新工程有关工作的请示》《关于学部委员赴青岛学术调研的请示》等。

△ 院领导班子成员王伟光、王京清、李培林、张英伟、蔡昉出席传达党的十八届六中全会精神，布置院 2016 年度考核工作及创新工程 2016 年考核评价和 2017 年度规划工作会议。

10 月 28 ~ 30 日　副院长张江出席中国社会科学杂志社主办的“文学作品意义之源”国际研讨会。

10月29日　副院长李培林出席《社会学研究》创刊三十周年纪念研讨会并致辞。

10月31日～11月7日　副院长蔡昉出席第十二届全国人大常委会第二十四次会议。

# 十一月

11月1日　院长、党组书记王伟光，副院长蔡昉分别会见到访的俄罗斯科学院院士、俄罗斯总统经济一体化顾问格拉济耶夫一行。

11月2日　院长、党组书记王伟光主持召开第426次党组会议。会议传达学习了中央有关文件精神。会议审议了《中国社会科学院学习贯彻党的十八届六中全会精神总体方案（送审稿）》《落实党的十八届六中全会精神研究工作方案》《中国社会科学院关于学习贯彻党的十八届六中全会精神的通知》《中国社会科学院关于学习贯彻党的十八届六中全会精神工作方案》。会议研究了有关挂职干部安排事宜。

△ 院长、党组书记王伟光出席中宣部六中全会宣讲团会议。

△ 副院长、党组副书记王京清会见波兰科学院院长泽西·杜斯钦斯基教授和副院长帕维尔·罗文斯基教授一行。

11月3～7日　院长、党组书记王伟光率学术代表团访问拉脱维亚。

11月4日　副院长、党组副书记王京清在北京出席由中国社会科学院与韩国教育部、韩国研究财团共同主办，国际合作局、哲学研究所牵头，文学研究所、历史研究所和研究生院承办的第二届中韩人文学论坛开幕式并致辞。

11月6日　副院长蔡昉会见“中马智库论坛”马来西亚战略研究所代表团。

11月6～10日　副院长李培林率学术代表团访问俄罗斯。

11月7日　副院长、党组副书记王京清出席中华全国新闻工作者协会第九届理事会第一次会议开幕式暨中国新闻奖、长江韬奋奖颁奖会。

11月7～8日　院长、党组书记王伟光在香港出席由财经战略研究院与香港特别行政区政府中央政策组共同举办的“中国经济运行与政策国际论坛2016”。

11月8日　副院长、党组副书记王京清出席中央国家机关学习宣传贯彻党的十八届六中全会精神动员部署会暨贯彻落实全面从严治党要求党组（党委）书记座谈会。

11月9～11日　院长、党组书记王伟光，副院长、党组副书记王京清，党组成员张江、李培林、张英伟、蔡昉在北京出席学习贯彻党的十八届六中全会精神党组中心组学习扩大会议。

11月10日　院长、党组书记王伟光主持召开第427次党组会议暨2016年第4季度党组中心组理论学习会。党组成员就学习习近平总书记在党的十八届六中全会上的重要讲话《关于新形势下党内政治生活的若干准则》和《中国共产党党内监督条例》等交流了各自的体会。会议审议了《〈中央统一战线工作领导小组关于实地调研检查向中国社会科学院党组的反馈意见〉整改工作方案》等。

△ 院长、党组书记王伟光主持召开 2016 年度第 35 次院务会议。会议听取了关于中国社会科学院学部委员赴青岛学术调研有关情况的汇报。会议审议了《关于图书馆院重大信息化项目立项的请示》等。

11 月 11 日　副院长、党组副书记王京清在人民大会堂出席纪念孙中山先生诞辰150 周年大会。

11 月 14 日　院长、党组书记王伟光在广东省中山市出席“世界视野下的孙中山与中华民族复兴——纪念孙中山先生 150 周年诞辰”国际学术研讨会。

△ 副院长蔡昉出席国务院经济发展和民生改善座谈会。

11 月 15 日　副院长李培林出席院第四届中国出版政府奖推选委员会评审会。

11 月 16 日　院长、党组书记王伟光，副院长张江出席学习贯彻党的十八届六中全会精神局级领导干部培训班动员会。

△ 副院长蔡昉出席“中国社会科学论坛（2016）：丝绸之路经济带与欧亚经济联盟对接”。

11 月 17 日　院长、党组书记王伟光主持召开第 428 次党组会议。会议传达学习了中央纪委有关会议精神。会议审议了《中国社会科学院第二阶段巡视整改报告》。会议听取了《关于中央国家机关纪工委纪检工作情况的汇报》等。

△ 院长、党组书记王伟光主持召开 2016 年度第 36 次院务会议。会议审议了《2016 年第四批创新工程学术资助项目》《关于申请设立“中国社会科学院国情调研云南基地”的请示》《关于公示第四届中国出版政府奖我院拟推荐项目的请示》等。

11 月 18 日　院长、党组书记王伟光，副院长李培林在湖北省武汉市出席“中国长江论坛·2016”。

△ 副院长蔡昉出席“中国周边国家智库论坛”暨“周边命运共同体建设：挑战与未来”国际研讨会。

11 月 21 ~ 25 日　院长、党组书记王伟光率学术代表团访问智利。

11 月 25 日　副院长张江、李培林、蔡昉出席院专业二级岗位专家评审会议。

11 月 26 ~ 29 日　院领导班子成员王伟光、李培林、张英伟、蔡昉与中国社会科学院学部委员在山东省青岛市开展调研活动。

11 月 28 日　院长、党组书记王伟光，副院长蔡昉在山东省青岛市出席由农村发展研究所、山东省社会科学院、山东省宏观金融研究院等共同主办的“2016 中国农村财富管理论坛”。

11 月 30 日　院长、党组书记王伟光主持召开第 429 次党组会议。会议审议了向教育部报送

"关于商请进一步落实《贯彻落实〈中共中央关于繁荣发展社会主义文艺的意见〉任务分工方案》的函"、《中共中国社会科学院党组关于深入贯彻落实〈十八届中央政治局关于改进工作作风、密切联系群众的八项规定〉的意见》(修订稿)、《2017年度工作和党风廉洁建设工作会议筹备方案》等。

△ 院长、党组书记王伟光主持召开2016年度第37次院务会议。会议审议了《中国社会科学院青岛市人民政府全面战略合作协议》《国家哲学社会科学文献中心标志及英文名称》。

# 十二月

12月1～8日 副院长张江率学术代表团访问英国、意大利。

12月3日 副院长李培林在浙江省宁波市出席由中国社会科学院和宁波市人民政府联合主办的"2016天一阁论坛"。

12月5日 院长、党组书记王伟光在印度驻华大使馆会见印度驻华大使顾恺杰。

12月6日 副院长李培林在广东省广州市出席第一次全国地方志工作经验交流会。

12月6～10日 院长、党组书记王伟光率学术代表团访问印度。

12月9日 副院长张江出席中共中央政治局第三十七次集体学习。

12月12日 院长、党组书记王伟光，副院长李培林出席学科建设"登峰战略"工作座谈会。

△ 副院长李培林出席第一届全国文明家庭表彰大会。

12月13日 院领导班子成员王伟光、张江、李培林、张英伟、蔡昉出席"中国社会科学院2016年度名优建设工程工作会议、优秀科研成果颁奖大会暨期刊专题工作会议"。

12月14日 副院长蔡昉出席第三届金砖国家经济智库论坛。

12月14～16日 院长、党组书记王伟光出席中央经济工作会议。

12月16日 院长、党组书记王伟光主持召开第430次党组会议。会议传达学习了中央经济工作会议精神、习近平总书记在全国高校思想政治教育工作会议上重要讲话精神和习近平总书记在第一届全国文明家庭表彰大会上重要讲话精神。会议审议了《关于党风廉洁建设领导小组人员构成有关事宜的建议》、《中共中国社会科学院党组关于深入贯彻落实〈十八届中央政治局关于改进工作作风、密切联系群众的八项规定〉的实施意见》(2016年12月16日修订)、《中共中国社会科学院党组2016年度民主生活会方案》等。

△ 院长、党组书记王伟光主持召开2016年度第38次院务会议。会议审议了《关于2016年创新工程重大科研成果评审结果的请示》《中国社会科学院2017年度创新工程研究

领域指南》《长城学者和青年学者资助计划 2017 年新立项的评审结果》等。

12 月 17 日　院长、党组书记王伟光出席中央宣传思想工作领导小组会议。

12 月 20 日　院长、党组书记、《中华思想通史》编委会主任王伟光，副院长、党组成员张江在福建省福州市出席由中国社会科学院《中华思想通史》编委会主办，《中华思想通史》编委会办公室、福建师范大学承办，以“唯物史观视阈下的思想史研究”为主题的第二届中华思想史高峰论坛。

12 月 21 日　副院长、中国社会科学杂志社总编辑张江在福建省福州市出席由中国社会科学杂志社《历史研究》编辑部、福建师范大学社会历史学院主办，主题为“中国话语与学派生成”的第十届历史学前沿论坛并讲话。

12 月 22 日　院长、党组书记王伟光主持召开第 431 次党组会议。会议传达学习了中央农村工作会议精神等事宜。

△ 院长、党组书记王伟光主持召开 2016 年度第 39 次院务会议。会议审议了关于专业技术岗位分级的评审结果。会议听取了《关于与青岛市人民政府会谈有关情况的报告》等。

12 月 23 日　院长、党组书记王伟光在北京出席国务院西部开发小组会议。

12 月 24 日　副院长李培林在北京出席由中国社会科学院世界社保研究中心、中国社会保险学会、中国保险学会联合主办，安邦养老保险股份有限公司协办，主题为“年金制度深化改革与道路抉择”的第六届中国社会科学院社会保障论坛暨《中国养老金发展报告 2016》发布式并致辞。

12 月 26 日　院长、党组书记王伟光出席马克思主义理论骨干人才计划学位评定委员会会议。

△ 副院长蔡昉出席“中国社会科学院高端智库论坛——供给侧结构性改革与国际产能合作暨第五届中国工业发展论坛”。

12 月 27 日　副院长李培林在北京出席由中国社会科学院和国务院扶贫办联合编辑出版的《中国扶贫开发报告 2016》（扶贫蓝皮书）新书发布会。

12 月 28 日　院长、党组书记王伟光，副院长蔡昉出席“财经战略年会 2016”。

12 月 29 日　院长、党组书记王伟光主持召开第 432 次党组会议。会议研究了有关干部人事问题。会议听取了关于院党组民主生活会筹备情况的汇报。

△ 院长、党组书记王伟光主持召开 2016 年度第 40 次院务会议。会议听取《关于 2016 年院级会议召开情况和有关建议的报告》。会议审议了《关于第 13 届人才引进院级专家评审资格复审意见》《关于在香港成立“香港中国学术研究院”方案》《关于成立“中国社会科学院中俄战略协作高端合作智库”的请示》《关于合作共建孙中山研究院有关事项》等。

△ 院长、党组书记王伟光出席中华思想通史第 21 次项目会。

12 月 30 日　院长、党组书记王伟光，副院长、党组成员张江出席由中国社会科学院牵头承建的国家哲学社会科学文献中心正式上线仪式。